中国石油地质志

第二版·卷十三

四川油气区（中国石化）

四川油气区（中国石化）编纂委员会　编

石油工业出版社

图书在版编目（CIP）数据

中国石油地质志 . 卷十三，四川油气区 . 中国石化 /
四川油气区（中国石化）编纂委员会编 . —北京：石油
工业出版社，2022.4

ISBN 978-7-5183-4492-5

Ⅰ . ① 中… Ⅱ . ① 四… Ⅲ . ① 石油天然气地质 – 概况
– 中国 ② 油气田开发 – 概况 – 四川 Ⅳ . ① P618.13
② TE3

中国版本图书馆 CIP 数据核字（2020）第 270135 号

责任编辑：林庆咸　马金华　别涵宇
责任校对：郭京平
封面设计：周　彦

审图号：GS（2022）468 号

出版发行：石油工业出版社
　　　　　（北京安定门外安华里 2 区 1 号　　100011）
　　　　　网　　址：www. petropub. com
　　　　　编辑部：（010）64523543　图书营销中心：（010）64523633
经　　销：全国新华书店
印　　刷：北京中石油彩色印刷有限责任公司

2022 年 4 月第 1 版　2022 年 4 月第 1 次印刷
787 × 1092 毫米　开本：1/16　印张：40.5
字数：1120 千字

定价：375.00 元

ISBN 978-7-5183-4492-5

《中国石油地质志》

（第二版）

总编纂委员会

主　编：翟光明

副主编：侯启军　马永生　谢玉洪　焦方正　王香增

委　员：（按姓氏笔画排序）

万永平	万　欢	马新华	王玉华	王世洪	王国力
元　涛	支东明	田　军	代一丁	付锁堂	匡立春
吕新华	任来义	刘宝增	米立军	汤　林	孙焕泉
杨计海	李东海	李　阳	李战明	李俊军	李绪深
李鹭光	吴聿元	何文渊	何治亮	何海清	邹才能
宋明水	张卫国	张以明	张洪安	张道伟	陈建军
范土芝	易积正	金之钧	周心怀	周荔青	周家尧
孟卫工	赵文智	赵志魁	赵贤正	胡见义	胡素云
胡森清	施和生	徐长贵	徐旭辉	徐春春	郭旭升
陶士振	陶光辉	梁世君	董月霞	雷　平	窦立荣
蔡勋育	撒利明	薛永安			

《中国石油地质志》

第二版·卷十三

四川油气区（中国石化）编纂委员会

主　　任：郭旭升

副 主 任：胡东风　李真祥　武恒志　张洪安　易积正

委　　员：郑天发　黄仁春　瞿　佳　凡　睿　袁卫国　敬朋贵

　　　　　魏志红　李宇平　王良军　石文斌　蒲　勇　段金宝

　　　　　段文燊　李金磊　周明辉　李继庆　高玉巧　曾正清

编 写 组

组　　长：胡东风　郭旭升

副组长：黄仁春　郑天发　王良军　盘昌林

成　　员：段金宝　王　威　石文斌　魏祥峰　朱　祥　张庆峰

　　　　　张文军　曾　韬　敬朋贵　倪　楷　陈祖庆　袁卫国

　　　　　凡　睿　蒲　勇　李宇平　唐德海　刘若冰　李文成

　　　　　段文燊　罗彦萍　裴振洪　严　伟　段　华　郑　海

　　　　　程秀申　高玉巧　南红丽　郑建华　徐祖新　金民东

　　　　　刘　明　张汉荣　杜红权　赵　陵　姜淑霞　郑爱维

　　　　　刘　莉　杨兰芳　冯明刚　孟宪武　庞河清

序

三十多年前，在广大石油地质工作者艰苦奋战、共同努力下，从中华人民共和国成立之前的"贫油国"，发展到可以生产超过 1 亿吨原油和几十亿立方米天然气的产油气大国，可以说是打了一个大大的"翻身仗"，获得丰硕成果，对我国油气资源有了更深的认识，广大石油职工充满无限信心、继续昂首前进。

在 1983 年全国油气勘探工作会议上，我和一些同志建议把过去三十年的勘探经历和成果做一系统总结，既可作为前一阶段勘探的历史记载，又可作为以后勘探工作的指引或经验借鉴。1985 年我到石油勘探开发科学研究院工作后，便开始组织编写《中国石油地质志》，当时材料分散、人员不足、资金缺乏，在这种困难的条件下，石油系统的很多勘探工作者投入了极大的热情，先后有五百余名油气勘探专家学者参与编写工作，历经十余年，陆续出版齐全，共十六卷 20 册。这是首次对中华人民共和国成立后石油勘探历程、勘探成果和实践经验的全面总结，也是重要的基础性史料和科技著作，得到业界广大读者的认可和引用，在油气地质勘探开发领域发挥了巨大的作用。我在油田现场调研过程中遇到很多青年同志，了解到他们在刚走出校门进入油田现场、研究部门或管理岗位时，都会有摸不着头脑的感觉，他们说《中国石油地质志》给予了很大的启迪和帮助，经常翻阅和参考。

又一个三十年过去了，面对国内极其复杂的地质条件，这三十年可以说是在过去的基础上，勘探工作又有了巨大的进步，相继开展的几轮油气资源评价，对中国油气资源实情有了更深刻的认识。无论是在烃源岩、油气储层、沉积岩序列、构造演化以及一系列随着时间推移的各种演化作用带来的复杂地质问题，还是在石油地质理论、勘探领域、勘探认识、勘探技术等方面都取得了许多新进展，不断发现新的油气区，探明的油气田数量逐渐增多、油气储量大幅增加，油气产量提升到一个新台阶。截至 2020 年底（与 1988 年相比），发现的油田由 332 个增至 773 个，气田由 102 个增至 286 个；30 年来累计探明石油地质储量增加 284 亿吨、天然气地质储量增加 17.73 万亿立方米；原油年产量由 1.37 亿吨增至 1.95 亿吨，天然气年产量由 139 亿立方米增至 1888 亿立方米。

油气勘探发现的过程既有成功时的喜悦，更有勘探失利带来的煎熬，其间积累的经验和教训是宝贵的、值得借鉴的。《中国石油地质志》不仅仅是一套学术著作，它既有对中国各大区地质史、构造史、油气发生史等方面的详尽阐述，又有对油气田发现历程的客观分析和判断；它既是各探区勘探理论、勘探经验、勘探技术的又一次系统回顾和总结，又是各探区下一步勘探领域和方向的指引。因此，本次修编的《中国石油地质志》对今后的油气勘探工作具有新的启迪和指导。

在编写首版《中国石油地质志》过程中，经过对各盆地、各地区勘探现状、潜力和领域的系统梳理，催生了"科学探索井"的想法，并在原石油工业部有关领导的支持下实施，取得了一批勘探新突破和成果。本次修编，其指导思想就是通过总结中国油气勘探的"第二个三十年"，全面梳理现阶段中国各油气区的现状和前景，旨在提出一批新的勘探领域和突破方向。所以，在 2016 年初本版编委会尚未完全成立之时，我就在中国工程院能源与矿业工程学部申请设立了"中国大型油气田勘探的有利领域和方向"咨询研究项目，全国有 32 个地区石油公司参与了研究实施，该项目引领各油气区在编写《中国石油地质志》过程中突出未来勘探潜力分析，指引了勘探方向，因此，在本次修编章节安排上，专门增加了"资源潜力与勘探方向"一章内容的编写。

本次修编本着实事求是的原则，在继承原版经典的基础上，基本框架延续原版章节脉络，体现学术性、承续性、创新性和指导性，着重充实近三十年来的勘探发展成果。《中国石油地质志》修编版分卷设置，较前一版进行了拆分和扩充，共 25 卷 32 册。补充了冀东油气区、华北油气区（下册·二连盆地）两个新卷，将原卷二"大庆、吉林油田"拆分为大庆油气区和吉林油气区两卷；将原卷七"中原、南阳油田"拆分为中原油气区和南阳油气区两卷；将原卷十四"青藏油气区"拆分为柴达木油气区和西藏探区两卷；将原卷十五"新疆油气区"拆分为塔里木油气区、准噶尔油气区和吐哈油气区三卷；将原卷十六"沿海大陆架及毗邻海域油气区"拆分为渤海油气区、东海—黄海探区、南海油气区三卷。另外，由于中国台湾地区资料有限，故本次修编不单独设卷，望以后修编再行补充和完善。

此外，自 1998 年原中国石油天然气总公司改组为中国石油天然气集团公司、中国石油化工集团公司和中国海洋石油总公司后，上游勘探部署明确以矿权为界，工作范围和内容发生了很大变化，尤其是陆上塔里木、准噶尔、四川、鄂尔多斯等四大盆地以及滇黔桂探区均呈现中国石油、中国石化在各自矿权同时开展勘探研究的情形，所处地质构造区带、勘探程度、理论认识和勘探进展等难免存在差异，为尊重各探区勘探研究实际，便于总结分析，因此在上述探区又酌情设置分册加以处理。各分卷和分册按以下顺序排列：

卷次	卷名	卷次	卷名
卷一	总论	卷十四	滇黔桂探区（中国石化）
卷二	大庆油气区	卷十五	鄂尔多斯油气区（中国石油）
卷三	吉林油气区		鄂尔多斯油气区（中国石化）
卷四	辽河油气区	卷十六	延长油气区
卷五	大港油气区	卷十七	玉门油气区
卷六	冀东油气区	卷十八	柴达木油气区
卷七	华北油气区（上册）	卷十九	西藏探区
	华北油气区（下册）	卷二十	塔里木油气区（中国石油）
卷八	胜利油气区		塔里木油气区（中国石化）
卷九	中原油气区	卷二十一	准噶尔油气区（中国石油）
卷十	南阳油气区		准噶尔油气区（中国石化）
卷十一	苏浙皖闽探区	卷二十二	吐哈油气区
卷十二	江汉油气区	卷二十三	渤海油气区
卷十三	四川油气区（中国石油）	卷二十四	东海—黄海探区
	四川油气区（中国石化）	卷二十五	南海油气区（上册）
卷十四	滇黔桂探区（中国石油）		南海油气区（下册）

　　《中国石油地质志》是我国广大石油地质勘探工作者集体智慧的结晶。此次修编工作得到中国石油、中国石化、中国海油、延长石油等油公司领导的大力支持，是在相关油田公司及勘探开发研究院 1000 余名专家学者积极参与下完成的，得到一大批审稿专家的悉心指导，还得到石油工业出版社的鼎力相助。在此，谨向有关单位和专家表示衷心的感谢。

中国工程院院士　　翟光明

2022 年 1 月　北京

FOREWORD

Some 30 years ago, under the unremitting joint efforts of numerous petroleum geologists, China became a major oil and gas producing country with crude oil and gas producing capacity of over 100 million tons and billions of cubic meters respectively from an 'oil-poor country' before the founding of the People's Republic of China. It's indeed a big 'turnaround' which yielded substantial results, allowed us to have a better understanding of oil and gas resources in China, and gave great confidence and impetus to numerous petroleum workers.

At the National Oil and Gas Exploration Work Conference held in 1983, some of my comrades and I proposed to systematically summarize exploration experiences and results of the last three decades, which could serve as both historical records of previous explorations and guidance or references for future explorations. I organized the compilation of *Petroleum Geology of China* right after joining the Research Institute of Petroleum Exploration and Development (RIPED) in 1985. Though faced with the difficulties including scattered information, personnel shortage and insufficient funds, a great number of explorers in the petroleum industry showed overwhelming enthusiasm. Over five hundred experts and scholars in oil and gas exploration engaged in the compilation successively, and 16-volume set of 20 books were published in succession after over 10 years of efforts. It's not only the first comprehensive summary of the oil exploration journey, achievements and practical experiences after the founding of the People's Republic of China, but also a fundamental historical material and scientific work of great importance. Recognized and referred to by numerous readers in the industry, it has played an enormous role in geological exploration and development of oil and gas. I met many young men in the course of oilfield investigations, and learned their feeling of being lost during transition from school to oilfields, research departments or management positions. They all said they were greatly inspired and benefited from *Petroleum Geology of China* by often referring to it.

Another three decades have passed, and it can be said that though faced with extremely complicated geological conditions, we have made tremendous progress in exploration over the years based on previous works and acquisition of more profound knowledge on China's oil and gas resources after several rounds of successive evaluations. New achievements have been made in not only source rock, oil and gas reservoir, sedimentary development, tectonic evolution and a series of complicated geological issues caused by different evolutions over time, but also petroleum geology theories, exploration areas, exploration knowledge, exploration techniques and other aspects. New oil and gas provinces were found one after another, and with gradual increase in the number of proven oil and gas fields, oil and gas reserves grew significantly, and production was brought to a new level. By the end of 2022 (compared with 1988), the number of oilfields and gas fields had increased from 332 and 102 to 773 and 286 respectively, cumulative proved oil in place and gas in place had grown by 28.4 billion tons and 17.73 trillion cubic meters over the 30 years, and the annual output of crude oil and gas had increased from 137 million tons and 13. 9 billion cubic meters to 195 million tons and 188.8 billion cubic meters respectively.

Oil and gas exploration process comes with both the joy of successful discoveries and the pain of failures, and experiences and lessons accumulated are both precious and worth learning. *Petroleum Geology of China*'s more than a set of academic works. It not only contains geologic history, tectonic history and oil and gas formation history of different major regions in China, but also covers objective analyses and judgments on discovery process of oil and gas fields, which serves as another systematic review and summary of exploration theories, experiences and techniques as well as guidance on future exploration areas and directions of different exploratory areas. Therefore, this revised edition of *Petroleum Geology of China* plays a new role of inspiring and guiding future oil and gas exploration works.

Systematic sorting of exploration statuses, potentials and domains of different basins and regions conducted during compilation of the first edition of *Petroleum Geology of China* gave rise to the idea of 'Scientific Exploration Well', which was implemented with supports from related leaders of the former Ministry of Petroleum Industry, and led to a batch of breakthroughs and results in exploration works. The guiding idea of this revision is to propose a batch of new exploration areas and breakthrough directions by summarizing 'the second 30 years' of China's oil and gas exploration works and comprehensively sorting out current statuses and prospects of different exploratory areas in China at the current stage. Therefore, before the editorial team was fully formed at the beginning of 2016, I applied to the Division of Energy and Mining Engineering, Chinese Academy of Engineering for the establishment of a consulting research project on 'Favorable Exploration Areas and Directions of Major Oil and Gas Fields in China'. A total of 32 regional oil companies throughout the country participated in the research project, which guided different exploratory areas in giving prominence to analysis on future exploration potentials in the course of compilation of *Petroleum Geology of China*, and pointed out exploration directions. Hence a new dedicated chapter of 'Exploration Potentials and Directions of Oil and Gas Resources' has been added in terms of chapter arrangement of this revised edition.

Based on the principles of seeking truth from facts and inheriting essence of original works, the basic framework of this revised edition has inherited the chapters and context of the original edition, reflected its academics, continuity, innovativeness and guiding function, and focused on supplementation of exploration and development related achievements made in the recent 30 years. This revised edition of *Petroleum Geology of China*, which consists of sub-volumes, has divided and supplemented the previous edition into 25-volume set of 32 books. Two new volumes of Jidong Oil and Gas Province and Huabei Oil and Gas Province (The Second Volume ·Erlian Basin) have been added, and the original Volume 2 of 'Daqing and Jilin Oilfield' has been divided into two volumes of Daqing Oil and Gas Province and Jilin Oil and Gas Province. The original Volume 7 of 'Zhongyuan and Nanyang Oilfield' has been divided into two volumes of Zhongyuan Oil and Gas Province and Nanyang Oil and Gas Province. The original Volume 14 of 'Qinghai-Tibet Oil and Gas Province' has been divided into two volumes of Qaidam Oil and Gas Province and Tibet Exploratory Area. The original volume 15 of 'Xinjiang Oil and Gas Province' has been divided into three volumes of Tarim Oil and Gas Province, Junggar Oil and Gas Province and Turpan-Hami Oil and Gas Province. The original Volume 16 of 'Oil and Gas Province of Coastal Continental Shelf and Adjacent Sea Areas' has been divided into three volumes of Bohai Oil and Gas Province, East China Sea-Yellow Sea Exploratory Area and South China Sea Oil and Gas Province.

Besides, since the former China National Petroleum Company was reorganized into CNPC, SINOPEC and CNOOC in 1998, upstream explorations and deployments have been classified based on the scope of mining rights, which led to substantial changes in working range and contents. In particular, CNPC and SINOPEC conducted explorations and researches under their own mining rights simultaneously in the four major onshore basins of Tarim, Junggar, Sichuan and Erdos as well as Yunnan-Guizhou-Guangxi Exploratory Area, so differences in structural provinces of their locations, degree of exploration, theoretical knowledge and exploration progress were inevitable. To respect the realities of explorations and researches of different exploratory areas and facilitate summarization and analysis, fascicules have been added for aforesaid exploratory areas as appropriate. The sequence of sub-volumes and fascicules is as follows:

Volume	Volume name	Volume	Volume name
Volume 1	Overview	Volume 14	Yunnan-Guizhou-Guangxi Exploratory Area (SINOPEC)
Volume 2	Daqing Oil and Gas Province	Volume 15	Erdos Oil and Gas Province (CNPC)
Volume 3	Jilin Oil and Gas Province		Erdos Oil and Gas Province (SINOPEC)
Volume 4	Liaohe Oil and Gas Province	Volume 16	Yanchang Oil and Gas Province
Volume 5	Dagang Oil and Gas Province	Volume 17	Yumen Oil and Gas Province
Volume 6	Jidong Oil and Gas Province	Volume 18	Qaidam Oil and Gas Province
Volume 7	Huabei Oil and Gas Province (The First Volume)	Volume 19	Tibet Exploratory Area
	Huabei Oil and Gas Province (The Second Volume)	Volume 20	Tarim Oil and Gas Province (CNPC)
Volume 8	Shengli Oil and Gas Province		Tarim Oil and Gas Province (SINOPEC)
Volume 9	Zhongyuan Oil and Gas Province	Volume 21	Junggar Oil and Gas Province (CNPC)
Volume 10	Nanyang Oil and Gas Province		Junggar Oil and Gas Province (SINOPEC)
Volume 11	Jiangsu-Zhejiang-Anhui-Fujian Exploratory Area	Volume 22	Turpan-Hami Oil and Gas Province
Volume 12	Jianghan Oil and Gas Province	Volume 23	Bohai Oil and Gas Province
Volume 13	Sichuan Oil and Gas Province (CNPC)	Volume 24	East China Sea-Yellow Sea Exploratory Area
	Sichuan Oil and Gas Province (SINOPEC)	Volume 25	South China Sea Oil and Gas Province (The First Volume)
Volume 14	Yunnan-Guizhou-Guangxi Exploratory Area (CNPC)		South China Sea Oil and Gas Province (The Second Volume)

Petroleum Geology of China is the essence of collective intelligence of numerous petroleum geologists in China. The revision received vigorous supports from leaders of CNPC, SINOPEC, CNOOC, Yanchang Petroleum and other oil companies, and it was finished with active engagement of over 1,000 experts and scholars from related oilfield companies and RIPED, thoughtful guidance of a great number of reviewers as well as generous assistance from Petroleum Industry Press. I would like to express my sincere gratitude to relevant organizations and experts.

Zhai Guangming, Academician of Chinese Academy of Engineering

Jan. 2022, Beijing

前　言

　　本卷《中国石油地质志（第二版）·卷十三　四川油气区（中国石化）》，内容涉及范围以四川盆地为主，另外还包括四川盆地周缘的部分地区，研究资料以四川盆地中国石化探区为主。

　　四川盆地天然气资源丰富，使用历史悠久。早在秦汉时期，就有盐井、火井使用天然气的记载，但四川盆地大规模油气勘探开发是在新中国成立后才开始的，早期以构造勘探作为主要指导思想，并取得了一定的勘探成效。如在 20 世纪 70 年代至 80 年代早期就发现了川东石炭系、二叠系、三叠系等气田，1987 年出版的《中国石油地质志·卷十　四川油气区》较好地总结了四川盆地石油地质基本特征及早期勘探成果。经历了近 30 年油气勘探和研究，钻井、测试工艺技术及地球物理勘探等技术取得了长足的进展，对四川盆地沉积地层、油气资源评价、成烃、成藏条件和油气富集规律及勘探评价技术等方面又取得了一系列新的研究成果；随着四川盆地油气勘探思路由构造勘探转入岩性勘探新阶段，2000 年以来，陆续发现了普光、元坝、安岳、广安、合川、新场等一系列大气田，带动了四川盆地天然气探明地质储量的快速增长；通过页岩气勘探理论与技术的进步、水平井及分段压裂技术的应用，发现了涪陵、长宁、威荣等大型页岩气田，四川盆地进入常规与非常规并重的天然气大发展阶段。截至 2019 年底，四川盆地已在震旦系至侏罗系的 36 个层系发现工业油气流，探明天然气（含页岩气）储量 $5.69 \times 10^{12} m^3$（中国石化 $2.38 \times 10^{12} m^3$），累计产量 $6660.4 \times 10^8 m^3$。其中页岩气储量为 $1.67 \times 10^{12} m^3$（中国石化 $7489.45 \times 10^8 m^3$），累计产量 $490.75 \times 10^8 m^3$。累计探明石油地质储量 $7588.96 \times 10^4 t$（中国石化 $250 \times 10^4 t$），累计产量 $597.83 \times 10^4 t$。

　　本次新编《中国石油地质志（第二版）·卷十三　四川油气区（中国石化）》由中国石化勘探分公司牵头组织编写，全书以四川盆地基础油气地质条件为主线，系统总结了近 30 年在构造、地层、沉积储层、成烃成藏及保存等方面所取得的新理论、新技术和勘探成果；本书所用的资料数据主要来自中国石化勘探分公司、西南油气分公司、江汉油田分公司、中原油田普光分公司、华东油气分公司的科研、生产总结报告，以及 1987 年出版的《中国石油地质志·卷十　四川油气区》《四川盆地天然气动态成藏》等学术著作；此外，还参考使用了有关地矿部门和院校的一些成果和资料及大量公开发表的文献。所用插图除注明有单位者外，皆来自中国石化勘探分公司及西南油气分公司、江汉油田分公司、中原油田普光分公司、华东油气分公司等单位。

本卷是在《中国石油地质志（第二版）》总编委会和《中国石油地质志（第二版）·卷十三 四川油气区（中国石化）》编纂委员会的指导下，由编写小组成员共同完成。本书的具体章节分工如下：前言由胡东风完成；第一章概况和第二章勘探历程由石文斌、唐德海等完成；第三章地层由胡东风、盘昌林、朱祥等完成；第四章构造由郑天发、张文军、裴振洪等完成；第五章沉积环境与相由郭旭升、盘昌林、朱祥等完成；第六章烃源岩由段金宝、徐祖新等完成；第七章储层由胡东风、盘昌林、朱祥、刘明、杜红权、南红丽等完成；第八章天然气地质由王威、王良军等完成；第九章非常规油气地质由郭旭升、魏祥峰、赵陵、倪楷、刘超等完成；第十章油气藏形成与分布由黄仁春、段金宝、金民东、郑建华等完成；第十一章油气田各论由胡东风、王良军、张庆峰、刘若冰、郑海、罗彦萍、南红丽、曾正清、郑爱维、孟宪武、庞河清、程秀申、姜淑霞、刘莉等完成；第十二章典型油气勘探案例由黄仁春、张庆峰、张汉荣、段文燊、杨永剑等完成；第十三章油气资源潜力与勘探方向由王良军、曾韬、魏祥峰、王威等完成；第十四章油气勘探技术进展由胡东风、郑天发、敬朋贵、蒲勇、石文斌、魏祥峰、李文成、段华、陈祖庆、严伟、徐天吉等完成；附录大事记由黄仁春、冯明刚、盘昌林、郑海编写。全书经《中国石油地质志（第二版）·卷十三 四川油气区（中国石化）》编纂委员会审定。参加本书技术审定的专家有：郭旭升、胡东风、郑天发、黄仁春、瞿佳、凡睿、袁卫国、敬朋贵、魏志红、李宇平、王良军、石文斌、段金宝、陈祖庆、蒲勇、王威、李金磊、谢刚平、盘昌林、段文燊、李继庆、曾正清、高玉巧、朱宏权等。

在本书的编写过程中，得到了马永生院士的指导，中国石油化工股份有限公司油田事业部、中国石油化工石油勘探开发研究院的帮助和支持，中国石化西南油气分公司、江汉油田分公司、中原油田普光分公司、华东油气分公司等单位的大力支持和帮助，在此谨致诚挚谢意；感谢蔡勋育、秦建中教授为本书修编所提的宝贵意见。尹正武、盛秋红、夏文谦、李让彬、熊治富、苏克露、季春辉、李毕松、岳全玲、刘新义、魏富彬、袁桃、燕继红、李辉、王庆波、卜涛、宋晓波、王海军、何祖荣、赵姗姗、汪仁富、隆柯、杨映涛、董军、阎丽妮、王岩、张天操、何秀彬、袁洪、叶素娟、张世华、袁东山、胡华伟等参加了前期研究和编写工作，唐秀丽、胡伟光、郭绍龙、叶晓斌、黄勇、贺鸿冰、王伟克、代俊清、曾鹏珲等参加了后期统稿校对工作，附图主要由中国石化股份有限公司勘探分公司研究院绘图组清绘，在此一并表示感谢。

由于资料多、研究对象复杂，加之编写人员经验、水平有限，书中难免有不妥之处，敬请指正。

PREFACE

This volume is the Sichuan Oil and Gas Province （SINOPEC） of *Petroleum Geology of China*. It is mainly about Sichuan Basin, besides, it includes part of peripheral regions of Sichuan basin, based on research data of SINOPEC exploration area in Sichuan basin.

Sichuan basin is rich in natural gas resources, which was used for a long time in the history. As early as Qin and Han dynasty, there were records about using gas in salt well and gas wells. However, the large-scale exploration and development of oil and gas in the Sichuan basin started from New China established. In the early stage, guided mainly by structural exploration, some exploration effectiveness was acquired. For example, between 1970s and 1980s, some gas fields were discovered, such as those in Carboniferous, Permian, Triassic, and so on. *Petroleum Geology of China*（Vol.10）, printed in 1987, preferably concluded the basic characteristics of petroleum geology and early exploration achievement. After nearly 30 years of oil and gas exploration and research, great progress was made in drilling, testing technology and geophysical exploration, and a series of new research achievements of sedimentation and stratigraphy, petroleum resources assessment, hydrocarbon generation, reservoir forming conditions, hydrocarbon enrichment regularities and exploration evaluation technology of Sichuan Basin have been obtained. With the transfer of petroleum exploration idea from structural exploration to structure-lithology exploration, since 2000, a series of large gas fields such as Puguang, Yuanba, Anyue, Guangan, Hechuan, Xinchang have been discovered. These gas fields promoted rapid growth of proved geological reserves in Sichuan Basin. Through the progress of shale gas theory and techniques, and application of horizontal wells and staged fracturing technology, large shale gas fields such as Fuling, Changning and Weirong were discovered. From then on, Sichuan Basin entered a new phase of great gas development of both conventional and unconventional gas. By the end of 2019, industrial oil and gas had been discovered in 36 series of strata from Sinian to Jurassic of Sichuan Basin. The proved gas geological reserves were $5.69 \times 10^{12} \, m^3$（SINOPEC $2.38 \times 10^{12} \, m^3$）, and proved shale gas geological reserves were $1.67×10^{12}m^3$ （SINOPEC $7,489.45×10^8 m^3$）. The accumulative total gas production was $6,660.4×10^8 m^3$, and shale gas was $490.75×10^8 m^3$. The proved petroleum geological reserves was $7,588.96×10^4 t$（SINOPEC $250×10^4 t$）, and the cumulative oil production was $597.83×10^4 t$.

Sichuan Oil and Gas Province （SINOPEC） of this new edition of *Petroleum Geology of China* is organized and written by SINOPEC Exploration Company. Taking the basic oil and gas geological conditions of Sichuan Basin as the main clue, the book systematically has summarized the new theories, new technologies and exploration achievements in the fields of structure, stratum, sedimentary reservoir, hydrocarbon generation, reservoir formation and preservation of the past 30 years. Data of this book are mainly from final report about scientific research and production of SINOPEC Exploration Company, Southwest Oil&Gas Company, Jianghan Oil Field Company, Zhongyuan Oil Field Puguang Branch and East China Oil Field Company, *Petroleum Geology of China* printed in 1987, and *Dynamic Accumulation of Natural Gas in Sichuan Basin*. Besides, some achievements and data of geological minerals department and academy, and a large number of published literature and monographs have been used for reference. All illustrations were from SINOPEC Exploration Company, Southwest Oil&Gas Company, Jianghan Oil Field Company, Zhongyuan Oil Field Puguang Branch, East China Oil&Gas Company except for company indicated.

All writing team members together completed this book under the direction of editorial board of *Petroleum Geology of China* and Sichuan volume of SINOPEC. Specific chapter division is as follows. Preface was written by Hu Dongfeng. Chapter 1 and 2 are written by Shi Wenbin, Tang Dehai, etc. Chapter 3 was written by Hu Dongfeng, Pan Changlin and Zhu Xiang, etc. Chapter 4 was written by Zheng Tianfa, Zhang Wenjun and Pei Zhenhong, etc. Chapter 5 was written by Guo Xusheng, Pan Changlin and Zhu Xiang, etc. Chapter 6 is written by Duan Jinbao, Xu Zuxin, etc. Chapter 7 was written by Hu Dongfeng, Pan Changlin , Zhu Xiang, Liu Ming , Du Hongquan, Nan Hongli, etc. Chapter 8 was written by Wang Wei, Wang Liangjun, etc. Chapter 9 was written by Guo Xusheng, Wei Xiangfeng, Zhao Ling, Ni Kai , Liu Chao, etc. Chapter 10 was written by Huang Renchun, Duan Jinbao, Jin Mindong, Zheng Jianhua, etc. Chapter 11 was written by Hu Dongfeng, Wang Liangjun, Zhang Qingfeng, Liu Ruobing, Zheng Hai, Luo Yanping, Nan Hongli, Zeng Zhengqing, Zheng Aiwei, Meng Xianwu, Pang Heqing, Cheng

Xiushen, Jiang Shuxia, Liu Li, etc. Chapter 12 was written by Huang Renchun, Zhang Qingfeng, Zhang Hanrong, Duan Wenshen, Yang Yongjian, etc. Chapter 13 was written by Wang Liangjun, Zeng Tao, Wei Xiangfeng, Wang Wei, etc. Chapter 14 was written by Hu Dongfeng, Zheng Tianfa, Jing Penggui, Pu Yong, Shi Wenbin, Wei Xiangfeng, Li Wencheng, Duan Hua, Chen Zuqing, Yan Wei, Xu Tianji, etc. Appendix: Main Events is written by Huang Renchun, Feng Minggang, Pan Changlin, Zheng Hai. The full text is determined by the compilation committee of Sichuan Oil and Gas Province (SINOPEC) of *Petroleum Geology of China*. The technical determination experts as follows: Guo Xusheng, Hu Dongfeng, Zheng Tianfa, Huang Renchun, Qu Jia, Fan Rui, Yuan Weiguo, Jing Penggui, Wei Zhihong, Li Yuping, Wang Liangjun, Shi Wenbin, Duan Jinbao, Chen Zuqing, Pu Yong, Wang Wei, Li Jinlei, Xie Gangping, Pan Changlin, Duan Wenshen, Li Jiqing, Zeng Zhengqing, Gao Yuqiao, Zhu Hongquan, etc.

During writing and revising of the work, we have received guidances of Academician Ma Yongsheng, and assistances and supports from Oil Field Department of SINOPEC and Research Institute of Petroleum Exploration and Development of SINOPEC, Southwest Oil&Gas Company, Jianghan Oil, field Company, Zhongyuan Oil field Puguang Branch and East China Oil&Gas Company. Sincere thanks to all companys and people above. And thanks to professor Cai Xunyu and Qin Jianzhong for valuable advice. Furthermore, there are large amount of work done in preliminary study and writing by: Yin Zhengwu, Sheng Qiuhong, Xia Wenqian, Li Rangbin, Xiong Zhifu, Su Kelu, Ji Chunhui, Li Bisong, Yue Quanling, Liu Xinyi, Wei Fubin, Yuan Tao, Yan Jihong, Li Hui, Wang Qingbo, Bu Tao, Song Xiaobo, Wang Haijun, He Zurong, Zhao Shanshan, Wang Renfu, Long Ke, Yang Yingtao, Dong Jun, Yan Lini, Wang Yan, Zhang Tiancao, He Xiubin, Yuan Hong, Ye Sujuan, Zhang Shihua, Yuan Dongshan, Hu Huawei, etc, and there are a lot of work done in the later period of proofreading by: Tang Xiuli, Hu Weiguang, Guo Shaolong, Ye Xiaobin, Huang Yong, He Hongbing, Wang Weike, Dai Junqing, Zeng Penghui, etc. Besides, there are a lot of image making and editing work has been done mainly by image making group of research institute of SINOPEC Exploration Company. Thanks to all the people above.

Due to the huge data amount, tight time, complicated objects of study, and limited experience and expertise of people involved in the revision, there may be some inadequacy still in the work. It is appreciated to specify them for later correction.

目 录

CONTENTS

第一章 概　况

第一节　自然地理

四川盆地位于中国西南部，地跨四川省和重庆市（图 1-1），是中国南方最大的含油气盆地，也是中国典型的叠合盆地。盆地整体呈菱形，介于北纬 28°53′ 至 32°24′、东经 103°11′ 至 107°43′，面积约 $19 \times 10^4 km^2$。盆地内绝大部分由中生界、新生界陆相砂泥岩层系所覆盖，部分地区条带状出露震旦系—三叠系海相碳酸盐岩地层。盆地内部龙泉山和龙门山、邛崃山之间为川西平原，海拔 460～750m，地势由西北向东南倾斜，地势平坦，相对高差一般不超过 30～50m；龙泉山和华蓥山之间的盆中丘陵，地势低矮，海拔在 300～500m 之间，相对高差 50～150m，地势由北向南倾斜；华蓥山以东为盆东平行岭谷区，由多条近北东—南西走向的条状背斜山地与向斜宽谷组成，山地陡而窄，高 700～1000m，其中，华蓥山高 1705m，为盆内最高峰。四川盆地边缘地区属强烈上

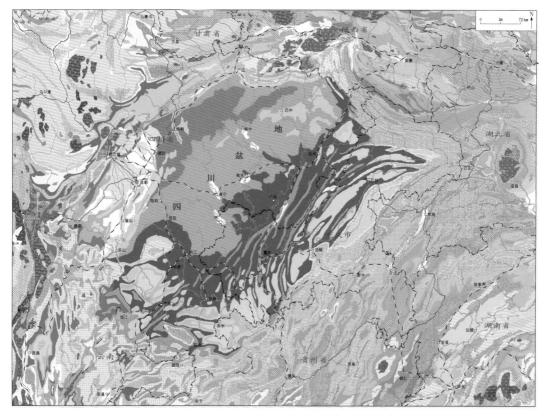

图 1-1　四川盆地地理位置图

升的褶皱带，为一系列中山和低山所围绕，西北为青藏高原和横断山脉，西北缘为龙门山；北部为秦岭，北缘为米仓山、大巴山；东部为湘鄂西山地，边缘为武陵山、大娄山、巫山；南连云贵高原，边缘为大凉山。

四川盆地是中国最大的外流盆地，其河流属长江水系。其中长江干流横贯四川盆地，自南西方向流入，并呈北东方向流出盆地。嘉陵江、涪江、沱江、岷江等重要支流自北而南汇入长江，进一步反映了盆地北高南低的地形特点。

四川盆地整体属亚热带季风性湿润气候，地形闭塞，由于北部秦岭阻挡冷空气，冬季气温高于同纬度其他地区。盆地气温东南高西北低，盆底高边缘低，各地年平均温度16～18℃。最冷月份北部平均温度3～5℃，南部5～8℃；盆地北部极端最低温 -8～-5℃，南部 -5～-2℃。霜雪少见，年无霜期长达280～350天。盆地内长江河谷带的长宁，全年无霜。盆地西部夏季平均气温约25℃，湿度较大。盆地东部最热月气温高达26～29℃，盆内长江河谷局部达到30℃。盛夏连晴高温天气经常造成盆地东南部严重的夏伏旱。盆地边缘气候具有垂直分布的特点，盆地内雾大湿重，云低阴天多。年降水量1000～1300mm，盆地边缘山地降水十分充沛，如乐山和雅安间的西缘山地，年降水量1500～1800mm，为中国突出的多雨区，有"华西雨屏"之称。但冬干、春旱、夏涝、秋绵雨，年内分配不均，70%～75%的雨量集中于6—10月。最大日降水量可达300～500mm，有利于水电事业的发展，成都平原有著名的水利工程——都江堰。

四川盆地有完整的内河航运系统，以长江为主干，各大支流航线可达邻省边境。铁路、公路也十分发达，古时对外交通不便，有"蜀道难，难于上青天"之说，今已修建成渝、宝成、成昆、川黔、襄渝等多条铁路，高速路网发达。改革开放后，四川盆地航空业发展迅猛，其中重庆江北国际机场、成都双流国际机场跨入中国八大区域性枢纽机场之列，开辟了成都、重庆飞往全国和世界各主要城市的航空线，交通形势有了根本性改变。

四川盆地土地利用极为精密，农业上精耕细作，以水稻为主，还有种类繁多的经济作物，如棉花、烟草、茶叶、蚕桑、甘蔗、油料等。边缘山地是多种经济林木和用材林基地，盆地内部耕地连片，是中国重要的水稻、油菜籽产区。

四川盆地是中国动物种类最多、最齐全的地区之一。据统计，除鱼类外，盆地内部共有动物417种，盆地西缘、北缘和南缘山地分别为487种、317种与288种，其中经济动物均占一半以上。盆地西缘山地是中国特有的古老动物保存最好、最集中的地区，属于一类保护动物的有大熊猫、金丝猴、扭角羚、灰金丝猴、白唇鹿等。

四川盆地矿产资源也很丰富，已开采的有煤、铁、食盐、石油、天然气、芒硝等，另外尚有石棉、金、铜、铅、锌、锶、磷灰石、硫黄等，其中天然气、芒硝为中国之冠，并有中国重要的锶矿。

四川盆地是中国西部工业门类最齐全，优势产品最多实力最强的工业基地，在中国西南地区居首要地位。其中机械、电子、冶金、化工、航空航天、核工业、建筑材料、食品、丝绸、皮革等行业在西部地区乃至全国占有重要地位。另外，新一代信息技术、高端装备制造、新能源、新材料、生物、节能环保等战略性新兴产业得到快速发展。同时，金融、保险、信息、物流、法律服务和咨询服务等现代服务业以及与人民生活息息相关的文化、旅游和居民服务业也迅速发展。

四川盆地内人口密集，聚居着四川省和重庆市大部分人口及云南省和贵州省的小部分人口，居民主要为汉族巴蜀民系，是中国和世界上人口最多的区域之一。四川省是多民族聚居地，有 56 个民族，也是全国唯一的羌族聚居地、最大的彝族聚居区和全国第二大藏区。中等以上城市遍布全域，除成都、重庆两个特大城市外，绵阳、德阳、自贡、乐山、内江、泸州、宜宾、南充、达州、涪陵、万州等大中型城市多沿江河而立，交通方便、商业发达，是重要的工农业产品的集散地。

第二节 区 域 地 质

四川盆地构造上处于中上扬子克拉通内，在显生宙表现为板块构造围限下的陆内变形与盆地发育过程。北侧为秦岭洋盆，西南侧为昌宁—孟连洋盆、金沙江—墨江洋盆、甘孜—理唐洋盆（主要为古特提斯洋盆），东南侧为江南—雪峰陆内裂陷带（主要为早古生代裂陷），西北侧为龙门山陆内裂陷带（主要为晚古生代裂陷）（图 1-2）。这些洋盆或裂陷带的开启和关闭使得四川盆地及邻区经历了原特提斯洋（Z—S）、古特提斯洋（D—T）与新特提斯洋（J—Q）三个演化阶段，在克拉通内部表现为伸展（盆地）与挤压交替的特点，体现出盆地发展的旋回性。发育巨厚的震旦纪—中三叠世海相沉积、晚三叠世早期海陆过渡相和晚三叠世中期—始新世陆相碎屑岩沉积。

四川盆地属于"扬子准地台"上的一个次一级构造单元，是由褶皱和断裂围限起来的一个巨大构造盆地。四川盆地的发育具典型多旋回性，经历长期演化，具多层次结构、多期构造动力成盆和构造变动史，因而其含油气系统亦具多层次生油、多期成藏和多幕构造调整改造的复杂性。

四川盆地形成与演化经历了六个构造旋回（扬子旋回、加里东旋回、海西旋回、印支旋回、燕山旋回、喜马拉雅旋回）、四个主要阶段（前震旦纪基底形成阶段、震旦纪—早古生代原特提斯阶段、泥盆纪—三叠纪古特提斯阶段、侏罗纪—新生代新特提斯洋阶段），从而构成纵向上由震旦纪—中三叠世海盆与上覆陆盆叠置的多旋回盆地特征。

一、前震旦纪基底形成阶段

四川盆地基底主要为前南华系变质岩系（局部发育新元古界南华系），主要由一套变质岩及火山岩组成，厚数千米至万余米。其上的沉积盖层发育齐全，总厚 6000~12000m，主要出露于盆地外围地区。岩浆岩主要发育在晋宁期、澄江期、加里东期、海西期、印支期及燕山期；喷发岩主要发育在海西期，主要发生于二叠纪，广泛分布于峨眉、凉山、米易和雅砻江一带，川西、川西南及川东南井下也有少数井钻遇。新元古界南华系既有沉积岩，也有火山岩，沉积岩主要分布在川东三峡地区，火山岩主要分布在甘洛、汉源地区。受晋宁运动影响，区内南华系超覆不整合于前南华系古老变质岩及其相应时代的侵入岩体之上，顶部与震旦系整合或不整合接触。

四川盆地基底大致由四层结构组成：（1）太古宇至元古宇结晶基底层，2900—1700Ma，由一套中基性火山岩组成；（2）中元古界褶皱基底层，是晋宁运动后受挤压形成的褶皱带，1700—1000Ma，由陆源碎屑岩、碳酸盐岩及火山喷发岩组成；（3）新元古界南华系火山岩和火山碎屑岩基底层，800—750Ma，反映了罗迪尼亚超级大

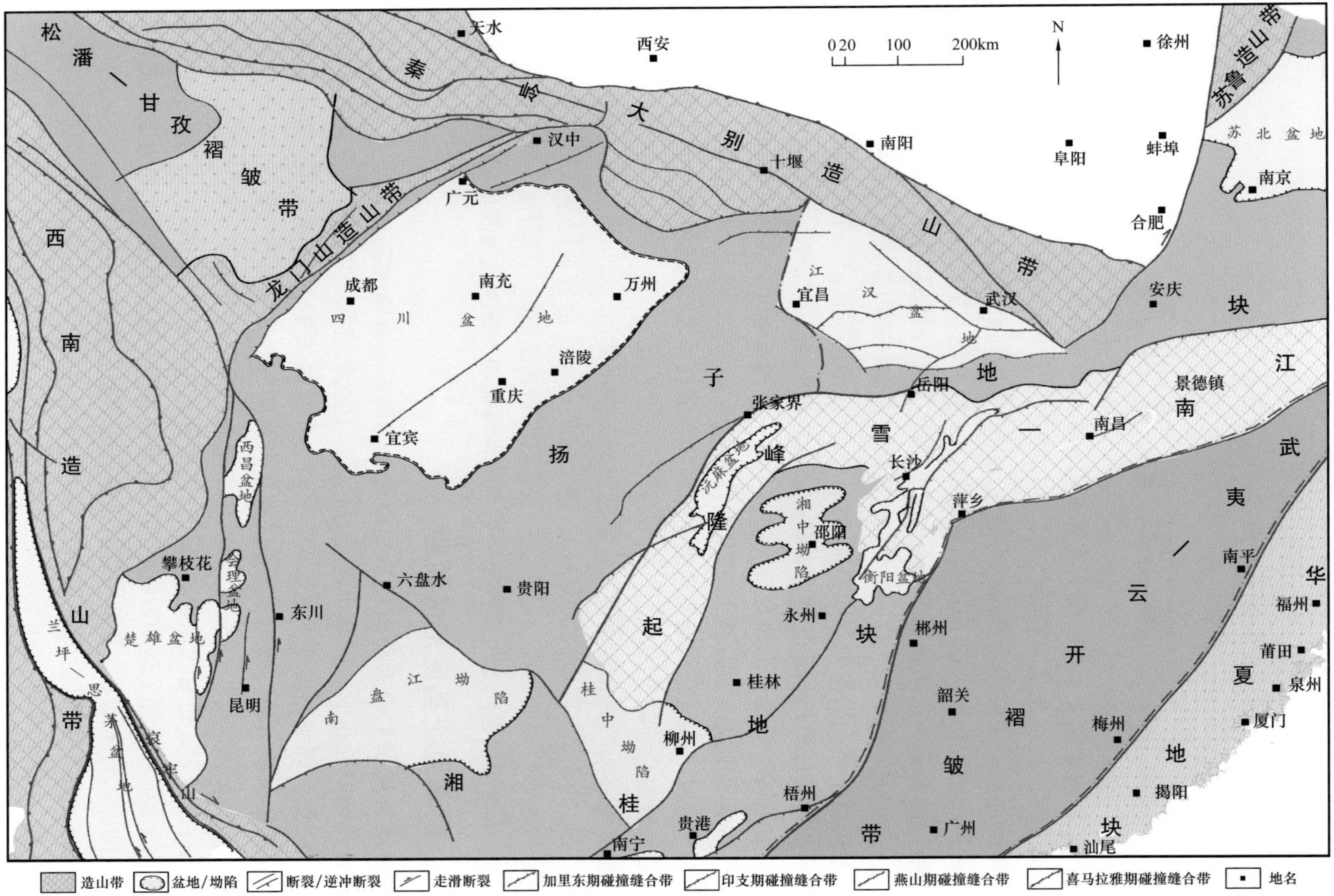

图 1-2 四川盆地构造位置图

陆解体、上扬子的裂谷张裂背景；（4）过渡基底层，澄江运动之后，上扬子古板块基底形成，其上接受列古六组、观音崖组／陡山沱组等沉积，地层填平补齐，无火山岩沉积，基底夷平，开始震旦纪沉积。

二、震旦纪—早古生代原特提斯阶段

震旦系到中三叠统是海相沉积，以碳酸盐岩为主，厚4000～7000m。震旦系分为上、下两统，全区发育良好，岩性变化小，分布稳定，但由于后期受桐湾运动影响，上震旦统灯影组四段在威远以南局部地区遭受剥蚀缺失。寒武系、奥陶系、志留系在盆地范围内广泛分布，属地台型沉积。由于后期受加里东运动影响，中—上寒武统和奥陶系在成都以南局部地区遭受剥蚀缺失。志留系的剥蚀范围更大，南充、成都、威远一带已无保留。

三、泥盆纪—三叠纪古特提斯阶段

四川盆地海相沉积总体上是在拉张环境下形成的地台层序。这一沉积期内，扬子地台为宽阔的浅水大陆架，而四川盆地是陆架上的一个相对隆起的台地。沉积以浅海及潮坪碳酸盐岩沉积为主，时间长、时代老、层系全、厚度大，是四川盆地油气分布的主要领域。其中泥盆系、石炭系沉积时，以四川、黔北为主体的上扬子古陆始终保持上升状态，盆地内部大面积缺失，只在盆地边缘见有发育齐全的泥盆系、石炭系。二叠系遍布全区，为浅海台地沉积；中—晚二叠世初，在川西南沿断裂有大量玄武岩喷发。中—下三叠统也是一套浅海台地沉积，分布广泛。直到中三叠世末早印支运动、上扬子区整体抬升，盆地内部遭受不同程度的剥蚀，大规模海侵从此结束。上三叠统是一套海陆过渡及湖盆沉积，厚250～3000m。

四、侏罗纪—新生代新特提斯洋阶段

四川盆地陆相沉积是在挤压环境下形成的前陆及陆内层序，经历了晚三叠世前陆盆地、侏罗纪至始新世陆内坳陷盆地的两个发展阶段。这与盆缘山系的隆升活动息息相关。分布于盆地西北及东北缘的龙门山、大巴山山系自印支期以来，在长期阶段性的挤压作用下，上地壳内发生多层次滑脱、褶皱、冲断和推覆，向陆相沉积盆地递进侵位，最后形成了冲断推覆构造山系。分布于四川盆地东南及西南缘的齐岳山、大相岭盆缘山系，是由滨太平洋构造挤压形成的。燕山运动晚期，齐岳山以东形成褶曲与冲断；喜马拉雅运动中期，齐岳山以西形成川东隔挡式褶皱。四川盆地边缘在长期的挤压应力作用下，先后崛起成山，并渐次向盆内迁移，此时沉积建造逐渐停滞而代之以构造变形和隆升作用为主的盆地改造。侏罗系至新近系全为陆相地层，主要是一套碎屑岩，厚2000～5000m。侏罗纪湖盆范围较大，到白垩纪、古近纪、新近纪湖盆范围逐渐收缩，最后经喜马拉雅运动才使四川盆地的面貌基本定型。第四系为冲积、洪积层，由疏松泥砂及砾石组成，分布在现代河流的两岸，一般厚0～100m。

自新元古代以来，四川盆地经历了大范围的二次拉张运动，对四川盆地油气勘探产生重大影响，分别为"兴凯"和"峨眉"地裂运动。兴凯地裂运动发生于震旦纪至中寒武世，在地裂运动相对较弱的部位形成早古生代被动大陆边缘盆地；峨眉地裂运动始于中泥盆世，结束于早三叠世末（嘉陵江组沉积期末），最迟可延至中三叠世末（天井山组沉积期）（刘树根等，2013）。

兴凯地裂运动在四川盆地形成一系列基底断裂，如龙泉山、华蓥山和齐岳山等大断裂，控制了后期四川盆地东西向构造的分布。地裂运动形成的构造格局为川东至湘鄂西提供了塑性基底，对该区后期隔挡式和隔槽式构造强烈变形有重要作用。震旦纪至早古生代黑色页岩沉积阶段，在扬子板块内部及稳定大陆边缘形成的陡山沱组、梅树村组—筇竹寺组优质烃源岩，对下组合古油藏提供了物质基础。兴凯地裂运动形成了扬子古陆刚性基底，为后期加里东期构造大隆、大坳变形提供了条件，为古油藏的形成提供了构造基础（孙玮，2011）。

在20世纪80年代初，按"峨眉地裂运动"观点首次提出在四川盆地寻找上二叠统生物礁块气藏的建议。2002年，中国石化勘探分公司发现普光构造—岩性大气田，2006年相继钻探发现了元坝大气田。峨眉地裂运动和峨眉山玄武岩的研究，为二叠系、三叠系白云岩储层、构造热液白云岩和玄武岩形成机理的研究提供了必要的条件。

四川盆地地层纵向上层系齐全、厚度巨大，具有多层系、多旋回特点。盆地边缘主要分布新元古界、古生界。大凉山、龙门山、米仓山还出露有中酸性和基性、超基性岩浆岩，构成了环绕四川盆地的周边。此外，在华蓥山背斜核部有部分古生界出露；中生界遍及盆地内部，新生界主要分布在成都平原及现代河流的两岸（图1-3）。

第三节　油　气　地　质

四川盆地的巨厚沉积为油气的形成和富集提供了丰富的物质基础，特别是由于地壳振荡运动和沉积环境的变迁，导致四川盆地的油气层具有多旋回特点，纵向上形成多套含油气层系。通过60多年的勘探开发，四川盆地已证实的含油气层系有震旦系、寒武系、志留系、泥盆系、石炭系、二叠系、三叠系和侏罗系，其中上震旦统灯影组，寒武系龙王庙组，中石炭统黄龙组，中二叠统栖霞组、茅口组，上二叠统长兴组，下三叠统飞仙关组、嘉陵江组，中三叠统雷口坡组，上三叠统须家河组和下侏罗统自流井组都是区域性的重要产油气层。在这些产油气层当中既有海相沉积也有海陆过渡相沉积和陆相沉积，既有碳酸盐岩也有碎屑岩，还发育页岩气层。

受构造沉积充填影响，四川盆地纵向上可划分为：震旦系—下古生界、上古生界—中下三叠统、上三叠统—白垩系三大套含油气系统；以储层为中心，油气聚集模式可划分为下生上储式、上生下储式、上下生中储式、侧生式等多种组合类型（图1-4）。

一、震旦系—下古生界含油气系统

震旦系—下古生界含油气系统是指以志留系、奥陶系、寒武系和震旦系海相沉积为主体的成藏组合。大型裂陷（坳陷）控制了盆地震旦系—下古生界主要烃源岩展布，发育两套区域性主力烃源岩：寒武系筇竹寺组（牛蹄塘组）黑色碳质泥岩和奥陶系五峰组—志留系龙马溪组黑色页岩，主要分布于绵阳—长宁裂陷槽和盆地东部坳陷中心。其中，筇竹寺组烃源岩厚度为50～200m，总有机碳（TOC）含量介于0.50%～8.49%，属腐泥型烃源岩。五峰组—龙马溪组硅质页岩烃源岩厚度为20～140m，TOC含量介于0.55%～5.89%，为腐泥型烃源岩。

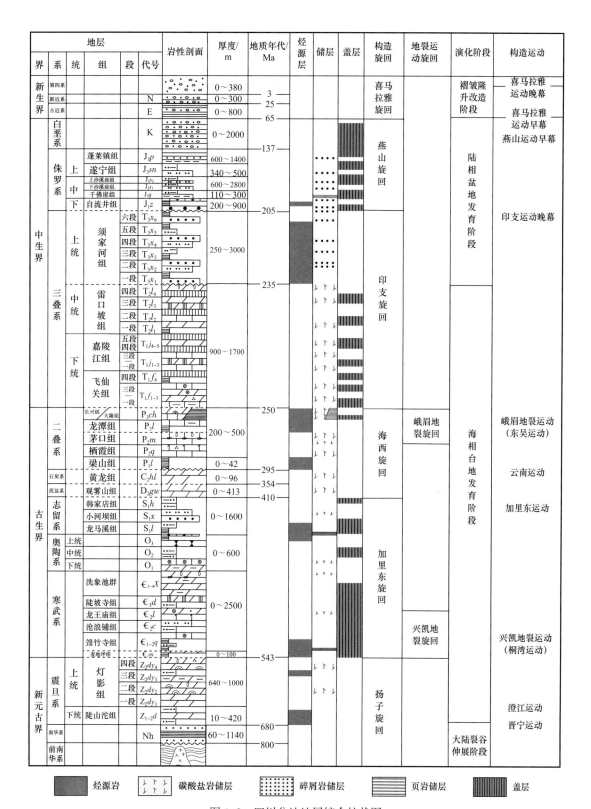

图 1-3 四川盆地地层综合柱状图

此外，四川盆地震旦系—下古生界发育三套地区性烃源岩，分别为震旦系陡山沱组碳质泥页岩、灯影组三段含硅碳质泥岩以及下寒武统麦地坪组碳质泥岩，主要分布于川东北、川中地区。

震旦系—下古生界发育七套储层：震旦系灯影组，寒武系沧浪铺组、陡坡寺组、龙王庙组（石龙洞组）及洗象池群（娄山关群/三游洞组），奥陶系宝塔组，志留系石牛栏组/小河坝组。其中优质储层有三套，主要分布在灯影组、龙王庙组和洗象池群。

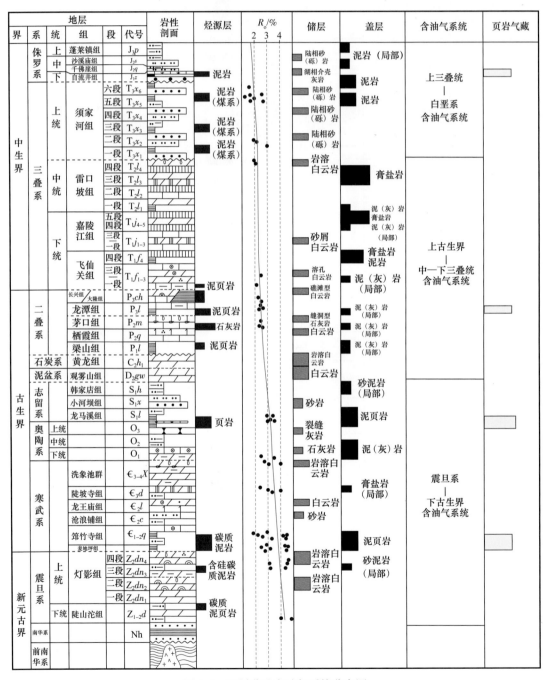

图 1-4　四川盆地含油气系统分布图

区内盖层广泛发育，除上述的烃源岩层可作为盖层外，主要的盖层有寒武系膏盐岩、奥陶系石灰岩和志留系韩家店组泥岩。

震旦系—下古生界主要发育有三套生储盖组合：

（1）震旦系陡山沱组＋灯影组三段＋寒武系筇竹寺组（生）—震旦系灯影组二、四段（储）—寒武系（盖）组合。

该组合烃源岩主要为筇竹寺组（牛蹄塘组）黑色碳质泥岩，次为陡山沱组及灯影组三段暗色泥岩；储层为灯影组二段、四段藻白云岩、中—细晶白云岩、颗粒白云岩及针孔白云岩；盖层为下寒武统泥页岩。主要为上下生中储式和侧生式组合，该生储盖组合成藏匹配优越，近源成藏，已发现威远气田和高石梯气田。

（2）寒武系筇竹寺组（生）—寒武系龙王庙组＋洗象池群（储）—志留系（盖）组合。

该组合烃源岩主要为筇竹寺组（牛蹄塘组）黑色碳质泥岩；储层为龙王庙组（石龙洞组）、洗象池群（娄山关群）颗粒白云岩和溶孔白云岩，志留系泥质岩为区域性盖层。为下生上储式组合，该生储盖组合成藏匹配优越，已发现磨溪气田。

（3）奥陶系五峰组＋志留系龙马溪组（生）—下志留统（储）—志留系（盖）组合。

该组合烃源岩为五峰组—龙马溪组页岩、硅质页岩，它是四川盆地最好的烃源岩层之一；储层为志留系石牛栏组碳酸盐岩、小河坝组和韩家店组砂岩储层；盖层为上覆志留系韩家店组泥岩。为下生上储式组合，该组合石灰岩和砂岩储层较致密，尚未取得好的发现。

此外，在北美页岩气勘探开发成功经验的启示下，通过加强四川盆地海相页岩气勘探，发现了下寒武统筇竹寺组和上奥陶统五峰组—下志留统龙马溪组两套页岩气层，岩性主要为黑色碳质泥页岩、硅质页岩，具有有机质含量高、物性较好、含气性好以及顶底板条件好等特点，具有自生自储的油气成藏特征。两套页岩气层勘探均取得工业发现，其中上奥陶统五峰组—下志留统龙马溪组页岩气在涪陵、长宁和威远等地区已投入开发建产。

二、上古生界—中下三叠统含油气系统

上古生界—中下三叠统含油气系统是指以上古生界泥盆系、石炭系、二叠系和中生界中下三叠统海相沉积为主体的成藏组合。该组合发育两套区域性烃源岩：二叠系茅口组—栖霞组泥质灰岩、含泥灰岩和龙潭组（吴家坪组）碳质泥岩、泥质灰岩。栖霞组—茅口组烃源岩全盆地均有分布，栖霞组烃源岩厚度为10～70m，茅口组烃源岩厚度为30～220m。栖霞组烃源岩 TOC 含量为 0.7%～0.9%，属于腐泥型烃源岩；茅口组烃源岩 TOC 含量为 0.7%～1.1%，为腐殖—腐泥型烃源岩。上二叠统龙潭组（吴家坪组）烃源岩厚度为 20～160m，烃源岩有机质丰度较高，TOC 含量为 0.5%～8.0%，其中浅海斜坡相区（吴家坪组）为腐殖—腐泥型烃源岩，海陆交互相区（龙潭组）为腐殖型烃源岩。

此外，该组合还发育三套地区性烃源岩：梁山组泥质岩、上二叠统大隆组深水陆棚相泥质岩、中三叠统雷口坡组深灰色含泥灰岩。其中，上二叠统大隆组深水陆棚相泥质岩为优质烃源岩，生烃强度大，主要分布在开江—梁平陆棚地区；梁山组暗色泥岩烃源岩厚度较薄，一般小于 10m，分布较局限；雷口坡组深灰色含泥灰岩虽然厚度较大，但

TOC 含量不高，主要分布在川西地区。

上古生界—中下三叠统主要发育七套储层：石炭系黄龙组不整合白云岩岩溶储层，二叠系栖霞组糖粒状溶孔白云岩储层，茅口组裂缝—溶孔型石灰岩、白云质灰岩储层，长兴组礁滩相溶孔白云岩储层，飞仙关组滩相溶孔白云岩储层，嘉陵江组砂屑白云岩储层，雷口坡组颗粒白云岩储层。

区内盖层广泛发育，主要发育栖霞组泥晶灰岩、吴家坪组泥晶灰岩、飞四段泥岩及硬石膏岩、嘉陵江组—雷口坡组膏盐层等。

四川盆地上古生界—中下三叠统主要发育五套生储盖组合。

（1）奥陶系五峰组+志留系龙马溪组（生）—石炭系黄龙组（储）—二叠系（盖）组合。

该组合烃源岩为五峰组—龙马溪组暗色硅质页岩、页岩、碳质页岩，储层为石炭系黄龙组古风化壳白云岩储层；盖层为上覆二叠系致密灰岩。该组合最大的特点是受加里东期区域性大型不整合面控制，主要分布在川东地区；为下生上储式组合，已发现相国寺、大池干井等石炭系气田群。

（2）下寒武统+下志留统+中二叠统（生）—泥盆系+栖霞组+茅口组（储）—中下三叠统（盖）组合。

该组合烃源岩为下寒武统灰黑色、黑色泥页岩，下志留统深灰色、灰黑色页岩和中二叠统黑色硅质岩、泥岩及黑色生屑灰岩；储层为泥盆系粉—细晶白云岩、残余砂屑白云岩，中二叠统栖霞组泥晶白云岩及茅口组生屑亮晶粒屑灰岩；盖层为中—下三叠统膏盐岩系、石灰岩及泥质岩。该套生储盖组合主要分布在川西北、川中及川东南地区，为下生上储式组合。

（3）二叠系梁山组+龙潭组/吴家坪组+大隆组（生）—茅口组+栖霞组+长兴组+飞仙关组（储）—三叠系嘉陵江+雷口坡组（盖）组合。

该组合以二叠系梁山组、龙潭组（吴家坪组）和大隆组为主力烃源层；茅口组、长兴组和飞仙关组为储层；中—下三叠统嘉陵江组—雷口坡组膏盐岩为区域盖层。为下生上储式、侧生式和上生下储式组合。

该组合包含了三个次一级的生储盖组合：一是下二叠统（烃源层）—栖霞组（储层）—上二叠统（盖层）组合，已在川西双鱼石、九龙山和川中磨溪等地区取得发现。二是下二叠统+龙潭组（烃源层）—茅口组（储层）—上二叠统（盖层）组合，该组合在蜀南地区发现了茅口组岩溶缝洞气田群，川西、川东、川北主要为裂缝—孔隙型气藏。三是吴家坪组+大隆组（烃源层）—长兴组、飞仙关组（礁滩储层）—中上三叠统（区域盖层）组合，该组合成藏条件优越，近源成藏，在开江—梁平陆棚两侧已发现普光、元坝和龙岗等长兴组—飞仙关组气田群。

二叠系龙潭组海陆过渡相泥页岩既是四川盆地重要的烃源岩，脆性矿物含量较高、孔隙度较高、有机碳含量高、热演化程度适中、含气性较好，同时还具备页岩气形成的有利条件。

（4）二叠系梁山组+龙潭组/吴家坪组+大隆组（生）—三叠系嘉陵江组二段（储）—三叠系嘉陵江组（盖）组合。

该组合以二叠系梁山组、龙潭组（吴家坪组）和大隆组为主力烃源层；三叠系嘉陵江组二段为储层，储层岩性为残余藻屑白云岩、残余鲕粒砂屑白云岩和残余砂屑白云岩、中—粉晶白云岩；嘉四段—嘉五段区域膏盐岩为盖层。为下生上储式组合。

（5）二叠系＋中三叠统雷口坡组（生）—中三叠统雷口坡组（储）—上三叠统须家河组（盖）组合。

该组合烃源岩主要为二叠系泥灰岩、泥岩和中三叠统雷口坡组深灰色含泥灰岩，可能混有须家河组等气源；储层主要为雷四段藻白云岩、细晶白云岩和雷三段颗粒白云岩，其中雷四段受印支期岩溶改造储集物性进一步改善；盖层主要为须家河组致密砂岩和泥质岩。雷四段已在川西彭州、川北元坝等地区取得发现，雷三段已发现中坝和磨溪等气田。

三、上三叠统—白垩系含油气系统

上三叠统—白垩系含油气系统是指以陆相沉积的上三叠统、侏罗系和白垩系为主体的成藏组合。该组合主要发育两套区域性烃源岩，其中上三叠统须家河组烃源岩区内广泛分布，主要发育在须三段和须五段，须一段烃源岩仅川西地区厚度较大，为黑色含煤泥质岩；侏罗系暗色泥质岩为一套浅湖—半深湖相，主要分布于川东北地区。

须三段烃源岩在四川盆地全区均有沉积，具有西厚东薄的趋势；川西坳陷中段厚度为 125～500m，川东北地区烃源岩厚度介于 20～70m，川西南地区烃源岩厚度分布于 25～100m 之间；川东—川东南地区烃源岩厚度较薄，一般小于 25m；烃源岩 TOC 含量为 1.0%～3.0%，局部大于 3.0%（阆中—仪陇和中江、大邑地区）。须五段烃源岩除在四川盆地北缘安州—广元—南江一带缺失外，其他地区均有分布，具有西厚东薄的特点；川西坳陷中段至南段烃源岩厚度为 100～300m，烃源岩发育中心厚度大于 325m；往北、东、南方向烃源岩厚度逐渐减薄，至四川盆地东北缘、东南缘厚度减薄至 10m 左右；须五段烃源岩 TOC 含量为 1.0%～3.0%，由南往北逐渐降低，有机质类型以腐殖型为主。

下侏罗统自流井组—中侏罗统千佛崖组烃源岩为一套浅湖—半深湖相泥质岩，主要分布于川东北地区，厚度为 80～300m，烃源岩有机碳含量一般为 0.6%～1.5%，主要为腐殖—腐泥型和腐殖型烃源岩。

四川盆地上三叠统—白垩系发育多套储层，其中须家河组致密碎屑岩储层全区大面积分布；侏罗系砂岩储层和浅湖相介壳灰岩主要分布在川中和川东北地区。

盖层主要发育须家河组三段、五段泥岩和侏罗系—白垩系泥质岩盖层。

该组合主要发育有两套区域性生储盖组合：

（1）须家河组一段、三段、五段（生）—须家河组二段、四段、六段（储）—须家河组＋侏罗系（盖）近源成藏下生上储式组合。

该组合烃源岩为须家河组一段、三段、五段暗色泥岩、碳质页岩夹煤层，储层主要为须家河组二段、四段、六段的辫状河三角洲砂岩、砾岩，盖层为须家河组＋侏罗系泥质岩。须家河组二段、四段、六段砂岩储层具有厚度大、分布广等特点；储层普遍较致密，以川中地区物性相对较好，川西和川北地区物性相对致密；该组合已发现川中安岳—广安、川西和川北三大含气区。

（2）须家河组＋自流井组（生）—中下侏罗统（储）—侏罗系＋白垩系（盖）下生上储式为主组合。

该组合以须家河组暗色泥岩夹煤线以及中—下侏罗统暗色泥岩为主要烃源岩，储层主要为侏罗系自流井组、千佛崖组、沙溪庙组和蓬莱镇组三角洲及河流相砂岩，上覆中—上侏罗统泥质岩为盖层，全区分布，它是川西及川东北地区陆相层系最重要的生储盖组合，为下生上储式为主的组合。

此外，四川盆地下侏罗统自流井组大安寨段和东岳庙段泥页岩具有较好的含气性，岩性主要为灰黑色泥页岩、粉砂质页岩、灰质泥页岩夹薄层介壳灰岩、粉砂岩。泥页岩有机质丰度较高、物性较好，泥页岩顶底板条件好，具有自生自储的油气成藏特征。中国石化在川北元坝和川东涪陵等地区已取得非常规工业油气发现。

第二章 勘 探 历 程

四川盆地油气勘探经历了古代萌芽工业阶段（1840年以前）、近代地质调查阶段（1841—1953年）和现代勘探开发阶段（1953年至今）三个阶段。其中现代勘探开发阶段进一步细分为：构造油气藏为主勘探阶段（1953—2000年）、构造—岩性油气藏为主勘探阶段（2000—2010年）、常规与非常规油气并重勘探阶段（2010年至今）（图2-1）；本卷重点回顾1953—2017年间，尤以1985年以后30多年的油气勘探历程与重大油气发现为重点。

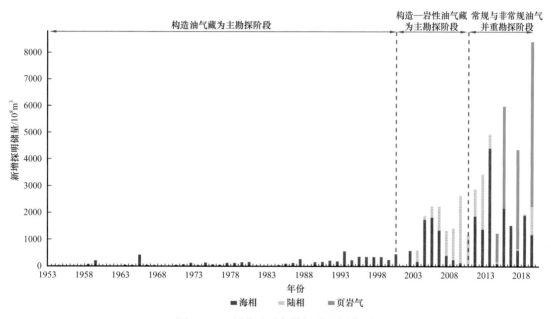

图 2-1 四川盆地油气勘探阶段划分图

四川地区的大规模油气勘探始于20世纪50年代，至1998年相继发现了威远、大池干井、罗家寨等大中型气田，建成了中国第一个产能超过$100 \times 10^8 m^3/a$的天然气生产基地。1998年原中国石油天然气总公司和中国石油化工总公司改革重组，组建中国石油天然气集团公司和中国石油化工集团公司。自此，两大石油公司在各自矿权区内分别开展油气勘探，并取得较好的勘探成果。

1985—2017年，石油人转变勘探思路，不断开拓进取，四川盆地油气勘探取得丰硕成果。尤其是进入21世纪以来，四川盆地及周缘天然气储产量进入快速增长阶段，相继发现了震旦系—寒武系、志留系、石炭系、二叠系、三叠系、侏罗系等35个工业油气层，其中海相常规22层、陆相10层、海陆相页岩气3层。特别是在环开江—梁平陆棚二叠系—三叠系台缘礁滩、绵阳—长宁裂陷槽周缘震旦系—寒武系丘（礁）滩相、川西雷口坡、川南—川中海相页岩气等领域不断取得新发现，发现了多个大型气田群，包括普光、元坝、安岳、广安、合川、新场等大型常规气田和涪陵、长宁等大型页岩气田。截至 2017 年底，四川盆地提交探明天然气（含页岩气）地质储量 $4.65 \times 10^{12} \mathrm{m}^3$（中国石化 $2.13 \times 10^{12} \mathrm{m}^3$），累计产量 $5349.13 \times 10^8 \mathrm{m}^3$。其中页岩气储量为 $9208.89 \times 10^8 \mathrm{m}^3$（中国石化 $7116.29 \times 10^8 \mathrm{m}^3$），累计产量 $215.02 \times 10^8 \mathrm{m}^3$。石油累计探明地质储量 $12605.4 \times 10^4 \mathrm{t}$（中国石化 $122.26 \times 10^4 \mathrm{t}$），累计产量 $719.36 \times 10^4 \mathrm{t}$。

截至 2017 年底，四川盆地及周缘共有矿权区块 174 个，登记面积 $23.93 \times 10^4 \mathrm{km}^2$，各区块按其所在位置分别划归川西、川东北、川西南和川东南四个探区。其中中国石化矿权区块 40 个，面积约 $7.32 \times 10^4 \mathrm{km}^2$（勘查 21 个，面积 $6.85 \times 10^4 \mathrm{km}^2$；开采 19 个，面积 $4667.64 \mathrm{km}^2$）（图 2-2）。

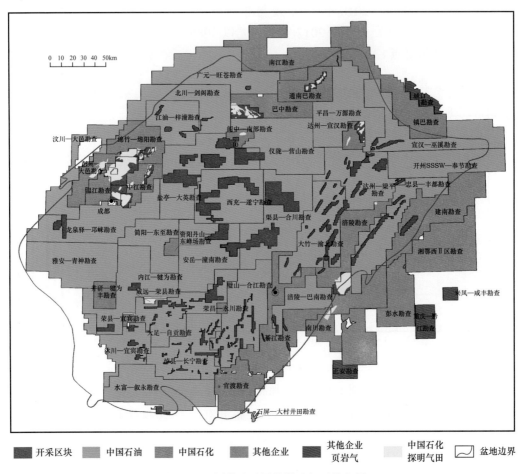

图 2-2　四川盆地及周缘勘矿权区分布图

第一节　构造油气藏为主勘探阶段（1953—2000 年）

1953—2000 年，四川盆地主要以构造油气藏为勘探对象。

1953—1960 年为油气普查勘探阶段，陆续探明东溪、黄瓜山、高木顶等 12 个小型气田，探明天然气地质储量 $338.28 \times 10^8 \mathrm{m}^3$。1961—1976 年为四川盆地裂缝型油气藏勘探阶段。这一时期先后发现油气田 32 个，探明天然气地质储量 $1149.35 \times 10^8 m^3$，其中威远震旦系气田是当时国内储量最大的气田（探明天然气地质储量 $406.8 \times 10^8 m^3$）。1976年之后，随着石炭系气藏的发现与勘探，四川盆地相继探明了相国寺、沙罐坪、大池干井、五百梯等一批石炭系大中型气田。

1991 年，渡口河潜伏构造钻获下三叠统飞仙关组鲕滩气藏，5 口探井（渡 1 井、渡2 井、渡 3 井、渡 4 井、渡 5 井）有渡 2 井、渡 3 井、渡 4 井三口井试获气产量分别为 $18 \times 10^4 m^3/d$、$54.18 \times 10^4 m^3/d$、$18.36 \times 10^4 m^3/d$；2004 年渡口河气田飞仙关组气藏提交探明储量 $359 \times 10^8 m^3$。中国石油西南油气田分公司于 2000 年在该潜伏构造的罗家寨高点和高桥高点分别完成了以飞仙关组为终孔目的层的两口预探井——罗家 1 井和罗家 2井，测试气产量分别为 $45.84 \times 10^4 m^3/d$ 和 $63.2 \times 10^4 m^3/d$，2003 年罗家寨气田飞仙关组气藏提交探明储量 $581 \times 10^8 m^3$。

下面重点介绍川东北、川南赤水和川西地区这一时期的主要油气勘探工作和成果。

一、川东北地区构造勘探

川东北地区的油气勘探始于 20 世纪 50 年代，重点开展了地面地质调查，构造详查，构造细测，各类地震勘探及浅、中、深、超深钻井勘探工作。

20 世纪 80 年代，随着川东地区天然气勘探取得重大突破，原地矿部系统对川东北地区的油气勘探投入了大量的工作。

在通南巴构造带完成 4km×8km 测网数字地震普查，构造高部位母家梁地区完成了三维地震勘探 $80.215 km^2$；宣汉—达州地区开展了覆盖全区的二维数字地震构造普查，并选择当时认为具有油气勘探前景的局部构造东岳寨构造进行了地震详查，在双庙场构造试验性地开展了 $25.6 km^2$ 三维地震勘探。基本查明了相关构造带的构造格局，为勘探工作打下了坚实的基础，同时也对山区地震工作方法进行了较深入研究。

利用上述地震勘探成果，部署并实施了一批深、超深钻井。通南巴构造带，在新场坝高点完成川涪 82 井，三叠系嘉陵江组二段获工业气流，发现新场含气构造。之后在南阳场高点部署施工了川巴 88 井，嘉陵江组二段钻遇水层，发现嘉陵江组二段储层孔隙条件较好，评价嘉陵江组二段储层为似层状分布的孔隙型储层。宣汉—达州地区，在东岳寨构造部署施工了川岳 83 井，飞仙关组二段获工业气流，发现东岳寨含气构造。

在大量勘探工作进行的同时，开展了多学科的综合研究，在构造演化、沉积储层、天然气成藏与保存条件等方面取得了丰硕成果。

进入 20 世纪 90 年代，随着勘探重心的转移，资金的匮乏，川东北地区的勘探工作相对停滞。宣汉—达州地区：在东岳寨构造完成（20 世纪 80 年代）了评价井——川岳84 井钻探；在付家山构造完成评价井——川付 85 井，两井均未取得天然气成果；对清溪场构造进行了构造详查。通南巴地区：在河坝场高点完成了川涪 190 井。该区在 20世纪 90 年代末部署加密测线 41 条。此外，这一阶段开展了零星的研究工作，未取得实质性进展。

综合历年在两区块的油气地质勘探工作，通南巴地区完成二维地震勘探 $2560.699 km$，三维地震勘探面积 $80.215 km^2$；VSP 测井 2 口（川涪 82 井、川涪 190 井）；实施钻井 6 口，获含气构造一个，提交控制储量 $55.18 \times 10^8 m^3$。宣汉—达州地区完成二维数字地震测线 64 条，测线长度 1128.475km，三维地震勘探试验面积 25.6km²；VSP 测井 1 口（川岳 83 井）；实施钻井 11 口（含四川石油管理局钻井 4 口），其中川岳 83 井于飞二段获日产天然气无阻流量 $13.97 \times 10^4 m^3$，发现了东岳寨含气构造。

二、川西地区碎屑岩滚动勘探

1985—1996 年，原中国新星石油公司西南石油局（中国石化西南油气分公司前身）在川西坳陷开展陆相碎屑岩油气勘探，先后发现了孝泉气田、新场气田和合兴场气田，以及丰谷、鸭子河等 4 个含气构造。新场气田的发现，实现了中国致密砂岩气领域的重大突破。

这一时期，原中国新星石油公司西南石油局立足盆地地质结构、资源条件的全面分析，深化上三叠统高丰度气源认识，实行了地质勘探项目管理，对发现油气田区进行滚动勘探开发。围绕川西坳陷致密碎屑岩含气领域，开展了一系列科技攻关研究，引进了地震、钻探、测井和测试等先进装备和技术，油气勘探取得了丰富成果。

1. 孝泉气田

1984 年 8 月，在孝泉构造钻探的川孝 104 井，钻遇上侏罗统遂宁组时发生井喷，经测试获得日产天然气 $3.43 \times 10^4 m^3$，发现了遂宁组气藏。1985 年 1 月，位于同井场的川孝 106 井又在中侏罗统沙溪庙组获得日产天然气 $10.08 \times 10^4 m^3$ 的高产工业气流，发现了孝泉气田。随后部署的川孝 105 井、川孝 110 井、川孝 109 井都获得了工业气流。

为了扩大孝泉地区侏罗系的油气成果，1989 年 5 月 11 日召开红层勘探井位讨论会，会议一致认为新场鼻状构造是孝泉构造向东北方向的延伸部分，中部新场地区侏罗系沙溪庙组红层具有"远源气藏"的成藏条件，部署了川孝 129 井，甩开勘探取得新发现，进一步扩大气田含气面积。孝泉气田天然气探明地质储量 $96.99 \times 10^8 m^3$。

2. 合兴场气田

1988 年 2 月，川合 100 井对须家河组二段 4584～4592m 及 4617～4635m 井段进行射孔测试，获得日产 $18.01 \times 10^4 m^3$ 工业气流，成为合兴场气田发现井，川西坳陷东坡勘探获得新发现。随后部署的川合 127 井、川合 137 井再获得高产工业气流，进一步验证了川西须家河组构造深部的天然气藏。其后，又发现了浅层的蓬莱镇组气藏。合兴场气田提交天然气探明地质储量 $87.09 \times 10^8 m^3$。

3. 新场气田

1990 年 5 月，川孝 129 井上沙溪庙组 2324.0m～2448.5m 测试获得日产天然气 $5.26 \times 10^4 m^3$、凝析油 0.2t 工业油气流，发现了新场气田。随后迅速进行了滚动勘探开发，又发现了千佛崖组气藏、蓬莱镇组气藏。

新场气田是一构造岩性复合圈闭、多气藏叠置的复式气田。侏罗系中有 7 个气藏，具有典型致密储层的特征。这一时期，滚动勘探取得重要进展，为新场致密砂岩大气田的发现奠定了基础。形成了川西致密碎屑岩天然气成藏理论与相应的研究方法，以三维地震技术为核心的非均质储层横向预测和储层精细描述技术，促进了天然气储量快速增长，中浅层获得天然气探明储量 $283.29 \times 10^8 m^3$。在新场气田规模化开发初期，按照"勘探与开发一体，勘探与开发工作交替，滚动展开"的开发原则，蓬二段气藏、沙二段气藏先后于 1996 年和 2000 年进入正式规模化开发阶段。1999 年，蓬二段气藏生产规模维持在日产气 $80 \times 10^4 m^3$。2005 年，沙溪庙气藏主力气层生产规模达到日产气 $222 \times 10^4 m^3$，新场气田年产天然气 $13.7 \times 10^8 m^3$，取得显著的经济和社会效益。至 2017 年底，新场气田侏罗系累计天然气探明地质储量 $2453.31 \times 10^8 m^3$，建成中国致密砂岩领域的大气田之一。

2000 年 10 月，新场气田新 851 井在须家河组二段，完井测试日产天然气 $38 \times 10^4 m^3$，无阻流量 $151.40 \times 10^4 m^3$，发现须二段气藏。2011 年，新 12 井等 4 口井在须四段获得日产气 $3.99 \times 10^4 \sim 5.5 \times 10^4 m^3$ 工业气流，获得探明地质储量 $296 \times 10^8 m^3$。新场须二段气藏获得探明地质储量 $1211 \times 10^8 m^3$，为深层致密砂岩气藏，气藏处于试采阶段，有气井 15 口，开井 13 口，日产气约 $50 \times 10^4 m^3$。

川南赤水地区在此期间也取得一定勘探成果。截至 2000 年 12 月，中国石化在川南赤水获气田 4 个（太和场、旺隆场、宝元、五南），气井 24 口，含气构造 1 个（官南），获探明地质储量 $26.9 \times 10^8 m^3$。

第二节 岩性油气藏为主勘探阶段（2000—2010 年）

1998 年中国石油、中国石化重组，2000 年中国石化、中国新星重组，同时加强了四川盆地及周缘地区矿权登记，形成了现在的矿权分布。2000 年以后，通过理论创新、勘探思路转变和关键技术攻关，四川盆地探明地质储量处于快速增长阶段，截至 2010 年底新增天然气探明地质储量 $14534.08 \times 10^8 m^3$（其中中国石化 $6306.95 \times 10^8 m^3$，中国石油 $8227.13 \times 10^8 m^3$）。

中国石化在四川盆地油气勘探开发工作主要从 20 世纪 80 年代开始。为了加大南方海相油气勘探工作，1999 年 5 月，中国石化在昆明成立南方海相油气勘探项目经理部；2002 年 4 月，南方海相油气勘探项目经理部与原滇黔桂油田分公司合并成立南方勘探开发分公司；2007 年 3 月，原南方勘探开发分公司与原中南分公司的勘探研究、勘探管理部分重组成立勘探南方分公司，同年从云南昆明和湖南长沙整体搬迁到四川成都办公，负责中国南方、西藏新区及川东北新区等风险勘探工作。

中国石化共有勘探分公司、西南油气分公司、中原油田分公司、江汉油田分公司和华东油气田分公司等五家单位在四川盆地及周缘从事油气勘探工作。中国石油西南油气田公司在四川盆地及周缘从事油气勘探工作。

这一阶段四川盆地油气勘探重点围绕二叠系—三叠系环开江—梁平陆棚两侧台缘礁滩领域和川西、川中、川北陆相致密砂岩勘探领域展开勘探，并取得了普光气田、元坝气田等重大勘探发现。

一、二叠系—三叠系海相岩性气藏勘探

2000 年以后，通过地质理论认识创新，勘探思路转变，结合高精度复杂山地地震勘探及储层预测技术和超深井钻完井技术，围绕二叠系—三叠系开江—梁平陆棚台缘礁滩勘探，不断取得新发现，先后发现和探明了普光气田、元坝气田、龙岗气田及罗家寨气田等多个大中型气田，形成了天然气探明地质储量近万亿立方米的气田群。

1.普光气田

普光地区大规模的油气勘探始于1955年，按照构造勘探思路组织钻探，通过40余年的勘探，未取得实质性突破，油气勘探处于相对停滞阶段。至1988年，发现了东岳寨含气构造，其中，川岳83井于下三叠统飞仙关组二段钻遇裂缝型气层，中途测试日产气$13.97 \times 10^4 m^3$；发现各类构造圈闭16个，累计圈闭面积230.3km²。

2000年，中国石化南方海相油气勘探项目经理部在该区开展了新一轮油气勘探工作。组织了物探、地质、地球化学等多学科的研究人员，首先进行了三项资料（井筒、物化探、综合研究）评估，接着开展了新一轮的老井复查和系统的基础地质研究，目的是摸清资料基础，找出制约勘探的关键问题，理清勘探思路。通过对川东北地区石油地质条件的综合分析和早期二维地震资料的重新精细解释，认为在宣汉—达州地区的普光及周缘地区、元坝地区长兴组—飞仙关组具备形成礁、滩相孔隙型白云岩储层的古地理背景，地震剖面上具有类似台地边缘相的地震异常特征。据沉积相"纵向叠置、横向相邻"相序原则、露头沉积建模、地震老资料解释等预测川东北存在台地边缘相，提出了"以长兴组—飞仙关组礁滩孔隙型白云岩储层为主的岩性圈闭为勘探对象"的勘探思路，并确定了"应用沉积学和储层地质理论，利用区内及邻区钻井成果和地质调查成果研究长兴组沉积期—飞仙关组沉积期岩相古地理及礁滩相展布规律，建立沉积相模式，确定主要储层类型。在有利相带内以地质模型为指导，利用地震相分析与特殊处理解释相结合的方法，开展地质、钻井、测井、地震多学科联合进行储层横向预测，圈定储层发育区"的有效勘探策略。

2000年下半年，首先在宣汉—达州地区部署了高分辨率二维地震勘探，2001年3月完成地震采集，5月完成地震资料处理，8月完成了地震资料解释、储层预测、油气综合评价及井位部署。8月底，在成都市龙泉驿召开了川东北油气勘探井位论证会，在宣汉—达州地区提出毛坝1井、普光1井、大湾1井、老君1井和清溪1井的井位建议，优先实施毛坝1井和普光1井。

毛坝1井于2002年11月钻至井深4351m完钻。在海相地层飞仙关组发现三层油气显示，总厚21m。测井解释储层25.5m，储层性质为孔隙—裂缝型。2003年1月21日对4324～4352m井段进行完井试气，测得日产天然气$32.58 \times 10^4 m^3$，宣汉—达州地区天然气勘探取得突破。

普光1井于2003年4月27日钻至井深5700m完钻。在海相地层飞三段—飞一段油气显示活跃，储层发育，物性好、厚度大。2003年8月5日对5610.3～5666.24m井段进行测试，测得日产气量$42.37 \times 10^4 m^3$。

普光1井的钻探成功，证实普光地区发育飞仙关组台地边缘礁滩相储层，而且储层厚度大，从而宣告了普光气田的发现。为尽快控制含气面积，探明气藏规模，加大了该区研究和勘探力度。用四年时间，经三轮评价勘探，到2007年底累计提交天然气探明储量$4050.79 \times 10^8 m^3$，安全、快速、高效地实现了普光气田的整体探明。

第一轮评价勘探（2003年底—2004年底）：在预测的有利勘探区域完成了456.06km²高分辨率三维地震详查。在三维地震资料精细解释基础上部署实施普光2井、普光3井和普光4井三口评价井，全部获得成功，实现了普光气田的主体控制，2004年提交探明地质储量合计$1143.63 \times 10^8 m^3$。

第二轮评价勘探（2004年底—2005年底）：为进一步扩大油气勘探成果，完成宣汉—达州地区西南部高分辨率三维地震采集809km²。在三维地震资料精细解释及储层预测的基础上，在普光主体地区部署实施普光5井、普光6井和普光7井三口评价井，全部获得成功，落实了普光2井区、普光7-1井区和普光7井区三个天然气藏。2006年1月普光2井区飞仙关组新增探明含气面积14.72km²，新增天然气探明地质储量1031.54×10⁸m³；长兴组构造—岩性气藏探明含气面积20.74km²，新增天然气探明地质储量335.53×10⁸m³。至此，普光气田累计上报飞仙关组及长兴组气藏探明含气面积45.6km²，天然气探明地质储量2510.70×10⁸m³。

第三轮评价勘探（2005年底—2007年底）：本轮勘探是在普光气田基本探明后，通过多井地层精细对比并开展了又一轮的构造解释、储层预测和气藏地质特征研究的基础上进行的，部署的指导思想是落实气水界面和探明东部含气范围。期间在普光主体地区部署实施普光8井、普光9井、普光10井、普光12井和普光101井五口评价井。2007年2月普光8井区飞仙关组、长兴组探明含气面积14km²，天然气探明地质储量272.52×10⁸m³。到2007年2月，普光气田累计提交天然气探明地质储量2782.95×10⁸m³。同期，在普光外围大湾、毛坝东部二叠系、三叠系，评价存在与普光类似的古地理背景和成藏条件，落实大湾和毛坝两个Ⅰ类飞仙关组构造—岩性复合圈闭，并对大湾和毛坝进行了甩开勘探。

大湾1井于2005年10月18日开钻，至2006年9月25日钻至井深5693m完钻，之后在长兴组5320～5382m测试获稳定日产气量16.969×10⁴m³，飞仙关组5029.2～5130.5m测试获稳定日产气量88.4876×10⁴m³。大湾2井于2006年1月1日开钻，至9月23日钻至井深5060.89m完钻，后在飞仙关组4804.4～4900.0m测试获稳定日产气产量58.6×10⁴m³，普光气田大湾区块勘探取得新发现。大湾地区在大湾1井、大湾2井获工业产能后，2007年实施了大湾3井和大湾101井、大湾102井三口评价井，完成了对大湾气田的整体探明。2007年2月大湾1井区飞仙关组新增天然气探明含气面积27.17km²，天然气探明地质储量765.19×10⁸m³；长兴组新增天然气探明含气面积2.96km²，天然气探明地质储量12.58×10⁸m³，飞仙关组—长兴组合计天然气探明地质储量777.77×10⁸m³。2008年12月大湾区块飞仙关组气藏新增探明含气面积8.61km²，天然气探明地质储量238.22×10⁸m³。至此，大湾飞仙关组—长兴组气藏累计上交探明含气面积35.78km²，天然气探明地质储量1015.99×10⁸m³。

在毛坝地区，期间先后实施钻探毛坝4井、毛坝6井，均获成功。2007年12月提交普光气田毛坝4井区飞仙关组新增天然气探明含气面积7.49km²，天然气探明地质储量251.85×10⁸m³。

从2003年普光1井突破到2008年底，仅用五年时间完成探井20口，实现了普光气田的整体探明，提交天然气探明地质储量3000.69×10⁸m³。至2017年底，气田累计探明储量4121.73×10⁸m³。2005年普光气田交由中国石化中原油田分公司开发，2006年9月，以普光气田地质储量为资源基础，"十一五"国家重点工程"川气东送"工程项目启动。2009年10月12日正式投产，并向川气东送管线供气。2013年建成105×10⁸m³产能，截至2017年底，累计产天然气488.61×10⁸m³。这一时期在普光地区实施双庙1井、新清溪1井等在飞三段—飞四段以及嘉二段获得突破，川东北地区飞仙关组开阔台地内浅滩、嘉陵江组蒸发台地台内浅滩的勘探取得新进展。

在普光气田勘探发现过程中，原中国石化勘探南方分公司创新提出了"三元控储"的礁滩储层发育机制：（1）沉积—成岩环境控制早期孔隙发育；（2）构造—压力耦合控制裂缝与浅部溶蚀；（3）流体—岩石相互作用控制深部溶蚀与孔隙的保存。2006年"海相深层碳酸盐岩天然气成藏机理、勘探技术与普光大气田的发现"获国家科技进步一等奖。

2. 元坝气田

普光气田勘探成功之后，中国石化和中国石油在开江—梁平陆棚西侧的元坝、龙岗等地区开展了新一轮的以台缘礁滩储层为目标的勘探。

2002年，中国石化南方勘探开发分公司（勘探分公司前身）通过加强野外地质研究与老井复查，发现元坝地区长兴组—飞仙关组具有发育台缘礁滩储层古地理背景。2003年在元坝地区部署实施了二维地震勘探408.2km。2006年初，通过元坝二维地震资料精细解释，落实了元坝地区长兴组—飞仙关组地震异常体。

通过加强储层预测和圈闭评价，提出元坝1井、元坝2井部署建议，优先钻探元坝1井。元坝1井是该区第一口海相深层探井，2006年5月26日开钻，2007年9月17日钻至井深7427.23m完钻，完钻层位长兴组。2007年11月对7330.7～7367.6m井段进行射孔酸压测试，获日产天然气$50.3019 \times 10^4 m^3$，证实了元坝地区发育长兴组台地边缘礁滩相带，发现了元坝气田。

元坝1井突破后，按照整体部署、分步实施的原则实施三维地震勘探$1571.56 km^2$，进一步落实了元坝长兴组礁滩相储层展布。在三维地震资料解释基础上，按照"区域甩开，整体部署，滚动实施"的思路，共完成四轮次井位部署工作。

第一轮："区域甩开"，按井字形大剖面部署实施元坝9井、元坝12井及元坝27井等九口探井，其中元坝27井、元坝204井测试日产超百万立方米，元坝11井、元坝101井、元坝102井等测试获得高产，初步控制了台缘礁滩相带的展布。

第二轮：2009年5月，在成都召开勘探开发一体化研讨会，确定元坝1井至元坝12井区$200 km^2$为$20 \times 10^8 m^3/a$产能建设试验区，勘探开发一体化部署探井六口，其中评价井四口，开发准备井两口；同时在元坝Ⅰ、元坝Ⅱ区块甩开部署预探井三口。其中元坝10井、元坝29井、元坝104井测试日产超百万立方米，元坝121H井、元坝124井、元坝103H井等测试获得高产。

第三轮：在元坝27井、元坝204井获得高产基础上，在元坝Ⅱ区块部署九口探井。其中元坝271井、元坝273井、元坝205井测试日产超百万立方米，元坝224井、元坝272H井等测试获得高产，元坝大型气田已初见端倪。

第四轮：在元坝29井、元坝10井基础上，在元坝区块部署实施八口探井，整体控制元坝大型生物礁气田。其中元坝28井测试日产超百万立方米，元坝107井、元坝10-2井、元坝10-1井、元坝275井等测试获得高产。

至2013年，元坝长兴组—飞仙关组气田累计探明天然气地质储量$2086.92 \times 10^8 m^3$，气田交中国石化西南油气分公司开发。至2017年底，元坝气田累计天然气探明地质储量$2303.47 \times 10^8 m^3$，产出天然气$75.86 \times 10^8 m^3$。

在元坝超深层礁滩大气田勘探实践过程中，揭示了元坝地区长兴组超深层礁盖白云岩优质储层形成的机理和过程，形成了深层礁滩天然气成藏富集机理新认识，建立了"三微输导、近源富集、持续保存"的超深层生物礁成藏模式，形成"相控三步法"礁滩储层预测技术及超深钻井工程技术。"元坝超深层生物礁大气田高效勘探及关键技术"获2014年度国家科技进步奖一等奖。

3. 兴隆场气田

普光气田、元坝气田相继取得勘探突破后，2009年川东南涪陵地区开始转变勘探思路，以岩性圈闭勘探为主。通过对二维地震资料的解释，在兴隆场地区发现了长兴组—飞仙关组地震异常体，为进一步认识异常体属性及分布范围，勘探南方分公司部署实施14条1132.88km二维测线；同时，在兴隆场部署实施三维地震勘探346.86km^2，在三维地震资料处理解释基础上部署了兴隆1井，该井2010年5月13日钻至井深4938.7m完钻。同年，对长二段4589.0～4622.5m进行了射孔测试，获日产天然气51.71×10^{4}m^3，发现兴隆场气田。

随后部署评价井——兴隆101井，该井于2011年5月24日钻至井深4785m完钻。同年对长二段4454～4482m射孔酸压测试，获日产天然气22.23×10^{4}m^3。2011年兴隆1井区新增天然气探明地质储量76.53×10^{8}m^3。

4. 河坝场气田

在加强海相岩性勘探的同时，中国石化勘探分公司也重视构造—岩性和构造等领域的油气勘探工作。2005年，通南巴构造带河坝场地区河坝1井在飞三段、嘉二段勘探获得突破，随后部署的河坝2井、河坝102井在飞三段、嘉二段获得工业气流，发现了河坝场气田，累计天然气探明地质储量88.84×10^{8}m^3。

5. 其他地区

2006年中国石化建南地区部署的建深1井在韩家店组砂岩中测获工业气流，日产天然气5万多立方米；中国石油西南油气田分公司也在开江—梁平陆棚两侧的台地边缘开展勘探评价工作。2006年实施的龙岗1井在长兴组和飞仙关组测试分获日产65×10^{4}m^3、126×10^{4}m^{3}高产工业气流，发现了龙岗气田，展开评价后在龙岗西和龙岗东相继获得重要进展，至2017年底，龙岗气田累计提交探明储量720.33×10^{8}m^3。

二、陆相碎屑岩勘探

1. 川西陆相碎屑岩勘探

川西陆相大规模勘探始于1997年，这一时期，扩大了油气勘查规模和技术装备更新，油气滚动勘探开发，成绩卓著；通过油气井的试采，加深了对油气层特征和油气聚集规律的认识，提高了勘探井的成功率，在上三叠统须家河组、侏罗系发现了一系列大中型气田。

1）马井气田、洛带气田

马井气田行政上隶属于什邡市、彭州市和广汉市，是成都凹陷中的一个潜伏背斜。自1997年11月，在马井背斜实施的川马601井在上侏罗统蓬莱镇组发现了蓬一气藏、蓬二气藏之后，马井地区完成了112.56km^{2}三维地震勘探。2001年12月，部署的马蓬10井发现了马井构造蓬三气藏，川马600井又发现了沙溪庙组气藏。

马井气田是由多个气藏叠合的气田，共提交天然气探明地质储量95.35×10^{8}m^3。

1999 年开始了试采工作，气田日产气量 $32 \times 10^4 m^3$，年产气量 $0.895 \times 10^8 m^3$。

1996 年 12 月，龙 3 井在蓬莱镇组 470.0～478.5m 获得日产天然气无阻流量 $0.5157 \times 10^4 m^3$，发现洛带气田。中国石化西南石油局第二物探大队在洛带—廖家场地区进行了三维地震勘探，已探明气藏主要为侏罗系蓬莱镇组和遂宁组，累计获得天然气探明地质储量 $323.83 \times 10^8 m^3$。从 1997 年发现气田到 2005 年，历时九年建成距离成都最近的中型气田，年产天然气 $4.92 \times 10^8 m^3$。

2）成都气田

中国石化西南分公司通过对川西致密砂岩的国家科技攻关，总结出"叠覆型致密砂岩气区气藏成藏理论"，即川西致密砂岩气区具有"源、相、位"三元控藏，具有叠合性、广覆性等特征。在该成藏理论的指导下，加大对成都凹陷区、斜坡带侏罗系岩性气藏的勘探，发现了成都大气田和中江中型气田。

成都气田包括马井—什邡—广金区块。1997 年 11 月由川马 601 井发现了马井气田蓬一段气藏、蓬二段气藏；2001 年 12 月由马蓬 10 井发现了马井气田蓬三段气藏；2005 年 9 月由马蓬 40-1 井发现了马井气田蓬四段气藏。2009 年 2 月什邡 2 井发现了什邡区块蓬一段气藏；2010 年 11 月由什邡 5 井发现了什邡区块蓬二段气藏；2011 年 2 月由什邡 6 井发现了什邡区块蓬三段气藏；2011 年 7 月由什邡 5-1 井发现了什邡区块蓬四段气藏。2012 年 3 月由广金 5 井发现了广金地区蓬莱镇组蓬二段气藏。2012 年，完成了孝泉—新场、马井、什邡、德阳三维地震资料连片勘探 2086.255km²。马井—什邡气田共实施 294 口井，共测试 208 口井，获得工业气井 172 口。截至 2017 年底，成都气田天然气探明地质储量为 $2209.76 \times 10^8 m^3$。

3）中江气田

1995 年，川泉 181 井发现了中江气田沙溪庙组沙一段气藏。2003 年在对三维地震资料重新处理解释的基础上，实施江沙 7 井发现了沙二段气藏。2013 年，高庙 32 井又发现了沙三段气藏。获天然气探明地质储量 $323.23 \times 10^8 m^3$，测试井 159 口，获工业气井 86 口，试采井 81 口，平均日产气 $2.12 \times 10^4 m^3$。中江气田新建产能 $10 \times 10^8 m^3/a$，建成川西第二大气田。

4）大邑气田

2008 年 10 月部署什邡 2 井，于蓬莱镇组测试获日产天然气 $1.0171 \times 10^4 m^3$，发现了什邡蓬莱镇组气藏。2010 年 10 月钻探的什邡 5 井于蓬莱镇组试获日产气 $3.2366 \times 10^4 m^3$ 的工业气流，到 2011 年底，什邡气田建成气井 15 口，气藏日产气 $9.57 \times 10^4 m^3$，累计产气 $0.3511 \times 10^8 m^3$，累计产水 $0.0426 \times 10^4 m^3$，累计产凝析油 1t。

截至 2017 年底，中国石化西南油气分公司在川西地区已提交天然气探明地质储量 $5742 \times 10^8 m^3$，建成了两个大型气田（成都气田、新场气田），两个中型气田（洛带气田、中江气田）。

2. 川东北陆相碎屑岩勘探

川东北地区的陆相勘探始于 20 世纪 80 年代，川花 52 井、川复 69 井、川复 56 井、川唐 70 井等陆相浅井，在大安寨段见到良好的油气显示。2008 年以来在元坝深层海相勘探取得重大突破的同时，中国石化勘探分公司加强了对陆相领域的兼探，优选海相部分探井中浅层有利层段开展试气工作。

通南巴马路背地区：2008 年，马 1 井须四段测试获日产气 $3.25 \times 10^4 m^3$ 工业气流，发现了马路背须家河组气藏；之后部署马 101 井、马 103 井等均获高产，马路背气田累计探明天然气地质储量 $191.56 \times 10^8 m^3$。之后甩开部署马 3 井，该井于 2017 年 1 月须二段常规测试日产气 $10.12 \times 10^4 m^3$，通江新区陆相勘探取得新进展。

元坝地区：2009 年，元坝 2 井在须二段、须三段分别获得日产天然气 $2.07 \times 10^4 m^3$、$3.85 \times 10^4 m^3$ 工业气流，发现了元坝须家河组气藏。之后，按照"区域甩开、重点解剖、整体部署"的原则，部署实施 10 口专探井，多口井在须二段、须三段、须四段等测试获得工业气流，其中元陆 7 井、元陆 8 井在须三段分别获日产气 $120.8 \times 10^4 m^3$、$22.56 \times 10^4 m^3$，基本落实元坝西部须二段和须三段大型致密砂岩岩性气藏，基本落实元坝西部千亿立方米资源阵地。

巴中地区：2010 年部署了元陆 17 井，完钻后该井在须四段常规测试日产天然气 $22.64 \times 10^4 m^3$，发现了巴中须四段气藏，之后部署实施评价井五口，均在须四段测试获得工业气流。

第三节　常规—非常规油气并重勘探阶段（2010—2019 年）

受北美页岩气革命的启示，中国石化、中国石油先后在四川盆地开展了页岩气勘探开发，取得了重大突破。截至 2017 年底，四川盆地页岩气共提交探明地质储量 $9208.89 \times 10^8 m^3$。同时，按照常规—非常规油气并重的勘探思路，四川盆地在震旦系—寒武系、雷口坡组等新领域勘探不断取得新发现。

一、页岩油气勘探

国内从 2002 年开始关注页岩气，国内页岩油气勘探主要经历了四个阶段的发展历程：（1）2002 年以前泥岩裂缝型气藏认识评价阶段；（2）2002—2007 年调研北美页岩气，探索与准备阶段；（3）2006—2012 年开展选区评价，优选目标钻探阶段；（4）2012 年以后战略性突破，商业性开发阶段。

受美国页岩气快速发展和成功经验的影响，2009 年，中国石化勘探分公司以四川盆地及周缘为重点展开页岩气勘探选区评价，初步明确了该地区海相页岩气形成基本地质条件，深水陆棚相优质页岩是海相页岩气富集的基础，良好的保存条件是海相页岩气富集高产的关键，并建立了三大类、18 项评价参数的中国南方海相页岩气目标评价体系与标准，发现了涪陵页岩大气田。

四川盆地富有机质页岩丰富，自下而上发育震旦系陡山沱组、下寒武统筇竹寺组、上奥陶统五峰组—下志留统龙马溪组、上二叠统龙潭组、上三叠统须家河组及下侏罗统自流井组等六套区域性富有机质页岩，且具有厚度大、区域分布稳定，有机碳含量高，成熟度高（$R_o > 1.0\%$）的特征，具有良好的页岩气资源前景，其中五峰组—龙马溪组已取得页岩气商业发现，建成涪陵页岩气田和长宁页岩气田。

1. 涪陵页岩气田

涪陵页岩气田位于四川盆地东部边界断裂——齐岳山断裂以西，处于川东隔挡式褶皱带南段石柱复向斜、方斗山复背斜和万州复向斜等多个构造单元的结合部。涪陵页岩气田为弹性气区、中深层、高压、自生自储式连续性页岩气藏，发现井焦页 1HF 井在 2011 年 9 月部署，主力产层为五峰组—龙马溪组，2012 年 11 月 28 日对水平段 2646.09～3653.99m 分 15 段进行大型水力压裂，测试日产气量 $20.30 \times 10^4 m^3$。焦页 1HF 井已持续稳定生产 540 余天，累计产气 $3768.79 \times 10^4 m^3$，产量、压力稳定。2014 年 4 月 9 日被重庆市政府评为"页岩气开发功勋井"。

焦页 1HF 井获得商业发现后，在焦页 1HF 井南部甩开部署三口评价井，压裂测试获高产工业气流，实现了焦石坝构造主体控制。与此同时，在焦石坝构造有利勘探区（埋深小于 3500m）整体部署 $594.50 km^2$ 三维地震勘探，为涪陵页岩气田一期建产奠定扎实的资料基础。继焦石坝主体控制后，2014 年针对不同构造样式和深层页岩气积极向外围甩开部署实施了五口探井，扩大了涪陵页岩气田的勘探开发阵地。

焦石坝地区取得页岩气勘探战略突破并进行了商业开采，发现了中国首个商业性页岩气田，2014 年 7 月首次向全国矿产储量委员会提交页岩气探明地质储量 $1067.5 \times 10^8 m^3$，2014 年 11 月，中国石化被授予"页岩油气国际先锋奖"。至 2017 年底，涪陵页岩气田探明含气面积 $575.92 km^2$、页岩气探明地质储量 $6008.14 \times 10^8 m^3$，已建成页岩气年产能 $100 \times 10^8 m^3$，实现了四川盆地页岩气工业化生产，成为中国页岩气勘探开发历史性转折点。

2. 威荣页岩气田

威远—荣县区块处于川中弱变形区，构造形态简单，整体为一宽缓的向斜，区内及周边不发育规模性的大断裂。2014 年中国石化西南油气分公司部署实施了龙马溪组专探井威页 1HF 井，威页 1HF 井获日产 $15.75 \times 10^4 m^3$ 工业气流，川西南志留系龙马溪组页岩气勘探取得重大突破。

威远—荣县区块五峰组—龙马溪组整体埋深为 3550～3880m，通过深化龙马溪组沉积微相研究，在小层对比及纹层精细描述的基础上，结合静态地质参数，实施了威页 23-1HF 井，对其龙马溪组 4012～5497.6m 段分段压裂后测试获气产量 $26 \times 10^4 m^3/d$，突破了产能关，取得了威远区块负向构造深层页岩气的商业发现。

2018 年威荣页岩气田探明储量通过自然资源部的审查，新增探明储量 $1246.78 \times 10^8 m^3$，面积 $143.77 km^2$，提交了中国石化第二个深层千亿立方米页岩气探明储量。

3. 丁山页岩气藏

丁山构造位于焦石坝地区西南约 150km，构造位置位于四川盆地川东南构造区林滩场—丁山北东向构造带，行政上属于重庆市綦江区。焦石坝突破后，2013 年中国石化勘探分公司利用常规兼探井隆盛 2 井加深至龙马溪组，并侧钻水平井，2013 年 12 月测试获日产 $10.5 \times 10^4 m^3$ 页岩气流，拉开了丁山地区页岩气勘探的序幕。

2014 年在浅埋藏带实施丁页 1 井，2016—2017 年为控制"甜点区"先后部署实施了丁页 3 井、丁页 4 井、丁页 5 井。丁页 1 井、丁页 3 井分别试获日产 $3.4 \times 10^4 m^3$、$3.36 \times 10^4 m^3$ 页岩气流，丁页 4 井试获日产 $20.56 \times 10^4 m^3$ 页岩气流，丁页 5 井测试获日产 $16.33 \times 10^4 m^3$ 页岩气流，取得了丁山页岩气勘探重大突破，评价丁山龙马溪组海相页岩气有利区面积 $581 km^2$。

地震勘探方面，在丁山地区已完成二维地震勘探 1021.1km，2014 年完成三维地震勘探 405km^2，实现对丁山构造的整体控制。

4. 东溪页岩气藏

2017—2018 年，针对深层页岩气勘探开发面临的理论和技术难题，中国石化勘探分公司开展了深层页岩气富集地质规律、"甜点"预测评价技术、压裂工程工艺技术等方面的基础研究和技术攻关，优选东溪构造作为五峰组—龙马溪组深层页岩气攻关试验区，实施三维满覆盖 350km^2，部署深层页岩气攻关试验井东页深 1 井。

东页深 1 井导眼井完钻井深 4259m，完钻层位中奥陶统宝塔组（未穿），钻遇优质页岩气层厚度 30.5m，优质页岩 TOC 平均 3.62%，孔隙度平均 6.05%，总含气量平均每吨页岩 5.06m^3。侧钻水平井完钻井深 6062m，水平段长 1452m，为当时四川盆地完钻井深最深的页岩气井，优质页岩钻遇率 100%。2019 年 1 月 2 日测试获日产 31.18×10^{4}m^3 高产页岩气流，取得深层页岩气勘探重大突破，揭示四川盆地南部深层页岩气具有良好的勘探潜力。

5. 永川页岩气藏

"十二五"期间，中国石化西南油气分公司大力推进页岩气勘探开发工作，在川西南荣昌—永川地区实现了志留系龙马溪组页岩气勘探重大突破。

按照中国石化五峰组—龙马溪组页岩气综合评价标准，优选荣昌—永川为志留系龙马溪组页岩气勘探有利区，2014 年在荣昌—永川地区实施了第 1 口页岩气探井——永页 1 井，在龙马溪组页岩气钻遇良好油气显示，气测显示活跃，全烃含量最高达 5.992%。

针对该层部署了永页 1HF 井，水平段长度 1502.06m，该井在五峰组—龙马溪组钻遇良好显示，优质页岩钻遇率 100%，2016 年 1 月永页 1HF 获日产气 14.12×10^{4}m^3，截至 2016 年 11 月，累计产天然气 1052.58×10^{4}m^3。

2016 年 12 月 29 日，永川地区新店子背斜轴部部署的永页 7 井在五峰组—龙马溪组一段钻遇优质页岩。2017 年 11 月对水平段压裂测试，获日产天然气 7.18×10^{4}m^3。2019 年 10 月，永川页岩气田永页 1 区块提交奥陶系五峰组—志留系龙马溪组一段含气面积 26.51km^2、页岩气探明地质储量 234.53×10^{8}m^3。

6. 井研—犍为页岩气

2011 年，井研—犍为地区下组合兼探井金石 1 井在筇竹寺组钻遇良好油气显示，完井后对筇竹寺组页岩气层 3510～3520m、3430～3440m 井段射孔并加砂压裂测试，获日产天然气 2.88×10^{4}m^3。为进一步评价筇竹寺组页岩含气性，2013 年部署了金页 1 井，金页 1HF 井水平段长 1160m，均钻遇良好油气显示，完钻后分 15 段进行大型压裂改造，获日产气 5.95×10^{4}m^3，首次实现了中国石化寒武系页岩气勘探的重大突破。金页 1 井在震旦系灯影组四段 3640～3688m 测试，获得日产 4.74×10^{4}m^3 的工业产能。

7. 侏罗系页岩油气

在加强二叠系、三叠系海相岩性气藏勘探的同时，通过加强钻后分析，发现川东北元坝、阆中和川东南兴隆场等地区侏罗系油气显示活跃，岩性主要为泥质岩夹介壳灰岩、砂岩。

元坝地区：2009 年 6 月优选元坝 101 井大安寨段井段 4207～4238m 进行酸压测试，获日产天然气 13.973×10^{4}m^3，之后对元坝 102 井、元坝 222 井、元坝 11 井、元坝 21 井兼探层侏罗系大安寨段测试分别获日产气 8.48×10^{4}m^3、3.02×10^{4}m^3、14.44×10^{4}m^3、50.7×10^{4}m^3，

落实了元坝大安寨段页岩气藏；2010 年对元坝 9 井千佛崖组井段 3648～3700m 进行测试，获日产油 13.1m³、日产气 1.23×10^4m³，发现了元坝千佛崖组页岩油气藏。

兴隆场地区：对兴隆 101 井兼探层大安寨段井段 2117～2127m 进行酸压测试，获日产油 54m³、日产气 11.01×10^4m³，发现了兴隆场大安寨段页岩油气藏；之后对福石 1 井、涪页 1-HF 井大安寨段测试均获工业油气流。

中国石油西南油气田分公司在威远长宁地区取得页岩气重大勘探突破，主力气层为五峰组—龙马溪组，气藏含气面积为 229.62km²。2015 年 8 月，中国石油西南油气田分公司提交长宁页岩气田五峰组—龙马溪组页岩气探明地质储量 1635.31×10^8m³，其中长宁区块宁 201 井区—YS108 井区新增探明地质储量 1361.8×10^8m³，威远区块威 202 井区新增探明地质储量 273.51×10^8m³。2017 年，威远区块新增页岩气探明地质储量 1565.44×10^8m³。

二、常规油气勘探

通过持续加强勘探，中国石化在雷口坡组勘探取得新发现，中国石油在震旦系—寒武系勘探取得新突破，进一步拓展了四川盆地常规领域油气勘探。

1. 川西气田

为了进一步深化对川西海相领域的认识，落实川西海相油气勘探潜力，中国石化在新场构造上针对海相领域部署了川西坳陷第一口科学探索井——川科 1 井，2010 年在中三叠统雷口坡组测试获得日产气 86.8×10^4m³ 的高产工业气流。

川科 1 井突破后，在新场构造带部署了孝深 1 井和新深 1 井，通过实钻，两口井均揭示雷口坡组四段发育白云岩优质储层，其中，新深 1 井测获日产天然气 68×10^4m³，孝深 1 井雷口坡组顶测试日产气 634m³、日产水 56m³。

2012—2013 年，对川西重点区三维地震资料进行提高分辨率处理，落实储层展布及构造特征，力争在新区带取得新突破。2012 年在新场构造带以北、文星—绵阳斜坡以南、广汉—中江斜坡及龙门山前金马—鸭子河构造带分别甩开部署了潼深 1 井、都深 1 井和彭州 1 井，三口井在雷口坡组四段均钻遇优质白云岩储层。其中，潼深 1 井雷四段测试产气少量，产水 600m³/d；都深 1 井由于工程原因测试失利；彭州 1 井雷四段测获 121.05×10^4m³/d 高产工业气流，取得了龙门山前构造带海相勘探新突破。

2014 年 1 月，中国石化西南油气分公司对龙门山前金马—鸭子河构造带三块三维数据开展了大连片、高保真处理。同时，重点开展了构造特征、储层特征及储层预测研究。按照主攻金马—鸭子河构造带，落实气藏规模，力争发现海相大气藏的勘探思路，2014 年 3 月部署了鸭深 1 井、羊深 1 井。继彭州 1 井突破后，鸭深 1 井测试获日产天然气 48.5×10^4m³，羊深 1 井测试获日产天然气 60.8×10^4m³。截至 2019 年底，川西雷口坡组四段累计提交探明地质储量 309.96×10^8m³，面积 138.75km²。

2. 元坝气田雷口坡组气藏

通过老井复查和综合研究，发现元坝地区大面积发育雷四段岩溶白云岩储层。2010 年，元坝 22 井雷四段二亚段 4610～4649m 射孔测试获天然气日产 36.28×10^4m³，之后元坝 12 井、元坝 221 井、元坝 223 井等的雷四段测试均获工业气流，揭示了雷口坡组大型不整合面良好的勘探前景。2012 年，元坝 22 井区雷四段二亚段提交天然气探明地

质储量 $107.65 \times 10^8 m^3$。

3. 元坝气田茅口组气藏

2015 年，突破前人"四川盆地茅口组沉积期整体为碳酸盐岩缓坡沉积"认识，中国石化勘探分公司建立了茅口组台棚沉积模式，首次在四川盆地发现茅口组台地边缘浅滩相带。四川盆地茅口组沉积早期整体为缓坡相，茅三段沉积时期，中上扬子地区发生古地理格局上的巨大变化，受峨眉地裂运动活动影响，伴随着强烈的拉张作用，开江—梁平陆棚雏形形成，元坝地区演变为镶边台地沉积。通过井震结合，建立了元坝地区茅口组地震层序结构，落实了元坝茅口组台缘浅滩相带展布及宝成岩性圈闭目标，针对茅口组台缘浅滩新层系部署实施风险探井——元坝 7 井。

元坝 7 井钻遇茅三段台缘浅滩储层、吴家坪组台缘浅滩和沉凝灰岩新类型储层，全烃含量最高 97.1%。茅三段台缘浅滩储层岩性主要为亮晶砂屑灰岩、生屑灰岩及石灰质白云岩，孔隙度为 2.4%～5.5%。吴家坪组台缘浅滩储层岩性主要为白云岩、石灰质云岩、白云质生屑灰岩、生屑灰岩，实测岩性孔隙度 2.64%～8.37%。吴家坪组沉凝灰孔隙度 7.29%～11.6%。2018 年对元坝 7 井茅三段—吴一段井段 6923～6963m 进行射孔、酸压测试，获日产气 $105.94 \times 10^4 m^3$，取得了四川盆地茅口组台缘滩岩性气藏勘探重大突破。

4. 川东南茅口组新类型勘探

1）茅一段灰泥灰岩勘探

2015 年，借鉴页岩气"烃源岩里找油气"的勘探思路，优选川东南地区茅一段灰泥灰岩开展勘探潜力分析。经过野外实测及老井资料复查，认为川东南地区茅一段具有纵向厚度大、横向分布广、生烃强度高、埋藏深度浅等有利特征。2015 年 9 月，焦石 1 井对茅一段 1208～1297m 进行酸压测试，获日产工业气流 $1.67 \times 10^4 m^3$，获得四川盆地茅一段勘探突破。2017 年，部署的义和 1 井在茅一段 4310～4352m 灰泥灰岩段进行射孔酸压测试，获得日产气 $3.1 \times 10^4 m^3$，实现了新领域勘探突破。

2）茅三段热液白云岩勘探

2016 年，中国石化勘探分公司加强茅口组三段热液白云岩储层发育规律研究及目标识别描述，在川东南涪陵地区部署首口预探井泰来 6 井，2017 年，对茅口组三段 5485.5～5510.5m 进行射孔酸压测试，获日产气 $11.08 \times 10^4 m^3$，实现了新类型储层勘探突破，拓展了勘探领域。

同年，中国石油加强环绵阳—长宁裂陷槽勘探工作，发现了安岳气田震旦系—寒武系气藏。四川盆地震旦系油气勘探自 1964 年在威基井发现了灯影组气藏后，2011 年 7 月，高石 1 井震旦系灯影组灯二段射孔、酸化联作测试，获日产气 $102.14 \times 10^4 m^3$，2012 年 9 月，磨溪地区磨溪 8 井寒武系龙王庙组试获 $83.5 \times 10^4 m^3$ 高产气流，截至 2017 年底，安岳气田高石梯—磨溪构造共发现磨溪、龙女寺、高石 6 井区三个富集区块，提交探明地质储量 $10569.7 \times 10^8 m^3$。为了了解四川盆地西北部双鱼石潜伏构造二叠系、三叠系储层及其含油气性，2012 年，中国石油在双鱼石潜伏构造高点附近部署双探 1 井，2014 年，在中二叠统栖霞组、茅口组测试分别获得日产气 $86.7454 \times 10^4 m^3$、$123.9834 \times 10^4 m^3$，但并未对泥盆系的勘探潜力引起足够的重视。2016 年，部署双探 3 井钻遇泥盆系，首次在 7569～7601.5m 井段中泥盆统观雾山组白云岩储层中获得工业气流，日产气 $11.6 \times 10^4 m^3$，展示了该区泥盆系超深层领域良好的天然气勘探前景。

第三章 地 层

四川盆地为一叠合盆地，纵向上层系齐全（新元古界—新近系）、厚度巨大（6000～12000m），具有多层系、多旋回特点；其中震旦系到中三叠统以海相碳酸盐岩为主，上三叠统—新近系以陆相碎屑岩为主。巨厚沉积地层为油气藏的形成和保存提供了有利的条件，目前除奥陶系和白垩系之外的地层中均发现工业油气层（表3-1）。

盆地的基底为前南华系，局部地区还包括南华系，主要由一套变质岩及火山岩组成，厚数千米至万余米。其上的沉积盖层发育齐全，总厚6000～12000m。其中震旦系到中三叠统是海相沉积，以碳酸盐岩为主，厚4000～7000m。震旦系分为上、下两统，全区发育良好，岩性变化小，分布稳定，但由于后期受桐湾运动影响，上震旦统灯影组四段在威远以南局部地区遭受剥失。寒武系、奥陶系、志留系在盆地范围内广泛分布，属地台型沉积。由于后期受加里东运动影响，中—上寒武统和奥陶系在成都以南局部地区遭受剥蚀缺失。志留系的剥蚀范围更大，南充、成都、威远一带已无保留。泥盆系、石炭系沉积时，以四川、黔北为主体的上扬子古陆始终保持上升状态，盆地内部大面积缺失，只在盆地边缘见有发育齐全的泥盆系、石炭系。二叠系遍布全区，为浅海台地沉积，晚二叠世初，在川西南沿断裂有大量玄武岩喷发。中—下三叠统也是一套浅海台地沉积，分布广泛。直到中三叠世末早印支运动，上扬子区整体抬升，盆地内部遭受不同程度的剥蚀，大规模海侵从此结束。上三叠统是一套海陆过渡及湖盆沉积，厚250～3000m。侏罗系至新近系全为陆相地层，主要是一套碎屑岩，厚2000～5000m。侏罗纪湖盆范围较大，到白垩纪、古近纪、新近纪湖盆范围逐渐收缩，最后经喜马拉雅运动才使四川盆地的面貌基本定型。第四系为冲积、洪积层，由疏松泥沙及砾石组成，分布在现代河流的两岸，一般厚0～100m（表3-1）。

第一节 新 元 古 界

新元古界为四川盆地基底之上的第一套地层，自下而上可以细分为前南华系、南华系和震旦系。南华系既有沉积岩，也有火成岩，其中沉积岩主要分布在川东三峡地区，包括莲沱组和南沱组；火成岩主要分布在甘洛、汉源地区，可以细分为苏雄组、开建桥组，上覆地层为列古六组；震旦系为一套以白云岩为主的碳酸盐岩建造，全盆分布较稳定。

表 3-1 四川盆地地层简表

国际年代地层表（2016）界	系	统	阶	地质年龄/Ma	扬子（华南）地层 统	阶	组	地层符号	地层厚度/m	岩石特征	已发现的油气层位
新生界	第四系			2.588				Q	0~380	松散砾石、砂层及黏土 —— 不整合（喜马拉雅运动晚期）	
	新近系			25.0			凉水井组	N	0~150	砾石沉积及泥质黏土为主 —— 不整合（喜马拉雅运动早期）	
	古近系	上统		65.0			芦山组	E	0~220	棕红色、褐红色泥岩为主，偶夹泥灰岩	
							名山群		410~690	下部为棕红色质泥质粉砂岩夹少许泥岩；上部以棕红色泥岩夹少许泥质粉砂岩、泥岩，含硬石膏及钙芒硝	
中生界	白垩系	上统		100.5	上统		三合组（灌口组）	K_2gl K_2s	600~800	紫红色泥岩夹粉砂岩及多层蓝灰色、灰绿色薄层泥灰岩	
							窝头山组（夹关组）	K_2jl K_2w	150~450	为棕红色、黄褐色厚层块状砂岩、砂岩夹泥岩组成 —— 假整合	
		下统		137.0	下统		剑阁组	K_1jg	0~300	紫红色或棕红色砂岩，夹砾岩与泥岩的互层为特征	
							天马山组	K_1t	0~400	砖红色泥岩夹多层砾岩、砂岩、砾岩	
							汉阳铺组（白龙组）	K_1h K_1b	0~500	浅紫色、灰色块状石英砾岩，厚层砂岩、泥岩、含砾砂岩与粉砂岩的韵律组成	
							苍溪组（剑门关组）	K_1jl K_1c	0~540	灰紫色、灰绿色岩屑长石砂岩为主，夹棕红色粉砂岩及泥岩 —— 假整合（燕山运动中期）	

界	系	统	阶	地质年龄/Ma	统	阶	组	地层符号	地层厚度/m	岩石特征	已发现的油气层位
中生界	侏罗系	上统	提塘阶	152.1±0.9	上统	未建阶	莲花口组	J₃p/J₃l	0~1360	巨厚的砾岩为特征，夹砂泥岩等不等厚的韵律层	气层
		上统	钦莫利阶	157.3±1.0			蓬莱镇组			黄灰色、灰色块状粉砂岩，细粒长石石英砂岩与棕紫色泥岩互层	
			牛津阶	163.5±1.0			遂宁组	J₃s	248~630	紫红色泥岩夹粉砂岩及细砂岩	气层
		中统	卡洛夫阶	166.1±1.2	中统	马纳斯阶	上沙溪庙组	J₂s₂	450~2100	紫红色、暗紫色泥岩，砂质泥岩与紫色、浅灰色长石石英砂岩略等厚互层，底部的灰绿色、灰黑色页岩	气层 见有油
		中统	巴通阶	168.3±1.3			下沙溪庙组	J₂s₁	100~610	紫红色、灰灰色泥岩、砂质泥岩夹绿灰色泥质粉砂岩、细砂岩	气层 见有油
			巴柔阶	170.3±1.4		石河子阶	新田沟组	J₂q/J₂x	110~320	杂色砂岩夹泥岩为特征，紫红色、黄灰色、深灰色泥页岩、砂质泥岩，夹砂岩及生物碎屑灰岩，偶夹介壳灰岩	
			阿林阶	174.1±1.0			千佛崖组				
		下统	托阿尔阶	182.7±0.7	下统	硫磺沟阶	自流井组 大安寨段	J₁z₄	40~90	灰色介壳灰岩与深色、灰黑色页岩互层	油、气层
			普林斯巴赫阶	190.8±1.0			马鞍山段	J₁z₃	70~90	紫红色泥岩夹浅灰色、灰色薄层粉砂岩	
			辛涅缪尔阶	199.3±0.3		永丰阶	东岳庙段	J₁z₂	30~45	黑色、灰绿色页岩夹浅灰色泥灰岩及生物灰岩	油、气层
			赫塘阶	205.0			珍珠冲段	J₁z₁	140~170	紫红色泥岩夹薄层灰色石英砂岩	气层

假整合或不整合（印支运动晚期）

界	系	统	阶	地质年龄/Ma	统	阶	组	段	地层符号	地层厚度/m	岩石特征	已发现的油气层位
					扬子（华南）地层							
中生界	三叠系	上统	瑞替阶	~208.5	上统	佩枯错阶	须家河组	须六段	T_3x_6	0~110	浅灰色、灰色块状中—粗粒岩屑石英砂岩，岩屑砂岩夹含砾粗砂岩，发育槽状交错层理，具二元结构	气层
			诺利阶—卡尼阶	~235.0				须五段	T_3x_5	0~250	黑色泥岩，粉砂质泥岩与泥质粉砂岩互层夹煤层及煤线	气层
								须四段	T_3x_4	0~160	浅灰色块状中—粗粒砂岩，岩屑砂岩夹含砾粗砂岩，发育槽状及板状层理	气层
								须三段	T_3x_3	20~300	黑色泥岩，粉砂质泥岩与泥质粉砂岩互层夹煤层及煤线	气层
								须二段	T_3x_2	50~306	浅灰色中厚层状砂岩，偶夹泥质岩，砂岩中可见大型槽状交错层理，板状交错层理	气层
								须一段	T_3x_1	0~135	黑色泥岩夹泥质砂岩，川西地区夹同色泥质灰岩	
		中统	拉丁阶	~242.0	中统	新铺阶	天井山组		T_2t	0~510	灰色厚层—块状灰岩夹硅质条带，结核及鲕粒，砂屑，生物屑	
			安尼阶	247.0		关刀阶	雷口坡组	雷四段	T_2l_4	0~450	浅灰色、黄灰色白云岩夹薄层硬石膏及少量泥灰岩，泥岩 —假整合（印支运动早期）	气层
								雷三段	T_2l_3	280~450	深灰色薄—厚层层泥质白云岩与岩相变为白云岩，有时石灰岩相变薄层硬石膏发育，针孔发育	气层
								雷二段	T_2l_2	60~105	灰色、深灰色薄—中厚层泥质白云岩，白云岩夹页岩，硬石膏与硬石膏互层	
								雷一段	T_2l_1	85~115	灰色泥质岩、深灰色泥质白云岩、白云岩夹页岩，硬石膏，底部有一层"硅钙硼石"，俗称"绿豆岩"	气层

界	系	统	阶	地质年龄/Ma	统	阶	组	段	地层符号	地层厚度/m	岩石特征	已发现的油气层位
								嘉五段	T_1j_5	130~160	深灰色带褐色石膏质白云岩，鲕状灰岩夹灰石膏层	气层
								嘉四段	T_1j_4	140~210	厚层硬石膏岩夹灰褐色岩盐及灰褐色，石灰岩	气层
						巢湖阶	嘉陵江组	嘉三段	T_1j_3	130~180	灰色、深灰色中厚层石灰岩夹石膏质灰岩及石膏岩、白云质灰岩及白云岩	气层
			奥伦尼克阶	251.2				嘉二段	T_1j_2	90~190	灰色、深灰色薄一中厚层白云岩与硬石膏质灰岩互层，夹石灰岩	气层
中生界	三叠系	下统			下统			嘉一段	T_1j_1	80~420	浅灰色至深灰色薄一中层石灰岩，夹少量泥灰岩，鲕状灰岩及生物灰岩	气层
			印度阶	252.2±0.5		印度阶	飞仙关组	飞四段	T_1f_4	60~150	飞四段：紫红色泥灰岩与粉砂质页岩、白云岩不等厚韵律互层，夹灰色泥晶灰岩、鲕粒灰岩；飞三段：浅灰色、灰色薄一中层状泥质白云岩，微细晶白云岩；飞二段：上部浅灰色白云岩，下部浅灰色、灰色薄层厚层状鲕粒灰岩；飞一段：灰色中厚层状鲕粒灰岩	
								飞三段	T_1f_3	270~768	①台地型。飞四段：紫红色钙质泥岩夹泥灰岩，飞三段：浅灰色、灰色泥晶灰岩，下部灰色，飞二段：浅灰色、灰色薄一中层灰岩；飞一段：微细一中晶白云岩，下部浅灰色，灰白色一块状灰岩。②台地边缘型。飞四段：上部紫红色泥岩夹泥灰岩，下部灰色薄一中层状泥晶灰岩及黄灰色泥灰岩，飞三段：灰白色厚层一块状灰溶孔残余晶粒细一中晶白云岩，亮晶鲕粒灰岩，飞一段：灰色残余鲕屑砂晶灰岩，灰色薄一中层状微晶灰岩，夹同色中层状砂屑灰岩，鲕粒灰岩	气层

国际年代地层表（2016）					扬子（华南）地层				地层厚度/m	岩石特征	已发现的油气层位
界	系	统	阶	地质年龄/Ma	统	阶	组	地层符号			
中生界	三叠系	下统	印度阶	252.2±0.5	下统	印度阶	飞仙关组（飞二段）	T_1f_2		③台地边缘斜坡型。飞四段：深灰色石灰岩、膏质灰岩、白云岩与灰白色石膏略等厚互层；飞三段：灰色、灰紫色含泥灰岩、灰色鲕粒灰岩、泥晶灰岩；飞二段：灰色石灰岩及含云灰岩、含泥灰岩互层，下部夹含泥灰岩及含云灰岩；飞一段：灰色、深灰色泥晶灰岩夹含泥灰岩及含云泥岩。④陆棚型。飞四段：灰白色硬石膏岩与灰色泥质灰岩及灰色绿灰色泥岩不等厚韵律互层；飞三段：灰色泥微晶灰岩夹亮晶鲕粒砂屑灰岩；飞二段：灰色夹紫灰色泥晶灰岩与含泥灰岩韵律互层；飞一段：灰色、深灰及绿灰色泥晶灰岩与含泥灰岩韵律互层	气层
							飞仙关组（飞一段）	T_1f_1			
古生界	二叠系	乐平统	长兴阶	254.2±0.1	上统	长兴阶	长兴组（大隆组）	P_3ch/P_3d	20～300	可见三种类型：台地型以微晶灰岩为主；边缘礁滩型以细晶白云岩、礁灰岩为主；斜坡型含硅质条带、碳质页岩薄层夹楼石状含硅灰岩 / 硅质岩页岩及石灰岩为主	气层
			吴家坪阶	259.9±0.4		吴家坪阶	龙潭组（吴家坪组、峨眉山玄武岩）	P_3l/P_3w	50～422	深灰色、灰色页岩、砂岩夹煤层 / 底部为王坡页岩，由杂色铝土质页岩或黏土岩组成，下部含砾石灰岩，上部为灰色石灰岩 / 深灰色至暗绿色玄武岩，内夹凝灰岩	气层
		瓜德鲁普统	卡匹敦阶	265.1±0.4	中统	冷坞阶	茅口组	P_2m	80～600	深灰色、灰色石灰岩，生物石灰岩夹少许页岩，含硅质结核及条带，产螆类、珊瑚、腕足类等化石	气层
			沃德阶	268.8±0.5		孤峰阶					
			罗德阶	272.3±0.5							

国际年代地层表（2016）					扬子（华南）地层					岩石特征	已发现的油气层位
界	系	统	阶	地质年龄/Ma	统	阶	组	地层符号	地层厚度/m		
古生界	二叠系	乌拉尔统	空谷阶	279.3±0.6	中统	祥播阶 / 罗甸阶	栖霞组	P_2q	10～300	深灰色、黑色石灰岩，生物碎屑灰岩为主，夹少许页岩，硅质灰岩及硅质条带，结核，石灰岩中普遍含较高的沥青质及硅质，局部见白云岩化及发育的眼球状构造	气层
			亚丁斯克阶	295.0	下统	隆林阶	梁山组	P_1l	0～42	黑色页岩、碳质页岩夹粉砂岩及煤层	气层
										—假整合（云南运动）—	
	石炭系	宾夕法尼亚亚系 中统	卡西莫夫阶	307.1±0.1	上统	达拉阶 / 滑石板阶 / 罗苏阶	黄龙组	C_2hl	0～96	白云岩，角砾状白云岩夹生物灰岩	气层
			莫斯科阶	315.2±0.2							
		密西西比亚系 下统	巴什基尔阶	354.0							
										—假整合（加里东运动）—	
	泥盆系	中统	吉维特阶	410.0	中统	东岗岭阶	观雾山组	D_2gw	0～413	下部灰色厚层状泥质生屑灰岩，粉砂岩及页岩；上部浅灰色纹层状细晶白云岩夹石灰岩，顺层溶孔，针孔发育	气层
										—假整合（加里东运动）—	
	志留系	兰多维列统 中统	特列奇阶		下统	南塔梁阶 / 马蹄湾阶	宁强组 / 韩家店组	S_1h / S_1n	0～600	灰绿色页岩夹数套深灰色石灰岩，泥岩夹粉砂岩，底部常发育紫红色色石灰岩	
		下统	埃隆阶			大中坝阶	石牛栏组 / 小河坝组	S_1xl / S_1s	40～500	深灰色泥灰岩及生物灰岩夹钙质页岩；下段灰绿色、黄绿色粉砂岩，砂质页岩，细砂岩，夹灰岩透镜体	见有气

国际年代地层表（2016）					扬子（华南）地层			地层符号	地层厚度/m	岩石特征	已发现的油气层位
界	系	统	阶	地质年龄/Ma	统	阶	组				
古生界	志留系	兰多维列统	鲁丹阶	438.0	下统	龙马溪阶	龙马溪组	S_1l	180~800	下部灰黑、黑色页岩，富含笔石；中上部深灰色至灰绿色页岩及砂质页岩，有时夹粉砂质或泥质灰岩，含碳质及黄铁矿	页岩气层
	奥陶系	上统	赫南特阶	445.2±1.4	上统	赫南特阶 钱塘江阶	五峰组	O_3w	0~20	下段黑色碳质页岩，上段（观音桥段）薄层的含泥生屑灰岩或生屑灰质页岩，部分地区缺失	
			凯迪阶	443.0±0.7			临湘组	O_3l	0~15	灰色瘤状泥质灰岩，上部灰绿色，黄绿色页岩，局部底见钴锰矿	
			桑比阶	458.4±0.9		艾家山阶	宝塔组	O_3b	0~60	以灰色中—厚层状石灰岩为主，具泥质网纹状（龟裂纹）构造或瘤状灰岩及页岩	见有气
		中统	达瑞威尔阶	467.3±1.1	中统	达瑞威尔阶	巧家组 十字铺组	O_2	0~60	下部以细砂岩为主，夹页岩，生物碎屑灰岩，上部以石灰岩为主，夹泥灰岩及砂岩	
							庙坡组			黑色页岩，有时夹灰岩	
							牯牛潭组			灰色至深灰色灰岩，泥质条带灰岩，瘤状灰岩	

界	系	统（国际）	阶（国际）	地质年龄/Ma	统（扬子）	阶（扬子）	组	地层符号	地层厚度/m	岩石特征	已发现的油气层位
古生界	奥陶系	中统	大坪阶	470.0±1.4	中统	大坪阶	大湾组 / 湄潭组（红石崖组）	O₁₋₂	0～400	杂色长石石英砂岩，石英砂岩夹粉砂岩，页岩；细砂岩，页岩互层，有时夹生物碎屑；深灰色、黑色页岩夹生屑灰岩，上部石灰岩渐多	
		下统	弗洛阶	477.7±1.4	下统	益阳阶	红花园组	O₁h	0～140	深灰色、灰色石灰岩，灰色白云岩，下部夹白云岩；深灰色，生物碎屑灰岩夹少量白云岩，下部偶夹页岩或缝合线薄层页岩	
			特马豆克阶	490.0		新厂阶/两河口阶	分乡组 / 南津关组（桐梓组）	O₁f	0～200	以白云岩为主夹灰色薄—厚层状灰岩夹黄绿、灰绿色页岩，钙质页岩，含少量硅质团块；夹砾屑，豆粒白云岩，各缝石结核，顶部及下部夹页岩；条带状介壳灰岩，泥质灰岩夹灰绿色页岩	见有气
								O₁n				
	寒武系	芙蓉统	第十阶	～489.5	顶统	凤山阶	娄山关群 三游洞组 / 洗象池群	€₃₋₄	0～800	以浅灰色、灰色，深灰色薄—厚层状白云岩，泥质白云岩为主，局部夹角砾状白云岩，砂屑白云岩及白云岩薄层缝石结核，条带状或缝合线灰岩，与下伏下伏陡坡寺组连续沉积；厚层状白云岩为主，夹白云质灰岩，白云质页岩，同生角砾石结核利条带。底部以薄—中层状灰岩英砂岩与下伏覃家庙组整合接触	气层
			江山阶	～494.0		长山阶					
			排碧阶	～497.0		崮山阶					
		第三统	古丈阶	～500.5	上统	张夏阶					
			鼓山阶	～504.5		徐庄阶					

国际年代地层表（2016）					扬子（华南）地层				地层符号	地层厚度/m	岩石特征		已发现的油气层位
界	系	统	阶	地质年龄/Ma	统	阶	组						
古生界	寒武系	第三统	第五阶	～509.0	中统	毛庄阶	覃家庙组	高台组	€₃	0～600	黄绿色粉砂岩、泥质灰岩及含生物碎屑白云岩组成	薄—中层状砂质白云岩、泥质白云岩及细粒白云岩组成	
							陡坡寺组					薄—中厚层的白云岩、泥质白云岩为主，夹石膏、盐岩，同生角砾岩及页岩	
		中统	第四阶	～514.0		龙王庙阶	石龙洞组	清虚洞组	€₂	0～280	块状白云岩、石灰岩和薄层豹斑状泥灰岩为主	下部厚层状灰岩为主，夹薄层豹皮状白云岩；中部薄—带白云质灰岩；上部薄至厚层白云岩、泥质白云岩夹叶片状白云岩	气层
							龙王庙组					浅灰色、灰色、褐灰色中厚层状白云岩，上部夹有少量缝石结核灰岩，顶部为"孔洞白云岩"	
						沧浪铺阶	天河板组	金顶山组		0～800	灰色中至粗粒砂岩、含砾砂岩，页岩夹中薄层状砂岩	下部粉砂质页岩、页岩夹粉砂岩；中上部页岩及砂质页岩夹物质泥岩和豆状生物细岩夹页岩	
							筇竹寺组	沧浪铺组			灰黄色、黄绿色砂质页岩，页岩夹薄层状砂岩	深灰色至灰色薄层状泥质灰岩、局部夹少量黄绿色页岩和鲕状、豆状灰岩薄层	

续表

<table>
<tr><th colspan="5">国际年代地层表（2016）</th><th colspan="6">扬子（华南）地层</th><th rowspan="2">地层符号</th><th rowspan="2">地层厚度 / m</th><th colspan="4" rowspan="2">岩石特征</th><th rowspan="2">已发现的油气层位</th></tr>
<tr><th>界</th><th>系</th><th>统</th><th>阶</th><th>地质年龄 / Ma</th><th>统</th><th>阶</th><th colspan="4">组</th></tr>
<tr><td rowspan="4">古生界</td><td rowspan="4">寒武系</td><td rowspan="2">第二统</td><td rowspan="2">第三阶</td><td rowspan="2">521.0</td><td rowspan="2">中统</td><td>沧浪铺阶</td><td>沧浪铺组</td><td>仙女洞组</td><td>明心寺组</td><td>石牌组</td><td>$€_2$</td><td>0～800</td><td>灰黄色、黄绿色砂质页岩、页岩夹中薄层—层状砂岩</td><td>灰色至深灰色块状鲕状灰岩夹细粒钙质砂岩</td><td>深灰色、灰绿色页岩夹细粒石英砂岩、粉砂岩和含泥质灰岩、细晶灰岩</td><td>下部含藻、含古杯灰岩及鲕粒灰岩；上部灰色、灰绿色砂岩、粉砂岩、砂质页岩</td><td></td></tr>
<tr><td>筇竹寺阶</td><td colspan="2">筇竹寺组</td><td>牛蹄塘组</td><td>水井沱组</td><td>$€_{1-2}$</td><td>90～900</td><td colspan="2">下部黑色碳质页岩夹灰色薄层状粉砂岩；中上部为中薄层—层状细—粉砂岩夹钙质页岩，见石灰岩扁球体</td><td>下部黑色碳质页岩，中上部黑色碳质页岩夹灰绿色砂质页岩
假整合或整合</td><td>下部碳质页岩夹石灰岩；上部为灰色、灰绿色砂岩、粉砂岩及页岩</td><td>页岩气层</td></tr>
<tr><td rowspan="2">纽芬兰统</td><td>第二阶</td><td>529.0</td><td rowspan="2">下统</td><td rowspan="2">梅树村阶</td><td rowspan="2" colspan="2">朱家箐组</td><td rowspan="2">麦地坪组</td><td rowspan="2">宽川铺组</td><td rowspan="2">$€_1$</td><td rowspan="2">0～200</td><td rowspan="2" colspan="2">以中薄层硅质、磷质白云岩、硅质岩为特点，产小壳动物化石、含胶磷矿</td><td rowspan="2">灰黑色页岩、砂质页岩夹胶磷矿砂或生物碎屑白云岩，小壳动物化石丰富</td><td rowspan="2">灰色、灰黑色石灰岩为主，夹少量硅质岩和磷块岩，小壳化石丰富</td><td rowspan="2"></td></tr>
<tr><td>幸运阶</td><td>543.0</td></tr>
</table>

假整合（桐湾运动）

界	系	国际年代地层表（2016）		地质年龄/Ma	扬子（华南）地层			地层符号	地层厚度/m	岩石特征	已发现的油气层位
		统	阶		统	阶	组				
新元古界	震旦系			~680.0	上统	灯影峡阶	灯影组	Z₂dy	640~1000	浅灰色白云岩，中部富含藻，具葡萄状及花斑状构造，靠顶部夹有一层蓝灰色泥岩，可做区域对比标准层	气层
					下统	吊崖坡阶／陈家园子阶／九龙岗阶段	陡山沱组	Z₁₋₂d	10~420	灰黑色碳质页岩、硅质白云岩，含锰和磷	
	南华系				上统		南沱组 列古六组	Nh₃	60~140	冰碛层及深灰色、灰色砂岩 紫红色、灰绿色流纹岩，石英斑岩及流纹质凝灰岩，凝灰质砂岩，砾岩（澄江运动）	
				~800.0			莲沱组 开建桥组	Nh₃	200~1000	紫灰色、灰绿色砂岩、砂砾岩，有时夹凝灰岩，底部含有砾石 紫红色及流纹岩、凝灰质凝灰岩、砾岩（假整合或不整合）	
							苏雄组	Nh₁		安山岩、安山斑岩夹少许流纹岩、流纹质凝灰质凝灰岩、凝灰质砂岩（不整合）	
	前南华系						峨边群 火地垭群 板溪群	AnZ	>6000	受不同变质作用的板岩、片岩、千枚岩、石英岩、大理岩及火山岩，并伴有花岗岩、花岗闪长岩、基性岩侵入（晋江运动）	

一、前南华系（基底）

四川盆地基底具有结晶基底和褶皱基底双重结构特征，主要为前南华系变质岩系，据原地质矿产部同位素年龄值测定，最小6.5亿年，最大11.8亿年，目前定为新元古界。结晶基底是一套经受中、深变质且普遍混合岩化的地层，主体以康定群为代表，出露于康定—攀枝花、盐边、宝兴、汉川及旺仓—南江等地区。时代为新元古代，下部为一套中基性火山岩建造，上部为中酸性火山碎屑岩及复理石建造。它是四川盆地及周缘目前已知最老的一套变质岩地层。褶皱基底是覆盖在康定群之上，不整合于南华系之下的一套浅变质岩地层，晋宁运动造成其强烈褶皱，主要由哈斯群、盐边群、黄水河群、通木梁群、火地垭群、会理群、娥边群、登相营群、盐井群、板溪群等组成，按构造环境、沉积组合特征分为以盐边群为代表（包括恰斯群、盐边群、黄水河群、通木梁群、火地垭群）的优地槽型沉积和以会理群为代表（包括会理群、娥边群、登相营群、盐井群、板溪群）的冒地槽型沉积，前者主要由中性、基性火山岩组成，后者由陆源碎屑岩、碳酸盐岩及少量火山岩组成。

盆地西南的会理、会东地区前南华系很发育，称会理群或峨边群，出露厚度数千至万余米（未见底）。自下而上分为五个组。（1）河口组：深灰色千枚岩、片岩、砂岩、大理岩与火山熔岩、凝灰岩，厚度大于5000m。（2）通安组：灰色、深灰色条纹状黑云母千枚岩、粉砂绢云母千枚岩、变质砂岩夹赤铁矿透镜体及泥质结晶灰岩、大理岩，厚2200m。（3）力马河组：灰色、黄灰色、灰绿色及白色薄—块状石英岩、石英绢云母千枚岩夹碳质板岩和凝灰岩，底部有硅质板岩、铁质砂砾岩和透镜状白云岩，厚3800m。（4）凤山营组：灰白色薄至中厚层含藻白云岩夹条带状泥质结晶灰岩、砂质板岩，岩性较单一，厚1173～1437m。（5）天宝山组：灰绿色、灰色、灰黑色条带状绢云母千枚岩夹薄层石灰岩、变质石英砂岩及中酸性岩浆岩，厚672～1075m。南华系下部是一套火山岩系，在甘洛、汉源附近出露较全，称苏雄组、开建桥组，不整合于基底之上（详见后述）。

在川北米仓山、大巴山一带称火地垭群，下部为深变质的各种流纹岩、火山碎屑岩及凝灰质砂岩；上部为浅变质的石灰岩，大理岩夹板岩、片岩，出露厚度大于6000m。

四川盆地东南缘湘鄂西一带也有出露，下部称四堡群或梵净山群，岩石变质较深，为绢云母石英片岩夹板岩、千枚岩；上部称板溪群，为浅变质砂岩与板岩，局部夹含砾砂岩、千枚岩，时含凝灰质，总厚也在6000m以上。

晋宁运动使这一套前南华系广泛变质，同时还伴有基性—中酸性岩浆岩侵入，至此前南华纪地槽宣告结束，整个上扬子区固结成为一个比较统一的稳定基底。

二、南华系（Nh）

受晋宁运动影响，南华系超覆不整合于前南华系古老变质岩（会理群、板溪群、火地垭群）及其相应时代的侵入岩体之上，顶部与震旦系为整合或不整合接触。南华系沉积岩主要分布于川东—三峡地区，自下而上划分为莲沱组和南沱组两个地层单元。而在甘洛、汉源地区，南华系主要为一套火成岩及碎屑岩，自下而上包括苏雄组、开建桥组、列古六组。

1. 川东—三峡地区

1）莲沱组（Nh$_2$）

莲沱组下部一般是紫红色、灰紫色块状变余长石石英砂岩、含砾长石石英砂岩，底部具砾岩，砾石成分主要为下伏板溪群变余砂岩、板岩；上部为紫灰色、灰绿色变余长石石英砂岩夹粉砂岩，偶夹少量凝灰岩，厚200～1000m。

2）南沱组（Nh$_3$）

南沱组为一套灰色、灰绿色含冰碛砾石的砂质泥岩及砂岩。砾石成分有石英岩、硅质岩、板岩、橄榄辉石岩、花岗岩等。砾石表面常见多组不同方向的冰川擦痕。砾石分选差，砾径0.2～5.0cm，呈半棱角状及滚圆状，锆石测年706Ma±7Ma，厚60～140m。

2. 甘洛、汉源地区

1）苏雄组（Nh$_1$）

该组为张盛师1961年创名于甘洛县苏雄。主要为一套中性、基性火山岩，夹少量酸性火山岩及火山碎屑岩。下部为浅灰绿色、暗灰紫色安山质及流纹质凝灰熔岩、凝灰岩夹安山玄武岩、霏细岩；中部为灰绿色夹灰紫色英安斑岩、流纹质英安斑岩；上部为浅灰绿色至暗绿色安山玄武岩、蚀变玄武岩，夹同色流纹质含砾凝灰岩、凝灰熔岩，据顶部玄武岩样，测得同位素年龄值为7.26～7.59Ma，厚2028～6864m。

2）开建桥组（Nh$_2$）

该组为张盛师1961年创名于甘洛县开建桥。分布于大相岭、小相岭、螺髻山至德昌一带。为一套酸性火山岩及火山碎屑岩。由紫红色、灰绿色流纹岩、石英斑岩及流纹质凝灰岩、流纹质凝灰熔岩及凝灰质砂砾岩组成，常夹紫色、浅肉红色层纹构造凝灰质粉砂岩及页岩，大型交错层理发育。自甘洛向南，开建桥组逐渐为陆相紫红色砾砂岩所代替，称之为澄江组。厚434～2307m。该组与下伏苏雄组假整合接触或超覆不整合于晋宁期花岗岩体及前震旦系之上。

3）列古六组（Nh$_3$）

该组为张盛师1961年创名于甘洛县凉红剖面。下部为紫红色厚层石英质粉砂岩夹少量黏土岩，底部具一层砾岩；中部为暗紫灰色薄—中厚层石英质粉砂岩与暗紫色泥岩互层；上部为暗紫红色、灰紫色中—厚层含泥质石英质粉砂岩、细砂岩，夹灰绿色泥岩条带；列古六组横向变化大，常有缺失。厚0～283m。该组与下伏开建桥组为假整合接触。

三、震旦系（Z）

震旦系主要出露于川东北胡家坝、旺苍鼓城乡、川西南的西昌、乐山、雅安等盆地周缘地区，在盆地内部普遍埋深3000～8000m，在坳陷区最深可达10000m以上。据同位素年龄测定，时限为5.42～6.35Ma，属新元古代。震旦系总厚200～1760m，受晋宁运动影响，区内震旦系超覆不整合于前南华系古老变质岩之上，上、下震旦统之间普遍为假整合接触，顶部与寒武系为假整合接触（表3-2）。

近年来，油气勘探向震旦系—古生界拓展，对震旦系地层划分与对比开展了大量工作，综合各家研究成果将震旦系划分为雅安—南江、峨边—仪陇、威远—开州、宜宾—石柱、雷波、龙门山、城口—巫溪、桐梓—恩施和沿河—大庸九个地层小区。

表 3-2　四川盆地及周缘各地层小区震旦系多重地层划分对比表

扬子（华南）标准				雅安—南江	峨边—仪陇	威远—开州	宜宾—石柱	龙门山	雷波	城口—巫溪	桐梓—恩施	沿河—大庸
系	地质年龄/Ma	统	阶									
寒武系	541.0±1.0	下统	梅树村阶	宽川铺组	麦地坪组	宽川铺组	麦地坪组	清平组	麦地坪组	水井沱组	麦地坪组	牛蹄塘组
震旦系（埃迪卡拉系）	~635.0	上统	灯影峡阶	灯影组	灯影组	灯影组	灯影组	灯影组	灯影组	灯影组	灯影组	灯影组
			吊崖坡阶	喇叭岗组	喇叭岗组	喇叭岗组	喇叭岗组	喇叭岗组	喇叭岗组	陡山沱组	陡山沱组	陡山沱组
		下统	陈家园子阶									
			九龙山阶									
南华系							?	明月组	列古六组	明月组	南沱组	南沱组
前南华系				火地垭群	峨眉山花岗岩	流纹英安岩	?	?	?	?	?	?

纵向上据岩性总体特征可分为两套地层：下震旦统以碎屑岩为特点，称为喇叭岗组（观音崖组）或陡山沱组；上震旦统以碳酸盐岩为主，称为灯影组。其中，陡山沱组除桐梓—恩施地层小区可以分为四段以外，其余均不分段。

1. 下震旦统陡山沱组（$Z_{1-2}d$）

陡山沱组由李四光、赵亚曾 1924 年命名，命名剖面位于湖北宜昌莲沱镇大桥东端之山坡，参考剖面位于秭归县三斗坪镇田家园子。该组岩性主要为灰色、灰黑色泥质白云岩、白云质灰岩及黑色泥页岩，常夹硅、磷质结核和团块，含微古植物、宏观藻类及后生动物化石。主要分布在城口—巫溪、桐梓—恩施和沿河—大庸等地层小区，厚度一般为 26～360m。与下伏南华系南沱组冰碛岩整合或不整合接触。时代为早震旦世到晚震旦世早期，包括早震旦世九龙山组沉积期、陈家园子组沉积期和晚震旦世吊崖坡组沉积期。根据岩性特征，陡山沱组可以划分为四段。

陡一段：下部浅灰色角砾状泥晶白云岩，见浑圆状角砾，上部浅灰色、灰白色含钙质白云岩夹灰黑色含碳质泥岩。

陡二段：底部黑色碳质页岩夹深灰色薄层状钙质白云岩，下部深灰色薄层状含磷质钙质白云岩夹黑色碳质页岩，上部黑色碳质页岩夹深灰色薄层状含碳泥质白云岩。

陡三段：下部浅灰色中层状泥质灰岩与灰黑色含碳质钙质白云岩互层，上部灰色、灰白色中层状泥质灰岩夹黑色碳质页岩。

陡四段：灰黑色薄层状含碳质硅质白云岩夹黑色页岩，与上覆灯影组深灰色中层状含硅质泥晶白云岩整合接触。

城口—遵义一线 2 以西地区岩性相变为一套杂色砂岩、含砾砂岩、页岩夹石灰岩、白云岩，称为喇叭岗组，属于陡山沱组同期异相沉积，由曾繁礽和何春荪 1949 年在四川瓦山皇木厂喇叭岗命名，主要分布于城口—遵义一线以西地区，即雅安—南江、峨边—仪陇、威远—开州、宜宾—石柱、雷波、龙门山六个地层小区，一般厚 10～40m，最厚 100 多米。代表性剖面有四川南江杨坝和峨眉高桥等剖面，在川中龙女寺和威远井下钻厚仅几米到 10 余米。与下伏基底变质岩不整合接触或直接超覆于花岗岩体之上，上与灯影组整合或平行不整合接触。时代为晚震旦世早期吊崖坡期。

2. 上震旦统灯影组（Z_2dy）

灯影组由李四光、赵亚曾 1924 年命名于湖北宜昌灯影峡。命名剖面岩性主要为灰色、灰白色白云岩夹黑色薄层状石灰岩。全盆广泛分布，厚度 200～1760m。与下伏陡山沱组整合接触，与上覆麦地坪组或筇竹寺组假整合或整合接触。在四川盆地主要为一套藻类白云岩。中下部葡萄状、花边状等构造发育，中上部普遍存在一套基本等时的碎屑岩，可作为分段标志，可进一步分为四个岩性段。

灯一段：以灰色、深灰色块状含泥质白云岩为特点，菌、藻类化石贫乏，厚度 30～160m，相当于中国科学院南京地质古生物研究所划分（1974 年，1979 年）的下段下贫藻亚段。

灯二段：以块状富藻白云岩为主，典型特征是下部葡萄状、肾状、花边状、花斑状构造十分发育，富含古藻 *Baiios pinguensis*、*Desmofimbria reticuliforme*、*Glaeorrh varians*、*Protoepiphyton* sp.、*Praesolenopora* cf. *liaoningensis* 等，而上部不发育，并且菌藻类也显著减少，单层厚度变小，薄层状，厚度 350～550m（丁山 1 井未穿，大于 550m），相当于中国科学院南京地质古生物研究所划分（1974 年，1979 年）的富藻亚段和上贫藻亚段。

灯三段：以碎屑岩为特点，为灰色、深灰色厚层砂泥岩夹薄层白云岩，夹黑色硅质层及硅质结核，偶见花斑状、条纹状构造，古藻稀少，普遍发育含凝灰质的蓝灰色泥岩，厚度变化大，0.4～60m，丁山 1 井厚度为 59m，岩性为薄层白云岩夹砂泥岩。

灯四段：以块状含硅质条带或团块的白云岩为特点，上部为深灰色中—厚层细至粗晶白云岩，菌藻类较多，富含软舌螺 *Hyolithies* cf. *tenuis*、*Orthotheca* cf. *glabra*、*Torllella multisegmenta*、*Courlites minor*，*Heleionella* sp.、*Circotheca* sp.，腕足类 *Obolelia* sp.，但不如灯二段发育。厚度较稳定，200～470m，丁山 1 井厚 471m。

第二节 古 生 界

四川盆地古生界厚度巨大（大于 5000m），除泥盆系和石炭系分布较局限外，其他层系分布稳定；四川盆地古生界经历了极其复杂的演化过程，在兴凯运动、加里东运动、云南运动和东吴运动等多期构造运动叠加的影响下，古生界与下伏震旦系呈平行不整合接触关系；古生界内部遭受三次抬升和强烈剥蚀，相应地发育三个区域不整合接触关系，即寒武系与震旦系之间、二叠系梁山组与下伏志留系或石炭系之间、二叠系茅口组与上覆龙潭组或吴家坪组之间均为区域不整合接触关系。

一、寒武系（Є）

寒武系主要出露于盆地边缘的大凉山、龙门山、米仓山、大巴山、川东南及黔北一带。盆地内部仅在华蓥山地区有部分出露，主要是深埋地腹，一般埋深 2500～6500m，在坳陷区可达 9000m 以上。

寒武系研究历史悠久，先后出现过多种年代地层划分方案，参照第四届全国地层会议（2014 年）将四川盆地寒武系划分为四统十阶（表 3-3），四川盆地寒武系纵向上为一套碎屑岩至碳酸盐岩沉积组合，以台地相为特征，地层序列完整。由于沉积环境的差异，各区的岩性组合明显不同，四川盆地及周缘寒武系进一步细分为川西—川中、雷波、龙门山、米仓山前缘、川南—川东及大巴山前缘六个地层小区。

表 3-3　四川盆地及周缘各地层小区寒武系多重地层划分对比表

国际年代地层表（2016）					扬子（华南）标准			川西—川中	雷波	龙门山	米仓山前	川南—川东		大巴山前
系	统	阶	地质年龄 /Ma		统	阶	代号							
奥陶系	下统	特马豆克阶	7.7	485.4±1.9	下统	两河口阶	O_1^1	桐梓组	红石崖组	赵家坝组	宝塔组	桐梓组		南津关组
寒武系	芙蓉统	第十阶	4.1	~489.5	芙蓉统	牛车河阶	ϵ_4^3	洗象池组	二道水组		娄山关群	毛田组	三游洞组	
		江山阶	4.5	~494.0		江山阶	ϵ_4^2					后坝组		
		排碧阶	3.0	~497.0		排碧阶	ϵ_4^1							
	第三统	古丈阶	3.5	~500.5	武陵统	古丈阶	ϵ_3^3					平井组	覃家庙组	
		鼓山阶	4.0	~504.5		王村阶	ϵ_3^2		西王庙组			石冷水组		
		第五阶	4.5	~509.0		台江阶	ϵ_3^1	陡坡寺组	陡坡寺组		陡坡寺组	高台组		
	第二统	第四阶	5.0	~514.0	黔东统	都匀阶	ϵ_2^2	龙王庙组	龙王庙组		孔明洞组	清虚洞组	石龙洞组	
											阎王碥组	金顶山组	天河板组	
		第三阶	7.0	~521.0		南皋阶	ϵ_2^1	沧浪铺组		磨刀垭组	仙女洞组	明心寺组	石牌组	
								筇竹寺组	筇竹寺组	长江沟组	郭家坝组	牛蹄塘组	水井沱组	
	纽芬兰统	第二阶	8.0	~529.0	滇东统	梅树村阶	ϵ_1^2	麦地坪组	麦地坪组	朱家箐组	清平组	宽川铺组	麦地坪组	黄鳝洞组
		幸运阶	12.0	541.0±1.0		晋宁阶	ϵ_1^1							
震旦系				~635.0	上统	灯影组	Z_2dy	灯影组	灯影组	灯影组	灯影组	灯影组		灯影组

寒武系底与震旦系灯影组为假整合接触，顶与奥陶系在盆地内为连续沉积。在盆地边缘"康滇古陆"、龙门山、米仓山及川西南地区，寒武系沉积后曾上升遭受剥蚀，与奥陶系为假整合接触。

1. 滇东统（$\unicode{x20AC}_1$）

麦地坪组及其相当地层在四川盆地及周缘各地层小区均有分布，主要分布于绵阳—长宁裂陷槽内，其他大部地区缺失或较薄。但不同地层小区由于岩性的差异而采用了不同的岩石地层名称，如朱家箐组、宽川铺组、岩家河组、清平组、黄鳝洞组等。这些岩组的岩性有一定的区别，但也存在许多共同的特征，如层薄，普遍含磷、含硅，产多门类小壳化石。据岩石组合大致可分出三种类型，即麦地坪型、宽川铺型、朱家箐型（表3–3）。

麦地坪（$\unicode{x20AC}_1m$）为中科院南京地质古生物研究所、四川石油局科研所1965年命名于峨眉县麦地坪。是指一套薄层含磷、硅质条带的白云岩，产滇东世小壳化石，建组剖面厚38.42m。前人曾将该组归属于洪椿坪组或灯影组内，称麦地坪段、含磷组、含磷段。岩性为灰黑色页岩、砂质页岩夹胶磷矿砂、砾岩、生物碎屑白云岩或胶磷矿砂砾屑白云岩，产丰富的小壳类动物化石，大多包含 *Anabarites trisulcatus-Protohertzina anabarica* 带和 *Siphogonuchites tragularia-Paragloborilus subglobosus* 带的化石和常见分子，该组广泛分布于川西—川中地层小区、雷波地层小区和川南—川东地层小区的露头和覆盖区，厚度为数米至196.5m不等，川东盆缘等局部地区完全剥蚀；覆盖区资4井、汉深1井、高石17井、盘1井等中发现了小壳类化石。与下伏灯影组为整合或平行不整合接触，与上覆筇竹寺组为平行不整合接触。其时代为滇东世晋宁期—梅树村早—中期。

宽川铺组主要分布于米仓山前缘地层小区和川西—川中地区，高石梯—磨溪—通南巴覆盖区井下。建组剖面厚65.1m，一般厚59.7～70.0m，四川境内1.0m至十余米。岩性以较单一的灰色、灰黑色石灰岩，夹少量硅质岩和磷块岩，以小壳化石丰富为特点。

朱家箐组分布于雷波地层小区和川西—川中地区，以云南梅树村剖面为代表，厚33m，岩性以中薄层硅质、磷质白云岩、硅质岩为特点，可以进一步分为待补段、中谊村段和大海段三个岩性段，总厚可达200m。

结合地震资料研究表明，麦地坪组及其相当地层厚度各地差异较大（图3–1），盆地内存在一个发育区，大致南北向沿绵阳—长宁分布，最大残余厚度达200m，在川西的汉源、峨边、威远等地厚度为0～30m，川中高石梯—磨溪地区一般小于20m，局部地区全部剥蚀（高石1井）；川北南江、陕南宁强、通南巴地区厚度一般小于10m，局部地区全部剥蚀（马深1井）。

2. 黔东统（$\unicode{x20AC}_2$）

1）筇竹寺组（$\unicode{x20AC}_2q$）

四川盆地筇竹寺组广泛分布，同期地层在川西—川中、龙门山前、米仓山前缘、川东—川南、大巴山前缘分别称为筇竹寺组、长江沟组、郭家坝组、牛蹄塘组、水井沱组，厚度一般为100～500m，盆内最厚700m左右（图3–2），沿绵阳—长宁裂陷两侧逐渐减薄，乐山—龙女寺古隆起轴部龙女寺一带厚度较小（100m），涪陵井下厚134m。岩石类型以暗色细碎屑岩为主，上扬子台地上表现为暗色页岩、粉砂岩，北缘主要表现为黑色页岩和薄层硅质岩。

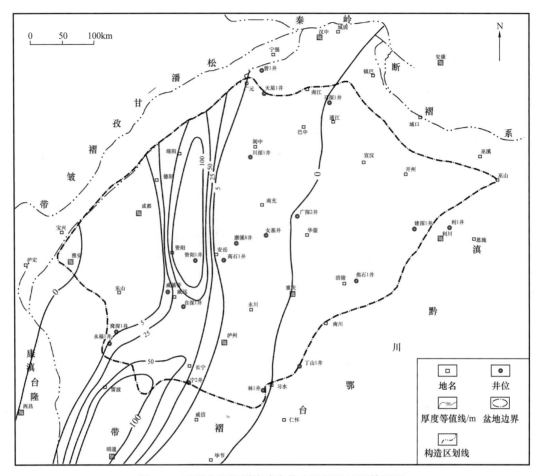

图 3-1　四川盆地及周缘滇东统麦地坪组地层等厚图

　　筇竹寺组由卢衍豪 1941 年创名于云南昆明西郊筇竹寺关山，参考剖面位于晋宁梅树村八道湾。四川盆地筇竹寺组地层习惯沿用此名，主要分布于川西—川中地层小区和雷波地层小区，区内为海相碎屑岩沉积，主要为一套暗色碳质页岩、页岩及泥岩，偶夹粉砂岩及细砂岩，下部为黑色碳质页岩夹灰色薄层状粉砂岩，发育水平层理，为深水陆棚沉积；中部为浅灰色薄层（板）状钙质粉砂岩夹灰色、深灰色钙质页岩，发育大量粉砂岩透镜体或薄层，砂岩底部具冲刷面，内部具正粒序层理，发育风暴沉积，为浅水陆棚沉积；上部为灰色、深灰色薄—中层状细—粉砂岩夹深灰色钙质页岩，见石灰岩扁球体，发育透镜状层理，为远滨沉积。筇竹寺组的泥页岩、粉砂质泥岩沉积环境相对稳定。富含生物化石，以三叶虫为主，含三叶虫 *Zhenbaspis*、*Shizhudiscus* 及腕足类、海绵骨针、软舌螺等，化石带下段上部为 *Ebianotheca-Sinosachites* 小壳化石带，上段为 *Mianxiandiscus* 及 *Eoredlichia-Caoaspis* 三叶虫带。该组与下伏麦地坪组为假整合接触。该组时代归于梅树村组沉积晚期—南皋组沉积期。

　　牛蹄塘组（$\epsilon_2 n$）主要分布于川南—川东地层小区，岩性特征下部为黑色碳质页岩，中上部为黑色碳质页岩夹灰绿色砂质页岩，底部为黑色硅质页岩、硅质岩夹黑色磷块岩。含 *Tsunyidscus niututangensis* 带，代表水体较深的缺氧沉积，显示为海平面上升的海侵期沉积物。一般厚 100～200m，往西至习水一带最薄，仅 20～30m。

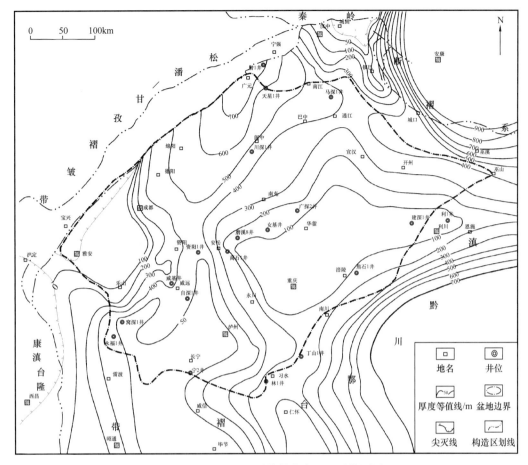

图 3-2 四川盆地及周缘筇竹寺组地层等厚图

长江沟组（$\epsilon_2 ch$）主要分布在龙门山前带地层小区。仅分布于龙门山北段上寺一带，区域厚 150～1290m，下部为灰绿色粉砂岩夹沥青质灰岩团块；上部为灰绿色、黄灰色、灰色岩屑砂岩与粉砂岩、页岩互层夹海绿石砂岩及砂质灰岩，为浅水陆棚沉积。

郭家坝组（$\epsilon_2 g$）分布于米仓山前缘地层小区。下段：黑色碳质页岩、深灰色细砂岩及粉砂岩；上段：下部黑色页岩，间夹粉砂岩薄层，含钙质及黄铁矿结核。顶部与上覆仙女洞组鲕粒灰岩或古杯灰岩为整合接触。水体由还原环境逐步向氧化环境转变，处于陆棚环境。厚度 340～670m。

水井沱组（$\epsilon_2 sh$）主要分布于大巴山前缘地层小区，根据岩性特征可以分为两段。下段：下部深灰、灰白色薄—中厚层硅质白云岩夹黑色硅质岩及细砂岩、页岩；上部黑色薄—中厚层石灰岩夹碳质页岩、灰白色中厚层白云岩夹薄层硅质岩、内碎屑白云质灰岩和内碎屑石灰岩。上段：由灰黑色或黑色页岩、碳质页岩夹灰色薄层灰岩和石灰岩透镜体组成。为较深水缺氧沉积。厚度一般几十米至百余米，最厚可达千米，四川城口和平厚 595m。

2）沧浪铺组（$\epsilon_2 ch_{1-2}$）

四川盆地中国石化探区沧浪铺阶按习惯延用沧浪铺组，同期地层在川西、川西南、川东南、米仓山前缘、大巴山前缘因为岩性差异分别称为磨刀垭组、遇仙寺组、明心寺组+金顶山组、仙女洞组+阎王碥组、石牌组+天河板组（表 3-3）。沧浪铺组一般厚200～277m，最厚可超过 280m，整体上北西薄、东南厚。岩石类型较为丰富，包括粗碎屑岩（砂岩和砾岩）、细碎屑岩（粉砂岩和泥岩）及碳酸盐岩，台地区以碎屑岩和浅水碳酸盐岩混合沉积为主，北缘以薄层深水碳酸盐岩为主，主要为灰泥灰岩沉积。

沧浪铺组名称来源于滇东，由丁文江等 1914 年创名，尹赞勋 1937 年公开发表的沧浪铺页岩演变而来，1963 年张文堂改称沧浪铺组，并分为两段。命名剖面位于滇东马龙沧浪铺与黄土坡之间。该组分为红井哨段和乌龙箐段，与下伏筇竹寺组和上覆龙王庙组均整合接触。下段（红井哨段），俗称寒武系"下红层"，由灰黄色、黄绿色砂质页岩、页岩夹薄—中层状砂岩组成，厚186m。三叶虫化石带自下而上为：*Yilingella-Yunnanaspis* 带、*Drepanuroides* 带。上段（乌龙箐段）由云母砂质页岩和云母石英砂岩组成，与下伏红井哨段连续沉积，厚113m。三叶虫化石带自下而上为：*Paleolenus* 带、*Megapaleolenus* 带。

沧浪铺组井下厚度为 100～335m，变化趋势是川中一带较薄，仅 100m 左右，往两侧加厚；岩性川南以焦石 1 井为例，厚248m，上部为灰色、深灰色、绿灰色硅质岩与深灰色、灰色石灰岩、含云灰岩、硅质灰岩、泥岩、硅质泥岩等厚互层；中部为深灰色、灰黑色细砂岩与灰色泥岩、泥质泥岩；下部为灰色、褐色泥岩、灰质泥岩、硅质泥岩与灰色石灰岩、泥质灰岩等厚互层，夹灰白色石膏岩、浅灰色含云硅质岩。川北地区以马深 1 井为例，厚283m，上部为深灰色、绿灰色硅质岩、灰色泥岩、绿灰色硅质泥岩与深灰色灰岩等厚互层；中部为灰色、灰黑色细砂岩与灰色泥岩略等厚互层夹灰色白云质砂泥岩与灰色泥岩、灰质泥岩等厚互层。下部为灰色砂屑灰岩、鲕粒灰岩夹灰色含云泥岩、灰质泥岩、粉砂质泥岩与深灰色灰质粉砂岩。

3）龙王庙组（$\in_2 l_2$）

龙王庙组厚度一般为 100～200m，最厚可超过 300m（图 3-3），成都一带缺失该组，在四川盆地整体由西往东呈增厚趋势。中上扬子台地区岩石类型以浅水碳酸盐岩为主，主要为白云岩，包括细晶白云岩和泥粉晶白云岩；北缘地区主要以薄层灰泥灰岩为主；由于岩性有差异在不同的地层小区被分别命名为龙王庙组、孔明洞组、清虚洞组、石龙洞组。

龙王庙组是从云南引入的岩石地层单位，由卢衍豪 1941 年命名于云南昆明市西山滇池西岸的龙王庙附近，现广泛应用于四川盆地及周缘地区，岩性为白云质、泥质灰岩，泥质白云岩夹少量砂页岩，厚176m，三叶虫化石带自下而上为：*Redlichia*（*Pteroedlichia*）*Murakamii-Hoffetella* 带、*Redlichia guizhouensis* 带。盆地内该组主要分布于川西—川中地层小区和雷波地层小区。岩性以块状白云岩、石灰岩和薄层瘤状泥灰岩为主。该组与下伏沧浪铺组整合接触，除了盆地西部地区，其余地区与上覆陡坡寺组均为整合接触。厚度一般为 100～160m，川中覆盖区厚51～211m，川东覆盖区厚160～200m。井下岩性以焦石 1 井为例，厚119m，上部为灰色、深灰色泥—粉晶白云岩、灰质白云岩、石灰岩、白云质灰岩夹灰白色石膏岩；中部为灰色灰岩、泥质灰岩；下部为深灰色石灰岩、含云灰岩、灰质白云岩夹砂屑灰岩；底部为深灰色泥质灰岩。川北地区以马深 1 井为例，厚113m，上部为灰色、深灰色鲕粒白云岩、砂屑白云岩、细—粉晶白云岩；下部为灰色、深灰色灰质白云岩、白云质灰岩、石灰岩。

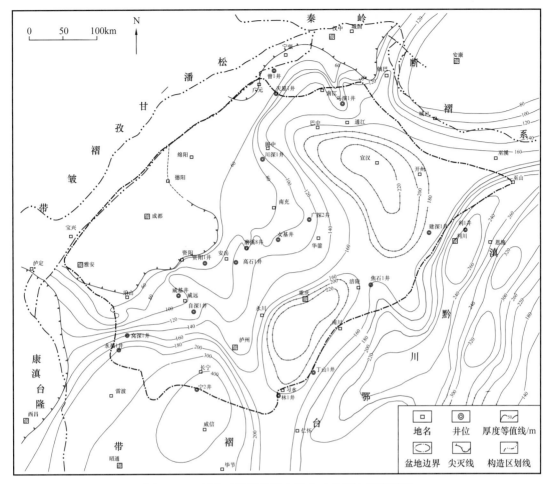

图 3-3　四川盆地及周缘黔东统龙王庙组地层等厚图

孔明洞组（$\in_2 k$）主要分布于米仓山前缘地层小区，厚度 83～218m，由四川南江地层组 1960 年命名，命名剖面位于南江县沙滩，为海相碳酸盐岩地层。岩性特征下部为深灰色鲕状灰岩、厚层粉砂岩、硅质白云岩夹砂、页岩；中上部为块状砂质白云岩，白云质硅质灰岩夹砂页岩，厚 102m。下部普遍含有鲕状、豆状、肾状的白云质灰岩或白云岩。

清虚洞组（$\in_2 q$）为黔北的岩石地层单位，尹赞勋 1945 年命名于贵州湄潭县城东南约 1km 的清虚洞。主要分布在川南—川东地层小区，参考剖面位于湄潭县茅坪梅子湾白石坝，可分为三段。下段为灰色、深灰色厚层—块状石灰岩；中段为灰色厚层豹皮状条带白云质灰岩、钙质白云岩夹条带状灰岩；上段为灰色薄至厚层白云岩、泥质白云岩，夹叶片状白云岩及钙质、泥质含云母粉砂岩。属浅海沉积，厚度一般为 150～400m。该组与下伏金顶山组或杷榔组整合接触，除了黔中部分地区，其余地区该组与上覆高台组为整合接触。时代属黔东世都匀期。

石龙洞组（$\in_2 sh$）是从湖北引入的岩石地层单位，王钰 1938 年创建石龙洞石灰岩。主要分布于大巴山前地层小区，岩性为浅灰色、深灰色、褐色中—厚层状白云岩、块状白云岩，下部含钙质，含少量燧石团块。底部与清虚洞组（天河板组），顶部与覃家庙组皆为整合接触。命名剖面厚 86m。

3. 武陵组统—芙蓉统（$\mathcal{C}_{3-4}$）

1）陡坡寺组（$\mathcal{C}_3d$）

四川盆地毛庄阶按习惯延用陡坡寺组，厚度一般为100m，最厚可超过600m（图3-4），整体由西往东呈增厚趋势，成都一带缺失该组。为浅水碳酸盐岩沉积，以泥晶白云岩、泥质白云岩为主；而北缘则为代表深水沉积的薄层灰泥灰岩与灰质泥岩互层；紫阳以北广泛发育灰泥砾屑灰岩。由于岩性有差异，在不同的地层小区被分别命名为陡坡寺组、高台组、覃家庙组。

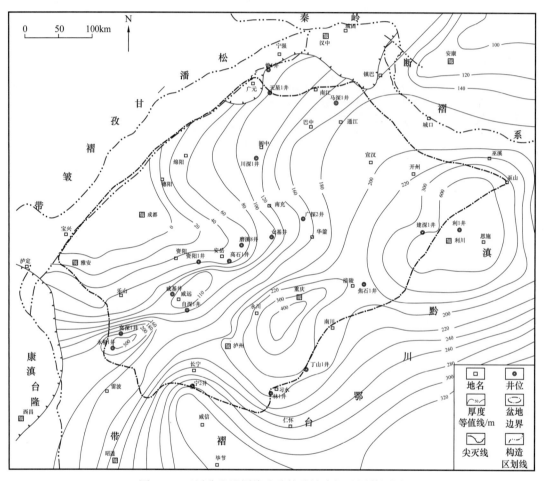

图3-4　四川盆地及周缘武陵统陡坡寺组地层等厚图

陡坡寺组由卢衍豪等1939年命名于云南宜良县陡坡寺以北陈官营东山坡，岩性由黄绿色粉砂岩、泥质白云质灰岩及含生物碎屑白云岩组成，夹少量石膏，分布于乐山—仪陇地层小区、雷波地层小区、南江—旺苍地层小区，四川峨眉和南江一带碎屑岩中紫红色、砖红色增多。与下伏龙王庙组连续沉积，在南江地区与孔明洞组可能为平行不整合接触。命名剖面厚度为56m，在四川境内峨眉一带为33～54m，会理一带为30～74m，会东一带为75.6～105m，覆盖区钻井厚十余米至200m。发育两个三叶虫化石带：下部的 *Chiittidilla* 带、上部的 *Sinoptychoparia* 带。时代为武陵世台江组沉积期。

井下川东南岩性以焦石1井为例，厚158m，上部为厚层状灰白色石膏岩、泥质膏岩与灰色、深灰色泥晶白云岩不等厚互层，下部为灰色、深灰色泥—粉晶白云岩、泥—

粉晶灰岩、含云灰岩与灰白色石膏岩、白云质膏岩略等厚互层。川北地区以马深 1 井为例，厚 147m，岩性主要以紫红色泥岩、粉砂岩、砂质白云岩、白云岩为主。

高台组（$\epsilon_3 g$）主要分布于习水—石柱地层小区，是由尹赞勋等 1945 年和卢衍豪 1962 年创立，命名剖面位于贵州湄潭县高台附近。由一套灰色薄—中层状砂质白云岩、泥质白云岩及细粒白云岩组成，风化后似页岩，并呈灰黄色。命名剖面厚度 43m，四川境内厚 70～372m。该组与下伏清虚洞组呈整合或假整合接触。

覃家庙组（$\epsilon_3 q$）由王钰 1938 年创立的"覃家庙薄层石灰岩"演变而来，分布于峡东一带和城口—巫溪地层小区。岩石为一套薄—中厚层的白云岩和泥质白云岩为主，夹中—厚层状白云岩、石膏、岩盐，同生角砾岩及少量鲕粒白云岩、页岩、石英砂岩，岩层中常有波痕、干裂构造。城口明通钻孔中见石膏层，一般厚 132～286m。

2）洗象池组（群）（$\epsilon_3 X$）

四川盆地中—上寒武统岩石类型同样为浅水沉积的碳酸盐岩，主要为泥粉晶白云岩；而北缘地区主要发育薄层灰泥灰岩或泥灰岩，表现为深水斜坡沉积特征。由于岩性有差异在不同的地层小区被分别命名为洗象池群、娄山关群、西王庙组＋二道水组、石冷水组＋平井组＋后坝组＋毛田组、覃家庙组＋三游洞群。地层厚度一般为 300～700m，最厚可超过 1000m（图 3-5）。

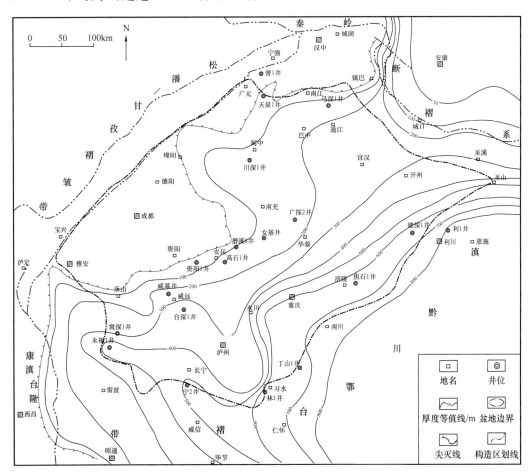

图 3-5 四川盆地及周缘武陵统／芙蓉统洗象池群地层等厚图

洗象池群由赵亚曾 1929 年创名，命名剖面位于四川峨眉山洗象池，参考剖面位于乐山范店一线，此后经历了洗象池层、洗象池组，近年多称洗象池组，属于寒武系第三统——芙蓉统。岩性以浅灰色、深灰色薄—厚层状白云岩、泥质白云岩为主，局部夹角砾状白云岩、砂页岩薄层及燧石结核或条带，与下伏陡坡寺组连续沉积。主要分布在乐山—仪陇地层小区，该组岩性稳定，厚度 120～300m，东南厚、西北薄，命名剖面厚226m，为近岸潮坪沉积，西缘汉源桥顶山及荥经一带缺失。该组上部自下而上的牙形石化石带为：*Eoconodontus notchpeakensis* 带、*Monocostodus sevierensis* 带、*Chosonodina herfurthi-Acanthodus ineatus* 带，偶见少许无绞纲腕足类、广海性藻类化石等。前人通过与娄山关群的横向对比，认为其时代跨武陵世—芙蓉世。

井下川东南岩性以焦石 1 井为例，厚 643m，以灰色、深灰色泥—细晶白云岩为主，局部泥质白云岩、砂屑灰岩、含灰白云岩，上、中部夹灰色石灰岩、灰白色石膏岩；下部与灰白色石膏岩略等厚互层。川北地区以马深 1 井为例，厚 136m，上部为灰色白云岩、砂质白云岩夹少量泥岩；中下部为灰色白云岩、砂质白云岩、含泥白云岩、含生屑白云岩局部夹少量白云质灰岩。

娄山关群（$\epsilon_3 L$）由丁文江 1930 年于贵州桐梓娄山关命名的"娄山关灰岩"演变而来，刘之远 1942 年和尹赞勋 1945 年进一步将娄山关群限定于"娄山关灰岩"的上部。岩性为灰色、浅灰色薄—厚层状白云岩及白云质灰岩为主，夹少量石英砂岩及鲕状灰岩，与下伏高台组连续沉积，主要分布于习水—石柱地层小区。一般厚 800～1300m，命名剖面 929m，金沙岩孔 1022m。

二、奥陶系（O）

奥陶系主要出露于盆地边缘大巴山、米仓山、龙门山和大凉山一带，川东南、黔北有零星分布；盆地内部深埋地腹，埋深一般在 2300～5500m，凹陷区可达 8500m 以上，仅在华蓥山地区有出露。地层厚 0～800m，由沉积区向川中古隆起、川西北逐渐减薄至缺失。由于沉积环境的差异，各区的岩性组合明显不同，四川盆地及周缘奥陶系进一步细分为川西南—川东、雷波、广元—南江及城口—秀山等四个地层小区（表 3-4）。

根据钻井资料和全国地层委员会第四届全国地层会议（2014 年）将四川盆地中国石化探区奥陶系分为三统七阶：下奥陶统、中奥陶统、上奥陶统，其中下奥陶统包括桐梓组、红花园组、大湾组，中奥陶统包括湄潭组、十字铺组，上奥陶统包括宝塔组、临湘组、五峰组。奥陶系一般与下伏寒武系、上覆志留系整合接触，仅在盆地西部、北部边缘下奥陶统超覆于寒武系不同层位之上，其间为假整合接触。

1. 下奥陶统（O_1）

1）桐梓组（$O_1 t$）

桐梓组由张鸣韶等 1940 年命名于贵州省桐梓县南红花园附近，指整合于娄山关群细晶白云岩之上、红花园组细—粗晶生物碎屑灰岩之下，由灰色、深灰色中—厚层夹薄层微—细晶白云岩和细—粗晶生物屑灰岩，夹砾屑、鲕粒、豆粒白云岩，常含燧石团块或结核，顶及下部夹灰色、灰绿色页岩及钙质页岩，含三叶虫、腕足类等化石的一套岩层。该组以不纯碳酸盐岩为主，夹少量黏土岩，石灰岩普遍含细小燧石颗粒或方解石团块为特征。底以薄—中厚层含大量生物碎屑灰岩出现与娄山关组的白云岩或毛田组的厚层致密灰岩及白云质灰岩分界。至巫溪、三峡一带，相变为条带状介壳灰岩、泥质灰岩夹灰绿色页岩的南津关组；产三叶虫 *Dictylocephalus dactyloides*、*Asaphellus tungtzuensis*、*Wanliangtingia* sp.。该组上部为灰色层纹状白云岩、生物碎屑灰岩、鲕状生物碎屑灰岩，夹黄绿色页岩；到川东北的城口及三峡一带，相变为分乡组，岩性为深灰色薄至厚层状灰岩夹黄绿、灰绿色页岩、钙质页岩，含少量硅质团块。桐梓组厚 8～200m，南北变化明显，在川东厚 157m，其中焦石 1 井厚 176m，向北渐次超覆，马深 1 井缺失，米仓山仅厚数米。该组生物化石极为丰富，以三叶虫为主，主要有 *Lohanpopsis lohanpoensis*、*Tungtzuella yunnanensis*、*T. kueichowensis*、*Psilocephalina lubrica*、*Dactylocephalus*、*Lohanpopsis*、*Chungkingaspis*、*Asaphellus* 等，含腕足类 *Nanorthis* sp.、*Firrkelnburgia* sp.。该组在川西南—川东整合于上寒武统之上，米仓山超覆于中—下寒武统之上。时代属于早奥陶世特马豆克期。

表 3-4　四川盆地及周缘各地层小区奥陶系地层划分对比表

国际年代地层表（2016）				扬子（华南）标准		川西南—川东	雷波	广元—南江	城口—秀山
系	统	阶	地质年龄 / Ma	统	阶				
志留系				志留系		（二叠系）梁山组	龙马溪组	龙马溪组	龙马溪组
奥陶系	上统	赫南特阶	445.2 ± 1.4	上统	五峰阶	五峰组	五峰组	五峰组	五峰组
		凯迪阶	453.0 ± 1.7		临湘阶	临湘组	临湘组	临湘组	临湘组
		桑比阶	458.4 ± 0.9		宝塔阶	宝塔组	宝塔组	宝塔组	宝塔组
	中统	达瑞威尔阶	467.3 ± 1.1	中统	庙坡阶	十字铺组	巧家组	谭家沟组	庙坡组
					牯牛潭阶				牯牛潭组
		大坪阶	470.0 ± 1.4		大湾阶	湄潭组	红石崖组	西梁寺组	大湾组
								赵家坝组	
	下统	弗洛阶	477.7 ± 1.4	下统	红花园阶	大乘寺组			
						红花园组			红花园组
		特马豆克阶	485.4 ± 1.9		两河口阶	罗汉坡组 / 桐梓组			分乡组
									南津关组
寒武系				寒武系		洗象池群	娄山关群	二道水组	陡坡寺组 / 三游洞组

2）红花园组（O_1h）

红花园组是张鸣韶等 1940 年命名于贵州省桐梓县南红花园附近，原称"红花园石灰岩"。指整合于桐梓组或分乡组之上、湄潭组之下。为灰色块状—中层状石灰岩、生物碎屑灰岩夹少量白云岩，石灰岩具鲕状结构，含碎石结核。下部偶夹页岩或薄层燧石，自下而上常含结核状或凸镜状燧石，富含头足类、海绵、三叶虫及腕足类等化石；在贵阳—毕节一线以西及黔中等地，多为钙质白云岩或白云岩（后期白云岩化），局部仍保留了含大量生物碎屑及头足类化石。黔东北及黔南等地，中、下部夹多层白云质灰岩或白云岩。都匀—凯里一带含大量海绵，局部富集可形成礁滩。该组厚度在20～140m之间，川北广元—南江及雷波地层小区缺失该组。含头足类并以 Manchuroceras、Coreanoceras 的富集为特征，伴有 Cyrtouaginoceras、Proterocameroceras、Belemnoceras、Kerkoceras、Pharkoceras、Eothinoceras 等，三叶虫 PsilocePhalina lubrica 及海绵等化石。时代属于早奥陶世弗洛期早期。

2. 中奥陶统（O_2）

1）湄潭组／大湾组（O_2m/O_2d）

这两个组都是张文堂（1962年，1964年）修正前人命名的"湄潭页岩"和"大湾层"沿革而来。这两个组在岩性上相近，下部为黄绿色页岩、粉砂岩、砂质页岩夹生物碎屑灰岩、瘤状灰岩，上部为灰色中厚层石灰岩、瘤状石灰岩、生物碎屑灰岩与砂质页岩互层或互夹。湄潭组中砂、页岩夹层较多，分布于川西南—川东分区西部；大湾组石灰岩、瘤状灰岩较多，分布于三峡、秀山一带；两组互为相变。湄潭组在长宁、筠连以砂质页岩、粉砂岩、石英砂岩为主，厚390余米。该组厚度介于110～400m，一般厚度在120～280m之间，由西北向东南方向逐渐增厚，华蓥山、威远厚200m，焦石1井厚166m，城口厚50余米，川北马深1井厚24m。两组都整覆于红花园组之上，富含笔石，在下段的笔石自下而上划分为：Didymograptus filiformis 延限带、Didymograptus eobifidus/protobifidus 顶峰带、Didymograptus deflexus 顶峰带、Azygograptus suecicus 延限带；上段中上部为：Undulograptus austrodentatus 延限带；上段下部还建有头足类 Protocycloceras deprati 延限带。时代属于早奥陶世弗洛期—中奥陶世大坪期。

2）十字铺组（O_2sh）

十字铺组由乐森得1928年在遵义命名的"十字铺页岩"演变而来。该组为浅海砂泥、灰质沉积，以笔石页岩相为主，分布在古蔺、筠连南部。由灰绿色、黄绿色钙质页岩（或泥灰岩）组成，底部常为数米厚的灰色厚层石灰岩或鲕状灰岩。富含笔石 Gymnograptus linnarssoni 带 及 Orthograptus aff. Disjunctus、Pseudoclimacograptus aff. Scharenbergi、牙形石 Eoplacognathus foliacens、几丁虫 Lagenochitina deunffi 等、三叶虫 Reedocalymene；腕足类及海林檎、头足类等化石。厚几米至30余米，最厚60m。其中焦石1井为灰色含泥灰岩，厚10m。川北马深1井以生屑灰岩为主，厚22m。该组整合上覆于湄潭组页岩，下伏于宝塔组石灰岩，时代属于中奥陶世达瑞威尔期。

该组同期异相地层有巧家组、谭家沟组、牯牛潭组＋庙坡组等。巧家组主要分布于雷波地层小区，为浅海碎屑岩及碳酸盐岩沉积。下部以灰色细砂岩为主，夹黄灰色页岩、生物碎屑灰岩、石灰岩透镜体；上部以石灰岩为主夹泥岩及薄层砂岩。谭家沟组分布于米仓山、龙门山，厚10～80m，为灰色、灰褐色、灰绿色石英粉砂岩、砂质页岩、细砂岩夹薄层泥、砂质灰岩或钙质、砂质结核。牯牛潭组和庙坡组分布于城口、巫溪，其下段为牯牛潭组，上段庙坡组。牯牛潭组厚 20 余米，为深灰色、灰红色中—厚层石灰岩、泥质条带灰岩，底部夹泥岩，顶部为瘤状石灰岩。庙坡组厚数米，以灰黑色、灰褐色页岩为主夹薄层石灰岩、硅质页岩。与命名地庙坡页岩有较大的差别，与十字铺相比差异也很大。

3. 上奥陶统（O$_3$）

1）宝塔组（O$_3b$）

宝塔组是李四光等 1924 年所创名的"宝塔石灰岩"直接引申而来。该组广泛发育于中、上扬子地区，岩性以灰色中—厚层状石灰岩为主，具泥质网纹状（龟裂纹）构造或瘤状构造，局部可夹少量鲕粒灰岩及页岩。该组古生物以头足类 Sinoceas 具代表性，黔北产头足类 Sinoceas chinense、Richardsonoceras scofiedi 及顶部三叶虫 Nankinoilhtus sp. 等，黔东北底部产头足类 Dideoreceras sp.，Protocycloceras sp.，下部产头足类 Lituites sp.，中上部所产化石与黔北相同。该组地层厚度一般介于 25～60m，以自贡—泸州一带最厚，其中马深 1 井厚 16m、焦石 1 井厚 16m。与下伏十字铺组呈整合接触，与上覆五峰组呈假整合接触。其时代为晚奥陶世桑比期。

2）临湘组（O$_3l$）

临湘组由穆恩之等 1948 年在湖南临湘五里牌所命名的"临湘石灰岩"演变而来。命名地该组的含义是灰色、灰黑色泥质灰岩，富含三叶虫 Nankinolitlaus nankinensis。对此套地层多称涧草沟组，原命名者的含义是厚约 1m 的黄灰色砂质页岩，产三叶虫 Nankinolithus 及笔石。除古蔺以南以砂页岩为主夹泥灰岩外，大部分工区以泥灰岩为主，夹薄层钙质页岩，具有瘤状构造，生物群相似。临湘组在四川分布有限，厚 1～40m。龙门山北段缺失、在旺苍双河、南江桥亭一带，为灰色瘤状灰岩，但上部为灰绿色、黄绿色细砂岩夹页岩，局郑底部见钴锰矿层，厚 2～5m，马深 1 井厚 34m。在峨边、汉源、雷波一带，为瘤状泥灰岩，厚 2～4m。在川东为瘤状灰岩、条带状泥灰岩，焦石 1 井厚 18m。长宁、城口一带，为黄灰色页岩、砂质页岩，厚 2～12m。瘤状泥灰岩产丰富的三叶虫，主要有 Nankinolithus、Wanyuanensis、Hammatoaroecnemis、H.ovatus、Lonehodomas、Jiaoksaokouensis、Geragonostus sinensis 等。与下伏宝塔组假整合接触，其时代为晚奥陶世凯迪期。

3）五峰组（O$_3w$）

五峰组由孙云铸 1939 年创名的"五峰页岩"演变而来。该组在四川除川西及川中地区缺失外，其余地区广泛分布，层位稳定，一般多见硅质页岩，富产笔石。可以分为上段和下段。下段为陆棚沉积，岩性为黑色碳质页岩、粉砂质页岩、硅质页岩及硅质岩；上段（观音桥段）发育一层区域上薄而稳定的含泥生屑灰岩或含生屑灰质泥岩，部分地区缺失。地层一般厚 1～20m，南川、华蓥一带厚 1～13m，篡江观音桥、长宁双河一带厚 0.3～0.7m，石柱、秀山一带厚 0.2～2.2m，焦石 1 井厚 6m，城口、巫溪一带厚 0.26m，南江桥亭、旺苍双河一带，厚数厘米至 1.5m，马深 1 井厚 6m。该组生物化石有：三叶虫 Nankinolithus nankinensis、Hammatocnenis sp.、Remopleurides sp.、Paraceraurus sp.，笔石 Climacograptus supernus、Orthograptus truncates 等。其时代为晚奥陶世凯迪期—赫南特期。

三、志留系（S）

志留系主要出露于盆地边缘的川东南、大巴山、米仓山、龙门山及康滇古陆东侧，四川盆地内部仅在华蓥山有出露，川东南、威远、泸州、川东北等地钻井揭穿该系，埋深约 2000～5000m，坳陷区超过 7000m。志留系厚 0～1200m，向乐山、成都及川中古隆起区逐渐尖灭至全部缺失。

全国地层委员会第四届全国地层会议 2014 年将志留系划分为四统七阶，其中下统包括龙马溪组、小河坝组、韩家店组；中统大部分缺失；上统除龙门山地层小区部分残留，其他全部缺失。由于沉积环境的差异，各区的岩性组合不同，四川盆地及周缘志留系进一步细分为大巴山前、龙门山前、川中—川东、川南四个地层小区（表3-5）。志留系底部与下伏上奥陶统为整合接触，顶部因普遍遭受剥蚀，与上覆层均为假整合接触，一般为下二叠统所覆盖，只在盆地西缘和川东、鄂西一带为泥盆系、石炭系覆盖。

表 3-5　四川盆地及周缘各地层小区志留系多重地层划分对比表

国际年代地层表（2016）					扬子（华南）标准		龙门山前	川中—川东	川南	大巴山前
系	统	阶	地质年龄 /Ma		统	阶				
泥盆系										
志留系	普里道利统	未定阶	4.0	423.0±2.3	顶统	未定阶				
	罗德洛统	卢德福特阶	2.6	425.6±0.9	上统	卢德福特阶	金台观组			
		高斯特阶	1.8	427.4±0.5		高斯特阶				
	温洛克统	侯默阶	3.1	430.5±0.7	中统	侯默阶				
		申伍德阶	2.9	433.4±0.8		安康阶				
	兰多维列统	特列奇阶	5.1	438.5±1.1	下统	南塔梁阶	宁强组	回星哨组		
								秀山组		
						马蹄湾阶	王家湾组	溶溪组	韩家店组	纱帽组
		埃隆阶	5.2	440.8±1.2		大中坝阶	崔家沟组	小河坝组	石牛栏组	罗惹坪组
		鲁丹阶	2.6	443.4±1.5		龙马溪阶	龙马溪组	龙马溪组	龙马溪组	龙马溪组
奥陶系							五峰组	五峰组	五峰组	五峰组

1. 下志留统（S_1）

1）龙马溪组（S_1l）

龙马溪组由李四光、赵亚曾 1924 年创名于湖北秭归龙马溪。岩性比较稳定，下部为黑色、灰黑色砂质页岩、碳质页岩；中上部为灰绿色、黄绿色页岩及砂质页岩，有时夹粉砂岩或泥质灰岩，含碳质及黄铁矿。全盆分布，在古陆的周边厚度较小，砂质成分增加，川中古隆起地区剥蚀，一般厚 180～800m。产笔石 *Monograptus priodon*、*Demiristrites triangulatus*、*Spirograptus lurriaullatus* 等，腕足类 *Nucleospiri* sp.，三叶虫 *Leonaspis* sp.，介形虫 *Brychhia* sp.；另外还见有瓣鳃类、海百合茎等化石。与下伏五峰组整合接触。时代为早志留纪鲁丹期。

川北马深 1 井龙马溪组厚 316m，上部为灰色泥岩、粉砂质泥岩夹灰、浅灰色粉砂岩、泥质粉砂岩，底部为灰黑色、黑灰色、深灰色泥岩夹深灰色粉砂岩；川东南焦石 1 井厚 230m，下部灰黑色、黑灰色、深灰色泥页岩段明显较川北厚，达 128m。

2）小河坝组（S_1x）

小河坝组由常隆庆 1933 年创名于四川（今重庆）南川的小河坝。尹赞勋 1949 年将重庆南川、彭水一带龙马溪群之上的砂岩或石英岩称为小河坝组，其上覆地层为韩家店组。在秀山溶溪剖面上，小河坝组分为两段，下段为灰绿色、黄绿色粉砂岩、细砂岩，夹少量粉砂质页岩，中部夹石灰岩及石灰岩透镜体；上段为黄绿色页岩、砂质页岩、粉砂岩，总厚 343.3m。在川北、川东南地区小河坝组主要为绿灰色、黄绿色粉砂岩、细砂岩及页岩、砂质页岩，偶夹生物灰岩透镜体，波痕、虫迹发育。该组主要分布在川南和川中地层小区，厚 240～500m，该组与下伏龙马溪组呈整合接触。含笔石、腕足类、三叶虫、珊瑚等，主要分子有：*Pristiograptus variabilis*、*P. xushanensis*、*Zygospiraella* sp.、*Isorthis* sp.、*Aegiria* sp.、*Eospirifier* cf. *sinensis*、*Striispirifer acuminiplicatus*、*Amplexoides* sp.、*Syringopora* sp.、*Latiproetus latilimbatus* 等。其地质时代为兰多维列世埃隆晚期。该组主要分布于重庆东南以及南川一带，根据其生物组合，与石牛栏组属同期异相沉积，区域上呈渐变关系。井下川东南地区焦石 1 井小河坝组主要为灰色、深色泥岩、页岩，夹粉砂岩、细砂岩，厚 342m，川北马深 1 井粉砂岩、泥质粉砂岩含量增加，与泥、页岩呈互层，夹生物灰岩透镜体，厚 238m。

石牛栏组主要分布在川中地层小区西南部和川南地层小区，属于小河坝组同期异相。岩性以碳酸盐岩夹少量黏土岩及粉砂岩为主，以富含珊瑚、腕足类及层孔虫等化石为特点。厚度通常在 40～200m 之间。该组与下伏龙马溪组呈整合接触。该组与小河坝组地质时代基本相同，代表了不同相，该组代表了石灰岩为主沉积。

罗惹坪组亦属于小河坝组同物异名，主要分布于龙门山、二郎山古陆的边缘及川东北一带，为近岸浅海砂、泥、石灰质建造。崔家沟组属于小河坝组同期异相，主要分布于龙门山前地层小区，岩性主要为深灰色、黄绿色页岩含硅质板状页岩及泥岩。

3）韩家店组（S_1h）

韩家店组由丁文江 1930 年创名于贵州省桐梓县北韩家店，原称"韩家店页岩"，1997 年四川省岩石地层清理，定义韩家店组为上覆于厚层石灰岩为主的石牛栏组，以黄绿色、灰绿色夹少量紫红色页岩、砂质页岩为主，夹少量砂岩及生物灰岩组成的这一段地层。在桐梓戴家沟剖面上，韩家店组下部为黄绿色、蓝灰色泥岩和紫红色泥岩，中上部为灰绿色、蓝灰色、黄绿色泥岩、粉砂岩，厚 108.35m，主要分布于黔北和渝南地区，在盆地内部普遍遭受剥蚀，厚度 0～600m，秀山、酉阳等地保留较全，最厚达 980m。该组与下伏石牛栏组呈整合接触，与上覆二叠系梁山组呈平行不整合接触。含大量腕足类 *Nucleospira*、*Brachyprion*、*Mutationella*、*Eospirifer*，笔石 *Stomatograptus sinensis*、*Monograptus guizhouensis*，三叶虫 *Cornocephalus*，头足类等。时代为早志留世（兰多维列世）特列奇期早期—中期。井下川东南地区焦石 1 井韩家店组中下部主要为灰色、深色粉砂质泥岩、泥质粉砂岩、泥岩互层，上部棕红色泥岩夹灰绿色泥质粉砂岩，厚 398m；川北马深 1 井中、上部主要为灰色泥岩、含灰泥岩夹薄层浅灰、灰色石灰岩、粉砂岩；下部为灰、深灰色泥岩、粉砂质泥岩夹薄层灰色泥质粉砂岩，厚 238m。

溶溪组属于韩家店组同物异名。主要分布于贵州东北、四川东南、湖北西南、湖南西北等地，为一套紫红色、黄绿色、灰绿色等杂色粉砂质泥岩、砂质页岩夹粉砂岩，顶底均为紫红色粉砂岩，命名剖面厚 258.3m。

王家湾组为俞昌民等 1974 年创名于陕南宁强城东南约 3km 的王家湾附近，属于韩家店组同物异名。该组岩性主要为黄绿色、紫红色泥岩、粉砂质泥岩和砂岩，以石灰岩层的开始和海相红层的消失作为其底、顶界，该组在川陕边界地区分布广泛，在宁强地区厚 257～343.7m，而在广元地区出露很少。

纱帽组是由谢家荣、赵亚曾 1925 年命名于湖北宜昌罗惹坪以北的纱帽山，属于韩家店组同期异相沉积。为一套灰绿色夹紫红色中厚层细粒石英砂岩、粉砂岩夹砂质页岩，厚 205～800m。沉积时期属早志留世晚期。

4）宁强组（S_1n）

宁强组是由中国科学院南京地质古生物研究所 1974 年创名于陕西宁强城西南约 30km 的大竹坝。以黄绿色间夹紫红色页岩、泥岩夹数套深灰色石灰岩为特征，底部常发育紫红色生物礁灰岩，厚 63.75m。该组在本区主要分布在江油贾家坝，广元及陕南宁强等地，厚度在 50～160m 之间，井下缺失该组。根据岩石特征并结合化石组合将该组划分为上、下两段。下段主要为黄绿色泥页岩，夹薄层状微晶灰岩、沥青质灰岩，产腕足类 *Stogesspira* sp.、*Molongva* sp.、*Fardenia* sp.、*Dolerorthis* sp.、*Dabashanospira* sp. 等，遗迹化石 *Planolites* sp.，牙形石 *Ozarkndioa edithne*、*Spathognathodus* 等。上段主要为黄绿色薄层状泥岩，局部含铁质，风化为黄褐色，产腕足类 *Fospirifer* sp.、*lingula* sp.、*Nalinkuna* sp.、*Nucleospira*，瓣鳃类 *Modulopsis* sp.、*Fdinodia* sp.、*Clenodonla triangulris*、*Orthonata perlata*、*Plerchopterii* sp. 及介形虫等。根据笔石化石，时代为早志留世（兰多维列世）特列奇晚期，层位上相当于川东南、黔东北的秀山组上段（陈旭等，1991；林宝玉等，1998）。

秀山组主要分布于湘西北、鄂西南、渝东南、黔东北等地，相当于宁强组下部同期异相沉积。可分为上下两段：下段为石英粉砂岩、石英粉砂质页岩和细砂岩，上部偶夹砂质灰岩或灰质砂岩，生物化石较少；上段为灰质页岩、灰质石英粉砂岩夹粉砂岩、石灰岩结核，产大量生物化石。命名剖面厚 515.7m，与下伏溶溪组呈整合接触。

回星哨组分布仅限于江南古陆西北侧，东起湖南龙山、桑植，西止贵州石阡，由南京地质古生物研究所 1974 年建立于重庆秀山溶溪剖面，属于宁强组中上部同期异相。岩性下部为暗紫红色、灰绿色粉砂质泥岩，上部为黄色、灰白色薄层石英粉砂岩夹砂质页岩。建组剖面厚191.9m，与下伏秀山组呈整合接触，与上覆中泥盆世云台观组呈平行不整合接触。

2. 上志留统（S₃）

仅龙门山前地层小区有分布，广元地区下志留统（兰多维列统）宁强组与上统（罗德洛统）金台观组呈平行不整合接触，二者之间缺失了中统（温洛克统）沉积。

金台观组（S₃¹⁻²）命名剖面在四川广元西北乡车家坝的槽沟头至蒋家。该组以灰绿色夹紫红色粉砂质泥岩、薄层粉砂岩为主，顶、底为黄褐色泥岩、粉砂质泥岩夹粉砂岩，在局部地区该组下部有些层段相变为蓝灰色泥岩夹薄至中厚层生物介壳灰岩。金台观组原分为三个组（自下而上）：金台观组、车家坝组和中间梁组；该三组岩性基本相似，产有相似的生物组合，唐鹏等将这三组联合，称为车家坝组。该组从下到上均产有腕足类 *Retziella* 动物群，主要分子有：*Retziella uniplicata*、*R. minor*、*Atrypoidea foxi*、*A. inflate*、*Schizophoria hesta*、*Strisipirifer yunnanensis* 等；牙形刺 *Crispa* 带，主要分子有 *Ozarkodina crispa*、*Ligonodina elegans*、*Lonchodina walliseri* 等。这些化石指示其地质时代为志留纪晚期（罗德洛世）。

四、泥盆系（D）

泥盆系仅出露于四川盆地西缘龙门山地区，少数分布于巫溪—石柱—黔江地区，其余大部分地区缺失。泥盆系由下统、中统及上统组成。下统厚100～2500m，以碎屑岩为主；中统厚900～1700m，为碎屑岩与碳酸盐岩互层；上统厚800～2100m，以碳酸盐岩为主。

四川盆地边缘的泥盆系，根据其古地理状况可划分为三个地层分区：（1）龙门山地区，为西部松潘—甘孜海域的东缘；（2）川西南地区，为滇黔桂海域的北延部分；（3）川东地区，为鄂西海域的西缘。

泥盆系在龙门山及川西南地区发育较全，底部与下伏志留系普遍是假整合接触，个别地区（龙门山北段西缘）呈低角度不整合接触。川东酉阳、秀山、黔江、彭水及巫山地区缺失中—下泥盆统，上泥盆统与下伏志留系仍为假整合接触。泥盆系顶与上覆石炭系一般为整合或假整合接触。

龙门山地区泥盆系发育良好，下、中、上统俱全，由碎屑岩、生物灰岩和白云岩组成一个完整的旋回。现以唐王寨向斜甘溪至沙窝子剖面为代表，综合叙述如下（据成都地矿所，1981年）。

1. 下泥盆统（D₁）

1）平驿铺组（D₁p）

平驿铺组以灰白色、浅灰色中厚层石英砂岩为主，夹深灰色、灰绿色、黑色砂岩、泥质粉砂岩及少量页岩。页岩中含腕足类 *Hysperolites*、*Chonetes*、*Protole ptos trophia*；瓣鳃类 *Orthonodia*、*Nucula*、*Edmondia*、*Leiopteria* 及鱼化石和植物碎片。厚100～2500m。在龙门山中段及宝兴一带缺失该组。

2）张家坡组（D₁zh）

张家坡组岩性为灰色、灰白色中薄层石英砂岩、粉砂岩夹黑色页岩，顶部有时夹生物碎屑灰岩，富含小型石燕，有 *Orientospirifer wangi*、*O.wangiganxiensis*、*O.cf.*

nakaolingensis 及少量的 *Chonetes* sp.。厚 10～48m。

    3）甘溪组（D₁g）

甘溪组岩性为灰绿色页岩与灰色生物灰岩、泥质灰岩互层，有时夹粉砂岩，具水平微细层纹。富含多种生物，尤以腕足类、珊瑚最为丰富。腕足类有 *Acrospirifer tonkingensis*、*A. papaoensis*、*A. medius*、*A. pseudomedius*、*Howellella transversus*、*H.lungmenshanensis*、*Dicoclostrophia* sp.、*Devonochonetes kwangsiensis* 等，珊瑚有 *Calceola sandalina elongata*、*Spongophyllum minor*、+*Digonophyllum*（*Mochlophyllum*）cf.*corniculum*。厚 30～220m。

    4）谢家湾组（D₁x）

谢家湾组下部以青灰色、灰色薄层细砂岩、页岩、粉砂岩为主，夹薄层或透镜状石灰岩；上部为灰色、青灰色钙质粉砂岩、页岩与石灰岩互层。富含化石，有腕足类 *Euryspirifer paradoxus xiejiawanensis*、*Acrospirifer* cf. *tonkingensis* 等，珊瑚 *Fasciphyllum insolitus*、*Pachyfavosites dictyoformis*、*Squameofavosites multitabulatus*。厚 60～158m。

    2. 中泥盆统

    1）二台子组（D₂e）

二台子组岩性为深灰色、青灰色块状生物礁灰岩夹泥质生物灰岩及页岩，含腕足类 *Athyrisina heimi*、*A.squamosa*、*Acrospirifer* sp.、*Parachonetes* sp.，珊瑚 *Pseudomicroplasmu* sp.、*Sulcorphyllum* cf.*brownae*、*Favosites goldfussi*、*Squameofavosites mursinkaensis*，层孔虫 *Stromatopora laminosa*、*Clathradictyon* sp.。厚 191m。

    2）养马坝组（D₂y）

养马坝组岩性为灰色细晶生物灰岩与石英细砂岩互层，有重结晶现象，纹层发育，底部含鲕状赤铁矿，珊瑚十分丰富，如 *Zonophyllum crassosptum*、*Z. centricum*、*Favosites goldfussi* var. *Eifelensis*、*Squameofavosites tennisguamatus* 等。厚 185m。

    3）金宝石组（D₂j）

金宝石组岩性为灰色、深灰色钙质页岩、细砂岩夹生物礁灰岩及鲕状赤铁矿砂岩，除含有丰富的珊瑚外，还含大量的腕足类，如 "*Atrype*" *desquamata*、*A. bodini*、*Schizophoria striatula*、*S. macfarlani* 等。厚 35～654m。

    4）观雾山组（D₂g）

观雾山组下部为灰色厚层块状泥质生物灰岩、粉砂岩及页岩，富含沥青；上部为浅灰色纹层状细晶白云岩夹石灰岩，顺层溶孔、针孔发育，具硅质条带。生物较丰富，含腕足类 *Stringocephalus brutini*、"*Atrypa*"*desquamata*、*A. bodini*、*A.douvillii*，珊瑚 *Temniophyllum difficile*、*T. complicatum*、*T. latum*、*Hexagonaria* cf. *pentagona* var. *Tunkanlingensis* 等。厚 9～413m。

    3. 上泥盆统（D₃）

    1）沙窝子组（D₃s）

沙窝子组岩性为灰白色厚层—块状白云质灰岩夹粉晶白云岩和钙质页岩，含硅质团块和砂屑、鲕状结构。生物较少，有腕足类 *Cyrtospirifer* cf. *sinensis*、*Spinatrypa aspera*，珊瑚 *Pseudozaphrentis difficile*、*P. curvatum*、*Charactophyllum* sp.、*Disphyllum* cf. *frechi* 等。厚 670～1229m。

2）茅坝组（D₃m）

茅坝组岩性为灰色厚层—块状石灰岩夹豆状、鲕状石灰岩，含白云质团块，生物稀少，含腕足类 *Cyrtiopsis spiriferoides*、*Cyrtospirifer* sp. 等。厚 121～950m。

五、石炭系（C）

石炭系在盆地内部大面积缺失，主要出露于盆地西北缘的龙门山一带，上、下统发育较全，下统包括岩关组、大塘组，上统包括黄龙组（威宁组）、马平组。下统为碳酸盐岩夹少许紫红色砂、泥岩及赤铁矿，上统全为碳酸盐岩。此外，在华蓥山亦有零星分布。近年经钻探证实在川东地腹亦普遍存在，可与鄂西的石炭系连为一体，但仅存留了上石炭统黄龙组。厚 0～96m。

在龙门山江油—灌县一带石炭系发育完整，接触关系清楚，化石丰富，研究程度高，与下伏泥盆系为整合或假整合接触。在川东地区，上石炭统与下伏泥盆系或志留系均为假整合接触，与上覆下二叠统普遍为假整合接触。

1. 下石炭统（C₁）

1）岩关组（C₁y）

岩关组岩性为一套中—厚层状浅灰色石灰岩，中上部常夹紫红色、绿黄色、灰绿色页岩及鲕状赤铁矿。含大量生物，下部有 *Tenticospiririfer vilis*、*T. hayasakai*；中部有 *Cystophrentis kolaohoensis*、*Pseudouralinia tang pakouensis* var. *cystiphylloides*、*Composita megala*、*C. communis*、*Coblonga*，上部有 *Cystophrentis* sp.、*Kueichowpora* sp.，属于下石炭统岩关阶。厚 27～390m。

2）大塘组（C₁d）

大塘组岩性为灰白色、浅灰色鲕状、假鲕状石灰岩，间夹紫红色、绿黄色泥质条带及细砂岩，底部有时见紫红色含铁泥质细砂岩，含 *Arachnolasma sinense*、*Dibunophyllum vaughani*、*Gigantoproductus* sp.、*Striatifera* sp. 等生物。时代属于早石炭世大塘期。厚 22～104m。

2. 上石炭统（C₂）

1）黄龙组（C₂h）

黄龙组分布于川东地区，本书沿用此名。纵向上三分明显。下部为去白云化灰岩、角砾状灰岩，有时含石膏；中部为浅灰色、灰色白云岩及角砾状白云岩，夹石灰岩透镜体；上部为浅灰色、褐灰色生物碎屑灰岩、角砾状灰岩、白云岩、角砾状白云岩互层。普遍含生物，门类繁多，尤以中上部为最，有蓝绿藻、红藻、有孔虫、棘皮类、腕足类、瓣鳃类、腹足类、头足类、介形虫、珊瑚、苔藓等。厚 0～96m（钻厚），井下焦石1井黄龙组岩性为灰色含云灰岩，厚 19m。

2）威宁组（C₂w）

威宁组为黄龙组同期异相沉积，分布于龙门山一带，为灰白色、浅灰色厚层—块状石灰岩、鲕状灰岩。含较多䗴、珊瑚及有孔虫等生物，有 *Psedostaffella*、*Eostaffella*、*Fusiella*、*Ozawainella*、*Fusulinella*、*Fusulina*、*Chaetetes*、*Lithostrotilnella*、*Palaeosmilia*、*Koninckophyllum* 等。时代属于晚石炭世罗苏期。厚 18～91m。

3）马平组（C_2m）

马平组为一套灰白色、浅灰色厚层块状质纯灰岩，具豆状结构，有时下部见紫红色铁质泥岩夹鲕状赤铁矿。富含蜓，主要有 *Triticite*、*Pseudoschwagerina*、*Hemifusulina*、*Rugosofusulina* 等。一般厚 0～160m。广元、安州、绵竹、彭州等地缺失该组。

六、二叠系（P）

二叠系主要出露于盆地四周边缘，此外，在华蓥山及川东地区高陡背斜的核部也有零星出露。盆地内部深埋地腹，埋藏深度一般为 2000～4000m，坳陷区可达 7000m以上。

二叠系在盆地范围内的划分比较统一，与邻区也易对比，共分为上、中、下三统。下统为梁山组，以黑色页岩、碳质页岩夹粉砂岩及煤层为主，为二叠纪海侵早期海陆过渡相沉积；中统包括栖霞组、茅口组，主要为碳酸盐岩，岩性横向分布稳定；上统由碳酸盐岩、碎屑岩、火山岩组成，包括龙潭组／吴家坪组、长兴组／大隆组。龙潭组同期异相沉积在川北、川东等地称吴家坪组，在川西南一带称宣威组。此外，在川西南宣威组之下有一套陆相喷发的玄武岩，称峨眉山玄武岩，时代为晚二叠世。

下二叠统普遍以假整合分别超覆于下—中石炭统及泥盆系、志留系或更老地层之上，中、上统之间也为假整合接触；上二叠统与上覆三叠系普遍为连续沉积，但在局部地区有沉积间断，二者呈假整合接触。

1. 梁山组（P_1l）

梁山组由赵亚曾、黄汲清 1931 年命名于陕西省汉中市南郑区的梁山，原称"梁山层"。原含义为含有劣质无烟煤和植物印模的黑色页岩，上覆层为含珊瑚 *Tetrapora* 的块状石灰岩，下伏层为志留系笔石页岩。

该组分布于四川盆地及攀西地区，该组底界为一区域性平行不整合面，在盆地其他地区多超覆于志留系不同层位之上，该组上覆层为厚层石灰岩，顶界划分标志清楚。岩性以黑色页岩、碳质页岩、灰白色黏土岩为主，夹粉砂岩及煤层，偶夹少量石灰岩透镜体，含植物及腕足类等化石。岩性及厚度变化较大，西部砂岩含量较多，厚度一般为 10～42m，最厚可达 88m（甘洛），向东迅速减薄，至峨眉山、乐山一带为 5～15m，常以含碳质页岩为主；川南一带厚 4～17m，以碳质页岩及黏土岩为主，含铝土矿及赤铁矿；川东地区以含煤黏土岩与砂岩为主，时夹鲕、豆状赤铁矿，厚 4～8m，最厚达 21m，其中焦石 1 井为灰色含灰泥岩，厚 13m；川北及龙门山一带以铝质黏土岩为主，夹铝土矿及劣质煤层，时见菱铁矿及赤铁矿，厚 3～30m，亦具有西厚东薄的特点，马深 1 井为灰黑色粉砂岩、灰黑色泥岩，厚 5m。该组含以植物、腕足类为主的生物群，主要有植物 *Sphenophyllum*、*Lepidodendrom*、*Pecopteris* 等，腕足类 *Orthotichia*、*Spiriferella* 等。时代为早二叠世（船山世）隆林期。

2. 栖霞组（P_2q）

栖霞组命名地点在南京的栖霞山。宁镇山脉的栖霞组自下而上分为碎屑岩段、臭灰岩段、下硅质岩段、中部石灰岩段、上硅质岩段和顶部石灰岩段。栖霞组在四川盆地以深灰色、灰黑色薄—厚层状石灰岩为主，含泥质条带及薄层，下部具眼球状（瘤状）构造，含蜓类、珊瑚、腕足类及牙形石等化石，与下伏梁山组黑色含煤岩及上覆茅口组深灰色泥灰岩均为整合接触。该组在盆地内分布广泛而稳定，以深灰色、黑色石灰岩为主，多见块状构造及微晶、泥晶结构，偶夹生物介屑或骨屑灰岩、硅质灰岩及硅质条带、结核，石灰岩中普遍含较高的沥青质及硅质，局部见白云岩化及发育的眼球状构造，厚度在40～150m之间（图3-6），与上覆茅口组互为消长，由西向东有增厚的趋势。

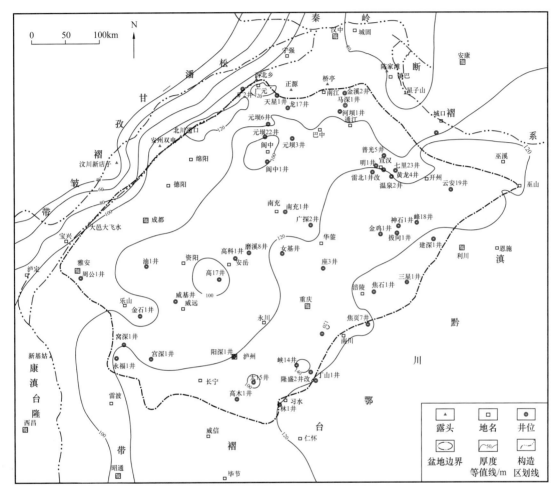

图3-6　四川盆地及周缘中二叠统栖霞组地层等厚图

栖霞组按照岩性发育特征，可以将其分为两段：栖一段为黑灰色、深灰色中—厚层状细粉晶藻屑、生物屑灰岩夹泥质灰岩和薄层黑色页岩，有机质、泥质含量较高，往往发育具眼球、眼皮的瘤状构造，是栖霞组沉积早期大规模海侵在区内的沉积响应；栖二段为厚层泥晶砂屑生屑灰岩、亮晶砂屑生屑灰岩、白云质灰岩及灰质白云岩等，岩性复杂。栖二段沉积时，水体变浅，沉积了一套浅水碳酸盐岩，局部地区发育生屑滩及生物丘。

该组在区内所含化石丰富，主要有绿藻类 *Pseudovermiporella*、*Permiporella*、*Mizzia* 和 *Eogoniolina* 等，蜓类 *Nankinellaorbicularia*、*Pisolina excessa*、*Sphaerulina* sp.，珊瑚类 *Wentzellophyllum volzi*、*W. kueichouensis*、*W. dentieulatu*、*Hasakaia elegantula*，腕足类 *Orthotichia chekiangensi*、*Acosarina indica*、*Costiferina mino* 等，属于中二叠世（阳新世）。

川北马深1井栖霞组上部主要为浅灰色、灰色亮晶生屑灰岩；下部主要为灰色、深灰色生屑灰岩、泥质生屑灰岩夹泥质白云岩，厚100m。川东南焦石1井岩性变化不大，但下部夹碳质泥岩，厚118m。

3. 茅口组（P_2m）

茅口组由乐森璕1927年命名于贵州省郎岱县（今六枝特区）茅口河岸一带，原称"茅口灰岩"，指茅口河岸至打铁关一带的"茅口希瓦格蟆石灰岩"：上部为富含蟆类化石的黑色致密灰岩，下部为浅灰色薄层石灰岩，含纺锤蟆科新希瓦格蟆（Neoschwagerina）、有孔虫（Doliolina）及珊瑚。时代为中二叠世（阳新世）。与上覆富含 Lyttonia 的上二叠统煤系（轿子山煤系）呈平行不整合关系。

四川盆地茅口组以浅灰色、灰白色厚层—块状石灰岩为主，夹白云岩及白云质灰岩，含硅质结核及条带，产蟆类、珊瑚及腕足类等化石，与下伏栖霞组深灰色、灰黑色石灰岩及上覆吴家坪组底部页岩（王坡页岩）整合接触，或与上覆龙潭组含煤砂、泥岩整合或平行不整合接触。在四川盆地的中部及东部、北部，茅口组广泛而稳定分布，岩性以灰色、浅灰色块状泥晶、微晶灰岩为主，含有较多的生物介屑、骨屑，下部夹钙质页岩及泥灰岩，并构成眼球状及瘤状构造，层间含有呈结核状或条带状产出的硅质层或薄层硅质灰岩，夹有较多的白云岩或白云质灰岩，厚度变化大，从不足百米至400m以上（图3-7），且与栖霞组相互消长。川北马深1井茅口组厚179m，顶部主要为灰黑色、黑色硅质泥岩、碳质泥岩、泥岩互层。而川东南焦石1井茅口组厚287m，顶部主要为灰色石灰岩夹黑色碳质泥岩、泥岩。常以传统的"黑栖霞，白茅口"的方法划分，在无法区分时则统称阳新组。在盆地内该组顶部剥蚀缺失，接触面为平行不整合。与上覆地层吴家坪组（龙潭组）岩性差异明显，且吴家坪组下部常有薄的含煤碎屑岩（即"王坡页岩"），界线清楚。

根据岩性特征，该组从下往上大体可以分为三段。

第一段：主要为深灰色、灰黑色薄—中—厚层（含）生屑泥晶灰岩，眼球眼皮构造发育，其中眼皮中有机质含量较高，呈灰黑色，染手，偶见燧石条带。富含大量腕足类、海百合等生屑。

第二段：主要为厚—中厚层生屑泥晶灰岩或含生屑泥晶灰岩，含有孔虫等生屑，层间夹碳质条带，眼球、眼皮构造不发育，局部白云化。含 Verbeekina 费伯克蟆、新希瓦格蟆Neoschwagerina、希瓦格蟆。

第三段：主要为中厚—厚层含生屑泥晶灰岩、生屑灰岩，中上部局部地区（基底断裂附近）见10~30m厚的热液白云岩，为较好的储集岩，下部发育眼球眼皮构造，中上部发育燧石条带（或团块）。含蟆Yaberina、假桶蟆Pseudodoliolina、希瓦格蟆Schwagerina 等。

该组含多门类化石，主要有蟆类 Neoschwagerina、Verbeekina、Chusenella、Schwagerina、Pseudodoliolina、Afghanella、Neomisellina、Neomisellina、Yabeina；珊瑚 Ipciphyllum、Wentzelella、Tachylasma、腕足类 Cryptospirifer、Neoplicatifera 及少量菊石、有孔虫、牙形石等。

4. 吴家坪组/龙潭组（P_3w/P_3l）

吴家坪组由卢衍豪1956年命名，命名剖面位于陕西汉中南郑区以西约12km的吴家坪村，原称"吴家坪灰岩"。吴家坪组可以分为上、下两部分，底部为王坡页岩段，由杂色铝土质页岩或黏土岩组成，夹碳质灰岩、铝土矿、煤线、透镜状灰岩，含植物化石，厚2m；下部燧石灰岩段，系中—厚层含燧石结核或条带的生物碎屑灰岩、燧石灰岩及燧石层，厚202m；上部为灰色块状石灰岩，厚180m。时代属于晚二叠世（乐平世）吴家坪组沉积期。

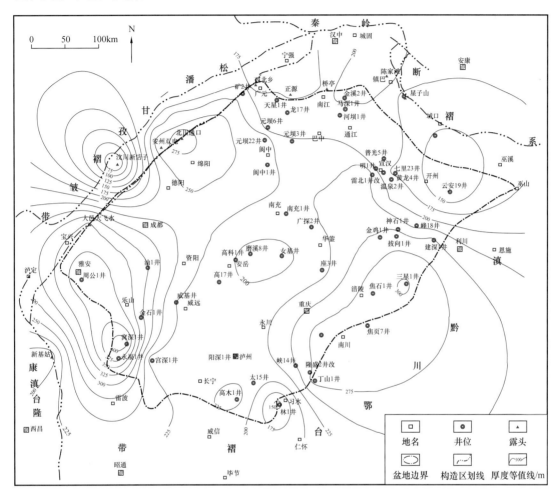

图3-7 四川盆地及周缘中二叠统茅口组地层等厚图

四川盆地上二叠统吴家坪阶岩石类型多样，可划分为四种不同的类型，即峨眉山玄武岩组火山岩、宣威组陆相碎屑岩、龙潭组海陆过渡相碎屑岩、吴家坪组海相灰岩。吴家坪组主体分布在川东地区，与龙潭组及峨眉山玄武岩呈相变关系，为滨岸—开阔台地沉积，岩性稳定，以灰色、深灰色泥质灰岩为主，富含燧石结核，并夹有硅质层和钙、硅质页岩、碳质页岩及煤线。厚40.0～222.0m，川东北马深1井厚88m。川中及川东南地区发育龙潭组，为一套海陆交互相含煤碎屑岩系，厚44～370m（图3-8）。焦石1井龙潭组为灰色石灰岩，夹黑色泥岩、碳质泥岩及硅质层，厚99m。峨眉山玄武岩广泛分布在川中及川西南地区，与吴家坪组、龙潭组为相变关系，该组为一套陆相火山喷发沉积，以基性为主。地层厚度变化大，一般厚300～400m，最厚达1000m。

四川盆地吴家坪组与下伏茅口组呈岩性突变，宏观标志清楚。上覆地层为长兴组时，其底部常为黄灰色薄层状泥岩及泥质灰岩，与该组块状石灰岩界线清楚；上覆地层为大隆组时，该组石灰岩与上覆硅质岩或硅质灰岩常为过渡，宏观界线不清，以大套硅质岩的出现作为划分的参考标志。该组含有多门类化石，常见𧊕类 *Codonofusiella*、*Rechlina*，腕足类 *Dictyoclostus*、*Marginifera*、*Waagenites*，有孔虫 *Nodosaria*，牙形石 *Neogondolella*、*Eunatiogathus* 及少量菊石、珊瑚及藻类，底部煤系可见植物 *Gigantopteris*。

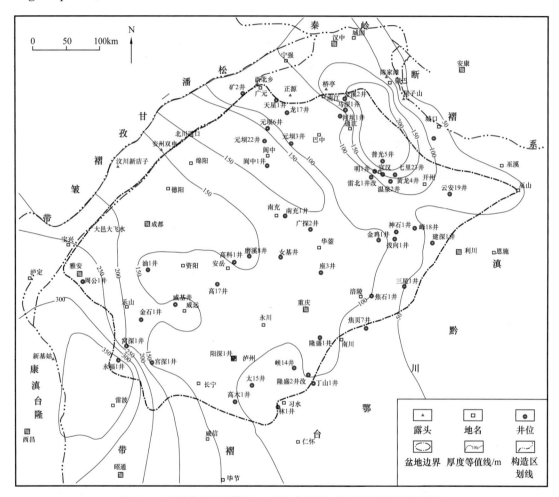

图 3-8　四川盆地及周缘上二叠统龙潭组 / 吴家坪组地层等厚图

5. 长兴组 / 大隆组（P_3ch/P_3d）

四川盆地上二叠统（乐平统）长兴阶碳酸盐台地及台缘斜坡沉积称长兴组，以碳酸盐岩为主，厚度大，一般为 80～300m 不等；深水陆棚沉积称大隆组，以硅质岩夹页岩及石灰岩为主，厚度小，20～50m 不等（图 3-9、图 3-10），分布于开江—梁平陆棚及鄂西海槽等。

长兴组分布于开江—梁平陆棚两侧，位于川东北、东北部及川中、川西南、川东南等广大地区。露头区分布于通江平溪坝、两河口及宣汉、樊哙、渡口等地区，覆盖区于普光、元坝等地区有钻井揭示。西部露头区仅分布于江油二郎庙一带，而且出露不全，其他地区广泛埋藏于地腹，川东北元坝地区有钻井揭示，上下分别与飞仙关组和吴家坪组呈整合接触。根据岩性特征，长兴组可以大致分为两段。

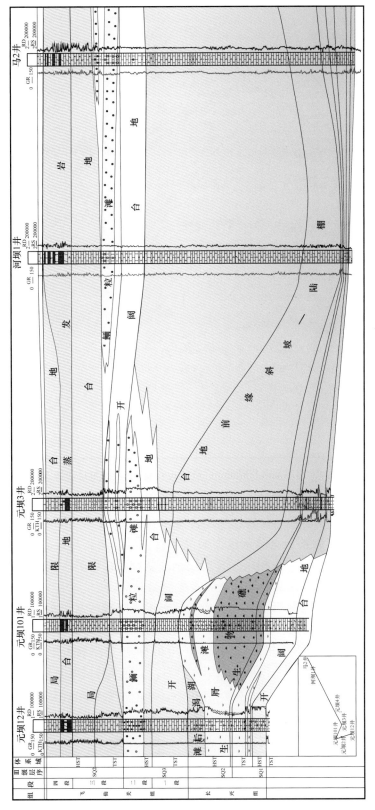

图 3-9 川东北北元坝—通南巴地区长兴组—飞仙关组地层对比图

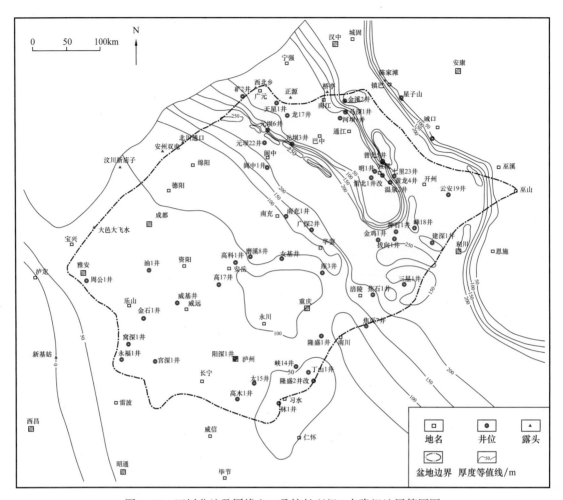

图 3-10 四川盆地及周缘上二叠统长兴组 / 大隆组地层等厚图

（1）长一段：上部为灰色至深灰色生屑粉晶灰岩、残余生屑粉晶灰岩夹灰色微晶灰岩；下部为灰黑色残余生屑粉晶灰岩，生屑含量30%～55%，常见沥青。

（2）长二段：上部为灰色至深灰色泥微晶灰岩、微晶灰岩与微晶白云质灰岩互层，在开江—梁平陆棚两侧台地边缘相区发育厚层—块状细晶白云岩、残余生屑白云岩夹藻纹层白云岩；下部为灰色至深灰色微晶灰岩及生屑微晶灰岩。

大隆组为长兴组同期异相沉积，分布于开江—梁平陆棚深水沉积区。北部露头区出露于江油竹园坝、广元飞仙关、旺苍立溪岩、三江、五权及南江扬坝等地区，覆盖区于射1井、龙4井、扁1井、河坝1井、河坝2井、川岳84井及双庙1井等均有揭示。厚度13～50m，岩性为深灰色、灰黑色薄层硅质岩夹页岩，上部夹薄层泥晶灰岩。发育形态完整的菊石化石 *Pseudotirolites asiaticus*、*P. mapingensis*、*Gastrioceras* sp.，以及深水遗迹化石等。

第三节 中 生 界

四川盆地中生界厚度巨大，总厚超过5000m，主要包括：下三叠统飞仙关组、嘉陵江组；中三叠统雷口坡组、天井山组和上三叠统垮洪洞组（马鞍塘组）和须家河组；下侏罗统自流井组；中侏罗统千佛崖组及沙溪庙组；上侏罗统遂宁组及蓬莱镇组；白垩系天马山组、夹关组、灌口组等。其中须家河组三段、五段及自流井组是四川盆地陆相地层主要烃源岩层。三叠系飞仙关组、嘉陵江组和雷口坡组分别发育滩相储层和碳酸盐岩溶储层，是四川盆地的主要产气层。须家河组二段及四段砂体发育，是四川盆地重要陆相产层。在东吴运动、印支运动、燕山运动等多期构造运动叠加的影响下，四川盆地下三叠统飞仙关组与下伏上二叠统长兴组在大部分地区呈整合接触关系，在台地边缘相带等局部地区呈平行不整合接触关系。中生界内部遭受了三次不同程度的抬升和剥蚀，形成三个区域不整合接触关系，由下往上依次是：中三叠统雷口坡组与上三叠统须家河组之间、上三叠统须家河组与下侏罗统自流井组之间、侏罗系与白垩系之间。印支运动早幕使四川盆地大规模抬升剥蚀，并从此结束了海相沉积的历史，自晚三叠世四川盆地整体转化为陆相沉积盆地。

一、三叠系（T）

三叠系主要出露于盆地边缘，在华蓥山、威远及川东南地区的一些高陡背斜轴部亦有出露。在盆地中部及南部一般埋深500～4500m，川西坳陷区埋深达5000m以上。下三叠统主要是海相碳酸盐岩，上三叠统主要是陆相及海陆过渡相的碎屑岩沉积。下三叠统与下伏的上二叠统在盆地内普遍为连续沉积，仅在局部地区呈假整合接触。中—下三叠统间为整合过渡关系，中—上三叠统之间为明显的假整合接触。上三叠统与上覆侏罗系一般为假整合接触，但在龙门山前缘二者之间有角度不整合。

1. 飞仙关组（$T_1 f$）

飞仙关组在四川盆地广泛分布，上、下分别与嘉陵江组及长兴组整合接触。在湖北、川东南等地区称大冶组，上下分别与嘉陵江组及长兴组/大隆组整合接触，岩性分区与长兴组相似。飞仙关组可以划分为台地型、台地边缘浅滩型、斜坡型及陆棚型地层单元。其中台地型在四川盆地分布最广，如南江桥亭以东—二郎庙—元坝1井以西等地区，发育以碳酸盐台地及潮坪沉积为主，飞仙关组厚度约300m，飞三段局部发育鲕粒灰岩，溶蚀作用较强，孔隙较为发育，储集性较好。而台地边缘浅滩型主要分布于开江—梁平陆棚东西两侧。东部浅滩分布于通江铁厂河稿子坪、普光等地区；西部浅滩分布于江油二郎庙及元坝1井等地区，普光地区飞二段发育浅灰色、灰白色厚层—块状溶孔残余鲕粒细—中晶白云岩，孔隙发育，是优质储层。

盆地北部元坝—通南巴地区，飞仙关组岩性四分性比较明显。飞二段、飞四段以紫红色背景为主，泥质含量较高，飞一段、飞三段以灰色背景为主，飞三段中上部发育浅灰色厚层—块状亮晶鲕粒灰岩及亮晶砂屑灰岩。中部宣汉—达州西部地区，飞仙关组岩性四分不明显，除飞四段岩性为紫红色泥岩夹石膏与区域背景一致外，飞三段、飞一段难以区分，台地边缘等局部地区中下部（飞二段、飞一段）发育几十至数百米厚的溶孔鲕粒白云岩。飞仙关组厚度与长兴组存在互补性，特别是在开江—梁平陆棚两侧碳酸盐台地的沉积区，因为生物礁滩快速生长，长兴组较厚，但上覆飞仙关组厚度小，300～500m（图3-9、图3-11）。而陆棚内大隆组沉积区，飞仙关组厚度最大超过1000m，如川东北马深1井飞仙关组厚1123m。生物以瓣鳃类为主，有 *Claraia wangi*、*C. hunanica*、*C. clarai*、*C. stachei*、*C. aurita*、*Eumorphotis telleri*、*E. benechei*、*E.*

venetiana 等；此外还有腹足类、腕足类、有孔虫、菊石、藻及苔藓虫等。在南充、重庆、泸州一线以西砂质逐渐增多，石灰岩减少；以东砂质逐渐减少，石灰岩增多。

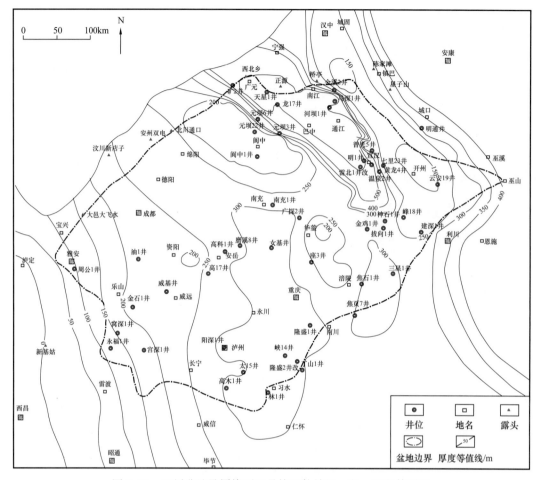

图 3-11　四川盆地及周缘下三叠统飞仙关组一段、二段等厚图

2. 嘉陵江组（T_1j）

四川盆地嘉陵江组在区内广泛分布，岩性较稳定，上下分别与雷口坡组及飞仙关组呈平行不整合及整合接触。地层厚 400～900m，川东北马深 1 井厚 706m，为一套碳酸盐岩台地沉积建造。根据岩性，嘉陵江组可分为五段。

嘉一段：浅灰色至深灰色薄至中层石灰岩，夹少量泥灰岩、鲕状灰岩及生物灰岩。

嘉二段：灰色、深灰色薄至中厚层白云岩与硬石膏互层，夹石灰岩，局部有蓝灰色泥岩。

嘉三段：灰色、深灰色中厚层石灰岩夹石膏质灰岩及石膏岩、白云质灰岩及白云岩。

嘉四段：厚层硬石膏夹岩盐及灰褐色、灰色白云岩、石灰岩。

嘉五段：深灰色带褐色石膏质白云岩、白云质灰岩、鲕状灰岩夹灰质白云岩、白云岩及硬石膏层。

含生物化石丰富，尤以嘉一段、嘉三段最发育，以瓣鳃类为主，有 *Eumorphotis*

inaequicostata、*E. hinnitidea*、*E. telleri*、*E. aueri*、*E. tenuistriata*、*Claraia griesbachi*、*C. stachei*、*C. painkhandana* 等，此外还有菊石、有孔虫、牙形石等。

其中嘉二段在川东北地区发育厚度数米至 10m 左右的溶孔砂屑白云岩，为较好的储层。而嘉五段—四段及嘉二段膏岩厚度大，分布连续，为四川盆地区域性盖层。

3. 雷口坡组（T_2l）

雷口坡组由许德佑 1939 年在威远县新场附近的雷口坡命名，原称"雷口坡系"，其含义系根据岳希新等在威远县熊家雷口坡剖面"h 层及 k 层石灰岩中所采化石 *Pdomonotis*（*Eumorphotis*）*illyrica*、*Myophoria goldfussi* 等双壳及菊石 *Clionites* sp. 等"与湖北远安所产类同，时代为中三叠世安尼期，并称"雷口坡系"，以上代表上部"嘉陵江石灰岩"。现在雷口坡组被定义为以灰色、黄灰色薄—中厚层状白云岩、泥质白云岩为主，并夹石膏层及石灰岩，中部富集石膏，底部主要为杂色（黄绿色、紫红色）泥页岩、泥质白云岩夹石灰岩。该组中含海相双壳类及菊石等化石。

雷口坡组对应于川东南地区狮子山组与松子坎组之和，为同期异相关系。雷口坡组在区内广泛分布，上、下分别与须家河组及嘉陵江组差平行不整合接触，一般厚 0～750m，川北马深 1 井厚 461m，川西坳陷雷口坡组在彭州—新场地区最厚，达1300m。雷口坡组在区内遭受不同程度的剥蚀，大部分地区保存不全。泸州、江津一带全被剥蚀，其外围仅有雷一段、雷二段保存，再向外至键为、桐梓、黔江、万州、南充等地保留有雷三段、雷四段。

雷口坡组为一套石灰岩、白云岩夹泥页岩及石膏层，一般可分为四段。

雷一段：灰色、深灰色薄至中厚层泥质白云岩、白云岩夹页岩，硬石膏，底部有一层"硅钙硼石"，俗称"绿豆岩"，区域上分布稳定，并以它作为中—下三叠统分界的标志层。

雷二段：灰色泥质白云岩与硬石膏互层。

雷三段：深灰色薄层至厚层石灰岩与岩盐层夹硬石膏，有时石灰岩相变为白云岩，针孔发育。

雷四段：浅灰色、黄灰色白云岩夹薄层硬石膏及少量泥灰岩、泥岩。雷四段顶部灰质白云岩与粉晶针孔白云岩是川西坳陷地区海相近期主要勘探目的层之一。

雷口坡组在梁平、涪陵一线以东渐变为紫红色、灰绿色泥页岩、粉砂岩与灰色、深灰色石灰岩、泥灰岩互层，称巴东组。所含生物化石主要有瓣鳃类 *Eumorphotis illyrica*、*E.subillyrica*、*E. hupehica*、*Myophoria goldfussi*、*M. ovata*，*M. radiata* 及菊石、腕足类、有孔虫等。

4. 天井山组（T_2t）

天井山组由朱森、叶连俊 1942 年创名于江油市马角坝南天井山，原称"天井山系"，认为其主要为一套纯净而白细的石灰岩，中部夹页岩并含燧石结核，下部含灰质砂砾状物及鲕粒灰岩，与下伏雷口坡组岩性过度整合接触与上覆须家河组底部砂砾岩为显著不整合接触。

现在定义天井山组为以灰色厚层—块状石灰岩为主，上部夹硅质条带、结核及鲕粒、砂屑、生物屑灰岩含有孔虫及少量的双壳类、腕足类，富含藻类，厚 0～511m，时代属于中三叠世拉丁期。天井山组与下伏雷口坡组灰色厚层状白云岩呈整合接触，与上覆须家河组黄绿色钙质泥岩、粉砂岩呈整合或平行不整合接触，或与须家河组泥岩、砂岩呈平行不整合接触。天井山组岩性主要为鲕粒灰岩、生物灰岩和白云岩，是又一次海侵期开阔台地相加浅滩微相的沉积产物，但后期（上三叠统须家河组沉积之前）因构造运动而抬升，大部受剥蚀而缺失天井山组，主要分布于川西北地区。前人对研究区天井山组的定义及划分基本相同，本书沿用。

5. 须家河组（T_3x）

须家河组由赵亚曾等在 1931 年命名于广元市北部，原称须家河系，原来定义为一套灰黑色砂岩与页岩层的频繁互层并在中部夹有一套煤层，厚 2500～3000m，前人在须家河组采到植物化石，经鉴定，该层地质时代为晚三叠世佩枯错期晚期。

须家河组现在定义为一套黄灰色泥岩、砂岩为主，夹煤层，组成不等厚韵律互层，厚数百米至三千余米，富含植物及双壳类化石，与下伏碳酸盐岩为主的雷口坡组或天井山组呈平行不整合接触，局部整合或平行不整合于马鞍塘组或垮洪洞组黑色泥岩、砂质泥岩之上，与上覆自流井组紫红色泥岩呈整合接触，与白田坝组底部石英砾岩呈平行不整合或整合接触的地层。总体上看，四川盆地须一段为海相或海陆交互相沉积，须二段以砂岩夹粉砂岩为主，须三段、须五段以页岩为主夹砂岩及煤层，须四段和须六段以砂砾岩夹薄层泥岩为主。前人对须家河组做了大量的工作，对须家河组的定义及划分基本相同，本书根据岩性组合特征采用四川省岩石地层中的划分方案，将须家河组细分为六个岩性段。

1）须一段（小塘子组）

须一段是 1974 年西南三省地区中生代地层座谈会上根据广元须家河组下部含海相化石，将这段含有海相化石的地层（相当于须一段）单独划出来并命名为"小塘子组"。本书的岩石地层划分将原小塘子组称为须家河组一段。

须一段出露于广元上寺剖面、江油马鞍塘剖面及什邡市金河剖面。广元上寺剖面的 44～46 层厚度大于 36.77m，主要为一套中—薄层状深灰色石英砂岩，多见植物化石，层面见波痕及冲刷坑，岩石内见大量铁质结核，大小不一，一般顺层分布，划归须一段，与上覆地层须二段呈整合接触，与下伏地层雷口坡组呈不整合接触。

川西井下须一段为一套滨岸沉积的灰色石英砂岩、泥岩夹薄煤层地层，厚度 100～350m 不等，自西向东减薄，川东缺失，沉积中心位于川西坳陷中南部大邑雾中山—成都一带。

2）须二段

须二段出露于广元上寺剖面、什邡市金河剖面、绵竹汉旺剖面、雅安荥经县剖面。广元上寺剖面的 47～51 层划归须二段，主要为浅灰色中砂岩、浅褐色中—粗粒岩屑砂岩，与下伏地层须一段呈整合接触，厚约 130.15m。川西井下须二段为灰色、灰白色中—细粒岩屑石英砂岩、细粒岩屑砂岩与灰黑色、黑色页岩、碳质页岩不等厚互层。厚度大多为 100～600m，最厚达 900m，自西向东减薄。

3）须三段

须三段出露于什邡金河剖面和雅安荥经剖面。什邡金河剖面的 37～38 层划归须三段，主要为一套黄灰色中—厚层细砂岩夹泥质粉砂岩，上部未测至顶，厚度 113.14m 以上，与上覆地层须四段及下伏地层须二段均呈整合接触。川西地区须三段岩性为黑色、灰黑色页岩、碳质页岩与灰色中—细粒岩屑砂岩与灰黑色、黑色页岩、碳质页岩不等厚互层。厚度大多为100～700m，最厚达800m，自西向东减薄。

4）须四段

须四段出露于雅安荥经剖面。雅安荥经剖面的4～7层划归须四段，主要为深灰色厚层—块状中粒岩屑砂岩，砂岩见有植物碎屑、茎、杆等植物化石，与上覆地层须五段及下伏地层须三段均为整合接触。川西地区须四段上部岩性为灰色岩屑砂岩，中下部为灰色、灰白色中粒岩屑石英砂岩夹灰色页岩。厚度100～500m，最厚达800m，自西向东减薄。

5）须五段

须五段出露于雅安荥经剖面。雅安荥经剖面的8～22层划归须五段。下部为深灰色、灰黑色薄层含粉砂质泥岩，水平层理发育，泥岩中见有植物化石及双壳化石；中部为深灰色、灰黑色薄层含碳质粉砂质泥岩与灰黑色中—厚层岩屑长石细砂岩互层且泥岩中发育水平层理和条带状层理；上部深灰色、灰黑色中薄层碳质泥岩夹灰黑色中—厚层岩屑长石细砂岩，产植物化石。川西地区须五段岩性以深灰色粉砂质页岩、碳质页岩夹灰色细粒粉砂岩为主。厚度大多为40～400m，最厚达700m，自西向东减薄。

6）须六段

须六段出露于雅安荥经剖面。雅安荥经剖面的23～31层划归须六段。下部为深灰色、灰黑色厚—块状细粒岩屑石英砂岩，中部为黄灰色、深灰色中层泥质粉砂岩夹碳质泥岩，沙纹层理发育；上部为黄灰色中—厚层岩屑石英细砂岩夹深灰色中层泥质粉砂岩。雅安荥经剖面的须六段与下伏地层须五段为整合接触。川西南地区须六段缺失，往东北方向地层增厚，厚度100～250m。

二、侏罗系（J）

侏罗系在四川盆地广泛分布，底部与三叠系须家河组呈平行不整合接触，局部呈角度不整合接触；上部与白垩系呈平行不整合接触，厚1000～3000m。为一套以湖泊相为主夹河流—三角洲的红色碎屑岩沉积。由下统、中统及上统组成，下统称自流井组（白田坝组），中统包括千佛岩组（凉高山组/新田沟组）和沙溪庙组，上统包括遂宁组及蓬莱镇组（莲花口组）。在盆地西北部成都、绵阳至苍溪一带，多埋藏地腹，埋藏深度为1500～4700m。中部简阳、南充一带，蓬莱镇组、遂宁组逐渐出露，在盆地东南部沙溪庙组、自流井组已多暴露地表。

1. 自流井组（J₁z）

自流井组在盆地内部各段岩性均较稳定，向盆地边缘砂质增多，常侧变为碎屑岩及黏土岩，分段界线已不清楚。在川西北一带砾岩、粗—中粒砂岩发育，中下部侧变为黄绿色、灰色石英砂岩、泥页岩互层夹薄煤层，底部具石英质砾岩，称白田坝组。富含植物、孢粉及淡水双壳类、腹足类、介形虫等。沉积厚度在元坝一带最大，达800m，往盆地四周逐渐减薄，厚250～400m。

四川盆地内部覆盖区按习惯延用自流井组，一般可分四段，即珍珠冲段、东岳庙段、马鞍山段、大安寨段。

珍珠冲段：紫红色泥岩夹薄层灰色石英砂岩，向盆地边缘砂质增多，有时见薄煤层。川东北元坝地区井下岩性以灰色、深灰色泥岩、粉砂质泥岩为主，夹浅灰色砂砾岩、含砾砂岩，灰色粉砂岩、泥质粉砂岩，灰黑色碳质泥岩，黑色煤层；下部以灰白色含砾砂岩、灰色粗砂岩为主，夹深灰色泥岩、粉砂质泥岩。

东岳庙段：黑色、灰绿色页岩夹灰色泥灰岩及生物灰岩，富含淡水双壳类。川东北元坝地区井下岩性为灰色、深灰色泥岩、粉砂质泥岩与灰色细砂岩、粉砂岩、泥质粉砂岩不等厚互层，局部夹灰黑色页岩。

马鞍山段：由紫红色泥岩夹浅灰色、灰色薄层粉砂岩组成。元坝地区井下岩性以灰色、深灰色泥岩、粉砂质泥岩为主，夹薄层灰色泥质粉砂岩、粉砂岩。

大安寨段：灰色介壳灰岩与深灰色、灰黑色页岩互层，中下部及顶部常为紫红色泥岩夹泥灰岩。元坝地区井下岩性为灰色、深灰色泥岩，粉砂质泥岩与灰色泥灰岩、介屑灰岩不等厚互层夹灰色粉砂岩、泥质粉砂岩。

2. 千佛崖组（J_2q）

千佛崖组广泛分布于四川盆地西部、北部造山带前缘，以广元千佛崖命名，区内整体呈北东厚南西薄的特点，以杂色砂岩夹泥岩为特征，偶夹介壳灰岩。底部多发育石英含量较高的砂岩及砾岩，与下伏下侏罗统白田坝组整呈合接触或冲刷接触；顶部假整合于中侏罗统下沙溪庙组，以下沙溪庙组底部的"关口砂岩"为分界标志层。盆地内中、东部大片区域，岩性以紫红、黄灰色夹深灰色泥岩、页岩、砂质泥岩为主，夹粉砂岩及生物碎屑灰岩，称新田沟组（凉高山组），属于千佛崖组同时异相的沉积。本书按习惯延用千佛崖组，厚度100~300m，宣汉—达州地区局部达450m。川东北地区岩性以棕红色、灰色、深灰色泥岩、粉砂质泥岩与灰色细砂岩、泥质细砂岩、泥质粉砂岩略等厚互层，间夹薄层黑色煤、灰黑色页岩。

3. 沙溪庙组（J_2s）

沙溪庙组在盆地内部岩性变化不大，主要生物有淡水双壳类、腹足类、介形虫、恐龙和植物等，著名的合川马门溪龙就产自此层。厚度一般为1200~2000m，最厚可达2800m，向盆地边缘逐渐减薄。该组以紫红色、黄灰色砂岩、细砂岩、泥岩组成的不等厚韵律互层为特征，与遂宁组以棕红色砂岩划界。据前人成果该组相当于头屯河阶的中、上部。沙溪庙组由于厚度较大，一般将其分为上沙溪庙组和下沙溪庙组，也有将其两个亚组分别建组。下沙溪庙组为紫红色、灰紫色泥岩、砂质泥岩夹绿灰色泥质粉砂岩、细砂岩，底部常见一层块状中粒长石石英砂岩；上沙溪庙组为紫红色、暗紫色泥岩、砂质泥岩与紫灰色、浅灰色长石石英砂岩略等厚互层，底部的灰绿色、灰黑色页岩，富含叶肢介化石，与下沙溪庙组分界明显，由于在区域上横向分布稳定，是一良好标志层。

川西沙溪庙组以棕色、暗棕色泥岩、粉砂质与褐灰色、浅绿灰色细—中粒岩屑砂岩、长石岩屑砂岩略等厚互层为主，砂岩较发育，砂岩单层厚度5~30m，以叶肢介页岩或浅灰色、绿灰色厚层块状砂岩底界为上、下沙溪庙组分界，地层厚度分别为450~550m、150~250m，是川西新场气藏、中江气藏的主要产层。

4. 遂宁组（J_3s）

遂宁组岩性稳定，盆地内广泛分布，以鲜紫红色泥岩为主，局部夹粉砂岩及细砂岩，顶部以紫灰色砂岩与蓬莱镇组或莲花口组砾岩区分，向盆地边缘砂质增重，细至粉砂岩层次增多。底部有一层砖红色厚层块状砂岩，区域上分布稳定，可作标志层。含生物稀少，有淡水双壳类及介形虫等。该组厚度变化较小，一般厚 240～630m。川西地区遂宁组以棕色、棕褐色泥岩、粉砂岩及细粒岩屑砂岩不等厚互层为主，砂岩整体不发育，以泥岩为主，地层厚度 200～400m，发育有洛带遂宁组气藏。

5. 蓬莱镇组（J_3p）

蓬莱镇组为黄灰色、灰色块状粉砂岩、细粒长石石英砂岩与棕紫色泥岩互层，在遂宁向西至龙泉山、乐山一带，中上部出现暗色页岩及泥灰岩或石灰岩，如苍山页岩、景福院页岩、李都市石灰岩、骡子坡石灰岩都是重要的制图标准层。生物有介形虫、轮藻及硅化木等。顶部有侵蚀现象，宜宾、泸州一带剥蚀强烈，残厚仅 200～300m。其余地区保留较多，残厚 600～1000m。龙门山前缘地区岩性以巨厚的砾岩为特征，夹砂泥岩等组成不等厚的韵律层，砾石成分以石英岩为主，石灰岩次之，称莲花口组，为蓬莱镇组同时期的地层。川西地区井下蓬莱镇组以棕色、棕褐色泥岩、粉砂岩与细粒岩屑砂岩的不等厚互层为主，砂岩较发育，但单层厚度较薄，一般小于 10m，地层厚度 800～1300m。

三、白垩系（K）

白垩系主要出露于川西、川北和川南地区，分上统、下统，由下往上依次为下统剑门关组（苍溪组）、汉阳铺组（白龙组）、剑阁组（七曲寺组／天马山组）；上统夹关组（窝头山组）、灌口组（三合组）。

白垩系底部与下伏侏罗系蓬莱镇组呈假整合接触；上、下白垩统之间亦呈假整合接触；白垩系顶部与上覆古近系呈连续沉积的整合接触。

1. 剑门关组（K_1j）

剑门关组分布于盆地的西北角，与苍溪组大致相当，由紫红色块状石英砾岩、紫红色砂岩、粉砂岩与泥岩组成，化石稀少，属于早白垩世早期沉积（冀北期）。

苍溪组为剑门关组同期异相沉积，以灰紫色、灰绿色岩屑长石砂岩为主，夹砖红色、棕红色粉砂岩及泥岩，在巴中一带该组产早白垩世沙海期典型双壳分子 *Nakamuranaia chingshanensis*。

2. 汉阳铺组（K_1h）

汉阳铺组与白龙组大致相当，分布于盆地的西北角，为紫红色砾岩、厚层砂岩、含砾砂岩与粉砂岩、泥岩组成的韵律层，含少量介形虫 *Pinnocypridea sichuanensis*、*P. reticulata*、*Deyangia reniformis* 等。

白龙组由四川航调队 1980 年命名于剑阁县白龙场，由浅紫色、灰色块状长石砂岩与紫红色粉砂岩及泥岩组成，在苍溪该组底部可见早白垩世沙海期典型双壳分子 *Nakamuranaia chingshanensis* 及介形虫 *Pinnocypridea sichuanensis*、*Deyangia reniformis* 等，属早白垩世热河期早期地层。

3. 剑阁组（K_1jg）

剑阁组岩性以紫红或粉红色砂岩、粉砂岩与泥岩的互层为特征，夹砾岩及砂砾岩，底部为浅灰色、灰白色块状钙质石英砂岩；中下部产介形虫 *Pinnocypridea* sp.、*Jingguella elliptica*、*J. ovata*、*Deyangia deyangensis* 等，属早白垩世孙家湾期地层。

天马山组为剑阁组同期异相地层，分布于盆地西南部，为砖红色、棕红色泥岩夹多层砾岩、砂岩，普遍见底砾岩。砾岩多厚层块状，砾石成分以石灰岩为主，次为砂岩、石英岩及各种火成岩砾，砾径大小不一（2～15cm），半圆至滚圆状。由西向东岩石颗粒变细，砾岩减少，多侧变为砂岩、粉砂岩及泥岩。一般厚200～400m，属早白垩世热河期晚期—辽西期早期地层。

4. 夹关组（K_2j）

夹关组分布于雅安至成都一带，为棕红色、黄棕色厚层块状砾岩、砂岩夹泥岩组成。砾石成分以石英岩为主，次为砂岩及石灰岩。由西向东岩性变细，泥岩夹层增多，分布范围较天马山组广泛，一般厚150～450m，属晚白垩世泉头期—姚家期地层。

窝头山组为夹关组同期异相地层，分布于盆地南部边缘，以砖红色厚层块状砂岩为主，间夹少量泥页岩及微晶灰岩透镜体，普遍见底砾岩。宜宾三合场该组底部产早白垩世泉头期重要轮藻化石 *Mesochara rymmetrica*，属晚白垩世泉头期—姚家期地层。

5. 灌口组（K_2g）

灌口组分布于雅安至成都一带，为棕红色、暗棕色、紫红色泥岩夹泥质粉砂岩及多层蓝灰色、灰绿色薄层泥灰岩。泥灰岩多夹于中、上部，另外还含有石膏和钙芒硝，底部常有一层块状砾岩，分布较广泛，但多残留不全，雅安、邛崃一带出露较完整，一般厚600～800m，属晚白垩世松花江期—绥化期地层。

三合组为灌口组同期异相地层，分布范围和窝头山组一致，以砖红色粉、细粒长石砂岩与泥岩等厚互层为特征，组成上粗下细的韵律层，产嫩江期重要叶肢介分子 *Calestherites* sp. 及介形虫 *Cypridea* sp.、*Eucypris* sp.。

第四节 新 生 界

四川盆地的古近系和新近系主要分布于盆地的西南部芦山、天全、雅安、名山一带，洪雅、夹江、青神、大邑等地可见残留零星露头，其余地区均遭剥蚀。发育有古近系名山组、芦山组和新近系凉水井组，以及第四系的更新统和全新统。古近系与下伏白垩系灌口组为连续沉积，古近系、新近系之间为不整合接触，与上覆第四系普遍为不整合接触。

一、古近系（E）

名山组下部为棕红色泥质粉砂岩夹细砂岩及少许泥岩，在天全一带相变为砂砾岩为主，夹泥质粉砂岩，生物少见；上部以棕红色、紫红色泥岩为主，夹少许泥质粉砂岩、泥灰岩，含硬石膏及钙芒硝。含生物较多，有属于新生界的介形虫 *Limnocythere* sp.、*Cypris* sp.、*Cyprinotus* sp.、*Pinnocypris* sp. 和孢粉组合。一般厚410～690m，时代相当于古近纪上湖期—池江期。

芦山组分布于芦山、名山、雅安一带，厚0～22m。以棕红色、褐红色泥岩、砂质泥岩为主，岩性相对稳定，偶夹泥灰岩，产始新世垣曲期和蔡家冲期典型轮藻 *Obtusochara jianglingensis-Gyrogona qianjiangica* 组合。时代相当于始新世岭茶期。

二、新近系（N）

凉水井组分布于峨眉、荥经一带盆地南部边缘，以砾石沉积及泥质黏土为主，据前人成果，该组相当于新近系保德阶。

三、第四系（Q）

新近世之后，经喜马拉雅运动形成的四川盆地除川西成都平原继续沉降，有第四系广泛分布外（最厚达 300m），其他地区均以间歇性的上升运动为主。每次上升，前期沉积都受到剥蚀夷平，仅在现代河流的两岸阶地及河漫滩上见有冲积层和洪积层，少部分为洞穴堆积，分属更新统和全新统。

1. 更新统

洞穴堆积见于资阳、华阳、重庆歌乐山和万州盐井沟等地洞穴中，堆积物为黄色黏土、砂、砾石等，厚约 2m。雅安砾石层主要分布在现代河流两岸较高的阶地上，一般高出江面 50～200m，为砾石及黄色松散砂泥组成，厚 3～30m。

江北砾石层主要分布在现代河流两岸较低的阶地上，一般高出江面数米至 50m，为砾石及灰色细砂，泥质含量少，厚 2～10m。

2. 全新统

为现代河流、河漫滩的冲积层和洪积层，主要由砂、砾石及黏土组成，有时见泥炭，一般厚 5～20m。

第四章 构 造

四川盆地属于扬子准地台的一个一级构造单元，是在晋宁运动形成的基底之上发育起来的多旋回盆地。自基底形成至今，共经历了扬子旋回、加里东旋回、海西旋回、印支旋回、燕山旋回及喜马拉雅旋回六个演化阶段，构成纵向上由震旦系至中三叠统海盆与上覆陆盆叠置的多旋回盆地。在周缘造山带多期造山活动，尤其是中生代以来剧烈造山活动影响下，盆地与造山带之间经过多期、多方式的构造转换与复合联合，形成了现今复杂的盆山体系，主要由四川盆地及其周缘的龙门山、米仓山—大巴山、齐岳山和大娄山及大凉山组成。

第一节 基 底 特 征

一、基底组成与结构分区

综合重力、航磁、钻井、地震资料及盆地周缘地层出露资料等综合分析，四川盆地基底基岩纵向上由太古宇—古元古界的结晶基底、中元古界褶皱基底、新元古界南华系火山岩及火山碎屑岩基底、过渡基底四层结构组成，平面上划分川西中元古界褶皱基底、川中太古宇—古元古界结晶基底、川东新元古界板溪群变质基底三个结构区。

1. 纵向结构特征

1）太古宇—古元古界的结晶基底层

结晶基底层出露在盆地西南缘的"康滇地轴"上，代表地层为康定群，为一套中性—基性火山岩组成的深变质岩和具有强磁性的基性—超基性岩侵入体，在航磁异常上反映出强磁场和在重力异常上反映重力高，川中物理场反映特别明显，如南充—南部磁力高，在剩余重力异常图上也反映重力高。

2）中元古界褶皱基底层

褶皱基底层主要是分布在"康滇地轴"上的昆阳群、会理群，龙门山褶断带上的黄水河群和汉南地块上火地垭群等，由陆源碎屑岩、碳酸盐岩及火山喷发岩组成，时限1000～1700Ma。晋宁运动后受挤压形成褶皱带，叠置在康滇—川中—鄂西岛弧的前缘。根据川西航磁反映出的大面积弱磁性异常特征推断，四川盆地西部地腹可能以此褶皱带为基底层。

3）新元古界南华系火山岩和火山碎屑岩基底层

这套地层在上扬子古板块的边缘分布较为广泛。川西主要以苏雄组双峰式的火山岩和开建桥组的火山碎屑岩为代表；川西北的檬子地区为武当群的钙碱性系列侵入岩；南秦岭为西乡群孙家河组的玄武岩、安山岩和流纹岩组合；扬子克拉通核部和北缘的黄陵及汉南古陆为新元古代的侵入杂岩体；贵州北部为板溪群鹅家坳组晶屑凝灰岩（双峰式岩浆活动系列）。

4）过渡基底层

澄江运动之后，上扬子古板块的基底形成，其上接受了列古六组、观音崖组（陡山沱组）等沉积，为填平补齐沉积，无火山岩沉积，基底夷平，迎来震旦纪灯影组沉积期的海侵，它们构成了四川盆地第一套统一的沉积地层。

2. 平面分区

四川盆地基底平面上可分为川西、川中和川东三大区块（图4-1）。

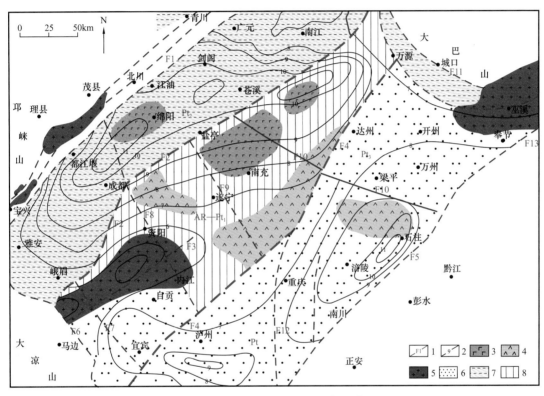

图4-1 四川盆地前震旦系基底地质图

1—推测大断裂；2—基岩埋深等值线，km；3—基性杂岩；4—中基性火山岩；5—花岗岩；6—新元古界板溪群；7—中元古界黄水河群；8—太古宇—古元古界康定群；F1—龙门山断裂带；F2—龙泉山—三台—巴中—镇巴断裂带；F3—犍为—安岳断裂带；F4—华蓥山断裂带；F5—齐岳山—金佛断裂带；F6—荥经—沐川断裂带；F7—乐山—宜宾断裂带；F8—什邡—简阳—隆昌断裂带；F9—绵阳—三台—潼南断裂带；F10—南部—大竹—中显断裂带；F11—城口断裂带；F12—篡江断裂带；F13—万源—巫溪隐伏断裂带

川西区块位于龙门山断裂带（F1）以东，龙泉山—三台—巴中断裂带（F2）以西。在航磁异常图上，除德阳磁力高外，其余均显示负磁异常。结合邻区盆缘出现的地层，推测为中元古界的褶皱基底层。在新元古代南华纪早期可能因裂隙作用喷发的苏雄组覆盖在它的上面。基底面埋深7～11km，最深处在德阳附近。

川中区块位于龙泉山—三台—巴中断裂带（F2）以东和华蓥山断裂带（F4）以西地区。航磁上显示强磁性宽缓正异常，从乐山经南充直达通江，反映基性和超基性岩体的磁性特征。深埋的基底岩层为太古宇—古元古界的结晶基底。按威28井和女基井资料以及华蓥山—遂宁间的地震剖面，在上震旦统底可见下震旦统向东倾的基底反射，推测结晶基底之上还盖有下震旦统的过渡层。本区基底埋深较浅，为4～11km，从威远构造基底埋深4km向北东方向逐步下沉到通江地区的11km。

川东区块位于华蓥山断裂带（F4）以东，齐岳山—金佛山断裂带（F5）以西地区。在航磁异常图上，除石柱显示为正异常，其余总体显示为平静的负磁场背景，一直延伸到贵州及湘西地区。结合梵净山和"雪峰地块"上出露厚5000～8000m板溪群，认为它为弱磁性或非磁性的复理石弱变质的板岩，基底岩石为板溪群；石柱磁力高，可能为板溪群之下的梵净山群中有强磁性超基性岩侵入体的反应。沉积盖层和板溪群累计厚度有11～14km，可与石柱磁性岩体埋深13km对应。基底面埋深8～11km，最深的地方位于石柱地区。

二、基底埋深

四川盆地范围内利用震旦系地震深度数据作为约束，对盆地四周利用地表前震旦系、震旦系、寒武系出露情况，结合地震大剖面和大地电磁大剖面资料作为约束条件，对剩余异常进行反演计算，最终得到四川盆地及邻区基底埋深图（图4-2）。等值线总的形态同四川盆地的形态相似，沿盆地四周等值线密集分布，盆地内部同四周基底埋深差异较大。

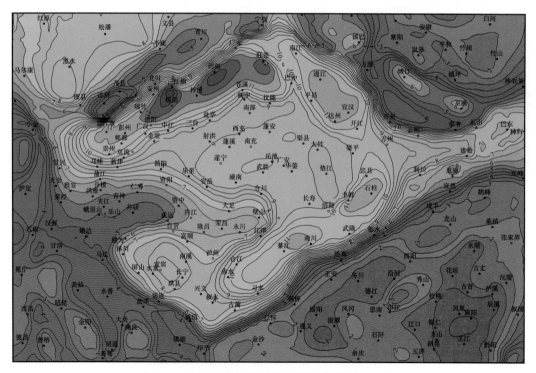

图4-2　四川盆地及邻区基底深度图（单位：km）

盆地内部基底呈现北东走向的隆坳相间的格局。从西北往东南，川西北区为第一个深坳区，该区靠近龙门山断裂带，基底埋深10～15km，最深处在江油附近；中江—阆中一线到射洪—西充一线之间为基底相对隆起区，平均深度在9.5km左右；遂宁到渠县为一相对坳陷区，最大深度10km左右；梁平—大竹一带为相对隆起区，平均深度在

8km左右；石柱—南川一线为盆地东南端的深坳区，基底平均深度在10km左右，最大深度分别在石柱和南川附近，最大深度达11km。此外，通江到宣汉—达州为一北西走向的基底坳陷区，宣汉—达州附近最大深度在11km左右；盆地东南宜宾附近也存在一北西走向的基底坳陷区，平均深度在8km左右。乐山—大足存在一个显著的北东东到近东西走向的基底隆起区，平均深度在5km左右，最浅位置在乐山到峨边一带，为4km左右。

龙门山往黑水、平武方向，基底深度由小变大，从3～4km增大到9km；川东北外缘基底为北西走向的隆坳相间格局，深度在3～4km，最大深度为6km左右；川西南部及盆地外围的东南和西南均为相对隆起区，基底埋深相对盆地内部要小得多，平均深度在2km左右。下古生界甚至基底地层在地表都已出露。

从盆地西北和东南外围向盆地内部，地表出露地层逐渐由老到新，基底深度由浅变深。而在盆地内部，根据基底起伏形态可以明显分为川西、川中和川东三个部分，基底顶面由川中向川东南和川西北两侧向下倾斜，往盆地边缘方向深度加大。在盆地内部，中间基底顶面埋深比两侧起伏小，向盆地边缘基底逐渐深坳，东北缘基底埋深明显大于西南缘。

总体上看，四川盆地基底顶面具有周缘深（川南除外）、中间浅，从造山带前缘往盆地中央由深变浅的变化趋势和特点。

第二节　构造单元划分及构造特征

四川盆地现今构造面貌主要是晚印支运动期以来周缘性区域构造挤压形成的。由于不同地区基底特征、滑脱层及板块边界效应等不同，构造变形差异较大。在综合考虑周缘构造特征、基底性质及盖层滑脱变形特征和区域构造作用基础上，综合全盆区域二维地震大剖面及重磁电等资料分析，四川盆地及周缘共发育数十条主要断裂，盆内可划分出六个二级构造带。

一、主干断裂带

在四川盆地的形成过程中，不同时期发展起来的深大断裂对不同地史阶段的区域岩性变化、构造线展布以及构造区划等都有重要控制作用。据四川盆地重磁电震等物探资料，结合区域构造展布特征识别出数十条主要断裂。按断裂的走向和相互之间的切割关系，将这些断裂划归为龙门山断裂带、米仓山断裂带、城口断裂带、镇巴断裂带、华蓥山断裂带、齐岳山断裂带等。

（1）龙门山断裂带：呈北东向延伸，分布于四川盆地西缘与川西北高原之间，北连秦岭，南接康滇，长约500km，宽30～60km。断裂带两侧地壳厚度明显不同。龙门山断裂带发育有汶川—茂县、映秀—北川、都江堰—安州及大邑—广元隐伏断裂四条主干断裂组成的推覆体，上地壳背驮式推覆体，下地壳前进式推覆体。该断裂带中三叠世以前为扬子板块西缘被动大陆边缘上的正断层，印支晚幕运动之后由于扬子板块向青藏板块推挤反转成为逆冲断层，整个断裂以西的地壳沿龙门山断裂带向东南仰冲，其巨大的构造及重力负荷使扬子板块向西倾斜沉降，造就了四川盆地后期沉降西低东高的基本格局。

（2）米仓山断裂带：为控制米仓山隆起带和前缘滑脱褶皱带的边界断裂，整体呈近东西向展布，断面凹凸不平，略呈弧状，北倾，向上消失滑脱于嘉陵江组膏盐岩层内，向下消减于震旦系泥岩滑脱层内。

（3）城口断裂带：位于四川盆地东北缘，沿城口至镇巴一线分布，系扬子板块北部边界断层，整体呈北西走向，中间为向南西凸出的弧形断裂带，倾向北东，向下深切基底，断面较陡。其形成与印支—燕山期华北板块和上扬子板块发生陆—陆碰撞造山作用有关，对四川盆地的形成和演化起着控制作用。

（4）镇巴断裂带：总体上与城口断裂平行延伸，断裂走向北北西—北西西，为冲断褶皱带与滑脱褶皱带的分界断裂。平面上，镇巴断裂带可分为断裂性质不同的两段：镇巴断裂和鸡鸣寺断裂。镇巴断裂分布于南大巴山西段，西端止于西乡，向东在万源荆竹坝一带转变成鸡鸣寺断裂，上盘震旦系逆冲到下盘中生界三叠系上，断面总体东倾，倾角约45°到近直立，渔渡坝一带发生地层倒转。鸡鸣寺断裂为古生代寒武系或志留系逆冲到三叠系之上，倾角相对西段缓，岩层褶皱作用强烈。

（5）华蓥山断裂带：沿永川—北碚—渠线一带分布，走向为北东方向，是盆地内川中平缓构造区和川东高陡构造区的边界断裂。总体为三条壳内断续贯通断裂，西支与中支东倾、东支西倾。该断裂带在加里东期开始活动，东吴运动时，沿断裂发生张裂活动，在上二叠统底部有玄武岩及浅成侵入辉绿岩；印支期由东向西逆冲，原正断层转为逆断层；在燕山期与喜马拉雅期进一步发展成为盆地中部一条较大山脉。

（6）齐岳山断裂带：也称齐耀山断裂带，沿南川—金佛山—巫山一线分布，呈北东走向，是四川盆地的东界。总体为三条东倾断裂与沉积盖层西倾断裂在寒武系内反冲相接。形成时间可追溯至加里东期，断层两侧沉积盖层的构造形变差别较大，东南侧为隔槽式褶皱区，北西侧为隔挡式褶皱区。

除了上述这些控制盆地周边及内部的主干断裂带外，在盆地内部还存在一系列次一级的深断裂，如北东向的剑阁—德阳断裂带、龙泉山断裂带、犍为—安岳断裂带、垫江—万州断裂带等；北西向的断裂带如：乐山—宜宾断裂带、什邡—简阳—隆昌断裂带、绵阳—三台—大足断裂带、西充—南充—长寿断裂带、南部—渠县断裂带、万源—巫溪断裂带等。这些断裂带将四川盆地基底分割成众多或大或小的菱形块体，对四川地区不同时期的构造演化，特别是中生代晚期以来构造格局的改造与发展均有重要影响。

二、构造单元

根据区域构造特征、地球物理综合解释及油气区分布特点等，将四川盆地及周缘地区次一级的构造单元进行具体划分（图4-3）。

1. 盆内构造分区

四川盆地划分为：川中平缓构造区（Ⅰ）、川北低缓构造区（Ⅱ）、川东高陡构造区（Ⅲ）、川南低陡构造区（Ⅳ）、川西南低陡构造区（Ⅴ）和川西低缓构造区（Ⅵ）等6个二级构造区和15个三级构造带（表4-1）。

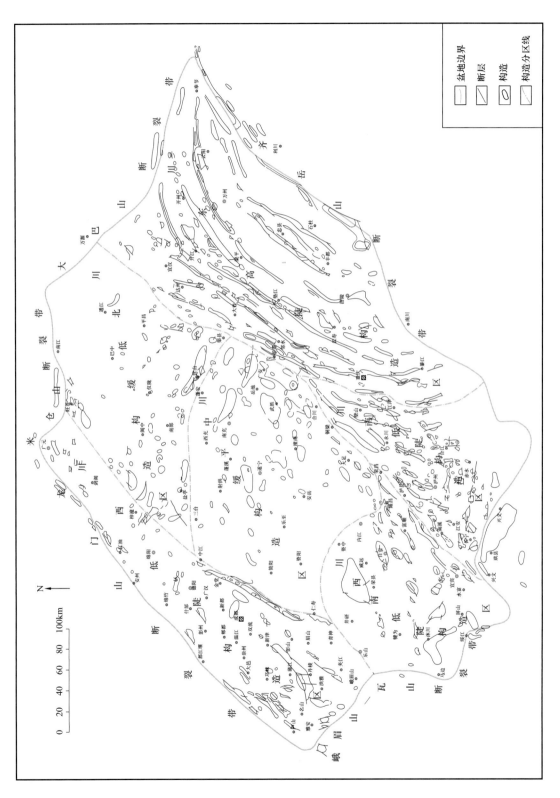

图 4-3 四川盆地及周缘构造分区图

表 4-1　四川盆地构造单元区划表

一级构造单元	二级构造单元	三级构造单元
四川盆地	Ⅰ 川中平缓构造区	
	Ⅱ 川北低缓构造区	Ⅱ₁ 池溪向斜带 Ⅱ₂ 通南巴背斜带 Ⅱ₃ 通江—平昌向斜带 Ⅱ₄ 巴中低缓褶皱带 Ⅱ₅ 九龙山背斜带
	Ⅲ 川东高陡构造区	Ⅲ₁ 川东北高陡断褶带 Ⅲ₂ 川东南高陡断褶带
	Ⅳ 川南低陡构造区	Ⅳ₁ 永川帚状断褶带 Ⅳ₂ 泸州—赤水低缓褶皱带
	Ⅴ 川西南低陡构造区	Ⅴ₁ 威远—龙女寺块状隆起带 Ⅴ₂ 自贡低—中褶皱带
	Ⅵ 川西低缓构造区	Ⅵ₁ 梓潼—剑阁凹陷 Ⅵ₂ 绵竹—苍溪低缓断褶带 Ⅵ₃ 成都凹陷 Ⅵ₄ 龙泉山—熊坡断褶带

1）川中平缓构造区

川中平缓构造区指龙泉山断裂带与华蓥山断裂带间的广大区域，面积达 $7 \times 10^4 km^2$。区内海相古—中生界和陆相中—新生界总厚度均较薄，全区缺失泥盆系—石炭系，局部地段还缺失寒武系—志留系、中—上三叠统、白垩系及以上地层；地表以侏罗系出露为主，构造平缓，地层倾角一般不超过 5°。

本区基底主要为变质火成岩，由于刚性强，对后期变形具有较强的抵抗能力，故构造变形弱，构造样式与周边明显不同。早元古代末构造热事件使本区克拉通化形成古陆核，其后，以基底垂向升降为主要特征，盖层褶皱变形相对较弱。加里东期处于隆起高部位，发育大型的乐山—龙女寺古隆起，印支期和燕山期均为向北倾的斜坡。以北西向的宽缓褶皱为特征，局部构造褶皱幅度一般较低，构造宽平，向地腹深处变小、变弱。一般在上三叠统须家河组以上与地面构造吻合性较好，以下则除主干背斜外均逐渐消失。根据上、下地层褶皱与断裂的强弱变化，纵向上可划分三种类型构造：（1）表层构造：指上三叠统至下白垩统陆相地层内构造，表现形式为褶皱较强，断裂少，构造圈闭面积大；（2）浅层构造：指中—上三叠统及自流井群内构造，表现为褶皱较强，断裂发育，且断层规模较大；（3）深层构造：指嘉陵江组以下构造，表现为褶皱微弱，无大的构造圈闭出现。构造展布规律性较差，在南充、射洪主要为近东西向。北部多为顺时针旋扭，为低幅度丘状隆起，方向散乱，夹持在几组不同方向的构造之间，形似旋卷构造，主要发育龙女寺、南充、广安、营山、八角场、水口场等背斜，多属穹隆型构造，断层不发育；东南部的武胜、合川一带，因紧邻东侧的华蓥山，受其影响背斜多转为北东向延伸；南部以乐至—安岳—大足低平褶皱区与西南部低缓褶皱带相接。

2）川北低缓构造区

川北低缓构造区北接米仓山前缘—南大巴山滑脱断褶带，南界达营山断裂，西以绵竹—苍溪低幅隆起为界，东以华蓥山断裂为界。本区基底自西往东由中元古代褶皱基底过渡为太古宙—古元古代结晶刚性基底，震旦系—中三叠统海相地层发育全，沉积厚度达 7000～9000m。构造受龙门山、米仓山和大巴山三者联合影响，形成造山带—前陆盆地二元结构，构造分带性、分层性明显。其形成和演化主要受控于秦岭造山带，主体定型于喜马拉雅期，由北向南依次发育池溪向斜带、通南巴背斜带、通江—平昌向斜带及巴中低缓褶皱带、九龙山背斜带等五个次级构造单元（图 4-4、图 4-5）。

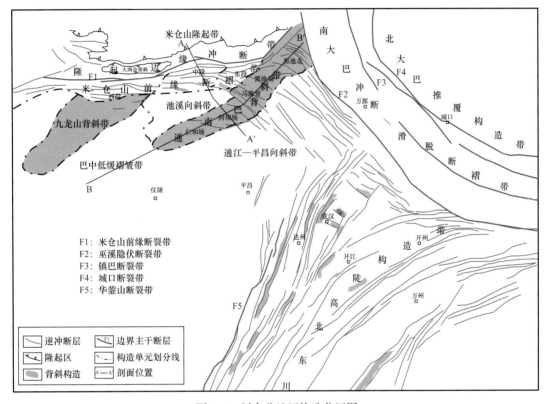

图 4-4　川东北地区构造分区图

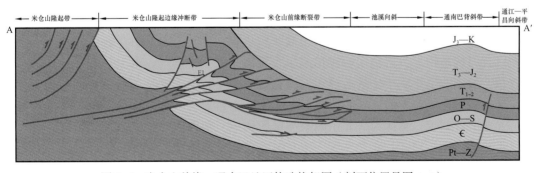

图 4-5　米仓山前缘—通南巴地区构造格架图（剖面位置见图 4-4）

池溪向斜构造带：位于通南巴背斜带的西北部，北侧紧邻米仓山前缘滑脱断褶带，向北东方向终止于米仓山与通南巴背斜的构造复合端，南西方向延入川中地区。呈北东—北东东向展布，总长度大于100km，轴部地层近水平，出露下白垩统。

通南巴背斜带：是四川盆地仅次于威远背斜的第二大背斜构造，轴迹呈北东东—北东—北北向南东凸出的弧形，南西端呈鼻状倾伏于元坝低平变形区，北西与池溪向斜带相接，东南与通江—平昌向斜带相连，北东斜交于米仓山前缘滑脱断褶带东段，构造带轴长80余千米，面积近800km^2。纵向上受雷口坡组—嘉陵江组膏盐岩和志留系、寒武系滑脱层影响，上下形变层构造特征差异明显。上构造层由嘉陵江组上部膏盐层至陆相地层组成，为北西向和北东向构造叠加褶皱，北西向逆断层发育，向下消失于下—中三叠统滑脱层中（软弱层），发育背冲和冲起构造。中构造层由寒武系至下三叠统嘉陵江组构成，受北西向断层切割，以母家梁断裂为界，以北地区变形相对较强，断裂发育，以南地区变形相对较弱，构造完整，由南西向北东依次发育仁和场、河坝场、母家梁、马路背、黑池梁等多个局部高点（图4-6），发育背冲"Y"形及反冲"入"形断背斜构造。下构造层由寒武系以下地层构成，变形强度小，为宽缓的背斜构造。

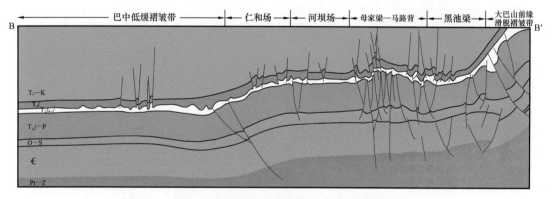

图4-6 元坝—通南巴地区构造格架图（剖面位置见图4-4）

通江—平昌向斜带：为通南巴背斜带和川东高陡断褶带之间的过渡带，其主体是北东向的宽缓的通江向斜。位于通南巴背斜的东南部，东侧紧邻大巴山前缘带，轴迹呈北东东—北东向展布，总长度大于120km，向北东方向终止于大巴山北西向构造，南西方向延入川中平缓变形区。轴部地层产状平缓，出露下白垩统，东北段受大巴山北西向构造叠加显著，在北东向向斜基础上叠加了北西向向斜，大致沿永安—洪口—草坝一线，长50～55km，向斜宽约15km，呈近似椭圆状；向斜北东翼较陡，约30°，南西翼倾角为10°～15°，中间发育次级褶皱组成复向斜。

巴中低缓褶皱带：整体为一个大型低缓构造带，西北为九龙山背斜构造带，东北为通南巴背斜构造带，其南地层缓慢抬起，直至川中平缓构造区。由于受周缘大型构造带的遮挡，后期改造影响小，构造稳定，海相地层断层较少，嘉陵江组四段—五段以上地层，受后期构造运动影响，局部发育小断层。

九龙山背斜带：整体为一北东向大型鼻状构造，向西南倾没，北与米仓山前缘滑脱构造带相接。南东翼陡，西北翼缓，南东翼发育北东向断裂，北部由于受米仓山南北向挤压，叠加近东西向构造和断裂。

3）川东高陡构造区

川东高陡构造区指华蓥山断裂与齐岳山—金佛山断裂带之间的区域。整体构造走向北东—北北东，向北偏转为近东西向，呈弧形逐渐与大巴山方向弧趋于一致，向南西方向撒开呈帚状展布。由于地质特点和受力的不同，横向上构造变形及构造样式存在较大的差异，由北向南依次划分为川东北高陡断褶带、川东南高陡断褶带两个次级构造单元（图4-7）。

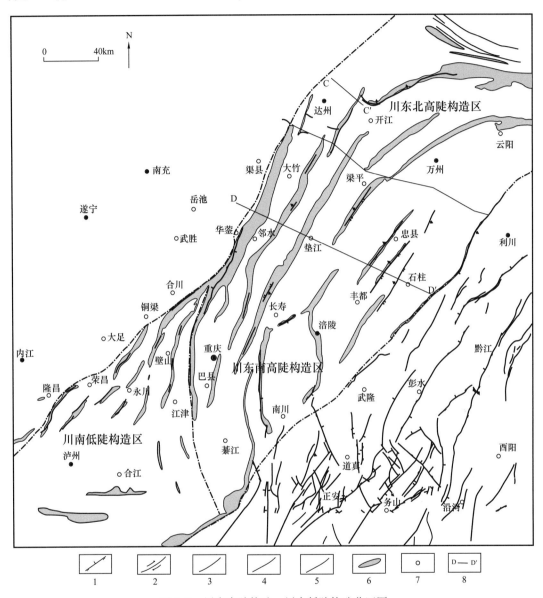

图4-7　川东高陡构造—川南低陡构造分区图

1—逆断层；2—滑动断层；3—断裂（性质不明）；4—基底断裂；5—构造分区线；6—背斜带；7—地名；8—剖面位置

川东北高陡断褶带：受大巴山弧形褶皱带影响，川东高陡构造区走向在开江—万州一线以东地区转为北东东—近东西向，褶皱轴迹出现逐渐收敛之势，受到分别来自南、北两方的挤压加强，褶皱变形强度有所增加，高陡构造（背斜）带与弱变形带（向斜）相间排列，由北向南依次有温泉井背斜、任市向斜、南门场背斜、渠马河向斜、云安场背斜、万州向斜、方斗山背斜、石柱向斜以及黄莲湾背斜等构造。达州—宣汉一线构造走向呈北东向,位于川东断褶带的东北段,整体呈北东东向延伸,北侧为大巴山弧形褶皱带,西侧以华蓥山断裂为界与川中平缓褶皱带相接,介于大巴山推覆带前缘褶断带与盆地东部平行及弧形断褶带之间,是两组构造线的交会处,为川东断褶构造带与大巴山冲断褶皱带的双重叠加构造区。在地质地貌上为一向北西突出的弧形展布,主要由一系列轴面倾向南东或北西的背向斜及与之平行的断裂组成。该断褶带以普光地区为代表,横向上发育北东向的毛坝场—双庙场构造带、大湾构造带、土主—雷音铺构造带、普光—东岳寨构造带和北西向的老君山构造、清溪场构造等;纵向上受三叠系嘉陵江组—雷口坡组膏岩滑脱层、中寒武统底部页岩和膏岩滑脱层、基底滑脱层三套主滑脱层控制,各滑脱层的变形特征以及空间分布存在较大差异。上变形层构造形态与地表构造形态特征基本一致,为比较完整的背斜和向斜结构,构造变形强度较弱,断层较多,但断距一般较小,向下延伸而在三叠系滑脱层中消失,少量断层向上延伸至地表;中变形层构造形态具有隆凹相间的构造格局。构造变形强度较大,断层发育,断层规模较大,向上消失在三叠系滑脱层中,向下消失在寒武系滑脱层中。断层一般具有"Y"形组合。下变形层构造幅度较低,基本无断层,地层产状平缓,为构造活动稳定层(图4-8)。

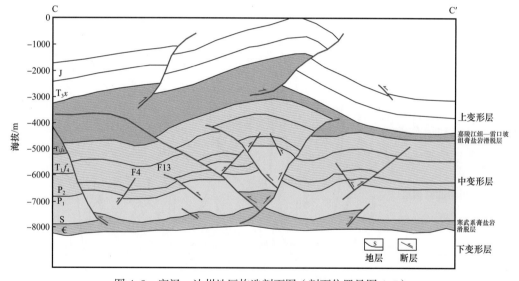

图4-8 宣汉—达州地区构造剖面图(剖面位置见图4-7)

川东南高陡断褶带:在达州—重庆一带,发育北北东向的平行褶皱,达州—万州一线西南,合川—长寿一线东北为中部高陡构造带与弱变形带相间排列构造分区,构造线走向为北东—南西向。该构造带受多套滑脱层控制,以盖层滑脱变形为主,高陡背斜带发育。平面上可以划分涪陵高陡褶皱带、义和—焦石坝—平桥断褶带、焦石坝—涪陵褶皱带、綦江高陡褶皱带、华蓥山高陡构造带、鄂西渝东高陡构造带五个次级构造带,发育黄泥塘、苟家场、大池干井、义和、焦石坝、平桥、乌江断鼻、中梁山、石龙峡、铁厂、石油沟、新场、桃子荡、东溪、华蓥山、铜锣峡、明月峡、龙驹坝、方斗山等多个高陡背斜构造(带)。断裂构造集中沿褶皱核部展布。高陡背斜带呈雁列式狭长条状延伸100余千米,背斜带核部多出露三叠系碳酸盐岩,两翼极不对称,一般缓翼倾角

20°～30°，陡翼倾角40°～70°，甚至直立倒转。背斜核部常伴生断层，主要为平行于褶皱轴线的逆冲断裂，断裂作用多引发牵引构造、挤压透镜体、揉褶以及顺层滑动等。背斜核部地层厚度变化明显，表现为翼部减薄、核部增厚；该带向斜则十分宽缓，地形上多构成低丘地貌，向斜内部构造简单，局部具有复向斜特征（图4-9）。

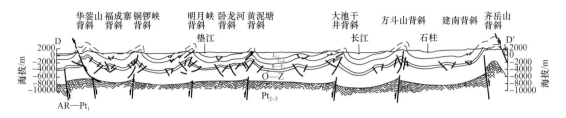

图4-9　川东华蓥山—齐岳山构造格架图（剖面位置见图4-7）

4）川南低陡构造区

川南低陡构造区位于重庆以南地区，为雪峰山北西向挤压构造应力以及川中古隆起南东向反冲构造以及南部大娄山向盆内挤入构造应力联合作用下，形成华蓥山断褶带向西南延伸、呈帚状撒开的雁行式低背斜群。加里东期为坳陷区，印支期为泸州古隆起的主体部位，为中生代以来的相对隆升区。地表出露地层为三叠系和侏罗系，其中由南向北，出露地层逐渐变老，反映侏罗纪以来，北部隆升幅度大于南部隆升幅度。由北向南，可进一步划分为永川帚状褶皱带及泸州—赤水低缓褶皱带（图4-9）。

永川帚状断褶带：以北东向华蓥山背斜为主体，向南逐渐分支，发育雁列式排列的背斜构造带，发育西山、螺观山、古佛山、新店子、塘河、栗子、天堂坝、合江等低缓背斜构造，各个构造带北高南低，北段褶皱强，断层发育，为狭长梳状构造，轴部多出露三叠系；南段向南褶皱逐渐减弱，断层少，为膝状和丘状构造，轴部出露自流井群和沙溪庙组。

泸州—赤水低缓褶皱带：位于泸州以南，受盆地南缘娄山断褶带影响，为南北向帚状与川南东西向构造叠加区，具有多期叠加特征。地表出露三叠系、侏罗系和白垩系，其中三叠系主要分布于齐岳山断层西侧，侏罗系位于背斜转折端，白垩系位于向斜转折端。现今构造格局受到川南低褶带和娄山断褶带的影响，构造特征与区域构造既有共同一面，也有其独特的一面。从构造轴线走向来看，现今存在主要有东西向和近南北向两组构造。其中东西向构造自北向南主要有纳溪、长垣坝、高木顶等构造带，构造形态为短轴状，其伴生断裂多沿南翼展布，且平行于轴线。以长垣坝构造带为突出代表，是由一系列呈串珠状排列的穹隆背斜构造组成，自西向东包括有沈公山、打鼓场、五通场、太和场、旺隆场等构造；近南北向构造自东向西有塘河—官渡构造带、雪柏坪—西门构造带、宝元—龙爪构造带，其褶皱强度由东向西减弱，构造形态多为线状、短轴状，一般东陡西缓，断裂多沿东翼陡带分布。

5）川西南低陡构造区

该区西以龙泉山断裂为界，东以华蓥山断裂为界，南以大凉山为界，北界大致位于威远背斜北翼。发育威远—龙女寺块状隆起构造带和自贡低—中褶皱构造带两个次级构造单元。

威远—龙女寺块状隆起构造带：构造主要为北东向，受南部峨眉—瓦山断块抬升作用影响，在早期古隆起基底上形成的继承性隆起，是盆内最大的背斜构造，核部出露中三叠统。

自贡低—中褶皱构造带：构造主要为北东向，受北西、南东向挤压应力影响，形成低—中褶皱带，发育自流井、兴隆场、邓井关等几排构造，多为似梳状和膝状构造，核部出露上三叠统和中—下侏罗统自流井群，自北东向南西方向逐渐下倾，幅度较小，如观影场、大塔场、青杠坪等低幅构造。

6）川西低缓构造区

川西低缓构造区是指广元—关口断裂带与龙泉山隐伏断裂带之间的区域，整体呈北东向，是四川盆地中—新生代沉降幅度及地层厚度最大的地区，基底以中元古代褶皱基底为主。加里东期古隆起及早海西期持续的隆升，造成川西低缓构造区中寒武统至石炭系缺失，仅保留上三叠统至第四系陆相层系厚6～7km。根据构造变形特征，将川西低缓构造区划分为梓潼—剑阁凹陷、绵竹—苍溪低缓断褶带、成都凹陷、龙泉山—熊坡断褶带四个Ⅲ级构造带（图4-10）。

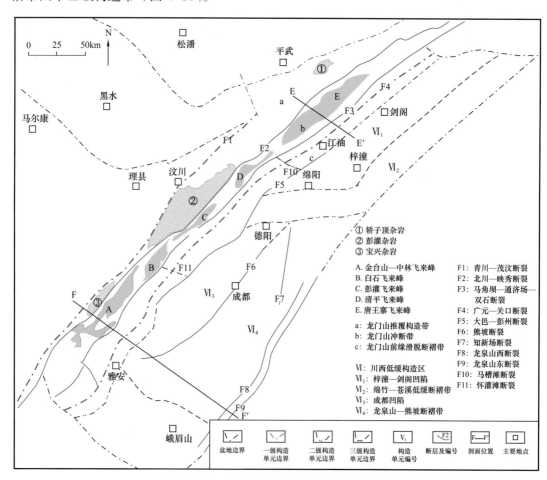

图4-10 龙门山及前缘地区构造分区图

梓潼—剑阁凹陷：该凹陷带向西与龙门山山前带相接，地表出露白垩系，凹陷呈北东向展布，为宽缓向斜形态，断裂不发育，靠近广元附近发育少量北东向断裂。

绵阳—苍溪低缓断褶带：该构造呈北东—北北东向弧形展布，深层、浅层构造变形差异大，深层受小规模断层控制，局部构造发育，断层和局部构造走向多呈北西西或近东西向，地表构造为近东西向或北西西向延伸的褶皱，断层不发育。发育孝泉、新场、白马关、合兴场、丰谷镇、文兴场、老关庙、魏城等局部构造。

成都凹陷：由两个四级构造带组成，变形特征以褶皱变形为主，断裂不发育，发育大型向斜及局部凹中隆等构造，如老关庙、马井、白马庙、新都等构造。南部为大兴鼻状构造带，夹持在大邑断裂和熊坡断裂之间，为向北倾的"倒三角"鼻状构造，轴向近南北向。北部为成都新生代盆地，充填古近系—新近系和第四系粗碎屑沉积物，表现为北东向延伸的向斜，为整个川西低缓褶皱带埋深最大地区。

龙泉山—熊坡断褶带：该构造带西以熊坡断裂为界，东以龙泉山断裂为界。熊坡断裂带上盘和龙泉山主体出露侏罗系，其余为白垩系。发育熊坡、石桥、龙泉山、盐井沟等主干断裂，均出露地表，熊坡、盐井沟断裂呈雁列式排列。该构造带整体以东南倾为主，与大兴场以西断裂形成对冲构造。发育观音寺、盐井沟、洛带、三大湾、三皇庙等局部构造。

2. 盆缘构造分区

印支运动以来，四川盆地周缘受陆内造山作用影响，造山带推覆体的侧向挤压和冲断的构造加载及巨厚沉积物重力负荷的联合作用，从多个方向控制了四川盆地构造变形，形成龙门山、米仓山、大巴山、齐岳山、峨眉山—凉山断褶带等复杂的冲断褶皱带。

1）龙门山冲断带

龙门山冲断带处于松潘—甘孜褶皱带与扬子板块的接合部。由于受到松潘—甘孜洋关闭以及青藏高原隆升的影响，形成一系列由西向东的逆冲断层与褶皱，呈北东—南西向展布。北东部与秦岭造山带相接，南西与锦屏山造山带相连，长约500km，宽约30km。具有明显的构造分带性，由北西到南东方向，以茂汶—青川断裂、北川—映秀断裂、马角坝—通济场—双石断裂、关口断裂为边界，可细分为推覆构造带、叠瓦冲断带和前缘滑脱断褶带等三个三级构造单元。（1）推覆构造带位于青川—茂汶断裂和北川—映秀断裂之间的区域，该构造带走向为北东—南西，在地表上表现为北宽南窄，宽度为8~40km。地表出露前震旦系、古生界和三叠系，地层发生强烈的褶皱变形，形成大量复向斜和复背斜，地层甚至直立或者倒转，形成倾竖褶皱、倒转向斜，倒转背斜等构造，整体上表现为明显的塑性变形。（2）叠瓦冲断带位于北川—映秀断裂和马角坝—通济场—双石断裂之间的区域，地表出露古生界、中生界及新生界白垩系，变形强烈，发育大量逆冲断裂带、叠瓦冲断带和飞来峰构造，主要有河湾场、矿山梁、天井山、通济场—磁峰场和云华山等构造。（3）前缘滑脱断褶带位于通济场断层与大邑断裂带之间，主要由三叠系须家河组—白垩系构成，构造变形以褶皱和冲断滑脱为主，形成延伸较长、规模较大、轴向北东向的断展褶皱和背冲断块构造，主要有大邑、鸭子河、安州、中坝、下寺、中坝、沸水、大圆包、雾中山、高家场和张家坪、双鱼石等构造（图4-10）。

龙门山的隆升造山过程并不是一次完成的，它是印支期以来分阶段递进隆升形成的。在不同时期形成的造山带及其对应的前陆坳陷之间形成构造转换带以协调整体的构造变形，从而导致造山带及其前陆坳陷内部存在明显的分段差异变形特征，兼之北缘北东向米仓山系多期次活动影响，最终形成了川西前陆盆地及龙门山南北分段差异变形的特征。从北到南以安州和都江堰为转换带，依次划分为北、中、南三段。

（1）龙门山冲断带北段西起青川—茂汶断裂，东至广元—关口—大邑隐伏断裂，长约160km，宽约为48km，其总面积约为7680km²，是整个龙门山冲断带所占面积最大的一个构造段，整体上是由轿子顶推覆体、中生界断裂褶皱带和位于西北部的志留系塑性变形带构成，该构造段沉积了从早古生代一直到中生代的地层，从西北到西南方向，地表出露的地层由震旦系、寒武系和志留系逐渐转变为三叠系和侏罗系，其中轿子顶推覆体主要是由泥盆系和石炭系构成的大型向斜构造。其构造样式比较丰富，在地震剖面上和野外露头都有双重构造、三角带构造、断层相关褶皱等。

（2）龙门山冲断带中段西起青川—茂汶断裂，东至广元—关口—大邑隐伏断裂，长约100km，宽约为45km，其总面积约为4500km²，主要由轿子顶推覆体及其东南部的须家河组构成，发育大量飞来峰构造，具滑覆特征，主要有背冲断块构造，断层相关褶皱构造、逆冲断裂带等构造样式。

（3）龙门山冲断带南段西起青川—茂汶断裂，至广元—关口—大邑断裂，长约100km，宽约50km，其总面积约5000km²，在马角坝—通济场—双石断裂与广元—关口—大邑断裂之间发育大量长轴状褶皱，长轴走向与冲断带的走向基本一致，在靠近冲断带区域发育大量逆冲断裂和走滑断裂，在西北部地区有火成岩体出露（图4-11）。

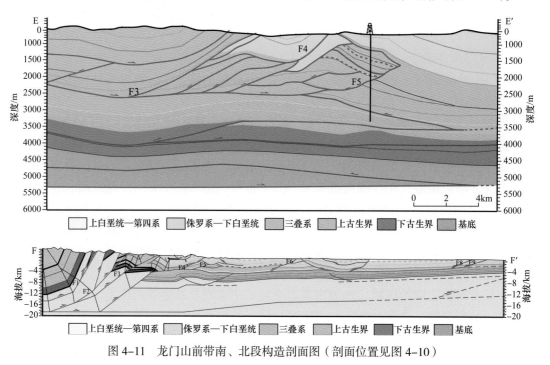

图4-11　龙门山前带南、北段构造剖面图（剖面位置见图4-10）

2）米仓山冲断带

米仓山冲断带是印支期以来秦岭陆内造山向南挤压、扬子地台北缘向盆内递进变形而形成的盆缘构造带。由北向南逆冲的基底拆离断层受扬子北缘刚性基底的阻拦而形成构造楔，持续叠加导致垂直隆升，同时产生的反向挤压应力，控制了米仓山"扇状冲断"的构造变形特征，具有"纵向上三层，南北分带、东西分段"的特点，发育背驮式和断褶反冲等构造样式（图4-12）。

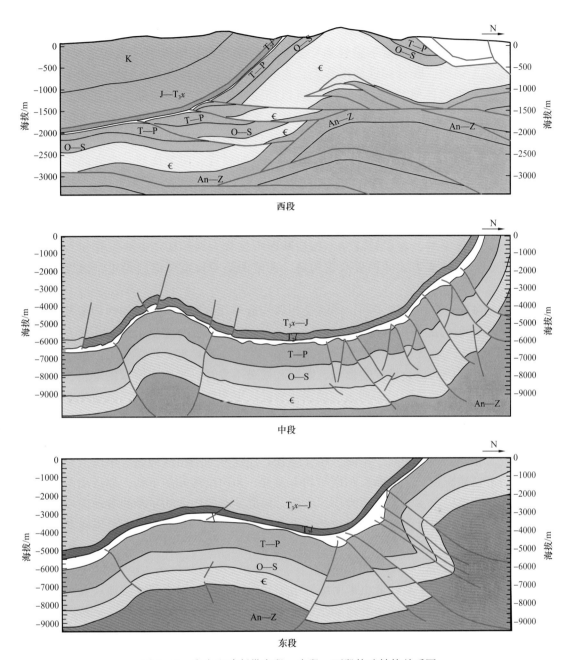

图4-12 米仓山冲断带东段、中段、西段构造结构关系图

米仓山地区发育的构造主要与前震旦系、寒武系、三叠系嘉陵江组滑脱层相关。三个滑脱层导致米仓山构造在垂向分层变形。深部构造层为以前震旦系为底板，以震旦系为顶板的逆冲叠瓦构造楔；中部构造层为以寒武系为底板，以嘉陵江组为顶板的断褶构造；浅部构造层以嘉陵江组为底板，为单斜构造。

根据构造特征差异可将其分为三个带：隆起带（包括基底隆起冲断带、隆起边缘冲断褶皱带）、前缘隐伏断褶带、前陆凹陷带。基底隆起冲断带由近东西向分布的米仓山深变质岩基底和侵入杂岩系组成，其内主要保留一些由北向南的逆冲推覆构造。基底隆起冲断带东西长约130km，南北宽30km，具有以下主要特征：由一系列逆冲推覆席体组成，在地震剖面上，岩体呈楔状，最大厚度 10～15km；推覆席体由前震旦系基底变质岩系—岩浆岩组成，推覆于脆性盖层之上，前缘发育变形极为强烈的前缘叠瓦扇；席体构造变形强烈，既有韧性变形作用，也有脆性、韧脆性改造，后者可能主要为燕山期—喜马拉雅期各种类型的褶皱区，且以挠曲褶皱为其主要特征。基底隆起冲断带以南为隆起边缘冲断褶皱带，主要构造包括汉王山复式向斜和大两会复式背斜，卷入该构造带的地层为震旦系—三叠系，主要构造样式是由隐伏逆冲—推覆构造形成的断展褶皱，在本区有两种样式，即断展背、向斜和断展背、向斜挠曲，二者简称背挠与向挠。由于受多种因素控制，在东西方向及南北方向上的构造样式均有不同，但总的来说变形强度由北而南逐渐减弱。由于滑脱带总体为一复式单斜，其断展褶皱多成对出现。前缘隐伏断褶带与四川盆地前陆凹陷带相接，该带位于米仓山隆起南缘，地表出露三叠系和侏罗系，岩层较陡立，构造断裂不发育。局部构造主要发育在震旦系—下三叠统，构造样式为被动顶板双重构造。前陆凹陷带以宽缓向斜为主、地表出露白垩系。

由于受碰撞挤压的程度不同，同时受相邻构造单元的影响，由东向西构造特征存在差异，由西到东构造挤压程度表现为强—弱—强特征。西段埋深 4.5km 以上为陆相地层，主要包括上三叠统须家河组、侏罗系白田坝组、千佛崖组、沙溪庙组、遂宁组、蓬莱镇组及上白垩统。该套地层变形弱，断裂和褶皱不发育，呈向南缓倾的单斜，在北部山前带地层陡倾、老地层出露地表。埋深 4.5km 以下为海相地层，由多条逆冲断层向上滑脱于上部膏盐岩层中，向下消失于寒武系或其下部地层，以上、下滑脱层为顶、底板，构成被动顶板双重构造或三角带构造。靠近米仓山前缘，构造变形强烈，古生界和下三叠统海相地层受逆冲断层错断，相互叠置，使这些地层出露地表。中段上构造层上三叠统—下白垩统变形弱，断裂和褶皱均不发育，为向南缓倾的单斜，靠近山前带变为陡倾，中构造层以上、下滑脱层为顶、底板，构成复杂的向前陆逆冲的被动顶板双重构造，下构造层则变形微弱。东段发育低角度断裂控制的断褶构造，受大巴山晚期北西向构造叠加改造强烈，地层高陡，甚至倒转。

3）大巴山冲断带

大巴山冲断带位于秦岭造山带南缘，由于其东西两侧分别受到黄陵地块和汉南地块的阻挡，表现为南南西向四川盆地凸出的不对称弧形，具有"垂向三层、东西三段、南北三带"的特点，发育紧密褶皱、断褶反冲和冲断等构造样式（图 4-13、图 4-14）。

大巴山地区主要发育嘉陵江组四—五段膏岩以及中—下寒武统泥页岩两套主力滑脱层，划分为上、中、下三个构造层。由于受构造挤压较强，下、中构造层主要发育冲断、反冲与滑脱相结合的双重构造，断层向上收敛于嘉陵江组膏岩层；上构造层主要以嘉陵江组滑脱层为底板发育高角度逆冲断层，向上断距逐渐变小，甚至消失，导致地层相对较陡倾。

以洋县—石泉—城口—房县为界，划分为北大巴逆冲推覆带和南大巴滑脱断褶带。前者则是以震旦系和下古生界推覆变形为标志，后者以中生界出露地表变形为特征。北大巴山以逆冲推覆构造变形为主，发育四个一级推覆体：镇巴推覆体、城口推覆体、红椿坝推覆体、汉王城推覆体，均以震旦系为底部滑脱层。推覆体下方发育构造楔，它是以前震旦系为底部滑脱层，震旦系为顶部滑脱层，使得上覆地层发生抬升变形，

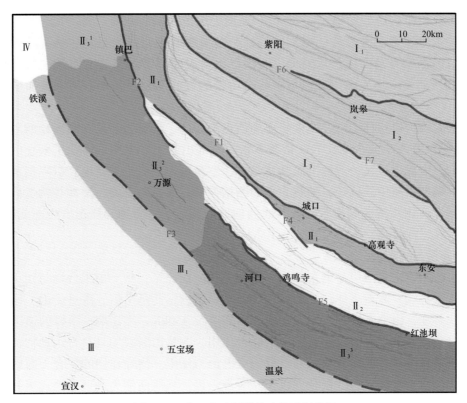

图 4-13　大巴山冲断带构造单元划分图

Ⅰ—北大巴逆冲推覆带；Ⅱ—南大巴滑脱断褶带；Ⅲ—滑脱扩展带；Ⅰ₁—南西向逆冲推覆体系；
Ⅰ₂—淮原地系统；Ⅰ₃—北东向逆冲推覆体系与城口断裂体系；Ⅱ₁—叠瓦断层带；Ⅱ₂—冲断褶皱带；
Ⅱ₃—滑脱褶皱带；Ⅱ₃¹—西乡褶皱带；Ⅱ₃²—铁溪—万源滑脱断褶带；Ⅱ₃³—河口—田坝滑脱断褶带；
Ⅲ—前陆凹陷；Ⅲ₁—南大巴扩展滑脱带；F1—城口—房县断裂；F2—镇巴断裂；F3—巫溪隐伏断裂；
F4—庙坝断裂；F5—鸡鸣寺断裂；F6—红椿坝断裂；F7—高桥断裂

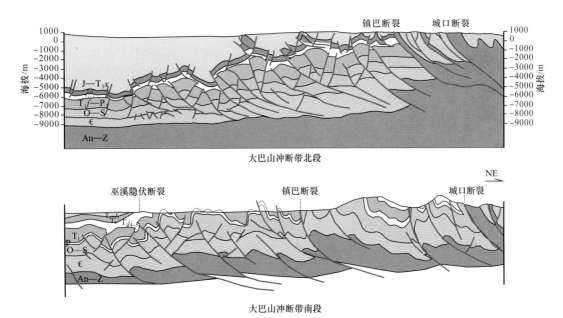

图 4-14　大巴山地区不同位置构造结构图

是大巴山造山带构造变形的"发动机"。而南大巴滑脱断褶带则以隔挡式滑脱褶皱为特征，主要发育寒武系至嘉陵江组之间的冲断与滑脱断褶构造。巫溪—铁溪隐伏断层是大巴山滑脱断褶带与四川地块的分界，大巴山滑脱断褶带是秦岭造山带中部向南扩展变形的直接产物，作为四川盆地与秦岭造山带的过渡部分，具有多期次叠加变形的构造特征。

由东向西构造特征不同，地表出露地层也不相同，划分为三段。西段以西乡褶皱带（二叠系—三叠系出露）为代表，褶皱紧密，核部出露下古生界，体现了米仓山构造叠加的影响；中段以铁溪—万源滑脱断褶带（侏罗系覆盖）为代表，地表以隔挡式褶皱为主，背斜核部出露中三叠统，地腹表现为断褶构造，发育断背斜、反冲等构造样式；东段位于河口—田坝滑脱断褶带，发育北西向冲断构造，背斜轴部往东发生向北的迁移，出露中生界、古生界，体现大巴山与川东构造的联合挤压。

4）齐岳山断裂带

齐岳山断裂带是四川盆地东部边界断裂，其走向北东，是上扬子台坳与四川台坳的重要地质分界线。断裂主体位于渝鄂边区齐岳山境内，北延巫山、南进娄山。地表自北而南产状多变，由众多雁列小断层组成，断裂全长350km。在江南—雪峰的递进变形过程中，南北侧分别受大娄山和大巴山的联合作用，齐岳山断裂均具左行运动特征，但其走滑作用机制不同。北段齐岳山的走滑为大巴山与江南—雪峰作用的联合，而南段则为大娄山与江南—雪峰作用的联合。以该断裂带为界，其北西侧为典型隔挡式褶皱，而南东侧为背斜宽缓而向斜相对紧闭的隔槽式构造。在纵向上，该断裂表现出分层性发育特点：浅层呈花状，逐渐向下收敛在倾向北西的断面上；中层近直立并左右摆动；深层呈辫状倾向东南，且倾角向下逐渐变缓；在地表，该断裂倾向与产状变化较大，但总体表现为向北西高角度逆冲推覆。齐岳山断层控制着东西两侧的差异变形。以南川走滑断裂为界，齐岳山断裂带南段西侧发育丁山、林滩场、良村等鼻状构造带，北段发育南天湖斜坡、南川—白马斜坡等构造带。

5）峨眉山—凉山褶断带

峨眉山—凉山褶断带位于四川盆地西南侧外缘，属滇黔川褶皱带上的次一级构造单元。东北以峨眉山、瓦山断裂与四川盆地为界，西南及西侧隔普雄河—小江断裂与康滇台隆相接。以断块构造为主，断裂十分发育，有南北向、北西向、北东向等几组，彼此相互切割。在邻近四川盆地的峨眉山、瓦山地区，以北西向断裂为主，断块的抬升已使基岩露出，沉积地层多破碎不全，除向斜外，完整的构造极少。凉山地区则以南北向断裂为主，并伴有背斜存在，在相邻两断裂间则由复式向斜组成。此外，区内还有岩浆活动，下震旦统、上二叠统内发育火山岩。追溯这些断裂的发育史，有的形成于加里东期，对下古生界的地层分布有明显的控制作用，如乐山—龙女寺加里东期隆起的西南缘边界即与北西向断裂一致，而凉山地区志留系后期剥蚀保留情况则受南北向断裂控制，这些断裂继承发育，对后来的地层分布以及上二叠统"峨眉山玄武岩"的喷发都有一定控制作用，直到喜马拉雅期最终形成现今面貌，成为四川盆地西南的边缘山地。

三、主要构造样式

四川盆地在震旦纪至新生代漫长的地质演化历程中，发育了多套泥页岩、蒸发岩和煤系等软弱地层，其厚度较大，且分布范围广，是区域上重要的滑脱层。这些软弱层或滑脱层之间与碳酸盐岩、碎屑岩等相对较硬的地层相间分布，发育多种构造样式。以传统构造形态学和Suppe（1983）、Jamison（1987）、Suppe和Medwedeff（1990）等提出的断层相关褶皱理论为指导，结合盆地内区域大剖面地震资料构造解释（包括二维、三维地震覆盖区），四川盆地及周缘主要发育断弯褶皱、断展褶皱和断滑褶皱、叠瓦逆冲断系、双重构造及有关的褶皱组合。总体上看，构造样式以盖层滑脱型为主，但在盆地边缘褶皱冲断带及盆地内部一些隆起相对较高的背斜部位，其深层亦发育有基底卷入构造样式。

1. 叠瓦状逆冲断层系

叠瓦状逆冲断层系由一系列同向倾斜的逆冲断层组成，它们向下交会于同一底板断层（主断层）上，逆冲断层间的冲断岩席或断块表现为横卧的"S"形或正弦状褶皱形态，相邻断块依次超覆，如米仓山、大巴山发育古生界内的叠瓦扇及隐伏构造，龙门山前叠瓦扇组成的叠瓦冲断带（图4-15）。

图4-15　南江地区叠瓦冲断构造样式

2. 双重构造

双重构造一般由顶板逆冲断层与底板逆冲断层及夹于其中的一组叠瓦状冲断层和所夹断块组合而成。顶板逆冲断层常由双重逆冲构造的次级叠瓦式逆冲断层向上相互趋近并相互联结构成；底板逆冲断层由各级逆冲断层向下相互联结构成。双重逆冲构造中的顶板逆冲断层和底板逆冲断层在前锋和后缘汇合，构成一个封闭体系。在双重逆冲构造中，顶板逆冲断层和底板逆冲断层一般发育在滑脱层之中，滑脱层以外的地层变形相对较弱。

米仓山、大巴山前缘及川东高陡构造区均发育双重构造，构成双重构造的顶、底板逆冲断层分别为寒武系—志留系底滑脱面和嘉陵江组膏盐层滑脱面（图4-16）。

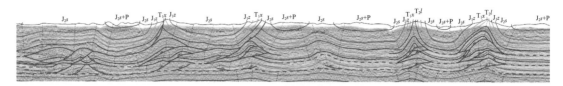

图 4-16　川东南高陡构造区双重构造

3. 断展褶皱

断展褶皱是发育于断坡上方冲断岩席内的一种褶皱，其成因与冲断岩席从下滑脱面沿断坡向上爬升时断层的滑距逐渐减小并最终消失于上覆地层内有关，即断层的缩短量被上覆地层通过褶皱作用而吸收。断展褶皱的剖面形态不对称，背斜前翼较陡，有时还伴生次级逆断层，导致背斜的完整性遭到破坏。断展褶皱的形成，主要与沿滑脱面向上的冲断作用有关。川东及川东南地区断展褶皱主要沿下寒武统底、中寒武统底和志留系底等滑脱面发生。以寒武系为滑脱层的断展褶皱，卷入变形的地层以寒武系—志留系为主，部分断展褶皱向上可以卷入二叠系、三叠系甚至侏罗系；以志留系底界为滑脱面的断展褶皱，卷入变形的地层主要为志留系至中—下三叠统。上述两套断展褶皱在纵向上叠置，可以构成双层断展褶皱样式（图 4-17）。

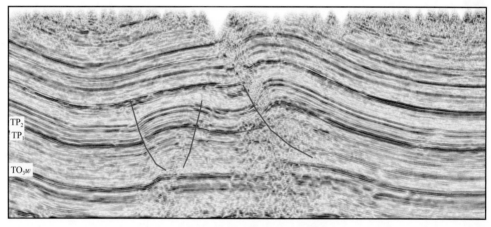

图 4-17　川东南地区断展褶皱示意图

4. 断弯褶皱

断弯褶皱是冲断岩席沿断坡从下滑脱面爬升到上滑脱面时，在断坡上方形成的褶皱。它们在川东北及川东南区块均有分布，如綦江地区志留系以上地层中发育的背斜构造，属于断弯褶皱，控制该背斜的下滑脱面为志留系底界，上滑脱面位于中—下三叠统膏盐层内，断坡发育于志留系—下三叠统中，卷入变形的地层为志留系—三叠系，该背斜内部还发育有次级的对冲断层（图 4-18）。川西安州地区出露的断弯褶皱较为典型，该构造主要由一个塑性滑脱面及上、下两套地层构成，塑性滑脱面形成"坡坪式断层"，断坡的产状为 $320°∠40°$，位于断坡上部的泥盆系发育完全并形成断弯背斜，背斜两翼产状清楚，滑脱面下方地层未发生明显的构造变形，构成"本地岩体"。

5. 滑脱褶皱

滑脱褶皱是发育在平行于层面的滑脱面或逆冲断层之上的褶皱，控制滑脱褶皱的逆冲断层只有断坪而无断坡。四川盆地滑脱褶皱极为发育，多为一些两翼基本对称的宽缓背斜，导致两套构造层之间产生形态上的不协调。卷入变形的地层层序一般仅涉及塑性的软弱滑脱层，如九龙山、通南巴等大型背斜为基底卷入型滑脱褶皱，綦江地区发育盖层滑脱型滑脱褶皱（图4-19）。

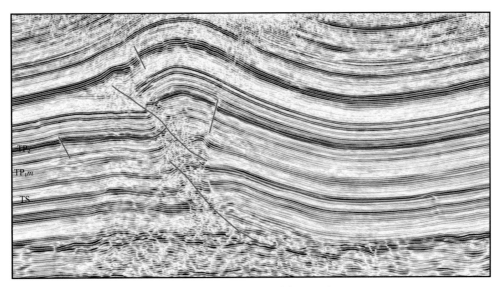

图 4-18　川东南地区断弯褶皱示意图

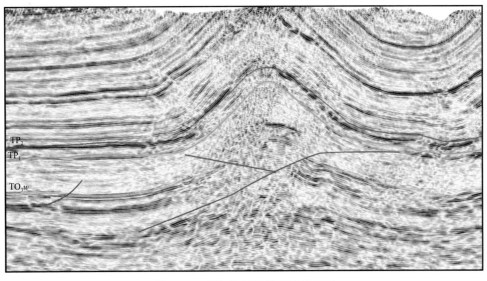

图 4-19　綦江地区滑脱褶皱示意图

6. 穹隆型背斜

以川中地区侏罗系所形成的低幅背斜为特点，断层不发育，如川中威远、南充穹隆型背斜。

7. 箱状背斜

箱状背斜是指两翼产状较陡，转折端较平坦而宽阔，形似箱子的褶皱。如焦石坝构造，为川东南褶皱带的一个重要含页岩气构造，延伸约70km，位于湘鄂西隔槽式褶皱向川东隔挡式褶皱转换的过渡带。轴部出露最老地层为下二叠统，两翼由下—中三叠统构成。背斜西翼发生倒转，倾向东侧。地震剖面显示，该构造深部为一箱状背斜，转折端平缓，两翼呈高角度，野外地层出露特征亦显示，转折端处地层较为平缓（图4-20）。

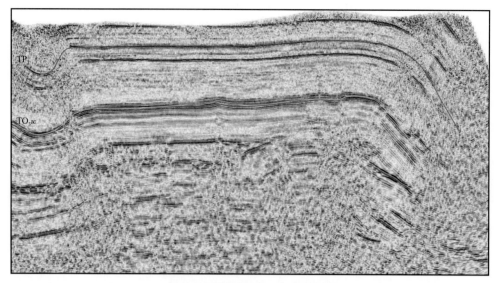

图4-20　川东南焦石坝箱状背斜

第三节　构造旋回和构造演化特征

四川盆地是一个发育在晋宁期基底上，由震旦系—中三叠统海相层系和上三叠统—第四系陆相层系叠置形成的大型、多旋回叠合盆地。不同构造体制、多种类型盆地（原型）及多期构造运动的更迭和交织，构成了四川盆地复杂的构造演化史。

从基底形成到晚期造山成盆，四川盆地共经历了扬子旋回、加里东旋回、海西旋回、印支旋回、燕山旋回及喜马拉雅旋回六大构造旋回。

一、扬子旋回

扬子旋回包括了两个主要的构造运动：晋宁运动和澄江运动。晋宁运动是南华纪以前的一次强烈构造运动，使得前震旦系褶皱并成山，以及地层变质，伴有岩浆侵入和喷出，固结形成统一的扬子准地台基底。澄江运动发生在南华纪，罗迪尼亚超级大陆开始解体，华南古陆相应发生裂解，裂解作用主要沿晋宁期拼接带进行，在环扬子古陆周缘和近边缘部位发育众多陆缘、陆内裂谷（图4-21），该阶段拉张裂陷作用普遍伴有强烈的火山喷发活动，裂陷内主要充填了一套陆相或海相火山岩—沉积岩系，地震剖面见陡山沱组存在明显裂陷槽反射响应。该裂陷槽在陡山沱组沉积期形成并被填平补齐，沉积一套紫红色长石石英砂岩、页岩及基性—中酸性火山岩、火山碎屑岩。

震旦纪晚期（相当于灯影组沉积期）随着拉张作用加强，灯影组早期在兴凯地裂运动和海侵影响下，在汉南古隆、宣汉—开江地区为水上古隆起，灯一段—灯二段超覆沉积。而西北部古裂陷发育，形成一个北西向的绵阳—长宁大型裂陷槽，沿裂陷槽两侧发育大型台缘丘滩白云岩储层。同时，随着海域扩大，沉积了一套大面积分布、厚度

600～1000m 的白云岩夹砂泥岩地层，分布广。灯三段—灯四段沉积期在整体沉降的同时伴有拉张断陷活动，在宣汉—开江为水下古隆起，古裂陷呈南北向继承发展，海侵体系域形成灯三段烃源岩，高位域发育灯四段高能丘滩（图4-22）。

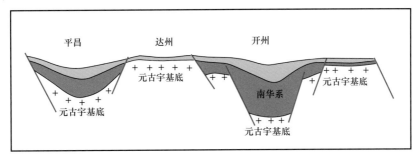

图4-21　川北地区南华纪—早震旦世构造结构特征图

二、加里东旋回

加里东旋回主要发生在寒武纪、奥陶纪、志留纪。

震旦纪末的桐湾运动是这一时期重要的构造运动之一，表现为扬子陆块的整体隆升，造成了灯影组和上覆寒武系的区域假整合，并奠定了乐山—龙女寺古隆起的雏形。此时的古地貌具有西北隆、中部高、东南低的特点，使震旦系灯影组顶面遭受不同程度的剥蚀，沿不整合面上发育白云岩古风化岩溶作用

这一阶段强烈拉张作用导致陆壳移离，陆块边缘裂陷进一步扩大，诞生了新的大洋——北秦岭洋（古中国洋的东段），扬子陆块的北、东南、西南三面边缘发育面向周围古大洋的被动边缘盆地。伴随大规模的海侵，发育了扬子地区第一套区域性的、也是最重要的烃源岩（下寒武统筇竹寺组／牛蹄塘组）（图4-23）。同时，拉张作用使得扬子陆块沉降，在台地内形成广阔的克拉通碳酸盐岩台地，并在整体坳陷沉降的同时伴有张性断陷活动。灯影组沉积期北部的绵阳—长宁古裂陷进一步发展，同时，南部内江—乐至一线古裂陷形成，具有南北深中间浅、东陡西缓的特征。筇竹寺组沉积早期拉张运动和沉降作用达到高潮，在古裂陷的中心沉积了巨厚的黑色页岩，该地层为典型的深水沉积，而在高部位则岩石颗粒较粗，随着沉积充填作用，一直持续到沧浪铺组沉积期，古裂陷逐渐被填平补齐，沉积环境整体也逐渐变浅，由早期深海陆棚逐渐向潮坪演化。中寒武世，上扬子古地块北缘继承了龙王庙组沉积期沉积格局，后期上升成陆，汉南古陆与大巴山古陆连为一体，但抬升剥蚀厚度不一，大致具有南厚北薄、西厚东薄的特点。米仓山地区为紫红色粉砂岩、泥质灰岩及白云岩混积潮坪沉积，普遍发育紫红色白云质砂岩、页岩及泥质白云岩，岩石中见石盐假晶。镇巴—城口地区仍在海面下，为覃家庙组局限台地沉积，地层较全，下部为褐红色钙质、白云质粉砂岩，上部为白云岩。在川东南及黔北一带的贵州遵义、习水、雷波芭蕉滩及抓抓岩一带，局限台地中的砂屑滩、鲕粒滩及台地边缘暴露浅滩以沉积颗粒白云岩为主，重结晶后变为中—细晶白云岩，岩石中溶孔丰富，具有很好的储集性能。寒武纪晚期，四川中部广元—康定—攀枝花一线以西开始隆升，形成西高东低的古地理格局。

早—中奥陶世基本继承了寒武纪的"隆坳"格局，岩性稳定。早奥陶世，盆地西侧

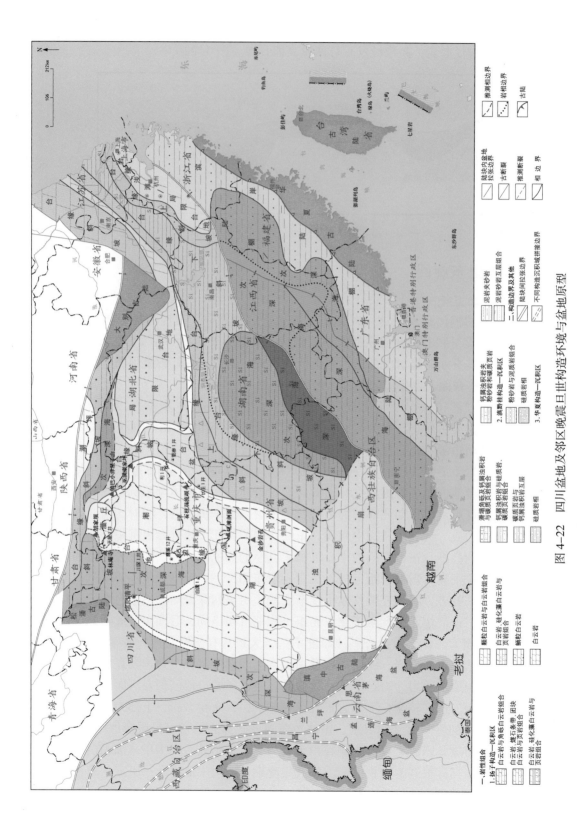

图 4-22　四川盆地及邻区晚震旦世构造环境与盆地原型

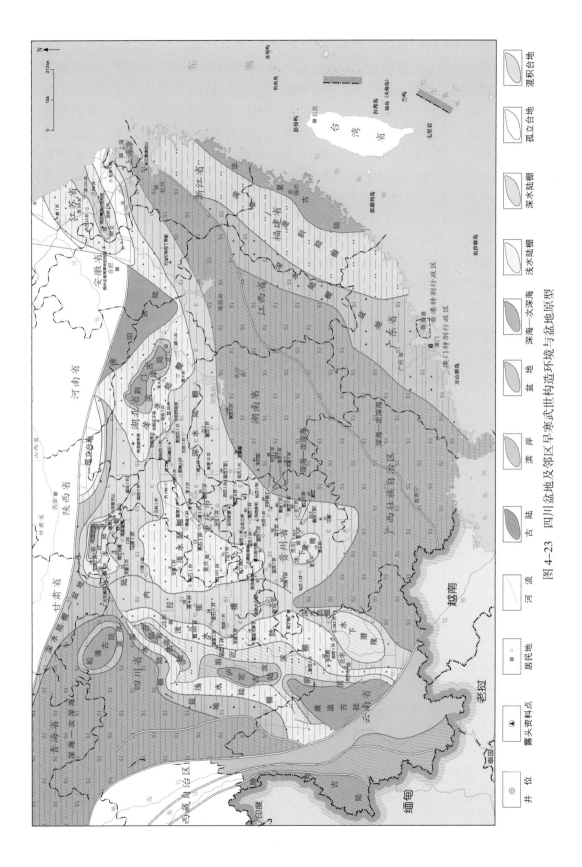

图4-23 四川盆地及邻区早寒武世构造环境与盆地原型

为滨岸相，东侧为广海陆棚相。中奥陶世海侵规模扩大，除康滇古陆，皆为水下沉积，主要是石灰岩、泥灰岩、白云岩夹少许砂质页岩。

晚奥陶世—志留纪，该阶段主要构造事件是东南沿海地区发生微陆块的持续拼贴与增生造山，即加里东运动；同时，北秦岭洋由先前扩张转以单极性向北俯冲消减。在此背景下，扬子陆块周缘及内部盆地性质发生了重大转变。扬子克拉通内部（四川盆地），受北部被动边缘向北移动而在后缘拉张，以及东南被动边缘微陆块拼贴造山影响，克拉通内部发生反转，即由前一阶段的中间隆、向外倾斜、水深加大的构造格局，转为四周隆、水体浅和中部深的构造—盆地格局。加上康滇古陆扩大，黔中、黔南—滇东东西向古陆形成，原来的扬子台地主体下沉为宽广的半深海滞流坳陷盆地，沉积了厚度很小（几米至几十米）的放射虫硅质岩、碳质页岩（上奥陶统）和几十米至几百米的黑色笔石页岩（下志留统下部），构成了扬子地区第二套区域性的烃源岩。随着东南边缘的持续拼贴，褶皱抬升不断向西推进，黔滇隆起进一步抬升，扩大到川中。志留纪末，由于华北陆块与扬子陆块的碰撞和东南边缘褶皱造山，使扬子克拉通全部抬升为陆，乐山—龙女寺古隆起也基本定型（图4-24）。

三、海西旋回

海西旋回主要包括泥盆纪—二叠纪的构造运动。经加里东运动之后，扬子地区为广阔的剥蚀夷平区。泥盆纪—早石炭世，由于受古特提斯澜沧江洋和钦防海槽的扩张及其向北东陆内的推进，以及北部北秦岭洋自东向西的剪式关闭而发生的陆—陆碰撞造山的影响，形成"北挤南张"的区域构造—盆地格局。在此背景下，扬子北缘沿北秦岭造山带山前（商丹断裂以南）形成一个近东西走向的碰撞前陆盆地，在川西地区发育北东向的盐源—丽江和龙门山裂谷。除此之外，上扬子地区整体为剥蚀古陆，川西局部地区残留泥盆系；晚石炭世—中二叠世，扬子地区以区域整体沉降、广泛海侵为主，形成广阔的碳酸盐岩台地。晚石炭世，金沙江洋扩张导致的华南陆块整体沉降，海水自西南、东南两方向向古陆侵入，除上扬子南部（川南、滇东北、黔北）、浙闽中东部仍然为隆起外，其余广大地区均为海水覆盖，成为开阔—局限台地。石炭纪末期云南运动在中上扬子地区主要波及川东及鄂西渝东区，造成中石炭统黄龙组与上覆下二叠统梁山组之间不整合接触，下伏黄龙组遭受强烈的岩溶作用改造，使其成为川东地区重要的储层。

早二叠世，随着海侵扩大，海水淹没了整个华南陆块，在相对高的部位（川中南—黔北）沉积了浅色厚层石灰岩，其他地区为较深水深色石灰岩、燧石条带（或结核）灰岩夹硅质岩，成为华南地区及四川盆地重要的烃源岩。从早二叠世晚期开始，由于甘孜—理塘洋的形成与扩张，以及南昆仑洋的向东拓展，华南地区表现为强烈的区域拉张，并一直持续到中三叠世，最显著的表现是扬子碳酸盐岩地台破裂和有序的玄武岩喷发。总体而言，该阶段四川盆地表现为北部坳陷、南部台地的盆地格局。

中二叠世末期的东吴运动是影响扬子地区和四川盆地的一次重要的构造运动。由于古特提斯洋的俯冲、消减，导致中国南方西部在早二叠世末发生地幔柱的上涌，地壳上升，造成中二叠统上部不同程度的隆升剥失，使上二叠统玄武岩假整合其上。这次构造运动滇西、滇东、黔南等地区地壳发生破裂，造成大型火山的喷发和喷溢活动，形成厚达1000～2000m的中—基性火山岩堆积，在川西南和滇中局部可见峨眉山玄武岩微角度

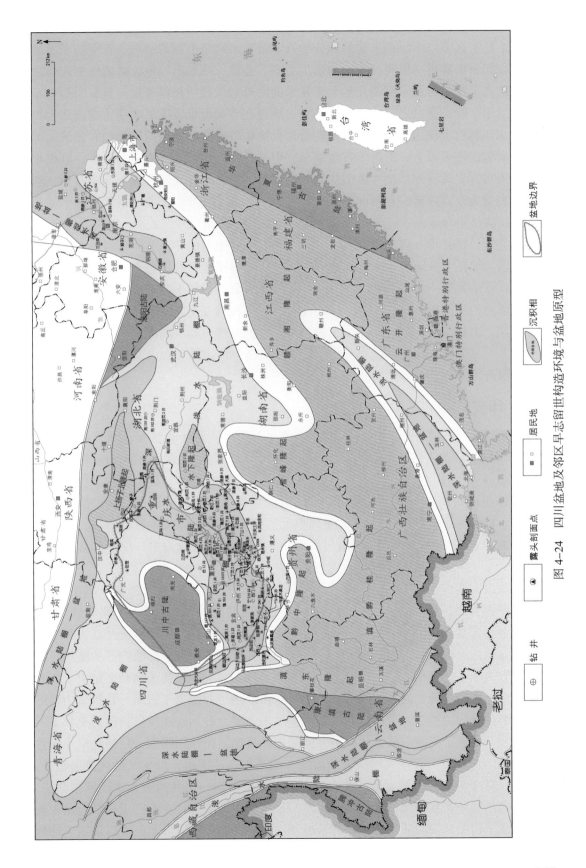

图 4-24　四川盆地及邻区早志留世构造环境与盆地原型

钻井 ⊕　　露头剖面点 ▲　　居民地 □　　沉积相 ⌀　　盆地边界 ⬭

不整合于茅口组之上。从火山活动和火山岩的性质来看，主要为大陆裂谷火山岩。东吴运动使得上扬子区茅口组沉积末期的地壳抬升，造成茅口组上部的缺失，在上扬子西缘局部地带，如云南宾川、昆明、路南和四川会东、普格、峨眉山等地，峨眉山玄武岩之下、茅口组之上零星可见一层厚几米至十几米的底砾岩或残积相碎屑岩，具有明显的不整合性质。中—晚二叠世之交的上扬子岩相古地理在空间上也发生了突变，在剖面上川西南、滇东和黔西表现为由茅口组沉积期浅海台地碳酸盐岩变为宣威组陆相和龙潭组滨浅海相碎屑岩；在平面上，上扬子古地块早—中二叠世岩相古地理为南北分带，沉积相呈东西向展布，自南到北依次为碳酸盐岩开阔台地、碳酸盐岩局部台地、深水盆地；到晚二叠世突变为东西分带，自西向东依次为川滇古陆、川滇冲积平原、川黔滨海平原和川黔浅海碳酸盐岩台地。

晚二叠世，受甘孜—理塘洋的扩张形成的以康定为中心的"三叉"形裂谷系及古特提斯洋西段（南昆仑—阿呢玛卿一带）扩张的影响，扬子地区晚二叠世仍然处于强烈拉张背景下，在南秦岭—大别山一带形成近东西走向的裂谷，扬子北部川北一直到下扬子一带由先前台内坳陷向拉张断陷转化，呈坳陷—断裂并列或交互的面貌。晚二叠世（长兴组沉积期）上扬子地台（四川盆地）被北北西向的开江—梁平陆棚、鄂西海槽及武胜台洼分割为"三隆三凹"的构造格局（图4-25）。在台地边缘和台内发育生物礁、浅滩等高能相组合（以长兴组为代表）。

四、印支旋回

印支旋回是指三叠纪的构造运动。早三叠世早期，上扬子地区处于缓慢抬升的背景之下，西侧的康滇古陆继玄武岩喷发之后隆起成陆，与西北侧的龙门山岛链（宝兴岛、九顶山岛等），限制了海水与外部的连通，控制了陆相和海相碎屑岩的沉积。上扬子地区整体呈现西高东低的地势，自西向东依次为康滇古陆、冲积平原相、滨岸潮坪相、潟湖、浅滩、碳酸盐岩缓坡等古地理单元。四川盆地西部以碎屑岩为主，仅在部分地区夹有少量石灰岩或泥灰岩；四川盆地中东部以碳酸盐岩为主，仅在底部存在少量泥页岩。

早三叠世晚期，构造活动频繁，康滇古陆持续上升，经历了三次海进—海退旋回。频繁的海平面升降，使得沉积分异明显，尤其是海退期局限的蒸发环境。嘉陵江期末，海水从台地全部撤退，在宣汉、垫江、万州形成盐湖。中三叠世，泸州—开江古隆起崛起，四川盆地内形成了"隆—坳"构造格局。晚三叠世，先前裂解离散的一些陆块再次拼合到南方大陆，扬子板块与华北板块汇聚、秦岭洋随之关闭，扬子地台上结束了海相盆地的历史，四川盆地也进入到陆相盆地发育阶段。扬子西缘由于松潘—甘孜造山带的隆升并不断向龙门山推进，龙门山崛起成为盆地的边界，并向盆地提供物源，充填了须家河组沉积，形成了川西前陆盆地。南北大陆俯冲碰撞造山作用强烈，致使勉略小洋盆关闭并褶皱隆起成山，并在其碰撞带的前陆一侧产生逆冲推覆，川东北地区普遍抬升，海水退出，转变为陆相沉积盆地。北大巴山推覆体以城口—房县断裂为主要推覆断层，由北东向南西呈叠瓦状推覆，米仓山在南北向挤压下逐渐隆升，在大巴山—米仓山山前地带，形成了川东北前陆陆相盆地和北东向开江前陆隆起，造成隆起上雷口坡组上部地

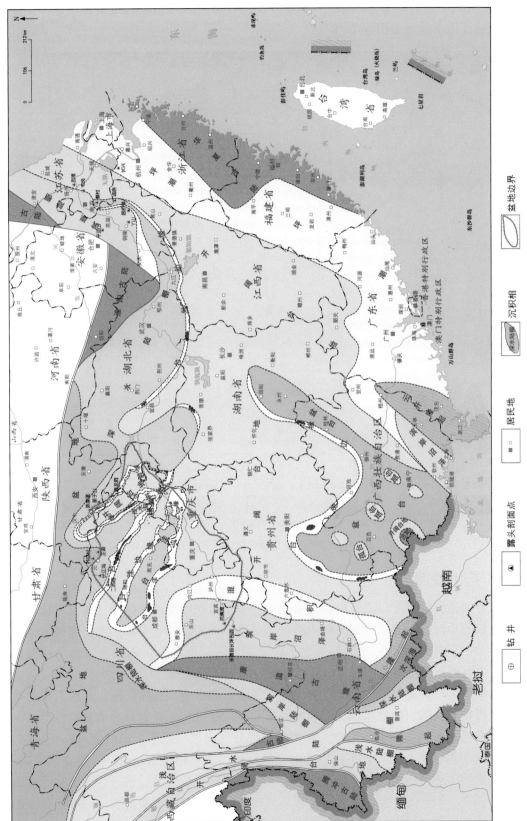

图 4-25 四川盆地及邻区晚二叠世构造环境与盆地原型

层的剥蚀，沉积了须家河组建造。川东地区受武陵山—雪峰山地区褶皱推覆造山的影响，逐渐形成山前盆地（图4-26）。

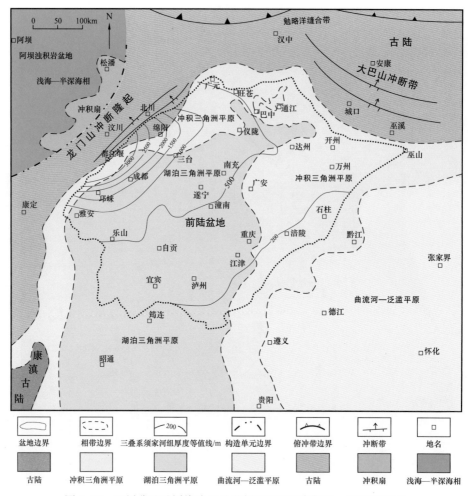

图4-26 四川盆地及周缘晚三叠世须四段沉积期构造—沉积环境图

五、燕山旋回

燕山旋回是指侏罗纪以来至白垩纪末的构造运动。在印支期中国南、北完成板块拼合以后，南方地区进入燕山早期的陆内造山与板内变形阶段，它秉承了印支期挤压作用的基本性质，但构造强度和范围都远大于印支期，可以说燕山早期的构造运动强度之大，对四川盆地影响范围之广都是前所未有的。

早侏罗世，随着龙门山、秦岭—大巴山、雪峰山的进一步冲断推覆以及西南印支造山带的强烈挤压，四川盆地形成受周围冲断带共同控制且相互并列叠合的前陆盆地，而且随着这些冲断带的不断向前逆掩推覆前渊，部分也卷入冲断带。该时期以陆相河流、沼泽、滨浅湖相砂泥岩沉积为主，广泛发育河沼相、湖沼相煤系地层，为重要成煤期。其中西缘龙门山造山活动趋于平静；北缘由于扬子地块持续向北的挤入，造成秦岭造山带向盆内仰冲，米仓山、大巴山开始发育推覆构造系统并向南不断前展，二者联合作用控制了盆地的沉积。早期（J_1）沉积物源主要来自米仓山，大巴山为辅，川北—米仓山盆山体系形成。晚期（J₂）沉积物源主要来自大巴山，米仓山为辅，川东北—大巴山盆山体系形成。川东北前陆盆地（也称大巴山前陆盆地）主要形成于中侏罗世沙溪庙组沉积期，属于与南秦岭陆内俯冲相关的陆内前陆盆地。沙溪庙组沉积期川东北地区构造沉降幅度最大，达 250m/Ma，是前陆盆地的主成盆时期。此时与大巴山强烈的逆冲推覆构造活动相耦合，二者具有同步演化的耦合关系，川东北—大巴山盆山体系形成。因此，早—中侏罗世四川盆地与米仓山—大巴山冲断褶皱带具有良好的耦合关系，属于米仓山—大巴山的陆内造山复合前陆盆地。川北—米仓山盆山体系、川东北—大巴山盆山体系具有相互影响、叠加复合的特征。

中侏罗世，北部秦岭—大巴山和东南雪峰山两个挤压带对盆地影响的增强，盆地略有萎缩，盆地沉降沉积中心由龙门山前迁移至北侧大巴山前；晚侏罗世—早白垩世受四周造山带继续向盆地中心递进挤压，持续发育了四川前陆盆地前渊，盆地向西继续收缩；晚白垩世，由于太平洋板块的俯冲，构造变动越往东越强烈。另外，受盆地周缘山系进一步挤压，山前坳陷盆地逐渐萎缩，沉积中心自东向西转移。在南东—北西向挤压下，形成北东、北北东向构造。宣汉—达州地区在印支期处于低凹部位的毛坝场、付家山、东岳寨等局部区域局部构造更加发育。川西—龙门山盆山体系、川东北—大巴山盆山体系、川东—雪峰山盆山体系三者具有非同步发展和相互影响、相互制约的特点，四川盆地为复合前陆盆地（图 4-27）。

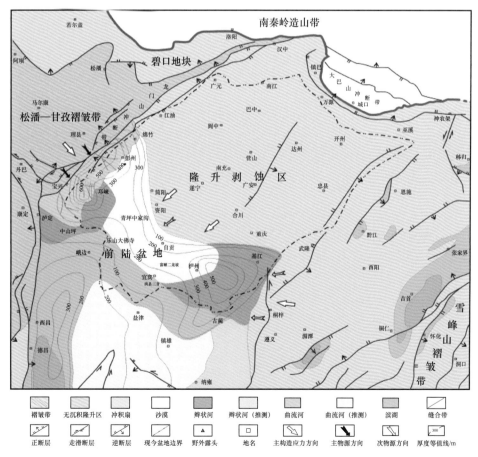

图 4-27 四川盆地及周缘早白垩世晚期—晚白垩世早期构造—沉积环境图

六、喜马拉雅旋回

喜马拉雅旋回是指主要发生在古近纪—新近纪的构造运动。喜马拉雅期，盆地周边继续向盆地内挤压，中生代沉积盆地北部坳陷进一步萎缩，局部构造进一步改造或加强。喜马拉雅早期盆地的主要应力来自龙门山、米仓山—雪峰山方向的北西西—南东东向挤压作用，形成该区北北东向构造带，改造了燕山晚期形成的北东向构造。

喜马拉雅晚期是川东弧形构造的最终改造定型期。在此期间，由于盆地西缘的龙门山以及东缘的雪峰山活动性减弱，而大巴山表现出强烈的逆冲推覆作用。因此，区域应力场分布与喜马拉雅早期相反，主要为北东—南西向，形成较多的叠加在早期北东、北北东向构造之上并对其进行改造的北西向构造。

第四纪以来，新构造运动仍在发展，除龙门山前以沉降为主外，其余均为间歇性隆升运动，接受新的剥蚀夷平。

总体来讲，加里东旋回早期裂陷、晚期挤压隆升和海西中晚期裂陷运动、早印支期挤压隆升运动不但对四川盆地的石炭系、二叠系—中三叠统沉积充填及储层发育有着重要影响，而且对生储盖发育及其油气成藏起着关键性作用。

第五章 沉积环境与相

四川盆地震旦系—白垩系沉积类型丰富，既发育海相碳酸盐岩沉积，又发育碎屑岩沉积，其中震旦系—中三叠统主要为海相沉积，并且以碳酸盐岩为主，部分层段发育海相碎屑岩；上三叠统—白垩系以陆相碎屑岩沉积为主。本章系统地总结了新元古界—中生界碳酸盐岩、海相碎屑岩以及陆相碎屑岩三个勘探领域主要层段沉积相展布和沉积演化特征及与之相关的沉积模式。

第一节 沉积相类型及特征

一、海相碳酸盐岩沉积相

海相碳酸盐岩沉积相带的划分从欧文陆表海模式的 X、Y、Z 三个带，到拉波特提出的潮汐作用模式四个带，发展到威尔逊的九个相带和塔克十个相带模式，海相碳酸盐岩沉积相带的内容、特征日趋丰富和完善，但不同的相模式仅仅代表作者研究区域碳酸盐岩沉积相类型和特征概括，有一定的局限性。因此，四川盆地不同沉积演化阶段需要不同的碳酸盐岩沉积模式进行解释。

根据四川盆地已经发现的普光、元坝、龙岗、涪陵、高磨等海相气田资料，依据沉积结构、沉积构造识别、电性识别及沉积相地震识别等多种相识别标志，四川盆地海相碳酸盐岩主要发育镶边台地和缓坡两种沉积模式（表 5-1）。

表 5-1 四川盆地碳酸盐岩沉积相划分表

沉积模式	相	亚相	岩性（微相）	主要层位	典型发育区
镶边台地	开阔台地	生屑滩、砂屑滩、鲕粒滩、滩间	亮晶生屑灰岩、生屑灰岩、砂屑灰岩、鲕粒灰岩、生屑泥晶灰岩、泥晶生屑灰岩、泥晶灰岩	飞三段、长兴组、栖霞组、茅口组	川中、川东北
	局限台地	潟湖、潮坪、蒸发潮坪、蒸发潟湖、鲕粒滩、砂屑滩、生屑滩、潮道	泥晶灰岩、泥灰岩、白云质泥晶灰岩、泥晶白云岩、膏质白云岩、膏岩	嘉一段、嘉二段、嘉三段、铜街子组、飞仙关组、龙王庙组	川中、川西、川南、川东北
	台地边缘礁滩	暴露浅滩、生物礁、鲕粒滩、礁滩、砂屑滩	亮晶生屑灰岩、海绵礁灰岩、藻礁白云岩、障积岩、粘结岩	长兴组、栖霞组、石牛栏组	环开江—梁平陆棚、鄂西海槽西侧、川南、川西

沉积模式	相	亚相	岩性（微相）	主要层位	典型发育区
镶边台地	台地边缘浅滩	暴露生屑滩、鲕粒滩、生屑滩、砂屑滩	亮晶鲕粒灰岩、亮晶生屑灰岩、亮晶鲕粒白云岩	飞仙关组、仙女洞组、长兴组、栖霞组	环开江—梁平陆棚、鄂西海槽西侧、川南、川西北
	台地前缘斜坡		泥灰岩、含泥灰岩、含燧石结核灰岩、硅质灰岩、生屑灰岩	吴家坪组、长兴组、飞仙关组、石牛栏组	环开江—梁平陆棚南侧、鄂西海槽东侧
	陆棚	浅水陆棚、深水陆棚	薄层硅质岩、页岩、泥晶灰岩、泥灰岩	吴家坪组、长兴组、飞仙关组、石牛栏组、小河坝组	环开江—梁平陆棚、鄂西海槽
缓坡	内缓坡	台内滩、台洼	亮晶生屑灰岩、泥晶生屑灰岩、生屑泥晶灰岩、泥晶灰岩	宝塔组、栖霞组、茅口组、吴家坪组	川中、川东北、川东南
	中缓坡	生屑滩、滩间湾	亮晶生屑灰岩、中—粗晶白云岩、粉晶白云岩、泥晶生屑灰岩、泥晶灰岩	栖霞组、茅口组、吴家坪组	川东北、川东南
	外缓坡		生屑灰泥灰岩、灰泥灰岩	栖霞组、茅口组、吴家坪组	川东北、川东南

1. 镶边台地沉积模式

镶边台地沉积模式以发育外部的高能扰动边缘和进入深水盆地的坡度明显增加（几度至十几度或者更大）为显著特征，沿陆棚边缘发育的高能带有半连续的镶边或障壁限制海水循环与波浪作用，在向陆一侧形成低能潟湖。镶边台地沉积模式主要包括台地边缘礁滩相、台地边缘浅滩相、局限台地相、开阔台地相、台地前缘斜坡相及陆棚相（图5-1）。

1）台地边缘礁滩相

台地边缘礁滩发育在碳酸盐岩台地边缘，位于台地与前缘斜坡之间的转换带，是浅水沉积和深水沉积之间的变换带，水动力较强，是波浪和潮汐作用改造强烈的高能沉积环境。

台地边缘礁滩相主要发育在长兴组、石牛栏组、栖霞组中。由（暴露）生屑滩、（暴露）鲕粒滩及生物礁等组成。以沉积生屑白云岩、生物礁灰岩、生物礁白云岩及鲕粒白云岩为主。

2）台地边缘浅滩相

台地边缘浅滩受波浪作用强烈，主要发育在寒武系仙女洞组、三叠系飞仙关组、二叠系长兴组及栖霞组中。以沉积亮晶颗粒岩为主，如亮晶鲕粒灰岩、亮晶鲕粒白云岩、亮晶砂屑灰岩、亮晶砂屑白云岩及核形石灰岩等。沉积构造丰富，发育板状交错层理、槽状交错层理及平行层理，层面上常见大型浪成波痕。由鲕粒滩、砂屑滩及暴露生屑滩等亚相组成。

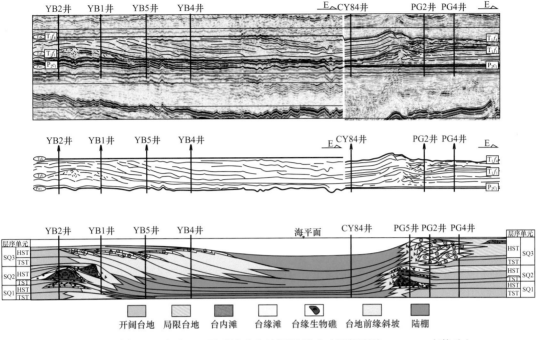

图 5-1　川东北二叠系、三叠系镶边台地沉积模式（据郭彤楼，2011，有修改）

3）局限台地相

局限台地位于障壁岛后向陆一侧十分平缓的海岸地带和浅水盆地。主要发育于寒武系龙王庙组、三叠系飞仙关组、嘉陵江组中。以沉积石灰岩、白云岩及泥质岩为主。各种潮汐层理如透镜状层理、脉状层理及波状层理丰富。可细分为潮坪、潟湖及生屑滩、鲕粒滩和砂屑滩等亚相。

4）开阔台地相

开阔台地位于台地边缘生物礁、浅滩与局限台地之间的广阔海域。纵向上分布于栖霞组、茅口组、长兴组及飞仙关组等中。主要由泥晶灰岩、砂屑灰岩鲕粒灰岩及生屑灰岩所组成，一般缺乏白云岩。

5）台地前缘斜坡相

台地前缘斜坡坡度陡，发育大规模碎屑流沉积。如利川见天坝长兴组属于此类斜坡，岩性为砾屑灰岩。

6）陆棚相

陆棚相是指斜坡以外的深水沉积区。四川盆地发育两种陆棚类型。一种为深水陆棚，如长兴组沉积期的"广旺陆棚"，水体较深，以沉积薄层硅质岩及页岩为主，少量薄层石灰岩，发育非常丰富形态完整的菊石化石。另一种为浅水陆棚，如元坝地区飞一段—飞二段及达州—宣汉地区长兴组—飞一段—飞二段，水体较浅，以沉积薄层状泥晶灰岩及泥灰岩为主。

2. 缓坡沉积模式

碳酸盐岩缓坡即从海岸到盆地沉积表面坡度极缓（通常小于1°）的大陆架缓坡浅水环境内形成的碳酸盐岩沉积相组合。碳酸盐岩缓坡上的沉积作用随水深、水温和波浪、潮汐作用强度的变化而异，主要的沉积相有内缓坡相、中缓坡相、外缓坡相、陆棚相和盆地等。

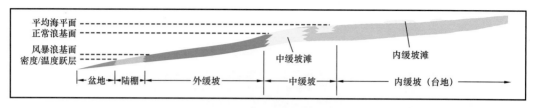

图 5-2　碳酸盐岩缓坡沉积模式

1）内缓坡

内缓坡位于中缓坡相带向陆的一侧，平均海平面以上的区域。沉积环境相对深于中缓坡，水体安静，沉积面积大，盐度基本正常或偏高、水体循环良好或受限的浅海沉积环境，适合各类生物生长。见于宝塔组、栖霞组、茅口组及吴家坪组中。其岩性主要由一套泥晶灰岩及泥晶生屑灰岩组成。其内除发育大量台内滩亚相之外，局部存在台洼（或滩间海）环境亚相。

2）中缓坡

中缓坡相带位于正常浪基面以上，平均海平面以下的区域，偶尔出露海面。中缓坡内侧发育内缓坡，向外侧渐变为外缓坡，该带受波浪作用影响大，水体较浅且能量相对较高。主要发育在川东北栖霞组、茅口组、吴家坪组中。以发育亮晶生屑灰岩、中—细晶白云岩、泥晶生屑灰岩，泥晶灰岩为主，可划分为生屑滩沉积与滩间沉积两个亚相。

3）外缓坡

外缓坡位于风暴浪基面以上、正常浪基面以下，常见向上变细的风暴沉积，可发育点礁。水体能量低，岩性以泥晶灰岩、生屑泥晶灰岩为主，含多种海洋生物群化石，生物扰动强烈，发育生物扰动和纹理。

二、海相碎屑岩沉积相

海相碎屑岩主要为海岸—陆棚沉积，四川盆地海岸体系可以包括无障壁广海滨海相和有障壁滨岸相（表 5-2）。

表 5-2　四川盆地海相碎屑岩海岸—陆棚沉积相划分表

相组	沉积相	亚相	微相	主要层位
海岸	滨海	远滨、近滨、前滨、后滨	滨岸沙坝、近滨上部、近滨下部、岸后沼泽	观音崖组、灯三段、筇竹寺组、沧浪铺组、湄潭组、小河坝组
	滨岸	潮坪、潟湖	潮上泥坪、潮间泥沙坪、混合坪	筇竹寺组、沧浪铺组、陡坡寺组、红石崖组
陆棚	碎屑陆棚	浅水陆棚、深水陆棚		筇竹寺组、沧浪铺组、小河坝组、龙马溪组、韩家店组

1.滨海相

滨海相位于连通性很好的海岸地带，海浪作用一般较强，但不同地带水动力状况不同，造成沉积物的性质、粒度、床沙特征、沉积构造及海岸地貌等不同。滨海相可划分出后滨、前滨、近滨和远滨等亚相，它们在纵向上常构成向上变浅沉积序列。后滨亚相位于海滩上部平均高潮线以上，是一片较平坦地带，与前滨的界线是向海方向的许多岸堤的脊。以岸后泥坪及沼泽沉积为特征，岩性为灰色—深灰色粉砂岩、细砂岩夹粉砂质泥岩、泥灰岩。发育水平层理、沙纹层理及交错层理。前滨亚相位于海滩较低的逐渐向海倾斜的地带，地势平坦，这里波浪作用强，沉积物成熟度高。以发育冲洗层理为特征，还见大量浪成波痕，常见逆行沙波和菱形沙波。近滨亚相根据沉积物组合及沉积构造特征，可分为近滨上部和近滨下部。近滨带上部砂岩比例高、粒度粗，发育交错层理及波状层理；近滨下部砂岩少、泥岩多，粒度细，交错层理少见，主要发育水平纹层、浪成沙纹和小型流水沙纹等，生物遗迹化石及生物扰动构造增多。远滨亚相位于近滨带向陆棚一侧，并逐渐向陆棚过渡。沉积物粒度细，岩性为中薄层粉砂岩与泥质粉砂岩互层夹粉砂质泥岩。

2. 滨岸相

滨岸相多发育于多湾的海岸区，由潮坪亚相及潟湖亚相组成。潮坪位于潮间—潮上地带，潟湖是海岸障壁岛后面的浅水盆地，位于潮下。

3. 碎屑陆棚相

陆棚是指滨岸带以外至大陆坡之间的区域，即现代所称的大陆架，向外与大陆坡接壤，地势较为平坦，是在正常浪基面以下向外海与大陆斜坡相接的广阔浅海沉积区。该类沉积明显受古陆分布位置的控制，亦常与碎屑滨海沉积共生。按沉积组合可进一步划分为陆源碎屑陆棚和陆源碎屑—碳酸盐混积陆棚。

1）陆源碎屑陆棚

陆源碎屑陆棚是以陆源碎屑为主的陆棚沉积相，向海岸方向与滨海沉积体系相接，有时在陆源碎屑陆棚沉积上部发育与滨海沉积过渡相。依据沉积时古地理深度划分为浅水陆棚和深水陆棚两个沉积亚相。

浅水陆棚是指向陆一侧与滨岸接壤的浅水区域，碎屑沉积物粒度相对偏粗，由于浅水区阳光充足，氧气充分，底栖生物大量繁殖。

深水陆棚指位于浅水陆棚外侧的深水区域，沉积物粒度相对较细，深水区因阳光、氧气不足，相较于浅水区，底栖生物大为减少，藻类生物几乎绝迹。

2）混积陆棚

陆源碎屑岩和碳酸盐岩同时发育的陆棚称为混积陆棚相。混积陆棚沉积主要见于下志留统小河坝组（石牛栏组）和中志留统韩家店组。沉积物以粉砂质泥岩、页岩夹钙质粉砂岩、生物碎屑泥灰岩为主。

三、陆相碎屑岩沉积相

四川盆地陆相层系经历了 60 多年的勘探研究，前人对其沉积相研究非常多，认识也不尽相同。朱如凯等（2009）、杜金虎等（2011）认为须家河组除须一段局部发育海陆交互相沉积外，其余各段均属于陆相沉积。赵霞飞等（2008）通过对川南安岳一带须家河组的研究，认为整个须家河组均为浅海潮汐作用的产物。郑荣才等（2009）认为四川盆地须二段—须六段为湖相，其中须二段为海陆转换沉积期，但可用湖泊模式解释。陈洪德等（2006）认为须一段—须三段为海相—海陆过渡相沉积，受安州运动的影响，须三段沉积期后，龙门山整体隆升成陆，四川盆地进入陆相演化时期。

四川盆地陆相碎屑岩沉积主要发育在上三叠统须家河组及其以上地层，主要发育冲积扇、三角洲和湖泊等6种相和河道、三角洲平原等18个亚相，（表5-3）。冲积扇—辫状河—辫状河三角洲—浅湖沉积从周边山系向盆内逐渐推进（图5-3），沉积相带展布格局严格受构造控制。下面仅对与油气储层关系最为密切的冲积扇、辫状河三角洲、扇三角洲、河流和湖泊5种沉积相特征进行描述。

表5-3 四川盆地上三叠统须家河组沉积体系分类

体系域	沉积相	类型	亚相	主要分布层位
陆相组 （受间歇性海水改造）	冲积扇	旱地扇、湿地扇	扇根、扇中和扇端	T_3x_4、T_3x_6
	河流	辫状河、曲流河	河道、边滩和心滩等	T_3x_3—T_3x_6
	湖泊三角洲	曲流河三角洲	三角洲平原、三角洲前缘、前三角洲	T_3x_3—T_3x_6
		辫状河三角洲		
	湖泊	硅质碎屑湖泊	滨湖、浅湖、半深湖、深湖	T_3x_3—T_3x_6
海陆过渡相	海相三角洲	河控三角洲、潮控三角洲	三角洲平原、三角洲前缘、前三角洲	T_3x_1—T_3x_2
海相组	海岸	有障壁海岸	潮坪、潟湖	T_3x_1

图5-3 四川盆地及周缘晚三叠世须二段沉积期—须六段沉积期三角洲沉积模式

1. 冲积扇

冲积扇主要分布于川东北前陆盆地边缘，主要在上三叠统须四段、下侏罗统白田坝组底部、自流井组珍珠冲段以及上侏罗统遂宁组和蓬莱镇组。冲积扇在盆缘往往可以叠置连片构成冲积扇裙。据其沉积特征可分出扇根、扇中、扇端三个亚相。由扇根到扇端，砾岩的砾径变细，砾岩、砂岩减少，粉砂岩、泥岩增多。

1）扇根亚相

扇根亚相主要由深切河道充填砾岩组成，代表陆相盆地最边缘，也是碎屑颗粒最粗的部分。在广元两河口、安州城西须家河组发育有扇根亚相的砾岩。深切河道充填沉积主要由块状巨砾岩、卵石岩组成，少量为粗—巨砾岩，多位于扇根部位。川西盆地北部的广元工农镇及万源石冠寺露头须四段顶部为典型的扇根亚相，为砾、砂、泥的混合体，属泥石流微相。

2）扇中亚相

扇中亚相是各期冲积扇中最发育的部分，同时也保存最多，较易识别。扇中亚相通常由砾质辫状水道沉积和洪泛沉积两部分构成，沉积物粒度较扇根亚相逐渐变细，砂级碎屑含量逐渐增加，同时砾质辫状水道的砾石分选和磨圆都要好于扇根亚相，显示出定向排列的特征，具有古流向指示意义。

3）扇端亚相

扇端亚相主要由洪泛沉积构成，岩性为暗红色、砖红色粉砂岩、泥质粉砂岩或泥质不等粒砂岩与粉砂质泥岩、不等粒砂质泥岩、泥岩互层，夹少量的砾岩和砂岩。粉砂岩和泥岩中可见水平层理、钙质结核和虫管，砂岩中可见平行层理和板状交错层理。

2. 河流

河流沉积主要出现在冲积平原上，与三角洲平原分流河道很难区分开，一般为辫状河。

辫状河包括河道（图5-4）和泛滥平原两亚相，其中辫状河道亚相可识别出心滩微相和河床微相。河道亚相主要由心滩微相的透镜状砂体构成，各砂体在纵向上上下叠置，在横向上前后或左右叠置，野外露头或岩心观察心滩以发育槽状交错层理为典型特征，同时部分可见有板状交错层理和楔形交错层理。由于各个时期造山带构造隆升运动的差异性，心滩可呈砂质心滩、砾质心滩或混合式心滩。心滩砂体底部几乎无一例外地发育有底冲刷构造，滞留砾石发育，具有古流向指示意义，偶见炭化植物碎屑或径干化石。

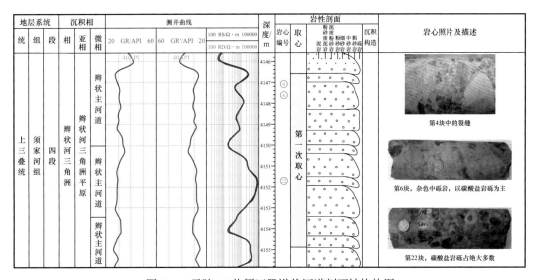

图5-4　元陆15井须四段辫状河道剖面结构构图

3. 湖泊（受间歇性海水改造的）

湖泊是指大陆上地形相对低洼和流水汇集的地区，在湖泊中堆积的沉积体称为湖泊沉积体系，四川盆地湖泊沉积体系主要发育于上三叠统须家河组须三段、须四段和须五段。湖泊相根据水体深度可以划分为：滨湖亚相、浅湖亚相、半深湖亚相和深湖亚相。

4. 三角洲

三角洲是河流注入海或湖泊时沉积物卸载而形成的扇状沉积体。该相广泛发育于四川盆地的须家河组中。盆地陡坡以发育辫状河三角洲沉积体系为主,盆地缓坡以发育曲流河三角洲沉积体系为主,可依次划分为三角洲平原、三角洲前缘和前三角洲三个亚相带。

1)三角洲平原亚相

(1)分流河道。

分流河道沉积是三角洲平原的骨架砂体。广元工农镇剖面须二段为典型的分流河道沉积,岩性以中细粒岩屑砂岩为主,岩屑成分较杂,发育碳酸盐岩、硅质岩及泥板岩等。砂岩中发育中至大型板状交错层理、槽状交错层理及平行层理等。

(2)分流间湾。

分流间湾指三角洲平原上分流河道与分流河道之间的沉积物,以发育细粒沉积物为特征,有堤岸、泛滥平原、沼泽、湖泊等微相。岩性为灰绿色、深灰色泥岩夹灰绿色、深灰色碳质泥岩,泥岩中见水平层理、沙纹层理等沉积构造,局部见生物钻孔。

(3)决口扇。

决口扇是指分流河道决口而在分流间湾中沉积的小型扇体,为灰色中厚层状砂岩、粉砂岩,砂体呈透镜状,沉积构造少见,局部发育沙纹层理。

2)三角洲前缘亚相

(1)水下分流河道。

水下分流河道淹没于水面下,受河水和海水(或湖水)双重影响,沉积物既具河流特征也具海洋特征。如元坝地区须家河组主要发育三角洲前缘水下分流河道沉积(图5-5),岩性以中细粒长石岩屑砂岩、钙岩屑砂岩为主,夹薄层粉砂质泥岩,砂岩与泥岩组成多个向上变细的沉积序列,序列底部发育冲刷面,受海水影响,砂岩中大型斜层理不甚发育,潮汐层理比较普遍,水下分流河道沉积中多发育有同生滑塌沉积构造。

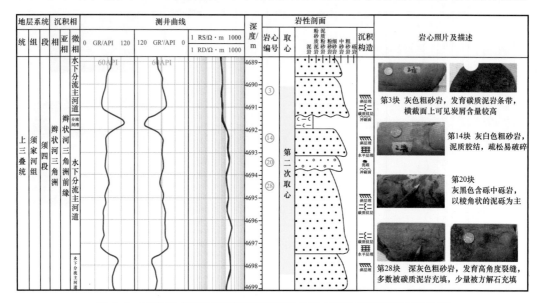

图5-5　元陆32井须四段辫状河三角洲前缘水下分流河道剖面结构图

(2)河口沙坝。

河口沙坝是由于河流带来的砂泥物质在河口处因流速降低堆积而成,须家河组河口坝沉积微相的岩性主要为石英砂岩、岩屑石英砂岩,一般分选较好,质纯,逆粒序层理，测井曲线上多呈漏斗状。川西地区发育多层枕状构造，砂岩中同生滑塌沉积构造极其发育，岩层因揉皱变形强烈。

（3）水下分流间湾。

水下分流间湾为水下分流河道之间相对凹陷的海湾地区，与海相通，粒度相对较细，以粉砂质泥岩和泥质粉砂岩为主，水平层理、透镜状层理较发育，此带有机质颇为丰富，水体能量相对较低，生物活动频繁，常见生物钻孔、生物扰动等构造。

（4）前缘席状砂。

前缘席状砂是由于三角洲前缘的河口沙坝经海水冲刷作用使之再分布于其侧翼而形成的薄而面积大的砂层。这种砂岩分选极好，质纯，呈中薄层状，为细粒石英砂岩，岩层顶底界面平整，层面延伸广，有别于河道透镜状砂体沉积。

（5）远沙坝。

远沙坝位于河口沙坝前较远的部位，沉积物比河口沙坝细，主要由粉砂和少量黏土组成，以水平纹理和暗色纹理为特征，沿纹层面分布较多的植物碎屑和炭屑，生物扰动构造和潜穴发育，贝壳零星发育。

3）前三角洲亚相

前三角洲亚相位于三角洲前缘的前方，向外逐渐过渡到浅海，其沉积物完全在海面以下，岩性多为暗灰色泥质岩，不易与浅海陆棚沉积相区别。

第二节　新元古界沉积相展布及沉积演化

新元古界是四川盆地的第一套沉积地层，包括南华系和震旦系两套层系。由于南华系和震旦系陡山沱组出露及钻井资料有限，平面上的沉积环境较难恢复，本节仅简述南华系和震旦系陡山沱组沉积分布情况，主要详述震旦系灯影组沉积相展布及演化情况。

一、南华系

南华系是在格林威尔造山后与拉伸系共同组成扬子陆块上的第一套沉积地层，早期为裂谷盆地充填物，以强烈的构造热事件为主，纵向序列为陆相磨拉石火山岩、火山碎屑岩，下部为莲沱组的砾岩、含砾粗碎屑岩、紫红色含砾砂泥岩层，沉积厚约为1000m；晚期与全球冰期相当，为南沱组灰绿色冰碛砾岩，磨拉石沉积具有填平补齐特点。

南华纪早期，四川盆地川东的彭水—秀山一带属于剥蚀区，其余地区火山喷发活动强烈，沉积了一套陆相碎屑岩为主，局部地区有海相的火山熔岩、火山碎屑岩建造。

南华纪晚期，火山活动渐弱，盆地进入冰期—间冰期。川中地区为古陆冰盖区。东部的彭水—秀山一带下部大塘坡组沉积了冰碛岩、黑色粉砂质页岩夹白云岩及硬锰矿薄层，上部为南沱组冰碛岩、砾岩层。

二、震旦系

早震旦世九龙山组沉积期，四川盆地整体下沉，海水入侵，四川盆地由隆升区演变为沉积区。盆地北部汉中一带则处于古陆剥蚀区，为主要物源区，南江—南郑地区沉积了喇叭岗组滨岸相碎屑岩；勉县宁强地区、镇巴南部沉积了陡山沱组陆棚相黑色泥页岩，在砂页岩向碳酸盐岩过渡带为含磷地层。其中陡山沱组黑色泥页岩为四川盆地第一套烃源岩。

晚震旦世至早寒武世，受兴凯地裂运动影响，在长宁—内江—乐至一带发育古裂陷，对此阶段的沉积演化有深远的影响。早寒武世古裂陷位于绵阳—乐至—隆昌—长宁一带，即绵阳—长宁裂陷槽。古裂陷整体的展布格局为向南北开口，其东侧陡、西侧缓。资料可靠区域内最窄处位于资中，宽约50km，并且向南、北逐渐变宽；南部、北部区域最宽处均超过100km。

灯一段沉积时期，上扬子台地气候温暖干燥，水体较浅，主要沉积了一套厚度20~100m的纹层状藻白云岩。在川北杨坝、川中威远、川西大邑县出山口、峨边先锋及云南会理、会泽、澄江可见大套典型的藻纹层白云岩及大型半球状、波状叠层石。

灯二段沉积时期绵阳—长宁裂陷已具雏形，台盆格局进一步分异。该沉积期发育镶边台地沉积，台地边缘主要分布在川西绵阳—长宁古裂陷两侧、盆地东北镇巴一带以及盆地东南一带（图5-6）。由于台地上气候温暖、海水清净，菌藻类繁盛，台地内部及台地边缘发育大量具葡萄花边构造的含菌藻类丘滩复合体，受桐湾Ⅰ幕影响，岩溶孔、洞广泛发育。如在川北杨坝、川中威远、高石梯、川西汶川七盘沟、峨边先锋、遵义松

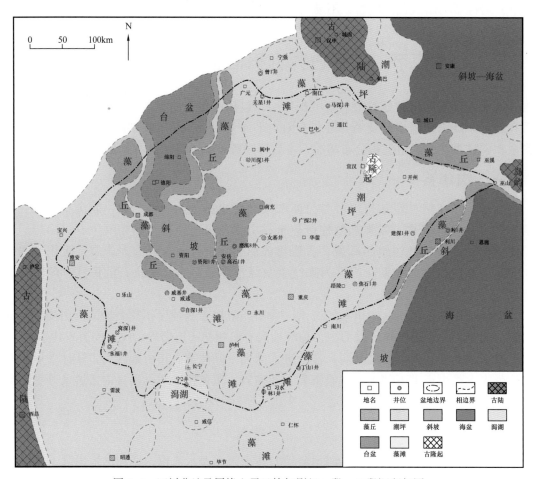

图5-6　四川盆地及周缘上震旦统灯影组一段、二段沉积相图

林、云南会泽、华坪、禄劝、澄江及渝东彭水等地，都发现有高达 20～40m 的大型藻礁及丘滩复合体，局部白云岩化，形成优质储层。而在台地内部发育许多局限潟湖或膏盐湖，如长宁盐湖、镇雄盐湖等。资阳地区柱状叠层石生长环境也是水体较安静的潟湖环境，储层不发育。

灯三段沉积时期，上扬子台地沉积古地理格局发生了很大变化：整个上扬子地区快速转变为由古陆和岛链环绕的局限台地，绵阳—长宁古裂陷进一步向东南延伸。同时，由于大量陆源物质的输入，抑制了碳酸盐岩的发育，使沉积环境也演变为以陆源泥、砂为主的局限内海环境。盆地南部有康滇古陆、牛首山古陆及泸定火山岛弧物源区，北部为汉南古陆物源区。两大古陆提供大量陆源物质，在古陆的周围沉积了一套紫红色或灰黄色砂泥质滨岸沉积；在远离古陆的绵阳—长宁古裂陷沉积了一套以蓝灰色、灰黑色页岩为特征的深水陆棚沉积，是一套较好的烃源岩，往两侧演变为浅水陆棚沉积。

灯四段沉积时期，上扬子台地很快步入又一个稳定碳酸盐岩台地发育时期。灯四段沉积期沉积格局为典型的镶边台地沉积，绵阳—长宁裂陷槽向南发展贯穿整个四川盆地（图 5-7）。灯四段沉积时期不利于大规模菌藻席的形成，沉积了一套巨厚的含硅质条带或硅质团块的微晶白云岩，与灯一段、灯二段相比，不含盐及石膏，纹层状、格架状藻席不发育，而在台地边缘及内部发育大量藻丘、颗粒滩及丘滩复合体，经白云石化和溶蚀作用成为很好的储层。

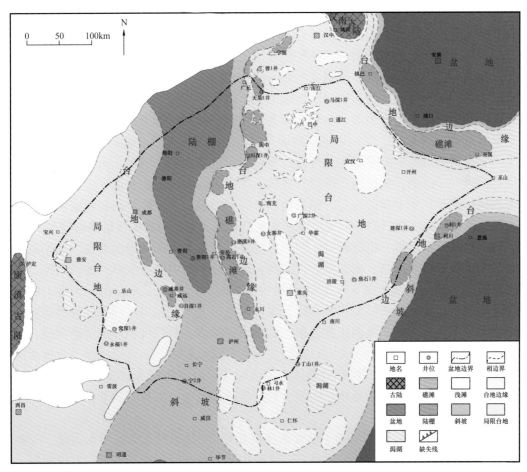

图 5-7　四川盆地及周缘上震旦统灯影组四段沉积相图

灯四段沉积后，攀西裂谷又一次大规模活动，使上扬子台地整体抬升，灯四段碳酸盐岩大面积暴露风化，形成分布广泛的岩溶风化壳。岩溶作用很好地改善了灯影组白云岩的储集性能，为四川盆地震旦系大型油气藏的形成提供了优良的储集条件，同时伴随着裂谷活动而形成的深水环境，为上覆寒武系巨厚的黑色泥质烃源岩的形成也创造了有利条件。

第三节　古生界沉积相展布及沉积演化

一、寒武系

寒武纪期间，仅四川盆地北部龙门山地区在晚寒武世隆升成陆，山前川西地区沉积了冲积扇—三角洲相碎屑岩。其余地区整体下沉，连续接受沉积，从早期陆源碎屑和碳酸盐岩混积为主转变到晚期的清水碳酸盐岩沉积为主，盆地大面积发育缓坡型台地沉积。寒武纪末，四川盆地整体隆升，海水退出，形成了寒武系与奥陶系平行不整合—整合接触。

早寒武世梅树村组沉积期，中上扬子地区基本延续了震旦纪末期的沉积格局，西部有康滇古陆、牛首山古陆、泸定古陆，中扬子有鄂中古陆，北部有汉南古陆，中、东部地区为海域。随着全球海平面的上升，台地的面积相对灯影组沉积期有所减小，碎屑沉积物有所增多，岩石组合为含磷白云岩和夹磷块岩的碳酸盐岩组成，这个时期也是中国南方磷矿的主要形成时期。同时，小壳化石的出现标志着寒武纪生物大爆发。由川西—滇中古陆向东，依次发育近岸碎屑岩潮坪—碳酸盐岩潮坪—陆架。北部由川中至大巴山为碳酸盐岩开阔台地—碳酸盐岩局限台地沉积。由川中至扬子地块东南缘为碳酸盐岩开阔台地—陆架—陆架边缘斜坡。扬子陆块北部向南秦岭洋延伸为被动大陆边缘，由浅海向半深海过渡（图5-8）。盆内古地理格局与灯四段沉积时类似，绵阳—长宁古裂陷内沉积了一套含磷硅质泥岩为主的麦地坪组。梅树村组沉积末期"镇巴上升"运动使上扬子北缘持续隆升、海退，大巴山古隆隆升成陆，汉南古陆再次露出水面，上扬子北缘普遍缺失梅树村组沉积中晚期的地层，镇巴地区隆升时间最长，缺失了梅树村组沉积期的全部地层，使得区内梅树村阶残留地层厚度变化差异大，但裂陷槽内残留地层较多。

进入早寒武世筇竹寺组沉积期，四川盆地整体下沉，大部分地区演变为陆棚沉积环境，此时沉积格局北西高、南东低，自北西向南东分别由古陆、滨岸、浅水陆棚、深水陆棚、斜坡及盆地组成（图5-9）。大巴山古隆的形成，造成了米仓山—大巴山地区寒武纪地层差异，米仓山地区为郭家坝组，大巴山地区为水井沱组。深水陆棚区普遍沉积了一套黑色泥页岩建造，为四川盆地第二套主力烃源岩。其后沉积环境逐渐变浅，晚期以填平补齐作用为主，泥岩发育，在高部位则岩石颗粒较粗。一直持续到沧浪铺组沉积期，拉张槽逐渐被填平，沉积环境整体也逐渐变浅，由早期深水陆棚逐渐向潮坪演化。筇竹寺组自下而上粒度逐渐变粗，由泥页岩向粉砂岩至中—细粒砂岩变化，构成向上变粗沉积序列。

寒武纪沧浪铺组沉积期早期（仙女洞组沉积期），盆地西北部龙门山古陆、汉南古陆范围有所扩大，大巴山古隆依然存在，汉南古陆西高东低，西部碎屑岩粒度较粗。靠

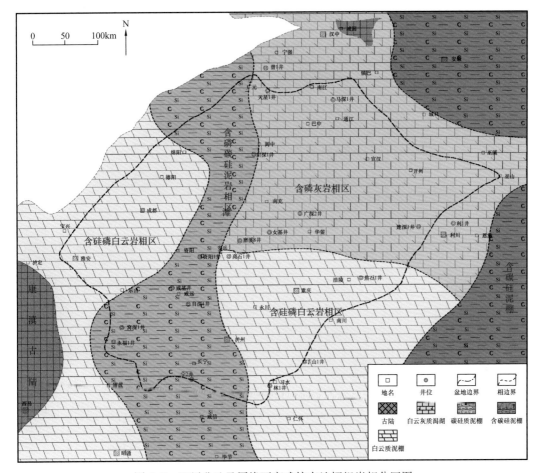

图 5-8 四川盆地及周缘下寒武统麦地坪组岩相分区图

近北部古陆一带为明显的滨海相，以碎屑岩沉积为主。向南稍远一些，由于陆源碎屑供给减少，以碳酸盐岩沉积为主，在宁强—旺苍—南江—南郑一带为陆棚边缘相，发育鲕滩和小型古杯生物礁，鲕滩发育交错层理，显示了动荡环境的沉积特征。再往南广大地区，为混积陆棚沉积，沉积砂、泥岩夹薄层石灰岩、白云岩，在镇巴—城口一带为浅海页岩沉积。

米仓山—大巴山前带寒武系仙女洞组以缓斜坡—陆棚沉积为主。纵向上是由陆棚、台地边缘鲕粒滩及滨岸相组成的一个向上变浅的沉积序列；横向上由西向东依次发育滨岸、台地边缘鲕粒滩及陆棚相。滨岸由潟湖及潮坪组成，岩性主要为含泥粉砂岩与泥质粉砂岩互层，夹含粉砂泥页岩、粉砂质泥岩。陆棚边缘浅滩岩性主要为亮晶鲕粒灰岩。陆棚相由浅水陆棚及深水陆棚组成，岩性主要为瘤状灰岩夹泥质灰岩、泥岩等。储层主要发育在陆棚边缘浅滩亚相中。

寒武纪沧浪铺组沉积晚期，海水向南退出，因构造抬升，古陆范围扩大，自西向东展布为三角洲相—滨岸相—混积陆棚相—斜坡相。三角洲相主要围绕古陆和古隆起发育，分布在西北部，在近岸的城固—阜川一带为冲积扇—三角洲沉积，中上部由石英燧石砂砾岩、砾岩夹页岩组成。远离古陆往南一带以砂、页岩为主，砾岩相对减少。滨岸相自北向南分布在通江—南充—宜宾一线，可划分出后滨、前滨、近滨等亚相，它们在

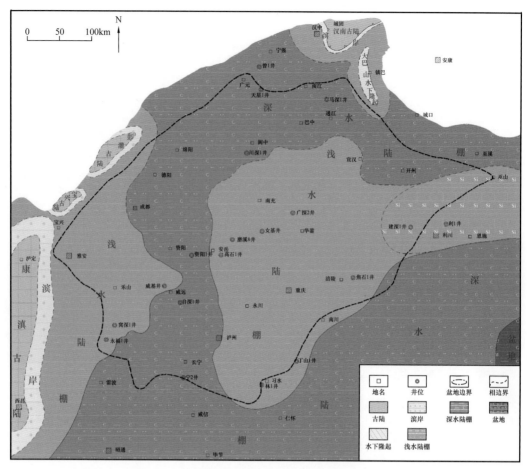

图 5-9　四川盆地及周缘下寒武统筇竹寺组沉积相图

纵向上常构成向上变浅沉积序列。往南广海地区为混积陆棚相。由于气候一度转变为干热，沧泡铺组底部以一套紫红色砂、页岩与仙女洞组为界。强烈的侵蚀作用带来丰富的粗碎屑，形成了沧浪铺组中上部的粗碎屑岩层。这一时期，大巴山古隆除北端司上以北沉入海面下接收沉积外，其他大部分仍屹立在海平面之上，成为米仓山与镇巴—城口两个地层分区的分界。

寒武纪龙王庙组沉积早期海平面快速上升、中晚期缓慢下降，由前期的陆源碎屑岩和碳酸盐岩沉积共存逐渐转变成以清水碳酸盐岩台地为主。盆地东南部以碳酸盐岩镶边台地沉积为主。近古陆的川西南—滇中地区为含陆源碎屑的碳酸盐岩，厚度 20～100m；向东碳酸盐岩增厚，至黔东—湘西厚度在 300m 以上，形成一个由西向东加厚的碳酸盐岩沉积楔形体。盆地整体呈现西高东低，仅盆地西北部仍受到来自古陆的陆源碎屑的影响形成砂泥岩—碳酸盐岩混积潮坪。混积潮坪分布在西乡—广元—绵阳—乐山—汉源一带，呈北东南西向展布，南江沙滩—旺苍双汇—金石 1 井一带等局部发育砂屑滩（杨威等，2012）。在安岳磨溪—通南巴一带发育台内浅滩，围绕川中古隆、汉南古陆起呈透镜状环带分布，颗粒白云岩发育。盆地内部北东向的华蓥山断裂、齐岳山断裂和北西向的乐山—长宁断裂、平昌—开州断裂控制了地台内隆坳格局，宣汉—重庆—泸州一带为坳陷区，因古气候干旱炎热，蒸发作用强烈，海平面波动频繁，潟湖多咸化，形成了膏云坪—膏盐潟湖，发育厚层膏盐岩。围绕潟湖东岸綦江—涪陵一带发育潟湖边缘障壁浅滩，为颗粒白云岩夹薄层膏盐岩。巫山—彭水太原—南川三汇—湄潭白石坝一带为开阔台地沉积，主要为石灰岩、泥—细晶白云岩，局部发育鲕粒滩。花垣—利川一带受同沉积断裂控制形成坡折带，以为台地边缘相，江口—花垣地区生物礁发育，利川—巫山、万源—城口一带以台地边缘浅滩发育为主。镇巴—安康一带和东部湘、渝边界以东地区，为浪基面以下水体偏深的斜坡—盆地相，沉积瘤状灰岩、泥灰岩、泥页岩等（图 5-10）。

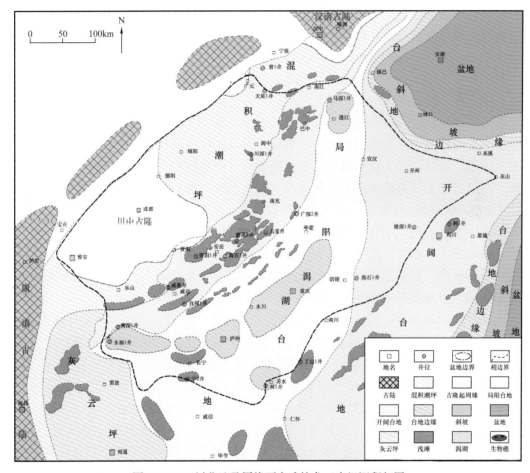

图 5-10　四川盆地及周缘下寒武统龙王庙组沉积相图

龙王庙组沉积期四川盆地以开阔台地—局限台地沉积为主，台地内部发育浅滩、潟湖、滩间等沉积单元，同时由于该时期古气候干旱炎热，蒸发作用强，潟湖和滩间海多咸化，沉积物类型少，形成了膏云坪、膏盐潟湖、浅滩相间的沉积面貌。盆地总体上发育潮间高能浅滩、障壁浅滩、台缘浅滩三种浅滩发育带，分别为磨溪—通南巴、綦江—焦石坝和利川—秀山浅滩，这些地区有利于优质储层的发育。

寒武世陡坡寺组沉积期，盆地继承了龙王庙组沉积期沉积格架，镶边台地格局更加明显，总体上从西向东地层厚度逐渐增大，水体继续变浅，汉南古陆、摩天岭古陆及康滇古陆面积扩大，西北部继续受陆源碎屑的侵扰，形成砂泥岩—碳酸盐岩组成的混积潮坪沉积。米仓山地区陡坡寺组以潮坪沉积为主，为粉砂岩、泥质灰岩、白云岩，普遍发育紫红色白云质砂、页岩及泥质白云岩，岩层中发现石盐假晶；川东—湘鄂西—川东南一带，可能因同沉积断裂控制为坳陷区，处于封闭—半封闭的局限沉积环境，蒸发盐盆发育，海水循环交替不畅，气候干旱，形成厚层膏岩、盐岩层，潮汐、波浪作用显著减弱，发育水平层理，岩性以白云岩、膏质白云岩为主。镇巴—城口地区仍处于海平面之下，为覃家庙组局限台地沉积，地层较全，下部为褐红色钙质、白云质粉砂岩，上部为白云岩。围绕潟湖周围发育一系列高能砂屑滩，在川东南及黔北一带的贵州遵义、习水、雷波芭蕉滩及抓抓岩一带，局限台地中的砂屑滩、鲕粒滩及台地边缘暴露浅滩以沉积颗粒白云岩为主，重结晶后变为中细晶白云岩，岩石中溶孔丰富，具有很好的储集性能。盆地东南部南川三汇、彭水太原为开阔台地相以泥晶灰岩为主，局部发育鲕滩。台地边缘礁滩主要分布在湖南张家界、慈利—永川一线以西，以亮晶鲕粒灰质白云岩为主，湖南怀化、泸溪一带为台缘斜坡沉积，主要为角砾灰岩和钙屑浊积岩（梅冥相等，2006；李磊等，2012）。

上晚寒武世洗象池群沉积期由于加里东运动（南郑上升/郁南运动）影响，川北古隆、川中古隆和黔中隆起面积扩大，早奥陶世早期川北古隆和汉南古陆升连为一体，达到最大范围，川北地区大面积缺失上寒武统至中—下奥陶统，川中古隆高部位剥蚀洗象池群。四川盆地主要为陆表海型（缓坡型）台地沉积，相对陡坡寺组沉积期陆源物质减少，水体清澈以白云岩为主，含泥质，偶夹膏岩、页岩，局部地区发育咸化潟湖沉积，在局部古地貌较高处，出现了高能鲕粒滩（图5-11）。经陡坡寺组沉积期，古气候发生变化，海水侵入，蒸发岩盆不再发育，整体北西高南东低，早期大规模海侵，区内古地理面貌有所改变，但盆地周缘古隆起范围进一步扩大，晚期海水仍继续向东南减退，自北西向南东，沉积相展布为近岸混积潮坪—局限台地—开阔台地—台地边缘—盆地相。混积潮坪环古隆起发育，为一套白云岩夹砂岩和泥岩、页岩互层沉积，发育鸟眼构造、交错层理、小型冲刷构造等。镇巴至城口一带，受扬子北缘同沉积断裂控制台地边缘浅滩发育；城口桃园、开州白泉、万源皮窝等多个剖面的残余亮晶鲕粒、砂屑白云岩发育，厚20～140m不等，见1%～10%不等的黑色沥青充填于亮晶白云岩晶间孔中，主要发育晶间溶孔、构造溶蚀缝及缝合线，显示其具有较好的储集性能。秀山蓉溪—印江一带为开阔台地沉积，主要泥晶灰岩，局部见鲕粒灰岩。湖南张家界—贵州黄平一线，发育条带状台缘鲕粒白云岩、生屑白云岩、砂屑白云岩等台缘浅滩相，相对陡坡寺组沉积期台地边缘向东迁移。由于洗象池群沉积期整个海域水体极浅，加之全球性海平面频繁升降，具有向上变浅层序的潮坪和浅滩沉积尤为发育，碳酸盐岩沉积物有时暴露于地表，受到大气淡水的淋滤与溶蚀作用，从而形成各种古岩溶储层。另外，在受古隆起影响的川中—川西南等地区，因为晚寒武世末期—早奥陶世间的抬升暴露，致使洗象池群白云岩发生风化溶蚀，形成浅滩+不整合岩溶储层。

二、奥陶系

奥陶纪沉积演化与寒武纪相似，上扬子北缘部分地区与区域不同步。米仓山地区只沉积了晚期地层，镇巴—城口地区奥陶系较完整，沉积区局限于南部地区。奥陶纪沉积期，四川盆地由寒武纪的局限台地演变为以开阔台地及陆棚为主的沉积环境，台内滩呈

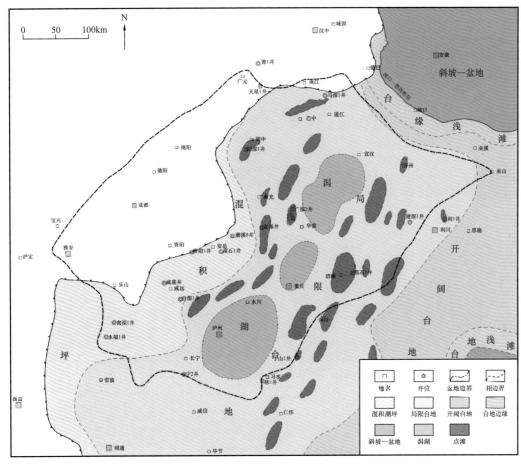

图5-11 四川盆地及周缘中晚寒武世洗象池群沉积相图

带状分布。经中—晚寒武世长期剥蚀，川北古隆成滨海平原，至奥陶纪早期又开始发生海侵，早奥陶世大致上有三次海侵。桐梓组沉积期基本上继承了早期沉积格架，西北部隆起范围继续扩大，海水自东向西侵入，碳酸盐岩台地明显较前期发育，其开阔台地相范围明显向西扩大（图5-12），合川、泸州、石柱、武隆等地区局部台内滩发育，盆地东南缘南川、利川、宜昌等地区发育台地边缘相，主要为白云质灰岩和鲕粒灰岩，台地边缘相以东为斜坡相。红花园组沉积环境开始转变，演变为开阔台地为主（图5-13），开阔台地进一步扩大，城口以南局部地区水动力相对强，沉积了一套鲕滩，局部后期成岩改造可形成较好储层。红花园组沉积期，台地边缘向西迁移，秀山以东为斜坡相，由薄层泥岩（页岩）、泥灰岩和微晶灰岩组成，夹不同大小的变形层和滑塌岩。湄潭组沉积早期，来自西部古陆的陆源物质有所增加，并在盆地西部形成了碎屑岩潮坪及混积潮坪，盆地东部表现为混积陆棚，主要为泥岩、粉砂岩和页岩。西部资阳地区湄潭组被后期剥蚀，由西往南地层增厚，自深1井、贵州道真、石柱双流等地发育生屑滩，北部城口、南部秀山溶溪、以东为台地边缘相，以白云质灰岩和鲕粒灰岩沉积为主。十字铺组—牯牛潭组沉积期陆源物质明显减少，海侵作用使前期川西混积潮坪环境转变为混积陆棚，盆地中东部广大地区为开阔台地沉积。

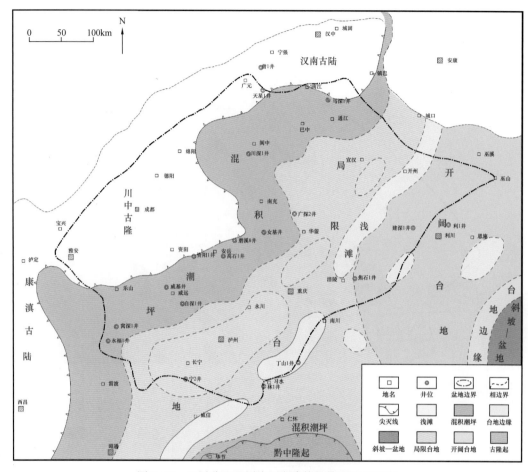

图 5-12　四川盆地及周缘下奥陶统桐梓组沉积相图

三、志留系

早志留世龙马溪组沉积期，四川盆地基本上继承了中—晚奥陶世的轮廓，总体上为宽缓陆棚环境，海域的范围有所扩大，受构造挤压导致隆起与下坳趋于明显，隆起区普遍缺失龙马溪组下段，在晚奥陶世曾一度被海水淹没的汉南古陆城固、西乡一带隆升出海面，为主要物源区，宁强一带继续下坳，并且勉略宁三角带继续加深，广元西北部龙门山古陆与川中古隆起连为一体，在隆起前缘主要为一套灰绿色、灰色砂质页岩、粉砂质页岩沉积，厚度较小；在巴中光雾山—广元一带，在奥陶纪隆起的雏形上发展为鹰嘴岩水下隆起，在镇巴—万源地区大巴山古陆为一水下隆起，呈北西—南东向展布；盆地南部广大地区为陆棚沉积，沉降中心位于川中—城口之间；早期海盆处于半封闭的滞流平静环境，处于还原介质条件下，龙马溪组下部发育富含有机质的黑色泥页岩和黄铁矿，为四川盆地主力烃源岩之一。随着海侵范围扩大同时，水体环境也逐渐变浅，主要发育泥页岩和粉砂岩（图 5-14）。

早志留世石牛栏组沉积期（小河坝组沉积期），上扬子地台南部整体抬升，并形成了黔中隆起和雪峰山南部隆起，水体环境逐渐变浅，西部碳酸盐岩缓坡和东部混积陆棚并存，西部发育生物碎屑灰岩（风暴岩层），局部形成生物丘，中缓坡发育礁滩相。生物礁为圆丘状点礁，规模小，厚度薄，在中缓坡上成群出现，相互间孤立产出，不断

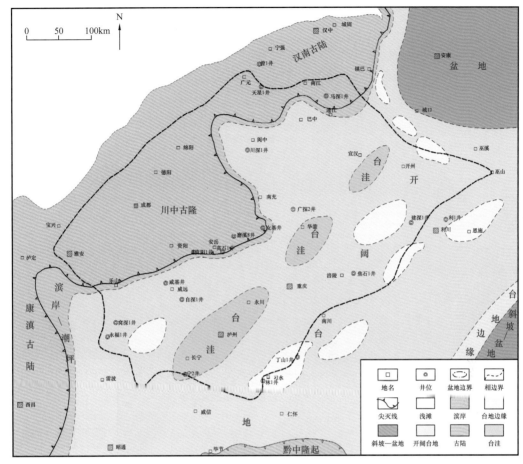

图 5-13　四川盆地及周缘下奥陶统红花园组沉积相图

的向北向外缓坡—陆棚区迁移。生物礁具有一定储集能力，贵州习水良村礁灰岩中发育丰富的沥青。川北地区生物礁相对致密，储集能力差，而坳陷地段则为泥岩、粉砂岩沉积。川南—黔北地区早志留世沉积期总体位于黔中隆起北斜坡，地势南高北低、水体南浅北深，在此背景下，石牛栏组为一向北倾斜的碳酸盐岩缓坡沉积模式，没有明显的坡折带。自南向北依次发育内缓坡、中缓坡和外缓坡—陆棚相。内缓坡相由潮坪及潟湖亚相组成，岩性以泥晶灰岩、泥质灰岩、泥晶白云岩、泥晶白云质灰岩及藻纹层泥晶灰岩等为主。再往北即进入外缓坡—陆棚区，由于重力作用导致的同生滑动，使得斜坡区沉积物以瘤状泥质灰岩为主，内部发育丰富的前积构造。外缓坡—陆棚相岩性以泥晶灰岩及泥质岩为主。

　　中志留世韩家店组沉积期，海进曾进一步扩大，到晚期才开始海退，经后期剥蚀，沉积层的原始厚度无法恢复，西缘龙门山古陆可能仍然存在，北部汉南古陆可能在中志留世早期海侵时曾一度被海水淹没。志留纪末期，研究区隆升成陆，遭受侵蚀，北部和东部几乎缺失整个中志留统，使上覆地层直接平行不整合覆于下志留统之上。

四、泥盆系

　　早泥盆世—中泥盆世早期，受加里东运动影响，四川盆地主体为隆起区和剥蚀区，

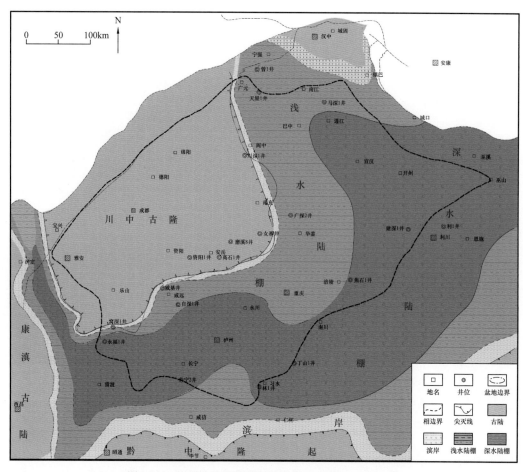

图 5-14　四川盆地及周缘下志留统龙马溪组沉积相图

只有北侧龙门山边缘盆地及南缘的右江地区接受沉积。至中泥盆世晚期—晚泥盆世，受古特提斯洋的扩张影响，沉积区范围有所扩大，海水穿过雪峰山隆起中段，形成中扬子克拉通盆地，川东部分地区已开始接受沉积，上扬子地区仍处于隆升和剥蚀演化阶段。整个四川盆地该时期隆起区缩小，沉积区扩大，陆源碎屑逐渐减少，碳酸盐岩沉积逐渐增多。

平驿铺组及甘溪组底部为滨海相前滨—近滨带沉积，岩性为浅黄灰色、浅灰色、灰白色中—细粒石英砂岩及灰色、深灰色细粒石英杂砂岩、泥质粉砂岩夹少许粉砂质泥岩，发育冲洗层理、平行层理、交错层理及沙纹层理。晚期（甘溪组）为浅水陆棚沉积，岩性为黄灰色、浅黄灰色泥质粉砂岩、粉砂质泥岩夹薄层石英砂岩及生物介壳层。甘溪组下部层为深水陆棚沉积，岩性为深灰色薄层粉砂质泥岩，腕足类、瓣鳃类、小型单体珊瑚及遗迹（爬迹）化石丰盛，富含有机质。甘溪组上部为浅水陆棚—潮坪沉积，岩性为灰色、浅黄灰色泥岩、粉砂质泥岩、粉砂岩与生屑灰岩互层夹珊瑚礁灰岩。养马坝组为台地边缘礁滩—斜坡沉积，岩性为黄灰色、灰色、深灰色微—细晶生屑灰岩、含生屑泥晶灰岩及细粒石英砂岩、石英粉砂岩夹块状珊瑚及层孔虫礁灰岩和砾屑灰岩；金宝石组为陆棚边缘礁滩沉积，岩性为浅灰色、灰白色细粒石英砂岩、粉砂岩及灰色、深石灰色生屑灰岩、微—粉晶石灰岩夹珊瑚及层孔虫礁灰岩，发育交错层理、波状层理及沙纹层理。

观雾山组下部沉积环境为开阔台地滩间及礁滩，岩性为深灰色、浅灰色生屑灰岩、含生屑灰岩夹层孔虫礁灰岩及珊瑚礁灰岩，产丰富的珊瑚、层孔虫、苔藓虫及腕足类等化石。中部为斜坡相灰色、灰黑色粉晶泥质灰岩、含粉屑炭泥质灰岩夹页岩及微晶生屑灰岩，具水平层理。观雾山组上部、沙窝子组和茅坝组沉积环境为碳酸盐岩台地边缘浅滩、生物礁，岩性为藻屑灰岩、层孔虫礁灰岩、珊瑚礁灰岩、结晶白云岩、溶孔砂屑白云岩、鲕粒灰岩及鲕粒生屑灰岩。

五、石炭系

早石炭世，受古特提斯洋扩张影响，四川盆地构造应力仍以张性为主，继承了晚泥盆世古地理特征，中上扬子台地基本处于隆升状态，仅在川西北一带沉积了一套台地相碳酸盐岩和滨岸碎屑岩；至晚石炭世早期，台盆相间格局趋于成熟，古地形的总体特征是西高东低，川东地区存在"三隆三洼"（即梁平中央隆起带、石柱隆起带和邻水隆起带以及万州、达州、垫江三个洼陷区）的古地貌特征，自西向东呈古地形低缓凸起带与低洼带相间分布的北北东及北东向条带状格局，海水自东部向西侵入，在武汉—川东一带形成一东西向展布的克拉通盆地。

受到早石炭世末云南运动的影响，晚石炭世中上扬子地块隆升，大部分地区的上石炭系假整合覆盖于下石炭统之上；晚石炭世海侵作用增强，海域面积扩大，隆升区进一步缩小，中扬子沉积区向西扩展到重庆—达州一带，超覆于下志留统的不同层位。晚石炭世末的黔桂运动，使中上扬子地区再次隆升，晚石炭世地层遭到剥蚀，与上覆地层普遍呈平行不整合关系。

早石炭世晚期属于差异同期异相及区域性海侵阶段。黄一段（和州组）沉积时期，上扬子地区沉积主要分布在四川盆地东部地区，为滨海、浅海相。

受水深及物源的影响，川东石炭系沉积明显分为东、西两部分：（1）西部大池干—高峰场一线以西，为蒸发潮坪，主要发育极浅水的潮上带潟湖沉积，膏岩普遍发育，受到后期成岩溶解或剥蚀岩溶作用，现今普遍表现为膏溶角砾岩发育；（2）东部大池干—高峰场一线以东，建南构造及其周缘地区，陆源碎屑充足，发育一套云质砂岩为主的滨岸沉积。上述两套地层实质上属于同期异相，西部膏云岩为主的沉积为盆地（台地）相区，东部砂岩为主的沉积为该期的盆地边缘相，高峰场一带为两个相带的过渡区。

在建南地区及其周缘，早石炭世晚期含砂质沉积被称为和州组，而在四川盆地内部，该期膏云岩、膏溶角砾及其同期沉积目前大家仍然沿袭原四川石油管理局的地层划分方案，称为黄龙组一段，未单独划分。在上述同期异相沉积之后，石炭纪发生了第一次明显的整个华南地区的区域性海侵，海域明显扩大，岩相古地理的面貌也有一定的改观，主要的标志相为全区普遍存在一套厚度不大的（和州）石灰岩沉积，相对均匀地覆盖在前期白云质砂岩、白云质灰岩、薄层白云岩及膏云岩之上，代表了最大海侵的凝缩段沉积。总体来讲，四川盆地黄龙组一段为盆地相，建南地区的和州组为同期异相的盆地边缘相，该套地层的实际年代为早石炭世晚期。

晚石炭世早期属于统一陆表浅海盆地阶段。晚石炭世早期（黄二段）（图5-15），经过前期的同期异相填平补齐，在川东及周缘地区形成了差异极小的广泛陆表浅海盆地沉积环境，沉积了一套厚度稳定的潮坪白云岩。该套白云岩沉积范围大而稳定，后期未被剥蚀，是四川盆地石炭系分布最为稳定和广泛、同时也是四川盆地石炭系天然气的主力产层。四川盆地黄龙组二段白云岩在中下扬子、湘桂地区称为老虎洞组或大浦组，上下接触关系、岩性组合、生物组合及厚度均可很好地进行对比。

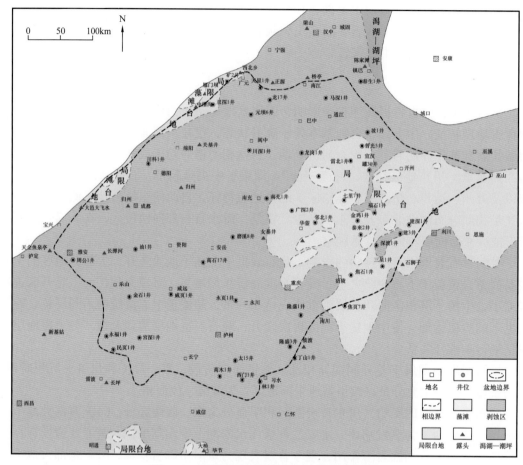

图 5-15 四川盆地及周缘上石炭统沉积相图

晚石炭世晚期属于盆地裂陷沉降阶段，海侵范围稍有扩大，鄂中和川东发育了黄龙组和船山组碳酸盐岩沉积，在鄂西、川东等地超覆于泥盆系及志留系碎屑岩之上。黔北、川东的道真、石柱一带及鄂西北保康、南漳附近都有黄龙组石灰岩分布。至晚石炭世末期，海域明显缩小，船山组仅分布于鄂西长阳、松滋、宜都一带。具体到四川盆地东部，黄三段在各个剥蚀残余区仍具有相当的厚度，且未见到沉积相差异，因此原始沉积范围应当相当广泛，属于盆地充分裂陷沉降阶段的沉积产物。

晚石炭世末期受云南运动影响，四川盆地短暂抬升，石炭系遭受剥蚀。在整个晚石炭世期间，古地形具有继承性。梁平古隆起是川东地区从石炭纪黄龙组沉积期就开始出现的古隆起，川东地区受云南运动影响隆升为陆。区域上形成宣汉—开州、广安—重庆、涪陵—丰都和忠县四个周边岩溶高地及开江、梁平、大竹、垫江四个坡内岩溶高地，在岩溶斜坡形成良好的岩溶孔隙型储层。

六、二叠系

四川盆地二叠世受龙门山古断裂及"西高东缓"古地理格局影响。二叠纪早期，海平面上升，除北侧大巴山古陆、西北侧龙门山古陆，西侧康滇古陆和东侧江南古陆呈岛链或孤岛露出水面以外，上扬子古陆全被淹没，广泛的海侵使下二叠统覆盖在石炭系等不同时代的地层之上。最早的沉积为梁山组，底部为厚度不大的浅灰色铝土质泥岩，属大陆风化残积产物；向上过渡为黑色碳质页岩夹煤线的滨海沼泽沉积，局部出现含海洋生物的细—粉砂岩或薄层泥灰岩的滨海沉积。

中二叠世的海侵作用，几乎将整个中上扬子区全部淹没，与周边盆地融为一体，形成统一的、范围广大的沉积盆地，即扬子克拉通盆地。栖霞组沉积期，四川盆地西部—西北部受龙门山大断裂控制，发育镶边台地，台缘发育在盆地西南—西北一带，斜坡位于台缘与盆地之间。盆地相位于四川盆地西北及北部外侧，汶川新店子剖面为深水盆地相，并且沉积厚度小。川东北、川东南地区主要为缓坡型碳酸盐岩台地环境，中缓坡带发育一些滩体。台地（内缓坡）相在四川盆地内部广泛发育，局部地势较高的部位，沉积水体相对较浅，水动力相对较强，常发育台内滩沉积（图5-16）。

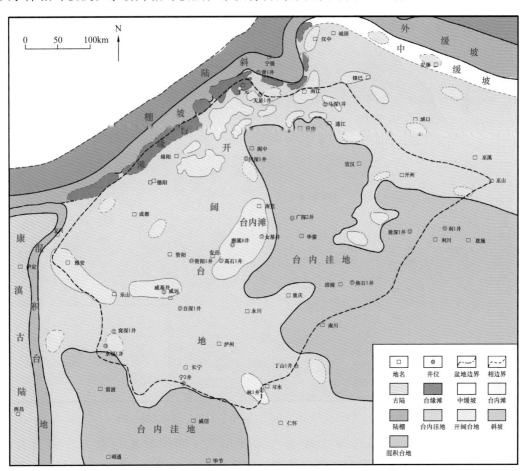

图5-16　四川盆地及周缘中二叠统栖霞组二段沉积相图

茅口组沉积早期具有与栖霞相似的古地理格局，茅口组沉积晚期受峨眉地幔柱活动的强烈影响，沉积水体变浅，在川西及川东南地区发育浅滩沉积。茅口组沉积末期受"东吴运动"抬升影响，遭暴露溶蚀，有利于风化岩溶储层发育，川东南及川西地区是岩溶储层发育有利区。

茅一段沉积时期，四川盆地西部—西北部仍然发育镶边台地。川东北地区为缓坡型碳酸盐岩台地，相对于栖霞组，中缓坡相带向西南迁移。台地（缓坡型）相在四川盆地内部广泛发育，部分地势较高的部位，发育台内滩沉积。川东南地区为外缓坡沉积，岩性主要为深灰色、灰黑色泥晶灰岩、含泥灰岩，发育疙瘩状构造（瘤状构造）。

茅二段沉积时，继承了茅一段的古地理格局，四川盆地西部—西北部发育镶边台地（图5-17）。东北地区仍然发育缓坡型碳酸盐岩台地，地层具有从南向北方向逐渐减薄的变化趋势。台地（内缓坡）相在四川盆地西部广泛发育。此时泸州古隆起逐渐形成雏形，部分地势较高的部位，沉积水体也相对较浅，水动力相对较强，常形成浅滩，川东南地区台洼相带相对茅一段变小。

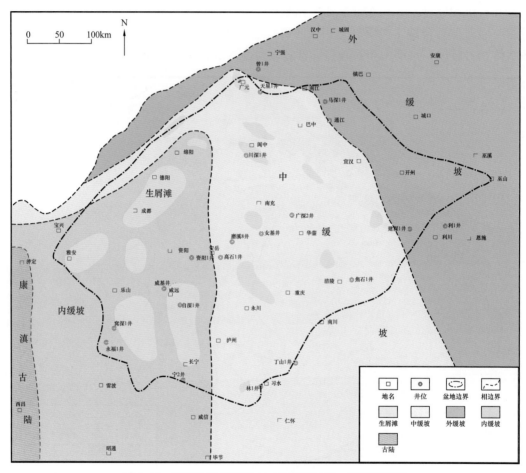

图5-17　四川盆地及周缘中二叠统茅口组二段沉积相图

茅三段沉积时，继承了茅二段的古地理格局，四川盆地西部发育镶边台地（图5-18）。东北地区在拉张背景下，开江—梁平陆棚基本成型，陆棚内部沉积了孤峰段硅质岩，其两侧发育镶边型碳酸盐岩台地，局部地区沉积了相对高能的生屑滩；台地（内缓坡）相在四川盆地西部较茅二段进一步扩张。茅口组沉积末期，火山即将喷出地表，隆升作用达到顶峰，中上扬子区整体隆升到海平面以上，全区演变为喀斯特环境，形成了中—上二叠统之间的平行不整合面。

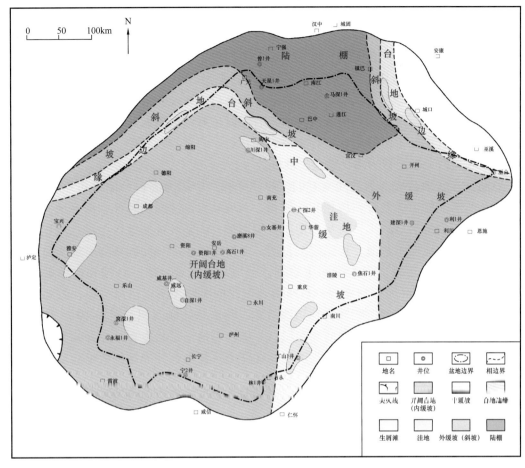

图 5-18　四川盆地及周缘中二叠统茅口组三段沉积相图

晚二叠世，中上扬子地区古地理格局发生巨大变化。这次变化主要来源于中古特提斯构造的打开，在中二叠世末出现大范围的、以隆升作用为主的东吴运动，扬子西缘的地幔柱隆升引起强烈的"峨眉地裂运动"，造成晚二叠世早期大规模玄武岩浆喷溢活动，"台""盆"交替的沉积格局进一步加强。该时期构造活动相对强烈，沉积分异明显，古地理环境较为复杂。伴随着强烈的拉张作用，导致了四川盆地西南部玄武岩喷发，西南部抬升成为四川盆地主要物源区。陆源区以东发生相对沉降，接受沉积，导致了大范围的碎屑岩台地的发育。伴随着海水不断沿北东向南西方向入侵，盆地东北部地区海水变得开阔，沉积环境向清水环境转变，形成了海相、陆相并存的格局。

在吴家坪组沉积晚期初始台地沉积背景的基础上，长兴组沉积早期开始出现明显的台地、陆棚沉积分异格局，平面上为西南高，东北低的地势，台地沉积环境更有利生物生长和碳酸盐岩的产出，台地、陆棚沉积分异进一步加强，生屑滩分布范围进一步扩大，由零星发育逐渐演化到连片分布。该时期也是长兴组下部储层发育的主要时期，以镶边碳酸盐岩台地沉积为主，台地与陆棚之间发育有较明显的坡折带，台地边缘发育有台地边缘生物礁或台地边缘浅滩，礁滩主要在原地生长（普光）或横向迁移（元坝）。斜坡岩性以瘤状灰岩或者泥晶灰岩为主，斜坡平面分布范围窄（普光）或宽（元坝）。以元坝地区长兴组镶边碳酸盐岩台地沉积模式为例：发育有开阔台地、台地边缘礁滩及斜坡—陆棚等沉积相单元。

开阔台地岩性以生屑灰岩为主,台地边缘礁滩由生物礁及礁后浅滩组成。生物礁分布于坡折带,生物礁顶部普遍发育礁白云岩及生屑白云岩,生物礁内部高低不平,生物礁由礁间低洼地区所分隔。生物礁内部非均质性很强,主要由生物格架、生屑滩等组成。生物礁沉积时地势高,生物礁顶部普遍发育礁白云岩及生屑白云岩。而浅滩位于礁后地区,地势较低,浅滩区一般不发育白云岩,以生屑白云质灰岩及生屑灰岩为主。浅滩顶部普遍发育厚几十米开阔台地相生屑泥晶灰岩,岩石物性较差,而同时期的生物礁分布区以生屑白云岩沉积为主,储层物性好。

平面上在盆地西南部为海陆交互的滨岸沼泽相,中部为混积台地相和开阔台地相,在开江—梁平陆棚边缘发育斜坡相和陆棚相,斜坡具有东陡西缓特征,由台地向斜坡和陆棚相区生屑含量明显减少、石灰岩泥质含量增加。广旺及鄂西地区为深水沉积,沉积大隆组硅质岩,地层相对薄。长二段沉积期,四川盆地隆凹相间的格局更加明显,由于生物繁盛,在台地边缘出现大量的生物礁,台地内存在着台隆、台洼和台坪等次级地貌,"三隆三凹"的格局更加显著,自西南到东北依次发育滨岸沼泽沉积、海陆过渡的混积台地沉积、开阔台地沉积和台地边缘沉积、斜坡—陆棚沉积(图5-19)。该时期生物礁和生屑滩沿开江—梁平陆棚两侧和城口—鄂西等地呈带状发育,在开阔台地内部蓬溪—武胜一带,由于台地内部的拉张沉陷,在蓬溪—武胜台洼周缘的古地貌高带上,发

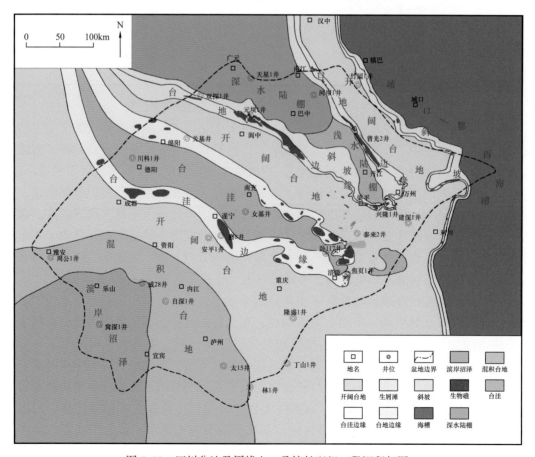

图5-19 四川盆地及周缘上二叠统长兴组二段沉积相图

育台洼边缘及台内生物礁滩，局部成带分布。陆棚边缘礁滩规模大于开阔台地内部发育的点礁及台洼边缘礁。目前在开江—梁平陆棚周缘已经发现了普光、元坝及龙岗等大气田，在城口—鄂西盆地周缘也发现有优质储层存在，在台洼边缘高能相带也钻获多口工业气流井，长兴组礁滩勘探呈现良好的态势。

第四节　中生界沉积相展布及沉积演化

一、三叠系

早—中三叠世，中上扬子仍以克拉通盆地为主，受早印支运动的影响，雪峰山隆起再次出现，古地理格局发生明显变化。随着中三叠世末印支运动影响，海水逐渐全部退出，结束了海西—印支阶段的华南统一陆块的构造演化史，进入以内陆造山作用为主的新的构造阶段（陈洪德等，2012）。

早三叠世飞一段、飞二段沉积时期，四川盆地基本继承了长兴组沉积期沉积格局，广旺—开江梁平地区及鄂西地区为陆棚沉积环境。飞三段沉积时，因早期填平补齐作用，四川盆地深水沉积区急剧减少，大部分地区演变为开阔台地沉积。飞四段沉积时期，四川盆地沉积环境全区相似，演变为局限台地—台地蒸发岩沉积环境。

飞一段沉积时期，盆地继承了长兴组古地理背景，台地继续向陆棚方向推进，开江—梁平陆棚面积缩小，水体深度变浅，鲕粒滩零星分布。整体上古地理格局西南高、东北低，从西南到东北由海陆交互相逐步过渡为海相，大部分地区为宽缓台地浅水碳酸盐沉积。

飞二段沉积时期，受飞一段沉积晚期海退影响，开江—梁平陆棚东侧普光、毛坝台地边缘发育滩相白云岩，而台内及其他大部分地区以泥晶灰岩夹鲕粒灰岩为主。康滇古陆带来的碎屑沉积突然增多，形成靠近物源区的西南部飞二段沉积突然增厚。古地理格局仍然是西高东低，受海退和干旱气候影响，水体更加局限、变浅，盆地内蒸发作用明显增强。局部发育蒸发岩台地相。在该时期，开江—梁平陆棚面积进一步缩减，沉积岩性为大套的泥晶灰岩夹泥质灰岩，陆棚两侧的台缘滩规模较大，鲕滩体累计厚度增大，岩性为大套泥晶灰岩、鲕粒灰岩、鲕粒云岩等，台内洼地几乎消失（图5-20）。

飞三段沉积时期，古地理格局总体表现为向北东方向微倾的区域性缓坡，以碳酸盐岩台地沉积为主，随着海平面上升，泥质岩减少，碳酸盐岩增多，整体表现为一个宽阔的、平坦的台地沉积，这个时期，发育较多的鲕滩。在缓坡末端处，城口—鄂西陆棚仍有残留，在向台地一侧发育滩相，后期白云岩化。古地理表现为一个自西南向北东方向的分异，和飞二段沉积时相比，开阔台地规模增大，岩性主要为大套泥晶灰岩、鲕粒灰岩、砂屑灰岩、泥质灰岩等。

飞四段沉积时期，周边古陆的隆升，发生大规模海退，阻止了海水入侵，形成一个半封闭的局限蒸发台坪，局限台地和蒸发台地迅速扩大，包括广大的川东、川东北、川西地区，在炎热高温条件下，出现了强烈的蒸发浓缩作用；在局限台地和蒸发台地环境发育大量暗紫色泥岩、泥质灰岩、白云质灰岩、白云岩，可作为区域盖层，总体表现为低能环境。

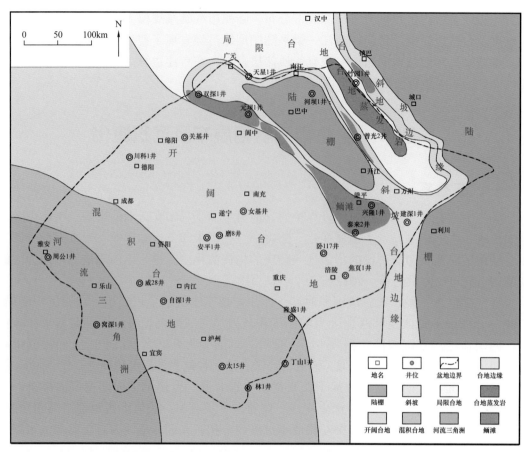

图 5-20　四川盆地及周缘上三叠统飞仙关组二段沉积相图

嘉陵江组沉积时期基本继承了飞仙关组沉积时期的古地理格局，但气候明显变得更加炎热，总体为碳酸盐岩局限海—蒸发台地沉积体系，在川西地区发育台地边缘沉积，川东地区沿泸州—开江一带发育台内浅滩相，泸州—开江古隆起雏形期造成的古地貌差异对嘉陵江组台内浅滩沉积有控制作用。

嘉一段沉积继承了飞仙关组的沉积背景，整体上古地貌西高东低、西南高、东北低，沉积基面向东倾斜，为极浅水宽缓碳酸盐岩台地沉积，以局限台地相、开阔台地相为主。

嘉二段沉积时期，受嘉一段沉积末期海退影响，碳酸盐岩台地渐次变迁为蒸发台坪，气候炎热干燥，海域受限，沉积地势仍然是西高东低，水体更加局限、变浅，盆地内蒸发作用明显增强。与海进期相比，开阔台地相带有所缩小，大范围发育蒸发台地相，膏盆发育（图 5-21）。

嘉三段沉积时期开始了嘉陵江组沉积期的第二次大海侵，原来嘉二段沉积时的蒸发台坪被广阔的碳酸盐岩台地取代，气候由炎热干燥转变为温暖潮湿。正常浅海的瓣鳃类、有孔虫、棘皮类等生物开始增多。沉积物主要为灰质、泥质白云岩，沉积环境为浅水、极浅水局限台地相、开阔台地相。

嘉四段—嘉五段沉积时期，周边古陆隆升，发生大规模海退，形成一个半封闭的局限蒸发台坪。在炎热高温条件下，出现了强烈的蒸发浓缩作用，沉积多套巨厚的石膏和

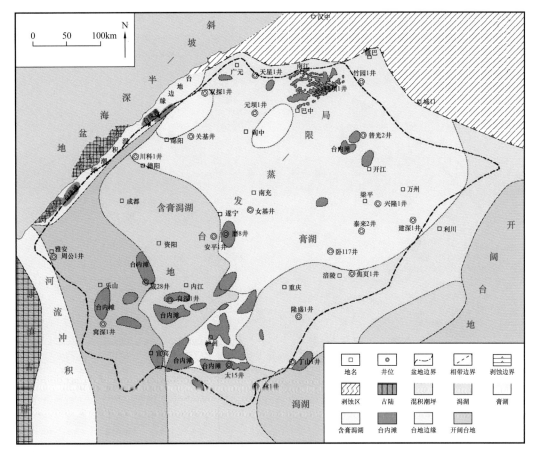

图 5-21　四川盆地及周缘下三叠统嘉陵江组二段沉积相图

盐岩。垂向上为白云岩（少量石灰岩）—石膏—盐岩—杂卤石序列，表现为较为完整的海退旋回，在旋回的下部沉积石灰岩或白云岩，中部沉积石膏，上部沉积盐岩，每个旋回的上部成盐性最好，同时也是极好的油气封盖层（图 5-22）。在江油—绵竹一带发育北东向展布的浅滩相储层，川东北地区发育小型台内滩。

雷口坡组沉积早期，受江南古陆升起影响，四川盆地东北部较西南地区沉积膏盐更厚。雷口坡组沉积晚期，受海退作用及干旱气候影响，盆地内蒸发作用明显增强，膏湖及含膏潟湖的范围迅速扩张，膏湖沉积中心向西转移。随着四川盆地整体不断隆升，导致在雷口坡组顶部形成构造控制的古暴露面。早期古表生岩溶作用形成的溶蚀孔缝，为晚期深埋溶蚀再度形成孔缝储层提供了有利条件。

雷一段沉积时期构造抬升进一步增强，泸州隆起继续抬升，龙门山古岛也凸出水面，四川盆地古地势转为东南高，西北低，沉积环境以混积潮坪、局限海—蒸发岩台地相为主。

雷二段沉积继承了雷一段东南高、西北低的构造沉积面貌，泸州、开江古隆起继续抬升，剥蚀尖灭的范围进一步扩大，龙门山古岛也大面积露出水面，康滇古陆与雪峰山古陆仍为其物源区，沉积环境以混积潮坪、局限海—蒸发岩台地相为主（图 5-23）。

雷三段沉积时期，四川盆地又一次大范围的海侵，同时构造抬升进一步加剧，泸州隆起与开江隆起有联为一体之势，并继续抬升，地层剥蚀尖灭的范围进一步扩大，龙门

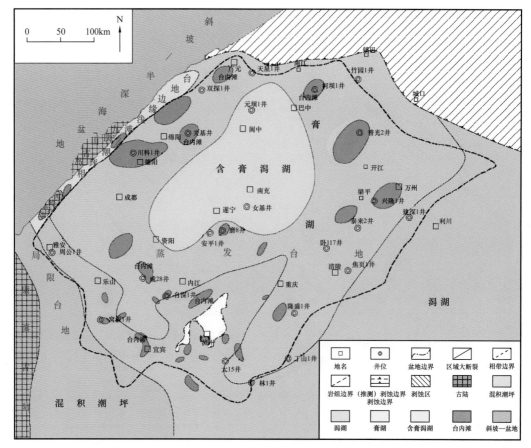

图 5-22　四川盆地及周缘下三叠统嘉陵江组四段—五段沉积相图

山古岛也有形成岛链的趋势，其前缘仍为台缘浅滩及滩间沉积环境，古地貌依然继承了雷二段沉积时东南高，西北低的整体格局。其沉积环境以混积潮坪、局限海—蒸发岩台地相为主。

雷四段依然保持了雷三段东南高、西北低的沉积格局，龙门山古岛链也已基本成型，古岛前缘仍继承性地发育了台缘浅滩及滩间沉积相带。泸州隆起与开江隆起继续抬升，剥蚀尖灭范围迅速扩大，残留地层范围急剧缩小。受海退作用及干旱气候影响，盆地内蒸发作用明显增强；膏湖及含膏潟湖的范围迅速扩张，膏湖沉积中心向西转移（图 5-24）。

雷口坡组沉积时期由于印支期运动挤压隆升，地层广遭剥蚀，残留地层东南薄，西北厚，在川西和川东北大部分地区残留雷四段，是雷口坡组顶部岩溶储层发育的有利区。

在沐川永福及川东北旺苍一带，雷口坡组发育浅滩相砂屑白云岩，岩石中溶孔较多，具有一定的储集性能。川中地区雷口坡组普遍发育石膏，区域分布稳定，为区域性油气封盖层。

经历了中三叠世区域性整体抬升和"喀斯特"化后，晚三叠世初期，随着古特提斯洋逐步关闭，川西受挤压挠曲，在前陆挠曲稳定翼发育了马鞍塘组海相缓坡沉积体系，古地理呈东高西低格局，马鞍塘组沉积范围局限，仅发育于川西地区。

天井山组沉积时期，上扬子台地主体区上升，仅在川西坳陷中段部分地区及江油都

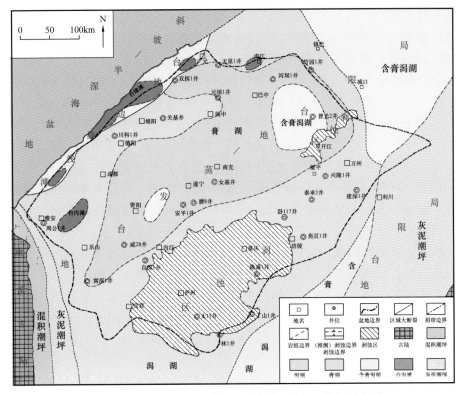

图 5-23 四川盆地及周缘中三叠统雷口坡组二段沉积相图

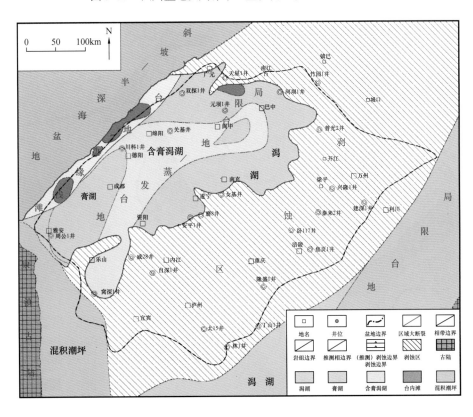

图 5-24 四川盆地及周缘中三叠统雷口坡组四段沉积相图

江堰断裂和茂汶断裂之间见天井山组，主要发育碳酸盐岩缓坡沉积，由南东至北西方向依次发育内缓坡—中缓坡—外缓坡。内缓坡相带主要分布在什邡—孝泉—绵竹与江油都江堰断裂之间地区，沉积深灰色泥微晶灰岩、泥质白云岩、泥质灰岩、灰质白云岩等；中缓坡相带则发育在江油都江堰断裂—北川映秀断裂之间区域，岩性主要为浅灰色、深灰色灰岩、白云岩、白云质灰岩互层间夹藻、砂屑灰岩或白云岩，其中白鹿—绵竹金花—汉旺及通口—黄连桥和江油一带发育藻、砂屑滩沉积。北川映秀断裂—茂汶断裂之间则发育深灰色泥页岩与粉砂岩互层的外缓坡沉积相带。盆地相区则分布于茂汶断裂以西的地区。

受印支运动的影响，中三叠世末期四川盆地发生了大规模的构造抬升，在盆地周缘旺苍—川巴 52 井—渠县—合川一线以东，永川—隆 32 井—高荀 1 井一线以南地区及自贡、安岳、潼南、大足等地未接受沉积。受周缘陆源碎屑的大量补给及龙门山造山带持续性隆升的影响，海水进一步东扩至南充—遂宁—资阳—犍为一线。

须二段下亚段沉积时期，龙门山造山带北段进一步隆升，其岛链或古隆起继续上升扩大且向东推移，形成摩天岭隆起及九顶山隆起等，为盆地川西地区北部区域提供大量陆源碎屑，水体向东进一步扩张，越过开江古隆起进入川东地区。金河地区须二段发现海相生物化石，表明此时古龙门山岛链（或古隆）还没有完全闭合，还存在向西通向特提斯海的通道。该期主要发育三角洲沉积体系和海湾沉积体系，以三角洲沉积体系为主体（图 5-25）。

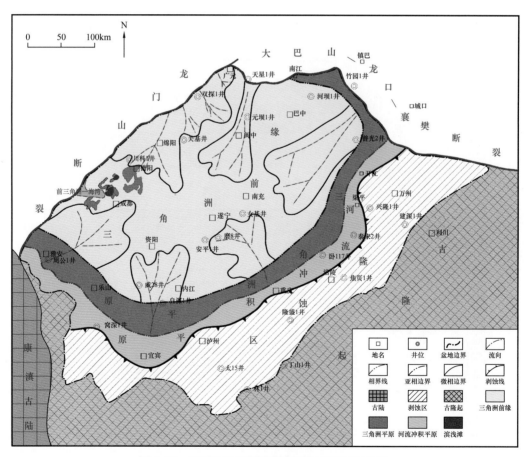

图 5-25　四川盆地及周缘须家河组二段沉积相图

须二段上亚段沉积期，龙门山北段、米仓山—大巴山、康滇古陆和江南—雪峰古隆起提供了主要物源。由于较为稳定持续的物源供给，本期沉积范围扩大至宜宾—重庆—梁平—开江一线。整体仍然表现为三角洲沉积体系和海湾沉积体系特征，三角洲沉积体系继续广泛分布，且仍以三角洲前缘亚相、三角洲平原亚相发育为特征。

须三段沉积时期，受龙门山造山带构造隆升的影响，四川盆地可容纳空间达到了须家河组沉积的最大值，水体向东、向南扩张，向南已越过泸州古隆起，须三段超覆在嘉陵江组、雷口坡组的不同层位上，沉积范围已扩大至整个四川盆地（图5-26）。盆地周缘构造山系逆冲推覆活动进入暂时休眠期。以川西坳陷沉降幅度最大，川东北坳陷和川东南坳陷以稳定低幅沉降为主，川中古隆起则以稳定低幅隆升为主。

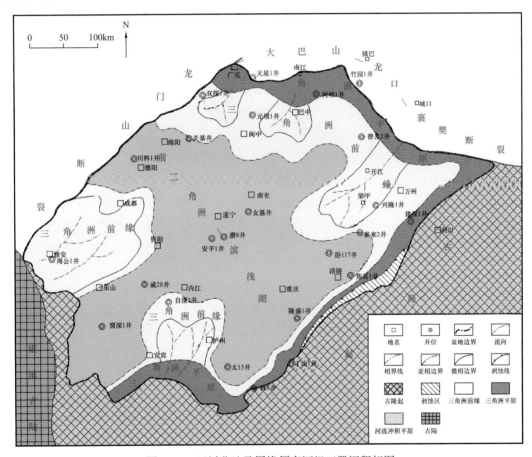

图5-26 四川盆地及周缘须家河组三段沉积相图

须四段沉积时期是四川盆地上三叠统沉积演化的重要时期。期间，松潘—甘孜地区全面褶皱隆起，普遍缺失上覆地层，仅在山间盆地沉积了磨拉石建造的八宝山组，含中酸性火山岩夹煤层。松潘—甘孜褶皱区成为晚三叠世晚期的物源区，沿龙门山零星可见须四段与下伏地层的假整合或不整合接触。同时由于安州运动的影响，须三段广泛发育的湖泊逐渐向南撤退。川西坳陷受龙门山物源影响最大，但同时受康滇古陆的作用，川东北坳陷主要受大巴山物源影响最大，该时期沉积相带由不对称型逐渐转变为近于对称的环带形。主体发育三角洲沉积体系，其中三角洲前缘亚相最为发育（图5-27）。

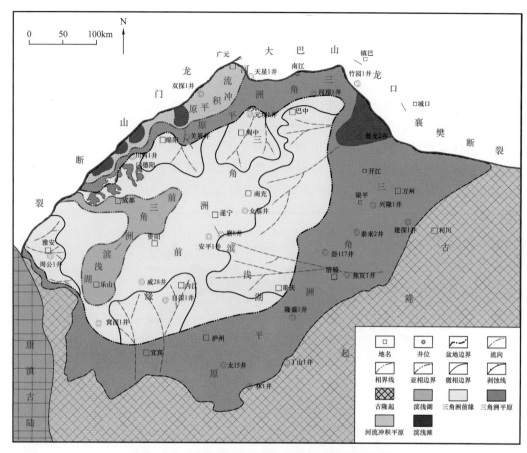

图 5-27　四川盆地及周缘须家河组四段沉积相图

须五段沉积时期构造活动相对平静，沉积盆地可容纳空间较大，沉降—沉积中心的主体仍位于龙门山前缘的川西坳陷带。随着龙门山的隆升，与海连通的出水口逐渐变小，同须四段沉积时期相似，成为受间歇性海水改造的陆相盆地。

受晚三叠世末期—早侏罗世早期（印支运动晚幕）龙门山逆冲推覆构造运动与剥蚀的影响，须六段遭受大面积剥蚀，较完整的须六段沉积记录主要保存在盆地西南部、中部和东北部，呈北东向宽带状展布（图 5-28）。

二、侏罗系

受古特提斯洋全面关闭的影响，侏罗纪沉积环境总体较稳定、平静，沉积了一套河相、湖相碎屑岩，层系间整合或平行不整合接触。这一时期的山前坳陷，已由印支晚期的前陆盆地转变为仍在挤压背景下的陆内坳陷盆地，不同时期沉降中心具有不同的变化。

燕山运动早—中期（早—中侏罗世），川西中部、北部地区处于造山后构造伸展停滞期，松潘—甘孜褶皱带、龙门山冲断推覆构造带遭受剥蚀，仍然是山前川西前陆盆地的主要物源区。

随着冈底斯地块（或"拉萨地块"）与欧亚古大陆间的新特提斯洋的打开，川西主要是松潘—甘孜带、龙门山带的持续向东推挤，尤其是秦岭带的向南推挤，导致川黔滇侏罗纪大型陆相盆地的沉降、沉积与形变，但此时，沉降中心逐渐向北部迁移。

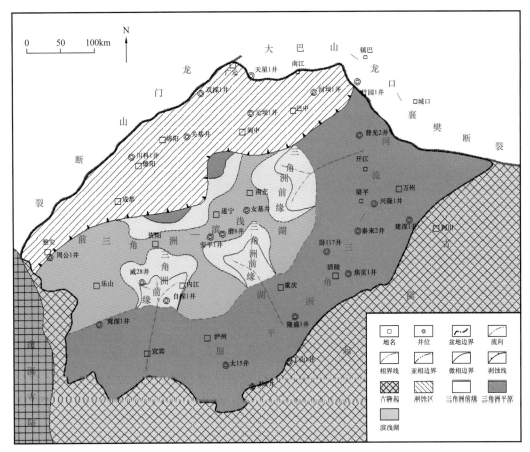

图 5-28　四川盆地及周缘须家河组六段沉积相图

晚侏罗世末期，冈底斯地块向北与古亚洲大陆碰撞拼合，新特提斯洋闭合，古龙门山继续向陆相盆地递进推移。同时冈瓦纳大陆全面裂解漂移，新特提斯洋开始形成，导致上扬子区向北运动。该时期盆地沉降中心位于江油—绵阳一带。

自流井组（白田坝组）沉积时期，龙门山前带以冲积扇与河流—冲积平原相为主，马井、什邡地区发育有河流相。坳陷大部地区以湖相为主，在德阳、青白江及洛带地区均发育有沙坝；合兴场—丰谷以及石泉场、中江—回龙一带，发育介屑滩沉积；洛带地区沙坝含大量灰质，处于相变带附近（图 5-29）。

千佛崖组沉积时期，物源主要来自龙门山北部。龙门山前西部地区主要为冲积平原沉积，北部发育扇三角洲沉积体系，在安州—绵阳一带以扇三角洲平原为主，孝泉—新场—丰谷地区为扇三角洲前缘。坳陷大部地区以浅湖相为主，在紫阳、德阳、青白江及洛带地区均发育有沙坝；坳陷中东部阆中—南充—广安往东南等地为半深湖相（图 5-30）。

下沙溪庙组沉积晚期，古地理沉积格局发生明显的改变，盆地边缘为河流—冲积平原沉积。坳陷内主要属于辫状河三角洲沉积体系，呈环状分布，盆地北部较发育，盆内西南部大部分为滨浅湖沉积。砂体主要呈北东—南西向展布，梓潼、孝泉—新场—高庙子—丰谷、知新场—中江、新都—洛带地区砂岩发育，砂体厚度较大。温江郫都区地区也有小规模三角洲朵叶体向坳陷内延伸。坳陷南部为滨浅湖沉积，物源主要来自北缘米仓山及龙门山北段，大邑地区有少量的物源供给（图 5-31）。

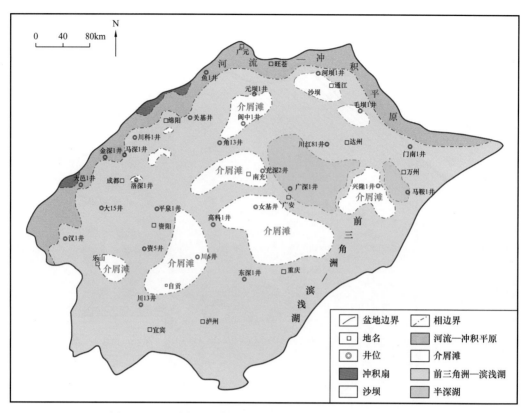

图 5-29 四川盆地下侏罗统自流井组（白田坝组）沉积相图

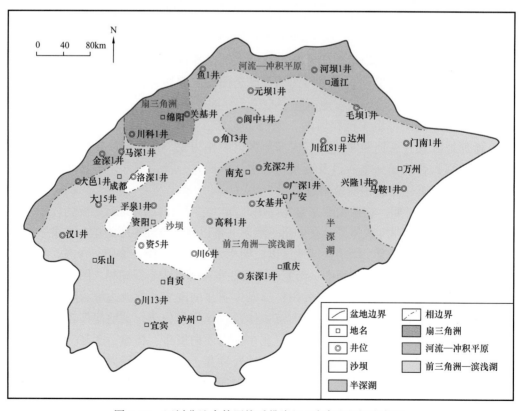

图 5-30 四川盆地中侏罗统千佛崖组 / 凉高山组沉积相图

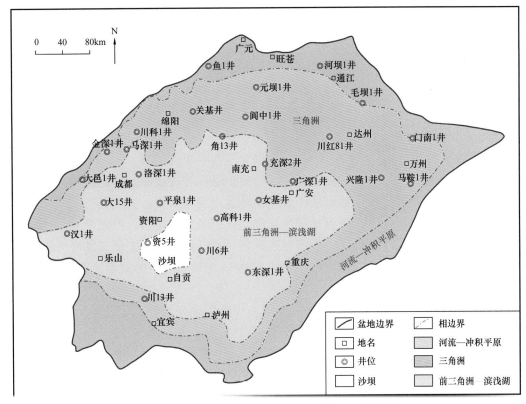

图 5-31　四川盆地中侏罗统下沙溪庙组沉积相图

上沙溪庙组基本延续下沙溪庙组沉积期沉积格局，主要物源供给区为米仓山及龙门山北段，同时具有少量西部龙门山中南段物源。川西地区北部、东部的孝泉—新场—高庙子—丰谷、中江—回龙、广汉—金堂、新都—洛带地区砂岩发育，以三角洲平原、前缘沉积为主。

遂宁组沉积时期，物源区发生较大的变化，物源主要来自西部龙门山。金马—聚源地区发育规模较大的冲积扇群，崇州、郫都地区以三角洲平原沉积为主，向东部及南部孝泉、广汉—金堂、新都—洛带地区逐渐演化为三角洲前缘相砂体。遂宁组沉积时期，滨浅湖展布范围扩大，新场构造主体及以东区域、中江—回龙地区、洛带以东区域均为以粉细砂岩、泥岩为主的前三角洲—滨浅湖相。

蓬一段沉积时期，与遂宁组沉积具有明显继承性，物源方向仍以东西向为主。从龙门山前缘到龙泉山主要发育冲积扇—湖泊沉积体系，坳陷内主要属于辫状河三角洲体系，发育的沉积相主要为辫状三角洲平原—三角洲前缘—前三角洲，什邡—马井地区主要属于辫状三角洲平原和三角洲前缘沉积，三角洲体系展布范围较遂宁组有明显增大的趋势。

蓬二段沉积时期，川西坳陷整体呈现北东高、南西低的古地貌格局，物源主要来自龙门山北段。成都凹陷由于远离物源区，河流相主要发育在坳陷北部，中段成都凹陷主要属于三角洲沉积体系，以三角洲平原和前缘为主，南部和东部主要为前三角洲和湖泊相。

蓬三段沉积时期与蓬二段有相似的分布特征，以三角洲前缘为主，三角洲前缘分布范围较蓬二段增大，西部和西北部发育三角洲平原和河流相，在龙门山前缘为冲积扇相。

蓬四段由西向东发育冲积扇—河流—三角洲沉积体系，与蓬三段比较，西部河流环境和东部的前三角洲、湖泊面积增大，三角洲前缘面积减小，什邡—马井、广汉—金堂、新都—洛带及中江—回龙地区主要为三角洲前缘沉积。

三、白垩系

受新特提斯洋（处于狭义的冈瓦纳古陆以北与古欧亚大陆间，其间漂移有喜马拉雅地块）的形成、发展、关闭以及白垩纪以来"向松潘—甘孜地体的陆内俯冲"或"龙门山 C 型俯冲"的影响，川西地区结束了早期前陆盆地发育历史，进入了再生前陆盆地演化阶段，早白垩世沉积仅局限于盆地的西北部，沉积多套磨拉石，由四至五套砾岩、砂岩、泥岩组成正韵律层序，以山麓冲积扇和辫状河流沉积为主，上部多发育河流相。沉积中心位于广元至通江一带，厚达 1200m，向南东方向减薄，德阳地区厚约 400m，至此，盆地进入萎缩期。

早白垩世末，受晚燕山构造事件的影响，川西地区的下白垩统遭受了严重的剥蚀，有的地区甚至剥蚀殆尽。川东、川东北和部分川中地区隆升为陆。晚白垩世，受龙门山中段、南段强烈活动的影响，沉降中心迁移至龙门山中段、南段，沉积范围也随之迁移至川西南至川南地区，除龙门山前缘发育多个冲积扇沉积体系外，灌口组沉积由河流相逐渐过渡到干旱湖相，含钙芒硝和石膏蒸发岩沉积，与此同时，在川南宜宾、叙永一带还发育有沙漠相风成砂岩。

第六章 烃 源 岩

烃源岩是油气生成和聚集成藏的物质基础。四川盆地发育多套烃源层，包括中寒武统筇竹寺组、上奥陶统五峰组—下志留统龙马溪组、中二叠统栖霞组—茅口组、上二叠统龙潭组/吴家坪组、上三叠统须家河组和下侏罗统自流井组六套区域性烃源岩，同时发育多套地区性烃源岩。近年来，随着勘探的逐渐深入，特别是一大批海相油气田的发现，烃源岩评价资料丰富，在烃源岩纵横向分布规律、发育模式及主控因素、烃源灶及其演化等方面认识进一步深化。

四川盆地烃源岩岩性主要为泥岩和碳酸盐岩，局部夹煤层。烃源岩按矿物含量划分为硅质型、钙质型和黏土型三种类型。其中中寒武统筇竹寺组和上奥陶统五峰组—下志留统龙马溪组烃源岩主要为硅质型；中二叠统栖霞组—茅口组烃源岩主要为钙质型；上二叠统龙潭组/吴家坪组烃源岩主要为黏土型。

四川盆地烃源岩干酪根类型主要为 I 型和 II 型，上三叠统须家河组和上二叠统龙潭组/吴家坪组发育煤系烃源岩，有机质类型以 III 型干酪根为主。烃源岩成烃生物主要由浮游生物（浮游藻类）、底栖生物（或底栖藻类）、菌类和高等植物四大类组成。其中底栖藻类相当于 II_1 型干酪根，菌类相当于 II_2 型，浮游藻类生烃潜力与 I 型干酪根相当。

四川盆地烃源岩具有热演化程度高的特点，普遍达到高—过成熟阶段。生排烃研究表明，I 型有机质生烃潜力较大，II 型有机质生烃潜力较小；硅质型烃源岩排烃效率最高，钙质型次之，黏土型最低；I 型和 II_1 型烃源岩排烃效率大于 II_2 型烃源岩排烃效率。

四川盆地及邻区经历了多期构造运动，导致烃源岩普遍具有"多期生烃"的特征。同时，海相烃源岩的有机质类型决定了其早期以生油为主，后期古油藏在深埋裂解过程中形成气藏。目前四川盆地已发现的普光、元坝、威远、安岳等海相大型气田均是在古油藏形成后转化为气藏的，具有"油转气"的特征。

第一节 烃源岩发育特征

四川盆地主要发育六套区域性烃源岩和六套地区性烃源岩。海相烃源层系四套：中寒武统筇竹寺组、上奥陶统五峰组—下志留统龙马溪组、中二叠统栖霞组—茅口组、上二叠统龙潭组/吴家坪组。陆相烃源层系两套：上三叠统须家河组（须三段、须五段）、下侏罗统自流井组。此外，局部地区发育下震旦统陡山陀组、上震旦统灯影组、下寒武统麦地坪组、下二叠统梁山组、上二叠统大隆组、中三叠统雷口坡组六套地区性烃源岩。

一、区域性烃源岩

1. 中寒武统筇竹寺组

1）烃源岩展布特征

中寒武统筇竹寺组岩性主要为灰黑色泥岩、页岩、灰色粉砂质泥岩和硅质页岩，局部夹粉砂质泥岩和粉砂岩，富含三叶虫化石和小壳化石。筇竹寺组总体为向上变浅的沉积环境，发育两个四级旋回，在海侵域发育两套深水陆棚富有机质页岩。川北地区马深1井筇竹寺组烃源岩主要发育在其下部，岩性主要为一套黑色碳质泥岩，上部主要为含灰泥岩，顶部夹灰质粉砂岩。川中地区高石17井筇竹寺组厚度大，为地层沉积中心，发育上、下两套烃源岩层段，岩性主要为黑色泥岩、碳质页岩和浅灰色泥岩，属于典型的深水陆棚相。川东南地区丁山1井筇竹寺组烃源岩主要发育在其底部，岩性主要为深灰色泥岩，向上岩性变为粉砂质泥岩，局部夹泥质粉砂岩和石灰岩。川西南地区永福1井中寒武统筇竹寺组发育上、下两套烃源岩层段，下部烃源岩厚度约50m，上部烃源岩厚度相对较薄，岩性主要为粉砂质泥岩、碳质页岩、含灰泥岩等（图6-1）。

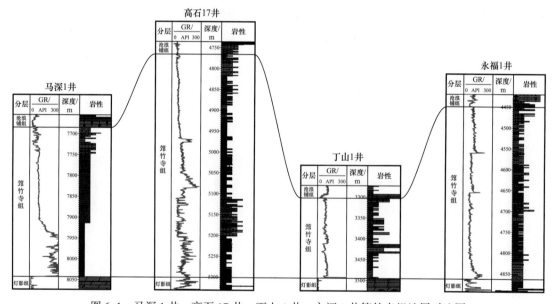

图6-1　马深1井—高石17井—丁山1井—永福1井筇竹寺组地层对比图

四川盆地及邻区早寒武世发生大规模海侵，同时兴凯地裂运动等形成绵阳—长宁裂陷槽，发育多个沉积和沉降中心。海侵和古裂陷的存在形成了持续的浅水陆棚—深水陆棚环境，沉积了一套欠补偿、较深水、缺氧、强还原环境条件下的烃源岩，沉积水体总体上较为安静，形成区域性深水滞留缺氧的沉积环境。

平面上，筇竹寺组烃源岩整体沿绵阳—长宁裂陷槽、被动大陆边缘盆地和陆内坳陷分布。绵阳—长宁裂陷槽内筇竹寺组烃源岩厚度最大达300m以上，高石17井烃源岩厚度为350m；盆缘道真—花垣一带烃源岩厚度最大达200m以上，长生1井筇竹寺组烃源岩厚度为216m。川东北巴中—通江一带为陆内坳陷沉积区，烃源岩厚度介于200~300m，马深1井筇竹寺组烃源岩厚度为274m；南充—涪陵—习水一带为浅水陆棚相区，烃源岩厚度小于50m，丁山1井筇竹寺组烃源岩厚度仅为20m（图6-2）。

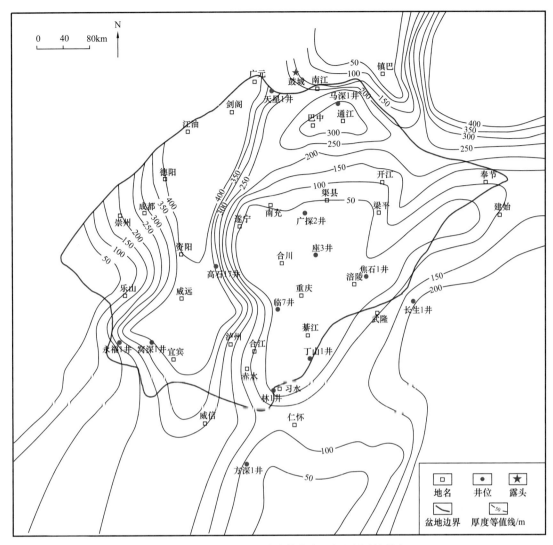

图 6-2　四川盆地及周缘筇竹寺组烃源岩等厚图

2）烃源岩地球化学特征

（1）有机质丰度。

四川盆地筇竹寺组烃源岩有机质丰度高，TOC 含量为 0.50%～8.49%，平均为 1.95%。纵向上，筇竹寺组有机质含量具有底部高且向上逐渐减小的趋势。高有机碳含量主要分布在中、下部深水陆棚相黑色页岩，但不同地区表现略有差异。平面上，筇竹寺组烃源岩有机碳含量的变化趋势与烃源岩厚度分布特征基本相似，反映了沉积相对烃源岩发育的控制。

绵阳—长宁裂陷槽内烃源岩有机碳含量高，高石 17 井筇竹寺组烃源岩 TOC 含量为 0.37%～6.00%，平均为 2.17%；川东北巴中—通江一带烃源岩 TOC 含量较高，马深 1 井筇竹寺组烃源岩 TOC 含量为 0.50%～8.95%，平均为 3.45%，TOC 高于 0.5% 的烃源岩厚度为 274m，TOC 高于 2.0% 的烃源岩厚度为 128m；南充—涪陵—习水一带为浅水陆棚相，烃源岩 TOC 含量较低，丁山 1 井筇竹寺组 TOC 含量为 0.50%～1.65%，平均为 1.00%（图 6-3）。

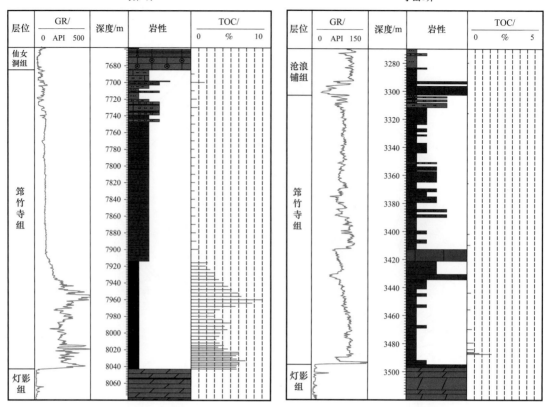

图 6-3 四川盆地马深 1 井和丁山 1 井筇竹寺组 TOC 柱状图

（2）有机质类型。

筇竹寺组烃源岩有机质显微分析表明，其生源组合中以腐泥组 + 藻类组占绝对优势。腐泥组 + 藻类组相对含量分布于 20%～90.1%，平均为 58.36%；显示出大量原生沥青的存在，碳沥青含量变化较大，分布于 2.5%～62%，平均为 27.4%；微粒体含量分布于 7.4%～17.2%，总平均含量为 12.34%；动物碎屑含量较低，一般小于 3.0%。因此，中寒武统筇竹寺组烃源岩显微组分以腐泥组为主，原始有机物主要为低等水生生物，干酪根类型指数均大于 80，属腐泥型干酪根。

中寒武统筇竹寺组烃源岩干酪根碳同位素组成普遍较轻，碳同位素值分布在 –32.17‰～–24.86‰ 之间，平均为 –29.94‰。川东南地区林 1 井、丁山 1 井筇竹寺组干酪根碳同位素分布在 –31.34‰～–29.5‰ 之间；川东北镇巴城浅 1 井干酪根碳同位素分布在 –36.1‰～–30.6‰ 之间，平均为 –33.6‰。根据干酪根类型 $\delta^{13}C$ 分类标准，属于腐泥型（Ⅰ型）干酪根。

中寒武统烃源岩规则甾烷 $C_{27}/（C_{28}+C_{29}）$ 值分布在 0.41～0.98 之间，平均为 0.63，说明 C_{27} 胆甾烷相对含量较高，反映出生源组合中低等水生生物和藻类丰富。C_{27}-$\alpha\alpha\alpha$-$20R$- 胆甾烷、C_{28}-$\alpha\alpha\alpha$-$20R$- 麦角甾烷和 C_{29}-$\alpha\alpha\alpha$-$20R$- 谷甾烷相对含量构成曲线主体呈 $C_{27}>C_{29}$ 不对称 "V" 形或 "L" 形分布，反映中寒武统烃源岩生源组合以浮游低等水生生物及藻类为主，有机质类型较好。

（3）有机质成熟度。

四川盆地中寒武统筇竹寺组烃源岩有机质成熟度高，R_o介于2.0%～5.0%，总体上处于高成熟—过成熟演化阶段，以生成油型裂解气为主。

平面上，筇竹寺组烃源岩现今演化程度主要受埋深和峨眉山玄武岩喷发的影响。川中地区受乐山—龙女寺古隆起的影响，热演化程度相对较低，R_o一般为2.5%；川西南地区受峨眉山玄武岩喷发影响，筇竹寺组烃源岩热演化程度极高，永福1井R_o为4.94%～5.13%，平均为5.06%；川东北和川东南地区埋深较大，R_o高于川中地区，丁山1井筇竹寺组烃源岩R_o为2.60%～3.96%，平均为3.30%。

3）烃源岩评价

四川盆地中寒武统筇竹寺组烃源岩生烃强度大，具备形成大气田的物质基础。绵阳—长宁裂陷槽内生烃强度最大，最高可达$150 \times 10^8 m^3/km^2$以上，往东西两侧生烃强度逐渐降低。川北马深1井区生烃强度次之，主要介于75×10^8～$150 \times 10^8 m^3/km^2$。川东南地区烃源岩品质较差，丁山1井和林1井等生烃强度基本低于$15 \times 10^8 m^3/km^2$（图6-4）。

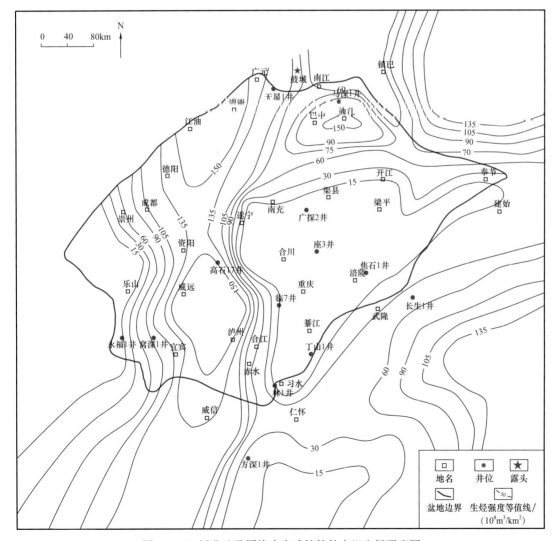

图6-4　四川盆地及周缘中寒武统筇竹寺组生烃强度图

综上所述，四川盆地中寒武统筇竹寺组烃源岩厚度大、有机质丰度高、生烃强度大、以Ⅰ型干酪根为主，属于一套优质烃源岩，具备形成大中型气田的物质基础。近期发现的安岳大气田灯影组气藏和龙王庙组气藏均主要沿筇竹寺组烃源岩生烃中心展布。

2. 上奥陶统五峰组—下志留统龙马溪组

1）烃源岩展布特征

上奥陶统五峰组—下志留统龙马溪组为一套黑色泥页岩为主的沉积建造。从岩性组合上来看，五峰组—龙马溪组下部以页岩、碳质页岩及泥岩、碳质泥岩、硅质页岩为主，夹粉砂质泥岩和薄层泥质灰岩，底部发育分布稳定富含笔石化石、高有机碳的黑色碳质页岩。龙马溪组中部泥质粉砂岩与粉砂岩互层，上部以泥岩为主。

川北地区天星1井主要以厚层状灰色、深灰色泥岩、页岩为主，夹薄层灰色粉砂质页岩、鲕粒灰岩，呈不等厚互层，顶部见含泥生屑灰岩。川东地区焦页1井上部岩性以深灰色泥岩为主；中部为灰色、灰黑色泥质粉砂岩、粉砂岩互层；下部以大套灰黑色页岩、碳质页岩及灰黑色泥岩、碳质泥岩为主。川东南地区丁山1井上部为灰色泥岩、灰质泥岩、含灰质泥岩；中部灰色、深灰色云质泥岩、含云质泥岩、泥岩；下部深灰色、灰黑色粉砂质泥岩、泥质粉砂岩、含粉砂质泥岩、碳质泥岩。川西南地区永福1井下部岩性为灰黑色碳质笔石页岩夹含灰云质碳质笔石页岩，常见硅质生物化石；上部为含碳质含粉砂泥岩（图6-5）。

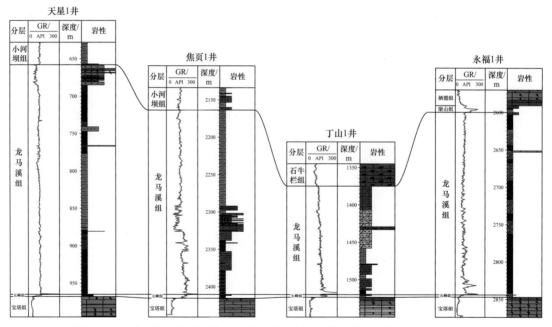

图6-5 天星1井—焦页1井—丁山1井—永福1井五峰组—龙马溪地层对比图

五峰组—龙马溪组沉积早期，受多期构造作用的影响，四川盆地及邻区被"康滇—黔中隆起"和"雪峰山古隆起"等隆起围绕，形成了大面积低能、欠补偿、缺氧的沉积环境，沉积了五峰组—龙马溪组深水陆棚相优质烃源岩。

平面上，上奥陶统五峰组—下志留统龙马溪组烃源岩展布受克拉通内坳陷陆棚沉积控制，呈北东—南西向长条状展布，厚度主要介于40~140m。川西南屏山—宜宾—泸州—綦江地区烃源岩厚度大，最高可达140m。川东南涪陵—石柱一带烃源岩也较为发育，烃源岩厚度介于 60～120m。川东北镇巴—城口一带烃源岩厚度较大，烃源岩厚度介于 60～120m。川中地区五峰组—龙马溪组烃源岩遭受剥蚀而缺失（图 6-6）。

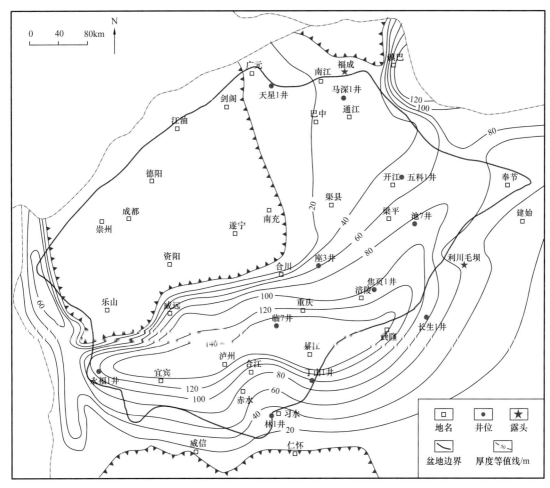

图 6-6　四川盆地及周缘五峰组—龙马溪组烃源岩等厚图

2）烃源岩地球化学特征

（1）有机质丰度。

五峰组—龙马溪组烃源岩 TOC 含量大多在 1.0% 以上。纵向上，五峰组—龙马溪组烃源岩 TOC 含量由下往上逐渐降低，底部发育一套有机质富集的优质页岩。平面上，五峰组—龙马溪组烃源岩有机碳含量的变化趋势与烃源岩厚度展布非常相似，表明沉积环境对有机质丰度具较强的控制作用。

川东南地区五峰组—龙马溪组底部富有机质泥页岩 TOC 大多为 0.50%～7.13%，平均为 1.75%～3.95%，在纵向上都具有向泥页岩底部层段明显增大的特征，底部发育一套有机质富集的优质页岩。焦页 1 井 2377～2415m 井段五峰组—龙马溪组下部黑色页岩，TOC 最高可达 5.89%，平均为 3.50%，优质泥页岩层连续累计厚度达 38m（图 6-7）。川西南地区永福 1 井五峰组—龙马溪组 TOC 为 0.54%～20.8%，平均为 2.82%。川西南地区五峰组—龙马溪组下部优质泥页岩厚为 25m，TOC 为 2.0%～4.08%，平均为 3.11%。

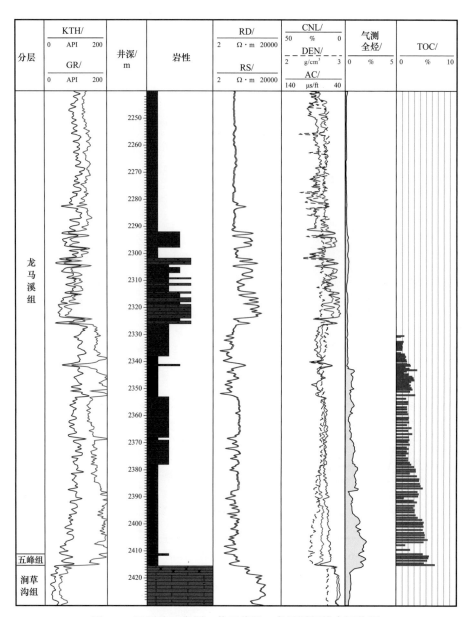

图 6-7　四川盆地焦页 1 井五峰组—龙马溪组综合评价图

（2）有机质类型。

五峰组—龙马溪组烃源岩生源组合中以腐泥组＋藻类组占绝对优势，其相对含量分布于 30.4%～77.2%，平均为 52.21%；碳沥青含量变化较大，在 6.7%～38.1% 之间，平均为 21.37%；微粒体含量分布于 6.3%～34%，平均为 17.51%；动物碎屑含量分布于 0.5%～24.4%，平均为 7.24%。干酪根类型指数均大于 80，属腐泥型干酪根。与筇竹寺组烃源岩相比，五峰组—龙马溪组烃源岩腐泥组＋藻类组含量略有降低，而次生有机显微组分（沥青组、微粒体）含量增加，动物组分含量明显较中寒武统高。

五峰组—龙马溪组烃源岩干酪根碳同位素值为 −30.83‰～−27.68‰，平均为 −29.14‰。根据干酪根类型 $\delta^{13}C$ 分类标准，主要属于 I 型干酪根，少数属腐殖—腐泥型（II_1）。

五峰组—龙马溪组烃源岩规则甾烷 $C_{27}/(C_{28}+C_{29})$ 值分布于 0.33~0.72，平均为 0.50，反映 C_{27} 胆甾烷相对含量较高，表明生源组合中低等水生生物和藻类丰富。

（3）有机质成熟度。

四川盆地五峰组—龙马溪组烃源岩热演化程度总体偏高，R_o 主要介于 2.0%~3.6%，最高可达 4.0%，处于高成熟—过成熟阶段。

平面上，五峰组—龙马溪组烃源岩热演化程度主要受埋深的影响，具有两个高演化中心。一个是涪陵—梁平—开江地区，焦页 1 井五峰组—龙马溪组 R_o 为 2.20%~3.13%，平均为 2.65%；另一个是川南威远—泸州—赤水地区，威远地区五峰组—龙马溪组 R_o 为 1.78%~2.26%。川东北地区烃源岩热演化程度相对较低，城口地区五峰组—龙马溪组 R_o 为 1.44%~1.88%，平均为 1.66%。

3）烃源岩评价

四川盆地五峰组—龙马溪组烃源岩生烃强度大，大致发育四个生烃中心。川西南屏山—长宁—赤水一带生烃强度为 60×10^8~$120\times10^8 m^3/km^2$；川东南涪陵—石柱一带生烃强度为 60×10^8~$120\times10^8 m^3/km^2$；川东北城口—奉节一带生烃强度为 60×10^8~$120\times10^8 m^3/km^2$；川北通江一带生烃强度为 40×10^8~$60\times10^8 m^3/km^2$（图 6-8）。

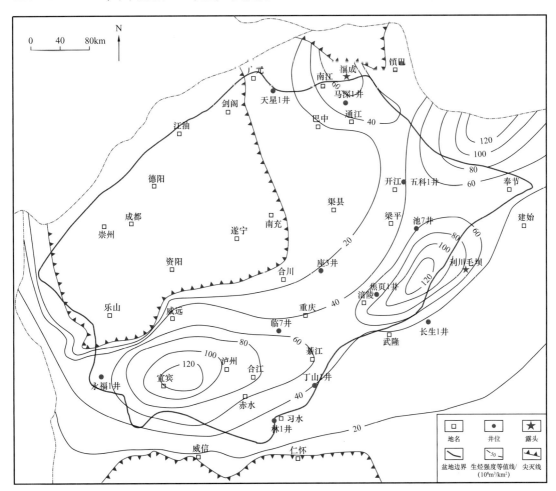

图 6-8 四川盆地及周缘上奥陶统五峰组—下志留统龙马溪组生烃强度图

综上所述，四川盆地上奥陶统五峰组—下志留统龙马溪组烃源岩厚度大、有机质丰度高、生烃强度大、以Ⅰ型干酪根为主，属于一套优质烃源岩，是已发现的石炭系气藏的主要烃源岩。目前，中国四川盆地页岩气勘探取得商业发现的涪陵、威远、长宁、昭通等页岩气田的产层，也都位于五峰组—龙马溪组。

3. 中二叠统栖霞组—茅口组

1）烃源岩展布特征

栖霞组—茅口组烃源岩岩性以碳酸盐岩为主，泥质烃源岩厚度普遍较薄，烃源岩主要发育在栖霞组和茅口组底部。栖霞组一段沉积时期，发生快速海侵，生物化石丰富，沉积了一套以中—薄层状深灰色、黑灰色生物（屑）泥晶灰岩和似"眼球"状石灰岩为主的低能沉积，局部可见小型透镜状珊瑚礁石灰岩。茅口组一段为一水体向上变浅的沉积序列，岩性主要为深灰色中层状石灰岩，夹灰黑色纹层状泥灰岩（"眼皮"），层面波状起伏形似眼球，故称为"眼球灰岩"。

中二叠世，即栖霞组与茅口组沉积时期，四川盆地总体上为开阔台地相或缓坡型台地，是一套以碳酸盐岩沉积为主的地层，泥岩沉积相对较少，主要是茅口组沉积晚期在川北地区发育深水陆棚相泥质沉积。

栖霞组烃源岩整体上呈现西薄东厚的特点，全盆地均有分布，厚度10～70m。川西地区烃源岩厚度在10m左右；川中地区厚度小于10m；川东地区最厚，开江—梁平一带厚度30～40m，奉节以西厚度较大，最厚达70m；川东南地区厚度20～40m；川南地区威远—宜宾一带烃源岩厚度10～30m（图6-9）。

茅口组烃源岩在全盆地均有分布，烃源岩厚度介于30～220m，厚度明显大于栖霞组，茅口组烃源岩发育以川东地区为最好。研究表明，茅口组一段是茅口组主要烃源岩发育层段，其厚度介于40～100m（图6-10）。近期研究表明，四川盆地北部元坝—万州地区茅三段也发育一套烃源岩，厚度介于10～30m之间。

2）烃源岩地球化学特征

（1）有机质丰度。

栖霞组烃源岩主要发育于栖霞组一段下部，有机碳含量较低，分布范围为0.5%～2.0%，绝大部分小于1.0%，川东北地区栖霞组烃源岩厚度和有机质丰度均优于其他地区。平面上，栖霞组烃源岩的TOC含量平均值分布区间为0.7%～0.9%，一般小于0.8%。川东和川南地区TOC含量较高，部分地区可以达到0.9%，川中地区TOC含量为0.7%左右。

茅口组烃源岩有机质丰度高于栖霞组，分布范围为0.5%～3.0%，有机质丰度较高的层段主要分布在茅口组一段和茅二段下部，是茅口组最重要的烃源岩发育层段。焦页66-1井茅口组一段TOC含量相对茅口组其他层段较高，其中灰泥灰岩和灰泥瘤状灰岩TOC含量分布于0.07%～2.41%，平均为0.83%；而泥晶瘤状灰岩和泥晶灰岩TOC含量较低，平均为0.16%（图6-11）。茅口组烃源岩TOC含量平均值较高于栖霞组，介于0.7%～1.1%，高值区分布在川东和蜀南地区，川中地区TOC含量较低，为0.7%～0.8%（黄士鹏等，2016）。

（2）有机质类型。

四川盆地中二叠统栖霞组—茅口组烃源岩有机显微组分构成中，腐泥组+藻类组—

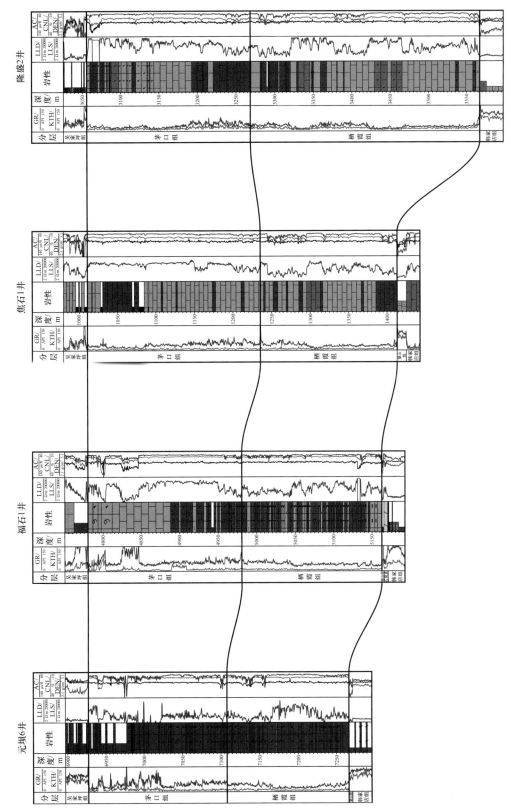

图 6-9　元坝 6 井—福石 1 井—焦石 1 井—隆盛 2 井中二叠统地层对比图

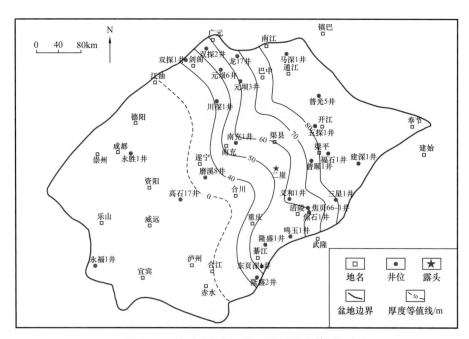

图 6-10 四川盆地茅口组一段烃源岩等厚图

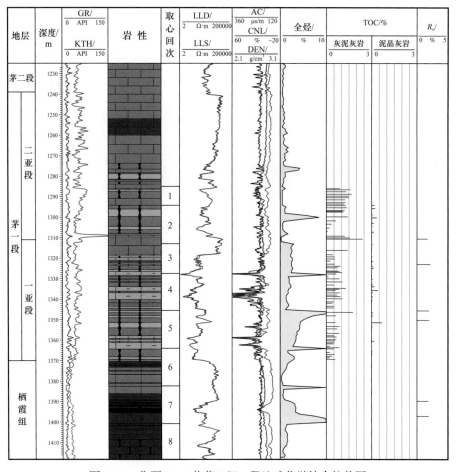

图 6-11 焦页 66-1 井茅口组一段地球化学综合柱状图

般占 50%，次生有机显微组分微粒体约占 12%，碳沥青含量一般小于 25%，普遍见源自陆生高等植物的有机显微组分——镜质组，其含量变化较大，但一般小于 20%，惰质组含量一般较低，类型指数 9～79，有机质类型属混合型。栖霞组—茅口组碳酸盐岩烃源岩的有机显微组分组成特征与泥质岩类烃源岩完全不同，以腐泥组、藻类组为主，个别样品以次生有机显微组分碳沥青为主，缺乏来自陆生高等植物的有机显微组分，类型指数大于 80，属腐泥型（Ⅰ型）。

栖霞组—茅口组烃源岩干酪根碳同位素分布范围为 $-31.5‰～-26.5‰$，平均为 $-27.6‰$，根据干酪根类型 $\delta^{13}C$ 分类标准，有机质类型以Ⅰ型为主，少量为Ⅱ型。

栖霞组—茅口组烃源岩 $\alpha\alpha\alpha-20R-C_{27}$、$C_{28}$、$C_{29}$ 规则甾烷分布以近对称 "V" 形为主，少量为 "/" 形，反映有机质类型较好。

（3）有机质成熟度。

四川盆地中二叠统栖霞组—茅口组烃源岩处于过成熟早期演化阶段，R_o 介于 $1.8\%～3.2\%$，平均为 2.3%。

不同地区栖霞组—茅口组烃源岩成熟度差异性不明显，除川南地区烃源岩 R_o 值较低外，其余地区 R_o 基本都大于 2.0%。川东地区烃源岩 R_o 为 $2.0\%～2.5\%$，属于过成熟阶段；川西地区 R_o 为 $2.5\%～3.3\%$，处于过成熟阶段；川中地区 R_o 为 $1.6\%～2.4\%$，处于高成熟—过成熟阶段；川南地区 R_o 值为 $1.4\%～2.0\%$，属于高成熟阶段。

3）烃源岩评价

四川盆地栖霞组烃源岩厚度小，有机碳含量较低，因此其生烃强度不高，一般小于 $10\times10^8m^3/km^2$。在川西地区生烃强度介于 $2\times10^8～4\times10^8m^3/km^2$，在川东地区较高，局部地区介于 $6\times10^8～10\times10^8m^3/km^2$。

茅口组烃源岩生烃强度则明显较高，分布范围为 $10\times10^8～60\times10^8m^3/km^2$，且大部分区域都大于 $20\times10^8m^3/km^2$。川中地区生烃强度介于 $10\times10^8～30\times10^8m^3/km^2$；川东北和川西南地区为生烃中心，生烃强度介于 $40\times10^8～60\times10^8m^3/km^2$。四川盆地茅口组一段烃源岩生烃强度最高可达 $20\times10^8m^3/km^2$，在盆地东北部地区茅口组一段烃源岩生烃强度较高，分布范围主要为 $12\times10^8～20\times10^8m^3/km^2$（图 6-12）。

综上所述，虽然四川盆地中二叠统栖霞组—茅口组烃源岩有机质丰度和生烃强度较筇竹寺组和五峰组—龙马溪组烃源岩有所降低，但其仍属于一套优质烃源岩。蜀南地区茅口组岩溶缝洞型气藏的气源主要来源于自身烃源岩。

4. 上二叠统龙潭组/吴家坪组

1）烃源岩展布特征

中二叠统沉积之后，受东吴运动的影响，海水向东退却，使其盆地西部地区上升成陆，形成西南高东北低、"西陆东海" 的古地理格局。晚二叠世龙潭组沉积期沉积自西向东呈现由陆到海的相变。川西南古陆剥蚀区提供陆源细粒物质。川中、川东南为潮坪—潟湖相贫氧—弱氧化还原环境，生物繁盛，陆源高等植物能够有效保存，形成富有机质煤和页岩；川东北斜坡—陆棚相水体安静、为还原环境，水生生物繁盛，有机质大量沉积，形成富有机质页岩。

四川盆地及周缘龙潭组/吴家坪组烃源岩沉积环境主要为滨岸—沼泽、潮坪—潟湖及海湾—潟湖相。在成都—南充一线以南及华蓥山以西主要为滨岸—沼泽、潮坪—潟湖

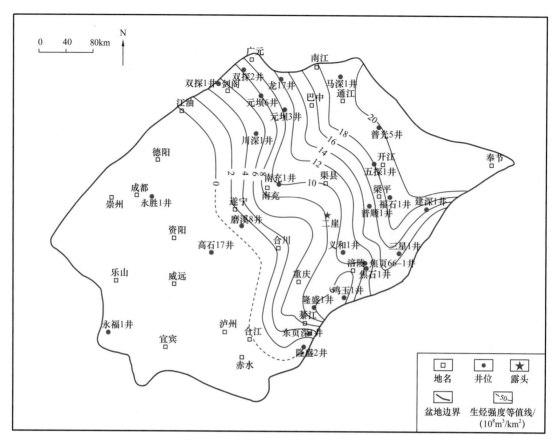

图 6-12　四川盆地茅口组一段烃源岩生烃强度图

相，沉积了一套以煤、碳质泥岩和泥岩沉积频繁交替的龙潭组。在盆地东北部为海湾—潟湖环境，沉积了一套以深灰色、灰黑色泥岩及泥灰岩为主的吴家坪组。这两种相带之外区域则为灰泥台坪、浅水陆棚环境（图 6-13）。

四川盆地龙潭组/吴家坪组是一套含煤沉积地层，烃源岩在岩性上可分为泥质岩、碳酸盐岩和煤三类，但以泥质烃源岩为主。泥质烃源岩在盆地内区域性分布，厚度多在 20～120m 之间。存在两个烃源岩厚度中心：（1）川东北通江—开江一带烃源岩厚度较大，介于 60～120m；（2）川中—川东南地区烃源岩大面积分布发育，厚度介于 60～120m，隆盛 1 井烃源岩厚度为 60m 左右。涪陵地区烃源岩厚度相对较薄，福石 1 井—泰来 6 井一带厚度为 20～40m（图 6-14）。

龙潭组/吴家坪组含有多层煤层，煤层累计厚度可达 20m。盆地东部地区是龙潭组煤层主要发育区。重庆地区煤层厚度介于 2～20m；华蓥山地区煤层厚度介于 1～10m；川中南充—资阳—合川—华蓥地区煤层厚度介于 2～15m；川东北地区煤层厚度相对比较薄，厚度通常为 1～4m；川南泸州—贵州习水地区煤层厚度较大，通常为 5～15m，而宜宾地区煤层厚度较薄，介于 1～3m。盆地西部地区龙潭组煤层厚度一般小于 1m。

2）烃源岩地球化学特征

（1）有机质丰度。

龙潭组/吴家坪组泥质岩有机质丰度普遍较高，TOC 含量 1.0%～8.0%。

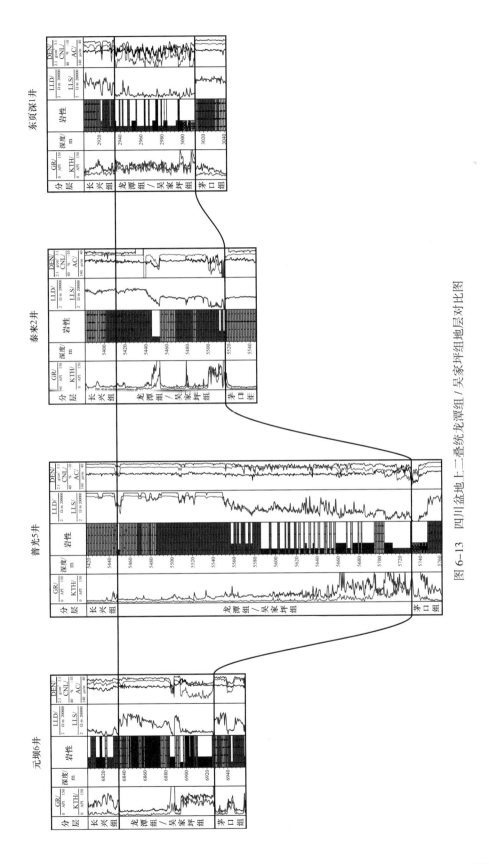

图 6-13 四川盆地上二叠统龙潭组／吴家坪组地层对比图

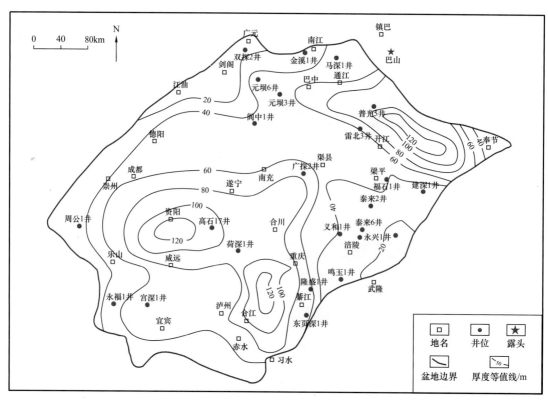

图 6-14　四川盆地上二叠统泥质烃源岩等厚图

平面上，龙潭组 / 吴家坪组烃源岩有机碳含量整体呈东高西低的分布特征，在四川盆地中西部，呈现以遂宁—大足为中心，向西、西南逐渐减小的趋势。盆地西部有机碳含量总体偏低。川东北地区龙潭组 / 吴家坪组烃源岩 TOC 含量为 2.0%～8.0%。其中普光、通南巴地区龙潭组以暗色泥岩、碳质泥岩及泥灰岩为主，TOC 平均为 5.0%～7.0%；元坝地区 TOC 平均值有所降低；涪陵地区龙潭组 / 吴家坪组 TOC 变化较大，福石 1 井龙潭组 / 吴家坪组 TOC 平均为 5.7%，三星 1 井龙潭组 / 吴家坪组 TOC 平均为 1.7%；川东南綦江地区龙潭组煤系泥岩 TOC 较高，隆盛 1 井龙潭组 / 吴家坪组 TOC 平均为 6.5%。

（2）有机质类型。

龙潭组沉积期沉积相差异较大，导致龙潭组 / 吴家坪组有机质类型较为复杂。整体来看，龙潭组 / 吴家坪组烃源岩以 II_1 型、II_2 型和 III 型为主。

川东北地区龙潭组 / 吴家坪组有机质主要生源为水生生物，陆源输入较少，其成烃母质类型主要为 II 型；而川东南地区成烃母质中陆源输入占优势，有机质类型以 III 型为主。

龙潭组 / 吴家坪组烃源岩干酪根碳同位素变化范围较宽，从 -29.6‰～-22.2‰ 均有分布，其中腐泥型干酪根占 17.24%，腐殖—腐泥型干酪根所占比例为 48.28%，腐泥—腐殖型干酪根占 24.14%，腐殖型干酪根所占比例为 10.34%。东页深 1 井龙潭组烃源岩干酪根碳同位素为 -24.1‰～-23.0‰，有机显微组分以镜质组和惰质组为主，为典型的 III 型有机质。

（3）有机质成熟度。

四川盆地龙潭组 / 吴家坪组烃源岩成熟度普遍较高，R_o 为 1.50%～3.33%，平均为

2.40%。大部分地区烃源岩 R_o 达到了 2.0% 以上，仅重庆—自贡—乐山一线以南区域为 1.0% 左右。

平面上，有机质成熟度自南西往北东向增大，同时由盆地边缘向盆内有机质成熟度增高，最高值区位于威远—资阳一带，R_o 为 3.0%～3.5%。川东北普光地区 R_o 为 1.67%～3.19%，平均为 2.53%；川东南綦江地区 R_o 为 1.64%～3.12%，平均为 2.41%；涪陵地区 R_o 为 1.50%～2.91%，平均为 2.07%。

3）烃源岩评价

四川盆地龙潭组／吴家坪组烃源岩生烃强度大，主要介于 20×10^8～$100 \times 10^8 \text{m}^3/\text{km}^2$（图 6-15）。与烃源岩厚度平面分布类似，生烃强度存在两个高值中心。川东北通江—开江一带生烃强度为 20×10^8～$100 \times 10^8 \text{m}^3/\text{km}^2$；川中—川东南地区生烃强度介于 40×10^8～$100 \times 10^8 \text{m}^3/\text{km}^2$。

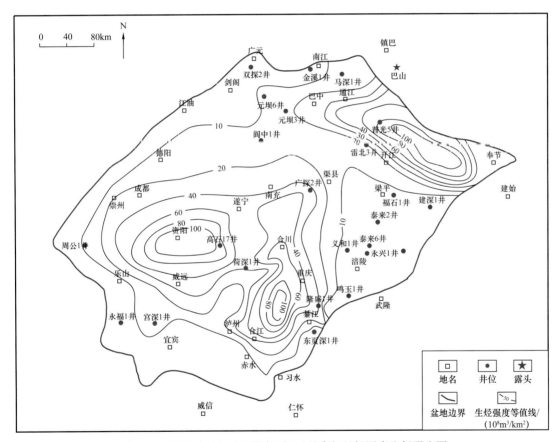

图 6-15　四川盆地上二叠统龙潭组／吴家坪组烃源岩生烃强度图

综上所述，四川盆地上二叠统龙潭组／吴家坪组烃源岩厚度大、有机质丰度高、生烃强度大，属于一套优质烃源岩，具备形成大中型气田的物质基础，普光气田、元坝气田二叠系气藏、三叠系气藏就有龙潭组／吴家坪组烃源岩的贡献。

5．上三叠统须家河组

1）烃源岩展布特征

上三叠统须家河组是一套以陆相沉积为主的含煤建造，该沉积时期气候温暖潮湿，植物繁盛，烃源岩岩性以含煤暗色泥岩为主，主要发育在须一段、须三段和须五段，须二段、须四段和须六段以砂岩为主，但仍有一定厚度的暗色泥质岩分布。

须一段烃源岩主要分布在四川盆地西部地区，发育于滨岸、三角洲前缘水下分流间湾环境。须一段烃源岩厚度呈西厚东薄的展布趋势。川西龙门山前为烃源岩厚度高值区，厚度主要分布在100~300m之间，往东南方向烃源岩厚度逐渐减小，至威远一带厚度减薄至10m左右。

须三段在四川盆地全区均有沉积，烃源岩主要发育于海湾—前三角洲、三角洲前缘水下分流间湾、三角洲平原沼泽环境。须三段烃源岩厚度展布具有西厚东薄的趋势（图6-16）。川西坳陷中段为须三段烃源岩厚度高值区，厚度125~500m，往北东、南东方向烃源岩厚度逐渐减薄；川东北地区烃源岩厚度20~70m；川中地区烃源岩厚度为25~100m；川西南区烃源岩厚度25~100m；川东南泸州—合江及涪陵—梁平一带烃源岩厚度一般小于25m。

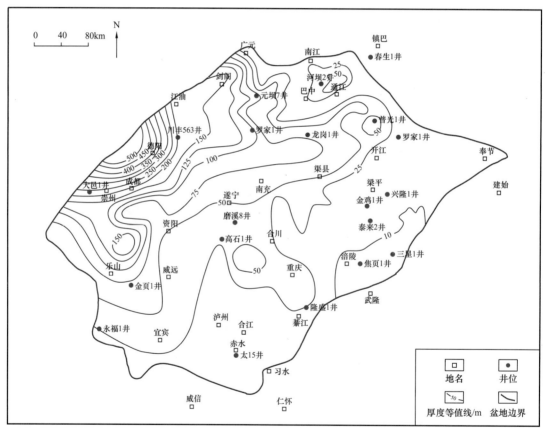

图6-16　四川盆地须三段烃源岩等厚图

须五段烃源岩在四川盆地广大地区均有分布，烃源岩主要发育于前三角洲—滨浅湖和三角洲前缘环境。须五段烃源岩厚度具有西厚东薄的趋势（图6-17）。龙门山前的川西坳陷中段至南段为须五段烃源岩厚度高值区，厚度主要分布在100~300m之间。烃源岩发育中心位于大邑—德阳一带，厚度大于300m。往北、东、南三个方向烃源岩厚度逐渐减薄，至盆地东北缘、东南缘烃源岩厚度减薄至10m左右。

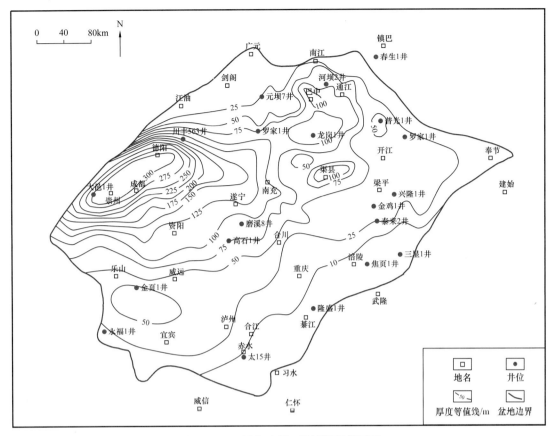

图 6-17　四川盆地须五段烃源岩等厚图

须家河组煤层在四川盆地大部分地区均有分布，煤层具有多层分布的特点，在川西坳陷中部至南部地区最为发育，厚度一般都在 6m 以上，川西大邑、彭州、新场及丰谷等地区煤层厚度可达 38m 以上。

2）烃源岩地球化学特征

（1）有机质丰度。

须一段烃源岩有机碳含量为 0.50%～5.43%，平均为 1.47%，有机碳含量大多为 1.6% 左右。川西坳陷南部地区有机碳含量相对较高，龙门山山前带有机碳含量最低。

须三段烃源岩有机碳含量为 0.50%～5.32%，平均为 1.46%。在川东北、川中及川西地区中南段较高，普遍大于 2.0%。往北至剑阁一带以北地区、往南至泸州—綦江地区有机碳含量逐渐减小至 1.0%～1.25%。

须五段烃源岩有机碳含量在乐山—重庆以北地区普遍大于 2.0%。往北至江油一带、往南至乐山—涪陵一线以南地区，有机碳含量逐渐减小至 1.0%～1.5%。

（2）有机质类型。

须家河组烃源岩有机质类型以腐泥—腐殖型（II_2 型）为主，兼有腐殖型（III 型）。川东北地区须家河组烃源岩显微组分以镜质组为主，含量为 24.3%～92.7%，平均为 74.23%；惰质组次之，含量为 6.8%～75.7%，平均为 24.51%；腐泥组含量为 0.3%～7.2%，平均为 1.75%；壳质组含量为 0.2%～14.9%，平均为 1.73%；类型指数 TI 为 −94～−60，表现为腐殖型（III 型）特征。川西地区须家河组烃源岩显微组分以镜质组为主，平均为 76.26%；惰性组次之，平均为 22.01%；壳质组含量很低，平均为 1.53%；腐泥组少见；类型指数 TI 均小于零，有机质类型为腐殖型（Ⅲ型）。

须家河组烃源岩干酪根碳同位素主要以腐泥—腐殖型（Ⅱ$_2$型）为主，兼有腐殖型（Ⅲ型）（图 6-18）。川西地区须三段烃源岩 δ^{13}C 值为 $-24.8‰\sim-24.3‰$，属于 Ⅱ$_2$ 型；须五段烃源岩 δ^{13}C 值大多在 $-25.3‰\sim-23.9‰$ 之间，表现出 Ⅱ$_2$ 型和 Ⅲ 型特征。川东北地区须三段烃源岩 δ^{13}C 值为 $-24.8‰\sim-24.0‰$；须五段烃源岩 δ^{13}C 值为 $-25.4‰\sim-24.6‰$，均表现为 Ⅱ$_2$ 型烃源岩特征。

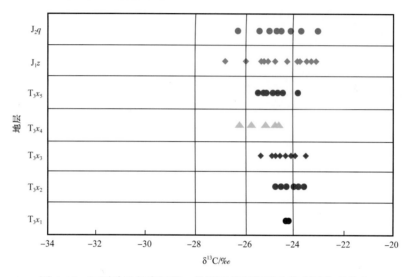

图 6-18　四川盆地须家河组—侏罗系烃源岩干酪根碳同位素分布

（3）有机质成熟度。

须家河组烃源岩 R_o 值 0.94%～2.77%。上三叠统须家河组除中坝构造外，其他地区烃源岩有机质热演化程度较高，其生成产物以湿气和干气为主。

须一段烃源岩 R_o 值 0.8%～3.2%，处于成熟—过成熟演化阶段。烃源岩热演化受埋深的影响，呈现西北高东南低的分布特征。在盆地西部—北部—东北部沉积坳陷区 R_o 值多大于 1.3%，烃源岩已达到高成熟—过成熟演化阶段。在盆地中部及南部地区热演化程度相对较低，R_o 多为 1.0%～1.3%，处于成熟阶段。

须三段烃源岩热演化程度较须一段低，但川西坳陷—川北—川东北地区几乎已经全部进入高成熟阶段，川中及川南地区成熟度相对较低。R_o 值自西向东，由北向南逐渐降低。

须家河组由于沉积厚度较小，热演化程度具有一定的继承性，须五段烃源岩演化趋势与须三段相似，略有降低。须五段热演化两个高值区是宣汉东部地区和通江地区，这两个高值区烃源岩 R_o 值均在 2.5%～2.75% 之间，处于过成熟演化阶段。盆地中部以及东、南部大部分地区演化程度较低，R_o 值均在 0.75%～1.25% 之间，处于低成熟—成熟演化阶段。

3）烃源岩评价

上三叠统须家河组烃源岩生烃强度在川西地区最大，基本都大于 $40\times10^8\text{m}^3/\text{km}^2$。川北通江—渠县地区须家河组烃源岩生烃强度次之，在 $40\times10^8\sim80\times10^8\text{m}^3/\text{km}^2$ 之间；川中地区烃源岩生烃强度一般大于 $20 \times 10^8 m^3/km^2$；川东梁平—重庆—合江一带烃源岩生烃强度较低，在 $2.5 \times 10^8 \sim 20 \times 10^8 m^3/km^2$ 之间（图6-19）。

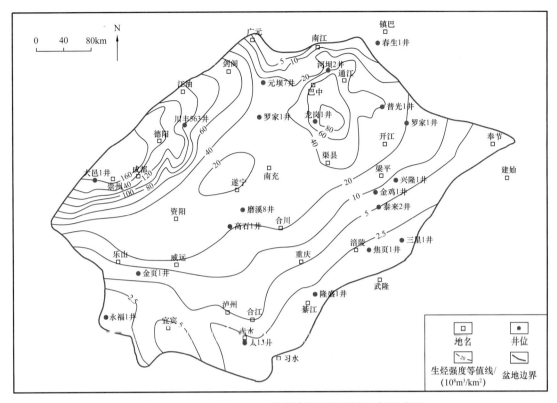

图6-19 四川盆地上三叠统须家河组烃源岩生烃强度图

综上所述，四川盆地上三叠统须家河组烃源岩厚度大、有机质丰度高、生烃强度大，属于一套优质烃源岩，具备形成大中型气田的物质基础。

6. 下侏罗统自流井组

1）烃源岩展布特征

四川盆地侏罗系主要为一套内陆湖盆浅湖—半深湖相，湖盆中心在达州—平昌一带。中侏罗统凉高山组/千佛崖组和下侏罗统自流井组主要为一套深湖—半深湖相，黑色页岩、介壳灰岩非常发育，有机质丰富，是侏罗系的主要烃源岩层段。

中—下侏罗统烃源岩在盆地东北部和北部地区厚度较大，烃源岩平面展布总体上具有东北厚西南薄的特征。川东北地区烃源岩呈北西向展布，厚度多大于150m，最厚达300m；存在阆中、达州和万州三个发育中心。阆中地区下侏罗统烃源岩厚度最大，在川东南的长寿—南川地区和川南的威远地区存在两个暗色泥质岩发育区，厚度分别为80～120m、80～100m；川西地区烃源岩厚度一般小于80m；川西南地区厚度一般小于20m（图6-20）。

自流井组和凉高山组/千佛崖组在不同地区分布具有一定差异。自流井组泥质烃源岩元坝地区主要分布于东岳庙段、珍珠冲段及大安寨段，马鞍山段很少，暗色泥岩累计厚度为160～260m，向南增厚。在通南巴构造带，主要发育于珍珠冲段及东岳庙段，大安寨段和马鞍山段很少，总厚度为100～180m，其中黑池梁—马路背—河坝场一线相对较厚，西北部相对较薄。在宣汉—达州地区总厚度为160～200m，中部东西一线相对较厚。凉高山组（千佛崖组）暗色泥岩在元坝地区厚120～140m，中部相对较厚；在宣汉达州区块厚140～180m，北部较南部厚；在通南巴构造带该层位烃源岩较发育，厚度在160～200m之间，东北部相对西南部发育。

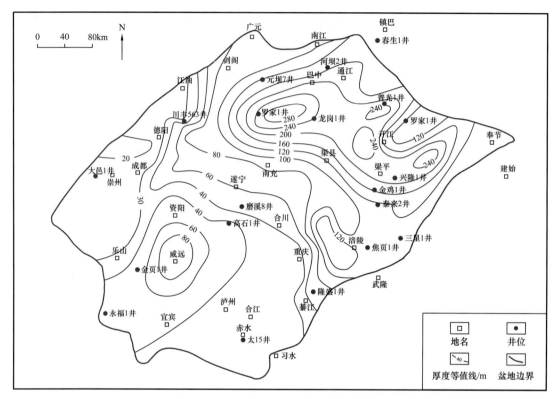

图6-20 四川盆地下侏罗统烃源岩等厚图

2）烃源岩地球化学特征

（1）有机质丰度。

下侏罗统烃源岩TOC值为0.50%～16.43%，平均为0.98%。川东北和川中地区下侏罗统自流井组烃源岩有机碳含量较高，TOC含量普遍大于1.2%，其中，仪陇—平昌、长寿地区有机碳含量大于2.0%。往盆地边缘有机碳含量逐渐降低，在绵竹—彭州—金川以西、井研—安岳以南的广大地区，有机碳含量逐渐降至0.5%以下。川西北地区下侏罗统烃源岩TOC值较低，0.06%～2.27%，平均为0.66%。川南和川西南地区下侏罗统烃源岩TOC值更低，仅0.10%左右。

（2）有机质类型。

下侏罗统自流井组烃源岩以Ⅲ型干酪根为主，兼有Ⅱ₂型。

下侏罗统自流井组烃源岩显微组分以镜质组为主，平均为61.10%；惰质组次之，平均为35.39%；壳质组含量很低，平均为3.65%；无腐泥组；类型指数TI均小于0，有机质类型为Ⅲ型。自流井组烃源岩干酪根碳同位素值为 −26.8‰～−23.0‰，表现为过渡型（Ⅱ）—腐殖型（Ⅲ）烃源岩特征。

自流井组烃源岩饱和烃色谱为单前峰型，主峰碳碳数为17～19，姥鲛烷/植烷（Pr/Ph）

为0.67～1.19，显示其为强还原—还原环境，有机质类型为Ⅱ₂—Ⅲ型。自流井组烃源岩有机质中C_{27}规则甾烷的相对含量21.28%～39.66%，C_{28}规则甾烷23.37%～31.5%，C_{29}规则甾烷33.77%～47.23%，表明烃源岩有机质的主要生物来源是高等植物，水生浮游生物也有一定的贡献。

（3）有机质成熟度。

四川盆地下侏罗统烃源岩已达成熟—高成熟阶段，R_o值0.65%～1.69%。盆地北部、川西北及川东北相对较高，已达高成熟凝析油和湿气阶段；川中、川西中部及川东中南部地区R_o值多在1.0%左右；川南地区R_o值多小于1.0%。

3）烃源岩评价

下侏罗统烃源岩生烃强度总体上具有东北厚西南薄的特征。生烃强度高值区主要分布在盆地东北部和北部地区，生烃强度在$40 \times 10^8 \sim 180 \times 10^8 m^3/km^2$之间。在成都—资阳—重庆一带以南地区生烃强度较低，小于$10 \times 10^8 m^3/km^2$（图6-21）。

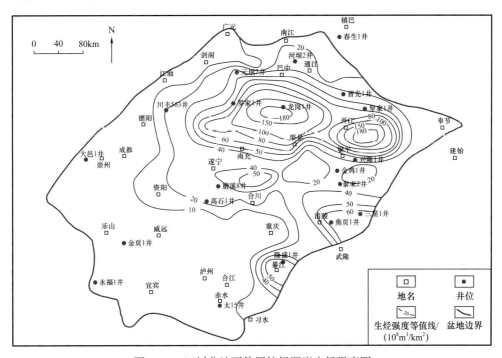

图6-21　四川盆地下侏罗统烃源岩生烃强度图

综上所述，四川盆地下侏罗统烃源岩厚度大、有机质丰度高、生烃强度大，属于一套优质烃源岩，具备形成大中型气田的物质基础。

二、地区性烃源岩

1. 下震旦统陡山沱组

陡山沱组为海侵沉积体系，主要发育一套泥质岩沉积，底部发育白云岩。宏观上，陡山沱组泥质烃源岩分布有限，受早震旦世上扬子克拉通发育期伸展断裂活动影响，区域上"西高东低"，东部深缓坡台地相有利于烃源岩发育，湘鄂西及贵州北部是其厚度高值区。平面上，陡山沱组泥质烃源岩在盆地周缘较为发育，盆地西北部最厚可达150m；盆地内部由于埋藏深，少有井钻遇。盆地内部厚度较薄，一般为10～30m。盆地周缘露头显示厚度较大。川北地区厚度 20～100m，如紫阳紫黄剖面陡山陀组泥岩厚度为 96m；盆地南部厚度 20～100m，如遵义松林剖面陡山陀组暗色泥岩厚度为 65m（图 6-22）。

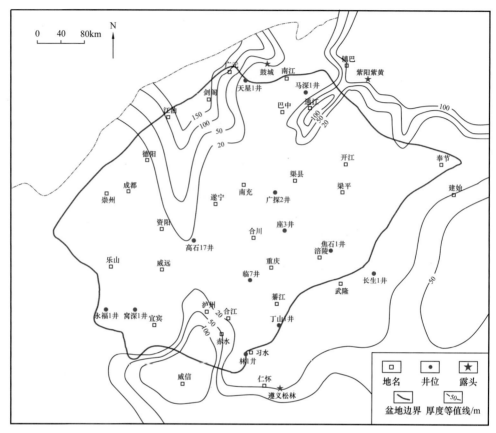

图 6-22　四川盆地及周缘陡山沱组烃源岩等厚图

陡山沱组泥质烃源岩有机质丰度高，属腐泥型（Ⅰ型）烃源岩，处于过成熟阶段。如遵义松林六井剖面烃源岩 TOC 含量 0.11%～4.64%，平均为 1.51%；干酪根碳同位素值 -31.5‰～-30.3‰，平均为 -30.8‰，为腐泥型（Ⅰ型）；R_o 值 2.08%～2.34%，处于过成熟阶段。遵义松林大石墩剖面陡山陀组烃源岩 TOC 含量 0.62%～3.33%，平均为 1.92%；干酪根碳同位素 -31.2‰～-30.7‰，平均为 -30.9‰，为腐泥型（Ⅰ型）。R_o 值 3.46%～3.82%，处于过成熟阶段。

整体来看，陡山沱组烃源岩分布范围有限，厚度 10～30m，有机碳含量相对较高，R_o 为 2.0% 以上，处于过成熟演化阶段，为一套优质地区性烃源岩。

2. 上震旦统灯影组

灯影组烃源岩主要发育在灯三段，岩性主要为黑色页岩，零星夹薄层灰色白云质泥岩。灯三段烃源岩总体厚度不大，10～40m，如高科 1 井灯三段钻遇黑色泥岩 35.5m，南江桥亭剖面灯三段烃源岩厚度为 23m。盆地周缘灯三段厚度较薄，岩性主要为蓝灰色泥岩，如先锋剖面灯三段黑色泥岩厚度约 20cm，蓝灰色泥岩厚度约 40cm。平面上，灯三段烃源岩分布局限，主要分布在四川盆地的中西部地区，从已钻井揭示的资料看，灯三段烃源岩沿高科 1 井—遂宁—马深 1 井厚度最大，最厚可达 40m（图 6-23）。

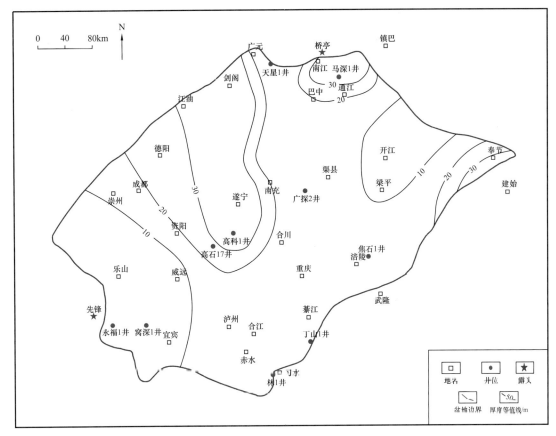

图 6-23　四川盆地灯三段烃源岩等厚图

灯三段烃源岩 TOC 含量为 0.08%～7.40%，平均为 1.39%。川北地区马深 1 井灯三段烃源岩 TOC 含量为 0.82%～2.42%，平均为 1.54%，TOC 高于 0.5% 的厚度为 36m，TOC 高于 2.0% 的厚度为 10m（图 6-24）。川中地区高科 1 井 TOC 含量为 0.11%～2.39%，平均为 1.23%。灯三段干酪根碳同位素值 –33.4‰～–28.5‰，平均为 –32.0‰，主要属腐泥型（Ⅰ型）烃源岩。R_o 值 3.16%～3.21%，达到过成熟阶段。

整体来看，灯三段烃源岩分布范围局限，厚度 10～30m，有机碳含量相对较高，R_o 为 2.0% 以上，处于过成熟演化阶段，为一套优质地区性烃源岩。

3. 下寒武统麦地坪组

构造—岩相古地理研究表明，早寒武世麦地坪组沉积期主要表现为填平补齐，泥质岩分布受裂陷控制明显。桐湾运动末期的隆升剥蚀作用导致麦地坪组在四川盆地内分布局限，麦地坪组烃源岩主要分布在绵阳—长宁裂陷槽内。川北南江—通江一带可见与麦地坪组同期异相的宽川铺组（0～59m），以含磷灰岩为主，烃源岩欠发育。

麦地坪组烃源岩岩性主要为硅质页岩、碳质泥岩等。麦地坪组沉积时期裂陷规模最大，沉积水体最深，绵阳—长宁裂陷槽内沉积充填的泥页岩厚度最厚（图 6-25），如裂陷内高石 17 井麦地坪组厚度达 128m；古裂陷东侧高石 1 井该套地层遭受严重剥蚀，筇竹寺组黑色泥岩直接与下伏灯影组白云岩接触。因此，麦地坪组烃源岩主要分布于绵阳—长宁裂陷槽内，厚度为 50～100m，裂陷槽以外地区厚度仅为 1～5m，二者相差 10 倍以上。

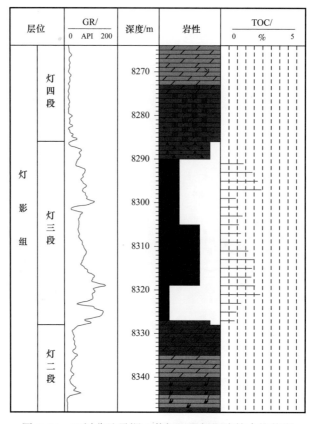

图 6-24 四川盆地马深 1 井灯三段烃源岩综合柱状图

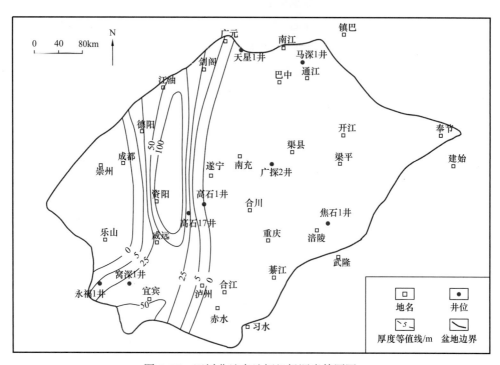

图 6-25 四川盆地麦地坪组烃源岩等厚图

麦地坪组烃源岩有机质丰度高，TOC 含量 0.52%～4.00%，平均为 1.68%。川中地区高石 17 井麦地坪组烃源岩 TOC 含量为 0.72%～2.29%，平均为 1.27%；干酪根同位素值 −36.4‰～−32.0‰，平均为 −34.3‰，属典型的腐泥型（Ⅰ型）烃源岩；有机质成熟度高，R_o 值 2.23%～2.42%，处于高成熟—过成熟阶段。

整体来看，麦地坪组烃源岩整体沿绵阳—长宁裂陷槽分布，厚度最高可达 100m，有机碳含量相对较高，R_o 值 2.0% 以上，处于过成熟演化阶段，为一套优质地区性烃源岩。

4. 下二叠统梁山组

梁山组总体上为潮坪相、滨海沼泽相，厚度薄，在数米至数十米之间，总体呈现从盆地周缘向盆内逐渐减薄的趋势，在川中地区厚度一般小于 10m，川东北地区最厚可达 30m。梁山组为一套陆源碎屑含煤建造，岩性以泥质岩为主，夹薄煤层、煤线和少量石灰岩。总体而言，梁山组烃源岩厚度很小，分布局限。

梁山组泥岩 TOC 含量 0.21%～5.85%，平均为 1.55%。其中 TOC 含量大于 0.5% 的样品占样品总数的 95.2%（图 6-26）。川北地区普光 5 井梁山组烃源岩厚度为 8m，泥岩有机碳含量 0.50%～0.90%。梁山组烃源岩有机质类型以腐殖—腐泥型（Ⅱ₁型）为主，少量腐殖型（Ⅲ型）干酪根。在川西南地区，梁山组烃源岩干酪根显微组分以腐泥组含量最多，为 37.5%，其次是镜质组和惰质组，分别达到了 25% 和 35%。通过干酪根显微组分 TI 值计算可以得出，梁山组烃源岩有机质类型主要为腐殖型（Ⅲ型）干酪根。

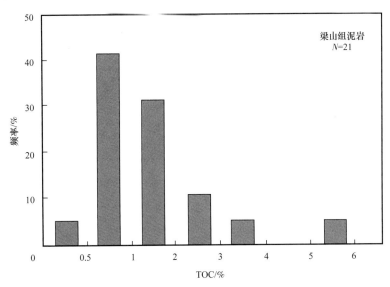

图 6-26　四川盆地梁山组烃源岩 TOC 含量直方图

整体来看，下二叠统梁山组烃源岩厚度小，且分布范围局限，其对油气成藏的贡献还有待深入研究。

5. 上二叠统大隆组

大隆组（长兴组）沉积时期四川盆地发生了一次大规模海侵作用，在川东北地区形成了深水陆棚。元坝和通南巴北部地区陆棚深度大，沉积物主要为泥质岩。向南到宣汉—达州地区，水深明显减少，为浅水陆棚区，沉积物主要为碳酸盐岩软泥。四川盆地其他大部分地区为碳酸盐岩台地环境，长兴组台地边缘礁滩相带总体上为一套快速沉积的生物灰岩及礁灰岩。

平面上，大隆组烃源岩分布局限，主要分布于川东北北部的元坝、通南巴、南江地区，烃源岩厚度5～40m（图6-27）。

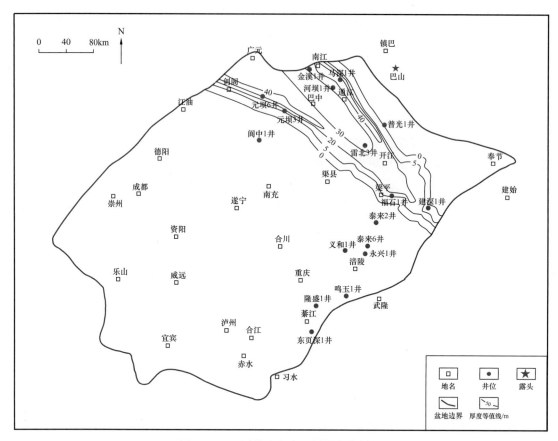

图6-27　四川盆地大隆组烃源岩等厚图

大隆组泥质岩TOC含量普遍较高，TOC平均值大于2.0%，位于浅水陆棚相区的元坝3井TOC平均值也在0.5%以上（图6-28）。大隆组烃源岩干酪根碳同位素 −27.9‰～−25.6‰，多数低于 −26.0‰，平均为 −26.5‰，干酪根以偏腐泥型为主。有机显微组分以腐泥组和次生组分为主，不含壳质组和镜质组，含极少量惰质组，显示出 I—II$_1$ 型干酪根特征。四川盆地大隆组 R_o 值总体较大，R_o 值多为 1.0%～3.0%，处于高成熟—过成熟阶段，自仪陇—旺苍一线向西南和东北方向有减小的趋势。

整体来看，大隆组烃源岩有机质丰度高、生烃强度较大，毛烃强度为 0.1×10^8～$11.9 \times 10^8 m^3/km^2$，为一套优质的地区性烃源岩。

6. 中三叠统雷口坡组

雷口坡组主要为一套海相碳酸盐台地蒸发相，岩性为深灰色碳酸盐岩和泥质岩。碳酸盐岩烃源岩主要分布在川西地区，在成都—大邑一带为烃源岩发育的中心区域，往北东方向及龙门山前厚度呈现逐渐减薄；暗色泥质烃源岩厚度总体极薄，平均厚度约为10m，仅盆地东缘稍厚。

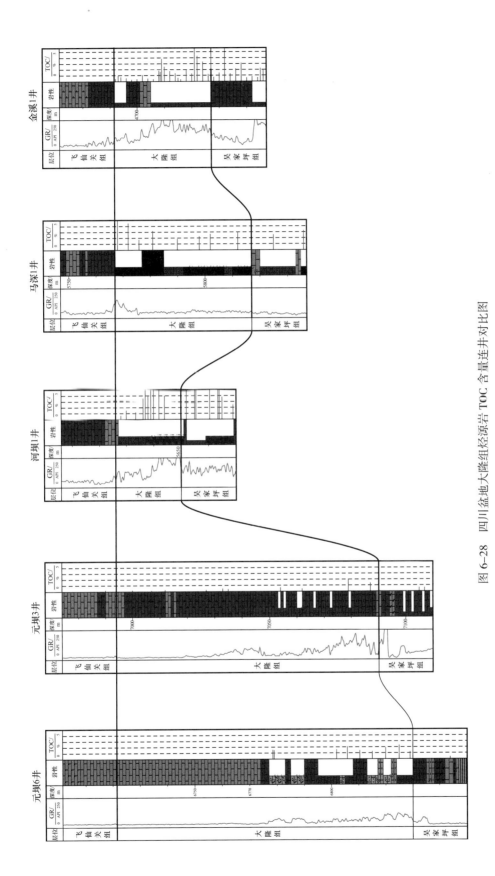

图 6-28　四川盆地大隆组烃源岩 TOC 含量连井对比图

雷口坡组碳酸盐岩烃源岩 TOC 含量 0.3%～0.6%（表6-1）。TOC 含量在成都凹陷内较大，TOC 含量最高达 0.6% 以上，往北东及南东方向，TOC 含量呈现降低的趋势，至文星—罗江—绵阳地区，TOC 含量降至 0.3% 以下，龙门山前有机碳含量也小于 0.3%。干酪根碳同位素值 −34.91‰～−25.25‰，平均为 −30.40‰，以腐泥型（Ⅰ型）干酪根为主，少数表现为 Ⅱ₁ 型。

表 6-1　川西地区雷口坡组烃源岩 TOC 含量统计表

井号	岩性	TOC 含量 /%
川科 1 井	泥晶白云岩、泥晶灰岩、藻白云岩、石灰岩	0.06～0.55
回龙 1 井	灰黑色泥晶白云岩、含膏白云岩、藻云岩	0.05～1.08
孝深 1 井	深灰色白云质灰岩、白云岩、藻云岩	0.04～0.93
都深 1 井	灰色、深灰色白云岩、灰质白云岩、藻云岩	0.04～0.81
彭州 1 井	灰色、深灰色藻云岩、灰质白云岩	0.04～0.60
羊深 1 井	灰色、深灰色藻云岩、灰质白云岩	0.02～0.76

总体来看，雷口坡组烃源岩残余有机碳含量较低，但有观点认为这套高成熟—过成熟碳酸盐岩烃源岩残余有机碳恢复系数达 1.65～1.70，其对油气成藏的贡献还有待进一步深化研究。

第二节　烃源岩发育模式与主控因素

生物的生存环境和保存条件制约了烃源岩的形成，而匹配关系良好的古构造、古环境、古气候和古洋流等各要素控制了优质烃源岩的形成。分析烃源岩形成的地质条件，并建立相关的烃源岩发育模式，不仅有利于分析烃源岩纵横向展布规律，而且也是研究油气生成地质规律的基础。本节从建立四川盆地主要烃源岩发育模式入手，对其形成与发育主控因素做进一步分析。

一、烃源岩发育模式

早期针对海相烃源岩主要建立了三种发育模式：上升洋流模式、大洋缺氧事件模式和黑海滞流盆地模式。其中，上升洋流模式与强大季风有关，发生于大陆边缘斜坡区的上升洋流带，地域上有局限性；大洋缺氧事件模式与白垩纪全球高温有关，时间上有短暂性；黑海滞流盆地模式只发生于闭塞海盆的潟湖环境。但对四川盆地陆相烃源岩形成机理的研究，国内外报道较少。

近期，在前人研究的基础上，综合烃源岩发育的古构造、古地理、古环境、古生产率等因素，建立了四川盆地六种区域性烃源岩发育模式。

1. 台内裂陷深水陆棚硅质型

四川盆地主要发育两期裂陷。（1）早寒武世四川盆地整体处于陆内构造背景，绵阳—长宁裂陷槽继承性发育，控制了中寒武统优质烃源岩的发育分布。寒武纪全球处于新元古代成冰期和晚奥陶世成冰期之间。此时前寒武纪冰期结束，为寒武纪生命大爆发时期。同时，温度逐渐升高，冰川消融，罗尼迪亚超大陆加速裂解和海平面快速上升，大气圈具有高 CO_2 含量与低 O_2 含量，具有高还原、低氧化的特征，古气候以干热为主。早寒武世四川盆地具备发育烃源岩发育的有利构造—环境条件（高生产率生烃母质、还原环境、海平面上升和上升洋流），在南北向古裂陷槽和水下古隆起共同控制下发育深水陆棚相优质烃源岩。（2）晚二叠世沉积时期，富含生物化石或化石碎片，如菊石、腕足类、有孔虫、骨针等，沉积构造以静水远洋沉积的水平层理及重力流搬运沉积的显微递变层理、悬浮状杂乱排列的生屑结构等为主，缺乏波浪作用及生物扰动等沉积构造，为典型深水沉积，有利于上二叠统大隆组等烃源岩发育（图 6-29）。

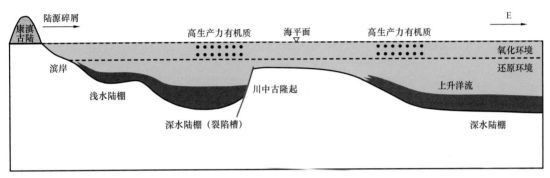

图 6-29　台内裂陷深水陆棚硅质型烃源岩发育模式图

　　该模式主要发育在中寒武统筇竹寺组与下寒武统麦地坪组，上二叠统大隆组等地区性烃源岩也发育此类模式。平面上主要分布在绵阳—长宁裂陷槽、开江—梁平陆棚，烃源岩呈带状分布。烃源岩有机质丰度高，以硅质型烃源岩为主。如深水陆棚区资阳 1 井筇竹寺组烃源岩以硅质型为主，但是随着水体变浅，筇竹寺组烃源岩逐渐变为不同岩性交互或以黏土型烃源岩为主（图 6-30）。

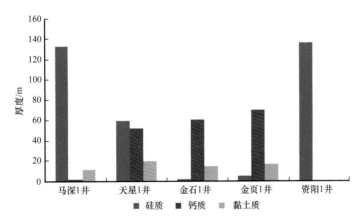

图 6-30　四川盆地筇竹寺组不同岩性烃源岩厚度对比图

2. 陆内坳陷深水陆棚硅质型

　　晚奥陶世开始，除扬子板块北缘仍处在被动大陆边缘外，扬子板块其他地区均表现出挤压收缩的构造背景。伴随着加里东构造运动的发生，扬子陆块与华夏陆块在陆内构造背景下发生挤压碰撞作用，川中隆起、黔中隆起和江南—雪峰隆起等边缘隆起不断抬升扩大，海平面相对上升，随着边缘隆起面积的扩大，中上扬子地区由克拉通盆地逐渐变为被各隆起所围限的隆后盆地，加里东运动最终形成了中上扬子区"大隆大坳"的构造格架。古隆起制约了海水的循环，在古隆起背后形成了广泛的滞留环境，有利于有机质的保存。通过对上奥陶统—下志留统烃源岩进行微量元素、稀土元素和同位素等测定，揭示烃源岩沉积时为缺氧环境。晚奥陶世—早志留世，四川盆地东南缘一带属于深水—浅水陆棚沉积环境，受沉积相控制，区域上沉积了一套较大厚度的暗色富有机质泥页岩。

奥陶纪末期的冰川活动引起全球性海平面下降，致使水体底部含氧量增加，有机质埋藏率降低，此后的间冰期气候转暖导致有机质埋藏率升高，有利于海洋微生物的沉积，从而为上奥陶统—下志留统优质烃源岩提供丰富的高生产率的有机质（图6-31）。

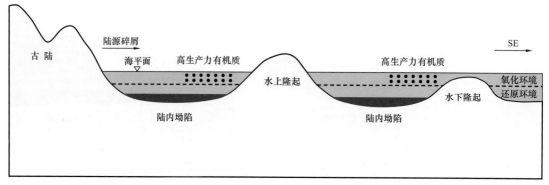

图6-31　陆内坳陷深水陆棚硅质型烃源岩发育模式图

该模式主要发育在上奥陶统五峰组—下志留统龙马溪组。平面上大面积分布，厚度大。烃源岩有机质丰度高，五峰组—龙马溪组底部优质烃源岩岩性以硅质型为主（图6-32）。

3. 碳酸盐岩缓坡钙质型

中二叠世，四川盆地处于拉张环境作用下，整体为碳酸盐岩缓坡沉积，水体相对较浅，盐度正常，在相对较低的洼地，形成了相对深水的台内盆地（或洼地），为富有机质碳酸盐沉积创造了有利的古地理条件。早二叠世，扬子板块和华夏板块都处在赤道附近，处于低纬度的热带—亚热带区，属于热带潮湿气候，生物繁盛，古生产率水平高。中二叠世栖霞组沉积期，海平面表现为缓慢上升，茅口组沉积早期快速上升到最高点，水体处于贫氧还原环境。茅口组沉积期中期海平面开始下降，茅口组沉积期末大幅度快速下降到最低点（图6-33）。

该模式主要分布在中二叠统栖霞组—茅口组（一段）。烃源岩分布范围广，以碳酸盐岩烃源岩为主，其有机质丰度低，以钙质型烃源岩为主。

4. 潟湖—沼泽相黏土型

四川盆地晚二叠世与早二叠世岩相古地理有较大差异，主要表现为盆地周缘发育几个古陆，如康滇古陆、云开古陆、华夏古陆等。古陆的出现改变了早二叠世单一的全区均为海域的古地理格局。晚二叠世，扬子地块西部发生了大规律的峨眉山玄武岩喷发及整个扬子地块的隆升（东吴运动），扬子地块内沉积分异进一步加剧，出现多个台内次级深水盆地，加之古陆的出现，为烃源岩沉积提供了充足的物源，在川中、川东南潮坪—潟湖相贫氧—弱氧化还原环境中生物繁盛，陆源高等植物能够有效保存，形成富有机质煤和页岩；在川东北斜坡—陆棚相的水体安静、还原环境中，水生生物繁盛，有机质大量沉积，形成富有机质页岩（图6-34）。

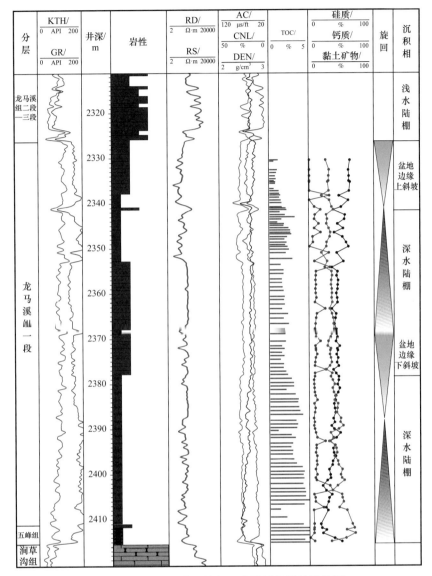

图 6-32 焦页 1 井五峰组—龙马溪组岩性柱状图

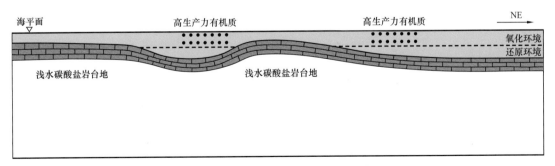

图 6-33 碳酸盐岩缓坡钙质型烃源岩发育模式

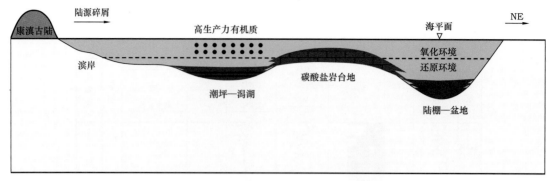

图 6-34 海陆过渡相黏土型烃源岩发育模式图

该模式主要发育在上二叠统龙潭组/吴家坪组。烃源岩主要发育于克拉通内裂陷陆棚相区（泥岩）和潟湖—沼泽相区（泥岩＋煤层）。平面上，烃源岩横向分布变化快，有机质丰度高，以黏土型烃源岩为主。

5. 前陆盆地前三角洲—湖泊黏土型

随着中三叠世末期闭塞海结束，海水逐渐退出上扬子地台，从此大规模海侵基本结束，四川盆地进入前陆盆地发育阶段，大型内陆湖盆开始出现，上三叠统须家河组为构造活动期的辫状河三角洲沉积与构造松弛期的湖泊沉积的交互。须一段主体发育滨岸亚相；须三段沉积时期受龙门山造山带构造隆升的影响，盆地可容纳空间达到了须家河组沉积期最大值，水体向东、向南侵入，向南已越过泸州古隆起，须三段超覆在嘉陵江组、雷口坡组的不同层位上，沉积范围已扩大至整个四川盆地；须五段沉积期构造活动相对平静，沉积盆地可容纳空间较大，沉降—沉积中心的主体仍位于龙门山前缘的川西坳陷带。随着龙门山的逐渐隆升，与海连通的出水口逐渐变小，同须四段沉积时期相似，成为受间歇性海水改造的陆相盆地。

在该模式中，烃源岩主要发育在前三角洲—湖泊沉积环境中，须家河组优质烃源岩厚度大，有机质丰度高（图 6-35）。

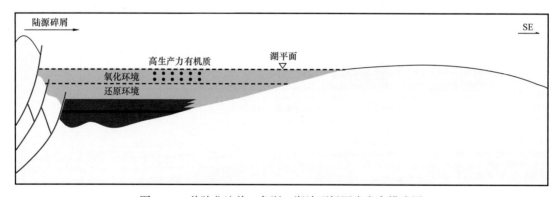

图 6-35 前陆盆地前三角洲—湖泊型烃源岩发育模式图

6. 陆内坳陷盆地半深湖—深湖黏土型

四川盆地早—中侏罗世处于陆内坳陷发育阶段，构造相对稳定，主体属于湖相，暗色泥页岩发育。中—下侏罗统湖盆沉降中心分布于平昌—仪陇—达州一带。中—下侏罗统沉积时期，湖水的交换能力和交换频率较强，随着气候转为暖湿，水和沉积物的供给增多，随着大量淡水的注入，水体盐度降低，水体出现温度分层，湖盆表现出缺氧的还原环境，有利于有机质保存。同时，大量湖水的注入带来了丰富的营养盐类和大量高等植物碎屑，湖泊的生产率水平相对较高，发育大量的藻类，相对较高生产率在优质烃源岩的形成中起到了关键的作用（图6-36）。

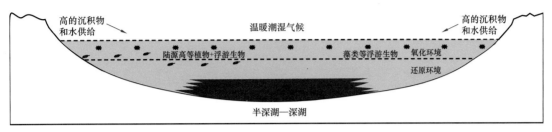

图6-36 陆内坳陷盆地半深湖—深湖型烃源岩发育模式图

在该模式中，由于湖平面的不断升高，湖泊以退积式充填为主，此时湖泊水域面积扩大，横向上沉积相带分布相对稳定，湖盆边缘沉积物粒度较粗，而在湖盆中心为半深湖—深湖相，中—下侏罗统优质烃源岩发育。

二、烃源岩发育主控因素

1. 区域构造旋回控制了烃源岩分布

构造对烃源岩发育的控制作用是显而易见的。构造作用通过对海—陆分异格局、海底地貌格局的控制而控制了海相烃源岩的时空分布。通过控制海—陆格局、陆地地势分异、冰川类型等的变化，从而引起了古大气环流、气候带、古洋流形式、类型的形成和演变，从而影响了高有机质丰度沉积物的形成和沉积。海相高有机质丰度烃源岩主要发育于被动大陆边缘盆地、克拉通内裂陷盆地和前陆盆地这三类盆地中。

从基底形成到晚期造山成盆，四川盆地经历了扬子、加里东、海西、印支、燕山及喜马拉雅六大构造沉积旋回，是一个多期构造叠合盆地。经历了震旦纪—早古生代克拉通内裂陷—坳陷（形成了中寒武统、上奥陶统—下志留统烃源岩）、晚古生代—早中三叠世克拉通内裂陷（形成了中二叠统、上二叠统烃源岩）以及中生代的前陆盆地（形成了上三叠统、下侏罗统烃源岩）演化阶段，晚白垩世以来，上扬子地区持续隆升，盆地萎缩并改造。

四川盆地加里东与海西两期伸展聚敛旋回海侵体系域控制了四套区域性烃源岩的展布。加里东早期伸展阶段发育了中寒武统硅质型烃源岩，主要分布于被动大陆边缘内带和台内裂陷；晚期聚敛阶段发育上奥陶统—下志留统陆内坳陷深水陆棚相硅质型烃源岩。海西期发育下二叠统碳酸盐岩外缓坡相钙质型烃源岩，伸展阶段发育了上二叠统硅质型与黏土型烃源岩，分布于台内裂陷陆棚相区与潟湖—沼泽相区。

整体来看，坳陷和裂陷控制了中寒武统、上奥陶统—下志留统和中二叠统三套区域性海相烃源岩的分布。前陆盆地前三角洲和陆内坳陷盆地半深湖—深湖相控制了陆相烃源岩的分布。海陆交互相潟湖—沼泽相区控制了上二叠统龙潭组/吴家坪组烃源岩的分布。

2. 海侵期是烃源岩主要发育时期

海平面升降变化对于海相沉积作用至关重要。当海平面上升时，海水向陆地侵进，海洋面积扩大而陆地面积缩小，可容纳空间增大，从而有利于烃源岩的发育；反之，则导致可容纳空间减小，从而不利于烃源岩的发育。

因此，纵向上烃源岩主要发育于海侵体系域，最大海侵时期也就是沉积水体总体变深的时期，所形成的沉积物中有机质含量相对最高。四川盆地在早二叠世和晚二叠世末期发生了较大规模的海侵，与中二叠统和上二叠统两套区域性分布的烃源岩也有较好的对应关系。此外，四川盆地筇竹寺组、五峰组—龙马溪组烃源岩等也均主要发育于海侵体系域。

从 TOC 含量与烃源岩分布关系看，海相优质烃源岩一般发育在烃源岩发育层系或层段的下部或底部，越靠近下部或底部，有机质丰度越高，多呈"塔状"分布，TOC 大于2.0% 的优质烃源岩厚度一般几十米。例如，四川盆地东南部丁山 1 井志留系龙马溪组烃源岩有机碳含量底部最高达 4.41%，TOC 大于 2.0% 的黑色页岩厚度 17m，向上逐渐降低成为好或一般烃源岩，这与沉积水体逐渐变浅，由极强还原逐渐变为还原环境相一致（图 6-37）。秦建中等研究表明，川东北地区普光 5 井二叠系龙潭组 / 吴家坪组、川东北—湘鄂西大庸地区寒武系筇竹寺组和加拿大阿尔伯特石炭系等海相优质烃源岩的发育特征均与此相似。

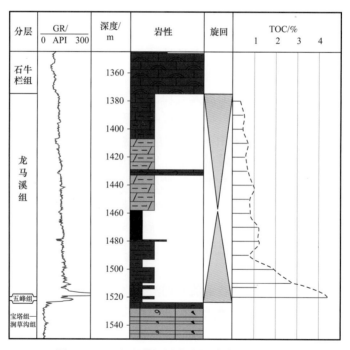

图 6-37　丁山 1 井烃源岩有机碳含量纵向分布

四川盆地茅口组纵向上可划分为两个三级层序：SQ_1 和 SQ_2。SQ_1 由茅一段至茅三段构成，海侵体系域（TST）主要发育在茅一段及茅二段下部，高位体系域（HST）则划分至茅三段的顶界面；SQ_2 由茅四段构成，因遭受剥蚀作用，盆地内只有局部地区得以保存。研究表明，SQ_1 海侵体系域碳酸盐岩烃源岩颜色以深灰色、灰黑色石灰岩为主，在野外露头以"眼球—眼皮"结构为特征，其中"眼皮"相当于"眼球"的基质，其泥质含量较高，污手，具微细波状层理。地球化学分析表明，茅口组 SQ_1 层序中石灰岩有机碳含量 0～2.0%，其中海侵体系域 TOC 值明显较高，多在 0.5%～2.0% 之间，而高位体系域 TOC 值主体小于 0.5%（苏旺等，2015），表明茅口组烃源岩纵向上也主要发育在海侵体系域。

3. 低能环境有利于烃源岩发育

沉积环境既控制有机质丰度，又影响有机质质量，是控制海相烃源岩发育和分布的重要因素。有利于形成海相优质烃源层的沉积环境，主要有：台内（或陆内）盆地、台地凹陷及近滨潟湖、台地斜坡、前缘斜坡及前礁等。这些环境中，浮游水生生物发育，水体稳定且较深，往往处于还原—强还原环境。优质烃源岩厚度一般向台内（或陆内）盆地、台地凹陷及近滨潟湖中心增厚或台地斜坡、前缘斜坡及前礁相向深水方向增厚。岩石类型主要是黑色、灰黑色、深灰色页岩、含钙页岩、钙质页岩、泥灰岩及含泥灰岩等。而一些动荡水体沉积的石灰岩，尤其是生屑灰岩、礁灰岩不能成为原生优质烃源岩。

台内（或陆内）盆地、台地凹陷及近滨潟湖相等碳酸盐岩沉积系统拥有自己的一套优质烃源岩，一般与储集岩和封盖岩类处在同一层位。世界上与碳酸盐岩相伴随的优质烃源岩多沉积在广阔的陆棚内盆地或台地凹陷中，趋向于形成生储盖三位一体的联合系统，它是一个自然填积、前积（海进）和退积（海退）的碳酸盐岩沉积系统。如四川盆地北部大隆组优质烃源岩就主要发育于开江—梁平陆棚相。台地斜坡、前缘斜坡及前礁沉积系统以同斜坡下方颗粒逐渐变小和泥质逐渐增加为特征，优质烃源岩发育，沉积物的类型主要取决于台地斜坡的坡度和台地边缘的性质。如四川盆地二叠系烃源岩发育于台盆相、深水陆棚相、开阔台地相带内的台内洼地亚相、台缘斜坡等相带，其中深水陆棚相、台盆相烃源岩最发育，且有机质丰度相对较高，而台内洼地多发育低丰度的烃源岩。

此外，沉积速率对烃源岩的形成也具有一定影响。高有机质丰度烃源岩一般都具有欠补偿沉积的特征。低的无机物输入和低的沉积速率，可使单位时间、单位体积内的有机质得到高度"浓缩"，从而有利于高有机质丰度烃源岩的形成。但是沉积速率太慢，不能造成水体底部的缺氧环境，有机质逐渐被消耗。而沉积速率太快会造成大量无机颗粒的稀释作用，也不利于烃源岩的形成。研究表明，沉积速率为 20～80m/Ma 最有利于优质烃源层的形成（陈践发等，2006），如大隆组是四川盆地晚二叠世时期最大海泛面对应的凝缩层，为饥饿型深水盆地沉积，沉积速率缓慢，形成了较好的烃源岩。

4. 高生产率和良好保存条件是烃源岩发育的关键

要形成高有机质丰度的烃源岩，还必须具有高生产率和良好的保存条件，沉积或底水环境必须为还原环境。原始生产率是控制海相沉积物中有机碳含量及烃源岩形成的最重要因素。Ba 积累率与有机碳通量、生物生产率呈正相关，Ba 富集指示上层水体的高生产率，二者有较好的正相关关系，表明古生产率对有机碳含量的影响很大。有机质的聚集和保存是形成优质烃源岩的另外一个重要因素，沉积有机质只有在相对还原环境中才能被保存下来，微量元素 V/（V+Ni）、V/Cr、Ni/Co、U/Th 等指标常被用来判别保存条件。

四川盆地五峰组—龙马溪组优质烃源岩就具有高生产率和良好的保存条件。前人对习水喉滩剖面研究表明，五峰组—龙马溪组 Ba 丰度高，表明其生产率高。此外，当 TOC 大于 0.5% 时，Ba 含量平均值大于 8.03×10^{-4}；当 TOC 在 0.1%～0.5% 之间时，Ba

含量平均值 546.88×10^{-6}；当 TOC 小于 0.1% 时，Ba 含量平均值小于 45.37×10^{-6}。有机碳含量高的层位 Ba 含量也较高，二者有较好的正相关关系，表明古生产率对有机碳含量的影响很大（李双建等，2009）。五峰组—龙马溪组沉积早期，川西—滇中古陆、汉南古陆扩大、川中隆起范围不断扩大，整个扬子南缘的黔中隆起、武陵隆起、雪峰山隆起、苗岭隆起基本相连形成滇黔桂隆起带，上扬子区则处于"多隆夹一坳"的半闭塞滞流环境中，这些古隆起和海底高地对海水的循环起到了阻隔作用，使海水处于滞留状态，从而在隆起背后形成了广泛的滞留环境，有利于缺氧环境的形成。通过对焦页 2 井五峰组—龙马溪组进行微量元素测定，发现其元素含量和比值具有以下特征：（1）V/Cr、Ni/Co、V/（V+Ni）、U/Th、Au 以及 δU 在垂向上具有相似的变化趋势，即各值总体都具有由五峰组—龙马溪组底部向上减小的趋势；（2）V/Cr、Ni/Co、V/（V+Ni）、U/Th、Au 以及 δU 值在垂向上具有明显的二分性，拐点大致出现在 2535m 附近，即龙马溪组底部（2535～2575m）厚度约为 40m 的页岩，各值明显较大；而在 2535m 以上的井段，各值明显变小；（3）V/Cr、Ni/Co、V/（V+Ni）、U/Th、AU 以及 δU 值与 GR、AC 和 RT 等电测曲线变化趋势同样具有明显的一致性（图 6-38）。上述特征反映了五峰组—龙马溪组缺氧的沉积环境在垂向上具有由下向上逐渐富氧的特征。

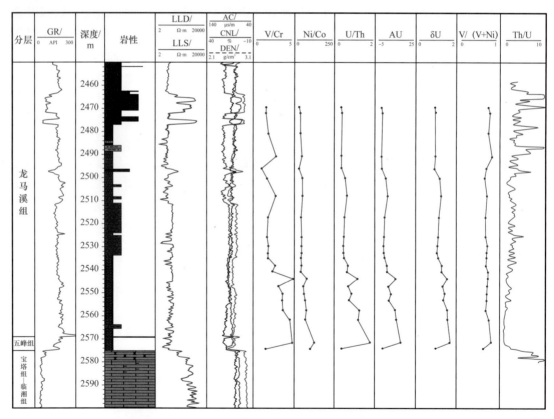

图 6-38　焦页 2 井五峰组—龙马溪组微量元素综合评价图

上升流对有机质丰度高的烃源岩形成的控制作用主要通过改变环境的原始生产率和保存条件来实现。一方面，上升流所带来的底部的营养有利于生物的发育，从而较大幅度地提高原始生产率；另一方面从底层带来的底层水氧含量低，有利于缺氧环境的形成。

第三节　烃源岩生烃演化

四川盆地海相层系主要为原油裂解气，陆相层系以烃源岩裂解气为主，具有"多元供烃"的特征。储层中最早的烃类聚集主要为油藏，随后古油藏在后期深埋过程中裂解形成气藏，具有"油转气"的特征。四川盆地及邻区经历多期构造运动，导致烃源岩普遍具有"多期生烃"的特征。

一、热演化特征

四川盆地海相层系主要为原油裂解气，陆相层系以烃源岩裂解气为主。四川盆地每套烃源岩经历的构造热演化史差异显著，不同地史时期烃灶的性质随地史而发生变化。烃源岩在早期主要形成古油藏，古油藏在后期深埋裂解形成原油裂解气，是晚期成藏的重要气源。气源分析表明，四川盆地灯影组、龙王庙组、石炭系、长兴组—飞仙关组等大中型气田天然气主要为原油裂解气及烃源岩裂解气，具有"多元供烃"的特征。

四川盆地海相烃源岩有机质类型以Ⅰ型和Ⅱ型干酪根为主，少量为Ⅲ型，因此主要是以生油为主。中寒武统筇竹寺组、上奥陶统五峰组—下志留统龙马溪组和中二叠统栖霞组—茅口组主要为Ⅰ型和Ⅱ型，上二叠统龙潭组／吴家坪组烃源岩以Ⅱ型和Ⅲ型为主。在储层中最早的烃类聚集主要为油藏，随后古油藏在后期深埋过程中裂解形成气藏。目前四川盆地已发现的普光、元坝、威远、安岳等海相大型气藏均是在古油藏形成后转化为气藏，具有"油转气"的特征。

四川盆地及邻区经历多期构造运动，导致烃源岩普遍具有"多期生烃"的特征。如中寒武统筇竹寺组烃源岩在志留纪沉积期，伴随着筇竹寺组上覆地层的增加，烃源岩开始逐步成熟，并进入生油阶段。志留纪末期受加里东晚期运动的影响，四川盆地整体抬升，烃源岩生烃停止。二叠纪四川盆地进入稳定沉降阶段，在热流持续增加和埋深迅速增加的共同作用下，中寒武统烃源岩进入二次生油阶段，并在二叠纪末进入生油高峰。中三叠统沉积期达高成熟阶段，以生湿气为主。中侏罗世进入了过成熟阶段，以生成干气为主。油气包裹体分析也证明，中寒武统烃源岩在地史时期具有多期生烃过程。

二、生烃演化特征

四川盆地海相沉积阶段，热演化主要受岩石圈拉张机制所控制，地温场略高，峨眉山地幔柱和玄武岩喷发对川西南地区影响显著，对其他区域影响有限。陆相沉积阶段，在深部岩石圈冷却和浅部快速沉积的综合作用下，盆地持续保持低地温场特征。晚白垩世以来快速隆升剥蚀造成盆地沉积生热层的减薄、深部岩石圈加厚和均衡调整，热流有所降低，其降低幅度与剥蚀速率相关。

四川盆地各时代烃源岩热演化具有一定的继承性。随埋深加大，时代变老，有机质热演化程度逐渐增大（图6-39）。

1. 中寒武统筇竹寺组

四川盆地筇竹寺组烃源岩早期成烃过程具有明显的分区性（图6-40）。筇竹寺组在川东南及川西南地区地区成烃最早，在早志留世进入生烃门限；川东北地区在晚志留世

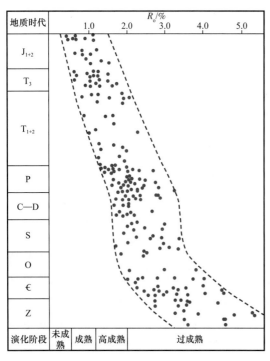

图 6-39 四川盆地不同时代烃源岩 R_o 值分布图

开始生烃；川中地区筇竹寺组烃源岩受到加里东古隆起的影响，成熟时间往后推迟，开始生烃的时间为泥盆世。

筇竹寺组烃源岩进入规模生烃的时间，在四川盆地不同区域也有差别。筇竹寺组在川东南地区最早进入成烃高峰期，时间在早二叠世；川西南地区稍后，在中二叠世进入规模生烃期；川东北地区在晚二叠世筇竹寺组烃源岩开始规模生烃；川中地区开始规模生烃的时间为早三叠世。

不同地区筇竹寺组烃源岩进入 R_o 为 1.6% 阶段（原油规模裂解）的时间也有所不同。筇竹寺组在川东南地区最早热演化到 R_o 为 1.6%，时间在早三叠世初；川西南地区稍后，为三叠纪末进入到 R_o 为 1.6%；川东北地区为早—中侏罗世；川中地区为早白垩世。

总体来说，四川盆地及周缘中寒武统烃源岩在加里东中晚期普遍进入成熟阶段，开始生油；在海西晚期进入湿气—凝析油阶段；在印支晚期—燕山期早期普遍进入过成熟阶段。

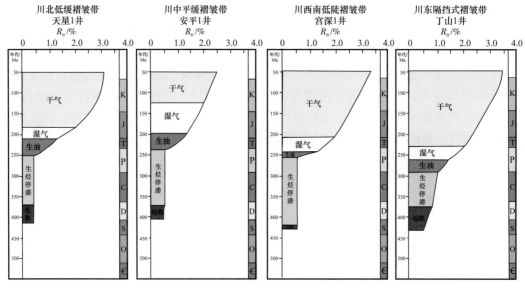

图 6-40 四川盆地不同地区筇竹寺组烃源岩生烃演化图

2. 上奥陶统五峰组—下志留统龙马溪组

五峰组—龙马溪组烃源岩在四川盆地不同地区成烃演化过程的差异并不像寒武系筇竹寺组那样明显（图 6-41），总体上川南地区和川东地区龙马溪组热演化过程要比川北地区早一些，川东、川南和川北地区在二叠世均已进入生烃门限（R_o 为 0.5%）。

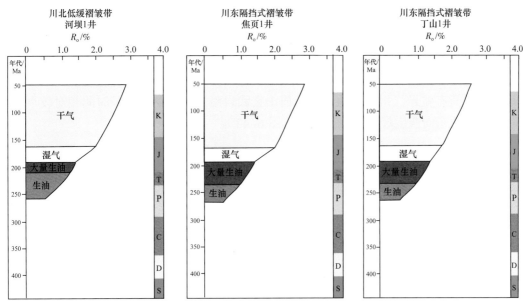

图 6-41　四川盆地不同地区志留系烃源岩生烃演化图

川东和川南地区龙马溪组烃源岩在三叠纪末期进入到规模生烃期；川北地区龙马溪组烃源岩在早侏罗世进入规模生烃期。原油发生规模裂解时期，川东地区为中侏罗世；川南和川北地区则在晚侏罗世中期进入原油裂解期。

3. 中二叠统栖霞组—茅口组

川西南地区受峨眉山玄武岩喷发影响，中二叠统烃源岩成熟相对较早，盆地其他地区从东向西生烃时间逐渐变晚（图 6-42）。川西南地区中二叠统烃源岩在中三叠世进入到生烃门限；川东南地区在中三叠世中期进入生烃门限；川东北和川中地区在三叠纪末期进入生烃门限。

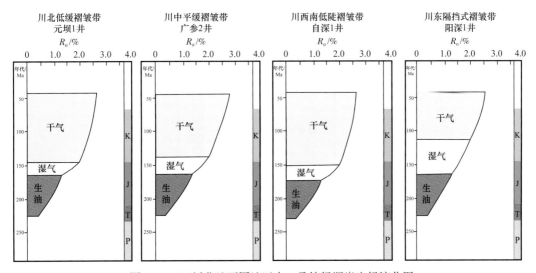

图 6-42　四川盆地不同地区中二叠统烃源岩生烃演化图

川西南地区中二叠统烃源岩在早侏罗世末进入到规模生油期；川东北地区在中侏罗世进入规模生油期；川东南和川中地区在中侏罗世末期进入规模生烃期。川东南和川中地区在晚侏罗世末期进入规模原油裂解期，其他地区演化到规模裂解期的时间在晚侏罗世早期。

4. 上二叠统龙潭组/吴家坪组

四川盆地不同地区上二叠统烃源岩生烃演化特征与中二叠统烃源岩基本一致，只是生烃演化时间有差异。川西南地区受峨眉山玄武岩喷发的影响，生烃时间相对较早，盆地其他地区从东向西生烃时间逐渐变晚（图6-43）。

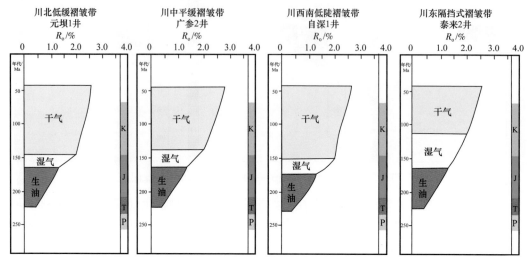

图6-43 四川盆地不同地区上二叠统烃源岩生烃演化图

5. 上三叠统须家河组

四川盆地上三叠统须家河组烃源岩具有西厚东薄、西深东浅特征，其烃源岩演化具有西早东晚、西高东低的特点（图6-44）。

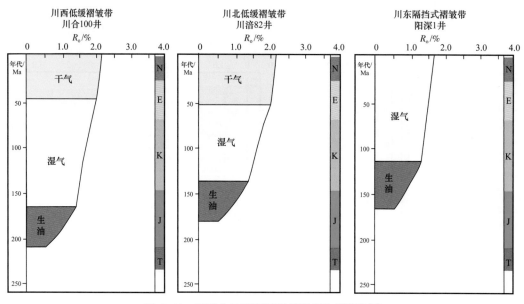

图6-44 四川盆地须家河组烃源岩生烃演化图

以川合100井为代表的川西地区，总体上呈现为沉降趋势，最大埋深在新近纪早期，新近纪中期隆升幅度最大。须一段和须三段烃源岩在三叠纪晚期 R_o 达到 0.5%，开始成熟生烃，至侏罗纪末期和白垩纪早期，进入高成熟阶段，达生气高峰，早—中白垩世进入过成熟阶段。须五段烃源岩在侏罗纪晚期—白垩纪早期开始成熟生烃，至中白垩世中期进入高成熟阶段，达生气高峰，须三段、须五段烃源岩在新近纪初进入过成熟阶段。

以川涪 82 井为代表的川北—川东北地区总体呈现沉降的趋势，最大埋深在新近纪早期。须家河组烃源岩在中侏罗世 R_o 达到 0.5%，开始成熟生烃，至中—晚侏罗世进入高成熟阶段，生烃高峰期在侏罗纪晚期，在古近系进入过成熟阶段。

以阳深 1 井为代表的川东南地区发生三次大的隆升，最大埋深为新近纪早期。须家河组烃源岩在中—晚侏罗世中晚期 R_o 达 0.5%，开始成熟生烃，在侏罗纪末期—白垩纪早期进入高成熟阶段，须家河组烃源岩在古近系进入过成熟阶段。

6. 下侏罗统自流井组

四川盆地不同地区下侏罗统烃源岩具有不同的生烃高峰期，如图 6-45 所示。

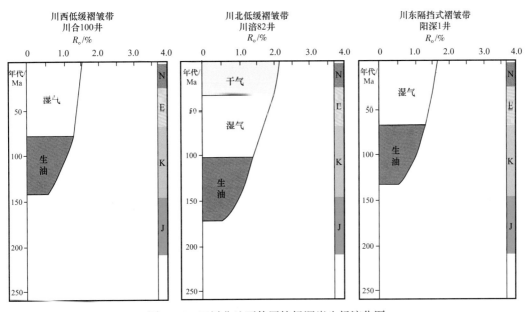

图 6-45 四川盆地下侏罗统烃源岩生烃演化图

川西地区的川合 100 井，下侏罗统烃源岩在晚侏罗世至早白垩世 R_o 达到 0.5%，开始成熟生烃，至中白垩世进入高成熟阶段，达生气高峰，下侏罗统烃源岩至今尚未达到过成熟阶段。

川东北地区川涪 82 井，下侏罗统烃源岩在中侏罗世 R_o 达到 0.5%，开始成熟生烃，至晚侏罗世进入高成熟阶段，下侏罗统烃源岩在古近纪进入过成熟阶段。

川东南地区阳深 1 井，下侏罗统烃源岩在中—晚侏罗世 R_o 达到 0.5%，开始成熟生烃，中—晚白垩世进入高成熟阶段，下侏罗统烃源岩至今尚未进入过成熟阶段。

第七章 储 层

储层是油气储集的场所。四川盆地储层岩石类型丰富,既有碳酸盐岩储层,又有碎屑岩储层,还有页岩及灰泥灰岩等非常规储层。其中碳酸盐岩储层按成因又可细分为礁滩型储层、岩溶型储层、热液白云岩型储层等(表7-1)。本章在介绍储层岩石成因分类的基础上,重点介绍各类储层的分布特征、岩性特征、物性特征、储集空间类型及储层发育主控因素,其中页岩储层将在第九章单独介绍。

表7-1 四川盆地主要储层类型及特征

储层大类	亚类	储层类型	储层岩性	物性分类	储集空间类型	层系	典型发育区
碳酸盐岩储层	礁滩型储层	大型台地边缘礁滩	台地边缘生物礁	残余生屑结晶白云岩、残余生物礁结晶白云岩	I类、II类为主	晶间溶孔、粒内溶孔、生物体腔孔、溶洞	P_3ch	环开江—梁平陆棚、鄂西海槽西侧
			台缘边缘藻丘滩	藻白云岩、颗粒白云岩、晶粒白云岩	I类、II类为主	格架孔、粒内(溶)孔、晶间(溶)孔、溶洞	Z_2dy	环绵阳—长宁古裂陷槽两侧
			台地边缘鲕粒滩	残余鲕粒结晶白云岩、糖粒状白云岩	I类、II类为主	晶间溶孔、粒内溶孔、粒间孔	T_1f	环开江—梁平陆棚、鄂西海槽西侧
			台地边缘生屑滩	溶孔白云岩、生屑白云岩、白云质生屑灰岩	II类、III类为主	晶间孔、粒内孔、生物体腔孔、溶洞	P_3ch、P_3w、P_2q	开江—梁平陆棚西侧、川西北
		台内礁滩	开阔台地生屑滩	深灰色、灰色生屑灰岩	III类为主	粒内孔、裂缝	P_3ch	泰来地区
			开阔台地鲕滩	亮晶鲕粒灰岩	III类为主	粒内溶孔、晶间孔	T_1f	建南、河坝场、涪陵
			台内点礁	残余生物礁白云岩、残余生屑白云岩	III类为主	晶间孔、生物体腔孔、粒内孔、溶洞	P_3ch	川东南
			台内藻丘滩	藻白云岩、颗粒白云岩、晶粒白云岩	II类、III类为主	格架孔、粒内(溶)孔、晶间(溶)孔、溶洞	Z_2dy	川中、川北、川东南
			局限台地浅滩	残余鲕粒砂屑白云岩、残余砂屑白云岩	II类、III类为主	晶间孔和晶间溶孔为主	T_1j、T_2l、ϵ	川中、河坝场、川西、川东北、川东南

储层大类	亚类	储层类型	储层岩性	物性分类	储集空间类型	层系	典型发育区
碳酸盐岩储层	岩溶型储层	中—高孔渗基岩孔隙型岩溶储层相	粉晶白云岩、颗粒白云岩	II类、III类为主	粒间、粒内溶孔（洞）、晶间溶孔	C_2、T_1l、P_2m	川中、川东、川东北、川西
		低孔渗基岩缝洞型管流岩溶储层相	泥晶灰岩、生屑灰岩	基质孔隙度<2%	溶洞、溶蚀扩大缝	P_2m	川南、川东南
	热液白云岩储层		中—细晶白云岩、残余生屑白云岩、硅质白云岩	III类为主	晶间溶孔、晶间孔、溶洞、溶缝	P_2m、P_2q	川东北、川中、川东南
碎屑岩储层	三角洲相		砂岩、砾岩、砂质砾岩	II类、III类为主	粒间、粒内溶孔和裂缝	J、T_3x	川东北、川西、川中
页岩储层	海相页岩	深水陆棚相、海陆过渡相	含放射虫碳质笔石页岩、含骨针笔石页岩、含碳质页岩	II类、III类储层为主	有机质孔、黏土矿物间孔、晶间孔	O_3w、S_1l、ϵ_2	川东南、川北
	湖相页岩	半深湖—深湖	含碳质页岩、页岩	II类、III类储层为主	有机质孔、黏土矿物晶间孔	J_1z、J_2q、T_3x	川西、川东北、川东南
其他类型储层	裂缝型储层	低孔渗基岩裂缝型储层	各类石灰岩、砂岩	基质孔隙度<2%	缝合线、裂缝微孔、溶蚀扩大缝	多层系	川东南、川东北及盆缘等构造形变强烈区
	灰泥灰岩储层	外缓坡	灰泥灰岩	孔隙度0.01%~6.08%，平均1.36%	滑石成岩收缩缝、粒内溶孔、有机质孔	P_2m	川东南
	火山岩储层		角砾岩、凝灰岩、沉凝灰岩、玄武岩	I类、II类为主	气孔、砾间洞、晶间孔、晶内孔、溶蚀孔、收缩孔缝、裂缝	P_2	川西南、川西、川东北

　　四川盆地储层发育，震旦系—侏罗系几乎所有地层都有分布，四川盆地自震旦系—侏罗系已发现35个工业油气产层，其中常规海相22层、陆相10层、海相页岩气产层3层，主力产层主要分布在震旦系灯影组，寒武系龙王庙组，石炭系黄龙组，中二叠统栖霞组、茅口组，上二叠统长兴组，下三叠统飞仙关组、嘉陵江组，上三叠统须家河组，侏罗系自流井组等。页岩气产层主要分布在寒武系筇竹寺组，奥陶系五峰组—志留系龙马溪组（表7-2）。

表 7-2　四川盆地主要储层统计表（统计截至 2017 年底）

储层名称	代号	时代	厚度/m	储层岩性
蓬莱镇组储层	J_3p	上侏罗统	20～200	砂岩
上沙溪庙组储层	J_2s_2	中侏罗统	10～50	细—中粒砂岩
下沙溪庙组储层	J_2s_1	中侏罗统	5～35	砂岩
大安寨组储层	J_1z_4	中侏罗统	10～20	介壳灰岩、泥页岩
东岳庙组储层	J_1z_2	下侏罗统	5～10	页岩、砂岩
珍珠冲组储层	J_1z_1	下侏罗统	10～20	砾岩、砂岩
须六段储层	T_3x_6	上三叠统	10～20	砾岩、岩屑砂岩、石英砂岩
须四段储层	T_3x_4	上三叠统	10～200	岩屑砂岩、石英砂岩
须三段储层	T_3x_3	上三叠统	10～180	钙屑砂岩、砾岩
须二段储层	T_3x_2	上三叠统	5～200	岩屑砂岩、石英砂岩
雷四段储层	T_2l_4	中三叠统	5～130	藻屑白云岩、角砾白云岩、晶粒白云岩、白云质灰岩
雷三段储层	T_2l_3	中三叠统	23～120	岩溶角砾白云岩、晶粒白云岩
嘉四段—嘉五段储层	T_1j_{4-5}	下三叠统	10～30	颗粒白云岩、晶粒白云岩
嘉三段储层	T_1j_3	下三叠统	10～50	颗粒白云岩、晶粒白云岩
嘉二段储层	T_1j_2	下三叠统	10～80	颗粒白云岩、晶粒白云岩、石灰岩
嘉一段储层	T_1j_1	下三叠统	20～100	石灰岩
飞三段储层	T_1f_3	下三叠统	10～40	鲕粒白云岩、鲕粒灰岩、粒屑灰岩
飞一段—飞二段储层	T_1f_{1-2}	下三叠统	10～301	鲕粒白云岩、颗粒白云岩、晶粒白云岩
长兴组储层	P_3ch	中二叠统	10～145	礁白云岩、晶粒白云岩、白云质灰岩
茅三段储层	P_2m_3	中二叠统	10～180	颗粒灰岩、热液白云岩、晶粒白云岩
栖霞组储层	P_2q	中二叠统	10～50	晶粒白云岩
上石炭统储层	C_2	上石炭统	5～50	颗粒白云岩、晶粒白云岩、角砾白云岩
观雾山组储层	D	中泥盆统	5～25	礁白云岩、晶粒白云岩
五峰组—龙马溪组页岩储层	$O_3w—S_1l$	下志留统	20～150	泥（页）岩
下奥陶统储层	O_1	下奥陶统	30～50	颗粒白云岩、晶粒白云岩
洗象池群储层	$\text{€}_{2-3}X$	中—上寒武统	5～20	颗粒白云岩、晶粒白云岩
龙王庙组储层	€_1l	下寒武统	10～70	颗粒白云岩、晶粒白云岩
筇竹寺组页岩储层	€_1q	下寒武统	10～150	泥（页）岩
灯四段储层	Z_2dy_4	上震旦统	10～250	藻白云岩、颗粒白云岩、晶粒白云岩
灯二段储层	Z_2dy_2	上震旦统	10～400	藻白云岩、颗粒白云岩、晶粒白云岩

第一节 碳酸盐岩储层

碳酸盐岩储层是四川盆地最重要的储层类型，已发现的大中型气田以碳酸盐岩储层为主，如国内著名的普光气田、元坝气田、龙岗气田、安岳气田等都属于此类储层。碳酸盐岩储层按岩石成因进一步细分为礁滩型储层、岩溶型储层、热液白云岩型储层等主要储层类型，碳酸盐岩储层物性好，单井产量高，是寻找优质高效油气田的有利目标。

一、礁滩型储层

礁滩型储层是碳酸盐岩最重要的储层类型之一，包括台地边缘礁滩、台地边缘丘滩和台内浅滩等主要岩相类型。岩石类型包括各种颗粒白云岩及晶粒白云岩、灰质白云岩及颗粒石灰岩、石灰岩等储集岩。其中礁滩型白云岩储层无论是纵向上还是平面上都是四川盆地分布最广泛的储层，是寻找大中型油气田的最有利目标。

礁滩型储层的发育受沉积相、岩性、成岩作用等方面的控制，主要分布在震旦系（灯影组）、寒武系（龙王庙组、洗象池群）、二叠系（栖霞组、茅口组、长兴组）和三叠系（飞仙关组、嘉陵江组）等。

1. 台地边缘礁滩储层

1）储层岩性特征

台地边缘礁滩型储层岩石类型丰富，包括各种石灰岩和白云岩，且以白云岩为主，主要包括：残余生物礁结晶白云岩、残余鲕粒结晶白云岩、残余生屑结晶白云岩、残余砂屑白云岩、糖粒状白云岩、粉细晶白云岩、中粗晶白云岩、生物礁灰岩和亮晶鲕粒灰岩等。白云岩储层物性明显好于石灰岩储层。白云岩平均孔隙度为 7.56%，平均渗透率为 1.277mD，以形成 Ⅰ 类和 Ⅱ 类孔隙型储层为主；石灰岩平均孔隙度为 2.97%，平均渗透率为 0.101mD，以形成 Ⅲ 类裂缝—孔隙复合型及裂缝型储层为主。

（1）残余生物礁结晶白云岩。

主要发育于长兴组，分布于元坝、龙岗、普光、涪陵等地区台地边缘礁滩相障积岩及骨架岩等亚相。造礁生物以海绵为主，少量苔藓虫及层孔虫，含量 35%～50% 不等。因重结晶作用，生物结构多被破坏。具中—粗晶结构，晶间孔丰富。溶蚀作用强烈，形成了丰富的溶孔。岩石孔隙度高，渗透率好，具有极好储集条件，以形成 Ⅰ 类、Ⅱ 类储层为主。

（2）残余鲕粒结晶白云岩。

以中晶为主，细晶次之。主要发育于飞仙关组，分布于普光、龙岗等地区台地边缘暴露浅滩相鲕粒滩亚相。矿物成分以白云石为主，含量 90%～95%。颗粒组成以鲕粒为主，含量 70%～80%，亮晶胶结物含量 20%～25%。因重结晶作用强烈，多数鲕粒只保留其残余结构。岩石晶间孔丰富，后期溶蚀作用强烈，溶孔部分充填沥青，部分未被充填。储集性极好，是四川盆地东北部飞仙关组储集岩的主要岩石类型，以形成 Ⅰ 类、Ⅱ 类储层为主。

（3）残余生屑结晶白云岩。

主要发育于长兴组，在涪陵、元坝、龙岗、普光等地区广泛分布于台地边缘暴露浅滩相生屑滩亚相。矿物成分以白云石为主，含量83%～95%。颗粒组成以生物碎屑为主，生物种类丰富，以䗴及有孔虫为主，含少量腕足类及瓣鳃类等大化石。因重结晶作用，大量生物结构被破坏，只保留了残余结构。岩石具细—中晶结构，溶蚀作用强烈，岩石晶间溶孔、粒内溶孔丰富，储集条件很好，以形成Ⅰ类、Ⅱ类储层为主。

（4）残余砂屑白云岩。

主要分布于长二段、飞一段—飞二段下部及中部。矿物成分以白云石为主，含量约95%。颗粒以残余砂屑为主，含量约60%，偶见亮晶胶结物。重结晶作用强烈，以细—中晶为主。岩石孔隙比较丰富，以晶间溶孔、粒间溶孔及晶间孔为主，平均面孔率3%左右，储集能力较好。

（5）糖粒状白云岩。

主要发育于普光地区飞仙关组，如普光2井飞一段—飞二段。矿物成分以白云石为主，含量93%～95%。具中—粗晶残余鲕粒结构。晶间孔丰富，部分充填沥青，部分未被充填。岩石比重很轻，外观似炉渣，是优质储集岩，以形成Ⅰ类、Ⅱ类储层为主。

（6）粉—细晶白云岩。

主要分布在长兴组及飞一段—飞二段，在元坝、龙岗、普光地区广泛分布于台地边缘礁滩相及台地边缘暴露浅滩相。矿物成分以白云石为主，含量大于90%。重结晶作用一般，具粉晶—细晶结构。溶蚀作用较强，以形成Ⅰ类、Ⅱ类储层为主。

（7）中粗晶白云岩。

主要发育于飞仙关组、栖霞组等，主要分布于广元西北乡、普光等地区，厚度大，分布稳定，以浅灰色为主，局部呈灰黄色，其间可见方解石充填晶洞。在镜下，该类型的白云石以半自形—他形结构为主，彼此构成镶嵌结构，部分晶体可见雾心亮边。交代较完全，重结晶现象明显，大多具有中—粗晶结构，基本上破坏了原岩的结构特征，从少数的残余结构来看，原岩极可能为泥（亮）晶生屑灰岩。岩石中溶蚀孔洞较发育，但多已被后期晶形较好、明亮、粒度较粗且显环带结构的亮晶白云石充填，仅零星可见少量晶间孔散布于岩石中，以形成Ⅰ类、Ⅱ类储层为主。

（8）粉晶白云岩。

裂缝和溶孔均比较发育，但岩性非均质性较强，主要发育于长兴组，在元坝、普光等地区分布广泛。镜下可见有孔虫、棘屑和藻类为主等大量生物碎屑，由于白云化作用强烈，使得大部分生物化石无法辨认，仅呈现生屑残余结构。由于后期构造及溶蚀作用强烈，在镜下往往可以见到大量微裂缝及溶孔，局部被沥青充填，以形成Ⅱ类、Ⅲ类储层为主。

（9）泥—粉晶白云岩。

分布较广泛，多出现在长二段，形成于局限台地或台地蒸发岩中。岩石组成以灰泥为主，含少量颗粒。矿物成分以白云石为主，含量约90%，方解石含量小于10%。泥—粉晶结构。该类储层孔隙度范围在1.5%～7%，平均孔隙度约3%，主要分布于普光地区以及羊鼓洞、盘龙洞一带，多与残余颗粒结晶白云岩储层共生。

（10）生物礁灰岩。

主要发育于长兴组，在川东北、川东南等地区广泛分布于台地边缘礁滩相，为障积岩及骨架岩等主要组成岩石类型。造礁生物以海绵为主，少量苔藓虫及层孔虫，含量

35%～50%不等。微粉晶结构。岩石比较致密，储集条件较差，但在深部发生溶蚀作用后也可以形成储层，一般以Ⅲ类储层为主。此外，在下志留统石牛栏组也有所发育，分布于石牛栏组中上部。

（11）亮晶鲕粒灰岩。

主要分布于飞一段—飞三段，在元坝、涪陵地区广泛分布。形成于开阔台地及台地边缘高能相区。矿物成分以方解石为主，含量大于91%。颗粒组成以鲕粒为主，含量68%～76%，亮晶胶结物含量24%～32%。重结晶作用微弱，一般具微—粉晶结构，即使重结晶作用较强，晶体之间也是紧密镶嵌接触，晶间孔几乎不发育。因此，多数鲕粒灰岩都很致密，难以形成优质储层。但是，如果在深部发生溶蚀作用，也可以形成溶孔鲕粒灰岩，以Ⅲ类储层为主，如川东北河坝场地区飞三段发育溶孔鲕粒灰岩储层。

2）储层物性特征

四川盆地台地边缘礁滩相储层物性普遍较好，但非均质性强，不同岩性储层物性差异明显。礁滩白云岩储层物性相对较好，大多数以Ⅱ类储层为主，部分为Ⅰ类和Ⅲ类储层，而礁滩石灰岩储层，物性相对较差，以Ⅲ类储层为主，大多数为非储层。如普光三叠系飞仙关组鲕粒白云岩储层物性明显好于通南巴地区鲕粒灰岩储层，而元坝地区飞仙关组滩相鲕粒灰岩大多数为致密储层或非储层；普光、元坝地区二叠系长兴组礁滩白云岩储层物性明显好于礁滩石灰岩储层。

四川盆地礁滩型储层具有较好的物性特征。川东北长兴组储层（847个样品统计）孔隙度最大值为23.1%，最小值为1.0%，平均值为5.4%，孔隙度大于2%的平均值为5.9%。孔隙度小于2%的比例为11%，2%～5%的比例为41.7%，5%～10%的比例为37.1%，大于10%的比例为10.2%。渗透率最大值为9664.89mD，最小值为0.01mD，平均值为93.41mD。渗透率小于0.02mD的比例为2.6%，0.02～0.25mD的比例为30.8%，0.25～1mD的比例为16.6%，大于1mD的比例为50.0%。飞仙关组储层（1833个样品统计）孔隙度最大值为28.9%，最小值为0.4%，平均值为7.7%。孔隙度大于2%的平均值为8.7%。孔隙度小于2%的比例为13.9%，2%～5%的比例为21.9%，5%～10%的比例为33.1%，大于10%的比例为31.1%。渗透率最大值为8080.504mD，最小值为0.001mD，平均值为108.801mD。孔隙度大于2%的储层渗透率平均值为126.660mD。渗透率小于0.02mD的比例为7.4%，0.02～0.25mD的比例为31.7%，0.25～1mD的比例为11.9%，大于1mD的比例为49%。

3）储集空间类型

通过岩心描述、薄片观察和扫描电镜等分析，礁滩型储层储集空间以晶间溶孔及粒间溶孔为主，粒内溶孔、晶间孔、鲕模孔、生物体腔溶孔及溶洞次之，裂缝较少（表7-3）。

（1）晶间溶孔。

普遍发育于各类结晶白云岩中，晶间孔因溶蚀扩大而形成（图7-1d）。溶蚀作用发育在晶体之间，孔隙形态复杂，直径小于2mm。这类孔隙非常普遍，主要分布在川东北、川东南、川中、川西等地区，是最主要的储集空间类型之一。

（2）粒间溶孔。

发育于各类颗粒白云岩及颗粒灰岩中，由颗粒间胶结物或部分颗粒被溶蚀而形成。

孔隙形态多样，直径小于 2mm，以 1mm 为主。这种孔隙比较常见，川东北、川东南、川中、川西等地区（图 7-1a、b）都有分布，是较重要的储集空间类型之一。

表 7-3　四川盆地礁滩型储层储集空间类型统计表

储集空间类型			特征	含量	主要岩性
孔隙	原生孔隙	粒间孔	鲕粒、内碎屑等粒屑间的孔隙	少	粒屑灰岩、鲕粒白云岩
		体腔孔	生物死亡后留下的骨骼或壳体的孔隙	少	生物礁灰岩、礁白云岩、藻白云岩
	次生孔隙	晶间孔	晶体之间的孔隙	中	残余鲕粒、砂屑白云岩及结晶白云岩
		粒间溶孔	颗粒间充填物被溶蚀形成孔隙	高	残余鲕粒、砂屑白云岩
		粒内溶孔	颗粒内部被溶蚀形成的孔隙	少	残余鲕粒白云岩
		晶间溶孔	晶间孔溶蚀扩大形成的孔隙	高	残余鲕粒、砂屑白云岩及结晶白云岩
		鲕模孔	鲕颗粒全部溶蚀形成的孔隙	中	残余鲕粒白云岩
		生物体腔溶孔	生物体腔被溶蚀而形成的孔隙	少	生物礁灰岩、礁白云岩、藻白云岩
洞穴	溶洞		大于 2mm 的溶蚀扩大洞穴	低	白云岩、石灰岩
	裂缝性溶洞		沿裂缝局部溶蚀扩大形成的洞穴	低	白云岩、石灰岩
裂缝	缝合线		锯齿状，被沥青全或半充填	低	泥粉晶白云岩、石灰岩
	微裂缝		以微裂缝为主，部分被沥青充填	中	泥粉晶白云岩、石灰岩

a. 粒间及粒内溶孔，毛坝4井，飞一段

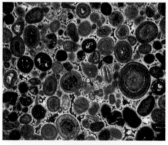

b. 粒间溶孔，元坝27井，飞一段—飞二段

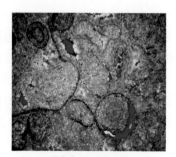

c. 粒内溶孔，毛坝4井，飞一段—飞二段

d. 晶间孔、晶间溶孔，普光9井，飞一段—飞二段

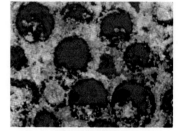

e. 鲕模孔，普光2井，飞一段—飞二段

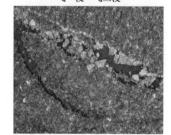

f. 微裂缝，没有充填物，龙王庙组

图 7-1　礁滩储层主要储集空间类型

（3）粒内溶孔。

发育于各类颗粒白云岩及颗粒石灰岩中，由各种颗粒（生屑、砂屑、鲕粒）内部被溶蚀而形成。溶孔形态复杂多样，直径小于2mm。这类孔隙比较常见，在长兴组—飞仙关组礁滩优质储层尤为发育，主要分布在川东北、川东南、川中、川西等地区（图7-1c）。

（4）晶间孔。

发育于各类结晶白云岩中，由重结晶后白云石晶体杂乱排列而形成。该类孔隙为不规则的多边形，直径1～2mm居多，多数未被充填（图7-1d）。

（5）鲕模孔。

发育于鲕粒白云岩及鲕粒灰岩中，是鲕粒被溶蚀、胶结物未被溶蚀而形成的（图7-1e）。溶孔保留了鲕粒的外部形态，直径小于2mm。这类孔隙比较常见，在川东北是较为重要的储集空间。

（6）溶孔与溶洞。

主要发育于各类微—粉晶白云岩及生物礁白云岩中，因无法分清溶孔性质，故统称为溶孔或溶洞。直径小于2mm者称溶孔，大于2mm者称溶洞。溶洞形态多不规则，直径以3～4cm为主，大者达10cm，洞壁除有少量白云石、方解石及石英晶体生长外，大部未被充填，少数洞壁有少量沥青残余物质，是较重要的储集空间类型之一。

（7）生物体腔溶孔。

主要发育于长兴组中，由生物体腔被溶蚀而形成。如宣汉羊鼓洞剖面，长兴组球旋虫体腔被溶蚀形成溶孔，充填沥青，另见有孔虫生物体腔被溶蚀形成溶孔，充填沥青。元坝9井长兴组见蜓体腔被溶蚀形成溶孔，没有充填物。

（8）裂缝。

主要由岩石在构造应力作用下破碎而形成。裂缝宽窄不一，多数小于10mm。常见部分裂缝被沥青充填，部分未被充填。裂缝为油气运移的主要通道，同时也有效地改善了岩石的储集性，尤其对Ⅲ类储层的储渗性能影响较明显（图7-1f）。

4）成岩作用与孔隙演化

四川盆地台地边缘礁滩相储层经历了沉积、固结成岩、埋藏、抬升等漫长地质历史演化过程。所经历的成岩环境复杂，成岩作用呈多期次、多类型叠加，原岩内部结构发生了不同程度的改造。

成岩作用对碳酸盐岩储层的影响具有双重性，既可以破坏早期沉积、成岩组构和早期形成的孔隙，又可以形成新的成岩组构和产生新的储集空间。四川盆地海相礁滩型储层成岩作用类型包括溶蚀作用、白云石化作用、重结晶作用、破裂作用、胶结充填作用、泥晶化作用、压实作用及压溶作用等（蔡希源等，2016）。根据对储层所起的作用，成岩作用类型可以划分破坏性成岩作用及建设性成岩作用两类。破坏性成岩作用是指使岩石孔隙度减少的一种成岩作用，主要包括充填胶结作用和压实作用，对岩石孔隙形成很不利，不但可以使岩石原生孔隙大为减少，而且可使岩石次生孔隙大幅度降低。建设性成岩作用对形成储层有利，包括白云石化作用、溶蚀作用、重结晶作用及破裂作用等，有利于储集空间的形成与演化，而泥晶化作用和压溶作用对储层的贡献有利有弊。

（1）胶结作用。

胶结作用主要发生于浅滩相颗粒岩及生物礁相骨架岩中，是一种孔隙水的化学和生物化学沉淀作用。准同生—早成岩阶段，矿物质从孔隙溶液中沉淀出来，沿孔隙边缘向中心生长，将碳酸盐岩颗粒或生物粘结起来使之固结成岩的作用。颗粒岩及骨架岩中原生孔隙虽然很多，但经过胶结作用后，原生粒间孔隙几乎消失殆尽。

根据胶结物的形态及晶粒大小，胶结作用以三期为主（表7-4），分别形成纤维状胶结物、栉壳环边胶结物及晶粒胶结物（图7-2a、b、c）。如果岩石中的孔隙非常大，如生物礁格架孔或地表暴露溶蚀形成的溶孔，胶结作用就不止三期，有的可能达到六期甚至更多。例如元坝地区长兴组生物礁具有多期胶结特点，且不同期次胶结物类型有所差异，第一世代为海底环边栉壳状白云石胶结物，第二世代为等轴晶齿状方解石胶结物，第三世代为粗晶镶嵌状白云石胶结物（图7-2b）。

表7-4　川东北地区长兴组—飞仙关组胶结物特征

成岩阶段	成岩环境	胶结类型	期次	主要特征
同生、准同生 | 早成岩阶段	海底 | 浅埋藏	纤维状、针状	第一期	胶结原生孔隙，使粒间孔降低了大约15%
		栉壳环边	第二期	胶结原生孔隙，使粒间孔降低了大约30%
		晶粒状、叶片状或连晶胶结	第三期	胶结剩余的粒间孔或暴露溶蚀形成的孔隙；原生粒间孔几乎全部被胶结

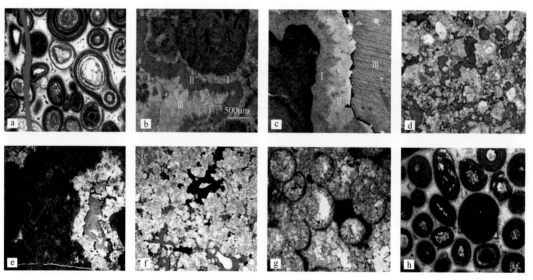

图7-2　四川盆地礁滩储层胶结、充填及压实成岩作用

a.胶结作用，鲕粒间为亮晶方解石胶结，河坝102井，T_1f_3，单偏光；b.胶结作用，生物礁内的三期胶结作用，Ⅰ—纤维状白云石，Ⅱ—齿状方解石，Ⅲ—粗晶白云石，元坝2井，6581.50m，单偏光，×5，茜素红染色普通薄片；c.胶结作用，生物滩内的三期胶结作用，Ⅰ—纤维状方解石，Ⅱ—马牙状白云石，Ⅲ—粗晶方解石，元坝2井，6584.40m，单偏光，×5，茜素红染色普通薄片；d.充填作用，溶孔中方解石连晶充填物，宣汉盘龙洞，P_3ch，单偏光；e.充填作用，白云石晶体生长在洞壁边缘，中心充填方解石，元坝102井，P_3ch，单偏光；f.晶间溶孔中沥青充填物，毛坊4井，T_1f_{1-2}，单偏光；g.压实作用，残余鲕粒白云岩，鲕粒被压实变形，普光2井，T_1f，单偏光；h.压实作用，亮晶鲕粒灰岩，鲕粒被压实变形、破碎，粒间和粒内见沥青充填，兴隆1井，第3回次心，单偏光，×2.5，红色铸体薄片

（2）充填作用。

充填作用是岩石在埋藏环境下次生孔隙被方解石、白云石及沥青等充填的一种成岩作用，多发生于浅埋环境，局部发生于中深埋环境。

浅埋环境下，岩石因溶蚀或破裂形成孔缝，由于烃类还未成熟，孔缝可能被地下水占据，白云石、方解石或者石英等从液体中沉淀出来而将孔缝全部或部分充填。中深埋成岩阶段，由于演化程度增高，液态烃可能转化为气态烃，残余物质沥青存留在孔缝中，将孔缝全部或部分充填（图7-2d、e、f）。

（3）压实作用。

压实作用主要发生在疏松和未石化的沉积物中，通过颗粒的破碎、变形、紧密填集和间隙水的排出使粒间孔隙空间减少，从而使沉积物体积缩小，存在于四川盆地各个层系的礁滩型储层中。有资料表明，灰泥未固结时有60%～70%的孔隙度，只要稍微压实，孔隙度就可降至30%～40%，最后，泥晶灰岩的孔隙度仅5%左右。压实作用在未经其他成岩作用改造或改造不强的泥晶白云岩以及泥晶灰岩中表现明显，其孔隙度远远低于现代碳酸盐灰泥中的原始孔隙度。由此可见，压实作用对细粒沉积物原始孔隙起破坏作用。对颗粒灰岩而言，由于胶结作用的发育，孔隙度的下降可能会弱些。在碳酸盐岩礁滩储层中，以生物礁岩类及颗粒岩类为主，早期原生孔隙中的胶结作用避免了压实作用的进一步加强，因而压实作用表现不强或不明显（图7-2h）。

（4）溶蚀作用。

溶蚀作用是指酸性介质对碳酸盐岩进行溶蚀，使之形成孔洞缝的过程（图7-3a、b）。对碳酸盐岩而言，溶蚀作用是最常见的成岩作用之一，也是储层孔隙度增加的一个重要原因，是形成良好储层最重要的成岩作用。四川盆地礁滩型储层溶蚀作用主要有暴露溶蚀及埋藏溶蚀两种类型（表7-5）。

表7-5 碳酸盐岩溶蚀作用类型及特征

溶蚀类型	暴露溶蚀	埋藏溶蚀		
成岩阶段	准同生或抬升	早成岩阶段	中成岩阶段	晚成岩阶段
成岩环境	暴露	浅埋藏	烃类形成阶段	烃类形成以后
流体性质	海水、大气淡水	酸性地下水	酸性地下水	酸性地下水
溶蚀特征	溶孔、溶洞丰富后期全部充填	先形成少量溶孔，后期全部充填	选择性溶蚀，溶孔中充填沥青	选择性溶蚀，溶孔中没有沥青充填
增加孔隙度	2%～35%	0	2%～10%	0～35%
溶蚀规模	小—大	小	小—大	小 · 小—大
主要充填物质	方解石及白云石	方解石及白云石	沥青	方解石 · 无充填
孔隙保存情况	差	差	较好	差 · 好
对储层贡献	小	很小	大	很小 · 大

以川东北台缘带为例，溶蚀作用发育，且具有多期次性。元坝地区长兴组总体上经历了两期埋藏溶蚀作用。第一期溶蚀作用发生于烃类大量进入之时，有机质演化过程

中，产生大量的有机酸、CO_2 和 H_2S，该期形成的溶孔中有沥青残余（图7-3c）。第二期溶蚀主要发生于气烃阶段，由于此时石油已经转化成天然气，溶孔形成以后，只有天然气不断进入。因此，该类溶孔内部非常干净，没有或只有少量早期进入的液烃裂解后形成的沥青残余（图7-3d）。

（5）白云石化作用。

白云岩是礁滩相储层中最主要的岩石类型。由于在自然条件下仍然不能人工直接生成白云石，白云岩的成因仍被普遍认为是白云石化过程的产物。白云石化是指原来沉积的方解石，经富含 Mg^{2+} 的水体影响而转化成白云石的过程。白云石化过程主要是 Mg^{2+} 交代进入方解石晶格的过程，这一过程一般并未导致矿物结构的改变。根据矿物相图，方解石转化为白云石的条件主要是满足较高的盐度和 Mg^{2+}/Ca^{2+} 比例。通常不同时期的白云石化反映了不同的成岩过程，白云石化的主要控制因素也各不相同。根据白云石化发生的时期，将白云石划分为同沉积白云石化和成岩白云石化。此外，在成岩之后，岩石进入深埋藏时期也可能在构造或成岩热液的作用下发生成岩后白云石化。

白云石化是储层发育的关键成岩作用，对于改善储集岩物性具有重要意义。一方面可以直接产生储集空间，另一方面改变原岩组构，有利于溶蚀而使储集物性的进一步改善（图7-3e、f、g、h）。

图7-3 四川盆地礁滩型储层溶蚀及白云石化作用

a.礁骨架白云岩，粗枝藻体腔优先被溶蚀，见示底构造，上部未充填，下部沥青充填，元坝2井，长兴组，第8回心，单偏光，×5，红色铸体薄片；b.残余鲕粒白云岩，鲕模孔，鲕粒内部被优先溶蚀，后期被白云石部分充填，宣汉盘龙洞，飞仙关组，单偏光，×10，红色铸体薄片；c.生屑含灰白云岩，方解石胶结后埋藏溶蚀，发育晶间孔，沥青充填，元坝2井，长兴组，第11回次心，单偏光，×2.5，红色铸体薄片；d.沥青胶结后的深埋藏溶蚀作用，晶间孔和晶间溶孔，细晶白云岩，见残余生屑结构，以海百合茎为主，元坝123井，6976.10m，单偏光，×2.5，红色铸体薄片；e.微晶白云岩，五权露头剖面，嘉陵江组，单偏光，×2.5，红色铸体薄片；f.中—粗晶残余鲕粒白云岩，见鲕粒幻影，晶间孔、晶间溶孔发育，普光6井，飞仙关组，单偏光，×2.5，红色铸体薄片；g.细晶白云岩，晶间孔见沥青，磨溪8井，龙王庙组，4673m，单偏光，普通薄片；h.鞍形白云石，晶体波状消光，长江沟剖面，累计厚度48.32m，栖二段，正交偏光，普通薄片，照片对角线长4.3mm

川东北地区二叠系—三叠系台地边缘礁滩相储层白云石化成因类型多样，有准同生期白云石化、渗透回流白云石化、混合水白云石化、埋藏白云石化以及热液白云石化作用等。关于四川盆地礁滩相储层白云石化的机理问题一直存在争议。例如长兴组和飞仙关组台缘高能带白云岩具有蒸发泵、渗透回流、混合水和埋藏等多种白云石形成机理的解释，但目前认识已逐渐趋于一致，认为主要是渗透回流白云石化模式；而普光地区的糖粒状白云岩及川西地区栖霞组的糖粒状白云岩可能与热液有密切关系。

川东北地区长兴组—飞仙关组礁滩相储层的卤水回流白云石化发生在浅埋藏成岩环境。溶蚀孔洞边缘的细—中晶白云石晶体中，极少见到原油包裹体，表明作为储层岩石格架的白云岩形成于原油充注之前。现今鲕粒灰岩缝合线极其发育，而鲕粒白云岩缝合线不发育，表明鲕粒在大规模压实、压溶之前就已白云岩化了，即埋深小于500～800m。川东北地区鲕粒白云岩中发育大量铸模孔，孔隙结构表明，白云岩化发生于粒内孔形成之后，而非先白云岩化之后再溶蚀。白云岩化的时间在大气淡水或混合水溶蚀之后。综上所述，鲕滩白云岩输导体的白云岩化过程应该发生在大气淡水作用之后、压溶缝合线形成之前的浅埋藏环境。川东北地区长兴组—飞仙关组台缘礁滩储层是渗透回流模式下形成的浅埋藏白云岩（图7-4），白云岩化流体来自飞一段、飞二段沉积期通江—开州蒸发台地。正是这一时期的浓缩海水或卤水，携带了大量 Mg^{2+}，进入到经过大气淡水溶蚀作用而孔隙性好的鲕粒/礁灰岩中，在早成岩阶段白云岩化，并最终形成现今优质的礁滩相白云岩储层。

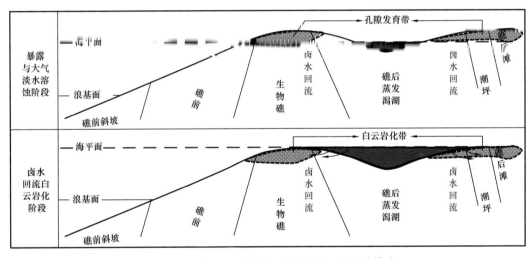

图7-4　长兴组—飞仙关组礁滩相白云岩形成模式

对飞仙关组一段、二段不同成分的碳酸盐矿物进行 C、O 同位素分析，该段白云岩 $\delta^{13}C$ 值分布于 2‰～3‰，说明白云岩化流体浓度高于当时海水浓度（图7-5）；$\delta^{18}O$ 分布于 −5‰～−3‰，属于较低温白云石范畴（Allan 等，1993）。与国外其他盆地白云岩的 C、O 同位素组成对比，发现与埋藏条件下形成的白云岩类似。由于 $\delta^{18}O$ 值大于 −6‰，因此这些白云岩应形成于浅埋藏成岩环境。长兴组顶部的生屑滩/礁白云岩的 C、O 同位素与飞一段、飞二段白云岩相似，证明造成长兴组和飞仙关组强烈埋藏白云岩的流体具有相似的性质、来源与演化历史。在平面上，飞仙关组优质储层白云岩的 C、O 同位素，总体上由东向西有减小的趋势（图7-5），即白云岩化流体是由同期的卤水由东向西横向进入到孔隙性优良的鲕粒灰岩中。通常，卤水回流白云岩与台地和盆地范围内的蒸发岩层相伴（蒸发盐岩坪和泥坪）。

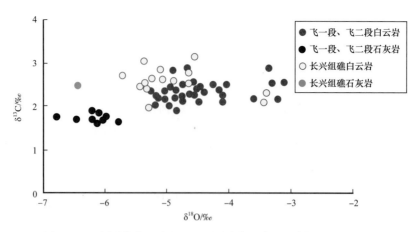

图 7-5　不同层位白云岩的 C—O 同位素组成（据郝芳等，2010）

（6）重结晶作用。

重结晶作用是指碳酸盐沉积物或碳酸盐岩在埋藏成岩环境下，随着环境温度升高矿物晶格重新组合并使晶体增大的过程。在中等重结晶作用下形成的粗粉晶或细晶碳酸盐岩，其孔隙度和渗透率可因晶间孔发育而有所提高。白云岩重结晶过程之所以形成孔隙，一是因为重结晶过程中流体带走了一部分原岩物质，使岩石体积减小；二是因为白云石晶体多呈杂乱排列，晶体间很少以晶面紧贴方式生长。如有晚期溶解作用相叠加，可形成晶间溶孔，构成较好的储层。

川东北地区长兴组—飞仙关组重结晶作用明显，发生在浅埋藏—深埋藏的各阶段。长兴组以礁盖和生屑滩的白云岩重结晶及生屑体腔的重结晶为主。飞仙关组主要分布在台缘高能鲕滩带内，尤其白云岩发育部位，常伴有重结晶作用。

（7）破裂作用。

破裂作用是在构造作用下，由于挤压或拉张造成岩石的破裂，严格意义上来讲破裂作用属于一种物理的成岩改造。不同的构造期次会形成不同期次的裂缝，晚期裂缝常切割早期形成的裂缝。碳酸盐岩储层发育与否及储层好坏与裂缝关系极为密切，在岩性相同或大致相同的情况下，裂缝越多，储层物性越好，反之亦然。

裂缝对储层的贡献体现在四个方面：第一，大断裂可以将烃源与储层连通，将油气导入储层中；第二，裂缝可以直接成为储集空间；第三，裂缝可以将孔隙相互连通，提高储层渗透率；第四，裂缝有利于液体向岩石内部渗透，促进岩石溶蚀作用的发生而形成丰富的储集空间。四川盆地具有多期构造运动，包括加里东运动、印支运动、燕山运动和喜马拉雅运动，而每次构造运动对于裂缝的形成均具有较好的建设性作用。例如洗象池群岩层裂缝发育，以张性裂缝为主。根据裂缝、充填物及相互切割关系，裂缝发育分为三期：第一期裂缝发育较早，可能是加里东构造运动的产物，呈网状或高角度状，被后期多组裂缝切割，被细—粉晶方解石或沥青全充填，无储集意义；第二期裂缝一般多被方解石、石英半充填—全充填，这些早期裂缝主要形成于印支—燕山期；第三期裂缝常未充填—半充填，切割前两期裂缝和缝合线，是碳酸盐岩储层的主要储集空间和渗流通道，主要形成于喜马拉雅期。

宣汉—达州长兴组—飞仙关组破裂作用强烈，大致发生了五期破裂作用（表 7-6）。

其中，对储层贡献最大的为后三期，前两期形成于液态烃阶段，先充填油，后充填沥青，第三期形成于气态烃阶段，没有充填物。

（8）泥晶化作用。

泥晶化作用是指生物在颗粒上钻孔或者将分泌物排泄在颗粒表面，使颗粒边缘或整个颗粒成为暗色的泥晶，形成泥晶环边或"泥晶套"的作用。泥晶环边或泥晶套富含有机质，阴极发光下，发暗色光或不发光。

表 7-6　宣汉—达州地区长兴组—飞仙关组裂缝期次统计

裂缝期次	第一期	第二期—第三期	第四期	第五期
破裂阶段	生烃前	液烃期	气烃期	
发育时间	印支期	燕山期	喜马拉雅期	
裂缝特征	充填	充填	充填或半充填	未充填
充填矿物	方解石、白云石	沥青	方解石、白云石	无
包体类型	方解石脉或白云石脉	烃类包体	方解石脉或白云石脉	气态包体等
温度范围	160～180℃	200～220℃	270～300℃	
活动强度	较强	极强烈	较强	强烈

泥晶化作用主要分布在台地边缘生屑滩及川阔台地内，表现为生物颗粒的暗色泥晶环边特点，泥晶化作用主要见于生屑灰岩中，而由于白云石化作用及重结晶作用使得白云岩中的记录不明显。各种颗粒，如内碎屑、生屑及鲕粒等，都容易发生泥晶化作用，在颗粒边缘形成暗色泥晶环边。在大多数情况下，具有泥晶环边的内碎屑及残余鲕粒可能全部或部分遭到溶蚀，而泥晶套和受到泥晶化的部分却依然保留，形成了铸模孔或粒内溶孔等。但是，经过晚期的成岩作用改造后，尤其是台地边缘礁滩地区成岩过程中的溶蚀作用和重结晶作用极其强烈，泥晶环边等保留甚少且很模糊。泥晶化作用对孔隙的影响较小，但是泥晶套的形成有利于粒内溶孔、铸模孔隙的形成和保存。

（9）压溶作用。

压溶作用也是碳酸盐岩常见的成岩作用。在四川盆地礁滩碳酸盐岩储层各个层系都有发育，最直观的特征就是缝合线，它可使地层明显减缩，并且析出 $CaCO_3$，为方解石的胶结作用提供物质来源。压溶作用开始于早成岩期，晚成岩期是其最发育时期，它具有建设孔隙与破坏孔隙双重效应。早期埋藏形成的缝合线，在后期构造活动中容易再次开启，可成为有效的油气及液体运移的通道，对溶蚀作用发生及溶孔形成起了至关重要的作用，尤其是当裂缝不发育时作用更为明显，可以通过缝合线内以及周围见到残余沥青得到证实。

5）储层发育主控因素

由于碳酸盐岩对成岩作用的强烈敏感性，使得原生孔隙难以保存。储集空间基本上是多期次溶蚀作用（埋藏溶蚀最关键）叠加改造所形成。而溶蚀作用的改造效果则常常和沉积期物质基础是有密切联系的。因此，四川盆地碳酸盐岩储层总体上受沉积、成岩作用控制明显，其中白云石化作用和岩溶作用是储层发育的最关键因素。通过对优质储层发育特征的精细研究认为：有利相带为优质储层的形成提供了物质基础；白云岩化作用促进了储集、渗透空间的发育，是优质储层形成的根本；破裂作用及埋藏溶蚀作用则直接造就了储集、渗透空间的发育，是优质储层形成的关键所在，三者紧密联系。

（1）沉积相。

有利的沉积相是控制储层的基本要素，纵向上控制了储层发育的规模，横向上控制了储层分布的范围。不同沉积相带原始沉积物的类型及早期成岩作用存在差异，台缘高能相带及台内浅滩相是优质储层发育的有利相带。台地边缘生物礁相及台地边缘浅滩相一般形成于浪基面附近，水动力条件强，形成分选好、磨圆好、颗粒含量高的沉积体，其粒间孔隙发育。同时，其沉积速率快而且水体相对较浅，在海平面频繁升降的影响下，往往形成较多的溶蚀孔、晶间溶孔，为后期成岩作用过程中白云岩化及溶蚀扩大奠定了基础。

储层物性受沉积相带控制明显，不同相带储层物性差别很大。相对而言，台地边缘礁滩相储层物性最好，岩石孔隙度无论是最大值、最小值还是平均值都是最高的，碳酸盐岩台地居次，斜坡—陆棚最差（表7-7）。而渗透率值的测定因为受孔隙度、裂缝及孔喉类型等多种因素的影响，规律性没有孔隙度明显。但是，台地边缘礁滩相储层渗透率也明显高于另外二者。

表7-7 四川盆地及周缘海相上组合不同沉积相带岩石物性特征

相带物性		台地边缘礁滩	碳酸盐岩台地	斜坡—陆棚
孔隙度 /%	最大值	28.86	20.94	8.53
	最小值	0.59	0.30	0.84
	平均值	7.15	3.71	1.74
	样品数	2140	740	82
渗透率 /mD	最大值	9664.887	450.399	355.212
	最小值	0.002	0	0.001
	平均值	74.120	5.544	5.820
	样品数	1992	660	82

不同地区的礁滩型储层发育存在差异，台缘礁滩不同微相带储层也存在差异。开江—梁平陆棚两侧礁滩相储层的展布明显受相带展布的控制。区域上，礁滩型储层主要发育在环开江—梁平陆棚两侧、鄂西深水陆棚西侧，储层发育相带及亚相有台地边缘生物礁相、台地边缘浅滩相和礁后滩、礁间滩等。陆棚两侧储层发育类型相似，但其纵向上发育规律不尽相同，陆棚东侧陡坡纵向加积型和陆棚西侧缓坡叠置迁移型两种镶边台地的礁滩型储层差异明显。

台内高能浅滩储层发育受微古地貌的控制。沉积作用使储层早期发生分异，形成了成岩改造的物质基础，即只有质纯、层厚的粗颗粒结构碳酸盐岩才有利于后期的成岩改造。除此之外，台地内水下高地高能环境有利于台内颗粒滩的生长。因此，台地内次一级的隆坳地貌分异导致了初期台内颗粒滩发育的差异，而滩体的高建造性又可强化这种地貌差异。导致台地内古地貌高的原因可以是同沉积期构造活动形成的古隆起，也可以是继承性的古隆起。

（2）成岩作用。

① 暴露溶蚀和白云岩化是优质储层发育的关键。

高能台地边缘沉积的厚层鲕粒滩、生屑滩，在遭受大气淡水作用之后，会发生大规模的选择性溶蚀现象，形成较多粒内孔（包括铸模孔、生物体腔孔）。但大气淡水在溶蚀的同时，异地重新沉淀也充填了部分原始孔隙，可用粒内孔的发育程度来指示大气淡水溶蚀对次生孔隙形成的贡献。

白云石化和白云石重结晶作用主要影响了白云石含量、晶体大小、晶体结构以及晶间孔的发育。钻探证实，白云石晶体大小与晶间孔的发育正相关，说明这些晶间孔的发育与白云石化作用和白云石重结晶作用是密切相关的。总体上，白云岩晶间孔比同等石灰岩的晶间孔发育；白云岩重结晶作用越强，白云石晶体越大，晶间孔越好。

基于碳酸盐岩铸体薄片的定量研究，对岩石组分结构的定量分析，统计、分析不同类型孔隙在整个储层中所占比重。元坝、普光地区飞仙关组鲕滩储层，主要孔隙类型为粒内孔（铸模孔）。元坝地区飞仙关组鲕滩储层孔隙类型单一，除粒内孔／铸模孔，仅发育少量的裂缝。普光地区鲕滩储层孔隙类型则较为复杂，通过对 143 个样品主要孔隙组成进行定量分析发现，除发育粒内孔／铸模孔外，还受早期白云岩化作用的影响形成大量晶间孔、晶间溶孔。此外，早期大气淡水溶蚀所形成的粒间孔也占有相当的比重，而裂缝以及埋藏阶段形成的非选择性溶蚀孔洞则相对较少。

通过对飞仙关组不同类型孔隙开展成岩作用研究，并定量分析不同成岩作用在储层发育、形成过程中所做的贡献，元坝地区鲕滩储层的发育、形成主要受到早期大气淡水溶蚀控制，而构造破裂作用对储层渗透率贡献较大。整个储层所经历的成岩作用较为简单，这与元坝飞仙关组储层单一的孔隙类型相一致。而普光地区飞仙关组受大气淡水溶蚀作用改造较强，白云岩化作用在其中同样扮演着重要角色。二者对比可知，早期大气淡水溶蚀和白云岩化是普光地区鲕滩成为良好储层的重要原因，未经过白云岩化作用的元坝地区鲕滩则难以形成好的储集空间。

普光和元坝地区长兴组储层孔隙形成较为相似，主要受控于大气淡水溶蚀和白云岩化作用的影响，发育大量生物体腔孔、晶间孔和溶洞。元坝地区储层主要孔隙类型为晶间孔、晶间溶孔以及生物体腔孔／粒内孔，而早期溶蚀和埋藏溶蚀阶段形成的溶洞，在其中也占有重要比重。普光地区礁滩型储层孔隙类型也以晶间孔、晶间溶孔为主，而非选择性溶孔，所占比重要明显高于元坝地区。此外，尽管裂缝所占比例相对很少，但可作为重要的流体快速渗流通道，有效地沟通不同沉积体之间的流体交换。同时，通过对裂缝特征研究发现，裂缝主要由构造应力集中压裂而成，而溶蚀成因的溶蚀缝则相对较少，这或表明川东北地区礁滩型储层中的裂缝与油气的运移聚集以及储集孔隙的再调整具有密切联系。基于长兴组孔隙组成定量评价结果，普光地区长兴组储层稍优于元坝地区，主要原因在于普光地区的裂缝较为发育，沟通了储集空间，也为深部流体溶蚀提供了通道，但总体来看主要是大气淡水溶蚀和白云岩化作用控制了储层的发育。

通过元坝地区二叠系、三叠系优质储层形成分析，其优质储层的形成与海退过程中短期的暴露溶蚀作用有关，高水位海退型沉积，有利于白云岩化及原生、次生孔隙的形成与改造。通过对储层物性分析，可以发现白云岩类储层的储渗性能明显优于石灰岩类储层。礁滩有利相带仅是优质储层形成的基础，而白云岩化作用才是优质储层形成的根本。

白云岩化之后储层孔隙难以被破坏。白云岩化之后，残留的石灰岩组分容易在后期被选择性溶蚀。白云岩化抑制了压实、压溶作用，从而使埋藏胶结作用较弱。白云岩脆性较石灰岩强，从而易产生裂缝。另外，白云岩化流体所带来的卤水可能对储层有保护作用。在古油藏之下的储层段（古水层；如普光2井飞一段底部），储层孔隙也得以保存，这可能与地层孔隙水与储层围岩达到平衡，在封闭条件下的成岩作用较弱有关。

② 破裂作用及深埋溶蚀进一步提高了储集性能。

裂缝的发育在局部地区对储层物性有较强的贡献或改造作用，如川东北部分裂缝性石灰岩储层的发育，但更大意义是裂缝沟通了烃源和储层，使得早期有机酸进入储层并发生溶蚀，为后期原油的充注打开通道。原油沿着裂缝及其附近的孔隙运移，进入储层并形成古油藏。晚期裂缝的发育，使得原油裂解气藏得以在储层中大规模运移，并发生调整。当然，裂缝有时对气藏也有一定的破坏作用。

孔隙液态烃深埋裂解导致的超压缝是改善储层渗透性的保障。在构造形变比较弱的元坝地区，长兴组—飞仙关组台缘礁滩相石灰岩储层中密集发育的微细裂缝主要为与原油深埋裂解相关的超压压裂缝。孔隙流体、孔隙压力对岩石力学性质具有明显的影响。地下的岩石总是不同程度地被油、气、水所饱和，这些流体也参与岩石受力变形过程，并对岩石力学参数产生影响。一方面，水对岩石具有一定弱化作用，孔隙水的存在会降低岩石的强度。另一方面，超压条件下莫尔圆左移，位移量等于孔隙压力，使莫尔圆更易于与破裂包络线相切，发生地层破裂，产生裂缝。进入深埋藏阶段，原油在圈闭封闭体系中发生裂解，压力系数可高达2.53，具有使地层发生破裂、形成超压缝的条件。同时，随着均一温度的增高，也就是随着埋藏深度的增加，古压力呈现小幅度的增大，在均一温度大于160℃时，古压力呈现较大幅度的升高。分析认为，这是原油深埋裂解为气时体积膨胀所形成的超压，具有在区域应力背景下使岩石破裂、形成超压缝的基本条件。由于油藏深埋裂解所形成的大量超压压裂缝，使大部分中低孔储层渗透率大幅提高，也使一些孤立的溶蚀孔洞得以连通，使储层非均质性得到改善，大大提高了储层的整体渗流能力。

浅滩相仅仅是优质储层形成的物质基础，白云石化作用也只是有利于储渗空间的发育。经过后期强烈的重结晶作用，白云石晶体间会发育一些晶间孔，晶间孔的存在主要为后期溶蚀作用提供了流体活动的空间。如果没有后期的溶蚀扩大，晶间孔对于储集空间的增加是比较微弱的。铸体薄片研究表明，埋藏溶蚀作用才是储层形成的关键所在。

砂屑白云岩中的储集空间主要是粒间溶孔、粒内溶孔、晶间扩溶孔及晶模孔等，而这些孔隙则主要形成于埋藏期非选择性的溶蚀作用。与此同时，埋藏溶蚀作用还会改造先期充填的构造裂缝，使之成为油气运移的渗滤通道。因此，埋藏溶蚀作用直接造就了优质储层的储集空间和渗滤通道，直接决定了砂屑白云岩的储渗性能，是优质储层形成的关键。

深埋溶蚀过程中硫酸盐热化学还原反应与储层的形成演化密切相关。硫酸盐热化学还原反应过程中，一方面 $CaSO_4$ 溶解，产生 CO_2 和 H_2S 引发溶蚀，金属硫化物的沉淀会使总孔隙度增加。另一方面，碳酸盐岩自生矿物、单质硫和硫化物的形成则会使孔隙度减小。有机酸可溶解白云岩中白云石晶体间的碳酸钙，而产生较多晶间孔或溶蚀扩大晶间孔。

③烃类充注与原油裂解对孔隙的保护作用。

烃类早期注入储层后，储层被分为含油层和含水层。在含油层，烃类排驱出孔隙中的流体或改变原流体的性质。由于烃类携带有伴生的有机酸和 CO_2，使孔隙水呈弱酸性，抑制成岩胶结作用，从而有效地保存了孔隙，保护了储层。

原油充注较早（埋藏 2000m 以上，白云岩重结晶后不久），使得大部分孔隙处于原油的保护下。晚期原油裂解，造成储层压力大为增高，天然气驱走孔隙中的流体，抑制了水—岩相互作用，从而保护了储层。

2. 台地边缘丘滩储层

震旦系灯影组是典型的台地边缘丘滩储层。

自 20 世纪 60 年代威远气田发现后，由于钻井和地震资料的局限性，对震旦系灯影组储层发育主控因素和分布规律缺乏整体认识，前人长期认为震旦系灯影组为风化壳岩溶型储层。2011 年后，随着勘探和研究的深入，发现灯影组储层的形成不仅与桐湾运动不整合面有关，还与沉积相密切相关，灯影组储层为"丘滩相 + 岩溶"复合成因类型。丘滩体是储层发育的物质基础，早成岩期构造控制溶蚀是形成优质储层的关键，岩溶叠加改造扩溶，并呈有规律分布的特征。

1）储层岩性特征

灯影组总体为碳酸盐岩台地沉积。灯二段和灯四段具有相似的古地理格局，以南北向绵阳—长宁古裂陷为轴、两侧对称发育，相带展布特征为克拉通内槽盆与其两侧镶边台缘—开阔台地—局限台地—蒸发台地，以及克拉通边缘镶边台地、斜坡、陆棚和海盆（图 5-7）。台地边缘礁滩体和台内浅滩是两类有利储层发育沉积相带。通过野外露头和钻井资料分析，在围绕绵阳—长宁古裂陷槽的边缘地带不同地区均发现有由藻粘结岩、凝块白云岩、藻叠层白云岩、（藻）砂屑白云岩等组成的礁、丘、滩沉积体系。另外由于微地貌、水动力条件的细微差异，局限台地内可形成较多类型不同的点滩（如内碎屑滩、层状藻砂屑滩、藻粘结颗粒滩和鲕粒滩）沉积体。储层在纵向上主要分布在灯四段和灯二段上部。

灯影组储层的岩性主要为藻白云岩（藻层纹白云岩、藻叠层白云岩、藻粘结白云岩、藻凝块白云岩）、颗粒白云岩和晶粒白云岩。其中藻白云岩最为重要，颗粒白云岩次之。

（1）藻白云岩。

该类白云岩是由蓝藻（菌）或丛藻类微生物参与白云岩沉积作用所形成的菌藻微生物白云岩，主要由泥粉晶白云石组成，其中的菌藻类遗迹多呈斑点状或呈丛状，有的形成假树根状构造或层状生长形成鸟眼构造。广义上讲，可根据藻纹层的厚度、密度和结构特征，将纹层石白云岩划分为几种类型：藻纹层稀疏，产状水平或波状者称为藻纹层白云岩；藻纹层较密集，产状呈墙状、柱状、丘形者称为藻叠层白云岩；藻纹层密集、交结，具有抗浪构造且发育格架孔者称为藻格架白云岩。

① 藻纹层白云岩。

该类岩石在手标本和薄片中常常呈现出明暗相间的近于平直的条纹，由平坦或微弱波状起伏的暗色微生物席与浅色白云质纹层呈互层状组成，富藻纹层一般厚 0.2～0.5mm，贫藻白云质纹层厚 1～2mm，常在白云石纹层中发育孔隙。暗色物质为藻类富集层，浅色部分为泥粉晶白云石。根据藻类发育的丰富程度不同，其条纹横向可能呈现断续分布的特点，但总体上都是与岩层面平行，纵向上暗色纹层分布较为稀疏。岩石整体上较为致密，宏观、微观上均难见到溶孔或者藻类空腔结构，说明其沉积时水体能量较低，处于局限台地内。

② 藻叠层白云岩。

藻叠层白云岩，按形态可分为层状叠层石、穹隆状叠层石、掌状叠层石、柱状叠层石和墙状叠层石等。层状叠层石的纹层呈水平状或波状，即前述纹层石。习惯上，一般将穹隆状叠层石、掌状叠层石和柱状叠层石统称叠层石，而将层状叠层石称为层纹石。灯影组沉积时期层状叠层石极为发育，如灯二段富藻层段的藻叠层白云岩、泡沫绵层白云岩都属于层状叠层石白云岩。但在资阳地区也发育有大量的柱状叠层石、穹隆状叠层石和掌状叠层石。南江杨坝窟窿状叠层石白云岩常被硅化。此外，遵义松林剖面灯一段下部白云岩夹一层柱状叠层石白云岩。

③ 藻粘结白云岩。

藻粘结白云岩藻类形态杂乱，没有明显的规律，由隐藻粘结藻团粒形成斑块状，藻体间可见微—粉晶充填，局部见较大的孔隙（部分为原生生长形成的空腔，部分为同生期溶蚀的产物），其中形成微晶层—纤状晶—柱状晶—粒状晶的充填顺序，局部可见重结晶形成的斑块状粉晶集合体。

部分粘结岩受重结晶和溶蚀充填的影响而成残余状。残余部分多为原岩中形成的空腔充填形成的微晶层—纤状晶—粒状晶集合体，局部可见残余的纹层状构造。重结晶主要形成粉—细晶白云石，溶蚀充填主要形成中—粗晶白云石。

④ 藻凝块白云岩。

主要为菌藻类分泌或粘结微晶白云石形成的凝块状白云岩，凝块由大于 2mm 的塑性泥晶或含藻泥晶砾屑组成，暗色的微生物粘结泥级或粉屑级白云石，大小不等、形态各异，颜色深浅不均匀。造成差别的原因可能与菌藻类的富集程度不同有关，储集空间以中小溶洞为主。

雪花状白云岩是藻凝块白云岩的一种。当菌藻席生长分布不均匀，或呈各种形状、大小不等的斑块状分布时，岩石断面便呈现为雪花状的斑点或断断续续的条带。"雪花"实际上是菌藻席分解后留下的体腔孔充填的同生期或后期白云石。雪花构造白云石一般为纤状或栉壳状。这种充填可以是多期的，可以有残余孔洞。雪花状白云岩可以作为储集岩。雪花状白云岩在西南地区分布较广，在四川威远、高石梯、峨边、乐山、杨坝，贵州松林都有分布，且厚度较大。

（2）颗粒白云岩。

颗粒白云岩主要有两类：一是亮晶颗粒白云岩，包括亮晶砂屑白云岩和亮晶鲕粒白云岩；二是泥晶颗粒白云岩。

① 亮晶砂屑白云岩。

砂屑含量60%～90%，大小混杂，粒径介于0.25～2mm，以0.4～1mm居多，分选均较好。颗粒主要为泥晶云岩碎屑或藻屑，重结晶强烈，砂屑之间为二世代白云石胶结，形成于高能浅滩，粒间多充填粉晶白云石。由于分选性好，在岩心上，该类岩石的颜色较为单一，常发育针孔，而中小溶洞欠发育，与凝块白云岩形成鲜明的对比。

② 亮晶鲕粒白云岩。

一般呈中薄层状。鲕粒含量45%～60%，鲕径0.4～0.8mm，具规则同心圆层纹包壳，呈圆球状。鲕粒之间为二世代白云石胶结，有的鲕粒之间基质为微晶白云石。亮晶鲕粒白云岩是组成潮下—潮间浅滩重要岩类，但亮晶鲕粒白云岩的发育程度较低，在威远—资阳地区，南江杨坝、会泽银厂坡有少量鲕粒白云岩发育，厚度都不大。

③ 泥晶颗粒白云岩。

颗粒含量一般50%～60%，颗粒大小不均，磨圆、分选均较差，颗粒既有砂屑，也有微生物粘结形成的颗粒，粒间为泥晶基质充填。

（3）晶粒白云岩。

晶粒白云岩可细分为泥晶白云岩和粉晶白云岩。泥晶白云岩一般由小于0.01mm的白云石组成，但有的地区是由晶粒小于0.001mm的胶体状白云石组成。泥晶白云岩经弱重结晶作用转变为微晶白云岩，重结晶作用增强时转变为砂糖状细—中晶白云岩，可发育孔隙、晶洞。

（4）其他类型白云岩。

泥晶白云岩经过岩溶作用改造或破裂滑塌成为角砾状白云岩，角砾间的孔洞也可形成重要的储集空间。角砾状白云岩按成因分为岩溶角砾状白云岩、滑塌角砾状白云岩。

① 岩溶角砾状白云岩。角砾组分与其上、下的白云岩相类似，角砾大小不一，杂乱堆积，无层次，角砾之间基质为含泥泥晶白云石，局部见环带状菱形白云石。如云南会泽县松山—砖洞一带灯一段底部和银厂坡灯三段中部分布有20～30m厚的岩溶角砾状白云岩；南江杨坝剖面灯二段顶部见岩溶角砾岩。

② 滑塌角砾状白云岩。由塑性沉积物揉皱破裂后滑塌再沉积形成。角砾组分同围岩，为深水碳酸盐岩斜坡相的沉积标志性岩类。如宜昌三斗坪雾河灯一段（蛤蟆井段）上部、石门杨家坪灯三段中部和临安灯三段的角砾状白云岩由揉皱发展成滑塌角砾状白云岩。

2）储层物性特征

四川盆地灯影组储层非均质性强。川东南地区震旦系灯影组岩心孔隙度分布在0.58%～8.35%之间，平均1.83%，超过60%的样品孔隙度在1%～2%之间，大于5%的样品仅占1%左右，渗透率在0.039～4.4281mD之间，平均0.1031mD，超过80%的样品渗透率大于0.01mD。反映该区所钻灯影组储层物性较差，为低孔隙度、低渗透率型，但通过地震和露头最新研究，预测川东南局部地区可能发育中孔隙度、中渗透率型优质储层。

川北地区台缘带灯四段储层较为发育，储层累计厚度大，物性好（图7-6、图7-7）。胡家坝剖面灯四段厚度为387.67m，储层厚度为188m，其中一类储层9.75m、二类储层71.89m、三类储层106.29m，孔隙度2.01%～13.83%，平均4.58%，渗透率0.008～20.9mD，平均0.0159mD。旺苍鼓城剖面发育台内浅滩相，该剖面灯四段厚度为167.45m，储层厚度为41.32m，其中一类储层6.83m、二类储层13.82m、三类储层

20.67m。川北地区储层总体表现为中低孔隙度—中低渗透率的特征，台缘带存在较厚的高孔渗段。孔、渗分区性明显，从孔渗关系分析属于裂缝—孔洞型储层。藻凝块白云岩储层的物性最好，藻叠层白云岩次之。

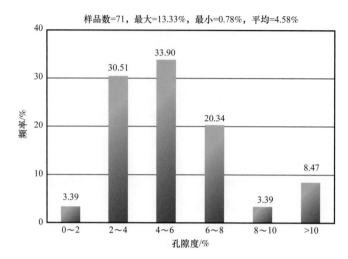

图 7-6　川北地区灯影组孔隙度频率分布直方图

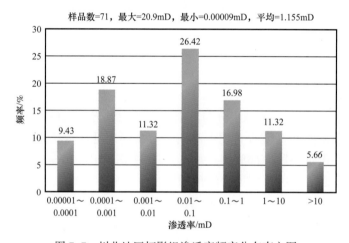

图 7-7　川北地区灯影组渗透率频率分布直方图

3）储集空间类型

灯影组有效储层的储集空间类型主要有溶蚀孔、溶洞，以及晚燕山—喜马拉雅期（未充填）裂缝，储层类型以裂缝—孔（洞）型为特征。

纵向上，灯影组储层主要分布于灯二段与灯四段，其中，灯二段储集空间以溶蚀孔、洞为主，与葡萄花边构造伴生的溶蚀孔洞、格架孔发育，具有顺层发育、纵向叠置的特点。晚海西期，四川盆地发生峨眉地裂运动，热液对储层进行了改造，溶蚀孔洞被热液白云石、石英和方铅矿、闪锌矿等半充填，后期被沥青半—全充填。

（1）溶蚀孔洞。

溶蚀孔洞是灯影组白云岩的最主要储集空间。它们主要分布在各种颗粒白云岩、菌藻格架白云岩、凝块石白云岩、球粒状微晶凝块白云岩中（图 7-8）。

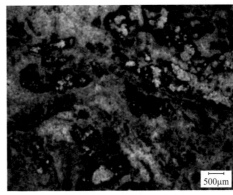

a. 胡家坝剖面，残余砂屑粉晶白云岩，粒间溶孔和溶缝发育

b. 胡家坝剖面，灯四段，粒内溶孔

c. 胡家坝剖面，灯四段，晶间（溶）孔

d. 胡家坝剖面，灯四段，裂缝具溶扩，沥青半充填

图 7-8　川东北地区灯四段主要储集空间类型

（2）溶洞。

溶洞是岩溶作用所形成的空洞的通称，而国外洞穴工作者定义的溶洞专指人可以自由出入的洞穴。溶洞按成因可分为饱气带洞、饱水带洞和深部承压带洞等。在磨溪—高石梯构造灯四段顶部，最常见、最普遍的是被洞穴崩塌角砾白云岩或筇竹寺组暗色泥岩所充填的溶洞。前者，普遍发育或残存针孔和溶蚀孔洞；后者储集空间主要是洞顶、洞壁破裂缝及其残存针孔、溶蚀孔洞。所以溶洞及其伴生的有效储集空间包括洞穴崩塌角砾间溶蚀孔洞、洞穴崩塌角砾中残余的针孔、溶蚀孔洞，以及填隙物中的基质孔、基质微孔，以及后期形成、广泛发育在洞顶、洞壁以及洞穴充填物中的裂缝、微裂缝。

（3）裂缝。

裂缝也是灯影组重要的储集空间，但其更重要的作用可能是通道作用。裂缝有三到四期。早期裂缝一般为白云石全充填；中期裂缝一般有溶蚀扩大，形成溶蚀缝，并伴有白云石充填或半充填特征；晚期裂缝几乎未充填或半充填，并可见局部溶蚀扩大，具有一定的储集能力和较好的连通作用，许多溶孔和裂缝被热液白云石、石英和方铅矿、闪锌矿等半充填，或更晚期的沥青半—全充填。

4）储层发育主控因素

（1）丘滩相是灯影组储层发育的有利相带。

四川盆地灯影组沉积期总体为浅水碳酸盐岩台地，从西到东依次发育陆源区（古陆）、局限台地、台地边缘、台前斜坡、深（浅）水陆棚、盆地等相区（带）。在围绕德阳—安岳古裂陷槽边缘带井下和露头剖面均发现有由藻凝块白云岩、藻叠层白云岩、（藻）砂屑白云岩组成的高能丘滩沉积体系。另外，由于微地貌、水动力条件的细微差异，局限台地内可形成较多类型不同的点滩（如内碎屑滩、绵层状藻砂屑滩、藻粘结颗粒滩和鲕粒滩）沉积体。

从胡家坝剖面不同岩性物性统计来看，与丘滩体建造相关的藻格架白云岩、藻叠层白云岩、（藻）砂屑白云岩孔隙度要明显高于泥粉晶白云岩、细晶白云岩，可见灯影组沉积相对其储集物性具有明显的控制作用。

（2）早成岩组构选择性溶蚀是形成优质储层的关键。

灯影组沉积之后，虽经历了海底和浅埋藏胶结减损孔隙，但仍存在大量的原始孔洞系统。桐湾运动使灯影组大面积抬升暴露，接受大气淡水溶蚀改造。岩溶作用的结果是在原有孔洞的基础上进一步溶蚀扩大，形成花斑状、蜂窝状或顺层状溶蚀孔洞，这样的岩溶作用亦被称为早成岩期岩溶作用。由于早成岩期岩溶作用的物质基础是先期孔渗层，因而其也明显具有相控的特征，即原始孔洞系统越发育（丘滩体），岩溶作用也越强。早成岩期岩溶作用之后，灯影组储层基本特征和时空分布已经定型，后期埋藏成岩作用的改造主要在于优化调整储层，对总体储集空间贡献意义不大。

3. 浅滩储层

浅滩相碳酸盐岩储层在四川盆地广泛分布，是重要的储层类型之一，按成因进一步划分为开阔台地浅滩型储层和局限台地浅滩型储层。其中开阔台地浅滩型储层分布较广，可进一步细分为开阔台地生屑滩储层、开阔台地鲕粒滩储层两大类。开阔台地生屑滩主要分布在长兴组、吴家坪组、茅口组及栖霞组等；开阔台地鲕粒滩主要分布在飞仙关组等；局限台地浅滩储层主要分布在灯影组、嘉陵江组及雷口坡组等。

1）开阔台地浅滩储层——以通南巴飞三段储层为例

（1）储层岩性特征。

开阔台地鲕粒滩储层主要分布在飞三段，储层岩性以各种颗粒灰岩为主，包括亮晶鲕粒灰岩、亮晶藻屑灰岩、亮晶粒屑灰岩和溶孔亮晶鲕粒灰岩。其中溶孔亮晶鲕粒灰岩是四川盆地飞三段储层的主要岩石类型（图7-9），单层厚0.5～5.0m。

岩石颗粒含量60%～75%，以鲕粒为主，鲕粒同心圈发育，有3～8圈，鲕径一般0.4～0.8mm。局部发育藻屑、介壳等，藻屑形状不规则，粒径大小不均，0.2～1mm均有。方解石、白云石胶结物占25%～30%。

（2）储层物性特征。

通南巴地区飞三段浅滩储层具有如下物性特征：滩体普遍致密的背景下，局部发育有较好的孔隙型储层。

通过飞三段岩心样品孔隙度与渗透率分析，鲕粒灰岩储层总体以Ⅲ类储层为主，部分为Ⅱ类储层，少量Ⅰ类储层。196个孔隙度测试样品中，孔隙度最大值13.06%，最小值0.24%，平均值3.9%。孔隙度主要分布在2%～5%之间，占样品总数的41.3%。196个渗透率测试样品中，最大渗透率249.8057mD，最小渗透率0.001mD。几何平均值0.037mD，多数样品渗透率小于0.02mD，占到了58.2%。（图7-10）。

总体来看渗透率普遍较低，孔隙度主要分布在2%～5%之间，以低孔低渗为主，局部存在中高孔渗储层。

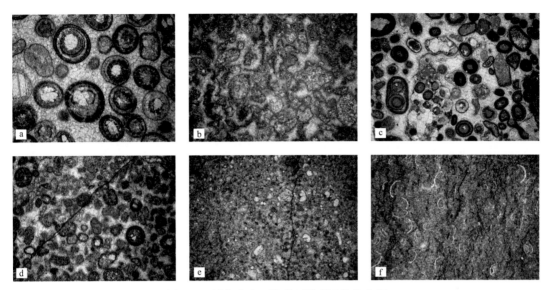

图 7-9　川东北飞三段岩石类型及储集空间

a. 河坝 2 井，5092.91m，亮晶鲕粒灰岩；b. 河坝 2 井，5104.06m，亮晶藻屑灰岩；c. 河坝 2 井，5106.12m，溶孔亮晶鲕粒灰岩，铸模孔、粒内溶孔发育；d. 河坝 2 井，5113.72m，亮晶粒屑灰岩，见裂缝；e. 元坝 2 井，6454.87m，粉晶残余藻屑灰岩，铸模孔、粒内溶孔发育；f. 河坝 2 井，5118.92m，泥晶含介壳残余藻屑灰岩

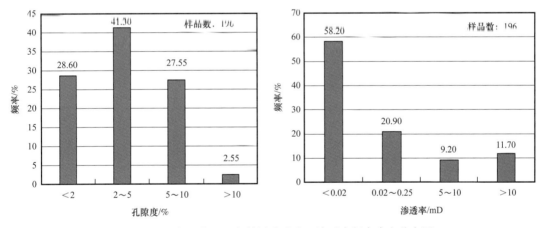

图 7-10　河坝区块飞三段储层孔隙度、渗透率频率直方分布图

通南巴地区大部分样品孔渗相关关系较好，呈正线性相关。即随着孔隙度的增加，渗透率均匀增大，以孔隙（溶孔）型储层为主；而另外一部分储层孔渗相关性较差，即孔隙度变化不大，而渗透率却成倍增大，属裂缝—孔隙型储层或孔隙—裂缝型储层。

（3）储集空间类型。

根据川东北地区岩心薄片、铸体薄片等资料分析，飞三段储层的储集空间以铸模孔、粒内溶孔和晶间溶孔为主，约占总孔隙的 90%；其次为晶间孔和各种微裂缝，约占总孔隙的 10%。

① 粒内溶孔、铸模孔。

粒内溶孔主要是由于选择型溶蚀作用在鲕粒中形成的，为飞三段储层的最主要孔隙类型（图 7-9c、e）。若颗粒被完全溶蚀，则形成铸模孔。

② 晶间孔和晶间溶孔。

主要发育在粒间方解石胶结物中。以方解石晶体作为孔隙格架，呈规则的三角形或多边形，被溶蚀扩大后形成晶间溶孔。

③ 裂缝。

储层段岩心上共见有两组裂缝。一组为垂直缝，见于河坝1井4958.9～4959.1m和4961.15～4962.5m（缝长1.35m，宽0.5mm），缝内无充填物或为方解石半充填；另一组为斜交缝，见于井段4960.03m和4960.58～4960.9m（缝长0.32m，缝宽0.5mm），缝内为方解石半充填。

此外，薄片中还见到溶蚀扩大缝（图7-9d）。如井深4960.85m样品的实测孔隙度只有3.99%，但其渗透率在16个实测样品中最高，达到了1.747mD。这些溶蚀扩大缝的发育，不仅增加了储层的孔隙度，而且对改善储层的渗透性也起到了非常明显的作用。

（4）储层发育主控因素。

通过对飞三段沉积演化、储层特征等方面研究，通南巴飞三段储层受高能相带、早期暴露溶蚀作用和埋藏期充填作用的共同控制。

① 高能鲕滩相带是储层发育的基础。

飞三段发育鲕粒滩微相，而储层多发育在亮晶鲕粒灰岩中（图7-11），占比80.8%，而其他岩性的储层则共计仅占比19.2%。从储层物性特征来看，鲕粒灰岩储层实测孔隙度高达6.07%，而粒屑灰岩、藻屑灰岩孔隙度则仅有3.61%和2.89%，表明鲕粒灰岩的储集性能也明显好于其他储集岩类（图7-12）。鲕粒灰岩巨大的储层占比和相对高的储集物性均表明高能鲕滩相带是储层发育的基础。

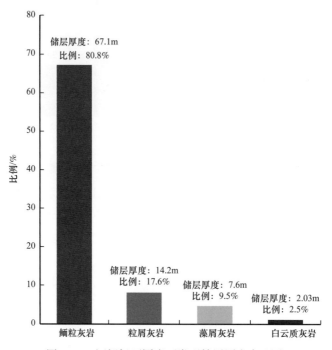

图7-11 河坝场不同岩石类型储层厚度占比图

虽然鲕滩相带是储层发育的基础，但在不同的鲕滩微相储层发育也具有差异，表现为鲕滩滩核的储层发育情况和测试产能均要明显优于滩翼。如从第三期鲕滩和第四期鲕滩储层差异表征来看，钻遇第三期鲕滩滩核的河坝104井、102井储层分别厚16.8m和19.2m，明显优于滩翼的河坝107井（5.3m）（图7-13）。而钻遇第四期鲕滩滩核的河坝1井、2井储层厚度分别为14.1m和16.1m，测试产量分别为29.6×10⁴m³/d和204×10⁴m³/d，也远优于钻遇滩翼的河飞203井、河坝1-1D井等。

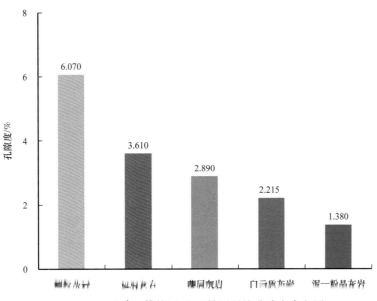

图7-12　河坝场不同岩石类型储层平均孔隙度直方图

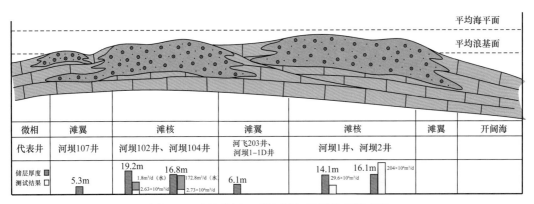

图7-13　河坝场飞三段鲕滩与储层发育模式图

②后期暴露溶蚀作用和后期流体充注是形成优质储层的关键。

由于高能鲕滩形成于浪基面附近，沉积期整体位于高部位，且不断纵向加积，在频繁海平面升降变化过程中，常会暴露于海平面之上，发生准同生期选择性溶蚀，进而形成较多的粒内溶孔和铸模孔。从通南巴地区飞仙关组三段储集空间类型来看，与准同生期暴露溶蚀作用相关的粒内溶孔和铸模孔占比90%以上，表明早期暴露溶蚀是储层发育的最关键因素。而滩核区域位于沉积期古地貌高地，在发生准同生暴露溶蚀过程中，滩核区域经历的溶蚀作用时间更长、强度更大，其形成的粒内溶孔和铸模孔数量也要明显大于滩翼区域。

在准同生期暴露溶蚀之后，飞三段鲕滩储层进入浅埋藏阶段，由于成岩环境和流体性质的改变，浅埋藏期粒状方解石胶结物便会胶结充填准同生期形成的孔洞系统。但由于滩核区域所形成的粒内溶孔或铸模孔数量众多，因而滩核区域的孔洞系统主要表现为半充填—未充填，经历浅埋藏胶结作用后仍残留大量孔隙；而滩翼区域的孔洞系统则几乎表现为全充填，仅残留少量的孔隙。这也最终导致了滩核和滩翼的储层差异分化（图 7-14）。

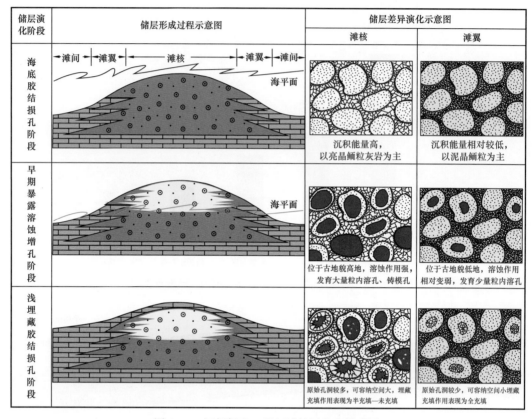

图 7-14　河坝场飞三段鲕滩储层发育模式图

③ 裂缝系统有效改善储层。

无论是宏观岩心还是微观镜下，河坝场飞三段储层均见有裂缝系统。而从前述储层物性来看，河坝 102 井、河坝 104 井、河坝 1 井、河坝 2 井等孔渗散点图也体现出具有明显的裂缝影响的特征。裂缝的存在，不仅可以增加储集空间，而且更重要的是作为连通通道，大大改善了储层的渗流能力。

2）局限台地浅滩储层——以川东北河坝场嘉二段储层为例

局限台地浅滩储层岩石类型以各种砂屑白云岩、藻屑白云岩及粉细晶白云岩为主，主要分布在灯影组、龙王庙组、洗象池群、嘉陵江组及雷口坡组等。平面上主要分布在局限台地内相对高能部位，分布相对局限，储层规模较台缘礁滩小得多。下面以河坝场嘉陵江组浅滩储层为例，论述局限台地浅滩储层的特征。

（1）储层岩性特征。

嘉陵江组储层岩性以粉晶砂屑白云岩、粉晶白云岩、微晶灰岩与硬石膏岩不等厚互层为主。储层段主要位于嘉陵江组二段下部，储层厚度在 10.0～20.0m 之间。整体以潮坪沉积为主，发育萨布哈、潮间等亚相，储层主要发育在相对高能潮间浅滩相带。砂屑白云岩储层分布较广，经后期白云石化和溶蚀作用，形成溶孔砂屑白云岩储层。平面上主要分布在川东地区沿泸州—开江一带等地，泸州—开江古隆起雏形期造成的古地貌差异对嘉陵江组台内浅滩沉积有明显控制作用。

粉细晶白云岩白云石含量一般大于90%，粉细粒状相互嵌生，少量方解石微晶呈星点状分布，有时含一定量砂屑。裂缝没有石灰岩发育，但溶蚀作用比石灰岩强，晶间孔、晶间溶孔、溶洞发育，平均孔隙度大于5%。嘉二段砂屑白云岩发育溶蚀形成的残余颗粒，多呈不规则状，部分溶孔被结晶方解石充填（图7-15）。

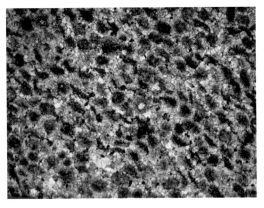
a. 粉晶残余藻屑白云岩，晶间孔、晶间溶孔，
河坝2井，T₁j，4634.2m

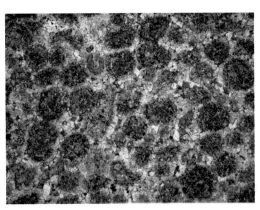
b. 溶孔充晶藻屑白云岩，粒间溶孔、晶间溶孔，
河坝2井，T₁j，4633.6m

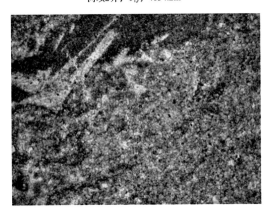
c. 粉晶残余藻屑含灰质白云岩，少量粒间溶孔，
河坝2井，T₁j，4638.5m

d. 粉晶白云岩，裂缝，河坝2井，T₁j，4635.2m

图7-15　嘉陵江组台内浅滩储层岩性及储集空间类型

（2）储层物性特征。

嘉二段局限台地浅滩储层以Ⅲ类储层为主，占46.8%；Ⅱ类次之，占10%。岩心样品孔隙度0.54%～16.15%，平均值3.45%。孔隙度小于2%占样品总数的33.3%，孔隙度2%～5%、5%～10%分别占样品总数的46.8%与14.4%，孔隙度大于10%的样品占3.61%。100个渗透率样品中，最大渗透率551.3162mD，最小渗透率0.814×10⁻⁴mD，平均值21.0395mD。整个样品中渗透率小于0.02mD占45%，渗透率在0.02～0.25mD之间占34%，渗透率在0.25～1mD之间及大于1mD分别占5%、16%。

嘉陵江组二段储层孔渗相关性较差。据河坝1井岩石薄片鉴定分析，一方面裂缝的发育导致低孔隙储层中渗透率很高；另一方面，后期成岩作用产生了大量的溶蚀孔，但连通性不好，导致高孔隙度低渗透率。孔渗间非线性的变化，表明储层具有一定的非均质性，以孔隙型储层为主，局部层段发育少量裂缝。

（3）储集空间类型。

嘉二段的孔隙类型主要以晶间（溶）孔、粒内溶孔为主，可见少量的粒间溶孔、溶洞、裂缝（图7-15）。其中晶间溶孔是嘉二段最重要的储集空间类型，占孔隙空间的30％以上，主要分布在细—粉晶白云岩中。晶间溶孔是在晶间孔的基础上因溶蚀扩大而形成的次生孔，故与晶间孔密切共生，白云石边缘可见被溶蚀，白云石晶粒内部也可见少量溶孔。粒内溶孔或铸模孔也是嘉二段重要的孔隙类型之一，占总孔隙空间的20％以上。粒间溶孔占孔隙空间的10％以上，这种溶蚀孔隙多出现在第一期砂屑粒间环边白云石胶结作用以后，晚期的晶粒白云石胶结物可见有溶蚀而成圆状，应为晚期溶蚀作用的重要特征。

（4）储层发育主控因素。

① 粒屑滩微相是储层发育的有利相带。钻探及研究表明，储层主要发育于嘉二段二亚段的粒屑滩沉积微相。对河坝2井粒屑滩与灰坪微相岩心样品进行对比分析，粒屑滩微相孔隙度基本在3％以上，明显高于灰坪沉积微相，可见沉积微相对储层发育有很强的控制作用。

② 白云石化作用是储层发育的必要条件。成岩作用对白云岩储层孔隙的生成、发展、消亡起着重要的控制作用。白云岩储层成岩作用可以分为两大类：建设性的成岩作用和破坏性的成岩作用。

前人大量的资料研究表明，碳酸盐岩中泥晶、微晶白云岩是同生和准同生的，而粉晶、细晶、中晶、粗晶为准同生以后的产物。由河坝2井的薄片鉴定结果来看，41个薄片鉴定中粉晶白云岩占了23个，这就说明成岩阶段的白云岩化对储层的形成至关重要。

对河坝2井岩心样品不同的岩石结构对应的孔隙度进行对比分析（图7-16），发现由泥晶白云岩→亮晶白云岩→粉晶白云岩，孔隙度有明显的增大趋势。泥晶代表当时沉积环境水动力作用较弱，亮晶表明水动力作用较强的沉积环境，而粉晶为成岩作用阶段白云岩化的产物。由此可见，储层一方面受沉积时水动力条件影响，一方面受成岩作用阶段白云岩化作用影响。

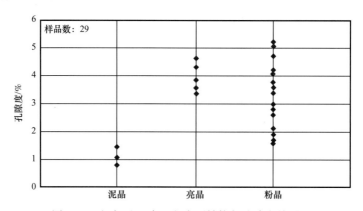

图7-16　河坝地区嘉二段岩石结构与孔隙度关系图

③ 构造裂缝的形成对提高渗透率与产能有重要作用。将河坝1井与邻区马1井对比分析，河坝1井嘉二段试气获工业产能，马1井测试为干层，对比其试气层段，发现河坝1井三孔隙度测井曲线有明显的"指进"现象，由此来看其可能受到了裂缝的影响，才得以获得产能。

进一步对河坝1井、河坝2井的储层特征分析，其储集空间类型属孔隙—裂缝型或裂缝—孔隙型。而这些裂缝主要为构造成因，裂缝的存在对碳酸盐岩储层具有双重作用。一方面，裂缝本身可以作为储集空间；另一方面，裂缝对流体起通道作用，酸性流体沿裂隙可渗透到岩石每个角落，对岩石进行大规模的溶蚀，对形成溶洞、溶缝、溶孔有着密切关系。

二、岩溶型储层

四川盆地海相地层受多期构造运动影响，纵向上发育多套岩溶储层，按物性的差异可以细分为中—高孔渗基岩孔隙型岩溶储层、低孔渗基岩缝洞型岩溶储层两类。其中，中—高孔渗基岩孔隙型岩溶储层岩石主要为各种白云岩类，分布在黄龙组、雷口坡组等地层顶界不整合面附近，震旦系、寒武系岩溶型储层在川中古隆起及其周缘等地区亦有发育；低孔渗基岩缝洞型岩溶储层岩石以石灰岩为主，主要分布在茅口组。

1.储层岩性特征

1）中—高孔渗基岩孔隙型岩溶储层

四川盆地中—高孔渗基岩孔隙型岩溶储层岩石类型主要为白云岩，包括颗粒白云岩、角砾白云岩（岩溶）、晶粒白云岩、藻纹层白云岩四类，该类储层主要发育在雷口坡组、黄龙组、灯影组等。

（1）颗粒白云岩。

颗粒白云岩在雷口坡组、黄龙组、灯影组均发育。颗粒白云岩中常见的颗粒组分是鲕粒、砂屑和生屑。

① 砂屑白云岩。具粒屑结构，粒屑主要为砂屑或残余砂屑，含量30%～75%，平均含量60%左右。砂屑形状多不规则，粒径变化较大，0.1～2mm大小不等，分选、磨圆中等—差。砂屑成分以泥晶白云石为主。颗粒间多为亮晶白云石胶结，含量20%～25%。压溶作用明显，产生溶蚀缝和缝合线，但已被方解石和有机质充填。岩石中发育粒内溶孔、粒间溶孔、白云石晶间孔、晶模孔等，平均面孔率1.14%。

② 生屑白云岩。含有孔虫、蜓、腕足类、棘屑、珊瑚属及瓣鳃类、腹足类碎片等。胶结物发育程度有高有低。孔隙主要是各种溶孔。原岩在白云石化后结构基本上保存较好，并且伴有岩溶改造的痕迹，部分颗粒白云岩因较强烈的白云石化和重结晶作用，原始沉积结构遭受破坏，呈残余颗粒结构。颗粒形状多不规则，粒径变化较大，分选、磨圆中等、差、好均有。颗粒白云岩储层在黄龙组获工业气流井中，所占比例最高可超过单井储层厚度的三分之一，单井孔隙度一般大于3%。

（2）角砾白云岩（岩溶）。

角砾白云岩储层主要见于石炭系黄龙组，在茅口组、雷口坡组局部发育（元坝地区）。角砾白云岩储层主要是岩溶成因的砾石支撑、基质充填的孔隙型白云岩。砾石主要有泥晶白云岩砾石、含颗粒泥晶白云岩砾石及少量的颗粒云岩砾石，单成分、复成分的砾岩均有。砾石多呈棱角状、次棱角状，以未经搬运或短距离搬运为主。砾间充填物主要是岩溶作用产生的细小碎屑，多属渗流充填物。储层的主要孔隙是砾间充填物被溶解产生的次生溶孔及溶洞，孔隙度可以达到3%以上。在一些单井中这类储集岩占的比例可以超过50%。

（3）晶粒白云岩。

晶粒白云岩在岩溶储层发育的各层系均有分布，多以粉晶云岩为主，少数为细晶云岩、微晶云岩、泥晶云岩。晶粒以半自形晶为主，镜下常见原岩的颗粒残余结构，表明这些晶粒白云岩主要是由石灰岩交代而成。晶粒白云岩储层内孔隙主要为晶间溶孔、超大溶孔等次生孔隙。

晶粒白云岩储层在黄龙组气井中所占比例较低，单井孔隙度平均值最高6%。除此之外，雷口坡组中广泛发育泥晶白云岩，由于其本身较低的基质孔隙度，一般认为难以成为有效储集岩。通过大量薄片观察发现，泥晶白云岩经岩溶改造后，同样可见到大量溶蚀孔隙。因此这类岩石亦能成为重要储集岩类型。结晶白云岩可能来源于泥晶白云岩的溶蚀改造、各类岩石类型的重结晶作用以及古岩溶形成孔洞的填充作用等。

（4）藻纹层白云岩。

在雷口坡组偶有分布。藻纹层白云岩结构清晰，纹层黑白相间，黑色为富藻纹层，浅色为富屑纹层。未经改造的藻纹层储层物性相对较差；经后期溶蚀改造可发育大量溶蚀孔洞，形成优质储层。

2）低孔渗基岩缝洞型岩溶储层

茅口组沉积晚期，东吴运动使上扬子地台整体抬升暴露，四川盆地茅口组遭到不同程度的剥蚀，茅口组顶面也接受岩溶改造，形成大量岩溶缝洞储层。自20世纪50年代以来，茅口组的勘探围绕泸州古隆起周缘的岩溶缝洞储层发现了数量众多，但规模较小的气藏群。近期通过加强老层系再认识，进一步发现茅口组还存在川北元坝地区颗粒滩叠加岩溶改造新类型储层和川南"三古"（古断裂、古地貌、古水系）联合控制的岩溶储层。茅口组岩溶缝洞型储层大部分分布在不整合面之下的100m以内的茅三段，岩性主要有颗粒灰岩、粉—微晶灰岩、条带状（结核、团块）硅质岩及少量的灰质白云岩或白云质灰岩等。其中储层岩性主要为颗粒灰岩、粉—微晶灰岩及灰质白云岩等。

（1）颗粒灰岩。

主要包括亮晶生屑灰岩、砂屑灰岩、泥—粉晶灰岩、粉—微晶灰岩、白云质灰岩。

① 亮晶生屑灰岩。单层厚度大，可达数米。生物碎屑含量大于50%，主要为红藻、绿藻、腕足类、䗴、有孔虫、珊瑚、介形虫、棘皮类、苔藓等。一般为亮晶方解石胶结，亦有泥晶基质。这类岩石主要见于台地相浅滩微相中，在四川盆地茅口组中上部较为发育。局部可见少量粒间溶孔和生物体腔溶孔，具有一定的储集性能，可形成Ⅲ类储层。

② 砂屑灰岩。以亮晶砂屑灰岩为主，微晶砂屑灰岩次之，颜色以灰色为主，为砂屑滩沉积。矿物成分主要以方解石为主，含量75%～96%，平均87.33%，白云石2%～25%，平均8.56%。岩石具粒屑结构，以砂屑为主，砂屑含量45%～75%，鲕粒含量低于5%，生屑含量低于8%。砂屑形状多不规则，粒径变化较大，0.1～2mm大小不等，分选、磨圆中等—差。砂屑成分以泥晶方解石为主，颗粒间多为亮晶方解石胶结，世代结构不明显，重结晶作用较强，部分砂屑仅见残余结构。岩石中孔隙不发育，

仅见少量的残余溶孔和晶模孔，多发育构造缝、溶蚀缝和缝合线，但是充填严重，平均面孔率 0.55%。

（2）粉—微晶灰岩。

主要发育于茅口组，以川东南茅口组为例，粉—微晶灰岩主要为深灰色中—厚层状微晶灰岩、粉晶灰岩、含颗粒粉—微晶灰岩等。微晶灰岩中含有数量不等的红藻、绿藻、腕足类、介形虫、棘皮类、螺、有孔虫、苔藓、单体珊瑚及海绵骨针等生物碎屑，含量一般小于 10%。

这类岩石主要形成于潮下低能岩或潟湖微相中，岩石中粒间孔和生物体腔孔较少，在后期压实作用下，其孔隙消失殆尽，储集性能极差。

（3）泥—粉晶灰岩。

茅口组少量分布，为浅缓坡滩间沉积。颜色以深灰色为主，矿物成分以方解石为主，含量 75%～96%，平均 87.33%，白云石 2%～15%，平均 8.33%，陆源碎屑矿物含量小于 10%，平均 2.75%。岩石具晶粒结构。方解石以泥—粉晶为主，均呈不规则他形粒状，晶体浑浊，大小混生镶嵌接触；白云石以粉晶为主，绝大多数呈不规则他形粒状。少数含陆源碎屑石英，石英为粉—细砂级、棱角状。岩石中孔隙不甚发育，平均面孔率低。

（4）白云质灰岩。

颜色为灰色、深灰色。矿物成分以方解石为主，含量 55%～73%，平均 67.75%；白云石 25%～45%，平均 29.83%；石膏小于 3%；陆源碎屑矿物小于 3%。岩石具晶粒结构。方解石以微晶为主，呈不规则他形粒状，晶粒较浑浊；白云石以粉晶为主，绝大多数呈不规则他形粒状，镶嵌接触。岩石中可见自形干净明亮的石膏晶体，呈星散状分布。少数含陆源碎屑石英，石英为粉砂级、棱角状。岩石中孔隙较发育，主要有晶间孔和残余溶孔，裂缝有构造缝、溶蚀缝及缝合线，部分半充填，存在残余空间。

2. 储层物性特征

四川盆地岩溶储层总体具有中低孔隙度、渗透率差异大特征，孔渗关系显示严重非均质性特征。储层以低孔隙度为主，基质渗透率很低，横向变化较大的特点。根据物性的差异，四川盆地岩溶型储层进一步划分为中—高孔渗基岩孔隙型岩溶储层和低孔渗基岩缝洞型岩溶储层两类，前者主要分布在黄龙组和雷口坡组，后者主要分布在茅口组。

根据四川盆地不同地区岩溶储层岩样共 21312 个实测孔隙度统计分析（表 7-8），孔隙度总体以中—低孔隙度为主，变化范围在 0.1%～29.2% 之间，平均值为 4.84%。由于取心井段岩心收获率较低，实测岩心分析数据不能完全真实地反映岩溶储层的孔隙发育程度。但总的来说，岩溶储层岩心孔隙度不高，储集性能受裂缝影响大。四川盆地已钻探的岩溶储层低产气井经过储层改造后，大部分都获得工业气流，表明裂缝对储集性能的改善作用较明显（蔡希源等，2016）。

表 7-8　四川盆地岩溶储层物性参数统计表

物性参数	样品数 / 个	最低值	最高值	平均值
孔隙度 /%	21312	0.20	29.20	4.84
渗透率 /mD	19566	0.02	228.00	—
含水饱和度 /%	1219	3.500	100.00	27.36

从物性资料来看（图7-17），四川盆地岩溶储层孔隙度主要分布在小于2.0%的区间内，其次是分布在2.5%～6.0%之间。孔隙度在不同层系不同地区发育具有差异。总体看来，雷口坡组岩溶储层孔隙发育优于石炭系，石炭系储层孔隙发育优于茅口组。雷口坡组孔隙度0.08%～13.14%，平均值5.45%；石炭系孔隙度0.05%～26.39%（表7-9），川东石炭系孔隙度平均值5.16%；茅口组孔隙度0.1%～3.99%，平均值1.37%。

表7-9　四川盆地不同地区岩溶储层孔隙度分析统计表

类型	层位	孔隙度范围及比例			样品数/个	最大孔隙度	最小孔隙度	平均孔隙度
		≤2%	2%～6.0%	≥6.0%				
中—高孔渗基岩孔隙型岩溶储层	七里21井石炭系	78.28%	18.39%	3.63%	359	7.97%	0.50%	1.82%
	川东石炭系	31.45%	48.05%	20.50%	17183	—	3.50%	5.16%
	磨溪雷口坡组	18.70%	12.50%	68.80%	32	—	—	5.45%
低孔渗基岩缝洞型岩溶储层	川东南茅口组	75.40%	24.60%	—	53	3.99%	0.10%	1.37%

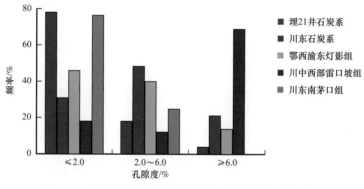

图7-17　不同层系典型岩溶储层孔隙度分布频率直方图

综上分析认为，岩溶储层以低孔隙度为主，较少中—高孔隙分布，极少高孔隙度储层，储层属低孔隙度储层，在川中磨溪一带发育中孔储层。

根据四川盆地不同地区共计19566个岩溶储层岩样，实测渗透率统计结果分析（图7-18），不同地区平均基质渗透率变化较大，渗透率最大的为川西中段的雷口坡组，可达228mD，变化范围在0～228mD之间。川东南沙罐坪、相东区块、渝东地区茅口组、川东石炭系样品渗透率主要分布在0～0.1mD之间，表明这些地区岩溶储层基质渗透率较低，裂缝对储层渗透性能起主导作用。而在云和寨地区石炭系以及磨溪雷口坡组储层样品的渗透率主要分布在0.01～1.0mD之间，这些地区岩溶储层基质渗透率较好，部分可达到中等渗透率。总的来看，雷口坡组岩溶储层渗透率较其他层位岩溶储层好。区域上，岩溶高地储层较岩溶斜坡地带储层渗透率更好，说明岩溶储层基质渗透率横向变化较大。

由于受到岩溶作用控制，四川盆地部分地区岩溶地层较薄，且个别取心层段收获率低，岩心分析忽略了裂缝因素对渗透率的影响。因此，岩心分析渗透率统计结果较储层渗透率真实值偏低。但上述分析结果总体表明，岩溶储层渗透率总体较低。中—高孔渗孔隙型岩溶储层主要分布在石炭系及雷口坡组，而低孔渗缝洞型岩溶储层主要分布在川东南地区茅口组。

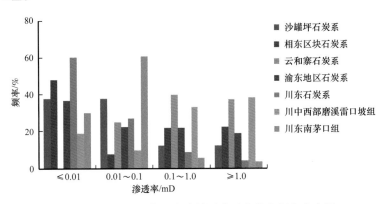

图 7-18　不同层系典型岩溶储层渗透率分布频率直方图

3. 储集空间类型

四川盆地岩溶储层可分为岩溶缝洞型储层（石炭系、茅口组）、裂缝—孔洞型储层（雷口坡组）两种主要类型。由于岩溶储层岩性的差异、储集空间类型多样，储集空间大小和形状变化也很大，发育不均一。储集空间的形态大致可分为三类：孔、洞、缝（表 7-10）。

表 7-10　岩溶储层主要储集空间类型表

储集空间类型		
孔	原生孔隙	粒间孔
		粒内孔
		骨架间孔
	次生孔隙	晶间孔
		晶间溶孔
		粒内溶孔、铸模孔
		粒间溶孔
		非组构型溶孔
洞	溶蚀洞	
缝	构造缝	
	压溶缝	
	溶蚀缝	

1）中—高孔渗孔隙型岩溶储层

（1）石炭系储集空间类型。

石炭系储集空间类型多样，孔隙、洞穴和裂缝均比较发育，见有晶间（溶）孔、粒间（溶）孔、粒内溶孔、铸模孔和非组构溶孔等。其中以晶间溶孔、粒内溶孔为主，其次为非组构溶孔、粒间（溶）孔，铸模孔一般少见。黄龙组二段孔隙最为发育，以晶间孔和晶间溶孔为主（图 7-19a、b）。

洞穴主要分布在黄龙组上部，洞穴形状不规则，为溶蚀作用而形成的孔隙型洞穴，洞穴大小为 0.1cm×0.2cm 至 5cm×6cm，一般为 8mm×20mm，多为方解石全充填孤立洞，部分为方解石半充填洞，洞穴主要沿裂缝分布。

根据岩心、岩屑薄片的观察统计表明，石炭系黄龙组裂缝较为发育，自下而上三个段裂缝发育程度较为接近。裂缝以网状高角度微缝为主，其中有效缝可达 10%。

（2）雷口坡组储集空间类型。

雷四段中—上亚段储集空间主要为晶间溶孔、粒间溶孔、溶缝、溶蚀扩大孔、晶间孔及裂缝（图 7-19c—f）。在平面上，从孝深 1 井往新深 1 井储层次生溶孔增加、原生孔隙减少。在孝深 1 井 5712~5723m 24 个储层样品中，有 45.8% 的样品面孔率达 5%~15%。孝深 1 井和新深 1 井岩心溶蚀孔、洞、缝较发育，尤其以新深 1 井第三、四回次岩心溶蚀孔洞发育最佳，溶蚀孔、洞多呈蜂窝状分布，部分溶洞大小达 2mm 以上。

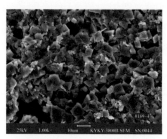

a. 粉晶云岩，晶间孔发育。三星1井，
石炭系，4617.99m

b. 粉晶云岩，晶粒表面见溶蚀现象。
三星1井，石炭系，4622.32m

c. 白云岩，溶缝、溶孔发育。孝
深1井，雷口坡组，5791m，×40

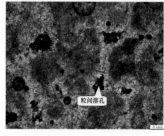

d. 微晶砂屑白云岩，粒间溶孔发育。
孝深井，雷口坡组，5800m，×100

e. 白云岩，晶间溶孔、晶间孔蜂窝状
分布。孝深1井，雷口坡组，5717.5m

f. 粉晶含藻凝块白云岩，溶蚀扩大孔。
孝深1井，雷口坡组，5793m

图 7-19 石炭系黄龙组、三叠系雷口坡组顶部储层孔隙特征

川东北元坝地区雷四段中—上亚段储层段储集空间主要为晶间孔、溶孔、溶洞、溶缝、构造缝等。

2）低孔渗缝洞型岩溶储层

以川东南茅口组为例，储集空间类型相对简单。此类储层主要以裂缝及沿裂缝发育的溶孔和晶间溶孔为主（图 7-20），溶蚀主要沿裂缝或晶间缝进行。此外，露头剖面见到很多大的溶洞及溶蚀垮塌角砾岩，钻井过程中常有放空及井漏现象发生，反映出茅口组储层以缝洞型储层为主的特征。

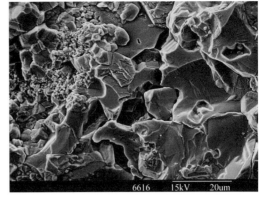

a. 泥晶—微晶白云岩。沿裂缝溶蚀明显，铸体薄片，5×5（负偏光）　　b. 石灰岩，晶间缝溶蚀形成缝状孔隙，扫描电镜，×1500

图 7-20　川东南茅口组石灰岩储层特征

川东南地区茅口组平均孔隙度为 0.68%，渗透率为 0.113mD；平均排驱压力为 35.82MPa；孔喉分选系数为 0.9744，歪度为 -1.9226，变异系数为 0.0558。反映了茅口组岩样为微细孔喉型，渗透能力普遍较差。

4. 储层发育控制因素

四川盆地岩溶储层孔隙形成演化总体可划分为三个关键阶段：第一阶段为沉积成岩时期，此时主要为原生孔隙形成阶段，基本不受岩溶作用影响；第二阶段为抬升剥蚀不整合岩溶形成时期，为岩溶储层形成关键时期，是优质次生孔洞形成重要阶段；第三阶段为埋藏过程中构造裂缝对次生孔洞的进一步扩大溶蚀。

岩溶储层的发育与分布主要受古岩溶作用控制。控制古岩溶发育的因素主要包括古气候、古地貌、岩性和构造等条件。特别是大量的降雨，很大程度上控制了地表水系统的溶解能力，溶解能力随着年降雨量的增加而显著增强。对于孔洞系统，出露地表的持续时间和方式是至关重要的，岩溶储层显示了明显的非均质性。总结国内外岩溶发育特征，认为岩溶古地貌对储集带的发育与展布具有明显的控制作用，岩溶高地和岩溶斜坡的储集条件一般较好。在潜流带环境中，潜流带上部的孔洞是沿水平方向发育的，而且是溶蚀孔、洞体系和溶洞层发育的最有利部位，孔渗物性较好，一般能形成良好的储渗体系。颗粒碳酸盐岩通常具有最大的孔隙度和渗透率，如颗粒白云岩、石灰岩通常现存的孔隙度和渗透率较高，岩溶作用强，易形成优质储层。构造运动造成地层抬升剥蚀，从而形成了区域上的不整合面，有利于岩溶储层的发育，例如四川盆地岩溶储层的主要产层石炭系处于云南运动面，二叠系茅口组处于东吴运动面，下三叠统嘉陵江组—中统雷口坡组处于印支运动面等。

针对四川盆地岩溶储层发育机理，前人已做大量研究。晚石炭世云南运动使整个川东地区抬升为陆，受构造升降和差异剥蚀强度控制，发育古岩溶不整合面，形成地形起伏有序变化的古岩溶地貌景观，从原始基底古陆至海盆，按顺序发育溶蚀高地、溶蚀斜坡，溶蚀谷地和溶蚀洼地。在溶蚀高地以及斜坡地带，淡水白云石对溶蚀孔、洞、缝的充填作用和对岩溶角砾的胶结作用也加强。因而，对白云岩储层、特别是白云质岩溶角砾储层的发育既有贡献，也有破坏。

1）基岩岩相

不整合面之下基岩岩相及岩性组合是控制优质储层发育的基础。从四川盆地勘探实例分析可以看出，储层岩石类型以白云岩为最好，孔隙成因主要是表生期抬升暴露、淡水溶蚀使得白云岩原生孔隙溶蚀扩大。

在四川盆地内，川东地区中石炭统黄龙组碳酸盐岩在形成区域孔、洞性储层经历了五个成岩作用阶段：（1）准同生期沉积物干化蒸发作用和潮水的冲刷作用，形成了碳酸盐岩干裂泥砾，造成表层白云石化，保存了一部分砾间孔隙；（2）准同生期—成岩早期的大气淡水淋滤溶蚀，形成早期各种溶孔、铸模孔、膏模孔、砾间及砾内溶孔、粒间及粒内溶孔；（3）成岩期地下水渗入，使原已形成的孔隙进一步扩大形成各种溶蚀缝和溶孔；（4）表生期淡水渗流带或地下水潜流带形成的溶蚀孔洞；（5）褶皱期的构造破裂作用产生了构造裂缝（徐国盛，2005）。从渝东地区的井数据来看，裂缝不仅作为储集空间，还增强了运移通道的渗滤能力，促进了优质储层的形成。

综合石炭系、雷口坡组、茅口组三个层系储层特征及发育机制可以看出，以石炭系、雷口坡组为代表的中—高孔渗基岩孔隙型岩溶储层，主要岩性为白云岩、颗粒白云岩，储集空间以粒间、粒内溶孔（洞）、晶间溶孔为主，由于基岩孔渗性好，除沿断裂、裂缝管流方式溶蚀外，还以散流方式对基岩孔隙扩大溶蚀，具有似层状整体岩溶特征，储层分布广；以茅口组为代表的低孔渗基岩缝洞型岩溶储层，主要岩性为石灰岩、生屑灰岩，储集空间以岩溶缝洞为主，由于基岩岩性致密，溶蚀方式主要是沿断裂、裂缝管流方式进行，基岩结构很少受到改造，储集空间以缝洞为主，非均质性强。

碳酸盐岩的可溶程度与岩石性质和结构有关，不同类型的碳酸盐岩决定了其自身的可溶性。由于不同层系、不同时期沉积环境的差别，使得沉积岩相及岩性组合存在差异，这种差异又造成后期溶蚀程度、溶蚀方式等不同。但总体来讲，早期有利的沉积相带对后期岩溶储层的发育起到关键作用。

沉积环境控制了沉积的岩石类型以及特征，如石炭系黄龙组自下而上由黄一期的潮上带到黄二期、黄三期的潮间—潮下带，根据测井解释对相关井得出的分析结果，潮间带白云化的颗粒滩微相和云坪微相储层发育最好，潮上带的藻云坪和潮下带的灰云评、生屑砂屑滩的储层则相对较差。由此可见，不同的沉积相带，储层的发育情况大不相同。

雷口坡组储层发育段岩性统计表明，白云岩类组合溶蚀孔隙发育程度优于石灰岩类和膏岩类组合，颗粒岩类组合溶蚀孔隙发育程度优于一般非颗粒岩类。雷口坡组白云岩相区及浅滩发育区是岩溶储层发育有利区。川西新场构造带、川东北元坝—龙岗一带雷口坡组已获得油气突破，岩性均为白云岩。同样，茅口组石灰岩上部泥质、有机质含量少，质纯性脆，在外力作用下易产生破裂，也易发生溶蚀，岩溶作用较发育；茅口组石灰岩下部泥质、有机质含量高，不易产生破裂，也不易发生溶蚀，岩溶作用不发育。茅口组白云化现象普遍，白云石晶间孔隙较发育，沿晶间易发生溶蚀，由表 7-11 可见，石灰质白云岩（或白云质石灰岩）的见溶率高于纯石灰岩。

表 7-11 二叠系茅口组各种岩性岩溶发育情况

岩性	泥晶灰岩	亮晶灰岩	石灰质白云岩	白云岩
总薄片数	77	10	9	5
见溶孔薄片数	57	7	8	4
见溶率 /%	74.3	70	88.9	80

2）岩溶古地貌及暴露剥蚀时间

岩溶古地貌是岩溶作用与各类地质作用综合作用的结果，不同地貌形态对岩溶储层发育又起着控制作用。不整合面岩溶优质储层发育受暴露剥蚀时间及古地貌的影响，所以研究古岩溶地貌对于预测、评价古岩溶储层分布具有十分重要的意义。

由于暴露时间长，风化溶蚀作用不仅直接影响侵蚀面，形成岩溶地貌，而且受大气淡水淋滤溶解的影响，能形成大面积岩溶缝洞储层。不同的岩溶地貌作用方式、作用深度及强度有差别。岩溶地貌是形成岩溶储层的基础：岩溶高地，淡水补给地下水，以垂向运动为主，岩溶作用浅；岩溶斜坡，地下水垂向及水平运动同时发生，为岩溶发育带；岩溶洼地，地下水汇流以水平运动为主，岩溶相对不发育。

四川盆地在不同地质历史时期，尤其是重大构造运动期，形成了不同规模及不同类型的古隆起。从演化序列上看，四川盆地在海相沉积时期存在加里东期古隆起、海西期古隆起、印支期古隆起。不同时期古隆起对沉积充填及后期地层剥蚀程度具有明显控制作用，进而控制了沉积相展布、岩溶储层发育。

海西期云南运动对川东石炭系进行了强烈的改造。川东南地区云南运动的抬升，石炭系形成较大规模岩溶角砾白云岩，是岩溶暴露的典型识别标识。在川东石炭系大部分钻井中，岩溶角砾岩累计厚度达地层厚度的 20%～50%，某些井达 60% 以上。这些岩溶角砾岩沿风化裂缝溶解、破裂、塌陷形成的网缝镶嵌状白云质角砾岩和洞穴充填的角砾支撑或基质支撑的白云质角砾岩，在纵向和横向上分布十分广泛，是晚期岩溶的产物，同时也能形成良好储集体。

川东石炭系因古地貌差异小，所以无论是岩溶高地、斜坡还是岩溶洼地，溶蚀微地貌都以低矮残丘、落水洞、溶沟等为主。中上部以大气降水垂直渗流溶蚀为主，下部为活跃潜流水平溶蚀。水平溶蚀和充填胶结作用受层内潜水位控制，顺层溶蚀作用自黄龙组三段到二段下部，自上而下应当逐渐取代垂直溶蚀。因此，川东石炭系储层主要发育在黄二段。

海西末期东吴运动使四川盆地茅口组整体抬升暴露，接受大气淡水溶蚀改造，形成茅口组岩溶缝洞储层。对于茅口组岩溶储层主控因素，一般认为储层的发育仍主要受古地貌控制，集中发育在围绕泸州古隆起一带的高部位。自 2016 年以来，通过对川北元坝、川南綦江地区的研究认为，在岩溶斜坡区，还存在类似元坝地区受台地边缘相带和綦江地区受古地貌、古断裂、古水系联合控制的规模储集体。川北地区由于沉积相带分异发育台地边缘浅滩相带（图 5-18），浅滩相带内发育的基质孔隙为东吴运动岩溶改造提供了物质基础，虽然岩溶作用弱于泸州古隆起地区，但通过对先期孔渗体的有效改造也能形成规模优质储层。川南地区在岩溶斜坡古地貌背景下发育深大基底断裂及大量伴生的花状分支断裂，这些断裂系统控制了古水系（地下暗河）系统，进而沿古水系形成了茅口组水平潜流带规模岩溶储集体。

印支运动末期，盆地内雷口坡组由于不同地区剥蚀程度不同，残留地层不同，岩溶储层的发育各有差异。川西地区，地层主要剥蚀雷四段中上部，因此与岩溶有关的储层主要发育雷四段。川西南地区雷口坡组一段、二段、三段、四段都遭受剥蚀，因此在各个层段岩溶储层都有发育。川北地区雷口坡组岩溶储层也主要发育雷四段。尽管岩溶储层分布的层位有所差异，岩溶作用深度基本在不整合面以下 150m 内。

剥蚀时间长短直接影响地层残留厚度的大小，石炭系黄龙组的储层主要发育在白云岩区的 C_2h_2 层段内。石炭系黄龙组储层分布情况与黄龙组厚度关系密切。在黄龙组储层分布研究中，黄龙组的有无与厚薄是储层能否存在的核心。在强剥蚀区及靠近石炭系剥蚀边界的地层厚度极薄带（0～5m）是石炭系天然气储层缺失带。这些区域不是石炭系天然气成藏有利区，但在它们附近，却可能形成与地层圈闭有关的气藏。

3）裂缝作用

裂缝发育对优质储层起着促进作用，岩溶孔洞的形成最终取决于裂缝组系。所谓岩溶孔洞确切地说是岩溶裂缝或者是溶解而扩大了的裂缝，没有裂缝的存在根本就谈不上岩溶的形成，因为裂缝决定了能够形成带出淋滤溶解物质的通道。在碳酸盐岩中孔洞发育带有两种形成途径。第一是沉积间断带，以茅口组顶部的侵蚀期岩溶为典型，沉积期岩溶实际上也必须经历一个暴露（哪怕很短暂）阶段；第二是构造裂缝组系，即指构造期岩溶。所以，构造期岩溶才是受控于裂缝，也是反作用于裂缝体系的最重要的岩溶形式。断裂附近由于断裂效应及末端效应形成裂缝发育区。局部构造高点、长轴、端部、翼部挠曲等部位，受力强，变形大，形成裂缝发育带，岩溶水沿裂缝发生溶蚀作用而形成缝洞岩溶带。现今，含气裂缝系统的分散和不均一受构造断层派生裂缝本身和岩溶充填差异的联合控制。

川东石炭系储层的发育同样受多期构造作用的影响。早期的构造作用主要控制了石炭系沉积前原始古地貌特征，在志留纪准平原化的基础上形成闭塞海湾—潮坪沉积体系，制约着石炭系的沉积环境，由此形成大量的潮坪环境下的微细干缩缝。晚期的构造运动，使岩石发生强烈的褶皱和断裂，同时产生了大量的构造裂缝。构造裂缝的存在促使区域地下水发生新的交换和循环。伴随着油气向储层运移、聚集，使水介质平衡被打破，引起非选择性溶蚀作用的发生，使储层得到明显改善。印支期深埋藏成岩环境有机酸性水的形成，对于川东石炭系有效次生孔隙的形成起到了重要作用。构造裂缝的发育使大量孤立的储集体相互贯通，使储层的储渗能力得到加强，形成了现今石炭系的裂缝—孔隙型储层。

四川盆地中二叠统茅口组为典型的岩溶缝洞型储层，岩溶缝洞系统的形成是茅口组石灰岩、白云岩沉积后经历了多次构造运动，由构造变形及该变形期间内产生的地层水与地层相互作用的产物，特别是喜马拉雅运动期间，形成褶皱和断裂构造，提供了岩溶水运移、空间和初始条件。在应力较大的构造部位，在同样的岩性组合条件下，褶皱等构造的高点，长轴和扭曲部位容易产生裂缝，是缝洞系统较发育部位，也是裂缝气藏的主要场所。如太4井、宝3井位于构造高点；太12井、旺8井、太13井、旺13井等位于断层附近；五南1井、复1井、旺南1井位于断鼻。这些井在钻进中都出现井喷、井漏和放空等现象（康沛泉，2000）。

三、热液白云岩型储层

热液白云岩型储层是一种特殊的碳酸盐岩储层，储层岩石类型主要为与热液相关的白云岩，其储集空间的形成亦与热液密切相关，纵向上主要分布在中二叠统茅口组、栖霞组，平面上主要分布在川中—川东地区，厚度介于10～30m，储层的形成和分布与深大断裂密切相关。以川东地区下二叠统茅口组白云岩为例，热液白云岩型储层的分布主要受构造因素的控制，热液白云石化作用一般发生在构造活动比较强烈的盆地，热液流体的大规模运移及由此引起的一系列地质作用都与断裂作用有关，深大断裂有利于热液的流动、矿化和白云岩化作用，并在纵向通道和雁行凹陷（槽）中发育白云岩。在离开主断层（裂缝）的区域，热液白云岩型储层的横向分布受沉积相的控制，沉积相控制了从主断裂带横向派生出来的次级热液白云岩储层的发育，储层的品质与高能滩相关。这些高能滩相带具有较高的渗透率，为远离主断层的区域提供了流体横向运移的通道。裂缝系统的发育能提高致密碳酸盐岩地层的渗透性，增加对油气的疏通能力，对热液白云岩油气藏的高产有积极的作用。

1. 储层岩性特征

四川盆地茅口组三段热液白云岩型储层岩性为细—中晶白云岩、硅质白云岩、残余生屑白云岩，局部含燧石结核和团块，常见白云岩与层状硅质岩互层。

1）细—中晶白云岩

晶形主要以半自形为主，镶嵌接触，具有雾心亮边结构，可见少量晶间孔，被白云石晶屑、亮晶方解石半充填。

2）残余生屑白云岩

主要发育在茅三段中部，岩性为亮晶含生屑砂屑白云岩，发育晶间孔与网状缝系统，充填有多期粗晶方解石和白云石，白云石充填时间较早，少量的晶间孔未被充填。发育缝合线构造，沿缝合线发育少量溶蚀孔，被亮晶方解石全充填，也可见少量的硅质充填，裂缝发育与缝合线存在一定联系。镜下可见灰质生屑颗粒结构幻影。生屑颗粒较少区域的白云石化作用较生屑富集区强烈，晶形半自形特征明显。

3）硅质白云岩、条带状（结核、团块）硅质岩

仅在茅口组上部少许分布。条带状硅质岩多沿顺层分布，单条带厚5～10cm。结核和团块状硅质岩多沿顺层或切穿层理分布。结构组分以隐晶质的玉髓和微晶石英为主，微晶灰质和黏土矿物较常见。硅质白云岩中白云石主要为粉—细晶自形粒状，均匀分布，硅质主要分布于白云石晶体之间。

2. 物性特征

钻井、测井和露头资料揭示，茅口组白云岩储层物性好。泰来6井茅口组白云岩测井孔隙度为2.9%～5.7%，平均为4.14%，小柱样实测孔隙度为2.23%～4.34%，平均为3.34%，渗透率0.00011～2.73mD，几何平均0.014mD；邻区卧龙河地区卧67井钻遇茅口组白云岩储层8.44m，孔隙度7.7%；丰都狗子水剖面茅口组白云岩实测孔隙度2.23%～8.81%，平均为4.17%，渗透率0.00011～6.94mD，几何平均0.079mD；二崖剖面茅口组白云岩实测孔隙度2.43%～4.58%，平均为3.28%，渗透率为0.0344～0.3363mD，算术平均0.0836mD。

综上所述，白云岩基质孔隙度在2%～5%之间，渗透率0.0001～6.94mD，表现出低孔—低渗的特点（图7-21、图7-22）。其中小直径样品中孔隙型、孤立孔洞型还原到更宏观的尺度上，多数为裂缝沟通，且孔渗相关性较好，分析认为茅三段白云岩为裂缝—孔隙型储层。

3. 储集空间类型

茅口组热液白云岩储层主要发育基质孔隙、热液白云岩破裂溶蚀形成的缝洞系统等两类储集空间（图7-23）。

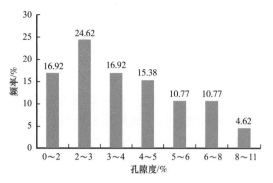

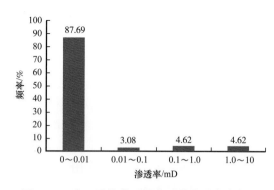

图7-21　中二叠统茅口组白云岩孔隙度直方图　　　　图7-22　中二叠统茅口组白云岩渗透率直方图

a. 泰来6井，5505.7m，中—细晶白云岩，晶间孔和裂缝发育

b. 狗子水剖面，细晶白云岩，大量晶间溶孔

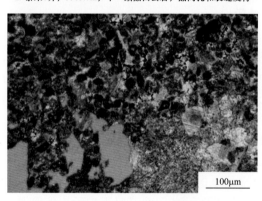

c. 二崖剖面，细晶砂屑白云岩，晶间溶孔发育

d. 泰来6井，细晶溶孔白云岩，见4cm×2cm溶洞

图7-23　涪陵地区茅口组三段热液白云岩储集空间类型

1）基质孔隙

热液白云岩基质孔隙包括晶间孔、晶间溶孔两种类型，主要发育于细—中晶白云岩、生屑（砂屑）白云岩及颗粒灰岩中，孔隙分布较均匀，并且部分孔隙连通性较好。晶间溶孔是在晶间孔的基础上进一步溶蚀扩大而成，局部溶蚀作用较强，形成相对较大的溶蚀孔洞（图7-23a、b、c）。

2）缝洞系统

热液白云岩破裂溶蚀形成缝洞系统主要为半充填溶洞、缝（图7-23a、d）。泰来6井茅口组三段岩心热液白云岩热液破裂缝洞发育，缝洞周缘被马鞍状白云石半充填，缝洞中残余大量的储集空间。

4.储层发育主控因素

四川盆地茅口组热液白云岩型储层主要受沉积相和热液作用联合控制。

1）沉积相

生屑滩沉积是热液白云岩储层发育的物质基础。茅口组沉积时期，水体浅，生屑滩发育。这些颗粒滩埋藏早期，粗颗粒结构固结成岩，但仍残余大量粒间孔，纵向发育多期浅滩沉积旋回，白云岩储层多发育在早期相对高能的浅滩层段（图7-24）。高能颗粒岩中尚存的大量基质孔可作为后期成岩流体进一步改造的输导体系，经后期热液改造形成细晶白云岩—硅质白云岩—泥晶（含云）灰岩岩性组合。

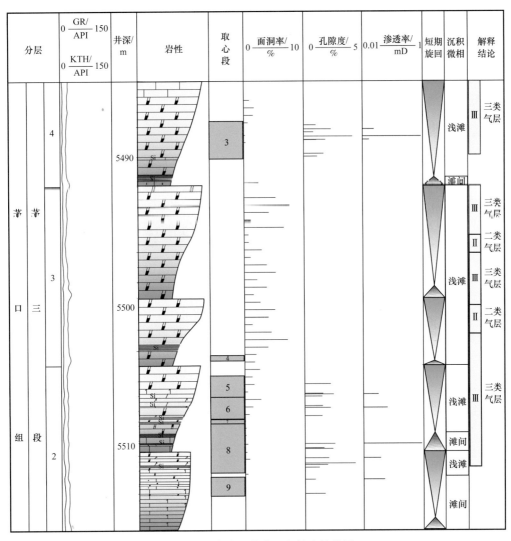

图7-24　泰来6井茅三段综合柱状图

川中—涪陵地区茅三段为中缓坡沉积环境，发育高能滩，岩性主要为生屑灰岩、灰质白云岩、残余生屑灰质细晶白云岩，含白云质生屑泥晶灰岩。泰来6井等井下及露头剖面茅三段均发育20～30m厚的细—中晶生屑白云岩储层，薄片分析其原岩主要为生物碎屑灰岩或生物灰岩，白云岩井段的围岩主要为生屑泥晶灰岩、生屑灰岩。综合分析，泰来6井等茅三段白云岩的原始沉积环境为高能滩相。茅三段中缓坡高能相带，有利于浅埋藏期发生热液白云化作用形成层状白云岩。

相对低能沉积环境不利于热液改造形成层状孔隙型白云岩储层，以豹斑状白云岩为主，岩性致密。如放牛坝剖面茅三段下部处于外缓坡环境，岩性以灰黑色团块状白云岩与灰黑色硅质岩呈互层状产出，局部缝洞发育，方解石充填，总体相对致密。

2）热液作用

热液作用主要与基底断裂的早期活动有关。基底断裂为富镁热液的运移提供通道，是热液白云岩储层形成的关键因素。二叠纪峨眉地裂运动时期，茅三段颗粒石灰岩处于浅埋藏成岩阶段，属于高孔渗体，热液流体容易进入，促使早期颗粒灰岩发生白云石化，形成似层状白云岩。后期热液流体导致早期白云岩破裂改造形成缝洞系统，并重结晶形成粗晶马鞍状白云石，保留大量溶蚀洞缝。张扭（走滑）断层有利于热液的流动、矿化和白云岩化作用。涪陵南部发育基底断裂，断层两侧地层上隆，断裂向下贯穿基底，向上消失于上二叠统吴家坪组、长兴组中。钻探证实，热液白云岩与基底断裂伴生，基底断裂活动是热液白云岩储层形成的关键因素。

四、碳酸盐岩储层评价

根据四川盆地碳酸盐岩储层分类标准（表7-12）以及物性资料综合评价分析，总体上台地边缘礁（丘）滩储层要好于台内浅（丘）滩储层。前者主要发育Ⅰ类、Ⅱ类优质储层，纵向上主要分布于灯影组、龙王庙组、洗象池群、长兴组—飞仙关组。

表7-12 四川盆地碳酸盐岩储层分类评价表

对比项目		储层分类			
		Ⅰ	Ⅱ	Ⅲ	Ⅳ
储层	孔隙度/%	≥10	10～5	5～2	<2
	渗透率/mD	>1.000	1.000～0.250	0.250～0.002	<0.002
压汞参数	排驱压力/MPa	<0.5	0.5～1.0	1.0～5.0	>5.0
	中值压力/MPa	<1	1～15	15～30	>30
	中值喉道宽度/μm	>1.000	1.000～0.200	0.200～0.024	<0.024
	孔隙结构类型	大孔粗中喉	中孔细喉 大孔粗中喉	中孔细喉	微孔微喉
储层评价		好至极好	中等至较好	较差	差

灯影组Ⅰ类储层平面上主要分布在绵阳—长宁古裂陷槽两侧台地边缘相区，Ⅱ类、Ⅲ类储层主要分布于开阔—局限台地相区（图7-25）；龙王庙组Ⅰ类、Ⅱ类储层平面上主要分布在处于中缓坡高能相带与古隆起叠合区的威远—磨溪一带，往北东南充—巴中一带局部分布，Ⅲ类储层零星分布于长宁等地（图7-26）。

长兴组—飞仙关组Ⅰ类、Ⅱ类储层平面上主要分布在环开江—梁平陆棚两侧、鄂西海槽西侧及川东南武胜台洼的台地边缘相带，Ⅱ类、Ⅲ类储层主要分布于开阔台地相区，而陆棚相区储层不发育（图7-27、图7-28）。

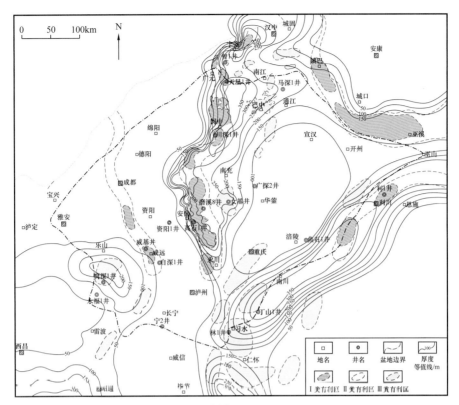

图 7-25　四川盆地及周缘震旦系灯影组储层评价图

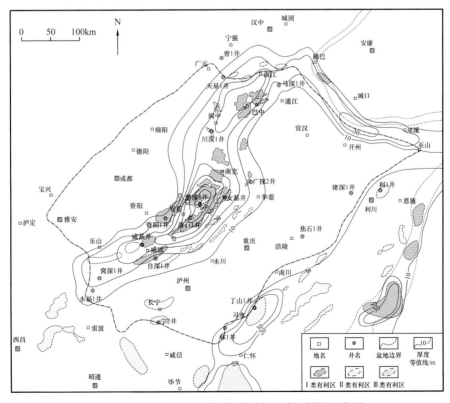

图 7-26　四川盆地及周缘寒武系龙王庙组储层评价图

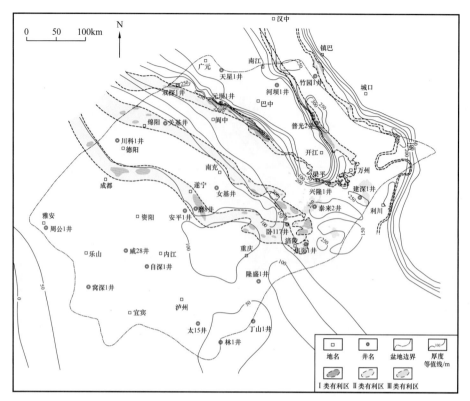

图 7-27　四川盆地及周缘二叠系长兴组储层评价图

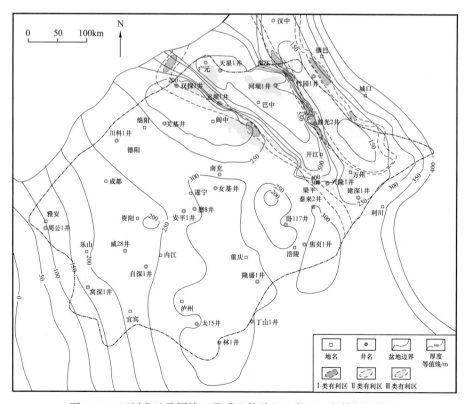

图 7-28　四川盆地及周缘三叠系飞仙关组一段至二段储层评价图

岩溶型储层是四川盆地比较重要的碳酸盐岩储层之一，纵向上有黄龙组、茅口组、雷口坡组等多个层系发育，平面上分布广泛。根据四川盆地碳酸盐岩储层评价标准，岩溶型储层普遍以Ⅱ类、Ⅲ类储层为主，局部地区发育Ⅰ类储层。其中雷口坡组Ⅰ类、Ⅱ类储层平面上主要分布在川西地区，川中、川南局部分布，Ⅲ类储层主要分布于乐山—威远—遂宁—广安一带（图7-29）。

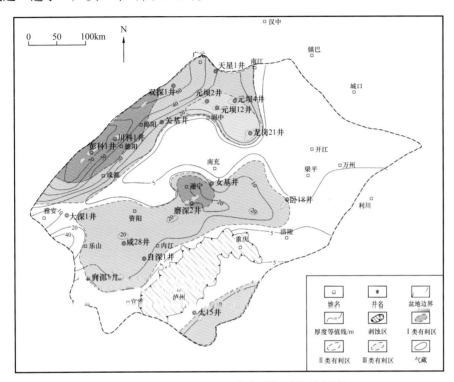

图7-29　四川盆地三叠系雷口坡组储层评价图

第二节　碎屑岩储层

除前述碳酸盐岩储层之外，碎屑岩储层也是四川盆地重要的储层类型之一，主要分布在三叠系须家河组，侏罗系凉高山组、沙溪庙、蓬莱镇组及侏罗系，埋深多在1000～5000m之间，成岩作用复杂，总体上以低孔低渗—致密储层为主，储层厚度大，平面分布范围广，非均质性强，局部裂缝发育。

近年来，四川盆地碎屑岩层系油气勘探取得快速发展，发现并探明了新场、合川及马路背等18个大中型气田，累计探明天然气储量 $1.3 \times 10^{12} m^3$（须家河组 $7575.32 \times 10^8 m^3$、侏罗系 $5453.35 \times 10^8 m^3$），其中中国石化在川西侏罗系蓬莱镇组和沙溪庙组发现并探明了新场和成都两个千亿立方米大气田，在川东北须家河组发现了具有千亿立方米储量规模的元坝及马路背气田。

一、川东北三叠系储层

川东北地区三叠系须家河组储层主要分布在须二段、须三段和须四段，由于物源、

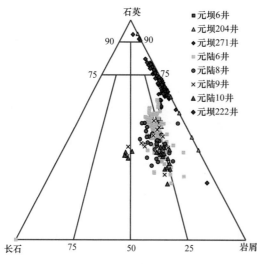

图 7-30　元坝地区须二段下亚段砂岩定名三角图

相带及构造变形强度不同，不同地区储层发育特征及主控因素不同。

1. 元坝地区须二段

1）岩石学特征

元坝地区须二段下亚段储层岩石类型主要为灰白色、灰色长石岩屑砂岩、岩屑砂岩和石英砂岩（图 7-30），粒度以细粒、中粒为主，其次为极细粒，少量粗粒。颗粒分选中等，磨圆多呈次棱角状，杂基含量不高，结构成熟度中等—好，石英含量较高，岩石的成分成熟度较高。颗粒间以线接触为主，胶结类型以孔隙式胶结为主，部分呈孔隙—压嵌式胶结。

须家河组二段下亚段砂岩储层中石英含量较高，次为岩屑，长石含量较少。石英颗粒以单晶石英为主，含有少量的燧石和石英，含量一般为 50.46%～63.43%，平均约为 56.85%。长石含量一般为 2.38%～10.99%，平均约为 5.51%。岩屑含量一般为 23.09%～28.94%，平均约为 25.55%。岩屑成分及其含量高低反映了沉积物来源主要为西部物源；长石含量的增加也是近物源沉积的表现。杂基主要由黏土矿物（绿泥石、高岭石及伊利石）组成，胶结物以碳酸盐胶结物为主，次为硅质胶结物。

2）储集空间类型

元坝地区须二段下亚段储层储集空间类型多样，从岩心、岩矿薄片、铸体薄片及扫描电镜等资料分析，储集空间类型主要有粒间溶孔、粒内溶孔、残余原生粒间孔、杂基孔和微裂缝等（图 7-31）。残余原生粒间孔、粒间溶孔和粒内溶孔是主要的孔隙类型，其发育程度对储集岩的物性影响较大。

（1）粒间溶孔。

它是指易溶矿物（主要为长石）被部分溶蚀扩大形成的，这类孔隙外形不规则，常呈港湾状，且缺乏绿泥石环边的保护。

（2）粒内溶孔。

它是砂岩中岩石碎屑内形成的溶蚀孔隙。常见长石颗粒部分溶蚀后形成的粒内溶孔，岩屑内选择性溶蚀形成的粒内溶孔较为少见。溶孔多呈不规则状，粒内溶孔是须二段砂岩中常见的孔隙类型。

（3）原生粒间孔隙。

元坝地区须二段下亚段砂岩储层中保留部分原生粒间孔隙，主要是由绿泥石环边胶结，沿孔隙壁形成衬垫保留下的残余孔隙。还有一类残余粒间孔隙是由于石英次生加大胶结作用使原生粒间孔缩小形成。原生粒间孔隙主要发育在石英砂岩及长石岩屑砂岩中，是本区主要储集空间之一。

（4）杂基微孔。

元坝地区须家河组须二段下亚段砂岩中黏土杂基含量较高，黏土杂基中存在很多原生的微孔，这类超微孔隙称为杂基微孔。它是岩石骨架间充填的黏土矿物重结晶时形成的，杂基孔几乎在所有的砂岩中均发育，是本区重要的储集空间之一。以此类孔隙为主的碎屑岩储层渗透率低。

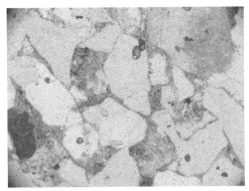

a. 元陆6井，4462.84m，粒间、粒内溶孔，铸体薄片

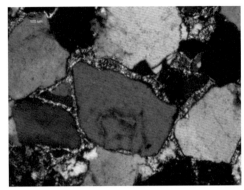

b. 元坝1井，须二段下亚段，绿泥石环边，普通薄片

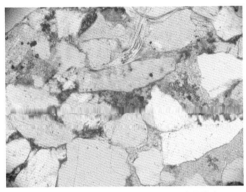

c. 元坝271井，4389.53m，杂基微孔，铸体薄片

d. 元陆6井，4773.84m，微裂缝发育，铸体薄片

图 7-31　元坝地区须二段下亚段储层储集空间类型

（5）裂缝。

元坝地区须家河组砂岩裂缝类型可细分为宏观缝和微裂缝。裂缝不仅是油气产出的主要渗滤通道和储集空间，而且大大改善了储层的渗滤能力。微裂缝主要为微观镜下观察到的构造微裂缝和一些颗粒破裂纹，颗粒破裂纹主要是脆性颗粒在构造或强压实作用下破裂产生，一般具有不规则形状。

3）物性特征

元坝地区须二段下亚段发育两类储层，一类为石英砂岩储层，一类为岩屑砂岩、长石岩屑砂岩和岩屑石英砂岩储层。石英砂岩储层岩心孔隙度主要分布在 4.62%～6.37% 之间，平均为 5.9%；渗透率 0.0776～26.008mD，平均为 0.6731mD。岩屑砂岩类储层段岩心孔隙度 3.17%～10.53%，平均为 7.72%，单井储层段孔隙度在 6.04%～8.96% 之间。孔隙度 6%～10.0% 占总样的 83%，而孔隙度大于 10.0% 的占 7%。储层段渗透率 0.0021～813.32mD，几何平均为 0.08mD，单井储层几何平均渗透率 0.0527～0.414mD，个别样品（元陆 9 井）渗透率大于 100mD，储层渗透率 0.01～0.1mD，占总样的 76%（图 7-32）。元坝地区须二段下亚段储层具有低孔低渗特征，孔隙度与渗透率具较好的正相关性，揭示储集空间类型主要为孔隙，其次为裂缝。

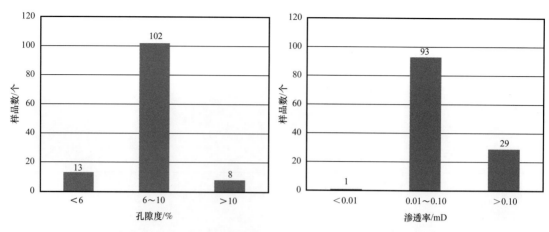

图 7-32　元坝地区须二段下亚段储层段岩心孔隙度、渗透率分布图

4）储层成岩作用

元坝地区须家河组二段储层成岩作用主要有压实作用、胶结作用、交代作用、破裂作用、溶解作用五类（表 7-13）。其中建设性的成岩作用主要有溶蚀作用和破裂作用，导致孔隙度的增大；破坏性的成岩作用主要有压实作用、胶结作用，造成孔隙度降低。交代作用对孔隙度影响较小。

表 7-13　元坝地区须家河组主要成岩作用类型及其对孔隙度影响

成岩作用类型		主要成岩变化	对孔隙度影响
压实作用		云母、泥质岩屑等柔性颗粒的变形和石英、长石、岩屑等刚性颗粒的破裂；颗粒由游离状变为点接触、缝合线、凹凸接触	降低孔隙度
胶结作用	硅质	石英次生加大，燧石（微晶石英）沉淀及增生和充填孔隙的自生石英	降低孔隙度
	碳酸盐	主要为铁方解石，少量白云石和菱铁矿。铁方解石呈粗大连晶镶嵌，颗粒在连晶体中呈游离或点接触。零星散布在岩石中充填孔隙，胶结颗粒及交代部分颗粒边缘	
	自生黏土矿物	主要为伊利石、绿泥石。孔隙衬垫，充填孔隙	
交代作用		主要为碳酸盐胶结物交代碎屑颗粒	影响小
破裂作用		形成裂缝和微裂缝，增加孔隙的连通性	增大孔隙度
溶解作用		骨架颗粒、碳酸盐胶结物、黏土矿物的溶解	

（1）压实作用。

须二段下亚段砂岩呈颗粒支撑，颗粒间以线接触为主，线—凹凸接触局部较为常见。岩石压实作用较强，可见到塑性颗粒发生变形和云母片被压弯的现象。

（2）胶结作用。

主要表现为硅质胶结和碳酸盐胶结，硅质胶结以石英次生加大形式为主，次为黏土矿物胶结，其他自生矿物胶结含量较少。

（3）溶解作用。

须二段下亚段储层的上覆地层和下伏须一段烃源岩均为煤系地层。有机质在热演化过程中产生大量有机酸所形成偏酸性溶液进入砂岩储集体中，造成砂岩中长石、岩屑等不稳定组分溶解，从而形成次生孔隙。骨架颗粒中的长石以及岩屑中的硅酸盐矿物的溶解作用比较明显。成岩早期少量长石、不稳定岩屑边缘被溶蚀成港湾状。随着成岩作用的加强，长石碎屑颗粒被溶解成麻点状，或产生蜂窝状粒内溶孔，有些甚至被溶蚀成残余状，形成了一定规模的次生孔隙。

（4）破裂作用。

破裂作用形成的微裂缝可有效地改善致密砂岩的储集性能。薄片观察微裂缝宽度以0.01～0.04mm为主，少量为0.04～0.10mm。裂缝在延长方向上具有分叉现象。裂缝之间有相互穿插和切割现象，可见裂缝两侧的易溶组分被溶蚀，表明破裂缝对次生溶孔形成有一定的贡献。

5）储层发育主控因素

元坝地区须二段下亚段储层发育主要受沉积作用和成岩作用综合控制。

（1）水下分流河道微相控制的厚层河道砂体是优质储层发育的基础。

元坝地区须二段下亚段主要为辫状河三角洲前缘和滨浅湖沉积体系，发育三角洲前缘水下分流河道、河口坝、分流间湾和滨浅湖沙坝等沉积微相。以三角洲前缘水下分流河道和滨浅湖沙坝储层最为发育，泥质含量较少，物性较好。元坝地区须二段下亚段沉积晚期的河口坝砂体，由于粒度较细，储层相对不发育（图7-33、图7-34）。

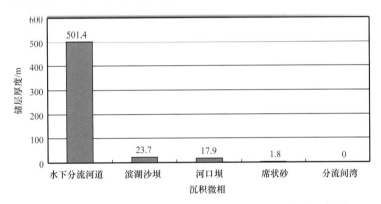

图7-33　元坝地区须二段下亚段各沉积微相储层厚度分布图

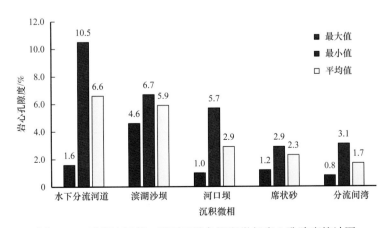

图7-34　元坝地区须二段下亚段各沉积微相岩心孔隙度统计图

（2）长石溶蚀及环边绿泥石发育等建设性成岩作用是优质储层发育的关键。

元坝地区须二段下亚段储层长石溶孔发育。须二段下亚段长石颗粒（或易溶岩屑）的含量与孔隙度成正比关系（图7-35），主要是因为长石为易溶组分，在酸性条件下被溶蚀，形成粒内、粒间溶孔及铸模孔。另外，须二段下亚段填隙物对储层物性的影响主要表现在两个方面：一方面是填隙物中绿泥石和高岭石的发育沿颗粒碎屑边部形成黏土衬边，包裹颗粒并增强了颗粒的抗压实能力，使部分原生孔隙得以保存；另一方面是黏土矿物本身微孔隙较为发育，增加了储层的储集渗透能力。

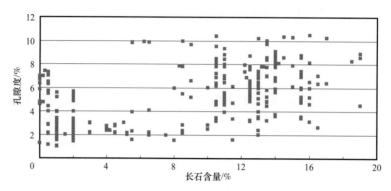

图7-35　元坝地区须二段下亚段长石含量和孔隙度交会图

2. 元坝地区须三段

1）岩石学特征

川东北元坝地区须三段储层岩石类型复杂，主要为钙屑砂岩和石灰质砾岩。

钙屑砂岩是指碳酸盐岩岩屑含量大于50%的岩屑砂岩，具有极低的自然伽马值和极高的电阻率值，分选中等—好，磨圆次棱角状—次圆状，颗粒支撑结构，多为孔隙式胶结。碎屑成分中石英含量4.0%～53.0%，平均为27.0%；长石含量0.5%～9.0%，平均为2.3%；岩屑含量74.0%～96.0%，平均为77.0%，岩屑成分以碳酸盐岩岩屑为主（表7-14）。填隙物成分一般为沥青质、黏土杂基和钙质、硅质等胶结物，胶结物成分以方解石、白云石为主，含少量硅质和菱铁矿。

表7-14　钙屑砂岩岩石组分含量统计表

数值	石英/%	长石/%	岩屑/%			杂基/%	胶结物/%		
			岩浆岩屑	变质岩屑	沉积岩屑		方解石	白云石	硅质
最小值	4.0	0.5	0.2	1.0	73.0	0.2	1.0	3.0	0.2
最大值	53.0	9.0	2.0	2.0	94.0	6.0	25.0	5.0	1.0
平均值	27.0	2.3	1.0	1.5	76.2	3.7	12.8	3.5	0.7

石灰质砾岩中砾石成分以碳酸盐岩砾石为主，分选中等，磨圆以次圆状为主，粒径一般为10～60mm，颗粒支撑结构，砾石成分以石灰岩、白云岩为主，砾石中偶见鲕粒、有孔虫等生屑颗粒，颗粒间多被石英、钙屑砂岩等颗粒及方解石胶结物充填。

2）储集空间类型

元坝地区须三段储层储集空间以粒间溶孔、粒内溶孔及裂缝为主，少量残余原生粒间孔及杂基微孔（图7-36）。不同类型储层储集空间类型不同。钙屑砂岩储层储集空间以粒间溶孔为主，少量粒内溶孔，偶见原生粒间孔；而石灰质砾岩储层微裂缝发育，且类型多样，主要有砾缘缝、穿砾缝等。

a. 元坝2井，4364.00m，钙屑砂岩，粒间溶孔

b. 元陆15井，4275.13m，钙屑砂岩，粒间溶孔

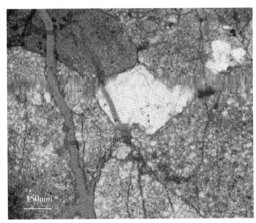

c. 元陆15井，4282.43m，灰质砾岩，穿砾缝

d. 元坝271井，4095.86m，钙屑砂岩，黏土杂基微孔

图7-36 元坝地区须三段储层储集空间类型

（1）粒间溶孔。

它是指碎屑颗粒间被溶蚀扩大形成的次生溶蚀孔隙，是元坝地区须三段储层常见的孔隙类型之一。此类孔隙一般是在原生粒间孔隙的基础上溶蚀扩大形成的，孔隙形态不规则，多呈三角形、四边形或多边形。

（2）裂缝。

裂缝对改善致密砂岩储层渗透性非常有效。元坝气田须三段钙屑砂砾岩脆性矿物含量高，受构造影响，裂缝发育，类型多样，主要发育微裂缝、穿砾缝及水平缝等。

（3）黏土杂基微孔。

元坝气田须三段黏土杂基中存在很多原生的微孔隙，是岩石骨架间充填的黏土矿物重结晶时形成的，是该区须三段储集空间之一。

3）物性特征

元坝地区须三段储层主要集中于元坝地区西部，储层岩石类型可细分为钙屑砂岩储层和石灰质砾岩储层。据统计分析，钙屑砂岩储层孔隙度最小值1.56%，最大值7.16%，平均值为3.00%，渗透率最小值0.0014mD，最大值2.01mD，几何平均值为0.0081mD；石灰质砾岩储层孔隙度最小值1.39%，最大值3.73%，平均值为2.51%，渗透率最小值0.0034mD，最大值363.21mD，几何平均值为0.21mD。总体上，储层物性较差，储层具有低孔隙度、低渗透率的特征。从孔渗关系图看，钙屑砂岩孔渗具有明显的正相关性，而石灰质砾岩孔渗相关性差，明显存在裂缝影响（图7-37）。

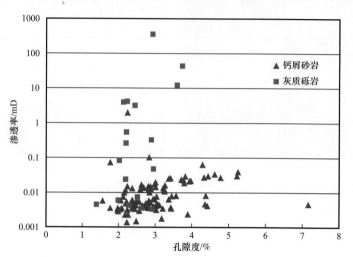

图7-37　川东北地区须三段岩心孔隙度、渗透率分布图

4）储层成岩作用

元坝地区须三段钙屑砂砾岩储层的成岩作用类型多样，主要包括压实作用、方解石胶结作用、钙屑溶蚀作用及构造破裂作用。破坏性成岩作用主要为压实作用及方解石胶结作用，建设性成岩作用主要为钙屑溶蚀作用及构造破裂作用。

（1）压实作用。

压实作用是造成钙屑砂砾岩储层致密化最主要的破坏性成岩作用。碳酸盐岩岩屑颗粒受压易破碎变形，挤压进入孔隙形成假杂基从而引起孔隙损失和渗透率降低。

（2）胶结作用。

方解石胶结作用对钙屑砂岩原生孔隙的减少和致密化起决定性作用，是导致低渗透率的另一个主要原因。据钙屑砂岩岩石薄片统计，该类储层方解石胶结物含量普遍较高，一般在9%～17%之间，方解石胶结物含量与孔隙度呈明显的负相关关系。

（3）溶解作用。

须家河组煤系地层中的泥质烃源岩在热演化过程中产生的大量有机酸形成偏酸性溶液进入砂砾岩储集体中，造成砂砾岩中碳酸盐岩岩屑的溶蚀，从而形成次生孔隙，有效改善储层的储集性能。

（4）构造破裂作用。

元坝地区须三段钙屑砂砾岩储层碳酸盐组分脆性大，构造作用下极易破裂形成裂缝，有效增加储层的储集空间，同时极大提高储层渗透性，有效改善储层的渗透性能。

5）储层发育主控因素

（1）水下分流河道微相中—粗粒钙屑砂岩是优质储层发育的基础。

元坝地区须三段主要发育浅水缓坡型辫状河三角洲—滨浅湖沉积体系，广泛发育辫状河道、水下分流河道及河口坝等沉积微相。元坝地区须三段储层沉积微相、岩石类型、物性及测试产能对比分析表明（表7-15），水下分流主河道中—粗粒钙屑砂岩及辫状主河道灰质砾岩储层物性好、测试产量高，是最有利储层；水下分流次河道及河口坝细粒钙屑砂岩储层为较有利储层。水下分流主河道及辫状主河道微相水动力强，沉积物以灰质砾岩及中—粗粒钙屑砂岩为主，钙屑组分含量高，成岩期受破裂改造及溶蚀作用影响易形成优质储层。河道前缘河口坝、席状砂及河道边缘因水动力条件弱，钙屑砂岩粒度变细，钙屑含量降低，分选差，受压实作用影响砂岩致密且不易改造形成储层。从试采情况看，水下分流主河道中—粗粒钙屑砂岩储层试采效果好，YL12井须三段钙屑砂砾岩储层当前日产气 $7.6 \times 10^4 m^3$，油压13MPa，累计产气 $7659 \times 10^4 m^3$，YL7井须三段中—粗粒钙屑砂岩储层当前日产气 $4.3 \times 10^4 m^3$，油压8.9MPa，累计产气 $7362 \times 10^4 m^3$，进一步证实水下分流主河道微相是元坝须三段相对优质储层发育的有利微相。

表7-15　元坝地区储层岩石类型、沉积微相与测试产能关系表

井号	测试井段 /m	主要岩性	沉积微相	孔隙度 /%	渗透率 /mD	测试产量 / $(10^4 m^3/d)$
YL7 井	3461.0～3471.0	中—粗粒钙屑砂岩	水下分流主河道	3.44	0.033	120.80
YL12 井	4504.0～4410.0	中—粗粒钙屑砂岩、灰质砾岩	水下分流主河道、辫状主河道	3.60	0.063	77.17
YL18 井	4520.0～4580.0	灰质砾岩	辫状主河道	3.80	0.046	41.40
YL11 井	4373.0～4397.0	灰质砾岩	辫状主河道	4.20	0.240	10.44
YB2 井	4350.0～4380.0	细粒钙屑砂岩	水下分流次河道	3.10	0.014	3.85
YB223 井	4396.0～4406.0	细粒钙屑砂岩	水下分流次河道	3.10	0.019	3.01
YB224 井	4340.0～4360.0	细粒钙屑砂岩	水下分流次河道	3.10	0.017	2.22
YL8 井	3781.0～3802.5	细粒钙屑砂岩	河口坝	1.90	0.002	1.06

（2）岩屑溶蚀作用及裂缝改造是优质储层发育的关键。

受龙门山造山带影响，元坝地区须三段沉积时期盆地西北部隆起抬升剧烈，碳酸盐岩地层遭受剥蚀，物质供给充足，沉积物以钙屑砂砾岩为主。受水动力条件、搬运介质及沉积相带等影响，靠近物源区，钙屑组分含量高且钙屑砂砾岩厚度大。钙屑砂砾岩储层经历了复杂而强烈的成岩变化，强烈的压实作用和胶结作用使碎屑颗粒多为线—凹凸接触，粒间被大量细粒组分及钙质胶结物充填，连通性差，普遍具有低孔低渗—致密的特征。须三段为富含水生及陆生植物的煤系地层，随着埋深的增加，有机质开始成熟，干酪根热解形成大量有机酸，且深层干酪根热裂解释放出来的 CO_2 与水作用形成碳酸。这种酸性水或有机酸随泥岩压实进入相邻的钙屑砂砾岩中，对其中的钙屑组分进行溶蚀、沉淀形成碳酸盐胶结物，同时形成大量粒间溶孔、粒内溶孔，改善砂体储集性能。

元坝地区须三段储层碳酸盐岩岩屑含量和孔隙度呈正相关关系。深埋背景下碳酸盐岩岩屑溶解，使得钙、镁元素溶入溶液，引起物质再分配，造成在低压处（孔隙空间处）碳酸盐矿物的沉淀及溶蚀孔隙的形成。另外，由于差异压实作用及构造破裂作用所形成的裂缝的叠加，进一步改善了该类储层的渗透性，同时也可促进富含有机酸和无机酸的孔隙流体沿裂缝流动，形成溶蚀孔缝，使孔隙间的连通性变好，裂缝是碳酸盐岩屑砂岩有利储层发育和天然气富集高产的另一重要因素。

3. 巴中地区须四段

1）岩石学特征

巴中地区须四段上亚段储层岩石类型主要为灰色长石岩屑砂岩。碎屑颗粒含量一般为80%～90%，成分以石英为主，其次为岩屑。石英含量28.0%～69.0%，平均为48.7%；长石含量6.0%～26%，平均为15.4%。岩屑成分含量18.0%～37%，且以沉积岩岩屑和变质岩岩屑为主。填隙物组分以泥质和胶结物为主，成分主要为伊利石，其次为伊/蒙混层、高岭石及绿泥石。胶结物主要为方解石、白云石，少量硅质胶结。颗粒以细—中粒、粗粒为主，分选中等—好，磨圆次棱角状—次圆状，颗粒间为线—点、点接触，多为孔隙式胶结（图7-38）。

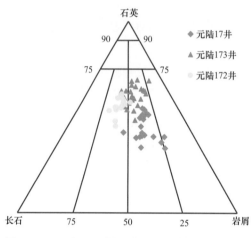

图7-38　巴中地区须四段上亚段储层岩石定名三角图

2）储集空间类型

通过岩心、铸体薄片、扫描电镜及成像测井资料观察，巴中地区须四段上亚段长石岩屑砂岩储层储集空间类型主要有粒内溶孔、粒间溶孔、黏土杂基微孔及微裂缝（图7-39），原生孔隙较为少见。

（1）粒内溶孔。

巴中地区须四段储层多发育长石颗粒溶蚀形成的粒内溶蚀孔隙，溶孔直径多为0.005～0.030mm。

（2）粒间溶孔。

指在成岩演化阶段，砂岩中的骨架颗粒组分（碎屑矿物）等在不同水介质环境中，因水岩反应而被溶蚀形成的各类孔隙。巴中地区主要为碳酸盐岩岩屑颗粒边缘溶蚀和胶结物溶蚀而成，呈斑点状，分布不均匀。

（3）黏土杂基微孔。

指粒间黏土矿物溶蚀形成的晶间微孔隙，巴中地区黏土矿物主要为伊利石，扫描电镜下多呈叶片状，孔隙呈斑点状或蜂窝状，孔隙细小，一般小于0.01mm，属于超微孔隙，但扫描电镜下该类孔隙常见。

（4）裂缝。

裂缝对改善致密砂岩储层渗透性至关重要，巴中地区须四段砂岩脆性矿物含量高，受后期构造影响，裂缝发育，主要以中、高角度的构造缝为主。

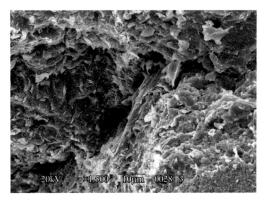

a. 元陆17井，4545.45m，长石粒内溶孔（铸体薄片）

b. 元陆17井，4544m，长石岩屑砂岩，粒间次生溶孔

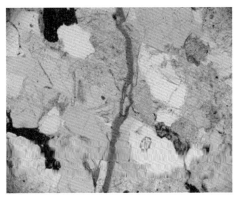

c. 元陆17井，4539.59m，中粒长石岩屑砂岩，微裂缝

d. 元陆17井，4540m，黏土杂基微孔隙

图 7-39　巴中地区须四段上亚段储层储集空间类型照片

3）物性特征

巴中地区须四段储层孔隙度 1.99%～7.2%，平均为 4.57%。孔隙度小于 2% 的样品占总数的 1.27%；孔隙度在 2%～4% 之间的样品占 24.05%；孔隙度在 4%～6% 之间的样品占 68.35%；孔隙度大于 6% 的样品占 6.33%。储层样渗透率 0.002～39.031mD，几何平均为 0.044mD。渗透率小于 0.01mD 的样品占总数的 15.19%；渗透率在 0.01～0.1mD 之间的样品占 63.29%；渗透率大于 0.1mD 的样品占 21.52%。总体上，巴中地区须四段储层表现为低孔隙度低渗透率的特征（图 7-40）。

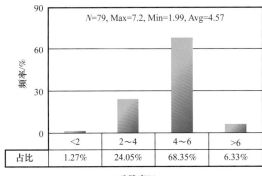

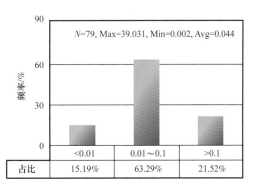

占比	1.27%	24.05%	68.35%	6.33%
	<2	2～4	4～6	>6

孔隙度/%

占比	15.19%	63.29%	21.52%
	<0.01	0.01～0.1	>0.1

渗透率/mD

图 7-40　巴中地区须四段上亚段岩心孔隙度、渗透率分布直方图

巴中地区须四段上亚段储层段孔隙度与渗透率总体上具有较好的正相关性，随着孔隙度增大，渗透率呈上升趋势，揭示巴中地区须四段上亚段储层储集空间以孔隙为主，储层类型主要为孔隙型，部分样点随机分布，表明受裂缝的影响。巴中地区须四段上亚段为低孔隙度、低渗透率、裂缝—孔隙型储层。

4）储层成岩作用

巴中地区须四段上亚段长石岩屑砂岩储层成岩作用类型主要包括压实作用、胶结作用、溶蚀作用及构造破裂作用，其中建设性成岩作用主要为溶蚀作用及构造破裂作用。

（1）压实作用：压实作用是巴中地区须四段上亚段长石岩屑砂岩储层致密化最主要的破坏性成岩作用类型，对储层物性影响最大，随着压实作用的增强，储层内原生孔隙受到了很大的破坏。

（2）胶结作用：须四段上亚段胶结作用主要为方解石胶结，方解石的胶结能增大石英的抗压强度，但自身占据了大量空间，不利于原生孔隙的保存，阻碍了流体的流动，从而导致了孔隙度和渗透率的降低。

（3）溶蚀作用：溶蚀作用在须四段上亚段通常以长石溶蚀为主，部分碳酸盐胶结物也遭受了溶蚀，长石溶蚀形成的次生溶孔是巴中地区须四段上亚段长石岩屑砂岩储层重要的储集空间类型之一。

（4）构造破裂作用：须四段沉积后，巴中地区经历了多期构造运动，发育大量的中、高角度裂缝，在地下流体作用下，裂缝两侧的易溶组分被溶蚀形成次生孔隙，有效改善致密砂岩的储集性能。

5）储层发育主控因素

（1）水下分流河道微相控制的长石岩屑砂岩是优质储层发育的物质基础。

受大巴山物源影响，巴中地区须四段上亚段储层岩石类型主要为长石岩屑砂岩，沉积微相及物源区母岩性质控制了储层岩石类型及其平面分布，进而影响储层成岩演化路径及成岩产物。巴中地区须四段上亚段水下分流河道水动力强，河道砂体分选好，矿物成熟度高，有利于成岩改造，且长石等易溶组分含量高，次生溶孔发育，物性好。另外，由于水下分流河道侧向迁移频繁，多期河道砂体垂向上叠置、横向上连通，所以水下分流河道长石岩屑砂岩储层厚度大，分布广。

（2）长石溶蚀及裂缝改造是优质储层发育的关键。

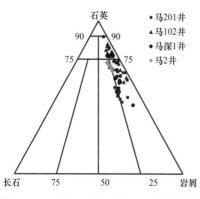

图7-41　通南巴须二段上亚段储层岩石类型定名三角图

长石溶蚀作用形成的长石次生溶孔及构造破裂作用形成的裂缝极大地改善了储层孔渗性，同时裂缝的发育为酸性流体提供了良好的运移通道，有利于溶蚀作用的进行，富有机酸的孔隙流体沿裂缝流通易形成溶蚀孔隙、裂缝，改善储层的连通性，进而有利于储层高产。

4.通南巴地区须二段

1）岩石学特征

薄片观察和统计结果表明，通南巴地区须二段上亚段储层岩石类型主要为岩屑砂岩、岩屑石英砂岩，少量长石岩屑砂岩（图7-41）。岩石的矿物成分成熟度较低，分选中等，磨圆次棱角状，颗粒支撑结构，多为孔隙式胶结。碎屑成分中石英含量46%～74%，平均59%；岩屑含量18%～45%，平均为34%；长石含量2%～13%，平均为7%；岩屑类型主要为变质岩，其次为沉积岩和岩浆岩。填隙物为杂基和胶结物，杂基以黏土为主，含量一般为0.5%～13%，平均含量为4.8%。胶结物主要为硅质、方解石和白云石和自生黏土矿物。

2）储集空间类型

通南巴地区须二段上亚段储层压实作用及胶结作用强烈，孔隙不发育，储集空间类型以微裂缝及黏土晶间微孔为主，少量粒间溶孔及残余粒间微孔（图7-42）。通南巴地区须二段裂缝发育，裂缝条数多、宽度大、延伸长，不同尺度裂缝相互叠置，相互交切呈网状，形成了断层、褶皱伴生缝叠合基质孔形成的规模网状缝孔储渗体—断缝体储层。该类储集体基质孔隙相对不太发育，但微裂缝发育，储集空间规模大。

a. 马201井，3374.92m，黏土矿物晶间微孔　　　　b. 马201井，3374.92m，残余粒间微孔

图7-42　通南巴地区须二段上亚段储层储集空间类型照片

3）物性特征

通南巴地区须二段岩屑砂岩、岩屑石英砂岩实测孔隙度0.75%～4.05%，平均孔隙度为2.3%，实测渗透率0.001～0.065mD（图7-43）。孔隙度主要集中在4%以下，渗透率主要分布在0.01～0.1mD之间。总体上，储层的孔隙度与渗透率相关性较差，由于受破裂作用影响，微裂缝发育，渗透率相对较好，显示出孔隙—裂缝型储层的特征，属于超低孔低渗型储层。

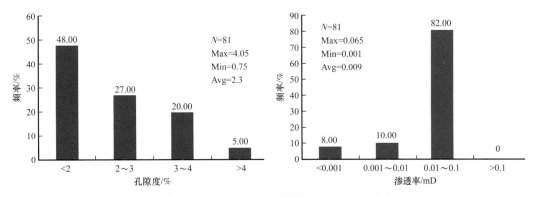

图7-43　通南巴地区须二段上亚段孔隙度、渗透率分布直方图

4）储层成岩作用

通南巴地区须二段储层成岩作用类型主要包括压实作用、胶结作用、交代作用及构造破裂作用（图7-44），溶蚀作用在通南巴地区砂岩中少见。

a. 马1井，3193m，须二段上亚段，颗粒间线—凹凸接触

b. 马201井，3403m，须二段上亚段，方解石连晶式胶结

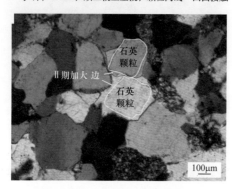
c. 马1井，3260.0m，须二段上亚段，石英次生加大

d. 马103井，须二段上亚段，构造破裂作用

图7-44　通南巴地区须二段上亚段储层成岩作用照片

（1）压实作用。

压实作用是通南巴地区砂岩最主要的成岩现象，也是通南巴地区砂岩孔隙损失的重要原因。镜下常见塑性的泥岩岩屑、千枚岩岩屑和云母等矿物压弯变形，石英等刚性颗粒多呈线—凹凸接触，甚至呈缝合线接触等均为强压实作用的表现。

（2）胶结作用。

通南巴地区须家河组砂岩中的胶结物类型较少，且含量较低，通常不超过10%。常见的胶结物类型有含铁方解石、硅质、绿泥石，而白云石、伊利石、高岭石等自生矿物少见，含量通常不到1%。

① 钙质胶结作用。钙质胶结物主要为含铁方解石，白云石较少。方解石胶结以连晶式胶结和充填孔隙式胶结两种产状出现。方解石连晶式胶结形成时间较早，岩石颗粒以点接触为主，偶尔可见线接触。方解石充填孔隙式胶结，胶结物干净，晶体完整，形成于石英Ⅱ期加大后。

② 硅质胶结作用。硅质胶结以石英加大和充填孔隙两种形式出现。石英加大常出现在石英颗粒相对富集的砂岩中，石英加大相互交嵌且加大边共轴生长，与石英颗粒没有明显边界分隔以致难以识别，但在阴极发光下常可见不发光的石英加大边。石英砂岩中加大边较厚，可见Ⅲ期石英加大，而岩屑砂岩中，石英加大级别较低，或没有加大边。

充填孔隙式胶结常与绿泥石薄膜共生，有的绿泥石膜薄不连续。这种硅质胶结的形成实质与石英加大理论一致，主要是由于绿泥石膜不能有效阻挡石英加大，使得硅质沿绿泥石膜不发育处沉淀。有的绿泥石膜较厚且连续，但仍可见硅质充填孔隙，绿泥石呈叶片状嵌入硅质胶结物中。

③ 黏土矿物胶结作用。黏土矿物胶结物以自生绿泥石和伊利石为主。自生绿泥石常以颗粒薄膜和孔隙衬里两种形式产出，显微镜下可见绿泥石沿骨架颗粒表面生长并呈短针状向孔隙中间延伸。扫描电镜下可见两层不同形态的绿泥石环绕颗粒生长，内层绿泥石膜紧贴颗粒边缘生长，晶体较小，形态较差；外层绿泥石衬里垂直颗粒边缘生长，晶体较大，形态完整，呈树叶状或短针状。这两期绿泥石形成时间较早，岩石颗粒大多呈点接触，且两期绿泥石的形成过程较连续，未见其他自生矿物阻断绿泥石的生长。

（3）交代作用。

交代作用在砂岩中普遍存在，主要有方解石交代作用和长石、杂基伊利石化。方解石交代长石的现象十分普遍，且通常连晶方解石胶结共生，交代作用沿着长石边缘和长石解理向内部伸展，可见长石交代残余。在阴极发光下可见方解石交代物和胶结物颜色差别不大，说明交代物与胶结为同一时期的产物。伊利石化和高岭石化现象在通南巴地区须家河组砂岩中也十分普遍，常见长石、杂基伊利石化或高岭石化。

（4）构造破裂作用。

燕山 喜马拉雅期，通南巴地区发育多期构造运动，特别是晚燕山—早喜马拉雅期，马路背地区须家河组受到多期强烈构造逆冲推覆改造，构造变形强烈，断裂及裂缝发育，极大地改善了储层连通性及渗透性，有利于储层高产稳产。

5）储层发育主控因素

通南巴地区须家河组砂岩储层发育主要受控于沉积作用、成岩作用和构造破裂作用。构造破裂作用形成的裂缝则进一步改善了储层渗透性，形成有利储层。

（1）有利沉积微相是断缝体储层发育的基础。

通南巴地区须二段上亚段储层岩石类型主要为岩屑砂岩及岩屑石英砂岩，整体上处于辫状河三角洲平原—前缘相带。辫状河三角洲前缘水下分流河道微相砂体结构成熟度高、分选好、胶结物含量少，且石英与碳酸盐胶结物力学性质偏刚性，抗压实能力强，有效保护岩石原生粒间孔隙，储层物性相对较好，砂体厚度大，储层最为发育。

（2）裂缝改造是形成断缝体储层的关键。

通南巴地区须家河组砂岩储层经历了强烈的压实及胶结作用，储层孔渗性差，整体为致密储层，加之填隙物多为黏土杂基和碳酸盐胶结物，阻塞喉道，使早期成岩作用形成的孔隙基本成无效孔隙。晚侏罗世以来，尤其是喜马拉雅期以来，受中燕山期盆缘造山活动的影响，通南巴地区局部构造、断裂逐渐形成，与之相关的须家河组储层裂缝也随之发育形成。因此，构造破裂作用产生的裂缝对储层质量改善最为关键，它不仅是油气主要的储集空间和渗流通道，而且能大大改善致密储层的渗流能力。在勘探中，裂缝发育的井也获得较好产能，证明裂缝的存在大大改善了致密砂岩中流体输导体系性能，对于晚期气藏发生调整改造和局部富集高产具有重要意义。

（3）溶蚀作用是断缝体储层形成的重要条件。

构造破裂作用形成大量的网状裂缝，通南巴地区发育沟通海、陆相地层的通源断裂，深部流体沿通源断裂及裂缝形成的通道运移对须二段储层进一步改造，不仅增加了储层的渗透性，且同时溶蚀产生的孔隙对基质物性也有进一步改善，提高了断缝体储层的储集空间。

二、川西侏罗系储层

1. 沙溪庙组

1）岩石学特征

川西地区上—下沙溪庙组储层主要由细—中粒岩屑长石砂岩、长石岩屑砂岩组成，并见少量岩屑砂岩。下沙溪庙组储层岩性以浅绿灰色块状中—细粒岩屑长石砂岩为主，次为长石岩屑砂岩；石英含量在 40%～80% 之间，平均值为 51%，以小于 60% 为主；岩屑成分复杂，主要有泥岩岩屑、砂岩岩屑等沉积岩岩屑，闪长岩岩屑、花岗岩岩屑等中—酸性侵入岩和喷出岩岩屑，千枚岩岩屑、片岩岩屑等变质岩岩屑。上沙溪庙组以富长石碎屑的岩石类型发育为特征，岩石类型主要为岩屑长石砂岩，长石岩屑砂岩次之，再次为岩屑砂岩、岩屑石英砂岩和长石石英砂岩。从碎屑组成来看，可分为两大沉积体系，即以龙门山中段为物源的贫长石、高石英的沉积体系和以龙门山北段为物源的相对富长石、低石英的沉积体系。川西地区自生矿物以碳酸盐胶结物为主，并见少量自生硅质和钠长石。

2）储集空间类型

沙溪庙组主要储集空间类型为剩余粒间孔和粒间溶孔，其次为粒内溶孔，还可见少量的铸模孔、晶间微孔、层间微缝等。

（1）粒间孔：包括残余粒间孔和粒间溶蚀扩大孔。残余粒间孔主要是原生粒间孔被绿泥石薄膜不完全充填或被绿泥石充填后溶蚀而形成；粒间溶蚀扩大孔主要是碎屑颗粒边缘的绿泥石或方解石胶结物或长石颗粒边缘被溶而形成，其孔隙形态不同程度地保留着溶蚀痕迹，大部分孔隙四周均有绿泥石膜衬垫。溶蚀粒间孔的连通性一般，孔内一般洁净。

（2）粒内溶孔：是由长石、岩屑等颗粒遭受不完全溶蚀而形成的，一般呈串珠状或蜂窝状，粒内溶孔连通性较差，在较大的孔内偶见次生的自形石英，降低了孔隙的大小。此类孔隙也是本套储层的重要孔隙。

（3）铸模孔：主要见钾长石被溶蚀形成的铸模孔，这类孔隙一般比较大，孔内洁净，但在砂体中不多见，也是本套储层比较重要的一种孔隙类型。

（4）晶间微孔：主要是黏土矿物（伊利石、高岭石）晶体间的孔隙，它们在储层中也很常见，但孔隙很小，对储层的储集意义不大。

（5）层间微缝：由于量少且大部分缝的连通性较差，所以对储层的储集意义不大。

3）物性特征

川西地区下沙溪庙组储层孔隙度最大 17.61%，最小 2.94%，平均 11.38%；单井平均孔隙度介于 8.14%～14.96%，其中以 X814 井孔隙度最高。据 7 口井 272 块样品统计，下沙溪庙组气藏储层渗透率最大 2.892mD，最小 0.005mD，平均 0.36mD，单井平均渗透率介于 0.022～1.101mD，渗透率主要分布在 0.1～0.6mD 之间，属典型低孔隙度、特低渗透率储层。

上沙溪庙组沙二段（$J_2s_2^2$）气藏主要含气砂体孔隙度最大为17.07%，最小为1.08%，总平均为9.89%，主峰位在8%～12%之间。$J_2s_2^2{}_4$层孔隙度平均值最高（10.48%），而$J_2s_2^2{}_1$层最低（9.29%），但孔隙度总体变化不大，为低—特低孔隙度储层，分布比较集中，差异不大。据2107块样品统计，上沙溪庙组沙二段气藏四套砂体（$J_2s_2^2{}_1$、$J_2s_2^2{}_2$、$J_2s_2^2{}_3$、$J_2s_2^2{}_4$）平均渗透率为0.185mD，各层砂体平均渗透率为0.139～0.312mD。其中$J_2s_2^2{}_4$层砂体平均渗透率最高为0.312mD，$J_2s_2^2{}_1$层平均渗透率最低为0.139mD。个别含裂缝样品的渗透率往往比基质的渗透率高几个数量级。储层渗透率值主要分布在0.01～3.0mD之间，分布较均匀，相对主峰位为0.1～0.3mD。从试井解释和围压渗透率样品分析来看，地层状态下的渗透率比地面状态的渗透率低一个数量级左右。根据常规的物性分类标准，上沙溪庙组储层属典型低—特低孔隙度、特低渗透率储层。

4）储层成岩作用

川西地区沙溪庙组储层成岩作用类型主要包括压实作用、压溶作用、胶结作用、交代作用及溶蚀作用和构造破裂作用，其中对储层物性影响最大的成岩作用有压实作用、胶结作用和溶蚀作用（蔡希源等，2011）。

因遭受强烈的成岩后生改造作用，沙溪庙组储层岩石的孔隙形状多样，极不规则，以中—小孔为主。由于压实作用很强，再加上颗粒间一世代胶结的绿泥石和二世代胶结的方解石和硅质而致密化的影响，沙溪庙组气藏各套砂体的孔隙结构普遍较差。尽管溶蚀作用在很大程度上增加了孔隙空间，但只在局部改善了喉道的连通性。据铸体薄片资料分析，岩石的孔隙较发育，但孔隙间的连通性较差。

5）储层发育主控因素

川西地区沙溪庙组受龙门山中段短轴方向及龙门山北段长轴方向两套物源体系影响，具有长轴、短轴物源共存，远、近物源同时供砂的特点。主要发育三角洲与湖泊沉积交替的砂、泥岩频繁不等厚互层，砂体明显受控于三角洲分支河道微相，河道砂体呈"窄条状"分布，相互不交切叠置，但延伸远，数量多，为储层的发育提供了条件。

岩石粒度可以影响初始孔隙的发育以及填隙物的含量，对储层物性具有明显的控制作用（图7-45、图7-46）。川西地区沙溪庙组储层主要分布在中粒砂岩中，随着粒度变细，钙质和泥质的含量逐渐增加，储层物性明显变差。

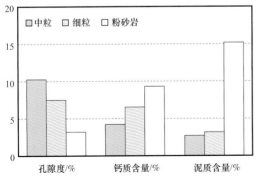

图7-45　川西坳陷沙溪庙组砂岩孔隙度与钙质含量、泥质含量关系图

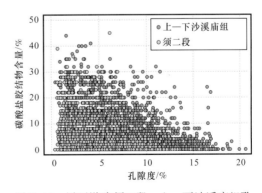

图7-46　川西坳陷须二段、上—下沙溪庙组孔隙度与碳酸盐胶结物含量关系图

砂岩的物源及沉积环境一方面可以控制其原始孔隙度和渗透率，另一方面，由不同物源体系造成的砂岩在碎屑组成上的差异又可以决定砂岩孔隙体系的演化，是储层后期成岩改造的基础（Morid等，2010）。上—下沙溪庙组总体以高长石含量为特征，孔隙度与石英、岩屑含量呈负相关，与长石含量呈正相关（表7-16）。

表7-16　川西坳陷沙溪庙组不同类型岩石物性特征

层位	岩屑砂岩		长石岩屑砂岩		岩屑长石砂岩		长石石英砂岩		岩屑石英砂岩	
	孔隙度 /%	渗透率 /mD	孔隙度 /%	渗透率 /mD	孔隙度 /%	渗透率 /mD	孔隙度 /%	渗透率 /mD	孔隙度 /%	渗透率 /mD
沙溪庙组	5.3	0.08	7.5	0.10	9.9	0.14	4.6	0.06	5.6	0.08

碎屑岩储层致密化的两大重要因素是压实作用和胶结作用，沙溪庙组压实作用导致的孔隙度损失为75%。沙溪庙组砂岩孔隙度一般小于10%，沙溪庙组砂岩物性与黏土矿物总量以及伊利石含量呈一定负相关。研究表明，沙溪庙组的次生溶蚀孔隙比例超过原生孔隙，在构造形变强烈地区以及岩性互层组合破裂成岩相发育带；裂缝的发育一方面可以极大改善低孔致密储层的渗流能力，形成裂缝—孔隙型或裂缝型储层，另一方面，裂缝为砂岩提供了良好的酸性流体运移通道，有利于溶蚀作用的进行。

2. 蓬莱镇组

1）岩石学特征

蓬莱镇组砂岩储层主要分布在川西地区，主要为富岩屑的岩石类型。以褐灰色、灰色、灰绿色长石岩屑砂岩为主，次为岩屑砂岩、岩屑石英砂岩、长石石英砂岩。蓬莱镇组储层石英含量及成分成熟度较高。自生矿物以碳酸盐胶结物为主，还包括少量硬石膏、自生石英和钠长石。碳酸盐胶结物主要为早期方解石，并见少量白云石，具有低铁、低镁、低钠、低钾、低锶的特点。与坳陷东坡地区比较，其他地区，特别是山前带具有明显较高的碳酸盐胶结物含量。总体上，砂岩的杂基含量不高，一般小于3%，少量样品含量可达10%左右。其中，黏土矿物以伊利石、绿泥石和绿/蒙混层为主，基本不见蒙皂石，高岭石的含量总体较低。

2）储集空间类型

蓬莱镇组储集空间以剩余粒间孔和粒间溶蚀扩大孔为主，并见少量粒内溶孔、铸模孔、晶间微孔、层间微缝等。

3）物性特征

蓬莱镇组储层孔隙度0.26%～31.01%，平均为5.64%～10.28%；渗透率0.003～1177.19mD，平均为0.0379～5.38mD。砂岩渗透率差异较大，非均质性强，总体属于中孔隙度、低渗透率储层。在孝泉—合兴场地区和成都凹陷局部均可见异常高孔隙度、高渗透率发育区。

4）储层成岩作用

四川盆地碎屑岩成岩作用类型如表7-13所示，其中对储层物性影响最大的成岩作用有压实作用、胶结作用和溶蚀作用（蔡希源等，2011）。

蓬莱镇组砂岩埋深较浅，经历弱—中等强度机械压实作用，颗粒间多呈点—线接触。砂岩中自生矿物以碳酸盐胶结物为主，还包括少量硬石膏和黏土矿物。黏土矿物含量总体较低，对储层物性影响不大。碳酸盐胶结物包括方解石和少量白云石等。碳酸盐胶结物的充填对蓬莱镇组砂岩孔隙具有明显的破坏作用。砂岩中长石等骨架颗粒以及粒间碳酸盐胶结物的溶蚀现象较为普遍，对砂岩储集性的改善有一定的积极作用。

5）储层发育主控因素

川西地区蓬莱镇组沉积相是控制储集体的形成与分布、影响储层储集性能的宏观因素。不同的沉积相带形成不同的储集岩类型，而不同类型的储集岩矿物成分、粒度及填隙物等存在差异，这些差异又直接影响到砂岩储层物性的好坏，导致不同相带储层的储集性能变化很大。通常沉积相、粒度主要对原生孔隙的大小起作用，长石含量、岩屑类型和含量对次生孔隙的作用明显。因此，沉积环境是控制储层物性宏观分布及变化的首要因素。

岩石粒度可以影响初始孔隙的发育以及填隙物的含量，对储层物性具有明显的控制作用。川西地区蓬莱镇组砂岩随着岩石成分成熟度增加，储层物性变好（图7-47）。蓬莱镇组储层总体具有高岩

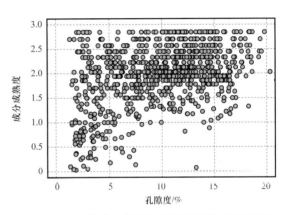

图7-47　川西坳陷上侏罗统蓬莱镇组岩屑砂岩孔隙度与成分成熟度交会图

屑、低长石的特征，砂岩孔隙度与岩石组分关系显示孔隙度与岩屑含量呈负相关。有效储层中石英含量一般大于60%，岩屑含量小于30%；储层岩石类型多样，成分成熟度大于1.5的岩屑砂岩以及其他类型的砂岩均可形成有效储层（表7-17）。

碎屑岩储层致密化的两大重要因素是压实作用和胶结作用。蓬莱镇组储层压实作用导致的孔隙度损失为63%，蓬莱镇组砂岩孔隙度一般小于10%。蓬莱镇组砂岩物性与黏土矿物总量以及伊利石含量呈一定负相关。研究表明，蓬莱镇组次生溶孔对面孔率的贡献与原生孔隙相当。在构造形变强烈地区以及岩性互层组合破裂成岩相裂缝发育带，裂缝的发育一方面可以极大改善低孔致密储层的渗流能力，形成裂缝—孔隙型或裂缝型储层；另一方面，裂缝为砂岩提供了良好的酸性流体运移通道，有利于溶蚀作用的进行。

表7-17　川西坳陷蓬莱镇组不同类型岩石物性特征

层位	岩屑砂岩		长石岩屑砂岩		岩屑长石砂岩		长石石英砂岩		岩屑石英砂岩	
	孔隙度 / %	渗透率 / mD	孔隙度 / %	渗透率 / mD	孔隙度 / %	渗透率 / mD	孔隙度 / %	渗透率 / mD	孔隙度 / %	渗透率 / mD
蓬莱镇组	8.0	0.17	11.7	0.67	12.6	1.12	12.2	0.83	11.1	0.53

三、川东侏罗系及志留系储层

1. 侏罗系凉高山组（千佛崖组）

川东地区凉高山组（千佛崖）主要发育湖泊—三角洲沉积体系，岩性以深灰色泥岩、灰色细砂岩、粉砂岩为主。储层主要发育在三角洲前缘水下分流河道砂体中，储层岩石类型主要为岩屑长石砂岩及长石砂岩。储集空间类型以原生粒间孔、粒内溶孔、粒间溶孔及裂缝为主。川东南地区凉高山组储层孔隙度为3.9%～8.35%，平均5.9%，渗透率为0.0083～0.221mD，平均0.085mD，为裂缝—孔隙型储层。水下分流河道砂体厚度大，粒度粗，绿泥石薄膜发育，保留有原生孔隙，物性好。后期的溶蚀作用增加了储层储集空间，裂缝有效沟通孤立的原生孔隙。

2. 志留系小河坝组

川东地区志留系小河坝组发育海相三角洲沉积体系，岩性以灰色泥岩、粉砂岩及细砂岩为主。储层主要发育在三角洲前缘水下分流河道及沙坝砂体中。储层岩石类型以长石石英砂岩为主，次为岩屑长石砂岩。储集空间以次生粒间、粒内溶孔为主，同时受到裂缝影响，小河坝组野外露头孔隙度0.27%～13.23%，渗透率范围0.011～7.97mD，为裂缝—孔隙型储层。小河坝组砂体具有粒度细，成分成熟度和结构成熟度较高，成岩压实作用较强的特点。部分颗粒边缘及颗粒内部受溶蚀作用影响呈港湾状、蜂窝状，并可见沥青对残余钾长石的包裹，储层受早—中成岩期与油气生成有关的有机酸溶蚀作用改造较强。

四、碎屑岩储层分类评价

根据四川盆地致密砂岩目前的勘探开发现状，结合储层发育控制因素的分析以及目前已有钻井砂岩储层储渗性与含气性关系的研究，建立了四川盆地须家河组储层预测综合评价标准（表7-18）。

表7-18　四川盆地须家河组储层综合评价标准

类别	孔隙度/%	渗透率/mD	粒度	成岩相类型	裂缝	勘探成果	评价
I	>10	>0.5	中—粗粒	中压实绿泥石衬边破裂溶蚀相	发育	探明	高效
II	8～10	0.1～0.5	中—粗粒	强压实中溶蚀相、强石英加大强溶蚀相、强石英加大强破裂中溶蚀相	发育	工业气井	较好
III	5～8	0.05～0.1	中—细粒	碳酸盐胶结相、强压实相、强压实强破裂碳酸盐胶结相	较发育	油气显示	中等
IV	<5	<0.05	中—细粒	强压实碳酸盐胶结相、强石英加大弱溶蚀相、弱压实强碳酸盐胶结相	不发育	微量显示	较差

通过构造图、沉积相图、岩石类型展布图和成岩相图等多图叠合，采用上述建立的储层预测综合评价标准，对四川盆地须二段、须四段储层的平面分布进行了预测及综合评价，评价结果如下（图7-48、图7-49）。

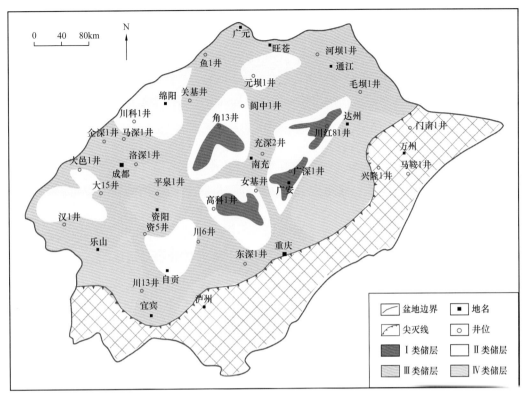

图 7-48　四川盆地上三叠统须二段储层综合评价图

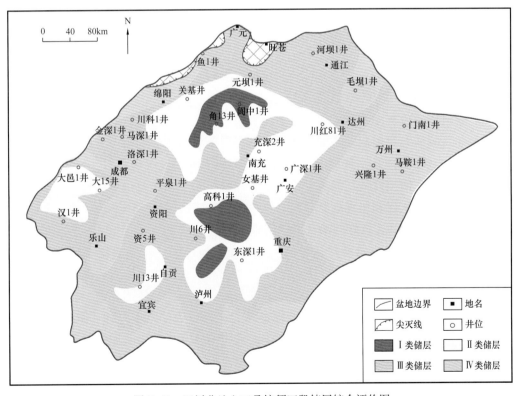

图 7-49　四川盆地上三叠统须四段储层综合评价图

1）Ⅰ类（高效）储层

须二段Ⅰ类储层主要发育在广安—潼南—威远—河包场一线须二段的三角洲水下分支河道砂体中，川西新场—合兴场—丰谷地区也见发育。须四段Ⅰ类储层的分布与须二段类似，且向安岳地区有所扩展，在西充—营山一带的三角洲前缘水下分支河道砂体中形成了一个Ⅰ类（高效）储层发育带，川西新场—合兴场—丰谷地区可见优质储层发育。

2）Ⅱ类（较好的）储层

须二段Ⅱ类储层主要发育在西充—营山一带和威远—蓬莱一带的三角洲前缘水下分支河道末端和河口沙坝砂体中。须四段Ⅱ类储层发育在八角场—营山以北的三角洲前缘砂体中和蓬莱—威远—宜宾一带等混合物源区的三角洲水下分支河道末端砂体中。

3）Ⅲ类（一般）储层

须二段Ⅲ类储层分布最广，在金华—南充—广安一线须二段的三角洲前缘砂体、川西冲断带三角洲平原砂体、川西南前渊带三角洲前缘砂体和川东地区的三角洲平原砂体都发育该类储层。须四段Ⅲ类储层发育范围有所减小。

4）Ⅳ类（较差）储层

一般发育在须家河组各段曾经历强压实、强胶结的三角洲前缘或者平原砂体中。

第三节　其他岩类储层

四川盆地除了发育前述的碳酸盐岩储层及碎屑岩等常规储层之外，局部地区见灰泥灰岩及火山岩等其他特殊类型储层获得工业气流或钻遇良好的油气显示，充分说明四川盆地油气储层的多样性，随着研究和勘探的深入，这类储层在四川盆地具备一定的勘探潜力。

一、灰泥灰岩储层

四川盆地茅一段灰泥灰岩储层普遍显示较好、平面分布稳定，在焦石1井茅口组一段试获工业气流后开始引起地质家们重视。储集空间类型主要为滑石成岩收缩缝、粒内溶孔、界面缝和有机质孔。灰泥灰岩储层主要形成于外缓坡沉积相带，纵向上茅一段、栖霞组均有分布。四川盆地灰泥灰岩平面上分布在川东、川北及川中等地区，其中川东南地区茅一段灰泥灰岩和灰泥瘤状灰岩总厚度相对稳定，一般35～70m，其中灰泥灰岩厚度最大可达28m，具有较好的油气勘探前景。

根据野外露头、岩心及薄片资料研究，川东南地区茅一段主要位于外缓坡沉积环境，整体水体较深，水动力较弱。岩性主要包括泥晶灰岩、含泥灰岩、瘤状灰岩、泥质灰岩、灰质泥岩、含云灰岩、含硅灰岩、含硅云岩等，为生产使用方便，将其分为灰泥灰岩与泥晶灰岩两个端元。灰泥灰岩和泥晶灰岩分别作为"眼皮"和"眼球"，以不同的比例组合成瘤状灰岩，按照其比例的大小，又将瘤状灰岩分为灰泥瘤状灰岩和泥晶瘤状灰岩。

通过对茅口组一段共111块孔隙度样品和120块渗透率样品测试结果分析，有效孔隙度范围为0.01%～6.08%，平均1.36%，渗透率平均0.82mD。总体显示出低孔隙度、低渗透率的致密碳酸盐岩储层特征。储层物性受岩性组合影响，通过焦页 66-1 井测试分析，灰泥灰岩和灰泥瘤状灰岩组合物性相对较好。茅一段灰泥灰岩和灰泥瘤状灰岩孔隙度为 0.097% ～ 6.08%，平均为 1.76%（图 7-50），渗透率平均为 0.23mD；泥晶瘤状灰岩和泥晶灰岩孔隙度为 0.008% ～ 1.444%，平均为 0.66%（图 7-51），渗透率平均为 0.16mD。如茅一段 3 小层主要为灰泥灰岩和灰泥瘤状灰岩，厚 20m，具有相对较好的物性，孔隙度平均为 2.34%，其中 5.5m 纯灰泥灰岩孔隙度 1.089% ～ 6.082%，平均为 4.1%。

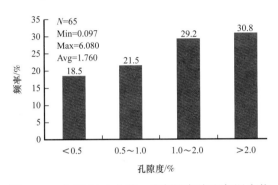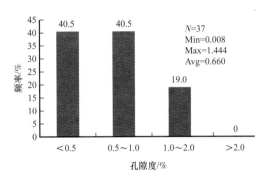

图 7-50　焦页 66-1 井茅一段灰泥灰岩和灰泥瘤状　　图 7-51　焦页 66-1 井茅一段泥晶灰岩和泥晶瘤
　　　　　灰岩孔隙度分布直方图　　　　　　　　　　　　　　状灰岩孔隙度分布直方图

　　茅一段储集空间以主要为成岩收缩缝（孔）、矿物粒缘缝（孔）、有机质孔、粒内孔和微裂缝，孔径以 10 ～ 50nm 的微孔和中孔为主，大孔和微裂缝次之（图 7-52），属于纳米级新类型储层。茅一段储集空间类型与页岩气发育的孔隙类型相似，都发育有机孔隙和无机孔隙。但是茅一段储集空间类型主要为成岩收缩缝（孔）、粒缘微裂缝（孔）等，茅一段储层中有机孔所占的比例相对偏小，以无机孔为主，但其有机质含量与孔隙度之间呈明显的正相关（图 7-53）。

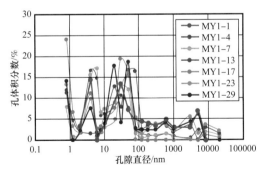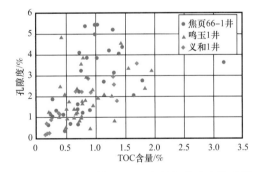

图 7-52　鸣玉 1 井茅一段全孔径分布图　　　图 7-53　茅一段储层 TOC 含量与孔隙度关系图

二、火山岩及其相关类型储层

　　火山岩是在四川盆地近年来新发现的工业油气产层。近年来，随着四川盆地天然气勘探力度的加大，在川西南部地区雅安一带发现二叠系火山岩气藏，在川西坳陷洛带构造永胜 1 井钻遇了二叠系火山岩、川东北元坝 7 井二叠系钻遇 4.5m 沉凝灰岩，并见良好的油气显示，推动了四川盆地火山岩的油气勘探和研究。该套储层的储集性能受到岩石类型、成岩作用和构造等多种因素的控制。岩石类型与玄武质岩浆的喷发特征、冷凝先后和快慢密切相关。岩石类型又直接影响着后期成岩作用和构造作用的进行，优质储层集中在火山爆发期的凝灰岩、沉凝灰岩层段，火山喷发期的玄武岩也较好。

火山岩储层作为一种特殊类型储层在四川盆地分布较局限，主要分布在川西南茅口组之上，称峨眉山玄武岩，为龙潭组同期异相产物。川西南部周公山及邻区"峨眉山玄武岩"厚40～500m，川东南、川东北部分井下钻厚5～20m。火山岩主要属于拉斑玄武岩，由玄武质熔岩类、火山碎屑岩及沉火山碎屑岩类构成，主要包括玄武岩、角砾熔岩、含凝灰角砾熔岩、凝灰岩和沉凝灰岩等岩石类型。储集空间以气孔、柱状节理缝、构造裂缝为主，大多数属于低孔隙度、中渗透率储层，少数为低孔隙度、高渗透率型储层。

火山岩储层非均质性强，基质物性普遍很差，大多数属于低孔隙度、中渗透率储层，少数为中—高孔隙度、高渗透率储层。根据周公山构造和汉王场构造火山岩孔隙度统计分析，火山岩孔隙度平均为2.2%，大多分布在1%～3%之间，占全部样品的54%。永胜1井26个小岩样孔隙度最小值11.8%，最大值25.5%，平均值18%。渗透率0.04226～21.2mD，平均值2.082mD。9个全直径岩心孔隙度15.5%～22.1%，平均值19%。8个压汞显示小孔、细喉特征，为典型高孔、高渗型储层（冯仁蔚等，2008；张新华等，2017）。YB7井4个沉凝灰岩储层样品孔隙度介于7.3%～11.6%，平均9.63%，渗透率介于0.00011～0.016mD，几何平均值0.00085mD。

火山岩储层的储集空间主要包括：孔隙、洞和裂缝。孔隙又可进一步细分为晶间孔、晶内孔、溶蚀孔、微孔隙、残余孔、气孔、收缩孔缝7类。缝按成因可分为原生裂缝和次生裂缝（冯仁蔚等，2008；张新华等，2017）。总体来看，火山岩基质储集性都很差，其储集空间主要为局部发育裂缝及未充填满的残余气孔以及各种溶孔，储集类型以孔洞—裂缝型为主。沉凝灰岩孔隙较特殊，以黏土矿物之间的粒间孔和有机质孔为主。

火山岩储集性能的好坏受岩性特征、后期成岩作用、构造作用及有机质的改造等因素控制（冯仁蔚，2008），其中构造活动和风化作用对火山岩进行改造，产生有效储集空间，是控制火山岩储层发育的关键因素。不同类型的火山岩储集空间不同、物性差别大。不同岩石类型储集性能的差异性是预测火山岩有利勘探区的重要评价依据。其中储集性能较好的岩石为火山角砾岩、沉凝灰岩和气孔玄武岩。火山角砾岩孔隙度平均值为1.23%，多分布在0.32%～4.9%之间。气孔玄武岩统计的平均孔隙度为0.89%，多分布在0.16%～2%之间。拉斑玄武岩、斑状玄武岩和凝灰岩的储集性能相对较差。

四川盆地火山岩及其相关类型储层主要分布在吴家坪组沉积期的峨眉山玄武岩，平面上分布在川西火山喷发相、溢流相及部分过渡相区等，分布较局限。其余在川北元坝及川东涪陵等部分地区也有火山岩及其相关岩石类型（沉凝灰岩）分布，物性较好，是与火山岩及其相关的新型有利勘探目标。

第八章　天然气地质

　　天然气成藏是一个天然气聚集与逸散的动态平衡过程。易于散失是天然气藏的特征之一，能否有效保存是天然气能否聚集的决定因素。天然气保存涉及油气生成、运移、聚散的全过程，影响因素众多，主要因素包括盖层的封盖性能、构造隆升作用、断层的封闭性、岩浆作用等。四川盆地是在上扬子克拉通基础上发展起来的一个大型叠合盆地，为扬子陆块内部的沉积盆地，离板块边界位置较远，盆地虽经历了多期次构造运动，但主要发生板内（陆内）构造变形，对盆地腹地油气破坏影响不大。近期在距今500Ma的震旦系灯影组古老碳酸盐岩岩系内发现磨溪—高石梯大气田，反映出四川盆地具有优越的保存条件，利于大中型气田的形成。

　　四川盆地是中国天然气勘探开发的重要基地之一，天然气资源十分丰富，成藏地质条件优越，已经成为中国西气东输的重要源头。截至2017年底，盆地累计探明天然气储量$3.68 \times 10^{12} m^3$，年产量$400 \times 10^8 m^3$以上。"气藏是否具备良好的保存条件是勘探成败的关键"——这是四川盆地长期进行天然气勘探开发的经验总结。因此，对四川盆地天然气藏保存条件进行剖析，不仅有利于四川盆地勘探目标的选择以及勘探效率的提高，也有利于为中国类似天然气藏的勘探开发提供借鉴经验。

第一节　地层水基本特征

　　影响油气富集和保存条件的因素很多，水文地质环境就是一个反映保存条件的重要指标。根据四川盆地勘探实践研究，水文地质环境的改变与储盖条件及构造、断裂的作用密切相关。例如，在一个局部构造上水文地质环境如何，常常与其所处的构造部位、地层的出露情况、断层的切割破坏程度及储盖组合的配置紧密相关。就四川盆地整体而言，由于有巨厚的陆相地层构成的区域盖层存在，绝大部分气层的地层水变质系数（$\gamma Na^+/\gamma Cl^-$）均小于1，水型主要为$CaCl_2$型（表8-1），即一般都具有良好的封闭水文地质环境，有利于油气的保存，但是在盆地边缘，如川东高陡构造带等复杂构造区大断裂发育，保存条件受到一定程度影响。

一、地层水化学特征

1. 灯影组

　　四川盆地震旦系灯影组地层水主要化学组分含量变化大，阳离子Na^++K^+含量为$100 \sim 28000 mg/L$，Ca^{2+}含量为$55 \sim 2100 mg/L$，Mg^{2+}含量为$6 \sim 470 mg/L$；阴离子Cl^-含量为$100 \sim 47000 mg/L$，SO_4^{2-}含量为$0 \sim 300 mg/L$，HCO_3^-含量为$212 \sim 1458 mg/L$。威远、资阳地区震旦系灯影组地层水中含Ba^{2+}，但在受渗入水影响的地区不含Ba^{2+}。

表 8-1　四川盆地地层水化学特征表

构造/气田	井号	层位	成因系数		矿化度/g/L	水型
			$\gamma Na^+/\gamma Cl^-$	$\gamma SO_4^{2-} \times 100/\gamma Cl^-$		
资阳	资1	灯影组	0.85	0	75.7	$CaCl_2$
威远	威48		0.89	0	76.8	$CaCl_2$
周公场	周公1		1.83	27.79	0.743	$NaHCO_3$
老龙坝	老龙1		1.21	58.08	1.33	Na_2SO_4
大窝顶	窝深1		1.96	3.03	0.4	$NaHCO_3/Na_2SO_4$
丁山	丁山1		0.97	0	333.4	$CaCl_2$
东山	东深1	娄山关组	0.66	0.08	273.0	$CaCl_2$
丁山	丁山1	娄山关组	1.66	63.45	17.2	$NaHCO_3$
		陡坡寺组—清虚洞组	0.83	17.13	9.6	$CaCl_2$
磨溪	磨溪204	龙王庙组	0.99	0	44.0	$CaCl_2$
东山	东深1	宝塔组	0.70	0.06	295.7	$CaCl_2$
双龙	双21	石炭系	0.85	0.17	69.3	$CaCl_2$
卧龙河	卧117		0.89	0.09	39.5	$CaCl_2$
相国寺	相25		0.25	0.99	0.6	$CaCl_2$
大池干井	池18		0.13	0.05	17.0	$CaCl_2$
元坝	元坝6	栖霞组	0.76	6.21	60.7	$CaCl_2$
苟家场	泰来202	长兴组	0.95	0	82.8	$CaCl_2$
元坝	元坝123		0.73	0	67.8	$CaCl_2$
通南巴	仁和1	飞仙关组	0.32	0.94	48.5	$CaCl_2$
	母家1		0.68	6.23	36.3	$CaCl_2$
	九龙1		1.24	22.00	48.5	$NaHCO_3$
	新黑池1		1.18	10.71	36.7	$NaHCO_3$
普光	毛坝2		2.66	1.85	49.0	$CaCl_2$
建南气田	建36		0.46	0.24	106.1	$CaCl_2$
	建33		0.42	0.19	111.8	$CaCl_2$
付家庙	付9	嘉陵江组	0.63	1.77	98.1	$CaCl_2$
自流井	自18		0.94	1.60	80.4	$CaCl_2$
长垣坝	长2		1.01	8.26	52.7	$CaCl_2$

构造/气田	井号	层位	成因系数		矿化度/g/L	水型
			$\gamma Na^+/\gamma Cl^-$	$\gamma SO_4^{2-} \times 100/\gamma Cl^-$		
卧龙河	卧16	嘉陵江组	0.86	17.29	129.4	$CaCl_2$
通南巴	马1	嘉陵江组	0.49	1.31	98.6	$CaCl_2$
	金溪1		1.02	0.18	74.6	Na_2SO_4
	母家1		0.89	7.82	27.7	$CaCl_2$
元坝	元坝221	雷口坡组	0.82	0.14	114.8	$CaCl_2$
通南巴	仁和1		0.56	<1.00	156.6	$CaCl_2$
川北	龙岗20		0.58	1.21	230.4	$CaCl_2$
磨溪	磨79		0.89	0.43	233.3	$CaCl_2$
磨溪（北）	磨25	须家河组	0.72	0	255.0	$CaCl_2$
桂花	花3		0.73	0	231.9	$CaCl_2$
建南气田	利盐1		0.77	0.10	107.4	$CaCl_2$
孝皋—新场	新882		0.65	0.03	52.3	$CaCl_2$

靠近盆地边缘露头的地带，地层水化学特征表现为 Na^+、Cl^- 含量低、无 Ba^{2+}、矿化度低，水型为 $NaHCO_3$ 型、Na_2SO_4 型，变质系数（$\gamma Na^+/\gamma Cl^-$）高。受大气降水渗入淡化明显，处于水文地质垂直分带的自由交替带，油气的保存条件差。例如靠近盆地西南边缘的周公1井、老龙1井、窝深1井和宫深1井，地层水为受地表渗入水活跃交替、被淡化的低矿化度 $NaHCO_3$ 型、Na_2SO_4 型水，油气保存条件差，钻探结果只产淡水。米仓山大两会西缘的天星1井也属于此例。

远离露头区的盆地内，地层水化学特征表现为 Na^+、Cl^- 含量高，含 Ba^{2+}、无 SO_4^{2-}，富含微量金属元素，矿化度高，水型均为 $CaCl_2$ 型，变质系数（$\gamma Na^+/\gamma Cl^-$）低，具有未受到现今大气降水冲刷淡化的封闭还原环境水化学特征，为沉积封存水浓缩区，处于交替停滞带，保存条件好。随着远离露头，例如到威远构造之西的寿保场附近，地表渗入水影响急剧减弱，水文地质环境由水循环活跃的自由交替带及交替阻滞带转化为交替停滞带，在威远、资阳地区地层水中已无 SO_4^{2-}，而富集 Ba^{2+}，威远地区地层水矿化度为 $71\sim81g/L$，资阳地区矿化度为 $63\sim71g/L$，为 $CaCl_2$ 型，保存条件较好。川中地区地层水化学特征与威远、资阳地区相似，为高压卤水封存区，油气聚集保存较有利，有利于油气成藏，例如安岳气田。

2. 龙王庙组

川中古隆起高石梯—磨溪构造寒武系龙王庙组存在 Na_2SO_4 型、$NaHCO_3$ 型、$CaCl_2$ 型和 $MgCl_2$ 型四种水型，各水型分布存在较大差异。$CaCl_2$ 型地层水是最主要的类型，$MgCl_2$ 型水偶见，Na_2SO_4 型水仅分布于局部井位龙王庙组上部，矿化度值远低于其他三种水型。据不完全统计，该区90%以上的天然气藏都存在于 $CaCl_2$ 型水分布区。

地层水中浓度最高的是 Cl^-，其次是 Na^++K^+、Ca^{2+} 和 Mg^{2+}，此外还含有一定量的 SO_4^{2-}、HCO_3^- 和其他微量组分。阳离子平均质量浓度 $K^++Na^+>Ca^{2+}>Mg^{2+}$，平均质量浓度 Na^++K^+ 为 10900mg/L，Ca^{2+} 为 4510mg/L，Mg^{2+} 为 2390mg/L。阴离子中 Cl^- 占绝对优势，平均质量浓度为 31650mg/L，SO_4^{2-} 和 HCO_3^- 相对较低，平均质量浓度小于 1000mg/L。矿化度范围较宽，从 0.06g/L 到 365.41g/L，平均值为 50.70g/L，总体上矿化度高，变质程度深，封闭性好，还原性强，是长期地层内水循环、水—岩相互作用及浓缩变质的结果，有利于油气聚集保存。

高石梯—磨溪构造龙王庙组地层水化学特征参数在纵向上具有如下变化特征：上部地层水的变质系数（$\gamma Na^+/\gamma Cl^-$）、脱硫系数（$\gamma SO_4^{2-}\times 100/\gamma Cl^-$）和镁钙系数较大，多数水样变质系数（$\gamma Na^+/\gamma Cl^-$）大于 1.0，向下变质系数（$\gamma Na^+/\gamma Cl^-$）、脱硫系数（$\gamma SO_4^{2-}\times 100/\gamma Cl^-$）和镁钙系数减小，说明下部封闭条件优于上部。

3. 石炭系

石炭系是川东地区天然气的主力产层之一，地层水较普遍，单井日产水量一般少于 10m³。地层水矿化度分布于 36~103g/L，集中分布于 40~60g/L，一般小于 250g/L。在分布上，存在两个高值区，一是西部的邻北、福成寨、张家场、七里峡构造带南段；另一高值区为东部的云安场、高峰场及大天池构造带中段，矿化度分布于 100~200g/L。Na^++K^+ 含量较高，分布上与矿化度基本一致，高矿化度区内 Na^++K^+ 含量大于 30000mg/L，含量低于 20000mg/L 的地区包括卧龙河、双龙、苟家场、黄泥塘及大池干构造带和铁山、七里峡及大天池构造带北段等。Ca^{2+} 含量平均在 3000mg/L 以上，局部地区高达 10000mg/L，仅少数水样低于 1000mg/L，Ca^{2+} 含量较高的有云安场、蒲包山、高峰场、大池干等构造带，含量较低的分布于川东石炭系的西北和西南部。Mg^{2+} 浓度较低，大部分地区为数百毫克每升，最低只有几毫克每升，少部分样品含量超过 1000mg/L，远低于海水中 Mg^{2+} 的含量。一些水中缺镁，可能为白云岩化过程中的置换反应所致。Mg^{2+} 含量较高的两个区域为云安场、蒲包山两个构造带的周围地区。Cl^- 含量分布与矿化度分布显示出极好的一致性，高矿化度区内 Cl^- 含量大于 50000mg/L，含量低于 50000mg/L 的地区为卧龙河、双龙、苟家场、黄泥塘及大池干构造带和铁山、七里峡及大天池构造带的北段等。SO_4^{2-} 浓度普遍较低，大多数低于正常海水浓度（900mg/L），这主要是因为在埋藏期还原环境下发生了脱硫酸作用导致石炭系地层水中 SO_4^{2-} 浓度相对降低。在 SO_4^{2-} 分布上，存在多个相对高值区，其与石炭系的石膏发育区有较好的对应关系（图 8-1），表明 SO_4^{2-} 离子浓度与地层石膏发育与否相关，脱硫系数高，并不一定反映油气保存条件差。HCO_3^- 分布很不均匀，在雷 2 井和双龙 4 井为两个高值区，在中部尖灭线一带为明显的低值区。微量元素 I^-、Br^-、B 的浓度一般介于几十至几百毫克每升之间。

川东地区石炭系地层水多属 $CaCl_2$ 型，$NaHCO_3$ 型也有发现，局部区块还有 Na_2SO_4 型，如池 8 井、双 19 井、七里 15 井、七里 5 井、成 9 井、峰 9 井等，但并不代表其属开启性系统，一是因为石炭系中含有膏岩，被地下水溶解；二是处于石炭系尖灭线附近。尖灭线附近，往往岩性致密，多为质纯石灰岩，白云岩不发育，起初溶蚀淡化后的地层水被保留下来，与外界隔绝，不易被浓缩。上述这些井要么产高压水，要么产少量天然气。

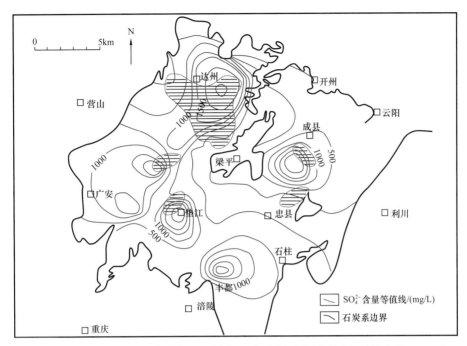

图 8-1　川东区石炭系石膏发育区地层水 SO_4^{2-} 含量等值线图（据王兰生等，2001）

川东石炭系地层水变质系数（$\gamma Na^+/\gamma Cl^-$）普遍小于 1.0，在高矿化度区内变质系数（$\gamma Na^+/\gamma Cl^-$）小于 0.75（图 8-2），反映地层水浓缩变质程度较高，天然气保存条件好。脱硫系数（$\gamma SO_4^{2-} \times 100/\gamma Cl^-$）普遍小于 2.0，少数样品大于 5.0，如池 16 井，但该井地层水变质系数低（0.85），氯镁系数高（65.13），矿化度较高（70.39g/L），水型为 $CaCl_2$型，总体表现为沉积变质水的特征，脱硫系数高是石膏溶解所致。

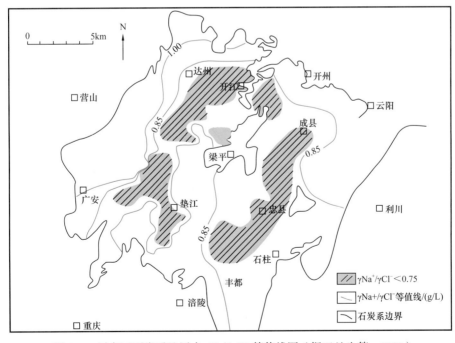

图 8-2　川东区石炭系地层水 $\gamma Na^+/\gamma Cl^-$ 等值线图（据王兰生等，2001）

总体而言，川东区石炭系地层水矿化度较高，浓缩变质程度较深，有利于天然气的保存。

4. 栖霞组—茅口组

下二叠统栖霞组—茅口组地层水中阳离子以 $Na^+ + K^+$ 含量最高，当量浓度 $87.5\%\sim95.76\%$，其次为 Ca^{2+}（含量 $3.01\%\sim11.45\%$），Mg^{2+} 最低（含量 $0.53\%\sim3.67\%$），无 Ba^{2+}。阴离子中 Cl^- 含量最高（含量 $96.66\%\sim99.32\%$），其次是 HCO_3^-（含量 $0.66\%\sim2.93\%$），SO_4^{2-} 浓度最低（含量 $0.01\%\sim0.89\%$）。微量元素 I^-、Br^-、B 含量较低，分别为 $5\sim34mg/L$、$62\sim302mg/L$、$18\sim197mg/L$。

地层水矿化度一般为 $14\sim66g/L$，由盆地边缘向盆地内有逐渐增高的趋势（图 8-3）。盆内华蓥山背斜南倾的帚状背斜带矿化度相对较低，小于 $20g/L$，水型以 $CaCl_2$ 型为主，在盆地边缘区亦有 $NaHCO_3$ 型水，如麻柳场构造，麻 1 井在下二叠统中途测试产水，水量约 $1000m^3/d$，水型为 $NaHCO_3$ 型、Na_2SO_4 型，矿化度低（$3.5\sim4.5g/L$）（成艳等，2005），但该构造嘉陵江组产气，且无水，其成因可能是穿越流影响所致。盆地内部在华蓥山背斜南倾的帚状背斜带上的一些侵蚀窗附近和重庆以南的石油沟、东溪一带也出现多种水型，如中梁山、观音峡、六合场、石油沟等构造为 $NaHCO_3$ 型水，南温泉、东溪构造为 Na_2SO_4 型水。这些地区不仅水型差，而且地层水矿化度相对较低（$<20g/L$），变质系数（$\gamma Na^+/\gamma Cl^-$）也大于 1.0，反映出曾遭受过大气水渗滤改造。与此不同的是环开江—梁平陆棚的铁山、铁山坡、罗家寨、渡口河等气田二叠系产层中也见 Na_2SO_4 型水，但其矿化度相对较高。Na_2SO_4 型水通常被认为是在氧化开放性的环境中，处于裸露和严重破坏的地质构造中的地表水或浅层地下水，其矿化度较低。E.A. 阿尔斯通过"马林格娃—阿格里娃图表"说明高（低）矿化度 $CaCl_2$ 型水与低（高）矿化度 $NaHCO_3$ 型水混合可生成中矿化度的

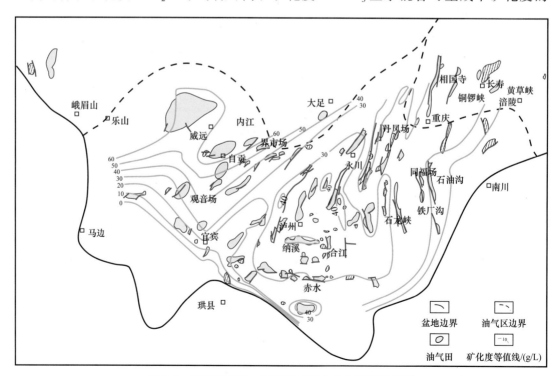

图 8-3　川南栖霞组—茅口组地层水矿化度等值线图

Na_2SO_4 型水。区内二叠系 $CaCl_2$ 型水矿化度并不高，如川付 85 井二叠系地层水属 $CaCl_2$ 型，但其矿化度仅为 22.62g/L，双石 1 井的矿化度相对高一些，但也仅 35.52g/L。因此，区内并不具备高矿化度 $CaCl_2$ 型水与低矿化度 $NaHCO_3$ 型水混合生成中等矿化度的 Na_2SO_4 型水的条件。高含量的 SO_4^{2-} 来源于石膏（石炭系、中—下三叠统）的溶解，尽管深埋作用下的硫酸盐还原作用生成 H_2S 气体，使 SO_4^{2-} 浓度降低，但仍残留大量 SO_4^{2-}，导致水型为 Na_2SO_4 型水。因此，膏盐岩层系内 Na_2SO_4 型水并非油气保存条件差的指标。

下二叠统地层水变质系数（$\gamma Na^+/\gamma Cl^-$）与矿化度变化趋势相近，具盆缘高，向盆内逐渐降低的趋势（图 8-4）。建南气田二叠系地层水变质系数为 0.4～0.97，达州—宣汉区为 0.5～0.75，浓缩变质程度较深。

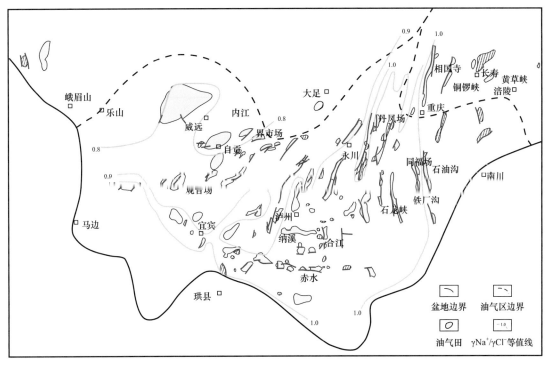

图 8-4　川南栖霞组—茅口组地层水变质系数等值线图

总体而言，二叠系地层水多属沉积变质水，有利于油气的保存。盆地边缘区及盆内裸露区受大气淡水渗滤改造，水型变差、产淡水，油气保存的水化学条件变差甚或丧失，如麻柳场构造、大窝顶构造等。

5. 长兴组—飞仙关组

上二叠统长兴组地层水除川东华蓥山、中梁山、明月峡、方斗山等背斜局部裸露区及邻区外，微量元素 I^-、Br^-、B 含量低，分别为 7～20mg/L、45～368mg/L、6～53mg/L，矿化度为 17～67g/L，水型以 $CaCl_2$ 型为主，变质系数（$\gamma Na^+/\gamma Cl^-$）在川南地区一般为 0.87～0.92，川东地区为 0.84～0.96，脱硫系数（$\gamma SO_4^{2-} \times 100/\gamma Cl^-$）为 0.04～4.02，总体反映为沉积变质水，有利于油气的保存。

下三叠统飞仙关组是川东、川南地区的重要产层，地层水也十分活跃，如太和场气田太 4 井在 T_1f_{1-2} 日产水 480m³，合江气田合 18 井在 T_1f_3 日产水 792m³。川东地区中南部飞仙关组地层水阳离子组成中 $Na^+ + K^+$ 含量最高，其次是 Ca^{2+}，Mg^{2+} 最低，无 Ba^{2+}；

阴离子中 Cl⁻ 含量最高，其次是 HCO_3^-，SO_4^{2-} 含量最低；矿化度变化范围较大；水型以 $CaCl_2$ 型为主；变质系数分布于 0.42～0.89，脱硫系数普遍小 1.0，碳酸盐平衡系数低，而氯镁系数高；有利于天然气的保存。川南地区飞仙关组地层水阴阳离子组成与川东地区相近，但矿化度略低，为 28～63g/L，水型以 $CaCl_2$ 型为主，变质系数为 0.85～0.90。

川东北地区长兴组—飞仙关组在盆内元坝、普光、毛坝地区地层水矿化度为 52～67g/L，变质系数与脱硫系数低。至米仓山—大巴山前带，地层水矿化度为 29～42g/L，变质系数与脱硫系数变高，反映从盆内向山前带保存条件变差（图 8-5）。

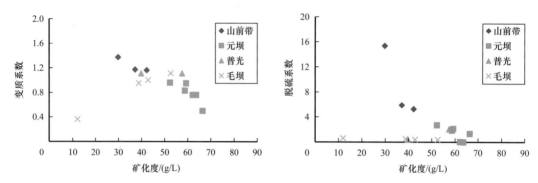

图 8-5　川东北地区长兴组—飞仙关组地层水总矿化度与变质系数、脱硫系数关系图

6. 嘉陵江组—雷口坡组

下三叠统嘉陵江组是四川盆地川东、川南地区的重要产层，其地层水主要为 $CaCl_2$ 型，局部地区出现 Na_2SO_4 型和 $MgCl_2$ 型，如石油沟、石龙峡气田、长垣坝气田东部。地层水矿化度分布于 20～104g/L，Cl⁻ 含量 13000～62000mg/L，变质系数 0.8～0.98。嘉一段—嘉三段地层水特点相似，但嘉四段—嘉五段变化较大，Cl⁻ 含量 79000～164000mg/L，矿化度 20～271g/L，变质系数 0.8～1.0。

中三叠统雷口坡组是川中磨溪气田和川西中坝气田的主要产层之一，中坝气田雷口坡组气藏有很明显的边水，单井日产水量不同，但多小于 10m³。中坝气田雷口坡组地层水 Cl⁻ 含量 50～60g/L，矿化度 87～117g/L，水型为 $CaCl_2$，变质系数 0.91～0.97。川西大兴、油罐顶雷口坡组地层水 Cl⁻ 含量 93～110g/L，矿化度较中坝气田的高（156～192g/L），变质系数 0.92～0.94。川中地区雷口坡组地层水 Cl⁻ 浓度最大（126～179g/L），矿化度最高，分布于 205～293g/L，变质系数最低（0.73～0.83），油气保存条件优越。

尽管中—下三叠统各产层地层水化学特征存在一定的差异，总体而言，除局部地区外，地层水属沉积变质水，有利于天然气保存。

7. 陆相层系

四川盆地不同地区陆相层系地层水化学特征存在差异。地层水矿化度总体上具有随埋深增高的特点，须家河组最高可达 114.54g/L（川合 127 井），显示地层水与盆地区域背景一样，具有层状分布的基本特征。以川西地区为例，川西地区气田地层水自上而下由浅层环境的 Na_2SO_4 型过渡为深部环境的 $CaCl_2$ 型。蓬莱镇组气田地层水以 Na_2SO_4 型为主，地层水矿化度一般为 10～25g/L，总体上表现为淡盐水—盐水特征。遂宁组作为深部与浅部环境的过渡带，地层水既有浅部环境的 Na_2SO_4 型，又有深部环境的 $CaCl_2$

型。沙溪庙组地层水以 $CaCl_2$ 型水为主，矿化度一般为 15～40g/L，局部地区表现为盐水—淡卤水特征，矿化度分布具明显的规律性，一般构造轴部最低，向两翼渐高。千佛崖组、自流井组，均以 $CaCl_2$ 型水为主，而须家河组全为 $CaCl_2$ 型水分布。

川西地区气田地层水变质系数（$\gamma Na^+/\gamma Cl^-$）自浅部向深部减小。蓬莱镇组地层水变质系数（$\gamma Na^+/\gamma Cl^-$）基本大于 1.0，多为 1.5～2.5，最大值可达 4.21，具有明显的淋滤水特征，遇断裂影响时，该系数平面分布较为复杂。沙溪庙组地层水变质系数（$\gamma Na^+/\gamma Cl^-$）一般小于 1.0，大多为 0.2～0.8，表现为沉积水的特征。区内以新场乡至赵家院子为相对高值带，向北西柏社镇及南东黄许镇方向逐渐降低。川中—川西气区须家河组地层水变质系数（$\gamma Na^+/\gamma Cl^-$）普遍小于 1.0，其平面变化特点与矿化度的变化趋势相似，川中区最低，为 0.65～0.77，向西、北、南逐渐增高，反映保存条件存在差异。

1）须家河组

须家河组是四川盆地陆相层系的重要产层之一，在华蓥山以西保存比较完整且深埋地腹，在川东等地区因剥蚀作用，仅在向斜区得以保存。它是盆内重要的含油气层系，同时产水也很普遍，纵向上主要有须二段、须四段两个含水单元，须六段含水单元分布相对局限一些。单井日产水量较高，一般数十立方米，个别井高达上千立方米，如蓬基井须四段初期产水 3000m³/d 以上。

川中地区须四段地层水阳离子组成具有 $Na^++K^+\gg Ca^{2+}>Mg^{2+}$ 的特征，且富含 Ba^{2+}，明显有别于前述（I—P—T）地层水：Na^++K^+ 含量为 11580～71610mg/L，Ca^{2+} 变化范围较大，分布于 68～32230mg/L，Mg^{2+} 含量最低，为 19～2491mg/L，普遍富含 Ba^{2+}，最高可达 3435mg/L，其含量具东低西高的变化特征。阴离子组成具有 $Cl^-\gg HCO_3^->SO_4^{2-}$ 的特征，Cl^- 占绝对优势，含量为 26410～148500mg/L，HCO_3^- 含量为 0～3571mg/L，地层水中往往富含 Ba^{2+}，基本不含 SO_4^{2-}。川西地区须家河组地层水阴阳离子组成特征与川中地区基本相似，如 X882 井，Na^++K^+ 含量为 16400～20840mg/L，Ca^{2+} 变化范围较大，分布于 2820～3380mg/L，Mg^{2+} 含量最低，为 48～311mg/L。阴离子具有 $Cl^-\gg HCO_3^->SO_4^{2-}$ 的特征，Cl^- 占绝对优势，其含量分布于 31450～39210mg/L，HCO_3^- 含量为 43～1461mg/L，不含 SO_4^{2-}。

地层水的矿化度川中地区最高，向川西逐渐降低，尤以须四段最具规律性（图 8-6）。须二段地层水矿化度除局部地区较低外，总体都很高，绝大部分地区在 70g/L 以上，平面分布特征表现出由川西南部向川中及川西北地区降低的趋势。其中以川中东南部南充—遂宁—安岳—大足一带最高，矿化度在 170～230g/L 之间；成都以南，以大 3 井为中心的区域最低，矿化度一般在 40g/L 以下。另外，在阆中—八角场一带存在一个相对的低矿化度区域，其值小于 140g/L。其余地区处于地层水矿化度变化的突变带上。须四段地层水矿化度的分布规律更加明显，在整个川西龙门山山前地区表现为低异常区，地层水矿化度一般小于 40g/L。高值区仍位于川中中南部栏 1 井—磨 1 井—大足一带，矿化度在 160g/L 以上。川中北部直到米仓山、大巴山前缘，地层水矿化度总体较低，一般小于 70g/L。整体上具有从西到东，从北到南矿化度逐渐增高的趋势。这种分布趋势与龙门山和大巴山山前冲断作用形成的断裂带有关，通天断裂的存在，使地表水沿断层下渗，形成供水区，地表水与地层水发生强烈的交替作用，造成地层水的淡化。远离供水区，这种交替作用逐步减弱。川中地区受其影响很小。因此仍然保持了较高的矿化度。

须家河组地层水除在邻近地表水渗入区有 $NaHCO_3$ 等水型外，主要为 $CaCl_2$ 型。因此，从地层水文保存条件分析，除川西龙门山前陆冲断带和川北的米仓山—大巴山前陆冲断带外，川中及蜀南地区是须四段天然气水文保存条件最为有利的地区。

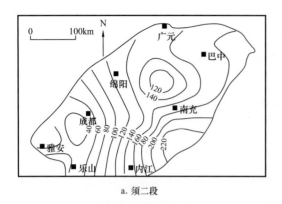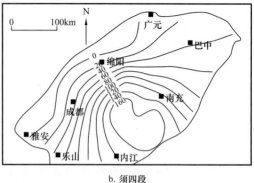

图 8-6　川中—川西地区须二段、须四段地层水矿化度分布（单位：g/L，据吴欣松，2006）

川东地区须家河组地层水矿化度、变质系数（$\gamma Na^+/\gamma Cl^-$）变化较大，油气保存条件差异显著（图 8-7）。在高陡背斜带，地层水矿化度 1～3g/L，水型为 $NaHCO_3$ 型，贫 Ba^{2+}，富 SO_4^{2-}（明显有别于川中—川西须家河组地层水），变质系数（$\gamma Na^+/\gamma Cl^-$）远大于 1.0，大气淡水渗混显著，属自由交替带—交替阻滞带，油气保存条件差。如张家场构造张 1 井须家河组地层水矿化度仅 1.84g/L，变质系数 2.3，脱硫系数 16.96，碳酸盐平衡系数 29.27，SO_4^{2-} 当量浓度为 7.22%，水型为 $NaHCO_3$ 型；福成寨构造成 15 井地层水矿化度 2.28g/L，变质系数 1.79，脱硫系数 18.85，碳酸盐平衡系数 22.3，SO_4^{2-} 当量浓度为 10.35%，水型为 $NaHCO_3$ 型；建南气田建 10 井须家河组地层水矿化度 0.56～4.4g/L，变质系数 1.36～1.69，脱硫系数 45.91～67.48，碳酸盐平衡系数 0.93～1.13，SO_4^{2-} 当量浓度为 1.75%～14.79%，水型属 Na_2SO_4 型。但在远离露头和断裂的低缓背斜以及向斜之

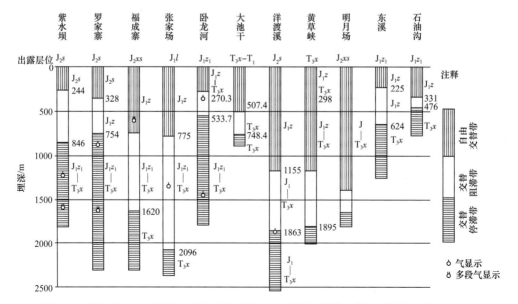

图 8-7　川东地区上三叠统—侏罗系构造水文地质垂直分带示意图（据杨磊等，2009）

中，地下水受地表渗入水影响作用明显减弱，水化学性质表现为封闭环境下的变质特征。如新市构造新 5 井须家河组井深 2026.68m 发生井漏，裸眼初测产水 307.2~1440m³/d，矿化度 63.77g/L，Cl⁻ 含量 34.42g/L，水型为 CaCl₂ 型，变质系数 0.87，脱硫系数 0.52，碳酸盐平衡系数 0.04，完全体现出沉积封存水的变质特征（杨磊等，2009）。利盐 1 井须家河组地层水矿化度为 107.42g/L，Cl⁻ 含量 68.16g/L，水型为 CaCl₂，变质系数 0.77，脱硫系数 0.10，碳酸盐平衡系数 0.01，属沉积变质水，有利于油气的保存。

总体而言，川中—川西—川南（大部分）地区须家河组地层水矿化度高、浓缩变质程度深，属沉积变质水，有利于油气保存。川东区高陡背斜带须家河组受大气淡水影响严重，地层水普遍遭淡化，不利于油气的保存。但在远离露头和断裂的低缓背斜以及向斜之中，受大气淡水改造程度弱，有利于油气的保存，如卧龙河、新市、渡口河、五宝场等。

2）凉高山组—自流井组

凉高山组—自流井组是川中地区的重要产油气层系，自上而下凉高山组、大安寨段、东岳庙段等油气层被厚层泥岩夹层隔开，各自形成独立的单元。凉高山组油层主要有公山庙油田、南充油田等，其他地区零散见到。水产量一般不大，单井日产水多在 1~3m³，个别井也有超过 10m³。水化学性质比较稳定，矿化度为 102~220g/L，Cl⁻ 含量 63~135g/L，γNa⁺/γCl⁻ 系数 0.66~0.69。大安寨段地层水矿化度为 89~231g/L，Cl⁻ 含量 55~142g/L，γNa⁺/γCl⁻ 系数 0.68~0.73。东岳庙段地层水矿化度为 128~231g/L，Cl⁻ 含量 64~142g/L，γNa⁺/γCl⁻ 系数 0.67~0.7。三个层段地层水均无 SO₄²⁻，有 Ba²⁺，Ba²⁺ 含量一般为 1500~2200mg/L。微量元素含量 I⁻ 为 12~34mg/L，Br⁻ 为 668~1684mg/L，Cl⁻ 为 72~173mg/L，Ba²⁺ 为 6~82mg/L。

3）沙溪庙组—蓬莱镇组

沙溪庙组—蓬莱镇组是川西地区的重要产层之一，目前中江、马井—什邡、高庙子等气田已实现商业开发。川西坳陷沙溪庙组—蓬莱镇组地层水总矿化度主要为 10~50g/L，平均 25g/L，低于上三叠统须家河组，沙溪庙组地层水以 CaCl₂ 型为主，蓬莱镇组见较多地层水 Na₂SO₄ 型。地层水阳离子主要有 K⁺、Na⁺、Ca²⁺、Mg²⁺，阴离子主要包括 Cl⁻、SO₄²⁻、HCO₃⁻，阳离子含量顺序为 Na⁺≫Ca²⁺>K⁺>Mg²⁺，平均含量 7000mg/L；阴离子含量顺序为 Cl⁻≫SO₄²⁻>HCO₃⁻>CO₃²⁻，平均含量 12000mg/L，变质系数（γNa⁺/γCl⁻）18~75，脱硫系数 0~0.28，属于原始沉积—变质水，总体上川西地区沙溪庙组—蓬莱镇组具有较好的保存条件。

第二节　盖层条件

四川盆地纵向上发育下寒武统、下志留统、上二叠统、陆相（T₃—J₁₋₂）四套区域性的泥质岩盖层，以及中—下三叠统、中—下寒武统两套区域性的膏盐岩盖层。这些区域性的盖层对各成藏组合中天然气的封堵具有重要作用。尤其是盆地内上三叠统及其以上的陆相区域性泥质岩盖层厚 50~3000m，是海相碳酸盐岩重要的区域"大被子"，有效地保护了下三叠统嘉陵江组厚 40~230m 的膏盐层免遭淡水淋滤，对下伏油气藏（田）群起着至关重要的封闭作用，是四川盆地大油气田得以保存的重要条件。

一、四套区域性泥质岩盖层

1.下寒武统泥质岩盖层

1）盖层分布特征

下寒武统泥质岩盖层包含了下部具生烃能力的暗色泥岩和与其相邻的不具生烃能力的灰色泥岩、钙质泥岩和少许硅质泥岩。在区域上分布非常广泛，几乎遍及整个四川盆地，厚度在50～450m之间，一般在200m（图8-8）。下寒武统泥质岩盖层的分布受长宁—绵阳古裂陷槽及古隆起控制，乐山—龙女寺和黔中古隆起的古隆起上盖层较薄，小于100m，而裂陷槽盖层厚度普遍在300m以上。

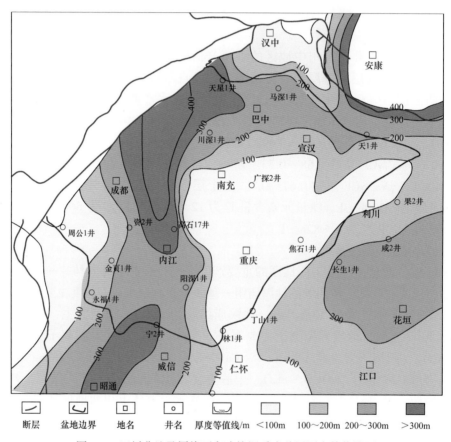

图8-8　四川盆地及周缘下寒武统泥质岩盖层厚度等值线图

下寒武统区域盖层的形成和发育与早寒武世的岩相古地理格局密切相关。早寒武世是继震旦纪之后，中国南方岩相古地理发展史的一个重要阶段，亦是显生宙历史长河的起点，是在晚震旦世灯影组沉积期海退后又一次海侵背景下接受沉积的，为南方海平面最大的海域，沉积了黑色页岩和磷块岩，代表最大海泛面。在牛蹄塘组沉积时期，呈现出"一陆一棚一盆地"的古地理格局，海底为一向南敞开的斜坡地形。沉积环境由西向东呈现出滨岸→混积陆棚→浅水陆棚→深水陆棚→盆地→深水陆棚→浅水陆棚的格局。随着沉积水体深度逐渐增加，泥质含量递增，砂质与石灰质含量递减，泥质岩盖层的纯净度越来越好，泥质岩盖层厚度越来越大。因为在早寒武世早期，中国南方处于拉张高峰期，导致中国南方分成扬子板块和华夏板块，其间为华南裂陷洋盆，早寒武世梅树村组沉积期和筇竹寺组沉积早期海侵达到最大高潮，海侵范围涉及全区。该时期除鄂北、鄂中和鄂东以北地区（即荆门—京山—沔阳—武汉）为局限海台地相外，其余广大地区，包括黔东、湘西、湘中、赣北、浙西皖南一线均为深水斜坡—盆地环境，主要沉积一套巨厚的富含有机质的水平纹层状黑色页岩系，包括黑色、黑灰色碳质页岩、碳硅质泥页岩、碳泥质硅质岩、含磷泥灰岩、煤层和碳酸盐岩等，代表缺氧的深水盆地环境。分布范围广，几乎遍及整个扬子地区，构成了第一套良好的区域盖层。

2）泥质岩盖层微观特征

坳陷型深水陆棚相带的天星1井筇竹寺组和被动大陆边缘型浅水陆棚相带的林1井牛蹄塘组，薄片鉴定分别为粉砂质泥岩、泥岩，样品物性特征见表8-2，孔隙度1.21%～2.81%，渗透率0.0021～0.0779mD，属Ⅰ类盖层。

表 8-2 泥质岩盖层物性特征

井号	样品	薄片鉴定	孔隙度 / %	渗透率 / mD	伊利石 / %	绿泥石 / %	混层比 / %	R_o / %
天星 1 井	TX1QW-2	黑灰色粉砂质泥岩	2.81	0.0401	41	12		
	TX1QW-3	深灰色粉砂质泥岩	2.67	0.0779	57	7		
	TX1QW-6	黑灰色粉砂质泥岩	1.45	0.0021	31	7		2.14
	TX1QW-7	深灰色粉砂质泥岩	2.31	0.0384	68	10		2.30
	TX1QW-8	黑灰色粉砂质泥岩	2.69	0.0274	39	7		2.21
林 1 井	L1-6-2	黑色泥岩	1.21	0.0051				
	L1-6-92	黑色泥岩	1.25	0.0060				
	L1-7-1	黑色泥岩	1.24	0.0080	72	20	8	3.59

黏土矿物均由细鳞片状伊利石、绿泥石等矿物组成。盆内两口井下寒武统泥页岩样品伊利石含量39%～72%，平均值54.67%；绿泥石7%～20%，平均值10.5%；混层比8%。扫描电镜下泥岩结构特征总体为致密块状，结构均匀，黏土矿物（伊利石）呈弯曲片状或叠片状，有顺层分布趋势（图8-9b）。孔隙不发育（图8-9a），仅见残留粒间孔隙及黏土矿物（伊利石）的层间微孔隙，连通性较差，多呈孤立状。结合样品中伊利石呈片状特征和镜质组反射率分析结果，可以判断出它们均处于晚成岩阶段。

综合宏观分布及微观特征认为，下寒武统泥质岩分布范围广，厚度分布稳定，具有较好的封闭性能，构成了四川盆地第一套良好的区域盖层。

2. 下志留统泥页岩盖层

1）盖层分布特征

晚奥陶世五峰组沉积之后，中上扬子地区的构造性质由沉降转为隆升，早志留世以前已形成大面积分布的古陆，早志留世龙马溪组沉积期早期以海侵体系域沉积为主，在四川盆地大部分地区为黑色页岩，一般厚度为20～50m，最厚100m，沉积物富含笔石，水深100～150m，并且该期的浅海域被古陆或古隆起环绕，呈现出"陆包海盆"的古地理格局。

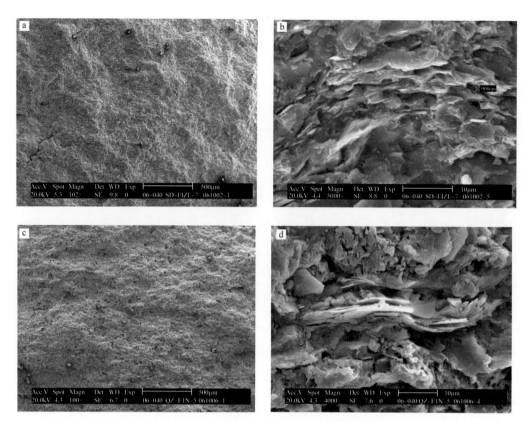

图 8-9 下寒武统泥质岩盖层微观结构特征

志留系盖层为一套陆棚相—滨浅海相的砂泥岩建造,该套盖层厚度巨大,岩性稳定,但局部地区遭受不同程度的剥蚀。平面上主要分布于黔中地区的黔北坳陷,川东北地区、鄂西渝东的石柱复向斜和利川复向斜,其余地区剥蚀暴露或缺失。

四川盆地下志留统泥质岩盖层以乐山—龙女寺隆起为中心,古隆起核部志留系剥蚀殆尽,向外厚度由 100m 逐渐增大,向南在泸州—宜宾地区厚 600~700m(图 8-10);向北至大巴山地区厚 300~700m;向东至湘鄂西地区厚度达 1000m。

在川东北地区这套盖层未见出露,目前埋深都在 4000m 以上,从志留系厚度区域变化看,这套盖层厚度在 500m 以上,最厚可达 1000m,属于均质盖层。

鄂西渝东地区这套盖层仅在齐岳山复背斜的南段花椒堂地区遭受剥蚀,利川复向斜内有零星出露。其他地区均连片分布于地腹,志留系覆盖率可达 90% 以上,盖层厚度一般在 900m,如利 1 井厚 1020.50m,彭水黄草场厚 966.44m,齐岳山复背斜和利川复向斜志留系盖层中泥质岩所占比分别为 73.25% 和 77.70%,属较均质盖层。

2)泥质岩盖层微观特征

四川盆地志留系底部的龙马溪组一段页岩作为主力页岩气层进行勘探开发,底部高 TOC 的页岩和龙马溪组中上部低 TOC 的粉砂质泥岩、含灰泥岩厚度大,分布广,其中龙马溪组中上部低 TOC 的粉砂质泥岩、含灰泥岩孔隙度和渗透率样品相对更低,封闭性更好。焦页 7 井、丁页 4 井龙马溪组中上部低 TOC 的含粉砂泥岩孔隙度 0.17%~2.11%、渗透率 0.0054~0.285mD。属 I 类盖层。

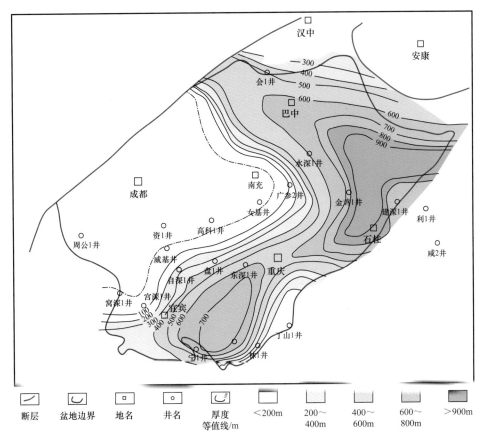

| 断层 | 盆地边界 | 地名 | 井名 | 厚度
等值线/m | <200m | 200~
400m | 400~
600m | 600~
800m | >900m |

图 8-10　四川盆地下志留统泥质岩盖层厚度等值线图

井下低 TOC 泥页岩中伊利石含量 62%～84%，平均值 70.5%；绿泥石含量 14%～22%，平均值 18.4%；混层比 4%～16%，平均值 8%；伊利石结晶度 0.37～0.39（表 8-3）。结合样品中绿泥石呈绒球叶片状，而伊利石仍呈片状特征，镜质组反射率分析结果 2.15%～2.61%，伊利石结晶度大于 0.35，可以判断出它们处于晚成岩阶段。

表 8-3　四川盆地及周缘地区下志留统盖层测试分析数据

井号	深度 / m	薄片鉴定	孔隙度 / %	渗透率 / mD	伊利石 / %	绿泥石 / %	混层比 / %	伊利石结 晶度 / CIS	R_o / %
焦页 7 井	3285.44	深灰色粉砂质泥岩	0.17	0.0054	71	20	8	0.37	—
	3290.16	深灰色粉砂质泥岩	0.33	0.1770	80	19	8	0.37	2.55
	3293.04	深灰色粉砂质泥岩	0.32	0.0099	84	16		0.37	—
	3394.65	深灰色粉砂质泥岩	0.69	0.0888	68	21	7	0.37	—
	3396.58	深灰色粉砂质泥岩	0.53	0.0135	72	14	9	0.37	—
	3398.88	深灰色粉砂质泥岩	0.66	0.0596	74	20	9	0.37	—
	3400.99	深灰色粉砂质泥岩	1.12	0.0208	75	19	8	0.37	—
	3407.11	深灰色粉砂质泥岩	1.11	0.0717	65	22	8	0.38	2.61

井号	深度 / m	薄片鉴定	孔隙度 / %	渗透率 / mD	伊利石 / %	绿泥石 / %	混层比 / %	伊利石结 晶度 / CIS	R_o / %
丁页 4井	3582.36	黑灰色灰质泥岩	2.11	0.0738	68	19	8	0.39	—
	3584.23	黑灰色含灰泥岩	1.21	0.1670	69	19	5	0.39	2.20
	3587.75	黑灰色含灰泥岩	2.07	0.0850	71	20	4	0.39	—
	3590.23	黑灰色含灰泥岩	1.86	0.0258	69	17	7	0.39	—
	3592.02	黑灰色含灰泥岩	1.89	0.0651	62	17	16	0.39	—
	3594.17	黑灰色含灰泥岩	1.50	0.2860	62	18	13	0.39	—
	3600.27	黑灰色泥岩	1.93	0.0682	68	18	9	0.39	—
	3622.08	黑灰色泥岩	1.97	0.1820	70	15	10	0.39	2.15

扫描电镜反映出两块样品的微观结构特征基本相同。岩石结构：致密块状砂质泥岩（图8-11a），黏土矿物（伊利石）呈叠片状，顺层分布。孔隙类型：主要发育黏土矿物与碎屑颗粒之间残留的粒间微孔隙，以及黏土矿物（伊利石）的层间微孔隙。胶结类型：主要见绿泥石充填粒间孔隙及在黏土矿物表面衬垫式胶结。成岩作用：碱性环境中黄铁矿脱落—绿泥石充填式胶结（图8-11b）。

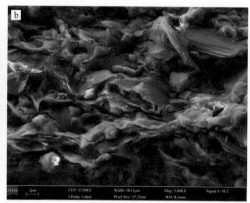

图8-11　下志留统泥质岩微观结构（丁页4井，3582.5m）

综合宏观分布及微观特征，认为下志留统泥页岩分布范围广，厚度稳定，具有较好的封闭性能，属于一套优质区域盖层。

3. 上二叠统龙潭组泥质岩盖层

1）盖层分布特征

早二叠世栖霞组沉积期开启了海平面上升的基本格局，栖霞组沉积期中期至茅口组沉积期初期，海平面迅速上升，达到晚古生代以来南方最大海侵时期，整个南方被海水覆盖成为广大浅海域，是一个巨型碳酸盐岩缓坡，盆地内夹各种深海碳酸盐岩沉积（茅口组与放射虫伴生的锰矿层，孤峰组的硅质岩及磷、锰结核为凝缩层标志沉积）形成以碳酸盐岩为主的区域烃源岩。

晚二叠世海平面升降周期的性质介于第二个一级巨旋回期的主体上升和主体下降的过渡阶段，即海平面升降的转折阶段。海平面总体呈下降态势，下降背景下出现多次波动，但吴家坪组沉积晚期至长兴组沉积中期，为晚二叠世最大海侵期，形成晚二叠世区域性烃源岩和区域性盖层。此套盖层中泥质岩累计厚度相对稳定，一般为100m。

需要指出的是，吴家坪组与龙潭组属于同期异相沉积，以碎屑岩含煤为特征的龙潭组及以硅质岩、石灰岩为主含煤的吴家坪组，都与下伏茅口组为假整合接触。

在利川地区岩性以"两软夹一硬"为特征，即顶底为泥质岩软地层；中间为石灰岩硬地层；底部为黑色、灰黑色页岩，以及碳质页岩夹煤线，厚度为54~115m，为茅口组遭受风化夷平后海侵初期的沼泽相，随着海水逐步加深，沉积相转变为台地相，沉积物为灰色、深灰色石灰岩。含生物碎屑和硅质团块。

2）泥质岩盖层微观特征

从区域构造—沉积演化分析，四川盆地及周缘二叠系盖层整体埋深及成岩程度接近。利用川东北地区泥岩成岩演化程度分析成果初步判断（图8-12）：现今晚成岩底界在3600m处，考虑最顶部剥蚀2000m的厚度，则区域上相应的晚成岩阶段底界在5600m，中成岩晚期底界在4800m，中成岩早期底界在2300m。结合区域上二叠系底界侏罗系顶埋深图（大致为最大埋深）及上覆地层沉积厚度图，此盖层埋深普遍小于5000m，应该属于中成岩晚期阶段。相对于下寒武统及志留系盖层，其微裂缝要少，不易破碎，盖层岩石正处于塑性最强阶段，微裂隙不易产生，并使岩层内特别是垂直层面上的孔隙被大量堵塞，物性条件极为优越。

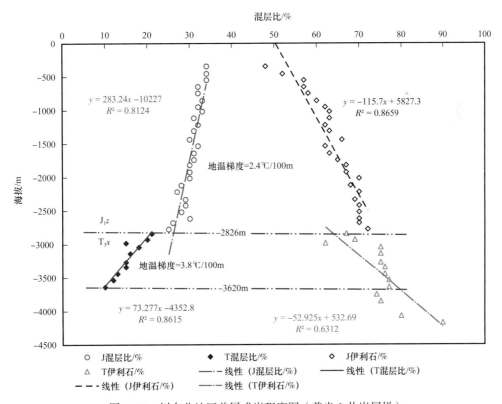

图8-12 川东北地区盖层成岩程度图（普光2井岩屑样）

建南气田石炭系气藏的盖层为 P_1—P_3l 泥岩＋泥质灰岩复合型盖层。建 13 井钻井揭示上二叠统龙潭组为黑色页岩夹薄层石灰岩及煤层，厚 27～37m，能有效封盖气藏。石柱漆辽—六塘野外剖面上二叠统龙潭组黑色页岩样品尽管其孔渗数值较大，但其微孔结构全区最好：比表面积为 125.8m²/g，为其他层位的 4 倍；中值半径最小，仅 2.49nm；优势孔隙在 1.0～10nm 之间，含量达 97.1%；微孔隙半径呈单峰态，1～2.5nm 的微孔占 64.7%；突破压力高达 14.73MPa，封盖高度在 1400m 以上。

综上所述，二叠系盖层普遍演化到中成岩阶段晚期，极少数达到晚成岩阶段早期，孔隙以微孔—介孔为主，正处于塑性最强阶段，能有效防止岩层中微裂隙的产生，属于优质盖层。

4. 陆相泥质岩盖层

在整个南方地区，四川盆地由于其独特的构造沉积背景，在海相地层之上仍完整保留着一套连续分布的陆相泥质岩区域盖层（T_3—J_{1-2}），它的厚度和埋深足以满足阻止地表水对下伏层位油气渗入破坏的要求，阻止了水文地质作用的纵向交替及横向冲刷，对油气的保存意义重大。

在平面上：除川东高陡褶皱带核部陆相层系被剥蚀殆尽外，该套泥质岩盖层全盆地分布，厚度为 500～3000m，总体呈西厚东薄的分布面貌（图 8-13）。

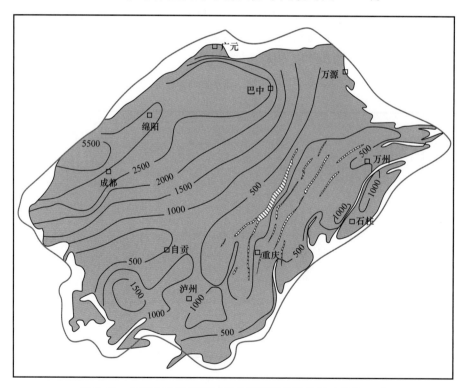

图 8-13　四川盆地陆相泥质岩盖层厚度等值线图（单位：m）

川西地区陆相深部须家河组发育须三段、须五段两套区域性泥质岩盖层，以及较为次要的须四段中亚段泥质岩盖层；中浅层发育白垩系、蓬莱镇组、遂宁组等区域性盖层，并在沙溪庙组、蓬莱镇组气藏内部发育多套泥岩隔层。

须三段主体为前三角洲—滨浅湖相深灰色碳质泥页岩夹砂岩、煤层，泥地比

29.4%～75.5%。泥岩厚度大，厚100～550m，具有西北厚东南薄的特征，分布广泛，封盖性好，为良好的区域盖层。须五段为滨浅湖相泥质岩，分布广泛，厚度较大，厚50～400m，泥地比28.3%～78.5%，封盖条件好。须四段中亚段泥岩盖层厚100～300m，在新场、鸭子河—金马、崇州—郫州地区厚度达200～300m，往南东、北东方向逐渐变薄。须家河组泥岩普遍致密—超致密，排驱压力高，最大为25MPa，临界气柱高度达到236.7m，表明须三段、须五段泥质岩是优质盖层，完全具备封盖能力。

中浅层主要发育三套区域性盖层：白垩系、上侏罗统蓬莱镇组和上侏罗统遂宁组，均以泥岩、粉砂质泥岩为主。白垩系分布广，泥岩厚度较大，一般在200m以上，有效地封盖了蓬莱镇组气藏。蓬莱镇组泥岩厚度大，区内厚度在400m以上，在孝泉—新场—合兴场地区达500m以上。遂宁组泥岩厚度40～400m，孝泉、新场、合兴场和马井地区厚度较大，一般大于200m。此外，对侏罗系单个气藏而言，其内部普遍存在多套较薄的泥岩隔层，可作为下伏气层的直接盖层。侏罗系在纵向上普遍发育超压，因此具有一定的压力封盖保存条件。

川东北地区陆相泥岩盖层厚度一般为500m。据通南巴构造（带）多口钻井资料统计，泥质岩主要发育于上三叠统须家河组、下侏罗统自流井组、中侏罗统千佛崖组及下沙溪庙组，而上沙溪庙组则广泛出露于地表。下沙溪庙组一般厚365～417m，由棕红色粉砂质泥岩、砂岩及泥岩不等厚互层构成，其中泥岩厚95～214m，占地层厚度的24.5%～53.8%。千佛崖组厚95～306m，为灰色、绿灰色泥岩与细砂岩、中粒岩屑砂岩不等厚互层，其中泥岩厚45～200m，占地层厚度的23.3%～65.4%，泥岩中常发育有"软泥岩"。自流井组是本区较重要的泥质岩盖层发育层段，主要由灰绿色、褐灰色、深灰色泥岩与粉砂岩、砂岩及砂质泥岩互层所组成，上部有时夹薄层介屑灰岩。该组厚度分布稳定，一般为405.5～446m，其中泥岩厚104.5～201.5m，占地层厚度的23.4%～48.7%。须家河组黑色、灰黑色泥岩、含碳质泥岩主要发育于须一段、须三段及须五段，而须二段和须四段主要为砂岩，偶夹少量薄层页岩。须家河组厚315～376m（川27井厚523.7m），页岩厚83～153.5m，占地层厚度的25.5%～40.8%；地层沿北东向构造轴线最厚，向北西、南东两翼减薄；泥岩则以东南部的南阳场最厚，向北东和北西、南东方向减薄。

陆相泥质岩盖层非均质性强，测试数据的规律性差，整体封盖质量一般，实测突破压力一般为4.13～10MPa，低于下伏海相层位泥岩的突破压力，仅具有中等的遮挡作用。

从成岩角度分析，大部分地区的样品处于中成岩晚期，可能保留较多的韧性黏土矿物，利于对断裂形成侧向封堵。因此它的存在对保护下伏膏盐层盖层不受破坏至关重要，为一套重要的区域盖层。

二、两套区域性膏盐岩盖层

1. 中—上寒武统膏盐岩盖层

1）盖层分布特征

经过早寒武世早中期的海侵之后，中寒武世末至晚寒武世的一段时期内，四川盆地出现了干旱气候，由此形成了较多的膏盐岩。四川盆地中—上寒武统膏盐岩盖层主要发育于中寒武统龙王庙组—上寒武统毛庄组，厚度呈北东向展布（图8-14），其形成与发育受沉积环境与古构造控制。

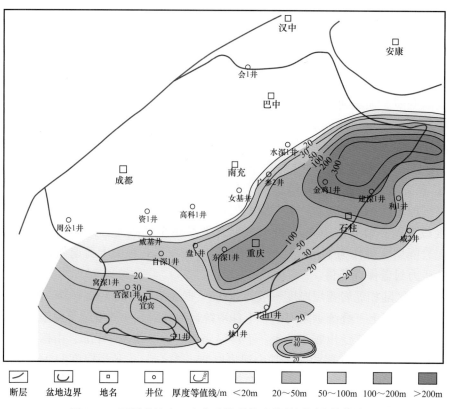

断层	盆地边界	地名	井位	厚度等值线/m	<20m	20～50m	50～100m	100～200m	>200m

图 8-14　四川盆地中—上寒武统膏盐岩类盖层厚度等值线图

据丁山 1 井等资料综合分析，中—上寒武统膏盐层主要分布于四川盆地西南部、四川盆地东部及鄂西渝东区，属浅水蒸发台地相。

上寒武统覃家庙组膏岩在湘鄂西西北部十分发育，建深 1 井钻遇 288m 膏岩。川东南地区寒武系膏岩盖层主要分布于石冷水组和清虚洞组。在丁山构造以西的宁 1 井及宫深 1 井，龙王庙组下部为石灰岩、砂屑或鲕粒灰岩；中上部为白云岩、膏质白云岩、砂屑或鲕粒白云岩夹膏岩，膏岩厚度达到 30～70m。川东南丁山 1 井、林 1 井膏岩厚分别为 26.9m、99m，膏岩分布基本以清虚洞组为界，上下基本各占一半。在四川盆地南部发现了雷波沙坪子西王庙组石膏厚 18.5m/7 层 /2 套、火草坪龙王庙组膏岩厚 18.5m/6 层 /1 套（含 2.0m/1 层膏溶角砾岩），共两个石膏露头点。

此外，在黑马石膏露头还见到一些盐构造，如小揉皱。在实测剖面时均发现中—上寒武统较厚的膏溶角砾岩。其中，抓抓岩剖面 30 余米 /13 层中寒武统龙王庙组膏溶角砾岩、长坪剖面 17.5m/4 层中寒武统龙王庙组膏溶角砾岩、范店剖面 20 余米 /4 层 $\epsilon_2 d$ 膏溶角砾岩、三汇场剖面中寒武统石冷水组 35m/4 层膏溶角砾岩。这些膏溶角砾岩，可能对应地下一套优质的石膏盖层。由此可见，川东南区块膏岩盖层连片分布，层数多，石膏岩单层最厚达 14m。结合钻井与露头证据，预测在四川盆地南部的川西南区块有厚 60m 且长 60～70km 的优质石膏盖层带，为有利的潟湖沉积相带。

2）膏岩盖层微观特征

膏岩有很高的可塑性，特别是具有可塑性随深度增加而增大的特征。因其可塑性强，对逸散通道有很大的愈合能力，对厚度要求也比泥岩薄（理论上为20m，而四川盆地已有油气勘探表明实际对膏盐层厚度要求更小，厚度在4m以上的膏岩就可以作为工业性气藏的可靠遮挡层），因此被公认为分布广、最可靠、性质最佳的盖层。

鄂西渝东区上寒武统盖层含膏白云岩和泥岩盖层的毛细管压力曲线高陡，突破压力4.98～9.85MPa。中值半径一般介于4～10nm，其中膏质岩类中值半径相对较小，微孔隙半径分布集中于小孔隙。由于膏岩类非常致密，孔隙极不发育。因此，上寒武统盖层中的膏岩类比表面积相对泥质岩要低，孔隙流体也有对应变化。建深1井泥岩盖层气柱高度为483.45m，鱼1井膏岩大于900m，遮盖系数均大于100%，具备非常强的封闭能力。上寒武统盖层膏质岩类扩散系数 10×10^{-6}～20×10^{-6}cm²/s，具有形成中、高效气藏的封闭能力。

通过上述上寒武统盖层薄膜封闭分析认为，上寒武统膏岩盖层较下寒武统泥岩盖层封闭性能更好。鄂西渝东大部分地区已具有封闭高压气藏的能力，尤其是中值半径较中寒武统泥质岩盖层具有明显优势。

2. 中—下三叠统膏盐岩盖层

四川盆地嘉陵江组—雷口坡组膏盐层对其下伏二叠系、三叠系天然气藏（普光、元坝等）规模聚集及保存起到了重要的作用，其保存的完整性及有效性是油气规模聚集的关键。

1）盖层分布特征

四川盆地膏盐岩十分发育，主要发育于下三叠统嘉陵江组和中三叠统雷口坡组，下三叠统飞仙关组的飞四段亦有少量发育。膏盐岩盖层厚度为50～400m，川中南充、川北巴中一带厚度一般大于300m；在川东断褶带厚度一般为100～300m，川西南成都—峨眉一带最厚，最厚可超过500m，而川南区因印支期的剥蚀作用，膏岩厚度最薄，近盆缘一带膏盐岩厚度小于50m（图8-15）。

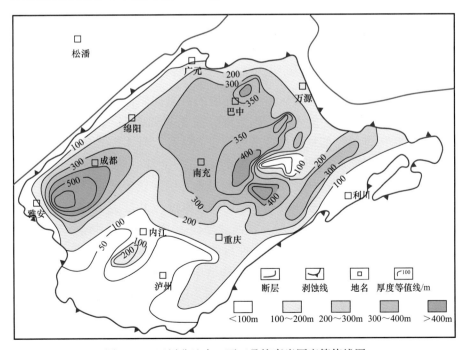

图8-15　四川盆地中—下三叠统膏岩厚度等值线图

（1）川东北地区。

三叠系膏盐层中以下三叠统嘉陵江组四段最为重要，具有总厚度和单层厚度大、连续性好，硬石膏与盐岩厚度稳定等特点。其次是嘉二段，虽总厚度及单层厚度不如嘉四段，但同样具有层位稳定、对比性、连续性好的特点。中三叠统雷口坡组也是一个重要的膏盐岩发育层段，虽总厚度较大，但层数多，单层厚度小，横向连续性相对较差。下三叠统嘉陵江组嘉五段亦是膏盐岩发育层段之一，在通南巴地区单层厚度较大，连续性较好，在宣汉—达州地区则发育较差。

（2）通南巴地区。

中三叠统雷口坡组膏盐岩主要发育于雷一段至雷三段，雷四段由于受印支运动末期的抬升，受不同程度剥蚀，在西南段的仁和1井见35.0m，而在河坝场一带的河坝1井不发育膏盐岩。其中雷一段一亚段和雷一段三亚段的膏盐岩横向稳定、连续，对比性较好，其余各段横向变化较大，连续性与对比性较差。嘉陵江组膏盐岩层位极为稳定，对比性、连续好且厚度较大，是区域性优质盖层。膏盐层累计厚度仁和1井为222m，河坝1井为88m。由于受后期北西向断层影响，膏盐层沿层间滑脱面滑动，出现向北西地层增厚的特点。

（3）宣汉—达州地区。

本区雷口坡组缺失雷四段，在西南部甚至缺失雷三段及雷二段（如双石1井、雷西2井及雷西1井）。雷口坡组中各层段主要为石灰岩、白云岩与硬石膏岩呈多旋回的频繁互层。各层段虽均不同程度地发育硬石膏岩，累计总厚度较大，以层数多，单层厚度小、横向变化大、对比性较差为特点。

嘉陵江组膏盐岩主要发育在嘉四段上部的二亚段、嘉二段及嘉五段，尤以嘉四段最重要，具纵向单层厚度大，横向连续性好等特点；其次是嘉二段，虽厚度不如嘉四段，但亦横向连续性好，其余层位的连续性和对比性则较差。嘉陵江组膏盐岩总厚度以南部的双石庙、雷西构造一带较大，在250m以上，东岳寨一带最薄，为77.5～120.4m，往北至付家山一带又复增厚至230m。

（4）鄂西渝东地区。

下三叠统膏盐岩盖层有效覆盖区主要分布在石柱复向斜以及万州复向斜，而利川复向斜、方斗山复背斜、齐岳山复背斜区则大部分或者全部暴露。在石柱复向斜，这套盖层除方斗山及齐岳山背斜核部地区出露遭受一定剥蚀外，基本连片分布，下三叠统膏盐岩盖层的分布以石柱复向斜南部较厚，一般为175m，北部一般为150m。由于其层位稳定，厚度变化不大，构成了石柱复向斜地区的最重要的区域盖层。以嘉四段分布最为稳定，膏盐层可占地层厚度的65%～85%，单层最小厚度为1m，最大厚度为37～67m，层数在东南部卷1井、盐1井为3～5层，往西北部建30井、建23井增多到9～12层。嘉二段分布也较为稳定，膏盐层占地层厚度的11%～51%，单层最小厚度1m，最大厚度为11～20m，层数在构造两翼为3～4层，而在构造中部建43井、建63井增多到7层，整套盖层厚度为125～175m，以盐1井—龙4井一线为中心向北西、南东方向减薄。

嘉四段膏盐岩主要分布于上部，厚度为48～96m，占该地层厚度的54.0%～86.5%，一般单层厚度为24～50m，最大可达67m，平面分布稳定，厚度变化不大，是鄂西渝东地区膏盐岩最发育的层位。

嘉五段膏盐岩主要发育于中部的嘉五段二亚段，厚度为31.5～48m，占地层厚度的16.0%～25.8%，单层厚度为7.5～19m，最大可达43m（盐1井），分布稳定，厚度变化不大，有自南向北减薄的趋势，是本区膏盐岩盖层发育的重要层位。

嘉二段膏盐岩于嘉二段上、中、下部均有发育，与白云岩组成三个沉积韵律，厚度为11.5～51m，占该地层厚度的6.6%～30.2%，最厚可达70m（建34井），单层最大厚度为6～22m，横向分布稳定，是鄂西渝东地区膏盐岩盖层发育的重要层位。此外，部分钻井在嘉三段见有少量薄层石膏层夹于石灰岩中，一般厚仅1～3m。

2）封盖性分析

从不同岩石围压下膏盐岩渗透率变化曲线可看出，膏盐岩同其他岩类相比具有随着围压的增大，渗透率急剧降低的特性（图8-16），反映膏盐岩的孔隙空间有着相当大的压实致密余地，是理想的盖层。

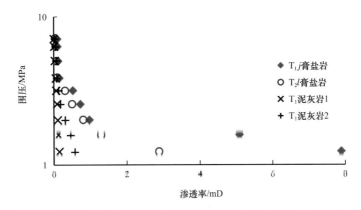

图8-16　膏盐岩、泥灰岩围压—渗透率关系差异图（鄂西—渝东样品）

第三节　构造作用与油气保存

构造作用是控制油气保存条件最重要的因素之一，不仅影响盖层的分布、质量等，而且是控制水文地质条件的主导因素，同时也是超压的形成机制之一。四川盆地是一个多旋回叠合盆地，沉降时间长，经历了多期次的构造运动。通常构造运动越强烈，保存条件越差。构造运动引起地层隆升剥蚀、褶皱变形、断裂切割、地表水的下渗以及压力体系的破坏，同时还因构造动力和应力作用使盖层岩石失去塑性，封闭保存条件变差。因此，后期构造运动的改造强度是油气藏破坏与散失的根本原因（赵宗举等，2002），并且主要通过断裂作用和剥蚀作用来改变油气的保存条件。

一、隆升剥蚀

不同地质历史时期发生的区域性整体升降运动对油气藏保存与破坏的影响存在差异。总体上具有三个特点：（1）在盖层形成时期的区域性沉降、坳陷和沉积，有利于形成区域性泥岩和膏岩盖层，能明显提高盖层对油气的封盖质量；（2）盖层形成时的大幅度沉降或坳陷，有利于形成泥岩盖层的超压，从而提高其封盖质量；（3）有效封盖层形成后，区域性整体抬升，会导致盖层风化剥蚀，产生释重裂缝和构造裂缝，从而减少盖层的有效厚度，提高残余盖层的孔隙度和渗透率，降低了油气的封盖能力（曹成润等，2003）。四川盆地经历了早期海相克拉通盆地与后期陆相碎屑盆地，构造运动频繁，多期次的构造运动对不同构造单元油气藏的形成、改造及破坏所起的作用有所不同。

加里东运动在四川盆地及周缘主要表现为整体抬升与少量剥蚀，形成"大隆大坳"的构造格局。在四川盆地及周缘形成了黔中古隆起、乐山—龙女寺古隆起、汉中—神农架古隆起等，川东—湘鄂西一带是早古生代克拉通内盆地沉积的中心，发育巨大的早古生代生烃坳陷，加里东期形成的古隆起成了早期油气运移的有利指向区，有利于早期原生古油藏的形成，然而志留纪末期的广西运动造成的区域性抬升，使得志留系遭受大规模剥蚀，致使早期形成的古油藏遭受了一定程度的破坏。

海西期四川盆地及周缘存在多次地壳的短暂"开—合"，晚石炭世与二叠世之交的整体抬升与快速海侵，使川东地区发育了潮坪相白云岩优质储层；早—晚二叠世之交的东吴运动造成四川盆地及周缘整体抬升、剥蚀，发育了浅海沼泽相的上二叠统龙潭组煤系烃源岩及茅口组顶部的溶蚀孔洞与裂缝型储层，为海相上古生界—中生界优质储层的形成起到了很好的建设性作用。

印支运动使大巴山、龙门山向盆内逆冲推覆，强变形带的油气藏遭到严重破坏，同时也在四川盆地内部形成了宽缓的天井山古隆起、泸州古隆起、开江古隆起、新场古隆起。该运动对中—下三叠统的剥蚀作用具有普遍性，但对油气保存条件的影响并不明显。一方面印支运动的剥蚀作用并未影响下组合盖层（且断裂不发育）；另一方面，印支末期，上古生界—中生界主力烃源岩生排烃作用不明显，其主成藏期在印支期后。

早—中燕山运动造就的隆升剥蚀主要在四川盆地周缘，盆地内仅局部地区发生了剥蚀。

晚燕山—喜马拉雅运动使四川盆地整体隆升，隆升幅度具北东高、南西低的特点，同时川东高陡褶皱带和川南、川西南低陡褶皱带最终定形，局部构造高部位剥蚀至二叠系，上古生界—中生界盖层条件丧失，同时隆升泄压，超压系统主要保持在复向斜区。

多期次构造隆升剥蚀作用对四川盆地特别是盆地周缘的保存条件影响大，如川北靠近造山带的冲断褶皱带及北大巴山地区，强烈的剥蚀作用导致盖层失去连续性，保存条件受到影响。晚燕山—喜马拉雅运动对盆地周缘地区的破坏影响最大，累计5000~7000m的强烈剥蚀作用使得山前带直接出露上二叠统—下三叠统礁滩白云岩，下古生界残留分布，油气保存条件较差或差。相对而言，盆地内部地层平缓，地表以侏罗系至新近系分布为主，数千米厚的陆相地层成为一套重要的屏障，其下每套含油气组合均发育泥质岩和膏岩封盖层，阻挡油气向上逸散，使油气藏得以有效保存。

二、断裂作用

断层对油气藏的形成可起到封闭、运移通道和破坏三种不同的作用。断层对油气的运移、聚集和破坏主要取决于断层的性质、破碎程度及断层面两侧岩性组合的接触关系。同一断层，可能在深部和浅部所起的作用不同，在不同的历史时期也可能起着封闭或破坏两种截然相反的作用。

断层的封闭作用是指断层的存在阻止了油气向上运移和逸散，最终聚集成油气藏。在纵向上，断层的封闭作用主要决定于断层的紧密程度，在横向上，断层的封闭作用则取决于断距的大小及断层两侧岩性组合的接触关系。断层的紧密程度主要取决于断层的性质、产状及断层带内充填物的性质。受压扭力作用产生的断层，断裂带紧密性强，常使断层面具封闭性；而张性断层的断裂带常不紧密，易起通道作用。此外，断裂带内形成的致密断层泥、原油氧化作用形成的固体沥青等充填物质，可堵塞运移通道，起到封闭油气的作用。

断层对油气的破坏作用则表现在"通天"断层可断穿上部区域盖层，成为油气散失的通道，造成油气藏破坏。同时，由于"通天"断层开启程度高，可使地表水下渗引起水洗—氧化作用，加剧了对油气藏的改造与破坏。

四川盆地虽经历多期构造运动，但除喜马拉雅运动外，其余以整体升降运动为主，对早期油气藏的破坏不大。即使是构造运动最为强烈的喜马拉雅晚期，盆地内部虽然形成大量的褶皱和断层，但断裂大多向上消失在上三叠统与侏罗系砂泥岩地层中，盆内总体构造变形弱，保存条件好，利于大中型气田的形成；而盆缘构造变形强，保存条件相对较差，气藏多遭受破坏。

例如普光、元坝、高石梯—磨溪气田虽经历了晚期调整改造，但整体封存条件未被破坏，气藏得以持续保存。而盆缘丁山、林滩场地区晚燕山—喜马拉雅期强烈挤压作用形成的齐岳山断裂及伴生断层向上开启，震旦系—寒武系气藏遭受破坏（图 8-17）。川北地区盆地内由于盖层发育，断层少，构造变形弱，断层开启深度在 1000m 以内，油气保存条件好；山前带各种地质要素的差异性比较大，断层从较多到多，构造变形从较强到强，地层水开始出现大气水下渗为主的淡水，断层开启深度在 1000～2000m 之间，油气保存条件变差；造山带及外围地区，强烈构造运动使得古生界直接裸露于地表，断层密集，构造变形破碎非常强烈，地层水基本属于大气水下渗为主的淡水，断层开启深度普遍超过 2000m，保存条件差。

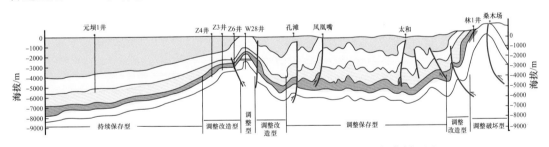

图 8-17　四川盆地及周缘元坝—磨溪—林滩场地区气藏剖面图

第四节　天然气保存条件综合评价

一、盆地内部弱变形区，整体保存条件好

四川盆地龙泉山深断裂以东、华蓥山深断裂以西的广大地区，具刚性基底，构造稳定，地层纵横向连续性好，地表为大面积侏罗系红层覆盖区，虽经历了多期次构造运动，但盆内构造变形弱，只被为数不多的断层所切割，对油气破坏影响不大，整个海相构造层形变微弱，以发育低—微幅度褶皱构造样式为特点，中生界、古生界保存条件良

好，发现了磨溪、高石梯、普光、元坝等大气田。

以普光气田为例，普光构造有两套重要的区域盖层：（1）发育于上三叠统须家河组及其以上的陆相碎屑岩类泥质岩为主所构成的盖层，它们一方面是本区陆相碎屑岩储盖组合的直接盖层，另一方面也是该区海相碳酸盐岩储盖组合的间接盖层；（2）以中三叠统雷口坡组及其以下嘉陵江组和飞仙关组顶部飞四段的潟湖相、潮坪相发育的膏盐岩类盖层。膏岩因其岩性致密、可塑性强，对油气具有极强的封盖能力。

普光构造下三叠统嘉陵江组二段、四段—中三叠统雷口坡组二段膏盐岩十分发育，这些膏盐岩发育段具有厚度大、分布相对稳定，连续性好等特点，构成本区重要的区域盖层。这类膏盐岩具有较大的塑性，在受构造应力的影响下，仍能保持侧向的连续性，具有较好的封闭能力。从现有钻井资料分析，主要膏盐岩发育段厚度分布相对稳定。这套膏盐层组成了普光构造长兴组—飞仙关组气藏的完整盖层。宣汉—达州地区北东部均为 $CaCl_2$ 型地层水，变质系数（$\gamma Na^+/\gamma Cl^-$）为 $0.77\sim0.91$，脱硫系数（$\gamma SO_4^{2-}\times100/\gamma Cl^-$）为 $0.45\sim1.28$，均呈现出低值，表明具备完好的封闭条件，具有未受到现今大气降水冲刷淡化的封闭还原环境的水化学特征，构成了普光气藏晚期成藏的保障。元坝地区下三叠统以下地层水矿化度 $65.84\sim338.51g/L$，水型为 $CaCl_2$ 型，处于水文地质相对封闭状态，为元坝气田成藏和保存奠定了坚实的基础。

普光气田虽然经历了气藏的晚期调整改造，但整体封存条件未被破坏，气藏得以持续保存。普光气田的形成经过多次调整和圈闭变位，形成了构造—岩性复合气藏。普光构造断裂发育，向下可断至寒武系，与多套烃源岩沟通，是油气运移的优势通道。同时，这些逆断层并未向上切割区域上的主要盖层（嘉陵江组、雷口坡组膏盐层），保证了构造—岩性复合圈闭的完整性和封闭性，保存条件良好。元坝气田长兴组气藏的形成同样经过多次调整转化，元坝地区嘉陵江组—雷口坡组膏盐岩层累计厚度为 $300\sim600m$，且构造变形弱，无断层切穿上覆嘉陵江组—雷口坡组膏泥岩盖层，元坝地区断层不发育和完整膏泥岩封闭使得天然气在调整再聚集过程中得以持续保存，天然气保存条件良好。

二、盆内构造强烈隆升区，保存条件受到影响

盆内构造强烈隆升区，如威远构造的形成演化经历了多期构造运动，保存条件受到一定影响。威远地区在 40Ma 左右抬升形成现今构造，是盆地内除川东高陡构造外唯一一个地表出露三叠系嘉陵江组和雷口坡组的区域。喜马拉雅期强烈的挤压运动使威远地区大规模隆升剥蚀，嘉陵江组与雷口坡组膏盐岩区域盖层遭到破坏，威远构造的封盖能力大幅度降低。隆升剥蚀作用使威远构造顶部形成了天然气逸散通道，灯影组气藏缓慢泄漏，直接影响了现今的气藏规模。因此，尽管威远构造为大型穿隆状背斜，但震旦系灯影组气藏的探明地质储量约为 $400\times10^8m^3$，充满度仅为 25%。

三、川东高陡构造复杂区，隐伏构造保存条件好

川东地区西到华蓥山—石龙峡，东至齐岳山，南达南川—开隆一线，北抵大巴山，面积约 $5.5\times10^4km^2$，是四川盆地稳定地块中的相对构造活动带。区内自西向东分布有 10 排以北东东向为主的高陡构造，在各高陡构造的中心地带，发育较大型的逆断层及裂

缝系统，可能导致天然气逸散和压力外泄。大断层的破坏性主要表现为断裂的泄压和漏水，部分高陡构造上的"通天"断层有压力释放和油气大量散失的现象，使天然气藏遭到破坏。大量钻探资料表明，大多数高陡背斜上支配背斜发育的主断层多"通天"，地表出露三叠系，使作为盖层的膏盐岩层被溶蚀，保存条件变差，原有的背斜油气藏遭到破坏，变成不产气或少量产气的含水构造，如黄泥塘、大天池、凉水井、南温泉、石龙峡、临峰场、西山、东山、古佛山、中梁山等高陡背斜。由于高陡背斜带呈平行排列，出露地层老，因此，水文地质面貌被分割破坏得支离破碎，多由一些零散的小盆地组成。在这样一个特定的地质构造背景下，由于其缺乏中三叠统—侏罗系区域盖层，地表处于自由交替带的水文地质环境，三叠系以上地层的开启程度远较二叠系以下地层要大，地表的水露头中常有盐泉、温泉出现就是直接的证明。目前在一些高陡背斜构造上的裸露区受大气降水渗滤改造，水型变差、产淡水，油气保存条件变差甚至丧失。虽然也获得一些气藏，但一般规模都不大。地层水除 $CaCl_2$ 型外，还有 $MgCl_2$、Na_2SO_4 等水型。而规模大、充满程度高的气田主要位于区域向斜中的低缓隐伏构造上，由于其上覆较厚的陆相地层，水文地质垂直分带中的交替停滞带的下限已经上提到侏罗系中，三叠系及控制背斜发育的主断层以隐伏形式存在，不发育通天断层，地表仅出露上三叠统以上地层，勘探目的层深埋地腹，天然气藏保存条件良好。这类圈闭勘探证实获得气藏的成功率很高，例如肖家湾断层上盘主体高陡构造，地表出露下三叠统嘉陵江组碳酸盐岩，通大断层及岩溶发育，分布有局部穿越流等天然气散失系统，因而圈闭封闭失效，勘探失利。而其东侧的沙坪场和西侧的西河口潜伏圈闭，地表被中三叠统—侏罗系区域盖层覆盖，与肖家湾断上盘主体高陡构造间为深向斜所隔，不发育通天断层，处于交替停滞带的水文地质环境，圈闭有效，主探目的层石炭系获得高产气藏。以建南气田为例，该气田位于石柱复向斜中心，远离其东西两侧的齐岳山、方斗山供排水区，加之气田储产层岩相、岩性的变化，从而使地下水交替不畅，形成了区域水动力的停滞环境。四个工业气层的边底水均处于水动力的停滞交替环境，地下水矿化度均在 100g/L 以上，属 $CaCl_2$ 型水，保存条件好。

四、盆地边缘强变形区，保存条件复杂

四川盆地天然气藏的散失系统主要分布于四川盆地周缘的龙门山造山带、米仓山造山带、大巴山造山带、江南造山带及湘鄂西—渝东南地区、渝黔—川滇边界地区。作为区域盖层有效整体封闭条件的中三叠统—侏罗系前陆盆地沉积在这里的大部分地区已剥蚀殆尽，大面积剥露海相原型盆地的震旦系—三叠系嘉陵江组碳酸盐岩地层，岩溶及大小、深浅断裂发育串通，多为地表渗入水系统的发育区、水文地质开启、水动力供排水区，且形成了大面积的穿越流，其纵横向延伸可以很深、很远（深度可达 3000~5000m），距离可达数百千米。由于缺乏区域盖层的有效整体封闭条件和区域水动力的停滞环境，区内各种封堵面的作用也就失效，特别是嘉陵江组膏盐岩被淋滤溶蚀为岩溶角砾岩，对气藏的保存条件破坏极大，从而导致这些地区油气勘探的失利。

盆地边缘靠近露头的地带，地层水的化学特征表现为矿化度低，水型多为 $NaHCO_3$ 型及 Na_2SO_4 型，变质系数（$\gamma Na^+/\gamma Cl^-$）均大于 1.0，为大气降水冲刷淡化的水化学特征，表现为开启水文地质环境，对天然气保存不利。

以米仓山—大巴山前带为例，强烈的剥蚀作用导致盖层失去连续性，晚燕山—喜马拉雅运动对其破坏影响最大，累计 5000～7000m 的强烈剥蚀作用使得山前带直接出露上二叠统—下三叠统，下古生界残留分布，油气保存条件较差。以米仓山及其周缘地区震旦系灯影组为例，米仓山构造带位于四川盆地北缘，为一面积约 4500km² 的大型古隆起，主体部位为大面积的前震旦系火成岩和变质岩出露，震旦系灯影组及古生界呈环带状分布。该区震旦系灯影组沥青显示极为丰富，表明早期震旦系灯影组曾有大规模油气聚集，该区震旦系灯影组油气成藏具有早期（志留纪—早白垩世中期）长期继承性发育和后期（早白垩世末至今）快速破坏的特征。晚喜马拉雅期，米仓山地区发生强烈的隆升剥蚀，并伴随大规模的断裂作用，灯影组保存条件遭到严重破坏。米仓山—大巴山山前带及周缘温泉分布很少，主要分布于米仓山—大巴山山前构造带内地形较高、存在"通天"大断裂的地区，如华景坝地区地表上升泉水矿化度为 9.71g/L，水型为 Na_2SO_4 型，有机质饱和烃组成呈现明显的异构优势，反映其为开启环境。米仓山—大巴山山前带及周缘地区各层系裂隙方解石充填物的 $\delta^{13}C$ 值为低值，大气水下渗深度为 600～4000m。从米仓山—大巴山山前带及周缘地区构造与水动力分布特征来看，由于地形高差条件，米仓山、大巴山构造带断裂破碎作用强烈、三叠系和侏罗系盖层整体剥蚀殆尽，因此有利于大气水从构造带、破碎带沿断裂和地层露头往盆地内渗入，发育重力导致的大气水下渗向心流，且其下渗作用往盆地方向由强变弱。古生界裸露区由于缺少良好的盖层封隔作用且地层破碎严重，大气水下渗作用强烈，油气保存条件整体较差。大巴山山前带及周缘地区钻井揭示，地层水总矿化度小于 30g/L，变质系数（$\gamma Na^+/\gamma Cl^-$）大于 1.2，脱硫系数（$\gamma SO_4^{2-} \times 100/\gamma Cl^-$）大于 15，地层压力系数低。米仓山山前带及周缘地区宁 1 井、会 1 井、曾 1 井震旦系钻井均产淡水，地层水矿化度低，显示油气保存条件遭到破坏。

第九章 非常规油气地质

页岩气是指主要以吸附和游离状态赋存于富有机质的泥页岩地层中的"连续型"非常规天然气（Curtis，2002），具有赋存方式多样、气源多成因并存、自生自储、大面积连续分布、源内成藏的特点，但由于其储层低渗致密，一般无自然产能或低产，需要采用水平井以及大型压裂改造技术才能进行大规模商业开采。2000 年以来，美国通过大规模推广水平井钻完井和大型水力压裂体积改造等关键核心技术，成功实现了页岩气规模开发，助推美国"能源独立"战略取得明显成效，据统计（美国能源信息局，2018），2017 年美国页岩气产量达 $4620 \times 10^8 m^3$。美国页岩气的重大突破，引起了许多国家对页岩气的重视，不少国家将页岩气作为油气勘探开发新的重要目标，这不仅引起了全球油气勘探开发的重大变革，同时也使世界能源的供需格局发生了重大变化。

中国页岩气资源丰富，勘探前景广阔，国土资源部 2012 年评价中国页岩气地质资源量为 $134.42 \times 10^{17} m^3$，技术可采资源量为 $25.08 \times 10^{12} m^3$。"十二五"以来，国家高度重视页岩气发展，国家发展和改革委员会、国土资源部、能源局等相关部门纷纷出台政策。2011 年 12 月，国务院批准页岩气为新的独立矿种，正式成为中国第 172 种矿产；2012 年 11 月，国家发布页岩气开发利用财政补贴政策。另外，为推动中国页岩气的勘探开发，中国石油企业率先在四川盆地开展了页岩气勘探开发先导性试验，2014 年在涪陵焦石坝地区探明了中国首个千亿立方米大型页岩气田，建成了 $50 \times 10^8 m^3/a$ 产能，实现了四川盆地页岩气工业化生产，成为中国页岩气勘探开发的历史性转折点，掀起了中国页岩气勘探开发新的高潮。

第一节 勘探开发概况

20 世纪 60—90 年代，四川盆地在常规油气勘探过程中，在泥页岩层系中发现过天然气流，部分学者对此还进行过研究，一般按泥页岩裂缝性油气藏进行评价。21 世纪初，通过技术引进、消化吸收和自主创新，中国石油、中国石化两大石油企业相继发现和探明了涪陵、长宁、威远、威荣等页岩气田，证实了四川盆地是中国最为有利的海相页岩气勘探区。四川盆地页岩气勘探开发历程可初步划分为探索与准备、战略突破、商业性开发三个发展阶段。

一、探索与准备阶段

自 2002 年起，国内开始跟踪调研美国页岩气资源发展动态，并开展了一些研究工作，页岩气商业化开采尚未起步，总体上处于前期探索与准备阶段。

2002—2007 年，国内勘探开发企业、大专院校及研究机构查阅、收集了大量国外页岩气勘探开发的资料和文献，开展了中国页岩气资源调查与成藏地质条件评价与研究，对促进中国页岩气研究起到了积极的推动作用。中国石化集团自2003年开始组织内部科研单位查阅、收集国外页岩气勘探开发的资料和文献，并于2004年设立"南方构造复杂区有效烃源岩评价"项目，开展了中国南方海相烃源岩的发育、分布及控制因素研究；2011年参加了由国土资源部牵头完成的"全国页岩气资源潜力调查评价及有利区优选"项目，进行了初步的页岩气资源潜力研究和选区评价工作。通过与北美典型页岩气形成条件对比，以页岩厚度、有机质丰度、热演化程度、埋藏深度和脆性矿物含量为主要地质评价参数，优选出四川盆地及周缘为页岩气勘探有利区。

在开展基础研究的同时，国内多家企业采取多种途径积极与国外油气企业在页岩气勘探开发方面寻求合作，开展了页岩气井钻探评价工作，部分井有页岩油气发现，但是并没有进入到商业开发阶段。中国石化自2009年起针对海相、陆相两大领域页岩气也进行了积极探索，并针对陆相页岩气开展老井复试工作，在元坝、涪陵地区16口常规兼探井中13口井测试获工业气流。2012年3月元坝21井自流井组大安寨段直井试获日产$50.7 \times 10^4 m^3$高产工业气流，取得陆相页岩气的重大突破。为了进一步开展湖相页岩气产能评价，2011—2012年中国石化在建南、涪陵、元坝、新场地区针对自流井组大安寨段和东岳庙段、千佛崖组、须家河组共部署页岩气专探井九口，其中六口井试获页岩气流，但产量相对较低，经过系统评价，认识到陆相页岩气地质条件复杂，富集高产主控因素等有待进一步探索。在开展陆相页岩气评价的同时，中国石化对南方海相页岩气也积极开展勘探工作，在四川盆地井研—犍为区块利用常规探井——金石1井对寒武系筇竹寺组进行直井测试，获$2.88 \times 10^4 m^3/d$的工业页岩气流；在盆外宣城—桐庐、湘鄂西、黄平、涟源、彭水区块钻探了宣页1井、河页1井、黄页1井、湘页1井以及彭页1井等，仅彭页1井于2012年5月测试获$2.52 \times 10^4 m^3/d$工业气流，总体效果不太理想。

二、战略突破阶段

通过以上钻探实践和研究，中国石化科研团队深刻认识到中国南方页岩气与北美页岩气差别较大。与北美商业页岩气田对比，中国南方页岩地层具有时代老、经历多期构造运动、热演化程度高和成藏条件复杂等特点，不能简单套用北美地区现成的勘探理论和技术方法。经过系统的基础研究，发现五峰组—龙马溪组深水陆棚相优质页岩关键参数耦合规律，提出南方复杂构造区高演化海相页岩气"二元富集"理论认识，建立了海相页岩气选区评价体系与标准，明确了四川盆地南部地区五峰组—龙马溪组富有机质页岩具有分布面积广、厚度大、有机质丰度高、保存条件总体较好的特点，优选出了涪陵焦石坝、南川、綦江丁山等一批有利勘探目标。

为了进一步研究海相页岩气形成基本地质条件并争取实现页岩气商业突破，2011年9月中国石化勘探分公司在涪陵焦石坝地区论证部署了第一口海相页岩气探井——焦页1HF井。该井导眼井（焦页1井）于2012年2月14日开钻，5月18日完钻，完钻井深2450m，完钻层位中奥陶统十字铺组；导眼井完钻后直接实施水平井钻探、评价产能，于2012年9月16日完钻，完钻井深3653.99m（垂深2416.82m），水平段长1007.90m，完钻层位下志留统龙马溪组；2012年11月4—26日针对水平井进行大型水力加砂压裂施工，于2012年11月28日放喷求产，试获$20.3 \times 10^4 m^3/d$工业气流，发现了涪陵大型页岩气田，实现了中国页岩气勘探战略性突破。

三、商业性开发阶段

涪陵页岩气田发现以后，展开评价和商业性开发同步实施。在焦页 1HF 井南部甩开部署焦页 2 井、焦页 3 井、焦页 4 井三口评价井，压裂测试分别试获日产 $33.69 \times 10^4 m^3$、$11.55 \times 10^4 m^3$、$25.83 \times 10^4 m^3$ 的中高产工业气流，实现了对焦石坝构造主体控制。2014 年，继涪陵页岩气田焦石坝主体控制后，中国石化勘探分公司针对不同构造样式和深层页岩气积极向外围甩开部署实施了 5 口探井——焦页 5 井、焦页 6 井、焦页 7 井、焦页 8 井、焦页 9 井，并在涪陵外围平桥构造部署实施了第一口页岩气探井——焦页 8 井（水平井焦页 8HF 井），在五峰组—龙马溪组水力压裂后获日产 $20.8 \times 10^4 m^3$ 的高产页岩气流，突破了平桥构造。

在展开评价的同时，为加快涪陵页岩气田"增储上产"步伐，探索涪陵页岩气田的开发方式，评价气藏开发技术指标，2013 年初，优选焦页 1 井区 $28.7 km^2$ 部署开发试验井组进行产能评价，部署钻井平台 10 个，钻井 26 口，新建产能 $5.0 \times 10^8 m^3/a$。2013 年 11 月 28 日，中国石化通过涪陵页岩气田一期 $50 \times 10^8 m^3/a$ 产能建设方案。2014 年 7 月，中国石化完成国内第一块页岩气探明储量，提交涪陵区块焦页 1 井—焦页 3 井区页岩气探明地质储量 $1067.5 \times 10^8 m^3$，截至 2015 年 12 月 31 日，涪陵页岩气田累计提交页岩气探明地质储量 $3805.98 \times 10^8 m^3$，气田累计开钻井 290 口，完井 256 口，投产 180 口，累计生产页岩气 $45.91 \times 10^8 m^3$、销售 $42.13 \times 10^8 m^3$。这标志着涪陵页岩气田顺利完成 $50 \times 10^8 m^3/a$ 产能建设目标。截至 2020 年底，累计探明页岩气含气面积 $753.86 km^2$，探明地质储量 $7926.41 \times 10^8 m^3$，建成 $100 \times 10^8 m^3/a$ 产能。截至 2019 年底累计产天然气 $291.39 \times 10^8 m^3$。

涪陵页岩气田是中国首个也是目前国内最大的海相页岩气田，该气田的发现和成功开发标志中国成为北美之外第一个实现规模化开发页岩气的国家。2013 年 9 月 3 日国家能源局批准设立重庆涪陵国家级页岩气示范区；2014 年 4 月 21 日国土资源部批准设立重庆涪陵页岩气勘查开发示范基地；2014 年 4 月 9 日，焦页 1HF 井被重庆市涪陵区政府命名为"页岩气开发功勋井"；2014 年由于涪陵页岩气田的发现，中国石化荣获 2014 年世界页岩油气国际先锋奖。

在涪陵页岩气田发现以后，中国石化自 2013 年以来，在四川盆地威远—荣县、丁山、荣昌—永川、南川、武隆等地区五峰组—龙马溪组以及井研—犍为地区筇竹寺组相继取得了多个领域的勘探突破和勘探发现。2018 年，新增威荣页岩气田五峰组—龙马溪组一段页岩气含气面积 $143.77 km^2$，探明页岩气地质储量 $1246.78 \times 10^8 m^3$；在丁山地区部署实施的丁页 2HF 井（垂深 4398m）、丁页 4HF 井（垂深 4095m）、丁页 5HF 井（垂深 4145m）分别试获日产 $10.5 \times 10^4 m^3$、$20.56 \times 10^4 m^3$、$16.33 \times 10^4 m^3$ 的中—高产工业气流，取得丁山深层页岩气勘探新发现，基本控制有利含气面积 $533.0 km^2$、资源量 $3864.0 \times 10^8 m^3$；在永川地区 $4000 \sim 4100m$ 范围内八口井测试产量为 $6 \times 10^4 \sim 14 \times 10^4 m^3/d$，取得永川地区新店子背斜带页岩气勘探新发现，基本控制有利含气面积 $126.0 km^2$，资源量 $1478.0 \times 10^8 m^3$；在武隆向斜实施的隆页 2HF 井测试日产页岩气 $9.2 \times 10^4 m^3$，取得盆外残余向斜常压的勘探突破；在井研—犍为地区金页 1HF 井寒武系试获日产 $5.95 \times 10^4 m^3$ 工业气流。这些地区页岩气正在积极评价，力争实现新的规模性商业开发。

第二节　基本地质特征

四川盆地先后经历了克拉通、前陆盆地和陆相裂陷盆地的复杂演化过程，富有机质泥页岩广泛分布，主要发育在古生界的中寒武统牛蹄塘组（与筇竹寺组、水井沱组等为同期异名）、上奥陶统五峰组—下志留统龙马溪组、上二叠统龙潭组（吴家坪组）、上二叠统大隆组、下侏罗统自流井组和中侏罗统千佛崖组。在以上几套富有机质页岩层中，开展了页岩气评价和钻探工作，局部地区钻探发现页岩油气流，其中以上奥陶统五峰组—下志留统龙马溪组为产层，发现了涪陵、威远、长宁、威荣等一批大中型页岩气田。

一、海相页岩气地层

1. 中寒武统牛蹄塘组

1）地层沉积特征

上扬子地区早古生代地层受古构造控制以及海侵影响，在寒武纪早期，形成中国南方古生界最好的烃源岩之一。晚震旦世，伴随着劳亚超大陆裂解和海底扩张的加速，四川盆地及周缘地区整体处于拉张背景，其外陆架由裂谷向被动大陆边缘转变，同时黔中基底的隆起加速了海底的沉降，二者为中—下寒武统"被动陆缘型"暗色泥页岩提供了构造—沉积背景和可容纳空间。同时，新元古代至早古生代发生的全球性缺氧事件、热水事件和寒武纪的生物大爆发为该地区暗色泥页岩的发育提供了有利条件，因此，早—中寒武世在中上扬子地台南北被动大陆边缘广泛发育有一套厚度较大的"被动陆缘型"深水陆棚相暗色泥页岩。早寒武世梅树村组沉积期—中寒武世牛蹄塘组沉积期发生的以地壳不均衡升降运动为主的兴凯地裂运动形成了绵阳—长宁裂陷槽，裂陷槽内中—下寒武统沉积虽然受陆源影响大，水体动荡，但在海平面相对升高、陆源注入相对影响较小时，沉积了多套、单层厚度较薄、TOC相对略低的"台内裂陷槽型"半深水陆棚相暗色泥页岩。另外，在米仓山前缘元坝—通南巴一带，发育"坳陷型"深水陆棚相富有机质页岩，连续厚度大、TOC高。

钻井及野外露头揭示，上扬子地区牛蹄塘组厚度一般为50～500m。在威远—资阳地区的中寒武统筇竹寺组厚度较厚，如资5井—资1井—威基井主要发育灰黑色泥岩、灰色粉砂质泥岩，累计页岩厚度为50～150m；元坝—通南巴一带主要发育灰黑色碳质笔石页岩，累计厚度60～140m；川东南及周缘地区厚度为50～250m。黔北—湘西—鄂西—渝东方向地层厚度有"厚—薄—厚"的变化趋势，总体沉积环境以黑灰色碳质页岩、深灰色、黑灰色泥岩、粉砂质泥页岩为主的深水陆棚环境，厚度一般为50～250m。

2）优质页岩空间展布

沉积环境控制了牛蹄塘组黑色页岩的发育和区域分布。钻井揭示，中上扬子地区南北两侧的"被动陆缘型"深水陆棚相页岩总体具有沉积厚度大、分布面积广、纵向基本无隔层、夹层，集中分布于牛蹄塘组下部的特征。TOC大于2%的深水陆棚相优质泥页岩累计厚度一般大于60m，主要分布在四川盆地东北部南江—镇巴—巫溪以及鄂西—渝东与黔北地区。鄂西渝东恩1井、黔南坳陷黄页1井，TOC大于2%的优质泥页岩厚度分别达到112m、79m，总体反映"被动陆缘型"优质页岩形成于长期海平面相对较高、深水缺氧的静水环境。位于四川盆地内呈南北展布的绵阳—长宁"台内裂陷槽型"半深水陆棚相页岩则与"被动陆缘型"深水陆棚相页岩不同，其受陆源物质的影响较大，暗色泥页岩具有纵向上发育多层但单层厚度不大的特点，金页1井其筇竹寺组共发育四套富有机质泥页岩，累计厚度仅10～30m。川北米仓山前缘坳陷型深水陆棚马深1井富有机质泥岩纵向连续发育，厚度较大，累计厚度大于200m（图9-1）。

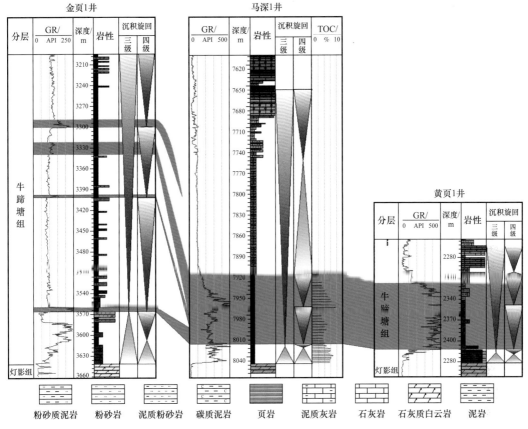

图9-1　中上扬子区中寒武统暗色泥页岩（TOC≥1%）横向对比图

3）有机地球化学特征

（1）有机质丰度。

牛蹄塘组泥页岩TOC同样受沉积环境的控制，"被动陆缘型"和"坳陷型"深水陆棚相暗色泥页岩总体比"台内裂陷槽型"暗色泥页岩TOC值高。位于黔南地区"被动陆缘型"的黄页1井页岩气层段42个样品TOC平均值达到了6.93%，恩页1井页岩气层段82个样品TOC平均达到了4.20%；"台内裂陷槽型"的金页1井页岩气层段25个样品TOC值介于0.39%～3.45%，平均值为1.29%，川深1井页岩气层段30个样品TOC值介于0.86%～4.58%，平均值为2.19%（表9-1）；"坳陷型"的马深1井页岩气层段34个样品TOC值介于1.89%～8.95%，平均值为4.70%。

（2）有机质类型。

牛蹄塘组"被动陆缘型"深水陆棚相暗色泥页岩与"台内裂陷槽型"暗色泥页岩有机质类型总体相似，四川盆地北部、湘鄂西等地区多条地球化学剖面显示干酪根类型以Ⅰ型、Ⅱ₁型为主（表9-2）。

表 9-1 四川盆地及周缘重点探井中寒武统筇竹寺组—牛蹄塘组泥页岩有机质丰度统计表

页岩类型	井名	层位	样品个数	厚度/m	TOC/%		
					最小值	最大值	平均值
台内裂陷槽	金页1井	$\epsilon_2 q$	25	22.5	0.39	3.45	1.29
	川深1井	$\epsilon_2 q$	30	231.0	0.86	4.58	2.19
坳陷型	马深1井	$\epsilon_2 q$	34	274.0	1.89	8.95	4.70
被动陆缘	黄页1井	$\epsilon_2 n$	42	81.5	4.79	11.03	6.93
	恩页1井	$\epsilon_2 n$	82	89.2	1.00	6.10	4.20

表 9-2 中上扬子区中寒武统牛蹄塘组泥页岩干酪根显微组分及类型统计表

页岩类型	地区	井/剖面名称	显微组分/%				类型指数	有机质类型
			腐泥组	壳质组	镜质组	惰质组		
台内裂陷槽	川西	金页1井	72.57	0	27.43	0	52	II_1
	川西	金页1井	92.48~99.37	0	0.63~6.27	0	92.48~99.37	I
被动陆缘	川东北	城口庙坝	70~71	0	29~30	0	42	II_1
	鄂西	利1井	95	0.3	0.7	3.7	91	I
	黔北	遵义金鼎山	88	0	2	4	88.5	I
	黔东南	黄平浪洞	79.93	2.96	17.11	0	68.95	II_1
	黔东南	丹寨南皋	70.91	3.03	25.15	0.91	52.65	II_1
	黔东南	麻江羊跳	70.83	15.06	12.18	1.92	67.31	II_1

（3）热演化程度。

牛蹄塘组暗色泥页岩总体上处于高成熟—过成熟演化阶段，R_o 一般介于 2.0%～4.0%。平面上存在三个相对高演化区，即通南巴—普光—涪陵地区、沿河—正安—遵义地区、川西南及黔中地区，R_o 最高可达到 4.5%。而在古陆及古隆起边缘泥页岩热演化程度相对适中，并具有越远离古陆热演化程度越高的特征，如在汉南古隆起、黄陵古隆起、乐山—龙女寺古隆起以及江南—雪峰古隆起等周边，R_o 一般小于 3.0%（图 9-2）。

4）储集空间及物性特征

（1）储集空间。

牛蹄塘组暗色泥页岩发育多种孔隙类型，包括有机质孔、粒内孔、粒间孔和微裂隙等（图 9-3），以中—微孔为主，孔径主要分布在 2～50nm 之间。由于热演化程度的差异和保存条件的不同，暗色泥页岩有机质孔的发育存在差异：盆内裂陷槽内由于热演化程度相对适中，同时后期改造运动相对较弱，保存条件较好，表现出 TOC 虽然较低但有机质孔较为发育的现象（图 9-4a、b）；盆外"被动陆缘型"暗色泥页岩由于热演化程度高，并受到多期构造运动的改造，保存条件相对复杂，局部表现出 TOC 虽然较高但有机质孔相对不发育的现象（图 9-4c、d）。

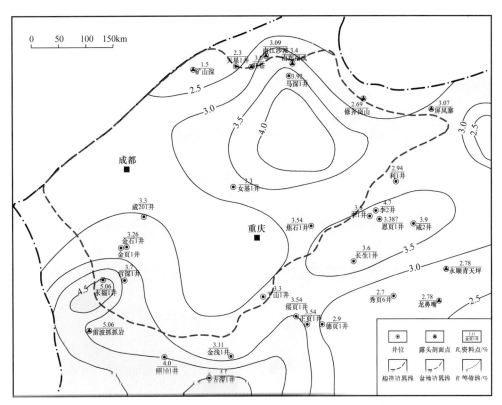

图 9-2　中上扬子区中寒武统暗色泥页岩 R_o 等值线图

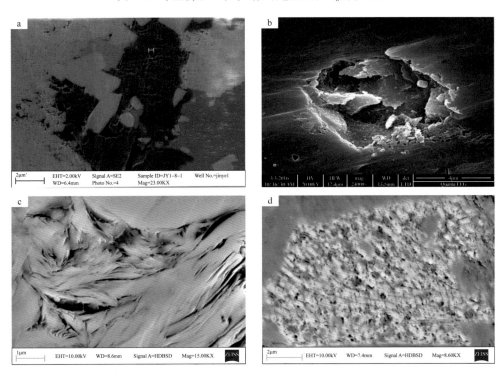

图 9-3　中上扬子区牛蹄塘组泥页岩孔隙类型

a. 有机质孔极发育，金页 1 井，3581.95m；b. 粒间溶蚀孔，金页 1 井，3523m；c. 片状伊利石集合体发育层理缝，川西南峨边露头；d. 隐晶质金红石集合体发育晶间孔，川东北庙子湾露头

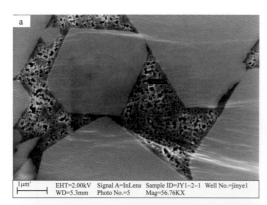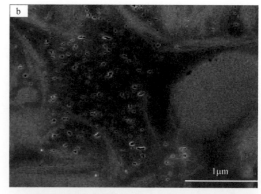
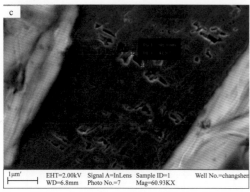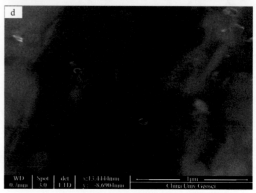

图 9-4　中上扬子区牛蹄塘组不同类型泥页岩孔隙发育特征

a. 金页 1 井，TOC：2.3%，R_o：3.0%，ϕ：2.39%，3288m；b. 威 201 井，TOC：2.1%，R_o：3.1%，ϕ：2.10%，3150m；
c. 长生 1 井，TOC：4.3%，R_o：3.8%，ϕ：1.37%，2400m；d. 长生 1 井，TOC：4.3%，R_o：3.8%，ϕ：1.37%，2400m

（2）孔隙度特征。

四川盆地及周缘 11 口钻井中寒武统物性样品统计结果显示，页岩储层孔隙度分布范围较大，孔隙度值 0.52%～6.92% 不等，平均值 0.98%～3.11%，主要为低—中孔（表 9-3）。

表 9-3　四川盆地及周缘中寒武统页岩储层岩心小岩样物性统计表

井名	层位	孔隙度 /%		
		最大值	最小值	平均值
半深水陆棚 金石 1 井	$\epsilon_2 q$	3.06	1.93	2.40
金页 1 井	$\epsilon_2 q$	3.94	2.27	3.11
金页 2 井	$\epsilon_2 q$	3.19	2.77	2.99
深水陆棚 金浅 1 井	$\epsilon_2 n$	6.92	0.52	2.70
黄页 1 井	$\epsilon_2 n$	3.31	2.18	2.74
恩页 1 井	$\epsilon_2 n$	3.29	1.07	2.17
城浅 1 井	$\epsilon_2 n$	1.89	0.57	0.98

5）矿物成分特征

四川盆地及周缘中寒武统牛蹄塘组暗色泥页岩主要由硅质、黏土矿物、长石、碳酸盐、黄铁矿和赤铁矿等构成。

"被动陆缘型"和"坳陷型"与"台内裂陷槽型"暗色泥页岩矿物成分含量略有不同。"台内裂陷槽型"暗色泥页岩黏土矿物含量相对更高，如"台内裂陷槽型"的金页1井和天星1井，泥页岩黏土矿物含量分别达到40.8%和42.3%；而"被动陆缘型"的黄页1井和恩页1井泥页岩黏土矿物含量仅为11.5%和23.6%，硅质矿物含量则达到53.2%和48.8%（图9-5）。"坳陷型"暗色泥页岩矿物成分与"被动陆缘型"有相似的特征。"台内裂陷槽型"沉积物受陆源影响大，脆性矿物中石英的来源主要以陆源为主，而"被动陆缘型"和"坳陷型"暗色泥页岩脆性矿物中石英主要以生物、生物化学以及热水成因为主。

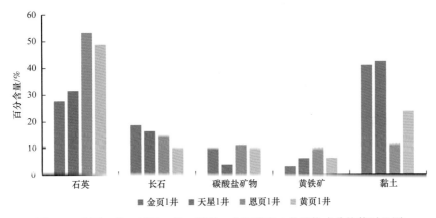

图9-5　金页1井、天星1井、恩页1井和黄页1井矿物成分柱状对比图

6）构造保存条件与含气性特征

四川盆地及周缘中寒武统牛蹄塘组暗色页岩含气性不仅受页岩品质的影响，更重要的是受顶底板条件和后期构造运动的控制。牛蹄塘组底部厚度大、TOC高的暗色碳质页岩层段，顶板为紧邻页岩气层、相对致密的泥质粉砂岩、粉砂质泥岩或含泥灰岩，厚度较大，横向展布较稳定，孔隙度、渗透率较低，对页岩气具有良好的封盖作用；但底板条件由于横向上的封隔性差异以及受到后期改造运动的叠加影响，造成了底板条件差异，导致含气性有明显差异。

在四川盆地"台内裂陷槽"北部的南江天星1井和"坳陷型"马路背的马深1井，牛蹄塘组底板为震旦系灯影组物性较好的古岩溶储层，在震旦系灯影组和下寒武统牛蹄塘组之间形成了不整合面。这两方面的影响可能会造成从下寒武统牛蹄塘组页岩层大量生烃时期开始时，烃类沿不整合面向下运移，不利于页岩气的保存，页岩气层显示弱，含气性差。"台内裂陷槽型"中部的井研—犍为地区位于四川盆地内部，构造稳定，泥页岩热演化程度适中，其发育多套较薄的页岩层，目前金页1井牛蹄塘组上部正产气的页岩层距寒武系底界305m，底板厚180m，主要岩性为粉砂岩、泥质粉砂岩及页岩，岩性致密，形成了良好的底板封闭条件；顶板厚102m，主要岩性为粉砂质泥岩和泥岩，岩性致密，顶板封闭条件良好，因此尽管页岩气层单层厚度小，但由于顶底板封闭条件良好，仍获 $4.05 \times 10^4 \mathrm{m}^3/\mathrm{d}$ 页岩气工业气流。

"被动陆缘型"页岩总体处于四川盆地外，相对于"台内裂陷槽型"和"坳陷型"地层历经了多次构造升降、抬升和剥蚀，构造运动改造强烈。勘探实践表明，古隆起边缘构造相对稳定区及盆外残留负向斜构造是相对构造弱变形区，亦是页岩气保存条件的较有利区，页岩气层含气性较好。如位于盆外黄陵隆起南缘鄂宜页1井牛蹄塘组测试获无阻流量 $12.38 \times 10^4 m^3/d$，其底板为相对较厚的岩家河组，岩性为薄层灰岩与灰质泥岩互层，具有良好的封隔条件，加之其位于黄陵隆起南缘斜坡，构造相对稳定，页岩层含气性较好。另外，位于雪峰古隆起的天星1井，其底板为老堡组的泥质白云岩夹页岩，含硅质透镜体，同样具有良好的底板条件，加之其井周边断裂不发育，因此牛蹄塘组页岩气层含气性较好，全烃最大 2.2%，直井测试获 $3000m^3/d$ 的页岩气流。

2. 上奥陶统五峰组—下志留统龙马溪组

1）地层沉积特征

晚奥陶世，四川盆地受周边挤压影响，黔中古隆起及川中古隆起继续隆升，围限了上扬子海域，使其成为局限海盆；到早志留世，为古隆起发育的高峰阶段，此时陆地边缘处于高度挤压状态，造山运动强烈，致使川中隆起的范围不断扩大，与黔中隆起、武陵隆起、雪峰隆起及苗岭隆起基本相连，形成了滇黔桂最大的隆起带，使得四川盆地及其周缘沉积环境为由古隆起带包围的一个局限陆棚环境（图9-6）。

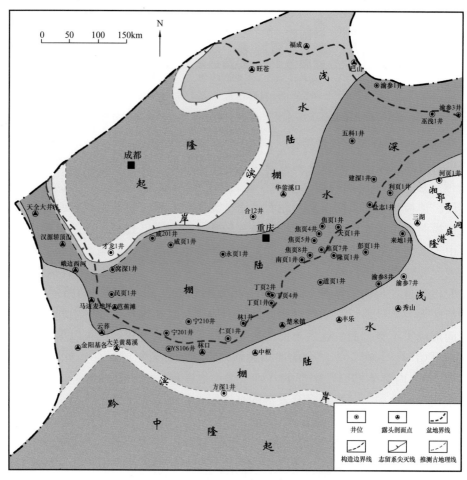

图9-6　四川盆地及周缘早志留世龙马溪组沉积期初期古地理图

受此古地理环境及海平面变化的影响，四川盆地及周缘整体为半闭塞滞留环境，伴随着海平面的迅速上升和古生物的高度繁盛，深水陆棚相带沉积了一套富含有机质的灰黑色碳质页岩，笔石、放射虫等生物丰富，TOC 含量高，分布稳定，为四川盆地及周缘最重要的页岩气勘探层段之一。

四川盆地五峰组—龙马溪组页岩主要出露于盆地边部的川东南、大巴山、米仓山、龙门山及康滇古陆东侧，盆地内部仅在华蓥山有出露，乐山、成都及川中龙女寺一带因后期抬升遭受剥蚀而大范围缺失志留系。全盆地下志留统龙马溪组一般厚 200~600m，属笔石页岩相，存在两个生烃中心：一是以万州—石柱—涪陵为中心的川东生烃凹陷；另一生烃中心则分布于自贡—泸州—宜宾一带，即川南生烃中心。

2）优质页岩空间展布

四川盆地及周缘地区五峰组—龙马溪组一段 TOC 大于 1% 的富有机质页岩主要发育在五峰组—龙马溪组一段，TOC 大于 2% 优质页岩则发育在五峰组—龙马溪组一段底部。以川东南涪陵、丁山地区为例，包含了五峰组和龙马溪组一段下部的层段，其中五峰组下部为 3~6m 灰黑色碳质笔石页岩，间夹 1mm~2cm 条纹或条带状的斑脱岩；五峰组上部观音桥段则相对较薄，多为 0~0.7m 的含灰碳质页岩或含介壳泥质白云岩或泥质灰岩，龙马溪组一段下部则为厚 20~30m 的灰黑色碳质笔石页岩，向上总体具有 TOC 降低、粉砂质含量略有增加的趋势（图 9-7）。

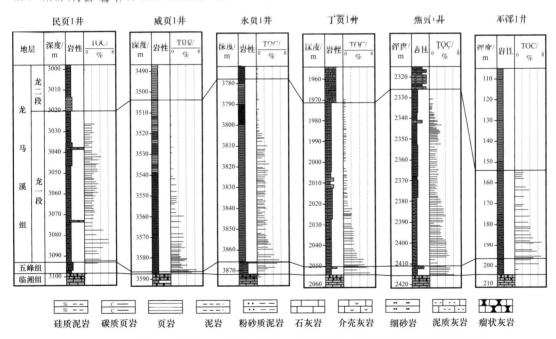

图 9-7　四川盆地及周缘重点探井五峰组—龙马溪组一段泥页岩 TOC 纵向分布图

在平面上，五峰组—龙马溪组一段优质页岩发育两个相对较厚的地区，与深水陆棚分别位于川东北巫溪—川东南涪陵和川南地区，优质页岩厚度由两个中心分别向古陆方向逐渐减薄。川西南地区屏山—宜宾—泸州一带优质页岩厚 50~80m，向靠近古陆的威远、威信、云荞等地厚度减薄到 30m 以下；川东南地区丁山—涪陵—武隆—潜江一带优质页岩厚 30~42m，向华蓥溪口、酉阳等地厚度减薄到 20m 以下；川东北地区廖子—巫溪—田坝一带优质页岩厚 40～70m，向观音—巴中、宾山—荆州等地厚度减薄到 20m 以下（图 9-8）。

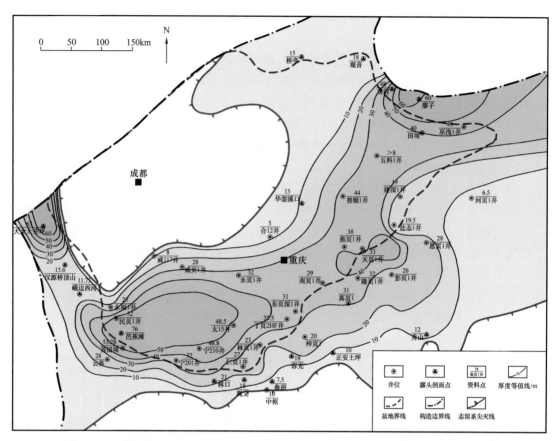

图 9-8　四川盆地及周缘五峰组—龙马溪组一段优质页岩厚度（TOC≥2%）等值线图

3）有机地球化学特征

（1）有机质丰度。

四川盆地及周缘五峰组—龙马溪组一段泥页岩 TOC 值比较高。涪陵焦页 1 井 173 个样品 TOC 为 0.55%～5.89%，平均为 2.54%，TOC 具有由下往上逐渐降低的趋势。底部 38m 厚的深水陆棚黑色页岩段有机质含量一般都大于 2%，平均 3.56%。

（2）有机质类型。

四川盆地及周缘五峰组—龙马溪组一段黑色页岩有机质主要由浮游藻类、疑源类、细菌和笔石等成烃生物及其早期生成的原油演化形成的固体沥青等组成，其中以非动物碎屑有机质（包括浮游藻类、疑源类、细菌和固体沥青等）为主。干酪根镜检显微组分以腐泥组为主（图 9-9），见少量镜质组、惰质组和沥青组，干酪根 $\delta^{13}C_{PDB}$ 为 -30.1‰～-28.5‰，平均值为 -29.4‰，总体表现为以 I 型、II_1 型为主。

（3）热演化程度。

四川盆地及周缘五峰组—龙马溪组一段页岩总体上处于高成熟—过成熟演化阶段，R_o 一般为 2%～3%，局部高达 3% 以上（图 9-10）。在普光、建深 1 井—万州和泸州地区为 R_o 高值区，R_o 最高达 4.3%；川东北和靠近南部黔中隆起、东南部雪峰隆起的区域为 R_o 低值区，R_o 一般小于 2.0%，最低为 1.2%。

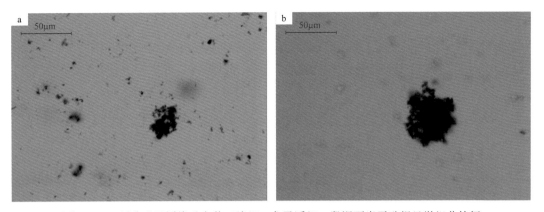

图 9-9　四川盆地及周缘重点井五峰组—龙马溪组一段泥页岩干酪根显微组分特征

a.腐泥无定形体，焦页 1 井，龙马溪组一段，2339.33m；b.腐泥无定形体，焦页 1 井，龙马溪组一段，2349.23m

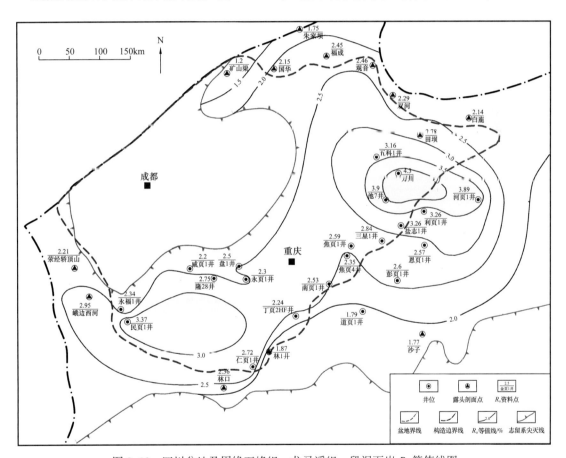

图 9-10　四川盆地及周缘五峰组—龙马溪组一段泥页岩 R_o 等值线图

4）储集空间及物性特征

（1）储集空间。

四川盆地及周缘五峰组—龙马溪组一段页岩储层中存在大量微纳米级孔隙和裂缝，孔隙呈蜂窝状分布，裂缝分布较复杂。有机孔是五峰组—龙马溪组页岩储层中最主要的孔隙类型，在氩离子抛光扫描电镜下呈近球形、椭球形、片麻状、凹坑状、弯月形和狭缝形等，孔隙直径一般为 2～1000nm，大多为有机质成熟生烃形成的有机孔。五峰组—

龙马溪组页岩中见到的无机孔多以硅质、长石、黏土矿物、黄铁矿等无机矿物为载体，孔隙直径一般在 2nm～20μm 不等（图 9–11）。

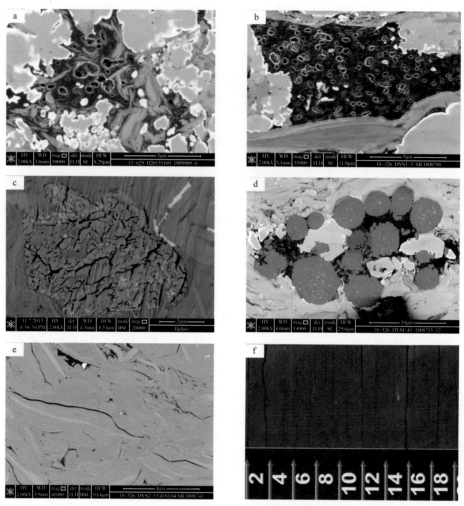

图 9–11　四川盆地及周缘五峰组—龙马溪组一段页岩孔隙和裂缝类型
a. 有机质孔，分布于刚性矿物间的黏土矿物间和部分硅质矿物间；b. 有机质孔，呈蜂窝状分布；c. 粒内孔，黏土矿物絮凝粒内纳米孔隙；d. 晶间孔，黄铁矿晶间孔；e. 碎屑颗粒与黏土矿物间微裂缝；f. 页理缝

五峰组—龙马溪组一段页岩储层微裂缝主要为矿物或有机质内部裂缝或颗粒边缘缝。裂缝宽度主要介于 0.02～1μm，为沟通纳米级孔隙的主要通道。宏观裂缝在平面上和纵向上具有一定的差异性，平面上远离断裂带区域裂缝相对不发育，而靠近断裂带裂缝较发育，纵向上页理缝、层间滑动缝主要发育在五峰组和龙马溪组一段下部。

（2）孔隙度特征。

四川盆地五峰组—龙马溪组一段页岩孔隙度表现为低—中孔的特点，大多分布在 3%～7% 之间。

纵向分布具有一定的分段性，不同地区纵向又表现出略有不同的分布特征。涪陵页岩气田、丁山地区页岩气层孔隙度总体表现为下高、中低、上高"两高夹一低"的特点，以焦页 1 井、丁页 1 井代表；永川地区表现为下低、中高、上低"两低夹一高"的特点，以永页 1 井为代表；威荣页岩气田总体表现为由下往上孔隙度逐渐降低的特点（图 9-12）。

在平面上，不同地区页岩储层孔隙度同样存在一定的差异。在相似 TOC 和相近的热演化程度时，保存条件较差的井，孔隙度通常相对较低，如南天湖的天页 1 井、屏边的民页 1 井孔隙度分别只有 0.53%、1.01%，而保存条件较好的焦页 1 井普遍大于 4%，平均达到 4.52%。

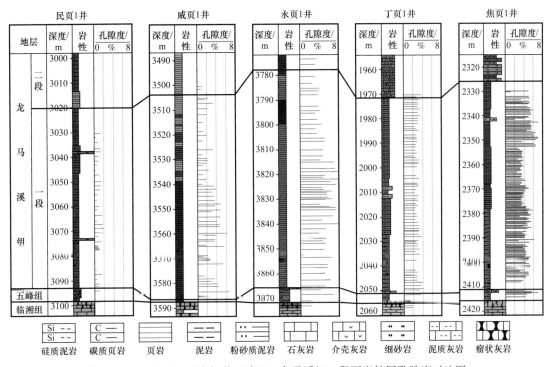

图 9-12　四川盆地重点探井五峰组—龙马溪组一段页岩储层孔隙度对比图

5）矿物成分特征

四川盆地五峰组—龙马溪组一段页岩储层岩石构成矿物基本相同，主要包括硅质、黏土矿物、长石、碳酸盐、黄铁矿和赤铁矿。

纵向上页岩储层脆性矿物总量为 38.4%～89.3%，平均为 67.3%，黏土矿物含量为 10.7%～61.6%，平均为 32.7%。页岩储层下部脆性矿物含量明显较高，含量一般为 50%～80%，平均约为 65%，上部脆性矿物含量降低到 40%～60%（图 9-13）。龙马溪组一段以陆源输入为主，下部页岩硅质矿物主要为生物、生物化学成因，这也是其成为具高 TOC、高硅质矿物含量的优质页岩的重要原因。

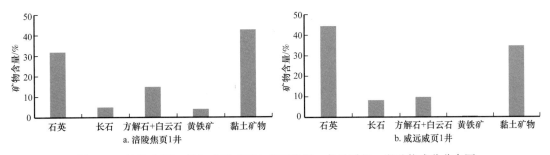

图 9-13　涪陵焦页 1 井和威远威页 1 井五峰组—龙马溪组一段矿物成分分布图

6）构造保存条件与含气性特征

四川盆地五峰组—龙马溪组一段深水陆棚优质页岩发育区整体位于保存条件较好的四川盆地内，因此该套页岩含气性整体较好，目前也是取得勘探突破最多并取得商业性建产的唯一层系。

与下寒武统牛蹄塘组不同的是，其顶板、底板封盖条件都较好，在早期主生烃期就有利于页岩气保存、富集。纵向上，五峰组—龙马溪组一段页岩储层含气量具有向页岩层段底部明显增大的特征。如涪陵页岩气田焦页 1 井上部 2336～2378m 井段平均含气量 3.05m³/t，底部 2378.0～2415.5m 井段平均含气量达到 5.85m³/t；永页 1 井上部 3803～3847m 井段平均含气量 2.30m³/t，底部 3847～3868m 井段平均含气量达到 3.94m³/t。

在平面上，不同地区页岩储层含气量存在一定的差异。总体而言，五峰组—龙马溪组一段页岩储层含气性与其所处的构造位置、断裂特征、地层压力等因素有关（图 9-14）。四川盆地内含气性好于盆外地区，如盆内已经发现涪陵、威荣、长宁、昭通等商业性页岩气田，盆外还未实现商业突破。高压区含气性好于常压、低压区，如四川盆地内的焦石坝、平桥、永川、威远—荣县地区和丁页 5 井区页岩气层表现为高压、超高压，含气性好，同为盆内的白马和丁页 1 井区及盆外的彭水、武隆等常压区含气性较差。断裂复杂区含气性一般有所变差，四川盆地内的丁页 1 井井区、白马区块皆因断裂较发育，含气性差于同区的构造稳定部位，天页 1 井、民页 1 井钻遇断裂复杂带，页岩储层油气显示差。

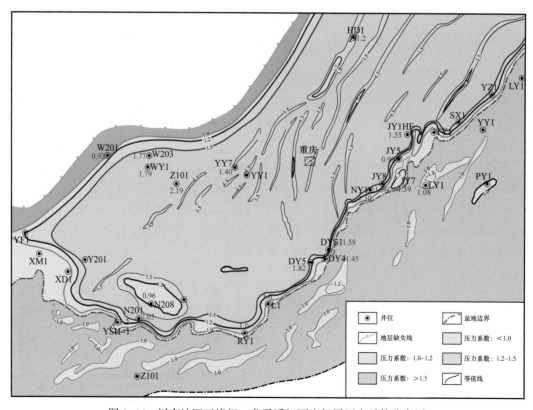

图 9-14　川南地区五峰组—龙马溪组页岩气层压力系数分布图

3.上二叠统龙潭组

1）地层沉积特征

上二叠统龙潭组富有机质页岩在四川盆地广泛发育，为一套优质的海陆过渡相页岩气层。四川盆地在中二叠统沉积之后，由于受东吴运动的影响，海水向东退却，使盆地西部地区上升成陆，形成西南高、东北低的西陆东海的古地理格局。晚二叠世早期沉积自西向东呈现明显的由陆到海的相变，依次为玄武岩喷发区/河流、三角洲—滨岸沼泽相—潮坪/潟湖相—台地相—斜坡/浅水陆棚—陆棚相（图9-15）。总体来说，川西南地区西昌—美姑—甘洛一带为玄武岩喷发区，雅安—乐山—马边—雷波一带为近物源的河流相区；川中—川东南地区为龙潭组海陆过渡相含煤碎屑岩沉积区；川东—川北地区则主要为吴家坪组海相碳酸盐岩混积台地和斜坡—陆棚沉积区。

川中—川东南地区龙潭组岩性主要为灰黑色、深灰色泥页岩、岩屑砂岩夹煤层，含黄铁矿结核，偶夹薄层石灰岩、硅质岩或透镜体。根据区内钻井资料统计，龙潭组泥页岩由南向北呈逐渐增厚趋势，厚度为20～120m，一般厚度为80m，仅盆地南缘页岩厚度低于50m。沉积中心在资阳—潼南和永川一带，厚100～120m。

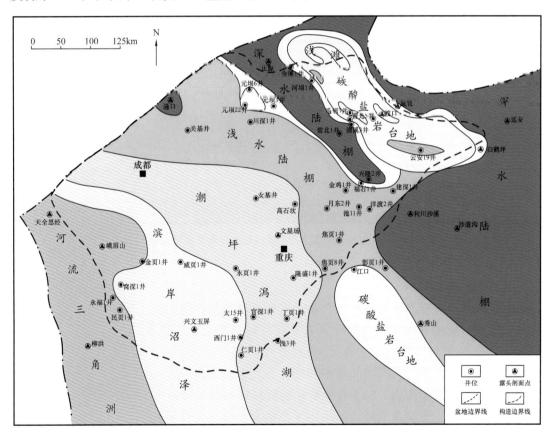

图9-15 四川盆地及周缘龙潭组/吴家坪组沉积相平面图

2）富有机质页岩空间展布

四川盆地发育川中—川东南地区龙潭组和川东北地区吴家坪组两个泥页岩发育区，泥页岩累计厚度为40～100m（图9-16）。其中，川东北吴家坪组泥页岩主要发育在广元—开江—梁平陆棚—斜坡沉积区，岩性以泥页岩夹薄层状泥质灰岩为主，泥页岩累计厚度40~60m不等，但泥页岩埋深较大，达5000~6000m；而川中—川东南一带主要为滨岸沼泽、潮坪相的龙潭组，发育了一套暗色泥页岩夹薄煤层、石灰岩或砂岩的地层组合，暗色泥页岩累计厚度较大，厚度60~100m，埋深适中，一般为1000~4500m。

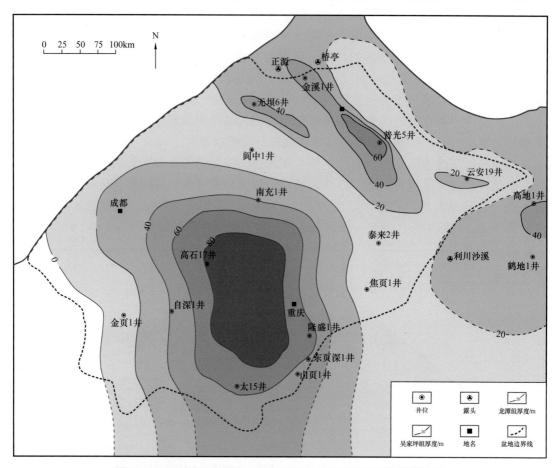

图9-16 四川盆地龙潭组/吴家坪组富有机质页岩厚度等值线图

3）有机地球化学特征

（1）有机质丰度。

龙潭组富有机质泥页岩有机碳含量受沉积环境控制作用明显，其中滨岸沼泽相、潮坪相和斜坡—陆棚相为富有机质泥页岩发育有利相带（周东升等，2012）。四川盆地存在两个丰度高值区（TOC＞3.0%），分别是北部的巴中—达州—万州一带和南部的内江—泸州—赤水一带，与深水陆棚相和潮坪潟湖相的分布一致。川东南綦江东溪地区处于龙潭组潮坪潟湖相带内，SY1井分析化验资料揭示，龙潭组泥页岩（含煤层）TOC为0.13%~79.62%，平均9.71%，显示出龙潭组页岩层段具有较高的有机碳含量，但不同的岩性有机碳含量差异较明显，其中煤层有机碳含量最高，平均值高达65.9%，碳质泥页岩、泥岩、粉砂质泥岩和灰质泥岩次之，分别为16.6%、3.4%、3.7%和2.1%；石灰岩和铝土岩最差（图9-17）。

（2）有机质类型。

龙潭组沉积期由于沉积环境差异较大，导致有机质类型较为复杂。总体来看，四川盆地及周缘龙潭组泥页岩有机质类型以Ⅲ型、Ⅱ₁型和Ⅱ₂型为主，其中含煤页岩主要为Ⅲ型，不含煤的暗色页岩为Ⅱ₂型、Ⅲ型。川东南DYS1井龙潭组有机显微组分及碳同位素分析表明，有机质类型以腐殖型为主，有机质显微组分主要为镜质体、丝质体及固体沥青；干酪根碳同位素$\delta^{13}C$为$-24.1‰ \sim -22.6‰$。

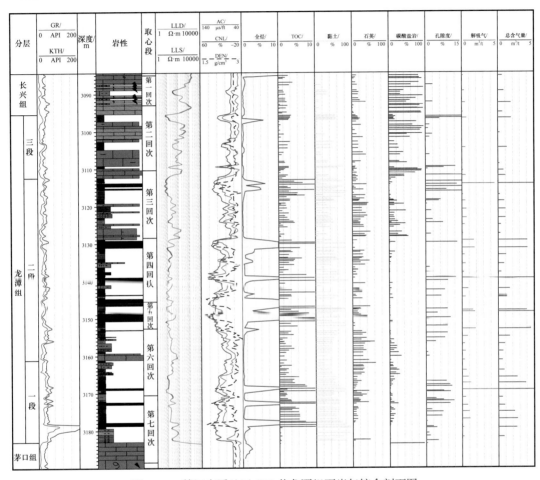

图9-17　綦江东溪地区SY1井龙潭组页岩气综合剖面图

（3）热演化程度。

四川盆地上二叠统龙潭组总体处于高成熟—过成熟阶段，R_o由盆地周缘向盆地腹地有逐渐增高趋势，赤水—仁怀、通江—达州为两个主要高值区，最高达2.8%；丁山—东溪地区R_o为2.0%～2.3%，SY1井龙潭组取心段实测R_o在1.86%～2.21%之间，平均为2.07%（图9-18）。

4）储集空间及物性特征

（1）储集空间。

通过氩离子抛光扫描电镜观察发现，龙潭组泥页岩储集空间以无机孔为主，有机质内孔呈局部发育的特征。其中，无机孔隙类型主要是黏土矿物孔和微裂隙。另外，在部分高等植物残片、有机质中可见生物结构孔或少量微孔隙，有机质孔主要以结构镜质体内有机质孔和细菌菌落孔为主，局部发育沥青孔（图9-19）。

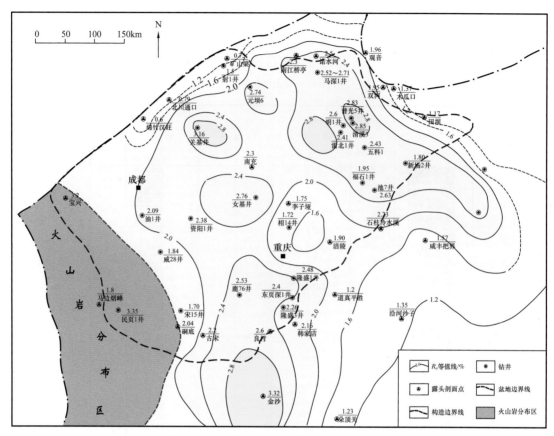

图 9-18　四川盆地及周缘龙潭组 R_o 等值线图

（2）孔隙度特征。

川东南地区龙潭组泥页岩储层物性总体具有较高孔隙度和较低渗透率特征。其中，孔隙度主要介于 0.53%～12.98%，平均为 6.67%。在测试的样品中煤岩具有高孔隙度特征，孔隙度平均值为 10.91%；碳质泥岩类次之，孔隙度为 3.01%～15.36%，平均为 8.63%；泥岩孔隙度为 0.80%～11.68%，平均为 6.13%；灰质泥岩孔隙度为 2.34%～7.60%，平均为 4.01%（图 9-20）。

5）岩石矿物特征

川东南地区龙潭组页岩气层段岩性较为复杂，包含了煤层、泥岩、碳质泥岩、灰质泥岩、凝灰质泥岩和铝土质泥岩等。176 个样品的 X 衍射分析（全岩样）结果表明，龙潭组具有较高黏土含量和较低石英含量的特征。其中，石英含量 0.4%～62.4%，平均值为 20.3%，黏土矿物含量 3.1%～95.3%，平均值为 46.5%；碳酸盐矿物含量 0.3%～94.9%，平均值为 15.8%。

不同岩性的矿物含量存在较大的差异。其中，泥岩、灰质泥岩和粉砂质泥岩类的石英含量较高，分别为 25.2%、26.5% 和 32.9%；煤层、碳质泥岩、泥岩和铝土质泥岩的黏土矿物含量较高，含量分别为 64.1%、62.1%、47.3% 和 87.8%；灰质泥岩、泥质灰岩和石灰岩类碳酸盐含量较高，含量分别为 31.8%、47.8% 和 74.5%（图 9-21）。

6）含气性特征

川东南地区龙潭组泥页岩现场含气量测试（37 个样品），解析气量 0.08～5.65m³/t，平均值为 0.95m³/t，总含气量 0.22～17.97m³/t，平均值为 2.34m³/t，显示龙潭组具有较好的含气性特征。

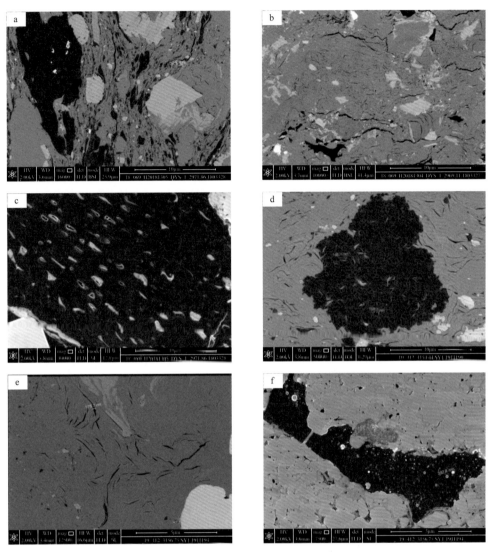

图 9-19　DYS1 井、SY1 井龙潭组不同类型孔隙特征

a. 微裂隙和黏土矿物层间孔，碳质泥岩，DYS1 井，2976.86m；b. 黏土矿物孔、微裂隙，泥岩，DYS1 井，2969.11m；c. 高等植物残片中生物结构孔，碳质泥岩，DYS1 井，2976.24m；d. 有机质孔，碳质泥岩，SY1 井，3148.26m；e. 黏土矿物孔，泥岩，SY1 井，3154.85m；f. 高等植物内发育的气孔，泥岩，SY1 井，3154.85m

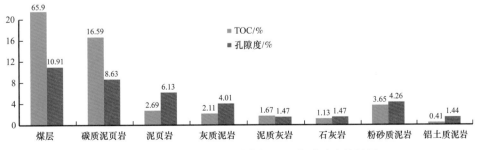

图 9-20　SY1 井龙潭组不同岩性 TOC 与孔隙度统计图

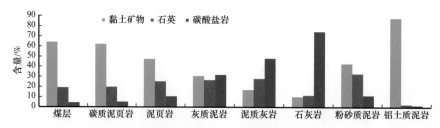

图 9-21 SY1 井龙潭组不同岩性矿物成分统计图

不同岩性间的含气量大小存在较大差异，其中煤层、碳质泥岩含气量高，解析气量平均值分别为 5.48m³/t 和 1.52m³/t，总含气量分别为 18.50m³/t 和 4.08m³/t；泥页岩和灰质泥岩含气量次之，解析气量平均值分别为 0.67m³/t、0.65m³/t，总含气量分别为 1.69m³/t、1.02m³/t；石灰岩和铝土质泥岩含气量相对较差，含气量与 TOC 呈现良好的正相关性，即 TOC 含量越高，解析气量与总含气量也越高。

4. 上二叠统大隆组

1）地层沉积特征

大隆组为长兴组（P₃ch）的同期异相沉积。长兴组/大隆组沉积时期，在拉张背景下，四川盆地基底断块发生差异升降分化，根据各个地区沉积水动力条件和沉积环境，将川北地区长兴组/大隆组沉积相划分为盆地、深水陆棚、斜坡脚、斜坡、台地边缘、开阔台地等沉积单元（马永生等，2006；王一刚等，2006）（图 9-22）。大隆组富有机质泥页岩主要分布于盆地、深水陆棚、斜坡脚相带内，在深水陆棚相如广元—巴中—达州、镇巴—城口以及鄂西建始等地沉积了高有机碳、富含硅质放射虫、有孔虫等生物化石的灰黑色薄层硅质岩、碳质硅质泥页岩、泥质灰岩、硅质灰岩等岩性组合的大隆组。

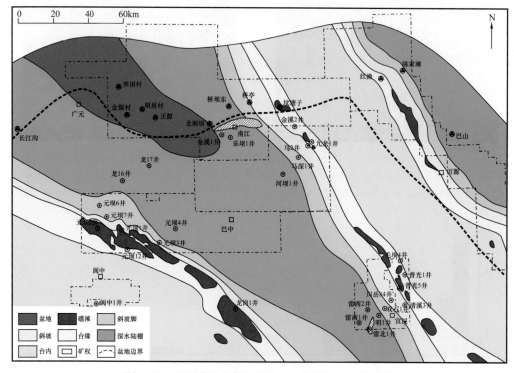

图 9-22　四川盆地北部长兴组/大隆组沉积相平面图

四川盆地大隆组主要分布于盆地北部开江—梁平陆棚深水区及城口—鄂西海槽内，呈北西—南东向一直延伸至普光地区，东西两侧为长兴组台地边缘礁滩沉积。长兴组/大隆组顶与飞仙美组一段底部泥岩、灰质泥岩、泥质灰岩呈整合接触，底与吴家坪组含硅质团块灰岩、硅质灰岩整合接触。

川北地区大隆组地层厚度明显受沉积相控制，南江及周边地区大隆组深水陆棚相略薄，主要介于20～30m，往斜坡相则明显增厚，达40～60m，灰质含量增加。

不同相带大隆组岩性存在较大差异，深水陆棚相大隆组灰黑色碳质硅质泥岩、黑灰色灰质泥岩为主，纵向上具有二分性：（1）下部为相对贫氧的深水沉积，地层厚度在15～30m之间，发育灰黑色硅质泥页岩、灰黑色含硅质泥岩、灰黑色硅质岩、黑灰色灰质泥岩、泥质灰岩等多种岩相类型，见大量的海绵骨针、放射虫、有孔虫、菊石等化石，总体为深水陆棚沉积；（2）上部相对于下部水体变浅，总体为浅水陆棚碳酸盐岩沉积，地层厚度约10m，发育灰色、深灰色灰岩夹灰质泥岩和白云质灰岩。

盆地相大隆组以灰黑色薄—中层状硅质岩与硅质泥岩为主；斜坡脚相岩性主要为黑灰色灰质泥岩、泥质灰岩，典型井如元坝6井、马深1井（图9-23）。

2）富有机质页岩空间展布

川东北大隆组富有机质泥页岩明显受控于沉积相带的分布，厚度在20～35m之间，南江东、宣汉—达州南部及元坝地区泥页岩厚度较大。

盆地相硅质泥页岩TOC较高，厚度展布稳定10～20m，至陆棚相逐渐增厚；深水陆棚相泥页岩厚度较大，20～40m，北西—南东向有增厚趋势，TOC基本大于4%；斜坡脚相泥页岩TOC大于2%的厚度10～20m，TOC大于4%的厚度明显减薄，0～10m；斜坡、台缘相优质泥页岩储层基本不发育（图9-24）。

3）有机地球化学特征

（1）有机质丰度。

四川盆地北缘大隆组7个野外露头剖面共294个样品分析结果表明，大隆组一段页岩层段TOC为0.06%～23.66%，平均值为5.45%。大隆组LB1井35个岩心样品实测TOC分布范围为0.77%～16.95%，平均7.97，其中TOC大于2%的样品占83.30%，TOC大于4%的样品占79.60%，表明深水陆棚相大隆组碳质硅质泥页岩TOC较高，具有较好的生烃能力。

利用LB1井、HB1井等多口井岩心TOC与测井资料共同建模，对川东北地区钻井进行了测井TOC解释，结果显示深水陆棚相TOC高，平均达7.19，深水至斜坡脚相地层厚度与石灰质含量增加，TOC逐渐降低。

（2）有机质类型。

川北地区大隆组泥页岩有机质显微组分中，以腐泥组为主。腐泥组含量一般大于65%，惰质组一般小于为2%，镜质组一般小于25%，有机质类型主要为 II_1 型（表9-4）。

大隆组干酪根碳同位素（$\delta^{13}C$）为 -27.7‰～-24.28‰，平均 -26.47‰，表现出 II_1 型—I型特征。

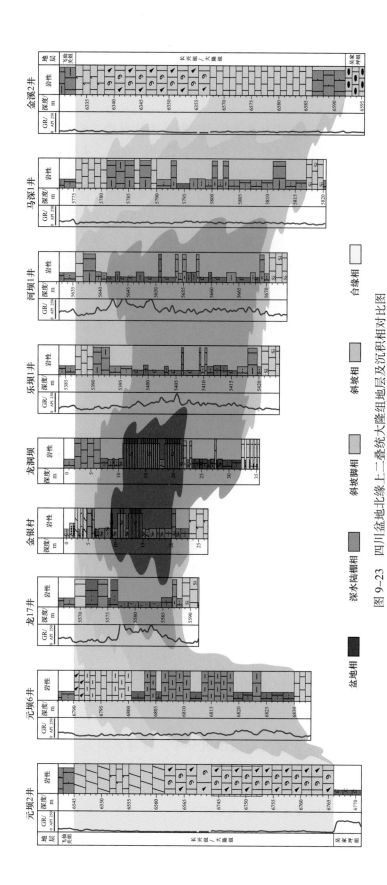

图 9-23 四川盆地北缘上二叠统大隆组地层及沉积相对比图

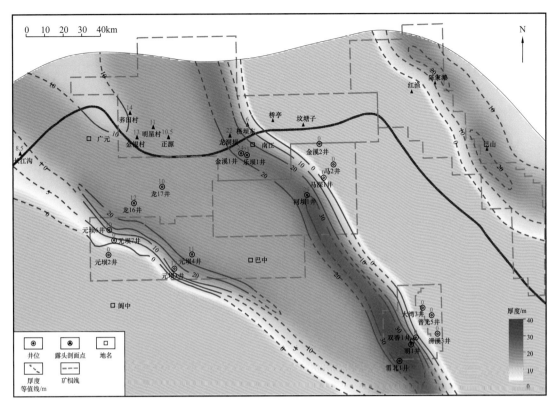

图 9-24　四川盆地及周缘大隆组优质泥页岩（TOC＞4％）厚度等值线图

表 9-4　大隆组干酪根显微组分及类型表

剖面	岩性	腐泥组 / %	壳质组 / %	镜质组 / %	惰质组 / %	TI 指数	类型
桥坝东	灰黑色含碳灰质泥岩	79.61	0.32	18.45	1.62	64.32	II$_1$
明星村	灰黑色含碳硅质泥岩	65.32～74.43	0.99	32.34	1.32	43.63	II$_1$
荞田村	灰黑色含碳硅质泥岩	82.18～82.84	—	16.50～17.16	1.32	68.76～70.25	II$_1$
龙洞坝	灰黑色碳质硅质岩	87.13	—	12.54	0.33	77.95	II$_1$
金银村	灰黑色碳质泥岩	70.39～77.15	0.33	21.52～28.29	0.99	48.36～60.46	II$_1$

（3）热演化程度。

四川盆地北缘大隆组 / 长兴组的 R_o 值总体较大，一般介于 1.5％～3.0％，平均 2.0％左右，处于高成熟—过成熟阶段。在开江—梁平陆棚内大隆组泥岩 R_o 值主要介于 2.0％～2.4％，元坝、普光地区 R_o 值相对较高，介于 2.4％～2.8％（图 9-25）。

4）储集空间及物性特征

（1）储集空间。

四川盆地北缘大隆组泥页岩样品扫描电镜观察显示，泥页岩中孔隙类型包括有机质孔、晶间孔、粒间孔、黏土矿物孔、次生溶蚀孔及微裂缝等，其中以有机质孔为主，见少量无机孔、微裂缝。有机质孔多呈蜂窝状，孔径主要介于 5～300nm，相比龙马溪组发育程度略差；微裂缝与无机孔占比相对较少，少量微裂缝充填黏土矿物，且无机孔隙发育，呈定向排列（图9-26）。

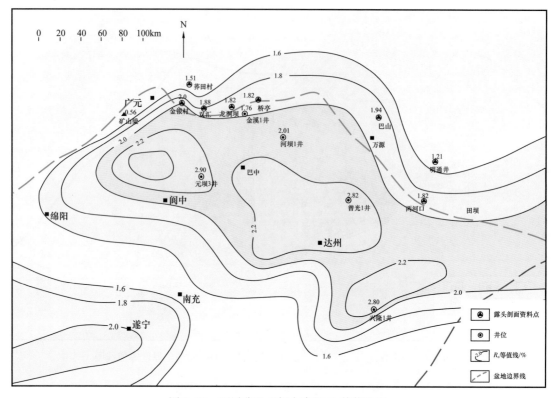

图9-25 四川盆地北部大隆组 R_o 等值线图

（2）孔隙度特征。

通过对LB1井大隆组深水陆棚相富有机质泥页岩共13个样品进行物性分析，结果显示，川东北地区大隆组孔隙度1.3%～5.7%，平均值为2.98%。其中，孔隙度2%～5%的样品数占总样品数的53.8%，孔隙度低于2%的样品数占总样品数的30.8%，属于低孔—特低孔储层。大隆组泥页岩渗透率较低，平均值为0.01368mD，其中，渗透率低于0.01mD的样品数占总样品数的61.5%，属于特低渗储层（图9-27）。

5）岩石矿物特征

四川盆地北缘二叠系大隆组岩性较复杂，主要包括灰黑色硅质岩、灰黑色含硅质碳质泥岩、灰黑色碳质硅质泥岩、黑灰色灰质泥岩、深灰色泥质灰岩、灰色石灰岩。

盆地相硅质岩与深水陆棚相碳质硅质泥页岩主要由石英、长石、碳酸盐、黏土矿物组成；脆性矿物含量41.0%～97.8%，平均60.8%，成分主要为石英，含少量长石；碳酸盐矿物含量1.0%～89.2%，平均27.57%，主要为方解石，含少量白云石；黏土矿物含量0.5%～59%，平均12.8%，主要为伊利石、伊/蒙混层和绿泥石，含少量高岭石（图9-28）；含少量黄铁矿、重晶石、石膏，少数样品黄铁矿高达10%以上。平面上看，大隆组富有机质泥页岩矿物成分明显受沉积相控制，位于开江—梁平深水陆棚中心地带的碳酸盐矿物含量较低，硅质矿物含量高，由中心向两边台地边缘碳酸盐矿物含量逐渐增高，硅质矿物含量逐渐降低。

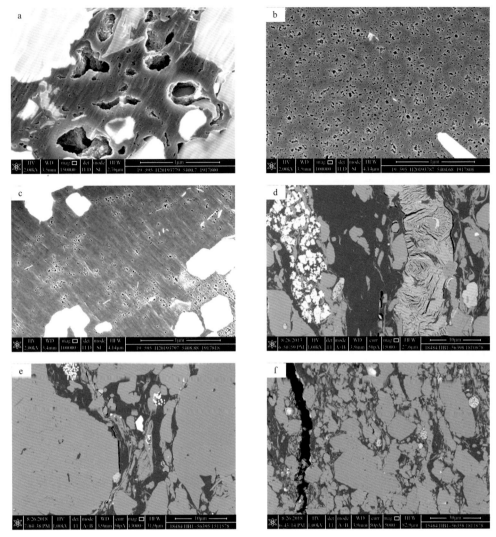

图 9-26　四川盆地北缘大隆组泥页岩微观孔缝特征

a. 有机质孔，LB1 井，5400.10m，含灰硅质泥岩；b. 有机质孔，LB1 井，5404.98m，灰黑色碳质硅质泥页岩；c. 有机质孔，LB1 井，5409.18m，泥质灰岩；d. 微裂缝与黏土矿物孔，HB1 井，5639.8m，灰质泥岩；e. 微裂缝，HB1 井，5639.8m，灰质泥岩；f. 微裂 HB1 井，5639.8m，灰质泥岩

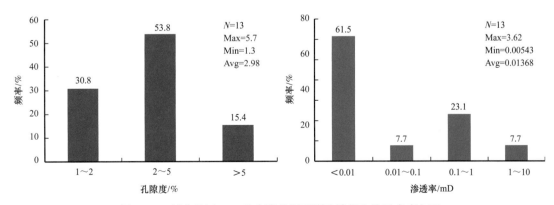

图 9-27　川北地区 LB1 井大隆组泥页岩孔隙度和渗透率直方图

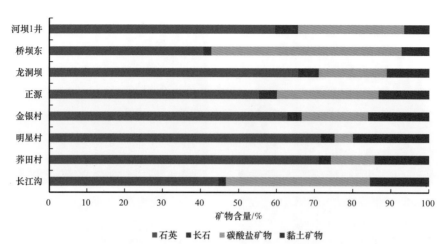

图 9-28　四川盆地北缘大隆组一段矿物成分图

6）含气性特征

LB1 井大隆组岩心浸水试验显示整体含气性好，见串珠状气泡从岩性界面缝及页岩缝中溢出，针尖—小米粒状气泡从岩心表面连续溢出，呈断续线状、串珠状，并伴有"呲呲"的声音，解吸过程中点火，火焰高 3～4cm。现场岩心解吸气量较高，解吸气量平均 1.17m³/t，直线法总含气量平均 4.62m³/t，明显高于川东南地区五峰组—龙马溪组，揭示深水陆棚相大隆组具有较好的页岩气勘探潜力。

二、陆相页岩油气地层

四川盆地主要有三套湖相页岩油气地层：下侏罗统自流井组东岳庙段、大安寨段，中侏罗统千佛崖组。目前已经在建南、涪陵、元坝等地区获得良好页岩油气显示和工业油气流，展示了良好的页岩油气勘探前景。另外，须家河组是重要的烃源岩层系之一，常规探井在暗色泥页岩段油气显示活跃，也是值得勘探的页岩层系。

由于四川盆地陆相湖盆分布范围较海相规模要小，受周缘构造活动影响大，导致沉积相变化快，岩性变化频繁，岩性组合类型多样（互层、夹层），陆相页岩油气层系与海相页岩气层系地质特征相比具有自身特点。

1. 下侏罗统自流井组东岳庙段

1）地层沉积特征

自流井组东岳庙段沉积期，盆地基底沉降速率变缓，周缘构造带活动也几乎出现了停滞，形成了一种典型的大型陆源碎屑浅水湖盆（图 9-29）。即中部为浅湖—半深湖亚相，向外围过渡为滨浅湖和滨湖亚相，并且具有早期湖水加深、晚期湖底抬升、湖水逐渐变浅的特征。滨湖主要发育于盆地西缘及西北缘，而浅湖、半深湖亚相主要分布于盆地中心，面积相当于现今盆地面积的 4/5。阆中—元坝—平昌—涪陵一带发育浅湖—半深湖亚相，沉积了一套黑灰色泥页岩。

东岳庙段地层厚度变化较大，盆地内部厚度最大超过 170m，而周边则减薄至 20m。元坝地区位于靠近物源的浅湖沉积区，东岳庙段岩性为深灰色、灰黑色泥岩夹灰色细砂岩—粉砂岩和煤岩，地层厚度一般 70～170m。涪陵梁平地区位于离物源区较远的半深湖相区，东岳庙段岩性为灰黑色泥页岩夹少量介壳灰岩、粉砂岩薄层，地层厚度 60～80m。

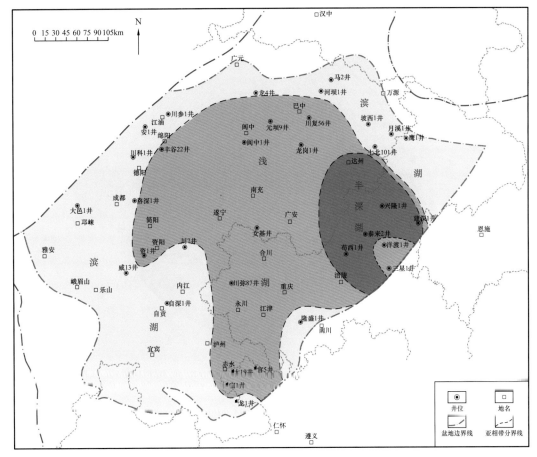

图 9-29　四川盆地下侏罗统自流井组东岳庙段古地理图

2）富有机质页岩分布

四川盆地自流井组东岳庙段富有机质泥页岩平面展布具有西薄东厚的特征，页岩气层分布与富有机质泥页岩发育区一致。川东北坝—仪陇—平昌—通江一带及川东南大足—涪陵—垫江—忠县一带富有机质泥页岩厚30～60m，这两个富有机质泥页岩发育区向北至大巴山、米仓山前缘，向川西—川西南地区富有机质泥页岩厚度减薄（图9-30）。自流井组东岳庙段页岩气层的分布明显受沉积相带的控制，富有机质的黑色泥页岩发育在还原条件较强的半深湖—浅湖相带中，环境安定，有利于生物的繁殖生长和有机质的保存，为自流井组东岳庙段大面积含油气区形成奠定了基础。川东北元坝—仪陇—平昌—通江一带及川东南大足—涪陵—垫江—忠县一带东岳庙段为半深湖—浅湖相，富有机质泥页岩发育，是东岳庙段页岩气层发育有利区。

3）有机地球化学特征

（1）有机质丰度。

自流井组东岳庙段富有机质泥页岩有机碳含量0.30%～9.95%，其中元坝、涪陵梁平地区有机碳含量平均值分别为1.77%、1.56%。有机碳含量的变化与沉积相有关，半深湖相带泥页岩有机碳含量整体高于浅湖、滨湖相带。涪陵梁平地区钻井资料显示，东岳庙段下部半深湖相泥页岩有机碳含量为1.92%～2.93%，上部浅湖相泥页岩有机碳含量为0.62%～0.81%（图9-31）。

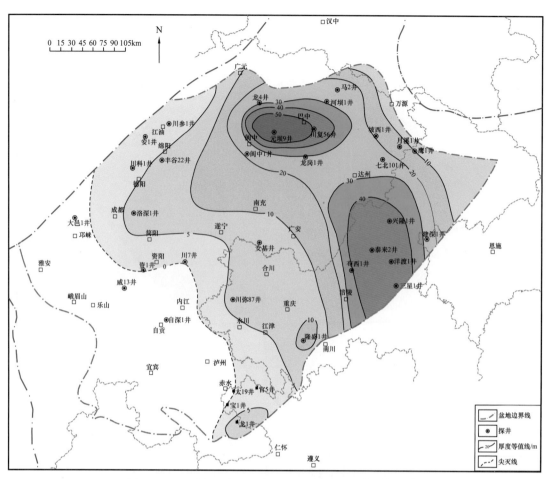

图 9-30　四川盆地自流井组东岳庙段泥页岩厚度等值线图

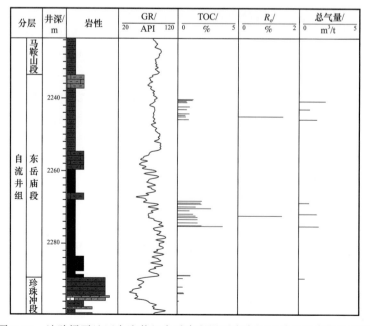

图 9-31　涪陵梁平地区自流井组东岳庙段泥页岩有机地球化学参数分布图

（2）有机质类型。

元坝地区自流井组东岳庙段富有机质泥页岩干酪根类型为Ⅱ型、Ⅲ型，涪陵梁平地区东岳庙段富有机质泥页岩干酪根类型主要为Ⅱ$_2$型，为浮游生物和陆地高等植物交叉混合的生烃母质。干酪根镜检分析结果显示，自流井组东岳庙段干酪根主要以腐殖无定形体和镜质体为主，见少量孢粉体。

（3）热演化程度。

元坝地区自流井组东岳庙段富有机质泥页岩R_o一般为1.56%～2.02%，涪陵梁平地区自流井组东岳庙段富有机质泥页岩R_o一般为1.47%～1.95%，均处于生成凝析油—湿气的高成熟阶段。

4）储集空间及物性特征

（1）储集空间。

涪陵梁平地区自流井组东岳庙段富有机质泥页岩中发育有机质孔、粒缘缝、溶蚀孔和黏土矿物层间孔隙等微观储集空间。镜下常见有机质孔的孔径为20～100nm，粒缘缝和黏土矿物层间缝的宽度通常为100～300nm，而溶蚀孔以方解石、石英颗粒为主要载体，较为少见（图9-32）。

微裂缝和宏观裂缝在自流井组东岳庙段页岩储层中也较为常见。据氩离子抛光扫描电镜、微米CT等镜下观察，东岳庙段页岩以水平缝为主。

（2）储层物性。

元坝地区自流井组东岳庙段泥页岩孔隙度1.01%～6.76%，平均值为3.42%，渗透率一般为0.0036～48.7136mD，平均值为0.8438mD。涪陵梁平地区自流井组东岳庙段泥页岩孔隙度1.23%～8.37%，平均值为5.31%，渗透率一般为0.004～16.052mD，平均值为0.4312mD。元坝和涪陵地区相比，涪陵东岳庙段页岩孔隙度较高，而渗透率相对偏低。

5）岩石矿物特征。

自流井组东岳庙段页岩层段岩性为深灰色、灰黑色泥页岩夹灰色粉砂岩、石灰岩，局部地区夹煤层，泥页岩矿物成分以黏土矿物、石英为主，方解石次之，见少量长石、白云石及黄铁矿等碎屑矿物和自生矿物。

元坝、涪陵地区X衍射分析表明，自流井组东岳庙段富有机质泥页岩脆性矿物含量一般为40%～60%，黏土矿物含量一般为40%～60%。泥页岩矿物组分具明显地区差异。就黏土矿物含量而言，元坝地区东岳庙段泥页岩低于涪陵梁平地区，脆性矿物含量与黏土矿物含量的差异相反。另外，脆性矿物的组成方面，涪陵梁平地区东岳庙段泥页岩中石英+长石含量较低，方解石含量较高（图9-33）。这种差异与物源区和所处的沉积相带密不可分。

6）含气性特征

元坝、涪陵地区钻井在自流井组东庙段常见丰富的油气显示。分别在两个地区各选取10口井进行统计，元坝地区东岳庙段钻遇显示层32m/12层，涪陵地区东岳庙段钻遇显示层144.61m/25层。涪陵地区东岳庙段油气显示明显好于元坝地区。

元坝地区元陆4井现场测试东岳庙段页岩含气量为0.57～1.59m^3/t，涪陵地区兴隆101井现场测试东岳庙段页岩含气量为0.52～2.22m^3/t。

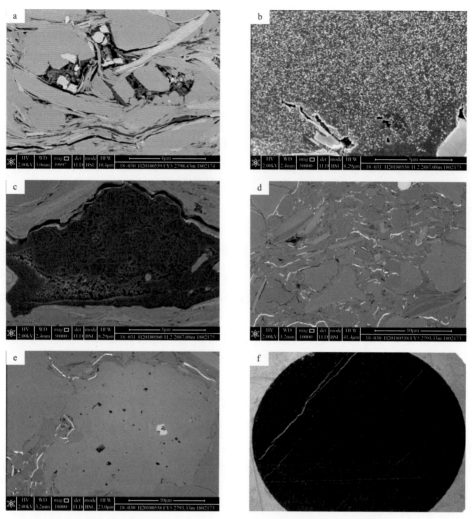

图 9-32 四川盆地自流井组东岳庙段页岩微观孔隙和裂缝特征

a.粒间孔隙充填沥青中的有机质孔，涪页 5 井；b.沥青中有机质孔，泰来 2 井；c.有机质孔，泰来 2 井；d.粒缘微缝隙、
黏土矿物间孔隙，涪页 5 井；e.方解石粒内溶蚀孔，涪页 5 井；f.顺层分布的微裂隙，泰来 2 井

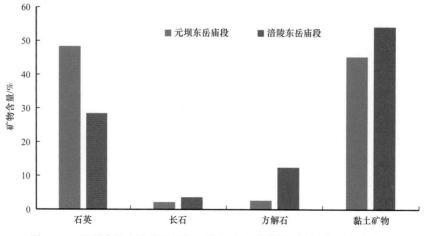

图 9-33 四川盆地自流井组元坝、涪陵东岳庙段泥页岩矿物组分直方图

目前的测试资料显示，元坝、涪陵梁平地区自流井组东庙段主要产天然气，地层压力系数最高达 1.96，属超高压页岩气藏范畴。元坝地区元坝 9 井在东岳庙段直井测试日产页岩气 $1.1546 \times 10^4 m^3$，地层压力系数 1.96；涪陵地区兴隆 3 井—侧 1 井在东岳庙段直井测试日产页岩气 $0.0857 \times 10^4 m^3$，地层压力系数 1.48。

2. 下侏罗统自流井组大安寨段

1）地层沉积特征

大安寨段沉积期四川盆地构造沉降速率较大，四川盆地周缘山系活动处于一个平静期，大型河流不发育，入湖陆源碎屑沉积物供给速率较小且不稳定。大安寨段发育了早侏罗世四川最大的淡水湖盆（图 9-34），湖盆水体较清澈，加上温暖的气候条件，双壳类、腹足类等生物大量繁衍，从而在浅湖相带广泛发育介壳滩，形成了侏罗系特殊的一种碳酸盐岩湖泊沉积。

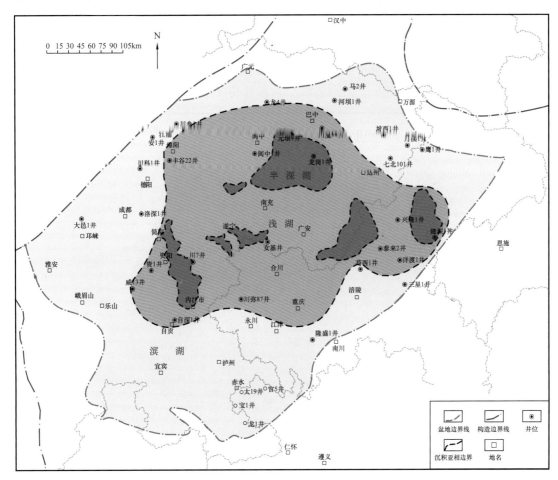

图 9-34 四川盆地自流井组大安寨段沉积相图

大安寨段经历了一个完整的湖进—湖退过程。大安寨段沉积早期（大三亚段）开始湖侵；中期（大二亚段）湖水范围达到最广，主要发育浅湖—半深湖沉积，此后开始湖退；到晚期（大一亚段），主要发育滨湖—浅湖沉积。大安寨沉积中期半深湖相富有机质泥页岩发育，是湖相页岩气主要勘探层段之一。

四川盆地内部大安寨段厚度最大超过100m，而周边则减薄至20m以下。元坝地区大安寨段主体为浅湖、半深湖沉积，岩性为灰色、灰黑色泥岩与灰色介壳灰岩、细砂岩、粉砂岩不等厚频繁互层，地层厚度70～90m。涪陵地区同样位于浅湖、半深湖相区，但大安寨段岩性略微发生变化，表现为砂岩夹层减少、石灰岩夹层增多，地层厚度70～80m。

2）富有机质页岩分布

四川盆地大安寨段富有机质泥页岩平面展布具有西南薄东北厚的特征。富有机质泥页岩主要位于阆中—元坝—仪陇—达州—万州一带，厚度在50～80m之间；在川东南涪陵—垫江—忠县一带，厚度在30～50m之间；向北至大巴山、米仓山前缘有机质泥岩厚度减薄；川西—川西南地区处于滨湖相带，富有机质页岩不发育，厚度在10～20m之间（图9-35）。富有机质泥岩主要分布在浅湖—半深湖沉积的中部（大二亚段）层段，其厚度一般分布在45～60m之间。富有机质泥岩中富含以淡水瓣鳃类为主的生物化石，一些层段中保存良好的瓣鳃类化石成层分布，形成介壳页岩层。大安寨段的富有机质泥岩明显受沉积相带的控制，半深湖—浅湖相带环境安定，有利于生物的繁殖生长，且还原条件较强，有利于有机质形成与保存，为四川盆地大面积含油气区的形成奠定了基础。阆中—元坝—仪陇—达州—梁平—万州一带大安寨段位于浅湖—半深湖相带，富有机质泥页岩厚度介于30～50m，为页岩气层发育有利区。

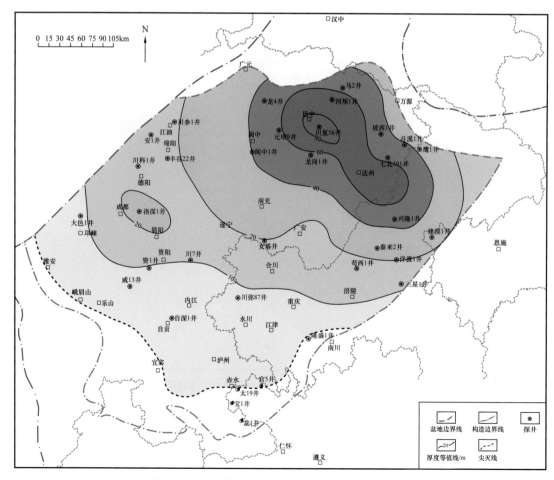

图9-35 四川盆地自流井组大安寨段泥页岩等厚图

3）有机地球化学特征

（1）有机质丰度。

四川盆地大安寨段富有机质泥页岩 TOC 主要介于 0.5%～4.27%，大部分 TOC 小于2%（图 9-36）。有机碳含量的变化与沉积环境密切相关，半深湖相泥页岩 TOC 量最高，浅湖相次之，滨湖相有机碳含量最低。以元坝地区为例，半深湖相泥页岩 TOC 平均含量为 1%～1.36%，浅湖相泥页岩有机碳平均含量为 0.92%～0.93%，滨湖相泥页岩 TOC平均含量为 0.75%～0.91%。元坝、涪陵梁平地区大安寨段二亚段主要为半深湖相，富有机质泥页岩发育，TOC 平均分别为 1.11%、1.21%。

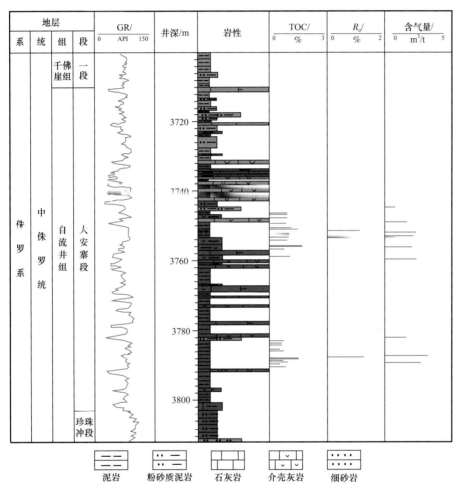

图 9-36　元坝地区自流井组大安寨段泥页岩有机地球化学参数分布图

（2）有机质类型。

大安寨段有机质显微组分较单一，主要以壳质组和镜质组为主。其中主要组分为腐殖无定形体和镜质体，颜色呈浅褐色—暗褐色。干酪根碳同位素 $\delta^{13}C_{PDB}$ 主要为 −27‰～−22.5‰，平均为 −24.53‰，总体表现为以 II_2 型干酪根为主，部分为 Ⅲ 型的有机质类型特征。

（3）热演化程度。

大安寨段泥页岩总体上处于成熟—过成熟演化阶段，R_o 一般为 0.9%～1.7%，局部接近 2%（图 9-37）。R_o 整体上有由北向南降低的趋势，在川东北元坝—通江等地 R_o 普遍较大，一般在 1.70% 左右，其中元陆 30 井 R_o 达到 1.96%，主要为生成湿气高成熟阶段；向南阆中—梁平一带 R_o 介于 1.3%～1.5%，主要为生成湿气、凝析气高成熟阶段；在遂宁—南充—南部一带 R_o 介于 1.0%～1.3%，主要为生成正常原油、凝析油成熟阶段；在简阳—安岳—合川一带以南，R_o 普遍小于 1.0%，主要为生成正常原油成熟阶段。

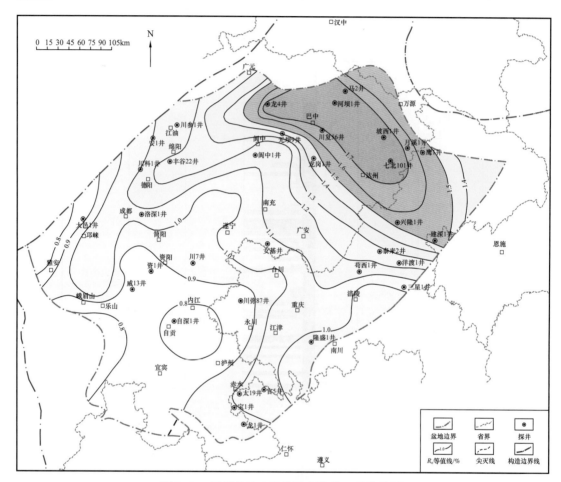

图 9-37　四川盆地自流井组有机碳 R_o 等值线图

4）储集空间及物性特征

（1）储集空间。

自流井组大安寨段泥页岩中存在大量微纳米级孔隙和裂缝。大安寨段泥页岩有机质孔同样发育，在氩离子抛光扫描电镜下呈近球形、椭球形、片麻状、凹坑状、弯月形和狭缝形等，孔隙直径一般为 20～1000nm，大多为有机质成熟生烃形成的有机质孔（图 9-38）。

因大安寨段泥页岩储层相比海相页岩具有较高的黏土矿物含量，其无机孔中黏土矿物孔较为常见，另外还有黄铁矿晶间孔、粒缘孔及溶蚀孔（图 9-39）。

微裂缝在大安寨段页岩储层中也较为常见，以构造微裂缝为主，其次为黏土矿物成岩收缩缝、有机质收缩缝、介壳内微裂缝。微裂缝除能够增大总孔体积外，熔炉合金实验证实微裂缝可以沟通孔隙空间。结合岩心照片、氩离子抛光扫描电镜、微米 CT 等成果分析，微裂缝主要发育在泥岩、粉砂质泥岩中，粉砂岩、石灰岩微裂缝相对不发育。

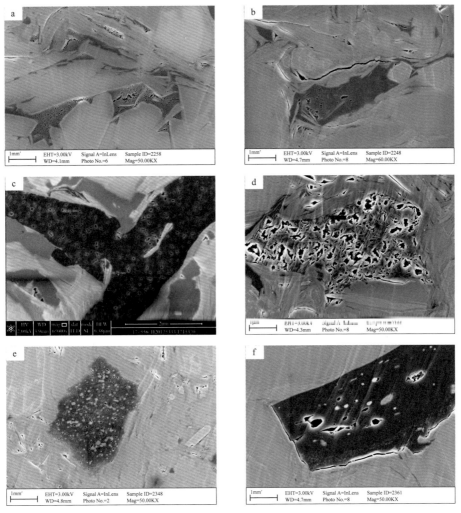

图 9-38 四川盆地自流井组大安寨段泥页岩储层有机质孔特征

a. 片麻状有机质孔，元陆 4 井；b. 凹坑状有机质孔，元陆 4 井；c. 椭球形有机质孔，元坝 21 井；d. 不规则有机质孔呈
蜂窝状分布，元陆 30 井；e. 椭球形有机质孔，元陆 30 井；f. 弯月形和狭缝形有机质孔，元陆 175 井

（2）孔隙度特征。

钻井揭示，四川盆地自流井组大安寨段页岩储层孔隙度为低—中孔的特点，孔隙度大多分布在 2%～8% 之间，不同地区物性特征有所差异。元坝地区自流井组大安寨段泥页岩孔隙度为 1.58%～6.05%，平均为 4.23%；涪陵梁平地区略低于元坝地区，孔隙度为 1.03%～8.17%，平均为 3.57%（图 9-40、图 9-41）。

5）岩石矿物特征

四川盆地自流井组大安寨段页岩层段岩性为深灰色页岩、灰黑色泥岩、页岩与灰色泥灰岩、介壳灰岩、粉砂岩不等厚互层。泥页岩矿物成分以黏土矿物、石英为主，方解石次之，见少量长石、白云石及黄铁矿等碎屑矿物和自生矿物，其中石英、方解石为主要的脆性矿物。

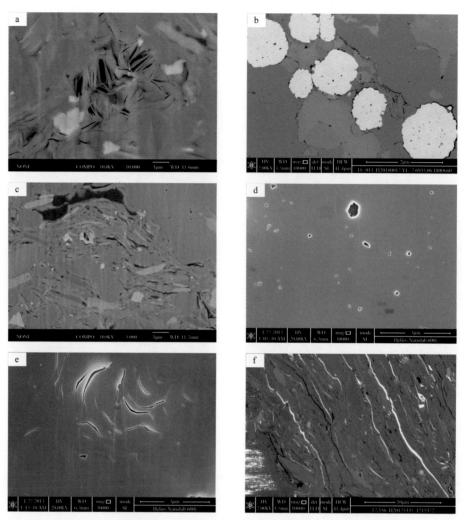

图 9-39　四川盆地自流井组大安寨段泥页岩无机孔隙和微裂缝特征

a. 黏土矿物孔，元陆 4 井；b. 黄铁矿晶间孔，元陆 4 井；c. 粒缘孔，元陆 171 井；d. 溶蚀孔，涪页 4 井；e. 生烃微裂缝，涪页 4 井；f. 顺层构造微裂缝沟通孔隙，元陆 4 井

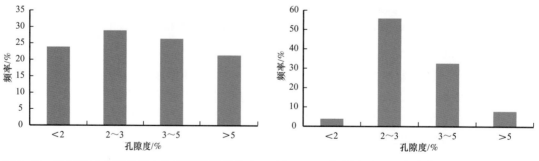

图 9-40　元坝地区自流井组大安寨段孔隙度分布直方图　　图 9-41　涪陵梁平地区自流井组大安寨段孔隙度分布直方图

　　元坝地区大安寨段富有机质泥页岩脆性矿物含量一般为 50% ~ 60%，黏土矿物含量一般为 40% ~ 50%；涪陵梁平地区大安寨段富有机质泥页岩脆性矿物含量一般

为 40％～50％，黏土矿物含量一般为 50％～60％。元坝地区大安寨段脆性矿物含量高于涪陵梁平地区，主要是其富有机质泥页岩中石英、长石、方解石等矿物含量均较高（图 9-42）。

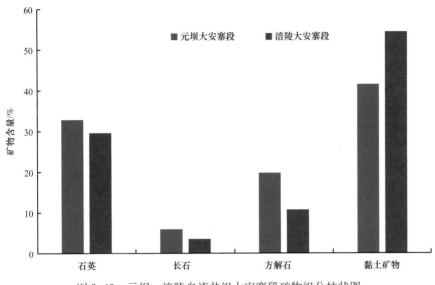

图 9-42　元坝、涪陵自流井组大安寨段矿物组分柱状图

6）含油气性特征

四川盆地元坝、涪陵地区钻井在自流井组大安寨段常见丰富的油气显示。分别在两个地区选取 10 口井进行统计分析，结果显示，元坝地区大安寨段钻遇显示层 38m/12层，涪陵地区大安寨段钻遇显示层 87.62m/19 层，涪陵地区大安寨段的油气显示相比元坝地区更好。从现场含气量测试数据来看，元坝地区元陆 4 井自流井组大安寨段页岩含气量为 $0.5～1.98m^3/t$，涪陵地区兴隆 101 井自流井组大安寨段页岩含气量为 $0.9～2.29m^3/t$。

元坝地区自流井组大安寨段主要产天然气，地层压力系数一般为 1.58～2.09，属超高压页岩气藏范畴；涪陵梁平地区自流井组大安寨段产天然气和凝析油，地层压力系数 1.1～1.18，属常压页岩油气藏范畴。元坝地区元坝 11 井在大安寨段直井测试日产天然气 $14.44×10^4m^3$，地层压力系数 1.97；涪陵地区兴隆 101 井在大安寨段直井测试日产天然气 $11.011×10^4m^3$、油 54t，地层压力系数 1.1。

3. 中侏罗统千佛崖组

1）地层沉积特征

千佛崖组沉积时期/凉高山组沉积时期是四川盆地中侏罗世（或早侏罗世末）的一次较大规模湖侵期。下部（千一段、千二段）发育湖泊沉积体系和三角洲沉积体系，表现为湖进的特点，湖泊相区主要为灰黑色页岩、灰色石英砂岩及灰绿色、紫红色泥岩互层沉积，暗色泥岩沉积厚度 10～50m；上部（千三段）发育三角洲沉积体系，局部地区可能发育扇三角洲沉积体系，表现为湖退的特点。沉积体系以湖泊沉积体系、曲流河三角洲为特征（图 5-31），为陆源碎屑浅水湖盆模式。

2）富有机质页岩分布

四川盆地千佛崖组/凉高山组富有机质泥页岩纵横向的分布特征明显受控于沉积环

境的变迁以及沉积相带的分异。千佛崖组二段总体水动力相对较弱，水体相对安静且贫氧，有利于富含有机质的暗色泥页岩形成。

纵向上，千佛崖组暗色泥页岩主要分布于千一段下部—千二段，岩性组合为泥、页岩、粉砂质泥岩夹泥质粉砂、粉砂岩。千佛崖组沉积中心位于川东北、川东南地区，暗色泥页岩厚度最大50m以上，以这一带为中心逐步往外减薄。元坝—巴中—平昌—大竹—梁平—涪陵一带暗色泥页岩厚度一般为30~50m，为千佛崖组页岩气层发育区（图9-43）。

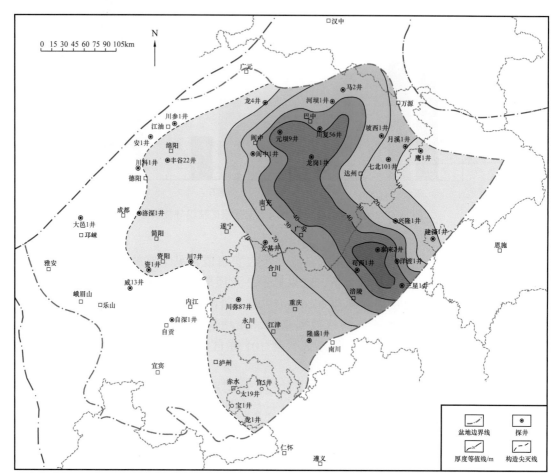

图9-43　四川盆地千佛崖组富有机质泥页岩厚度等值线图

3）有机地球化学特征

（1）有机质丰度。

千佛崖组富有机质泥页岩主要集中分布在地层中部（图9-44），有机碳含量0.04%~3.58%，元坝、涪陵有机碳含量平均分别为1.02%、0.94%。

（2）有机质类型。

千佛崖组富有机质泥页岩干酪根类型为II$_2$型、III型，属于浮游生物和陆地高等植物交叉混合的生烃母质。干酪根镜检分析结果显示，干酪根主要由壳质组、镜质组组成，惰性组较少，未见腐泥组，干酪根同位素（δ^{13}C$_{PDB}$）-27.6‰~-22.9‰，其干酪根类型整体以II$_2$型为主、少量III型。

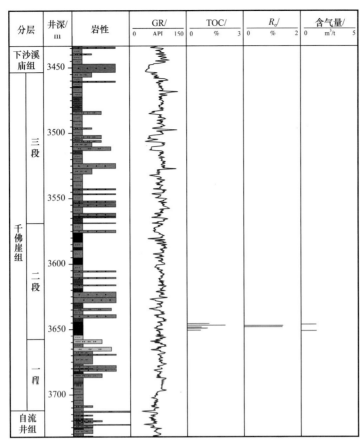

图 9-44 元坝地区千佛崖组泥页岩有机地球化学参数分布图

（3）热演化程度。

四川盆地千佛崖组泥页岩总体上处于成熟—过成熟演化阶段，具有由南向北成熟度逐渐增大的趋势。川东、川北地区 R_o 一般为 1.0%～1.40%，以凝析气藏为主；元坝地区千佛崖组 R_o 为 1.34%～1.56%，平均为 1.44%。

4）储集空间及物性特征

（1）储集空间。

千佛崖组泥页岩主要发育有机质孔、粒缘缝、溶蚀孔、黄铁矿晶间孔和黏土矿物层间缝等微观储集空间（图 9-45）。镜下常见有机质孔的孔径为 20～80nm，粒缘缝和黏土矿物层间缝的宽度通常为 100～300nm，溶蚀孔以长石和方解石晶体为主要载体，黄铁矿晶间孔主要发育在莓状黄铁矿晶间。

（2）物性特征。

千佛崖组泥页岩储层物性具有低—中孔隙度、低渗透率的特点，孔隙度大多为 2.95%～4.15%（图 9-46），渗透率一般为 0.0403～55.415mD。

5）岩石矿物特征

千佛崖组泥页岩层段岩性主要为灰色、灰黑色页岩夹灰色细砂岩，泥页岩构成矿物主要包括石英、黏土矿物、长石、碳酸盐岩、黄铁矿和赤铁矿，其中石英、长石和方解石为主要的脆性矿物。

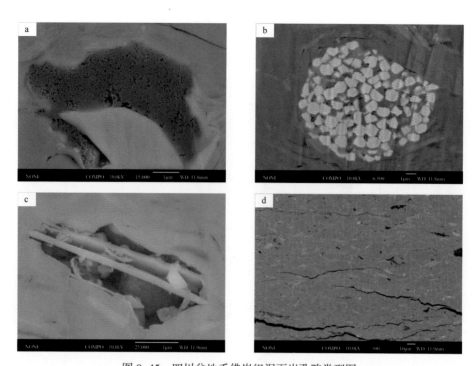

图 9-45　四川盆地千佛崖组泥页岩孔隙类型图

a. 元陆 4 井，千佛崖组，3647.18m，有机质孔；b. 元陆 4 井，千佛崖组，3647.14m，晶间孔；c. 元陆 4 井，千佛崖组，3647.14m，粒间孔；d. 元陆 4 井，千佛崖组，3647.18m，微张裂缝

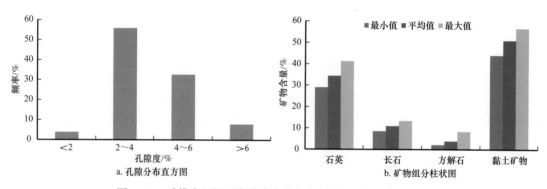

图 9-46　千佛崖组泥页岩孔隙度分布直方图和矿物组分柱状图

以元坝地区元陆 4 井的 X 衍射资料来看，千佛崖组暗色泥页岩中硅质矿物含量 28.9%～41.2%，平均值为 34.3%，脆性矿物总含量 43.5%～56%，平均值为 49.1%，黏土矿物含量 44%～56.5%，平均值为 50.9%（图 9-46）。

6）含气性特征

钻井揭示千佛崖组油气显示丰富，其中油气显示主要集中在千佛崖组二段。分别选取元坝、涪陵两个地区 10 口井进行统计分析，结果显示，元坝地区千佛崖组钻遇显示层 60m/13 层，涪陵地区凉高山组钻遇显示层 58.59m/23 层，两个地区油气显示基本相当。另外，元坝地区元陆 4 井现场测试千佛崖组页岩含气量为 1.35～1.38m³/t。

目前的测试资料显示，元坝地区千佛崖组主要产凝析油，地层压力系数 1.76～2.06，属超高压页岩油藏范畴。其中，元页 HF-1 井在千佛崖组分段加砂压裂获日产油 14m³、气 0.7×10⁴m³，地层压力系数为 1.88。

第三节 页岩气富集规律

经过近 10 年的勘探实践和持续攻关，对以五峰组—龙马溪组页岩为代表的海相页岩气富集规律认识取得了显著进展，同时对以中—下侏罗统自流井组为代表的湖相页岩气富集高产主控因素也有了初步的认识。

一、海相页岩气富集规律

以四川盆地及邻区古生界海相页岩气勘探实践为基础，初步明确了中国南方复杂构造区、高演化海相页岩气富集主控因素，形成了"深水陆棚优质页岩发育是页岩气成烃控储的基础，良好保存条件是页岩气成藏控产的关键"的二元富集理论认识（郭旭升，2014）。

1. 深水陆棚优质页岩发育是页岩气"成烃控储"的基础

海相页岩气要获得单井高产，首先要具备一定连续厚度的优质页岩（TOC≥2%）。研究发现，目前中国南方海相页岩气层测试获得大于 $5.0 \times 10^4 m^3/d$ 页岩气流的井，其目的层段泥页岩均为深水陆棚相，形成的优质页岩具有高 TOC 与高硅质含量耦合的规律，是有利于页岩气成烃、储集和压裂改造的岩相类型。

1）深水陆棚优质页岩具有高 TOC 与高硅质含量耦合的规律

五峰组—龙马溪组深水陆棚相页岩不仅 TOC 值和硅质含量都较高，而且硅质矿物含量与 TOC 值存在明显的正相关性，这总体反映了深水陆棚优质页岩层段具有高 TOC 值、高硅质的"二高"耦合特征；而浅水陆棚页岩则表现出 TOC 值和硅质矿物含量较低、硅质含量与 TOC 值相关性差的特征（图 9-47）。

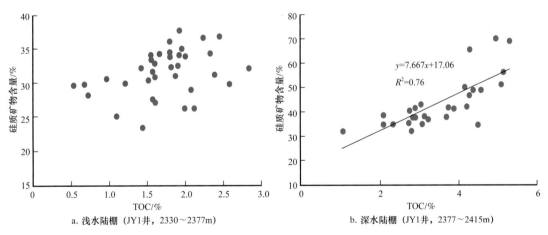

图 9-47 JY1 井五峰组—龙马溪组浅水陆棚和深水陆棚 TOC 值与硅质含量相关关系图

（1）深水陆棚还原环境利于有机质的形成和富集。

深水陆棚环境中浮游生物繁盛，以菌藻类为主（图 9-48 至图 9-50），具有较高的古生产率。研究表明，涪陵页岩气田五峰组—龙马溪组页岩古生产率指标自下而上具有由高到低的变化的趋势，底部深水陆棚相优质页岩的参数值为上部浅水陆棚相层段的数倍（图 9-51）。

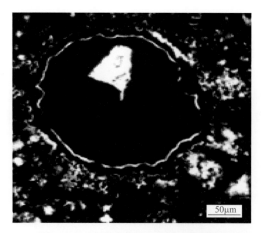

图 9-48　网面球藻，JY1 井，五峰组

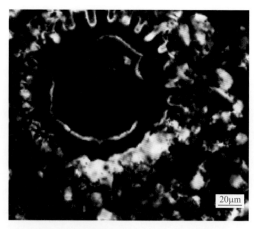

图 9-49　光面球藻，JY1 井，五峰组

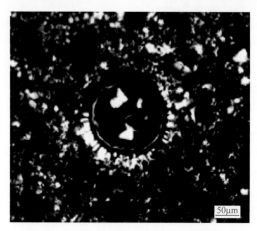

图 9-50　塔潘藻，JY1 井，五峰组

有机质的富集除受古生产率影响外，沉积环境对有机质富集同样起着明显的控制作用，强还原条件与高有机碳含量之间具有比较一致的对应关系。JY2 井深水陆棚相带处于还原环境，以中—特高有机碳含量为主，TOC 普遍大于等于 2.0%，平均为 3.76%，而浅水陆棚处于弱还原—弱氧化环境，TOC 一般在 1% 左右（图 9-51）。

（2）深水陆棚相优质页岩硅质以生物、生物化学成因为主。

涪陵页岩气田五峰组—龙马溪组深水陆棚相优质页岩的硅质主要以生物或生物化学成因为主。典型的证据有：焦页 1 井五峰组—龙马溪组一段深水陆棚相页岩普通薄片中发现含量较多的放射虫、海绵骨针等（图 9-52 至图 9-55），这些生物体大小主要介于 25～2000μm，呈星点状散布于页岩中，其中放射虫含量可高达 30%，硅质骨针最高可达 7%。在纵向上，放射虫在五峰组—龙马溪组一段深水陆棚相带中明显的增多，个体较大，向上个体变小，且含量减少，反映了页岩中硅质成分的生物成因。

2）深水陆棚优质页岩高 TOC、高硅质有利于成烃、储集和压裂改造

（1）深水陆棚相优质页岩 TOC 高，生烃强度大、有机质孔发育、含气性好。

涪陵页岩气田五峰组—龙马溪组泥页岩有机质类型主要为 I 型，其母质来源主要为浮游生物和菌藻类，热演化程度处于过成熟阶段（R_o 为 2.65%），具备良好生烃的潜力（图 9-56）。整套富有机质泥页岩生烃强度为 $60 \times 10^8 m^3/km^2$，但厚度仅为整套富有机质

泥页岩约三分之一的深水陆棚相优质页岩，其生烃强度达到了 $35 \times 10^8 \text{m}^3/\text{km}^2$，占整套富有机质泥页岩一半多，反映深水陆棚相优质页岩生烃强度高。

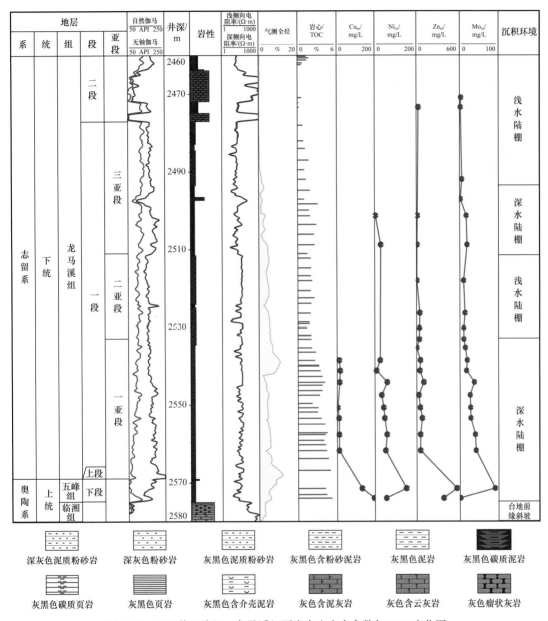

图 9-51　JY2 井五峰组—龙马溪组页岩古生产率参数与 TOC 变化图

同时，五峰组—龙马溪组深水陆棚相优质页岩孔隙度较大，一般为 3%～7%。其中有机质孔隙对页岩气的储集能力贡献最大，这主要是因为：一方面泥页岩比表面积与 TOC 呈良好的正相关关系，反映了有机孔隙能够为页岩气提供更多的储集空间（图 9-57）；另一方面有机质孔具有亲油（气）性、疏水性，表现为与含气量呈明显正相关、与含水饱和度好的负向相关（图 9-58、图 9-59），有利于页岩气储集。而黏土矿物则由于其亲水性，造成黏土含量与含水饱和度呈明显的正相关关系（图 9-60），因此黏土矿物孔相对于有机质孔更亲水。

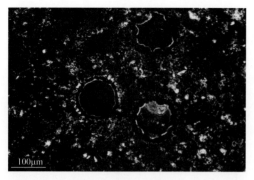

图 9-52　含放射虫碳质笔石页岩，焦页 1 井，
龙马溪组，正偏光

图 9-53　含骨针放射虫笔石页岩，焦页 1 井，
龙马溪组，正偏光

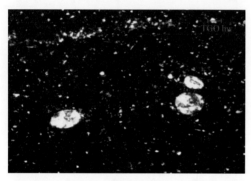

图 9-54　含骨针放射虫笔石页岩，焦页 1 井，
五峰组，正偏光

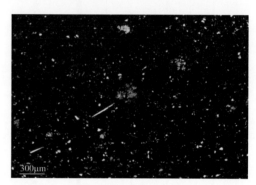

图 9-55　含骨针放射虫笔石页岩，焦页 1 井，
龙马溪组，正偏光

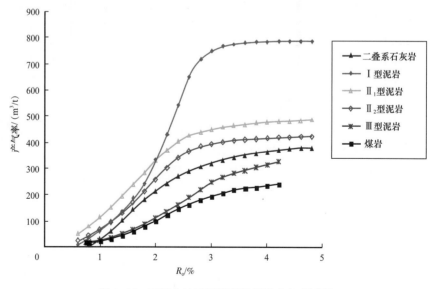

图 9-56　四川盆地不同类型烃源岩产气率图版

有机质孔发育程度与页岩热演化程度存在明显的相关关系。热演化程度适中，有利于有机孔大量发育。涪陵页岩气田五峰组—龙马溪组深水陆棚相优质页岩热演化程度为 2.65%，有机质孔明显发育，其占总孔隙的 50% 以上（图 9-61）。

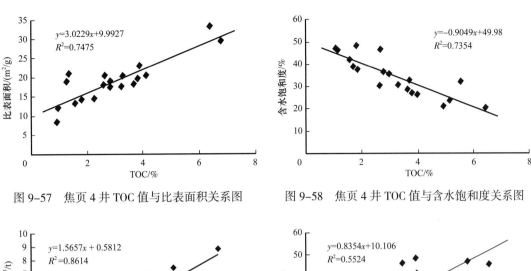

图 9-57　焦页 4 井 TOC 值与比表面积关系图　　　　图 9-58　焦页 4 井 TOC 值与含水饱和度关系图

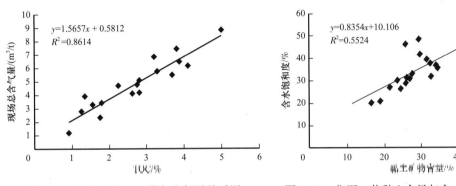

图 9-59　焦页 4 井 TOC 值与含气量关系图　　　　图 9-60　焦页 4 井黏土含量与含水饱和度关系图

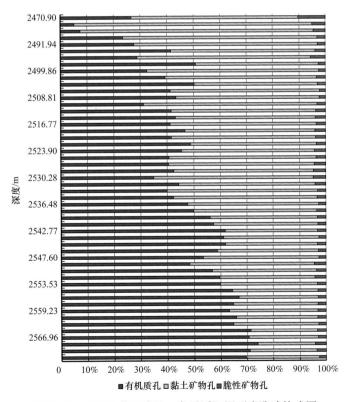

图 9-61　焦页 2 井五峰组—龙马溪组泥页岩孔隙构成图

（2）深水陆棚相优质页岩硅质含量高，不仅有利于压裂而且有利于储集。

涪陵页岩气田焦页1井五峰组—龙马溪组深水陆棚脆性矿物平均含量高达62.4%，其中硅质矿物含量高达44.4%；浅水陆棚脆性矿物平均含量为53.4%，硅质矿物含量高达30.7%；深水陆棚比浅水陆棚具有更高脆性矿物含量，因此可压裂性更好。另外，在早成岩阶段，生物成因硅质（蛋白石－A）向石英转化过程中，会形成抗压实能力较强的石英粒间孔，以嫩江组硅质页岩为例，其在R_o为0.4%左右时，孔隙度达到46.36%，其储集空间主要为石英粒间孔（图9-62）。这种粒间孔为早期液态烃滞留、后期有机孔发育和保持提供了空间基础和保护（图9-63）。

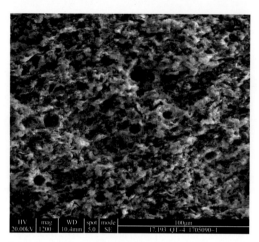
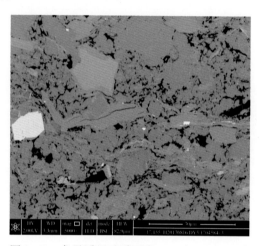

图9-62　嫩江组硅质页岩，R_o为0.4%，孔隙度为46.36%

图9-63　龙马溪组硅质页岩，R_o为2.25%，孔隙度为4.54%

综合上述，深水陆棚页岩气储层具有"高TOC、高孔隙度、高含气量、高硅质"四高特征，生烃强度高，有机质孔发育，为页岩气层发育的有利层段，且有利于储层改造，是涪陵页岩气"成烃控储"的基础（图9-64）。

2. 良好保存条件是页岩气"成藏控产"的关键

影响页岩气保存条件的地质因素较多，初步认为页岩气层顶底板条件决定了页岩气是否能够在主生烃期就保存、富集于页岩气层内；而晚期构造作用（深埋阶段后抬升阶段的构造作用）对页岩气层含气性具有明显的调整作用，是南方页岩气保存条件的关键因素。

1）致密、突破压力均较高的顶底板条件是页岩气具有良好保存条件的基础

良好的顶底板条件是页岩气具有良好保存条件的基础。在早期生烃阶段，若有良好的顶底板条件，页岩气将更多地被限制在页岩层内。涪陵页岩气田五峰组—龙马溪组页岩气层顶底板厚度大、分布稳定、岩性致密、突破压力高，封隔性好（图9-65）。页岩气层顶板为龙马溪组二段发育的灰色、深灰色中—厚层粉砂岩、泥质粉砂岩，厚度50m左右。粉砂岩孔隙度平均值为2.4%，渗透率平均值为0.0016mD，在80℃条件下，地层突破压力为69.8~71.2MPa；底板为上奥陶统临湘组深灰色含泥瘤状灰岩、石灰岩等，总厚度为30~40m，区域上分布稳定，石灰岩孔隙度平均值为1.58%，渗透率平均值为0.0017mD，在80℃条件下，地层突破压力为64.5~70.4MPa。高顶底板突破压力对页岩气的聚集起到重要作用。

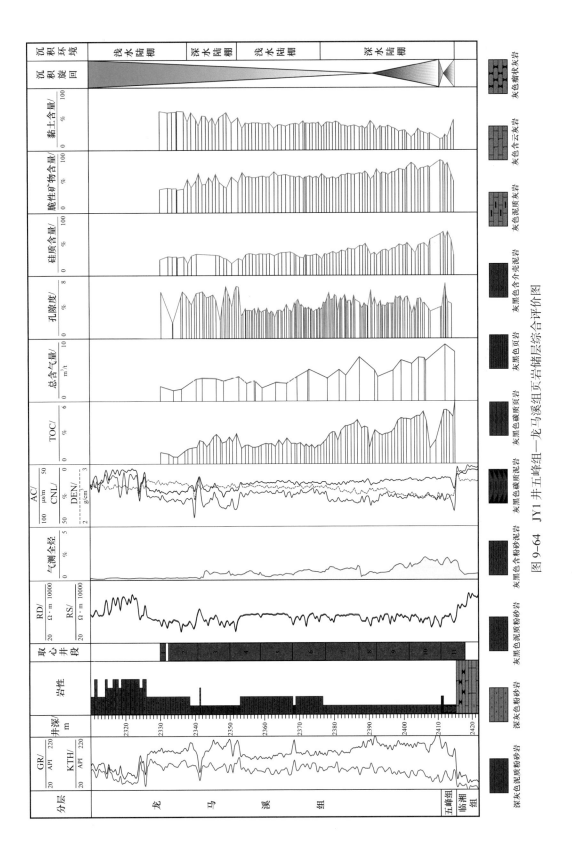

图 9-64 JY1 井五峰组—龙马溪组页岩储层综合评价图

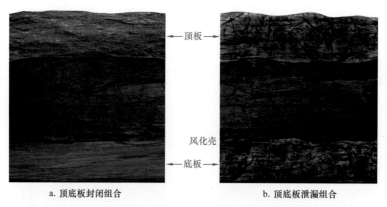

图 9-65　四川盆地及周缘下古生界海相页岩气层顶底板模式图

寒武系牛蹄塘组优质页岩厚度、TOC 以及可压性均较好，但多数地区由于底板条件差，目前尚未获得商业性发现。五峰组—龙马溪组这种早期烃类有效地滞留在页岩层内，也造成五峰组—龙马溪组同源不同期生成的天然气混合，从而引起碳同位素值完全倒转现象（图 9-66）。

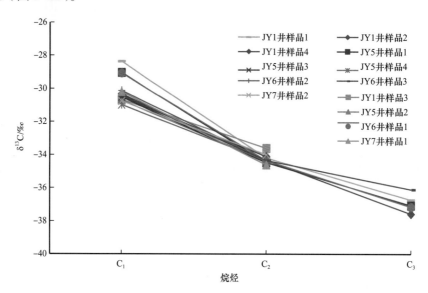

图 9-66　涪陵页岩气田五峰组—龙马溪组天然气碳同位素组成特征

2）晚期构造改造作用是页岩气保存条件的关键

晚期构造改造作用是页岩气具有良好保存条件的关键，主要包括构造改造强度、构造改造时间等，而压力系数是保存条件的综合判断指标。

（1）抬升剥蚀及褶皱作用强度弱有利于页岩气保存。

抬升剥蚀及褶皱作用不仅会使油气的生成停滞，还会造成页岩气层区域盖层的减薄或完全剥蚀、页岩气层和盖层的脆性破裂、页岩气层地层倾角变大等，从而导致垂向封堵能力变差、页岩气顺层横向逸散明显加剧等现象。

抬升剥蚀作用破坏区域盖层的完整性及封盖性能，随着地层抬升、围压降低，页岩层系的温压场将发生变化，岩石将随之发生形态和体积的变化，最终发生剪切性的破裂，产生大量开启性微裂缝，从而使其封闭性降低（郭彤楼等，2014；魏志红，

2015）。涪陵页岩气田 JY1 井龙马溪组页岩样品三轴物理实验模拟显示，页岩抬升至 1000～1500m，围压从 50.0MPa 下降至 16.2MPa 左右，岩石发生剪切破裂，产生微裂缝（图 9-67）；JY2 井龙马溪组样品在围压降低至 15.0MPa 左右微裂缝开始大规模开启，孔隙度和渗透率大幅度提高，页岩自身的封闭性随埋深变浅快速变差（图 9-68）。

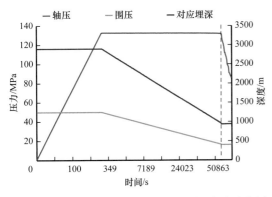

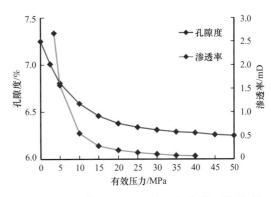

图 9-67 JY1 井龙马溪组（2370.9m）碳质页岩围压卸压下的破坏模拟图

图 9-68 JY2 井 2566.96m 页岩孔隙度、渗透率、有效压力关系曲线

页岩地层侧向上扩散作用是页岩气发生散失的主要作用方式之一。JY4 井五峰组—龙马溪组全直径岩心样品纵横向渗透率差异巨大，页岩水平渗透率是垂直渗透率的 2～8 倍（图 9-69）。深埋的页岩地层若其侧向出露或侧向与开启性断层接触，由于横向顺层散失，气藏丰度会逐渐降低乃至彻底破坏。因此，通常地层倾角越小，埋深越大，越有利于保存。

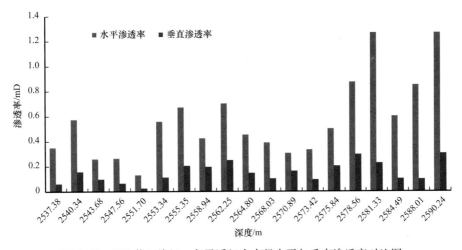

图 9-69 JY4 井五峰组—龙马溪组全直径水平与垂直渗透率对比图

（2）断裂规模小和裂缝发育强度弱有利于页岩气保存。

断裂作用会使原来横向连续性较好的地层发生纵、横向的错动，同时在断层附近会形成派生张性构造，高角度缝发育，从而形成油气散失的通道。

涪陵页岩气田单井产能主要与距断裂的远近和断裂的规模、性质相关，通常断裂规模越大、显示走滑性质，对页岩气保存影响越大。焦石坝区块东南部与西南部断裂发育带保存条件差，产量相对主体构造稳定区低，钻井液漏失量较大，压力系数一般显示为常压区，如东南部JY3-3HF井五峰组—龙马溪组页岩储层实测压力系数只有0.97。

（3）构造改造时间越晚越有利于页岩气保存。

对中上扬子区来讲，由于燕山—喜马拉雅期的构造活动处于下古生界两套海相页岩主生烃期后，对页岩气层含气丰度具有明显调整作用，总体页岩气层抬升剥蚀作用开始的时间越晚，对页岩气保存越有利。而磷灰石裂变径迹表明，四川盆地及其周缘从盆外到盆内，燕山—喜马拉雅期起始抬升时间表现出从早到晚有序递进的特征，这也反映从盆外到盆内页岩气逸散的时间也由长到短有序的递进（图9-70）。

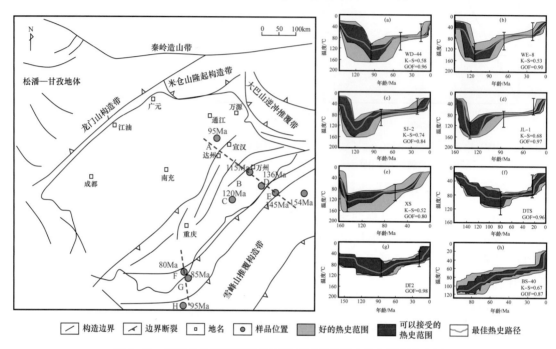

图9-70 四川盆地及其周缘地层磷灰石裂变径迹热史模拟分布图

3）压力系数是保存条件的综合判断指标

高压或超压意味着良好的保存条件，压力高也是较好孔隙性和含气性特征的指示。以JY2井、DY1井和RY1井为例，这三口井都位于川东南地区五峰组—龙马溪组深水陆棚相区，但位于不同构造带，保存条件代表好、中、差三个层次，压力系数分别为1.55、1.08、1.00，其中JY2井和DY1井测试日产量分别为$33.69 \times 10^4 m^3$、$3.40 \times 10^4 m^3$；RY1井气测显示差，未测试。综上，保存条件好则含气性好，页岩储层表现为高压和高产。北美及中国页岩气的勘探开发实践证实，页岩气高产区的气藏压力系数通常大于1.2（图9-71）。

页岩气田高产除以上因素外，还取决于钻探工程和压裂改造技术及效果。中国石化围绕涪陵地区海相页岩气复杂的工程地质特点、钻完井及分段压裂技术难题，探索形成了适合于涪陵页岩气田海相地层特点的钻完井及分段压裂技术体系，创新

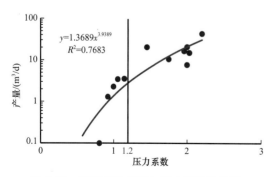

图9-71 页岩气井产量与压力系数关系图

采用了前置酸预处理、混合压裂、组合加砂、高排量、大液量、低砂比的大规模压裂施工模式，并优选龙马溪组—亚段深水陆棚优质页岩气层段作为水平段穿越层位。涪陵地区水平地应力差异小、埋深适中，压裂改造效果好，容易形成高产工业气流。

二、湖相页岩气富集高产

四川盆地湖相页岩气勘探已在川东—川东北中—下侏罗统泥页岩层系获得了工业气流，但与海相页岩气相比，湖相富有机质泥页岩连续性差、岩相丰富，TOC、热演化程度、脆性矿物含量总体较低，且非均质性强，加之TOC与黏土矿物呈明显的正相关关系，使其页岩气富集条件相对于海相页岩总体不利。但是，湖相页岩气具有分布面积广、资源量大、普遍具有异常高压的特征（表9-5），有必要深入开展其富集高产主控因素研究，为实现湖相页岩气经济有效开发提供理论基础。

表9-5 四川盆地海相、湖相页岩气形成条件参数对比

富集条件		海相页岩气（涪陵龙马溪组）	湖相页岩气（元坝大安寨段）
沉积条件	构造沉积类型	克拉通台内凹陷	前陆盆地
	有利沉积相	深水陆棚	浅湖—半深湖
	岩性组合	厚层硅质、碳质泥页岩	页岩夹薄层石灰岩
生烃条件	泥页岩厚度/m	55.4～89.1	30～60
	有机碳含量/%	0.29～6.79/2.66	0.58～3.64/1.20
	R_o/%	2.58	1.44～1.83
	有机质类型	I 、 II$_1$	II$_2$
储集条件	储集空间类型	有机质孔为主	以粒缘孔缝隙、黏土矿物孔为主，有机质孔次之
	孔径分布	微孔—介孔为主	介孔—大孔为主
	孔隙度/%	0.26～8.61/4.53	1.11～8.42/4.70
	渗透率/mD	0.1307～1.2674	0.0032～223.9900
可压性	石英含量/%	6～80.5/42.6	1.5～57.7/33.0
	方解石含量/%	0～23.9/4.6	0～98.5/20.7
	黏土总量/%	10.7～61.6/32.7	0～68.1/40.5
保存条件	压力系数	1.55	1.5～2.0
	实测含气量/（m³/t）	0.35～9.63/4.21	1.37～1.98/1.72
其他	TOC和黏土矿物关系	负相关	正相关

1. 浅湖—半深湖相富有机质泥页岩发育是湖相页岩气富集的基础

湖相受物源、古地貌、水深等多方面的影响，沉积微环境、岩性变化快，沉积相带明显控制了富有机质泥页岩的空间展布。四川盆地川东北元坝、涪陵地区自流井组大安寨段沉积包含了滨湖、浅湖、半深湖等沉积环境，其中浅湖、半深湖相是一个比较安

定、弱氧化—还原的环境，在湖盆的中心地带形成了黑色页岩夹薄层介壳灰岩的岩性组合。通过对比分析发现，浅湖、半深湖沉积相带发育的灰黑色、深灰色的泥岩、含粉砂泥岩、含介壳泥岩等平均 TOC 均大于 0.8%（图 9-72），TOC 大于 1.0% 的比例超过50%。而滨湖亚相虽然也有一定厚度的泥页岩分布，但由于整体多处于氧化环境，颜色相对较浅，TOC 含量以小于 0.5% 最多（图 9-73）。

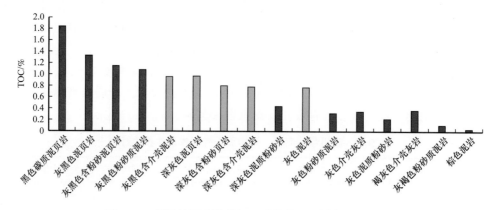

图 9-72　元坝地区自流井组—千佛崖组不同岩性 TOC 图

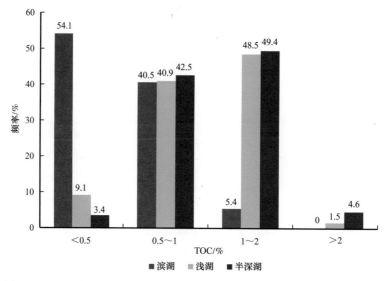

图 9-73　四川盆地元坝—涪陵地区自流井组不同沉积相带岩样 TOC 统计图

2. 岩性组合控制了物性特征及压裂效果

1）岩性组合控制了物性特征

在元坝—涪陵地区自流井组页岩气层段中，浅湖、半深湖相带由于水体频繁升降变化，形成的多韵律富有机质泥页岩夹薄层（条带）石灰岩或砂岩的岩性组合，其油气显示活跃，而在滨湖相地层中则相对较差。不同的岩性组合页岩物性明显不同，其中富有机质泥页岩或富有机质泥页岩夹薄层（条带）石灰岩的岩性组合物性较好，分析其原因除页岩层理以及页岩与薄层石灰岩之间的层间缝影响之外，富有机质泥页岩有机碳含量比浅色泥页岩以及砂岩、石灰岩高，造成了有机质孔隙的大量发育，而相对厚层的砂岩或石灰岩则相对致密，孔隙度、渗透率明显偏小（图 9-74），微孔、微缝相对不发育。

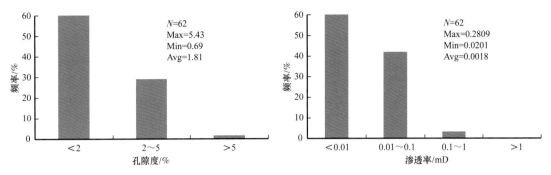

图 9-74　元坝—涪陵地区中—下侏罗统石灰岩、砂岩物性分布直方图

2）岩性组合控制了可压性

元坝—涪陵地区自流井组页岩气层段不同岩性的脆性矿物含量、泊松比和杨氏模量不同。较厚层的砂岩和石灰岩虽然具有脆性矿物含量高、泊松比低以及杨氏模量高的特点，但通常其含气量低，油气显示差，因此不予考虑。富含有机质的纯泥页岩虽然具有TOC高、物性好以及含气量高的特点，但其黏土矿物总体较高，不利于后期的压裂改造。Xl101 井岩心岩石力学特性参数测试结果发现，纯泥页岩具有相对略高的泊松比和略低的杨氏模量的特点（表 9-6），其可压性总体相对较差。而富有机质泥页岩夹薄层（条带）灰岩或砂岩不仅 TOC、孔隙度高，具有页岩气生成和聚集的良好条件，同时该种岩性组合提高了脆性指数和杨氏模量，并降低了泊松比，因此有利于后期的压裂改造。

表 9-6　Xl101 井大安寨段岩心岩石力学特性参数测试结果

井深 / m	岩性	方向	围压 / MPa	孔压 / MPa	抗压强度 / MPa	杨氏模量 / GPa	泊松比
2144.00～ 2150.00	页岩夹 石灰岩	垂 1	0	0	36.57	23.26	0.197
		水平 0°	0	0	40.51	24.15	0.228
		水平 45°	0	0	38.27	30.45	0.221
		水平 90°	0	0	80.40	46.45	0.196
		平均			48.94	31.08	0.211
2125.77～ 2131.50	介壳灰岩	垂 1	0	0	44.62	32.05	0.191
		水平 0°	0	0	47.96	30.83	0.190
		水平 45°	0	0	43.73	20.29	0.195
		水平 90°	0	0	45.77	30.18	0.216
		平均			46.12	28.34	0.198
2240.22～ 2246.31	页岩	垂 1	0	0	60.80	19.65	0.233
		水平 0°	0	0	42.63	27.16	0.245
		水平 45°	0	0	36.29	29.40	0.236
		水平 90°	0	0	46.75	26.922	0.223
		平均			46.62	25.78	0.234

3）浅湖—半深湖富有机质泥页岩夹条带状砂岩或石灰岩是最有利的岩性组合

勘探实践表明，湖相页岩气层含气量与TOC、孔隙度呈良好的正相关关系，TOC越高、孔隙度越大，含气性越好（图9-75、图9-76）。通过对元坝、涪陵地区不同岩相的TOC和孔隙度进行统计发现，在泥页岩、泥页岩夹条带状灰岩、含粉砂泥岩、含泥介壳灰岩、粉砂岩及结晶灰岩六种岩相中，只有泥页岩和泥页岩夹条带状灰岩两种岩相具有高的TOC和孔隙度（图9-77），同时前文也已论述，它们有较好的可压性。因此，浅湖、半深湖泥页岩夹条带状（或薄层）灰岩（或砂岩）是页岩气富集和可压的有利岩性组合。

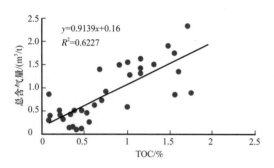

图9-75　元坝—涪陵泥页岩TOC与含气量关系图

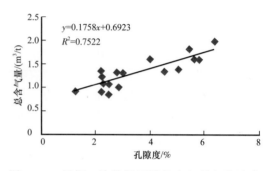

图9-76　元坝—涪陵泥页岩总含气量与孔隙度关系图

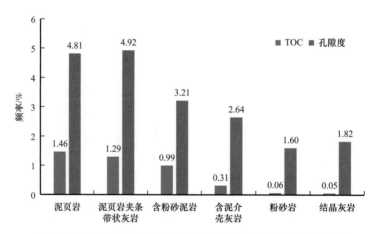

图9-77　元坝—涪陵地区不同岩相TOC和孔隙度统计直方图

3. 裂缝有利于湖相页岩气的富集和高产

裂缝在页岩气藏中不仅有助于泥页岩层中游离气体积的增加，还有助于吸附气的解吸，其发育程度是决定页岩气藏品质的重要因素。在断裂和较大规模裂缝不发育的情况下，微裂缝发育有利于页岩气富集高产。

以元坝21井为例，在下侏罗统自流井组大安寨段大二亚段4010～4033m进行常规测试，获得$50.7 \times 10^4 m^3/d$的工业气流。该井大二亚段的岩性主要为富含有机质泥页岩夹薄层或条带灰岩、砂岩，层间页理缝更发育；它位于构造应力高的构造转折端，构造缝同样相对发育（图9-78），这种层间缝和构造裂缝的叠合为页岩气的富集提供了更大的储集空间和更为广阔的运移通道，有利于页岩气的富集和高产。与元坝21井具有相似构造位置、地质条件、裂缝发育程度的元坝 11 井，在下侏罗统自流井组大安寨段大二亚段 3880～3940m 井段进行常规测试，同样也获得 $14.44 \times 10^4 m^3/d$ 的工业气流，验证了裂缝发育对页岩油气高产的控制作用。

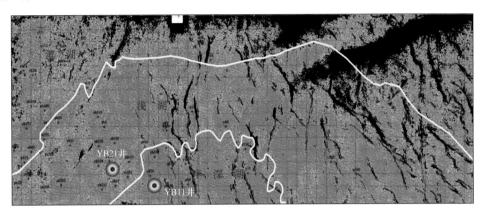

图 9-78 元坝区块大安寨段富有机质泥页岩裂缝预测与沉积相叠合图

而邻区涪陵东北部地区兴隆 101 井大二亚段测试层段 2160～2161m、2176～2177m 虽然与元坝 21 井具有相似的沉积背景，同处于浅湖—半深湖相带，但即使进行了大型水力加砂压裂也仅仅获得了 $79m^3/d$ 气产量。分析其原因为：虽然测试层段具有页岩气形成的良好的物质基础（TOC 1.54%，孔隙度 4.80%，总含气量 $3.77m^3/t$），但测试井段一方面黏土矿物较高（平均含量为 51.2%）不利于后期的压裂改造；同时，兴隆 101 井处于构造裂缝相对不发育的背斜翼部，天然裂缝不发育，加之压力系数仅为 1.1，反映了保存条件相对不利，地层能量不高。这充分说明了泥页岩即使有良好的物质基础，但富集高产还需要有良好的可压性、裂缝发育以及良好的保存条件。

第十章　油气藏形成与分布

油气藏是指在含油气盆地中具有统一压力系统和油（气）水界面的单一圈闭中的油气聚集体，是石油、天然气在地层中聚集的基本单元。四川盆地是一个大型含油气叠合盆地，纵向上发育七套含油气系统，以气藏为主、油藏为辅。其中工业气藏广泛分布于海相的震旦系—志留系、泥盆系—中三叠统碳酸盐岩以及上三叠统—侏罗系的陆相碎屑岩中，而工业油藏目前仅在演化程度较低的川中乐山—龙女寺古隆起中部的桂花等五个中小型油田内发现。

第一节　油气藏类型

四川盆地作为一个大型含油气叠合盆地，埋深大、演化程度高的特性决定了其现今油气藏以气藏为主、油藏为辅的特征。因此，本章节主要根据现行的中华人民共和国国家标准 GB/T 26979—2011《天然气藏分类》，参考中华人民共和国石油天然气行业标准 SY/T 6169—1995《油藏分类》，结合勘探开发和国内外专家的最新研究成果，针对四川盆地油气藏开展评价研究，提出划分方案。

四川盆地演化的多期性、储层的非均质性和天然气的活动性，决定了其油气藏具多样性特征：（1）多套含油气组合：四川盆地天然气大部分产自三叠系、二叠系、石炭系、寒武系和震旦系中，石油则产自侏罗系，纵向上含油气层系达 35 层。（2）多种源储组合及油气运聚方式：包括下生上储、自生自储、上生下储和侧生式组合。（3）多种类型孔隙组合：四川盆地目前已发现孔隙（洞）型、裂缝—孔隙（洞）型、孔隙（洞）—裂缝型及裂缝型等多种类型孔隙组合，其中裂缝—孔隙（洞）型、孔隙（洞）—裂缝型最为普遍。（4）多裂缝系统特征：该特征是四川盆地储层非均质性的表现，往往在同一构造上存在不同的裂缝系统。（5）多种圈闭类型：四川盆地油气藏赋存方式多样化，除构造圈闭外，也发现大量岩性、构造—岩性、地层—构造、岩性—构造等复合圈闭气藏。

按气藏特征，将四川盆地气藏分为常规气藏与非常规气藏两大类。对于常规气藏类，考虑圈闭是形成油气藏的基本条件之一，油气藏类型与圈闭类型之间有着密切关系，故本书以圈闭成因为油气藏分类的基本原则，划分为构造型、岩性型、复合型、岩溶缝洞型及裂缝型五大类，并依据圈闭形成的主导因素进一步细分亚类和小类（表 10-1）。非常规气藏已在第九章详述，本章主要介绍常规气藏的形成与分布。

表 10-1　四川盆地常规油气藏分类方案及典型气田

油气藏类型			典型气田或气藏
构造油气藏	挤压背斜油气藏		威远（Z_2dn）、彭州雷口坡气藏（T_2l_4）、中坝（T_3x）
	断背斜油气藏		大池干（C_2h）、铁山坡（T_1f）
岩性油气藏	碳酸盐岩礁滩型油气藏	台缘礁（丘）滩油气藏	元坝（P_3ch）、安岳（Z_2dn）、龙岗（P_3ch）
		台内礁滩油气藏	龙岗（T_1f）、高峰场（P_3ch）、川南嘉陵江（T_1j）
	砂岩岩性油气藏		元坝（T_3x_3）、成都（J_3p）、中江（J_3p）、合川（T_3x_2）
	热液白云岩气藏		涪陵茅三热液白云岩气藏
复合型油气藏	构造—岩性复合型油气藏	构造—礁滩岩性油气藏	普光（P_3ch—T_1f）、罗家寨（P_3ch）、安岳（ϵ_1l）、铁山（T_1f）
		构造—砂岩岩性油气藏	通江马路背（T_3x）、新场（T_3x_2）、广安（T_3x）
	构造—地层复合型油气藏		罗家寨（C_2h）、相国寺（C_2h）
	岩溶缝洞型油气藏		川东南茅口组气藏（P_1m）
	裂缝型油气藏		全盆均有分布

一、构造型气藏

构造型气藏是四川盆地重要的油气藏类型之一。该类气藏受局部构造圈闭控制，储层物性好，横向分布稳定。根据构造变形或变位的特点，可进一步分为挤压背斜气藏、断背斜气藏两类（图 10-1）。

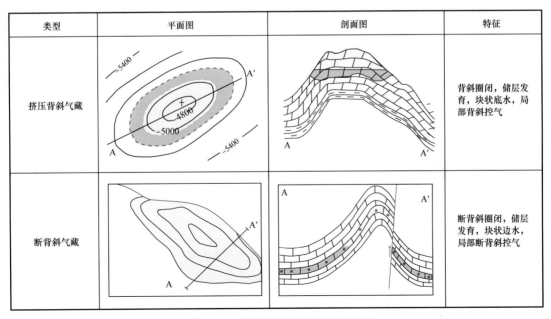

图 10-1　四川盆地构造型气藏类型

1. 挤压背斜气藏

挤压背斜型气藏是在区域构造挤压作用下形成的褶皱背斜气藏。此类气藏顶面背斜圈闭完整，天然气聚集受背斜形态和高度控制。流体按重力分异，气藏分布于背斜构造的顶部，有统一的原始气水界面。靠近背斜的轴部和顶部，储层厚度大，裂缝发育，渗透性能高，气井产能高。这类气藏天然气充满度较低，主要是由于背斜形成时间晚，油气聚集不充分所致。该类型气藏在川中、川东、川西都有发现，如威远灯影组气藏、川西雷口坡组气藏、中坝须家河组气藏等。

2. 断背斜气藏

断背斜气藏是受断层的牵引而形成的背斜气藏。断层对这类型气藏起着决定性作用，首先断层控制背斜圈闭的形成，其次背斜内的次一级断层对气层渗透性能的提高起到了促进作用，靠近次一级断层带的气井产能高，如大池干、铁山坡等气藏。

二、岩性型气藏

凡是储层四周或上倾方向因岩性变化，而被非渗透性岩层封闭而形成的气藏称为岩性气藏。与构造气藏主要是由于地层变形或变位而形成不同，岩性气藏主要是储层岩性岩相变化，或储层连续性中断后，又被非渗透性地层遮挡的结果。根据储集体岩性差异，岩性气藏可分为碳酸盐岩礁滩型岩性气藏和砂岩岩性气藏（图10-2），近期在川东南发现热液白云岩气藏。

类型	平面图	剖面图	特征
台缘礁滩气藏	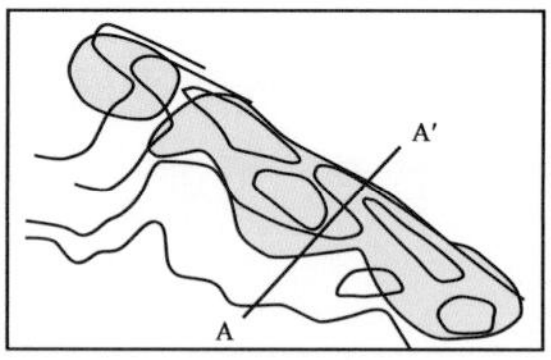	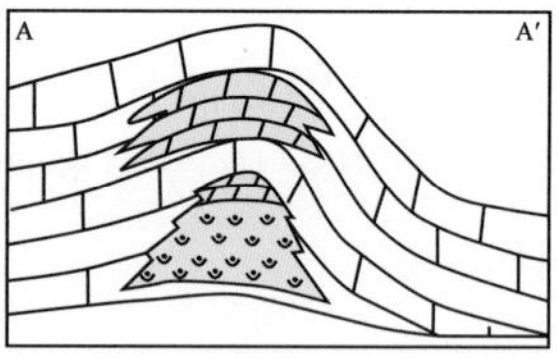	台缘礁滩体储层控藏，孔隙发育，高产稳产
台内礁滩气藏	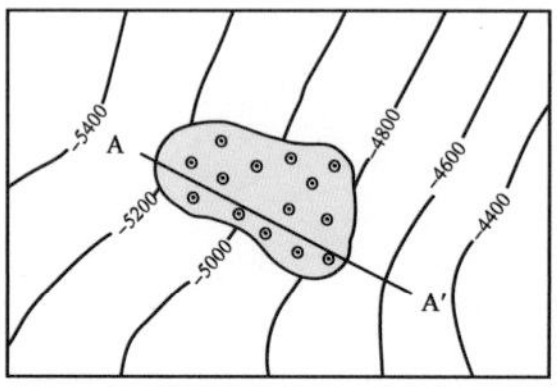	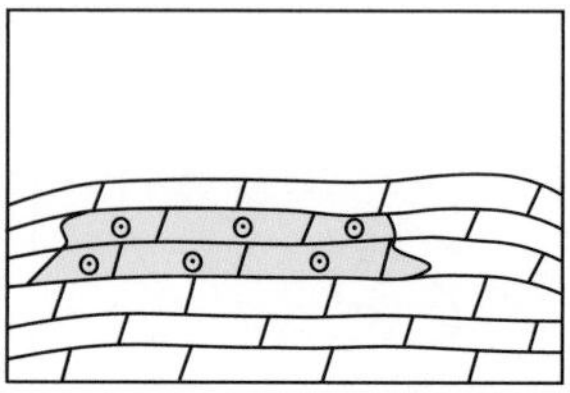	储层发育受控于高能相带，气藏规模大
砂岩岩性气藏	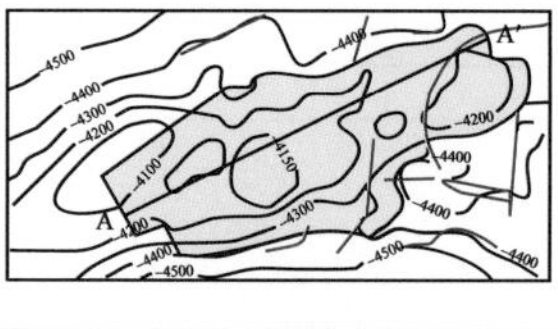	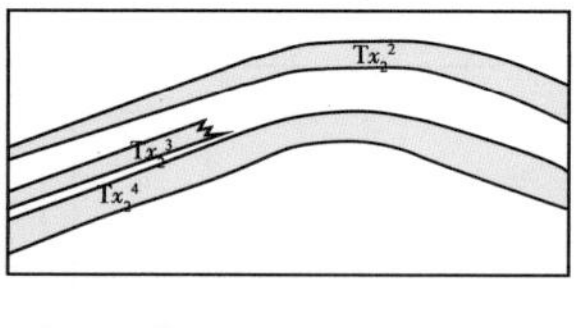	储层发育受控于相带，平面分布较散

图 10-2　四川盆地岩性型气藏类型

1. 碳酸盐岩礁滩岩性气藏

碳酸盐岩礁滩岩性气藏主要受生物礁或浅滩岩性体控制，气水分布与气藏边界及构造无关。四川盆地礁滩类储层主要受沉积环境、微古地貌控制，储层非均质性强，礁滩体之间为岩性相对致密的石灰岩、含泥灰岩及泥灰岩，有利于形成岩性圈闭。此类气藏的形成与分布多受控于沉积微相与优质储集体等因素，纵向上主要分布在二叠系、三叠系和寒武系等海相地层。

前人对四川盆地礁滩型气藏提出多种分类方案。陈宗清（2008）依据生物礁生长位置及规模将生物礁气藏划分为边缘礁气藏和台内点礁气藏；汪泽成等（2013）将塔里木、四川和鄂尔多斯三大盆地海相碳酸盐岩礁滩岩性圈闭划分为生物礁圈闭、颗粒滩圈闭；杜金虎等（2011）将礁滩类进一步划分出台缘礁滩型、台内滩型与缝洞—礁滩型三类气藏。

本书按储层类型差异将其划分为台缘礁（丘）滩气藏与台内礁滩气藏两类。台缘礁（丘）滩气藏储集体主要以台缘礁（丘）滩相白云岩为主，成群或成带沿台地边缘带分布，气藏规模相对较大（如元坝、安岳、龙岗等气田）；台内礁滩气藏储集体以暴露溶蚀白云岩、颗粒灰岩为主，气藏规模取决于滩体规模及储层发育程度，平面分布较分散，气藏规模相对较小（如高峰场、板东气田）。

2. 砂岩岩性气藏

砂岩岩性气藏是储层因岩性变化，其四周或上倾方向和顶、底为非渗透岩层所封闭而形成的气藏。其工业气层、含气显示层分布与构造无明显关系，但与储层岩性关系密切。四川盆地砂岩气藏储集体连续性较差，如果不同层位的储集体可以叠合成片，则可形成较大规模的油气藏，主要气藏包括四川盆地北部元坝须家河组气藏、川西侏罗系气藏、川中合川、荷包场须家河组气藏等。

中国石化勘探分公司在勘探实践中，在涪陵—綦江地区发现茅三段热液白云岩岩性气藏。涪陵地区茅三段沉积时期处于中缓坡沉积背景，高能滩相叠置发育，同时受峨眉地裂运动的影响，基底断裂带发育。受高能滩与基底断裂控制，发育高能浅滩叠合热液白云岩储层，后期气藏经聚集、保存形成茅三段热液白云岩气藏。

三、复合型气藏

复合型气藏在四川盆地广泛分布，其特点有别于单一因素形成的油气藏。受局部构造与岩性共同控制，可划分为构造—岩性复合气藏与构造—地层复合气藏两类（图10-3）。

1. 构造—岩性复合型气藏

构造—岩性复合型气藏在其形成过程中都会不同程度地受到构造和岩性等因素的影响，表现为复合型气藏。按储层类型差异可进一步细分为构造—礁滩岩性气藏和构造—砂岩岩性气藏两类。此类气藏岩性对油气的分布起决定性作用。

构造—礁滩岩性气藏主要发育于寒武系龙王庙组、中二叠统茅口组、上二叠统长兴组与下三叠统飞仙关组，气藏分布主要受高能相带控制，具有储量规模大，产能高的特点。以普光气田为例，其位于四川盆地东北部宣汉—达州地区黄金口构造双石庙—普光构造带，为典型构造—岩性复合型大型气藏，主要含气层段为下三叠统飞仙关组及上二叠统长兴组，均为白云岩储层，属于台地边缘礁滩溶孔白云岩储层。飞仙关组为鲕粒白云岩，长兴组为生物礁滩白云岩储层，二者垂向叠置，连片分布。气藏埋藏深度大，单井产气量高，优质储层厚度大且分布较广。该气田是四川盆地已发现气藏中规模最大的整装气田。普光气田局部构造调整阶段调整幅度较大，气、水发生了大的调整分异，在构造高部位整体含气，低部位为水区，为边水气藏。

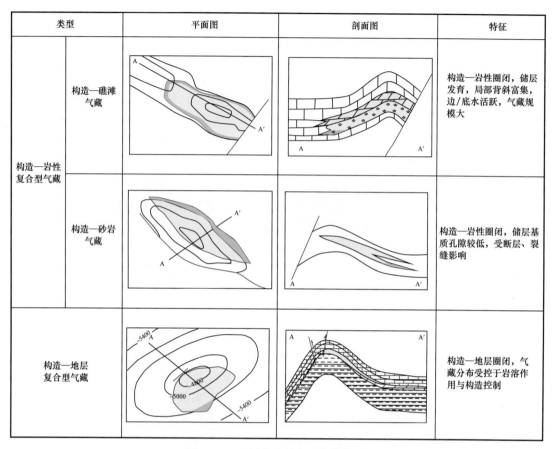

图 10-3　四川盆地复合型气藏类型

　　构造—砂岩岩性气藏主要发育在印支期前隆构造变形中等的地区和川中隆起构造变形较弱的地区，主要有岩性—构造气藏和构造—岩性气藏两类气藏，其中以构造—岩性气藏最为普遍。纵向上主要发育于须家河组、沙溪庙组、遂宁组，气藏分布在构造的倾伏部位、构造间的鞍部或潜伏高点处。该类型气藏为低渗至特低渗储层，连通性差，非均质性强，油气运移条件差。该类型气藏既受有效储层分布制约，又受断层、裂缝等影响，如新场须家河组气藏、广安须家河组气藏等。

　　2. 构造—地层复合型气藏

　　构造—地层复合型气藏主要分布在石炭系和三叠系雷口坡组。该类型圈闭受地层和构造双重控制，其中构造对油气富集起关键作用。优质储层分布受沉积微相与岩溶作用控制，以裂缝—孔隙型中孔隙度、中渗透率储层为主，岩性为溶孔砂屑白云岩或溶孔角砾白云岩。现今规模气藏主要分布于古今成藏配置好的圈闭中，此类型圈闭通常形成时间早，对油气的早期运移、聚集和成藏有利。后因地层剥蚀尖灭、断层、构造等因素的影响，使复合圈闭的含气面积扩大，晚期造山运动最终使气藏定型，如罗家寨、相国寺石炭系气藏。

四、岩溶缝洞型气藏

岩溶缝洞型气藏主要是由于碳酸盐岩地层在大气淡水溶蚀作用影响下，同时受各种因素影响发育孔洞缝，形成岩溶缝洞型气藏（图10-4）。四川盆地岩溶缝洞型气藏主要受大型不整合面控制，如川东、川南二叠系茅口组为典型的碳酸盐岩缝洞型气藏，其主要特征表现为储层结构的复杂性与储渗空间分布的非均质性强；因东吴期洞穴的发育部位与喜马拉雅期背斜部位存在差异，大缝洞系统一般位于构造轴部或偏离轴线的一侧；缝洞发育带可以背斜构造；断层附近由于圈闭受破坏严重，不利于油气保存，而离断层数百米之外，可能因岩溶缝洞而形成气藏。

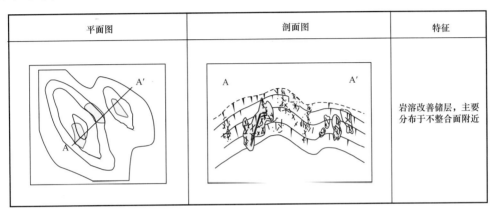

平面图	剖面图	特征
		岩溶改善储层，主要分布于不整合面附近

图10-4　四川盆地岩溶缝洞型气藏类型

五、裂缝型气藏

裂缝型气藏储层基质物性相对较差，断层形成过程中产生的裂缝对储层的改造和油气聚集有重要作用。但是含气范围又不连片，具有高度非均质性的特点。纵向上产出层位高低不一，横向难于对比；平面上主要分布于断层附近或构造转折端，此类气藏在全盆各地均有分布。据其储气特征，裂缝型气藏可分为孤裂缝气藏、连通裂缝气藏和孔隙—裂缝型气藏、岩溶—缝洞裂缝复合气藏四种类型。

孤裂缝气藏指储层储集空间主要为张性构造缝及其所贯通岩层的有效孔隙的气藏。这些张性缝主要是在局部构造和断层形成时产生的，其特征是裂性缝储集空间规模小，连通面积不大，气藏往往孤立分布，产气量一般不大，典型气藏分布在界市场、白节滩、中兴场、合江、鹿角场、榕山镇、梁董庙、沈公山、五通场、花果山、来苏场及沙罐坪 12 个气田。

连通裂缝气藏指储层裂缝较发育，连通范围较宽，往往分布在低缓构造轴、顶部、鼻凸和断带附近张性缝发育区。典型气藏分布在孔滩气田、自流井气田、卧龙河气田等。

孔隙—裂缝型气藏、岩溶—缝洞裂缝复合气藏指连通裂缝与储层孔隙、岩溶缝洞相互通的气藏。与连通裂缝气藏相似，主要分布在低缓构造轴、顶部、鼻凸和断带附近等张性缝发育区。孔隙—裂缝型气藏在全盆广泛分布，岩溶—缝洞裂缝复合气藏在全盆地主要发育于泸州古隆起地区。

第二节　油气藏分布特征

四川盆地是一个富含油气的叠合盆地，油气成藏条件优越，几乎所有层系都发现了油气，气藏类型多样，气藏领域众多。油气勘探开发包括海相碳酸盐岩礁滩、藻丘滩、岩溶，陆相致密砂岩和页岩气等多个领域。

一、油气藏形成条件

1. 六套区域性优质烃源岩发育

受多期裂陷和台内凹陷的控制，四川盆地发育六套区域性烃源岩。海相烃源层系四套：中寒武统筇竹寺组、上奥陶统五峰组—下志留统龙马溪组、中二叠统栖霞组—茅口组、上二叠统龙潭组/吴家坪组。陆相烃源层系两套：上三叠统须家河组（须三段、须五段）、下侏罗统自流井组。

筇竹寺组优质烃源岩的发育主要受兴凯地裂运动作用下形成的绵阳—长宁大型裂陷槽和盆地东部坳陷控制，厚度50～200m，TOC含量在0.50%～8.49%之间，属腐泥型（Ⅰ型）烃源岩。

五峰组—龙马溪组硅质页岩烃源岩主要发育在"乐山—龙女寺、黔中、江南"三大古隆围绕的半闭塞滞留环境，厚度为20～140m，TOC含量0.55%～5.89%，为腐泥型（Ⅰ型）烃源岩。

栖霞组—茅口组烃源岩全盆地均有分布，主要发育在台内凹陷区，栖霞组烃源岩厚度10～70m，TOC含量为0.7%～0.9%，属于腐泥型烃源岩。

茅口组烃源岩厚度在30～220m之间，TOC含量0.7%～1.1%，为腐殖—腐泥型烃源岩。

上二叠统龙潭组（吴家坪组）烃源岩的发育主要受峨眉地裂运动作用下形成的开江—梁平陆棚的控制，厚度20～160m，烃源岩有机质丰度较高，TOC含量0.5%～8.0%，其中浅海、斜坡相区（吴家坪组）为腐殖—腐泥型烃源岩，海陆交互相区（龙潭组）为腐殖型烃源岩。

上三叠统须家河组烃源岩区内广泛分布，主要发育在须三段和须五段，须一段烃源岩仅川西地区厚度较大，为黑色含煤泥质岩。

下侏罗统自流井组主要为一套深湖—半深湖沉积，黑色页岩、介壳灰岩非常发育，有机质丰富，是侏罗系的主要烃源岩层段。

2. 海相碳酸盐岩和湖相三角洲砂体等多类型储集体发育

四川盆地储层岩性类型非常丰富，既有碳酸盐岩储层，也有碎屑岩储层，还有灰泥灰岩和火山岩等特殊类型储层，层位上震旦系—侏罗系都有分布。

碳酸盐岩储层以台缘礁（丘）滩型储层为主，主要受大型拉张作用形成的隆坳格局控制，普光气田、元坝气田、龙岗气田、安岳灯影组气田都是此种储层类型。储层岩性主要包括各种颗粒白云岩、晶粒白云岩、藻白云岩以及生物礁灰岩。储集空间主要为粒间（溶）孔、粒内（溶）孔、晶间（溶）孔和各类型溶洞，储层厚度相对较大，物性好，普光气田储层最厚可达400m以上，孔隙度1.11%～23.05%，平均值为7.08%，渗透率0.018～9664.887mD，几何平均值约为180.04mD。除台缘礁（丘）滩相储层以外，碳酸盐岩储层还包括浅滩叠合不整合岩溶储层、岩溶缝洞型储层、热液白云岩储层，均具有良好的储渗能力。

碎屑岩储层是四川盆地另一类重要的储层类型，主要分布在三叠系须家河组、侏罗系凉高山组、沙溪庙及蓬莱镇组等，埋深多在1000～5000m之间。岩性主要为长石岩屑砂岩、岩屑砂岩和石英砂岩，储集空间类型主要为粒间溶孔、粒内溶孔、杂基孔和微裂缝等。总体上以低孔隙度、低渗透率—致密储层为主，储层厚度大、平面分布范围广，非均质性强。

灰泥灰岩储层和火山岩储层是四川盆地近年来新发现的储层，灰泥灰岩储层主要发育于川南茅一段，储集空间主要为滑石成岩收缩缝、粒内溶孔和有机孔等，一般厚度可达20～30m。火山岩储层主要分布于二叠系茅口组—吴家坪组，岩性主要为熔结角砾岩、凝灰岩和沉凝灰岩等。

3. 四套区域性泥质岩盖层和两套区域性膏盐岩盖层发育

四川盆地纵向上发育下寒武统、下志留统、上二叠统、陆相四套区域性泥质岩盖层，以及中—下三叠统、中—下寒武统两套区域性膏盐岩盖层。这些盖层为天然气成藏和保存提供了有效的封堵、保护条件。

下寒武统泥质岩盖层包含了下部具生烃能力的暗色泥岩和与其相邻的不具生烃能力的灰色泥岩、钙质泥岩和少许硅质泥岩。在区域上分布非常广泛，几乎遍及整个四川盆地。下志留统泥页岩盖层为一套深水陆棚相—滨浅海相的砂泥岩建造，该套盖层厚度巨大，岩性稳定，但横向上主要分布于黔中地区的黔北坳陷、川东北地区及鄂西渝东的石柱复向斜和利川复向斜，其余地区剥蚀暴露或缺失。上二叠统龙潭组泥质岩盖层主要形成于晚二叠世最大海侵期，此套盖层中泥质岩累计厚度一般在100m，沉积物以黑色、灰黑色泥页岩以及碳质页岩夹煤线为特征。由于四川盆地独特的构造沉积背景，在海相地层之上仍完整保留着一套连续完整分布的陆相泥质岩区域盖层（T_3—J_{1-2}），该套盖层除川东高陡褶皱带核部被剥蚀殆尽外，在盆地其余地区均有分布，厚度为500～3000m，它的厚度和埋深足以阻止地表水对下伏层位油气的渗入破坏，为一套重要的区域盖层。

除泥质岩盖层外，四川盆地还有两套区域膏盐岩盖层，相较于泥岩盖层，具有更好的封闭性能。中—下寒武统膏盐岩盖层主要发育于下寒武统龙王庙组—中寒武统陡坡寺组，分布于四川盆地东南部及鄂西渝东区，属浅水蒸发台地相。中—下三叠统嘉陵江组—雷口坡组膏盐层对其下伏二叠系、三叠系天然气藏（普光、元坝等）规模聚集及保存起到了重要的作用，膏盐岩盖层厚度为50～400m，具总厚度和单层厚度大、对比性和连续性好等特点。

4. 生储盖配置关系良好

受构造充填和沉积演化控制，四川盆地发育多套生储盖组合。根据四川盆地油气勘探现状，再结合盆地构造—沉积演化特征，四川盆地纵向上可划分为：震旦系—下古生界（习称海相下组合）、上古生界—中下三叠统（习称海相上组合）和上三叠统—白垩系（习称陆相油气组合）三大套含油气系统。在储层成因分类的基础上，以储层为中心油气聚集模式划分为下生上储式、自生自储式、上生下储式和侧生式等组合类型。良好的生储盖组合配置关系，决定了四川盆地多类型、多气藏的特征。

二、油气藏纵向分布特征

截至2017年底，对四川盆地35个大中型气田分布层位的统计分析表明，产层主要集中分布在侏罗系、三叠系、二叠系、石炭系、志留系、寒武系和震旦系等（图10-5）。

海相下组合中主要包括震旦系灯影组气藏和寒武系龙王庙组气藏，二者探明储量占四川盆地总探明储量的19%，主要气藏包括分布在川中绵阳—长宁古裂陷槽东西两岸台缘带的安岳台缘丘滩岩性气藏、威远古隆起构造气藏和分布在川中古裂陷槽周缘的（开阔台内的）安岳龙王庙组、灯影组气藏。

海相上组合中主要包括石炭系黄龙组气藏、二叠系栖霞—茅口组气藏、长兴组—飞仙关组气藏、三叠系嘉陵江组—雷口坡组气藏，探明储量占总探明储量的32%，气藏类型以台缘礁滩气藏、台内礁滩气藏、构造—礁滩、构造—地层型、岩溶缝洞型等气藏为主，主要分布在川东、川中和川西南等地区，典型气藏有元坝台缘礁滩气藏、元坝台内礁滩气藏、普光构造—礁滩气藏。

陆相油气组合的三叠系须家河组—侏罗系气藏探明储量占总探明储量的29%，主要气藏类型为砂岩岩性气藏和构造—砂岩复合型气藏，典型气藏包括元坝须家河组气藏和成都气田须家河组气藏、沙溪庙组气藏，从川西、川中到川东均有分布。

近年来，随着勘探技术的发展，四川盆地陆相和海相深层—超深层领域天然气发现规模不断扩大，如元坝、安岳、龙岗等大型含气构造的储量规模都超过了千亿立方米，因此，深层—超深层领域值得进一步加大勘探与评价力度。

三、油气藏平面分布特征

四川盆地大中型气田在平面上具有成群、成带分布特征，目前已在川东、川中、川西含气区探明了环开江—梁平陆棚长兴组—飞仙关组、环绵阳—长宁裂陷槽灯影组—龙王庙组、川东石炭系、泸州古隆起及周缘二叠系茅口组、川西—川中三叠系须家河组—侏罗系等多个大型气田群。

1. 环开江—梁平陆棚长兴组—飞仙关组大型气田群

自1995年在川东北渡口河发现飞仙关组鲕滩气藏至2017年底，在川东北地区共发现70个气田，其中大型气田6个，有普光气田、元坝气田、龙岗气田、罗家寨气田、铁山坡气田、渡口河气田，累计探明储量$8763.34 \times 10^8 m^3$，中型气田有七里北气田、铁山气田和建南气田，累计探明储量$754.63 \times 10^8 m^3$，形成了天然气探明储量近万亿立方米的川东北二叠系—三叠系大型气田群（图10-6），累计探明储量$9786.96 \times 10^8 m^3$，占全盆地天然气总探明储量的21%。

该大型气田群的主要特征有：

（1）有利的沉积相带，发育优质储层（郭彤楼，2011）。长兴组—飞仙关组沉积期在环开江—梁平陆棚两侧发育台地边缘（浅滩、生物礁）、开阔台地及蒸发台地相等。台地边缘礁滩相有利于礁滩储层的形成与发育，经准同生—早期成岩溶蚀作用和深埋期溶蚀作用的进一步改造，形成了以元坝气田为代表的礁滩白云岩和以普光气田为代表的鲕粒白云岩和残余鲕粒白云岩、结晶白云岩、砾屑白云岩等多种类型的优质储层。在普光地区埋藏深度超过5500m的情况下还有200～300m厚优质孔隙型储层分布；在元坝、龙岗、罗家寨、铁山坡等地区随着沉积环境的变化，储层厚度为30～170m。

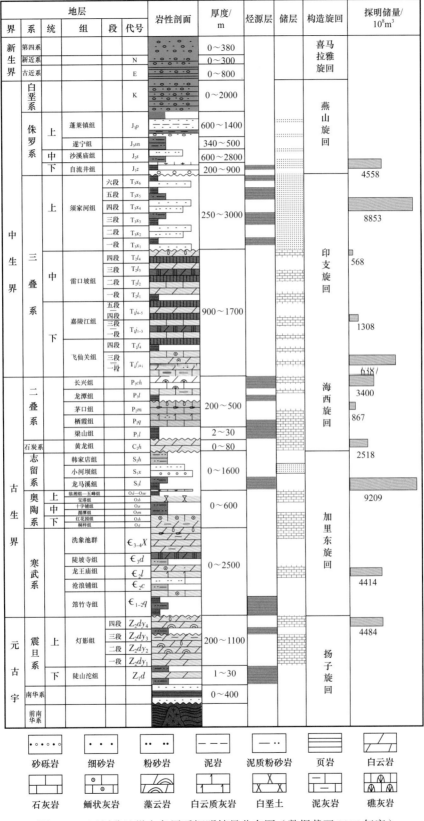

图 10-5　四川盆地纵向各层系探明储量分布图（数据截至 2017 年底）

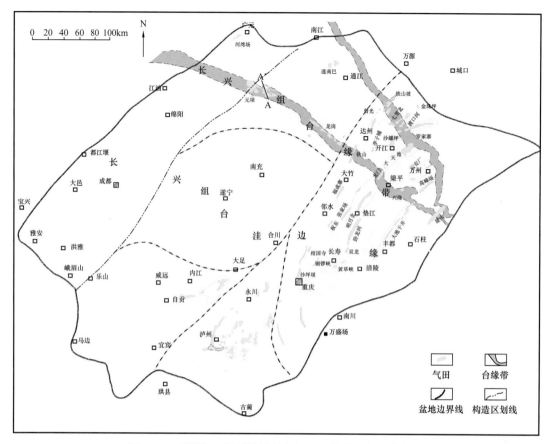

图 10-6 环开江—梁平陆棚长兴组—飞仙关组气田分布图

（2）多源供烃，近源富集。元坝长兴组气藏主要来源于北部广元—旺苍地区下二叠统深水陆棚相区的吴家坪组、大隆组、中二叠统茅口组三套烃源岩，岩性以黑色泥页岩、泥灰岩为主，厚 60～110m，干酪根类型为Ⅰ型—Ⅱ₁型。气田分布具有"横向近灶、纵向近源"的特征（图 10-7）。"横向近灶"表现为气藏邻近大隆组生烃中心。大隆组泥岩厚 20～30m，平均有机碳含量 2.38%，平面分布受控于沉积相带，主要发育于陆棚相区。"纵向近源"表现为底部发育吴家坪组与茅三段烃源岩，厚 30～80m，平均有机碳含量 2.63%。三套优质烃源生烃强度达 $30 \times 10^8 \sim 70 \times 10^8 m^3/km^2$。

（3）发育大型构造岩性复合型圈闭。陆棚东侧的普光、罗家寨、铁山坡等气藏受礁滩岩性体与背斜构造双重因素控制；陆棚西侧的元坝、龙岗等气藏主要受大型礁滩相岩性圈闭控制。上覆嘉陵江组膏盐岩对气藏的保存起到了关键作用。

（4）常压含硫。普光气田飞仙关组气藏为构造—岩性复合常压气藏，中高含硫（H_2S 含量为 12.68%～16.89%，平均 15.2%）。元坝地区飞仙关组和长兴组气藏 H_2S 含量有明显区别，飞仙关组天然气中 H_2S 含量很低，所测试的气样中仅为 0.02%～0.09%；而长兴组气藏中其含量较高，为 4.54%～12.84%。

2. 环绵阳—长宁裂陷槽震旦系—寒武系气田群

1964 年在川中古隆起加深钻探威基井灯影组取得突破，发现了川中地区第一个大型气田——威远气田。2011 年高石梯部署的高石 1 井在震旦系灯影组、2012 年磨溪部署的磨溪8井在寒武系龙王庙组相继获得高产突破，因平面位置相近，中国石油将其统一命名为安岳气田。最新研究成果表明，威远气田和安岳气田分别位于绵阳—长宁裂陷槽的西岸和东岸，其气藏均受绵阳—长宁裂陷槽影响，组成环绵阳—长宁裂陷槽震旦系—寒武系气田群（图10-8）。

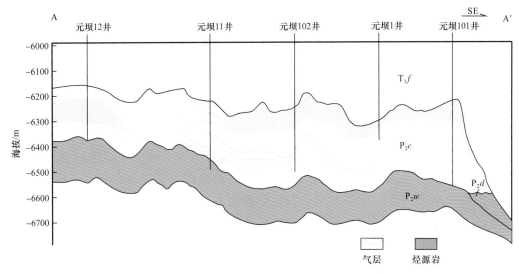

图 10-7 元坝气田长兴组气藏剖面图（剖面位置见图 10-6）

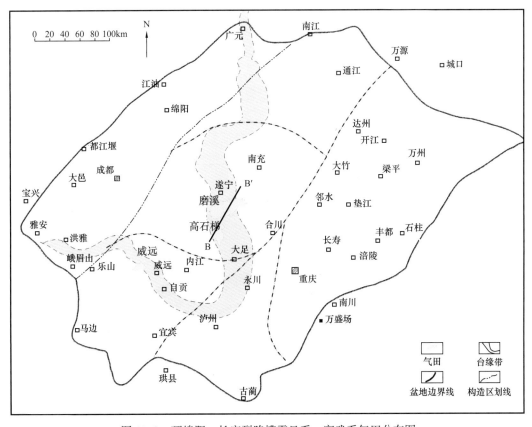

图 10-8 环绵阳—长宁裂陷槽震旦系—寒武系气田分布图

截至 2017 年底，环绵阳—长宁裂陷槽震旦系—寒武系气田群中，安岳气田灯影组探明天然气地质储量 $4083.96 \times 10^8 m^3$，龙王庙组探明天然气地质储量 $4403.83 \times 10^8 m^3$，累计探明天然气地质储量 $8487.79 \times 10^8 m^3$；威远气田灯影组含气面积 $216 km^2$，探明天然气地质储量 $400 \times 10^8 m^3$。

该大型气田群的特征包括：

（1）大型古隆起背景。川中古隆起为一继承性发育的大型古隆起，上震旦统灯影组沉积期已具雏形，此后持续隆升，志留纪末的加里东运动导致古隆起定型。海西期—燕山早期，古隆起继承性演化并被不断深埋，燕山晚期—喜马拉雅期，受威远构造快速隆升影响，古隆起西段发生强烈构造变形，但东段的构造变形微弱。继承性发育的古构造环境是威远气田聚集成藏的关键。

（2）有利的沉积相带和古地形共同控制优质储层发育。安岳特大型气田发育二类三套优质储层：一类是灯影组丘滩体白云岩优质储层（灯二段、灯四段）；另一类是龙王庙组颗粒滩白云岩优质储层。这两类优质储层的形成主要受沉积相及岩溶作用双因素共同控制。灯影组有利沉积相带为裂陷两侧的台地边缘相，由底栖微生物群落及其生化作用建造，形成巨厚的台地边缘丘滩复合体，后经多期溶蚀作用及叠加改造而形成沿台缘带大面积分布的优质储层。龙王庙组有利沉积相带为环古隆起分布的颗粒滩，是在准同生岩溶基础上叠加表生岩溶的多期岩溶作用改造而形成的优质储层。威远气田发育优质的灯影组白云岩储层，溶蚀孔、洞和构造裂缝发育，有效储渗体厚度约为 90m。

（3）气源充足，近源成藏。绵阳—长宁古裂陷控制下寒武统生烃中心，即沉积厚度较大的下寒武统麦地坪组和筇竹寺组优质烃源岩。这套烃源岩具广覆式分布特点，但厚度高值区分布在裂陷槽区。烃源岩生气强度多为 $20 \times 10^8 \sim 160 \times 10^8 m^3/km^2$，裂陷槽区的生气强度高达 $100 \times 10^8 \sim 160 \times 10^8 m^3/km^2$，为裂陷槽侧翼的灯影组和龙王庙组提供了充足的烃源（图 10-9）。

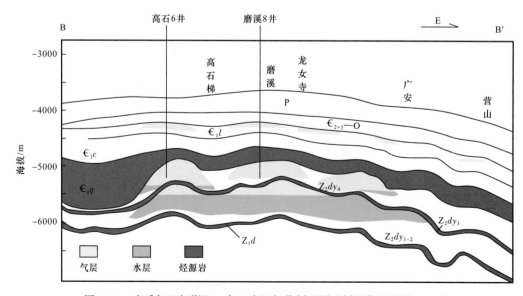

图 10-9　安岳气田灯影组—龙王庙组气藏剖面图（剖面位置见图 10-8）

（4）发育的大型古构造—岩性复合型圈闭及地层圈闭控制气田群的位置和规模。

（5）高压含硫。安岳气田灯影组气藏和龙王庙组气藏均属深层、高产、高压、中低含硫（高石1井 H_2S 含量 $14.7g/m^3$）气藏。

3. 川东石炭系大型气田群

自1957年发现卧龙河石炭系黄龙组含气层，1977年相国寺构造相18井发现石炭系气藏以来，川东石炭系成为当时四川盆地天然气增储上产的重点层系。截至2017年底，共探明22个气田，其中大型气田有大天池气田，中型气田有卧龙河、福成寨、大池干井、相国寺、高峰场、七里峡、张家场、沙罐坪、云和寨、罗家寨、云安厂、西河口、寨沟湾13个气田。川东石炭系累计探明储量 $2518.55 \times 10^8 m^3$，占盆地总探明储量的5%，形成了川东石炭系大型气田群（图10-10）。

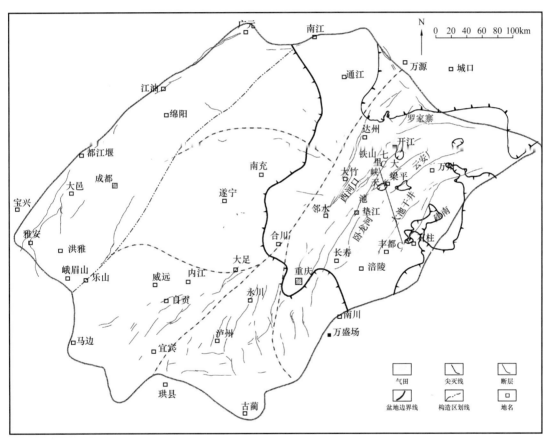

图 10-10　川东石炭系气田分布图

该大型气田群的主要特征为：

（1）继承性发育的印支—燕山期开江—泸州古隆起控制了石炭系黄龙组地层的剥蚀与风化壳储层的发育及分布范围。上石炭统黄龙组碳酸盐岩孔隙型储层，残余厚度一般为20~40m，储层主要岩性为白云岩和石灰岩。同时，古隆起区也成为天然气运移聚集的主要指向区，已探明的石炭系大中型气田均分布在隆起—上斜坡部位。

（2）气源充足。石炭系气藏主要气源层是志留系的黑色页岩，平均厚度为400m，平均生烃强度为 $34 \times 10^8 m^3/km^2$。据2015年动态资评计算，石炭系残存区及周围地区资

源量达 $12499.73 \times 10^8 m^3$，气源十分丰富。

（3）圈闭类型有利。受古构造与风化剥蚀双重因素的影响，石炭系圈闭类型主要有地层—构造和岩性—构造复合型圈闭两大类（图10-11）。储层具有低孔隙度、中—低渗透率、非均质强等特点，发育次生溶蚀孔隙。石炭系气藏上覆的高压封存体系，对气藏的保存起到了关键作用。

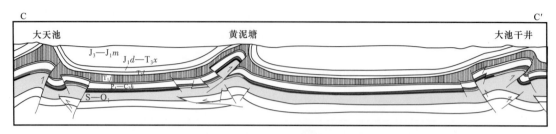

图10-11 川东大池干井石炭系气藏剖面图（剖面位置见图10-10）

4. 泸州隆起及周缘茅口组气田群

四川盆地中二叠统茅口组勘探发现较早，1958—1960年先后在泸州古隆起及其周边钻探的黄瓜山构造黄14井等11口井发现油气显示，1960年1月在自流井构造高点上部署的自1井茅口组二段获工业气流，日产气 $17.58 \times 10^4 m^3$。1960年以后，在"裂缝性储层发育受局部构造部位控制"认识的指导下，将井位布置在背斜构造高点及长轴上，称为"一占一沿"，后改为"一占三沿"（即占高点，沿长轴、沿扭曲、沿断层）的布井原则，勘探成功率大增，发现大量茅口组气田（图10-12）。后经过进一步细致的综合研究，发现控高产的因素与张裂缝的发育程度密切相关，于是将布井原则发展为"三占三沿"（即占高点、沿长轴，占鞍部、沿扭曲，占鼻凸、沿断层），使勘探工作得到进一步发展，发现了阳高寺、九奎山等裂缝气藏，孔滩、自流井等裂缝气藏，阳高寺、河包场、界市场及梁董庙等古岩溶气藏，以及卧龙河、相国寺、东溪、观音场、花果山等裂缝—古岩溶复合气藏等四种与岩溶和裂缝相关的气藏。泸州隆起及周缘茅口组岩溶和裂缝储层岩性主要为生屑灰岩、泥晶灰岩及瘤状灰岩，岩性致密，孔隙度一般在2%以下，渗透率一般小于0.08mD，储集空间主要是缝洞。

泸州隆起及周缘茅口组岩溶和裂缝型气藏的主要特征为：

（1）泸州隆起高部位的古岩溶形成了众多的大型洞穴。

（2）强烈的喜马拉雅运动对茅口组储层沉积早期形成的古岩溶网络体系造成了复杂的分割，断层破坏了茅口组储层内早期流体的平衡。

（3）天然气一般只能在局部地区富集成藏，极少成片连通，一口井即是一个气藏（图10-13）。

20世纪80年代末后，在泸州古隆起区"三占三沿"的有利部位都已相继钻探，茅口组岩溶和裂缝型气藏储量、产量不断下降，局部富集成藏是其后期勘探难度大的最主要原因。到2017年底，二叠系茅口组共探明65个气田，中型气田有阳高寺、付家庙、老翁场、宋家场、自流井、卧龙河、荷包场，共7个，其余全部为小型气田，累计探明储量 $866.6 \times 10^8 m^3$，占全盆地总探明储量的2%。但是，随着基础研究的深入，发现川东地区基底断裂发育，与热液作用相关的茅口组白云岩具有较大的勘探潜力，值得进一步勘探。

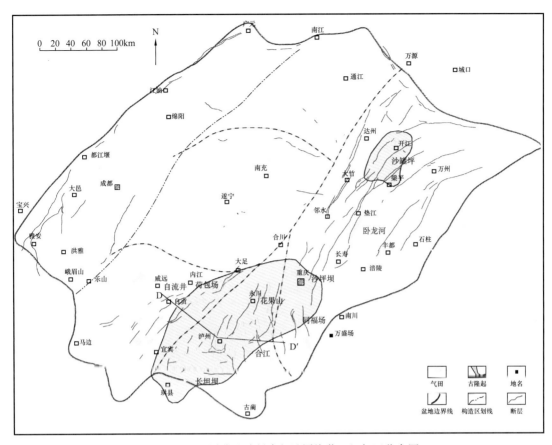

图 10-12　四川盆地泸州隆起及周缘茅口组气田分布图

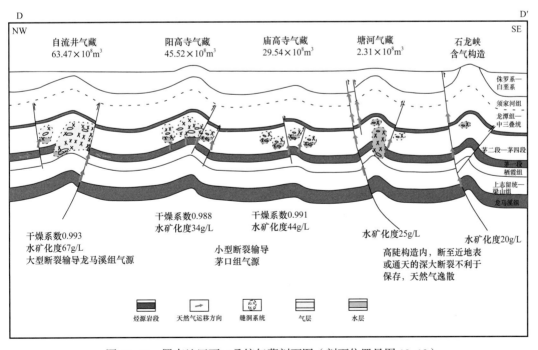

图 10-13　蜀南地区下二叠统气藏剖面图（剖面位置见图 10-12）

5. 川西—川中陆相须家河组—侏罗系大型气田群

截至 2017 年底，四川盆地陆相须家河组—侏罗系共发现探明 42 个气田（图 10-14），其中大型气田有新场、成都、广安、合川和安岳等气田，中型气田有白马庙、新都、八角场、荷包场、充西、邛西、洛带、中江和通南巴等气田，累计探明储量 $13410.99 \times 10^8 m^3$，占全盆地总探明储量的 29%。

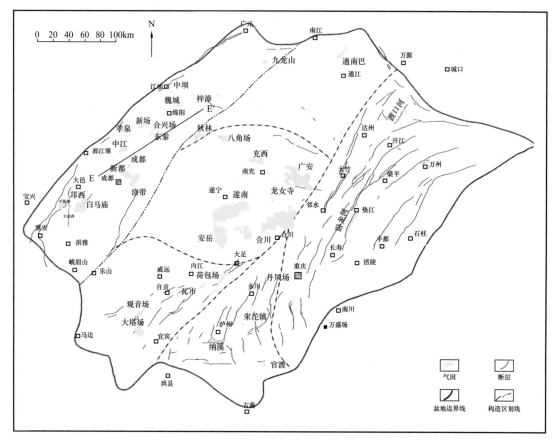

图 10-14 四川盆地须家河组—侏罗系气田分布图

川西陆相大型气田中，最先发现的是新场气田。自 1985 年在孝泉构造钻探川孝 106 井发现中侏罗统沙溪庙组气藏后，20 世纪 90 年代先后在新场气田东部和西部发现下侏罗统千佛崖组气藏和上侏罗统蓬莱镇组浅层气藏，2006 年又发现了深层须家河组气藏（蔡希源等，2011）。

该大型气田群的主要特征为：

（1）继承性发育的燕山期—喜马拉雅期古隆起、古构造对陆相气藏的分布起到关键控制作用。如鸭子河—孝泉—丰谷北东东向构造带在燕山中、晚期为低幅度隆起，喜马拉雅期形成现今构造格局，是天然气长期运移聚集的指向区。该构造带从深层须家河组（埋深约为 4600m）到上侏罗统蓬莱镇组（埋深约为 300m）各层均有构造圈闭存在。

（2）不同时期发育的河道砂岩储渗体是气藏富集的重要因素，裂缝是高产的关键条件。陆相气藏的储层主要分布在侏罗系和上三叠统，受不同时期沉积环境的控制，发育有多套以河流—三角洲沉积为主的砂岩储渗体，主要产层有侏罗系蓬莱镇组、沙溪庙组、千佛崖组和三叠系须家河组。除蓬莱镇组储层属常规储层外，其他储层均为致密砂岩储层，整体上具有低孔隙度、低渗透率、非均质性强的特征，裂缝对天然气高产起到重要作用（图10-15）。

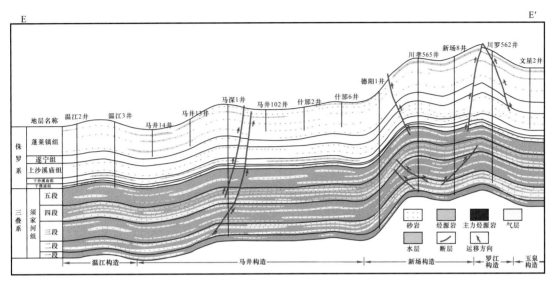

图10 15　马井—新场气田须家河组气藏剖面（剖面位置见图10-14）

（3）充足的气源和多期构造调整是陆相天然气聚集成藏的关键。川西坳陷沉积了近万米厚的陆相碎屑岩地层，尤其是巨厚的须家河组煤系地层是陆相藏的主要烃源岩，须家河组平均生烃强度达到 $110 \times 10^8 m^3/km^2$。2015年动态资评计算川西坳陷中石化探区须家河组资源量达 $1.6089 \times 10^{12} m^3$。须家河组烃源岩大部分在侏罗纪开始成熟生烃，白垩纪进入生烃高峰并发生大规模运移。燕山晚幕的构造形变形成了一系列断裂和裂缝，深部天然气沿断裂向上运移到上覆层系并聚集成藏。侏罗系中浅层气藏气源都来自下伏须家河组烃源岩，千佛崖组和沙溪庙组气藏在燕山中、晚期开始聚集成藏，蓬莱镇组气藏形成于喜马拉雅期。须家河组具有自生自储的优越条件，在燕山早期开始聚集成藏并最终调整定位。

近期中国石油在川中地区落实了两个储量规模超千亿立方米的陆相大气田，一个是广安气田，已探明天然气地质储量 $1355.58 \times 10^8 m^3$，另一个是合川气田，探明天然气地质储量 $2296.11 \times 10^8 m^3$，揭示了川中地区陆相须家河组大面积岩性气藏良好的勘探前景。

第三节　大中型油气田形成富集规律

截至2018年底，国土资源部矿产储量委员会公布四川盆地已发现137个天然气田，累计探明天然气地质储量 $4.965 \times 10^{12} m^3$（含页岩气）。其中，大型气田有18个（表10-2），累计探明天然气地质储量 $38543.10 \times 10^8 m^3$，占盆地天然气总探明储量的77.63%；中型气田16个，累计探明天然气地质储量 $4429.79 \times 10^8 m^3$，占盆地天然气总探明储量的8.92%。大中型气田累计天然气探明储量 $42972.89 \times 10^8 m^3$，占盆地天然气总探明储量的86.55%。

自20世纪50年代以来，四川盆地天然气勘探已取得了丰硕的成果，深化已发现的大中型油气田分布规律研究，对指导和发现新的大型（特大型）气田目标，实现四川盆地天然气储量持续增长具有重要意义。通过油气藏形成和分布特征的归纳解剖，四川盆地大中型油气田富集规律总结如下：近源富集、大型台缘或古隆起控制了规模性储层发育；天然气来源主要为原油裂解气；持续保存是大中型油气田形成的保障。

表 10-2 四川盆地大中型气田特征统计表

气田规模	气田名称	探明可采储量 / $10^8 m^3$	探明储量 / $10^8 m^3$	主要含气层位	主要气藏类型	主要烃源岩	主控因素
大型	安岳	6587.08	10569.70	$\in$、Z、T	台缘丘滩气藏	下寒武统泥页岩	四古控藏
	普光	3048.15	4121.73	T、P	构造—礁滩气藏	二叠系深水陆棚相泥页岩	沉积相
	元坝	1304.98	2303.47	T、P	台缘礁滩气藏	二叠系深水陆棚相泥页岩	构造、沉积相
	新场	1056.60	2453.31	$T_3 x_2$	构造—砂岩气藏	上三叠统三角洲前缘泥页岩	沉积相
	合川	1032.45	2296.11	$T_3 x$	砂岩岩性气藏	上三叠统三角洲前缘泥页岩	沉积相
	成都	991.22	2209.76	J	构造—砂岩气藏	下侏罗统自流井组湖相泥岩	沉积相
	涪陵	951.50	3805.98	$O_3 w — S_1 l_1$	页岩气藏	五峰组—龙马溪组深水陆棚相泥页岩	沉积相
	威荣	286.76	1246.78	$O_3 w — S_1 l_1$	页岩气藏	五峰组—龙马溪组深水陆棚相泥页岩	沉积相
	大天池	748.50	1103.61	T、P、C	挤压背斜气藏	二叠系深水陆棚相泥页岩	沉积相
	罗家寨	632.28	847.61	T、P、C	构造—礁滩、构造—地层气藏	二叠系深水陆棚相泥页岩	构造、不整合
	广安	610.01	1355.58	$T_3 x$	构造—砂岩气藏	二叠系深水陆棚相泥页岩	构造、沉积相
	威远	596.85	2258.58	Z、$O_3 w — S_1 l_1$	岩溶缝洞气藏、页岩气藏	五峰组—龙马溪组深水陆棚相泥页岩	构造
	龙岗	476.87	742.43	T、P	台缘礁滩气藏	二叠系深水陆棚相泥页岩	沉积相
	卧龙河	373.89	413.38	T、P、C	其他岩性气藏	二叠系深水陆棚相泥页岩	基底断裂、沉积相
	长宁	342.68	1364.66	P、$O_3 w — S_1 l_1$	页岩气藏	五峰组—龙马溪组深水陆棚相泥页岩	沉积相
	磨溪	297.93	702.31	T	台内礁滩气藏	二叠系深水陆棚相泥页岩	沉积相

气田规模	气田名称	探明可采储量/$10^8 m^3$	探明储量/$10^8 m^3$	主要含气层位	主要气藏类型	主要烃源岩	主控因素
大型	铁山坡	280.48	373.97	T	断背斜气藏	二叠系深水陆棚相泥页岩	构造
	渡口河	275.30	374.13	J、T	挤压背斜气藏	下侏罗统自流井组湖相泥岩	构造
中型	邛西	228.64	346.48	J、T	断背斜气藏	下侏罗统自流井组湖相泥岩	构造
	川西	132.78	309.96	T_2l	构造气藏	局限台地浅滩	构造
	大池干井	225.61	302.54	T、P、C	断背斜气藏	下二叠统深水陆棚相泥页岩	构造
	中江	208.16	427.50	K、J	构造—砂岩气藏	下侏罗统自流井组湖相泥岩	沉积相
	七里北	206.95	282.21	T、P	构造—岩性气藏	下二叠统深水陆棚相泥页岩	沉积相
	中坝	206.16	225.70	T_3x、T_2l	挤压背斜气藏	上三叠统三角洲前缘泥页岩	构造
	铁山	177.57	249.92	T、P、C	构造—礁滩气藏	下二叠统深水陆棚相泥页岩	构造、沉积相
	七里峡	156.79	225.48	C	挤压背斜气藏	五峰组—龙马溪组深水陆棚相泥页岩	构造
	高峰场	141.85	227.26	C、T、P	台内礁滩气藏	下二叠统深水陆棚相泥页岩	沉积相
	白马庙	139.28	279.46	J	岩性—地层气藏	下侏罗统自流井组湖相泥岩	不整合、沉积相
	八角场	137.11	351.07	J、T	构造—岩性气藏	下侏罗统自流井组湖相泥岩	构造、沉积相
	洛带	126.35	323.83	J	构造—岩性气藏	下侏罗统自流井组湖相泥岩	沉积相
	通南巴	125.54	280.40	T	构造—岩性气藏	上三叠统三角洲前缘泥页岩	构造、沉积相
	建南	114.94	222.50	T、P	构造—岩性气藏	下二叠统深水陆棚相泥页岩	构造、沉积相
	云安厂	110.14	150.34	T、P、C	背斜气藏	下二叠统深水陆棚相泥页岩	构造、沉积相
	荷包场	104.38	225.14	T、P	构造—礁滩气藏	下二叠统深水陆棚相泥页岩	构造、岩性

一、大中型海相油气田具有近源富集特征

烃源岩是生成油气的物质基础，烃源岩分布对四川盆地油气藏的分布具有明显的控制作用。四川盆地碳酸盐岩储层普遍致密、物性差、非均质性强，致使烃源岩成熟后生成的烃类和古油藏裂解形成的天然气难以发生大规模长距离的运移，尤其是横向上的长距离运移更加困难。因此，四川盆地海相领域碳酸盐岩天然气藏具有明显的近源分布特征。

受区域拉张挤压应力影响，四川盆地构造史呈现多期伸展聚敛旋回特征，每一期构造旋回裂陷期普遍发育烃源岩，形成了多套区域性优质烃源岩。如加里东旋回绵阳—长宁克拉通内裂陷形成了下寒武统筇竹寺组烃源岩及生烃中心；川东南坳陷控制了志留系龙马溪组烃源岩及生烃中心；海西—印支旋回开江—梁平陆棚控制了二叠系大隆组和吴家坪组生烃中心。围绕这些生烃中心，海相大中型油气藏均呈现出明显的横向近灶（棚生缘储）或纵向近源（下生上储）的分布模式。棚生缘储横向近灶富集模式以灯影组、长兴组—飞仙关组礁滩气田为代表（图10-16），克拉通内裂陷形成陆棚相优质烃源岩，台地边缘礁滩带发育规模性优质储层，陆棚相烃源岩生成的油气通过横向运移向台缘礁滩带近源汇聚成藏。目前，四川盆地海相碳酸盐岩领域所发现的大中型气田中，该类型油气藏占探明储量的50%。下生上储、纵向近源富集模式则以石炭系、龙王庙组气田为代表，石炭系紧邻下部五峰组—龙马溪组烃源岩、龙王庙组紧邻下部筇竹寺组烃源岩生烃中心，烃源岩生成的油气通过断裂纵向输导、运移、富集成藏。该类型油气藏占四川盆地海相碳酸盐岩探明储量28%。而从油气田区域分布史来看，围绕绵阳—长宁裂陷槽烃源岩所发现的3个大气田（威远气田、安岳气田灯影组、龙王庙组）探明天然气储量共计 $9056 \times 10^8 m^3$，占四川盆地海相探明储量27.3%；紧邻川东南坳陷龙马溪组烃源岩发现石炭系油气田22个，探明储量 $2410 \times 10^8 m^3$，占比7%；而沿开江—梁平二叠系深水陆棚烃源岩两侧已发现气田14个（普光、元坝、龙岗、兴隆等）（图10-17），探明储量 $9786 \times 10^8 m^3$，占海相探明储量的29.5%。由此可见，四川盆地海相大中型油气藏具有明显的源控性。

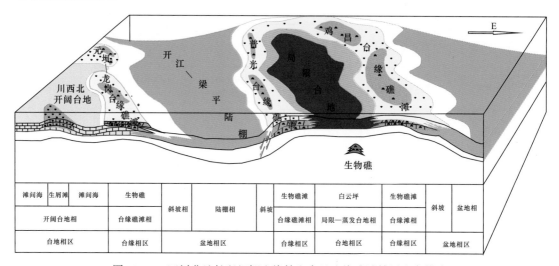

图10-16　四川盆地长兴组棚生缘储和台地边缘礁滩储层发育模式

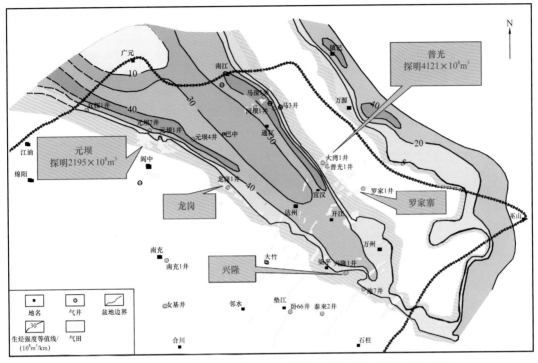

图 10-17　四川盆地上二叠统大隆组烃源岩生烃强度与气藏分布叠合图

二、高能相带有利于形成规模层状孔隙型白云岩储层

储层是大中型气田形成的关键因素。纵观四川盆地油气勘探史，就是不断寻找新储层的过程。一旦发现新的储层，就会发现一批相关的油气田，比如环开江—梁平陆棚和绵阳—长宁裂陷槽两侧高能礁（丘）滩储层的发现，为四川盆地天然气勘探带来了新的高峰期。

整体来看，四川盆地大型台缘高能相带控制礁滩储层分布。大型台缘高能相带水动力作用强，发育高能礁（丘）滩沉积。由于台地边缘礁（丘）滩体形成于浪基面附近，水动力较强，分选较好，因而具有丰富的原始孔隙，同时，由于礁滩体为正地形建隆，在频繁海平面升降变化的影响下，后期易受准同生暴露形成选择性溶蚀，进而形成较多的粒间溶孔、晶间溶孔或生物格架溶孔，为后期成岩作用过程中白云岩化作用和埋藏期乃至表生期孔洞的进一步溶蚀扩大奠定了基础。台地边缘高能相带不仅储层发育规模最大，而且岩石储集物性总体也最高，台地居次，斜坡—陆棚相最差，其渗透率值也明显高于另外二者。如元坝气田二叠系长兴组台地边缘礁滩相Ⅰ类、Ⅱ类白云岩储层（孔隙度＞5％）占66％，台地相储层以Ⅲ类储层（2％＜ϕ＜5％）为主，占比51％，斜坡—陆棚相储层不发育（图 10-18）。由此可见，大型台缘高能相带控制了优质储层的发育，与此相关的大中型气田探明天然气储量 1.4438×10^{12}m³，占四川盆地海相探明储量的43.5％。

三、大面积浅滩与不整合岩溶作用叠合有利于形成大型储集体

大面积浅滩叠合不整合岩溶型储层是四川盆地另一类重要储集体，也是大中型气田的主要储层类型之一。与大型台缘高能相带储集体不同，其主要形成于构造运动伸展聚敛旋回的抬升期。

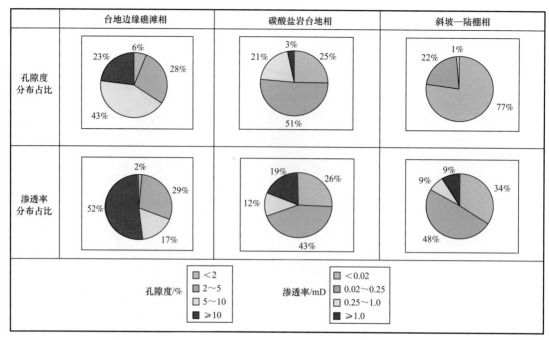

图 10-18　四川盆地长兴组—飞仙关组不同相带储层物性对比图

在聚敛抬升期，受区域挤压应力影响，四川盆地多形成正地貌的大型古隆起。受持续性波浪和潮汐作用，大型古隆起周缘潮坪相易形成大面积浅滩。浅滩相颗粒岩基质孔渗条件好，随着构造运动持续隆升，高部位浅滩易于暴露地表，接受溶蚀改造，形成优质储层。

受黔中古隆起—大巴山古隆起—乐山—龙女寺古隆起—利川高地等联合控制的川东石炭系黄龙组储层，就是潮间高能环境下形成的浅滩沉积经受云南运动不整合岩溶作用改造后，储渗性能明显优于潮上泥坪、潟湖等低能环境沉积（图 10-19），不整合岩溶作用与潮坪浅滩白云岩叠加，控制了石炭系优质储层的发育。而受乐山—龙女寺古隆起控制的川中安岳气田龙王庙组颗粒白云岩，经历加里东期表生岩溶改造，形成大量的粒间溶孔、晶间溶孔乃至溶洞（图 10-20）。最有利的储层发育在浅滩微相颗粒云岩中，而泥云坪、滩间及潟湖等相对低能的沉积微相中储层不发育。

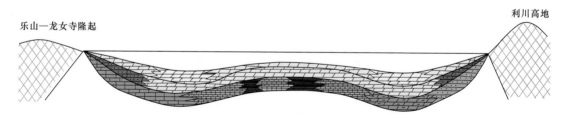

图 10-19　四川盆地石炭系黄龙组储层发育模式图

加里东期不整合岩溶作用对龙王庙组储层形成存在明显的优化改造作用。处于岩溶斜坡的川中地区龙王庙组浅滩白云岩位于古隆起核部，风化剥蚀作用形成的顺层溶蚀作用明显，形成了较多的近层状溶蚀孔洞，是优质储集体；而处于古隆起较低部位的四川盆地东南部地区未受风化剥蚀，储层物性明显变差。值得注意的是，由于颗粒岩基质孔渗性能较好，岩溶水在颗粒间以散流、漫流的方式对基岩孔隙进行改造，因而表现出顺层溶蚀的特征，最终形成龙王庙组和黄龙组似层状规模性优质储集体。截至2017年底，与该类型储层相关的大中型气田探明天然气储量 $6810 \times 10^8 m^3$，占四川盆地海相探明储量28%。大规模孔隙型储集体为油气赋存提供了充足的可容纳空间，是形成大中型油气田的基础。

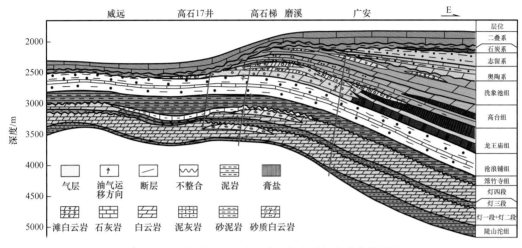

图10-20 川中古隆起震旦系—寒武系气藏成藏模式图

四、大型海相气田天然气主要为原油裂解气

四川盆地海相碳酸盐岩领域所发现的大中型气田油气主要来自裂陷槽或坳陷区深水环境沉积的泥质烃源岩，其有机质类型多表现为 I 型、 II_1 型（魏国齐等，2005），因而早期以生油为主。虽然后期经历多期构造运动，导致每一套烃源岩热演化史差异显著，但对于四川盆地这样的高热演化地区，无论是海相烃源岩，还是陆相烃源岩都基本上达到高成熟及以上演化阶段。因此不存在单纯的干酪根初次裂解气气藏。四川盆地已发现的威远震旦系、安岳寒武系龙王庙组、元坝二叠系长兴组、普光二叠系、三叠系长兴组—飞仙关组等海相大型气藏，均是在古油藏形成后，转化为气藏，具有"相态转化"特征。不同地史时期排出的原油形成的油灶在后期深埋裂解产生的油型裂解气是大中型油气田的主要气源。

气源分析表明，四川盆地海相除三叠系嘉陵江组、飞仙关组三段台内滩等中小型气藏气源主要来自二叠系烃源岩裂解气外，震旦系灯影组、寒武系龙王庙组、石炭系、二叠系—三叠系长兴组—飞仙关组等层系大中型气田天然气主要为原油裂解气。从不同类型气田天然气组分资料来看：普光、元坝与安岳气田天然气组分中 $\ln(C_1/C_2)$ 值较高，大都在6~8范围（图10-21）；而其 $\ln(C_2/C_3)$ 值较低，大多在3.0之下，表现为典型的原油裂解气的特征（魏国齐等，2014）。相反，元坝与通南巴陆相天然气组分中 $\ln(C_1/C_2)$ 值相对较低，多在3.5~7.0之间；而 $\ln(C_2/C_3)$ 值较高，大多在3.0以上，表现为典型的烃源岩裂解气特征（图10-21a）。此外，四川盆地已经发现的礁滩型大气田中，如普光、元坝等，在飞仙关组—长兴组储层孔洞内镜下普遍见有大量沥青充填物（图10-22a、b），以及在储层的胶结物中可见黑色的沥青包裹体（图10-22c、d），安岳气田灯影组—龙王庙组储集岩孔洞内普遍也见有大量的固体沥青充填物（属焦沥青类）。固体沥青是原油经受高温热裂解作用的产物，也表明这些气藏在地史上曾是古油藏，经高温裂解后最终形成天然气藏。

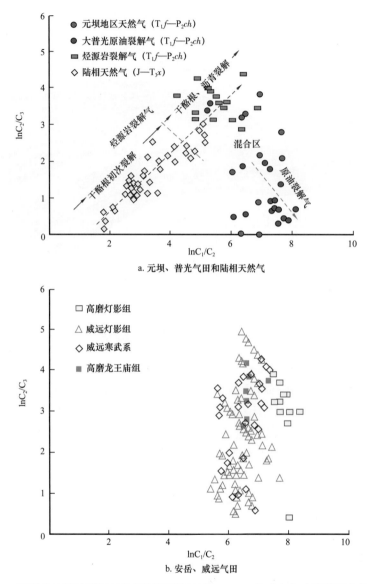

图 10-21　四川盆地原油裂解气和烃源岩裂解气的 C_1—C_3 组成变化（据魏国齐等，2014）

五、陆相气藏分布受"源""相""位（缝）"联合控制

四川盆地川西坳陷陆相已发现中坝、平落坝、孝泉—新场、马井—什邡、新都—洛带、白马庙、邛西等多个大中型致密砂岩气田和含气构造，气藏分布从上三叠统须家河组至中侏罗系白田坝组、千佛崖组、沙溪庙组、遂宁组和蓬莱镇组。纵向上多个成藏体系、多类型气藏叠置连片发育，是由多个不同成因机制、不同类型气藏在时空上叠加而形成的大型致密砂岩气区，气藏分布受"源""相""位"三元联合控制。此外，川东北通江—马路背地区也发育受"源""相""缝"联合控制"断缝体"气藏。

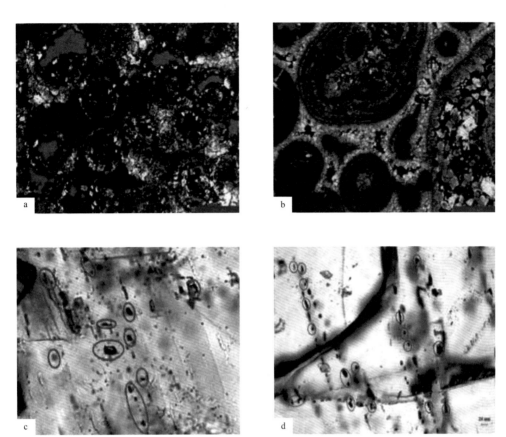

图 10-22　川东北地区礁滩大气田储层中的固体沥青和沥青包裹体

a. 普光 2 井，飞二段，残余鲕粒白云岩粒间和粒内溶孔中见黑色沥青充填；b. 元坝 204 井，飞二段，鲕粒灰岩的粒内和粒间溶孔中见黑色沥青充填；c. 普光 2 井，亮晶方解石胶结物中可见黑色沥青包裹体；d. 元坝 2 井，亮晶方解石胶结物中黑色沥青包裹体

　　卢双舫等对中国主要含油气盆地天然气的生气量与探明储量之间的关系研究表明，勘探成效和天然气富集程度与生气量呈正相关，烃源岩生烃潜力决定致密砂岩气区的资源规模（源控）。探明储量大于 $100 \times 10^8 m^3$ 的大中型气田，主要分布在生气强度大于 $20 \times 10^8 m^3/km^2$ 的生气中心及周缘。川西前陆盆地中段须家河组生烃强度几乎整体大于 $60 \times 10^8 m^3/km^2$，最高大于 $300 \times 10^8 m^3/km^2$，属强生烃区，有利于天然气富集和大中型气田形成，为一系列致密砂岩气藏在纵向上叠置和在平面上大面积连片分布提供了丰富的物质基础。不同成藏体系烃源岩生烃强度决定其资源规模，近源成藏体系生烃强度较远源成藏体系大，也决定了须家河组气藏资源规模较侏罗系气藏大。

　　此外，不同供烃方式也决定了致密砂岩气区的分布范围。致密砂岩气藏供烃方式可分为源内自生自储面状供烃和源外下生上储网状供烃两种模式。源外下生上储网状供烃模式主要发育在前陆隐伏冲断带和前陆隆起带的远源成藏体系，这类成藏体系中，断裂带是油气运聚成藏的重要通道，具有"沟源"特征，天然气沿烃源断层及其裂缝网络运移（图 10-23）。因此，气藏多受构造圈闭控制，分布范围相对较小。源内自生自储面状供烃模式发育于近源、源内成藏体系，源储大面积直接接触，天然气沿生烃增压微裂缝运移（图 10-24）。气藏大面积连片分布，主要分布在前渊坳陷—斜坡带。

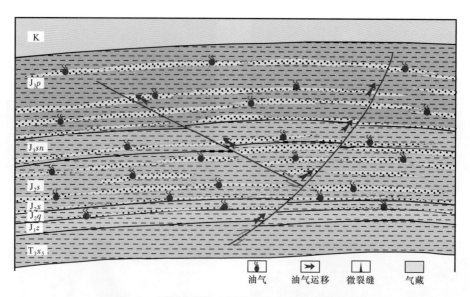

图 10-23 远源成藏体系源外下生上储网状供烃模式

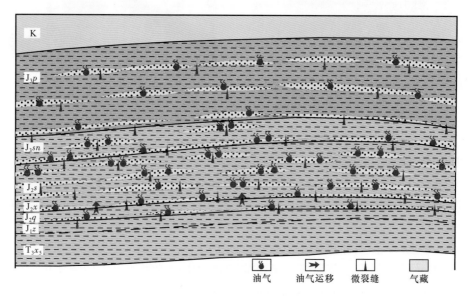

图 10-24 侏罗系源内自生自储面状供烃模式

四川盆地低孔隙度、低渗透率河流—三角洲砂岩储层大面积广覆式分布，决定了陆相气藏具有受沉积相控制的特征（相控）。川西前陆盆地具有多物源、多沉积体系的特点，从盆缘向盆内依次发育冲积扇—辫状河—辫状河三角洲平原—辫状河三角洲前缘—湖泊沉积。其中三角洲平原—三角洲前缘砂体在湖盆内广泛发育，叠置连片分布。储层整体致密，不同沉积环境发育的储层物性差异较大，三角洲平原分流河道、前缘水下分流河道和河口坝微相发育相对优质储层。勘探实践揭示，已发现气藏主要分布在三角洲平原和三角洲前缘亚相。

特定的前陆盆地构造背景决定了不同构造带圈闭类型、成藏组合、供烃方式、保存条件等差异（位控）。川西前陆盆地经历了早期的被动大陆边缘盆地、印支期的局限前陆盆地、燕山期的类前陆盆地和喜马拉雅期的构造残余盆地演化阶段，形成了"三带两凹"的构造格局，即大邑—鸭子河构造带、印支期前陆隆起——新场构造带和燕山期前陆隆起——知新场构造带、成都凹陷和梓潼凹陷。大邑—鸭子河构造带和知新场构造带圈闭主要为背斜、断背斜等构造圈闭，新场构造带发育构造—岩性复合圈闭，成都凹陷和梓潼凹陷形变弱，主要发育岩性圈闭。

关口断裂以西的龙门山推覆构造带由于喜马拉雅期断裂强烈的逆冲推覆，构造形变强烈，地表出露地层较老，保存条件差。关口断裂以东的前陆隐伏冲断带（大邑—鸭子河构造带）的远源成藏体系主要为山前的粗碎屑岩沉积，盖层相对不发育，断层不具封堵性，保存条件较差；近源成藏体系中的须五段和须三段盖层发育，且断层封堵性较好，保存条件较远源成藏体系好，尤其是须二段气藏。

燕山期前陆隆起——知新场构造带虽然侏罗系盖层发育，但是断层发育，且主断层出露地表，构造形变强烈，上三叠统须家河组为正常地层压力，井深 1000m 以浅表现为井漏、泄压带，反映保存条件较差。印支期前陆隆起——新场构造带白垩系盖层发育，断层多消失在蓬莱镇组，未切穿区域盖层，保存条件好。但近源成藏体系中的须四段气藏含水，一是因为北东向断层或南北向断层切穿其须五段盖层，气藏晚期遭受调整；二是由于在燕山早、中期须四段总体为东倾的斜坡，砂岩又连片分布，侧向封堵性较差，尤其是须四上亚段封盖保存条件较差。前渊坳陷的成都凹陷和梓潼凹陷盖层发育，构造形变弱，保存条件好。

川东北通江—马路背地区还发育"源""相""缝"联合控制的"断缝体"气藏。该地区陆相层系构造变形强，须家河组致密砂岩在晚燕山—喜马拉雅期米仓山—大巴山挤压改造作用下，受局部构造及岩相联合控制，发育规模网状裂缝，在沿通源断裂深部流体作用下进一步发生溶蚀增孔，形成的不沿层状分布的规模网状缝孔储渗体，即断缝体。通源断裂有效沟通陆相断缝体储层与海、陆相多套优质烃源岩，同时可以作为油气向上运移通道，有利于天然气运移聚集成藏，促进断缝体气藏富集高产。断缝体气藏具有"岩相控区（相控）、裂缝控带（缝控）、通源控富（源控）"的成藏特征，气藏高产稳产，勘探效果好。

六、持续保存是大中型油气田形成的保障

多期构造叠加导致的油气藏的晚期调整再聚集是四川这个大型叠合型盆地油气成藏的基本特点，因此，油气藏的晚期调整过程中的油气保存条件是天然气晚期最终成藏的关键因素之一。由于天然气的活动性及其物理特性，对封闭条件的要求较高，尤其是形成含气高度较大的大中型油气田，对封闭条件的要求更为苛刻，持续的有效保存条件是大型气田富集的保障。

四川盆地虽经历多期构造运动，但除喜马拉雅运动外，其余以整体升降运动为主，对早期油气藏的破坏不大。即使是构造运动最为强烈的喜马拉雅晚期，总体除了在盆地边缘的隆起成山外，盆地内部形成大量的褶皱和断层，但断裂大多向上消失在上三叠统与侏罗系砂泥岩地层中，盆内总体的油气保存条件良好，是四川盆地天然气富集的重要因素。四川盆地及周缘海相层系中发育三套区域性的泥质岩盖层（下寒武统、志留系、上二叠统吴家坪组/龙潭组）与两套区域性膏盐岩盖层（中—下寒武统、中—下三叠统），对海相各成藏组合油气的封堵具有重要作用。尤其是四川盆地中—下三叠统嘉

陵江组和雷口坡组发育了巨厚膏岩层（厚度最大超过 1000m），全盆广泛分布，对天然气的富集极为有利。此外，在陆相中很少发现海相气源的气藏，反映了中—下三叠统优质盖层对海相天然气分布的控制。现今四川盆地嘉陵江组和雷口坡组膏盐岩层的厚度差异，盖层是否遭受剥蚀和剥蚀程度，以及断层对盖层的破坏程度，这三方面决定了天然气藏的保存条件。川东北地区膏盐岩盖层累计厚度多在 200～800m，向南过渡到鄂西—渝东地区，膏盐岩盖层厚度有所减薄，累计厚度在 150m 左右。川东北地区嘉陵江组和雷口坡组膏盐岩层均未出露地表，盖层未遭受剥蚀；川东北元坝地区断层不发育，通南巴和普光地区断层发育，但是断层主要是未断穿膏盐岩盖层的逆断层，断层自封闭能力强。而鄂西—渝东地区的石柱复向斜两侧齐岳山、方斗山、龙驹坝等高陡背斜轴部，膏盐岩盖层不仅遭受剥蚀，并且大气淡水的垂向渗入膏盐岩层，将会使膏盐岩盖层受到破坏，圈闭的保存条件变差，同时，高陡构造发育断层，断层与大气淡水渗入形成的渗透层的沟通，共同组成了油气逸散系统。因此，膏岩盖层的缺失以及断层直接沟通海相地层，是晚期天然气聚集保存的最大风险。

第十一章 油气田各论

中国石化在四川盆地的油气勘探开发主要从 20 世纪 80 年代开始，其中油气勘探工作主要由中国石化勘探分公司、西南油气分公司组织实施，开发工作主要由中国石化西南分公司、中原油田、江汉油田等单位组织实施。截至 2020 年底，中国石化在所属区块共获常规气田 21 个，获探明天然气地质储量 $20073.28 \times 10^8 m^3$（图 11-1，表 11-1）。主要分布在川东北、川东南及川西地区。此外，2012 年以来中国石化在四川盆地页岩气领域取得突破性进展，先后发现涪陵和威荣两个千亿立方米级页岩气田。本章分区阐述了中国石化探区内各主要油气田的基本情况。

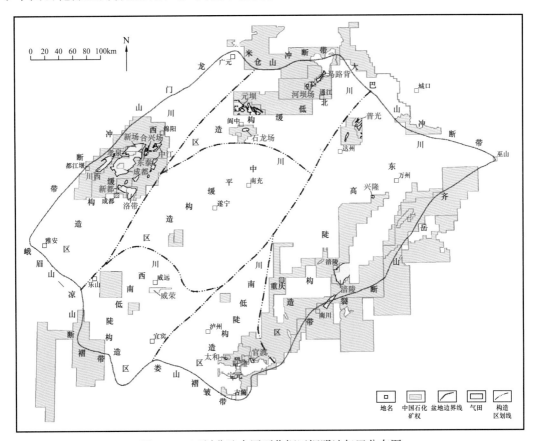

图 11-1 四川盆地中国石化探区探明油气田分布图

中国石化在四川盆地已发现气田分布在川东北、川东南、川西三大气区及页岩气领域，各气区（领域）气田概况见表 11-1，总体具有以下特点。

（1）储层类型多样：包括海相碳酸盐岩储层、陆相碎屑岩储层及页岩气储层。其中海相碳酸盐岩主要有碳酸盐岩礁、滩相储层及岩溶型储层两大类；碎屑岩储层主要包括须家河组三角洲相砂岩储层及侏罗系河道砂岩储层，总体具有低渗致密特征。

表 11-1 四川盆地中石化探区气田数据表

时间	气区及领域	序号	气田	产（含）气层位	气藏类型	探明地质储量 / $10^8 m^3$	探明可采储量 / $10^8 m^3$
截至2018年底	川东北	1	普光	T_1f、P_3ch	构造—岩性	4121.73	2915.73
		2	元坝	P_3ch	岩性	2303.47	1177.11
		3	河坝场	T_1j_2、T_1f_3	构造—岩性	280.40	123.76
		4	马路背	T_3x	构造—岩性		
		小计				6705.60	4216.60
	川东南	5	兴隆	P_3ch	构造—岩性	76.53	38.27
		6	太和	T、P	构造	7.04	5.88
		7	旺隆	T、P	构造	14.52	12.66
		8	宝元	T、P	构造	13.19	7.77
		9	官渡	T_3x	岩性—构造	10.16	1.16
		小计				121.44	65.74
	川西	10	新场	J、J_3p、J_2s	构造—岩性	2453.31	1011.22
		11	成都	K、J_3p、J_2s	构造—岩性	2209.76	927.13
		12	中江	J_2s	构造—岩性	323.23	143.79
		13	川西	T_2l	构造	309.96	132.78
		14	合兴场	J_3p、T_3x	构造—岩性	87.09	28.44
		15	孝泉	J_3p	构造—岩性	96.99	34.21
		16	东泰	J_3p	岩性	7.08	1.20
		17	洛带	J_3p、J_3sh	岩性	323.83	98.63
		18	石龙场	J_1d	构造—岩性	4.75	4.67
		19	新都	J_3p、J_2s	岩性	175.32	71.72
		小计				5991.32	2453.79
	页岩气	20	涪陵	O_3w—S_1l	岩性	6008.14	1379.18
		21	威荣	O_3w—S_1l	岩性	1246.78	286.76
		小计				7254.92	1665.94
截至2018年底合计						20073.28	8393.27

（2）具有多套含气层系：纵向共发现工业油气层 35 层。川东北气区主要产气层为震旦系灯影组，二叠系栖霞组、茅口组、吴家坪组和长兴组，三叠系飞仙关组、雷口坡组、须家河组，侏罗系自流井组。川东南气区主要为震旦系灯影组，志留系小河坝组，石炭系黄龙组，二叠系茅口组、长兴组，三叠系飞仙关组、嘉陵江组、雷口坡组、须家河组，侏罗系自流井组。川西气区主要为三叠系须家河组和侏罗系，近期在雷口坡组取得工业油气发现。页岩气主要为川东南地区奥陶系五峰组—志留系龙马溪组及川东北侏罗系自流井组。

（3）主要为岩性或构造—岩性气藏：目前探明的 21 个气田中有 6 个为岩性气藏，11 个为构造—岩性气藏或岩性—构造复合气藏，岩性气藏加复合气藏占探明储量的 99.78%。21 个气田中有 6 个探明储量超过千亿立方米，包含了国内首个海相整装大气田——普光气田、全球首个超深层生物礁大气田——元坝气田、国内首个大型页岩气田——涪陵页岩气田。

第一节　川东北气区

川东北气区主要包括中国石化巴中（元坝）、通南巴及普光区块。气区南接川中平缓构造区，北侧为米仓山冲断带，东侧为大巴山冲断带，西侧为龙门山冲断带。区域构造属于川北低缓构造带和米仓山—大巴山前缘推覆断褶带。根据地表地形、区域构造特征可将川东北地区划分为七个二级构造单元：通南巴及九龙山背斜带、中部低缓构造带、阆中—平昌缓坡带、通江及池溪向斜带、双石庙—普光北东向断褶构造带。区域地表地层以出露侏罗系—白垩系为主，米仓山前缘出露三叠系。

川东北地区的油气勘探工作始于 20 世纪 50 年代，早期通过部署二维地震测线初步落实了唐山、花丛等陆相浅层构造，同时针对陆相浅层实施了川花 52 井、川复 69 井、川复 56 井、川唐 70 井等一批浅井，在大安寨段见到了油气显示并获得一定产能，但均未取得实质性突破。自 2000 年以来，由原中国石化南方海相油气勘探项目经理部（中国石化勘探分公司前身）及中国石化勘探分公司承担勘探工作，在川东北取得一系列丰硕的勘探成果，发现了普光气田、元坝气田、马路背气田、河坝场气田等一批大、中型气田。尤其在环开江—梁平陆棚地区，随着普光、元坝气田的发现，掀起了四川盆地大型礁滩气藏勘探的高潮，伴随着油气地质理论认识和工程工艺技术的进步，获得了储量和产量的快速增长，天然气累计探明储量达 $6705.60 \times 10^8 m^3$（截至 2017 年底）。

川东北气区已发现 4 套 9 个产气层，主要包括上二叠统长兴组礁滩（包括 P_3ch_1、P_3ch_2 两个气层）、下三叠统飞仙关组浅滩（包括 T_1f_1、T_1f_2、T_1f_3 三个气层）、下三叠统嘉陵江组浅滩（T_1j）及上三叠统须家河组致密砂岩（包括 T_3x_2、T_3x_3、T_3x_4 三个气层），另外还发现了上震旦统灯影组、中三叠统雷口坡组等气层。

一、普光气田

普光气田位于四川省宣汉县境内（图 11-2），气田范围属中—低山区，地面海拔 300～900m，总体地势偏陡，相对高差 20～200m。

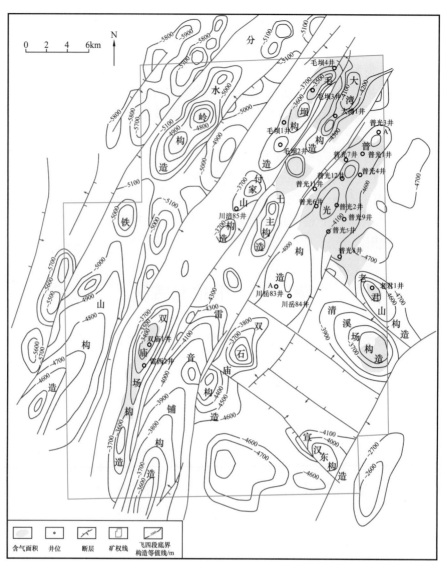

图 11-2　普光气田气藏平面分布图

该区已钻地层自下而上包括志留系，石炭系，二叠系梁山组、栖霞组、茅口组、龙潭组、长兴组，三叠系飞仙关组、嘉陵江组、雷口坡组、须家河组，侏罗系自流井组、千佛崖组、下沙溪庙组、上沙溪庙组、遂宁组、蓬莱镇组以及白垩系剑门关组。其中志留系与石炭系、石炭系与二叠系、上二叠统吴家坪组（龙潭组）与中二叠统茅口组、中三叠统雷口坡组与上三叠统须家河组呈区域假整合接触。

该区历经 50 多年的勘探，早期主要以二维地震勘探落实了双石庙、雷音铺、清溪场等一批构造，按占高点的部署思路实施了川 1 井、雷西 1 井、川岳 84 井及七里 23 井等一批钻井，但均未取得实质性突破。中国石化于 2001 年在普光—东岳庙构造低于构造高点 1300m 的低部位部署普光 1 井。2003 年普光 1 井飞仙关组完井测试获天然气无阻流量 $75.21 \times 10^4 m^3/d$ 高产工业气流，此后又相继在大湾、毛坝、清溪、双庙、老君等实现突破，发现了普光气田。截至 2017 年底，普光气田累计探明储量 $4121.73 \times 10^8 m^3$，含气面积 126.58km²。在飞仙关组、长兴组均发现了工业气流，主力产层为飞仙关组，储层岩性为台地边缘滩相白云岩（图 11-3）。气田的基本参数归纳于表 11-2。

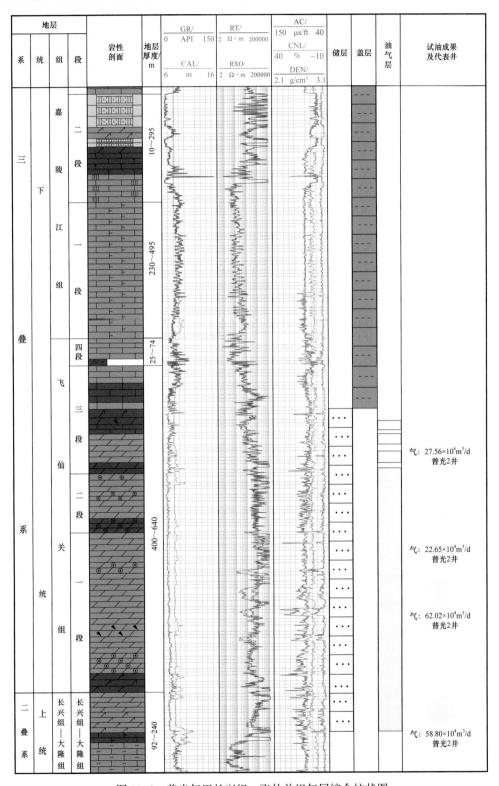

图 11-3 普光气田长兴组—飞仙关组气层综合柱状图

表 11-2　普光气田基本参数表

基本情况			
地理位置	四川省宣汉县境内	发现井	普光 1 井（2003 年）
区域构造位置	川东高陡构造区东北段双石庙—普光构造带	发现井产量	测试产量 $42.37 \times 10^4 m^3/d$ 无阻流量 $75.21 \times 10^4 m^3/d$
发现依据	按寻找构造—岩性复合油气藏的勘探思路，通过高精度地震勘探，预测普光地区发育优质礁滩储层且含气性好，部署实施普光 1 井，获高产工业气流	探明地质储量	$4121.73 \times 10^8 m^3$
		可采储量	$2915.73 \times 10^8 m^3$
		储量丰度	$32.56 \times 10^8 m^3/km^2$
		地震勘探数据	二维地震 2581.48km；三维地震 1264.70km²
气藏特征		烃源岩	
圈闭类型	长兴组（P_3ch）、飞仙关组（T_1f）	地层时代及岩性	上二叠统吴家坪组（P_3w）、上二叠统大隆组（P_3d）泥灰岩和暗色泥岩
	构造—岩性圈闭		
圈闭形成时间	燕山期	储层	
圈闭高度	490～800m，平均 645m	产层层位	上二叠统长兴组、下三叠统飞仙关组
气藏埋深	5104.5m（中部）	主要岩性	鲕粒溶孔白云岩，结晶、砾屑和海绵礁白云岩
气柱高度	829m		
地层压力	55.61～56.29MPa，平均 55.95MPa		
压力系数	1.07～1.18，平均 1.10	沉积环境	浅滩（飞仙关组）、生物礁滩（长兴组）
天然气成分	CH_4 含量：74.740% C_2H_6 含量：0.0890% H_2S 含量：14.640% CO_2 含量：9.950%	总厚度	609.5～1214.0m
		孔隙类型	溶蚀孔、晶间孔、粒间孔
		孔隙度	长兴组：1.11%～23.05%，平均 7.08% 飞仙关组：0.94%～25.22%，平均 8.11%
盖层时代与岩性	中—下三叠统嘉陵江组—雷口坡组膏盐岩和泥岩（厚度约 1000m）	渗透率	长兴组：0.018～9664.887mD 飞仙关组：0.011～3354.697mD
		含气饱和度	90%

1. 构造特征

普光气田位于四川盆地川东断褶带的东北段与大巴山冲断褶皱带的双重叠加构造区，北接米仓山—大巴山冲断带和米仓山复背斜，南接川南褶皱带，东靠川东南—湘鄂西隔槽式褶皱带，西部以华蓥山断裂带为界。

普光气田经历了燕山期及早、晚喜马拉雅期三期构造变形，主要形成有北北东、北西向两组构造，总的特点是褶皱强烈，逆冲断层发育。以嘉陵江组上部至雷口坡组下部膏盐岩为最主要的滑脱层，志留系页岩为次要滑脱层，形成了上、中、下三个变形层。（1）下部变形层包括震旦系—奥陶系，该构造层以志留系、下寒武统为顶底滑脱层，构造变形微弱，起伏平缓，有时表现为极宽缓的背斜，逆冲断层较少发育。（2）中部变形层是本区高变形层，卷入地层为志留系—中三叠统，除志留系页岩、嘉四段为主要滑脱层外，尚发育多个次要滑脱层，表现为刚性层与塑性层相间的变形特点；构造样式表现为由一系列逆断层及相关褶皱组成叠瓦状滑覆带，成为构造最复杂、圈闭最发育的地带。（3）上部变形层是指中三叠统雷口坡组以上到地表、主要由陆相地层（T_3x—J_3p—K_1）组成的形变层，以高陡褶皱变形为主要特征，受燕山、喜马拉雅运动控制，总体变形较强烈，且与底部雷口坡组下部至嘉陵江组四—五段的膏盐岩层密切相关，形成众多褶皱及相关断裂，其数量较多，断裂进入滑脱层消失。

2. 储层特征

普光气田长兴组—飞仙关组储层厚度大、物性好（图11-3），储集空间以溶蚀孔洞为主，优质储层主要受台地边缘相带的控制。

1）长兴组

普光气田长兴组储层主要为一套台缘礁滩白云岩组合，以结晶白云岩、生屑白云岩、砂屑白云岩、砾屑白云岩、海绵礁白云岩、海绵礁灰岩为主。其中，结晶白云岩、砾屑白云岩为重要的储层岩石类型，主要储集空间以孔隙为主，裂缝较少，发育溶孔（洞）、溶缝、晶间孔等储集空间，以溶孔（洞）为主，晶间孔次之。

普光地区长兴组物性好，以高—中孔高渗储层为主。长兴组孔隙度$1.11\%\sim23.05\%$，平均7.08%，主要分布于$5\%\sim10\%$和10%以上区间，占比分别为48%、22%；渗透率$0.018\sim9664.887$mD，且以高于1.0mD为主，占62%，具有很好的渗透性。长兴组上部以大孔粗喉、大孔中喉，以及中孔中喉和中孔细喉的Ⅰ类、Ⅱ类储层为主；长兴组下部以石灰质白云岩、礁灰岩的中孔细喉和小孔细喉型的Ⅲ类储层为主。储层平均厚度为57m，储层的发育主要受台地边缘相带控制。

2）飞仙关组

普光地区飞仙关组主要储集岩为台缘浅滩相的鲕粒白云岩、残余鲕粒白云岩、糖粒状白云岩、含砾屑鲕粒白云岩、含砂屑泥晶白云岩和结晶白云岩。其中，鲕粒白云岩和残余鲕粒白云岩、结晶白云岩、砾屑白云岩是重要的储层岩石类型，主要储集空间以孔隙为主，少量裂缝发育，鲕模孔、粒内溶孔、粒间溶孔及粒间溶蚀扩大孔、晶间溶孔及晶间溶蚀扩大孔、溶孔（洞）均较为发育。

普光气田飞仙关组溶孔型白云岩储层，厚度大、物性好，以中孔中渗、高孔高渗储层为主。孔隙度$0.94\%\sim25.22\%$，平均8.11%；孔隙度$2\%\sim5\%$、$5\%\sim10\%$、10%以上占的比例分别为17%、45%、38%；渗透率为$0.011\sim3354.697$mD，平均94.423mD，以大于1.0mD为主，具有较好的渗透性。普光地区飞仙关组储层从飞一段至飞三段均有分布，储层厚达200m以上。普光2井实钻储层厚度最大，为329m。总体上以普光构造普光1井、普光2井为中心向北西、向南东方向储层厚度逐渐减薄。

飞仙关组大部分储层孔渗相关性较好，随着孔隙度的增加，渗透率均匀增大，以孔隙（溶孔）型储层为主，主要分布于飞一段—飞二段。而另外一部分储层孔隙度变化不大，而渗透率却成倍增大，说明有一定的裂缝在起作用，主要分布于飞三段储层（图11-4）。飞仙关组Ⅰ类储层岩性主要为残余鲕粒白云岩、糖粒状残余鲕粒白云岩、鲕粒白云岩、含砾屑鲕粒白云岩，孔隙结构为大孔粗喉、大孔中喉，主要分布于飞一段和飞二段下部。飞仙关组Ⅱ类储层岩性主要为鲕粒白云岩、残余鲕粒白云岩，孔隙结构为大孔中喉、中孔中喉、中孔细喉，主要分布于飞二段。飞仙关组Ⅲ类储层岩性主要为鲕粒中细晶白云岩、残余鲕粒细晶白云岩，孔隙结构为中孔细喉和小孔细喉型组合，主要分布于飞二段、飞三段。优质储层的发育主要受台地边缘相带的控制。

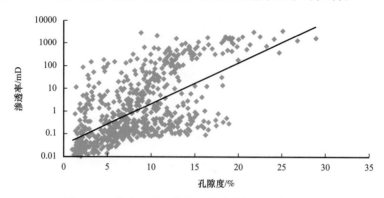

图 11-4　普光 2 井飞仙关组孔隙度与渗透率关系图

3. 气藏特征

1）气藏类型

普光气田长兴组—飞仙关组气藏为常压、低温、高含硫、中含二氧化碳、以弹性气驱为主的似块状裂缝—孔隙型构造—岩性气藏（图 11-5），由普光、大湾、毛坝三个气藏组成。

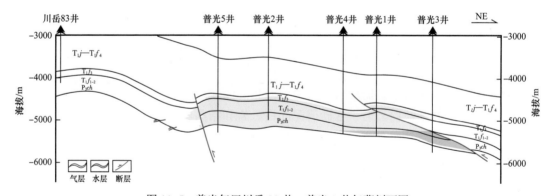

图 11-5　普光气田川岳 83 井—普光 3 井气藏剖面图

普光气田飞仙关组—长兴组发育巨厚的礁滩白云岩储层。飞仙关组主要为大套溶孔型鲕滩白云岩储层，厚度大、物性好、气显示极为活跃，是普光气田的主要储层。地层压力系数 1.07～1.18，气藏表现为常压系统，温度梯度最大为 2.21℃ /100m，最小为1.98℃ /100m，整体表现为常压低温系统。

2）油气分布

普光构造由印支期的北东向高，到晚燕山—喜马拉雅期的南西高，经历构造调整后最后定型，为典型的构造—岩性油气藏。由于受北北西向相变带的控制，在上二叠统长兴组—下三叠统飞仙关组发育巨厚的礁滩白云岩储层，有利的相带与北东向的普光—双石庙构造带、大湾—雷音铺构造带和毛坝—双庙场构造带东北段构成了三个大的构造—

岩性复合圈闭。

普光气田是中国第一个特大型海相整装高含硫气田，普光气田的分布主要受沉积相及构造联合控制，平面上主要由六个气藏组成。其中受台地边缘礁滩相带控制发育的气藏有四个：普光主体气藏（含普光及老君）、大湾气藏、毛坝气藏；另外受台内滩控制发育的清溪场气藏和双庙场气藏也获得一定探明储量。纵向上主力产层为 T_1f_{1-2}、T_1f_3，其次为 P_3ch，还有少量来自 T_1f_4、T_1j_2。储层中部埋深平均为 5104.5m。

普光气田长兴组—飞仙关组气藏天然气主要来自上二叠统烃源岩层，同时也有下二叠统和志留系烃源岩的贡献。通过对普光气藏油气成藏期次的分析，结合普光构造演化，将普光气藏成藏过程归纳为四个阶段（图 11-6）。

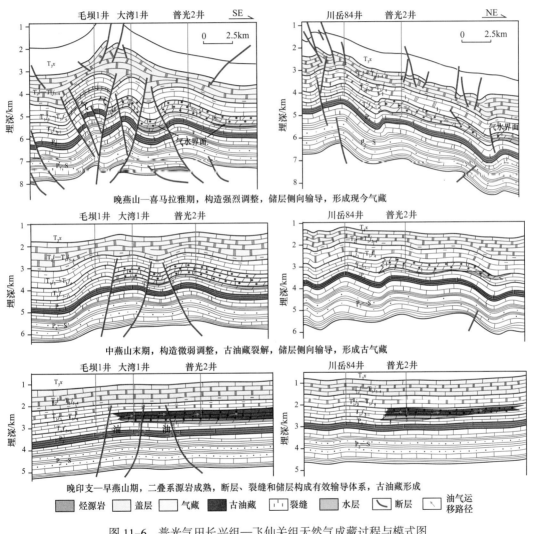

图 11-6　普光气田长兴组—飞仙关组天然气成藏过程与模式图

（1）古原生岩性油藏阶段。

印支—燕山早期（T—J_{1-2}），在位于开江古隆起的西北翼斜坡背景下，雷口坡组残留厚度表明普光构造东南部有一低幅度的古隆起，此时飞仙关组鲕滩储集空间已经形成，二叠系烃源岩有机质已经成熟生油，排烃强度大于 $2.0 \times 10^6 t/km^2$。岩性圈闭位于开江古隆起周缘，有利于油气的运移聚集。原油主要沿孔隙介质、地层界面与裂缝运移进入鲕滩储集，普光古原生岩性油藏形成。

（2）构造—岩性复合古气藏阶段。

晚侏罗世，烃源岩演化达到过成熟阶段开始生气，原生油藏埋深达到6300m左右，古地温达到170℃，其中的原油热稳定性破坏，开始裂解，裂解成湿气，由于硫酸盐热化学还原反应（TSR）主要与气态烃反应，因此在原油裂解的早期受到较弱的TSR作用的改造。由于雪峰山逆冲推覆构造的强烈活动，普光地区形成背斜构造的雏形，聚集原油裂解生成的天然气形成构造—岩性复合古气藏。

（3）构造—岩性复合气藏形成阶段。

晚白垩世来自雪峰山的造山活动波及宣汉—达州地区定型了北东向构造的主体，普光构造—岩性圈闭也随之定型。此时古气藏中天然气开始调整就位，部分烃源岩已达生气高峰，随着断层的沟通同时向圈闭中聚集混合。天然气主要沿该期断裂、不整合面、孔隙介质和地层界面等多途径运移至定型的普光构造中，形成构造—岩性复合气藏。

（4）气藏调整改造定型阶段。

喜马拉雅期，东北缘大巴山的隆起造山活动加剧，由北东向南西的挤压应力波及宣汉—达州地区，形成北西向的逆冲断层叠加在先前形成的北东向构造上，普光构造发生调整改造。由于构造影响较小，整体封闭环境未被破坏，普光飞仙关组气藏局部发生调整改造，并最终定位。

3）流体性质

普光气田整体是一个高含硫中含二氧化碳过成熟干气气藏，天然气组分见表11-3。

4）成藏主控因素

（1）位于二叠系烃源岩生烃中心，具有近源富集的有利条件。

普光地区发育志留系、二叠系多套优质烃源，其中上二叠统吴家坪组、大隆组为该区主力烃源岩，分布广，连续厚度大。如普光5井吴家坪组、大隆组钻遇泥岩厚160m左右，平均有机碳含量2.27%。从成烃演化看，二叠系烃源岩有机质在印支晚期开始成熟，燕山早期进入成熟早期，至燕山中期进入高成熟期，为油气大量生成期，并在古隆起背景上形成的构造圈闭中形成古油藏（普光油藏），储层中可以广泛看到沥青。二叠系烃源岩在燕山晚期进入过成熟期，现今 R_o 为2.5%～3.3%，已进入过成熟中、晚期。早期生成的古油藏随埋深增大，受热裂解作用，已全部热裂解为天然气。上二叠统吴家坪组、大隆组生烃中心位于通南巴—罗家寨一带，最大生气强度为 $125 \times 10^8 m^3/km^2$，为川东北及普光地区形成高丰度大型气藏提供充足的气源。

（2）高能相带控制了优质储层的发育，为大气田发育提供储集空间。

普光气田位于"开江—梁平"陆棚东岸，该区长兴组—飞仙关组沉积时位于台地边缘暴露浅滩相带，有利于储层的形成与发育，并具备了淡水溶蚀、混合水白云石化等孔隙形成的优越条件。成岩过程中的多期溶蚀是普光构造储集性能进一步优化的关键因素。普光气田飞仙关组鲕粒溶孔白云岩储层厚度大，达156.10～275.00m，长兴组结晶白云岩、砾屑白云岩和海绵礁白云岩优质储层厚23.00～111.33m。巨厚的长兴组—飞仙关组礁滩储层为高丰度大型普光气田的形成提供了必要场所。

表 11-3 普光气田天然气组分表

气藏名称	井号	层位	井深 /m	组分 /%						
				CH_4	C_2H_6	CO_2	H_2S	N_2	He	H_2
普光2井区飞仙关组一长兴组气藏	普光1井	T_1f_{1-2}	5601.5～5667.5	77.91	0.02	9.07	12.31	0.64	0.01	0.02
	普光2井	T_1f_3	4776.8～4826.0	76.69	0.19	7.89	14.80	0.40	0.01	0.02
		T_1f_{1-2}	4933.8～4985.4	74.46	0.22	7.89	16.89	0.51	0.02	0.01
		T_1f_1	5007.5～5102.0	75.63	0.11	7.96	15.82	0.44	0.01	0.03
		P_3ch	5237.0～5281.6	75.07	0.24	8.57	15.66	0.43	0.01	0.02
	普光4井	T_1f_1	5759.3～5791.6	73.83	0.03	8.47	17.05	0.59	0.02	0
	普光5井	T_1f_3	4830.0～4868.0	75.24	0.03	12.66	11.26	0.74	0	0.04
		P_3ch	5141.0～5243.8	72.20	0.03	13.55	13.52	0.64	0	0
	普光6井	T_1f_{1-2}	5030.0～5158.0	74.67	0.03	10.53	14.05	0.65	0.01	0.06
		P_3ch	5295.0～5385.2	75.92	0.05	8.74	14.71	0.49	0.01	0.06
	普光9井	P_3ch	6110.0～6130.0	70.53	0.03	14.10	14.60	0.61	0	0
	平均值			74.74	0.09	9.95	14.61			
毛坝飞仙关组气藏	毛坝4井	T_1f_{1-2}	3865.0～3991.9	74.15	0.05	9.16	14.78	1.13	0	0.73
	毛坝6井	T_1f_3	3744.9～3741.0	73.22	0.02	8.30	17.49	0.97	0.01	
		T_1f_{1-2}	3857.8～3970.0	71.01	0.03	8.12	19.93	0.91	0.01	
	平均值			72.79	0.03	8.53	17.40			
大湾飞仙关组一长兴组气藏	大湾1井	T_1f_{1-2}	5029.2～5130.5	71.57	0.02	9.17	18.20	1.00	0.02	0.02
	大湾2井	T_1f_{1-2}	4804.4～4900.0	77.53	0.03	8.65	12.45	1.25	0.04	0.01
	大湾102井	T_1f_{1-2}	4825.0～4976.0	88.52	0.06	7.34	3.28	0.65	0.01	
	平均值			79.20	0.04	8.39	11.31			

（3）有效的输导体系是普光气田油气运移和聚集成藏的关键因素。

普光地区飞仙关组储层以残余鲕粒白云岩为主，有效储层厚度大，而且储层横向分布广泛且连通性好，是天然气侧向运移的主要通道。同时，普光气田位于川东高陡构造带，深大断裂发育，这种断裂可沟通烃源与储层，形成断层—储集体为主的高效输导体系，同时普光地区位于开江古隆起西北部的斜坡上，是油气运聚指向区，有利于油气富集成藏。

（4）有效的保存条件是普光气田晚期调整定位的关键。

普光气田地处川东高陡构造带，深大断裂发育，断裂不仅可作为高效的输导体系，也可能成为油气散失通道，因此有效的保存条件是气田得以保存的关键。普光构造下三叠统嘉陵江组二段、四段—中三叠统雷口坡组雷二段膏盐岩十分发育，这类膏盐岩具有较大的塑性，在构造压力的影响下，仍能保持侧向的连续性，具有较大的封闭能力。从钻井资料来看，普光地区主要膏盐发育层段厚度分布相对稳定，这套膏盐层的发育构成了普光构造长兴组—飞仙关组储层天然气藏的完整盖层。宣汉—达州地区北东部均见 $CaCl_2$ 型地层水，$\gamma Na^+/\gamma Cl^-$（0.77～0.91）及 $\gamma SO_4^{2-} \times 10^2/\gamma Cl^-$（0.45～1.28）均为该区最低值，具备完好封闭条件，是普光气田晚期成藏的保障。

4. 开发简况

中国石化南方勘探开发分公司（中国石化勘探分公司前身）在2004年、2005年分两期完成普光气田整体探明，2005年交由中国石化中原油田进行开发。2009年开始投产，年末完成了 $105 \times 10^8 m^3$ 产能建设。从2005年12月第1口开发井开钻到2017年12月，经历了产能建设、稳产两个阶段。截至2018年底，普光气田累计生产天然气 $731.23 \times 10^8 m^3$，平均年产 $85.0 \times 10^8 m^3$，高峰年产 $106.7 \times 10^8 m^3$，采出程度28.09%，水气比 $0.17 m^3/10^4 m^3$。累计生产硫黄 $1493.64 \times 10^4 t$（图11-7）。普光气田的安全高效开发，开创了中国自主勘探开发特大型高酸性气田的先河，建成了世界第二大高含硫天然气净化厂，是国家"川气东送"工程的主力气源，天然气输送到四川、重庆、湖北等八省地区使用。

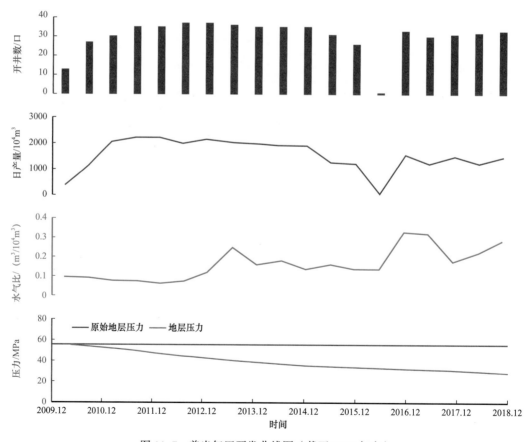

图11-7 普光气田开发曲线图（截至2018年底）

二、元坝气田

元坝气田位于四川省苍溪县和阆中市境内（图 11-8），气田范围属山区，地形北高南低。南部相对较为平缓，高差一般为 400～750m；北部地区山势陡峭，沟壑纵深，地形起伏大。

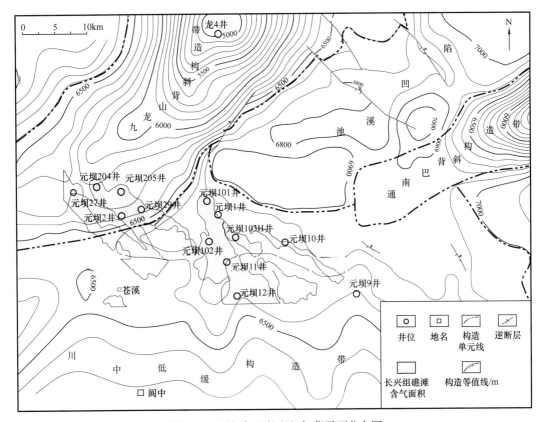

图 11-8　元坝气田长兴组气藏平面分布图

元坝气田已钻地层自下而上依次为志留系，二叠系梁山组、栖霞组、茅口组、吴家坪组、长兴组，三叠系飞仙关组、嘉陵江组、雷口坡组、须家河组，侏罗系自流井组、千佛崖组、下沙溪庙组、上沙溪庙组、遂宁组、蓬莱镇组，白垩系剑门关组。受多期构造运动的影响，志留系与下二叠统梁山组、上二叠统吴家坪组（龙潭组）与中二叠统茅口组、中三叠统雷口坡组与上三叠统须家河组、上三叠统须家河组与下侏罗统自流井组、上侏罗统蓬莱镇组与白垩系剑门关组之间呈不整合接触关系。受加里东构造运动的整体抬升，川东北地区大多缺失沉积泥盆系—石炭系。

元坝气田的勘探始于 20 世纪 50 年代，至 2000 年该区块的勘探始终未获突破。2000 年以来，中国石化勘探分公司（包括其前身中国石化海相经理部、南方勘探开发分公司）组织该区的勘探评价工作，于 2006 年针对飞仙关组、长兴组礁滩异常体论证部署了区内第一口超深探井——元坝 1 井。2007 年元坝 1 井在长兴组二段测试获 $50.3 \times 10^4 m^3/d$ 的工业气流，元坝气田长兴组气藏由此获得突破，发现了当时国内埋深最深的生物礁大型气田。截至 2018 年底，元坝气田累计探明储量 $2303.47 \times 10^8 m^3$，含气面积 320.42km²。在飞仙关组、长兴组、吴家坪组均发现了工业气流，主力产层为长兴组台地边缘礁滩相白云岩储层（图 11-9），气田的基本参数归纳于表 11-4。

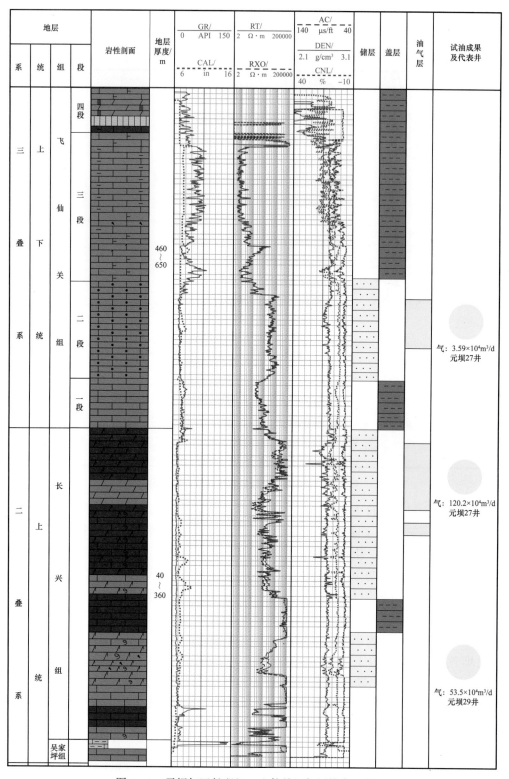

图 11-9　元坝气田长兴组—飞仙关组气层综合柱状图

表 11-4 元坝气田基本参数表

基本情况		发现井	元坝 1 井（2007 年）
地理位置	四川省广元市苍溪县—阆中市境内	发现井产量	测试产量 50.30×10⁴m³/d
区域构造位置	四川盆地川北坳陷与川中低缓构造带接合部		无阻流量 82.01×10⁴m³/d
构造特征	平缓构造，断裂不发育	首次产气时间	2007 年 11 月 19 日
发现依据	按寻找二叠系、三叠系岩性或构造—岩性复合油气藏勘探思路，经高精度二维和三维地震勘探，预测元坝地区发育礁滩白云岩优质含气储层，部署实施元坝 1 井，获工业气流	探明地质储量	2303.47×10⁸m³
		可采储量	1177.11×10⁸m³
		储量丰度	7.19×10⁸m³/km²
		地震勘探数据	二维地震 2283.82km；三维地震 3382.02km²
气藏特征		烃源岩	
	长兴组（P₃ch） · 飞仙关组（T₁f）	地层时代	上二叠吴家坪组（P₃w）上二叠统大隆组（P₃d）泥灰岩和暗色泥岩
圈闭类型	岩性圈闭		
圈闭形成时间	燕山期	烃源岩厚度	60～110m
含气面积	320.42km²	干酪根类型	Ⅱ型
分布特征	"一礁一滩一气藏"的气藏分布模式；"早滩晚礁、多期叠置、成排成带"的发育特征	镜质组反射率	2%～3%
		总有机碳	0.27%～7.20%，平均 2.90%
圈闭高度	150～740m，平均 380.6m · 425m	生气强度	30×10⁸～70×10⁸m³/km²
气藏埋深	6682.9m（中部） · 6317.0m（中部）	生烃排烃时间	生烃门限：晚三叠世 生油高峰：早侏罗世 生气：中侏罗世末
气柱高度	51～549m · 284m		
地层压力	65.80～69.30MPa 平均 67.51MPa · 118.23～120.11MPa，平均 119.17MPa		
压力系数	1.01～1.12，平均 1.03 · 1.95～1.96，平均 1.957	储层	
地温梯度	1.90℃/100m · 2.11℃/100m	产层层位	上二叠统长兴组（P₃ch）下三叠统飞仙关组（T₁f₁₊₂）
天然气成分	CH₄ 含量：86.41% C₂H₆ 含量：0.045% H₂S 含量：6.47% CO₂ 含量：6.85% · CH₄ 含量：94.21% C₂H₆ 含量：0.075% H₂S 含量：1.72% CO₂ 含量：3.35%	主要岩性	礁滩相白云岩、白云质灰岩
		沉积环境	台地边缘礁滩
天然气类型	过成熟干气（CO₂ 含量中等的酸性天然气）	总厚度	16.9～141.8m
油气水关系	纵向上气藏主要为边（底）水驱动，不同岩性气藏的气水界面和气藏高度变化较大。元坝西北部圈闭以含气为主，南部和东部部分圈闭含水	孔隙类型	晶间溶孔、晶间孔、粒间溶孔、粒内溶孔
盖层时代与岩性	中—下三叠统嘉陵江组—雷口坡组膏盐岩和泥岩（厚度约 1000m）	孔隙度	1.08%～23.59%，平均 6.29%
		渗透率	0.003～1720.719mD，平均 0.788mD
		含气饱和度	72.0%～88.5%，平均 80.48%

1. 构造特征

元坝气田位于四川盆地东北缘川中低缓构造带北缘，通南巴背斜构造带西南，处于川北坳陷与川中隆起的过渡带，整体为一个大型低缓构造带。西北部为九龙山背斜构造带西南倾末端；东北部为通南巴背斜构造带西南倾末端；南部为川中低缓构造带的北部斜坡。几个构造带之间以鞍部相接。元坝地区海相构造层整体比较平缓，褶皱小，断层不发育，仅在川中低缓构造带的北部及九龙山背斜构造带东南翼发育一些裙边状的小型鼻状构造。

2. 储层特征

元坝地区长兴组位于台地边缘发育礁滩相，发育礁灰岩及暴露浅滩白云岩储层，礁滩厚度较大，平面分布范围较窄。长兴组储层岩石类型以残余生屑结晶白云岩、生物礁灰岩及亮晶生屑灰岩为主，储集空间类型以晶间溶孔、溶洞为主，其次为膏溶孔、生物溶孔、残余粒间孔、残余生物格架孔及裂缝。

元坝地区长兴组礁滩储层厚度 20~120m，平均 86.3m，孔隙度 1.08%~23.59%，平均 6.29%，主要集中分布于 2%~10% 区间。孔隙度 2%~5%、5%~10% 和高于 10% 占的比例分别为 43.88%、30.58% 和 16.55%。渗透率 0.003~1720.719mD，平均 0.788mD，并主要集中分布于 0.002~0.250mD 和高于 1mD 两个区间，以后者为主，具有很好的渗透性。

长兴组以孔隙型、裂缝—孔隙型储层为主，以Ⅱ类、Ⅲ类储层为主，局部发育Ⅰ类储层。储层孔渗具有较好的正相关性，大部分储层渗透率与孔隙度呈线性关系，但当孔隙度小于 5% 时，孔渗相关性较差，反映该部分样品裂缝发育（图 11-10）。

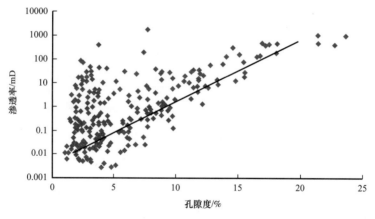

图 11-10 元坝地区长兴组生物礁相储层孔渗关系图

3. 气藏特征

1）气藏类型

元坝长兴组气藏平面上呈北西向展布，它是在一定的古构造高背景上由长兴组生物礁滩群及礁后生屑滩叠置连片形成的似层状岩性气藏，气层主要受台地边缘礁滩相白云岩储层分布的控制，具有"一礁一滩一气藏"特征。元坝气田为中国首个海相超深层大气田，主要产层长兴组储层中部埋深 6682.9m，飞仙关组储层中部埋深 6317.0m。

元坝地区长兴组沉积期以北西向相变线为界，分为台地边缘相与陆棚两个沉积相带。陆棚相带以沉积深灰色含泥灰岩为主，岩性致密，储层不发育。台地边缘相带长兴组礁滩主体早期发育生屑滩储层（长一段储层）、晚期礁盖发育白云岩储层（长二段储层）。台地边缘礁后生屑滩发育含云生屑灰岩、生屑白云岩储层。元坝地区现今西高东低、南高北低构造特征使每个岩性气藏的含气性存在差异。构造背景高的岩性气藏充满度高，未见水，构造背景低的岩性气藏见水，从元坝123井、元坝9井测试资料证实，水层存在，水层之上为气层，无明显气水过渡段，其他表现为边（底）水特征。

元坝气田长兴组气藏为低地温梯度、常压、高含硫、中含二氧化碳、弹性气驱、超深层、中高产、似层状裂缝—孔隙型、局部边（底）水岩性气藏（图11-11）。

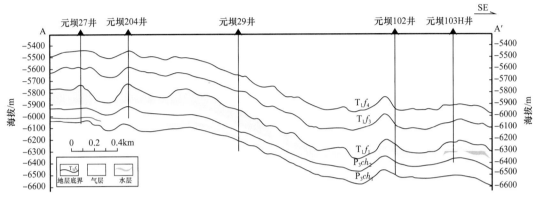

图11-11　元坝气田元坝27井—元坝103H井二叠系长兴组气藏剖面图
（剖面位置见图11-8）

2）油气分布

元坝地区长兴组发育多个生物礁滩，平面上生物礁主要呈北西向展布，而浅滩相储层主要分布于元坝地区的西南，元坝气田由多个生物礁、滩组成。纵向上分为三个产层，以长兴组为主，其次为飞仙关组和嘉陵江组。长兴组平面上分为六个独立的礁滩体，飞仙关组平面上为一个台内滩气藏。

长兴组储层中普遍见固体沥青，表明发生过原油裂解生气作用，同时也可能存在烃源岩裂解气。这两类天然气可用 $\ln C_1/C_2$、$\ln C_2/C_3$ 值进行区分（图11-12）。元坝地区长兴组天然气总体上呈高 $\ln C_1/C_2$、低 $\ln C_2/C_3$ 的原油裂解气组成特点，它们的 $\ln C_1/C_2$ 值基本上都在4.8以上，$\ln C_2/C_3$ 值低于2.0，由此可认为主要来源于古油藏原油的裂解成气作用。

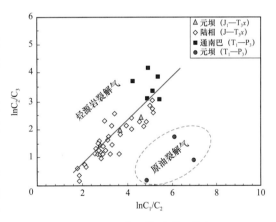

图11-12　元坝、通南巴构造带天然气 $\ln C_1/C_2$、$\ln C_2/C_3$ 值分布

通过对储层沥青碳同位素研究表明，元坝气田长兴组气藏的主要气源应来自二叠系烃源层。以元坝27井—元坝204井—元坝2井—元坝21井—元坝102井—元坝11井—元坝124井—元坝16井—元坝9井剖面为例（图11-13），结合构造演化、烃源岩生排烃史与输导体系演化匹配关系分析，元坝气田的天然气聚集成藏过程可归纳成如下三个阶段：古油藏形成、古气藏形成和天然气调整再聚集阶段。

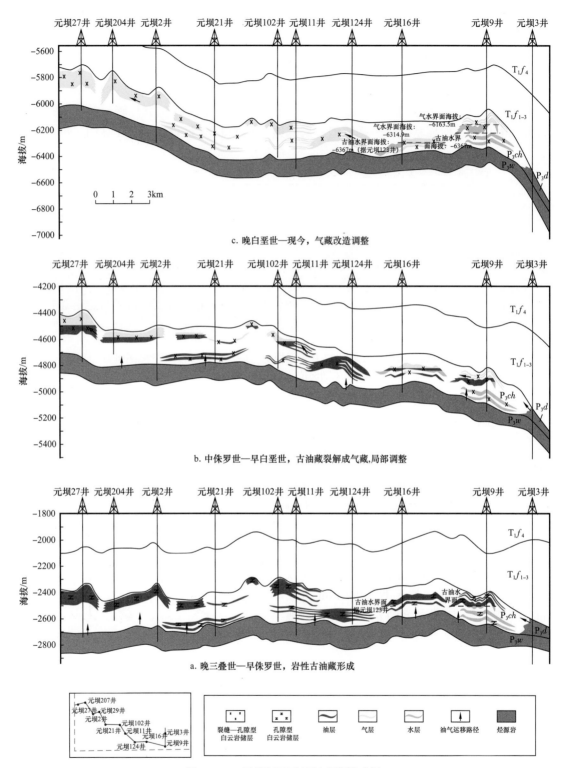

图 11-13 元坝气田天然气成藏模式图

（1）古油藏形成阶段。

晚三叠世—早侏罗世，上二叠统吴家坪组烃源岩与大隆组烃源岩已经成熟并进入生油窗，元坝地区紧邻北部生烃中心，生成的原油主要沿裂缝垂向和侧向运移至礁滩岩性圈闭聚集，形成多个独立的礁滩相岩性古油藏。

（2）古气藏形成阶段。

中侏罗世—早白垩世，古原油发生裂解，古岩性气藏形成。随着地层的持续埋深，储层温度逐渐超过 150℃，在地层埋深最大期（早白垩世），储层温度超过 200℃。根据前人研究，150℃是地层条件下原油稳定存在的上限。因此，原油在该阶段发生裂解，完成了油到气的相态转化。在原油裂解过程中会产生超压，部分天然气可能沿裂缝发生再运移。

（3）天然气调整再聚集阶段。

晚白垩世—现今，随着晚期构造变动，天然气调整再聚集。受北部九龙山背斜隆起的影响，元坝 27 井区地层持续整体抬升，天然气向北再次运移与聚集，岩性气藏最终形成。受天然气调整再聚集的影响，位于现今相对高部位的元坝 27 井—元坝 204 井—元坝 2 井区未见地层水，构造低部位元坝 9 井—元坝 16 井—元坝 123 井区存在底水。此阶段的各礁滩岩性圈闭仍然具有独立的气水界面，如元坝 16 井和元坝 9 井区的气水界面不同，并且构造高部位天然气的 H_2S 含量要低于构造低部位。

3）流体性质

元坝气田长兴组气藏天然气为高含硫化氢、中含二氧化碳天然气，具体见表 11-5。

表 11-5　元坝地区长兴组气藏天然气分析表

区块	井号	层位	井深 / m	样品组分及含量（摩尔分数）/%								相对密度 / kg/m³
				CH_4	C_2H_6	C_3H_8	CO_2	H_2S	N_2	He	H_2	
元坝 101 井礁体	元坝 104 井	长兴组二段	6700.0~6726.0	87.09	0.04	0	5.23	7.04	0.52	0.01	0.06	0.6845
	元坝 1 井	长兴组二段	7330.7~7367.6	86.23	0.04	0	6.22	7.18	0.30	0.01	0.02	0.6614
	元坝 102 井	长兴组二段	6711.0~6791.0	84.33	0.05	0.03	9.72	4.36	1.45	0.01	0.02	0.6828
元坝 204 井礁体	元坝 204 井	长兴组二段	6523.0~6590.0	92.07	0.05	0	4.63	2.58	0.60	0.01	0.02	0.5881
	元坝 2 井	长兴组二段	6545.0~6593.0	87.12	0.03	0	7.61	4.54	0.65	0.01	0.03	0.6596
元坝 27 井礁体	元坝 27 井	长兴组二段	6262.0~6319.0	90.71	0.04	0	3.12	5.14	0.83	0.16	0.004	0.6200
元坝 205 井滩体	元坝 29 井	长兴组一段	6808.0~6820.0	85.71	0.06	0	7.49	5.98	0.39	0.01	0.36	0.8009
	元坝 2 井	长兴组一段	6677.0~6700.0	83.21	0.06	0	10.95	4.37	1.36	0.01	0.05	0.6940
元坝 12 井滩体	元坝 11 井	长兴组	6797.0~6917.0	82.16	0.06	0	11.31	6.18	0.25	0.01	0.02	0.6313

4）成藏主控因素

元坝气田天然气藏主要受控于生物礁滩储层的分布，受现今构造控制弱。构造高部位的礁滩体可以含水，构造低部位也可以含气，埋深基本一致的礁滩体既可含气也可含水，具有"一礁一滩一气藏"的特点。因此，元坝气田为一个受生物礁滩控制的岩性气藏，其油气成藏主控因素主要有以下几个方面。

（1）位于二叠系烃源岩生烃中心周缘，具有近源富集的有利条件。

元坝长兴组油源主要为北部广元—旺苍地区晚二叠世深水陆棚相区的吴家坪组与大隆组，岩性以黑色泥页岩为主，厚60～110m，干酪根类型为Ⅰ型—Ⅱ$_1$型。气田分布具有"横向近灶、纵向近源"的特征。①"横向近灶"表现为邻近大隆组生烃中心。大隆组泥岩厚20～30m，平均有机碳含量2.38%，平面分布受控于沉积相带，主要发育于陆棚相区。②"纵向近源"表现为底部发育吴家坪组与茅三段烃源岩，厚30～80m，平均有机碳含量2.63%。据元坝3井钻井资料揭示，元坝地区吴家坪组底部与茅三段含有较多的暗色泥岩和泥灰岩，TOC大于0.5%的层段累计厚度可达80m。三套优质烃源岩生烃强度达30×10^8～$70 \times 10^8 m^3/km^2$，元坝气田邻近二叠系的生烃灶，具有充足的油气来源。

（2）礁—滩相储层的分布与规模控制了油气聚集的场所与规模

目前发现的礁滩圈闭主要是环绕"开江—梁平"陆棚的台地边缘相带分布。元坝气田位于"开江—梁平"陆棚西岸有利储层发育的台地边缘高能相带。气田储层以长兴组—飞仙关组礁滩白云岩储层为主，均具有较高的孔渗特征。就长兴组而言，缓坡型台地边缘的礁滩复合体有利于储层的发育和古油藏的聚集。元坝地区礁滩复合体的面积大于500km^2，储层厚度为15～75m。由于礁滩岩性圈闭临近烃源生烃中心，在烃源生油高峰期形成规模油藏，后期液态烃深埋裂解超压造缝，古油藏转变为气藏，同时形成的超压缝改善储层渗透性。元坝气田的古原油裂解气量接近$3500 \times 10^8 m^3$，是现今该地区发现大气田的重要原因。

（3）油气的有效充注与持续保存是气藏形成的关键。

早燕山期，二叠系烃源岩进入生油高峰早期，受盆缘造山作用挤压影响，该区构造节理发育，垂向上沟通茅三段与吴家坪组源岩，长兴组礁滩相储层与裂缝构成油气垂向输导与侧向汇聚的输导体系，使得原油得以在长兴组聚集形成岩性油藏。中燕山期以来，受盆缘造山作用的影响，该区进一步沉降，古油藏深埋，储层温度超过160℃，原油开始大量裂解形成气藏。在此期间，上二叠统烃源岩进入生气阶段，层间构造节理进一步发育。通过露头、岩心、薄片观察，发现吴家坪组—长兴组发育大量沥青充填的微小断层、微裂缝及层间缝，构成"三微"输导体系，实现了陆棚相烃源岩生成的油气通过斜坡向台缘礁带汇聚成藏。晚燕山期以来，受米仓山和大巴山造山运动的影响，元坝地区地层产状发生了小幅度的变化。由于元坝地区飞三段至雷口坡组发育数百米厚的膏岩盖层，具有平面分布稳定、连续性好，纵向厚度大的特点，特别是具有较好的塑性，阻止了浅层和深层断层的沟通，形成了区域性优质盖层，为天然气保存提供了保障。

4. 开发简况

元坝气田由中国石化勘探南方分公司（中国石化勘探分公司前身）在2011年完成

探明工作后交给中国石化西南油气分公司组织开发工作，主要经历了两个阶段。

（1）评价部署与产能建设阶段（2011—2014年）。

该时期为了加快落实礁滩相优质储层分布范围及油气高产富集区，探索超深层高含硫气田开发方式、评价气藏开发技术指标。累计实施钻井39口，进一步落实了礁相储层呈条带状展布，明确了油气高产富集区，开展储层及含气性预测、气藏特征研究和目标优选、储量评价等，落实气藏含气面积491.84km^2，累计提交探明储量1943.1×10^{8}m^3。

（2）开发建产与投产阶段（2014年以后）。

累计完成实施新部署开发井18口，水平井储层钻遇率达82%，累计完成投产试气井32口（图11-14），测试产能达到或超过方案设计。元坝气田长兴组气藏于2014年12月10日正式投产，截至2018年底，元坝气田累计生产天然气120.77×10^{8}m^3，平均年产24.15×10^{8}m^3，高峰年产38.10×10^{8}m^3，采出程度11.8%，平均水气比（m^3/10^{4}m^3）0.25，累计生产硫黄92.75×10^{4}t。截至2021年底，元坝气田累计生产混合气237×10^{12}m^3，其中净化气218×10^{12}m^3。

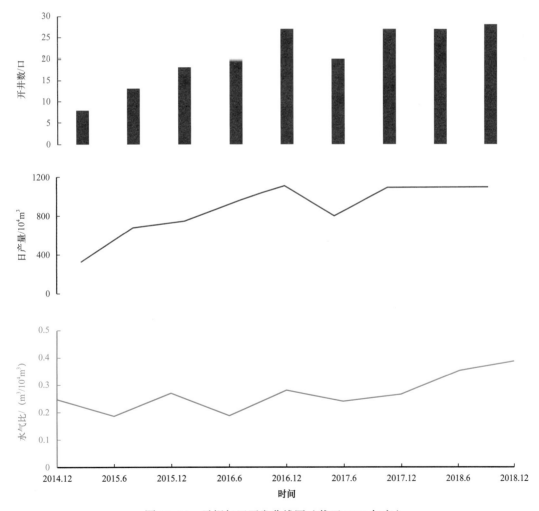

图11-14　元坝气田开发曲线图（截至2018年底）

三、河坝场气田

河坝场气田位于四川省东北部通江县境内（图 11-15），属中—低山区，地面海拔 400~1300m，总体地势偏陡，相对高差 100~500m。

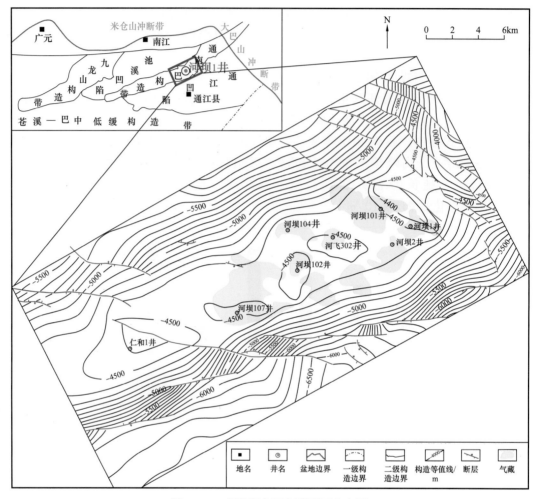

图 11-15　河坝场气田气藏平面分布图

河坝场气田已钻地层自下而上依次为志留系，二叠系梁山组、栖霞组、茅口组、吴家坪组、大隆组，三叠系飞仙关组、嘉陵江组、雷口坡组、须家河组，侏罗系自流井组、千佛崖组、下沙溪庙组、上沙溪庙组、遂宁组、蓬莱镇组。志留系与下二叠统梁山组、上二叠统吴家坪组与中二叠统茅口组、中三叠统雷口坡组与上三叠统须家河组、上三叠统须家河组与下侏罗统自流井组之间呈不整合接触关系（图 11-16）。

中国石化南方勘探开发分公司（中国石化勘探分公司前身）部署的河坝 1 井于 2005 年 4 月在飞仙关组三段测试获 29.60×10⁴m³/d 工业气流，同年 12 月在嘉陵江组二段测试获 6.06×10⁴m³/d 工业气流，特别是 2007 年河坝 2 井在飞三段测试获得 204×10⁴m³/d 的高产气流，发现了河坝场气田。

河坝场气田主要含油气层系为飞仙关组和嘉陵江组（图 11-16），截至 2017 年底累计探明储量 $88.84 \times 10^8 \mathrm{m}^3$，气田的基本参数归纳于表 11-6。

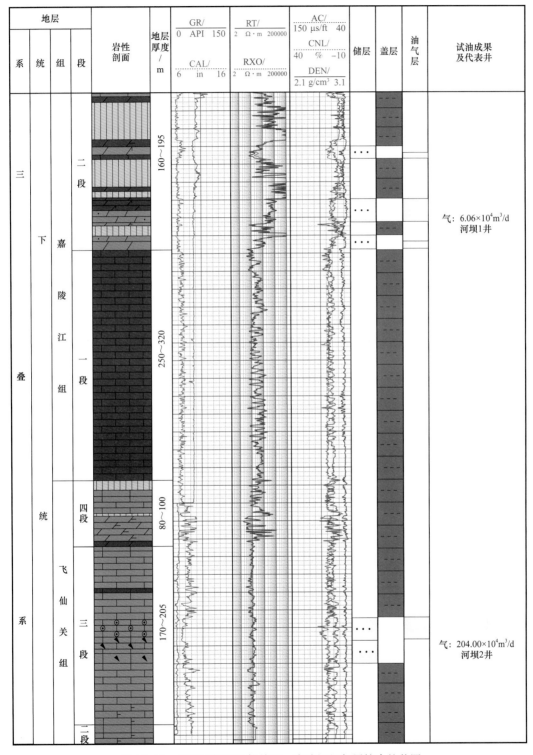

图 11-16　河坝场气田飞仙关组—嘉陵江组气层综合柱状图

表 11-6 河坝场气田基本参数表

基本情况		发现井	河坝 1 井（2005 年）	
气田名称	河坝场气田	发现井产量	T_1f：$29.06 \times 10^4 m^3/d$	
地理位置	四川省巴中市通江县境内		T_1j：$6.06 \times 10^4 m^3/d$	
区域构造位置	四川盆地川北坳陷通南巴构造带河坝场高点	首次产气时间	2007 年 4 月 16 日	
构造特征	通南巴构造带次级南阳场断背斜，断裂发育	探明地质储量	$88.84 \times 10^8 m^3$	
发现依据	综合预测河坝场地区飞仙关组三段、嘉陵江组二段浅滩储层发育，含气性好。部署实施河坝 1 井、河坝 2 井均获工业气流	储量丰度	$2.17 \times 10^8 m^3/km^2$	
气藏特征		烃源岩		
圈闭类型	飞仙关组（T_1f） / 嘉陵江组（T_1j）	地层时代与岩性	上二叠统吴家坪组（P_3w）上二叠统大隆组（P_3d）泥灰岩和暗色泥岩	
	岩性圈闭 / 构造—岩性圈闭			
圈闭形成时间	燕山期	烃源岩厚度	40～100m	
含气面积	40.94km²	干酪根类型	Ⅱ 型	
分布特征	受断层和滩体展布的岩性边界共同控制	镜质组反射率	1.6%～3.2%	
		总有机碳	0.12%～11.9%，平均 2.90%	
圈闭高度	300m / 375m	生气强度	20×10^8～$40 \times 10^8 m^3/km^2$	
气藏埋深	5074.3m（中部） / 4482.0m（中部）	生烃排烃时间	生烃门限：晚三叠世 生油高峰：早侏罗世 生气：中侏罗世末	
气柱高度	35～153m / 292m			
地层压力	101.62～110.85MPa / 91.87～95.15MPa			
压力系数	1.92～2.28 / 1.78～2.16	储层		
地温梯度	2.09℃/100m / 2.10℃/100m	产层层位	下三叠统飞仙关组（T_1f_3）下三叠统嘉陵江组（T_1j_2）	
天然气成分	CH₄ 含量：95.67% C₂H₆ 含量：0.58% H₂S 含量：0.00% CO₂ 含量：0.21% / CH₄ 含量：97.92% C₂H₆ 含量：0.22% H₂S 含量：0.652% CO₂ 含量：1.03%	主要岩性	飞仙关组：鲕粒灰岩 嘉陵江组：残余藻屑白云岩	
		沉积环境	台内浅滩	
天然气类型	过成熟干气	总厚度	T_1f：10～30m，T_1j：10～25m	
油气水关系	气藏主要为边（底）水驱动，不同岩性气藏的气水界面和气藏高度变化较大	孔隙类型	晶间溶孔、粒内溶孔、晶间孔、铸模孔	
		孔隙度	T_1f：平均 4.43% T_1j：平均 3.28%	
盖层时代与岩性	中—下三叠统嘉陵江组—雷口坡组膏盐岩和泥岩（厚度为 200～600m）	渗透率	T_1f：平均 0.048mD T_1j：平均 0.032mD	
		含气饱和度	T_1f：平均 69.85% T_1j：平均 69.40%	

天然气成分（CH_4 含量：95.67%，C_2H_6 含量：0.58%，H_2S 含量：0.00%，CO_2 含量：0.21% / CH_4 含量：97.92%，C_2H_6 含量：0.22%，H_2S 含量：0.652%，CO_2 含量：1.03%）

1. 构造特征

河坝场气田所处的通南巴背斜构造带位于四川盆地东北缘，其北侧为秦岭造山带南缘的米仓山冲断构造带，东北侧为大巴山前缘弧形推覆构造带，南邻川中低缓构造带，北西向与米仓山前缘凹陷带相接，东南与通江凹陷带相连。通南巴背斜构造带被北西向断裂分割为若干个高点，主要高点有元覃、仁和场、狮子坪、河坝场、母家梁、邱家坪、马路背、黑池梁等。河坝场构造是通南巴背斜构造带最南端南阳场断背斜构造上的一个次级构造，位于南阳场构造的东段；东端以母家梁西断裂与涪阳坝构造相接，西以仁和场东断裂与仁和场构造相连，是一个整体呈北东向展布的断背斜构造，背斜的北西翼较南东翼缓。河坝场构造断裂系统在平面上分布上可分为北西向及北西西向两组，其中北西西向断裂主要发育在构造的两翼，以北翼最为发育，多断穿志留系以下地层；北西向断裂主要表现出贯穿构造带。

2. 储层特征

1）飞仙关组三段

河坝场飞三段储层岩性以浅滩相的鲕粒灰岩为主，包括亮晶藻屑灰岩、亮晶鲕粒灰岩、亮晶粒屑灰岩和溶孔亮晶鲕粒灰岩，其中溶孔亮晶鲕粒灰岩是川东北飞三段储层的主要岩石类型。储层的储集空间以粒内溶孔、铸模孔和晶间溶孔为主，约占总孔隙的90%；其次为晶间孔和各种微裂缝，约占总孔隙的10%。

河坝场地区飞三段储层孔隙度0.24%～13.06%，平均4.43%；渗透率0.001～474.112mD，平均0.048mD。通过孔隙度、渗透率相关性分析认为，该区飞三段属于裂缝—孔隙型储层（图11-17）。孔喉组合类型以大孔细喉与中孔细喉为主，以Ⅱ类、Ⅲ类储层为主。储层纵向上位于飞三段的中下部。河坝1井与河坝2井附近，有效厚度15～30m；河坝102井、河坝101井、河坝104井附近，有效厚度10～25m。

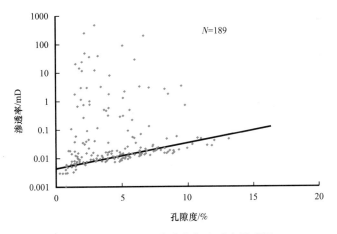

图11-17 飞三段孔隙度与渗透率关系图

2）嘉陵江组二段

河坝场嘉二段主要岩性为粉晶残余藻屑白云岩、粉晶残余砂屑白云岩、粉晶残余鲕粒砂屑白云岩、粉晶白云岩、膏质泥晶白云岩、硬石膏岩、含砂屑白云质灰岩、微晶灰岩。储层岩性主要为台内浅滩相的残余藻屑白云岩、残余鲕粒砂屑白云岩和残余砂屑白云岩、中—粉晶白云岩。储层的储集空间以晶间孔、晶间溶孔、铸模孔、粒内溶孔和小型溶洞为主，其次为各种微裂缝等。

河坝场地区嘉二段孔隙度 0.54%～16.15%，平均 3.28%；渗透率 0.00008～551.316mD，平均 0.032mD。通过孔隙度、渗透率相关性分析认为，该区嘉二段主要为低孔隙度低渗透率的孔隙型储层，局部为裂缝—孔隙型储层（图 11-18）。孔喉组合类型以微孔微喉为主，其次为中孔细喉。以 II 类、III 类储层为主。储层纵向上位于嘉二段二亚段中下部，横向上在河坝区块成层状分布，有效厚度在 10～25m 之间。

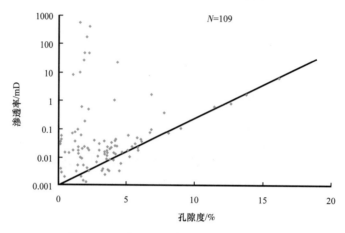

图 11-18　嘉二段孔隙度与渗透率关系图

3. 气藏特征

1）飞仙关组三段气藏特征

（1）气藏类型。

河坝场气田飞三段气藏为低地温梯度、不含硫、低含二氧化碳、高压、深层、低产、裂缝—孔隙型、弹性水驱、岩性天然气藏。

（2）油气分布。

河坝场飞三段平面上主要分为河坝 102 井区、河坝 1 井区、河坝 2 井区三个气藏，气藏主要由两期滩体构成，河坝 1 井、河坝 2 井区滩体呈狭长条带状，北东向展布，河坝 102 井区滩体呈不规则的树叶状展布，是在飞仙关组沉积晚期沉积填平补齐，水体变浅的背景上，主要由开阔台地内浅滩形成的透镜体状岩性气藏，由于开阔台地浅滩鲕粒灰岩储层在构造高、低部位均有分布，因此飞三段气藏主要受开阔台地浅滩储层展布控制。

平面上，飞三段开阔台地浅滩在河坝场叠置连片分布，主体含气区气层厚度变化较大，储层厚度在 0～30m 之间。纵向上，飞三段气藏位于飞三段的中部。河坝 1 井区、河坝 2 井区滩体横向连通性差，为两个独立的气藏。河坝场气田飞仙关组三段台内浅滩气藏具有储层薄，非均质性强，独立的滩体成藏，各鲕滩气藏存在独立的气水界面的特征。

河坝场地区飞仙关组三段镜下薄片非常干净未见沥青等有机质，表明河坝场构造没有形成古油藏。飞三段气藏天然气主要源自古油藏的二次裂解以及下志留统、二叠系干酪根的热裂解，经断裂组合接力通源，为远源次生气藏（图 11-19）。

（3）流体性质。

河坝场区块河坝 1 井区飞三段天然气甲烷含量 94.87%，不含 H_2S，CO_2 含量 0.15%；

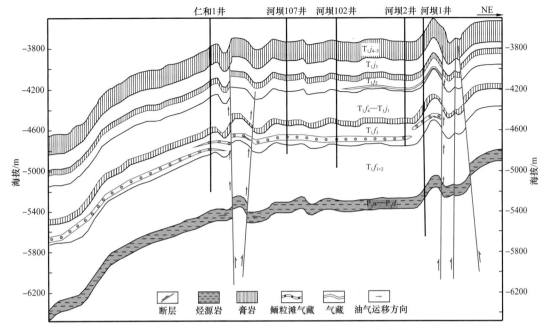

图 11-19　河坝场气田仁和 1 井—河坝 1 井飞三段气藏剖面图

河坝 2 井区甲烷含量 96.03%，不含 H_2S，CO_2 含量 0.38%；河坝 102 井区甲烷平均含量 94.29%，不含 H_2S，CO_2 平均含量 1.41%。综合分析认为河坝场飞三段天然气具有低含二氧化碳、不含硫化氢的特征。

河坝 1 井、河坝 2 井测试未出水，试采出水，河坝 1 井地层水矿化度 17.11g/L，河坝 2 井地层水矿化度 23.32g/L，水型为碳酸氢钠型。矿化度、氯离子、肖勒系数、氢氧稳定同位素等方法综合分析认为，地层水来源于原始沉积古海水。

2）嘉陵江组二段气藏特征

（1）气藏类型。

河坝场气田嘉二段气藏为低地温梯度、中含硫、低含二氧化碳、高压、深层、低产、裂缝—孔隙型、弹性弱水驱、岩性—构造天然气藏。

（2）油气分布。

河坝场嘉二段气藏主要位于河坝 1 井区。在平面呈北东向分布，它是在一定的古地貌高背景上，沉积的局限—蒸发台地暴露浅滩。嘉二段沉积时期，整个河坝场为浅滩发育有利相带。平面上，嘉二段浅滩在河坝场地区广泛分布，河坝 1 井区多口井钻遇，且储层厚度变化不大，横向上呈层状连通分布。纵向上，嘉二段气藏位于嘉二段二亚段的中下部。在河坝高点主体浅滩在横向上沟通，形成同一气藏系统。

嘉二段气藏烃源岩主要来自古油藏的二次裂解以及下志留统、二叠系干酪根的热裂解，经通源断裂进入嘉二段储层中，另一方面也有来自嘉陵江组自身碳酸盐岩烃源的贡献。

（3）流体性质。

河坝场构造河坝 1 井区嘉二段天然气烃类组分以甲烷为主，非烃类组分以 H_2S、CO_2 为主，甲烷平均含量 96.86%，H_2S 平均含量 0.70%，CO_2 平均含量 0.74%。河坝区块嘉陵江组二段天然气为低含二氧化碳、中含硫化氢天然气。

河坝1井、河坝101井、河坝1-1D井区测试嘉二段不含水，根据邻区川涪82井嘉二段的地层水资料，总矿化度为77615.15mg/L，水型为Na_2SO_4，水中H_2S含量高，达355.67mg/L，具有气田水的特征。

3）成藏主控因素

河坝场嘉二段岩性—构造圈闭、飞三段岩性圈闭总体表现为在通南巴大型背斜构造背景下，分布在北西向断裂切割的断块构造中，主体受开阔到局限台地浅滩展布变化的控制。嘉二段储层主要受局限台地浅滩展布和构造共同控制，飞三段储层主要受开阔台地浅滩展布控制。综合分析认为河坝场气田成藏主控因素主要包括以下几个方面。

（1）多期高能滩的叠置发育是气藏形成的基础。

河坝场气田台内滩相储层单层厚度多为数米，横向上变化快。对于这种类型的储层，多套储层叠加发育是形成大气田的关键。河坝场气田飞三段沉积时期演变为开阔台地，多期鲕粒滩体纵向叠置，藻屑灰岩、鲕粒灰岩，经历了大气淡水溶蚀，粒内溶孔发育，储层有效厚度15～30m；嘉二段沉积时期河坝场地区局限台地台内滩发育，是嘉陵江组主要储层形成时期，横向上在河坝场区块成层状分布，储层有效厚度在10～25m之间。高能浅滩的分布控制了河坝场气田的分布范围。

（2）构造裂缝是优质储层形成的必要条件，也是获得高产的必要条件。

根据河坝场嘉二段储层岩心分析资料，储层孔隙度值主要分布在1%～8%之间，占总样品数的94.3%，其中孔隙度在3%以上的只占总样品数的31.5%，孔隙度最大值达7.76%，说明嘉二段储层在整体致密的背景下仍发育有较好的孔隙型储层。由于大多数储层的孔隙连通性非常差，导致储层的渗透率非常差，一般多在0.05mD以下，只有当有裂缝匹配时，渗透率才可提高2～3个数量级。这也是嘉二段气藏多异常高压、具有裂缝性气藏特点的主要原因。

（3）次生成藏，多套烃源供给，有效的断裂输导体系是获得充足油气的关键。

河坝场气藏为一次生天然气藏，断裂是河坝场气藏主要的输导体系。开阔台地相及局限—蒸发台地相碳酸盐岩生烃能力较差，晚印支—早燕山期由储集体输导层为主构成的输导体系未能沟通上二叠统烃源岩层系，不能构成有效的输导，古油藏欠发育。进入中—晚燕山期以来，断层裂缝开始发育并沟通至烃源岩层系，且上二叠统烃源岩进入生气阶段，对天然气的聚集构成有效的输导体系。晚燕山—喜马拉雅期以来，大巴山和米仓山的强烈挤压，北西向断裂大量发育。气藏在由断层、储集体输导层和裂缝组成的有效输导体系下调整再聚集，最终形成由北西向断层分隔的气藏。

（4）区域性膏盐岩盖层为气藏提供了良好的保存条件。

河坝场地区膏盐岩主要发育于中三叠统雷口坡组及下三叠统嘉陵江组，在下三叠统飞仙关组四段亦有少量发育。在三叠系膏盐岩层中，尤以下三叠统嘉陵江组四段—五段最重要，具有总厚度大、单层厚度大、膏岩及盐岩厚度稳定、对比性好、连续性好的特点。其次是嘉陵江组二段，虽总厚度及单层厚度不如嘉陵江组四段—五段，但同样具有层位稳定、对比性好、连续性好的特点。河坝场地区虽经历多次构造活动，但由于断层并未断穿膏盐岩地层，因此嘉陵江组和雷口坡组巨厚的膏盐岩层作为区域性盖层为河坝地区油气藏的保存起到了决定性作用。

4. 开发简况

2007年4月16日由中国石化西南油气分公司对河坝1井飞三气藏正式投入试采，之后又有河坝2井、河嘉203H井等投入试采。截至2017年底，河坝场气田生产平均油压30.6MPa，平均日产气16.73×10⁴m³，平均日产水213.43m³，累计采气6.61×10⁸m³，累计产水82.84×10⁴m³。

四、马路背气田

川东北马路背气田位于四川省通江县、南江县及巴中市境内（图11-20），该区地面海拔一般为400～1300m，地势偏陡，相对高差100～500m，属中—低山区。

图11-20 马路背气田气藏平面分布图

马路背气田陆相地层自下而上依次为三叠系须家河组，侏罗系自流井组、千佛崖组、下沙溪庙组、上沙溪庙组、遂宁组、蓬莱镇组，白垩系剑门关组。主要产气层段为须家河组、自流井组和千佛崖组（图 11-21）。自 2006 年 10 月马 2 井在须家河组中途裸眼测试获天然气产量 $3.58 \times 10^4 m^3/d$，2008 年 8 月完井测试获天然气产量 $4.04 \times 10^4 m^3/d$，发现了须家河组气藏。截至 2017 年底，须家河组累计提交探明储量 $191.56 \times 10^8 m^3$，气田的基本参数归纳于表 11-7。

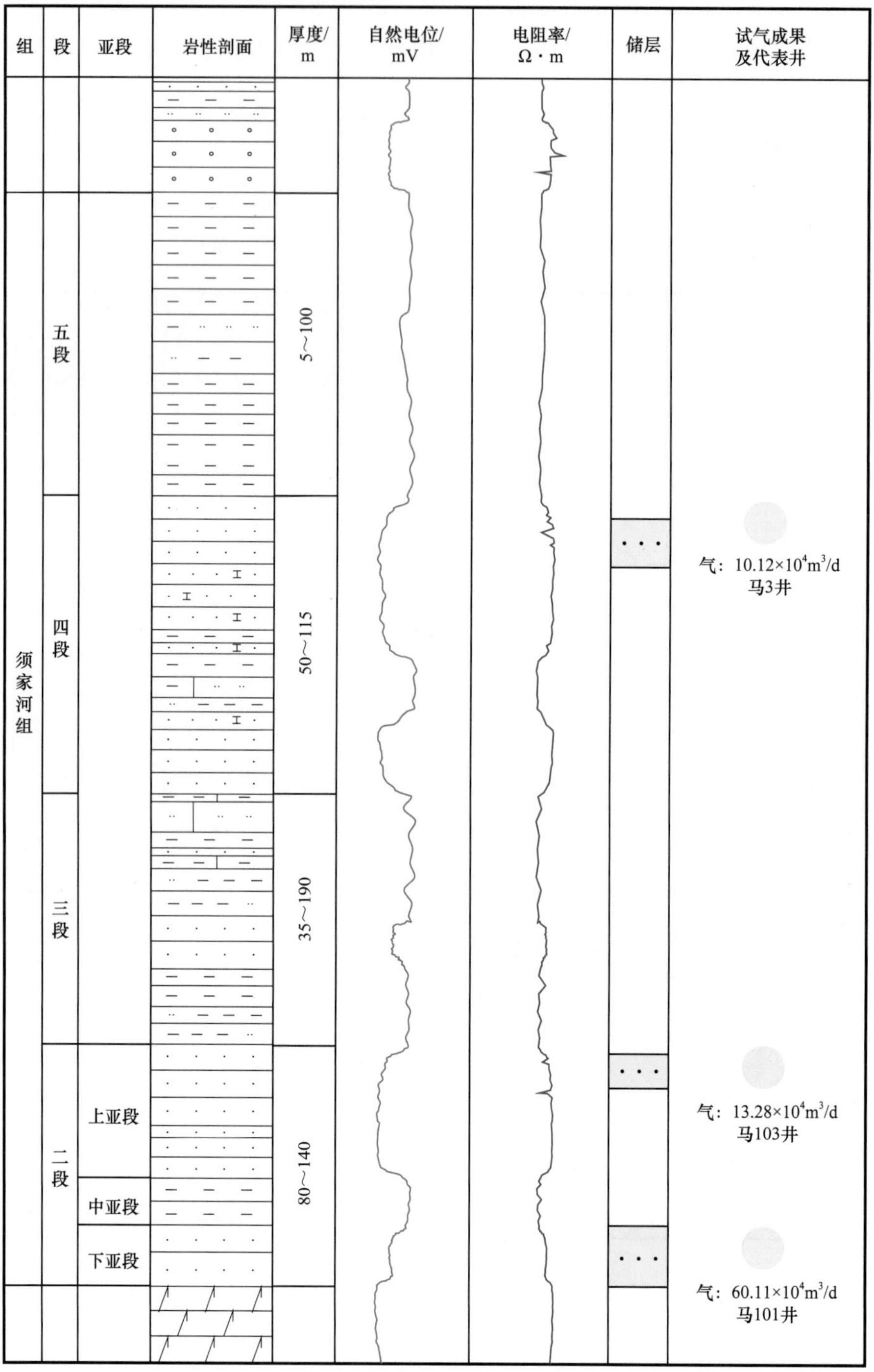

组	段	亚段	岩性剖面	厚度/m	自然电位/mV	电阻率/Ω·m	储层	试气成果及代表井
须家河组	五段			5~100				
	四段			50~115				气：10.12×10⁴m³/d 马3井
	三段			35~190				
	二段	上亚段		80~140				气：13.28×10⁴m³/d 马103井
		中亚段						
		下亚段						气：60.11×10⁴m³/d 马101井

图 11-21 马路背气田须家河组气层综合柱状图

表 11-7 马路背气田基本参数表

基本情况			发现井	马 2 井（2008 年）
气田名称	马路背气田		发现井产量	测试流量 $4.04 \times 10^4 m^3/d$
地理位置	四川省通江县境内			
区域构造位置	四川盆地川北坳陷与川中低缓构造带接合部		首次产气时间	2008 年 8 月 18 日
构造特征	高陡构造，断裂发育		探明地质储量	$191.56 \times 10^8 m^3$
发现依据	综合评价认为马路背地区须家河组发育致密碎屑岩储层，含气性好。部署实施马 2 井获工业气流		储量丰度	$3.75 \times 10^8 m^3/km^2$
			地震勘探数据	三维地震 $1132 km^2$
气藏特征			烃源岩	
圈闭类型	须家河组须四段（T_3x_4）	须家河组须二段（T_3x_2）	地层时代	须家河组须三段、须五段（T_3x_3）暗色泥岩；上二叠统吴家坪组（P_3w）泥岩
	构造—岩性圈闭			
圈闭形成时间	燕山期		烃源岩厚度	$20 \sim 110m$
含气面积	$51.52 km^2$		干酪根类型	Ⅲ 型
分布特征	"纵向叠置，横向连片"的气藏分布模式		镜质组反射率	1.91%
			总有机碳	2.43
圈闭高度	1110m	650m	生气强度	$10 \times 10^8 \sim 15 \times 10^8 m^3/km^2$
气藏埋深	$2486 \sim 3001m$	2986m	生烃排烃时间	生烃门限：J_2 中期 生气高峰：J_2 晚期
气柱高度	$229 \sim 502m$	80m		
地层压力	$34.5 \sim 45.2MPa$	$43.4 \sim 50.1MPa$		
压力系数	$1.58 \sim 1.76$	$1.52 \sim 1.58$	储层	
地温梯度	$1.84 \sim 2.04℃/100m$	$1.91 \sim 2.08℃/100m$	产层层位	须四段（T_3x_4） 须二段（T_3x_2）
天然气成分	CH$_4$ 含量：98.60% C$_2$H$_6$ 含量：0.51% CO$_2$ 含量：0.19%	CH$_4$ 含量：95.40% C$_2$H$_6$ 含量：0.71% CO$_2$ 含量：0.24%	主要岩性	T_3x_4：砾岩、岩屑砂岩； T_3x_2：岩屑石英砂岩、石英砂岩
			沉积环境	三角洲平原辫状河道和滨浅湖石英滩坝
			总厚度	$7.8 \sim 28.6m$
天然气类型	过成熟干气		孔隙类型	粒间溶孔，粒内溶孔，微裂缝
油气水关系	受构造与岩性共同控制，未见底水与边水，驱动类型为弹性驱动		孔隙度	T_3x_4：0.18% $\sim$ 4.08% T_3x_2：0.75% $\sim$ 4.05%
			渗透率	T_3x_4：$0.0001 \sim 0.349mD$ T_3x_2：$0.0001 \sim 0.065mD$
盖层时代与岩性	上三叠统须家河组—侏罗系泥岩、粉砂质泥岩（厚度为 $400 \sim 600m$）		含气饱和度	T_3x_4：平均63.2% T_3x_2：平均67.7%

1. 构造特征

马路背气田位于四川盆地川东北褶皱带东北段的通南巴构造带中部马路背背斜，北部为池溪凹陷，南部为通江凹陷，构造变形较强，成排、成带展布，具有多期构造叠加特征。马路背构造总体为一大型的、被断层切割复杂化的、北翼相对较缓、南翼相对较陡、由北东东转北东向的断鼻，在北东向构造上又叠加了北西向背斜和断裂。该断鼻被北西向断裂分割，形成了马1井、马101井、马2井三个不同的断块。

马路背气田内普遍发育逆断层，垂直断距普遍较大，断层展布呈明显的分区特征。马路背背斜主要发育北北西走向断裂，断裂平面延伸距离一般在16km以内，最大垂直断距460m左右，受断裂控制，发育背冲、对冲构造。马路背地区发育局部断穿膏岩、向上断至上三叠统须家河组，向下滑脱至志留系，局部断穿志留系，断至奥陶系的通源断裂。

2. 储层特征

马路背地区上三叠统须家河组储层主要发育在须二段、须四段，须家河组岩石矿物成分成熟度和结构成熟度较低，岩石类型以岩屑砂岩、长石岩屑砂岩、岩屑石英砂岩和石英砂岩为主，填隙物以杂基、方解石、硅质为主，胶结作用不发育。

须二段上亚段储层主要为辫状河三角洲前缘水下分流河道微相，岩石类型主要为岩屑砂岩、岩屑石英砂岩和少量长石岩屑砂岩，岩石的矿物成熟度较低，分选中等，磨圆次棱角状，颗粒支撑结构，多为孔隙式胶结。填隙物为杂基和胶结物，杂基以黏土为主，胶结物主要为硅质、方解石、白云石和自生黏土矿物。储集空间以粒间溶孔、粒内溶孔及裂缝为主，少量残余原生粒间孔及杂基微孔。岩心实测孔隙度 0.75%～4.05%，平均 2.34%，渗透率 0.0001～0.065mD，整体具有特低孔隙度、特低渗透率特征。储层的孔隙度与渗透率相关性较差，为孔隙—裂缝型储层。

须四段储层主要为辫状河三角洲前缘水下分流河道微相，岩石类型为砾岩、砂砾岩和岩屑砂岩、岩屑石英砂岩。砾石颜色杂，成分为砂岩、泥岩和石英砾为主，砾石分选中等，磨圆多呈次圆状—次棱角状，部分砾石破碎。接触式胶结，填隙物以粗砂为主，少量硅质和粉砂质。岩屑砂岩、岩屑石英砂岩的矿物成熟度低，岩石分选中等、磨圆多呈次棱角状，颗粒支撑，孔隙式胶结为主。填隙物成分主要为杂基和胶结物，杂基以黏土为主，胶结物主要为方解石、白云石、硅质和少量铁质，见沥青。储集空间类型以粒间溶孔、粒内溶孔和微裂缝为主，少量黏土杂基微孔。岩心实测孔隙度 0.18%～4.08%，平均为 1.36%，岩心实测渗透率 0.0001～0.349mD，整体具有特低孔隙度、特低渗透率特征。孔隙度低，部分表现为裂缝特征影响明显，储层的孔隙度与渗透率相关性较差，为孔隙—裂缝型储层。

通江—马路背地区须家河组物性相对较好的岩石类型为石英砂岩、岩屑石英砂岩和岩屑砂岩，而岩石的碎屑成分主要受沉积作用控制，因此有利的沉积微相是须家河组优质储层形成的主要控制因素。后期成岩作用使岩石进一步致密，破裂作用形成的裂缝则进一步改善了岩石的渗透性，形成有利储层。

3. 气藏特征

1）气藏类型

马路背须二段和须四段气藏属于受岩性—构造控制的致密孔隙—裂缝型高压干气气

藏，驱动类型为弹性气驱。须二段和须四段储层类型以孔隙—裂缝型为主，总体具特低孔隙度、特低渗透率特性，气藏的流体以天然气为主，气藏的压力系数为1.52~1.76，属高压气藏，气藏开采主要依靠自身的弹性能量，属弹性气驱类型。气藏分布受岩性和构造双重因素控制，为层状岩性—构造复合气藏（图11-22）。

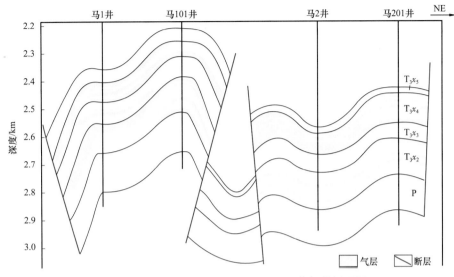

图11-22　马路背气田马1井—马201井气藏剖面图

2）油气分布

马路背地区须家河组天然气成分以甲烷为主，均为干气，热演化程度较高。马路背地区须家河组天然气的甲烷、乙烷碳同位素组成与川中、川西典型陆相气不同，表现为与马路背地区长兴组、飞仙关组海相油型气的组成有相似的特点。须家河组天然气既有煤型气又有油型气，为混合成因气，为海相—陆相天然气混合气。陆相气来源于须家河组自身煤系烃源岩，海相气来主要源于上二叠统烃源岩。

3）流体性质

马路背地区须二段气体成分以甲烷为主，甲烷含量92.60%~98.27%，平均95.40%；乙烷含量0.67%~0.75%，平均0.71%；相对密度0.5635~0.5643，平均0.5639；临界温度191.48~191.48K，平均191.50K；临界压力4.6007~4.6015MPa，平均4.6011MPa；二氧化碳含量0.18%~0.30%，平均0.24%；不含硫化氢，属于优质天然气干气气藏。马路背地区须四段气体成分以甲烷为主，甲烷含量98.23%~98.85%，平均98.60%；乙烷含量0.47%~0.59%，平均0.51%；相对密度0.5611~1.1819，平均0.7697；临界温度189.95~264.39K，平均215.21K；临界压力4.5776~6.4310MPa，平均5.2059MPa；二氧化碳含量0.05%~0.38%，平均0.19%；不含硫化氢，属于优质天然气干气气藏。

4）成藏主控因素

马路背地区须二段、须四段气藏为海相—陆相混源型高效富集成藏模式，气藏富集高产与海相—陆相烃源岩、沉积相带、储层、断裂及裂缝关系密切。

海相—陆相烃源岩多源供烃是天然气富集高产的基础。马路背地区不仅发育多套陆相烃源岩，还发育大隆组和吴家坪组两套海相烃源岩，综合评价均为好—较好烃源岩，海相—陆相多套烃源岩为马路背—通江地区天然气富集成藏提供了良好的烃源条件。

有利沉积微相控制储层展布，也控制了天然气的分布。马路背地区致密砂岩储层发育受沉积微相的控制明显，储层多发育于水下分流河道、滨湖滩坝等有利沉积微相中。砂体的大面积展布为该区优质储层发育提供了基础，为须二段和须四段天然气的高产富集奠定了坚实的基础。

输导体系与有效裂缝是天然气高产富集的关键。马路背地区陆相形变较强，混源充注，输导体系与裂缝发育带控制天然气富集高产。海相断裂供烃，陆相断裂控缝，海陆相断裂联合控制天然气富集带的分布。

海相—陆相优质烃源岩、规模孔隙—裂缝型砂岩储层和断裂输导体系控制了马路背气田须家河组气藏的富集高产。

4. 开发简况

马路背气田在 2009 年由原中国石化勘探南方分公司探明后，2010 年交中国石化西南油气分公司进行开发评价，相继部署马 103 井、马 2-1 井、马 104 井三口评价井。2014 年，西南油气分公司针对马 2 井、马 2-1 井两口老井实施挖潜工作。马路背气田从 2009 年开始相继试采七口井，其中短期试采四口井，管输试采三口井（马 101 井、马 103 井、马 104 井）。截至 2017 年底，生产油压平均 11.4MPa，日产气平均 $12.79 \times 10^4 m^3$，累计产气 $5.09 \times 10^8 m^3$，累计产液 $10.83 \times 10^4 m^3$。2018 年，随着通南巴区块的一部分探矿权（含马路背采矿权）流转至中国石化中原油田，现由中国石化中原油田分公司进行开发。

第二节　川东南气区

川东南地区东起齐岳山断裂，西抵华蓥山断裂，北接大巴山推覆断褶带，南至黔中隆起，边界条件受控于"三山"（大巴山、齐岳山、大娄山），受限于"一隆"（乐山—龙女寺古隆起）。区域构造线主体走向北北东，向北转变为北北东并收敛。山体是以二叠系—三叠系为核心的背斜，两翼极不对称，缓翼地层倾角 20°～30°，陡翼地层倾角 40°～70° 或地层直立倒转，山脉之间宽广的谷地是由侏罗系组成的向斜，构造上和地貌上都呈现典型的隔挡式。

中国石化在川东南地区包括涪陵、綦江和赤水三个勘探区块，前期勘探主要集中在四川盆地川东南赤水区块。赤水区块从 20 世纪 50 年代初期开始进行勘探，共计钻井 76 口，钻获 36 口油气井，其中较大规模气井 7 口，发现了太和、旺隆、宝元（由于太和、旺隆、宝元气田地质特征相似、储量规模及含气面积小，后文统称为赤水太—旺—宝气田进行描述）和官渡等多个二叠系、三叠系小型气田。

近年来，在川东北礁滩勘探成功的启示下，中国石化勘探分公司加强了川东南地区勘探和研究，在涪陵区块相继发现了二叠系长兴组台缘礁滩气田——兴隆气田、泰来茅口组三段热液白云岩气藏及焦石坝—平桥—义和茅一段灰泥灰岩气藏等新类型气藏，进一步拓展了海相油气勘探领域的成果。

一、兴隆气田

兴隆气田位于重庆市梁平、万州和忠县三县交界处（图11-23），紧邻渝万高速和国道、省道，交通便利；地表属山区，以中型山丘为主，地面海拔为120～1200m，地形条件复杂，沟壑纵横，地貌起伏较大，相对高差达500m以上。

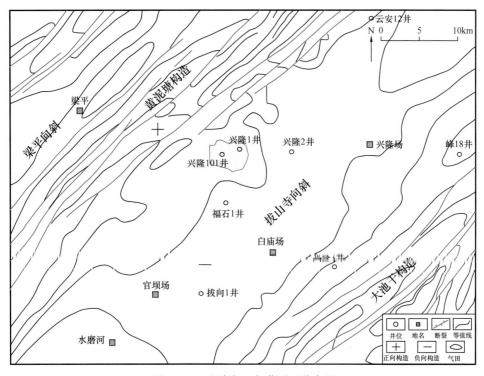

图11-23　兴隆气田气藏平面分布图

兴隆气田已钻地层自下而上依次为二叠系吴家坪组、长兴组，三叠系飞仙关组、嘉陵江组、雷口坡组、须家河组，侏罗系自流井组、凉高山组、下沙溪庙组、上沙溪庙组、遂宁组、蓬莱镇组。受构造运动的影响，中二叠统茅口组与中二叠统吴家坪组、中三叠统雷口坡组与上三叠统须家河组、上三叠统须家河组与侏罗系自流井组之间呈不整合接触关系。

2010年中国石化勘探分公司部署兴隆1井在长兴组二段测试获天然气产量$51.71 \times 10^4 m^3/d$，发现兴隆气田。2011年兴隆101井在长二段测试获天然气产量$22.23 \times 10^4 m^3/d$，截至2017年底，兴隆气田兴隆1井区探明含气面积$13.35 km^2$，探明地质储量$76.53 \times 10^8 m^3$。气田主力产气层为长兴组台地边缘礁滩相白云岩储层（图11-24），气田的基本参数归纳于表11-8。

1. 构造特征

兴隆气田位于川东褶皱带万州复向斜带拔山寺向斜内，东邻大池干井构造，西邻黄泥塘构造，向斜呈北东向延伸。兴隆场地区地层整体平缓，褶皱小，断层不发育。以嘉陵江组中上部膏盐岩以及志留系页岩地层为界，划分为上、中、下三个构造变形层。海相地层整体构造平缓，断层不发育，仅在嘉陵江组四段膏盐岩滑脱层以上受后期构造运动影响较大，断裂较发育。

　　2. 储层特征

　　兴隆气田所处涪陵地区长兴组沉积期发育三期台地边缘礁滩，具有横向上向陆棚方向迁移增生、纵向上加积的特征。在兴隆场福石1井—兴隆3井一带发育台地边缘礁滩相带，控制着长兴组白云岩储层的发育。

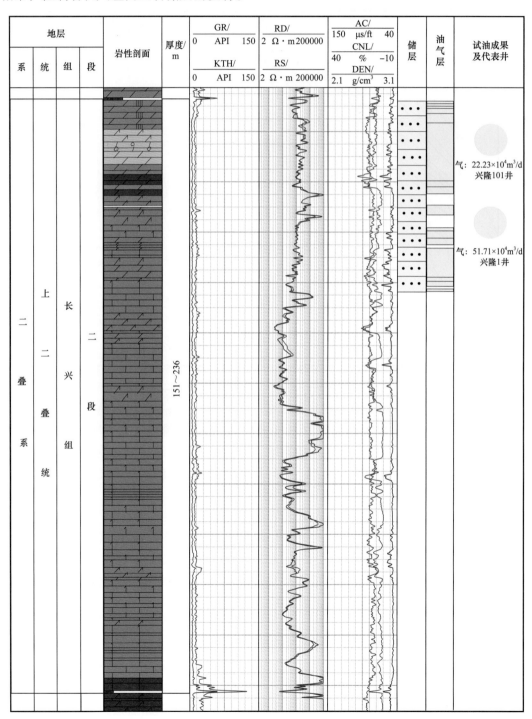

图 11-24　兴隆气田长兴组气层综合柱状图

表 11-8　兴隆气田基本参数表

基本情况		发现井	兴隆 1 井（2010 年）
地理位置	重庆市梁平、万州和忠县三县交界处	发现井产量	测试产量 $51.71 \times 10^4 m^3/d$
区域构造位置	川东褶皱带万州复向斜带拔山寺向斜		无阻流量 $129.36 \times 10^4 m^3/d$
构造特征	平缓构造、断裂不发育	首次产气时间	2011 年 6 月 8 日
发现依据	综合评价研究认为兴隆场地区长兴组发育台地边缘礁滩相白云岩储层，通过二维资料在兴隆场发现长兴组—飞仙关组地震异常体，经高精度二维和三维地震勘探，部署实施兴隆 1 井，获工业气流	探明地质储量	$76.53 \times 10^8 m^3$
		可采储量	$38.27 \times 10^8 m^3$
		储量丰度	$2.87 \times 10^8 m^3/km^2$
		地震勘探数据	二维 1947.58km
			三维 746.2km^2
气藏特征		烃源岩	
圈闭类型	长兴组（P$_3$ch）	地层年代	中寒武统牛蹄塘组底部黑色碳质页岩，下志留统龙马溪组底部黑色硅质碳质页岩，上二叠统泥岩、泥灰岩
	构造—岩性圈闭		
圈闭形成时间	燕山期	烃源岩厚度	$100 \sim 150m$
含气面积	13.35km^2	干酪根类型	Ⅰ 型、Ⅱ 型
分布特征	"一礁一气藏"的气藏分布模式	镜质组反射率	$2.0\% \sim 3.0\%$
		总有机碳	$0.14\% \sim 2.40\%$
圈闭高度	250m	生气强度	强度大
气藏埋深	4575m（中部）	生烃排烃时间	生烃门限：晚三叠世
气柱高度	157m		生油高峰：早侏罗世
地层压力	55.91MPa		生气：中侏罗世末
压力系数	1.21	储层	
地温梯度	2.08℃ /100m	产层层位	上二叠统长兴组（P$_3$ch）
天然气成分	CH$_4$: 83.80%、C$_2$H$_6$: 0.08%	主要岩性	溶孔白云岩、石灰质白云岩
	H$_2$S：5.78%、CO$_2$: 9.77%	沉积环境	台地边缘生物礁滩
天然气类型	干气	总厚度	$21.50 \sim 96.26m$
油气水类型	弹性驱、底水驱动	孔隙类型	晶间溶孔、粒间溶孔和溶蚀孔洞为主
		孔隙度	平均 5.60%
盖层时代与岩性	中—下三叠统厚层膏盐岩和陆相厚层泥页岩（厚度约 1000m）	渗透率	平均 0.254mD
		含气饱和度	75.80%

长兴组储层主要发育在长二段，储层岩石类型为台缘礁滩相残余生屑白云岩、含生屑溶孔白云岩、溶孔白云岩、溶孔粒屑白云岩、灰质白云岩、生屑灰岩、白云

质灰岩。储集空间以晶间溶孔、粒间溶孔和溶蚀孔洞为主，其次为晶间孔，少量裂缝。

储层以中孔隙度、中低渗透率储层为主。孔隙度最大 11.09%，最小 1.79%，平均值 5.60%。其中大于 2% 的样品占总样品的 95.65%，主要集中分布在 5%～10% 之间。渗透率最大值为 1438.662mD，最小值为 0.004mD，几何平均值为 0.254mD，主要集中分布在 0.002～0.250mD 区间。长二段储层孔渗具有较好的正相关性，大部分储层渗透率与孔隙度呈指数关系，随着孔隙度的增加，渗透率增大，局部受裂缝影响，综合评价长二段储层以裂缝—孔隙型为主。

3. 气藏特征

1）油气藏类型

兴隆气田长二段气藏为高含硫、中含二氧化碳、超深层、裂缝—孔隙型、弹性驱、底水驱、构造—岩性气藏。

（1）气藏高度与驱动类型。

兴隆 1 井区长二段气藏中部平均埋深 4575m。兴隆 1 井长二段气层测试天然气产量 $51.71 \times 10^4 m^3/d$，无水。兴隆 101 井长二段气层测试天然气产量为 $22.23 \times 10^4 m^3/d$。测井解释两口井气层下部均发育水层，为弹性驱—底水驱气藏。

（2）压力与温度。

兴隆 1 井长二段计算油层中部压力为 55.92MPa，折算压力系数 1.24，按静止温度折算地温梯度为 2.08℃/100m，气藏中部垂深 4584.10m 处地层温度为 112.0℃，为高压低地温梯度气藏。

2）油气分布

兴隆气田长二段气藏主要分布于兴隆 1 井—兴隆 101 井区，平面上呈近东西向展布。兴隆 1 井区长二段气藏底部见水，表现为底水特征（图 11-25）。

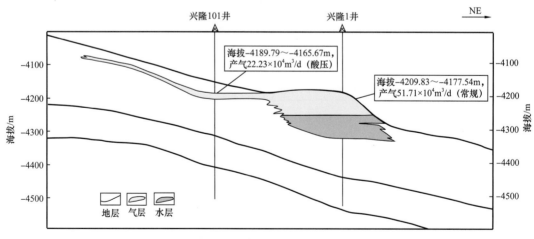

图 11-25　兴隆气田兴隆 101 井—兴隆 1 井气藏剖面图

3）流体性质

兴隆气田长二段气藏天然气属高含 H_2S、中含 CO_2 天然气。兴隆 1 井区烃类组分以甲烷为主，非烃类组分以 H_2S、CO_2 为主，其中甲烷含量 83.80%，乙烷含量 0.08%，H_2S

含量 5.78%，CO_2 含量 9.77%，相对密度 0.6192。兴隆 101 井气样中甲烷含量 81.90%，乙烷 0.07%，H_2S 含量 4.21%，CO_2 含量 12.35%，相对密度 0.6555。

4）成藏主控因素

（1）位于二叠系烃源岩生烃中心，具有近源富集的有利条件。

川东南地区上二叠统吴家坪组烃源岩为灰黑色页岩、泥质灰岩，烃源岩分布广，厚度大，富含有机质，是兴隆场长兴组生物礁滩气藏的主要烃源层。有效烃源岩厚 20～140m，涪陵区块厚 100m 左右，有机碳含量高达 1%～4%，如茨竹 1 井（1996 年）上二叠统吴家坪组泥质岩类剩余有机碳含量为 3.7%～7.1%。烃源岩干酪根类型主要为 Ⅰ 型—Ⅱ 型，生烃强度达 10×10^8～$60 \times 10^8 m^3/km^2$，平均生气强度 $30 \times 10^8 m^3/km^2$，有机质处于过成熟中期。

（2）高能相带控制了优质储层的发育，为兴隆气田的形成提供储集场所。

兴隆气田位于开江—梁平陆棚西侧东南末端，向西北方向依次发育铁山南—龙岗—元坝长兴组台缘生物礁滩沉积该区长兴组—飞仙关组沉积时位于台地边缘暴露浅滩相带，有利于储层的形成与发育，并具备了淡水溶蚀、混合水白云石化等孔隙形成的优越条件。兴隆气田长二段储层有效厚度 4.0～63.0m，储层岩性主要为溶孔白云岩、溶孔生屑白云岩、白云质生屑灰岩，储集空间以晶间溶孔为主，裂缝起沟通作用，为兴隆气田的形成提供了必要场所。

（3）有效的输导体系是兴隆气田油气运移和聚集成藏的关键因素。

兴隆气田位于宽缓的向斜区，构造活动弱，断层不发育，输导体系由裂缝和储集体输导层组成。长兴组—飞仙关组储层裂缝主要为构造裂缝，裂缝主要形成于早燕山期（J_1—J_2），在早侏罗世—现今阶段可以作为天然气运移的输导体系。早侏罗世，上二叠统烃源岩大量生烃期，在晚侏罗世中期—早白垩世早期达到生气高峰，早白垩世末期由于盆地整体抬升逐渐停止生烃。由此可知，早侏罗世—早白垩世是烃源岩生烃史与裂缝输导体系发育的最佳匹配期，是油气运移聚集的良好输导体系。

（4）有效的保存条件是兴隆气田晚期调整定位的关键。

兴隆气田处于川东弧形高陡构造带拔山寺向斜，晚燕山期以来，受雪峰山和大巴山强烈活动的影响，在兴隆场地区周缘形成高陡构造，背斜核部三叠系遭受剥蚀，中三叠统雷口坡组及下三叠统嘉陵江组四段、五段膏岩发育，易被风化冲刷剥蚀，区域盖层缺失，保存不利，如位于背斜核部的梁平 2 井，发育断层，长兴组白云岩测试产水 9.02m³/d，地层水矿化度为 51.6g/L，水型为 $CaCl_2$ 型，测试压力系数 0.95～1.02，未形成压力封闭。兴隆 101 井、兴隆 1 井位于拔山寺向斜，不发育断层，保存条件好，仅部分天然气向背斜核部二次运移，造成天然气的逸散，气水界面重新调整。

4. 开发简况

由于兴隆气田储量规模相对较小，高含硫化氢，目前暂未投入开发。

二、赤水太—旺—宝气田

赤水太—旺—宝气田位于贵州省西北部，属赤水市和习水县管辖，处于川南低山丘陵区的东南隅，紧邻云贵高原的黔北山地西北缘（图 11-26）。

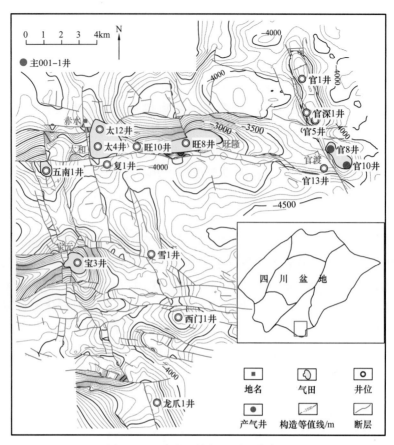

图 11-26 赤水区块气田平面分布图

该区地层自下而上依次为震旦系灯影组，寒武系筇竹寺组、遇仙寺组、沧浪铺组、龙王庙组、高台组、洗象池组，奥陶系桐梓组、红花园组、湄潭组、十字铺组、宝塔组、临湘组、五峰组，志留系龙马溪组、石牛栏组、韩家店组，二叠系梁山组、栖霞组、茅口组、龙潭组、长兴组，三叠系飞仙关组、嘉陵江组、雷口坡组、须家河组，侏罗系自流井组、凉高山组、下沙溪庙组、上沙溪庙组、遂宁组、蓬莱镇组，白垩系夹关组。受多期构造运动的影响，志留系与二叠系梁山组、二叠系茅口组与龙潭组、中三叠统雷口坡组与上三叠统须家河组、上侏罗统蓬莱镇组与白垩系夹关组之间呈不整合接触关系。受加里东构造运动的整体抬升影响，泥盆系—石炭系大多缺失。

该区从 20 世纪 50 年代初期开始进行勘探，四川石油管理局 1966 年在太和、旺隆构造分别钻探太 1 井、旺 1 井获得工业性气流，测试获天然气日产 $1.5 \times 10^4 m^3$、$22.3 \times 10^4 \sim 25.4 \times 10^4 m^3$，发现了太和、旺隆两个气田。截至 2017 年底，赤水区块共探明地质储量 $44.91 \times 10^8 m^3$，主力产层为三叠系嘉陵江组白云岩储层，其次为二叠系茅口组溶蚀缝洞储层（图 11-27）。

1. 构造特征

赤水区块及邻区自东向西分属川东坳陷、川南坳陷。川南坳陷进一步划分为永川帚状构造带、泸州—赤水复合叠加构造两个亚二级构造带。泸州—赤水复合叠加构造带进一步划分为东部构造亚带、西部构造亚带两个三级构造单元。从构造形迹展布特征分析，东部构造亚带南北向构造轴线强于东西向，西部构造亚带构造轴线东西向强于南北向。

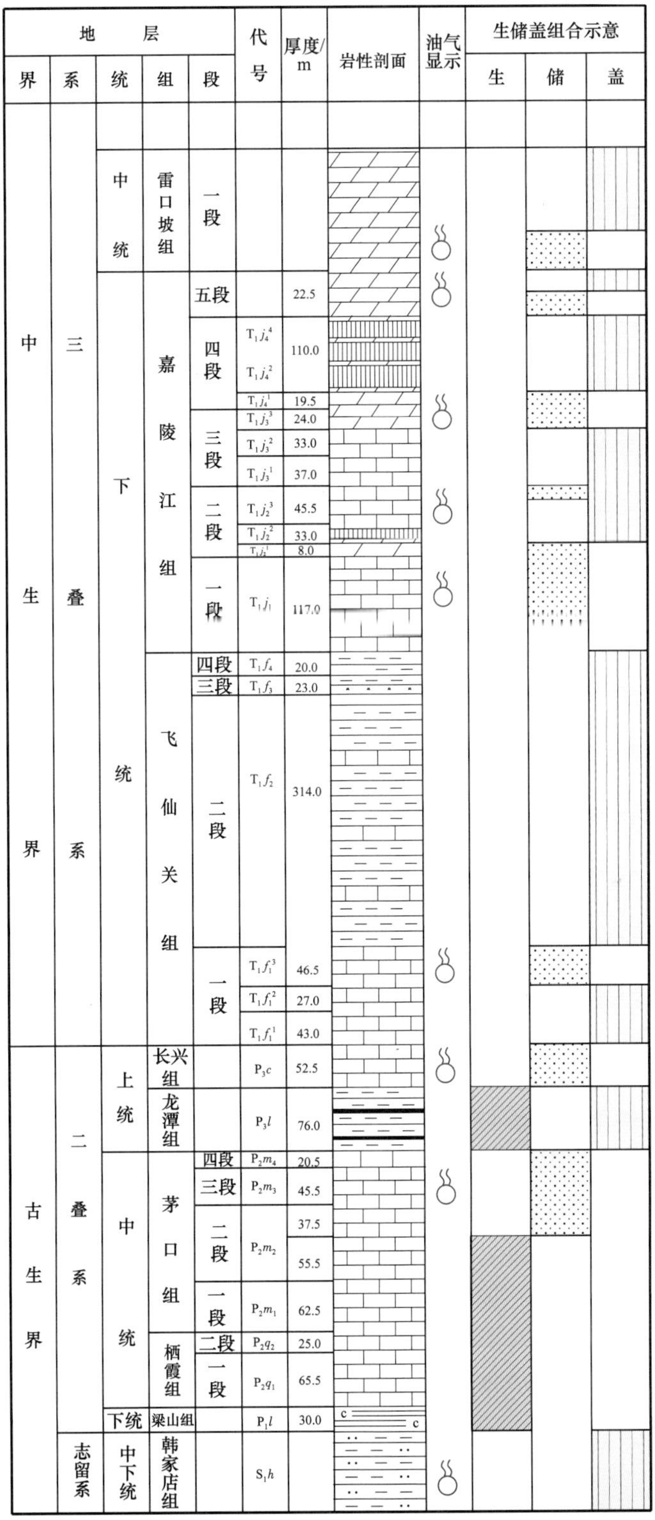

界	系	统	组	段	代号	厚度/m	岩性剖面	油气显示	生	储	盖
中生界	三叠系	中统	雷口坡组	一段							
		下统	嘉陵江组	五段		22.5					
				四段	$T_1j_4^4$	110.0					
					$T_1j_4^1$	19.5					
				三段	$T_1j_3^3$	24.0					
					$T_1j_3^2$	33.0					
					$T_1j_3^1$	37.0					
				二段	$T_1j_2^3$	45.5					
					$T_1j_2^2$	33.0					
					$T_1j_2^1$	8.0					
				一段	T_1j_1	117.0					
			飞仙关组	四段	T_1f_4	20.0					
				三段	T_1f_3	23.0					
				二段	T_1f_2	314.0					
				一段	$T_1f_1^3$	46.5					
					$T_1f_1^2$	27.0					
					$T_1f_1^1$	43.0					
古生界	二叠系	上统	长兴组		P_3c	52.5					
			龙潭组		P_3l	76.0					
		中统	茅口组	四段	P_2m_4	20.5					
				三段	P_2m_3	45.5					
				二段	P_2m_2	37.5					
						55.5					
				一段	P_2m_1	62.5					
			栖霞组	二段	P_2q_2	25.0					
				一段	P_2q_1	65.5					
		下统	梁山组		P_1l	30.0					
	志留系	中下统	韩家店组		S_1h						

图 11-27 赤水区块茅口组—嘉陵江组气层综合柱状图

赤水区块主要位于东部构造亚带南部，探区划分为官渡构造带、太和—旺隆构造带、雪柏坪—西门构造带、宝元—龙爪构造带、土城—元厚构造带五个亚三级构造单元。

官渡构造是一个轴向近北北西的背斜构造，北邻合江—长沙构造和塘河构造，东邻天堂坝构造，西邻太和—旺隆构造，向南呈鼻状倾没于大百岩向斜中。

旺隆构造位于长垣坝构造带的最东端，长垣坝断裂的上盘，总体属于一近东西向的长轴构造，但上、下构造层之间存在一定差别。旺隆构造分为六个构造部位：东高点、东长轴、西高点、西长轴、北倾没区及南倾没区。

太和构造与旺隆构造同属长垣坝构造带东端，长垣坝在断裂上盘，旺隆构造西侧，是一个轴向近东西向的背斜构造。该构造具有明显的两组轴线，分别为东西向轴线和南北向轴线，显示出其受到东西向和南北向两组构造应力作用叠加影响。在构造形态上以东西向构造为主体，南北向构造叠加于早期东西向构造之上，使得东西向构造在一些高点形成了南北向鼻突和小型断层。

宝元构造位于赤水地区西部，其西侧为东西向的高木顶构造倾末端，北侧为五南构造、南为龙爪构造、东为雪柏坪构造。地表构造为一南北向的穹隆构造，东翼缓、西翼陡。地腹构造与地面构造继承性较好，但在构造西翼发育贯穿南北的五南—龙爪断裂及一些小断层使地腹构造相对地表复杂，断层上盘形成断弯背斜圈闭。构造南北两翼分别发育近东西向的宝元北和宝元南两条断裂，与西翼的五南—龙爪断裂一起将宝元构造分成三个断块型圈闭。

2. 储层

1）茅口组

赤水区块在茅口组沉积时期主要为浅缓坡沉积环境，岩性主要为细晶、泥微晶致密石灰岩，含生屑等。自下而上可以分为四个亚段，但由于茅口组沉积末期受东吴运动影响，大部分地区剥蚀至茅三段，储层主要发育在茅口组顶部。

茅口组储层岩性为褐灰色石灰岩，基质物性差，主要为低孔隙度低渗透率特征。孔隙度一般为 0.5%～1%，平均 0.75%；渗透率为 0.005～0.05mD，平均 0.02mD。即茅口组储层原始孔隙并不发育，主要与茅口组顶部形成的溶蚀孔洞及裂缝有关。据赤水地区19 口井统计，井喷和放空四次，井漏五次，证实研究区茅口组溶蚀缝洞发育。

赤水地区整体处于岩溶斜坡区，只是向东南方向逐渐向岩溶洼地过渡。西北部为岩溶斜坡上部发育区，是溶蚀孔洞最发育的地区，目前已在太 12 井、太 14 井等多口井钻遇溶洞。宝元—旺隆构造区为岩溶斜坡中部，也发育一些溶蚀孔洞，如旺 8 井。东南部官渡等地区为岩溶斜坡下部，仅可能发育一些零星的溶蚀孔洞，如官深 1 井尚残留茅四段，剥蚀强度较弱。因此，储层最为发育地区主要为西北部五南、太和等构造区，宝元—旺隆一带为储层发育次要地区，东南部为储层发育最差地区。

茅口组储层类型主要为溶蚀缝洞型，古岩溶的发育及后期构造裂缝是控制储层发育的主要因素。

2）嘉陵江组

嘉陵江组储层主要以粉晶白云岩、砂屑白云岩及鲕粒灰岩为主，并与石膏、岩盐盖层相间组成，彼此为连续沉积。储层主要发育在嘉一顶—嘉二段、嘉三段三亚段—嘉四段一亚段、嘉五段—雷一段一亚段。孔隙类型主要为晶间孔和晶间溶孔、粒间溶孔、粒内溶孔（鲕模孔、砂砾屑模孔、生物屑模孔）以及鸟眼孔。从储层物性统计来看，孔隙度一般为0.1%～14.06%，平均3.3%；渗透率为0.001～28.64mD，平均0.49mD。从嘉一段至嘉五段储层物性逐渐变好，根据川南地区、赤水地区嘉陵江组储层分级标准，嘉陵江组储层多为低—中孔渗储层，要形成有效储层还需要裂缝的改造作用。

嘉陵江组储层的发育与分布不仅与成岩作用、构造裂缝发育程度的关系密切，明显受当时沉积环境和沉积相的控制，而后者对储层的发育起决定性的作用。

3. 气藏特征

1）二叠系茅口组气藏

茅口组气藏为裂缝洞穴型气藏，主要为原生型油气系统，以太和气田代表（图11-28）。储集性质主要为缝洞型储层，气藏分布具非均质性，纵向上无固定产气层位，主要集中在茅口组上部，栖霞组下部也钻获气藏。横向上可发育多个独立的气藏，多个互相独立、互不连通的缝洞系统气藏和连通缝洞系统气藏共存。这种成藏机制的气藏模式决定了茅口组气藏多表现为高压或超高压气藏，气藏压力系数为1.5～2.0。气藏高部位会产水，低部位也能产气，气藏不受构造圈闭线控制，同一构造可发育多个缝洞系统，无统一气水界面，一个缝洞系统构成一个独立的气藏，气藏均为有水定容气藏。从天然气性质上来看，天然气中CH₄含量超过94%，重烃成分极少，反映出高成熟度特征，属干气。太12井茅口组气藏水的矿化度达70.8g/L，属高矿化度有水气藏。茅口组气藏主要来源于古油藏的原油裂解成气作用，部分气源直接来自烃源岩裂解，栖霞组、茅口组、龙潭组三套烃源岩提供了丰富的油气来源。

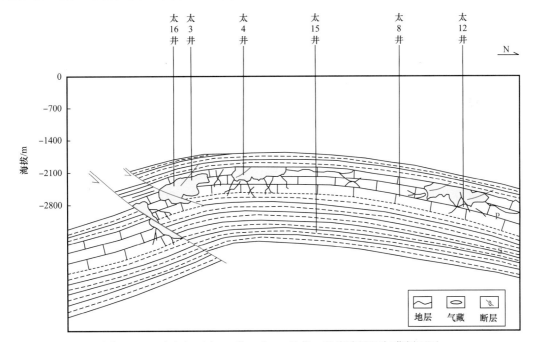

图11-28　太和气田太16井—太12井茅口组岩溶缝洞气藏剖面图

茅口组气藏规模、分布受溶蚀孔洞发育程度、裂缝规模及展布方向控制，构造缝、断层缝及古岩溶相配置的复合型圈闭是天然气富集的最佳储集空间，构造高点、长轴、断层组合带及构造褶曲、拐点及两组构造应力叠加部位是天然气富集成藏的有利带。总之，储层发育、构造位置以及裂缝系统的配合控制了茅口组的天然气成藏及油气富集。

2）三叠系嘉陵江组气藏

嘉陵江组气藏为似层状裂缝—孔隙型气藏，以旺隆气田为代表（图11-29），气藏压力系数为1.5～2.0，为高压—超高压气藏。其成藏主控因素受三个方面的控制：一是潮间坪—潮上带浅滩亚相、云坪灰坪微相控制了有效储层的发育；二是裂缝有效的沟通了储层，改善了储集性能；三是通源断裂是天然气主要运移通道。晚期构造活动使早期气藏改造、重新调整、运聚定位形成气藏。嘉陵江组为典型的有水气藏。甲烷组分在96%以上，非烃气体含量极低，不含硫化氢，天然气相态表现为典型的干气藏特征，气源同茅口组。

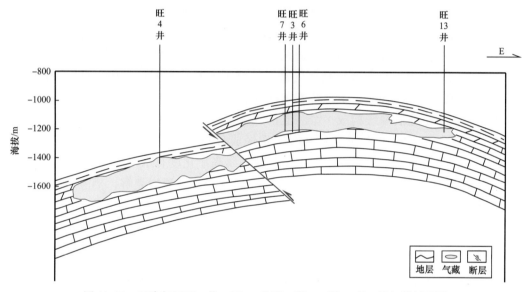

图11-29 旺隆气田旺4井—旺13井嘉二段一亚段—嘉一段气藏剖面图

4. 开发简况

1971年太和、旺隆气田投入单井简易开发生产，截至2017年底，赤水地区共有太和、旺隆、宝元、官渡四个开发气田，在1995年实现该区产气$1.8 \times 10^8 m^3$的最高水平，1995年后进入递减阶段。2002年以前原滇黔桂石油勘探局负责赤水区块的勘探和开发；2002—2007年由原中石化南方勘探开发分公司进行开发，2007年底产气$0.33 \times 10^8 m^3$；2007年后划归中国石化西南油气分公司开发，截至2014年底累计产气$21.23 \times 10^8 m^3$；2014年以后多数井为措施生产井或者间开井，产量低；2018年赤水气田产气井全部关井，累计产气$21.47 \times 10^8 m^3$。

第三节 川西气区

川西地区位于四川盆地西部，北起米仓山前，南抵峨眉—瓦山断块，西临龙门山推覆构造带，东接川中隆起，为北东—南西向的长条形地带，总面积约$3.1 \times 10^4 km^2$。中国石化西南油气分公司川西探区位于川西坳陷中段，总体呈"三隆两凹一斜坡"的构造格局（图 11-30），即新场构造带、龙门山前断褶带、龙泉山前带三个正向构造带和成都凹陷、梓潼凹陷两个负向构造带，以及中江斜坡带。

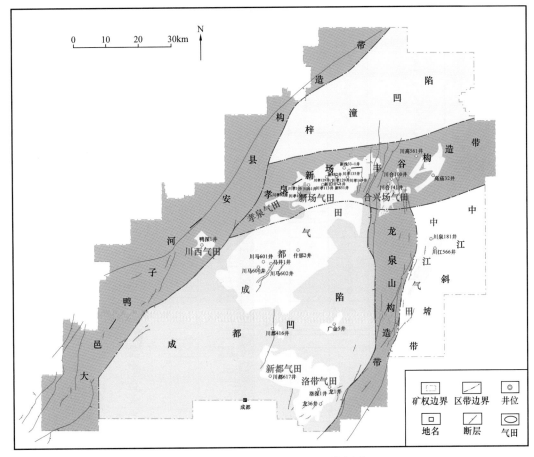

图 11-30　川西地区气田平面分布图

近 30 年来，中国石化西南油气分公司（原西南石油局）在四川盆地西部川西地区取得一系列勘探成果，建成新场侏罗系气田、成都气田、川西气田（又称彭州气田）等一批大、中型气田。尤其川西坳陷侏罗系气藏的高效勘探开发，积累了丰富的经验，"满盆富砂，满坳含气"理论不断完善，叠覆型致密砂岩气区的成藏理论认识不断加深，进一步促成了川西坳陷东部斜坡带的中江气田的发现。

一、新场气田

新场气田位于四川省德阳市以北约 20km，南距成都 80km，北距绵阳 35km。构造位置处在四川盆地川西坳陷中段新场构造带、龙门山前断褶带上，为孝泉背斜向东延伸的平缓鼻状构造。新场气田陆相地层发育较全，主要发育蓬莱镇组、遂宁组、沙溪庙组、千佛崖组、白田坝组及上三叠统须家河组等多套碎屑岩含气层系。自 1987 年 12 月川孝 113 井在蓬莱镇组中途测试获得工业气流 $0.37 \times 10^4 \text{m}^3/\text{d}$，之后相继发现了新场气田蓬莱镇组气藏、沙溪庙组气藏及须家河组须二段气藏（图 11-31），气田的基本参数归纳于表 11-9。

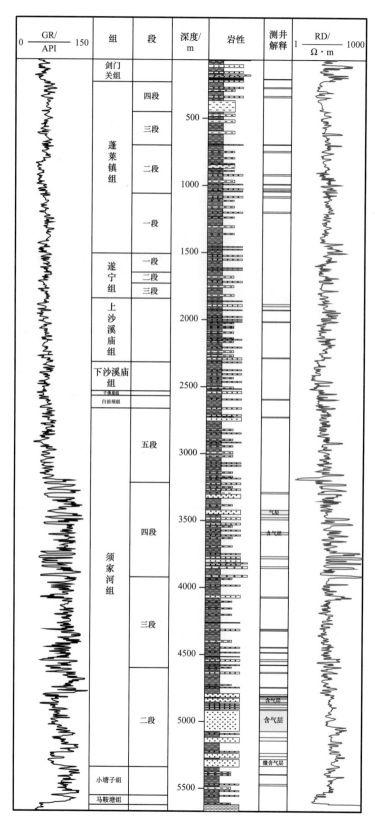

图 11-31 新场气田气层综合柱状图

表 11-9　新场气田基本参数表

地理位置	四川省德阳市	发现井	新851井（2000年）
区域构造位置	川西坳陷彭州—德阳向斜之间	发现井产量	测试产量 $38 \times 10^4 m^3/d$ 无阻流量 $151 \times 10^4 m^3/d$
构造特征	构造隆起带		
发现依据	按寻找构造—岩性复合油气藏勘探思路，预测新场地区古今构造继承性发育、有优质储层且含气性好。部署实施新851井，获工业气流	探明地质储量	$2453.31 \times 10^8 m^3$
		可采储量	$1011.22 \times 10^8 m^3$
		烃源岩	
		地层时代	上三叠统马鞍塘组—小塘子组（T_3t+m）及须家河组二段（T_3x_2）暗色泥页岩为主
气藏特征		烃源岩厚度	$50 \sim 200m$
圈闭类型	构造—岩性复合圈闭	干酪根类型	II型、III型
圈闭形成时间	印支晚期—燕山中期	总有机碳	$0.48\% \sim 5.76\%$（T_3t+m） $0.50\% \sim 14.16\%$（T_3x_2）
含气面积	$199.04km^2$		
气藏埋深	$4500 \sim 5300m$	生气强度	$>30 \times 10^8 m^3$（T_3t+m）
压力系数	$1.60 \sim 1.73$	储层	
天然气成分	CH_4含量：$>95\%$ C_2H_6含量：$<1\%$	产层层位	上三叠统须家河组二段
天然气相对密度	$0.5597 \sim 0.5845$	主要岩性	岩屑石英砂岩
		沉积环境	三角洲平原—三角洲前缘
天然气类型	干气	总厚度	$560 \sim 660m$
盖层		孔隙类型	粒间溶孔、粒内溶孔、铸模孔、残余粒间孔
盖层时代与岩性	上三叠统须家河组三段泥页岩（厚度 $350 \sim 500m$）	孔隙度	$0.34\% \sim 12.28\%$，平均 3.36%
		渗透率	$0.00019 \sim 526.488mD$ 平均 $1.701mD$

1. 构造特征

新场构造是新场构造带、龙门山前断褶带上的一个局部构造，西部有孝泉构造，向东有合兴场、高庙子、丰谷等构造（图 11-32）。新场构造浅层侏罗系沙溪庙组表现为由孝泉背斜向东延伸的一个平缓鼻状背斜，具有西高东低、南陡北缓的不对称特征，断裂不发育；深层须家河组则是由多个构造高点组成完整的北东东向复式背斜，断裂较为发育。

新场地区侏罗系断裂发育程度相对较弱，平面上主要分布于罗江地区，走向近北东东向和北东向，倾角较缓，一般 $10° \sim 20°$；上沙溪庙组、下沙溪庙组气藏内部缺乏大的断裂系统，小断层的断距在 10m 左右，砂体内部存在微裂缝。须家河组断层发育，且以须二段断层最为发育，断裂走向主要为近南北、北东、东西向，均为逆断层，规模较大的断层主要为南北及东西向，横向延伸距离一般小于 5km，断距一般低于 50m，北东向断裂主要发育于须二段底部，倾角较缓，一般 $15° \sim 25°$，规模较小，延伸长度一般低于 5km；东西、南北向断层主要发育于须二段及须三段中下部，倾角较陡，一般 $25° \sim 40°$，规模相对较大。

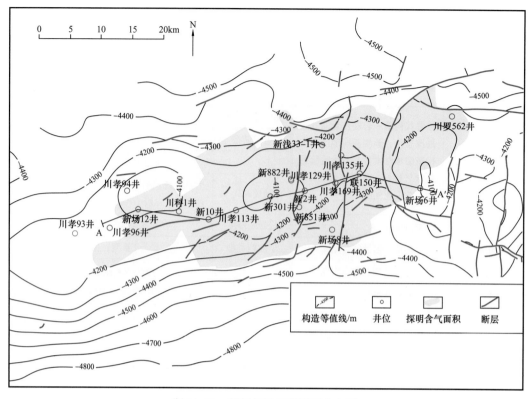

图 11-32　新场气田气藏平面分布图

2. 储层特征

新场气田上沙溪庙组、下沙溪庙组储层岩石类型以灰色、浅绿灰色中—细粒长石岩屑、岩屑长石砂岩为主，压实作用强且胶结物中方解石含量较高，总体上以致密砂岩为主。上沙溪庙组主要储集空间类型为粒间孔、粒间溶孔、粒内溶孔、铸模孔，储层孔隙度 1.08%～17.07%，平均 9.89%，储层渗透率 0.010～3.000mD，平均 0.185mD，属于典型低孔隙度、低渗透率储层。下沙溪庙组储层孔隙度 2.94%～17.61%，平均 11.38%，渗透率 0.005～2.892mD，平均 0.360mD，属于中孔隙度、低渗透率储层。

须家河组岩石类型较为复杂，以石英砂岩、岩屑砂岩、岩屑长石石英砂岩、岩屑长石砂岩及长石石英砂岩为主。其中须二段以石英砂岩、岩屑石英砂岩为主，石英含量高，岩屑次之，长石含量少，填隙物含量较低，分选相对较好，磨圆以次棱角状为主，次为次圆状，结构成熟度较高。须二段主要储集空间类型为原生孔隙、次生孔隙前缘及微裂隙（缝），储层孔隙度 0.34%～12.28%，平均 3.36%，渗透率 0.00019～526.488mD，平均 1.701mD，属于典型的特低孔隙度、低渗透率储层。

3. 气藏特征

1）油气藏类型

新场气田上沙溪庙组、下沙溪庙组气藏属于致密孔隙型、异常高压定容封闭干气气藏，驱动类型为弹性气驱。新场气田须二段气藏储层类型以裂缝—孔隙型为主，总体具特低孔隙度、特低渗透率特征，气藏流体以天然气为主，气藏压力系数为 1.7 左右，属高压气藏，气藏开采主要依靠自身的弹性能量，属弹性气驱类型。气藏分布受岩性和构造双重因素控制，为受构造—岩性圈闭控制的层状气藏（图 11-33）。

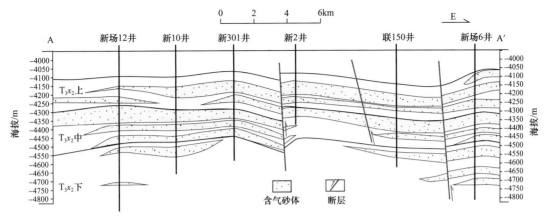

图 11-33　新场气田须二段气藏剖面图（剖面位置见图 11-32）

2）油气分布及成藏主控因素

（1）新场上沙溪庙组、下沙溪庙组气藏。

影响新场气田沙溪庙组气藏天然气富集程度的主要因素有：① 紧邻生烃中心且烃源断层发育是规模成藏的基础。沙溪庙组气藏天然气主要来自须五段，须五段烃源灶形成演化及分布控制着气藏分布，同时天然气的聚集成藏与新场构造东侧青岗嘴一带近南北向的逆断层密切相关。② 有利储集相带控制着油气聚集的分布。三角洲（水下）分流河道砂体的发育程度决定储层储集性好坏，河流相河道、三角洲（水下）分流河道储层发育，粒度大，储集性好。③ 有利储层与构造配置关系决定天然气的富集程度。砂体与构造的配置关系是决定含气饱和度高低的关键因素，与烃源断层连通好的构造高部位储层含气丰度高。

（2）新场须二段气藏。

新场须二段气藏天然气富集主控因素十分复杂，主控因素的复杂性导致了气藏分布的非均质性极强。

① 优质储层是控制气藏分布的重要因素。虽然须家河组中须五段到须二段储层普遍含气，但要形成具一定规模的气藏，甚至气田，必须具有孔隙度、渗透率性良好储层的广泛发育作支撑，否则难以形成具有经济开采价值的气藏。目前须家河组储层绝大多数为超致密储层，不具备形成高丰度的大型气藏的储层条件，相对优质储层是控制气层分布的最基本因素，这些储层的发育规模也决定了气藏规模。

② 裂缝是控制气井高产的关键因素。由于须家河组埋深普遍较深，经历的成岩演化极为复杂，使得大量早期具备良好储集空间储层的渗透能变差、非均质性强，要使其能聚集油气，必须有连通这些储层与烃源岩层的断层作输导条件。同时储层虽然有良好的储集空间，但渗流条件较差，只有在裂缝对渗流条件改善下，才可能形成规模高产、稳产。因此，后期裂缝规模对改善储层的渗流性，进而形成高产有关键作用。

③ 古今构造对油气聚集、调整和富集有重要控制作用。新场须家河组二段在印支期已具雏形，对早期油气聚集具有一定的控制作用，另外，岩性和地层因素也与早期油气聚集有密切关系。后期由于构造作用，使得构造面貌发生了较大变化，天然气在现今构造中发生调整，即天然气主要向构造高部位运移富集，形成目前同一套渗透性砂体在高

部位产气、低部位产水的状态。

3）流体性质

新场气田上沙溪庙组、下沙溪庙组气藏天然气组分以甲烷为主，甲烷含量92.66%～96.18%，重烃平均含量5.50%，二氧化碳平均含量0.38%，氮气平均含量0.95%，天然气相对密度0.5984，属于高甲烷、低重烃、低二氧化碳、不含硫化氢的优质干气藏。气藏普遍含有少量—微量的凝析油，凝析油为无色—浅黄色、透明—半透明、低密度（平均0.776g/cm^3）、低黏度（平均0.807mPa·s）的凝析油。

新场气田须二段气藏天然气属高甲烷（97.19%）、低重烃（1.165%）、低二氧化碳（1.01%）、低氮（0.635%）的优质干气。天然气相对密度在0.5597～0.5845之间，平均0.5738，临界温度在189.85～195.20K之间，平均192.74K，临界压力在4.5741～4.6481MPa之间，平均4.6232MPa。

4. 开发简况

新场气田气藏开发经历了试采及工艺准备、快速建产、综合调整稳产和递减四个阶段。截至2020年底，新场气田已探明含气面积584.91km^2，探明地质储量2453.3×10^{8}m^3，共投入生产井796口，开井744口，累计生产天然气326.26×10^{8}m^3，动用储量采出程度为31.2%，平均水气比1.3m^3/10^{4}m^3，2020年产气量9.1×10^{8}m^3（图11-34）。其中蓬莱镇组、沙溪庙组和须家河组气藏是气田的主力生产气藏，形成了气田多层系立体开发的格局。

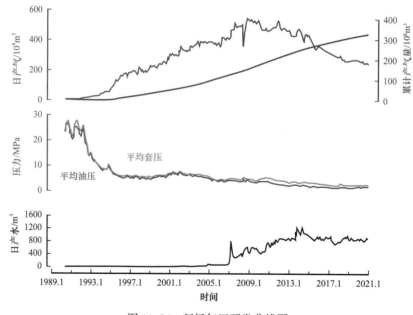

图11-34 新场气田开发曲线图

二、成都气田

成都气田位于川西平原腹地，地势平坦，交通方便，工农业发达，优越的地理环境与成熟配套的集输气管网为气田的天然气勘探开发提供了便利条件。构造位置位于四川盆地川西探区成都凹陷，包括马井—什邡、广汉—金堂、新都—洛带、崇州—郫都四个气藏。成都气田纵向上多气藏叠置，包括白垩系气藏、沙溪庙组气藏、遂宁组气藏及蓬莱镇组气藏（图 11-35），累计提交探明储量 $2209.76 \times 10^8 \text{m}^3$，含气面积 874.37km^2。气田的基本参数归纳于表 11-10。

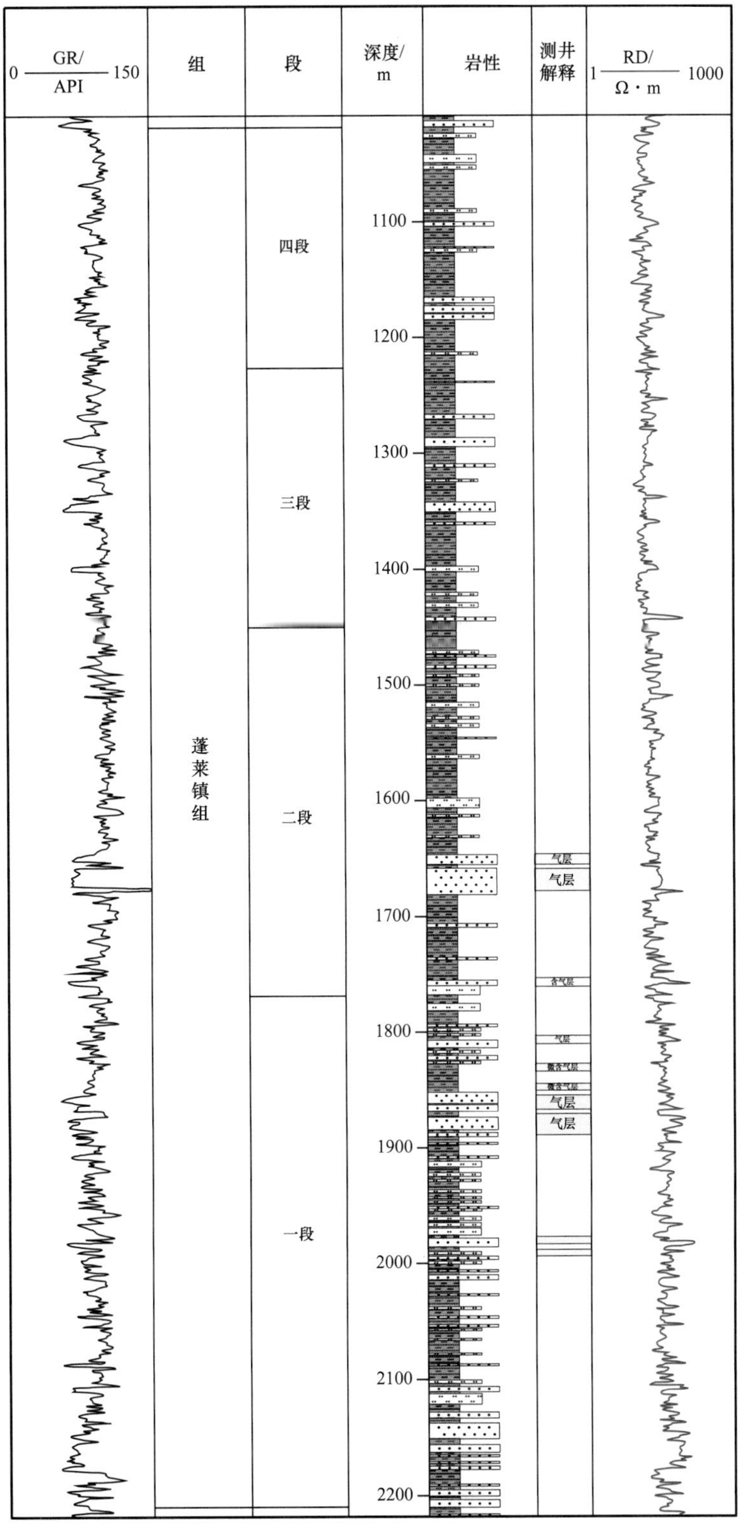

图 11-35 成都气田蓬莱镇组气藏气层综合柱状图

表 11-10　成都气田基本参数表

地理位置	四川省成都市、德阳市	发现井	川马 601 井（1997 年）（蓬一段、蓬二段气藏） 马蓬 10 井（2002 年）（蓬三段气藏） 马蓬 40-1 井（2005 年）（蓬四段气藏）
区域构造位置	川西坳陷中段成都凹陷		
构造特征	凹中隆		
发现依据	位于三角洲平原—前缘储层有利区，通源断层与砂体匹配关系好，圈闭落实，部署实施，川马 601 井，获工业气流	发现井产量	测试产量 $1.5475 \times 10^4 m^3/d$（蓬一段、蓬二段气藏） 测试产量 $6.4157 \times 10^4 m^3/d$（蓬三段气藏） 测试产量 $2.1810 \times 10^4 m^3/d$（蓬四段气藏）
		探明地质储量	$2209.76 \times 10^8 m^3$
气藏特征		烃源岩	
气藏名称	上侏罗统蓬莱镇组气藏	地层时代	上三叠统须家河组五段（T_3x_5）暗色泥页岩为主
圈闭类型	构造—岩性复合圈闭		
圈闭形成时间	燕山中晚期	烃源岩厚度	300～350m
气藏埋深	600～2500m	干酪根类型	Ⅲ型
平均地温梯度	2.07℃/100m	总有机碳	2.0%～3.5%（T_3x_5）
地层压力	15.95～20.22MPa	生气强度	30×10^8～$45 \times 10^8 m^3/km^2$
压力系数	1.25～1.37，平均 1.31	储层	
天然气成分	CH_4 含量：>90% C_2H_6 含量：<4%	产层层位	上侏罗统蓬莱镇组
天然气相对密度	0.5769～0.6120 平均 0.5870	主要岩性	岩屑砂岩、长石岩屑砂岩、岩屑长石砂岩和岩屑石英砂岩
		沉积环境	三角洲前缘
天然气类型	干气	沉积厚度	1100～1300m
		孔隙类型	粒间（溶）孔为主，少量粒内溶孔、铸模孔
盖层		孔隙度	平均 11.20%
盖层时代与岩性	白垩系泥页岩（厚度 400～600m）	渗透率	平均 0.859mD

1. 构造特征

成都凹陷西邻龙门山前缘断褶带中段—南段，北靠孝泉—新场背斜构造带，东接知新场—石泉场近南北向构造带。按构造形变强度划分，成都凹陷内多属于弱形变区和中形变区，整体呈现"一隆"（马井背斜）、"两凹"（崇州向斜、德阳向斜）、"一坡"（新都—洛带鼻状构造）的构造格局（图 11-36）。

马井构造处于龙门山逆冲推覆带前缘彭州断裂下盘北东部，总体上表现为构造轴向呈北东向的低幅背斜隆起，其南西侧为崇州向斜，北侧为德阳向斜，从浅到深各层构造

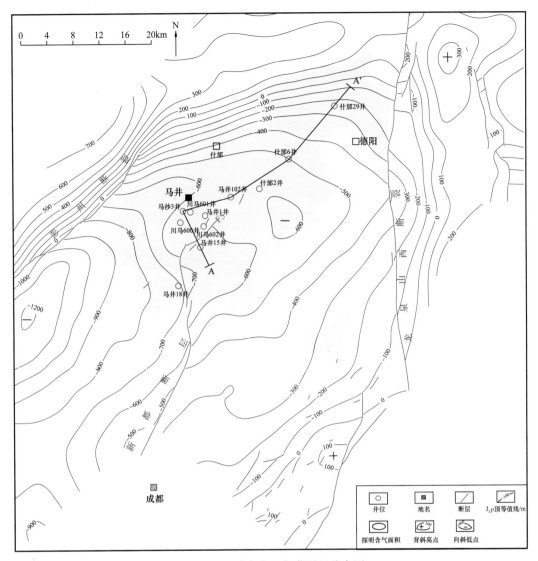

图 11-36　成都气田气藏平面分布图

有一定差异，各层的圈闭面积和幅度也不同，由浅到深总体上呈增大的趋势。

马井地区发育不同延伸方向和规模的断层共计40余条，多条断层断开层位从深层须家河组至白垩系，构成马井、什邡地区良好的气源断层。断裂主要分布在马井构造的东翼和东北翼，由深至浅断裂发育程度降低，其他部位则基本未见规模较大断裂。断裂总体呈北东向延伸，均表现为压性逆断层，同时断层形成表现出受不同时期构造运动影响，具有多期次活动的特征。

2. 储层特征

马井—什邡蓬莱镇组属于辫状河三角洲体系，发育辫状三角洲平原—三角洲前缘—前三角洲沉积，控制了砂岩储层的发育。储层岩石类型主要为岩屑砂岩、长石岩屑砂岩和岩屑石英砂岩。储集空间以剩余粒间孔和粒间溶蚀扩大孔为主，并见少量粒内溶孔、铸模孔、晶间微孔、层间微缝等。储层最大孔隙度19.33%，最小孔隙度1.68%，平均孔隙度 11.2%，孔隙度主要分布在 9.0%～16.0% 之间；储层最大渗透率 9.283mD，最小渗透率 0.01mD，平均 0.859mD；属于中—低孔隙度、低渗透率孔隙型储层，孔隙度、渗透率间具较好的相关性，部分砂岩中发育裂缝。

3. 气藏特征

1）油气藏类型

由多个含气砂体组成的岩性气藏（图 11-37），储层主要为三角洲前缘分流河道及河口坝砂体，储集类型以低孔隙度、近致密—常规孔隙型为主，气藏压力系数为 1.31，属高压气藏。

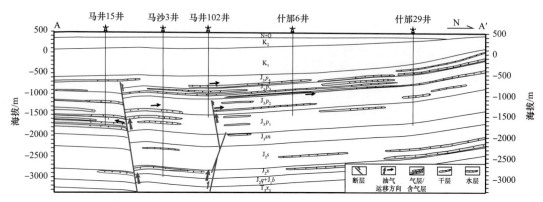

图 11-37　成都气田马井 15—什邡 29 井气藏剖面图（剖面位置见图 11-36）

2）流体性质

气藏流体以天然气为主，并伴有少量地层水，偶见微量凝析油。天然气组分以甲烷为主，甲烷含量 92.96%～96.54%，平均 94.92%；乙烷含量 1.64%～3.49%，平均 2.39%；丙烷含量 0.12%～0.71%，平均 0.47%；丁烷以上含量平均值为 0.07%；二氧化碳含量平均值为 0.35%，氮气含量平均值为 1.50%，不含硫化氢。天然气相对密度为 0.5774～0.612，平均 0.5867。天然气临界温度 191.74～198.64K，平均 194.45K，临界压力 4.460～4.632MPa，平均 4.589MPa。产出天然气总体属不含硫化氢的优质天然气。

气藏地层水水型为 $CaCl_2$ 型，具典型长期高度封闭状态下的水化学特征；地层水矿化度较高，总矿化度为 17500～62936.01mg/L，平均 32238.27mg/L，Cl^- 含量为 9070～38833.22mg/L，平均为 18234.49mg/L，pH 值平均 6.2，含有 Ca^{2+}、Mg^{2+}、HCO_3^- 等易产生沉淀的阳离子和阴离子。

3）成藏主控因素

（1）优质、充足烃源是天然气富集前提。

川西中浅层气藏天然气主要来自深部须五段，部分来自中—下侏罗统及须三段烃源岩。须五段暗色泥质岩在什邡和彭州一带厚度达 350m，往西北和东南方向逐渐减薄，汉旺、都江堰以西缺失，成都、中江一带厚 250～300m。须五段烃源岩在早白垩世开始排烃，其排烃范围为马井、中江、丰谷地区，排烃中心位于马井地区。至中白垩世末，排烃范围扩大到大邑和洛带地区，形成了两个排烃中心：马井地区和大邑地区，最大排烃强度为 $400 \times 10^4 t/km^2$。除大邑地区中浅层因保存条件较差而导致无气藏分布外，其他地区如马井、新场、洛带等均位于或紧邻生烃中心，具备较好的烃源条件，且在中浅层发现天然气藏，显示烃源灶对气藏具有明显的控制作用。

（2）优质储层的分布和发育规模决定了气藏的分布和形成规模。

根据马井、什邡地区61口钻井蓬莱镇组测试情况统计，单井产能与砂岩有效厚度具明显正相关，测试产能大于$1 \times 10^4 m^3/d$的气层主要分布于厚度大于6m的砂层中。砂岩含气性与储层物性关系密切，砂岩含气性以及测试产能与砂岩孔隙度、渗透率呈明显正相关，测试产能大于$1 \times 10^4 m^3/d$的层段平均孔隙度大于12%、平均渗透率普遍大于0.4mD。因此，天然气规模成藏要求具有一定厚度和孔隙度的储层，储层物性纵横向非均质性决定了气藏垂向和平面分布上的差异。

（3）良好输导条件、砂体与构造、断层配置关系较好是天然气富集的保证。

马井—什邡地区烃源断层、砂体间次级断裂、孔隙型砂岩储层以及裂缝系统等输导体系相互组合形成了复杂的油气运移立体通道网络。通过立体网状的复合输导体系，来自下伏须五段和下侏罗统的天然气能够沿着不同方向、不同距离进行纵、横向立体式运移，从而聚集、成藏。

4. 开发简况

成都气田马井—什邡蓬莱镇组气藏自1997年发现以来，钻获工业气井304口。气藏开发经历了发现及试采阶段、快速建产、稳产、递减四个阶段。截至2020年底，成都气田已探明地质储量$2209.76 \times 10^8 m^3$，共投入生产井276口、开井273口，累计生产天然气$64.66 \times 10^8 m^3$，动用储量采出程度18.6%，平均水气比$0.26 m^3/10^4 m^3$，2020年产天然气$2.57 \times 10^8 m^3$（图11-38）。

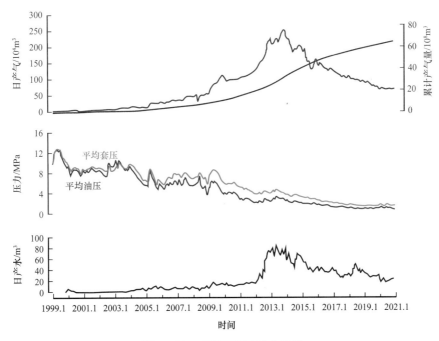

图11-38　成都气田开发曲线图

三、中江气田

中江气田位于四川省德阳市中江县西侧，西南面与成都市相接，西面紧邻德阳市，北面紧邻绵阳市（图11-39）。区域构造位置处于四川盆地川西坳陷中段东部斜坡与川中古隆起的过渡带上，该构造西邻成都凹陷，北接梓潼凹陷，向东为川中隆起，整体构造形态为"三隆夹一凹"特征。中江气田主力产气层位为中侏罗统下沙溪庙组、上沙溪庙组（图11-40），气田的基本参数归纳于表11-11。

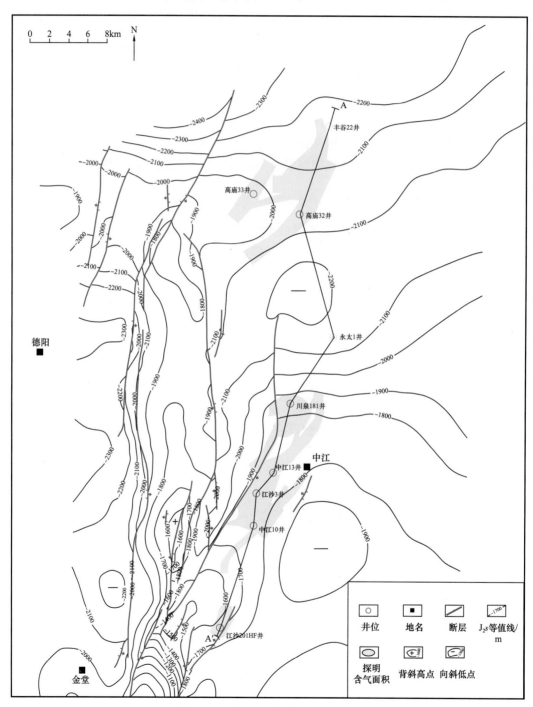

图 11-39　中江气田气藏平面分布图

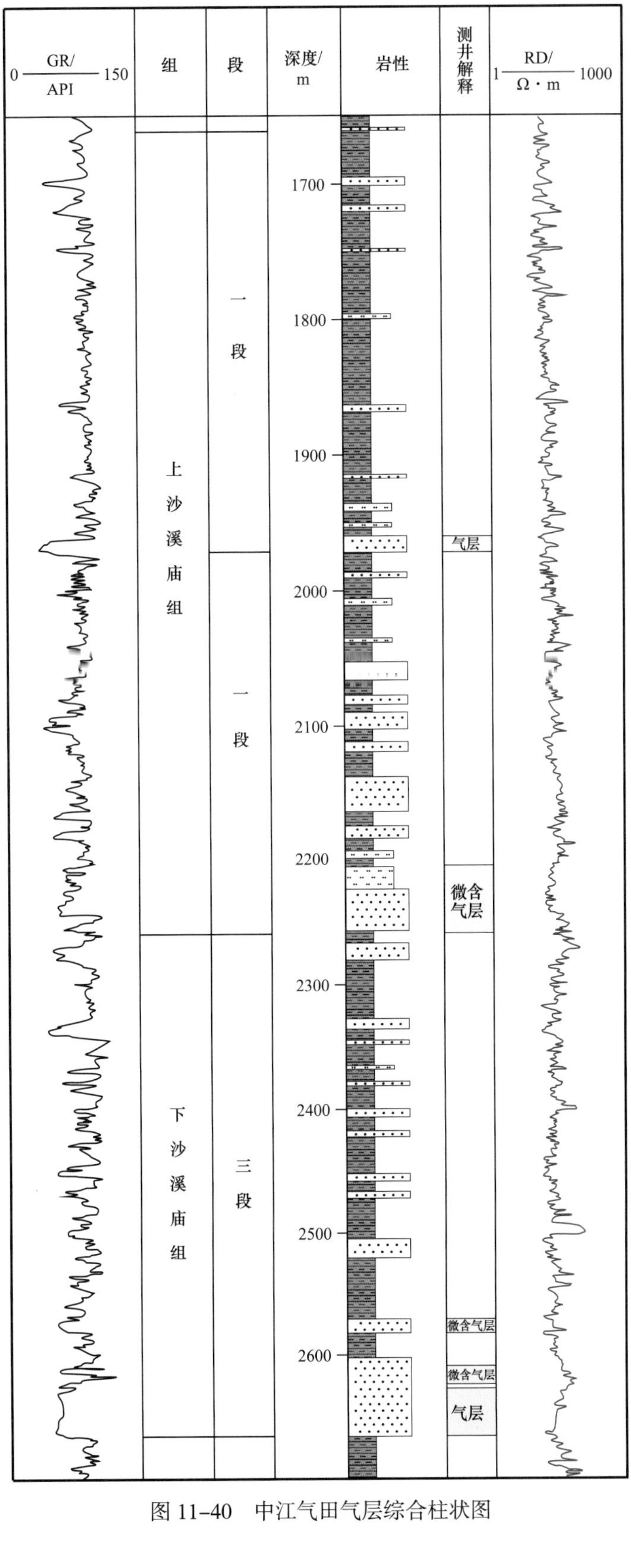

图 11-40　中江气田气层综合柱状图

表 11-11 中江气田基本参数表

地理位置	四川省德阳市中江县	发现井	高庙 32 井（2013 年）（沙三段气藏）
区域构造位置	川西坳陷中段东部斜坡与川中古隆起的过渡带	发现井产量	测试产量 $6.85 \times 10^4 m^3/d$
发现依据	位于三角洲平原—前缘储层发育有利区，通源断层与砂体匹配关系好，圈闭落实，部署实施高庙 32 井，获工业气流	探明地质储量	$323.23 \times 10^8 m^3$
		可采储量	$143.79 \times 10^8 m^3$
气藏特征		烃源岩	
层位	中侏罗统下沙溪庙组沙三段气藏，上沙溪庙组沙一段、沙二段气藏	地层时代	上三叠统须家河组五段（T_3x_5）暗色泥岩为主，少量下侏罗统（J_1）暗色泥岩
圈闭类型	构造—岩性圈闭、岩性圈闭	储层	
气藏埋深	1700～3100m	产层层位	中侏罗统下沙溪庙组、上沙溪庙组
地层压力	22.49～35.24MPa	主要岩性	岩屑长石砂岩、长石岩屑砂岩
压力系数	1.26～1.84	沉积环境	远物源三角洲平原—前缘河道
天然气成分	CH_4 含量：>92%、C_2H_6 含量：<5%	孔隙类型	溶蚀孔、晶间孔、粒间孔
压力系数	1.26～1.84	孔隙度	6.40%～10.77%，平均 8.30%
盖层		渗透率	0.06～0.30mD，平均 0.50mD
盖层时代与岩性	上侏罗统蓬莱镇组和遂宁组泥页岩	含气饱和度	>55%

1. 构造特征

中江构造位于中江县城以西，构造轴线为北北东走向的断背斜圈闭，西部为石泉场—合兴场南北构造带，北部为黄鹿向斜，东与回龙构造以鞍部相接，南部为槐树店向斜。该构造整体上具有上部构造发育，下部构造小而破碎的特征。

该区发育多个局部构造：合兴场构造、高庙子—丰谷构造、知新场构造、石泉场构造、中江构造和回龙构造，合兴场和知新场—石泉场构造区域断层较发育，断裂走向主要为北东和南北向。

由于受到多期次不同主应力方向的构造运动影响，使中江地区发育不同规模、不同期次、不同级别的断裂共 90 余条。区内发育雷口坡组四段膏岩及侏罗系自流井组—千佛崖组泥岩两套滑脱层，形成上变形层系（侏罗系）、中变形层系（上三叠统须家河组）、下变形层系（中三叠统及其以下）三个相对独立的变形层系，均发育不同规模的断层，部分断层在滑脱层之间终止，不能影响到其他层系。受燕山期、喜马拉雅期构造运动的综合影响，区内的断层主要集中在中西部知新场—石泉场构造附近，东部除上变形层外，几乎不发育断层，具体可以划分为知新场断裂带、龙泉山反冲断裂带和合兴场断裂带三大断裂体系。

2. 储层特征

中江气田沙溪庙组总体为三角洲平原—三角洲前缘与滨湖相，（水下）分支河道、边滩、滨湖沙坝等沉积微相控制了砂岩储层的发育。储层岩石类型主要为岩屑长石砂岩、长石岩屑砂岩、岩屑砂岩、长石砂岩、岩屑石英砂岩，碎屑组分中石英含量低，长石含量高，岩屑含量低，成分成熟度低，砂岩主要以细粒、中粒为主，分选好，磨圆度中等—较差，以次棱角状为主，胶结类型以孔隙式为主，结构成熟度中等。储层孔隙类型主要为剩余粒间孔和粒间溶孔，其次为粒内溶孔，还可见少量铸模孔、晶间微孔、层间微缝等。

中江气田沙溪庙组储层孔隙度呈偏畸的正态分布，孔隙度平均值8.30%，中值8.72%，主要分布在9.00%～12.00%之间，占总样品数的48.59%；砂岩渗透率值呈明显的正态分布，渗透率平均值0.5mD，中值0.11mD，主要分布在0.08～0.32mD之间，占总样品数的61.38%，属于特低—低孔隙度、低渗透率致密储层。中江气田沙溪庙组储层孔渗相关性较好，储层以孔隙型为主，但也存在少量裂缝—孔隙型储层。

3. 气藏特征

1）油气藏类型

中江气田上沙溪庙组、下沙溪庙组气藏属于构造—岩性气藏，储层主要由三角洲平原—前缘分流河道砂体组成，属于特低—低孔、特低渗储集类型，气藏压力系数平均为1.70，属高压气藏；气藏不含H_2S；气藏类型为弹性气驱气藏（图11-41）。

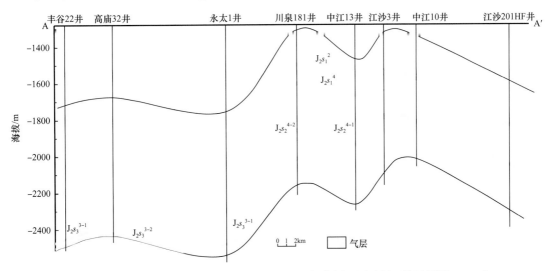

图11-41 中江气田丰谷22井—江沙201HF井气藏剖面图（剖面位置见图11-39）

2）流体性质

中江气田上沙溪庙组、下沙溪庙组气藏主要产出天然气，并伴有少量地层水产出，偶见微量凝析油产出。天然气组分以甲烷为主，基本都在92%以上，乙烷含量一般在5%以下，丙烷含量一般在1%，还含有二氧化碳、氮气以及氦气等少量非烃气，不含H_2S，非烃气中二氧化碳和氮气占绝对优势，天然气表现为高甲烷、低重烃、低二氧化碳、低氮、不含硫的优质天然气。地层水中阳离子中Na^+占绝对优势，阴离子中Cl^-占绝对优势，二者在总的离子成分中基本占总含量的90%以上。在阳离子中，除Na^+外，Ca^{2+}是另一个重要的阳离子，Ca^{2+}含量相对很高，而K^+、Mg^{2+}含量则很低。地层水总矿化度主要在20000～36000mg/L，地层水水型以$CaCl_2$型为主，具典型长期高度封闭状态下的水化学特征。

3）成藏主控因素

中江气田上沙溪庙组、下沙溪庙组气藏属于远源气藏，通过气源对比、天然气甲烷同位素等研究证实，天然气主要来自下伏须五段的暗色泥岩。成藏模式主要为沿断裂高速通道聚集成藏，属于构造—岩性气藏，具有明显的"源、相、位"三元控藏的特点。

（1）源控：须五段烃源岩在川西地区广泛分布，生烃强度巨大。中江地区烃源岩平均厚度达到200m，生烃强度平均值为 $20 \times 10^8 \text{m}^3/\text{km}^2$，具有良好的烃源条件。西部发育有五条烃源断层，实现天然气高效向上运移，表现出临近烃源断层含气性好的特征。

（2）相控：高能的沉积相带是控制有利储层发育的主要因素。中江气田蓬莱镇组、沙溪庙组高能沉积微相主要有（水下）分流河道、边滩等，以分流河道微相为主，其储层主要表现为厚度大、粒度粗、低钙质、低泥质、物性好的特征，储层明显优于其他微相类型。另外有利的成岩相带也控制了储层的展布，弱—中等胶结、强溶蚀的成岩作用区域是储层发育的最有利区域。

（3）位控：古今构造的高部位含气性相对好。主成藏期构造的高部位既是溶蚀作用最易产生的区域，也是油气运移聚集的指向带，中江地区沙溪庙组现今构造形态与主成藏期白垩世末的古构造形态具有较好的继承性，因此更有利于油气的运移与聚集。另外，烃源断层与砂体的配置关系也直接影响到蓬莱镇组、沙溪庙组的成藏。

4. 开发简况

中江气田自1995年发现以来，气藏开发经历了试采及工艺准备、开发前期评价及水平井工艺试验、快速建产等三个阶段。截至2020年底，该气藏建成气井185口，开井179口，提交探明地质储量 $721.00 \times 10^8 \text{m}^3$，累计生产天然气 $51.16 \times 10^8 \text{m}^3$，动用储量采出程度15.7%，平均水气比 $0.28 \text{m}^3/10^4 \text{m}^3$（图11-42），2020年产气 $9.95 \times 10^8 \text{m}^3$。中江沙溪庙组气藏已建成为川西气区第二大气藏，并形成了川西窄河道致密砂岩气藏高效开发关键技术体系。

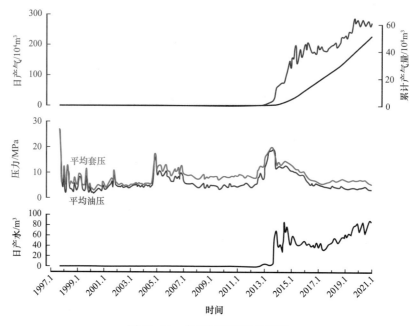

图 11-42　中江气田开发曲线图

四、川西气田

川西气田位于四川省成都市彭州、都江堰市境内,属川西平原西缘。构造位置位于川西坳陷西缘龙门山前石羊场—金马—鸭子河构造带,东侧以彭州断裂为界与川西坳陷广汉—中江斜坡带相接,西侧以关口断裂为界与龙门山构造带相接(图11-43)。2012年10月中国石化西南油气分公司在川西龙门山前缘中段石羊场—金马—鸭子河构造带的金马局部构造甩开部署彭州1井,2014年彭州1井雷四段5814~5866m测试,获天然气产量$121.05 \times 10^4 m^3/d$,无阻流量$331.48 \times 10^4 m^3/d$,实现了海相领域山前带的突破,发现川西气田。

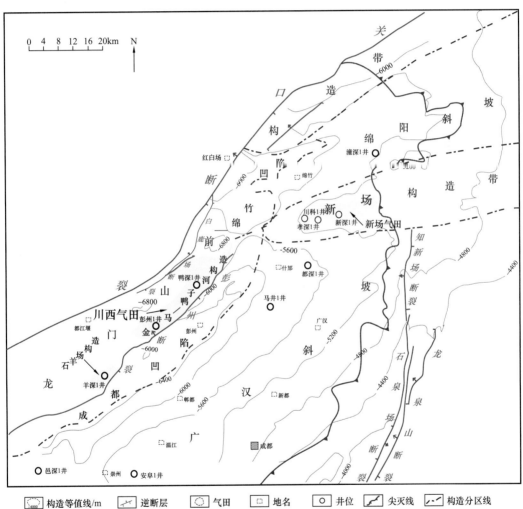

图11-43 川西气田气藏平面分布图

继彭州1井之后,2015年甩开部署实施的鸭深1井、羊深1井相继取得龙门山前带雷口坡组天然气勘探发现。为进一步评价气藏规模,2017—2018年部署实施了彭州103井、彭州113井、彭州115井,证实川西雷四段三亚段潮坪相白云岩孔隙型储层广泛发育,气藏分布范围主要受构造控制。

2018年,鸭深1井试采阶段,油压37MPa,平均日产天然气$17.72 \times 10^4 m^3$,压

降稳定，累计产气 $3620.26 \times 10^4 m^3$，该井区新增探明储量 $309.96 \times 10^8 m^3$，含气面积 $28.97 km^2$。气田主力产层为雷口坡组四段潮坪滩相白云岩储层，气田的基本参数归纳于表 11-12。

表 11-12　川西气田基本参数表

地理位置	四川省彭州市、都江堰市境内	发现井	彭州 1 井（2014 年）
区域构造位置	川西坳陷龙门山前石羊场—金马—鸭子河构造带	发现井产量	测试产量 $121.05 \times 10^4 m^3/d$ 无阻流量 $331.48 \times 10^4 m^3/d$
发现依据	根据川西海相"展开勘探、甩开部署，整体控制雷顶气藏"的勘探思路，预测龙门山前石羊场—金马—鸭子河构造带发育雷口坡组台缘滩相储层、雷顶风化壳岩溶储层及马鞍塘组滩相储层，且含气性好	探明地质储量	$309.96 \times 10^8 m^3$
		可采储量	$123.98 \times 10^8 m^3$
		地震勘探数据	二维地震 20298.9km 三维地震 8495km²
气藏特征		烃源岩	
圈闭类型	构造圈闭	地层时代	中三叠统雷口坡组（$T_2 l$） 上二叠统龙潭组（$P_3 l$） 中二叠统茅口组（$P_2 m$）和栖霞组（$P_2 q$）
圈闭形成时间	燕山期		
圈闭高度	235～365m；平均 288m		
气藏埋深	5952m（中部）	储层	
气柱高度	275m（控制），525m（预测）	产层层位	中三叠统雷口坡组四段（$T_2 l_4$）
地层压力	63.57～67.81MPa，平均 65.21MPa		
压力系数	1.11～1.12，平均 1.117	主要岩性	藻砂屑白云质灰岩、微粉晶白云岩、藻砂屑藻凝块白云岩、藻纹层白云岩
天然气成分	CH_4 含量：89.41%、 C_2H_6 含量：0.11% H_2S 含量：3.86% CO_2 含量：5.16%	沉积环境	局限台地浅滩
		总厚度	68～82m
		孔隙类型	以晶间溶孔、藻间溶孔和溶缝为主
盖层时代与岩性	马鞍塘组—小塘子组海湾相泥质岩，盖层累计厚度为 30～350m；雷口坡组膏岩类盖层累计厚度 50～450m	孔隙度	2%～20.21%，平均 5.3%
		渗透率	0.001～28.5mD，平均 1.71mD
		含气饱和度	79.2%

1. 构造特征

川西气田位于龙门山中段前缘石羊场—金马—鸭子河构造带上，受关口断裂与彭州断裂夹持。石羊场—金马—鸭子河构造带由西向东主要发育石羊场、金马—鸭子河等局部构造。石羊镇构造位于彭州断裂上盘，为北东向展布的断背斜；金马—鸭子河构造位于关口断裂下盘，彭州断裂上盘，均为北东向展布的断背斜。石羊场—金马—鸭子河地区断裂较发育，彭州断裂向下断至二叠系，向上断至第四系，为油气运移提供了良好的通道，同时，在雷口坡组内部发育小断裂，断开层位主要为须家河组至雷口坡组，断距小于100m的小断裂，这些断裂为雷四段岩溶孔隙型储层埋藏溶蚀提供了有利的条件。

2. 储层特征

川西气田储层主要分布在雷四段三亚段，在川西气田大面积分布，主要为潮坪相及台内滩相，优质孔隙型储层受云坪—藻云坪微相控制，优质储层单层厚度薄、纵向多层叠置分布。雷四段3亚段纵向上发育上、下两个储层段，下储层段物性优于上储层段。上储层段储层岩性以藻砂屑灰岩为主（占45%左右），其次为针孔微晶白云岩、含藻砂屑白云岩和微晶灰质白云岩。储层厚度薄，单层厚度多在1～2m之间，累计厚度25～35m。孔隙度0.09%～23.7%，平均孔隙度2.88%，孔隙度0～2%，孔隙度大于2%的样品占25.8%。渗透率0.001～19.4mD，平均渗透率1.56mD。上储层段石灰岩类储层水平裂缝较发育，白云岩类储集空间以晶间孔、晶间溶孔为主，其次为粒内溶孔和粒间溶孔。总体为裂缝型石灰岩夹孔隙型白云岩储层，以Ⅲ类石灰岩储层为主，夹Ⅱ类和Ⅰ类白云岩储层。

下储层段储层岩性以微粉晶白云岩、藻砂屑藻凝块白云岩、藻纹层白云岩和石灰质白云岩为主。储层单层厚度多在3～6m之间，累计厚度大，70～80m。孔隙度0.07%～20.21%，平均孔隙度3.97%，孔隙度主要分布在2%～5%之间，孔隙度大于2%的样品占71.3%。渗透率0.001～28.5mD，平均渗透率1.71mD。下储层段储层储集空间以晶间（溶）孔、鸟眼—窗格孔、藻间溶孔、粒间溶孔为主，其次为裂缝、溶缝。总体以孔隙型白云岩储层为主，以Ⅱ类—Ⅲ类储层为主，夹少量Ⅰ类储层。

上储层段和下储层段孔—渗相关性均不太好，低孔隙度样品往往有较高的渗透率，说明裂缝对孔隙度较低的储层有良好改造作用，而中高孔隙度的样品随着孔隙度的增大渗透率变好的趋势明显，孔隙度渗透率相关性较好。

储层发育受"（藻）云坪＋准同生期溶蚀＋埋藏溶蚀"叠加控制，云坪、藻云坪微相控制了白云岩储层的分布，潮间带高频旋回控制的多期准同生溶蚀是优质储层发育的关键因素。埋藏期油气充注，抑制了规模胶结物的形成，较好地保存了早期孔隙，同时烃源岩热演化产生的有机酸埋藏溶蚀进一步提高了储层的品质。

3. 气藏特征

1）气藏类型

川西气田雷口坡组四段气藏为常压、常温、高含硫、低含二氧化碳、边水驱、超深层、中高产、裂缝—孔隙型构造气藏，由金马—鸭子河、石羊场两个气藏组成（图11-44）。

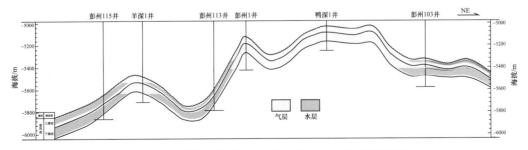

图11-44　川西气田彭州115井—彭州103井气藏剖面图

- 437 -

气藏储层为大面积分布的局限台地潮坪相及台内滩相溶蚀型白云岩储层，厚度大、物性好，气显示极为活跃。主要产层雷四段3亚段下储层中部，埋深5800~6217m，地层压力系数1.11~1.12，气藏表现为常压系统，温度梯度为2.27~2.33℃/100m，平均为2.30℃/100m，属正常地温梯度。

整体是一个高含硫、低含二氧化碳过成熟干气气藏，彭州1井、鸭深1井、羊深1井雷口坡组四段气藏天然气甲烷平均含量89.41%，乙烷平均含量0.11%，干燥系数大于0.99，硫化氢平均含量3.86%（55.426g/m³），二氧化碳平均含量5.16%。

气藏顶部发育多个构造圈闭，位于构造圈闭内的鸭深1井、彭州1井及羊深1井，测井解释均为气层不含水，测试获得高产工业气流。位于金马—鸭子河构造东北翼部彭州103井雷四段3亚段下储层测试产气12.66×10⁴m³/d，产水276m³/d，为气水同层。金马—鸭子河构造、石羊镇构造雷四段三亚段下储层段气藏含气展布范围均未超过局部构造圈闭范围，构造控藏特征明显，为边水气驱构造圈闭气藏。

2）油气分布

川西气田雷口坡组四段平面上为两个构造气藏，主体为金马—鸭子河气藏，其次为石羊场气藏。石羊场—金马—鸭子河构造带在印支期西南高、北东低，到晚燕山—喜马拉雅期的北东高、西南低，经历构造调整后最终定型，为典型的构造油气藏。

气藏天然气主要来自二叠系及雷口坡组自身。通过对川西气田雷口坡组油气成藏期次的分析，结合金马—鸭子河构造演化史，将川西气田雷口坡组（四段）气藏成藏过程归纳为三个阶段：古油藏形成、古气藏形成和天然气调整再聚集。

（1）古油藏阶段。

印支晚期（T_3）龙门山前构造带雷顶构造开始出现雏形，并形成雷口坡组复合圈闭。晚三叠世，雷口坡组储层白云岩化，溶蚀作用形成储层，二叠系烃源岩进入生油高峰期，雷口坡组烃源开始进入成油期，油气可沿层间小断裂及裂缝初次运移，并在龙门山前带构造高部位聚集成藏，彭州1井雷口坡组四段发现液态烃包裹体正是该期的产物，岩心中见到的沥青便是早期古油藏存在的有力证据。

（2）古气藏形成阶段。

燕山期早期（J_1）龙门山前构造带复合圈闭继承性发展。侏罗纪，雷口坡组储层早期埋藏、深埋溶蚀作用形成。二叠系烃源岩油气转化，雷口坡组烃源岩进入生排烃高峰，可沿烃源断裂、不整合面、裂缝向雷口坡组四段构造圈闭内运聚形成古油藏。燕山期中晚期（J_2—K），由于埋藏深度的加大（大于5500m），早期古油藏在高温条件下开始裂解，生成天然气，同时下伏二叠系裂解的天然气在断裂的沟通下也开始向上运移，在构造有利的部位聚集形成古气藏，彭州1井雷口坡组四段发现气态烃包裹体正是该时期的产物。

（3）气藏调整改造定型阶段。

喜马拉雅期地层再次抬升，龙门山前构造带断褶强烈，在构造有利部位重新聚集成藏，而构造不利的部位仅残留无法自由运移的干沥青。川西气田处于龙门山前构造带高部位，雷口坡组四段构造圈闭整体封闭环境未被破坏，气藏局部发生调整改造，并最终定位。

3）流体性质

川西气田雷口坡组四段气藏天然气为高含硫化氢、低含二氧化碳天然气（表11-13）。

表 11-13 川西气田雷四气藏天然气分析数据表

井名	气藏	天然气相对密度	甲烷/%	乙烷/%	丙烷/%	丁烷及以上/%	氮/%	氢/%	氧/%	二氧化碳/%	硫化氢/%（g/m³）	氨/%	临界温度/K	临界压力/MPa
鸭深1井	雷四段气藏	0.6564	86.69	0.13	0	0	1.19	0.00	0.06	6.22	5.67（81.39）	0.04	207.30	5.0068
		0.6394	89.23	0.13	0	0	1.13	0.00	0.04	5.83	3.60（51.632）	0.04	203.15	4.9058
		0.6358	89.29	0.11	0	0	1.20	0.30	0.07	5.85	3.18（45.612）	0.00	201.88	4.8782
		0.6383	88.99	0.11	0	0	1.13	0.14	0.05	5.53	4.03（57.843）	0.02	203.34	4.9121
		0.6389	89.16	0.12	0	0	1.00	0.02	0.02	5.56	4.09（58.604）	0.03	203.76	4.9200
		0.6447	88.42	0.12	0	0	1.07	0.00	0.02	5.91	4.42（63.368）	0.04	204.73	4.9440
		0.6370	89.74	0.12	0	0	1.17	0.20	0.01	5.06	3.32（47.634）	0.00	202.35	4.8882
	平均	0.6415	88.73	0.12	0	0	1.13	0.09	0.04	5.83	4.04（58.012）	0.02	203.79	4.9222
彭州1井	雷四段气藏	0.6280	90.21	0.10	0	0	1.51	0.00	0.06	4.56	3.52（50.526）	0.04	201.25	4.8615
羊深1井	雷四段气藏	0.6290	90.09	0.12	0	0	1.40	0.00	0.05	4.59	3.70（53.092）	0.05	201.69	4.8715
		0.6329	89.62	0.12	0	0	1.35	0.01	0.04	4.85	3.97（56.9046）	0.04	202.51	4.8912
		0.6453	88.13	0.12	0	0	1.44	0.01	0.06	5.79	4.41（63.2274）	0.04	204.34	4.9360
	平均	0.6357	89.28	0.12	0	0	1.40	0.01	0.05	5.07	4.03（57.741）	0.04	202.85	4.8996
平均	雷四段气藏	0.6351	89.41	0.11	0	0	1.35	0.03	0.05	5.16	3.86（55.426）	0.03	202.63	4.8944

4）成藏主控因素

通过对川西气田雷口坡组四段油气成藏条件分析，认为雷四气藏主要受控于构造，其次是储层。

（1）川西雷口坡组四段气藏为多源成藏，气源充足。

川西雷口坡组处于强蒸发、高盐度、强还原沉积环境，发育一套厚250～300m富藻碳酸盐岩高效烃源岩，转化率平均达24.7%。通过盆地模拟，雷口坡组烃源岩生烃强度达20×10^8～$60\times10^8 m^3/km^2$，新一轮资源评价估算雷口坡组烃源岩形成的可供聚集的天

然气资源量达 $1.9551 \times 10^{12} \text{m}^3$。因此，川西雷口坡组自身就具有良好的生烃潜力，为雷口坡组气藏的近源烃源岩。除雷口坡组自身烃源岩发育之外，川西二叠系及以下海相层系还发育四套烃源岩，厚度大（仅中二叠统烃源岩厚度就达 $150 \sim 250\text{m}$），生烃强度达 $60 \times 10^8 \sim 110 \times 10^8 \text{m}^3/\text{km}^2$，生烃潜力大，天然气总资源量达 $24600 \times 10^8 \text{m}^3$，它们是雷口坡组气藏烃源的有力补充。因此，二叠系、三叠系多套优质烃源岩为川西气田雷口坡组四段气藏的形成提供了重要的资源保障，多源成藏、气源充足。同时该区存在多条烃源断裂，为油气运移提供了重要通道。

（2）大规模孔隙型白云岩储层发育是雷口坡组大气田成藏的基础。

川西雷四段发育区域大面积分布的白云岩孔隙型储层，龙门山前构造带白云岩储层累计厚度达 100m 以上，且横向分布稳定。与四川盆地其他地区相比，龙门山前构造带雷口坡组储层不仅厚度大，而且品质优。据统计，川中磨溪雷一段及川东北元坝、龙岗等地区雷口坡组储层主要以Ⅲ类储层为主，而龙门山前构造带是以Ⅱ类储层为主，部分为Ⅰ类储层。取心观察储层段溶蚀孔洞非常发育，如鸭深 1 井下储层段孔洞发育段累计厚度达 30.53m，羊深 1 井下储层段孔洞发育段累计厚度达 21.08m。

川西（彭州地区）雷口坡组四段白云岩溶蚀孔隙型储层，横向分布稳定，钻井统计储层累计厚度 $90 \sim 110\text{m}$，以Ⅱ类、Ⅲ类储层为主，夹Ⅰ类储层，为川西（彭州地区）雷口坡组大气田的形成提供了重要的储集条件。

（3）大型正向隆起带提供了规模聚集场所，圈闭的有效性是气藏形成的关键。

龙门山前构造带（川西气田）自印支晚期开始就已经形成了一个大型正向隆起带，川西气田雷四段下储层顶界构造圈闭面积 $37.88 \sim 202.78\text{km}^2$，长期处于构造高部位，是油气聚集的指向区，通源断裂（彭州断裂）及裂缝为烃类提供了运移通道，如羊深 1 井、彭州 1 井、鸭深 1 井实钻揭示雷四段三亚段溶蚀型白云岩优质储层发育，油气显示活跃。海相烃源岩在印支晚期即达到生烃门限，且经历了多个生烃高峰，羊深 1 井和鸭深 1 井取心段局部可见沥青残留于储层裂隙中。两口井天然气类型均为油型气，说明早期以油为主，晚期裂解为气。总体上，龙门山前构造带海相烃源岩生烃过程与构造形成匹配关系好，有利于油气聚集成藏，后期虽经多次冲断推覆，但该区始终保持为一大型正向构造面貌，构造圈闭未被破坏。川西气田金马—鸭子河构造羊深 1 井、彭州 1 井及石羊镇构造鸭深 1 井均在雷口坡组四段获得高产工业气流，证实彭州断裂对川西气田雷口坡组四段圈闭的有效性未造成破坏。从钻井资料来看，川西气田马鞍塘组二段及小塘子组泥质岩厚度（累计厚度大于 30m）分布相对稳定，这套泥质岩的发育构成了川西气田雷四段三亚段储层的直接盖层，是川西气田晚期成藏的保障。川西气田金马—鸭子河构造东北端彭州 103 井雷口坡组四段地层水为 $CaCl_2$ 型，总矿化度在 $121449.7 \sim 122730.0 \text{mg/L}$ 之间，具备完好封闭条件。综上所述，大型正向隆起带提供了规模聚集场，圈闭的有效性是油气成藏的关键。

第四节 页 岩 气 田

涪陵页岩气田和威荣页岩气田是中国石化在四川盆地内发现的两大页岩气田，产气层位为上奥陶统五峰组—下志留统龙马溪组。截至 2020 年底，两大页岩气田已提交探

明储量 $9173.19 \times 10^8 m^3$，在中国页岩气探明储量中占比超 49.1%。其中，涪陵页岩田是中国首个大型页岩气田，同时也是除北美之外最大的页岩气田，已累计提交探明储量 $7926.41 \times 10^8 m^3$，完成年产 $100 \times 10^8 m^3$ 产能建设。威荣页岩气田于 2018 年提交探明地质储量 $1246.78 \times 10^8 m^3$。

一、涪陵页岩气田

涪陵页岩气田由焦石坝和平桥两个区块组成（图 11-45）。焦石坝区块在行政区划上隶属于重庆市涪陵区，构造位置处于四川盆地川东高陡褶皱带包鸾—焦石坝背斜带。平桥区块在行政区划上隶属于重庆市南川区及武隆区内，构造位置处于四川盆地川东高陡褶皱带凤来复向斜平桥断背斜内。

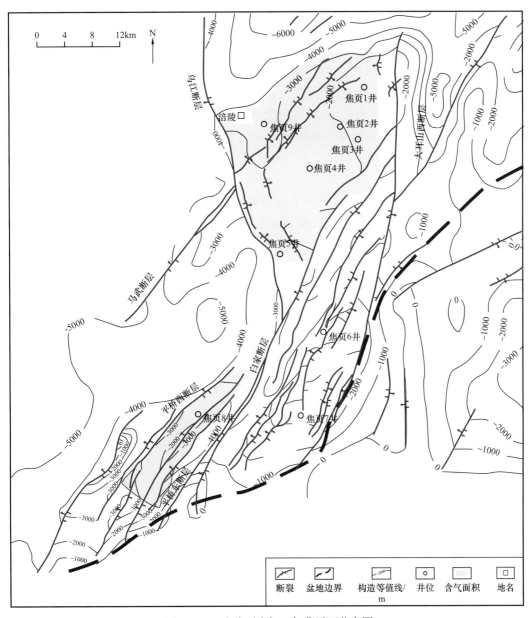

图 11-45 涪陵页岩气田气藏平面分布图

涪陵地区出露地层主要为三叠系，中奥陶统以上地层自下而上依次为奥陶系十字铺组、宝塔组、涧草沟组、五峰组，志留系龙马溪组、小河坝组、韩家店组，石炭系黄龙组，二叠系梁山组、栖霞组、茅口组、龙潭组、长兴组，三叠系飞仙关组、嘉陵江组。上二叠统龙潭组与中二叠统茅口组、石炭系黄龙组与上覆二叠系梁山组及下伏志留系韩家店组均为不整合接触，其余各系、统、组之间都为连续过渡沉积。

该区于20世纪50年代开始开展地面石油地质调查等工作，前期勘探的主要目的层为石炭系和二叠系，目的层埋藏浅，储层不在有利发育区内，加之断裂发育，对保存条件可能存在一定的影响，综合评价认为该区构造复杂，勘探潜力不大，勘探一直未有发现。受美国页岩气快速发展启示，中国石化勘探分公司以中国南方海相页岩气"二元富集"理论认识为指导，经过大量基础研究，明确了涪陵焦石坝构造为四川盆地南部奥陶系五峰组—志留系龙马溪组页岩气的有利勘探目标。直至2011年，中国石化勘探分公司在前期开展的南方海相烃源岩评价研究基础上，按照页岩气研究思路，优选出川东南地区作为五峰组—龙马溪组页岩气勘探的有利地区，焦石坝构造是有利的勘探目标。2012年在焦石坝部署了第一口海相页岩气探井——焦页1井。2012年11月28日焦页1井完井测试，获得日产 $20.30 \times 10^4 \text{m}^3$ 高产天然气流，从而发现了涪陵页岩气田。之后，迅速在焦石坝构造主体甩开部署了焦页2井、焦页3井和焦页4井三口评价井，测试分别获日产 $35 \times 10^4 \text{m}^3$、$15 \times 10^4 \text{m}^3$ 和 $25 \times 10^4 \text{m}^3$ 高产天然气流，实现了对涪陵页岩气田焦石坝地区主体的控制。

续焦石坝主体控制后，积极向外围甩开勘探和评价，取得了焦石坝南平桥区块和江东区块页岩气突破。焦页5井、焦页6井、焦页7井、焦页8井、焦页87-3井的水平井测试，分别获得日产 $4.65 \times 10^4 \text{m}^3$、$6.68 \times 10^4 \text{m}^3$、$3.68 \times 10^4 \text{m}^3$、$20.80 \times 10^4 \text{m}^3$ 和 $15.37 \times 10^4 \text{m}^3$ 的工业气流。

截至2020年底，涪陵页岩气田累计探明含气面积 753.86km²，累计探明地质储量 $7926.41 \times 10^8 \text{m}^3$。其中，焦石坝勘探区累计探明含气面积 466.41km²，累计探明地质储量 $4618.97 \times 10^8 \text{m}^3$；东胜—平桥勘探区累计探明含气面积 287.45km²，累计探明地质储量 $3307.94 \times 10^8 \text{m}^3$。气田产气层位为上奥陶统五峰组—下志留统龙马溪组（图11-46），气田的基本参数归纳于表11-14、表11-15。

1. 构造特征

涪陵页岩气田位于四川盆地川东隔挡式褶皱带南段石柱复向斜、方斗山复背斜和万州复向斜等多个构造单元的结合部。受雪峰山、大巴山等多期构造影响，气田内五峰组—龙马溪组主要发育北东向和北北西向两组断层，早期发育北东向断层，以白家断层为界形成"东西分带、隆凹相间"的构造格局，后期发育的北北西向乌江断层，将西带分隔成"南北分块"的特征（图11-45）。气田目前的两个产建区分别位于焦石坝似箱状断背斜和平桥断背斜。

焦石坝似箱状断背斜为一个受北东向和近南北向两组断层控制的轴向北东的菱形断背斜，北东方向以大耳山断层及伴生的侏罗系断洼与方斗山背斜、齐岳山断裂（盆地边界断层）分割；南东方向以石门等北东向断裂三叠系断洼与齐岳山断层相分隔；西南、西北分别以断层与盆地内侏罗系向斜接触。

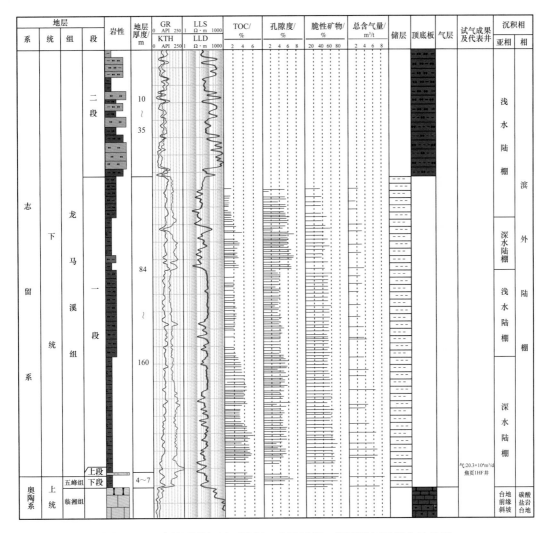

图 11-46　涪陵页岩气田五峰组—龙马溪组一段页岩气层综合柱状图

平桥构造为受平桥西断层与平桥东断层所夹持的狭长、窄陡型断背斜，是凤来复向斜内一个次级正向构造。该构造仅受北东向一组断裂所控制，两条断裂北东向近平行，纵向上呈"Y"形。控制断层断距向南、北两端逐渐变小，纵向上不通天，下部消失于中寒武系膏岩层，上部消失于志留系韩家店组泥岩层。两翼边界断层派生的小断层发育，但总体断距不大。

2. 页岩气地质特征

1）沉积特征

涪陵页岩气田位于深水陆棚的沉积中心，富有机质泥页岩平面上分布稳定，厚度80～130m，总体由北部的焦石坝似箱状断背斜向南部平桥断背斜具有逐渐增厚的趋势。

纵向上，五峰组—龙马溪组一段由底部的深水陆棚相向上逐渐过渡为浅水陆棚相。五峰组—龙马溪组一段底部深水陆棚相优质泥页岩（TOC≥2%）厚度一般为30～45m，具有岩性较纯、粉砂质含量低、碳质含量高、笔石和放射虫等生物富集的特点，反映安静、贫氧、深水的还原沉积环境，可识别出含放射虫碳质笔石页岩、碳质笔石页岩、含骨针放射虫笔石页岩和含碳质笔石页岩等岩石类型。龙马溪组一段中上部则主要沉积了浅水陆棚相含碳质笔石页岩以及含粉砂泥岩，总体为静水、低能的沉积环境，但相对于下部深水陆棚相水体略有变浅，页岩总有机碳含量略有变小。

表 11-14 涪陵页岩气田焦石坝气区基本参数表

地理位置	重庆市涪陵区	发现井	焦页 1 井（2012 年）
区域构造位置	川东高陡褶皱带包鸾—焦石坝背斜带焦石坝构造	发现井产量	测试产量 $20.30 \times 10^4 m^3/d$
构造特征	主体区构造相对平缓，断裂不发育	首次产气时间	2012 年
发现依据	以南方海相页岩气"二元富集"理论为指导，开展选区评价，优选出焦石坝等多个有利勘探目标，部署实施焦页 1 井，获工业气流	探明地质储量	$4618.97 \times 10^8 m^3$
		技术可采储量	$1101.35 \times 10^8 m^3$
		储量丰度	$9.92 \times 10^8 m^3/km^2$
		地震勘探数据	三维满覆盖 594.5km²
页岩气层特征		**气藏特征**	
页岩气地层	五峰组—龙马溪组一段	气藏类型	页岩气藏
沉积环境	深水陆棚	含气面积	466.41km²
岩性	灰黑色含放射虫碳质笔石页岩、含碳质笔石页岩	分布特征	纵向上连续，中间无隔层，平面上大面积层状分布
页岩气层厚度	55.4~89.1m	含气高度	1430m
总有机碳含量	0.29%~6.79%，平均 2.66%	气藏中部埋深	2645m
干酪根类型	以 I 型为主	气藏中部压力	40.22MPa
镜质组反射率	2.22%~2.89%，平均 2.58%	气藏压力系数	1.55
生气强度	$60.05 \times 10^8 m^3/km^2$	地温梯度	2.83℃/100m
孔隙度	0.26%~8.61%，平均 4.53%	天然气成分	CH_4：96.10%~98.81%；CO_2：0~0.56%；不含硫化氢
渗透率	0.1307~1.2674mD，平均 0.4908mD	天然气类型	过成熟干气
孔隙类型	有机质孔、黏土矿物间微孔为主，发育晶间孔、次生溶蚀孔等	天然气来源	五峰组—龙马溪组一段
矿物成分	硅质矿物、钾长石、斜长石、方解石、白云石、黄铁矿、黏土矿物	油气水关系	未见气水界面
黏土矿物含量	10.7%~61.6%，平均 32.7%	顶底板特征	顶底板与页岩气层位连续沉积，呈整合接触关系，顶底板厚度大，岩性致密，突破压力高
硅质矿物含量	平均为 42.6%		
总含气量	0.35~9.63m³/t，平均 4.21m³/t		
含气饱和度	66.8%~74.4%，平均 67.7%		

表 11-15　涪陵页岩气田平桥区块基本参数表

地理位置	重庆市南川区及武隆区境内	发现井	焦页 8 井（2015 年）
区域构造位置	川东高陡褶皱带凤来复向斜平桥断背斜	发现井产量	测试产量 $20.80 \times 10^4 m^3/d$
构造特征	主体区构造相对平缓，断裂不发育	首次产气时间	2015 年
发现依据	以南方海相页岩气"二元富集"理论为指导，开展选区评价，优选出焦石坝等多个有利勘探目标，部署实施焦页 8 井，获工业气流	探明地质储量	$1389.17 \times 10^8 m^3$
		技术可采储量	$277.83 \times 10^8 m^3$
		储量丰度	$9.92 \times 10^8 m^3/km^2$
		地震勘探数据	三维满覆盖 $819.4km^2$
页岩气层特征		气藏特征	
页岩气地层	五峰组—龙马溪组一段	气藏类型	页岩气藏
沉积环境	深水陆棚	含气面积	$109.51km^2$
岩性	灰黑色含放射虫碳质笔石页岩、含碳质笔石页岩	分布特征	纵向上连续，中间无隔层，平面上大面积层状分布
页岩气层厚度	$119.8 \sim 146.9m$	含气高度	1950m
总有机碳含量	$0.67\% \sim 6.71\%$，平均 2.00%	气藏中部埋深	3467m
干酪根类型	以 I 型为主	气藏中部压力	46.06MPa
镜质组反射率	平均 2.55%	气藏压力系数	1.56
生气强度	$60.05 \times 10^8 m^3/km^2$	地温梯度	2.75℃/100m
孔隙度	$1.06\% \sim 5.23\%$，平均 3.47%	天然气成分	CH_4: 98.338%～98.464%；CO_2: 0.398%；不含硫化氢
渗透率	平均多小于 0.1mD	天然气类型	过成熟干气
孔隙类型	有机质孔、黏土矿物间微孔为主，发育晶间孔、次生溶蚀孔等	天然气来源	五峰组—龙马溪组一段
矿物成分	硅质矿物、钾长石、斜长石、方解石、白云石、黄铁矿、黏土矿物	油气水关系	未见气水界面
黏土矿物含量	$19.8\% \sim 66.3\%$，平均 48.3%	顶、底板特征	顶底板与页岩气层位连续沉积，呈整合接触关系，顶底板厚度大，岩性致密，突破压力高
硅质矿物含量	平均 33.5%		
总含气量	$1.88 \sim 6.89m^3/t$，平均 $3.10m^3/t$		
含气饱和度	$59.41\% \sim 62.42\%$，平均 60.64%		

2）岩石类型

涪陵页岩气田五峰组—龙马溪组泥页岩主要为呈薄层或块状产出的暗色或黑色细颗粒的沉积岩，其在化学成分、矿物组成、古生物、结构和沉积构造丰富多样。泥页岩岩石类型主要为含放射虫碳质笔石页岩、碳质笔石页岩、含骨针放射虫笔石页岩、含碳粉砂质泥岩、含碳质笔石页岩以及含粉砂质泥岩。

3）有机地球化学特征

（1）有机碳含量。

涪陵页岩气田北部焦石坝气藏五峰组—龙马溪组一段 TOC 含量在 0.29%～6.79% 之间，平均 2.73%；南部平桥气藏页岩气层页岩 TOC 含量略低，TOC 含量 0.67%～6.71%，平均 2.00%。

页岩 TOC 含量在纵向上差异明显，其中底部五峰组—龙马溪组一段一亚段优质泥页岩段 TOC 最高，以焦页 1 井为例，五峰组—龙马溪组一段一亚段（2377.00～2415.00m）TOC 含量普遍高于 2.0%，最高可达 5.89%，平均 3.56%。龙马溪组一段二亚段、三亚段 TOC 含量分别为 0.91%～2.17%、0.55%～3.26%，平均分别为 1.65% 和 1.69%，有机碳含量明显较低。

（2）有机质类型和热演化程度。

涪陵页岩气田五峰组—龙马溪组灰黑色碳质页岩 $\delta^{13}C$ PDB 为 –30.81‰～–28.50‰，有机质显微组分测定显示，腐泥组含量最高（腐泥无定型体 36.0%～71.21%，藻类体 28.79%～58.0%），TI 值介于 82.5～100，综合评价，涪陵页岩气田五峰组—龙马溪组富有机质页岩有机质类型主要为 Ⅰ 型。R_o 为 2.42%～2.80%，平均 2.59%，处于过成熟演化阶段，以生成干气为主。

4）储集特征

涪陵页岩气田五峰组—龙马溪组暗色泥页岩的储集空间主要发育两种类型：一种为泥岩自身基质微孔隙，按成因类型可识别出有机质孔、晶间孔、矿物铸模孔、黏土矿物间微孔、次生溶蚀孔等类型，孔径一般为 2～2000nm，主要集中在 2～50nm 之间（图 11-47）。另一种类型为泥页岩储层中发育的裂隙系统，岩心观察和 FMI 测井解释的主要为相对较大的构造缝和层间缝等，而在氩离子扫描电镜观察的为相对较小的观裂缝，主要包括微张裂缝、黏土矿物片间缝、有机质收缩缝以及超压破裂缝等。

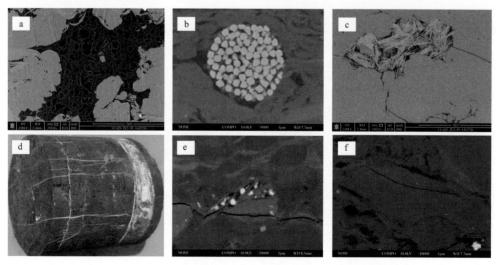

图 11-47 涪陵页岩气田五峰组—龙马溪组泥页岩主要储集空间类型

a. 有机质孔，焦页 2 井，龙马溪组一段，2561.43m；b. 晶间孔，焦页井，五峰组，2414.88m；c. 黏土矿物间微孔，焦页 1 井，龙马溪组一段，2561.43m；d. 构造缝和层间缝，焦页 1 井，龙马溪组一段，2409.50m，见多组被方解石充填水平缝和垂直缝；e. 微张裂缝，焦页 1 井，龙马溪组一段，2335.3m；f. 超压破裂缝，焦页 1 井，五峰组，2414.88m

涪陵页岩气田五峰组—龙马溪组页岩气层总体表现出低—中孔隙度、特低—低渗透率特征。焦石坝气藏泥页岩孔隙度 0.26%～8.61%，平均 4.17%；渗透率 0.00011～335.21mD，几何平均值为 0.857mD。平桥气藏泥页岩样品孔隙度 1.06%～5.23%，平均 3.47%；渗透率 0.00001～363.9mD，几何平均为 0.0107mD。孔隙直径主要集中于 2～50nm 的范围内，孔体积介于 0.008～0.024cm³/g，平均 0.013cm³/g，比表面积介于 8.40～33.3m²/g，平均 18.90m²/g，孔体积和比表面积呈良好的正线性相关，其中小于 10nm 的微孔是页岩孔体积和比表面积的主要贡献者，构成了气体吸附的主要场所。

5）含气性特征

涪陵页岩气田焦石坝气藏总含气量值为 1.10～9.63m³/t，平均 4.51m³/t，其中含气量大于 2.00m³/t 的样品频率达到 97.20%。南部平桥气藏总含气量值 1.88～6.89m³/t，平均 3.10m³/t，其中含气量大于 2.00m³/t 的样品频率达到 98.4%。

两个气藏总含气量在纵向上都具有向页岩沉积建造底部层段明显增大的特征，在五峰组—龙马溪组一段一亚段最高。以焦页 1 井为例，五峰组—龙马溪组一段一亚段（2377.00～2415.00m）总含气量 3.52～8.85m³/t，平均为 5.85m³/t，龙马溪组一段二亚段、三亚段总含气量 2.30～4.42m³/t、1.52～3.83m³/t，平均分别为 3.22m³/t 和 2.79m³/t。

涪陵页岩气田焦石坝气藏五峰—龙马溪组一段页岩吸附气量为 0.91～5.32m³/t，平均为 2.43m³/t，其中大于 1m³/t 占总样品数的 99.0%。平桥气藏五峰组—龙马溪组一段页岩吸附气量为 1.19～2.58m³/t，平均为 1.78m³/t，其中大于 1m³/t 占总样品数的 100%。

6）可压性特征

（1）岩石矿物学特征。

涪陵页岩气田焦石坝气藏和平桥气藏五峰组—龙马溪组泥页岩脆性矿物总量平均值分别为 66.10% 和 54.80%，成分以硅质矿物为主，平均含量为 42.10% 和 35.80%；碳酸盐矿物相对较少，平均含量分别为 9.50% 和 9.70%。黏土矿物含量平均值分别为 34.90% 和 45.20%，以伊蒙混层和伊利石为主，其中伊蒙混层平均含量分别为 36.50% 和 24.60%，伊利石平均含量分别为 49.10 和 59.50%。

页岩气层泥页岩脆性矿物和硅质矿物含量总体都具有自上而下逐渐增高的特点，以焦页 1 井为例，五峰组—龙马溪组一段一亚段（2377.00～2415.00m）页岩层段中脆性矿物含量明显较高，含量一般为 50.90%～80.30%，平均为 62.40%，硅质矿物含量最高达到 70.60%，平均达到 44.40%。研究表明，五峰组—龙马溪组页岩层段下部见到大量的硅质骨针、放射虫生物化石，是页岩气层硅质矿物含量高的一个重要原因。

（2）岩石敏感性特征。

涪陵页岩气田五峰组—龙马溪组一段页岩气层表现出对流速不敏感，表现为中偏强—强水敏。强酸敏，盐敏临界盐度 1.5%～22%，碱敏临界 pH 值 8～9。

（3）应力场特征。

涪陵页岩气田水平地应力差异系数值相对较小，主要介于 0.12～0.14，有利于网状裂缝的形成。应力大小明显随着埋深的增大而增大，其中埋深小于 3000m 的焦页 1 井、焦页 8 井最小水平地应力小于 60MPa，而大于 3500m 的焦页 81-2 井等井最小水平地应力都在 70MPa 以上，地应力的增大也造成钻井施工难度的增大，埋深小于 3000m 的焦页 1 井、焦页 8 井最高施工压力分别在 53.20～91.40MPa、62.90～83.70MPa 之间，平均分别为 69.10MPa 和 69.60MPa，而大于 3500.00m 的焦页 81-2 井最高施工压力分布于 70.10～95.00MPa，平均达到 86.60MPa。

7）综合评价

（1）页岩气层分类评价标准。

根据《页岩气资源/储量估算与评价技术规范》（DZ/T 0254—2014），结合涪陵页岩气田五峰组—龙马溪组一段的实际情况，以有机碳含量为主要评价因素，并重点参考脆性矿物含量，将页岩气层划分为四类（表 11-16）。

表 11-16　涪陵页岩气田五峰组—龙马溪组一段页岩气层分类评价标准

项目	页岩气层分类			
	Ⅰ类	Ⅱ类	Ⅲ类	Ⅳ类
有机碳含量 /%	≥4.0	4.0～2.0	2.0～1.0	<1.0
脆性矿物含量 /%	≥40	≥40	≥30	<30
页岩气层评价	极好—好	较好	中等	差

（2）页岩气层评价。

涪陵页岩气田焦石坝气藏和平桥气藏五峰组—龙马溪组一段页岩气层为深水陆棚和浅水陆棚沉积，深水陆棚发育主要发育在页岩气层的底部—五峰组和龙马溪组一段一亚段，具有无明显夹层、纵向分布连续的特点。

焦石坝气藏页岩气层厚度 55.40～89.10m，有机碳含量、脆性矿物、孔隙度和含气量平均值分别为 2.73%、66.10%、4.17% 和 3.10m³/t，以Ⅰ类、Ⅱ类页岩气层为主。平桥断背斜页岩气层总厚度在 119.8～146.9m 之间，有机碳含量、脆性矿物、孔隙度和含气量平均值分别为 2.00%、54.8%、3.47% 和 3.10m³/t，页岩储层中Ⅲ类页岩气层所占比例增高。位于焦石坝似箱状断背斜构造主体的焦页 1 井—焦页 5 井区埋深相对略浅，2300.00～2500.00m，位于西翼的焦页 9 井区相对略深，2750.00～4100.00m，而平桥断背斜气藏主体埋深位于 2450.00～3500.00m，两翼相对较好，埋深 3500.00～4000.00m。

在五峰组—龙马溪组一段整套页岩气层中，五峰组—龙马溪组一段一亚段在焦石坝和平桥气藏页岩品质最好，以Ⅰ类、Ⅱ类页岩气层为主；而在龙马溪组一段二亚段、三亚段沉积时期，由于微环境略有差异，平桥气藏相对于焦石坝气藏水体略有变浅、沉积速率略有增加，因此造成龙马溪组一段二亚段、三亚段厚度增加，但页岩气品质略有变差，以Ⅲ类页岩气层为主，而焦石坝气藏以Ⅱ类页岩气层为主。

3. 气藏特征

涪陵页岩气田五峰组—龙马溪组一段气藏为弹性气驱、中深层、高压、不含硫化氢、干气、自生自储式连续型页岩气藏（图 11-48）。

1）埋深及温压条件

焦石坝区块五峰组—龙马溪组一段气藏单元中部平均埋深为 2645m，中深地层压力为 40.22MPa，压力系数为 1.55；地层温度为 79.04～85.99℃，中深地层温度为 88.44℃，地温梯度 2.83℃/100m。

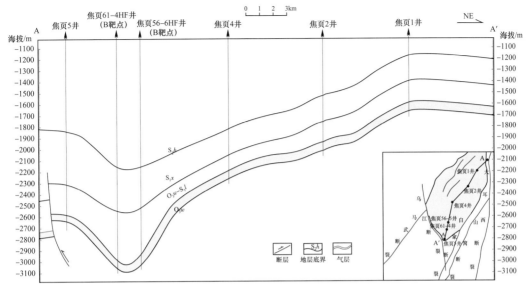

图 11-48　涪陵页岩气田焦石坝气藏焦页 5 井—焦页 1 井气藏剖面图

平桥区块五峰组—龙马溪组一段气藏单元中部平均埋深为 3457m，中深地层压力为 52.90MPa，压力系数为 1.56，地层温度 98.1℃，地温梯度 2.75℃/100m。

2）流体性质

五峰组—龙马溪组一段天然气成分以甲烷为主，甲烷含量 97.221%～98.410%，平均 98.13%；乙烷含量 0.545%～0.801%，平均 0.691%；低含二氧化碳，含量 0～0.374%，平均 0.179%；不含硫化氢。涪陵页岩气田地区五峰组—龙马溪组气藏为不含硫化氢的优质天然气干气气藏。

焦石坝地区压裂返排率很低，受返排液性影响水分析数据不稳定，地层不出水。

3）成藏模式

气源分析表明，涪陵页岩气田五峰组—龙马溪组页岩气来源于自身泥页岩烃源岩，具有明显的"源储一体、原位滞留成藏"特征。以焦石坝产气区为例，焦石坝构造为盆内、构造主体远离控盆断裂、四周为断向斜环绕的箱状背斜，受北东向和近南北向两组断裂控制，主体变形较弱，地层倾角小、断层不发育，两翼陡倾、断层发育。由于页岩气层总体埋深适中，埋深范围为 2300～2800m，周边无页岩气层出露；背斜宽缓，页岩气层顶底板及页岩气层内高角度缝不发育，顶底板封堵性好，页岩气主要通过焦石坝构造周边的二级断裂发生一定程度的逸散，但由于控边断层总体具有较好封闭性，在远离断裂 1～2km 以上页岩气层含气性较好，压力系数高、产量高，属于盆内"背斜或断背斜富集型"成藏模式，其控制页岩气逸散关键控制因素为控制构造断层的封闭性、埋深以及背斜宽缓程度（图 11-49）。

4）成藏主控因素

研究表明，深水陆棚相优质页岩的发育、良好的保存条件是涪陵页岩气田五峰组—龙马溪组一段气藏富集高产的主控因素。

（1）深水陆棚相优质页岩发育是涪陵页岩气田"成烃控储"的基础。

勘探开发实践表明，海相页岩气要获得单井高产，首先要具备一定连续厚度的优质

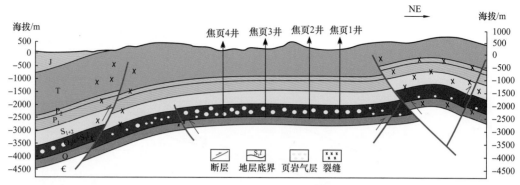

图 11-49 涪陵页岩气田五峰组—龙马溪组一段页岩气藏成藏模式图

页岩（TOC 值大于 2%）。涪陵页岩气田五峰组—龙马溪组一段深水陆棚优质页岩不仅较厚（一般 35~45m），而且表现出高有机碳和高硅质含量良好耦合的特征。

这种高有机碳含量、高硅质不仅有利于成烃、储集，而且有利于压裂改造。在地质历史过程中，涪陵页岩气田五峰组—龙马溪组泥页岩生烃强度高。以焦页 1 井为例，整套页岩气层（厚 89m）的生烃强度为 $60 \times 10^8 m^3/km^2$，而厚达 38m 的（有机碳平均值 3.56%）深水陆棚优质页岩生烃强度可达 $35 \times 10^8 m^3/km^2$。伴随干酪根、液态烃裂解生气，有机质孔伴生发育，它是页岩气赋存的最重要空间。同时，深水陆棚相优质页岩硅质含量高，焦页 1 井深水陆棚相页岩脆性矿物和硅质矿物平均含量分别为 62.40% 和 44.4%，明显比浅水陆棚高（脆性矿物和硅质平均含量分别为 53.40% 和 30.70%），因此可压裂性更好。另外，在早成岩阶段，在生物成因硅质（蛋白石-A）向石英转化过程中，会形成抗压实能力较强的石英粒间孔，其能为早期液态烃滞留、后期有机孔发育和保存提供了空间基础和保护。

（2）良好的保存条件是涪陵页岩气田"成藏控产"的关键。

涪陵页岩气田顶、底板分别为厚度较大、与页岩气层连续沉积、岩性致密、突破压力较高的龙马溪组二段的灰色、深灰色中—厚层粉砂岩夹薄层粉砂质泥岩和临湘组—宝塔组的灰色瘤状灰岩、泥灰岩，有利于阻止烃类纵向散失、滞留成藏、相态转化及高压保持。

同时，气田处于齐岳山断裂以西，相对于盆外，具有构造改造时间较晚、改造程度较弱的特征；页岩气层埋深多大于 2000m，在侧向上没有因地层出露造成的泄压区，总体有利于页岩气保存。断层及高角度缝造成涪陵页岩气田平面上含气性具有一定的差异性，距离断层较近距离内出现页岩气层压力系数降低的现象，但气藏主体部位断裂不发育，页岩气层普遍具有孔隙度高、含气性好、单井普遍具有高产的特征。

4. 开发简况

2014 年 7 月，中国石化首次提交国内第一块页岩气探明储量——涪陵页岩气田焦页 1 井—焦页 3 井区探明储量，之后又相继提交了焦页 4 井—焦页 5 井区探明储量和江东区块焦页 9 井区、平桥区块焦页 8 井区探明储量。目前，涪陵页岩气田交由中国石化江汉油田分公司和华东油气分公司共同开发。截至 2018 年底，气田累计生产页岩气超过 $219.96 \times 10^8 m^3$，其中 2018 年生产页岩气 $65.64 \times 10^8 m^3$，日产页岩气最高 $1920.0 \times 10^4 m^3$（图 11-50）。焦页 1 井是目前国内生产时间最长的页岩气井，该井于 2012 年 11 月 28 日投入试采，2013 年 1 月 9 日按 $6 \times 10^4 m^3/d$ 配产，先期采用 CNG 生产，9 月 15 日开始管输生产，日产气量保持在 $3.0 \times 10^4 \mathrm{m}^3$，截至 2017 年 10 月 22 日，已井累计安全生产页岩气 1781 天，累计产气突破 $1 \times 10^8 \mathrm{m}^3$。焦页 6-2 井是目前气田累计产气最高的井，该井于 2013 年 9 月 29 日投入试采（管输生产），初期配产 $39 \times 10^4 \mathrm{m}^3/\mathrm{d}$，目前定压生产，日产气 $7 \times 10^4 \mathrm{m}^3$ 左右，截至 2017 年 8 月 31 日，累计产气达 $2.57 \times 10^8 \mathrm{m}^3$，继续保持国内页岩气开发单井生产时间最长、累计产量最高的纪录。

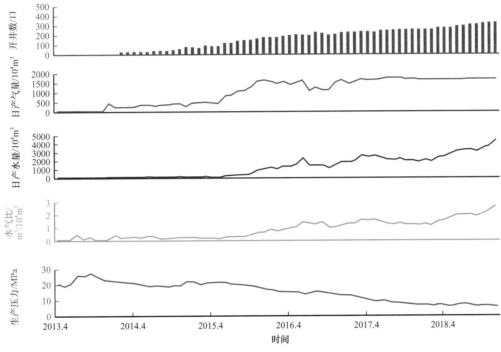

图 11-50　涪陵页岩气田开发曲线图（截至 2018 年底）

二、威荣页岩气田

威荣页岩气田位于四川盆地西南部，构造上处于威远构造东南翼与自流井构造之间的白马镇向斜内（图 11-51）。行政区划隶属于四川省内江市威远县和自贡市境内，勘探面积 $143.77 \mathrm{km}^2$。气出产层为上奥陶统五峰组—下志留统龙马溪组一段（图 11-52）。

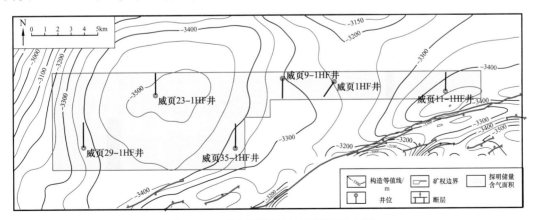

图 11-51　威荣页岩气田气藏平面分布图

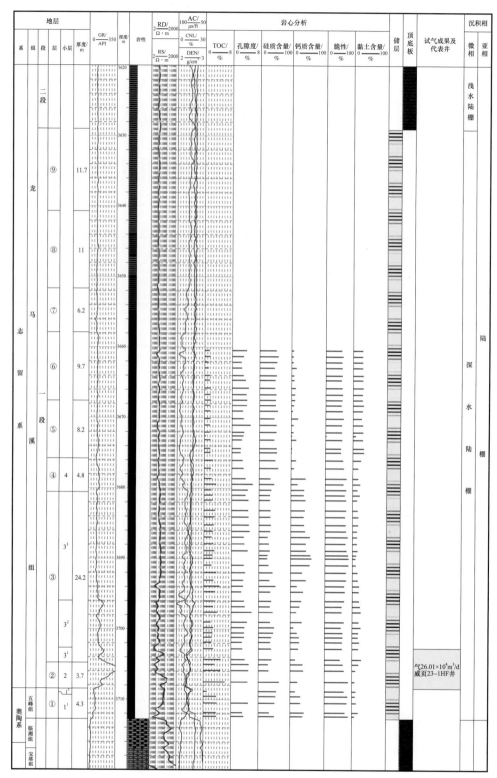

图 11-52　威荣页岩气田五峰组—龙马溪组一段页岩气层综合柱状图

中国石化西南油气分公司部署的威页 1HF 井于 2015 年 9 月测试获得日产天然气 $17.50 \times 10^4 m^3$，实现本区页岩气勘探发现，2017 年 10 月威页 23-1HF 井测试，获得日

产天然气 $26 \times 10^4 m^3$，实现了盆内深层页岩气商业突破，2018 年提交页岩气探明储量 $1246.78 \times 10^8 m^3$。气田的基本参数归纳于表 11–17。

表 11–17　威荣页岩气田基本参数表

地理位置	四川省内江市和自贡市	发现井（年份）	威页 1HF 井（2015 年）
区域构造位置	威远构造东南翼至自流井构造之间的白马镇向斜	发现井产量	测试产量 $17.50 \times 10^4 m^3/d$
构造特征	构造平缓，断裂不发育	首次产气时间	2015 年
		探明地质储量	$1246.78 \times 10^8 m^3$（2018 年）
发现依据	以南方海相页岩气"二元富集"理论为指导，开展选区评价，部署实施威页 HF 获得发现	可采储量	$286.76 \times 10^8 m^3$（2018 年）
		储量丰度	$8.67 \times 10^8 m^3/km^2$
		地震勘探数据	二维地震 13 条，149.995km 三维地震，143.771km²
页岩气层特征		**气藏特征**	
页岩气层	五峰组—龙马溪组一段	气藏类型	页岩气藏
岩性	含生屑含碳灰质页岩、含放射虫硅质碳质笔石页岩、粉砂质页岩	分布特征	平面上大面积、纵向上连续层状分布
沉积环境	深水陆棚	含气面积	143.771km²（2018 年）
页岩气层厚度	80.5～85.7m	含气高度	330m
总有机碳含量	平均 2.84%	气藏中部埋深	3702m
干酪根类型	以 I 型为主	气藏中部压力	68.69～76.95MPa
镜质组反射率	2.1%～2.43%，平均为 2.26%	气藏压力系数	1.94～2.05
孔隙度	平均 6.07%	地温梯度	3.02℃ /100m
渗透率	0.0001～1.471mD 平均 0.1963mD	天然气类型	优质干气
孔隙类型	以有机质孔为主，其次为无机孔、微裂缝	天然气成分	CH_4: 97.22%～97.75% CO_2: 0.95%～1.37%；不含硫化氢
矿物成分	脆性矿物由石英、长石、方解石、白云石组成，黏土矿物由伊利石、伊/蒙混层、绿泥石组成	天然气来源	五峰组—龙马溪组一段
脆性矿物含量	41%～88.5%，平均 64.26%	油气水关系	未见气水界面
黏土矿物含量	10.5%～57%，平均 34.62%	顶底板特征	顶底板与页岩气层位连续沉积，呈整合接触关系，顶底板厚度大、岩性致密、突破压力高

1. 构造特征

威荣页岩气田构造较简单，表现为"两凹一凸"特点，西部整体位于白马镇向斜，向斜轴部呈北东—南西向展布，西部次凹构造深度较东部次凹略深，中部有一局部变浅的凸起。埋深 3550～3880m 地层形态整体较平缓，地层倾角 0.5°～4°。龙马溪组底部断层不发育，仅在外部东南侧 1.4km 发育北东向断层。

2. 页岩气地质特征

1）沉积特征

依据岩相组合、古生物、地球化学、测井等资料分析，威远地区五峰组—龙马溪组整体为陆棚相，可分为深水陆棚与浅水陆棚两类沉积亚相。龙二段、龙三段为贫有机质灰色泥页岩的浅水陆棚相，TOC 小于 1%，笔石少见。五峰组—龙一段为富含有机质暗色页岩的深水陆棚相，TOC 大于 1%，笔石大量发育。深水陆棚亚相又可划分为六类沉积微相：黏土质硅质页岩深水陆棚微相、富硅生物页岩深水陆棚微相、硅质黏土页岩深水陆棚微相、钙质黏土页岩深水陆棚微相、含钙富黏土页岩深水陆棚微相以及富黏土页岩深水陆棚微相。

2）岩石类型及矿物组成

威荣页岩气田五峰组—龙马溪组一段主要为薄层或块状暗色或黑色细颗粒的沉积岩，含气页岩以含放射虫碳质笔石页岩、含骨针碳质笔石页岩、含钙硅质页岩、含碳笔石页岩为主。页岩矿物成分以脆性矿物和黏土矿物两大类为主，其中脆性矿物含量高，37%～88.5%，平均 56.50%，主要为硅酸盐矿物和碳酸盐矿物；黏土矿物含量相对较低，主要由伊利石、伊/蒙混层、绿泥石组成。

3）有机地球化学特征

威荣页岩气田五峰组一段页岩有机质丰度高，有机碳含量以中—高有机碳含量为主，有机碳含量 0.02%～8.0%，平均为 1.90%，主要分布在 2%～4% 之间，含量大于 1% 的样品占总样品的 72.75%。有机质类型是由低等水生浮游生物和藻类所形成的腐泥型有机质。镜质组反射率 2.26%，表明五峰组—龙马溪组一段页岩处于高成熟演化阶段，有利于页岩大量生气。

4）储集特征

（1）物性特征。

威荣页岩气田 5 口取心井 270 个物性实验分析数据统计表明：五峰组—龙马溪组一段页岩储层孔隙度 0.4%～10.05%，平均 5.26%，总体上由浅至深、由东向西逐渐变好；常规氦气法测得基质渗透率 0.001～1.471mD，平均 0.196mD，纵向上渗透率差异不大，总体表现为中孔隙度、特低渗透率特征。

（2）孔隙类型。

威荣页岩气田五峰组—龙马溪组一段储层孔隙类型以有机孔为主，其次为无机孔、微裂缝，其中有机孔包括有机质复合孔、干酪根结构孔、沥青裂解生气孔、微生物作用孔，局部呈定向排列；无机孔包括黏土矿物孔、脆性矿物孔；微裂缝以开启的层理缝为主，少量可见方解石填充的斜交缝和水平缝，裂缝宽度小于 1μm。

（3）孔隙结构特征。

五峰组—龙马溪组一段页岩微米—纳米级孔隙发育，孔隙类型多样，孔隙结构较为复杂，对页岩的储集能力具有显著的控制作用。低温氮气吸附实验分析表明，优质页岩孔径分布范围大，以 50～200nm 中—大孔为主，孔体积为 0.0263mL/g，比表面积为 20.970m²/g，总体具有较高的孔体积和比表面积。CT 扫描表明，优质页岩孔隙类型以有机质孔为主，呈席状、片状，连通性中等，孔径多为 0.69～1.21μm 的大型孔喉。

5）含气性特征

（1）钻井气显示。

实钻揭示威荣页岩气田页岩气显示较活跃，含气性好，全烃显示自上向下逐渐增大，以①、②号层油气显示最为活跃。

（2）总含气量。

威荣页岩气田五口钻井的岩心现场入水实验表明，龙马溪组一段自上而下含气性逐渐变好，其中③号层普遍见串珠状气泡沿岩心裂缝逸出，持续时间较长。据五口取心井198个岩心现场含气量测试总含气量为2.46m³/t。等温吸附实验分析表明，在兰氏压力为7.25MPa、兰氏体积为3.41m³/t情况下，页岩干样吸附气量分布在2~4m³/t之间，计算地层条件下干样吸附气含量为3.09m³/t。

6）可压裂性特征

威荣页岩气田五峰组—龙马溪组一段页岩储层整体表现为"两高三低"的可压性特征，即高脆性指数（0.56）、高杨氏模量（31.20GPa）、低泊松比（0.21）、低地应力差值（7.82MPa）、低地应力差异系数（0.09），反映威远五峰组—龙马溪组一段页岩可压性好。

3. 气藏特征

威荣页岩气田五峰组—龙马溪组一段气藏为深层、常温、超压、弹性气驱、超低渗、干气、自生自储式连续型页岩气藏。

1）埋深及温压条件

威荣页岩气田五峰组底埋深3550~3880m，五峰组—龙马溪组一段气藏单元中部平均埋深3702m。地层压力为68.69~77.48MPa，压力系数为1.94~2.06，地层温度127.43~134.97℃，地温梯度2.80~3.00℃/100m。

2）流体性质

五峰组—龙马溪组一段气体组分以甲烷为主，甲烷含量95.25%~97.75%，平均含量97.36%；不含硫化氢；平均天然气相对密度0.5781，平均临界压力4.637MPa，平均临界温度192.38K，为不含硫化氢的优质天然气干气气藏。

3）成藏模式

威荣页岩气田广泛发育稳定的、有利相带内的海相页岩在构造相对稳定区连续富集成藏，向斜、背斜及斜坡均可富集成藏（图11-53）。

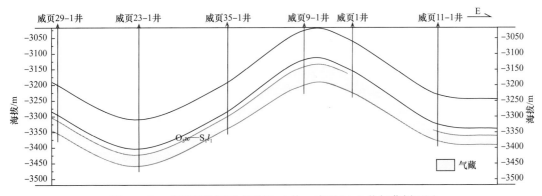

图11-53　威远页岩气田威页29-1井—威页11-1井气藏剖面图

4）富集高产主控因素

研究表明，富有机质页岩的发育、良好的保存条件共同控制了威荣页岩气田五峰组—龙马溪组一段气藏富集高产。

（1）富含有机质页岩厚度大，分布稳定，储层品质较好，工程品质较优。

威远五峰组—龙一段地层厚度大（80.5～85.7m），分布稳定。页岩有机碳含量高，①至⑨号层有机碳为1.90%，①至④号层优质页岩有机碳平均为2.84%，而有机碳≥2%的优质页岩厚35.5～46.6m。页岩热演化程度适中，R_o为2.26%，利于页岩大量生气，同时也使得有机孔和总孔隙发育，①至④号层优质页岩储层孔隙度平均为6.07%，储层品质较好。页岩储层岩石力学脆性指数为59%，水平地应力差异系数为0.09，反映了页岩脆性指数总体较高，工程品质较优，具有良好的可压裂性。

（2）页岩气层保存条件好，压力系数高。

威荣页岩田构造变形强度较弱，断层不发育，对页岩储层破坏性小，顶底板岩性致密（泥质粉砂岩、粉砂质泥岩、致密灰岩）、厚度大（顶板厚300m、底板厚150m）、分布稳定；页岩气藏压力系数高（1.7～2.1），属超高压，保存条件好。

4. 开发简况

中国石化西南油气分公司于2017年完成威荣页岩气田探明，并于2017年12月开始开发工作，截至2018年12月，开发阶段已开钻3个平台，钻井15口，完井1口。目前气田2口井已投产，日产气$7×10^4m^3$，累计产气$3900×10^4m^3$，另外4口正准备试采。

第十二章　典型油气田勘探案例

四川盆地近30年来天然气探明储量与年产量均快速增长，特别是近20年来，中国石化通过理论认识创新、勘探思路转变和技术进步，在环开江—梁平陆棚两岸长兴组—飞仙关组，先后发现并探明了普光气田、元坝气田，实现了中国海相勘探理论和实践的重大突破，推动了四川盆地天然气勘探大发展（马永生，2006）。伴随着油气地质理论认识和工程工艺技术的进步，创新形成了以"相控三步法"为核心的超深层碳酸盐岩生物礁储层地震勘探技术系列，进一步发现了彭州雷口坡组等一批海相大、中型气田，掀起了四川盆地海相油气勘探的高潮。2011年以来，中国石化通过理论创新与技术攻关，发现并高效开发了中国首个大型页岩气田——涪陵页岩气田，打破了国外技术垄断，实现了中国页岩气领域的重大突破，开启了中国能源革命的新征程（郭旭升，2014）。本章优选了近30年来中国石化在四川盆地发现的典型气田（普光礁滩气田、元坝超深层生物礁气田、涪陵页岩气田、新场气田），从气田勘探各阶段面临的问题、勘探策略与勘探成效等方面剖析，以期对其他地区油气勘探提供经验借鉴。

第一节　普　光　气　田

普光气田位于四川省宣汉县境内，是中国发现并探明的首个海相整装大气田。2003年中国石化在普光飞仙关组构造—岩性复合圈闭部署了第一口预探井——普光1井，完井试获日产$42 \times 10^4 m^3$高产工业气流，从而发现了普光气田。普光气田作为"川气东送"工程的资源基础，截至2017年底，累计提交探明储量$4121.73 \times 10^8 m^3$。截至2021年底，累计生产混合气$994 \times 10^8 m^3$、净化气$749 \times 10^8 m^3$、硫黄$2052 \times 10^4 t$。目前普光气田已形成年产天然气$105 \times 10^8 m^3$生产能力。普光气田的发现得益于勘探思路的转变、地质理论的创新和勘探技术的发展，并推动中国海相碳酸盐岩层系的油气勘探，形成了新一轮勘探突破的高潮。

一、厉兵秣马战海相，二次创业明方向

在世界范围内，海相油气是十分重要的勘探领域，主要油气储量、产量是在海相地层中发现的。中国也存在着广阔的海相地层，前人针对该领域开展了大量工作，但一直未取得勘探大突破。

1. 重视南方海相，成立专业勘探队伍

中国南方海相油气勘探始于20世纪50年代，面对世界级难题的巨大挑战，广大油气工作者们百折不挠，坚强不屈，在中国南方油气勘探艰苦卓绝的征程上走过了一段崎岖不平的漫漫征途。在南方外围地区主要根据地面构造和油苗，以浅钻为主开展油气勘探，部署实施一批钻井，仅部分井见油气显示，绝大部分井实钻结果与钻前设计差异较

大，均未获得油气勘探突破。针对四川盆地及周缘地区，前期海相油气勘探主要以构造型油气田为主，发现了威远与川南茅口组等一批气藏，70年代末期发现了川东石炭系气藏，进入90年代，海相勘探陷入低谷。

回顾1998年以前近50年的南方海相油气勘探历程，虽然钻探了数百口井，却仅发现了为数不多的几个小气田和残余油气藏。一次又一次的探索与失利，一次又一次豪情万丈，却一次又一次铩羽而归。

为加大南方海相油气勘探工作，1999年5月，来自中国石化集团公司总部机关、胜利、江汉、江苏、滇黔桂等油田的27名中青年知识分子组成的南方海相油气勘探项目经理部，按"集中资金、集中人力、重点突破"的指导思想，展开了"准备南方"的艰苦创业。根据自身特点，制定了更加科学的勘探程序。随着2000年原地质矿产部新星公司并入中国石化集团公司，其在四川盆地的海相油气勘查登记区块，全部划归南方海相油气勘探项目经理部统一管理和部署。2001年8月17日，刘光鼎院士上书国务院，提出了"关于中国油气资源二次创业的建议"。仅仅时隔10天，即8月27日，时任国务院副总理的温家宝做出重要批示："要重视油气资源战略勘查工作，争取在前新生代海相碳酸盐岩地层中有新的突破。"后来，时任国务院总理的温家宝又在另一重要批示中强调指出："油气勘探要选准重点、集中力量、有所突破、力争拿下整装大油田，这是地质勘查工作的一项重大战略任务。"温总理的指示精神为油气资源的"二次创业"指明了道路和方向。

在党中央、国务院关于加强油气勘探指示精神的鼓舞下，在中国石化集团公司总部的关心、支持下，南方海相油气勘探项目经理部迅速完成了新划入区块的调研和前期资料收集评估工作，并对所有南方海相重点区块开展了新一轮选区评价，明确了川东北地区为南方海相油气勘探"战略展开"区之一，宣汉—达州区块为首期实现勘探重大突破的重点区块。从此，川东北地区成了南方海相油气勘探的重点目标。

2. 历经多轮勘探，未获油气重大突破

普光地区大规模的油气勘探始于1955年，至1999年主要经历了四个阶段（表12-1）。

（1）第一阶段（1955—1959年）：油气地质调查阶段。该阶段完成的主要工作有1958年完成的1：200000地面地质调查，1：50000构造详查，包括宣汉—达州地区在内的整个四川盆地1：500000重力、磁力普查，发现了双石庙、黄金口等地面构造，并完成了双石庙、东岳寨等局部构造细测。

（2）第二阶段（1960—1980年）：区域构造概查及构造预探阶段。这一时期在局部地区零星实施了模拟磁带地震勘探，初步查清地腹构造。同时，对局部构造尤其是地面构造进行预探。在双石庙、雷音铺、东岳寨、黄龙等构造上钻探10余口浅井；在双石庙构造完成川1井，井深2525.08m；在付家山构造完成川25井，井深2525.08m；在分水岭构造完成川64井，井深5005m。上述一批钻井仅在下侏罗统与上三叠统见微弱气显示，未获油气勘探突破。

（3）第三阶段（1981—1990年）：构造带普查、局部构造详查与深层勘探阶段。20世纪80年代随着川东地区天然气勘探取得重大突破，达州、宣汉地区的油气勘探一度成为热点，这一时期开展了覆盖全区的二维数字地震普查，全区测网达 2km×4km，选择当时认为具油气勘探前景的局部构造——东岳寨构造完成地震详查，测网达1.5km×1.5km，在双庙场（雷西）构造试验性地开展了 25.6km² 三维地震勘探，基本查明了区内的构造格局。在东岳寨构造高部位部署实施了川岳 83 井，于下三叠统飞仙关组二段测获日产天然气 $13.97×10^4m^3$ 工业气流，但产层物性差，以裂缝型储层为主。之后甩开评价部署实施川岳 84 井，未获勘探发现。双石庙构造完成双石 1 井钻探，双庙场构造完成雷西 1 井、雷西 2 井钻探，均未取得勘探发现。以嘉陵江组富钾卤水为目的的北 2 井虽然在雷口坡组二段钻遇日产 $49m^3$ 的黑卤水，但未达富钾工业品位。

表 12-1　宣汉—达州地区油气勘探工作量表

时间	钻探			地震		备注
	钻井数	井号	进尺 /m	测线数	工作量	
1955—1959 年（第一阶段）						1∶200000 地面地质调查，1∶50000 构造详查，全盆 1∶500000 重力、磁力普查
1960—1980 年（第二阶段）	13 口	东 3 井、团 1 井、双 1 井、双 3 井、双 4 井、双 5 井、双 6 井、双 7 井、双 9 井、双补 4 井、川 1 井、川 25，川 64 井	19193.86	1 条	18.465km	深井 1 口（川 64 井）
1981—1990 年（第三阶段）	6 口	北 2 井、雷西 1 井、雷西 2 井、双石 1 井、川岳 83 井、川岳 84 井（至 1992 年完成）	28922.64	51 条	924.835km	川岳 83 井于飞二段获工业气流
				三维	25.6km²	
				VSP 测井	川岳 83 井	
1991—1999 年（第四阶段）	2 口	川付 85 井、七里 23 井	10675	12 条	150.08km	
合计	21 口		58791.5	三维	25.6km²	
				二维	1093.38km	

（4）第四阶段（1991—1999 年）：相对停滞阶段。20 世纪 90 年代初期在清溪场构造实施了 11 条二维地震测线，测网达 1.5km×1.5km。在付家山构造、宣汉东构造分别钻探的川付 85 井、七里 23 井均未取得实质性突破，勘探成效不大，油气勘探处于相对停滞阶段。

该区先后实施 21 口探井，主要构造带及构造圈闭都已钻探（图 12-1），但均未取得实质性突破，主要是受前期以构造勘探为主、占高点部署思路影响，以及"开江—梁平海槽"认识的制约，即在晚二叠世长兴组—早三叠世飞仙关组沉积期，在四川开江—梁平地区存在一个海槽，即"开江—梁平海槽"，该"海槽"始于长兴组沉积期，终于飞仙关组沉积早期，呈北西—南东走向，而宣汉—达州区块正好位于这深水"海槽"区（图 12-2）。按照这一观点，宣汉—达州区处于储层发育不利相带，勘探潜力不大。

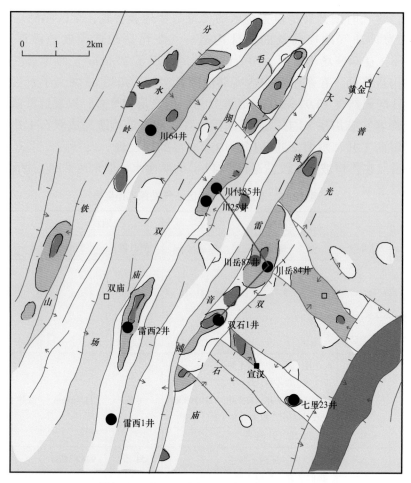

图 12-1　宣汉—达州地区主要钻井分布图

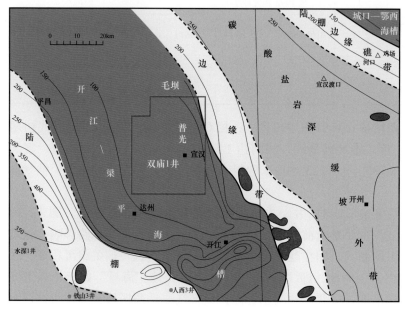

图 12-2　川东北地区长兴组—飞仙关组沉积早期沉积相图（2001 年）

二、强化基础变思路，攻坚克难定目标

普光地区经历前期 50 余年的勘探，部署了一批地震与钻探工作量，但油气勘探未获规模突破。通过对前期资料梳理，找准制约勘探的关键问题，并加强基础地质研究与技术攻关，寻找有利油气勘探区带及目标，提出井位部署建议。

1. 三项资料评估，坚定海相勘探信心

针对这样一个前人实施了 21 口探井均未取得实质性突破的区块，油气勘探的突破口到底在哪里？勘探家们深知，油气勘探突破口的判定事关油气勘探的成败，必须慎之又慎。为此，组织了物探、地质、地球化学等多学科的研究人员，首先进行了三项资料（井筒、物化探、综合研究）评估，接着开展了新一轮的老井复查和系统的基础地质研究，目的是摸清资料基础，找出制约勘探的关键问题，理清勘探思路。

"前车之覆，后车之鉴。"前人的勘探资料是一笔宝贵的财富，只有站在前人的肩膀上，才有可能比前人看得更远。通过对前人勘探思路、地震资料、钻井资料的系统剖析，发现了具有启迪意义的有效线索：（1）前期的天然气勘探以构造圈闭为主要勘探对象，按照"沿长轴、占高点、打扭曲"的部署原则，所有的探井都打在背斜高点上；（2）前期钻探过程中存在"唯主要目的层"的思想，如雷西 1 井、雷西 2 井、双石 1 井、七里 23 井等四口深井，在钻井、完井过程中，唯石炭系黄龙组主要目的层，忽视了其他层位油气显示，没有做更多、更细致的工作；（3）前期海相沉积充填规律及沉积相研究重视不够，所有的钻井几乎都未钻遇优质储层；（4）前期地震资料由于采集年度跨度大，测网布设欠规范，采集系统、采集方法差异大等原因，资料信噪比、分辨率、波组特征、剖面面貌及品质参差不齐；（5）前期地震资料由于覆盖次数较低（6 次、12 次、24 次）、接收道数少，排列长度不够，原始记录面波、声波、背景噪声较重等多种原因，构造顶部及两侧陡翼资料信噪比低，海相储层波组不清，分辨率不高，达不到开展储层横向预测的基础资料要求；（6）前期地震勘探由于地形复杂，施工中不合理的技术较多，给波场归位、岩性信息提取造成了困难；（7）前期地震勘探由于受勘探投资、技术及其他因素限制，覆盖次数、药性、药量、井深等施工参数的选择不尽合理。

随着分析、评价的逐步深入，勘探家们很快认识到，宣汉—达州区块局部构造发育，位于川东北富气区，烃源丰富，前期钻探揭示保存条件良好，未获得油气勘探突破的主要原因是未能钻遇优质储层。至此，勘探突破口渐显端倪、逐渐明朗，最终勘探家们达成了这样的共识：该区块油气成藏的主控因素是储层！寻找优质储层是该区油气勘探突破的关键！优质储层发育部位是该区块油气勘探的突破口！明确了一个区块成藏的主控因素，明确了油气勘探的突破口，就等于找到了打开"地宫之门"的钥匙。而在工区周缘的建南、黄龙场、天东、铁山地区长兴组发育生物礁规模储层。基于上述地质认识，坚定了勘探家的信心，从而调整了前期以构造勘探为主的勘探思路，提出"以长兴组—飞仙关组礁滩白云岩储层构造—岩性复合圈闭为主要勘探对象"的勘探新思路，解决了勘探的方向问题。

2. 加强基础研究，明确有利勘探区带

针对长兴组—飞仙关组沉积相带展布、储层发育机理与油气成藏等难题，开展大量基础研究与实验模拟，深化海相深层油气成藏基本地质条件认识，明确了有利油气勘探区带。

1）提出"开江—梁平陆棚"新认识，指出宣汉—达州地区发育长兴组—飞仙关组发育台缘礁滩储层

地质工作者们敢于从以往的认识中走出来，敢于站在前人的肩膀上破除前人的"定论"，在充分掌握区内大量实际资料的基础上，通过层序地层学和沉积体系分析，并提出"开江—梁平陆棚"新认识。

勘探家们通过野外露头、岩心与岩屑等分析化验资料，首次在时代归属存在争议的二叠系长兴组与三叠系飞仙关组之间的白云岩中发现多种蜓类、蕉叶贝及二叠系长兴组标准化石 *Hindeodus lartidentatus*、*Hindeodus typicalis* 等牙形石，证实这套白云岩应归属二叠系长兴组。在此基础上，综合运用沉积学、古生物学、地球物理、地球化学及成岩作用标志，识别出暴露不整合与岩性岩相转换面两种层序界面，建立了等时地层格架。在此基础上开展区域岩相古地理分析，在双庙地区长兴组—飞仙关组沉积期见陆棚沉积，铁山坡地区为台地沉积，在二者之间可能存在高能相带，结合地震资料综合分析，指出宣汉—达州地区为长兴组—飞仙关组礁滩储层发育的有利区，为勘探和发现普光大气田提供了理论依据。

2）开展了水—岩反应模拟实验，提出深层礁滩优质储层"三元控储"机理

川东北地区二叠系—三叠系构造低部位储层埋藏普遍较深，2000 年以前普光地区周边已发现的气田，主力产层以中浅层为主，最大埋藏深度也只有 4317m，而普光地区主要目的层预测埋深达 5000～6000m。深层、超深层是否还发育较好储层在地质理论上面临着挑战。

正常压实条件下，随埋藏深度增大，碳酸盐岩的孔隙度快速降低，礁滩相的发育并不意味着深层存在优质储层，深层碳酸盐岩的孔渗特征是制约深层天然气勘探的最重要因素之一。通过大量样品的多参数分析，明确了海相深层碳酸盐岩优质储层发育机理和主控因素。

综合运用碳、氧同位素和 Sr 同位素（$^{87}Sr/^{86}Sr$）分析技术（图 12-3），识别出了准同生白云岩、成岩白云岩和后生白云岩等多种成因类型的白云岩，认为白云石化作用形成的晶间孔隙不仅是深层天然气聚集的重要孔隙类型，而且为埋藏过程中的流体提供了有效空间，从而加强溶蚀作用和溶蚀孔隙的发育。

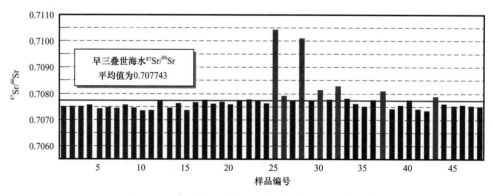

图 12-3　四川盆地东北部白云岩 Sr 同位素分布图

在野外露头、钻井岩心和岩石薄片三种尺度上观测了裂缝的发育特征、派生组合形式和密度，定量统计了不同岩性单元压溶缝和构造缝的发育程度，揭示了四川盆地东北

部裂缝的发育是岩性、构造应力、地层流体压力共同作用的产物，岩石的脆性、构造应力—地层流体压力的耦合控制了裂缝的性质、组合及密度，从而为深层碳酸盐岩裂缝的发育程度和流体输导性能奠定了基础。

在定性—半定量研究了压实、胶结等成岩事件对碳酸盐岩孔渗性能影响的基础上，通过水—岩反应模拟实验，重点研究了碳酸盐岩埋藏过程中的溶蚀作用，指出埋藏溶蚀作用主要与有机质释放有机酸引起的二氧化碳有关，且溶蚀作用通常在构造裂缝和压溶缝及其附近明显增强，而深埋溶蚀作用是高温条件下烃类与碳酸盐矿物发生硫酸盐还原反应的结果。

通过上述模拟实验和研究工作，揭示了海相深层—超深层碳酸盐岩"三元控储"机理：沉积—成岩环境控制礁滩和同生白云岩的分布，控制了初始埋藏阶段孔隙的发育和分布；构造应力—地层流体的耦合控制岩石的破裂行为和裂隙分布，控制了通过裂缝的流体流动；通过初始孔隙和构造裂缝注入储层的流体导致溶蚀作用，形成粒间溶蚀孔、鲕粒内溶孔和鲕模孔等。根据礁滩相分布、不同埋藏阶段的构造应力—地层压力状态和流体活动，建立了深层碳酸盐岩优质储层半定量预测模式（图12-4），该模式直接指导了普光气田的勘探，并得到了勘探结果的进一步证实（如普光2井5098.86m碳酸盐岩储层的孔隙度高达28.86%，渗透率达1720.8mD），对中国广大碳酸盐岩发育区的深层—超深层油气勘探具有现实的指导意义。

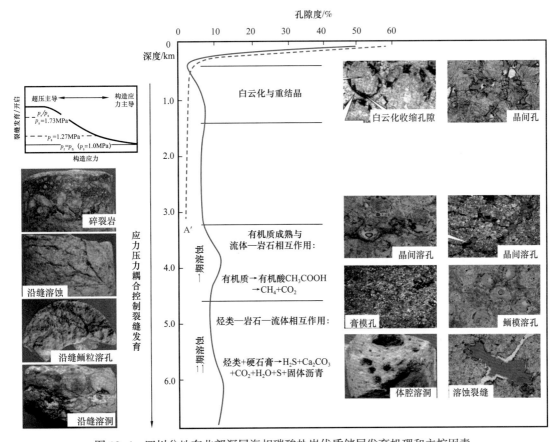

图12-4　四川盆地东北部深层海相碳酸盐岩优质储层发育机理和主控因素

3）开展了油藏调整过程的模拟实验，建立了海相深层碳酸盐岩油气富集模式

与国外主要碳酸盐岩大油气田对比，四川盆地海相领域烃源岩时代老、成熟度高、经历多期构造演化、多期调整改造过程，油气成藏过程复杂。通过大量样品的详细实验观测及数据分析，确定了古油藏形成的关键时期（距今167—161Ma，相当于燕山运动早幕中晚期），结合区域构造演化分析，建立了原油聚集—流体调整—晚期定位的海相深层碳酸盐岩天然气富集模式。

在古油藏形成期，油藏受构造和东北方向的岩相变化控制（图12-5a），燕山运动中期以后，随着普光—东岳寨构造西南部逐渐隆起，原油及其裂解形成的天然气逐渐向构造高点运移调整（图12-5b）；至喜马拉雅运动晚期，原油完全裂解为天然气，并受喜马拉雅期运动和西南方向的岩相变化控制（图12-5c）。海相深层碳酸盐岩天然气藏的形成经历了原油聚集、油气藏的化学改造和流体调整等复杂的物理—化学过程，生油高峰期的古构造与储层岩相变化控制古油藏的分布，古油藏形成后的构造运动控制古油藏的化学改造和流体调整，喜马拉雅期构造与岩相变化共同控制天然气的富集和分布，即为复合控藏。

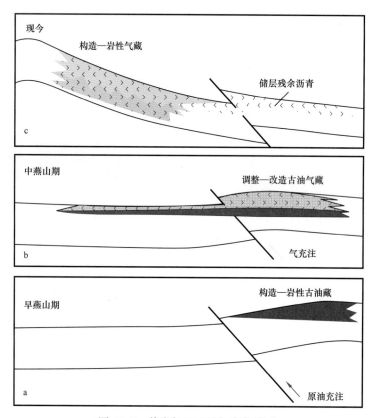

图 12-5　普光气田天然气富集模式

3. 地震技术攻关，指出有利勘探目标

在解决地质关键问题及突破深层碳酸盐岩油气成藏理论认识基础上，针对沉积相带研究和精细储层预测的需要，开展了复杂山地高分辨率二维地震采集，2000年下半年首先在宣汉—达州地区部署了高分辨率二维地震详查测线54条，长度680.112km，主测线

密度达 1.5～2km。2001 年 1 月完成地震采集，2001 年 3 月完成地震资料处理，攻关形成了深层复杂碳酸盐岩地震采集、处理、解释技术系列，新、老地震资料相比，主频由 30Hz 提高到 50Hz；礁滩储层预测精度由原来的 37m 提高到 12m，预测深度与实钻深度的误差小于 1.5%，预测孔隙度与测井解释孔隙度的相对误差小于 5%，支撑了圈闭目标识别。

1）以复杂地表条件下面向储层的采集设计技术、饱和激发、高精度定位和高密度采样为核心的高精度山地地震采集技术

高精度山地地震采集技术包括：基于复杂地表条件地震波场正演、面向复杂储层的地震采集设计技术；卫星定位系统实时动态差分模式（RTK）与全站仪相结合的高精度山区定位技术；以双井微测井为主、微 VSP 与微电法为辅的表层地质模型精细调查技术；基于岩石力学、岩石物理学和爆破理论，结合野外试验研究，应用饱和激发理论，实现了激发井深、激发岩性与激发方式的优选与最佳匹配组合，提高激发能量的高频；采用多检波器串联小面积组合方式，压制环境噪声和大线感应干扰，采用高覆盖次数与时间—空间高密度采样技术，提高了深层碳酸盐岩有效地震反射的信噪比，为提高储层描述精度奠定了资料基础。

2）以层析成像静校正、拟起伏地表曲射线叠前时间偏移成像技术和基于调谐频率与分频原理的高分辨率储层成像为核心的高精度地震成像技术

综合应用野外近地表精细调查、初至波层析成像、迭代剩余静校正解决复杂山地的静校正难题；以区域地质构造和速度分布规律为基础的叠前偏移速度分析建立精细速度模型；提出地震走时算式系数优化方法，提高了大炮检距走时计算精度；基于波场费涅尔相干理论发展了叠前时间偏移保幅技术，形成了拟起伏地表曲射线叠前时间偏移技术，保证了复杂构造和储层的成像精度；基于调谐分析与分频分析的高分辨率储层成像，进一步提高了储层分辨能力与刻画精度。

3）形成了礁滩储层综合预测技术系列，落实圈闭目标

（1）碳酸盐岩岩石物性参数测定：通过岩心及露头储层岩样在室内模拟地层温度和压力条件下，进行纵波速度、横波速度、泊松比、密度等弹性参数的测定，明确了碳酸盐岩储层物性参数的统计规律。通过储层岩样不同含气饱和度的弹性参数测定，建立了含气饱和度与岩石物性之间的关系。

（2）储层地球物理响应特征：建立储层地质—地球物理模型，通过地球物理正演模拟，明确储层地震响应特征与识别标志。

（3）储层地球物理识别模式：根据已知井储层段的地震反射特征的精细分析和模型正演研究，归纳长兴组—飞仙关组礁滩储层的地震识别模式。

（4）古地貌恢复：以区域构造演化规律为指导，以地震高精度成像资料精细解释为基础，并总结出印模法、残余厚度法等技术恢复古地貌，确定储集体有利相带分布规律。

（5）礁滩相地震识别技术：在高分辨率层序地层、沉积相、储层发育模式指导下，利用地震相分析和地震属性分析等技术识别礁滩体。

（6）储层预测的频谱成像技术：实现储层空间展布规律与特征的预测和描述。

（7）储层预测技术：为消除礁滩储层中的泥质对白云岩储层预测精度的影响，开发研究了伽马随机反演技术，与波阻抗反演结合，实现储层的空间分布与孔隙度预测。

（8）碳酸盐岩储层含气性识别技术：现有 AVO 技术尚未建立深层碳酸盐岩储层 AVO 类型的分类，直接制约了碳酸盐岩储层含气性检测的有效性。为此，基于储层岩石物性测定与地震正演模拟，开展了普光地区深层碳酸盐岩储层 AVO 特征的研究，明确了其 AVO 类型。这为开展 AVO 分析奠定了基础，形成了以 AVO 分析为主辅以吸收系数、弹塑性分析的深层碳酸盐岩储层含气性识别技术。

4）建立了海相深层碳酸盐岩油气勘探目标分级评价方法

在上述研究基础上，针对四川盆地海相深层碳酸盐岩油气聚集与分布的关键制约因素——天然气的来源和丰度、深层碳酸盐岩优质储层分布及油气藏的调整、改造和再聚集过程，结合圈闭目标识别攻关，建立了基于多元生烃、三元控储、复合控藏、区带目标综合评价的深层碳酸盐岩层系油气分布的分级评价方法系列（图 12-6），优选了钻探目标、精选了井位。

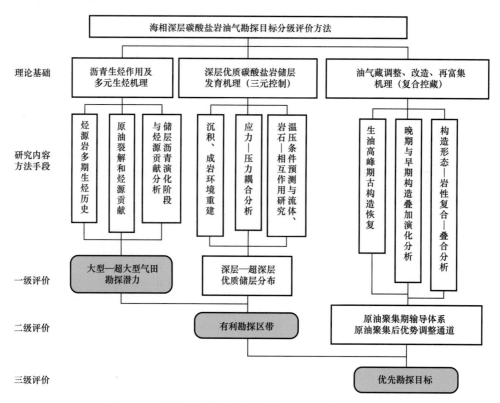

图 12-6　深层海相碳酸盐岩油气勘探目标分级评价方法

三、普光 1 井定乾坤，高效勘探创奇迹

在前期大量基础研究基础上，落实了普光地区海相礁滩领域有利勘探目标，部署实施普光 1 井，获得油气勘探重大突破。后期经历三轮部署，实现了普光主体高效探明，同时向北甩开评价大湾、毛坝，再获规模储量。

1.部署普光 1 井，实现海相勘探大突破

2001 年 8 月承担南方海相勘探研究工作的各路精英开始了艰苦的钻探井位论证。3
个月后，南方海相油气勘探项目经理部提出的包括普光 1 井在内的 3 口重要探井的井位
部署并通过了专家审查。

普光 1 井与位于构造高点上的前期探井川岳 83 井相比，海拔低了 1400m 之多
（图 12-7）。不选"高点"打"低点"，如此"离经叛道"的部署，是基于扎实的基础研
究，源于创新的勘探思路。前期均在构造高部位的钻井部署是基于传统的"背斜控油"
理论，而宣汉—达州区块油气成藏的主控因素是储层，该类型储层的发育主要受沉积相
带的控制，虽然周围的罗家寨、渡口河、铁山坡等气田都在高部位，但经过仔细认真的
研究，认为周边这些气田没有统一的气水界面，由于优质储层分布的非均质性及对成藏
的主控性，普光气藏应该是一个具有不同气水界面的独立的气水系统，因此普光 1 井设
计的长兴组—飞仙关组目的层埋深都比周围这些气田的气层埋深大。

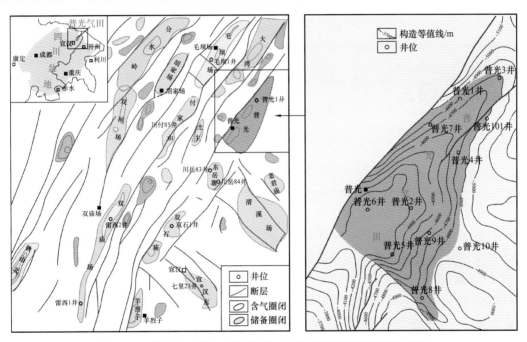

图 12-7　普光气田构造区域位置与气田飞仙关组四段底构造简图

2001 年 11 月 3 日，部署在宣汉—达州地区东岳寨—普光构造上的第一口预探井普
光 1 井正式开钻。两个月后，2002 年 1 月 9 日，部署在毛坝场构造上的预探井毛坝 1 井
也传出了钻机的轰鸣。

普光 1 井钻遇长兴组—飞仙关组礁滩相优质白云岩储层 261.7m，证实了钻前关
于储层的评价认识。2003 年 7 月 27 日至 2003 年 8 月 10 日对飞仙关组二段——一段
5610.3～5666.24m 井段进行常规测试，获得稳定日产气量 $42.37 \times 10^4 m^3$ 的高产工业气流
（图 12-8）。

普光 1 井突破后，为了尽快控制含气面积，探明气藏规模，加大了该区研究和勘探
力度，用 6 年时间，实现了普光气田主体和大湾、毛坝甩开探明，累计探明气藏面积
$126.58 km^2$，探明天然气储量 $4121.73 \times 10^8 m^3$，技术可采储量 $3048.15 \times 10^8 m^3$（表 12-2）。

图 12-8　普光 1 井飞仙关组试气点火照片

表 12-2　普光气田勘探成果表

勘探历程	累计探明含气面积 / km^2	累计探明储量 / $10^8 m^3$	可采储量 / $10^8 m^3$
第一轮勘探（2003 年底—2004 年底）	30.86	1143.63	857.73
第二轮勘探（2004 年底—2005 年底）	45.60	2510.70	1883.04
第三轮勘探（2005 年底—2007 年底）	59.60	2782.95	2073.62
甩开勘探（2005—2009 年）	126.58	4121.73	3048.15

2. 四年三轮部署，高效探明普光主体

普光主体历时四年经三轮评价勘探，到 2007 年底累计提交天然气探明储量 $2782.95 \times 10^8 m^3$，实现了普光气田主体探明。

（1）第一轮评价勘探（2003 年底—2004 年底）。在预测的有利勘探区域，完成了 $456.06 km^2$ 高分辨率三维地震详查。通过对三维地震资料的解释和储层描述，进一步刻画了长兴组—飞仙关组礁滩相储层的纵横向展布，预测了储层厚度和孔隙度。按照用最少的井数控制最大的含气面积的部署思路，沿圈闭长轴分别在低部位部署了普光 3 井，在高部位部署了普光 2 井，在普光 1 井与普光 2 井间部署普光 4 井三口评价井，全部获得成功，实现了普光气田的主体初步落实。

2005 年 1 月 20 日，利用普光 1 井、普光 2 井、普光 4 井三口井资料，提交普光气田飞仙关组气藏新增含气面积 $30.86 km^2$，未开发探明（Ⅱ类）天然气地质储量 $1143.63 \times 10^8 m^3$，可采储量 $857.73 \times 10^8 m^3$。

（2）第二轮评价勘探（2004 年底—2005 年底）。在此阶段，完成宣汉—达州地区西南部高分辨三维地震采集 $809 km^2$，对三维地震资料进行了叠前时间偏移处理，发现了普光 3 井断层，并将普光构造—岩性气藏分割成普光 3 井区和普光 2 井区两个气藏。同时，利用普光 2 井密闭取心资料标定测井，进行了四性关系分析、测井二次解释和储量参数研究。利用测井标定地震，完成了新一轮的沉积相、地震相研究和储层精细解释与定量预测。此阶段的部署思路：一是进一步向南扩大含气面积，在台地边缘相的最高部位寻找储层更发育的区域，部署了普光 5 井、普光 6 井，与普光 2 井呈三角形；二是向西北为控制东岳寨—普光边界断层部署普光 7 井，共部署三口评价井。随着储层预测精度的提高，3 口井都获得成功，达到了预期效果。

由于第二轮评价发现了普光 3 井及普光 7 井两条断层，将普光气田分为普光 2 井区、普光 7-1 井区、普光 7 井区三个天然气藏。2006 年 1 月提交普光气田普光 2 井区飞仙关组构造—岩性气藏新增探明含气面积 $14.72km^2$，新增天然气探明地质储量 $1031.54 \times 10^8m^3$，新增技术探明可采储量 $773.66 \times 10^8m^3$；长兴组构造—岩性气藏探明含气面积 $20.74km^2$，新增天然气探明地质储量 $335.53 \times 10^8m^3$，新增天然气探明技术可采储量 $251.65 \times 10^8m^3$。至此，普光气田累计提交飞仙关组及长兴组气藏探明含气面积 $45.6km^2$，天然气探明地质储量 $2510.70 \times 10^8m^3$，天然气探明技术可采储量 $1883.04 \times 10^8m^3$。

（3）第三轮评价勘探（2005 年底—2007 年底）。本轮勘探是在普光气田主体基本探明后，通过多井地层精细对比并开展了又一轮的构造解释、储层预测和气藏地质特征研究的基础上进行。部署的指导思想：一是落实气水界面；二是探明东部含气范围。为此，部署了普光 8 井、普光 9 井、普光 10 井、普光 12 井和普光 101 井五口评价井。

本轮勘探探明了南部气藏底界和东部边界，普光 2 井区气藏的气水界面确定为海拔 -5230m，东部气水界面为海拔 -5120m。

2007 年 2 月提交普光气田普光 8 井区飞仙关组、长兴组构造—岩性气藏探明储量。探明含气面积 $14km^2$，天然气探明地质储量 $272.52 \times 10^8m^3$，天然气技术可采储量 $190.58 \times 10^8m^3$。至此，普光气田累计上报飞仙关组及长兴组气藏探明含气面积 $59.6km^2$，天然气探明地质储量 $2782.95 \times 10^8m^3$，天然气探明技术可采储量 $2073.62 \times 10^8m^3$。

3. 向北甩开勘探，再获千亿立方米探明储量

2005—2008 年，普光主体探明后，针对毛坝、大湾地区构造及气水关系复杂的情况，利用三维地震叠前、叠后资料的对比解释及多井标定的地震相、沉积相和储层定量预测与圈闭描述研究，提出"沉积相带、断层组合、局部构造"复合控藏新认识，建立了礁滩叠置型、前礁后滩型二种礁滩发育模式，完善了构造岩性复合圈闭描述技术，在毛坝、大湾复合圈闭论证部署多口探井获工业气流，新增探明地质储量 $1267 \times 10^8m^3$（图 12-9）。

大湾区块第一轮部署了大湾 1 井、大湾 2 井。大湾 1 井于 2005 年 10 月 18 日开钻，至 2006 年 9 月 25 日钻至井深 5693m 完钻，层位为上二叠统龙潭组。测井解释飞仙关组储层厚 120.7m，其中 Ⅰ 类储层 35.8m，Ⅱ 类储层 31.3m，Ⅲ 类储层 53.6m；长兴组储层厚 36.7m，其中 Ⅱ 类储层 33.0m，Ⅲ 类储层 3.7m。长兴组 5320～5382m 测试日产气 $16.969 \times 10^4m^3$，证实为气层；飞仙关组 5029.2～5130.5m 测试日产气 $88.4876 \times 10^4m^3$，证实为高产气层。大湾 2 井于 2006 年 1 月 1 日开钻，至 2006 年 9 月 23 日钻至井深 5060.89m 完钻，层位为上二叠统长兴组。在飞一段—飞二段上部取心 26.85m，心长 26.82m，全部为有效储层。物性分析孔隙度 2.01%～18.07%，平均孔隙度 7.63%。测井解释飞仙关组储层厚 148.5m，其中 Ⅰ 类储层 50.4m，Ⅱ 类储层 53.9m，Ⅲ 类储层 44.2m。飞仙关组 4804.4～4900.0m 测试日产天然气 $58.6 \times 10^4m^3$，证实为气层。

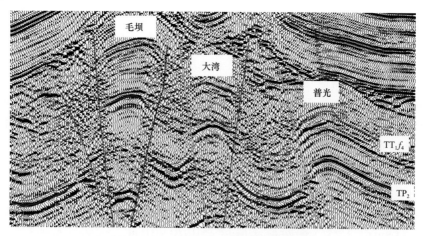

图 12-9　毛坝—大湾—普光构造剖面图

2007 年 2 月提交普光气田大湾 1 井区飞仙关组新增天然气探明含气面积 27.17km²，天然气探明地质储量 765.19×10⁸m³，天然气技术可采储量 573.90×10⁸m³，长兴组构造—岩性气藏新增天然气探明含气面积 2.96km²，天然气探明地质储量 12.58×10⁸m³，天然气技术可采储量 9.44×10⁸m³。普光气田大湾 1 井区飞仙关组及长兴组构造—岩性气藏合计新增探明含气面积 27.17km²，天然气探明地质储量 777.77×10⁸m³，天然气技术可采储量 583.34×10⁸m³。

在大湾 1 井、大湾 2 井获工业产能后，于 2007 年实施了大湾 3 井、大湾 101 井、大湾 102 井三口评价井，完成了对大湾气田的整体探明。2008 年 12 月，飞仙关组气藏新增探明含气面积 8.61km²，天然气探明地质储量 238.22×10⁸m³，天然气技术可采储量 154.84×10⁸m³。截至 2008 年底，大湾飞仙关组—长兴组气藏累计探明含气面积 35.78km²，天然气探明地质储量 1015.99×10⁸m³，天然气技术可采储量 738.18×10⁸m³。

与此同时，在普光外围的毛坝地区钻探实施毛坝 4 井、毛坝 6 井均获成功。2007 年 12 月提交毛坝 4 井区飞仙关组新增天然气探明含气面积 7.49km²，天然气探明地质储量 251.85×10⁸m³，天然气技术可采储量 188.89×10⁸m³。陆续甩开钻探的分水岭、双庙场、清溪场等圈闭均获得成功，2009 年上报长兴组—飞仙关组气藏新增探明含气面积 23.71km²，天然气探明地质储量 70.94×10⁸m³，天然气技术可采储量 47.46×10⁸m³。

从 2003 年普光 1 井突破到 2009 年底仅用 6 年时间，实现了普光气田的整体探明，累计上交探明气藏面积 126.58km²，未开发探明储量 4121.73×10⁸m³，天然气技术可采储量 3048.15×10⁸m³。后期由中原油田分公司开发，2013 年建成 105×10⁸m³/a 产能。截至 2018 年底，累计生产混合气 731.23×10⁸m³、净化气 515.50×10⁸m³、硫黄 1493.64×10⁴t。

四、川气东送喜圆梦，海相勘探启世人

1. 启动川气东送工程，推动能源结构调整

在普光气田发现后，国家启动了川气东送工程，该工程西起川东北普光首站，东至上海末站，是继西气东输管线之后又一条贯穿中国东西部地区的天然气管道大动脉（图 12-10）。管道途经四川、重庆、湖北、安徽、浙江、上海四省二市，设计输气量

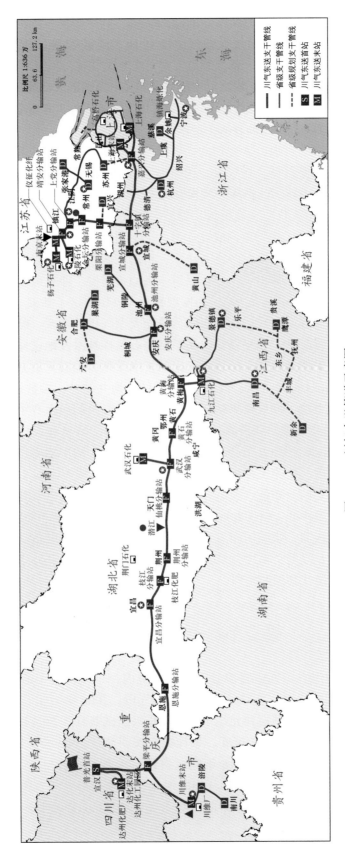

图 12-10 川气东送管道示意图

$120 \times 10^8 \mathrm{m}^3/\mathrm{a}$，设计输气压力为 10.0MPa，全长 2206km，其中普光—宜昌山区段约 800km，宜昌—上海平原段约 1206km。沿线设输气站场 19 座，阀室 74 座。工程于 2007 年 3 月 25 日开工，经过三年时间的建设，整条管道工程干线全线贯通。2010 年 3 月 29 日，川气东送工程建成投产。作为继西气东输之后中国兴建的又一条能源大动脉，川气东送的建成投产，对促进能源结构调整，推动西部资源优势转化为经济优势具有重要意义。

2. 首个整装气田发现，指导海相油气勘探

回顾总结普光气田的发现，体会到勘探思路的转变是气田发现的关键。前期的天然气勘探以构造圈闭为主要目标，在宣汉—达州地区 1116km² 范围内，按照"沿长轴、占高点、打扭曲"的部署思路，已钻深、浅探井共 21 口，其中钻达长兴组—飞仙关组目的层的探井 7 口，仅川岳 83 井在飞仙关组二段钻获泥灰岩裂缝型气藏，钻探成功率极低。后期通过扎实的基础地质工作与理论研究，建立了不同时期沉积相带的时空配置和沉积模式，突破了"开江—梁平海槽"的已有认识，指出该区发育长兴组—飞仙关组礁滩相储层，从而调整勘探思路，提出了"以长兴组—飞仙关组礁、滩孔隙型白云岩储层为主的构造—岩性复合型圈闭为勘探对象"，为发现普光大气田奠定了基础。

物探技术进步是勘探大发现的重要保障。普光大型气田的发现，除了地质上敢于突破认识上的禁区外，重要的一点是得益于高精度地震勘探技术及地震储层预测技术的发展。山地地震勘探技术逐步完善，形成了一定的技术系列，地震采集方面针对复杂地表条件和复杂构造带的成像，在选线方法、激发条件、炮井钻井、参数设计处理等方面，采用了针对性的技术方法，勘探效果明显改善。地震储层预测技术有了长足进步。宣汉地区高精度二维、三维地震所获资料的主频率 60～80Hz，由于有了好的资料基础，通过合成地震记录精细层位标定，结合波阻抗、地震相分析、储层地质建模等，较准确地解决了储层分布、厚度、孔隙度及含气性的预测问题，可以预测 10m 以上储层厚度和 I 类、II 类优良品质储层的分布区。尤其是鲕滩储层识别技术，突出了鲕滩储层地震响应的亮点特征及储层反演特征，使探井成功率大于 90%。

普光气田的发现探明，吹响了南方海相油气勘探全面铺开的号角，带来了四川盆地新一轮天然气储量增长高峰，对中国海相领域勘探具有重要的借鉴与指导作用，有力地推动了中国海相领域油气勘探的发展。

第二节　元　坝　气　田

元坝气田位于四川省广元市苍溪县及阆中市境内，是中国首个超深层生物礁大气田，也是目前国内规模最大、埋藏最深的生物礁气田。2006 年中国石化在元坝长兴组岩性圈闭部署了第一口超深预探井元坝 1 井，在长兴组试获日产 $50.3 \times 10^4 \mathrm{m}^3$ 工业气流，从而发现了元坝气田。截至 2017 年底，累计提交探明储量 $2303.47 \times 10^8 \mathrm{m}^3$，2016 年建成混合气 $40 \times 10^8 \mathrm{m}^3$ 产能。截至 2018 年底，累计生产混合气 $120.77 \times 10^8 \mathrm{m}^3$、净化气 $99.45 \times 10^8 \mathrm{m}^3$、硫黄 $92.75 \times 10^4 \mathrm{t}$。元坝气田的发现，有效地指导了海相深层—超深层油气勘探，对保障川渝地区及长江中下游的天然气供应和国家能源安全具有重要意义。

一、隔海相望到元坝，海相超深启征程

随着普光大气田的发现，中国石化的勘探家们并没有沾沾自喜、骄傲自满、故步自封，而是不断解放思想、拓展思路、锐意进取，按照"发展南方"的战略部署要求，夯实川气东送资源基础，大打勘探进攻战，在普光大气田之外的其他地区开展有利区带及目标评价，寻找新的勘探主阵地，把目光聚焦至开江—梁平陆棚西岸的元坝探区。

元坝气田所在的巴中区块由于构造位置相对较低，加之前期认为长兴组—飞仙关组位于开江—梁平海槽相区，储层不发育，综合评价认为勘探潜力不大，是当时四川盆地最后一个未被登记的区块。2002 年由新成立的中国石化南方勘探开发分公司登记探矿权。该区处于九龙山背斜、通南巴背斜三者的结合部，构造位置相对较低（图 12-11），工区整体研究程度相对较低。

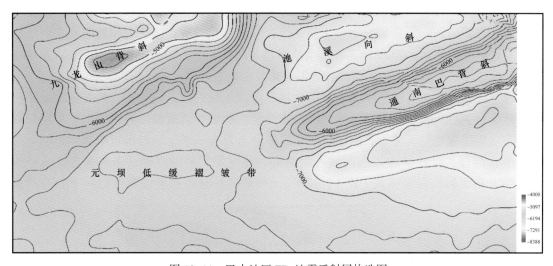

图 12-11　巴中地区 TP$_2$ 地震反射层构造图

元坝探区早期勘探分别使用光点地震仪、模拟磁带地震仪和数字地震仪在本区块开展地震概查、地质普查工作，先后完成了区域测线 30 条，地震总长度约 830km。以下侏罗统自流井组陆相碎屑岩为主要目的层，实施 4 口陆相浅井，在自流井组大安寨段见到了好的油气显示，测试未获工业气流。在区块外北侧九龙山构造部署龙 4 井，在下三叠统飞仙关组和上二叠统吴家坪组钻获气显示，于下二叠统茅口组试获日产气 $26 \times 10^4 \sim 36 \times 10^4 m^3$，气层压力高达 98MPa，表明九龙山构造的气藏为一异常高压裂缝—孔洞型气藏。进入 20 世纪 90 年代后，由于勘探无突破，勘探潜力不明确，勘探处于停滞阶段，区块内基本无实物工作量投入。

经过野外露头资料的重新认识，结合地震沉积学研究，认为在川北地区存在隆洼相间的古地理格局，深水相主要发育在开江—梁平地区，而环开江—梁平陆棚两侧为台缘高能相带。这种沉积格局主要受古构造作用的控制，早二叠世末，受到峨眉地裂运动的影响，川北地区发生构造拉张或热沉降作用，在茅口组沉积晚期开江—梁平陆棚已有雏形，而随着构造作用进一步加剧，在长兴组沉积期开江—梁平陆棚达到成型阶段，受差异沉降作用在陆棚两侧开始发育碳酸盐岩礁滩体的沉积。按照"突破有目标、准备有区带"的梯次勘探指导思想，在积极开展普光礁滩战略突破的同时，巴中区块纳入了中国

石化南方新区勘探的战略准备领域，于 2001 年 11 月，完成了元坝气田所在巴中区块（面积 3251km²）的矿权登记。

二、迎难而上破难关，超深海相迎曙光

针对元坝探区位于构造底部位，目的层埋深大（埋深超过 6000m），海相领域成藏条件不清、目标识别难度大等一系列制约勘探的关键问题，中国石化组织多项科技攻关，突出自主创新，在地质理论、地震等方面取得了重大突破，在元坝地区海相超深层生物礁领域发现有利勘探区带及目标，部署实施元坝 1 井，实现该领域油气勘探大发现。

1. 强化地质综合研究，指出油气勘探方向

2000 年以前通常认为川北地区长兴组为深水缓坡—陆棚相低能沉积，并不存在高能相带。2001 年，着眼全盆，通过加强区域地质研究以及大量的区调填图工作，在陆棚西侧露头区二郎庙剖面发现长兴组、飞仙关组台缘礁滩相储层，表明元坝地区存在台缘相储层发育的沉积背景。2003 年实施二维地震概查测线 8 条，满覆盖长度 408km，发现存在长兴组—飞仙关组台地边缘礁滩相地震异常反射特征。

通过野外露头、高频层序精细分析、地震沉积学研究，运用岩相、测井相、地震相等多种分析手段，重新恢复了元坝地区吴家坪组沉积期等斜缓坡、长兴组沉积早期发育生屑滩形成远端变陡缓坡、长兴组沉积中晚期叠置发育三期生物礁形成镶边台地的动态沉积演化过程，重建了跨相带区域沉积格架，建立了"早滩晚礁、多期叠置、成排成带"的大型生物礁发育模式（图 12-12）。元坝地区长兴组礁滩发育在时间上具有"早

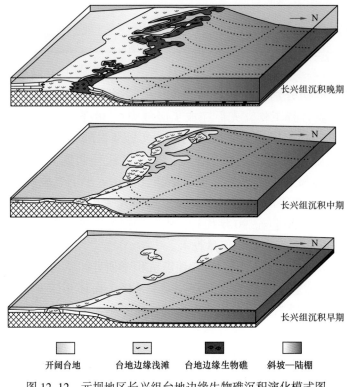

| 开阔台地 | 台地边缘浅滩 | 台地边缘生物礁 | 斜坡—陆棚 |

图 12-12　元坝地区长兴组台地边缘生物礁沉积演化模式图

滩、晚礁"的特征，在分布上具有"前礁、后滩"的特征。"早滩"主要指在长兴组早期沉积时期，地貌相对高部位形成的生屑滩体，受海平面升降及沉积速率的影响，多呈现叠置连片分布。"晚礁"为早期生屑滩在温度和盐度等适宜条件下，随着造礁生物的发育迅速生长为生物礁体沉积。由于受到构造—沉积坡折带的双重作用控制，生物礁滩体多呈现"成排成带"的分布，台缘生物礁受到海浪作用发生破碎，在其向陆一侧往往形成生物碎屑滩体沉积，即为"前礁、后滩"的相带组合。在上述认识指导下，指明了该区海相油气勘探方向是寻找台缘礁滩。

2. 攻关深层富集机理，明确有利勘探区带

针对元坝地区超深层海相碳酸盐岩储层发育机理与油气成藏等难题，开展大量基础研究与实验模拟，深化超深层海相油气成藏基本地质条件认识，指出有利油气勘探区带。

1）开展超深层储层实验模拟，明确储层发育机理

针对元坝地区海相二叠系、三叠系目的层埋藏超深的特点（6200～7300m），通过大量野外露头及钻井岩心样品，开展储层沉积、成岩、孔隙演化与埋藏史关系研究，发展和完善"三元控储"理论，明确在7000m超深层仍有优质储层发育，在纵向上拓展了勘探空间。

（1）提出了"早期暴露溶蚀、浅埋白云岩化形成基质孔隙，液态烃深埋裂解超压造缝"共同控制优质储层形成与发育。

碳酸盐岩随着埋深的增加，受温度、压力、流体等多种环境因素影响，发生压实、压溶、胶结等成岩作用，岩石孔隙度不断减小。

通过对元坝地区生物礁储层孔隙空间类型进行定性及定量分析，表明早期暴露溶蚀作用对储层孔隙贡献较大，认为早期暴露溶蚀作用形成的溶蚀孔隙和通道是生物礁优质储层形成的基础。由于礁滩相总体属于正地形，在其生长、发育过程中，对海平面的升降比较敏感。海平面的周期性升降，使得礁、滩频繁出露水面而遭受暴露，接受大气淡水淋滤，或大气淡水与海水混合水的溶蚀作用，从而形成大量选择性的粒内孔（包括铸模孔）。通常粒内孔的发育程度可指示大气淡水溶蚀形成孔隙作用的强弱，如果未形成铸模孔，则表明与之相关的溶蚀是小规模溶蚀，并未造成明显的孔隙增加，与之相关的孔隙类型仍以粒间孔为主。除此之外，暴露溶蚀还可形成粒间孔、溶洞和生物体腔孔等，为储层孔隙发育奠定基础。

浅埋白云石化作用不仅增加孔隙空间，同时也是孔隙保存的关键。研究认为，白云石化有利于储层储渗空间的形成，是碳酸盐岩储层发育的建设性因素。就碳酸盐岩储层而言，无论在体积减小情况下新增孔隙空间，还是在抗压实作用有利于原生孔隙保存下来方面，白云岩均优于石灰岩。元坝地区长兴组台地边缘生物礁优质储层以白云岩为主，储层孔渗性较好。优质白云岩储层主要为中—细晶结构，生屑结构破坏严重，多具有残余影像结构，晶间孔多见沥青贴边发育，说明白云石化时间早于烃类充注。这种储层的形成受控于沉积相和成岩环境。浅埋藏期岩石已经完全脱离沉积流体的影响，进入区域成岩流体活动范围。埋藏早期，孔隙水复杂，离子浓度较海水低，胶结物常呈粗大的镶嵌状晶体。随着沉积物的继续埋藏，脱离大气水和海水影响，水的补给复杂，孔隙水的成分也复杂，随着温度及压力的变化，有机质热解产生的有机酸加入孔隙水，引发

部分礁滩白云岩选择性溶蚀溶解，形成各种类型的溶孔、溶洞、溶缝，成为好的储集空间。增加孔隙空间的同时提高了储层骨架颗粒间的支撑能力，是储层在后期深埋过程中可长期保持良好物性的关键。

元坝地区长兴组生物礁储层孔渗关系统计分析表明，高孔隙度储层具有高渗透率的特征，孔渗呈正相关，然而在低孔段也存在中高渗透率的异常值，说明裂缝对储层物性起到了很大的改善作用。据元坝气田钻井的岩心、薄片、成像测井、裂隙形成的岩石力学实验等资料的研究发现，长兴组白云岩储层段裂缝发育，且以低角度微细裂缝为主，同时与沥青相伴生。而元坝地区整体处于弱变形改造区，构造作用形成的裂缝并不发育，这些与沥青相伴生的大量微裂缝可能与原油深埋裂解密切相关。运用 PVTsim 热动力学软件，利用包裹体在均一温度下气体完全溶解的特性，并结合包裹体气液比和均一温度等参数，模拟含烃盐水包裹体的组分和最小捕获压力，建立包裹体的等容线方程，并结合含烃盐水包裹体捕获温度比均一温度略高 2℃ 的认识，求取包裹体的捕获压力，进而恢复川东北元坝长兴组气藏的古压力。古压力除以它的古埋深所对应的当时的古静水压力，就可以得到古流体压力系数。根据长兴组储层中 26 个包裹体数据，运用 PVTsim 模拟获得的古流体压力系数均值可达到 1.77。最终确定，生物礁相对封闭体系液态烃深埋裂解成气过程中可形成压力系数均值高达 1.77 的强超压，超压系统会使脆性的岩石产生大量的微细裂缝，进而提出液态烃深埋裂解导致超压裂缝的形成机理，为寻找元坝超深层生物礁气田主体高产富集提供了理论基础。

（2）提出"孔缝耦合"控制超深层优质储层发育的新认识，建立了"孔缝双元结构"储层模型。

研究表明，元坝地区长兴组超深层生物礁储层孔隙空间主要为暴露溶蚀作用，浅埋藏白云石化作用以及有机酸溶蚀等形成的选择性溶蚀的粒内溶孔、鲕模孔、生物体腔溶孔和非选择性溶蚀的晶间溶孔及粒间溶孔。液态烃深埋裂解形成的超压，进而形成诸多微细裂缝，改善了储层的渗透性。从孔渗关系来看，孔隙型储层孔渗关系呈现一元线性关系，孔隙度越高，渗透率相应较高，但还存在裂缝—孔隙型储层，占有较大比例，表现为孔隙度较低，但渗透率很高，非线性关系，这部分储层则为超压缝导致储层渗透性提高，进一步提高了储层的品质。总体来讲，这种"孔缝耦合"综合效应控制了元坝超深层优质储层发育。

元坝地区超深层生物礁白云岩优质储层不能应用传统的孔隙度—渗透率一元线性关系模型来评价，而应该充分考虑中低孔隙度高渗透率储层的存在。为了更好地评价超深层储层，以孔隙结构搭建孔隙度与渗透率之间的多参数解释模型，进而建立元坝地区超深层生物礁非均质"孔缝双元结构"储层地质模型（图 12-13），这为超深层领域储层综合评价及地球物理预测奠定了理论基础。

2）开展超深层油气成藏综合评价，落实有利勘探区带

针对元坝超深层油气成藏过程复杂，烃源条件、输导体系等问题认识不清，利用周缘钻井及野外资料，开展油气成藏综合评价，认为元坝超深层生物礁领域油气成藏有利，具备形成大中型气藏条件。

（1）提出了深水陆棚相吴家坪组—大隆组是川北地区二叠系主力烃源岩的新认识。

针对元坝地区长兴组生物礁领域烃源条件问题，利用周缘探井与露头资料，提出了

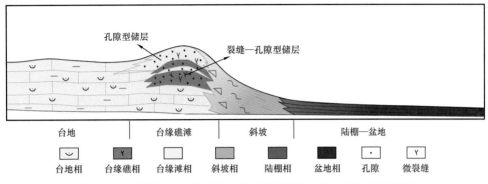

图 12-13　元坝地区生物礁非均质"孔缝双元结构"储层地质模型

深水陆棚相吴家坪组—大隆组发育优质烃源岩，与长兴组生物礁组成"棚生缘储"成藏组合，具有近源富集成藏特征。该区龙潭组（吴家坪组）、大隆组烃源岩主要为碳质泥岩及黑色泥质岩、含泥灰岩，其中大隆组烃源岩厚 20～60m，有机碳含量大于 0.5%，吴家坪组烃源岩厚 50～120m，有机碳含量 0.5%～5%，明确元坝台缘生物礁带紧邻生烃中心，解决了元坝超深层气田的气源问题。

（2）建立了"三微输导、近源富集、持续保存"的超深层生物礁成藏模式。

元坝地区位于川北低缓褶皱带，区内缺乏断层或不整合面等输导条件。古油藏与烃源之间的致密层在镜下的层间缝、节理缝见沥青，因此提出由层间缝、节理缝和连通性的白云岩储层构成"三微输导"体系（图 12-14）。白云岩储层面积大，侧向叠合、连片分布，且储层的物性条件好，具有大面积汇聚和运移油气的能力。节理缝主要是垂直层面的中—高角度的裂缝，在野外露头可常见此类裂缝，且裂缝面有擦痕，多充填沥青，无疑是古原油垂向运移的有效通道，后期钻井进一步验证（图 12-15）。层间缝是

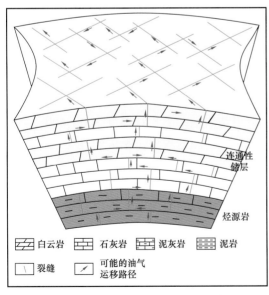

元坝2井，长兴组，6558m

元坝224井，长兴组，6638.5m

图 12-14　元坝地区油气输导立体模型　　　图 12-15　元坝地区长兴组充填沥青高角度缝

指不同岩性段之间的层面缝，在侧向挤压的背景下，这些层面往往是应变的薄弱面，发生岩层张开或剪切，在岩心上多为低角度层面缝，发育擦痕，也可见沥青充填。这种由层间缝、节理缝和输导层共同构成的输导体系是有效的，促使烃源岩排出的原油聚集成藏。

通过成藏基本地质条件分析认为，元坝地区礁滩气田具有近源富集的特点，其分布具有"横向近灶、纵向近源"的特征，"横向近灶"表现为邻近大隆组生烃中心，大隆组泥岩厚 20～60m，平均有机碳含量 2.38%，平面分布受控于沉积相带，主要发育于陆棚相区。"纵向近源"表现为底部发育吴家坪组烃源岩，两套优质烃源生烃强度达 $30 \times 10^8 \sim 70 \times 10^8 m^3/km^2$，该区邻近二叠系吴家坪组—大隆组的生烃灶，具有充足的油气来源（图 12-16）。

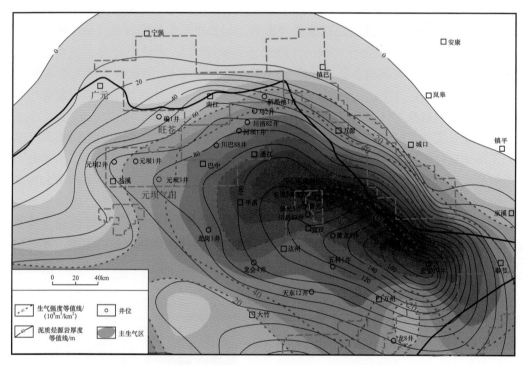

图 12-16　川东北上二叠统烃源岩生烃强度分布

综合评价研究认为，元坝地区断层不发育和完整膏泥岩封闭使得天然气在调整再聚集过程中得以持续保存。元坝嘉陵江组—雷口坡组膏岩层的总累计厚度 300～600m，且该区构造变形弱，无断层切穿上覆嘉陵江—雷口坡组膏泥岩盖层，是天然气得以保存的关键。

（3）建立了超深层生物礁大气田成藏演化模式。

在上述分析基础上，结合区域构造演化分析，建立元坝超深层生物礁领域天然气聚集成藏演化模式（图 12-17）。

① 古油藏形成阶段：晚三叠世—早侏罗世，上二叠统吴家坪组烃源岩与大隆组烃源岩已经成熟并进入生油窗，元坝地区紧邻北部生烃中心，生成的原油主要沿"三微输导"体系垂向和侧向运移至礁滩岩性圈闭聚集，形成多个独立的礁滩相储层岩性古油藏。

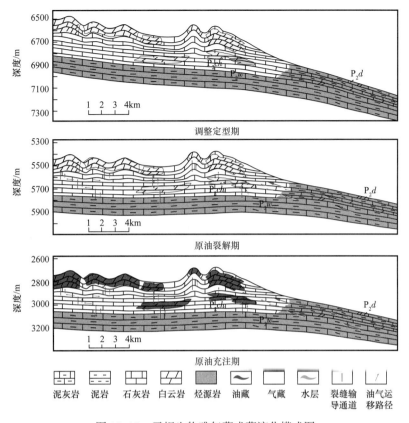

图 12-17　元坝生物礁气藏成藏演化模式图

② 古气藏形成阶段：中侏罗世—早白垩世，古原油发生裂解，古岩性气藏形成。随着地层的持续埋深，储层的温度逐渐超过 150℃，在地层埋深最大期（早白垩世），储层温度超过 200℃。根据前人研究，150℃是地层条件下原油稳定存在的上限。因此，原油必然发生裂解，完成了油到气的相态转化。在原油裂解过程中会产生超压，部分天然气可能沿裂缝发生再运移。自古油藏形成后，元坝地区受燕山多期构造运动的作用，长兴组白云岩储层广泛发育裂缝，储层储集空间由原油充注期以孔隙为主，演变成以构造裂缝—孔隙为主，增强了储层的连通性。

③ 天然气调整再聚集阶段：晚白垩世以来，随着晚期构造变动，天然气调整再聚集。受北部九龙山背斜隆起的影响探区北部地层整体抬升，气藏内部调整改造，气藏最终定位。

3. 二维地震锁定目标，元坝 1 井首战报捷

在上述研究基础上，为落实构造特征与目标，2003 年在元坝地区实施二维地震概查测线 8 条，满覆盖长度 408.2km。地震地震剖面存在长兴组—飞仙关组台地边缘礁滩相的反射特征，为进一步落实台缘礁滩相分布范围并为钻探提供依据，2006 年又实施了二期二维测线 25 条，满覆盖长度 1294.68km。

经过对新二维地震资料的精细处理、解释，并借鉴普光气田成功的储层预测技术和研究方法，初步明确了元坝地区长兴组—飞仙关组沉积相展布和储层的分布。在开江—梁平陆棚两侧形成不对称的台地边缘相带，东侧分布在通南巴构造黑池梁一带，坡度相

对陡，礁滩内部见杂乱反射；西侧分布在元坝一带，坡度缓，礁滩内部见空白或杂乱反射，外形呈丘状，斜坡形成一系列的叠瓦状前积体，并逐渐向东前积（图 12-18）。

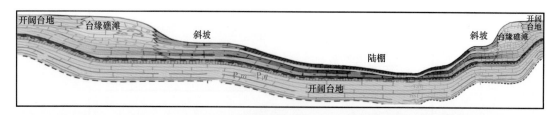

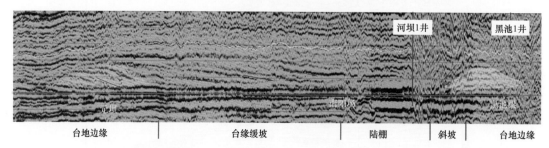

图 12-18　巴中—通南巴 BZ-EW-03-357—CDB-NW-99-222—CDB-NW-99-223 地震解释剖面
（上图为解释地质模型）

在寻找长兴组—飞仙关组台地边缘岩性气藏勘探思想指导下，结合野外地质研究与老井复查，指出元坝探区具有发育长兴组台缘礁滩的古地理背景，并借鉴普光气田成功的"相控三步法"储层预测技术和研究方法，利用高精度二维地震资料对元坝地区长兴组—飞仙关组沉积相展布进行研究，并开展储层预测，在长兴组发现自西向东 3 个礁滩异常体，优选部署实施元坝 1 井。该井于 2006 年 5 月 26 日开钻，2007 年 9 月 17 日钻至井深 7427.23m 完钻（图 12-19），2007 年 10 月 13 日完井。2007 年 11 月 19 日，优选该井长兴组 7330.7～7367.6m 井段射孔酸压测试，获日产天然气 $50.3 \times 10^4 m^3$。元坝地区长兴组台缘礁滩气藏获重大突破，发现了元坝气田。

图 12-19　元坝 1 井井场全景照片

三、技术进步强保障，拨开迷雾擒气龙

元坝地区礁滩储层埋深大、储层薄、非均质性强，储层预测评价与钻井施工难度大，在勘探评价过程中创新形成了复杂山地超深层生物礁储层地震勘探技术系列与复杂超深井钻完井、测试技术系列，并在勘探开发过程中实现一体化部署，保障了元坝超深层生物礁大气田的高效勘探开发。

1. 形成"相控三步法"技术，精准预测高产富集带

针对超深层礁滩相储层识别重点和难点问题，开展地震采集处理技术攻关，形成了超深弱反射层地震采集处理技术，有效地提高了超深层反射能量和分辨率。形成以沉积相研究为指导、以模型正演与地震相分析为基础、以相控多参数储层反演为核心的"相控三步法"超深层礁滩储层综合预测技术，准确描述超深层礁滩圈闭目标；首创了基于孔缝双元结构模型的孔隙结构参数反演技术，大幅度提高了超深储层预测精度，形成了超深生物礁储层高精度气水识别技术，预测高产富集带。

1）超深弱反射层地震采集处理技术

元坝地区长兴组礁滩储层埋深大，完钻井深普遍大于 7000m，复杂的地表和地下条件下的地震资料主要存在以下几个特点：一是采集时炮与炮之间品质、能量、频率等方面差异较大，干扰波类型多且能量强；二是山区地形起伏很大，地表高程变化剧烈，低速带横向变化快，静校正问题较严重；三是海相目的层资料信噪比、分辨率偏低，高频成分衰减快，内幕反射能量弱；四是绕射较发育，波场复杂，速度场空变大，准确成像难度较大。

针对上述问题，首先利用介质和激发最佳匹配的饱和激发技术，提升激发弹性波能量；其次，通过层析成像静校正与分频静校正技术减少了高频成分因静校正问题而叠加损失，保护超深层地震资料的分辨率；再次，基于各向异性和吸收衰减介质模型，面向超深层储层弱信号构建矢量面元信号道集，压制干扰波和补偿弱信号振幅能量；最后，建立以基于起伏地表的精细速度建模技术和基于层位约束反射波网格层析速度迭代优化技术为核心的叠前时间偏移处理流程，改善了成像效果。

通过关键技术攻关，突破了超深弱反射层地震采集处理技术瓶颈，有效提高超深层反射能量和分辨率。与老资料（图 12-20a）相比：埋深 7000m 左右目的层有效能量提高 70% 以上（图 12-20b），频带范围由原来的 8～50Hz 拓展到 4～80Hz，主频提高 15～18Hz（图 12-20c）。同时，新采集、处理的地震资料对礁滩内幕及边界的反映更为清晰。

2）基于孔缝双元结构模型的孔构参数反演技术

碳酸盐岩沉积环境及后期成岩作用对岩石孔隙度、孔隙大小、形状、连通性等结构的改变是造成储层非均质性的重要因素。这些因素造成了碳酸盐岩孔隙度—声波速度关系、孔隙度—渗透率关系的复杂性，进一步增加碳酸盐岩储层渗透性评价方面的难度。元坝地区碳酸盐岩储层孔隙结构复杂，深部碳酸盐岩白云岩化程度、溶蚀作用、胶结作用和裂缝发育程度的差异造成孔隙度—渗透率关系、孔隙度—速度关系存在多解性。在相同孔隙度下，速度数据差异较大。如图 12-21a 所示，利用传统的一元孔隙度—速度 Wyllie 模型等地球物理方法实现渗透率的预测存在较大误差。针对这一问题，结合元坝地区大量岩心实验室力学测试数据，针对孙氏模型进行了简化，获得孔构参数（γ）的计算公式为：

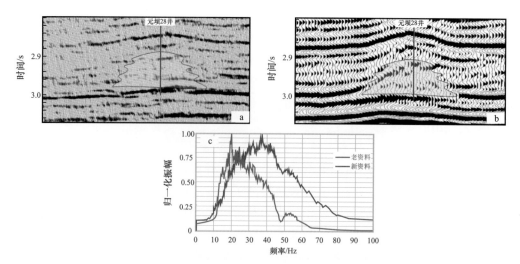

图 12-20 过元坝 28 井新（a）、老（b）地震剖面及对应的频谱（c）

$$\gamma = \frac{\ln\left(\rho v_{p}^{2} - \frac{4}{3}\rho v_{s}^{2}\right) \ \ln\left(\rho_{0} v_{p-0}^{2} - \frac{4}{3}\rho_{0} v_{s-0}^{2}\right)}{\ln\left(1 - \dfrac{\rho - \rho_{0}}{\rho_{fl} - \rho_{0}}\right)} \cdot \qquad (12-1)$$

式中，v_p、v_s 和 ρ 分别为饱和流体岩石纵波速度、横波速度和密度，v_{p-0}、v_{s-0} 和 ρ_0 分别为岩石基质纵波速度、横波速度和密度，ρ_{fl} 为流体密度。

利用该式根据不同孔构参数建立的孔隙度—渗透率关系用于低孔高渗储层孔—渗关系准确性明显更高（图 12-21b）。

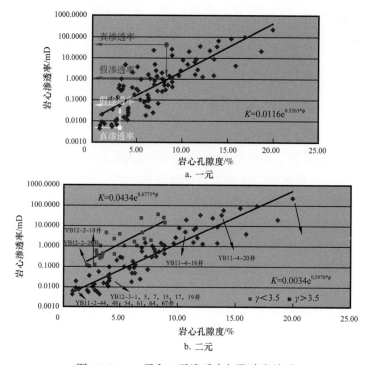

图 12-21　一元和二元渗透率与孔隙度关系

通过纵波速度与孔隙度交会可知，孔隙储层速度明显偏高，同时裂缝型储层则速度明显偏低（图12-22）；这与相同应力状态下，不同孔隙形态的碳酸盐岩表现出的应力—应变状态不同有关。利用如式（12-1）所示的二元模型在渗透率预测方面效果较好，与岩心实测渗透率数据吻合性较好，在低孔高渗带预测方面取得突破了突破性进展。

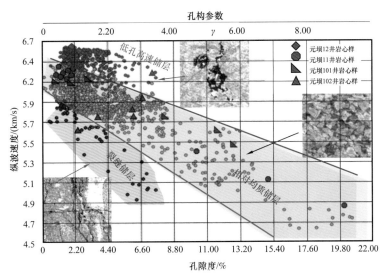

图 12-22 元坝地区二元结构孔构参数—速度模型

3）超深生物礁储层高精度气水识别技术

根据对元坝地区礁滩相碳酸盐岩 50 个岩样在饱气饱水情况下进行的实验室弹性参数测试分析（表12-3），可以看出拉梅常数是对气水最为敏感的弹性参数。白云岩和石灰岩饱气岩样拉梅常数明显比饱水岩样要小，平均值约低 7.54GPa 和 7.26GPa，相对变化率达到 31.87% 和 17.42%。

表 12-3 饱气和饱水礁滩相碳酸盐岩岩样弹性参数对照表

弹性参数	白云岩（11 个岩样）			石灰岩（39 个岩样）			全部岩样（50 个）		
	饱气平均	饱水平均	相对变化率	饱气平均	饱水平均	相对变化率	饱气平均	饱水平均	相对变化率
拉梅常数 /GPa	23.69	31.23	31.87	41.71	48.97	17.42	37.74	45.07	19.41
体积模量 /GPa	36.3	43.95	21.08	60.11	68.83	14.51	54.87	63.35	15.46
泊松比	0.30	0.28	7.79	0.29	0.32	11.35	0.29	0.31	10.58
纵波速度 /（m/s）	4865	5177	6.42	5977	6261	4.74	5732	6022	5.06
横波速度 /（m/s）	2688	2722	1.29	3195	3219	0.74	3083	3109	0.84
剪切模量 /GPa	48.92	49.08	0.85	27.6	27.71	0.41	25.69	25.81	0.48

同时，通过典型井元坝 103 井（该井测井解释存在气层、水层及气水过渡层）的测井曲线进行分析可知，拉梅常数乘以密度（$\lambda\rho$，拉梅系数乘以密度较拉梅系数更易于反演实现且反演精度更高，因此通常使用该参数）对含气层最为敏感，含气时 $\lambda\rho$ 下降为

31.59%，与实验室测试数据存在较高的一致性。

元坝地区优质礁滩储层在叠前地震道集资料上表现为第三类 AVO 异常，在进行提高信噪比、分辨率和恢复相对振幅变化关系的预处理基础上，开展叠前同时反演得到数据体 $\lambda\rho$ 数据体。含气储层的 $\lambda\rho$ 值主要分布在 $90\sim100\mathrm{GPa}\cdot\mathrm{g/cm^3}$ 范围，含水储层的 $\lambda\rho$ 值主要分布在 $100\sim120\left[\mathrm{GPa}\cdot\left(\mathrm{g/cm^3}\right)\right]$ 之间，反演结果与实际钻井测试情况存在较好的一致性。

在面向超深层采集、处理技术攻关的基础上，通过孔构参数反演以及弹性参数反演技术预测元坝气田高产富集带面积 $98.5\mathrm{km^2}$，实施的 10 口探井全部获日产超百万立方米高产天然气流。创新性的地震勘探技术系列为元坝深层大气田的高效勘探提供了技术支撑（图 12-23）。

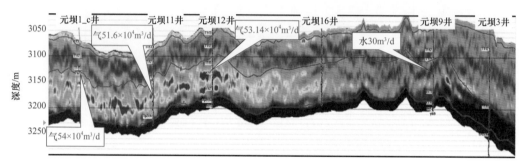

图 12-23　元坝长兴组过元坝 1_c 井、元坝 11 井、元坝 12 井、元坝 16 井、元坝 9 井拉梅常数连井剖面图

2. 攻关超深钻井工程技术，保障高效勘探开发

1）发展非常规井身结构、首创特种井身结构，有效解决多压力系统、复杂地层封隔技术难题

图 12-24　元坝气田超深井非常规五开次井身结构图

针对中国南方海相勘探一般穿越多套产层的实际情况，放弃了传统的井身结构设计方法（自上而下或自下而上），改为自中间向两端进行设计（以第一套重点防范层上层套管为基点向上下两端推算，顺次确定各层套管尺寸、钻头尺寸）。

采用减薄接箍方法创新的超深井非常规井身结构（$20\mathrm{in}{-}13\frac{3}{8}\mathrm{in}{-}10\frac{3}{4}\mathrm{in}{-}7\frac{5}{8}\mathrm{in}{-}5\frac{3}{4}\mathrm{in}$）（图 12-24），与常规比增加套管层次两层；以钻杆接头为基点双向递推形成全新的特种井身结构（$20\mathrm{in}{-}16\mathrm{in}{-}11\frac{3}{4}\mathrm{in}{-}8\frac{5}{8}\mathrm{in}{-}6\frac{5}{8}\mathrm{in}{-}4\frac{3}{4}\mathrm{in}$），与常规比增加套管层次三层。应用这两种井身结构，有效地解决了以前难以解决的地层压力体系多、套管层次不够、陆相大井眼可钻性差、复杂故障多的难题，有效延长了上部气体钻井井段，增加了技术套管下深，封隔了更多的复杂层位，减少了故障复杂时间，钻探能力大幅度提高。

2）集成创新超深井钻井技术，实现超深井优快钻井

以气体取代钻井液，结合雾化钻、泡沫钻，探区陆相地层上部井段平均机械钻速是常规钻井液钻井的4～6倍，研发和成功应用了与气体钻配套的PDC钻头，创新$\phi 444.5mm$以上大尺寸井眼气体钻工艺，$\phi 444.5mm$井眼普遍钻深3400m左右。攻关集成并成功应用PDC钻头＋螺杆复合钻井、高速涡轮＋孕镶金刚石钻头钻井、扭力冲击发生器钻井、旋冲钻井、混合钻头等钻井技术，大幅提高了陆相地层下部、中深层海相地层的机械钻速（图12-25）。研发了新型复杂多面体高强度刚性颗粒堵漏材料，创新发展复杂超深井桥浆堵漏技术，高密度条件下地层承压能力平均提高0.4g/cm³。研发了新型防气窜水泥浆体系，固井质量合格率由82.98%提高到100%。集成创新超深定向井技术，能够顺利完成垂深6800～7200m、1000～1500m的大位移斜井和水平井施工。

3）创新形成"四高一超"APR测试及酸压改造技术体系，实现超深层高效试气

创新提出"四高一超"条件下管柱应力与伸缩补偿技术、抗H_2S、CO_2腐蚀等技术，形成了适合超深含硫井APR测试管柱系列，满足了高温、高压、高含硫、高产超深井安全测试需要。创新形成超深、高温、高含硫酸性气藏、超高压高效酸压改造技术，研制出密度至1.8g/cm³的高温缓速防硫加重酸液体系（图12-26），该酸液体系摩阻仅为清水的25%～35%，缓速率是常规酸液缓速率的50%以上，160℃时加重酸腐蚀速率小于28.6g/（m²·h）。创新研制出高温多级架桥粒子测试堵漏浆体系和多级段塞式注入工艺，形成小井眼、小间隙、大酸蚀裂缝快速堵漏压井技术。元坝1井常规测试日产气1504m³，酸压改造后日产气50.3×10⁴m³，实现了元坝大气田的发现，成功酸压改造26口井39层，其中10口井日产气超百立方米。

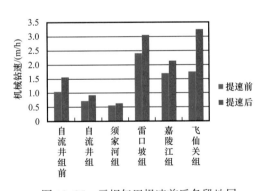

图12-25 元坝气田提速前后各段地层机械钻速对比图

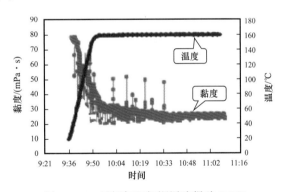

图12-26 元坝气田超深层胶凝酸155℃条件下流变曲线

4）创新开发高含硫超深层试气地面安全控制技术

研发出防硫整体式结构、多重密封技术的FF级高压防硫采气井口，设计出液控式"四闸板"防硫高压防喷器组合和安全联动装置，形成了高压动态井口密封技术。开发出国产110SS气密封油管，性能达到API 5CT/ISO 13679和ISO 15156/NACEMR 0175标准。首次设计出高抗腐蚀的FF级105MPa三级测试流程和国产化紧急关断装置，研制了有线和无线传输数据自动采集装置。配套研发出高能电子点火系统，实现放喷口远程自动电子点火（图12-27）。针对地层破裂压力高的储层，配套140MPa HH级超高压采

气树及辅助设备，形成多方位立体地面安全控制系统集成技术，满足了"四高一超"气田对地面流程需要。

图 12-27　元坝气田三级降压（105MPa＋70MPa＋70MPa）地面流程现场

3. 勘探开发统一部署，实现气田高效勘探

元坝 1 井的突破证实了元坝地区长兴组台地边缘发育礁滩相带，是油气勘探的有利地区，值得进一步展开勘探，为此确定了勘探部署的指导思想：一是落实不同沉积相带含油气性；二是落实台地边缘礁滩相不同储层类型含油气性；三是评价储层的横向非均质性；四是落实元坝地区油气资源规模。为控制长兴组台缘礁滩相带的展布，按井字形大剖面部署实施元坝 9 井、元坝 12 井及元坝 27 井等九口探井（图 12-28），这一轮探井均获得突破，其中元坝 27 井、元坝 204 井测试日产超百万立方米，元坝 11 井、元坝 101 井、元坝 102 井等测试获得高产，元坝大气田基本控制。

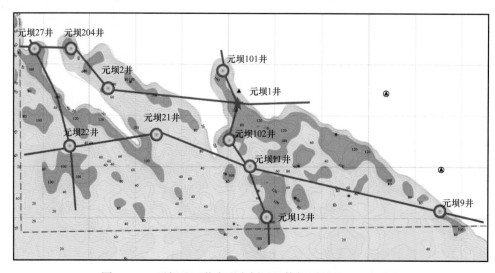

图 12-28　元坝地区井字形大剖面整体部署图（2008 年底）

2009 年 5 月，确定元坝 1 井至元坝 12 井区 200km^2 为 20×10^{8}m^3/a 产能建设试验区。至 2013 年，完成三轮次井位部署，实施钻井 23 口，其中 7 口探井测试获超百万立方米高产工业气流，高效探明中国首个超深层生物礁大气田。（1）第一轮：部署探井 6 口，其中评价井 4 口，开发准备井 2 口，同时在元坝 I、元坝 II 区块甩开部署预探井 3 口。元坝 10 井、元坝 29 井、元坝 104 井测试日产超百万立方米，元坝 121H 井、元坝 124 井、元坝 103H 井等测试获得高产。（2）第二轮：在元坝 27 井、元坝 204 井获得高产基础上，在元坝 II 区块部署 9 口探井。元坝 271 井、元坝 273 井、元坝 205 井测试日产超百万立方米，元坝 224 井、元坝 272H 井等测试获得高产，元坝大型气田已初见端倪。（3）第三轮：在元坝 29 井、元坝 10 井基础上，在元坝区块部署实施 8 口探井，整体控制元坝大型生物礁气田。元坝 28 井测试日产超百万立方米，元坝 107 井、元坝 10-2 井、元坝 10-1 井、元坝 275 井等测试获得高产。

截至 2014 年底，元坝长兴组—飞仙关组气田累计探明天然气地质储量 2195.82×10^{8}m^3，气田移交中国石化西南油气分公司开发。2016 年建成 40×10^{8}m^3/a 产能（图 12-29），截至 2021 年底，累计产混合气 237×10^{8}m^3、净化气 218×10^{8}m^3、硫黄 185×10^{4}t。

图 12-29 元坝净化厂全景照片

随着 6000m 以浅领域勘探开发程度的逐渐提高，向更深领域寻找规模储量成为必然。元坝生物礁大气田的发现，有效地推动了超深层（大于 6000m）碳酸盐岩领域油气勘探，拓宽了碳酸盐岩的勘探下限。中国超深层领域主要集中在西部三大盆地，有利面积 80×10^{4}km^2 以上，是油气勘探重要战略接替领域，其中四川盆地超深层领域主要分布于川西与川北坳陷，面积达 5.9×10^{4}km^2。

第三节　涪陵页岩气田

涪陵页岩气田位于重庆市涪陵区及南川区境内，是中国首个实现商业开发的页岩气田，储量丰度居全国五大气田（涪陵、安岳、大牛地、苏格里、靖边）之首。2012 年中国石化在涪陵焦石坝地区部署实施了第一口针对五峰组—龙马溪组页岩气的专探井——

焦页 1 井，完钻测试获得日产 $20.3 \times 10^4 \mathrm{m}^3$ 高产天然气流，宣告了涪陵页岩气田的发现。至 2015 年底涪陵页岩气田探明含气面积 $382.54 \mathrm{km}^2$，地质储量 $3805.98 \times 10^8 \mathrm{m}^3$，建成页岩气产能 $50 \times 10^8 \mathrm{m}^3/\mathrm{a}$。至 2021 年底，区块累计探明页岩气地质储量 $7926.41 \times 10^8 \mathrm{m}^3$，成为"川气东送"工程的又一重要资源阵地，已建成 $100 \times 10^8 \mathrm{m}^3$ 年产能，累计产气 $416 \times 10^8 \mathrm{m}^3$ 以上，对促进能源结构调整、缓解中国中东部地区天然气市场供应压力，加快节能减排和防治大气污染具有重要意义。涪陵页岩气田取得商业开发，标志着中国已成为继美国、加拿大之后第三个完全掌握页岩气开发成套技术的国家，走出了中国页岩气自主创新发展之路。

一、北美经验难适应，南方探索多曲折

1821 年，在纽约州阿巴拉契亚盆地泥盆系钻探的全球第一口商业性页岩气井，拉开了美国天然气工业发展的序幕。1976 年美国政府组织页岩气科技研究工程，到 1981 年发现了 Barnett 页岩气田，随后持续开展了大量的富集机理和工程技术的研究攻关。经过数十年的不懈努力，到 2000 年，美国页岩气年产量达到了 $100 \times 10^8 \mathrm{m}^3$。随着理论和技术的不断成熟，到 2006 年仅 6 年时间，美国页岩气年产量翻了 1 倍，达到 $200 \times 10^8 \mathrm{m}^3$。到 2018 年，以北美为代表的地区，发现页岩气盆地近 30 个，发现 Barnett 等 6 套高产页岩层，美国页岩气年产量超过 $6000 \times 10^8 \mathrm{m}^3$（图 12-30），页岩气勘探及生产取得成功。经过了近 200 年地质理论的探索和技术创新，美国页岩气不仅产量得到了大幅度提升，还获得了大量的科研理论成果。

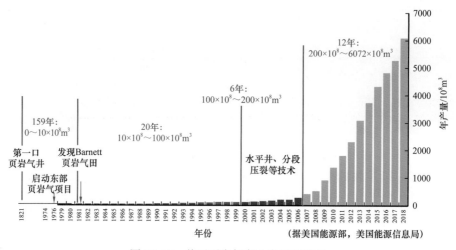

图 12-30　美国页岩气产业发展历程图

1. 中国页岩气资源丰富，页岩气勘探涌现热潮

进入 21 世纪以来，在北美页岩气勘探开发取得巨大成功的带动下，国内开始重视页岩气研究工作，不同评价机构对中国页岩气资源进行了调查，认为中国页岩气资源丰富，估算可采资源量 $10.0 \times 10^{12} \sim 36.1 \times 10^{12} \mathrm{m}^3$（表 12-4），位居世界前列。2012 年原国土资源部开展了"全国页岩气资源潜力调查评价与有利区优选"的研究工作，对中国陆域页岩气资源潜力进行了系统评价，评价范围包括上扬子及滇黔桂区、华北及华东区、中下扬子及东南区、西北区四大区（不含青藏区），共优选出有利区 180 个，累计面积

$111.49 \times 10^4 km^2$，全国页岩气地质资源量 $134.42 \times 10^{12} m^3$，可采资源量 $25.08 \times 10^{12} m^3$，四川盆地可采资源量占全国 26%，是页岩气资源潜力最大地区。

表 12-4　中国页岩气资源调查结果统计表

评价单位	估算可采资源量 /$10^{12} m^3$	评价年份
自然资源部油气资源战略研究中心	25.08	2012
中国工程院	10～13	2012
美国能源署（EIA）	36.1	2011
中国石油勘探开发研究院	10～20	2009

中美两国于 2009 年 11 月签署《中美关于在页岩气领域开展合作的谅解备忘录》，在国家有关部委的推动下，从企业到政府、从国企到民企，都在关注或者直接投入页岩油气勘探开发。先后在很多地区开展勘探实践，在 2010 年前后页岩气勘探开发形成了第一个热潮。2011 年，国土资源部将页岩气正式列为新发现矿种，并制定了一系列的鼓励扶持政策。在这股页岩气热潮的推动下，国内外各界纷纷涌入，开展了一系列的页岩气勘探工作，对 21 个区块招标，16 家非油企业中标，9 个区块开展对外合作，主要集中在四川盆地。

2. 早期实践未获商业发现，页岩气勘探进低谷

前期国内资源勘查部门主要借鉴北美的勘探经验，以生气能力、储气能力、易开采性等三方面进行中国页岩气的选区评价工作，先后在中国南方实施了 120 余口页岩气勘探井，勘探效果不理想。中国石化 2009 年在中国南方海相优选宣城—桐庐、湘鄂西、黄平、涟源区块实施了宣页 1 井、河页 1 井、黄页 1 井和湘页 1 井，部分井获得低产气流（表 12-5）。

表 12-5　2012 年前后中国南方页岩气井及其测试统计表

区块	井名	地层	目的层	完钻井深 /m	测试结果
宣城—桐庐	宣页 1 井	下寒武统	荷塘组	2848	未测试
湘鄂西 I	河页 1 井	下志留统	龙马溪组	2208	见页岩气显示，压裂后未见气流
黄平	黄页 1 井	下寒武统	九门冲组	2488	压后最高日产 $418 m^3$
涟源	湘页 1 井	上二叠统	大隆组	2068	压后最高日产 $2409 m^3$

受地质认识和关键技术双重因素的制约，2009 年起在全国掀起的页岩气勘探热潮并没有取得理想效果，这是由于缺乏对中国页岩气独特地质特征的了解，缺乏现成的理论指导、尚未建成适用的评价方法、没有形成关键的技术手段，仅照搬美国成功的经验，几经探索，均未获得大型商业发现，至 2012 年前后，页岩气勘探处于低谷状态，国内页岩气发展前景一度出现了许多怀疑和悲观的论调。

回顾中国前期海相页岩气勘探历程，存在四个方面的问题制约中国页岩气高效勘探。一是缺乏现成的理论指导，中国南方海相页岩相比于北美页岩时代老、生油气高峰更早，改造作用强烈，必须形成符合中国页岩气的地质理论；二是缺乏适用的评价方

法，北美以生烃能力和可压裂性为核心的理论技术可借鉴性差，中国南方复杂构造条件下目标评价体系和标准有待建立；三是缺乏关键技术手段，技术装备受限，国内没有成熟的水平井分段压裂改造技术与装备；四是没有商业开发的先例可借鉴，前期勘探效果不理想，能否找到具备商业开发价值的大型页岩气田存在质疑。

二、理论创新奠基础，焦页 1 井大突破

通过加强页岩气形成地质条件等基础研究工作，认识到世界上没有相同的页岩气，因此也不能简单套用美国已有的理论体系和关键技术。面对中国南方海相页岩具有热演化程度高、经历了多期复杂的构造运动并且地表条件相对更加复杂等特点，地质工作者在精细研究的基础上，创新形成了中国南方复杂构造地区高演化海相页岩气"二元"富集理论。

1. 加强基础研究，形成"二元富集"理论

2009—2014 年，受美国页岩气快速发展和成功经验的影响，中国石化正式启动了页岩气勘探评价工作，将发展非常规资源列为重大发展战略，加快了页岩油气勘探步伐。2009 年，中国石化勘探南方分公司成立了专门的研究管理机构，按照"立足盆内、突破周缘、准备外围"的总体思路，以四川盆地及周缘为重点展开页岩气勘探选区评价研究。

1）加强基础研究，明确有利层系

开展大量基础地质研究工作、分析前期中国南方地区页岩气探索取得的实际材料，包括系统复查老资料 40 余口井、二维地震剖面 6561km、露头剖面 25 条及分析测试数据 10 万余个；野外实测漆辽、习水骑龙村等页岩气露头剖面 60 条 25213m，钻探金浅 1 井等页岩气资料浅井 3 口，开展各类分析测试 11157 项次。通过扎实的基础研究工作，发现中国南方地区上奥陶统五峰组—下志留统龙马溪组和下寒武统两套区域性烃源岩与北美地区已商业开发的含气页岩有相似之处，即均为海相地层、沉积为静水缺氧沉积环境、页岩厚度大、有机碳含量高、硅质含量高和储集品质好，认为五峰组—龙马溪组和下寒武统是中国南方页岩气勘探开发的首选页岩层系。

2009—2012 年期间中国石化勘探南方分公司开展了"上扬子及滇黔桂区页岩气资源调查评价与选区""勘探南方探区页岩气选区及目标评价""南方分公司探区页岩油气资源评价及选区研究""四川盆地周缘区块下组合页岩气形成条件与有利区带评价研究"等多个国家及中国石化重大科研项目的研究，逐步形成了中国南方复杂地区海相页岩气"二元"富集理论认识与选区评价体系，为中国南方复杂区海相页岩气选区评价提供了适合客观地质情况的理论支撑。

2）开展精细对比，明确中美页岩气差异

（1）对比分析北美典型页岩气形成条件，研究发现中国南方页岩气时代老、热演化程度高，特别是受到后期复杂地质构造运动的强烈改造，保存条件差，页岩气形成与富集条件具有复杂性，与美国页岩气相比，中国南方页岩气地质与勘探开发条件有极大的差异，勘探开发难度大（图 12-31）。

（2）对比分析北美页岩气勘探理论，认识到北美以生烃能力和可压裂性为核心的页岩气勘探理论，基于页岩生烃高峰期和稳定的地质条件。而中国南方海相油气成藏的基本条件缺乏了解。

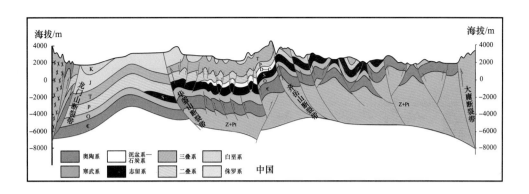

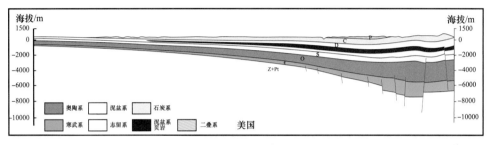

图 12-31 中美页岩地质条件差异对比图

（3）总结出中美页岩气差异两大理论技术问题。一是富集规律不清楚，生储机理不清，是否存在能生、能储、易压裂的优质页岩？选层难；保存机理不清，页岩气历经数亿年能否保存下来？何处富集？选区难。二是已有技术不适应，富集带预测难，页岩压裂难。

3）提出"二元富集"规律认识，聚焦四川盆地

基于勘探实践的不断摸索和大量基础工作的研究、深化总结，形成"二元富集"规律认识，认为优质页岩是基础，保存条件是关键。

（1）深水陆棚相优质页岩发育是"成烃控储"的基础。

通过野外实测剖面的有机质和矿物成因研究，率先发现深水陆棚相页岩有机碳含量与硅质矿物含量之间呈正相关耦合规律，揭示了不同海洋环境页岩有机质、矿物组成的差异，发现深水陆棚相有利于生物成因的有机质和硅质富集，且深水陆棚相页岩有机碳和生物硅不仅含量高，而且二者具有正相关耦合规律，生气量大，脆性好、易压裂（图 12-32）。

（2）良好的保存条件是"成藏控产"的关键。

通过对页岩内油、气、压力演化史的剖析，认为页岩顶底板均致密、封闭性好的地层组合利于油气早期滞留和长期保存，是页岩气富集的前提，认识到后期构造运动对页岩顶底板、自封闭性及区域盖层造成破坏，是导致页岩气散失的机制，揭示了页岩气"早期滞留、晚期改造"的动态保存机理，在此基础上建立了中国南方保存持续型、散失残存型、散失破坏型三种保存—逸散模型，提出了保存持续型利于页岩气富集。

基于对中国南方海相页岩气富集规律认识，以保存条件为主线，综合断裂发育、剥蚀作用历史及残留厚度和盖层条件等指标对中国南方页岩气勘探有利区进行优选，优选结果揭示中国南方海相页岩气保存条件总体较为复杂，四川盆地及其周缘保存条件相对

有利（图 12-33）。由此确立了保存条件优越的四川盆地及周缘为页岩气勘探主攻方向，提出了"主攻盆内、突破盆缘、准备外围"的勘探思路，稳步推进页岩气勘探工作。

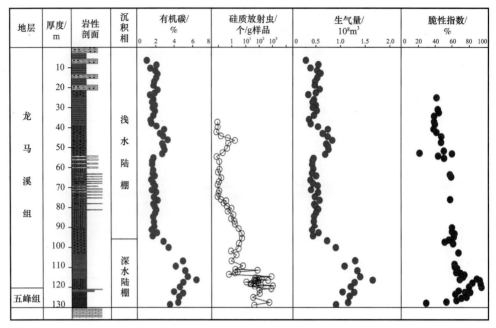

图 12-32　重庆漆辽五峰组—龙马溪组页岩剖面综合柱状图

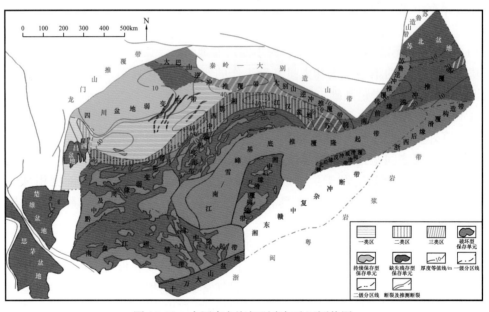

图 12-33　中国南方海相页岩气选区评价图

4）建立中国南方海相页岩气选区评价体系，优选有利区块

以"二元"富集理论为指导，建立了以页岩品质为基础、以保存条件为关键、以经济性为目的三大类、18 项评价参数的页岩气评价体系与标准（表 12-6）。通过一系列研究和钻探评价认为，川东南地区志留系龙马溪组富有机质页岩分布面积广、厚度大、有

机质丰度高、含气性好，具有良好的页岩气形成条件，是中国页岩气战略突破的有利区块。自此，四川盆地页岩气勘探目标锁定了川东南地区志留系龙马溪组。

表 12-6　中国南方与北美地区页岩气选区评价体系对比表

中国南方海相选区评价体系			北美地区选区评价体系		
参数类型 / 权重	参数名称		Exxon Mobil	BP	Chevron
页岩品质 /0.3	页岩厚度 /m	●	●	●	●
	有机碳含量 /%	●	●	●	●
	干酪根类型	●			
	成熟度 R_o/%	●	●	●	●
	脆性指数 /%	●	●	●	●
	孔隙度 /%	●	●		
保存条件 /0.4	断裂发育情况	●	●		
	构造样式	●			
	压力系数	●			
	上覆盖层厚度	●			
	顶底板	●			
经济性 /0.3	地表地貌条件	●			
	埋深 /m	●	●	●	●
	资源量 /10^8m^3	●	●	●	●
	产量 / (10^4m^3/d)	●	●	●	●
	水源	●			
	市场管网	●			
	道路交通	●			

2. 优选焦石坝，首钻取得商业发现

2011 年，按照页岩气目标评价流程（图 12-34），对四川盆地川东南区块开展深入评价，落实了焦石坝、南天湖、南川、丁山及林滩场——仁怀五个有利勘探目标，综合评价焦石坝为最有利目标。为了进一步研究四川盆地海相页岩气形成基本地质条件并争取实现页岩气商业突破，在涪陵焦石坝部署了第一口海相页岩气探井——焦页 1 井。

焦石坝地处四川盆地边缘，深藏于武陵山系西端的崇山峻岭中，早期开展过少量二维地震勘探，2006 年进行了构造评价，是常规油气勘探不看好的地区（图 12-35）。2009 年，该区开展系统的地质调查和基础研究，并对原有地震资料进行了重新解释。露头和钻井剖面分析研究表明，该地区海相龙马溪组优质页岩层发育，稳定性好，埋深适中，页岩气保存条件较好，在深入研究的基础上，论证部署了焦页 1 井。

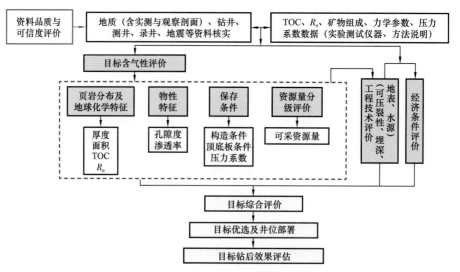

图 12-34 海相页岩气目标评价流程图

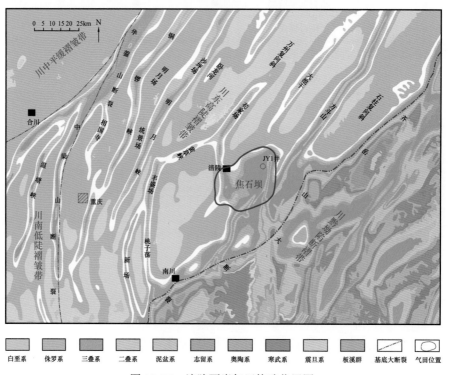

图 12-35 涪陵页岩气田构造位置图

焦页 1 井于 2012 年 2 月 14 日开钻，2012 年 5 月 18 日完钻，完钻井深 2450m，完钻层位中奥陶统十字铺组。该井钻遇上奥陶统五峰组——下志留统龙马溪组页岩气层89m，其中，TOC 高于 2.0% 的优质页岩气层 38m（图 12-36）。焦页 1 井完钻后决定不开展直井压裂测试，直接实施水平井钻探，评价产能。评价优选焦页 1 井 2395～2415m优质页岩层段作为侧钻水平井水平段靶窗，并迅速实施侧钻水平井——焦页 1HF 井；焦页 1HF 井于 2012 年 6 月 19 日开钻，2012 年 9 月 16 日完钻，完钻井深 3653.99m，完钻层位下志留统龙马溪组，水平钻进 1007.9m（图 12-37）。

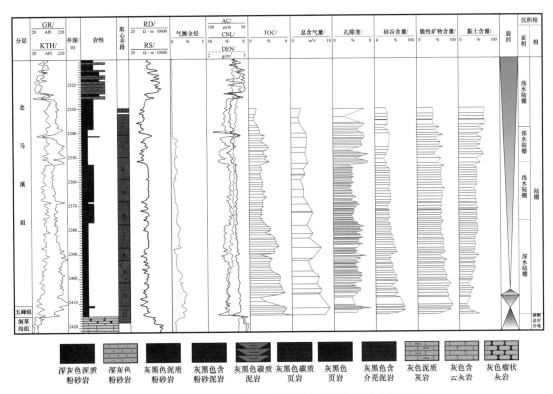

图 12-36　JY1 井五峰组—龙马溪组页岩储层综合评价图

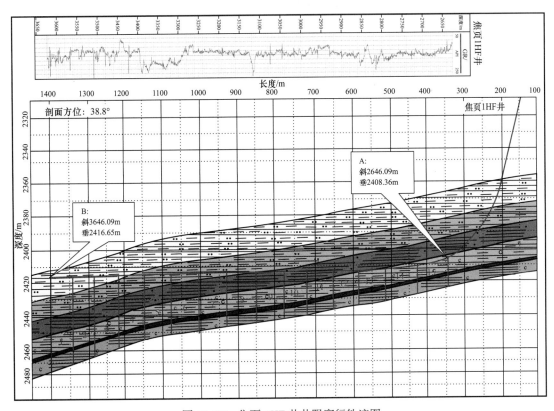

图 12-37　焦页 1HF 井井眼穿行轨迹图

2012 年 11 月 28 日，对焦页 1HF 井水平段 2646.09～3653.99m 分 15 段进行大型压裂，获得 $20.3 \times 10^4 m^3/d$ 高产工业气流，取得了页岩气勘探重大突破，标志着涪陵页岩气田的发现（图 12-38）。2013 年 1 月 21 日焦页 1HF 井交中国石化江汉油气分公司开展试采，采用定产的方式，经过一年多的试采，日产气量在 $6 \times 10^4 m^3$ 左右，套压基本保持在 20MPa，累计产气 $3768.79 \times 10^4 m^3$（含测试期间 $469 \times 10^4 m^3$），累计产液 $144.18 m^3$，产量、压力稳定（图 12-39）。

图 12-38　焦页 1HF 井放喷点火照片

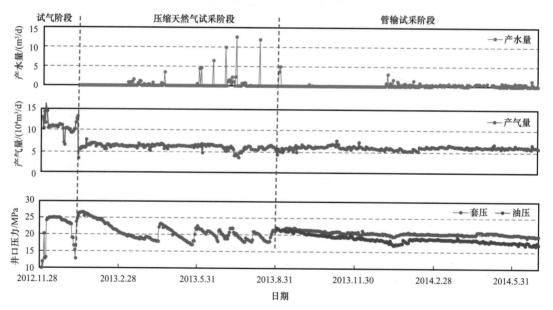

图 12-39　焦页 1HF 井五峰组—龙马溪组一段试采曲线图

焦页 1HF 井作为中国第一口商业性页岩气井，于 2014 年 4 月 9 日被重庆市政府授予"页岩气开发功勋井"称号。

三、勘探开发一体化，百亿立方米气田速建成

中国石化南方勘探分公司与江汉油田分公司实施勘探开发一体化，实行四统一（统一部署、统一评价、统一资料录取、统一落实储量）、两同步（资料同步共享、跟踪同步进行）的一体化模式，实现了涪陵页岩气田的高效探明与开发，五年建成了百亿立方米气田。

1.迅速甩开部署焦页2井、焦页3井、焦页4井，实现焦石坝主体区高效探明

2012年12月，中国石化召开四川盆地及周缘地区页岩油气研讨会，审查同意甩开评价焦石坝的三口探井及三维地震600km²的部署方案。

1）甩开部署焦页2井、焦页3井、焦页4井，控制焦石坝构造主体

焦页1HF井2012年11月28日获得突破后，12月6日，中国石化召开了四川盆地及周缘地区页岩油气研讨会，迅速在焦页1HF井以南甩开部署了焦页2井、焦页3井、焦页4井三口评价井，评价不同水平井段长和埋藏深度页岩气产能。

钻探结果显示，焦页2井、焦页3井、焦页4井均在五峰组—龙马溪组钻遇了厚层优质页岩气层，可与焦页1井对比（图12-40）。在这一认识的基础上，迅速组织规划，做好顶层设计，实施页岩气目的层段全取心，做好分析化验及对比研究工作，开展包括岩石学参数、地球化学参数、物性参数、孔隙结构、岩石力学、含气性、开发试验、流体分析八大项的分析化验工作，为深入对比研究和储量申报奠定了资料基础。

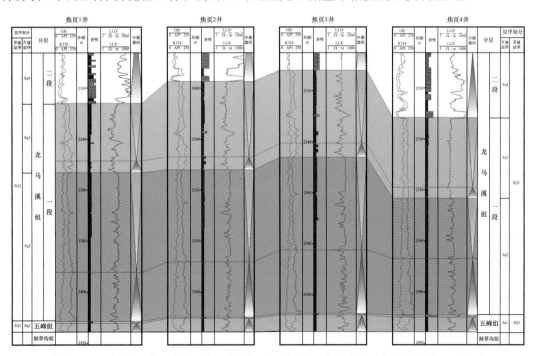

图12-40 焦页1井—焦页2井—焦页3井—焦页4井五峰组—龙马溪组连井剖面图

在导眼井钻探及取心后，评价优选优质页岩气层段钻探水平井焦页2HF井、焦页3HF井、焦页4HF井，压裂测试分别试获日产天然气33.69×10⁴m³、11.55×10⁴m³、25.83×10⁴m³中高产工业气流，实现了焦石坝主体控制，从而宣告了中国最大的页岩气田——涪陵页岩气田的发现。

2）部署三维地震 600km²，形成甜点预测技术

在部署焦页 2 井、焦页 3 井、焦页 4 井三口评价井的同时，在焦石坝区块主体有利勘探区（埋深小于 3500m）整体部署实施三维地震，满覆盖面积 594.50km²（图 12-41）。开展三维地震资料叠后时间偏移及叠前时间偏移处理，针对五峰组—龙马溪组目的层进行了频谱分析，主频为 25～35Hz，有效频带为 8～80Hz。焦石坝区块主体部位地震资料品质较好，Ⅰ 类面积为 464.93km²，占总面积的 78.21%，焦页 1 井、焦页 2 井、焦页 3 井及焦页 4 井均位于 Ⅰ 类品质区内，地震资料满足构造精细解释及高精度页岩气层预测的要求。开展构造精细解释、优质页岩气层厚度预测、压力预测、TOC 平面分布预测、甜点预测等，为整体开发建产奠定扎实的资料基础。

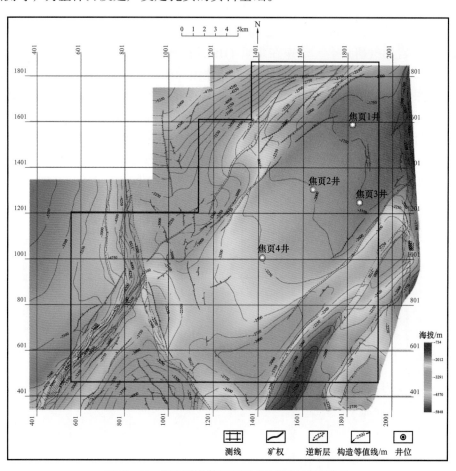

图 12-41　焦石坝主体区探井及三维地震部署图

2. 建设国家级示范区一期产建区，提交第一块页岩气探明储量

1）开展页岩气开发井先导性试验

在焦页 1 井获得商业发现基础上，优选 28.7km² 页岩气有利区部署开发试验井组进行产能评价（图 12-42），主要包括水平段长度（1000m、1500m）和水平井方位试验、开展压裂改造工艺技术试验、评价不同压裂段数、压裂规模对单井产量的影响等方面，从而确定合理单井产能。部署钻井平台 10 个，钻井水平井 26 口，利用探井 4 口，单井产能 $7 \times 10^4 \text{m}^3/\text{d}$，新建产能 $5.0 \times 10^8 \text{m}^3/\text{a}$，其中试验井 26 口，全部获工业气流。投产初

期均为套管生产，套压 15～33MPa，日产气 5×10^4～$30 \times 10^4 m^3$，效果较好。

2013 年 9 月 3 日国家能源局批准设立重庆涪陵国家级页岩气示范区。2013 年 11 月，中国石化通过了《涪陵页岩气田焦石坝区块一期产能建设方案》，涪陵页岩气田焦石坝区块一期将建成天然气产能 $50 \times 10^8 m^3/a$；2014 年 4 月 21 日国土资源部批准设立重庆涪陵页岩气勘查开发示范基地。

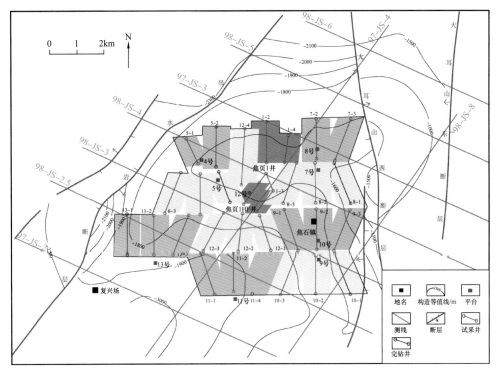

图 12-42　焦石坝地区焦页 1 井附近页岩气开发试验井组部署图

涪陵地区龙马溪组页岩气一期产建区开发实际动用面积 229.4km²，动用储量 $1697.9 \times 10^8 m^3$，采用 2600m 埋深以浅 "一个平台 4 口井"，2600m 埋深以深 "一个平台 6 口井" 两种布井模式，共部署 63 个平台 253 口井（含焦页 1HF 井）。新钻井 252 口，原则上水平段长度为 1500m，考虑到构造、产状及断距影响，部分井水平段长度有改变。总进尺 $116.52 \times 10^4 m$，平均单井进尺 4623.8m，单井第一年日均产能 $6 \times 10^4 m^3/d$，2015 年末累计新建产能 $50 \times 10^8 m^3$。

2）开展气藏描述，提交国内首块页岩气探明储量

2014 年 7 月，国家矿产储量委员会通过《涪陵页岩气田焦石坝区块焦页 1 井—焦页 3 井区五峰组—龙马溪组一段新增页岩气藏探明地质储量报告》审查。新增页岩气探明含气面积为 106.45km²，新增页岩气探明地质储量 $1067.50 \times 10^8 m^3$，技术可采储量 $266.88 \times 10^8 m^3$，经济可采储量 $134.74 \times 10^8 m^3$（表 12-7），为国内第一块页岩气探明储量。

3. 甩开外围又突破，百亿气田初建成

1）甩开部署 5 口探井，外围勘探取得突破

焦石坝主体取得突破后，2014 年，在焦石坝主体以南及东侧的外围地区针对五种不同构造样式甩开部署实施了 5 口探井：焦页 5 井、焦页 6 井、焦页 7 井、焦页 8 井和焦页 9 井，并积极向外围勘探和评价，取得焦石坝南和江东区块页岩气突破。

表 12-7　涪陵页岩气田焦石坝区块焦页 1 井—焦页 3 井区五峰组—龙马溪组一段页岩气藏探明储量

储量类别	井区	计算单元	含气面积 / km²	地质储量 / 10⁸m³	技术可采储量 / 10⁸m³	经济可采储量 / 10⁸m³	产量 / 10⁸m³	次经济可采储量 / 10⁸m³	剩余经济可采储量 / 10⁸m³
探明	焦页 1 井—焦页 3 井区	五峰组—龙马溪组一段	106.45	1067.50	266.88	134.74	5.86	132.14	128.88

　　通过对所部署的 5 口井与主体区 4 口井地质条件关键参数的对比显示，焦页 1 井—焦页 9 井区均钻遇厚层优质页岩，厚度介于 38～47m；页岩 TOC 含量高（2.43%～4.17%）；高硅质含量（33.5%～53.0%）；含气量及孔隙度受保存条件影响，变化差异大。总体揭示整个大焦石坝地区五峰组—龙马溪组优质页岩气层地质条件优越，具有良好的勘探前景。焦页 5 井、焦页 6 井、焦页 7 井、焦页 8 井、焦页 87-3 井（焦页 9 井工程缘故未测试，在其附近钻探开发评价井焦页 87-3 井）的水平井测试分别获得日产天然气 $4.65 \times 10^4 m^3$、$6.68 \times 10^4 m^3$、$3.68 \times 10^4 m^3$、$20.8 \times 10^4 m^3$ 和 $15.37 \times 10^4 m^3$（表 12-8），在焦石坝南平桥区块焦页 8 井和焦石坝西北部江东区块焦页 87-3 井获页岩气突破，为取得涪陵页岩气田二期 $50 \times 10^8 m^3$ 产能建设打下了坚实的基础，扩大了涪陵页岩气田的勘探开发阵地。

表 12-8　焦页 5 井—焦页 9 井部署井关键参数对比

区块位置	井名	导眼井完钻井深 / m	水平段长 / m	A 靶点垂深 / m	B 靶点垂深 / m	段数	测试产量 / (10⁴m³/d)
白涛区块	焦页 5 井	3125.00	1123.38	3112.57	3200.85	17 段	4.50
白马区块	焦页 6 井	3318.00	916.00	3397.78	3647.44	15 段	6.68
白马区块	焦页 7 井	3622.00	1103.00	3641.50	3903.75	18 段	3.68
平桥区块	焦页 8 井	2866.00	1456.23	2883.88	3011.34	22 段	20.80
江东区块	焦页 9 井	3731.60	1600.20	3673.34	3744.35	—	—

　　2）提交储量，完成二期产能建设

　　2017 年，涪陵页岩气田江东区块焦页 9 井区、平桥区块焦页 8 井区五峰组—龙马溪组提交探明地质储量 $2202.16 \times 10^8 m^3$，技术可采储量 $481.08 \times 10^8 m^3$，经济可采储量 $247.19 \times 10^8 m^3$。其中，江东区块含气面积 82.87km²，探明地质储量 $812.99 \times 10^8 m^3$，技术可采储量 $203.25 \times 10^8 m^3$；平桥区块含气面积 109.51km²，探明地质储量 $1389.17 \times 10^8 m^3$，技术可采储量 $277.83 \times 10^8 m^3$（图 12-43）。

　　二期产能建设范围共包含江东、平桥、梓里场、白涛、白马 5 个区块。2014 年以来，在前期已实施的焦页 5 井、焦页 6 井、焦页 7 井、焦页 8 井、焦页 9 井 5 口探井的基础上，为了取得更全的资料，针对二期产建区 5 个区块共部署实施了 15 口评价井，均钻遇良好页岩气显示，在 4 个区块共 8 口井获得工业气流，其中，平桥区块焦页 8HF 井、焦页 184-2HF 井分别试气获得 $20.9 \times 10^4 m^3/d$ 和 $45.79 \times 10^4 m^3/d$ 的高产工业气流；江东区块埋深大于3500m的焦页87-3HF井、焦页70-3HF井分别获得$15.37 \times 10^4 m^3/d$ 和 $12.02 \times 10^4 m^3/d$ 的中产工业气流。落实了平桥、江东两个产建区块，涪陵页岩气田第二个 $50 \times 10^8 m^3$ 产能建设阵地得到进一步落实。

图 12-43 涪陵页岩气田新增储量面积图

2016年4月，中国石化通过了《涪陵页岩气田江东区块产能建设方案》和《涪陵页岩气田平桥区块产能建设方案》。江东区块五峰组—龙马溪组页岩气开发动用面积 $68.7 km^2$，动用储量 $729.2 \times 10^8 m^3$，新建平台13个，利用老平台4个，钻井71口，新建产能 $14.1 \times 10^8 m^3$，采用一套开发层系、衰竭式开采方式开发；选择上奥陶统五峰组—下志留统龙马溪组①号至③号小层作为水平井穿行层位；水平段长度以1500m为主，方位与最大水平主应力方向垂直，局部区域顺构造布井，合理井距500m左右；针对山地复杂环境，采用交叉布井和单向布井组合模式；采用定产生产方式，单井配产 $6 \times 10^4 m^3/d$。

3）建成产能 $100 \times 10^8 m^3/a$ 大气田

截至 2018 年涪陵页岩气田已累计探明页岩气地质储量 $6008.14 \times 10^8 m^3$（表 12-9），建成 $100 \times 10^8 m^3/a$ 产能，成为中国首个探明的海相页岩气田，也是目前全球除北美以外最大的页岩气田。

表 12-9　涪陵页岩气田探明储量成果表

探明储量申报	探明含气面积 $/km^2$	探明地质储量 $/10^8 m^3$	技术可采储量 $/10^8 m^3$
焦页 1 井—焦页 3 井区探明储量	106.45	1067.50	266.88
焦页 4 井—焦页 5 井区探明储量	277.09	2738.48	684.62
焦页 8 井—焦页 9 井区探明储量	192.38	2202.16	481.08
胜页 1 井、焦页 10 井、焦页 11 井区探明储量	177.94	1918.27	383.65
合计	753.86	7926.41	1816.23

四、丁山东溪再突破，深层勘探现前景

前期国内外页岩气勘探开发主要集中在中浅层（埋深小于 3500m），随着四川盆地海相页岩气勘探开发的不断深入，中浅层储备目标越来越少，页岩气勘探开发走向深层（埋深大于 3500m）是必然选择。四川盆地五峰组—龙马溪组深层页岩气资源量超过 $20 \times 10^{12} m^3$，占五峰组—龙马溪组页岩气总资源量 70% 以上，潜力较大，是亟待突破的新领域，也是继中浅层页岩气之后增储上产最现实的领域。

1. 早期探索，展示深层具有良好勘探潜力

焦页 1 井突破后，2013 年在扩大焦石坝主体区的同时，中国石化甩开探索距焦石坝 150km 外的丁山地区，通过加深钻探常规天然气风险井（隆盛 2 井），开展深层页岩气的初步探索（丁页 2 井）。丁页 2 井导眼井完钻井深 4418m，钻遇优质页岩 35.5m，平均 TOC 值 3.68%，孔隙度 5.97%，含气量 $6.78 m^3/t$，优质页岩具有"高孔隙度、高含气量"特征。

该井水平井丁页 2HF 井完钻井深 5700m（A 靶点垂深 4372.93m，B 靶点垂深 4417.36m），水平段长 1034.23m，采用 105MPa 装备，分 12 段进行大型水力压裂，测试获日产 $10.42 \times 10^4 m^3$ 页岩气，地层压力 67.7MPa，压力系数 1.82。

丁页 2HF 井钻探揭示深层页岩气仍发育良好页岩储层，具有好的含气性，展示了良好的勘探潜力，但限于当时 105MPa 装备限制，受早期工具、工艺局限，压裂施工困难，压裂效果不理想，深层页岩气产气潜力没有得到良好动用。

2. 持续攻关，收获硕果

丁页 2HF 井揭示深层页岩气具有勘探潜力，但面临深层页岩气富集机理不清、关键技术能力受限等问题，制约了产能良好动用，为了解决上述难题，中国石化加强基础研究持续攻关，形成关键理论技术和装备，围绕丁山断鼻、东溪高陡构造等深层页岩气有利目标科学部署，有序推进，不断取得深层页岩气勘探新突破。

1）积极评价丁山，深层页岩气勘探取得积极进展

2016—2017 年，进一步开展丁山地区页岩气综合评价研究，落实丁山"断鼻"深

埋区优质页岩发育，保存条件好（压力系数＞1.2），为深层页岩气地质、工程"双甜点区"，并针对"双甜点区"不同构造部位部署实施丁页4井、丁页5井，其中丁页4井位于丁山断鼻西翼，丁页5井位于丁山断鼻的轴部（图12-44）。

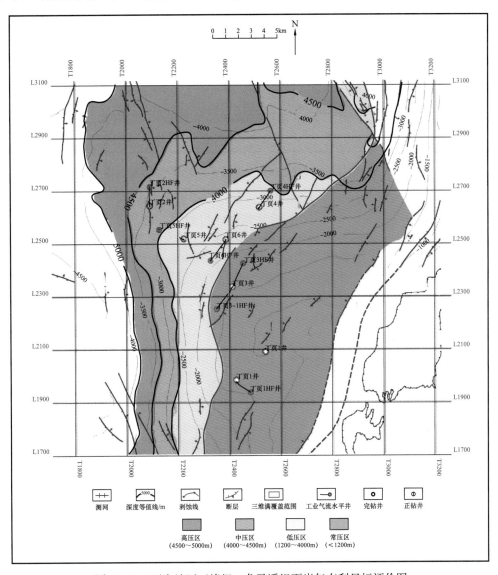

图12-44 丁山地区五峰组—龙马溪组页岩气有利目标评价图

丁页4井完钻井深3770m。丁页5井完钻井深3848m，钻遇优质页岩厚度30m，平均TOC 3.03%～3.26%，孔隙度4.78%～5.9%，含气量5.17～6.16m³/t。侧钻水平井丁页4HF井、丁页5HF井压裂测试日产气量分别20.56×10⁴m³和16.33×10⁴m³，深层页岩气勘探取得重要进展。

总结丁山页岩气富集主控因素，建立了深层页岩气富集模式：丁山深层远离齐岳山断裂带，构造变形弱，埋藏深，顶板裂缝不发育，横向逸散弱，保存条件整体较好。丁页4井、丁页5井发育"高流体压力、高孔隙度、高含气量"优质页岩气层，含气性明显好于东南部中浅层常压区（丁页1井、丁页3井）（图12-45）。

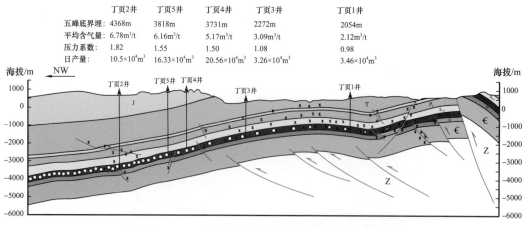

	丁页2井	丁页5井	丁页4井	丁页3井	丁页1井
五峰底界埋：	4368m	3818m	3731m	2272m	2054m
平均含气量：	6.78m³/t	6.16m³/t	5.17m³/t	3.09m³/t	2.12m³/t
压力系数：	1.82	1.55	1.50	1.08	0.98
日产量：	10.5×10⁴m³	16.33×10⁴m³	20.56×10⁴m³	3.26×10⁴m³	3.46×10⁴m³

图 12-45　丁山地区五峰组—龙马溪组页岩气富集模式图

2）优选东溪深层有利目标，深层页岩气勘探取得重大突破

2017—2018 年开展川东南深层页岩气整体评价研究，评价川东南綦江地区发育东溪、石龙峡、中梁山、石油沟、新场、桃子荡六排高陡构造，优质页岩发育，保存条件良好，是开展深层页岩气攻关有利目标，埋深小于 5000m 有利面积 696.9km²。其中，东溪高陡构造埋深相对适中，构造相对平缓，断层"不通天"，与盆缘齐岳山断裂呈"断注"接触，构造保存条件好，为深层页岩气攻关的最有利目标，首先优选该目标部署钻探东页深 1 井，并设立中国石化东溪深层页岩气攻关试验区。

东页深 1 井导眼井完钻井深 4259m，钻遇优质页岩厚 30.5m，平均 TOC 3.63%，孔隙度 6.34%，含气量 5.06m³/t，其水平井水平段长 1452m，在丁页 4HF 井、丁页 5HF 井埋深 4000m 左右压裂工艺基础上，按照"密切割"思路，采用小段长、小段间距、小簇间距，分 26 段压裂，测试日产天然气 31.18×10⁴m³，压力系数 1.58，取得深层页岩气勘探重大突破（图 12-46）。

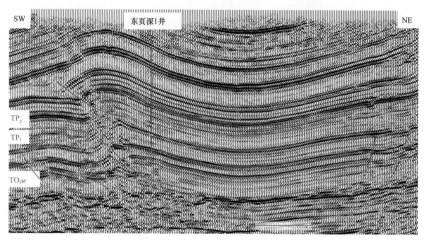

图 12-46　过东页深 1 井井位地震剖面图

丁页 4 井、丁页 5 井、东页深 1 井勘探突破后，初步落实丁山—东溪地区五峰组—龙马溪组有利区面积 736km²，总资源量 5584×10¹²m³，其中，深层（埋深 4000～5000m）有利区面积 464km²，总资源量 3962×10¹²m³，是中国石化页岩气下步增储上产重要阵地。

第四节 新 场 气 田

新场气田位于成都平原，距离德阳市 20km、成都市 80km。经过几十年的持续勘探，在白垩系—三叠系雷口坡组发现了多个气藏，截至 2020 年在致密碎屑岩领域提交探明储量 $2453.3 \times 10^8 m^3$，建成了致密碎屑岩领域叠覆型大气田。该气田近 20 年一直是川西地区最大的天然气生产基地，截至 2020 年底，累计生产天然气 $326.26 \times 10^8 m^3$，为四川省经济发展和清洁能源利用及生态环境保护做出了重大贡献。新场气田的发现历经了几代人孜孜不倦奋斗，凝聚了地质工作者不断解放思想、创新地质认识的智慧，汇聚了勘探工程师持续科技攻关、不断突破瓶颈的创造，展现了广大石油员工传承石油精神、齐心协力建设大气田的风采。

一、转变思路到平原，圈定隐伏构造带

新场气田的勘探不仅是对四川盆地川西坳陷多年油气勘探和利用的持续，更是近年油气勘探不断深化地质认识和突破技术瓶颈的缩影，具有丰富的历史底蕴。

1. 早期聚焦正向带，勘探未获大突破

川西的近代石油地质调查始于 1929 年，谭锡畴、李春昱等数次入川，对盐井、火井及石油进行实地调查，著有《四川石油概论》等文。1943 年，发现了龙门山山前的海棠铺构造，原四川油矿勘探处于 1945 年钻了江 1 井，完钻井深 1157.83m，完钻层位为三叠系嘉陵江组，还对龙泉山背斜进行了石油地质调查。

1950 年以后，按照寻找地面构造进行勘探的思路，原西南地质调查所重点对龙门山前和龙泉山开展石油地质调查，主要在海棠铺构造和龙泉山老君构造进行钻探，实施探井 10 余口，还在新场气田以东 10km 的龙泉山构造北段钻探了白参井，均未发现工业油气藏。

20 世纪 70 年代，龙门山前中坝构造川 19 井在雷口坡组三段测试获得高产工业气流，实现川西北油气勘探工作的重大突破，发现了中坝气田。随后在龙门山前的安州、雎水、雾中山、汉王场、矿山梁等构造等针对雷口坡组开展了大规模勘探工作，未获重大油气发现。同时，还部署实施了一批针对须家河组的探井，见到了油气显示，甚至井喷，获得了少量工业气井，但除中坝之外，没有发现规模性的油气田。

2. 勘探思路大碰撞，优选新场构造带

20 世纪 80 年代，地震勘探技术的进步为发现地腹构造提供了可靠技术支撑、钻井技术的提高为钻探地腹构造提供了有效手段。油气勘探工作者在前陆盆地勘探思想的指导下，大胆解放思想、转变勘探思路，将油气勘探的重点由龙门山前复杂构造带和龙泉山构造带向川西坳陷内部转移。通过成都平原区二维地震普查，加强地震资料处理解释，尤其是地震地层学解释，地质与物探结合，优选有利油气勘探区带，圈定了新场构造带作为川西坳陷侏罗系—三叠系勘探有利区带。

20 世纪 70—80 年代，国家高度重视川西地区的油气勘探工作，时任原国家地质总局副局长塞风、总工关士聪亲自带队到四川调研川西天然气勘探方向、技术与管理问题。在前陆盆地勘探思想的指导下，依托区域地震大剖面和地震普查资料，在 1976 年

开始了川西北连片编图工作，深化了川西地区的区域地质研究，认为川西坳陷在较强烈区域构造的挤压、扭动的背景下，奠基于上扬子海盆基础上的川西坳陷，经印支期晚幕构造运动后，由于扬子块体向西俯冲，形成较典型的中国式前陆盆地。在横向可划分为四带：龙门山冲断带、川西深坳带、东部斜坡带、龙泉山前隆带。成都平原区下面藏着的川西深坳带为龙门山前的一个大型坳陷。燕山期末，扬子板块继续向西俯冲，龙门山逐渐褶断成山，形成了川西地区的北西—南东向挤压应力场，在该应力作用下，形成北东东向的隆起带。通过油气普查，发现了鸭子河—新场—丰谷—盐亭大型隆起带（图 12-47），为构造选带奠定了基础。

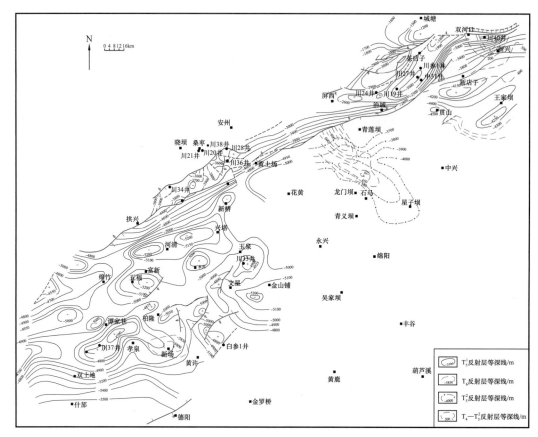

图 12-47　四川盆地西部构造图

3. 富烃、多砂、有通道，石油地质条件好

川西前陆盆地形成初期，马鞍塘组、小塘子组为一套厚度不大的海湾和滨海沼泽沉积，须家河组为巨厚的含煤碎屑岩系，厚达 2000～3500m，局部发育优质烃源岩。煤系烃源岩具有多期次生油气高峰及生气时间漫长等特点，为川西陆相储集岩提供了丰富的天然气资源。

从白垩系—须家河组超过 5000m 的巨厚沉积，主要为砂、泥岩的频繁交互沉积的红色碎屑岩，发育几十套单层厚度大于 10m 的砂体，主要为致密碎屑岩储层，孔隙度和渗透率相对较低，为天然气储集提供了良好条件。

上三叠系须家河组三段、五段、下侏罗统白田坝组、中侏罗统遂宁组及白垩系厚度较大的泥页岩，既可以形成良好的区域盖层，也可以形成单个气藏的封闭层。

受燕山运动和喜马拉雅运动以及雷口坡组膏岩揉皱的影响，形成了大量的通源断层，断层大多数消失在白垩系，有利于油气运移形成次生气藏。

因此，20世纪80年代已经认识到川西前陆盆地具有油气生成、运移、聚集、保存的优良石油地质条件，确定了新场构造为油气勘探有利区带。

4.位于平原发达区，清洁资源不愁销

20世纪后期改革开放以来，成都平原区经济快速发展，对居民用气、工业用气和化工原料的需求十分紧迫，四川省GDP排名前三位的重要工业城市成都市、绵阳市和德阳市都离新场气田距离较近，有利于就近销售天然气，新场气田天然气清洁资源成为不愁销的紧俏商品。

二、实事求是多实践，发现新场大气田

俗话说"钻头不到，油气不冒。"有目的层不唯目的层，只有通过实事求是的勘探实践，把地下的油气引出到地面，才能实现真正的油气发现。经过30多年的实践，在白垩系剑门关组，侏罗系蓬莱镇组、遂宁组、上沙溪庙组、下沙溪庙组、千佛崖组、白田坝组，三叠系须家河组、马鞍塘组、雷口坡组等10个层系发现了20个气藏（表12-10），提交探明储量 $2550.3 \times 10^8 m^3$，奠定了新场"叠覆型"大气田基础，形成了新场气田立体勘探开发的良好局面，大致可以分为四个阶段。

表 12-10　新场气田油气各层系发现简表

层系		气藏（段）	发现年份	发现井	天然气产量/$10^4 m^3/d$	备注
白垩系			1997	新7井	0.47	
侏罗系	蓬莱镇组		1990	川孝113井	14.1	无阻流量
	遂宁组		1984	川孝104井	3.4	
	上沙溪庙组	沙一段气藏	1989	川孝129井	5.26	
		沙二段气藏	1989	川孝129井		
	下沙溪庙组	沙三段气藏	1999	川孝169井	29.39	无阻流量
	千佛崖组		1991	川孝135井	5.121	凝析油日产 $3.84m^3$
	白田坝组		2001	新852井	37.2471	
三叠系	须家河组	须五段	2003	川罗562井	5.4361	
		须四段	2004	新882井	2.3229	
		须三段	2003	川罗562井	2.2963	
		须二段	2000	新851井	151.3986	无阻流量
	雷口坡组		2009	川科1井	86.8	
			2010	新深1井	58.9798	

1. 解剖构造与裂缝，率先突破遂宁组

20 世纪 80 年代，基于二维地震资料，开展了川西坳陷连片构造编图工作，发现了金马—新市构造带，并向东落实了新场气田的孝泉背斜构造和新场鼻状构造，按照构造有利部位部署的思路，在孝泉构造部署实施多口探井，其中，川孝 37 井、川孝 96 井等在须家河组钻遇良好油气显示，获得低产气流。1984 年 8 月川孝 104 井在侏罗系遂宁组发生井喷，经测试获得日产天然气 $3.4 \times 10^4 m^3$，发现了侏罗系遂宁组气藏，实现了成都平原区隐伏构造天然气勘探的重大突破，并在当年向绵竹县输气，截至 2018 年，已经累计生产天然气 $307.7 \times 10^8 m^3$，拉开了四川盆地川西坳陷致密碎屑岩领域叠覆型大气田立体勘探、建成天然气生产基地的序幕。这一时期，按照寻找异常高压和裂缝的思路，加强了构造研究和裂缝预测，以储渗体为主要目标部署钻井，但主要钻获的是裂缝性为主的上沙溪庙组、遂宁组、须家河组气藏，规模均较小，仅仅建成了小型气田。

2. 深究沉积与储层，立体勘探侏罗系

由于裂缝性异常高压气藏的勘探不确定性强，难以建成规模气田。20 世纪 80 年代中期，通过解放思想，学习国内外先进勘探经验和技术，尤其是对地震相、沉积相和次生气藏天然气运移的深化研究，依托"七五"国家攻关项目"油气田的地质理论和勘探技术"，天然气（含煤层气）资源评价与勘探测试技术研究课题，设置一级专题四川盆地超低孔渗碎屑岩储层天然气富集规律及勘探领域的研究，系统开展了地质、物探、钻井、测井、测试及实验分析的研究。通过研究，对川西红层次生气藏形成的区域地质条件、局部成藏机制、圈闭类型、储集特性及天然气富集的识别标志等都取得了较为明确的认识：认为构造断裂活动带与古河道叠合带可能是天然气最富集的地区；天然气富集的超高压特性对储层岩石的物理性质改变甚大，其在地震反射上所引发出来的明显低速异常和振幅异常是识别天然气富集的主要标志。因此，认为靠近青岗嘴断层（重要烃源断层）的新场构造为油气聚集的有利部位。按照这一观点，进行勘探战略东移，不再纠结于裂缝性异常高压气藏，而是加强了新场鼻状构造综合评价，以红层远源次生气藏为主要勘探目标，在二维地震测线上部署了一批探井，持续取得了侏罗系蓬莱镇组（CX113 井）、上沙溪庙组（CX129 井）、下沙溪庙组（CX169 井）、千佛崖组（CX135 井）等 4 个层系的天然气勘探突破（图 12-48）。

"八五"至"九五"攻关期间，基于新场气田的大量钻井资料，尤其是岩心资料的试验分析和微观分析，深化了储层评价工作，认为碎屑岩储层岩性主要为细粒砂岩和粗粉砂岩类，占碎屑岩储层的 70% 以上，次为中粒砂岩类，约占 25%，砾岩类最少。蓬莱镇组不仅含气组合（或开发层系）多，而且每个组合的砂层发育，储集空间发育，孔渗性较好，属于近常规孔隙型储层；砂岩不仅成分成熟度较高，而且结构成熟度也较高；同时好—较好储层具有典型的测井和地震响应特征，易于识别和预测。上沙溪庙组储集砂体不仅层数多，而且总厚度较大，大面积分布；各储集砂体碎屑成分基本相同，其含量十分相近（石英 40%～50%，长石 20%～40%，岩屑 20%～35%）；储集物性、孔隙结构中等—较差，通过改造可以提高孔渗性；好—较好碎屑岩储层具有典型的测井和地震响应特征，易于识别和预测。因此，在 20 世纪 90 年代的技术条件下，优选了蓬莱镇组、上沙溪庙组作为主要勘探层系。进一步研究，明确了成藏富集规律，配套了勘探开发技术，确定了气田规模，提交了天然气探明储量 $834.02 \times 10^8 m^3$，推动新场气田

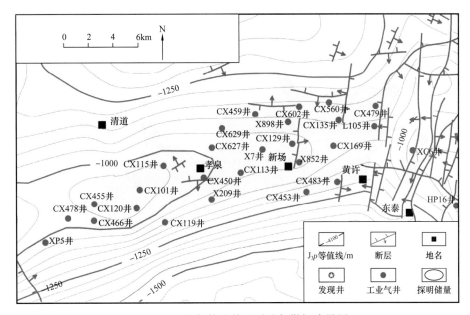

图 12-48　新场构造侏罗系油气勘探成果图

20 世纪末跨入了大气田的行列，拉开了新场气田立体勘探开发的大幕。

同时，新 7 井在白垩系剑门关组发现了超浅层气层，井深 218～225m 测试天然气产量 0.47×10⁴m³/d。新 852 井在侏罗系白田坝组发现了裂缝性异常高压气藏，中途测试天然气产量 37.25×10⁴m³/d。

新场气田的主体勘探开发取得以下几项成果。

一是发现了浅层近致密碎屑岩的蓬莱镇组气藏。按照有目的层不唯目的层的思路，1987 年实施的 CX113 井在蓬莱镇组钻遇良好油气显示，对 607.5～612.5m，628.5～634.0m 中途测试，获天然气无阻流量最高达 14.1×10⁴m³/d，取得了新场构造蓬莱镇组油气勘探的重要发现，更揭示侏罗系可能具有良好的勘探前景。经过精细气藏描述，快速部署的评价井进一步证实了勘探潜力，在 2000 年以前探明叠合面积 81.94km²，地质储量 227.29×10⁸m³。针对厚度 1200 多米的蓬莱镇组，分为 3 个气藏进行评价和开发。截至 2018 年底，累计生产天然气 59.29×10⁸m³，自 1995 年以来，保持了 20 多年持续稳产 50×10⁴m³/d 左右。

二是发现了中深层致密碎屑岩为主的上沙溪庙组气藏。按照构造—岩性气藏的思路，加强了新场构造侏罗系的勘探。1989 年实施的 CX129 井（图 12-49），在蓬莱镇组、遂宁组、上沙溪庙组共发现油气显示 20 层，累计厚度 160.60m。对上沙溪庙组 2333.57～2448.50m 裸眼井段进行完井混合测试，获得了天然气产量 5.26×10⁴m³/d、凝析油产量 0.2m³/d 的工业油气流，实现了新场构造油气勘探的重大突破。基于 1997 年采集的三维地震，多学科联合开展精细气藏描述和储层改造工艺攻关，细化了储层描述和高产富集部位预测，特别是沙溪庙组地震异常体的解释，精细刻画了大量的河道砂体和河口坝砂体，为迅速探明提供了强有力支撑，在 2005 年以前探明叠合面积 97.22km²，地质储量 534.35×10⁸m³。针对厚度 600 多米的上沙溪庙组，分为两个气藏进行评价和开发。截至 2018 年底，气田已经累计生产天然气 165.831×10⁸m³，并保持了 20 年持续稳产 100×10⁴m³/d（图 12-50），成为新场气田长期稳产的主力。

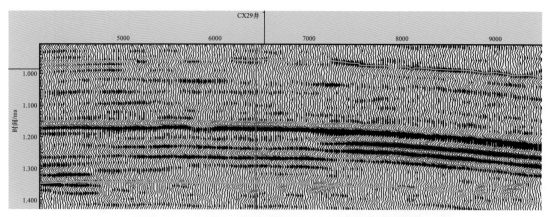

图 12-49 上沙溪庙组发现井川孝 129 井过井地震剖面

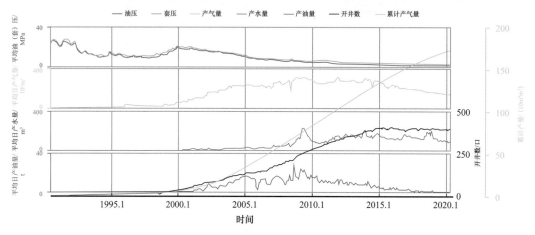

图 12-50 新场气田上沙溪庙组采气曲线

三是发现了下沙溪庙组河道砂体气藏。1999 年，针对下沙溪庙组河道砂体部署实施川孝 169 井，经加砂压裂改造获得天然气产量 $8.09 \times 10^4 m^3/d$，无阻流量 $29.39 \times 10^4 m^3/d$，不仅实现了下沙溪庙组油气勘探的重要发现，还通过加砂压裂大幅度提高了天然气产量，实现了储层改造技术的重大突破。探明叠合面积 $22.57 km^2$，地质储量 $60.67 \times 10^8 m^3$。截至 2018 年底，已经累计生产天然气 $5.092 \times 10^8 m^3$。

四是发现了千佛崖组砾岩层气藏。1991 年，CX135 井在千佛崖组砾岩层钻遇良好油气显示，完井测试，获得天然气产量 $5.121 \times 10^4 m^3/d$，凝析油产量 $3.84 m^3/d$ 的工业气流，发现了千佛崖组裂缝型气藏。采用动态法计算探明储量 $11.71 \times 10^8 m^3$。截至目前，已经累计生产天然气 $23.01 \times 10^8 m^3$，特别是 CX163 井 1994 年投产以来，已经累计生产天然气 $2.63 \times 10^8 m^3$，揭示典型的致密碎屑岩可以长期生产的特征，具有良好的经济效益。

3. 勘探深层须家河，须二高产获突破

新场构造烃源、储层、圈闭等要素均具备较好的成藏地质条件，问题的关键是找准含气性好的圈闭。须家河组须五段、须三段及下伏的须一段、马鞍塘组等具有丰富的烃源，但是否输送到了侏罗系？巨厚的须家河组勘探潜力如何成为勘探者亟须解决的关键问题。"八五"至"九五"的攻关研究认为，孝泉—新场—丰谷整个隆起带须家河组具备较好的成藏的地质条件。20 世纪末，通过加强三维地震资料处理解释，并邀请加拿大相关公司完成叠前深度偏移处理，查清了须二段顶部构造高点及断裂、裂缝发育情况。2000年，在新场构造实施了以须二段为目的层的新851井，并在须二段4822.30～4845.80m发现裂缝型气层，筛管替喷测试获天然气产量 $38.0 \times 10^4 m^3/d$，无阻流量 $151.40 \times 10^4 m^3/d$，获得须家河组二段油气勘探重大突破，揭开了须二段高产的面纱（图12-51）。随即投入试采，平均日产量为 $42.5 \times 10^4 m^3$。但该井在投产后因产量太高，管柱存在安全隐患，于2002年2月被迫封井，封井前16个月累计生产天然气 $2.36 \times 10^8 m^3$。在2010年1月提交了探明储量面积157.69km²，地质储量 $1211.20 \times 10^8 m^3$，建成了川西第一个千亿立方米储量气田。截至2018年底，已经累计生产天然气 $25.77 \times 10^8 m^3$，其中新2井生产天然气 $8.623 \times 10^8 m^3$（图12-52）。

图 12-51　新 851 井须二段放喷点火

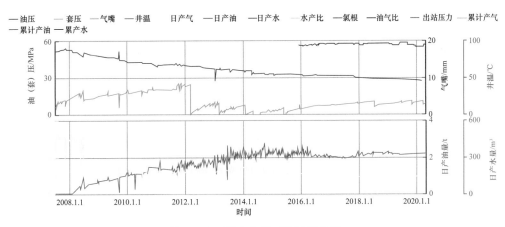

图 12-52　新 2 井须二段采气曲线

同期，新场气田川罗562井对3156.9～3545.67m中途测试，获天然气产量 $5.44 \times 10^4 m^3/d$，实现了须五段油气勘探发现；新882井对3380.24～3402.24m酸化压裂，获得 $2.32 \times 10^4 m^3/d$ 的工业气流，实现了须四段油气勘探发现，并提交了探明储量 $408.09 \times 10^8 m^3$；川罗562井对须三段4418.00～4491.00m射孔测试，获得 $2.30 \times 10^4 m^3/d$ 的工业气流，实现了须三段油气勘探发现。另外，参考页岩气的模式，2013年新页HF-2

井须五段水平井、新场 26 井、新场 32 井须五段老井挖潜等获得工业气流，发现的新的油气类型。

4. 探索海相雷口坡，新场再获大突破

2006 年以后加强了海相碳酸盐岩领域的研究和部署，在新场气田西部部署实施了科探井——川科 1 井，2009 年在嘉陵江组提前完钻，2010 年 4 月对雷口组顶部—马鞍塘组底部碳酸盐岩储层进行射孔酸化测试，获得 $86.8 \times 10^4 m^3/d$ 的工业气流，实现了川西坳陷海相油气勘探重大突破，截至 2018 年底已累计生产天然气 $2.50 \times 10^8 m^3$。2010 年实施新深 1 井，对雷四段顶部——马鞍塘组测试获得 $58.9798 \times 10^4 m^3/d$ 的工业气流，取得了新场气田海相碳酸盐岩领域油气勘探重大突破。两口海相探井的重大发现，进一步揭示新场气田不仅是陆相大气田，雷口坡组及以下的海相领域可能还很大的勘探潜力，有望建成海陆相叠覆的巨型气田。

三、创新勘探新理论，攻关多项新技术

新场气田的勘探是中国致密碎屑岩领域立体勘探的典型案例，回顾 20 世纪 70 年代开始利用物探落实孝泉—新场隐伏构造和 1987 年川孝 113 井从孝泉构造向东勘探新场构造以来的 40 年奋斗历程，除了大胆解放思想、找油找气思路的重大转变外，屡次创新地质认识、建立叠覆型气藏勘探理论；持续攻关物探技术、不断发现和落实勘探目标；加强钻测录固保证井筒质量；强化储层改造攻关不断提高产量；创新项目管理模式、促进气田高效勘探；总结出"优选目标、深化研究、攻关技术、竞争共赢"的勘探启示。

1. 地质认识屡创新，成藏理论叠覆型

新场气田作为一个立体成藏的大气田不断取得新发现，与 40 年来不断地深化地质研究工作，屡次提出创新性地质认识密不可分，从"六五"到"十三五"国家科技攻关，都提出了创新性认识，特别是"七五"至"十五"的天然气大发现阶段，通过持续解剖新场气田不断深化地质认识，创新提出了叠覆型油气成藏新理论。

"六五"期间，"川西坳陷（上三叠统）油气地质条件和找油气方向"等研究，统一了地层划分对比，总结了沉积特征，提出了川西坳陷带开始形成于晚三叠世，Ⅲ型干酪根利于成气，储层属于低孔隙度、低渗透率非均质性强的致密砂岩，侏罗系的天然气分布主要与裂缝有关等认识。

"七五"期间，"四川盆地超低孔渗碎屑岩储层天然气富集规律及勘探目标研究"提出，孝泉—青岗嘴构造带（即现在的新场构造带）中浅部次生气藏具有得天独厚的地质条件，但气藏的类型极为复杂，可能是以非背斜圈闭为主，控制气藏高产的因素不是单靠断裂，也不是单靠岩性。沙溪庙浅层次生气藏很可能是该区多层立体气藏的次生部分，更有前景的气藏可能还在须五段和须四段。

"八五"期间，"四川盆地碎屑岩系大、中型气田评价及勘探新领域区划研究"提出，燕山期隆起带是形成天然气富集的基本地质条件，明确了从孝泉—新场—合兴场—丰谷镇为一条北东东向的多层系复合的天然气富集带。成藏机制的研究表明，丰富的高压烃源，适时的大型隆起，配套的储渗体与盖层的组合，后期形变所形成的裂缝系统为疏导条件，不同时期构造及多种类型圈闭的复合，可以综合配套形成相当规模和多样式

的天然气藏。

"九五"期间，"川西碎屑岩大中型气田勘探目标及气田开发研究"项目，建立了川西陆相致密碎屑岩层序地层格架，分析了各沉积层序的平面展布和垂向组合特征；提出了晚期溶蚀作用造成的相对高渗透体支配着气藏的形成；裂缝可使宏观的渗透率呈数量级的增长；浅层储层具常规孔隙低渗透特点，储层物性能满足聚集成藏和形成工业气井的要求；正向构造和有利沉积岩相带共同支配着气藏的形成；有效圈闭范围内的低频强振幅地震响应模式是识别含气砂体的有效手段；侏罗系可能是川西坳陷不容忽视的烃源之一。

"十五"期间，"四川盆地西部低渗透气藏勘探开发关键技术研究"项目在川西叠合盆地超深超压领域成藏机理研究取得创新性进展：开展了成藏年代学研究，确立了上三叠统不同层段递进生烃、多期排烃过程，解决了上三叠统须家河组成藏期难题；查明了油气运聚动力机制，为勘探部署决策提供了理论依据，指明了勘探方向；提出了"早聚、中封、晚活化"致密碎屑岩递进动态成藏地质过程的新认识（图12-53），解决了川西坳陷跨越若干重大构造运动时期及深层—超深层领域油气成藏过程，丰富了天然气成藏地质理论。

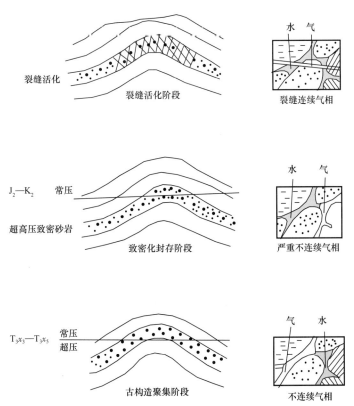

图 12-53 "早聚、中封、晚活化"成藏模式

"十一五"期间，"四川盆地碎屑岩层系大中型油气田形成规律与勘探方向"项目，建立了主要储层段成岩演化序列，探索了深埋藏下长石的溶蚀机制，明确了各层段有利储层形成的主控因素，建立了与之匹配的相对优质储层的地质预测模型；提出四川盆地

碎屑岩层系发育上三叠统和侏罗系两大成藏体系，总体上具有"埋藏增压成烃，隆升卸载排运，幕式聚集成藏"的特征，须家河组具有四种成藏模式，侏罗系具有三种成藏模式。

"十二五"期间，依托"四川盆地碎屑岩层系大中型油气田形成规律与勘探方向"等项目，提出了"叠覆型致密砂岩气区"成藏地质新理论，叠覆型致密砂岩气区具有"叠合性、广覆性、节律性、模糊性及多样性"的地质特征，总结了叠覆型致密砂岩气区三大成藏体系的特征，并建立了油气生成、运聚、调整的动态模式（图12-54）。（1）远源体系以须五段为主要烃源，源储跨越式接触，砂体叠置连片，主要发育构造、构造—岩性圈闭，自由流体动力场为主，为"压力、浮力驱动，断层、裂缝、砂体输导，网状、面状供烃"的远源成藏模式。（2）近源体系以须三段、须五段为主要烃源，源储广覆、直接接触，砂体叠置连片，岩性、构造—岩性圈闭为主，局限流体动力场为主，为"压力、毛细管力驱动，断层、裂缝、砂体输导，网状、面状供烃"的近源成藏模式。（3）源内体系以须三段、须五段为主要烃源，源储一体，主要发育岩性圈闭，局限流体动力场为主，为"压力驱动，裂缝、砂体输导，面状供烃"的源内成藏模式。总体上，叠覆型致密砂岩气区表现出"源控区，相控带，位控藏"三元控藏的特征，即有效烃源灶的控制范围决定了气藏的分布区域，有利沉积相带、成岩相带的展布决定了气藏的分布和形成规模，继承性的古隆起、古斜坡控制了天然气聚集区带，有效的裂缝系统控制了油气的高产富集。同时，不同成藏体系天然气富集规律有所差别，并以此为基础形成了川西陆相"源、相、位"三元控藏选区评价的技术流程体系。

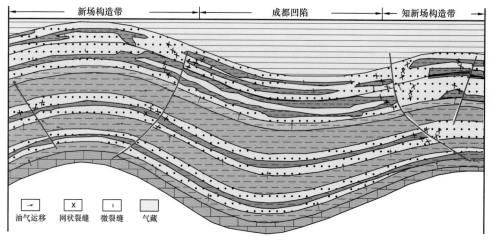

图12-54　叠覆型气藏模式图

2. 攻关物探新技术，不断发现新目标

新场气田的物探工作，经历了从电法普查→区域大剖面→二维地震普查→二维地震详查→三维地震→三维三分量地震发展，每一个阶段，都进行了采集、处理、解释的持续攻关，从构造、岩性、裂缝等方面为新目标的不断发现和落实提供技术支撑。

1）突破松散地表采集技术，控制噪声确保资料质量

20世纪70—80年代，引进数字磁带采集设备SN338开展二维地震，为了提高川西平原区地震勘探采集资料质量，进行了聚能弹浅井组合爆炸试验以及多次叠加方法观测

系统试验，有效地提高了地震勘探质量。20 世纪 90 年代，针对地震地质条件复杂、横向变化大和干扰波极为发育的特点，通过观测系统的计算机辅助设计和采集技术的进步，攻克大面积卵石覆盖和松散沉积物地表地质条件区的三维地震勘探的采集技术。通过提高炮井深度、选择夜间采集、协停干扰源、限制车辆通行、组合检波器等措施，提高采集质量。

2）研究岩性气藏处理流程，突出砂体地震响应特征

20 世纪 80 年代引进 IBM4381 计算机开展地震资料处理，提高了弱信号区的地震资料处理质量，为准确解释，特别是岩性解释提供了基础。

20 世纪 90 年代，针对川西坳陷中段地区干扰波发育、振幅横向变化大、主频偏低的特点，为获得准确反映岩性异常体的相对振幅保持处理资料，建立了适应川西岩性气藏地震勘探的处理流程，包括针对性的叠前去噪，针对性的保真和一致性处理，采用先进的层析静校正技术消除地表高程和低降速带的影响，把握合适的分辨率等关键技术。处理的地震资料，不但能真实地反映反射层位的地质含义，尤其是岩性异常特征的反映，而且为储层含气响应模式建立、储层横向追踪及流体预测提供了可靠的资料。

3）开展多属性全三维解释，细描复杂储层内部结构

20 世纪 70～80 年代，持续开展了地震地层学研究，总结出一套碎屑岩地区开展地震地层学研究的工作方法，建立了四川盆地从海相到陆相的整套地震层序，不仅落实了新场构造，而且初步探索了基于二维地震资料的蓬莱镇组、沙溪庙组、千佛崖组储层地震响应模式。

20 世纪 90 年代中期三维地震实施以后，通过攻关研究和大量岩石物理试验，建立了"低频强振幅"地震响应模式（图 12-55），开展了振幅、波阻抗、相干、吸收、AVO 等多属性分析，以三维可视化为平台，结合人机交互系统，开展多属性全三维地震资料解释（图 12-56），按照"整体、自动、精细"的要求，全面、精细地进行储层内部结构的精细解释，为井位部署提供强有力支撑，将井位部署成功率提高到 90% 以上。

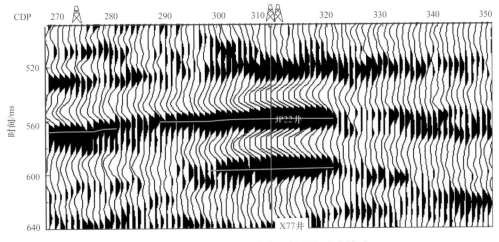

图 12-55 "强波谷、强波峰、低频"响应模式

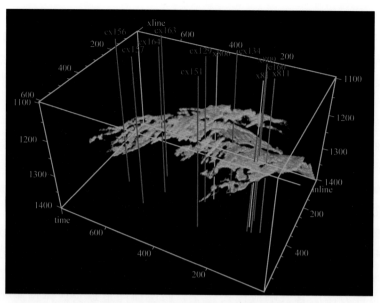

图 12-56 上沙溪庙组储层三维可视化透视图

4）攻关三维三分量物探新技术，支撑须家河组高效勘探

新场地区须家河组气藏深层致密储层孔隙度和渗透率低，含气层与围岩之间的地震响应差异小，如何利用有效的地球物理信息进行储层含气性检测及流体判别是该区深层勘探的关键。为加快新场地区陆相深层致密气藏的勘探开发，2004 年在新场气田主体部位启动了当时全球规模最大的三维三分量地震勘探工业化生产项目。采用 12 线 264 道16 炮砖墙式观测系统采集，9504 道接收，60 次满覆盖，面积 156.6km^2。使用 I—O 公司System Ⅳ 全数字地震仪和业界最先进的 Vectorseism MEMS 微机电系统数字三分量检波器采集。经过研究和攻关，形成了先进的转换波三维三分量地震勘探资料采集、资料处理、资料解释等系列技术，并成功实现转换波三维三分量项目的工业化应用。在深层致密砂岩储层预测、裂缝检测及含气性识别等方面取得了大量研究成果，并在推广应用中钻获多口高产工业气井，获得了国家科技进步奖二等奖。

3. 钻测录固保井筒，压裂改造提产量

打好井、固好井、保证井筒质量是产气的基础，录准资料、测准数据是判断油气层的关键。

1）提升钻井固井完井技术、降储层污染保井身质量

新场气田具有蓬莱镇组、遂宁组、沙溪庙组、千佛崖组、须五段等多个异常高压层和须二段常压层，井漏、井喷常常同时出现，既要保证按设计要求，安全顺利钻达设计目的层，又要保护好储层，满足地质获取各项资料数据的要求。对钻完井工程工艺提出了严峻挑战，核心是解决优快钻井、储层保护、完井和井控四个难题，确保建立良好的井筒条件。

形成了新场构造中深井优质、安全、高效钻井的技术措施。建立了以气层保护为核心，分别适合于裂缝性储层、孔隙—喉道性储层和不同类型直井、定向丛式井的非规则形态系列暂堵剂及现场实施工艺技术。针对高压、多气层的固井作业，优选了符合地质特点、气层不受或少受伤害、渗流系数高、井壁稳定的方法。

2）强攻储层改造测试技术，全面提高单井油气产量

新场气田是多个气藏纵向上互相叠置的复式砂岩气藏，具有低孔渗、非均质、多层系、多压力系统等特征。由于气藏的低渗透特征，多数井不经储层改造难以形成工业产能，储层压裂改造工艺技术是低渗透气藏成功开发的关键技术。

20 世纪 80 年代至 90 年代初，蓬莱镇组主要靠异常高压气藏形成的自然产能，多数致密储层的产量较低，经济效益较差。为提高效益，从评井选层、压裂液、支撑剂、压裂工艺及压后评估等角度入手，形成以"低前置液、小排量、高砂比"为特色的较为成熟的水力压裂技术体系。采用压裂措施后，边界效益附近的井（川孝 285 井 1995 年首次实现加砂压裂突破），经过水力压裂后，大部分井获得了工业产能，有效地扩大了气藏规模、提升了勘探开发效益。

沙溪庙组气藏勘探初期，投产措施是盐酸、土酸解堵酸化，增产效果有限，为提高单井产量，从地质工程、压裂液、压裂工艺、分层分段、排液等方面开展了持续攻关研究，在 1998 年（川孝 169 井）、2000 年、2008 年相继取得单层压裂、多层分层压裂、水平井分段压裂的技术突破。在低伤害压裂液支撑下，先后形成了的单封隔器大型压裂技术，以多封隔器组合分层压裂工艺、可开关滑套分层压裂工艺、喷封压一体化工具分层压裂工艺为特色的多层分层压裂技术，以封隔器投球分段压裂工艺、全通径无级滑套分段压裂工艺为特色的水平井分段压裂技术等高效压裂增产投产技术体系。

针对须家河组超致密储层，开展了储层改造试验，2009 年与国外公司合作攻关新 11 井须二段储层改造技术，对 4915.02～4920.02m 进行加砂压裂，破裂压力 115.7MPa，施工压力 84～100MPa，获得天然气产量 $11.7154 \times 10^4 \text{m}^3/\text{d}$，提高了单井产量，开启了超深超致密储层压裂改造之路。

3）加强现场录井跟踪分析、中途测试及时发现油气

地质录井是在钻井过程中直接或间接的有系统地收集、记录、分析井下的各种信息，并加以综合分析，分析地下岩石性质、油气层的位置、厚度、流体性质等的第一手资料。

新场气田的发现，与地质录井"闪亮的眼睛"和及时的建议密不可分，川孝 113 井就是依靠地质录井发现的放空、井涌、井喷等油气显示特征，及时建议中途测试获得油气发现。而新 851 井在主要目的层钻进中，现场地质技术人员和录井队一道分析实钻资料，查找次生矿物，再结合物探资料，确定完钻深度而获得高产的。因此，没有可靠的地质录井判别油气技术和技术人员，就很可能漏过重要的油气发现。

4）引进多种先进测井技术、支撑判断复杂油气水漏

测井是油田勘探与开发过程中确定和评价油、气、水及裂缝、漏层的重要手段，经历了模拟测井、数字测井、数控测井、成像测井四个发展阶段。

早期测井装备以国产 JD581 多线模拟电测仪为主，主要开展声感和横向测井。20 世纪 80 年代后期引入数字测井仪，开始应用核测井和地层倾角，完善了复杂储层测井技术系列，显著提高了测井资料质量，支撑发现了新场气田的发现。20 世纪 90 年代引入数控测井仪，测井技术和资料质量进一步提高，支撑了新场气田侏罗系气藏的大规模勘探开发。21 世纪初引进成像测井系统，并且电成像、偶极声波、核磁共振等特殊测井系列得到大量应用，深井测井技术逐渐成熟，支撑了须家河组深层复杂致密碎屑岩气藏的

勘探发现。

通过"七五"以来的持续攻关，建立了以气水识别、饱和度评价和产能预测为核心的低孔渗致密碎屑岩解释评价技术，以岩性识别、参数计算、流体判别和分类评价为核心的复杂岩性致密碎屑岩解释评价技术，以裂缝识别、流体判别和分类评价为核心的裂缝性致密碎屑岩解释评价技术，支撑了新场气田的勘探发现。

4.创新管理新模式、促进勘探高效化

解放思想、创新油公司与项目管理模式，促进了新场气田的发现和高效勘探开发。2000年以后，通过中外合作，加强了须家河组的勘探，提高了储层预测、裂缝预测及储层改造的水平，促进了高效勘探。

组织多学科攻关团队加强侏罗系地质认识、气藏描述与储层改造研究，促进了侏罗系蓬莱镇组、上沙溪庙组、下沙溪庙组的高效勘探。20世纪90年代，组织多学科联合攻关小分队对侏罗系关键技术问题进行攻关研究，形成了针对性的方法技术，并快速投入到生产实践中，有效地解决了成藏认识、气藏描述、储层改造等关键难题，获得了大量的研究成果，树立了团队化攻关的榜样。

四、推广新场好经验，持续发现新气田

新场气田的立体勘探开发是四川盆地的一个典型范例，从新场气田出发，勘探人员不断深入地质、物探研究，落实一个又一个新目标，在川西坳陷不断取得油气勘探新发现，持续扩大储量规模，相继建成四川省成都—德阳—绵阳西部工业发达区气田群。

1.甩开勘探侏罗系，发现10个新气田

20世纪90年代至2005年，借鉴新场勘探经验，以构造—岩性气藏为目标，加强储层预测和成藏条件研究，推广直井加砂压裂手段，迅速对"三隆一凹陷一斜坡"构造群侏罗系致密碎屑岩全面甩开勘探，发现10个新气田（含气构造）（表12-11，图12-57），突破了成都凹陷、新场构造带等多个构造，提交了 $1354.14 \times 10^8 \mathrm{m}^3$ 天然气探明地质储量，形成了洛带、马井、合兴场等气藏多点开花的良好勘探开发场面。

表12-11　川西侏罗系甩开勘探油气发现简表

构造带	构造	气藏	发现时间	发现井	天然气产量 / $10^4\mathrm{m}^3$	备注
新场—丰谷	合兴场	蓬莱镇组	1993	川合141井	1.0682	
	东泰	蓬莱镇组	1996	川泰361井	3.1581	
	丰谷	下沙溪庙组—自流井组	1993	川丰131井	17.7846	凝析油日产 $3.6\mathrm{m}^3$
大邑—鸭子河	金马	下沙溪庙组	2000	川鸭609井	18.0059	无阻流量
龙泉山	石泉场	下沙溪庙组	1995	川泉183井	发现油气显示	
川西坳陷东坡	中江	上沙溪庙组	1996	川泉181井	0.9973	
	回龙	自流井组	1998	回龙2井	0.8018	原油日产 $6.434\mathrm{m}^3$

构造带	构造	气藏	发现时间	发现井	天然气产量 / $10^4 \mathrm{m}^3$	备注
成都凹陷	洛带	蓬莱镇组	1997	龙1井	2.5541	
		遂宁组	2000	龙36井	0.2567	
		上沙溪庙组	1999	龙651井	0.2610	
	马井	白垩系	1998	川马602井	5.6002	
		蓬莱镇组	1997	川马601井	1.4983	
		下沙溪庙组	2002	川马600井	4.7237	无阻流量
	新都	蓬莱镇组	1997	川都416井	1.0131	
		遂宁组	2003	川都617井	1.3458	
		下沙溪庙组	2003	川都617井	3.3129	
	廖家场	蓬莱镇组	1998	川金608井	1.6130	
		遂宁组	2003	金遂2井	3.2278	

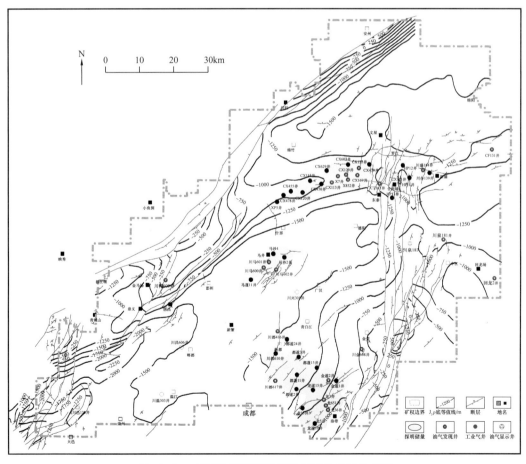

图 12-57 甩开勘探川西侏罗系发现油气田分布图

大邑—鸭子河构造带、新场—丰谷构造带、龙泉山构造带三个隆起带发现了两个气田（合兴场、东泰）、两个含气构造（丰谷、金马）。新场构造带向东展开，分别发现了东泰、合兴场蓬莱镇组气藏。川丰 131 井发现了丰谷构造下沙溪庙组 + 自流井组气藏。新盛构造川盛 184 井、川合 139 井沙溪庙组钻遇良好油气显示。大邑—鸭子河构造带甩开勘探，川鸭 609 井发现了金马下沙溪庙组气藏。川邑 130 井在大邑构造发现油气显示。龙泉山构造带的川泉 183 井发现良好油气显示。

成都凹陷三个构造侏罗系持续取得好成果，发现了 4 个气田（洛带、马井、新都、廖家场）。洛带构造龙 3 井发现蓬莱镇组气藏，随后钻探的龙 5 井获得高产，开始了洛带气田建设；龙 36 井发现遂宁组气藏，两层系合计提交探明储量 $323 \times 10^8 m^3$，建成了川西第二个大气田；龙 651 井发现上沙溪庙组气藏。马井构造川马 601 井发现了蓬莱镇组气藏，川马 602 井发现白垩系七曲寺组气藏，川马 600 井发现下沙溪庙组气藏，合计提交探明储量 $2209.76 \times 10^8 m^3$，开始了马井气田的建设。新都构造川都 416 井发现蓬莱镇组气藏，川都 617 井发现遂宁组、下沙溪庙组气藏，该气田在成都市三环路边都有多口生产井，号称都市气田。廖家场构造川金 608 井、金遂 2 井分别发现了蓬莱镇组、遂宁组气藏。同时，还在温江构造（川温 303 井）、唐昌构造（川昌 606 井）、中兴场地区（川兴 301 井）等，发现了大量的储层和一定的油气水显示，但没有获得工业油气流。

川西坳陷东坡发现了中江、回龙两个含气构造，川泉 181 井发现上沙溪庙组气藏，迈出了中江气田建设的第一步，回龙 2 井发现回龙构造自流井组油气藏。

2. 深化勘探侏罗系，建成两个大气田

2006—2018 年，进入深化勘探阶段，在"满盆富砂、满坳含气"理论的指导下，从正向构造向斜坡区展开勘探，从构造—岩性气藏向岩性气藏展开，从勘探厚大砂体向薄砂体深入，从宽大砂层向窄河道延伸，从靠自然产能获气向攻关压裂工艺增产增储，取得了一系列重要发现，提交了近 $2000 \times 10^8 m^3$ 探明储量，建成了成都气田和中江气田两个大气田。

一是深化了成都凹陷侏罗系勘探，发现了什邡、广金、崇州三个气田（含气构造），建成了成都大气田，获得了 2012 年度十大地质找矿成果奖。按照岩性气藏勘探思路，在什邡深洼大胆甩开勘探，2009 年什邡 2 井在蓬莱镇获得工业气流，揭示了川西坳陷负向构造单元具备良好的成藏条件，新增叠合含气面积 $738.90 km^2$，新增探明储量 $1652.07 \times 10^8 m^3$，取得了川西中浅层的重大突破，并提出了"满盆富砂、满坳含气"重要认识和叠覆型致密砂岩气区成藏地质新理论。2012 年在广汉—金堂地区，甩开勘探的广金 5 井在蓬莱镇获得工业气流，进一步证实了川西坳陷中浅层"满坳含气"的成藏规律。2013 年深化了温江构造储层预测，崇州 1 井对蓬莱镇组和沙溪庙组测试均获得工业气流，取得成都凹陷温江构造油气勘探新发现。2014 年后将马井气田、什邡气田、广金气田合并为成都气田，形成了探明储量超 $2000 \times 10^8 m^3$ 的侏罗系致密碎屑岩大气田。

二是深化了中江—高庙子气田的勘探，采用水平井工艺，建成了中江—高庙子大气田。中江构造自 1995 年川泉 181 井发现之后，在改造能力有限的情况下，多口评价井见到了良好油气显示，但均未取得良好油气成果。20 世纪 90 年代高庙子地区（新盛构造）的川合 139 井、川盛 184 井均在沙溪庙组发现了良好油气显示，也没有获得工业气流。2013 年，根据成藏新认识和重新落实的窄河道砂体实施水平井中江 16 井、中江 19

井和直井高庙 32 井相继获得工业气流，开创了中江—高庙子构造水平井工艺勘探开发新局面，提交探明储量 $323.23 \times 10^8 m^3$，建成了一个大气田和年产气近 $10 \times 10^8 m^3$ 的大型天然气生产基地。

三是深化了龙泉山复杂构造带勘探。2011 年知新 31 井获得工业气流，发现上沙溪庙组气藏，2017 年知新 105 井发现下沙溪庙组气藏。

四是深化了梓潼凹陷侏罗系勘探。2007 年文星 2 井实现文星构造上沙溪庙组油气勘探新发现，2008 年文星 3 井发现了蓬莱镇组气藏。

3. 持续攻关须家河，准备接替新阵地

在 1988 年川合 100 井和 2000 年新 851 井重大突破后，针对须二段磨刀石超致密碎屑岩气藏的勘探进行了持续攻关，川西坳陷甩开勘探，实施了一批以须二段为主要目的层的探井，其中川高 561 井、川江 566 井、大邑 1 井、新盛 1 井、回龙 1 井等获得工业气流，取得高庙子构造、中江构造、大邑构造、新盛构造、回龙构造须二段油气勘探新发现。2006 年，大邑 1 井须三段获得工业气流，已提交探明储量 $114.49 \times 10^8 m^3$，建成了一个中型气田；川丰 563 井、金深 1 井、绵阳 2 井在丰谷构造、金马构造、永兴构造须四段取得油气勘探新发现，鸭 3 井在鸭子河构造须五段取得油气勘探新发现。

4. 风险勘探龙门山，发现海相大气田

在新场气田川科 1 井、新深 1 井海相雷口坡组获得突破之后，甩开实施的风险探井彭州 1 井钻获白云岩孔隙型储层，2014 年获得 $121.05 \times 10^4 m^3/d$ 的高产工业气流，取得了四川盆地龙门山前带海相雷口坡组油气勘探的重大突破。随后部署的鸭深 1 井获得 $48.48 \times 10^4 m^3/d$、羊深 1 井获 $60.20 \times 10^4 m/d$ 的高产工业气流，具有探明千亿立方米规模的资源潜力，发现龙门山前带雷口坡组海相大气田。

第十三章 油气资源潜力与勘探方向

四川盆地天然气资源丰富，是中国重要的天然气生产基地。经历 60 多年的勘探，取得了多层系、多领域的重大突破，展示了巨大的油气勘探潜力。本章回顾了四川盆地资源评价历程，重点介绍了最新两次资源评价方法参数，对比历次资评结果，分析变化原因，开展剩余油气资源潜力分析，指出了四川盆地下一步重点勘探方向。

第一节 油气资源潜力

四川盆地油气资源类型包括常规天然气、页岩油气、致密天然气（以下简称致密气）和致密油四类。由于油气资源评价是一个不断认识的过程，各家单位在不同时期采用的方法也不一致，因此，本章统一采用 2015 年国土资源部油气资源动态评价结果开展分析，同时介绍自然资源部组织开展的"全国'十三五'油气资源评价"工作。

一、资源评价历程

自"六五"以来，四川盆地开展了多轮次油气资源评价工作，其中比较有代表性的有以下几次。

1. 第一次全国油气资源评价

"六五"（1981—1985 年）期间，原石油工业部和原地矿部组织专家开展了第一次全国油气资源评价。该阶段计算机不普及，资源评价没有核心软件，更没有数据库，因此此轮评价突出地质分析，较为系统地总结了中国石油地质特征，采用以盆地为基本单元，以生烃—排烃—聚烃为主要思路的测算方法，主要采用体积法、地球化学法和容积法。

全国第一次油气资源评价四川盆地常规天然气资源为 $78673.15 \times 10^8 m^3$，其中，上三叠统、中—下三叠统、二叠系、石炭系为油气资源分布重点层系，资源量分别为 $1.24 \times 10^{12} m^3$、$1.31 \times 10^{12} m^3$、$1.57 \times 10^{12} m^3$、$1.23 \times 10^{12} m^3$；寒武系、奥陶系及志留系资源未进行区分，整体按一个单元进行评价；未评价侏罗系资源量。这次评价只测算地质资源量，没有考虑资源的经济开采性。

2. 第二次全国油气资源评价

1991—1994 年，由原中国石油天然气总公司组织开展了第二次全国油气资源评价，基本上采用了统一的技术方法和评价软件系统。从评价方法上来看，第二次资源评价仍然沿用了第一次的思路，核心方法为盆地模拟法，其次是区带和圈闭评价方法，具体采用烃源岩评价法、TSP 区带评价法、储量统计模拟法等方法，统计法和类比法使用不够，主要原因是当时中国缺少大量的勘探开发数据和类比刻度区。

全国第二次油气资源评价四川盆地石油资源量为 $11.40 \times 10^8 t$，天然气资源量为

$71851.21 \times 10^8 m^3$。评价层系与第一次资源评价相同，但天然气资源总量相比于第一次略有降低；不同层系资源量变化幅度呈现差异，二叠系、石炭系天然气资源小幅度增加，上三叠统、中—下三叠统及寒武系、奥陶系及志留系资源出现下降。

3. 第三次全国油气资源评价

1999—2003 年，中国三大石油公司分别对各自矿权区进行了油气资源评价，称为全国第三次油气资源评价。此次资源评价强调与国际接轨和刻度区解剖，三大类评价方法均采用，在解剖多种类型刻度区的基础上，以资源丰度类比法为主，兼顾统计法和成因法。

全国第三次油气资源评价四川盆地天然气资源量为 $53444.50 \times 10^8 m^3$。本次资源评价相比前两次评价层系增加了侏罗系（资源量 $6450.6 \times 10^8 m^3$），但资源评价结果却呈现大幅度降低。通过分层系对比发现，仅中—下三叠统资源量增加，二叠系、石炭系、寒武系及震旦系资源量均降低明显，这与当时勘探形势存在密切关系。

4. 新一轮全国油气资源评价

2003—2007 年，由国土资源部、国家发展和改革委员会、财政部发起，在中国石油、中国石化和中国海洋石油三家公司各自做过所登记勘探区块资源评价的基础上，在中国实施市场经济条件下，第一次从国家层面组织了新一轮全国油气资源评价研究工作（简称新一轮）。新一轮油气资源评价是一次重要的国情调查，其主要目的是摸清油气资源"家底"。

此次资源评价根据不同盆地的地质特点，对评价方法进行优选，在类比法、统计法和成因法三大类方法中，选择应用了 15 种评价方法，包括面积丰度类比法、油气田规模序列法、广义帕莱托分布法、盆地模拟法及产烃率法等，实现了评价方法和参数标准的统一，保证评价结果的横向对比。

此次评价取得了全国 115 个盆地 3 个资源序列的评价结果，系统研究和应用了 181 个刻度区，建立了国家级油气资源评价标准体系、方法体系、参数体系和数据标准体系，获取了油气资源可采系数等关键参数。

新一轮资源评价结果，四川盆地石油地质资源量为 $4.38 \times 10^8 t$，常规天然气资源量为 $9.31 \times 10^{12} m^3$。此次评价层系与第三次资源评价相同，但资源量呈现大幅度增加，增长了 74.2%，主要增加层系在上三叠统、中—下三叠统与二叠系，增加幅度分别达到 213.3%、91.8% 及 56.6%，其余层系评价结果与第三次相当，资源量增加主要原因是期间四川盆地岩性气藏勘探在上述层系取得丰硕成果。

5. 第五次全国油气资源动态评价（动态资源评价）

2008—2015 年，由国土资源部牵头，各油公司和科研机构参与，针对油气探明储量、产量增长较快的盆地或坳陷，以及地质理论认识有突破、油气有较大发现的新区、新领域、新层系，开展了第五次全国油气资源动态评价（以下简称动态资源评价）。评价方法是在新一轮资源评价的基础上，又进行了补充，以类比法和统计法为主。不仅开展了常规油气的资源评价，还对致密油气、页岩气、煤层气、油页岩、油砂等非常规油气的资源进行了评价，并预测了中长期油气储量、产量的增长趋势。

6. "十三五"全国油气资源评价

2017—2019 年，自然资源部组织中国石油、中国石化、中国海油、延长石油、中联煤等部门开展"十三五"全国油气资源评价，目前该工作正在进行。中国石化勘探分公司在"十三五"资源评价中承担了两个方面的工作：一是勘探分公司探区的常规与非常规油气资源评价；二是汇总中国石化单位在四川盆地及周缘、南方外围矿权内的常规和非常规油气资源评价研究成果。所承担的资评工作以四川盆地及周缘为重点，兼顾南方外围其他盆地，从基本油气地质条件、成藏规律研究入手，重点做好有效烃源岩、有利储层的展布、油气运移主要方向的识别和排聚系数的确定 4 个关键性技术环节。在此基础上，按盆地、一级构造区带和二级构造区带三个层次，细分单元和层系，针对不同勘探程度，采用不同资源评价方法，对四川盆地及周缘、南方外围区块各盆地或坳陷的油气资源做出客观评价。

二、历次资源评价结果对比分析

由于"十三五"资源评价正在进行，本书只对比评价四川盆地前五次资源评价结果。从历次资源评价结果来看，除第二、第三次资源评价以外，新一轮及动态资源评价四川盆地的资源量都是增加的，特别是 2015 年四川盆地动态资源评价四川盆地常规天然气资源量 $20.69 \times 10^{12} \mathrm{m}^3$。其中，常规气中国石油 $10.20 \times 10^{12} \mathrm{m}^3$、中国石化 $4.43 \times 10^{12} \mathrm{m}^3$，加上除川西外陆相侏罗系 $0.18 \times 10^{12} \mathrm{m}^3$ 天然气，四川盆地常规天然气资源量为 $14.81 \times 10^{12} \mathrm{m}^3$；中国石油致密气 $2.59 \times 10^{12} \mathrm{m}^3$，中国石化致密气 $3.28 \times 10^{12} \mathrm{m}^3$；中国石油致密油资源量 $16.11 \times 10^8 \mathrm{t}$。

动态资源评价的四川盆地常规天然气资源量相比之前四次资源评价结果有较大幅度增加，四川盆地常规天然气总地质资源量相比 2003—2007 年新一轮资源评价结果高出 $11.37 \times 10^{12} \mathrm{m}^3$，增幅达 122%（表 13-1）。

通过分层系对比四川盆地历次资源评价结果，发现 2015 年全国油气动态资源评价的四川盆地上三叠统致密气、中—下三叠统、上二叠统、寒武系及震旦系海相常规气资源量都较以往有了大幅提高。

表 13-1　四川盆地历次资源评价天然气评价结果对比　　　　单位：$10^{12}\mathrm{m}^3$

层位	第一次资源评价 1981—1985 年	第二次资源评价 1991—1994 年	第三次资源评价 1999—2003 年	新一轮资源评价 2003—2007 年	动态资源评价 2008—2015 年
侏罗系			6450.6	6500	12116.8
上三叠统	12385.6	11440.8	9065.3	28400	48461.7
中—下三叠统	13095.4	5894.9	16836.2	32300	45495.5
二叠系	15741.3	19529.7	8618.6	13500	39297.1
石炭系	12319.5	13525.9	7953.4	7900	12499.7
志留系			898.4	900	3369.1
奥陶系	18068.7	15567.4	905.1	900	1166.7
寒武系			1012.5	1000	19095.2
震旦系	7062.7	5892.6	1704.4	1700	25415.3
总计	78673.2	71851.2	53444.5	93100	206917.2

对比分析资源量变化的原因，主要有以下三个因素。

1. 油气勘探取得新发现

2010年以来，勘探认识程度不断加深，推动了勘探开发的突破，大中型气田的接连发现，储、产量快速增长，发现了一大批新层系，也增加了新矿种，必然导致资源量增加。

常规气在震旦系—寒武系和二叠系—三叠系有重大发现，资源量也有较大增长。连续8年年均新增天然气探明地质储量$1000 \times 10^8 m^3$以上，三级地质储量获得了持续增长，每年的三级地质储量均以万亿立方米增加。

普光气田的发现，整体提升了四川盆地勘探认识与进程，掀起了四川盆地二叠系、三叠系大型礁滩气藏勘探的高潮，元坝、龙岗等长兴组—飞仙关组礁滩气田相继被发现，截至2018年底，普光气田的三级地质储量合计就达到$6869 \times 10^8 m^3$；元坝气田三级地质储量合计$11152 \times 10^8 m^3$。磨溪—高石梯地区震旦系—寒武系丘滩气藏获重大发现，带动了四川盆地震旦系—寒武系勘探的认识，截至2018年底，震旦系灯影组、寒武系龙王庙组探明天然气地质储量$8888 \times 10^8 m^3$。上三叠统须家河组也获得了重大突破，先后发现了广安、合川、荷包场、安岳、营山、蓬莱和莲花山等多个气藏，探明了广安、合川和安岳三个储量规模千亿立方米级的整装大气田，三级地质储量由2002年$0.27 \times 10^{12} m^3$增加至目前$1.26 \times 10^{12} m^3$。整体上，川西上三叠统须家河组、川中震旦系—寒武系和川东北二叠系—三叠系的重大突破，带来了资源评价的全新认识，勘探进展促进了常规天然气资源量大幅增长。

2. 工程技术的不断进步

第三次资源评价以来，石油装备和工程技术领域也取得了较大的进步，这种进步对油气勘探和开发起到了良好催化剂的作用，主要包括高分辨率三维地震采集技术、地震连片处理解释技术、储层地震预测技术、地震多波技术、水平井钻探技术和水平井体积压裂技术等。如川中震旦系—寒武系的勘探突破得益于高品质地震资料的获取，目的层震旦系波组特征清晰、信噪比明显提高，满足精细构造解释和储层地震预测、烃类检测的需要，进一步落实了圈闭，精细预测了储层发育参数及含气性，对目标评价起到积极的推动作用。地球物理技术、钻井工程等技术的快速进步，成为拓展勘探领域和提高储量产量的重要保障，因此盆地资源量也大幅度提高。

3. 地质认识的不断深化

最重要的是，地质理论持续不断的创新以及对四川盆地地质认识的不断深入，也大大推动了盆地天然气勘探的进步。例如常规天然气"多黄金带勘探"、致密油气"近源高效聚集""大面积成藏"、煤系"持续生烃"、深层碳酸盐岩优质储层形成机理、深层碳酸盐岩油气成藏富集机理，海相页岩气"二元富集"理论等油气理论的突破，使得勘探领域不断扩展、地质认识不断深化，带来了油气资源发现率的不断提高，也大幅提升了资源评价的可信度。

具体来看，提出开江—梁平深水陆棚控制了二叠系—三叠系礁滩体发育和烃源岩分布，推动了二叠系—三叠系礁滩气藏的勘探，指导了普光、元坝、龙岗等一大批气田的发现。对震旦系—寒武系特大型高效碳酸盐岩气藏的认识，从烃源岩、多期古构造、古隆起成藏等方面均可认识到古隆起对所有层位都能起到控藏作用，这一层系的勘探潜力大，前景广阔，已经发现了中国迄今为止年代最古老、单体规模最大的气藏，探明天然气储量 $8888 \times 10^8 \text{m}^3$。对须家河组内部"三明治"式生储盖组合的进一步认识，拓展了勘探领域，获致密气三级地质储量 $1.26 \times 10^{12} \text{m}^3$。在反思中国页岩气与北美页岩气差异的基础上，提出深水陆棚相优质泥页岩发育是页岩气"成烃控储"的基础，良好的保存条件是页岩气"成藏控产"关键的海相页岩气"二元富集"理论，有效指导了涪陵页岩气田的发现。

所以，在四川盆地天然气勘探进展和勘探开发技术进步的基础上，地质理论和认识的创新促使盆地储量和产量快速增加，这些因素都是 2015 年全国油气动态资源评价结果比较乐观，资源量大幅度增长的重要依据。

第二节　勘　探　方　向

四川盆地是一个富含油气的叠合盆地，面积约 $19 \times 10^4 \text{km}^2$，油气总资源量 $47.3 \times 10^{12} \text{m}^3$。经过 60 余年的勘探，取得了丰硕的勘探成果，全盆已经累计探明天然气地质储量 $5.69 \times 10^{12} \text{m}^3$（截至 2019 年底），但仍然具有较大的勘探潜力。（1）常规勘探方面：震旦系—寒武系天然气总资源量 $4.45 \times 10^{12} \text{m}^3$，已发现安岳、威远等大中型气田，探明率 19.98%，是下步继续寻找大中型气田的有利勘探领域。奥陶系—志留系是海相唯一未发现大中型气田的层系，烃源条件优越，早期多口井钻遇良好油气显示，寻找优质储层是实现勘探突破的关键，值得重视。石炭系总资源量 $1.25 \times 10^{12} \text{m}^3$，已在川东地区发现多个气田，探明率 20%，下步值得继续深化。二叠系—三叠系礁滩总资源量 $8.48 \times 10^{12} \text{m}^3$，已发现普光、元坝等大型气田，探明率 14.55%，2010 年、2014 年在川西北中二叠统和川西中三叠统陆续取得发现，是下步继续寻找大中型气田的有利勘探领域。陆相致密砂岩天然气总资源量 $6.06 \times 10^{12} \text{m}^3$，已发现广安、合川和成都等大型气田，探明率 19.58%，下步重点是寻找可供效益开发的优质"甜点区"。（2）页岩气勘探方面：志留系页岩气总资源量 $22.64 \times 10^{12} \text{m}^3$，已发现涪陵、长宁、威远、威荣等页岩气田，探明率仅 4.07%，是下步继续扩大勘探的有利领域。寒武系页岩气总资源量 $3.97 \times 10^{12} \text{m}^3$，在部分地区已见到油气显示或试获工业气流，制约商业发现的关键问题是下寒武统泥、页岩地质年代老，演化程度高，经历的构造运动期次多，保存条件复杂，下一步需要继续深化研究。二叠系、三叠系和侏罗系页岩气资源潜力大，下一步还需要加强工程工艺技术等攻关。

本节将在生、储、盖等静态成藏要素分析与气藏富集规律研究的基础上，结合近期勘探进展，讨论了四川盆地下一步的勘探方向。

一、常规天然气勘探领域

1. 震旦系

四川盆地震旦系资源量 $2.5415 \times 10^{12} \text{m}^3$（图 13-1），主要分布在灯影组。经过 60 余年的勘探，相继发现了安岳、威远等大中型气田，探明天然气地质储量 $4484 \times 10^8 \text{m}^3$。近期通过加强研究认为四川盆地震旦系灯影组主要有三个有利勘探方向：（1）沿绵阳—

长宁裂陷槽边缘相带灯二段、灯四段发育层状、准层状规模性白云岩储层，与上覆筇竹寺组黑色泥页岩组成良好的垂向和侧向"源—储"匹配成藏组合，具备"近源富集"的优越成藏条件，是近期继续寻找大中型气田的有利勘探方向。川北元坝—通南巴—阆中地区、川西井研地区是有利的勘探区带；（2）川南地区灯影组发育大面积台内浅滩叠合桐湾期不整合岩溶储层，储层平均孔隙度3.4%，邻近筇竹寺组生烃中心，古今构造叠合，保存条件有利，具有较好的成藏条件，是下步实现规模勘探的有利方向，綦江—赤水地区是该类目标有利的勘探区带；（3）沿城口—鄂西海槽边缘发育灯影组白云岩储层，但保存条件较复杂，也是下步较有利的勘探方向。

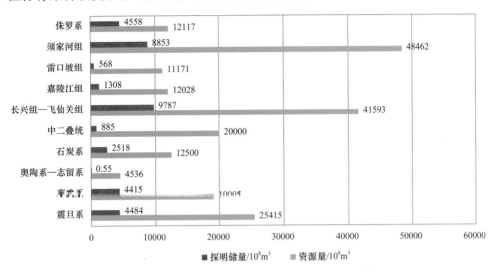

图 13-1　四川盆地常规天然气探明储量、资源量分布图

2. 寒武系

四川盆地寒武系资源量 $1.9095 \times 10^{12} m^3$（图 13-1），发育筇竹寺组优质烃源岩，生气强度 $0 \sim 160 \times 10^8 m^3/km^2$，纵向发育龙王庙组、洗象池群和仙女洞组三套储层，近期在川中地区发现安岳龙王庙组气田，探明天然气地质储量 $4404 \times 10^8 m^3$，一些井在洗象池群也取得突破，展示了寒武系良好的勘探前景。通过研究认为，寒武系主要有两个大的勘探方向：一是龙王庙组发育受川中水下古隆起控制的高能浅滩，叠加不整合岩溶作用形成优质储层，川北元坝、通南巴和阆中地区是下步有利的勘探区带；二是洗象池群发育浅滩高能相带叠加不整合岩溶储层，川东南涪陵—綦江和川北通南巴地区是下步有利的勘探区带。此外，川北地区仙女洞组广泛发育鲕粒滩沉积，川深1井已钻遇鲕粒白云岩储层，元坝—通南巴—阆中地区是下步值得重视的勘探区带。

3. 石炭系

四川盆地石炭系黄龙组资源量 $1.25 \times 10^{12} m^3$，发育潮坪浅滩相白云岩，叠加云南运动不整合岩溶作用形成优质储层，并与下伏志留系烃源岩形成下生上储的成藏组合，主要分布在川东地区高陡构造，已发现大天池、大池干、高峰场、七里峡和福成寨等19个大中型气田，累计探明天然气地质储量 $2518.55 \times 10^8 m^3$，总体探明程度较高。研究认为，高陡构造翼部潜伏构造和宽缓向斜区受地层尖灭和岩性变化形成的岩性圈闭是下步继续增储的有利领域，涪陵地区是下步有利的勘探区带。

4. 二叠系—三叠系

四川盆地二叠系—三叠系资源量 $8.48 \times 10^{12} m^3$，发育多期大型高能相带，其中长兴组—飞仙关组围绕开江—梁平台缘带勘探已取得丰硕成果，发现了普光、元坝、龙岗、罗家寨和渡口河等一批台缘礁滩大中型气田。栖霞组围绕巴彦喀拉海槽边缘多口井获得高产工业气流。茅口组发育岩溶缝洞、台缘浅滩、热液白云岩和灰泥灰岩等四种类型储层，均取得勘探突破，展示了栖霞组—茅口组良好的勘探前景。嘉陵江组围绕膏盐湖盆边缘发育鲕粒滩和砂屑滩储层，在川南和川中地区发现一系列小型气田。雷口坡组发育局限台地潮坪亚相白云岩储层，近期在川西已发现彭州气田，展示了较好的勘探前景。

1）长兴组—飞仙关组

长兴组—飞仙关组资源量 $4.1593 \times 10^{12} m^3$，发育大型台地边缘高能相带和台洼边缘相带，下伏二叠系烃源岩广泛分布，上覆中—下三叠统发育多套膏盐岩盖层，形成良好的生储盖组合。前期已取得丰硕成果，发现了普光、元坝、龙岗、罗家寨和渡口河等一批台缘礁滩大中型气田，探明天然气地质储量 $9787 \times 10^8 m^3$。开江—梁平陆棚两侧勘探程度比较高，蓬溪—武胜台洼边缘、川西地区及鄂西陆棚台缘是下步勘探拓展有利方向，镇巴—黄莲峡地区、南江东—黑池梁地区、涪陵南部义和—永兴场地区是有利的勘探区带。

2）栖霞组—茅口组

四川盆地栖霞组—茅口组资源量 $2 \times 10^{12} m^3$，已探明天然气地质储量 $885 \times 10^8 m^3$。主要发育栖霞组和茅口组两套勘探层系。

栖霞组普遍发育白云岩，勘探程度相对较低，是下步重要的勘探战略接替领域。主要有两个大的勘探方向：一是川西地区晚古生代位于巴彦喀拉海盆东侧边缘，发育北东向展布的台地边缘相带，受古地貌控制，白云岩储层普遍发育，储层厚度一般为 $10\sim20m$，川西北双鱼石地区已获突破，双探 1 井、双探 3 井测试分别获日产 $87.6 \times 10^4 m^3$、$41.86 \times 10^4 m^3$ 高产工业气流，川西地区是下步展开勘探的重点区带；二是川中、川北古地貌相对高部位发育台内浅滩储层，厚度总体较薄，川中地区已获突破，高石 18 井、磨溪 42 井测试分别获日产 $41.74 \times 10^4 m^3$、$22.42 \times 10^4 m^3$ 的高产工业气流。川北南江地区是下步勘探的有利区带。

前人认为，四川盆地茅口组整体为开阔台地沉积，以小规模岩溶缝洞气藏为主，蜀南地区已探明多个气田，累计探明天然气地质储量 $867 \times 10^8 m^3$，其中最大气田探明储量仅 $50 \times 10^8 m^3$。近期，突破了四川盆地茅口组沉积早期成藏认识的局限，新发现台缘、热液白云岩、灰泥灰岩三种成藏新模式：一是茅口组沉积晚期受峨眉地裂运动拉张作用影响，开江—梁平陆棚雏形形成，川东北地区发育台缘浅滩沉积，邻近二叠系优质烃源岩，具有近源富集的有利条件，元坝地区是有利勘探区带，元坝 7 井测试获日产 $105 \times 10^4 m^3$ 高产工业气流；二是受东吴期北西向基底断裂和大面积生屑滩控制，沿基底断裂两侧发育茅口组热液白云岩，川东南、川北、川西和川西南是有利的勘探区带，泰来 6 井测试获日产 $11.08 \times 10^4 m^3$ 工业气流，川深 1 井、阆中 1 井也钻遇储层；三是茅口组沉积早期发育较深水的外缓坡灰泥灰岩与瘤状灰岩岩石组合，以黏土成岩收缩缝（孔）、矿物粒缘缝（孔）为主，具有"源储共生、岩性控藏、大面积层状分布"的特点，川东南地区茅一段埋藏较浅，是下步有利的勘探区带，焦石 1 井、义和 1 井、大石

1 井相继试获工业气流，展示了茅一段较好的勘探前景。此外，还有两个领域值得重视：一是四川盆地茅口组沉积晚期—吴家坪组沉积早期广泛发育爆发相火山碎屑岩和沉凝灰岩储层，其中永探 1 井爆发相火山碎屑岩已获突破，元坝 7 井钻遇沉凝灰岩储层，物性较好；二是近期在川北元坝地区新发现茅二段沉积晚期不整合面，发育受古水系控制的早成岩期岩溶储集体，也是下步勘探的有利区带。

3）嘉陵江组—雷口坡组

嘉陵江组资源量 $1.2028 \times 10^{12}\mathrm{m}^3$，已发现磨溪、麻柳场、东溪等气田，探明天然气地质储量 $1308 \times 10^8\mathrm{m}^3$。泸州古隆起雏形期古地貌差异控制了四川盆地嘉陵江组鲕粒滩和砂屑滩的分布，受海水频繁升降影响，形成暴露浅滩相优质白云岩储层，嘉陵江组储层整体较薄。川东南綦江—赤水地区和川东北通南巴地区是较有利的勘探区带。

雷口坡组资源量 $1.1171 \times 10^{12}\mathrm{m}^3$，已发现中坝、磨溪、卧龙河、彭州等气田，探明天然气地质储量 $568 \times 10^8\mathrm{m}^3$，是下步重要的战略勘探领域。主要有两个勘探方向：一是龙门山克拉通边缘台缘雷三段滩相白云岩储层，早期在邻区已发现中坝气田，绵竹汉旺、什邡金河等多个露头剖面也证实雷三段发育大套滩相白云岩；二是雷四段局限台地潮坪颗粒相白云岩叠合印支期岩溶作用形成优质储层，具有较大的勘探潜力。评价川西龙门山前构造带是雷四段潮坪相白云岩和雷三段台缘滩白云岩勘探有利区带，彭州—新场构造、广汉斜坡是雷四段潮坪相白云岩叠合岩溶勘探有利区带。此外，川东北元坝—通南巴地区和川东南綦江地区岩溶储层发育，下步勘探值得重视。

5. 奥陶系—志留系

志留系资源量 $4536 \times 10^8\mathrm{m}^3$，是四川盆地海相唯一未发现常规大中型气田的层系。多口钻井见良好油气显示，女基井下奥陶统桐梓组产气 $3.6 \times 10^4\mathrm{m}^3/\mathrm{d}$，东深 1 井宝塔组测试产气 $22 \times 10^4\mathrm{m}^3/\mathrm{d}$，河深 1 井宝塔组测试产气 $3.29 \times 10^4\mathrm{m}^3/\mathrm{d}$。志留系石牛栏组在川东南地区多口井钻遇生屑灰岩裂缝型气层，见良好油气显示，近期黔北安页 1 井石牛栏组钻遇泥灰岩裂缝储层，测试产气 $12 \times 10^4\mathrm{m}^3/\mathrm{d}$。奥陶系—志留系烃源条件好。川东南五峰组—龙马溪组生烃强度 $35 \times 10^8 \sim 100 \times 10^8\mathrm{m}^3/\mathrm{km}^2$。制约勘探的关键问题是优质储层的发育和"源—储"配置关系。奥陶系桐梓组、红花园组和宝塔组均为碳酸盐岩台地沉积，发育台内浅滩储层，川中和川北地区具有发育浅滩叠合岩溶储层古地理背景。川东南涪陵—綦江地区台内浅滩和川北元坝—通南巴地区浅滩叠合岩溶是下步值得探索的勘探领域。志留系石牛栏组发育碳酸盐岩缓坡型礁滩，紧邻五峰组—龙马溪组优质烃源岩，川东南赤水—綦江地区是下步石牛栏组勘探有利区带。

二、页岩气勘探领域

1. 上奥陶统五峰组—下志留统龙马溪组

上奥陶统五峰组—下志留统龙马溪组页岩气资源量 $22.64 \times 10^{12}\mathrm{m}^3$，是目前唯一获得页岩气商业发现的层系，也是未来页岩气增储上产的重点层系，截至 2019 年底，探明地质储量 $1.7865 \times 10^{12}\mathrm{m}^3$。五峰组—龙马溪组主力页岩气层段主要为深水陆棚相，有机碳含量高，且由上至下不断增高，全层段有机碳含量大于 2.0%，一般为 $2.5\% \sim 4.0\%$。页岩气层平面分布广，厚度较大，主要介于 $20 \sim 50\mathrm{m}$，有机质类型好，均为腐泥型—混合型。热演化程度适中，$R_o 2.1\% \sim 3.6\%$，一般小于 3.0%，属高成熟原油热裂解有效气阶段。下步有利的勘探方向主要有三个。（1）川东南涪陵—丁山富集带，涪陵页岩气田已探明、丁山已基本控制，外围的桃子荡斜坡、林滩场、良村北斜坡、石墙隐伏构造、凤来向斜和白马褶皱带值得重视。（2）盆内深层页岩气，2017—2018年丁页4井、丁页5井测试分别试获日产 $20.56 \times 10^4 m^3$、$16.33 \times 10^4 m^3$ 高产页岩气流，2019年东页深1井测试获日产 $31.18 \times 10^4 m^3$ 高产页岩气流，深层页岩气取得突破。深层页岩气资源占五峰组—龙马溪组资源量50%以上，其优质页岩TOC、R_o、脆性矿物含量、岩石相类型均与浅层相当，同时还具有"压力系数高、保存条件好、孔隙度高、含气量高"的特点，勘探潜力大，制约勘探的关键问题是工程工艺技术。盆缘正向构造向盆内延伸的下斜坡、盆内高陡构造翼部或倾伏部位及盆内向斜区等值得重视。（3）盆缘常压页岩气，盆缘转换带深水陆棚优质页岩发育，但相对于盆内，构造运动改造相对较强，多为常压，提高产能和降低成本是勘探开发的关键，盆缘松坎、道真、武隆、桑柘坪和利川等多个复向斜区值得探索。

2. 下寒武统牛蹄塘组（筇竹寺组）

下寒武统牛蹄塘组页岩气资源量 $3.97 \times 10^{12} m^3$，深水陆棚相优质页岩发育，富有机质泥页岩分布广、厚度大、TOC含量高，是海相页岩气勘探的重要目的层系。目前，威远地区和宜昌地区部分钻井已见到油气显示或试获工业气流，但一直没有进行商业开发。制约取得商业发现的关键问题是下寒武统泥页岩地质年代老，页岩演化程度高，经历的构造运动期次多，保存条件复杂。盆内乐山—威远—资阳地区富有机质页岩发育、顶底板条件好、热演化适中、构造活动相对较弱，是有利的勘探区带。川东北镇巴地区保存条件相对复杂，下步值得探索。

3. 上二叠统龙潭组和大隆组

四川盆地上二叠统主要发育龙潭组和大隆组两套页岩气勘探层系。

1）上二叠统龙潭组

上二叠统龙潭组为一套海陆交互相的含煤地层，富有机质页岩累计厚度相对较大，在不同地区间夹煤层、石灰岩、粉砂岩等。龙潭组在盆地内分布广泛，最大厚度可达120m以上，该地层在盆地边缘较薄，只有20m左右。龙潭组泥岩厚度最大的区域主要位于自贡以东和重庆以西的区域。龙潭组暗色泥页岩总有机碳含量变化相对较大，多分布在2%～5%之间，有机质以陆源生物为主，主要为II_2型、III型干酪根，有机质成熟度约为1.5%～3.5%，属于高成熟—过成熟，是页岩气潜在的勘探层系。川东南綦江—赤水地区和永川地区是下步勘探的有利区带。

2）上二叠统大隆组

上二叠大隆组深水陆棚相页岩主要分布于川东北广元—旺苍一带，TOC总体较高，平均达到3%以上。厚度相对较薄，一般在20～30m之间。有机质类型以I型—II型为主，热演化程度相对适中，R_o一般在1.8%～3.0%之间，平均值2.0%左右，脆性矿物含量高，黏土矿物多小于30%以下，是页岩气勘探的潜在层系。川北南江地区是下步勘探的有利区带。

4. 上三叠统须家河组

上三叠统须家河组自下而上沉积演化表现为一个由海相—海陆过渡相—陆相组成的完整沉积旋回，形成了一套广覆式分布的海陆过渡相—湖沼相煤系页岩组合，页岩发育在须一段、须三段和须五段，以须五段为主。岩性为黑色页岩、薄层粉砂岩互层夹薄煤层或煤线。须五段页岩厚20～200m，单层最大厚度达50m，沉积中心位于川西坳陷中南部—川中地区，TOC值全盆相对较高，有机质类型以腐殖型为主，热演化程度1.06%～2.40%。结合埋深、页岩基本地质条件和保存条件，川西孝泉—新场是下步值得重视的勘探区带。

5. 侏罗系自流井组、千佛崖组

侏罗系页岩气主要发育在自流井组东岳庙段、大安寨段和千佛崖组。四川盆地早—中侏罗世自流井组东岳庙段、大安寨段和千佛崖组沉积时期发生了三次大规模湖泛，形成了一套以湖相页岩夹粉砂岩为主，富含介壳灰岩为特征的内陆湖盆沉积岩。页岩为半深湖—深湖相，发育在自流井组大安寨、东岳庙段和千佛崖组二段三个岩性段。沉积中心继承性地发育在川东北元坝—阆中—宣汉—万州—梁平一带，厚度较大，每个层段页岩厚度一般在30～80m，页岩TOC 0.5%～2.4%。有机质类型以混合型为主，热成熟度处于成熟—高成熟阶段（R_o 1.0%～1.8%），脆性矿物含量平均一般在40%～60%。川东北元坝—阆中—宣汉—万州—梁平一带是下步值得重视的勘探区带。

三、致密气勘探领域

1. 上三叠统须家河组

须家河组致密气资源量$4.8462 \times 10^{12} m^3$，目前已发现广安、合川等多个大型气田，探明天然气地质储量$8853 \times 10^8 m^3$。须家河组三角洲前缘相砂体与湖相泥岩呈广覆式间互沉积，形成了多套烃源岩、多套储层、多套生储盖组合以及发育大面积岩性圈闭的特点。须家河组储层总体为低孔隙度低渗透率，平均孔隙度5%～8%，平均渗透率0.19mD，但局部存在高孔的"甜点"区。下步主要有两个勘探方向：一是川西和川东北元坝西、巴中烃源岩和储层条件较好，具有"源储共生"的有利条件，是下步继续深化勘探的有利区带；二是川东北通江—马路背地区发育"断缝体"储集体，具有"海、陆相双源充注"有利成藏条件，是下步展开勘探的有利区带。

2. 侏罗系

侏罗系致密气资源量$1.2117 \times 10^{12} m^3$，已发现成都、中江等气田，探明天然气地质储量$4558 \times 10^8 m^3$，自下而上发育自流井组大安寨段、千佛崖组、沙溪庙组和蓬莱镇组四套勘探层系。（1）早侏罗世早期，四川盆地进入内陆盆地坳陷发展期，自流井组大安寨段为大型淡水湖泊沉积，气候温暖，水体清澈，双壳类、腹足类等生物大量繁衍，形成了一套以介壳灰岩与泥岩间互沉积为特征的岩性组合。由于波浪改造强烈，发育高能介壳滩灰岩沉积，介壳滩灰岩介屑粒度粗、滩体厚度规模较大、泥质含量低，成为良好的碳酸盐岩储集体，并与自身泥质烃源岩形成良好的自生自储成藏组合，川北元坝地区是下步勘探的有利区带。（2）中侏罗世早期，盆地千佛崖组主要发育三角洲沉积体系和湖泊沉积体系，在西缘龙门山局部地区发育冲积扇沉积体系。砂体发育段主要在湖进期底部、湖退期顶部，以三角洲沉积体系的砂体沉积为主，包括分流河道、河口坝和席状砂，与湖侵期形成的暗色泥岩形成良好的自生自储成藏组合，川北元坝—巴中地区是下步勘探的有利区带。（3）中侏罗世晚期—晚侏罗世晚期，盆地周缘物源充足且丰度较高，沙溪庙组、蓬莱镇组广泛发育三角洲沉积体系，水下分流河道砂体是储集性能较好的砂体。由于沙溪庙组、蓬莱镇组自身缺乏有效烃源岩，因此烃源断层发育情况及良好的断层—砂体配置关系是沙溪庙组和蓬莱镇组天然气成藏的必要条件。川西龙门山前带三角洲前缘水下分流河道砂体和烃源断层发育，下步值得探索。

3. 志留系

志留系小河坝组发育远源河控三角洲前缘砂体，由于经过长距离搬运，砂岩粒度细且石英含量高，部分地区受钙质胶结影响大，总体以低孔隙度、低—特低渗透率储层为主。与下伏志留系龙马溪组优质烃源岩形成下生上储成藏组合，具有"近源富集"的有利条件。川东南涪陵地区发育三角洲前缘有利相带，前缘砂体地震异常特征明显，烃源岩和保存条件良好，是今后值得重视的勘探区带。

第十四章　油气勘探技术进展

在地表、地下条件都非常复杂的情况下，普光气田、元坝气田、新场气田、涪陵页岩气田等大型气田的发现与地震勘探技术、测录井技术、工程技术及地质评价技术等勘探技术的进步密不可分。二维、三维地震资料采集、处理技术的进步极大改进了储层成像的效果，地震综合解释技术的发展提高了对储层纵横向展布特征的预测精度。深井—超深井钻井及测试技术的发展极大地促进了深层—超深层油气的发现。水平井钻井技术的发展有效提高了常规、非常规油气勘探的效益。页岩气缝网压裂技术的形成实现了页岩气的商业勘探开发。测录井技术、地质评价技术的进步为掌握地层及储层特征、了解油气藏状态提供了更加准确的科学依据。

第一节　地震勘探技术进展

四川盆地不同地区地形、地貌差异明显，地震勘探作业难度大。地形最为简单的是川西平原地区，交通发达、人口稠密、工农业发达，地震资料采集干扰较大。其次是川中丘陵地区，交通较发达。盆地周缘则多为大山地形，交通条件差。受地表条件限制，地震勘探一般采用钻井炸药激发的方式，过城镇采用可控震源，过江、湖采用空气枪等激发方式组合。

20世纪80年代以构造勘探为主，二维地震是主要勘探技术。中国油气勘探乘改革开放有利之势，大量引进国外先进技术与装备，提高了油气勘探效率，四川盆地油气勘探也全面跨入数字磁带地震仪勘探阶段。2000年后以三维地震勘探技术的应用为标志，勘探进入构造—岩性及岩性勘探阶段。多次叠加地震勘探技术经历少道数、低覆盖次数，到多道数、高覆盖次数，再到多线、宽方位三维勘探及多波三分量等技术变革。每一次技术变革都大幅改善了地震资料品质，促进了油气勘探大发现和储量大增长。

一、二维地震勘探技术

1979年数字地震仪DFS-V60首次开始在四川盆地应用，标志着四川盆地进入数字勘探时代。但是由于早期仪器带道能力不足，覆盖次数低、最小偏移距大、最大偏移距小；通常采用单边接收或非对称接收观测系统；测量仪器主要为经纬仪，高程通过三角法测定；激发井深一般为10～15m，炸药药量为6～8kg。资料处理方面，静校正采用固定基准面的高程校正与剩余静校正相结合的方法；去噪以人工剔除或简单的二维滤波为主；偏移以叠后时间偏移为主。20世纪90年代中期以前，解释方面主要依靠人工方式，人机互动解释处于起步阶段。2000年后高分辨率二维地震勘探技术的发展为构造勘探向构造—岩性勘探转移提供了技术支持，宽线二维地震勘探则是为了解决山前带地震资料信噪比低、成像效果差的问题。

1. 高分辨率二维地震勘探技术

至 20 世纪末，在四川盆地中国石化的主要勘探区域，常规二维地震基本实现了主要构造的发现和落实任务。以川东北宣汉—达州地区为例，前期发现了黄龙、东岳寨等 7 个构造圈闭。受当时地震采集仪器所限，接收道数少，排列长度不够，覆盖次数较低。原始资料的有效频带范围在 8～70Hz，优势频带 20～40Hz。按照"沿长轴、占高点、打扭曲"的部署原则，该地区探井勘探成功率较低，成功率仅为 14.3%。

随着勘探思路转变，由"以构造圈闭为主要勘探对象"转变为"以构造—岩性复合圈闭为勘探对象"，勘探目标转变为"长兴组—飞仙关组礁滩孔隙型白云岩储层为主要目的层"。2000 年中国石化南方海相油气勘探项目经理部通过大量调研和分析，决定在川东北宣汉—达州地区实施复杂山地高分辨率二维地震勘探。

（1）采集技术方面：首先，为克服前期地震勘探测网稀疏不均、方向不一，多年度、多方法造成资料品质差异较大问题，采取 2km×4km 密度正规测网统一部署，统一实施。其次，基于地质目标、地质模型开展采集方法论证，确定采用 30m 检波点距、45 次覆盖、360 道中间激发对称接收观测系统。为有效改善接收效果，设计了 5 种不同类型检波器，进行多种组合方式、不同坑深埋置接收的点、段对比试验，优选了 SN4 超级检波器、一串 9 只矩形面积接收方法，形成了"平、稳、正、直、紧"挖坑埋置检波器的复杂山地接收技术。开展不同炸药类型、不同生产厂家、不同激发井深、不同药量系统对比试验，最终确定了 18～22m 井深，12～16kg 药量的"单深井、大药量"激发方案。为详细了解表层低（降）速带对资料频率、信噪比的影响，在复杂山地沿测线按照 1～2km 密度实施近地表结构调查，为动态设计井深提供依据。

（2）资料处理技术方面：以初至波静校正代替高程静校正，摒弃二维滤波压制规则干扰的做法，代之以区域预测再"减去"的规则干扰压制方法，克服了二维滤波带来"混波"效应。采用串联反褶积组合逐级提高资料分辨率，首次采用叠后深度偏移技术实施偏移成像处理。形成了一套"先补偿后去噪、先静校后提频、先低后高、逐步提高"的高信噪比、高保真度、高分辨率二维地震资料处理技术系列。此外，首次采用"背靠背"方式对地震资料展开精细处理，确保资料处理的质量，为后续研究奠定了坚实基础。

经高分辨率二维地震资料处理，地震资料有效频带范围在 6～90Hz 之间，优势频带 15～70Hz，主频在 40Hz 左右，主要目的层可达 35Hz。目的层地震反射波特征清晰，波形较活跃，断层和构造形态清楚，礁滩储层地震异常现象较明显。

通过人机联合解释、空变速度成图进一步提高了构造解释精度。应用模式识别技术、属性分析、波阻抗反演等技术手段提升了储层预测效果。可靠的资料以及技术的发展为发现并落实普光等一批构造—岩性复合圈闭奠定了基础。

2. 宽线二维地震勘探技术

龙门山、米仓山—大巴山山前带具有发育台地边缘高能沉积的古地理背景，但多期次、多层次、多力源变形造成地表、地下地质条件较为复杂，进而导致地下波场复杂，原始地震资料品质低，地震勘探难度较大。以川东北镇巴地区为例，2003 年实施的 3 条二维地震勘查测线采用 20m 道距接收，覆盖次数达到了 60 次。虽然获得了较好的浅层反射信息，但中、深层反射信息弱，几乎没有可追踪的反射同相轴，地震资料信噪比极低。

为了寻找适合镇巴探区的地震采集技术参数，了解该区深层地层、构造格架及构造展布，寻求新的油气勘探领域，2006年、2007年、2012年中国石化勘探南方分公司陆续在镇巴地区开展了二维宽线地震勘探方法攻关。传统的二维勘探通常采用减小道距与炮距、增加接收道数来提高覆盖次数，但此种方法提高覆盖次数的能力有限，且随着道距和炮距的减小，随机干扰的相干性增强，利用叠加压制随机干扰的统计效应降低，地震资料成像品质改善有限。与传统的二维单线激发接收相比，宽线采集具有如下优势：可大幅提高覆盖次数，提高干扰压制能力；有利于炮点优选，可有效减少空炮率。

通过激发、接收参数系统化试验，利用4线3炮1960次宽线观测采集，在镇巴南地区攻关采集的资料浅层和深层反射信息较传统二维资料得到较大程度改善（图14-1）。龙门山前采用5线3炮超高覆盖次数宽线观测系统也取得积极进展。近年来，在四川盆地内部推广采用3线1炮宽线观测技术，对深层及高陡构造区的地震资料信噪比也有较大改善。

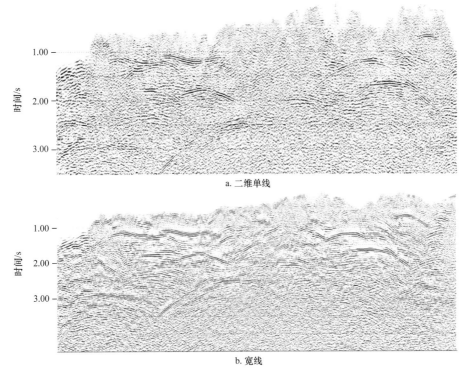

图14-1　镇巴南地区二维单线和宽线叠加效果对比图

二、三维地震勘探技术

中国石化在四川盆地率先开展三维地震勘探，迄今为止实施超过 $2 \times 10^4 km^2$ 三维地震，极大地促进了四川盆地不同层系、不同领域的重大突破及规模储量的提交。在采集方面，实现由窄方位到宽方位、再到全方位高覆盖三维地震采集技术的跨越式发展；处理方面，由叠后时间偏移逐渐发展到叠前时间偏移、叠前深度偏移；解释方面，由手工解释、人机交互解释发展到全三维自动解释，大数据分析技术逐渐在三维地震资料解释中应用。

1. 复杂山地地震采集技术

针对复杂山地的地震地质特点，结合地面地质调查、钻井取心、高密度电法等技术方法开展精细的近地表结构调查，摸清低降速带的纵横向分布。激发上采用深井大药量、组合井、石灰岩区加密炮点等技术方法并结合延迟激发、优选炸药类型、二次密封井等工程工艺改善激发效果。接收上根据野外实际地震地质条件和压噪效果优选检波器类型、串数、组合图形、基距等参数，高陡构造区增加接收排列，确保检波器与地面较好耦合等方法和工艺尽量提高接收的有效反射能量。观测方案从方位角宽度、覆盖次数、接收道数、叠前成像效果等多方面持续优化和强化。

1）基于地下地质模型的三维观测系统论证技术

针对地质目标的三维观测系统设计是地震勘探采集中重要的一步，关系到勘探工程的成败。四川复杂山地具有其自身的特点，通过一系列勘探实践，已经形成了一套严密的采集方法论证技术，即以工区的"五认识"——地表情况认识、地下情况认识、地质任务认识、以往资料认识、工区干扰波认识为基础；紧扣"一个论证核心"——地质目标；运用"两项关键技术"——基于模型的高密度反射点参数论证技术、基于成像效果的观测系统论证技术，"四项配套"——以往二维和邻区三维观测方法分析、多途径精确地球物理参数提取、基于"均匀性、充分性、对称性、连续性"的四性约束和"属性均匀"判别原则的观测系统论证技术。

复杂山地地震波传播十分复杂，通过研究地震波在双复杂条件下的传播规律，可以针对性地优化观测系统。通过建立地质模型，使用单程和双程波动方程照明分析和基于射线追踪的 CRP 属性分析，对地质目标进行照明及 CRP 属性分析，论证观测系统完成地质任务的能力。

2）基于"饱和激发"的"深井、大药量"激发技术

二叠系、三叠系碳酸盐岩礁滩目的层埋藏深，普遍超过 5km，三维地震采集使用的排列偏大，最大偏移距普遍超过 6km，地震波传播距离远，吸收衰减强，导致能量弱，加之复杂山地的激发环境，严重影响了地震资料品质，因此激发更强能量的有效地震波是复杂山地地震采集中极为重要的一环。

微测井近地表结构调查表明川东北地区的低速层普遍较薄，一般在 1～5m 之间，降速层在 2～14m 之间，根据药包顶部距降速层 5～7m 的原则，设计井深一般在 18m 以上较为合适。炸药药量试验表明，要确保远偏移距具有足够强的反射信息，一般在 12kg以上，但不同地形激发效果具有明显差异，高部位激发需要适度增加激发药量。从资料高频成分分析可知，大药量激发资料低频峰值能量较高频峰值能量增加更多，但高频段总体能量仍然得到有效增强。通过大量试验和生产实践，中国石化在川东北地区针对海相目的层地震勘探中形成了一套基于"视饱和激发"的"深井、大药量"激发技术，其中包括基于高精度卫星照片井位选点设计、近地表调查的井位动态设计、"七避七就"（避虚就实、避高就低、避碎就整、避干就湿、避陡就缓、避危就安、避灰就泥）放样实钻及炮井井口 100% 二次测量配套技术措施。

2.地震资料处理技术

复杂山地地震资料静校正和高精度偏移成像处理是解决四川盆地地下地质目标精细成像的关键技术。针对山地地表复杂、干扰波发育、深层目标分辨率低等特点，开展高分辨率、高信噪比、高保真的精细成像技术研究，提高地震信息对储层识别精度，以满足岩性气藏的勘探需要。

1）静校正处理技术

复杂山地地形起伏不平，表层低降速带横向和纵向变化大，存在严重的静校正问

题。20世纪80年代以前，主要采用高程静校正方法，将野外地表高程一次校正到固定基准面。20世纪80—90年代，基于浮动参考面进行静校正，采用的方法有高程静校正、模型法静校正和折射静校正。2000年以来，初至波层析反演静校正成为主要的静校正方法，广泛应用于四川盆地的地震资料处理。

初至波层析反演静校正是把地表模型作为任意介质处理的曲射线静校正方法，也是一种从初至波中寻找近地表速度分布的方法。它对地表高差、低降速带速度和折射界面不做限制。先利用初至波拾取建立一个初始模型，把地下分成网格单元，从震源到接收点的射线通过地下网格单元，每个单元的速度值是恒定的，计算模拟的初至时间，不断修改模型，使观测和计算的初至时间差达到最小，通过正演与反演拟合迭代求取近地表模型。它考虑了速度的垂向和横向变化，认为地下介质是连续变化的，提出了弯曲射线模型，能适应风化层速度变化，支持速度的横向变化，这个模型是由物性参数不同的小单元组成，能适应南方地表结构较复杂的地区，求取的静校正量相对准确。

初至波层析反演静校正能较好地提高资料品质，继而通过"精细速度分析、剩余静校正、叠加"的反复迭代，逐步提高静校正的精度，使有效信号能同相叠加，得到比较准确的速度函数和剩余静校正量，为叠加、偏移提供了可靠的基础资料。常用的剩余静校正方法包括地表一致性剩余静校正、模拟退火剩余静校正和非地表一致性静校正等。

2）偏移成像技术

四川盆地复杂山地三维地震资料经历了常规叠后时间偏移处理、叠前时间偏移处理、叠前深度偏移处理和针对性目标处理等成像处理工作，每种处理针对的目标不同，取得的成果也有所差别。就构造成像精度而言，叠前深度偏移最佳，叠前时间偏移次之，叠后时间偏移再次。

（1）叠后时间偏移成像。

早期以叠后偏移为主，叠后偏移方法主要有 FK 法、相移法、$f-x-y$ 法和克希霍夫法等，针对四川盆地复杂山地二维、三维地震资料的特点，不同方法的适用性有所不同。以川东北元坝地区为例，根据多种偏移成像技术方法试验资料的对比分析，一步法 $f-x-y$ 方法偏移结果相较于其他偏移方法效果要好。

过元坝1井的二维测线与对应的三维剖面成像结果差异较大，利用二维剖面部署的元坝1井原部署在礁顶高点位置，但实钻无白云岩储层。在三维剖面上，元坝1井打在台地边缘的上斜坡位置，而在元坝1井西南部可以清楚地看到典型的"丘状外形、内部空白或杂乱反射结构、两翼同相轴中断、上超"等生物礁反射特征。利用三维地震资料向西南方向侧钻950m，成功钻遇了厚层优质白云岩储层，测试获 $50.3 \times 10^4 \mathrm{m}^3$ 高产工业气流，证实了三维地震资料具有较好的保幅和保真性，对礁滩储层的成像更加准确。

（2）起伏地表叠前时间偏移成像。

在实践中，叠前时间偏移成像处理主要采用克希霍夫叠前时间偏移技术，针对地表起伏较大的复杂山地探区和高陡构造成像，采用基于光滑起伏地表的三维弯曲射线非对称走时的克希霍夫叠前时间偏移能取得较佳的成像效果，其核心是弯曲射线非对称走时和起伏地表偏移。在做好常规预处理基础上，以叠后偏移速度作为初始速度模型，利用剩余速度分析对得到的共成像点道集进行交互迭代剩余速度分析，获得较为准确的叠前时间偏移速度模型。通过一系列的试验确定偏移孔径值和反假频参数，最终实现静校正和偏移一体化的起伏地表叠前时间偏移。叠后偏移剖面与起伏地表叠前时间偏移剖面对比说明，起伏地表叠前时间偏移在高陡构造位置的成像比叠后时间偏移更有优势，剖面信噪比提高，反射特征突出，能量保持较好，剖面构造形态、构造细节清楚，断点、断面清晰，目的层构造细节和形态有较大的改善（图14-2）。

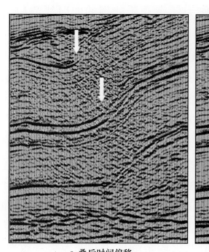

a. 叠后时间偏移　　　　　　　　　　　b. 叠前时间偏移

图14-2　高陡构造叠后时间偏移与起伏地表叠前时间偏移效果对比图

3. 地震资料解释技术

20世纪90年代中后期，人机交互地震解释设备、系统、软件在三维地震资料上开始应用。进入21世纪后，随着三维地震勘探的大范围开展以及计算机软、硬件的飞速发展，基于储层地质、岩石物理、测井及地震响应等特征，形成一系列的储层综合预测技术，并在四川盆地开展了广泛的应用。

1）深层—超深层礁滩储层"相控三步法"预测技术

2003年以前四川盆地多口井钻遇生物礁滩储层，但以生物礁滩为目标的探井往往失利，对生物礁滩储层的刻画与描述技术尚不成熟。川东北长兴组—飞仙关组礁滩相含气储层的埋藏深度较大，钻探周期长、成本高。因此，基于地震资料，特别是高精度三维地震资料的储层识别和预测在整个勘探进程中起着十分重要的作用。

元坝气田和普光气田的勘探证实，生物礁滩储层的发育和展布受控于沉积相，因此在实践中创新形成以沉积相研究为指导、以模型正演与地震相分析为基础、以相控多参数储层反演为核心的"相控三步法"综合预测技术，该套技术支撑了普光气田、元坝气田的勘探发现。

在相控储层预测中，第一步，通过测井资料、岩石物理测试及正演模拟分析，总结储层的响应特征，明确储层岩性、物性、含流体性敏感参数，在此基础上利用古地貌分析、地震相分析等方法落实储层发育的有利相带；第二步，开展相控井约束地震反演，预测有效储层的分布特征；第三步，进行多参数储层反演，精细描述储层的空间展布、物性、含流体特征，进行储层综合评价（图14-3）。

（1）礁滩储层地震识别模式。

利用川东北普光、元坝地区钻井、测井资料，开展合成地震记录标定，建立井点生物礁滩储层地震响应特征，利用生物礁滩数值模拟技术开展储层地质模型的正演分析，形成不同沉积相的地震相识别模板（表14-1，图14-4），为生物礁滩储层识别奠定基础。

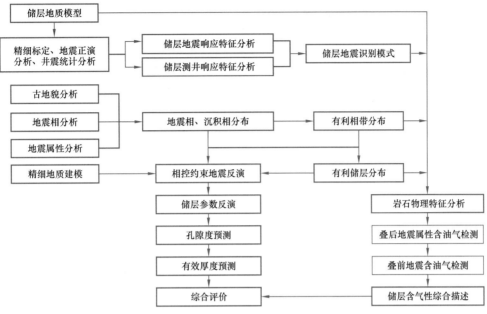

图14-3 礁滩储层"相控三步法"预测流程图

表14-1 川东北地区飞仙关组、长兴组典型沉积相特征

沉积相	陆棚		斜坡	水道	台地边缘				开阔台地	
亚相	深水陆棚	浅水陆棚			生物礁	浅滩	潮道	潟湖	生屑滩	滩间
沉积构造	韵律互层		滑塌构造、角砾构造	中—薄层状	中—薄层状	厚层状，发育交错层理	中—厚层状	中—厚层状	中层—厚层状	中层—薄层状
岩石特征	灰质泥岩、硅质泥岩	碳质泥岩、泥质灰岩、石灰岩	泥质灰岩、石灰岩、灰质泥岩	石灰岩、含泥（生屑）灰岩	白云岩、生物礁灰岩、含生屑灰岩、含泥灰岩	含生屑白云质灰岩、含云生屑灰岩	生屑灰岩、含泥灰岩	生屑灰岩、石灰岩	生屑灰岩、含云生屑灰岩	石灰岩、含泥灰岩
地震响应特征	低频、中强振幅、好连续性、平行地震反射结构		低频、单轴强振幅、连续性好，向台地上超	低频、单轴强振幅、连续性好	"底平顶凸"丘状外形、内部空白或杂乱反射结构、两翼同相轴中断、上超	低频、中强变振幅、复波特征	低频、单轴强振幅、连续性好	底部短轴强振幅、上部空白弱反射	中低频、中强振幅、亮点特征	中高频、中强振幅、平行、好连续性地震相
典型井	河坝1井	元坝4井、川岳84井	元坝3井、清溪3井		元坝2井、元坝101井、元坝102井、普光5井、毛坝3井	大湾102井、普光2井、普光8井、元坝12井		元坝123井、元坝124井	普光4井、毛坝4井、毛坝6井	元坝22井、元坝122井

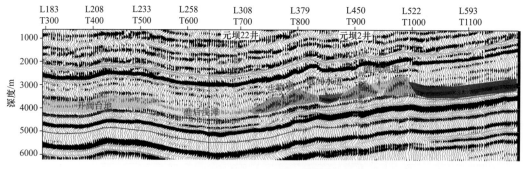

图 14-4　川东北元坝地区长兴组典型沉积微相地震响应特征

川东北飞仙关组飞一段、飞二段台地边缘暴露浅滩的地震相特征可划分为三种类型："普光型"鲕滩储层表现为低频、多轴变振幅、断续反射；"大湾型"鲕滩储层表现为低频、单轴强振幅、较连续反射；"毛坝型"鲕滩储层表现为中—低频、三轴强振幅、较连续反射（图 14-5）。

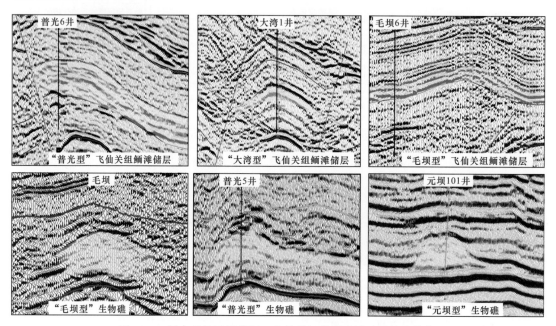

图 14-5　川东北地区长兴组—飞仙关组典型礁滩地震响应特征

川东北长兴组台地边缘生物礁可划分为三种地震相模式："毛坝型"边缘礁，呈对称丘状外形，礁内部为弱反射或无反射结构，其顶底为强反射，两侧横向反射中断；"普光型"边缘礁地震剖面上呈不对称丘状外形，两侧有上超现象，向台地一侧缓、向陆棚一侧陡，礁核内部为弱反射或无反射，礁顶部为中弱反射；"元坝型"边缘礁呈明显的对称或不对称丘状外形，底部有下拉现象，两侧强反射中断，两翼有上超现象，礁核内部为弱反射或无反射，礁顶部为中强反射（图 14-5）。

（2）礁滩储层有利相带展布精细刻画技术。

地震沉积学研究过程中所采用的地震技术包括古地貌分析、属性分析、地震相分析、分频技术、波形聚类分析技术等。通过充分地应用这些地震技术，能够很好地建立沉积体系的空间展布模型，为储层预测研究打下坚实的基础。

对于川东北地区海相地层来说，沉积时期的古地貌控制了沉积相带的展布，通过构造演化分析和古地貌恢复可以明确关键沉积时期古地貌特征，快速锁定有利沉积相带。古地貌恢复常用的方法有残余厚度法和标准层法，残余厚度法是运用不整合面上覆层地层厚度与侵蚀面起伏的镜像关系反映古地貌的大致形态。标准层法是运用两个标准层之间的厚度差反映古地貌的形态。川东北地区通常采用标准层法来研究古地貌，鉴于上二叠统底界和飞四段底为区域标志层，反射同相轴能量较强，全区易于连续追踪，因此常采用沿飞四段底或上二叠统底层拉平的方法来恢复各时期的古地貌。图14-6所示为元坝地区长兴组沉积前古地貌图，可以看出在二叠系沉积前元坝地区位于川中古隆起的北缘斜坡，具南西高、东部及北东低的古地貌特征；长兴组沉积前元坝地区在早期古隆起背景下，由于碳酸盐岩的生长和加积，在元坝204井—元坝1井—元坝9井一带及其以南地区形成了北西—南东向的吴家坪组古地貌高，为长兴组—飞仙关组台地边缘相礁滩储层的发育创造了有利的地质条件。

图 14-6 元坝地区长兴组沉积前古地貌图

在古地貌分析的基础上，针对元坝地区沉积微相横向变化快，礁滩展布复杂多变的特点开展高精度岩相、测井相和沉积微相研究，系统总结台缘礁滩沉积体系的11种相的成因标志，建立了各个微相的岩性相—测井相—地震相—属性相响应标准图版及地质—地球物理响应模板。采用基于小波变换的高频层序分析技术，研究台缘礁滩沉积体系的高频旋回特征，建立高精度地震层序地层格架；在等时框架中开展动态建模，动态地恢复沉积体系的演化史，揭示台缘相带沉积及动态迁移和沉积微相的时空分布规律。以动态沉积模型为指导，在高频等时格架内采用多种敏感属性开展基于地震地貌学的地震相分析，综合运用广义S变换时频分析和地层切片技术精细刻画地震微相，准确描述了有利礁滩沉积微相的分布。图14-7所示为长兴组沉积晚期成礁旋回的波形分类及沉积相带解释结果，可明显地划分出陆棚、斜坡、台地边缘、开阔台地等相带，台地边缘发育生物礁滩和浅滩储层。

（3）相控地震反演技术。

在地震相和沉积相研究的基础上，利用沉积相变线控制插值与外推，开展相控测井约束反演，得到常规波阻抗数据。通过对常规波阻抗数据的沉积、储层精细解释，二次

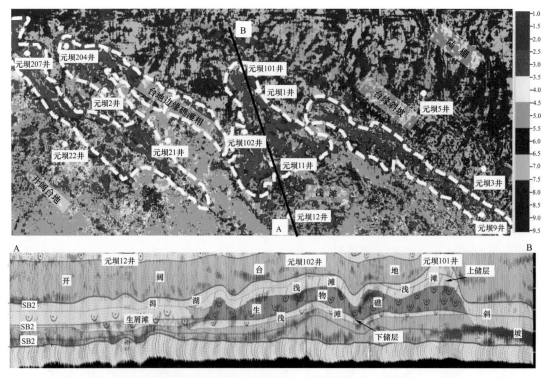

图 14-7　元坝地区长兴组沉积晚期地震相平面图

建模构建更精细的相控初始模型，开展高精度的相控井约束地震反演。再根据储层岩性、电性、岩石物理特征的差异，选取合适的高精度地震方法进行相控反演。主要采用波阻抗反演、拟声波反演、自然伽马反演、地质统计学反演等方法，通过波阻抗或拟声波阻抗与自然伽马的相互约束剔除非储层。如图 14-8 所示的连井反演剖面，在常规波阻抗反演剖面上元坝 122 井为低波阻抗，即储层响应特征，但实钻为泥岩。随后开展伽马反演，在低伽马约束下的低波阻抗才是真正的储层。在此基础上，利用测井、钻井数据分析有利储层的门槛值，定量预测储层的空间展布，结合岩石物理分析建立的孔隙度—速度关系式进行孔隙度反演，开展储层综合评价。

（4）深层—超深层礁滩储层气水识别技术。

勘探实践表明，川东北地区长兴组—飞仙关组礁滩储层气水分布复杂，气水识别技术研究一直是重点探索的领域之一。早期主要利用叠后吸收衰减类属性，如地层吸收衰减属性、频率衰减属性、低频伴影等反映界面信息的定性描述手段。随着元坝气田的勘探与开发进一步深入，开始应用 AVO 属性和叠前弹性参数反演实现定性—半定量气水识别。

针对叠前地震道集超深层信号弱、信噪比低、AVO 响应特征不明显等问题，形成基于射线束聚焦和振幅、频率衰减补偿的道集优化技术。通过理论模型正演分析和岩石物理分析，明确了超深含气生物礁储层的 AVO 响应特征和高灵敏度气水识别因子，发展建立了适用于超深层的广义叠前弹性参数反演方法与技术，实现了超深层生物礁储层气水精细识别与预测。

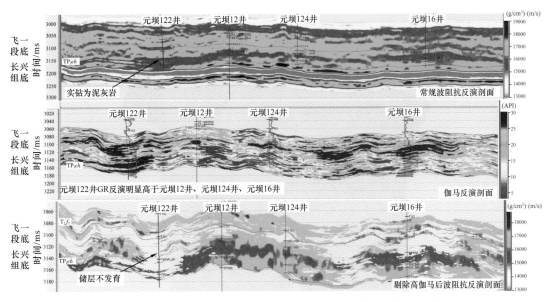

图 14-8　过元坝 122 井—元坝 12 井—元坝 124 井—元坝 16 井连井反演剖面

（5）基于非均质孔缝双元结构模型的孔构参数预测技术。

在对川东北地区大量数据进行分析时发现，在孔隙度不变的情况下礁滩储层的速度的变化非常大，这说明影响速度的因素不仅仅是孔隙度，利用传统的一元孔隙度—速度 Wyllie 模型等地球物理方法预测储层孔隙度、渗透率等，会有一定偏差。碳酸盐岩沉积环境、后期成岩作用和裂缝发育程度的差异造成岩石孔隙度、孔隙大小、形状、孔喉半径的粗细及其连通性等孔隙结构的变化，孔隙结构的不同（含裂缝）会影响声波的传播路径及传播时间，从而导致孔隙度相同但速度差异大，形成复杂的碳酸盐岩孔隙度—声波速度关系、孔隙度—渗透率关系。因此，在储层预测中应充分考虑到孔隙结构的影响。

结合实验室岩心孔隙度、渗透率等物性数据以及岩石物理测试数据、测井数据，建立了超深生物礁储层的孔隙结构类型、孔隙度与纵横波速度间的新的表征关系式，创新形成基于非均质孔缝双元结构模型的孔构参数反演技术方法，取得低孔高渗带预测的突破性进展，提高了超深有效储层预测精度，埋深 6500～7000m 生物礁储层的预测结果与实钻符合率达 93%。

2）致密砂岩高产富集带预测技术

与国内外类似地区相比，川西、川东北三角洲沉积体系分流河道砂厚度相对较薄，多表现为细长的条带状展布特征，交错叠置现象普遍，沉积规律复杂，地层速度平面变化较快，因此气藏精细描述面临储层空间刻画、有效裂缝预测难度大等诸多难题。

（1）河道刻画技术。

砂体展布特征刻画是致密碎屑岩储层预测的基础，因此对河道砂体的刻画是关键。波形分类、多属性融合、时频域频变能量属性融合、地震分频河道砂体表征、边缘检测等技术均被应用于河道的刻画。其中频域频变能量融合技术在川西中浅层河道刻画技术应用效果较好（图 14-9），该技术是频变能量融合处理与体分频处理两项技术的联合运用，既利用了频变能量融合处理的强去噪功能，又充分发挥了频变能量融合技术的极小时窗性和对地质异常体边界的超敏感性。

图 14-9 中江气田沙溪庙组和 J_1s_4 频变能量与振幅属性融合平面图

通过河道砂体空间刻画,并结合沉积微相研究成果对追踪出的储层的几何外形进行分析,评价追踪出的储层空间展布的合理性。河道砂体空间刻画主要包括:河道三维自动追踪技术,分层组在种子点控制下自动进行储层的三维空间识别和追踪,并对满足条件的样点进行识别(也称为储层雕刻),实现储层三维空间展布的刻画;河道砂体异常体监测技术是一种比较快速且有效的异常体监测技术,通过设置属性的数据范围和追踪方式对整个数据体进行常规计算和约束计算,计算结果可以储存为体、点、层、面等(图 14-10)。

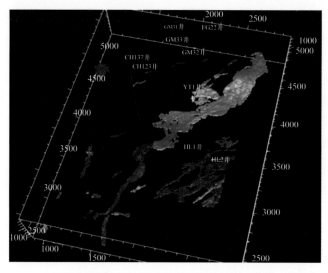

图 14-10　中江气田斜坡区沙溪庙组河道砂岩异常体雕刻三维可视化图

（2）基于多参数降维的复杂岩性识别技术。

元坝地区须家河组致密碎屑岩包括钙屑砾岩、钙屑砂岩、岩屑砂岩、泥质砂岩、泥岩等不同类型岩石，不同岩性之间难以有效区分。经大量岩石物理分析发现 $\mu\rho$ 弹性参数对岩石矿物成分较敏感，能将非储层的泥岩和岩屑砂岩剔除，30° 弹性阻抗能较好区分钙屑砂岩与砾岩。根据岩性交会分析结果可知砾岩 $\mu\rho$（剪切模量 × 密度）和 EI（30°）（30° 入射角弹性阻抗）值最高；钙屑砂岩的 $\mu\rho$ 和 EI（30°）处于较高值区（图 14-11a）。据此对参数 $\mu\rho$ 及 EI（30°）进行坐标旋转，将原坐标系统进行旋转，便可降维得到新参数岩性识别因子，从图 14-11b 中可以看出不同岩性之间的岩性识别因子值差异明显。结合叠前反演获得 $\mu\rho$ 及 EI（30°），并进一步计算岩性识别因子数据体，便可达到对岩性进行精细识别的目的。

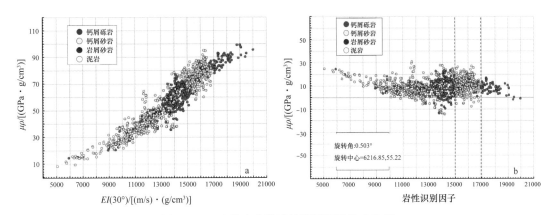

图 14-11　多井多参数岩性识别因子构建分析

（3）裂缝地震预测技术。

裂缝沟通了相互独立的储集空间，大大改善了致密储层的渗透率，是致密砂岩勘探获得高产的关键因素。在构造勘探阶段主要是基于构造特征定性分析和生产经验总结的裂缝预测方法，当时主要的勘探思路为"占高点、打扭曲"，即在高点位置出现地震同相轴扭曲则说明裂缝发育。20 世纪 90 年代至今，相干体、曲率体、蚂蚁体等定性反映裂缝的属性开始陆续得到应用，但在元坝地区的陆相勘探历程中发现，预测效果受地震资料、构造解释精度和提取参数的影响，与实钻结果存在较大差异。随即开展叠前纵波各向异性裂缝技术攻关，但预测结果受叠前道集品质影响较大，同时 CMP 道集方位角分布不均也影响预测效果。

在川东北巴中、通南巴陆相地层勘探历程中，通过对大量井资料的分析以及地震预测技术的试验，总结出相控多尺度裂缝地震预测技术，通过地震属性体和单井成像测井裂缝密度之间的关系，采用神经网络随机建模技术，得到研究层段裂缝密度体，预测研究区有效裂缝密度分布特征。最终，将叠前、叠后地震技术有效裂缝预测成果与裂缝多尺度分级预测结果进行多属性融合，实现研究区有效裂缝综合预测（图 14-12）。

4. 转换波地震勘探技术

1987 年地矿部第二物探大队在川西开展多波勘探实践，但真正大规模实施三维多波联合勘探技术是在 2004 年，随着新场气田勘探开发难度不断加大，常规的纵波地震勘

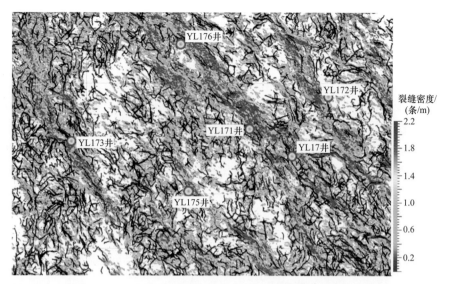

裂缝密度/
(条/m)

2.2
1.8
1.4
1.0
0.6
0.2

图14-12　巴中须四段有效弥散裂缝与连通离散裂缝叠合图

探技术难以完全解决非构造隐蔽油气藏的勘探，特别是裂缝预测、流体预测等问题。为解决这些复杂的勘探问题，开展多波三分量勘探技术攻关，以满足复杂、隐蔽油气藏勘探开发的要求。

1）陆上多波三分量三维地震采集技术

多波三分量地震勘探资料的采集与常规纵波资料采集有明显的区别：该技术使用的是三分量数字检波器；纵波和转换波的传播路径不同；转换波资料信噪比一般比纵波低。因此，需兼顾纵波和转换波勘探的特点，设计合理的观测系统和激发、接收参数。

（1）观测系统设计技术。

多波三分量地震勘探观测系统的设计要根据具体的地质目标建立综合的多波地球物理参数模型，考虑纵波勘探观测系统参数的同时，还要满足转换波勘探对观测系统的要求。结合新场、合兴场等地区的勘探经验，在参数设计中应坚持以下的原则：以纵波采集参数为基础，优化设计三分量勘探参数，兼顾纵波和转换波勘探效果；以共转换点、纵横波速度比为基础合理设计观测系统；以不同地层转换点的渐近线为基础设计观测系统；以模型为基准，进行射线追踪或波场数值模拟论证观测系统；合理分析共转换点的覆盖次数和炮检距的分布。

（2）激发因素选择方法。

经过井深、药量对比试验，发现在激发井深方面，纵波和转换波结论一致，较深的激发井深有效波连续性更好，信噪比更高；在激发药量方面，纵波和转换波有差异，转换波需要比纵波更大的激发药量。

（3）检波器埋置矢量保真方法。

理论状态下，检波器Z分量垂直水平面，X、Y分量相互垂直在水平面内，且X分量对准测线大号方向。当检波器存在倾斜时，SCORPION VC全数字三分量地震采集系统能够检测并对其进行自动校正，行业规范要求X、Y、Z的角度误差控制在 ±150° 以内，垂直矢量保真倾斜控制在 ±2.5%g 重力误差内。在实践中建立了"检波器埋置矢量保真方法"，通过一系列的三分量检波器矢量特性试验，掌握了检波器的方向特性，要确保检波器埋置的矢量保真度，重点在于将方位角的误差控制在 ±3° 以内。

2）转换波各向异性地震处理技术

利用多波三分量地震资料提取岩性、裂缝及含气性等信息的前提是要解决好转换波资料的处理问题。由于下行纵波和上行横波的射线路径的不对称性，针对三维转换波地震资料的处理，需要采取不同于常规纵波的处理技术。

（1）转换波噪声衰减。

去噪方法主要包括单频及高频干扰衰减、异常振幅衰减、面波和声波衰减、叠前时空域线性干扰衰减等方法。特殊去噪方法包括极化滤波、十字交叉排列锥形滤波、纵波泄漏衰减等方法。受川西地理和地质条件影响，地表激发和接收条件较差，各种人为和机械干扰多，面波、声波干扰、随机噪声非常严重。在转换波三维三分量勘探中，可根据面波和体波的不同极化特征，采用极化滤波方法压制面波；也可采用面波在三维空间上表现的锥形特征，采用 $F-K_x-K_y$ 的三维锥形滤波方式进行压制。

（2）转换波静校正。

静校正是三分量资料处理中的关键步骤之一，也是较难解决的问题。同纵波一样，转换波静校正需要分两步来完成，即表层静校正和剩余静校正。实际应用中，主要的静校正技术包括扫描系数法转换波静校正、表层模型法转换波静校正、面波法转换波静校正、CRP（共检波点）叠加相关静校正以及全局寻优的大时移剩余静校正技术。

（3）转换波成像技术。

在转换波地震数据处理中，由于下行纵波和上行横波的路径不对称，需要做共转换点（CCP）选排来代替 CMP（共中心点），因此转换波资料处理流程一般为抽 CCP 道集、速度分析、NMO（正常时差校正）、DMO（倾斜时差校正）、叠加以及叠后偏移等。但是这种处理流程存在一些缺点，如 CCP 面元化不易找准转换点真实位置，DMO 不能适应层间速度剧烈变化和陡倾角情况等，所以需要采用转换波叠前时间偏移技术。转换波叠前时间偏移技术不需要进行抽取 CCP 道集和 DMO 处理，就能实现全空间的三维转换波资料的准确成像。转换波叠前偏移目前主要采用基于 VTI（横向各向同性）介质的克希霍夫叠前时间偏移技术。

3）转换波预测技术

致密碎屑岩储层勘探开发潜力巨大，但面临着高渗透率优质储层预测、提高裂缝检测和流体识别精度等技术难点，因此需要综合多波地震预测技术手段开展致密碎屑岩储层高产富集带预测。

（1）多波联合反演储层预测。

通过纵横波联合反演，可以获得纵波阻抗、横波阻抗、泊松比、体积模量、拉梅系数等参数，这些参数是实现储层预测的基础，能够有效反映岩层岩性、物性以及孔隙充填特征。在三维三分量地震勘探中，由于纵横波叠后联合反演得到的弹性参数是直接利用转换波资料通过多井约束反演得到的，相对于仅利用纵波叠前同时反演获得的弹性参数更准确。因为其来源于实测资料，而不是数学计算的成果，因此对储层的识别更加客观可靠。

（2）转换波流体识别技术。

致密砂岩储层基质孔隙度低，流体组分的变化对整个岩石应力—应变特征贡献较小，使用吸收衰减类属性及利用纵波叠前地震反演得到的弹性参数进行流体识别存在多解性。转换波技术识别流体主要是利用纵波、快横波、慢横波的速度频变特性对流体的响应具有明显差异进行预测。这种差异表现在纵波仅有2%左右的变化，而慢横波却可以达到8%左右，快横波没有与流体有关的频变特征。因此，基于宽方位的三维三分量地震振幅分析，利用与流体性质和黏滞度有关的慢横波频变特征可以进行流体识别。以新场地区须家河组二段为例，利用纵波及快横波资料无法区分气水层，但利用慢横波地震资料反射振幅可以进行气水判别，高产气井均分布在强振幅区域，而产水的井均分布在弱振幅区域（图14-13）。

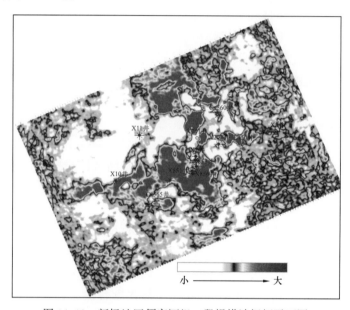

图14-13　新场地区须家河组二段慢横波振幅平面图

（3）转换波裂缝检测技术。

随着多波三分量地震勘探日益广泛的开展，横波分裂裂缝检测技术正扮演着越来越重要的角色，对广泛分布的裂缝性复杂油气藏的勘探开发提供重要的技术支撑。转换波裂缝检测技术主要是利用横波在裂缝介质中传播时将发生分裂的特性，并根据快横波、慢横波在径向分量和横向分量上的振幅、能量、相位、传播速度、走时等差异，可以形成转换波AVAZ（振幅随方位角变化）法、横波分裂法、相对时差梯度法、层剥离法、能量比值（R/T）法、最小二乘拟合法和Alford正交旋转法等裂缝检测技术。上述技术在川西陆相致密砂岩裂缝预测中均进行了探索，能够有效预测裂缝发育密度（图14-14），支撑了高产富集带的预测。

5.四川盆地山前带三维攻关

研究表明，川东北镇巴区块二叠系长兴组处于台地边缘有利沉积相带。镇巴地区构造上位于大巴山弧形冲断带前缘，受多期构造运动影响，地形起伏剧烈，地下构造极为复杂，属于典型的"双复杂"探区。前期二维地震结合物化探联合勘探攻关，仍无法满足精细解释研究需要。为此，采用大排列、高覆盖观测技术连续实施了三期三维地震勘探攻关（表14-2），覆盖次数由低到高，方案设计由窄到宽，采集的资料品质不断提升。

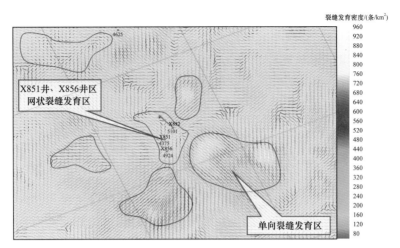

裂缝发育密度/(条/km²)

图 14-14　新场须二段纵波 VVAZ 裂缝检测平面图

表 14-2　镇巴地区三维地震采集观测系统设计与优化

年份	2009	2010	2011
承担单位	中国石化胜利物探	中国石化华东物探	中国石油东方地球物理勘探
接收道数	4800	6000	8064
面元大小	20m × 20m	20m × 20m	20m × 40m
覆盖次数	120	150	336
横纵比	0.284	0.350	0.580

按照"处理—解释一体化"攻关思路，组织中国石化江汉物探院、中国石化胜利物探院、中国石油东方地球物理勘探公司、中国石化石油物探技术研究院四家单位，持续开展了提高弱信号叠前预处理以及成像关键技术攻关，包括拟真地表三维弯曲射线克希霍夫叠前时间偏移、叠前深度偏移、逆时偏移技术、高斯射线束偏移等成像处理技术均在该三维攻关资料中进行了应用（表 14-3）。从成果资料来看，该区叠加波场极为复杂，多表现为半弧形、弧形绕射特征，但偏移归位后海相主要目的层依然较为杂乱，资料信噪比低。

表 14-3　镇巴地区应用的三维地震处理技术

方法＼单位	中国石化江汉物探院	中国石化胜利物探院	中国石油东方地球物理勘探公司	中国石化物探技术研究院
叠前时间偏移	√	√	√	√
叠前深度偏移		√	√	√
逆时偏移			√	√
高斯射线束偏移				√

山前带地震资料信噪比低、波场复杂，成像差，给构造建模、三维地震资料构造解释和礁滩相带识别带来了困难。针对该区地质特点和复杂的地震资料，形成了基于构造

建模为核心的重磁电震综合解释技术，建立了米仓山基底垂直隆升、侧向挤压断褶型和大巴山水平推覆逆冲滑脱断褶型两种构造模型，基本落实了米仓山—大巴山山前带地质结构与展布特征。以礁滩地震相识别为抓手，逐步形成了复杂山前带礁滩"相控三步法"识别技术，落实了南江东—黑池梁和镇巴两个大型台缘礁滩相带展布特征，实钻证实该区礁滩相储层发育。

第二节　钻完井及测试工程技术进展

20世纪80年代以来，四川盆地勘探领域具有浅层向深层拓展、盆内向盆缘复杂带转移、常规向非常规发展的趋势。勘探对象普遍埋藏较深、储层非均质强、温压条件复杂，钻井面临"喷、漏、塌、卡、斜、硬、毒"等诸多世界级技术难题，依靠前期钻井技术无法实现更深部地层钻探。由于井下条件苛刻、流体性质复杂，常规测试工具的性能已不能满足测试要求。针对这些技术难题，经过多年攻关与探索，在川东北地区率先配套形成了深井—超深井钻井配套技术、"三高"气藏测试技术等关键技术，为普光、元坝等大中型气田的勘探发现及开发提供了有力技术支撑，推进了国内钻完井及测试技术的发展。

一、深井—超深井钻井技术

针对川东北地区深井—超深井面临的井深、地层层系多、压力体系复杂、井温高、不可预见因素多等复杂工程地质特点及钻井速度慢、质量控制难度大、安全风险高等钻井技术难题，经过多年的攻关研究及现场实践，成功试验和全面形成了与之相适应的井身结构优化及配套技术、优快钻井及配套技术、"高温高压高含硫"井控配套技术、深层钻井液和储层保护技术、复杂地层固井技术等工艺技术，大幅度地提高了深井钻探能力。

1. 井身结构优化及配套技术

川东北勘探初期，为便于施工组织，所钻井的井身结构多采用已经成熟的常规系列，即"ϕ508mm+ϕ339.7mm+ϕ244.5mm+ϕ177.8mm+ϕ127mm"井身结构。这套井身结构具有一定的不适应性，即套管层次较少，中深部井段没有调节的余地，无法对不同的压力层系分别封隔，不同压力体系地层分层钻开难度极大，钻井过程中易造成喷、漏、塌、卡等复杂情况；限制了钻头尺寸，钻探能力不足，无法实现深部继续钻井需要；套管抗内压、抗挤、防腐能力不足，无法满足井控的所有需要；小尺寸井段长、深井钻具强度余量小、机械能量传递能力不足，造成总体速度慢等。为满足川东北地区深井—超深井钻探需要，成功研发和推广应用了非常规井身结构设计施工技术、特种井眼井身结构设计施工技术。

1）非常规井身结构设计施工技术

2005年，中国石化开展井身结构优化攻关，提出了非常规井身结构设计方法及优化设计方案，在常规井身结构的基础上，应用薄接箍、无接箍技术，研发TP-NF套管螺纹，比常规结构增加1层套管；与天津钢管集团有限公司共同研发高强度、高抗挤

毁、抗硫化氢应力腐蚀石油专用管，形成了
"$\phi476.25mm+\phi339.7mm+\phi273.1mm+\phi193.7mm+$
$\phi146.1mm+\phi116mm$" 裸眼非常规井身结构
（图14-15）及其配套技术。河坝1井最早应用
该井身结构，解决了嘉陵江高压地层的封隔问
题，在 $8\frac{1}{2}$in 井眼里增下了一层 $7\frac{5}{8}$in 无接箍套
管，为下部钻探飞仙关组等储层取得了主动。
同期部署的金鸡1井、丁山1井、黑池1井、
河坝2井、老君1井钻井设计中都应用了非常
规井身结构。后来在普光气田、元坝气田及外
围探区的探井进行了大面积推广应用，现场应
用率达到90%以上。目前，非常规套管井身结
构已经广泛应用到中国石化、中国石油等油气
田探井及开发井钻井。

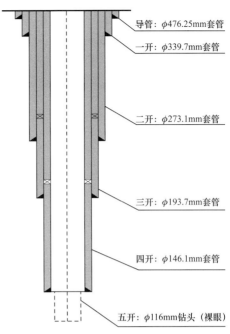

导管：$\phi476.25mm$套管
一开：$\phi339.7mm$套管
二开：$\phi273.1mm$套管
三开：$\phi193.7mm$套管
四开：$\phi146.1mm$套管
五开：$\phi116mm$钻头（裸眼）

图14-15　非常规五开井身结构示意图

2）特种井眼井身结构设计施工技术

2007年，中国石化又首次提出了特种
井眼井身结构设计方法及优化设计方案，完
全放弃传统的井身结构，套管层次比非常规井身结构增加1层，比常规结构增加2
层，使不同压力体系地层分别钻开、有效及时封隔复杂层位的可能性大幅度增加，钻
探能力大幅度提升。同时与天津钢管集团有限公司和江汉钻头厂共同研发特殊尺寸
石油专用管和牙轮钻头，形成了"$\phi508.0mm+\phi406.4mm+\phi298.45mm+\phi219.08mm+$
$\phi168.28mm+\phi120.65mm+\phi95.25mm$" 裸眼特种井眼井身结构及其配套技术。2008—2009
年，特种井身结构分别在元坝22井、新黑池1井和河坝107井3口井进行现场试验，
达到了地质钻探目的，主要钻井技术指标好于邻井。

2. 优快钻井配套技术

1）陆相地层气体钻井及其配套技术

川东北探区地层古老，夹层多，岩石硬度高，研磨性强，可钻性级值均在6级以
上，常规钻井液钻井，机械钻速极低，通过应用气体钻井技术，达到了大幅度提高机械
钻速、缩短钻井周期的效果。

（1）空气钻井。

2005年，首次应用空气钻进是在老君1井上沙溪庙组—千佛崖组，累计进尺
2491.70m，平均机械钻速11.37m/h。该井是中国石化第一口在川东北地区采用空气钻井
技术的井，同比邻井，平均机械钻速提高5～7倍。

（2）泡沫钻井。

该项技术适用于地层微出水（小于5m³/h）的情况。2007年以来共在川东北探区
10口井开展泡沫钻井，总进尺6304.27m，平均机械钻速3.96m/h，是钻井液机械钻速的
3.24倍。其中清溪2井空气泡沫钻井进尺高达1107.54m；河坝101井311.2mm井眼段
的泡沫钻井，机械钻速高达8m/h，同比钻井液机械钻速提高了近6倍；分1井可循环空
气泡沫中加入井壁抑制保护剂，泡沫钻进13天，创造了泡沫钻井时间最长的纪录。

（3）空气锤钻井。

空气锤钻井特点是高转速、低钻压，是"防斜打快"的高效钻井工具。气体钻井过程中配合使用空气锤不但钻速快，而且保证良好的井身质量。2006—2007年，共在川东北探区11口井使用空气锤22只，进尺7384.97m，平均机械钻速6.93m/h，是常规钻井液机械钻速的5.68倍。

（4）氮气钻井。

氮气钻井工艺主要应用于低产、低压气层。川东北区块构造中须家河地层可钻性极差，而且含有气层，空气钻容易发生燃爆，造成井下复杂事故发生，制约空气钻提速。普光10井首次在须家河组氮气钻井平均机械钻速达6.56m/h，是邻井同地层钻井液钻井平均机械钻速的3.66倍，提速效果明显。2007年普光地区实施氮气钻井9口（其中有5口井成功钻穿须家河组），总进尺5055.44m。

2）垂直钻井技术

应用垂直钻井技术能解放机械参数，加快钻井速度，同时井斜控制较好。川东北地区先后应用了PowerV、VERTITRACK等自动垂直钻井工具，在高陡构造的防斜打快中发挥了重要作用。2004年，黑池1井首次使用斯伦贝谢提供的PowerV垂直钻井技术，在上沙溪庙组，累计钻进尺1677.01m，平均机械钻速1.83m/h，同比常规钻机械钻速提高147.30%，井斜控制在1°～1.23°之间，取得了很好的防斜打直效果。2006年，毛坝6井第一次使用贝克休斯VTK（VertiTrak）钻井技术，进尺1305.65m，平均机械钻速2.25m/h，最大井斜0.23°，与邻井毛坝3井同井段相比，机械钻速同比提高了1.8～2.4倍，极大地提高了钻井速度，达到了防斜打直、提速提效的目的。

3）高速涡轮+孕镶金刚石钻头复合钻井技术

高速涡轮钻具是一种将流体能转换为机械能的井下高速动力钻具，孕镶金刚石钻头是一种以磨削岩石为主要作用机理的新型钻头，其主要特点是抗研磨性强，适合高研磨性地层，单只钻头寿命长。涡轮+孕镶金刚石钻头复合钻井实现了在高速转动中通过与岩石的相互磨削从而达到破碎岩石的目的。该项技术应用于川东北地区岩石硬度高、研磨性强，可钻性差的陆相地层，提速效果明显。2010年元坝123井首次引进了高速涡轮+孕镶金刚石钻头复合钻井技术，在元坝区块成功应用该技术实施钻井共12口，总进尺6338.52m，平均机械钻速1.50m/h，同比牙轮钻头常规钻，机械钻速提高1～2倍，单只钻头进尺提高10倍以上。

4）海相地层PDC钻头+螺杆复合钻井技术

2005年以来，川东北海相地层通过提高转速和PDC钻头的剪切破岩能力等措施来达到提高机械钻速的目的。川东北海相地层应用复合钻井技术，机械钻速普遍提高，雷口坡组提高26.4%，嘉陵江组提高27.1%，飞仙关组提高72.08%。

5）钻头优选技术

（1）宽齿钻头。

宽齿钻头就是在原HJ537钻头基础上改善了牙齿形状和布齿结构，增加了牙齿的宽度。在陆相地层研磨性强、钻头磨损严重工况下可以延长钻头寿命。2002年，普光1井首次使用了宽齿钻头：钻头尺寸为311.1mm，所钻地层自流井组，使用井段3186～3271.28m，进尺85.28m，使用时间99.16小时，平均机械钻速0.86m/h。与常规牙轮钻头比较，平均机械钻速提高 50%，钻头寿命延长 55%。

（2）混合钻头。

混合钻头由牙轮和 PDC 刀翼组成，充分结合了两种钻头的优势，PDC 切削齿部分能在较低钻压下提供较快的机械钻速，牙轮部分能减轻钻柱振动，从而利于钻穿夹层中的硬岩层段（图 14-16）。同时能够配合多种钻具使用，应对井下复杂能力较 PDC 钻头更强，在喷漏同层复杂层中不能使用动力工具情况下显现出明显优势。

2014 年，马深 1 井选用贝克休斯生产的 KM633 混合钻头，机械钻速是国产牙轮钻头的 5 倍，达到了单只钻头进尺高、提高机械钻速的效果。

图 14-16　混合钻头（牙轮钻头 +PDC 钻头）结构图

6）扭力冲击器钻井技术

常规 PDC+ 螺杆钻井技术可有效提高机械钻速，但对钻头要求高，配合扭力冲击器使用能够达到保护钻头，增加钻头使用时间，提高机械钻速的效果。

2011 年，首次在元陆 9 井 3406.70～3757m 使用阿特拉生产的扭力冲击器 ϕ165.1mm Tork Buster 及其生产的 PDC 钻头 215.9UD513，在上沙溪庙组、下沙溪庙组、千佛崖组、自流井组钻进，进尺 350.30m，纯钻时间 88.5 小时，机械钻速 3.96m/h。丁页 5 井 ϕ406mm 井眼进尺 1609m，平均机械钻速 3.02m/h，与丁页 4 井平均机械钻速 2.79m/h 相比，提高了 7.62%；ϕ311.2mm 井眼进尺 1095m，平均机械钻速 3.05m/h，与丁页 4 井平均机械钻速 1.74m/h 相比，提高了 42.95%。

7）NewDrill+PDC 复合钻井技术

NewDrill 钻井工具对高研磨性地层适应性强、钻具稳定性能好，配合 PDC 钻头使用，能提高单只钻头寿命及进尺。2016 年首次在泰来 202 井使用，累计进尺 1813.00m，纯钻进时间 393h，平均机械钻速 4.61m/h，与邻井对比提高了 2～3 倍。

3. "高温、高压、高含硫" 井控配套技术

川东北地区海相气藏具有 "高温、高压、高含硫" 的特点，钻探井控风险远远大于常规气井。经过多年的攻关研究，优化了井控工艺和井控装置的配置，形成了较为成熟的井控配套技术，较好地解决了高含硫地层复杂的井控问题，增强了井控安全性。

1）井控工艺

研发了微量溢流及漏失实时监测软件，形成了高压裂缝性气藏井控安全监控技术，实现了溢流及漏失的早期预警和处理。

研发了新型复杂多面体高强度刚性颗粒堵漏材料，创建了复杂超深井桥浆堵漏技术，地层承压能力平均提高 0.4g/cm³，解决了井筒承压能力不足的难题。

创新凝胶段塞封隔技术，解决了裂缝性储层喷漏同存的井控处理技术难题，实现井控处理成功率 100%。

2）井控装备配套

（1）优化形成"高温高压高含硫"深井封井器配套组合：环形＋半封＋剪切＋全封＋半封＋双四通组合；（2）研发出新型节流阀及节流管汇结构，可靠性大幅提高，使用寿命提高3倍以上；（3）优化液气分离器外部结构和流程，解决了分离器的安全性及气液分离效果；（4）研发了高能电子自动点火系统，实现远程、快速点火，一次点火成功率100%；（5）创新技术套管强度设计方法，研发了$10\frac{3}{4}$in，$9\frac{5}{8}$in高强度、抗硫技术套管，建立了与井控装置压力相匹配的套管优选方法。

4. 深层钻井液和储层保护技术

川东北地区深层钻探面临高温、流体污染、地层易漏等钻井液技术难题，储层致密、压力敏感性强的特点对储层保护提出了较高要求。通过多年的攻关研究，形成了比较成熟的深层钻井液和储层保护技术，为勘探开发工作提供了重要技术支撑。

1）钻井液优化技术

深井对钻井液抗温性能和抗污染性能要求高，为了钻井提速的需要，钻井液体系和钻井液性能必须根据井下工况进行逐步调整。研发应用了"三强"（强抑制、强包被、强封堵）钻井液体系和"三低"（低密度、低失水、低黏切）钻井液性能。马深1井井温最高达185℃，钻井液受到高温影响，导致黏切和高温高压失水上涨，钻井液性能难以维护，结构力强，难以建立循环，通过优选抗高温处理剂、使用氢氧化钾提高pH值、调整高强性能和抗污染性、降低钻井液的黏切和高温高压失水等技术措施，成功解决了技术难题。

2）承压堵漏工艺技术

为解决同井眼漏喷同存的矛盾，在部分井段应用提高地层承压能力工艺技术，保证安全钻井的需要。

2005年以来，在普光气田和元坝气田的钻探过程中，通过优选适用于中国南方海相地层不同井漏类型的堵漏材料，形成了MTC桥浆堵漏工艺技术、低密度膨胀型堵漏技术、可酸化凝胶（干粉）剂堵漏技术、KSY提承压钻井液技术、NFJ-1凝胶提承压钻井液技术、HALS胶凝提承压钻井液技术6项承压堵漏工艺技术。这些技术在毛坝3井、龙8井、建深1井等井上实施，应用效果良好。试验应用井钻进中堵漏成功率为75.23%，完井（含中完）堵漏成功率为87.51%。如毛坝3井固井前将地层的承压能力由1.70提到2.15，建深1井钻产层前将地层承压能力由1.24提到1.67。

3）防酸根污染钻井液技术

通过使用抑制性强的钻井液体系，适当提高钻井液密度，减少地下流体侵入，尽量降低钻井液的膨润土含量及其他固相含量，加大抗污染处理剂的使用，控制合适的pH值，同时加入生石灰处理，基本可以达到防酸根污染的目的。该技术在元坝探区元坝2井等深井获得成功应用。

4）储层保护技术

在通过调研国内外先进的保护与油气层增产改造技术基础上，分析总结探区储层工程地质特点，概括不同类型储层的损害机理，深入解剖重点井施工工艺及效果，开展钻井完井储层保护和增产改造配套技术研究，形成一套以屏蔽暂堵技术为主的钻井、完井保护技术和增产改造技术系列，目前探区内应用较成熟的钻井液体系有：金属离子聚合物非渗透钻井液体系、聚磺非渗透防塌钻井液体系、聚合物磺化钻井液体系、聚硅醇抗钙防塌钻井液体系、硅酸盐—聚合醇钻井液体系。

5.复杂深井固井技术

1）抗高温胶乳（胶粒）防气窜水泥浆

川东北探区套管固井普遍存在间隙小、裸眼长、井底温度高、上下温差大、地层压力体系多、高低压同存等复杂特点，通过优选胶乳、胶粒水泥浆体系，能较好地解决固井防气窜问题。

2005年，普光5井ϕ177.8mm技术套管固井，首次使用胶乳防气窜水泥浆体系，固井质量优良。2006年，普光9井ϕ177.8mm技术套管固井，套管下深6386m，首次使用胶粒防气窜水泥浆体系，固井质量良好。

2）滤饼固化技术

利用新型的固井前置液，在固井施工时先活化滤饼中的黏土矿物，然后通过水泥水化离子扩散进入滤饼与被活化矿物发生固化反应，实现了水泥石—固化滤饼—地层三者之间的整体胶联，提高第二界面封固质量，达到控制气窜的目的。

2012年在元坝地区首次推广应用滤饼固化防气窜技术以来，截至2013年底，共在18井次使用该技术，固井第Ⅰ界面、第Ⅱ界面质量合格率100%，优良率90.9%。固井质量显著提高，有效控制了井口气窜难题。

3）干法固井技术

干法固井就是气体钻进达到预定井深后，不转换钻井液直接下套管进行固井施工。该技术避免了空气钻转换钻井液，克服了常规固井技术顶替效率难以保证的技术瓶颈，缩短了钻井周期。干法固井技术自2009年在元坝271井首次试验应用成功后，2011年在元坝探区2850m以浅陆相地层固井中得到了全面推广应用。根据17井次固井统计，平均中完时间为10.76天（比常规固井时间缩短8天），固井质量全部优良。

4）旋转尾管固井技术

旋转尾管固井技术提高了顶替效率，提高了小间隙井眼气层段固井质量。2006年在普光8井首次采用Weatherford旋转尾管悬挂器固井技术，尾管长度2418.63m，下入深度5912.53m，固井质量优质。之后，在普光11井、毛坝4井也相继成功使用了旋转尾管悬挂器固井技术。

5）泡沫水钻井液固井技术

通过往水泥浆中混入惰性气体，达到降低密度的目的。泡沫水泥石具有密度低（相对密度0.9～1.6）、强度相对高、黏度高、清洗滤饼效果好、密封完整性好、可压缩性强等特点及优势，可有效解决井漏难题，提高第Ⅱ界面固井质量。2015年在焦页9井ϕ339.7mm技术套管和斜井段ϕ244.5mm技术套管首次使用泡沫水钻井液固井，解决了大肚子井眼、韩家店组严重漏失等难题，固井施工顺利，质量优质。

二、"三高"气藏测试技术

川东北地区海相地层普遍具有"三高一超"（高温、高压、高含硫、超深）的特点，尤其是元坝地区探井，深度普遍大于7000m，储层温度达160～180℃，H_2S含量最高达17.6%。针对川东北地区的测试难题，在深入开展腐蚀机理、管柱力学分析、酸岩反应机理分析等理论研究以及大量材质腐蚀实验、酸岩反应实验等室内实验研究的基础上，形成了以有效保证测试安全为核心，以测试工艺及管柱优化、地面安全控制系统集成、酸压工艺技术创新和测试工作制度优化设计为关键技术的高含硫深井测试综合配套工艺技术体系。2003 年，普光 1 井飞仙关组 5610.3～5666.24m 储层完井测试获天然气 $42 \times 10^4 m^3/d$，发现了普光气田。2007 年，元坝 1 井长兴组 7330.7～7367.6m 储层酸压改造测试获得天然气 $50.30 \times 10^4 m^3/d$，发现了元坝气田。

1. 测试管柱及工具选择

1）材质选择

川东北气藏 H_2S、CO_2 含量分别约为 15% 和 8%，如果按管材选择依据选择管柱材质，需选择昂贵的高镍基合金钢。考虑测试时间相对较短，测试管柱材质选择高抗硫材质如 110SS 材质，若测试管柱选用镍基合金钢管材一次性投资太大；如考虑气井长期试采及开发需要，则须选择镍基合金材质（图 14-17）。

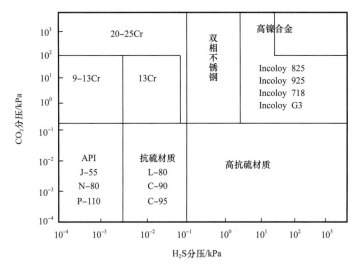

图 14-17　川东北地区管材选用分析图

2）管柱尺寸优化

从产能、携液、抗冲蚀、增产角度综合考虑选择尺寸，川东北气井测试采用 $\phi88.9mm$、$\phi73mm$ 油管比较适合，提出了三种完井管柱大小与产量适配关系（表 14-4）。

表 14-4　不同天然气产量下生产管串组合配比推荐表

天然气产量	$>100 \times 10^4 m^3/d$	$50 \times 10^4 \sim 100 \times 10^4 m^3/d$	$<50 \times 10^4 m^3/d$
组合配比	$\phi101.60mm$ 各种壁厚或与 $\phi88.90mm$ 组合	$\phi88.90mm$ 各种壁厚组合	$\phi73mm+\phi88.9mm$ 各种壁厚组合

3）扣型选择

高温、高压、高含硫气井要求采用封隔器完井，完井管柱承受内外压差高，一般都在 35MPa 以上，甚至 100MPa 以上。一般 API 圆螺纹油管在高压差下容易泄漏，不能满足要求。川东北地区高温、高压、高含硫化氢气井进行测试时，封隔器以上管柱因管柱内外压差较大（通常大于 45MPa），所以封隔器以上管柱扣型需采用气密封特殊螺纹；

封隔器以下管柱内外无压差，其扣型不做要求，但封隔器以下油管由于较少，为避免油管混淆，一般采用与封隔器上部油管一致的油管。

4）测试工具选择

川东北地区 95% 以上的气井采用套管完井井身结构，大部分井测试段在 $7^5/_8$in 或 7in、$5^3/_4$in 或 $5^1/_2$in 套管内，测试采用套管射孔 + 悬挂 APR 测试工具的方式来进行，仅有极少部分裸眼井采用套管悬挂测试、裸眼 MFE、裸眼 HST 测试的方法。井下测试阀包括 LPR-N 阀、RD 安全循环阀等，循环阀包括 OMNI 阀、RD 循环阀、液压旁通阀、断销式反循环阀等，LPR-N 阀和 RD 安全循环阀都具有井下关井的功能。此外，还有伸缩短节、RTTS 安全接头、震击器、压力计托筒等工具。目前地层测试 95% 的井采用 RTTS 封隔器。高温、高压、高含硫化氢气井测试封隔器，一般采用抗硫化氢材质、耐压 70MPa、耐温 177℃，基本满足"三高"气井测试需要。

2. 测试工艺改进优化

通过在实践中不断应用与总结，对常规 APR 测试管柱不断进行完善，形成了以"超正压射孔酸压测试三联作技术"为核心的四类七套优快 APR 测试技术（表 14-5）。

表 14-5　川东北地区四类七套测试联作工艺管柱统计表

工艺类型	联作管柱类型	管柱结构	适用条件	主要功能
射孔测试	负压射孔—测试	RDS 阀 + LPR-N 阀 + 压力计托筒 + 震击器 + RD 阀 + 射孔旁通 + 安全接头 + RTTS 封隔器 + 射孔枪	储层物性相对较好、中低压的气层	负压、环空加压射孔、多次井下开关井
	正压射孔—测试	RDS 阀 + 压力计托筒 + 震击器 + RD 阀 + 安全接头 + RTTS 封隔器 + 射孔枪	储层物性较差、高压气层	油管正压射孔、测试、关压恢复
超正压射孔酸压测试	射孔—酸压—测试	OMNI 阀 + RDS 阀 + 压力计托筒 + 震击器 + RD 阀 + 安全接头 + RTTS 封隔器 + 射孔枪	储层较好、破裂压力高、改造能获得工业气流、中高压气层	替酸、超正压射孔、酸压测试、关压恢复、压井堵漏
	射孔—测试、酸压—测试	OMNI 阀 + RDS 阀 + 压力计托筒 + 震击器 + RD 阀 + 安全接头 + RTTS 封隔器 + 射孔枪	储层相对差、破裂压力高、改造能否获得工业气流不确定的气层	超正压射孔、液氮诱喷、酸压测试、关压恢复、压井堵漏
	射孔—试挤破裂地层—诱喷测试，酸化—测试	OMNI 阀 + RDS 阀 + 压力计托筒 + 震击器 + RD 阀 + 安全接头 + RTTS 封隔器 + 射孔枪	储层相对很差、破裂压力很高、能否实施改造不确定的气层	超正压射孔、试挤破裂地层、液氮诱喷、酸压测试、关压恢复、压井堵漏
酸压测试	酸压—测试	OMNI 阀 + RDS 阀 + 压力计托筒 + 震击器 + RD 阀 + 安全接头 + RTTS 封隔器	储层物性较好、通过改造有望获得商业产能、已射孔气层	替浆、替酸、酸压测试、关压恢复、压井堵漏
加重酸压测试	加重酸压—测试	OMNI 阀 +（RDS 阀 + 30K 压力计托筒 + 震击器 +（RD 阀）+ 安全接头 + RTTS 封隔器 + 射孔枪	储层极差、破裂压力极高、常规酸压不能实施，需要了解地层的产能	超正压射孔、加重液试挤破裂地层、加重酸压测试、关压恢复、压井堵漏

注：大于 6000m 的气井，改造管柱需增加两组伸缩短节。

超正压射孔酸压测试三联作主要用于射孔后立即进行改造的储层，一般是针对储层物性较好、通过酸压改造即可获得理想产能的储层。射孔酸压测试三联作分两步走的工艺适用于物性相对较差、破裂压力高的储层，通过射孔后试挤判断地层吸收量，并沟通井筒与近井附近污染带。如试挤后获得工业产能则不再进行酸压改造，省去了酸压改造的工作量，减小了环保压力，节约了测试施工费用。

3. 地面测试流程技术

针对川东北地区超深、高压、高温、高含硫化氢、高产的情况，经过多年的实践，逐步完善了地面测试控制流程，形成了以 105MPa+70MPa+70MPa 或 105MPa+105MPa+75MPa 三级节流为核心（图14-18），包括节流控制、加热保温、分离计量、安全快速控制、安全点火、数据自动采集、应急压井等功能的地面测试系统，能够满足替喷、放喷测试、压井、气举等所有施工要求，实现了单独或共同使用测试或钻井节流流程进行正、反循环压井，实现用压裂车、钻井泵压井等功能，确保了地面测试施工的安全控制和高效作业。

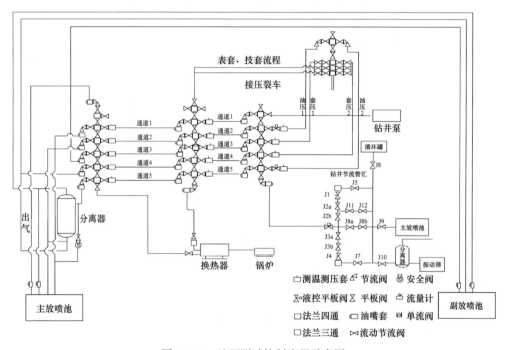

图 14-18　地面测试控制流程示意图

4. 测试配套技术

1）完井过程中对气层的伤害和保护技术

在气层以下 25m 到气层以上 800m 的井段替入活性水稠化液，有效地保护了气层，且在少量的钻井液洗不干净时可同时防止钻井液沉淀，避免了封隔器卡钻的风险，特别是大斜度井卡钻风险。由于封隔器井段为活性水稠化液，在由清水转换为钻井液压井时，避免了钻井液与清水接触沉淀卡钻的风险。将活性水稠化液替入气层部位，既保护了气层，又利于活性水稠化液更好地进入致密储层，增强了酸压破裂地层的能力。

2）压井堵漏技术

川东北地区储层较发育，在射孔测试后经常出现漏失，特别是经过酸压改造后的地层更易出现大漏情况，给压井、解封带来一定的风险。通过不断总结，形成了一套川东北试气堵漏技术。

当判断地层压力系数低于 1.0 时，首先采用体膨型化学堵漏剂进行堵漏，在堵漏无效后转为堵漏浆进行堵漏。对于高压井（地层压力系数大于 1.0），根据工具的通径要求，优选直径小于 3mm 的非纤维状堵漏材料，像单封、随钻、刚性堵漏剂等。在压井前根据该井储层情况，准备能够配制 $200\sim300m^3$ 堵漏钻井液的堵漏材料，准备一级、二级堵漏浆，酸压后预测严重漏失井，还准备三级堵漏浆，通过调整一级、二级、三级堵漏浆的各种堵漏材料的级配比例，满足了不同储层和压井工况的堵漏要求。

同时，严格控制一级、二级堵漏浆配制步骤，堵漏浆前期只加入单封和随钻，核桃壳和花生壳粉等要求在压井打开 RD 循环阀前几个小时才加入；施工时在打开 RD 循环阀前先将上部替入 $20\sim40m^3$ 堵漏浆才打开 RD 循环阀，打开后一级堵漏浆漏入地层，在一级堵漏浆堵漏无效的情况替入二级堵漏浆或调整堵漏剂配方。

3）排液技术

（1）残酸返排工艺。

残酸的返排是提高酸化效果的一个重要环节，它对酸压效果影响较大。通过开关 OMNI 阀加氮气吞吐等各种残酸返排工艺技术的应用，提高了残酸的返排力度，基本解决了常压层返排残酸的问题，成功应用于大于 7000m 的高温高压超深井，其主要做法包括：① 在酸压施工中伴注液氮快速排液技术，甚至全程伴注液氮，提高液氮气化时产生的能量，携带残酸，实现返排；② 在酸压施工顶替阶段，有意识地泵入一段纯液氮段塞，增大负压强度，从而提高对残酸的返排率；③ 合理的返排速度，提高残酸返排率。针对常压产层，酸压后残酸相对密度大于地层压力系数，在酸后放喷排液中合理适中地控制排液速度，使酸化产生的二氧化碳和伴注的液氮均匀混合残酸形成泡沫流体，在较低井底流压下排出，防止气体过早滑脱造成排液后期只留下高密度的残酸，导致返排困难，提高残酸的返排率，防止残酸二次沉淀，增加酸压效果；④ 残酸返排不理想，采用液氮进行助排。若残酸返排率大于 60% 采用液氮气举，则环空打压操作开启 OMNI 阀，清水反洗出 OMNI 阀上部油管内的残酸后，然后正替入液氮助排，环空打压操作关闭 OMNI 阀，然后开井排液；⑤ 若残酸返排率小于 60%，则先采用液氮吞吐方式，直接从油管内注入液氮，关井焖井后开井排液，然后根据排液情况继续进行助排或吞吐。

（2）固体起泡剂助排技术。

对于地层压力系数大于 1.0、具有一定天然气产能的低产气层或气水层，采用固体起泡剂助排，在油管内利用天然气形成泡沫液体，降低油管内液体密度，达到排出油管内的液垫和地层水的目的，获得较好的排液效果。

（3）氮气气举助排技术。

对于地层压力系数低于 1 的低产能气层，通常采用液氮助排或连续油管 + 膜制氮气气举助排工艺，最大限度降低井筒液柱高度，甚至掏空井筒，以降低井底流压，提高测试产量。

4）封层技术

漏失层打水泥塞封层成功率较低，水泥浆在替浆施工中和关井候凝期间漏入气层，导致井筒内无水泥浆，无法形成封层水泥塞。对此采取气层井段垫堵漏稠泥浆，先堵漏无漏失后才打水泥塞，保证了水泥塞密封可靠。

由于 H_2S 分子小，容易穿透薄水泥塞的孔隙，不能有效长期封井，因此改进封井水泥塞厚度和方式，原来临时封井水泥塞厚度100m改进为450m以上，且先打一个水泥塞阻断气层的天然气上窜，然后在第一个水泥塞上面连续打第二个水泥塞，确保了第二水泥塞的质量，渗透性密封可靠。对于测试层段层间距较小，且下部为测试层高压层的情况，采用先下桥塞封闭再在桥塞上面打水泥塞进行封层，既满足下部施工要求又保证了气井安全。若是永久封井弃井，考虑套管回接筒承压低，橡胶密封圈长时间后老化、密封可能失效。原来在回接筒不打水泥塞改进为在回接筒上下打一个水泥塞，厚度大于450m。原来在井口300m左右打一个封井水泥塞。考虑由于天然气井气体上窜后在井筒内聚集，若需老井利用，需钻开水泥塞，由于钻塞深度浅，即使最高密度的钻井液也很难平衡井筒内天然气的压力，所以去掉浅井段的水泥塞，确保弃井后的井控安全。

5. 酸压改造工艺技术

1）酸压工艺优选

在川东北地区的酸压工艺主要有胶凝酸闭合酸酸压工艺、震荡注入酸压工艺、加重酸压工艺、多级注入闭合酸酸压工艺等。

（1）胶凝酸闭合酸酸压工艺。

酸压时采用前置酸压开储层，形成动态裂缝，然后注入胶凝酸酸液溶蚀裂缝，后期在裂缝闭合条件下采取注入闭合酸的酸压工艺技术，其注酸过程为前置酸＋胶凝酸＋闭合酸。

（2）加重酸压工艺。

元坝地区主力气藏深度一般在7000m，具有高温、高压、高含硫的"三高"特性，针对元坝区块研究形成了"加重酸压工艺技术"，即通过在注入前置酸之前采用高密度加重酸液来提高液柱压力，实现在井口施工限压下增加井底压力，以增大压开储层的概率。

在室内进行了加重酸液体系的优选研究，成功研制了密度高达 $1.8g/cm^3$ 的加重压裂液和加重酸液体系，并优选了加重酸缓蚀剂及其用量，确保加重酸高温条件下的缓蚀效果。室内腐蚀实验结果表明，在 $160℃$ 时，加重酸腐蚀速率小于 $28.6g/（m^2·h）$，大大降低了酸液对管柱的腐蚀，同时通过优选无毒无害的加重剂、胶凝剂、缓蚀增效剂和铁离子稳定剂等酸液添加剂形成了加重酸配方，为现场实践奠定了坚实的基础。

（3）震荡注入酸压工艺。

川东北地区部分井由于近井地带应力集中，压开储层难度大、注酸困难，对于此类井采用震荡注入酸压工艺能够实现对储层的改造。震荡酸压工艺是在井口施工限压下，如不能压开储层，降低施工压力到一定程度后，又迅速提高施工压力至施工限压，如此反复进行直到压开储层为止。该技术主要利用快速提高施工压力时产生的冲击波（压力峰值远大于施工限压，一般是显示值的2～5倍）对储层应力集中带进行不断冲击，达到压开储层的目的。

2）酸压工艺参数优化

根据四川盆地碳酸盐岩储层改造的分类标准，以及川东北地区历年油气井储层改造效果表明，不同类型的储层，其储层物性不同，与其匹配的储层改造工艺和优化的施工参数不同。

（1）酸蚀裂缝长度与导流能力优化。

对于不同储层类别的酸蚀缝长和导流能力进行优化。

① Ⅰ类储层：优化裂缝半长为20～30m，裂缝长度超过30m后产量上升幅度变缓。产量对裂缝的导流能力非常敏感，所需的导流能力高，在同一酸蚀缝长下，产量随导流能力上升幅度很快，所需裂缝导流能力大于100mD·m。

② Ⅱ类储层：酸蚀裂缝半长由20m上升到60m，初期日产量有大幅上升。酸蚀裂缝半长从60m上升到100m时，上升幅度减缓。导流能力从50mD·m上升到70mD·m时，初期日产量增加幅度最大。相对Ⅰ类储层，Ⅱ类储层所需优化缝长更长，但导流能力比Ⅰ类储层低。

③ Ⅲ类储层：酸压主要目标是形成一条长的酸蚀裂缝，酸蚀缝长的大小直接影响着酸压效果的好坏，最优缝长为120m，而导流能力对产量的影响小，优化的导流能力为20～30mD·m。

④ Ⅳ类储层：裂缝导流能力对酸压后产能的影响很小，而酸压后的产能与裂缝半长的长度很敏感，对于此类储层来说，就是要在储层中形成一条很长的酸蚀裂缝，优化的酸蚀裂缝长度为240m，而导流能力达到8mD·m即可满足要求。

（2）施工排量优化。

对于Ⅰ类、Ⅱ类储层，尤其是Ⅰ类储层要求高的导流能力，因此在酸压施工中需优化控制合理的施工排量，来获取最优的导流能力。根据储层参数，通过软件模拟裂缝几何尺寸，优化得到Ⅰ类储层施工排量为2.5～3.5m³/min，酸液流动雷诺数在2000～3000范围；对于Ⅱ类储层排量可适当提高，酸液流动雷诺数以不超过4000为宜，施工排量可控制在3.0～4.0m³/min。

对于Ⅲ类、Ⅳ类储层要求有较长的酸蚀缝长，对导流能力要求不高，因此可采用大排量注酸，以提高酸液在裂缝中穿透距离。根据河坝2井飞三段施工情况来看，尽管储层破裂压力高，但储层一旦压开后，施工泵压大幅度下降，延伸压力梯度为0.022～0.023MPa/100m，对于5000m左右井深，采用88.9mm大管柱，模拟排量为1.5～4.5m³/min，在施工限压下尽量提高施工排量，提高酸蚀裂缝的长度。

第三节　测录井技术进展

一、测井技术进展

测井技术在油气勘探中发挥着重要作用。伴随着测井装备和新技术的不断发展，测井处理解释方法也在不断地发展。测井在储层识别、岩性评价、储层参数评价、储层流体判别等方面发挥着重要作用，为普光、元坝、涪陵、新场等气田的发现提供了有力支撑。

1.测井技术主要进展

测井技术的发展始于20世纪20年代末，迄今经历了模拟测井、数字测井、数控测井和成像测井四个阶段。从早期的定性评估储层发展到现在的定量评价储层。现代（成像）测井新技术是指以阵列或扫描探头测量为主的测井方法与技术，如元素测井、地层微电阻率扫描成像测井、多极子阵列声波成像测井、核磁共振测井、阵列感应及阵列侧向测井等。新技术主要应用于岩性识别、岩相划分、储集空间参数计算、流体评价、岩石力学评价等。

四川盆地在 1985 年之前主要采用模拟测井和数字地面系统以及数控地面系统，模拟系统主要代表是 JD58-1 型多线电测仪，数字系统的主要代表是德莱赛—阿特拉斯公司（Dresser Atlas）的 3600 系列以及国产的 SJD801 系列，数控系统的主要代表为德莱塞—阿特拉斯公司的 CLS3700 数控测井设备以及国产的 SKC9800 数控测井设备。1985 年到 20 世纪 90 年代末主要还是数控测井系统，以 SKC9800 和 CLS3700 数控测井设备为主。20 世纪 90 年代末和 21 世纪初，国内引进哈里伯顿公司（Halliburton）的 EXCELL2000 型测井设备。后来又引进了西方阿特拉斯公司（Western Atlas）的 ECLIPS-5700 成像测井系统。现今主要使用 ECLIPS-5700 成像测井系统，常规组合测井项目主要包括自然电位、自然伽马能谱、井径、井斜方位、双侧向、微球、岩性密度、中子、声波、地层倾角，特殊测井项目包括正交多极子阵列声波仪（XMAC-Ⅱ）、FMI 电成像、LithoScanner 岩性扫描、CMR 核磁等。

2000 年 10 月中国石化西南分公司使用 CLS3700 型数控测井系统完成了新 851 井的测井施工，包括常规组合测井、声波全波测井、EMI 成像测井。该井测试获高产气流，有力支撑了新场气田的发现。

2003 年 4 月中国石化南方勘探开发分公司使用 ECLIPS-5700 成像测井仪对普光 1 井主要目的层飞仙关组进行了测井施工，包括常规组合测井和特殊测井多极子阵列声波测井。测井精细解释飞仙关组储层有效厚度 207.6m，其中一类层 29.8m，二类层 75.9m，三类层 101.9m，有力支撑了普光气田的发现。

2007 年 9 月使用 ECLIPS-5700 型成像测井系统对元坝 1 井进行了补偿中子、自然伽马（能谱）、多极子阵列声波测井。测井精细解释长兴组储层有效厚度 36.8m，其中一类层 1.9m，二类层 17.8m，三类层 17.1m，有力支撑了元坝气田的发现。

2012 年 5 月中国石化南方勘探分公司采用 ECLIPS-5700 成像测井系统进行了焦页 1 井的测井施工，为常规组合测井项目和阵列声波，同时使用 MAXIS 500 进行了电成像 FMI、元素俘获谱 ECS 测井。测井精细解释五峰组—龙马溪组页岩气储层 76.5m，其中一类气层 15.0m、二类气层 53.0m、三类气层 8.5m，有力支撑了中国首个页岩气田——涪陵页岩气田的发现。

2. 储层测井评价技术

1）礁滩储层测井综合评价技术

礁滩储层是四川盆地油气勘探的重点方向之一，利用常规测井与特殊测井资料能有效评价储层的储集空间类型，分析沉积相，建立不同储层的测井评价标准，综合解释储层的参数以及判别流体性质。

（1）储层划分。

礁滩储层利用孔隙度对储层进行测井分类，当孔隙度小于 2.0% 时为无效储层；孔隙度 ϕ 大于 2.0% 时为有效储层，再结合储层分类原则，共划分出一类、二类、三类储层。$\phi \geq 10.0\%$，为一类储层；$5.0\% \leq \phi < 10\%$，为二类储层；$2.0\% \leq \phi < 5.0\%$，为三类储层。若孔隙度为裂缝孔隙度，分类时应降低孔隙度的大小。

川东北碳酸盐岩储层不同岩性具有不同的测井响应特征：通常白云岩储层自然伽马低于 18API，声波时差高于 48μs/ft，补偿中子高于 3.0%，补偿密度低于 2.81g/cm³，双侧向电阻率在 4000Ω·m 以内；鲕粒灰岩储层自然伽马低于 15API，声波时差高于 47μs/ft，补偿中子高于 2.0%，补偿密度低于 2.67g/cm³，双侧向电阻率多在 10000Ω·m 以内。孔隙度高于 10%，含气饱和度高的储层，双侧向可达电阻率值达 10000Ω·m 以上；孔隙度低于 2% 裂缝不发育的低孔储层，双侧向电阻率值在 1000Ω·m 以上，即为非储层。

（2）成像测井资料解释与应用。

① 沉积相分析。

经过多年的研究，川东北海相二叠系沉积符合 Wilson 模式。从深海盆地到台地依次划分为九个相带：盆地、陆棚、深陆棚边缘、台地前缘斜坡、台地边缘生物礁、台地边缘浅滩、开阔台地、局限台地和蒸发台地。通过研究建立了沉积相带与电成像图像的对应模式（图 14-19）。

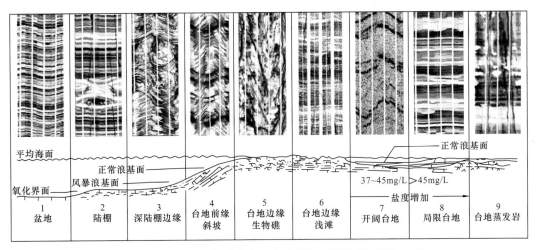

图 14-19　川东北海相碳酸盐岩电成像测井沉积相识别模式图

盆地：岩性为泥质、硅质、浮游生物残骸组成的暗色薄层泥晶灰岩、暗色页岩、粉砂岩、薄层石膏岩等。沉积构造为水平层理、韵律层理、块状层理。电成像图像特征为"千层饼"及"波浪状千层饼"。

陆棚：岩性为粉屑灰岩、粉泥灰岩、灰泥岩。沉积构造为水平层理、小型交错层理。电成像图像特征为"千层饼"，局部可见"结核状"构造。

深陆棚边缘：岩性以砾状灰岩、砂屑灰岩、泥晶灰岩为主。沉积构造为水平层理、小型交错层理，常发育浊流、碎屑流、滑动沉积构造。电成像图像特征多见三角形及不规则多边形砾石、不同大小的圆及椭圆砾石堆积状的浊流、碎屑流沉积、变形正弦曲线、"卷心菜"表示的变形构造。

台地前缘斜坡：岩性为生物碎屑灰岩、角砾灰岩、礁前塌积角砾灰岩、瘤状灰岩。沉积构造为块状层理、变形层理、滑动构造。电成像图像特征中厚层"块状"中间夹薄层黑色正弦曲线状、条带状"腰带"。瘤状构造在图像上显示为"透镜状、长条状、枕头状"等亮斑块顺层分布。

台地边缘生物礁：岩性为各种礁白云岩、生屑白云岩、礁灰岩等。沉积构造为块状层理。礁核电成像图像为厚层亮黄色、黄色"块状"均质致密特征，有时可见压裂形成的"羽状"钻井诱导缝。礁顶电成像图像见溶蚀孔洞呈"黑色斑点、斑块"状不均匀分布，粒屑特征清楚，溶蚀裂缝呈"黑色正弦曲线"状分布。礁坪电成像图像见溶蚀孔洞呈"黑色斑点、斑块"状不均匀分布。

台地边缘浅滩：岩性为碳酸盐岩，呈沙洲、海滩、扇状或带状分布的滨外坝，亮晶砂屑灰岩、鲕粒灰岩。沉积构造为交错层理、平行层理、缝合线构造。电成像图像呈现密集均匀黑色"麻点"状时表明针孔状溶孔发育，横向"缝合线"状黑线即为缝合线构造。

开阔台地：岩性为各种生物，但无窄盐度生物，含相当数量的灰泥，结构变化不大，含完整贝壳泥灰岩、生屑粒泥灰岩、柱状叠层石灰岩。沉积构造为水平层理、小型交错层理。电成像图像呈黄色"块状"，中夹正弦或水平黑色条带。

局限台地：岩性为潮间坪和潟湖中为灰泥、白云岩、藻席灰岩（白云岩）、泥晶灰岩。沉积构造为潮汐作用形成的冲刷面、沟模、槽模，可见水平层理、沙纹层理、透镜层理和低角度交错层理，局部可见风暴成因的丘状、包卷层理。电成像图像可见"沟状、槽状"冲刷面、沟模、槽模，可见"水平、波浪、交错正弦状"层理，以及"丘状、包卷状"层理。

蒸发台地：岩性为白云岩、硬石膏、泥灰岩，岩石中含陆源碎屑。沉积构造为水平层理、泥裂、藻叠层，发育有同生及成岩期的变形构造，如结核、肠状构造。电成像图像上硬石膏岩可为"块状"特征，硬石膏岩内部可见"揉皱变形""亮白色圆斑"的透镜状特征，泥岩干裂由于常被高阻矿物充填，在图像上为标志的亮黄"V"形。

②裂缝识别。

在FMI测量井段可见到的裂缝包括高导缝、钻井诱导缝和高阻缝。高导缝图像上往往表现为褐黑色正弦曲线。钻井诱导缝在图像上沿井壁的对称方向出现。高阻缝在图像上表现为颜色比围岩更亮的白色—亮黄色正弦曲线条带，反映沿裂缝有高阻矿物充填。如图14-20为典型的高导缝特征。

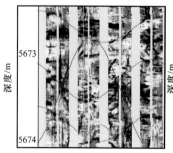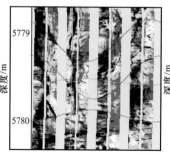

图14-20　G11井高导缝图像特征

③储层孔隙类型判别。

川东北地区海相碳酸盐岩储层类型有孔洞型、裂缝—孔洞型及裂缝型，以孔洞型和裂缝—孔洞型储层类型为主。

孔洞型储层：溶蚀孔、洞是其主要的储集空间，这类储层一般是原生孔隙发育的层段经过溶蚀改造形成，裂缝欠发育。如图 14-21 所示，从常规测井曲线及处理成果看孔隙度大小可分为一类、二类、三类气层；从 FMI 图像来看，形状不规则的暗黑色团块状高导异常体即溶孔多呈分散的星点状或串珠状，零星分布尺寸较大孔洞的数量少，连通性差。

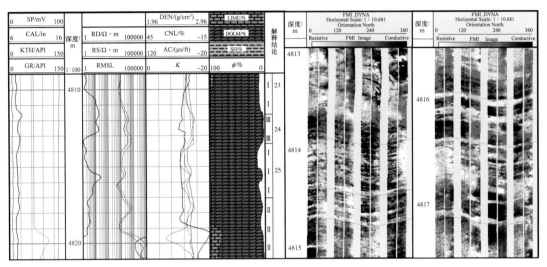

图 14-21　W2 井测井曲线与 FMI 图像

裂缝型储层：一般岩石基质物性较差，是以裂缝为其主要储集空间和连通渠道，通常储集性能较差，渗流性能好。常规测井曲线及处理成果显示储层不发育，计算平均孔隙度数值较小，双侧向电阻率正差异明显；FMI 图像上表现为连续性较高的褐黑色正弦曲线。

裂缝—孔洞型储层：孔洞是其主要的储集空间，裂缝作为重要的连通渠道。从常规测井曲线及处理成果看，白云岩储层发育，按孔隙度大小分为一类、二类气层；FMI 图像上发育互为连通的孔洞，单个孔洞的尺寸较小，但孔洞之间相互连通，在图像上呈较为大块的暗色斑点，且裂缝较发育。

（3）储层精细处理解释。

① 有效光电吸收截面指数法（Pe 法）计算矿物含量。

利用 Pe 计算矿物含量的方法主要针对泥质含量低，由方解石和白云石两种矿物组成的岩石。不同岩石的有效光电吸收截面指数（Pe）存在差异，而且孔隙中流体对 Pe 值的影响非常小，各矿物岩石之间的 Pe 值具有明显区别。因此，用 Pe 曲线能较准确地计算地层矿物含量。在井径不规则、钻井液中重矿物含量过多的情况下，Pe 测井值受钻井液密度影响严重。应综合分析各种情况，去伪存真，才能利用 Pe 曲线准确计算矿物含量。

② 孔隙度计算。

针对三孔隙度法计算采用任意二种孔隙度组合，另外根据天然气对三种孔隙度测井的影响程度，选取合理的权系数求取储层的孔隙度。通过迭代寻优方法，确定了不同储层类型权值（表 14-6）。

表 14-6　孔隙度计算比例因子（PX）取值范围统计表

储层类型	孔隙度 /%	PX 取值范围	PX（平均值）
一类储层	$\phi \geqslant 10$	0.10~0.30	0.20
二类储层	$7 \leqslant \phi < 10$	0.35~0.45	0.40
	$5 \leqslant \phi < 7$	0.40~0.50	0.45
三类储层	$2 \leqslant \phi < 5$	0.45~0.55	0.50
非储层	$\phi < 2$	0.65~0.75	0.70

③ 含水饱和度计算。

精度较高的含水饱和度计算方法是根据密闭取心资料建立原始含水饱和度与岩心孔隙度的关系图版，再根据储层孔隙度，求出原始含水饱和度。

常用的方法是基于 Archie 公式，利用 Archie 公式或其变形公式计算含水饱和度。通过取心样品的岩电实验测量，求得 Archie 公式中的岩电参数，根据各层组孔隙结构及所反映的测井响应特征不同，分层组、分不同储层级别（一类、二类、三类储层及非储层）确定接近地层水矿化度条件下的胶结指数 m 和饱和度指数 n 值，根据地层水资料，通过查 "NaCl 溶液矿化度与电阻率温度的关系图版"，求取地层水电阻率，计算出含水饱和度。

④ 渗透率计算。

渗透率计算通常主要利用 Timur 公式和统计分析法。

（4）储层流体综合判别技术。

① 储层测井响应特征。

孔隙型储层有较强的均质性，在常规测井上表现为高中子、高声波、低密度特征。在成像图上，孔洞显示为低阻特征，呈暗黑色团块状、形状不规则的高导异常体，多为分散的星点状或串珠状。裂缝型储层中低角度裂缝电阻率降低幅度较大，双侧向曲线形状呈尖刺状，多为 "负差异"，也有 "正差异"。低角度或水平裂缝使纵波时差明显增大。低角度裂缝会使密度值明显降低。裂缝段钻井液的侵入使中子测量值增大。

孔隙型储层与裂缝型储层的区别在于：孔隙型储层厚度相对较大，孔隙度曲线和电阻率曲线形状多呈 "U" 形或 "W" 形变化；裂缝型储层厚度小，在孔隙度曲线和电阻率形状多呈厚度小的尖刺状 "V" 形特征。

② 流体性质判别。

流体性质判别的常用方法有三孔隙度差值法、三孔隙度比值法、双侧向电阻率分析法、深、浅双侧向电阻率的差比值法、$\phi - S_w$ 交会图分析法以及纵横波速度比值法等。

根据川东北地区资料研究，对于飞仙关组、长兴组岩性较纯（泥质含量低）的孔隙型和裂缝—孔隙型储层，主要利用电阻率统计法判别储层流体性质。

深、浅双侧向电阻率的差比值（KRDs），在孔隙型或网状裂缝—孔隙型碳酸盐岩地层中，储层含气或含水时的深、浅双侧向电阻率值的差异较为明显。因此 KRDs 可作为区分气水层的一个重要参数。

另外，可以利用ϕ—S_w交会图分析法，通过交会图是否呈双曲线来判别储层的流体性质。图14-22所示为G8井测试气层段ϕ—S_w交会图，图中交会点均呈单边双曲线特征，为明显气层特征，该井5502~5592m段酸压测试获日产气$16.66 \times 10^4 m^3$。

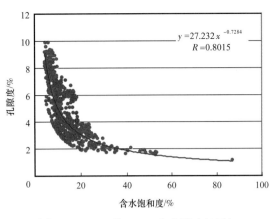

图14-22　G8井ϕ—S_w交会图（气层）

2）致密砂岩储层测井综合评价技术

国家标准GB/T 3051—2014《致密砂岩气地质评价方法》将地层条件下覆压基质渗透率低于0.1mD的储层定义为致密砂岩储层。根据该标准，川西三叠系须家河组储层均属于致密砂岩储层，侏罗系千佛崖组、白田坝组和部分沙溪庙组储层也属于致密砂岩储层。

致密砂岩储层物性和含流体性测井响应相对于常规砂岩要微弱很多，测井识别和评价也更为困难。天然裂缝发育程度是致密砂岩储层有效性评价的重要因素。

（1）岩性识别。

储层的岩石学特征是测井岩性识别的基础。通过岩心、岩屑、薄片等资料研究典型储层的岩石成分和结构，以及其对应的测井响应特征，建立致密砂岩储层岩性测井识别模型。考虑受孔隙、裂缝发育、地区压实程度等因素的影响，对于不同地区、不同层位应该建立不同的特征模式和识别标准。

（2）储层识别。

利用典型储层的"四性"关系，通过正演的途径建立不同类型储层识别模式，再对测井响应特征进行反演解释。自然伽马和中子密度交会方法，用于区分泥岩、泥质砂岩和储集岩；储层品质主要通过声波测井、密度测井和中子测井特征来反映。电阻率是反映岩石导电能力的有效指标，可以定性或半定量指示岩石的渗透性能。

统计分析、主成分分析、模糊聚类、判别分析、神经网络等数学分析工具，曲线重叠图、直方图、频率交会图、Z值交会图等图形表现形式是储层半定量识别的重要工具。

（3）流体识别。

① CNL—ϕ（中子—孔隙度）交会。

中子"挖掘"效应是测井识别储层含气性的最有效方法。受储层岩石矿物成分、粒度、曲线井间差异等因素的影响，基于中子"挖掘"效应原理，利用CNL—ϕ交会判别流体性质。

② RD—ϕ（电阻率—孔隙度）交会。

针对低电阻率气藏，可以利用RD—ϕ交会判别流体性质。

③ 多因素雷达图法。

通过合理筛选评价指标，合理设定指标范围，合理布局指标序次，实现多因素综合评价目的。图14-23展示了10个指标构成的多因素综合指标体系典型识别模板。10个评价因素分别是：孔隙体积指数（PhiH）、含气体积指数（PhiSoH）、含气指标（Igas）、可动烃体积指数（BVMI）、可动烃饱和度（SGM）、气水体积比（GWR）、孔隙度（Phi）、含水饱和度（SW）、泥质含量（VCL）、渗透率（Perm），涵盖了对岩性、物性、含流体性和综合储集能力的综合特性，可以清晰直观地表征储层的品质，能够快速对待判储层做出综合评价结论。

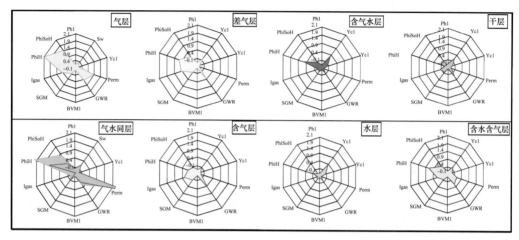

图 14-23　多因素雷达图识别

另外，视地层水电阻率累计频率 P1/2 法、孔隙度—含水饱和度交会法、纵波速度—纵横波速比值交会法、三孔隙度重叠法、视流体指标判别法等半定量识别方法都得到了应用，作为上述方法的补充和辅助手段也取得了比较好的应用效果。

（4）裂缝识别。

根据裂缝的不同成因、产状和充填程度进行分类。不同类型裂缝具有不同的导电性和弹性波传播特性，通过测井专用软件或图像处理通用软件进行图像处理，调整图像的调色板、色调、亮度、对比度、饱和度等参数，突出裂缝响应与非裂缝岩石响应的差异，实现裂缝直观表征。

① 高角度裂缝。

当地层发育高角度裂缝时，高角度裂缝对电极型仪器提供了低阻通道，使侧向测井的电阻率降低，表现为高电阻背景下的低阻特征，且裂缝开度越大深、浅侧向电阻率降低越明显。探测范围浅侧向裂缝与孔隙的有效截面之比远小于深侧向测井，即正差异，且裂缝开度越大深、浅侧向电阻差异越明显。

② 低角度裂缝。

低角度裂缝导致电阻率值在致密高电阻率背景上明显降低，曲线形态尖锐，深、浅测向测井值一般呈负差异。裂缝的张开度与电阻率成正比，当裂缝开度增大时，低角度裂缝的深、浅侧向电阻率均下降，幅度差值增大。

③ 非天然裂缝。

钻具诱导缝一般成组出现、排列整齐，规律性强，形态较规则且裂缝张开度变化很小，径向延伸也比较小，反应在成像测井图上多呈有规律性曲线排列或径向对称排列；侧向电阻率下降不明显，深、浅双侧向表现出明显的"双轨"现象。钻井液压裂缝竖直光滑垂向延伸。非天然裂缝对于储层地质参数不具评价表征和特定含义。

（4）储层测井参数解释模型。

① 孔隙度模型。

致密砂岩储层评价以岩屑砂岩为主，孔隙度评价模型采用传统的声波怀里公式（Wylie）：

$$\phi = \frac{\Delta t - \Delta t_\mathrm{m}}{\Delta t - \Delta t_\mathrm{f}}$$

式中　Δt——测井声波时差，μs/ft；

　　　Δt_m、Δt_f——岩石骨架声波时差、流体声波时差，μs/ft。

② 含水饱和度模型。

通常泥质含量低于 10% 时满足阿尔奇公式适用条件，含水饱和度评价模型采用阿尔奇模型：

$$S_\mathrm{w} = 1 - \sqrt[n]{\frac{abR_\mathrm{w}}{R_\mathrm{t}\phi^m}}$$

式中　S_w——含水饱和度，%；

　　　ϕ——储层孔隙度，%；

　　　a、b、m、n——比例系数、饱和度系数、岩石胶结指数、饱和度指数；

　　　R_w、R_t——地层水电阻率、地层电阻率，$\Omega \cdot$m。

③ 渗透率模型。

通常采用 Timur 公式，利用压汞分析未进汞饱和度近似作为束缚水饱和度，以及岩塞孔隙度和渗透率关系进行标定：

$$K = \frac{19.75\phi^{0.9682}}{S_\mathrm{wirr}{}^2}$$

式中　K——测井模型渗透率，mD；

　　　ϕ——储层孔隙度，%；

　　　S_wirr——束缚水饱和度，%。

二、录井技术进展

录井技术是油气钻探过程中重要的井筒技术之一，是在油气钻井施工中能及时获取井下各种信息从而为油气勘探开发和钻井施工提供决策依据的一种方法技术，其对地层岩性和油气层判识的直观、第一性和实时性是其他任何方法所不能取代的。随着科技的进步，录井已经从"油气钻探的眼睛"变为"油气钻探的重要参谋"，为钻井、试油、试井等提供丰富的井底信息，已成为油气钻探的信息核心。归纳起来，录井技术在油气勘探中主要有以下四个方面的作用：建立单井地层、油气水剖面和地层压力剖面，为盆地油气地质研究提供准确的基础资料；发现、预测和评价油气层；钻井实时监控及指导科学钻井；辅助现场地质决策、远程数据传输与决策。

随着油气勘探和工程施工难度的加大，人们对及时发现和预测油气层、及时获取钻头位置的各种地质、工程信息更加关注，从而促使录井技术由简单的地面观察记录向通过引进传感技术、计算机、数字信息处理等现代高新技术发展。回顾中国录井技术发展的历程，可以清楚地看到，录井人通过几十年的艰苦努力，录井技术已经由徒手操作方式为主的简单找油找气方法，发展成为今天以信息化综合录井为手段的现代找油找气方法。从1939年玉门油田老君庙油田1号井钻井地质工作开始，可将中国录井发展的历程划分为四个阶段：手工录井阶段（1955年以前）、气测录井阶段（1955—1983年）、综合录井阶段（1983—2000年）和信息化综合录井阶段（2000年以后）。

四川盆地油气演化程度高，主要为气井，部分地区侏罗系产凝析油气。2000年以前，虽然使用综合录井仪进行录井，但录井资料的记录仍以手工记录为主；2000年以后综合录井技术进入信息和网络时代。针对中浅层陆相钻井的录井工作，主要开展岩屑、岩心、钻时、气测、荧光、钻井液、伽马岩性、岩石薄片和工程参数等资料的录取。针对海相钻井的录井工作，主要开展岩屑、岩心、钻时、气测、荧光、钻井液、伽马岩性、岩石薄片和工程参数录取，部分井还开展了元素录井、核磁共振和地球化学录井工作。针对页岩气钻井的录井工作，除了开展岩屑、岩心、钻时、气测、荧光、钻井液、伽马岩性、岩石薄片和工程参数的录取外，还系统开展了地球化学录井和现场含气性测试等工作。

目前，针对不同地区、不同地质条件和不同井别等差异，可以采取不同的综合录井技术组合。通过定量荧光技术、地球化学录井技术有效解决了钻井液石油添加剂问题。通过岩性显微分析鉴定技术、地面自然伽马岩性识别技术、岩屑数字图像分析处理技术和X射线元素录井技术等有效解决了细岩屑岩性识别和含油性判断问题。通过核磁共振录井技术可以定量评价储层物性特征。今后，现代录井技术的发展趋势可归纳为如下六个方面：（1）定性化向定量化的转变不断加快；（2）录井设备向小型化方向发展；（3）自动化、智能化水平不断提高；（4）录井参数由地面向地下发展；（5）录井新技术不断涌现；录井信息服务的领域不断拓宽。

第四节　页岩气勘探技术进展

一、页岩气地质评价关键技术

经过多年的探索和发展，油气工业目标层位已从传统的常规储层发展到非常规页岩气储层，为了充分了解非常规页岩气储层特征，找出有利的页岩气勘探开发区域，需要通过一些关键的地质评价技术对页岩气储层进行详细的描述。

1. 页岩气选区与目标评价技术

中国被认为是页岩气勘探潜力最大的国家之一，但中国南方海相页岩气在地质条件上与北美页岩气存在较大差异，普遍具有时代老、热演化程度高、经历了多期构造改造、具有含气性变化较大的特征。通过近几年的勘探实践，突破了北美以静态参数为主评价方法的局限，突出了保存条件在选区评价中的重要性，构建起"页岩品质为基础、以保存条件为关键、以经济性为目的"的选区评价体系，实现了从静态向动静结合评价的转变。

1）评价参数

泥页岩的品质、页岩气保存条件以及页岩气开发经济性是页岩气选区与目标评价的三大关键因素。

（1）页岩品质。

页岩品质决定了页岩气单井产量的高低、资源规模大小以及后期压裂的难易程度，亦是能否实现页岩气高效、商业化、规模化开发的基础。

与页岩品质关联度较大的指标有优质泥页岩厚度、有机质丰度（TOC）、热演化程度（R_o）、有机质类型、物性、含气性、脆性矿物含量、裂缝发育程度等各种地质因素。通过页岩层系发育区的区域调查工作以及早期钻井、录井、测井等资料，开展区域地层、沉积、烃源岩等方面的区域地质特征研究，可以了解页岩层系的基本地质特征，由此可以根据这些参数初步选定出具有页岩气勘探潜力的有利区带和有利层段。

（2）页岩气保存条件。

近年内中国石油、中国石化和国土资源部等多家单位在中国南方部分复杂构造区实施的页岩气勘探已充分证实了页岩气保存条件是页岩气富集高产的关键。

页岩气的保存条件具体包含了页岩气层盖层条件、顶底板条件、断裂发育情况、构造样式以及页岩气藏的压力系数等。良好的页岩气层盖层条件和顶底板条件从生烃开始就有利于烃类滞留成藏、相态转化及高压保持，是页岩气富集的前提，而在主生烃期后的构造运动则对页岩气藏的形成和改造具有关键的控制作用。

（3）页岩气开发的经济性。

页岩气在中国具有较大的资源背景，但并不是所有的页岩气都具有商业价值。与页岩气开发的经济性关联度较大的指标有地表与地貌条件、页岩气层的埋深、页岩气藏的丰度、水源条件、交通条件以及管网条件等。泥页岩埋藏深度是决定页岩气是否具有商业价值的重要指标，由于中国页岩气勘探开发刚刚起步，虽然目前基本实现了埋藏深度小于3500m以浅的页岩气资源勘探工程技术与装备国产化。但对于埋藏更深的区域，仍然面对页岩气储层体积改造施工难度大、施工配套工具、设备性能要求高等技术难题。3500～4500m的工程工艺技术正在进行探索，目前在四川盆地南部取得了积极进展。对于埋深大于4500m的深部地区，目前只能作为资源潜力区处理。随着技术的进步、成本的降低，其有可能在未来较快的时间得到有效的经济开发。

另外，页岩气开发的经济性还需要高度重视地表与地貌条件、水源条件、交通条件以及管网条件等，优选地貌地形条件好，水源相对充足、道路交通便利、有利于开发井网建设的区域，将有效地降低页岩气勘探开发成本。

2）评价体系及标准

依据"以页岩品质为基础、以保存条件为关键、以经济性为目的"的选区评价原则，初步构建了中国南方复杂构造区海相页岩气3大类、18项参数的选区评价体系与标准（表14-7），以期能客观、准确地优选出具备良好经济效益的有利勘探目标。

评价页岩品质的关键参数主要有7个：泥页岩厚度、面积、有机质丰度、干酪根类型、成熟度、物性和脆性指数。评价保存条件的关键参数主要有5个：断裂发育情况、构造样式、上覆地层、压力系数和顶底板。评价经济性的关键参数主要有6个：资源量、埋藏深度、地表地貌条件、水源、市场管网和道路交通。

表 14-7　中国南方海相页岩气选区评价体系及评价参数权重表

参数类型及权重	参数名称	权值	赋值			
			0.75~1.00	0.50~0.75	0.25~0.50	0~0.25
泥页岩品质（0.3）	页岩厚 /m	0.1	>40	40~30	20~30	10~20
	有机碳含量 /%	0.3	>4	4~2	2~1	<1
	干酪根类型	0.1	Ⅰ型	Ⅱ$_1$型	Ⅱ$_2$型	Ⅲ型
	成熟度 R_o/%	0.1	1.2~2.5	1.0~1.2 或 2.5~3.0	0.7~1.0 或 3.0~3.5	0.4~0.7 或 3.0~4.0
	脆性指数 /%	0.3	>60	40~60	20~40	<20
	物性 /%	0.1	>6	4~6	2~4	<2
保存条件（0.4）	断裂发育情况	0.2	断裂不发育	断裂较少	断裂较发育	断裂发育
	构造样式	0.1	褶皱宽缓	褶皱较宽缓	褶皱较紧闭	褶皱紧闭
	压力系数	0.4	>1.5	1.2~1.5	1.0~1.2	<1.0
	上覆盖层	0.1	侏罗系—白垩系	三叠系	二叠系	志留系
	顶底板	0.2	非常致密	致密	较致密	不致密 / 不整合面
经济性（0.3）	地表地貌条件	0.2	平原 + 丘陵面积 >75%	平原 + 丘陵面积 50%~75%	中低山区为主	以高山、高原和沼泽为主
	埋深 /m	0.2	1500~3500	3500~4500	>4500 或 500~1500	0~500
	资源量 /10^{8}m^3	0.2	>500	200~500	100~200	<100
	产量 / (10^{4}m^3/km^2)	0.1	≥10	3~10	0.3~3	<0.3
	水系	0.1	河流发育，有水库	河流较发育，临近有水库	水系欠发育，仅有河流	无较大河流
	市场管网	0.1	已有管网	临近有管网	拟规划管网	市场不发育
	道路交通	0.1	国道、省道覆盖全区	国道、省道覆盖一半	县级道路覆盖全区	交通不发达

2. 页岩气实验测试分析技术

实验测试分析是页岩气地质综合评价最重要的手段之一，无论是页岩气的选区评价、储量计算或开发阶段，页岩气实验测试分析技术都有无可替代的作用。目前，页岩气的实验测试技术研究主要包括地球化学分析技术、储层表征分析技术、含气性分析技术和岩石力学分析技术等四个方面，常见的分析测试项目见表 14-8。

1）地球化学分析测试技术

地球化学分析测试技术对评价页岩生气物质基础、产气能力、成气阶段等具有重要意义。

表 14-8　涪陵页岩气田页岩气地质评价主要实验分析项目表

测试领域		分析项目	实验目的
地球化学分析技术		总有机碳、岩石热解、镜质组反射率、有机质类型等	页岩气生气物质基础
储层表征分析技术	岩石学	薄片鉴定、扫描电镜、X 衍射全岩分析及黏土矿物组成等	岩石命名及矿物组成
	岩石物性	孔隙度、脉冲渗透率、基质渗透率等	页岩气储集空间和流体运移通道
	孔隙结构	压汞、液氮吸附、压汞—比表面积、氩离子抛光扫描电镜、纳米 CT、FIB—SEM、突破压力等	描述页岩储层纳米级微观孔隙结构
岩石力学分析技术		岩石力学参数测定、地应力分析等	可压性评价
含气性分析技术		现场含气量测试、等温吸附、天然气组成、碳同位素分析等	分析页岩气含气性特征，评价页岩气资源量、页岩气成因等

（1）有机碳含量。

有机碳含量决定了页岩的生气能力、吸附能力和有机质孔发育程度。目前岩石有机碳含量可采用氯仿沥青"A"测定法、热解气相色谱分析法、燃烧法、碳硫测定法等，其中碳硫测定法应用最为广泛，目前测定参考 SY/T 5116—1997《沉积岩中总有机碳的测定》。

（2）有机质类型。

不同类型干酪根的演化方向不同，烃类的生成速度和数量也不同。因此，研究干酪根类型也是评价干酪根生油、生气潜力的基础。

有机质类型评价的指标及技术很多，包括干酪根显微组分鉴定、干酪根元素比、岩石热解分析以及干酪根碳同位素等，应用最多的是干酪根显微组分鉴定，鉴定参考 SY/T 5125—2014《透射光—荧光干酪根显微组分鉴定及类型划分方法》。

（3）成熟度。

有机质成熟度是衡量有机质生油、生气处于何种阶段的关键指标。成熟度评价的指标众多，如镜质组反射率、孢粉颜色指数、岩石最高热解温度等，但最常用的是镜质组反射率，镜质组反射率测定参考 SY/T 5124—2012《沉积岩中镜质组反射率测定方法》。镜质体主要存在于泥盆纪之后的沉积层中，泥盆纪之前的海相地层中很难找到。通常测定固体沥青反射率，并利用经验公式换算成等效"陆相"镜质组反射率。

2）页岩储层表征分析技术

目前页岩储层表征技术主要围绕页岩岩石学特征、物性特征以及孔隙结构等方面进行，尤其是在孔隙结构方面逐步形成了从定性到定量、从微米级到纳米级的识别技术。

（1）页岩矿物组成分析技术。

页岩的矿物成分主要是黏土矿物、陆源碎屑（石英、长石等）以及其他矿物（碳酸盐、黄铁矿和硫酸盐等）。由于矿物结构、力学性质的不同，所以不同矿物的相对含量会直接影响页岩岩石力学性质、物性、对气体的吸附能力等。目前，国内外主要是利用X射线衍射法（XRD）对页岩进行全岩矿物组分和黏土矿物的分析，另外也可以采用元素俘获能谱测井（ECS）手段获得矿物含量。

（2）孔隙度和渗透率测定技术。

孔隙度大小反应页岩储集空间的大小，渗透率则是判断页岩气藏渗流性优劣的重要参数。目前国内页岩孔隙度测试最常用的是采用氦气，利用波义耳定律双室法测定，渗透率则采用稳定法进行测定。国外最常用的是美国天然气研究协会（Gas Research Institute）研发的GRI法（或TRA法）。对于页岩这种相对低孔隙度、低渗透率的储层，其页理缝较发育，不同取样方法对其物性影响较大，尤其是对渗透率影响较大，哪种更能代表或接近真实地层状态下页岩物性？需要进一步研究。

（3）微观孔隙结构分析测试技术。

孔隙系统是页岩气储层的重要评价参数，目前常利用扫描电子显微镜分析技术、CT扫描及FIB-SEM分析技术、高压压汞测定技术、氮气吸附测定技术以及压汞—比表面积联合分析技术等方法对泥页岩储层微观孔隙类型、大小和特征开展研究。

氩离子抛光—扫描电镜技术可以直观描述页岩孔隙的几何形态、连通性和充填情况，统计孔隙密度和优势方向等，其观察孔径下限为5nm（图14-24、图14-25）。微纳米CT扫描技术则可实现对岩石原始状态无损三维成像，确定页岩等致密储层纳米孔喉的分布、大小和连通性等，并对任意断层虚拟成像展示。利用该技术对岩心进行显微CT扫描可获得微米级别CT切片图像，统计微观孔隙结构的相关性质（图14-26）。

 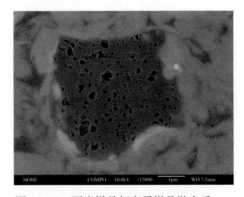

图 14-24　页岩样品氩离子抛光前　　　　图 14-25　页岩样品氩离子样品抛光后

聚焦离子—电子双束显微镜技术（FIB-SEM）是聚焦离子束（FIB）技术和扫描电子显微镜（SEM）成像技术的结合（图14-27），它同时具有聚焦离子束的微纳米加工与扫描电子束的观察分析能力，该技术可分析和模拟岩石的微观孔隙性质，并针对致密储层进行精细到纳米级的三维重构，深入了解致密储层内部的微观孔隙特征。扫描电子显微镜分析技术、CT扫描及FIB-SEM分析技术虽可直接观察纳米级孔隙，但在测定孔径分布时代表性相对较差，而压汞法与气体吸附法可测得页岩的孔径大小分布，有效表征页岩的非均质性。

压汞法参考SY/T 5346—2005《岩石毛管压力曲线的测定》，其探测下限为3.6nm；气体吸附法参考GB/T 19587—2017《气体吸附BET法测定固态物质比表面积》和

SY/T 6154—1995《岩石比表面和孔径分布测定静态氮吸附容量法》，其探测下限为0.35nm，能对微孔和介孔的发育情况进行详细的描述（图14-28），它可以弥补高压压汞法不能测试小于3.6nm的孔隙结构的缺陷，但对较大的孔隙（一般400nm以上）则统计精度不高。而压汞—比表面积联合分析测定微孔结构技术就是将压汞法和比表面积法测试结果进行综合换算和衔接（图14-29），得到较为完整的毛细管压力曲线及其孔径分布图。压汞—比表面积联合技术能精确测定微纳米孔径分布范围，是页岩气等非常规储层孔径分布定量研究的重要方法。

图14-26　涪陵焦页1井龙马溪组页岩
纳米CT扫描图

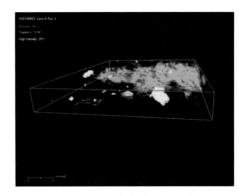

图14-27　涪陵焦页1井页岩
FIB-SEM扫描图

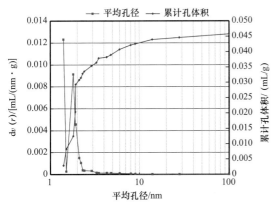

图14-28　焦页4井页岩样品孔
体积分布图

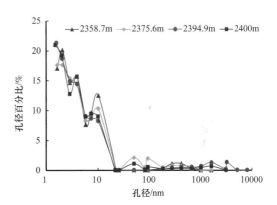

图14-29　焦页1井页岩压汞—比表面积联合
分析孔径分布图

3）岩石力学测试技术

为了能够对页岩储层进行更加充分的压裂改造，除要研究页岩矿物成分外，岩石力学性质也是压裂改造评价的重要内容之一。岩石的力学特性参数主要包括强度参数（抗压强度、抗张强度、抗剪强度）和弹性参数（弹性模量、泊松比）。

一般通过三轴或单轴力学实验获取动态或静态下的弹性模量、泊松比、抗压强度、抗拉强度、软化系数等岩石力学参数；通过划痕实验、单轴实验对页岩的抗压强度进行测试；考虑岩样松弛和微裂隙发育，测试加、卸载条件下页岩的弹性模量和泊松比；通过多级三轴加载实验对页岩的破坏规律进行测试得到黏聚力和内摩擦角等岩石力学参数。

4）含气性分析测试技术

页岩的含气性分析中除了常规的气体组分和同位素测试外，页岩现场含气量测定和等温吸附试验是区别于常规储层最特殊的测试技术。另外，通过勘探实践，也初步形成了页岩气层原始压力快速定性判别方法。

（1）等温吸附分析测试技术。

等温吸附是解吸的逆过程，通过等温吸附模拟，可以研究富有机质页岩的吸附特征和能力，获得吸附气含量参数数据。但是对于吸附态量少的页岩气，采用等温吸附法并不合适，而且误差很大。等温吸附模拟的基本实验流程为：① 将页岩岩心压碎、加热，排除已吸附的天然气，求取 Langmuir 参数；② 将碎样置于密封容器内，在不同的温压条件下，测定页岩岩心吸附甲烷的量，将结果与 Langmuir 方程拟合，建立页岩实际状态方程（PVT 关系）下的等温吸附曲线，计算出表征页岩对气体吸附特性的 Laugmuir 体积和 Laugmuir 压力。

页岩的吸附量与地层的温度、压力以及页岩的有机碳含量、孔隙结构、矿物成分和含量、含水率等密切相关。为了更加准确地反映地层温度和压力下页岩气吸附量的真实大小，减少人为的影响，建议在岩心刚出筒时，立即蜡封，这样将更好地保持页岩在地下的真实情况，并尽快地送往实验室，并且在地层温度条件下进行等温吸附试验，最终得出相对更客观的参数值。

（2）现场解吸测试技术。

页岩现场含气量目前最准确的确定方法是采用保压密闭取心技术，但由于保压取心相对昂贵且风险较大，不可能对所有页岩都进行保压含气量测试。目前定量评价页岩总含气量主要依靠现场解吸法。

解吸法是目前泥页岩含气量测试最常用的方法，解吸法测得的页岩含气量由解吸气量、残余气量和损失气量三部分构成，测试基本流程如图 14-30 所示。在行业标准 SY/T 6940—2013《页岩含气量测定方法》发布前，含气量测定一直参考煤层气标准 GB/T 19559—2008《煤层气含量测定方法》和 ASTM D7569—2010，不同的是实验温度采用两阶解吸法，前 3 小时为钻井液循环温度，3 小时后为地层温度。

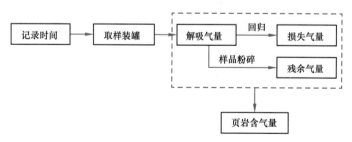

图 14-30　解吸法测量泥页岩含气量流程图

含气量测定关键在于损失气量计算，在现场无法测量，目前国内最常用的损失气量计算采用美国矿务局 USBM（US Bureau of Mines）法直线回归来估算（图 14-31），本方法主要借鉴煤层气损失气量的估算公式。但对于具有高压页岩气层的泥页岩，由于储层一般较深，达 1500～4500m，导致泥页岩样品在取心过程中长时间包裹于钻井液或者暴露于环境中，造成气体损失时间较长、样品温度变化大等现象，与煤层气解吸差异较大。因此含气量测定方法不能完全按照煤层气含气量测定标准执行，需要根据实际条件进行调整或改进，以达到更好的效果，提高数据的准确性。因此，中国石化根据涪陵页岩气田焦石坝区块页岩气层压力系数高的特点，在调研国内外煤层气模拟解吸资料的基础上，通过开展涪陵地区页岩气吸附脱附试验和页岩气现场解析数据的分析，形成了多项式曲线法恢复高压—超高压页岩气层损失气量计算方法（图14-32）。在川东南地区应用效果良好，该方法更能反映高压深埋泥页岩损失气量实际特征。

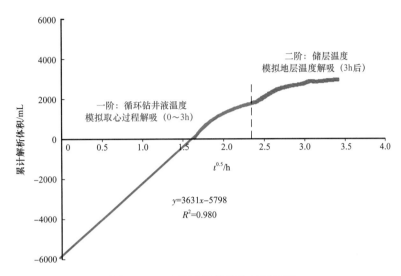

图 14-31 直线法计算损失气量图版

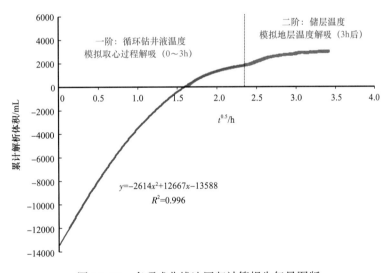

图 14-32 多项式曲线法回归计算损失气量图版

（3）页岩气层原始压力快速定性判别方法。

压力系数是保存条件的一个综合指示指标。保存条件好的区域，页岩气层压力系数较高，气产量与压力系数呈正相关。但在低勘探程度区，页岩气探井在未进行水平井钻探之前怎样客观、快速地评价新区的压力系数和产能一直是较难攻克的问题。

前文已论述，含气量在水平井钻探之前、导眼井取心后进行现场解吸即可获得试验数据，每个试验样品在解吸时，仪器会每隔30秒记录解吸气量的一个数据，最终形成一个累计解吸气量曲线，而利用累计解吸气量和所解吸的时间即可算出该样品的解吸速率（图14-33），而解吸速率越大，通常反映页岩气层压力系数越大（图14-34），单井产气量越高，因此这种利用导眼井现场含气量解吸速率能够对页岩气层压力系数和页岩气井产能具有良好指示作用，为决策该井是否钻水平井进行产能评价提供了依据，极大地降低了低勘探区的风险和勘探成本，在中国石化勘探区应用效果良好。

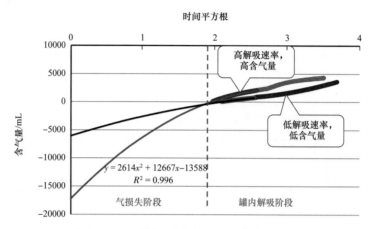

图 14-33　不同页岩含气量解吸曲线对比图

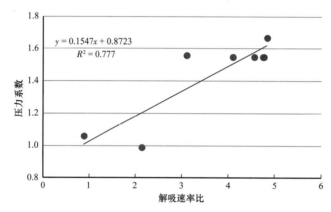

图 14-34　页岩气层压力系数与平均解吸速率相关关系图

二、页岩气"甜点"综合预测技术

与北美页岩气田对比，中国南方页岩气具有时代老、经历多期构造运动、热演化程度高和成藏条件复杂的特点，北美成熟的页岩气理论与技术不完全适用于中国南方地区。自2008年以来，中国石化勘探分公司应用二维、三维地震资料，从页岩气富集主控因素出发，发展形成一套适合南方海相页岩气的"甜点"地震预测技术，支撑了涪陵页岩气田的发现，并有效地应用到四川盆地的丁山及周缘等地区。

1. 基于高精度叠前密度反演的TOC预测技术

泥页岩的总有机碳含量（TOC）是评价页岩油气藏成藏地质条件的关键参数，富含有机质泥页岩发育是页岩油气获得商业性高产的基础。但国内外TOC地震预测技术均不成熟，涪陵页岩气田勘探初期，区内仅有20世纪90年代采集的二维地震资料，无钻井。利用邻区林1井、丁山1井等志留系优质泥页岩TOC与层速度的相关关系，开展二维地震速度反演方法，间接反映泥页岩 TOC 变化。

随着勘探开发的展开，获得大量的岩心地球化学测试数据以及测井等资料，通过对这些资料进行统计分析以及岩石物理建模分析页岩 TOC 变化产生的岩石物理响应特征，发现页岩密度与 TOC 有更好的相关关系，进而建立基于密度的页岩 TOC 地震预测模型。

但密度反演是地震反演领域里的一大难题，这主要是因为入射角不足时叠前反演公式中密度项系数较小，反演结果不稳定。常规商业软件里进行密度反演时往往加入经验公式的约束（纵波阻抗、纵波速度与密度关系式），以达到计算的密度反演结果更稳定的目的，但是这种利用经验公式对密度反演进行约束的方法往往使密度反演结果不具备独立性，与纵波阻抗或纵波速度具备较高的关联性。

针对焦石坝地区页岩的密度反演，首先采集时采用大排列观测，使叠前地震道集入射角度尽可能大，达到了 40°；其次在方法上研发出一种基于待定系数法的叠前密度反演方法，解决了由于参数之间的相关性以及各参数对弹性阻抗的贡献度不同造成的反演得到的参数精度不同、稳定性不强的问题。在解决了密度反演问题后，结合 TOC 地震预测模型便可计算得到 TOC 数据体，预测结果与测井解释成果吻合程度较高（图 14-35）。

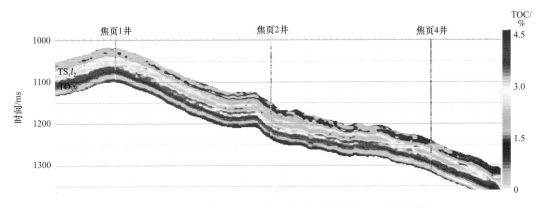

图 14-35　焦页 1 井—焦页 2 井—焦页 4 井连井 TOC 预测剖面

2. 基于多元模型的脆性预测技术

页岩具有低孔隙度、低渗透率的特征，一般需经过体积压裂形成裂缝网络才能获得商业产能，页岩的可压裂性评价是勘探开发评价及压裂改造设计的重要参考因素。早期在焦石坝五峰组—龙马溪组一段页岩储层可压性评价中，基于 Rickman 利用北美页岩测试数据建立的公式开展，但预测结果与单井利用矿物组分评价获得的脆性指数评价方法及实际水平井水力压裂时的破裂压力数据均存在一定差异。

鉴于北美页岩区块与四川盆地构造背景不同，焦石坝地区页岩层长期处于挤压—剪切应力环境，因此需要建立一种适用于复杂构造应力环境下的页岩脆性指数预测模型，既考虑表征岩石纵向应力—应变作用的杨氏模量和泊松比的影响，又考虑岩石的物理性质和表征岩石横向剪切应力—应变作用的剪切模量的影响作用。以已知井为桥梁，分析岩矿脆性指数与岩石弹性参数杨氏模量（E）、泊松比（v）和剪切模量乘密度（$\mu\rho$）的关系，得到经验系数 a、b、c、d，构建脆性指数的多元预测模型（$BI=aE+bcv+c\mu\rho+d$），实现脆性指数的预测。脆性指数高则破裂压力低，脆性指数低则破裂压力高，预测结果与焦页 1HF 水力压力时的破裂压力一致（图 14-36）。

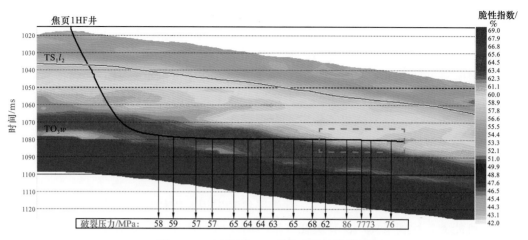

图 14-36　过焦页 1HF 井轨迹脆性指数剖面

3. 压力系数地震预测技术攻关

压力系数是表征页岩气藏保存条件的重要指标，盆内及盆缘页岩气产量与压力系数呈正相关关系，压力系数大于 1.2 时，页岩气保存条件好。但是地震预测压力系数一直是难题，通过试验不同压力预测方法，等效深度法、Eaton 法等依赖于正常压实趋势线的构建，但是正常趋势线在焦石坝这种经历埋深和抬升剥蚀的地区很难求取。Fillippone 方法、基于有效应力的预测方法等不依赖正常压实趋势线，预测精度主要受层速度的影响。由于焦石坝地区岩性及沉积相带非常稳定，通过对页岩气钻井基础资料多元统计及回归的方法，优化得到改进的 Fillippone 压力系数预测公式进行压力预测。

4. 基于二元模型的泥页岩含气量预测技术

泥页岩的含气量是页岩气富集的体现，涪陵页岩气田勘探初期，优质泥页岩的现场含气量测定、等温吸附分析测试等表明，页岩有机碳含量越高，含气量越大；含气量与密度的相关性最高，二者呈负相关关系，据此建立含气量的预测模型，早期得到了较好的应用。

随着勘探开发的进一步深入及邻区的勘探展开，不同井含气性差异较大。在构造复杂区，保存条件差异大，含气量与有机碳含量、密度的相关性出现分异，早期方法在构造复杂区应用效果差。盆内及盆缘大量钻井资料揭示表征保存条件的压力系数对含气量影响较大，压力系数高则含气量高，超压对页岩孔隙保持和含气性具有重要影响。页岩含气量受有机碳含量与孔隙压力双重控制，据此构建基于有机碳含量及压力系数的总含气量二元预测模型，能够预测有机碳含量值接近时由于保存条件不同造成的多井之间的含气量差异，在构造复杂区预测精度得到提高。

三、页岩储层测井综合评价技术

页岩气储层测井评价主要是利用常规测井与特殊测井以及岩心等资料进行储层识别，解释有机碳含量、含气量以及孔隙度、含水饱和度、矿物含量等参数，评价储层可压裂性。

1. 优质泥页岩储层识别技术

1）页岩气储层测井响应特征

常规测井曲线上五峰组—龙马溪组页岩气储层一般具有"高自然伽马、高铀、相对高声波时差、相对高电阻率、低密度、相对低中子、低无铀伽马"的"四高三低"的测井响应特征，自然伽马 110~250API，铀 2×10^{-6}~24×10^{-6}，声波时差 65~90μs/ft，电阻率 10~120Ω·m，密度 2.44~2.73g/cm³，中子 8~28%，无铀伽马 46~126API。FMI 静态图像主体表现为黄色—亮黄色，动态图像主要为明暗相间的互层状特征，局部发育明显的高导矿物及钻井诱导缝。

2）优质页岩气储层识别技术

页岩气储层识别是储层参数计算的基础，在测井响应特征研究的基础上，用叠合法能进行定性或半定量的评价，效果较好。在焦石坝区块主要应用四种方法评价（图 14-37）：① 钍—钾（Th—K）叠合定性识别黏土矿物；② 钍铀比（Th/U）值指示地层沉积环境；③ 单曲线岩性密度值指示高富含有机质页岩层段；④ 单曲线铀值指示富含有机质页岩段。

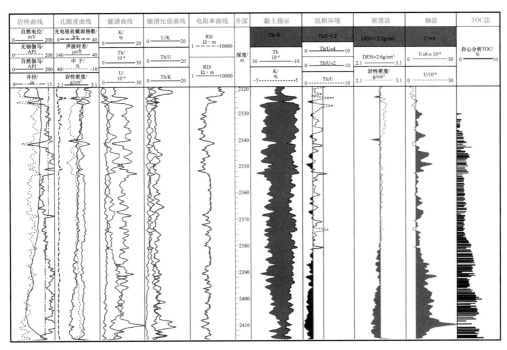

图 14-37 焦页 1 井五峰组—龙马溪组测井曲线叠合法识别页岩气储层图

通过页岩气储层识别，划分出优质页岩气储层（TOC>2%），图 14-37 优质页岩气储层段为 2378~2415m 段，该井水平井测试段对应的导眼井段主要集中在 2381~2395m，通过水力加砂压裂，获得日产气 $20.30 \times 10^8 m^3$，表明该方法有较好的应用效果。

2. 页岩储层测井分类评价标准

焦石坝构造五峰组—龙马溪组页岩气层综合研究，总有机碳含量（TOC）是评价研究区页岩气层品质的最重要指标之一，并且在焦石坝地区总有机碳含量与页岩气储层的总含气量、吸附含气量等均具有较好的正相关关系。

充分考虑储层分类划分标准的可操作性，在满足页岩有效储层下限标准的基础上，以总有机碳含量作为测井储层分类评价的依据（表 14-9），同时将不满足下限指标的页岩层段都归入非有效储层（干层）。

表 14-9　涪陵焦石坝构造五峰组—龙马溪组页岩储层测井分类评价指标参照表

参数 储层级别	评价参数取值				
	有机碳含量 / %	页岩有效储层 / m	总含气量 / m³/t	镜质组反射率 / %	脆性矿物含量 / %
一类气层	≥4	>50	≥1	≥0.7	≥30
二类气层	2～4				
三类气层	1～2				

3.特殊测井资料应用

1）岩性扫描测井

岩性扫描测井（Litho Scanner）是伽马能谱测井的一次革新，可以为复杂油气藏提供精细的岩性描述，能对地层中主要元素（硅、钙、铝、铁、硫、镁、钛、钾、钠、钆、锰等）进行测量，还可以独立地测量得到地层中总有机碳（TOC）的含量。

应用氧闭合技术将元素的相对含量转换成元素绝对含量百分比，最后根据元素含量将其转化为矿物含量。因此，可以利用岩性扫描测井得到页岩气储层的矿物含量。

页岩矿物复杂，纵向变化大，用固定骨架参数计算孔隙度会造成较大误差。利用焦石坝地区岩心样品矿物分析资料、氦气法孔隙度分析资料及岩性扫描测井提供的元素含量资料，建立岩石矿物骨架（在此称作混合骨架）与元素含量间的关系式，得出地层不同深度点的混合骨架值，最后应用密度测井计算孔隙度方法计算储层总孔隙度值（图 14-38）。

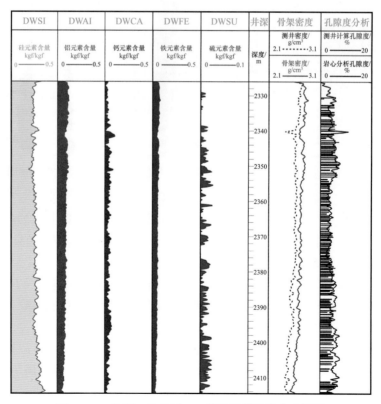

图 14-38　焦页 1 井基于 ECS 测井计算孔隙度成果图

2）正交多极子阵列声波测井

正交多极子阵列声波测井（或偶极声
波测井）可提供储层的纵、横波速度，结
合常规测井的岩性密度，可以计算地层的
岩石力学参数——杨氏模量和泊松比，最
后用杨氏模量和泊松比计算地层岩石的脆
性指数（图14-39），用于评价页岩地层的
可压裂性，脆性指数越大，说明页岩地层
岩石的可压裂性越好。

3）FMI 成像测井

FMI 成像测井资料能进行岩性识别、
沉积相分析、井旁构造分析、井周应力分
析、裂缝分析与定量计算等。针对页岩气

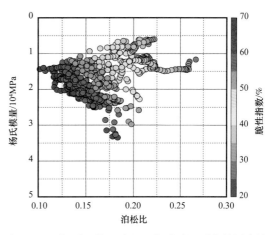

图14-39　焦页2井五峰组—龙马溪组页岩储层脆性
指数分布图

储层，井周地应力分析能为水平井压裂改造提供重要支撑。由于地应力方位与井眼崩落
及诱导缝的方位关系密切，因此，从直井的 FMI 图像上分析井眼崩落及钻井诱导缝的发
育方位可确定最小或最大水平主应力方向。

焦页1井井壁崩落及钻井诱导缝图像特征及产状显示（图14-40），综合判断井周现
今最大水平主应力的方向为东—西向。

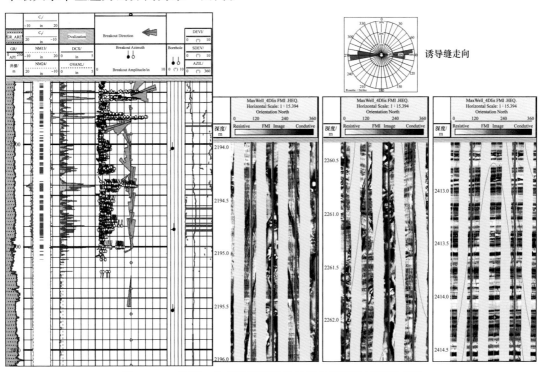

图14-40　焦页1井井壁崩落及钻井诱导缝图像特征及产状

4.页岩气储层评价参数测井建模

1）TOC 计算模型

国内外文献资料常用自然伽马能谱法、体积密度法、$\Delta\lg R$ 法等计算总有机碳（TOC）

含量。由于泥页岩中有机质的密度明显低于围岩基质的密度，使优质泥页岩的岩性密度测井值降低。针对涪陵焦石坝区块，自然伽马能谱法计算 TOC 精度偏低，五峰组—龙马溪组一段页岩气储层 R_o 在 2.42%～3.13% 之间，在此 R_o 区间 $\Delta\lg R$ 法求取 TOC 具有一定局限性，计算值比实际值偏低，不适用于研究区储层特征。因此，选择精度高的岩性密度曲线计算 TOC 含量，计算公式如下：

$$\text{TOC} = a\rho + b$$

式中　ρ——岩性密度，g/cm^3；

　　　a、b——地区经验系数（由岩心资料回归求取）。

2）矿物组分及物性模型

将页岩岩心看作岩石骨架和孔隙两个部分，岩石骨架包含脆性矿物即砂岩类及碳酸盐岩类、黏土矿物和干酪根，其中黏土矿物和干酪根成分复杂，且各黏土矿物和干酪根的骨架密度也非固定数值，将各黏土成分和干酪根总体看作黏土整体，引入黏土视骨架密度概念。根据涪陵页岩气田重点井岩心物性分析、全岩分析、黏土矿物分析等资料提供的氦气孔隙度、总有机碳含量和岩心矿物成分及其含量等诸多信息，利用测井密度资料建立体积模型。

在利用测井计算有机碳含量的基础上，根据黏土视骨架密度与有机碳含量之间的关系，计算出黏土视骨架密度，再根据黏土矿物含量和硅质含量与黏土视骨架密度之间的关系，计算出黏土矿物含量和硅质含量（图 14-41），最后根据岩石体积模型计算出碳酸盐岩类及脆性矿物总含量。

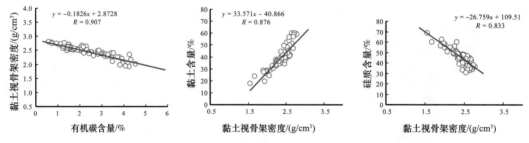

图 14-41　页岩储层矿物含量计算图版

3）含水饱和度估算模型

通过研究认为，传统的含水饱和度计算方法在页岩气储层评价中面临以下不足：（1）基于毛细管原理的岩心孔隙度—饱和度关系法计算束缚水饱和度方法不适用于泥质含量较高的页岩储层；（2）基于电阻率法采用阿尔奇及其派生公式计算页岩储层的含水饱和度方法存在严重缺陷，现有实验技术无法准确确定地层的岩电参数，该类方法计算的储层含水饱和度很难代表页岩储层的真实情况；（3）由于目前核磁测井无法准确提供页岩储层有机孔、黏土孔和毛细管孔等孔隙空间的 T_2 时间截止值，因此无法得到准确的黏土束缚水孔隙体积和毛细管束缚水孔隙体积，也就无法得到准确的页岩储层的总含水饱和度（或总束缚水饱和度）。

针对四川盆地五峰组—龙马溪组页岩气藏，形成了基于非电法测井信息计算页岩储层含水饱和度方法，主要是利用密度测井和中子测井信息，通过与岩心实测值建立回归关系式（或图版），分别形成利用单密度和单中子法、密度视孔隙度和密度—中子视孔隙度法、密度—中子曲线叠合法等多种拟合关系式。单密度测井值法具有较高的二次方多项式回归相关系数，且具有较好的可操作性（图14-42）。

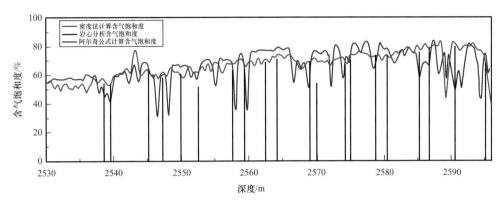

图 14-42 不同测井计算与岩心分析饱和度对比图

4）含气量计算模型

总含气量由吸附气、游离气和溶解气组成，由于岩石中所含的溶解气量极少，故岩石的含气量可近似表示为吸附气含量与游离气含量之和，通过分别求取吸附气和游离气含量来求取总含气量。焦石坝区块现场解析总含气量与岩心分析 TOC 之间存在良好的正相关线性关系，可利用 TOC 计算页岩总含气量。游离气含气量即指在孔隙度和裂缝中天然气的计算，和普通砂岩计算方法相似。利用实验分析有机碳含量同等温吸附实验样点间建立关系，确定吸附气量计算方法。

5. 侧钻水平井地质导向应用

在水平段导向过程中通过实时伽马成像提取地层倾角调整轨迹，严格控制轨迹方位，一旦发现轨迹相对于地层走向发生偏移，立即调整轨迹。如图14-43所示，水平井轨迹在五峰—龙马溪组一段优质页岩气层发育段穿行，井轨迹控制较好，优质页岩段钻遇率100%。

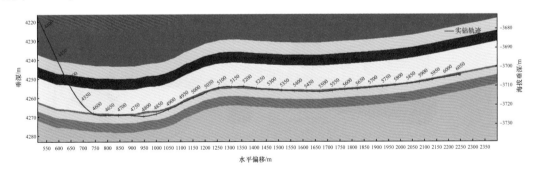

图 14-43 东页深 1 井水平井地质导向图

四、页岩气水平井钻井技术

四川盆地页岩气探井面临的钻井技术难题包括：（1）浅表地层溶洞、暗河发育，呈不规则分布，易漏失；（2）目的层纵向上非均质性强，储层变化大，预测难度大，保障储层高穿透率难度大，轨迹控制精度要求高；（3）水平段长，地层易垮塌；（4）油基钻井液在井壁形成的油膜影响到水泥胶结质量；（5）页岩气水平井后期的大型分段压裂改造施工要求水泥环具备较好的抗冲击能力和柔韧性。

浅层安全钻井技术、水平井优快钻井技术、水平井固井技术等关键钻完井技术，为涪陵、丁山等地区页岩气的勘探开发提供了有效技术支撑，创造了多项页岩气钻探技术成果。2013年完钻的丁页2井，完钻垂深4418.35m，水平段长1034m，为当时国内页岩气水平井垂深最深的一口井。2018年6月20日完钻的东页深1井，完钻斜深6062.00m，垂深4248.07m，水平段长1452.00m。

1. 浅层安全钻井技术

1）岩溶勘测技术

2013年以来，在涪陵页岩气钻探过程中，为了有效规避地表溶洞、暗河等岩溶地层，降低钻井工程风险，在井场选址确定后首先对井场采用高密度电阻率法勘察后进行安全性评估，对不能满足条件的井位进行重新选址。对整体满足要求的井场进行局部加密测线扫描解释，清楚标示出主要的溶洞发育区和破碎带，对井口及其他负重区域进行安全评价，有效指导钻井井口、岩屑池和污水池布置。

2）清水强钻技术

2013年以来，在涪陵页岩气钻探过程中，根据涪陵地区地表喀斯特地貌的特征，导管井段采用清水钻进，通过清水强钻快速通过易漏地层，为避免污染地表水源，清水中不加其他化学添加剂，如钻遇大漏地层则通常采用玉米秸秆及棉絮堵漏。

2. 水平井优快钻井技术

1）地质跟踪+旋转导向钻井技术

2013年首次在丁页2HF井应用地质跟踪+旋转导向钻井技术，目前近钻头伽马成像+旋转导向技术已被广泛应用于南方海相页岩气钻井中。该技术通过钻进过程中实时判断岩性伽马值，指导旋转导向工具调整井斜方位，达到准确导向的目的（图14-44）。丁页5井实现1635m水平段一趟钻完成钻进。涪陵、丁山地区有10口井优质页岩层段钻遇率达到100%。

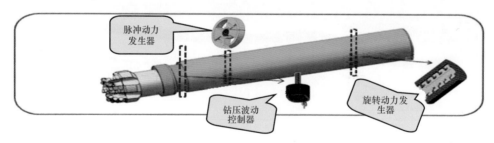

图14-44　旋转导向钻井工具示意图

2）油基钻井液技术

油基钻井液连续相为油相，滤失量小且滤液为柴油不含水，润滑性好，对井壁无水化作用，可以很好地保持泥页岩地层的井壁稳定性，成为钻高难度的高温深井、大斜度定向井、海洋钻井、水平井和各种复杂地层的重要钻井液体系。水平段采用强封堵全油基钻井液，钻井过程中无掉块和复杂情况，井壁稳定、井下安全，润滑性好、定向施工顺利，为安全钻井和完井工艺的顺利实施提供了保障。2013 年以来在涪陵、丁山完成的 10 口页岩气水平井在斜井段和水平段应用油基钻井液施工，地层无垮塌现象，井眼摩阻小，钻井施工顺利。

3. 水平井固井技术

页岩气水平井固井主要技术难题是油基钻井液条件下水泥浆顶替效率低和套管经受住后期压裂改造的应力负荷。2013 年以来，针对以上难点进行攻关，形成了一套适应于海相页岩气水平井固井技术，并成功在涪陵、丁山完成的 10 口页岩气水平井中推广应用。

1）套管性能优化

（1）提高抗内压强度。

为了提高套管的抗内压强度，页岩气水平井生产套管都采用壁厚、高抗内压强度的套管以满足钻井和后期大型压裂的需要。ϕ139.7mm 生产套管采用壁厚 12.70mm、抗内压强度 153.5MPa 的套管。

（2）优化抗硫套管。

为了能够满足对 H_2S 防护的需要，在安全的前提下同时减少经济投入，在海相页岩气井的钻井过程中没有全井下入抗硫套管，而是在井口 800m 段以及预测可能含有 H_2S 的地层使用抗硫套管，其余井段均使用普通套管。

2）四级油膜清洗技术

针对油基钻井液，优选高效前置液，采用四级冲洗技术。该技术是用高效前置冲洗液驱替套管壁和井壁油膜，利用化学冲洗作用来冲洗滤饼，改善滤饼的亲水能力，在化学作用和水力冲洗的同时，增加物理冲洗滤饼，提高水泥石与套管壁和井壁的界面胶结质量。高效前置液利用表面活性剂所特有的表面活性（润湿性、渗透性及乳化性等）作用于井壁和套管壁，降低二界面表面张力，增强冲洗液对界面的润湿作用和冲洗作用。

3）水泥浆体系优选技术

水泥浆在水平井段凝固时，由于重力作用，水泥浆易发生沉降，造成上侧的水泥石强度低，对于渗透率高、压力系数高的长气层段，防气窜困难。加之目的层为低孔隙度低渗透率的页岩气储层，需要采取压裂增产措施，对固井胶结质量提出了更高的要求。这就要求水泥浆在满足生产井段水泥浆胶结质量良好的前提下，选择具有高强的弹性、韧性以及耐久性的水泥石配方。

研发的单级单密度双凝胶粒防气窜水泥浆体系就是满足页岩气水平段固井要求的一种水泥浆，能够利用稠化时间的差异封固好气层；胶乳水泥外加剂具有改善界面胶结能力、有效控制失重、缩短过渡时间、圈闭自由液的能力，使水泥浆具有很强的阻力来阻止气体进入水泥环的能力，而且水泥石不易受到冲击载荷的破坏，保持水泥环的完整性，以提高固井质量。

研发的新型抗高温弹塑性水泥浆体系能够满足 160℃以内高温井的应用，设计弹性模量为 6～7GPa，能够满足当前地质条件及井筒环境下 100～120MPa 以内压裂施工的要求。

五、页岩气水平井压裂技术

与北美地区页岩气相比，四川盆地五峰组—龙马溪组优质页岩气大多处于复杂构造区，地面、地下工程地质条件较为复杂。2012年，中国石化勘探分公司对焦页 1HF 井分 15 段进行压裂试气，获页岩气产量 $20.7 \times 10^4 m^3/d$，发现了涪陵气田，也探索形成了以滑溜水 + 线性胶混合压裂、不同支撑剂组合加砂、大排量大规模泵注等工艺方法为主导的页岩气水平井缝网压裂技术。通过焦石坝开发试验井组的实践与研究，建立水平井长度、段数和压裂簇数的优化设计方法，形成了 3500m 以浅水平井分段压裂配套技术。2013 年以来，中国石化勘探分公司在川东南丁山、东溪等地区开展深层页岩气压裂技术攻关，探索形成了"密切割、增净压、促缝网、强加砂、保充填"深层页岩气压裂技术，东页深 1 井压后测试获得 $31.18 \times 10^4 m^3/d$ 页岩气产量。

1. 复杂缝网形成机理研究

1）不同层位裂缝扩展机理

采用真三轴模型试验机模拟施加三向应力，伺服泵压系统控制压裂液排量，16 通道 Disp 声发射监测水力压裂裂缝起裂，典型试样压裂前后 CT 断面扫描，在压裂液中添加示踪剂等多种方式，对真三轴压缩条件下水力压裂裂缝扩展形态进行研究。将工业 CT 扫描水力压裂缝进行空间描述（图 14-45），剖切水力裂缝描述如图 14-46 所示。

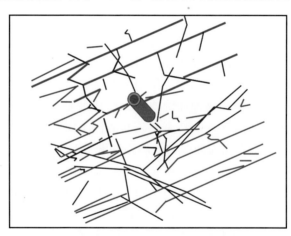

图 14-45　工业 CT 断面扫描三维空间视图

图 14-46　压裂后剖切试样

基于物模试验和裂缝扩展规律研究，根据涪陵气田优质页岩不同小层差异性，建立了三种页岩裂缝延伸模型（图14-47）。Ⅰ型：如①号层由于层理缝极发育，横向波及范围较大，缝高扩展受限，形成缝网。Ⅱ型：如③号、④号小层层理缝发育，且胶结强度较强，横向波及程度减弱，形成复杂裂缝。Ⅲ型：⑤号小层高角度缝发育、层理缝较发育，主要形成高角度缝与人工裂缝交错的复杂裂缝。

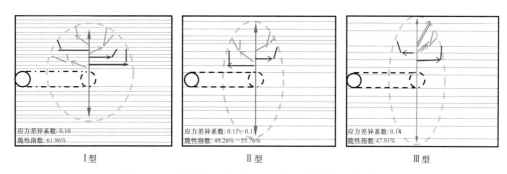

图14-47 涪陵气田优质页岩不同小层裂缝延展模型

考虑层理缝影响、延缓近井带沙堤的形成速度、提高裂缝导流能力和复杂度，形成了不同小层差异化压裂设计工艺（表14-10）。

表14-10 不同小层差异化压裂设计工艺

小层	特征	施工工艺
龙马溪组（5小层）	层理缝发育程度较低、脆性指数略小	前置胶液＋减阻水，增加缝宽
龙马溪组（3、4小层）	层理缝较发育、脆性指数较大	减阻水利于增加裂缝网络缝长、缝网复杂度
五峰组（1小层）	层理缝极发育、脆性指数大	前置胶液＋减阻水，增加裂缝网络缝长

2）网络裂缝形成条件

五峰组—龙马溪组页岩脆性矿物含量高、杨氏模量较高、泊松比较小、天然裂缝（层间页理缝）发育。中深层地应力不高、水平地应力差异系数较小，通过压裂工艺参数优化设计，可形成复杂裂缝网络；深层页岩则由于随着埋深增加地应力增大、水平地应力差值较大、岩石塑性增强（图14-48、图14-49），复杂缝网形成难度增大。

2.分段压裂优化参数设计技术

1）分段分簇优化方法

（1）射孔簇位置优选原则。

综合考虑地质甜点和水平应力差、脆性指数、断裂韧性等工程参数，建立了页岩储层工程甜点识别方法和射孔簇位置选择标准，选用气藏数值模拟器，建立多段压裂数值模拟模型，进行分段簇及裂缝参数优化。

（2）段内簇数优化。

开展多缝条件下应力场变化模拟及缝间距、簇间距优化。一般龙马溪组簇间距为

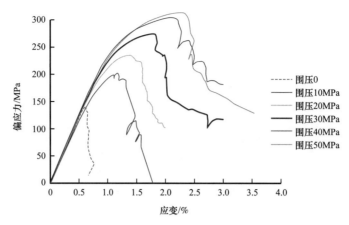

图 14-48　随着围压增大的应力—应变曲线

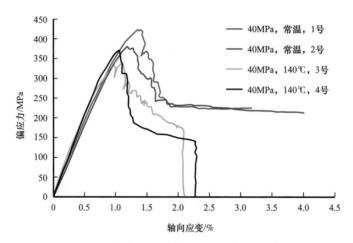

图 14-49　随着温度增大的应力—应变实验曲线

25～30m、段间距为 30～35m，五峰组簇间距为 30～35m、段间距为 35～40m。计算结果表明，簇数增加，净压力降低。相同簇数条件下，相比龙马溪组，五峰组净压力更低。优化结果显示，五峰组 2 簇射孔、龙马溪组 3 簇射孔，横向波及宽度及缝长均适宜，改造体积最大化。

2）水平井压裂参数优化

（1）排量优化。

以形成复杂裂缝为目的，压裂参数的设计以提供足够的净压力为主导。模拟 2500～3500m 井深条件，单段 3 簇射孔排量需大于 10～12m³/min、单段 2 簇射孔排量大于 8～10m³/min，缝内净压力大于 10MPa，同时满足开启天然裂缝、实现裂缝转向的要求。

（2）规模优化。

考虑地应力、脆性指数的变化，建立不同层段的压裂模型，结合井网部署，对五峰组—龙马溪组不同规模下裂缝形态及参数进行优化。优化结果显示五峰组单段液量为 1600～1700m³，砂量为 55～60m³；龙马溪组单段液量为 1700～1800m³，砂量为 60～70m³。

（3）泵注程序优化。

在优化设计的基础上，通过实际施工的实践和总结，形成了以实现海相页岩气网络裂缝为目标的前置酸预处理、混合压裂、组合加砂、高排量、大液量、低砂比大规模压裂的"3343"压裂模式（"3343"是指 3 种压裂液、3 种支撑剂、4 种排量、3 种加砂模式）。"3 种压裂液"即为高效滑溜水、活性胶液、酸液；"3 种支撑剂"即为 100 目粉陶 +40/70 目低密覆膜砂 +30/50 目低密覆膜砂支撑剂组合模式；"4 种排量"即为酸预处理低排量、前置升排量、携砂稳排量和顶替降排量。"3 种加砂模式"即低砂比打磨配合多段塞加砂、中砂比台阶小段塞加砂和中高砂比台阶大段塞加砂。

3. 压裂材料评价与优选

根据五峰组—龙马溪组页岩储层脆性好，页理缝发育等特点，结合滑溜水的降阻性能，综合考虑成本等因素，选用滑溜水 + 线性胶压裂液体系。

1）滑溜水体系

一般采用低分子滑溜水体系，主要由低分子高效减阻剂、流变助剂、复合防膨剂和高效助排剂组成的液体体系，具有低摩阻、低膨胀、低伤害、易返排、性能稳定和溶胀速度快等特性，同时具有类似清洁压裂液的特点，性能好、易于现场配制、适应性强。

低分子滑溜水体系的配方组成一般为：0.05%～0.2% 高效减阻剂 +0.1%～0.3% 复合防膨剂 +0.05%～0.15% 高效助排剂。其浓度可调，可针对不同地层开展应用。SRFR–1 体系滑溜水在涪陵地区焦页 1HF 等井应用，降阻率达到 75%，效果较好。

2）线性胶体系

主体配方：0.3% 低分子稠化剂 +0.3% 流变助剂 +0.15% 复合增效剂 +0.05% 黏度调节剂 +0.02% 消泡剂。该胶液体系水化性好，基本无残渣，悬砂好，裂缝有效支撑好，返排效果好（低伤害、长悬砂、好水化、易返排）。SRLG–2 胶液室内实验结果表明，加入流变助剂后液体体系黏度可增加 12～18mPa·s；配置好的胶液黏度为 33～39mPa·s，砂比为 20% 覆膜砂悬浮 22 小时不会沉砂，反映其携砂能力较强。

3）支撑剂评价与优选

考虑页岩气储层特征和压裂工艺要求，通过对支撑剂物理性能、抗压强度、嵌入深度、工艺要求、支撑剂输送五个方面的评价，优选体积密度小于 $1.65g/cm^3$ 的覆膜砂和低密度陶粒作为支撑剂。支撑剂组合模式：100 目 +40/70 目 +30/50 目。100 目粉陶用于打磨、降滤失、扩缝宽，40/70 目和 30/50 目树脂覆膜砂主要用于支撑压裂缝，提高压裂缝的长期导流能力。根据地层埋深及闭合应力情况，优选 69MPa 或 86MPa 规格的陶粒。

4. 泵送桥塞／射孔压裂联作施工技术

1）电缆射孔／座封桥塞联作工艺

针对多簇射孔、大排量施工形成复杂裂缝的工艺要求，对分段压裂工艺进行评价，优选泵送桥塞分段压裂工艺。第一段均采用连续油管传输射孔，一般射孔两簇，其他施工段则采用电缆泵送桥塞—射孔联作施工。电缆泵送桥塞—射孔分段压裂联作原理是：电缆桥塞—射孔工具串下到造斜段后，当依靠自身重力无法下行时，通过地面以一定排量泵入滑溜水，利用水流推动桥塞—射孔工具串下行，桥塞以下的流体被挤入已压裂层段；桥塞—射孔联作工具串到达预定位置后先点火坐封桥塞，同时实现桥塞丢手，封隔已压裂井段；上提电缆到指定射孔位置，并按射孔方案分多次点火分簇射孔；起出电缆射孔工具后，在套管内直接进行压裂；压裂施工一段后，重复上述方式对下一段进行电缆泵送桥塞—射孔联作施工；设计压裂段全部压裂施工结束后采用连续油管带磨鞋，钻磨掉全部桥塞再进行放喷、排液；对于使用大通径空心桥塞的压裂施工井，亦可不钻桥塞，直接进行放喷、排液。

2）压裂施工装备

针对页岩气大型压裂现场需求，配套了适用于涪陵等地区"高、大、长"（高排量、大规模、长时间连续）的压裂试气装备和工具，形成了一套成熟的、满足复杂山地环境下、深层页岩气储层的成套装备方案（表14-11），以105MPa压裂装备为主，140MPa压裂装备为辅。

表14-11　主要压裂设备情况

设备名称	参数	设备名称	参数
压裂车	>33000hp	供酸橇	供酸速度≥10m³/min
仪表车	计量误差≤1%	高压管汇	105MPa
混砂车	供液速度≥14m³/min	清水罐	总容积≥1600m³
混配车	配液速度≥14m³/min	立式酸罐	总容积≥200m³
供液泵	供液速度≥14m³/min	立式砂罐	100m³、20m³各一具

3）作业井口装置

作业井口装置是确保页岩气井压裂施工成功和施工安全的关键装置，在压裂施工的不同阶段，根据施工作业的要求，对井口装置要求不同。主要包括压裂作业、电缆泵送桥塞—射孔作业、起下连续油管作业和压裂结束后放喷求产及试采生产等井口装置。

（1）压裂作业井口装置。

压裂作业井口装置包括油管头+大通径手动平板阀两只+大通径液动平板阀+高压六通（或八通）+大通径手动平板阀两只，井口装置的压力等级应根据施工井的最高施工压力确定。涪陵地区埋深在3500m以浅的海相页岩气井，施工泵压基本在50～95MPa之间，一般选用105MPa压力等级的井口装置即可满足要求，通径180mm或130mm。

（2）电缆泵送桥塞—射孔联作井口装置。

电缆泵送桥塞—射孔联作井口装置包括压裂作业井口+三闸板电缆密封装置+下捕捉器+防喷管+上捕捉器+注脂密封头+密封填料盒+电缆刮油器。

目前电缆泵送桥塞—射孔联作井口装置有可以承受70MPa和105MPa压力的两种规格。涪陵海相页岩气施工主要以额定工作压力70MPa井口装置为主。

（3）起下连续油管井口装置。

起下连续油管井口装置包括压裂井口+防喷管转换法兰+防喷管+连续油管四闸板防喷器组+防喷盒+连续油管注入头。

（4）试采生产井口装置。

试采生产井口装置包括油管头+大通径手动平板阀+采气树。

页岩气井试采、生产时，油管头与大通径手动平板阀均利用压裂施工时的井口，只更换手动平板阀以上部分。

5.返排及压后评估技术

1）放喷排液

（1）自喷返排技术。

采用油嘴控制排液，开始阶段采用小油嘴（ϕ4～6mm），待压力降至地层裂缝闭合压力后，逐渐加大油嘴排液，推荐排液速度控制在5～20m³/h，随着油压的降低应逐渐加大油嘴加快排液，特别是油压小于10MPa后应加快放喷至油管敞放。

（2）（连续）油管返排技术。

为获得气井真实产能，采用普通油管或连续油管排水采气工艺，满足了气井在低压、高含水的情况下返排的需求。

（3）连续油管＋膜制氮气举排液。

根据实际情况，采用连续油管＋膜制氮气工艺进行连续气举排液。

2）返排液重复利用工艺技术

页岩气井采用大液量压裂模式，压后返排率较高，涪陵山地环境储放困难、处理成本高、环保压力大。由于返排液具有"三高"（矿化度高、悬浮物含量高、细菌含量高）特点，不具备直接配制减阻水压裂液条件，需要针对性处理。通过开发废液循环利用三级处理工艺流程，实现废液处理简易、快速、低成本、适应于复杂山地环境，重复利用率100%。

3）页岩气水平井压后评估技术

综合应用压降分析、压裂参数反演、示踪剂、微地震监测、产气剖面测试等多种方法建立页岩气压后综合评估技术，确定最优工艺参数，指导后期压裂优化设计。

参考文献

Ив 维索次基，著.戴金星，吴少华，译，1975.天然气地质学［M］.北京：地质出版社.

安红艳，时志强，张慧娟，等，2011.川西拗陷中段中侏罗统沙溪庙组储层砂岩物源分析［J］.四川地质学报，31（1）：29-33.

安作相，马纪，庞奇伟，等，2005.上扬子盆地的划出及其意义［J］.新疆石油地质，26（5）：1-3.

包书景，林拓，聂海宽，等，2016.海陆过渡相页岩气成藏特征初探——以湘中坳陷二叠系为例［J］.地学前缘，23（1）：44-53.

毕海龙，周文，谢润成，等，2012.川西新场地区须二气藏天然裂缝分布综合预测及评价（上）［J］.物探化探计算技术，34（6）：713-716.

蔡立国，韩燕英，等，2002.塔河油田及邻区地层水成因探讨［J］.石油实验地质，24（1）：57-60.

蔡立国，刘和甫，1997.四川前陆褶皱—冲断带构造样式与特征［J］.石油实验地质，19（2）：115-120.

蔡立国，饶丹，潘文蕾，等，2005.川东北地区普光气田成藏模式研究［J］.石油实验地质，27（5）：462-467.

蔡希源，杨克明，2011.川西坳陷须家河组致密砂岩气藏［M］.北京：石油工业出版社.

蔡希源，郭旭升，何治亮，等，2016.四川盆地天然气动态成藏［M］.北京：科学出版社.

蔡雄飞，冯庆来，顾松竹，等，2011.海退型陆棚相：烃源岩形成的重要部位——以中、上扬子地区北缘上二叠统大隆组为例［J］.石油与天然气地质，32（1）：29-37.

蔡勋育，韦宝东，赵培荣，2005.南方海相烃源岩特征分析［J］.天然气工业，25（3）：20-22.

曹成润，韩春花，郑大荣，2003.构造变动对油气藏保存的影响［J］.海洋地质与第四纪地质，23（4）：95-98.

陈斌，李勇，王伟明，等，2016.晚三叠世龙门山前陆盆地须家河组物源及构造背景分析［J］.地质学报，90（5）：857-872.

陈冬霞，黄小惠，李林涛，等，2010.川西坳陷上三叠统烃源岩排烃特征与排烃史［J］.天然气工业，30（5）：41-45.

陈洪德，侯明才，许效松，等，2006.加里东期华南的盆地演化与层序格架［J］.成都理工大学学报（自然科学版），33（1）：1-8.

陈洪德，郭彤楼，2012.中上扬子叠合盆地沉积充填过程与物质分布规律［M］.北京：科学出版社.

陈洪德，田景春，刘文均，等，2002.中国南方海相震旦系—中三叠统层序划分与对比［J］.成都理工学院学报，29（4）：355-379.

陈洪德，钟怡江，侯明才，等，2009.川东北地区长兴组—飞仙关组碳酸盐岩台地层序充填结构及成藏效应［J］.石油与天然气地质，30（5）：539-547.

陈建平，梁狄刚，张水昌，等，2012.中国古生界海相烃源岩生烃潜力评价标准与方法［J］.地质学报，86（7）：1132-1142.

陈建平，李伟，倪云燕，等，2018.四川盆地二叠系烃源岩及其天然气勘探潜力（一）——烃源岩空间分布特征［J］.地质勘探，38（5）：1-15.

陈建平，李伟，倪云燕，等，2018.四川盆地二叠系烃源岩及其天然气勘探潜力（二）——烃源岩地球化学特征与天然气资源潜力［J］.地质勘探，38（6）：33-44.

陈践发, 张水昌, 鲍志东, 等, 2006. 海相优质烃源岩发育的主要影响因素 [J]. 海相油气地质, 11 (3): 49-54.

陈旭, 戎嘉余, 伍鸿基, 等, 1991. 川陕边境广元宁强间的志留系 [J]. 地层学杂志, 15 (1): 1-25.

陈旭, 徐均涛, 成汉钧, 等, 1990. 论汉南古陆及大巴山隆起 [J]. 地层学杂志, 14 (2): 81-116.

陈昭国, 2012. 川西拗陷与北美致密砂岩气藏类比分析 [J]. 西南石油大学学报 (自然科学版), 34 (1): 71-76.

陈中红, 查明, 曲江秀, 2003. 沉积盆地超压体系油气藏条件及机理 [J]. 天然气地球科学, 14 (2): 97-102.

陈宗清, 2001. 川东石炭系气藏分布规律与深化勘探 [J]. 中国海上油气, 15 (3): 182-186.

陈宗清, 2007. 四川盆地中二叠统茅口组天然气勘探 [J]. 中国石油勘探, 12 (5): 1-11.

陈宗清, 2008. 四川盆地长兴组生物礁气藏及天然气勘探 [J]. 石油勘探与开发, 35 (2): 148-163.

陈祖庆, 2014. 海相页岩 TOC 地震定量预测技术及其应用——以四川盆地焦石坝地区为例 [J]. 天然气工业, 34 (6): 1-5.

成汉钧, 汪明洲, 陈祥荣, 等, 1992. 论大巴山隆起的镇巴上升 [J]. 地层学杂志, 16 (3): 196-199.

成艳, 陆正元, 赵路子, 等, 2005. 四川盆地西南边缘地区天然气保存条件研究 [J]. 石油实验地质, 27 (3): 218-221.

承秋泉, 陈红宇, 范明, 等, 2006. 盖层全孔隙结构测定方法 [J]. 石油实验地质, 28 (6): 604-608.

程克明, 王兆云, 钟宁宁, 等, 1996. 碳酸盐岩油气生成理论与实践 [M]. 北京: 石油工业出版社.

代宗仰, 徐世琦, 尹宏, 等, 2007. 乐山—龙女寺寒武和奥陶系储层类型研究 [J]. 西南石油大学学报, 29 (4): 16-21.

戴朝成, 郑荣才, 任军平, 等, 2014. 四川前陆盆地上三叠统须家河组物源区分析及其地质意义 [J]. 吉林大学学报 (地), 44 (4): 1085-1096.

戴金星, 1993, 利用轻烃鉴别煤成气和油型气 [J]. 石油勘探与开发, 20 (5): 26-32.

戴金星, 倪云燕, 吴小奇, 2012. 中国致密砂岩气及在勘探开发上的重要意义 [J]. 石油勘探与开发, 39 (3): 257-264.

戴金星. 倪云燕, 邹才能, 等, 2009. 四川盆地须家河组煤等比数列烷烃气碳同位素特征及气源对比意义 [J]. 石油与天然气地质, 30 (5): 519-529.

戴勇, 李正文, 吴大奎, 2006. 突变论在地震资料储层预测中的应用 [J]. 天然气工业, 26 (6): 47-49, 158-159.

邓康龄, 1992. 四川盆地形成演化与油气勘探领域 [J]. 天然气工业, 12 (5): 7-12.

邓康龄, 2007. 龙门山构造带印支期构造递进变形与变形时序 [J]. 石油与天然气地质, 28 (4): 485-490.

邓胜徽, 樊茹, 李鑫, 等, 2015. 四川盆地及周缘地区震旦 (埃迪卡拉) 系划分与对比 [J]. 地层学杂志, 39 (3): 239-254.

丁安徐, 李小越, 蔡潇, 等, 2014. 页岩气地质评价实验测试技术研究进展 [J]. 油气田开发, 32 (2): 43-48.

丁国生, 田信义, 1996. 中国浅层天然气资源及开发前景 [J]. 石油与天然气地质, 17 (3): 226-231.

董大忠, 邹才能, 杨桦, 等, 2012. 中国页岩气勘探开发进展与发展前景 [J]. 石油学报, 32 (4): 107-114.

杜金虎，邹才能，徐春春，等，2014.川中古隆起龙王庙组特大型气田战略发现与理论技术创新［J］.石油勘探与开发，41（3）：268-277.

杜金虎，徐春春，魏国齐，等，2011.四川盆地须家河组岩性大气区勘探［M］.北京：石油工业出版社.

杜金虎，2015.古老碳酸盐岩大气田地质理论与勘探实践［M］.北京：石油工业出版社.

杜金虎，2010.四川盆地二叠—三叠系礁滩天然气勘探［M］.北京：石油工业出版社.

段新国，宋荣彩，李国辉，等，2011.四川盆地须二段综合成岩相特征研究［J］.西南石油大学学报（自然科学版），33（1）：7-14.

冯建辉，牟泽辉，2017.涪陵焦石坝五峰组—龙马溪组页岩气富集主控因素分析［J］.中国石油勘探，22（3）：32-39.

冯仁蔚，王兴志，张帆，等，2008.四川西南部周公山及邻区"峨眉山玄武岩"特征及储集性能研究［J］.沉积学报，26（6）：913-924.

冯增昭，何幼斌，吴胜和，1993.中下扬子地区二叠纪岩相古地理［J］.沉积学报，11（3）：13-24.

冯增昭，彭勇民，金振奎，等，2001a.中国南方早奥陶世—岩相古地理［J］.古地理学报，3（2）：11-23.

冯增昭，彭勇民，金振奎，等，2001b.中国南方中及晚奥陶世岩相古地理［J］.古地理学报，3（4）：10-27.

付广，王有功，苏玉平，2006.超压泥岩盖层封闭性演化规律及其人研究意义［J］.矿物学报，26（4）：453-459.

付小东，秦建中，腾格尔，等，2010.四川盆地北缘上二叠统大隆组烃源岩评价［J］.石油实验地质，32（6）：566-577.

付孝悦，2004.天然气成藏与保存［J］.新疆石油地质，25（2）：212-214.

高波，2015.四川盆地龙马溪组页岩气地球化学特征及其地质意义［J］.天然气地球科学，26（6）：1173-1182.

高胜利，姚文宏，朱广社，2004.四川盆地中西部地区上三叠统压力特征与油气运移［J］.西北地质，37（1）：75-79.

郭淑敏，1999.煤样逸散气量的求取方法［J］.焦作工业学院报，18（2）：83-88.

郭彤楼，2011a.元坝深层礁滩气田基本特征与成藏主控因素［J］.天然气工业，31（10）：12-16.

郭彤楼，2011b.元坝气田长兴组储层特征与形成主控因素研究［J］.岩石学报，27（8）：2381-2391.

郭彤楼，刘若冰，2013.复杂构造区高演化程度海相页岩气勘探突破的启示——以四川盆地东部盆缘JY1井为例［J］.天然气地球科学，24（4）：643-651.

郭彤楼，曾萍，等，2017.复杂构造区页岩气地质特征、资源潜力与成藏关键因素［M］.北京：科学出版社，372-443.

郭彤楼，张汉荣，2014.四川盆地焦石坝页岩气田形成与富集高产模式［J］.石油勘探与开发，41（1）：28-36.

郭彤楼，2013.四川盆地北部陆相大气田形成与高产主控因素［J］.石油勘探与开发，40（2）：139-149.

郭彤楼，2014.四川盆地奥陶系储层发育特征与勘探潜力［J］.石油与天然气地质，35（6）：372-378.

郭彤楼，2016a.涪陵页岩气田发现的启示与思考［J］.地学前缘，23（1）：29-43.

郭彤楼，2016b.中国式页岩气关键地质问题与成藏富集主控因素［J］.石油勘探与开发，43（3）：317-325.

郭旭升，郭彤楼，黄仁春，等，2014.中国海相油气田勘探实例之十六：四川盆地元坝大气田的发现与勘探［J］.海相油气地质，19（4）：57-64.

郭旭升，黄仁春，付孝悦，等，2014，四川盆地二叠系和三叠系礁滩天然气富集规律与勘探方向［J］.石油与天然气地质，35（3）：295-302.

郭旭升，尹正武，李金磊，2015.海相页岩含气量地震定量预测技术及其应用——以四川盆地焦石坝地区为例［J］.石油地球物理勘探，50（1）：144-149.

郭旭升，郭彤楼，黄仁春，等，2010.普光—元坝大型气田储层发育特征与预测技术［J］.中国工程科学，12（10）：82-90.

郭旭升，郭彤楼，2012.碳酸盐岩台地边缘大气田勘探理论与实践［M］.北京：科学出版社.

郭旭升，郭彤楼，魏志红，等，2012.中国南方页岩气勘探评价的几点思考［J］.中国工程科学，14(6)：101-105.

郭旭升，胡东风，段金宝，等，2018.四川盆地北部宁强胡家坝灯影组四段岩石特征及沉积环境分析［J］石油实验地质，40（6）：750-756.

郭旭升，胡东风，李宇平，等，2017.涪陵页岩气田富集高产主控地质因素［J］.石油勘探与开发，44（4）1-11.

郭旭升，胡东风，李宇平，等，2018.四川盆地元坝气田发现与理论技术［J］.石油勘探与开发，45（1）：14-26.

郭旭升，胡东风，刘若冰，等，2018.四川盆地二叠系海陆过渡相页岩气地质条件及勘探潜力［J］.地质勘探，38（10）：11-18.

郭旭升，胡东风，魏志红，等，2016.涪陵页岩气田的发现与勘探认识［J］.中国石油勘探，21（3）：24-37.

郭旭升，胡东风，文治东，等，2014.四川盆地及周缘下古生界海相页岩气富集高产主控因素——以焦石坝地区五峰组—龙马溪组为例［J］.中国地质，41(3)：893-901.

郭旭升，胡东风，2011.川东北礁滩天然气勘探新进展及关键技术［J］.天然气工业，31（10）：6-10.

郭旭升，李宇平，刘若冰，等，2014.四川盆地焦石坝地区龙马溪组页岩微观孔隙结构特征及其控制因素［J］.天然气工业，34（6）：9-16.

郭旭升，2014.涪陵页岩气田焦石坝区块富集机理与勘探技术［M］.北京：科学出版社.

郭旭升，2014.南方海相页岩气"二元富集"规律——四川盆地及周缘龙马溪组页岩气勘探实践认识［J］.地质学报，88（7）：1209-1218.

郭正吾，邓康龄，韩永辉，等，1996.四川盆地形成与演化［M］.北京：地质出版社.

韩超，2016.蜀南地区上奥陶统—下志留统页岩气储层特征及评价［D］.北京：中国地质大学（北京），63-91.

郝芳，姜建群，邹华耀，等，2004.超压对有机质热演化的差异抑制作用及层次［J］.中国科学D辑.地球科学，34（5）：443-445

何斌，徐义刚，肖龙，等，2003.峨眉山大火成岩省的形成机制及空间展布：来自沉积地层学的新证据［J］.地质学报，77（2）：194-202.

何登发，李德生，张国伟，等，2011.四川多旋回叠合盆地的形成与演化［J］.地质科学，46（3）：589-606.

何发岐，朱彤，2012.陆相页岩气突破和建产的有利目标——以四川盆地下侏罗统为例［J］.石油实验地质，34（3）：246-251．

何志国，王信，黎从军，等，2001．川西坳陷碎屑岩超压储层与油气关系研究［J］．天然气勘探开发，24（4）：6-15．

洪世泽，1985．油藏物性基础［M］．北京：石油工业出版社．

胡朝元，等，1995．中国中部大气田研究与勘探［M］．北京：石油工业出版社．

胡东风，蔡勋育，2007．川东南地区官9井侏罗系原油地球化学特征［J］．天然气工业，27（12）：152-155．

胡东风，王良军，黄仁春，等，2019．四川盆地东部地区中二叠统茅口组白云岩储层特征及其主控因素［J］．地质勘探，39（6）：13-21．

胡东风，王良军，施泽进，等，2017．四川盆地东南部小河坝组优质储层的形成机制［J］．成都理工大学学报（自然科学版），44（5）：543-552．

胡东风，张汉荣，倪楷，等，2014．四川盆地东南缘海相页岩气保存条件及其主控因素［J］．天然气工业，34（6）：17-23．

胡东风，2010．川东北元坝地区隐蔽气藏的勘探突破及其意义［J］．天然气工业，30（8）：9-12．

胡东风，2011．普光气田与元坝气田礁滩储层特征的差异性及其成因［J］．天然气工业，31（10）：17-21．

胡东风，2018．四川盆地元坝地区茅口组台缘浅滩天然气勘探的突破与启示［J］．地质勘探，39（3）：1-10．

胡东风，2019．四川盆地东南缘向斜构造五峰组—龙马溪组常压页岩气富集主控因素［J］．非常规天然气，30（5）：605-615．

胡绪龙，李瑾，张敏，等，2008．地层水化学特征参数判断气藏保存条件——以呼图壁、霍尔果斯油气田为例［J］．天然气勘探与开发，31（4）：23-26．

黄仁春，倪楷，2014．焦石坝地区龙马溪组页岩有机质孔隙特征［J］．天然气技术与经济，8（3）：15-19．

黄仁春，魏祥峰，王强，2017．四川盆地东南缘丁山地区页岩气成藏富集的关键控制因素［J］．海相油气地质，22（2）：25-30．

黄仁春，2014．四川盆地二叠纪—三叠纪开江—梁平陆棚形成演化与礁滩发育［J］．成都理工大学学报（自然科学版），41（4）：452-457．

黄士鹏，江青春，汪泽成，等，2016．四川盆地中二叠统栖霞组与茅口组烃源岩的差异性［J］．石油实验地质，36（12）：26-34．

黄文明，刘树根，马文辛，等，2011．四川盆地奥陶系油气勘探前景［J］．石油与天然气地质，32（3）：461-473．

黄文明，刘树根，王国芝，等，2011．四川盆地下古生界油气地质条件及气藏特征［J］．天然气地球科学，22（3）：465-475

黄文明，刘树根，张长俊，等，2009．四川盆地寒武系储层特征及优质储层形成机理［J］．石油与天然气地质，30（5）：566-575．

贾承造，郑民，张永峰，2012．中国非常规油气资源与勘探开发前景［J］．石油勘探与开发，39（2）：12-136．

江兴福，谷志东，赵容容，等，2009．四川盆地环开江—梁平海槽飞仙关组地层水的地化特征及成因研究［J］.天然气勘探与开发，32（1）：5-7，17.

姜振学，林世国，庞雄奇，等，2006.两种类型致密砂岩气藏对比［J］.石油实验地质，28（3）：210-214.

金民东，曾伟，谭秀成，等，2014.四川磨溪—高石梯地区龙王庙组滩控岩溶型储层特征及控制因素［J］.石油勘探与开发，41（6）：650-660.

金之钧，胡宗全，高波，等，2016.川东南地区五峰组—龙马溪组页岩气富集与高产控制因素［J］.地学前缘，23（1）：1-10.

敬朋贵，殷厚成，陈祖庆，2010.南方复杂山地三维地震勘探实践与效果分析［J］.石油物探，49（5）：495-499.

康沛泉，2000.赤水地区阳新统古岩溶［J］.贵州地质，17（2）：92-96.

雷和金，李国荣，郝雷，等，2015.四川盆地南部寒武系碳酸盐岩成岩作用及其对储层的影响［J］.东北石油大学学报，34（2）：61-64.

雷和金，袁立，郝雷，等，2015.四川盆地南部寒武系碳酸盐岩储层类型及发育分布特征研究［J］.石油化工，34（2）：61-64.

李登华，李伟，汪泽成，等，2007.川中广安气田天然气成因类型及气源分析［J］.中国地质，34（5）：829-836.

李登华，汪泽成，李军，2006.川中磨溪气田烷烃气组分和碳同位素系列倒转成因［J］.新疆石油地质，27（6）：699-703.

李建忠，郭彬程，郑民，等，2012.中国致密砂岩气主要类型、地质特征与资源潜力［J］.天然气地球科学，23（4）：607-615.

李剑，魏国齐，谢增业，等，2013.中国致密砂岩大气田成藏机理与主控因素——以鄂尔多斯盆地和四川盆地为例［J］.石油学报，34（S1）：14-28.

李金磊，李文成，2017.涪陵页岩气田焦石坝区块页岩脆性指数地震定量预测［J］.天然气工业,37(7)：13-18.

李磊，谢劲松，邓鸿斌，等，2012.四川盆地寒武系划分对比及特征［J］.华南地质与矿产，28（3）：197-202.

李嵘，吕正祥，叶素娟，2011.川西拗陷须家河组致密砂岩成岩作用特征及其对储层的影响［J］.成都理工大学学报（自然科学版），38（2）：147-155.

李双建，肖开华，沃玉进，等，2008.南方海相上奥陶统—下志留统优质烃源岩发育的控制因素［J］.沉积学报，26（5）：872-880.

李伟，张志杰，党录瑞，2011.四川盆地东部上石炭统黄龙组沉积体系及其演化［J］.石油勘探与开发，38（4）：400-408.

李伟，杨金利，姜均伟，等，2009.四川盆地中部上三叠统地层水成因与天然气地质意义［J］.石油勘探与开发，36（4）：428-435.

李延钧，冯媛媛，刘欢，等，2013.四川盆地湖相页岩气地质特征与资源潜力［J］.天然气地球科学，40（4）：423-428.

李岩峰，曲国胜，刘殊，等，2008.米仓山、南大巴山前缘构造特征及其形成机制［J］.大地构造与成矿学，32（3）：285-292.

李跃刚，路中奇，石林辉，等，2015.基于变岩电参数饱和度解释模型研究［J］.测井技术，39（2）：

181–195.

李智武，刘树根，罗玉宏，等，2006.南大巴山前陆冲断带构造样式及变形机制分析［J］.大地构造与
　　成矿学，30（3）：294–304.

李仲东，2001.川东地区碳酸盐岩超压与天然气富集关系研究［J］.矿物岩石，21（4）：53–58.

梁狄刚，郭彤楼，陈建平，等，2008.中国南方海相生烃成藏研究的若干新进展（一），南方四套区域
　　性海相烃源岩的分布.海相油气地质，13（2）：1–16.

梁狄刚，郭彤楼，陈建平，等，2009.中国南方海相生烃成藏研究的若干新进展（二），南方四套区域
　　性海相烃源岩的地球化学特征［J］.海相油气地质，14（1）：1–15.

梁狄刚，郭彤楼，边立曾，等，2009.中国南方海相生烃成藏研究的若干新进展（三），南方四套区域性
　　海相烃源岩的沉积相及发育的控制因素［J］.海相油气地质，14（2）：1–19.

梁狄刚，张水昌，张宝明，等，2000.从塔里木盆地看中国海相生油问题［J］.地学前缘，7（4）：534–
　　547.

林景晔，林铁锋，施立志，2007.油气藏三元分类方法的探讨［J］.大庆石油地质与开发，26（3）：
　　18–21.

林耀庭，潘尊仁，2001.四川盆地气田卤水浓度及成因分类研究［J］.盐湖研究，9（3）：1–7.

林耀庭，2003.四川盆地三叠纪海相沉积石膏和卤水的硫同位素研究［J］.盐湖研究，11（2）：1–7.

刘宝泉，1985.华北地区中上元古界、下古生界碳酸盐岩有机质成熟度与找油远景［J］.地球化学，14
　　（2）：150–162.

刘方槐，1991.盖层在气藏保存和破坏中的作用及其评价方法［J］.天然气地球科学，2（5）：227–232.

刘光祥，蒋启贵，潘文雷，等，2003.干气中浓缩轻烃分析及应用［J］.石油实验地质，25（增刊）：
　　585–589.

刘光祥，金之钧，邓模，等，2015.川东地区上二叠统龙潭组页岩气勘探潜力［J］.石油与天然气地质，
　　36（3）：481–487.

刘光祥，罗开平，张长江，等，2017.四川盆地下寒武统烃灶动态演化分析［J］.石油实验地质，39（3）：
　　295–303.

刘静江，李伟，张宝民，等，2015.上扬子地区震旦纪沉积古地理［J］.古地理学报，17（6）：735–
　　753.

刘君龙，纪友亮，张克银，等，2016.川西前陆盆地侏罗系沉积体系变迁及演化模式［J］.石油学报，
　　37（6）：743–756.

刘满仓，杨威，李其荣，等，2008.四川盆地蜀南地区奥陶系地层划分对比及特征［J］.石油天然气学
　　报，30（5）：192–203.

刘若冰，2015.超压对川东南地区五峰组—龙马溪组页岩储层影响分析［J］.沉积学报，33（4）：817–
　　827.

刘殊，2015.川西坳陷古坳拉槽的地质意义及礁滩相天然气藏勘探潜力［J］.地质勘探，35（7）：
　　17–26.

刘舒野，2007.模糊聚类分析方法在油藏分类中的应用研究［D］.长春：东北师范大学.

刘树根，李国蓉，李巨初，等，2005.川西前陆盆地流体的跨层流动和天然气爆发式成藏［J］.地质学
　　报，79（5）：690–699.

刘树根，马永生，蔡勋育，等，2009.四川盆地震旦系下古生界天然气成藏过程和特征［J］.成都理工

大学学报（自然科学版），36（4）：345-354.

刘树根，马永生，等，2014.四川盆地下组合天然气的成藏过程和机理［M］.北京：科学出版社.

刘树根，王世玉，孙玮，2013.四川盆地及其周缘五峰组—龙马溪组黑色页岩特征［J］.成都理工大学
学报（自然科学版），40（6）：621-639.

刘树根，徐国盛，李巨初，等，2003.龙门山造山带—川西前陆盆地系统的成山成盆成藏动力学［J］.
成都理工大学学报（自然科学版），30（6）：559-566.

刘树根，2008.四川盆地威远气田和资阳含气区震旦系油气成藏差异性研究［J］.地质学报，82（3）：
328-337.

刘树根，2011.四川含油气叠合盆地基本特征［J］.地质科学，46（1）：233-257.

刘帅，冯明刚，严伟，2017.非电法测井计算页岩储层含水饱和度方法研究——以涪陵页岩气田焦石坝
区块为例［J］.科学技术与工程，17（27）：127-132.

刘顺，刘树根，李智武，等，2005.南大巴山褶断带西段中新生代构造应力场的节理研究［J］.成都理
工大学学报（自然科学版），32（4）：345-350.

刘伟，洪海涛，徐安娜，等，2017.四川盆地奥陶系岩相古地理与勘探潜力［J］.海相油气地质，22（4）：
1-10.

刘文汇，王杰，腾格尔，等，2012.中国海相层系多元生烃及其示踪技术［J］.石油学报，33（S1）：
115-123.

刘文汇，张建勇，范明，等，2007.叠合盆地天然气的重要来源——分散可溶有机质［J］.石油实验地
质，29（1）：1-6.

吕宝凤，夏斌，2005.川东南"隔档式构造"的重新认识［J］.天然气地球科学（3）：278-282.

吕延防，付广，张发强，等，2000.超压盖层封烃能力研究［J］.沉积学报，18（3）：465-468.

罗冰，杨跃明，罗文军，等，2015.川中古隆起灯影组储层发育控制因素及展布［J］.石油学报，364）：
416-426.

罗啸泉，宋进，2007.川西地区须家河组异常高压分布与油气富集［J］.中国西部油气地质，3（1）：
35-40.

罗志立，2012.峨眉地裂运动观对川东北大气区发现的指引作用［J］.新疆石油地质，33（4）：401-
407.

罗志立，刘树根，雍自权，等，2003.中国陆内俯冲（C-俯冲）观的形成和发展［J］.新疆石油地质，
24（1）：1-7.

罗志立，龙学明，1992.龙门山造山带崛起和川西陆前盆地沉降［J］.四川地质学报，12（1）：1-17.

罗志立，孙玮，韩建辉，等，2012.峨眉地慢柱对中上扬子区二叠纪成藏条件影响的探讨［J］.地学前
缘，19（6）：144-154.

罗志立，1983a.中国西南地区晚古生代以来的地裂运动对石油等矿产形成的影响［J］.地质论评（5）：
447.

罗志立，1983b.试从地裂运动探讨四川盆地天然气勘探的新领域［J］.成都地质学院学报，10（2）：
1-13.

罗志立，1986.川中是一个古陆核吗［J］.成都地质学院学报，13（3）：65-73.

罗志立，1989.峨眉地裂运动的厘定及其意义［J］.四川地质学报，9（1）：1-17.

罗志立，1998.四川盆地基底结构的新认识［J］.成都理工学院学报，25（2）：85-92+94.

马启富，陈斯忠，张启明，等，2000.超压盆地与油气分布［M］.北京：地质出版社.

马延虎，许希辉，刘定锦，等，2005.渡口河构造珍珠冲段浅层天然气成藏条件分析［J］.天然气工业，25（9）：14-16.

马永生，蔡勋育，郭彤楼，等，2007.四川盆地普光大型气藏油气充注与富集成藏的主控因素［J］.科学通报（增刊）：149-155.

马永生，蔡勋育，郭旭升，等，2009.普光气田的发现［J］.中国工程科学，12（10）：14-22.

马永生，蔡勋育，李国雄，等，2005.四川盆地普光大型气藏基本特征及成藏富集规律［J］.地质学报，79（6）：858-865.

马永生，蔡勋育，赵培荣，等，2010.四川盆地大中型天然气田分布特征与勘探方向［J］.石油学报，31（3）：347-354.

马永生，陈洪德，王国力，等，2009.中国南方层序地层与古地理［M］.北京：科学出版社.

马永生，郭彤楼，赵雪凤，等，2007.普光气田深部优质白云岩储层形成机制［J］.中国科学（D辑），37（3）：43-52.

马永生，郭旭升，郭彤楼，等，2005.四川盆地普光大型气田的发现与勘探启示［J］.地质论评，51（4）：477-480.

马永生，楼章华，郭彤楼，2006.中国南方海相地层油气保存条件综合评价技术体系探讨［J］.地质学报，80（3）：406-417.

马永生，梅冥相，陈小兵，等，1999.碳酸盐岩储层沉积学［M］.北京：地质出版社.

马永生，牟传龙，郭彤楼，等，2005.四川盆地东北部长兴组层序地层与储层分布［J］.地学前缘，12（3）：179-185.

马永生，2006.中国海相油气田勘探实例之六四川盆地普光大气田的发现与勘探［J］.海相油气地质，11（2）：35-40.

马永生，2007.四川盆地普光超大型气田的形成机制［J］.石油学报，28（2）：9-14.

梅冥相，刘智荣，孟晓庆，等，2006.上扬子区中、上寒武统的层序地层划分和层序地层格架的建立［J］.沉积学报，24（5）：617-625.

孟宪武，朱兰，王海军，等，2015.川西南地区下寒武统龙王庙组储层特征［J］.成都理工大学学报（自然科学版），42（2）：180-187.

牟传龙，马永生，王瑞华，等，2005.川东北地区上二叠统盘龙洞生物礁成岩作用研究［J］.沉积与特提斯地质，25（1）：198-202.

潘文蕾，梁舒，刘光祥，等，2003.地层水中微量有机质分析及应用——以川东、川东北区油气保存条件研究为例［J］.石油实验地质，25（B11）：590-594.

潘钟祥，1986.石油地质学［M］.北京：地质出版社.

庞雄奇，姜振学，黄捍东，等，2014.叠复连续油气藏成因机制、发育模式及分布预测［J］.石油学报，35（5）：795-828.

彭勇民，高波，张荣强，等，2011.四川盆地南缘寒武系膏溶角砾岩的识别标志及勘探意义［J］.石油实验地质，33（1）：22-27.

蒲勇，陈祖庆，田江，2004.地震属性技术在碳酸盐岩鲕滩储层预测中的应用［J］.石油物探，（S1）：63-66.

蒲勇，2011.元坝地区深层礁滩储层多尺度地震识别技术［J］.天然气工业，31（10）：27-31.

钱一雄，蔡立国，顾忆，2003.塔里木盆地塔河油区油田水元素组成与形成［J］.石油实验地质，25（6）：751-757.

秦建中，申宝剑，付小东，等，2010.中国南方海相优质烃源岩超显微有机岩石学与生排烃潜力［J］.石油与天然气地质，31（6）：826-837.

秦建中，申宝剑，陶国亮，等，2014.优质烃源岩成烃生物与生烃能力动态评价［J］.石油实验地质，36（4）：465-472.

秦建中，申宝剑，腾格尔，等，2013.不同类型优质烃源岩生排油气模式［J］.石油实验地质，35（2）：179-186.

秦建中，腾格尔，申宝剑，等，2015.海相优质烃源岩的超显微有机岩石学特征与岩石学组分分类［J］.石油实验地质，37（6）：671-679.

秦胜飞，陶士振，涂涛，等，2007.川西坳陷天然气地球化学及成藏特征［J］.石油勘探与开发，34（1）：34-38.

舟隆辉，谢姚祥，戴弹申，等，2008.四川盆地东南部寒武系含气前景新认识［J］.天然气工业，28（5）：5-9.

戎嘉余，陈旭，王怿，等，2011.奥陶—志留纪之交黔中古陆的变迁证据与启示［J］.中国科学：地球科学（10）：1407-1415.

沈照理，1986.水文地球化学基础［M］.北京：地质出版社.

司徒愈旺，1981.试论我国气藏的圈闭类型及其分布特点［J］.天然气工业，1（3）：7-19.

四川省地质矿产局，1991.四川省区域地质志［M］.北京：地质出版社.

宋鸿彪，罗志立，1995.四川盆地基底及深部地质结构研究的进展［J］.地学前缘，2（4）：231-237.

孙建孟，王克文，李伟，2008.测井饱和度解释模型发展及分析［J］.石油勘探与开发，35（1）：101-107.

孙腾蛟，2014.四川盆地中三叠雷口坡组烃源岩特征及气源分析［D］.成都：成都理工大学.

谭秀成，肖笛，陈景山，等，2015.早成岩期喀斯特化研究新进展及意义［J］.古地理学报，17（4）：441-456.

陶正喜，2007.川西坳陷X区块须家河组三维地震构造解释［J］.天然气工业，27（6）：54-56，152.

腾格尔，申宝剑，俞凌杰，2017.四川盆地五峰组—龙马溪组页岩气形成与聚集机理［J］.石油勘探与开发，44（1）：69-78.

田海芹，郭彤楼，胡东风，等，2006.黔中隆起及其周缘地区海相下组合与油气勘探前景［J］.古地理学报，8（4）：509-518.

田信义，王国苑，陆笑心，等，1996.气藏分类［J］.石油与天然气地质，17（3）：206-212.

童崇光，1992.四川盆地断褶构造形成机制［J］.天然气工业，12（5）：1-6.

童崇光，1992.四川盆地构造演化与油气聚集［M］.北京：地质出版社.

瓦尔特·H.费特尔，著.宋秀珍，译，1982.异常地层压力［M］.北京：石油工业出版社.

汪啸风，2016.中国南方奥陶纪构造古地理及年代与生物地层的［J］.地学前缘，23（6）：253-267.

汪泽成，王铜山，文龙，等，2016.四川盆地安岳特大型气田基本地质特征与形成条件［J］.地质勘探，28（2）：45-52.

汪泽成，赵文智，胡素云，等，2013.我国海相碳酸盐岩大油气田油气藏类型及分布特征［J］.石油与天然气地质，34（2）：153-160.

汪泽成，赵文智，张林，等，2002.四川盆地构造层序与天然气勘探［M］.北京：地质出版社.

王佳，刘树根，黄文明，等，2011.四川盆地南部地区寒武系油气勘探前景［J］.地质科技情报，35（5）：74-82.

王建国，李忠刚，朱智，等，2015.基于测井方法的页岩有机碳含量计算［J］.大庆石油地质与开发，34（3）：170-174.

王兰生，陈盛吉，杨家静，等，2001.川东石炭系储层及流体的地球化学特征［J］.天然气勘探与开发，24（3）：28-38，21.

王立亭，罗晋辉，王常微，等，1993.贵州西部晚二叠世近海煤田地质特征及聚煤规律［J］.贵州地质，10（4）：291-299.

王良军，王庆波，2013.四川盆地涪陵自流井组页岩气形成条件与勘探方向［J］.西北大学学报（自然科学版），13（5）：757-764.

王朋飞，姜振学，韩波，等，2018.中国南方下寒武统牛蹄塘组页岩气高效勘探开发储层地质参数［J］.石油学报，39（2）：152-162.

王鹏，刘四兵，沈忠民，等，2016.四川盆地上三叠统气藏成藏年度及差异［J］.天然气地球科学，27（1）：50-59.

王鹏，沈忠民，刘四兵，等，2013.四川盆地陆相天然气地球化学特征及对比［J］.天然气地球科学，24（6）：1186-1195.

王淑芳，张子亚，董大忠，等，2016.四川盆地下寒武统筇竹寺组页岩孔隙特征及物性变差机制探讨［J］.天然气地球科学，27（9）：1619-1628.

王顺玉．明巧，贺祖义，等，2006.四川盆地天然气 C_4—C_7 烃类指纹变化特征研究［J］.天然气工业，2006，26（11）：11-14.

王一刚，刘划一，文应初，等，2002.川东北飞仙关组鲕滩储层分布规律、勘探方法与远景预测［J］.天然气工业，22（增刊）：14-19.

王一刚，文应初，洪海涛，等，2004.川东北三叠系飞仙关组深层鲕滩气藏勘探目标［J］.天然气工业，24（12）：5-9.

王一刚，文应初，洪海涛，等，2006.四川盆地及邻区上二叠统—下三叠统海槽的深水沉积特征［J］.石油与天然气地质，27（5）：702-714.

王一刚，文应初，洪海涛，等，2009.四川盆地北部晚二叠世—早三叠世碳酸盐岩斜坡相带沉积特征［J］.古地理学报，11（2）：143-156.

王玉满，李新景，董大忠，2013.上扬子地区五峰组—龙马溪组优质页岩沉积主控因素［J］.地质勘探，37（4）：9-19.

王仲侯，张淑君，1998.克拉玛依油区高矿化度重碳酸钠型水的发现与特征［J］.石油实验地质，20（1）：39-43.

魏国齐，焦贵浩，杨威，等，2010.四川盆地震旦系—下古生界天然气成藏条件与勘探前景［J］.天然气工业，30（12）：5-9.

魏国齐，刘德来，张林，等，2005.四川盆地天然气分布规律与有利勘探领域［J］.天然气地球科学，16（4）：437-442.

魏国齐，王东良，王晓波，等，2014.四川盆地高石梯—磨溪大气田稀有气体特征［J］.石油勘探与开发，41（5）：533-538.

魏国齐，谢增业，白贵林，等，2014.四川盆地震旦系—下古生界天然气地球化学特征及成因判识［J］.天然气工业，34（3）：44-49.

魏国齐，杨威，谢武仁，等，2015.四川盆地震旦系—寒武系大气田形成条件、成藏模式与勘探方向［J］.石油实验地质，26（5）：785-794.

魏祥峰，李宇平，魏志红，等，2017.保存条件对四川盆地及周缘海相页岩气富集高产的影响机制［J］.石油实验地质，39（2）：147-153

魏祥峰，赵正宝，王庆波，等，2017.川东南綦江丁山地区上奥陶统五峰组—下志留统龙马溪组页岩气地质条件综合评价［J］.地质评论，63（1）：153-164.

魏志红，2015.四川盆地及其周缘五峰组—龙马溪组页岩气的晚期逸散［J］.石油与天然气地质，36（4）：559-665.

文德华，1994.龙门山北段断裂活动特征［J］.四川地震，14（1）：53-57.

吴欣松，姚睿，龚福华，2006.川西须家河组水文保存条件及其勘探意义［J］.石油天然气学报，28（5）：47-50.

武恒志，叶泰然，王志章，等，2018.复杂致密河道砂岩气藏开发精细描述技术［M］.北京：中国石化出版社.

夏茂龙，文龙，王一刚，等，2010.川盆地上二叠统海槽相大隆组优质烃源岩［J］.石油勘探与开发，37（6）：654-662.

夏新宇，2000.碳酸盐岩生烃与长庆气田气源［M］.北京：石油工业出版社.

肖富森，马延虎，2007.川东北五宝场构造沙溪庙组气藏勘探开发认识［J］.天然气工业，27（5）：4-7.

肖芝华，谢增业，李志生，等，2008.川中—川南地区须家河组天然气同位素组成特征［J］.地球化学，37（3）：245-250.

肖芝华，谢增业，李志生，等，2008.川中川南地区须家河组天然气地球化学特征［J］.西南石油大学学报（自然科学版），30（4）：27-30.

谢增业，杨威，胡国艺，等，2007.四川盆地天然气轻烃组成特征及其应用［J］.天然气地球科学，18（5）：720-725.

徐安娜，胡素云，汪泽成，等，2016.四川盆地寒武系碳酸盐岩—膏盐岩共生体系沉积模式及储层分布［J］.地质勘探，36（6）：11-20.

徐春春，沈平，杨跃明，等，2014.乐山—龙女寺古隆起震旦系—下寒武统龙王庙组天然气成藏条件与富集规律［J］.地质勘探，34（3）：1-7.

徐国盛，刘树根，等，2004.四川盆地天然气成藏动力学［M］.北京：地质出版社.

徐国盛，刘树根，袁海峰，等，2005.川东地区石炭系天然气成藏动力学研究［J］.天然气工业，26（4）：12-22.

徐国盛，刘树根，1999.川东石炭系天然气富集的水化学条件［J］.石油与天然气地质，20（1）：15-19.

徐国盛，袁海锋，马永生，等，2007.川中—川东南地区震旦系—下古生界沥青来源及成烃演化［J］.地质学报，81（8）：1143-1152.

徐胜林，陈洪德，等，2011.四川盆地泥盆系—中三叠统层序格架内生储盖分布［J］.石油勘探与开发，38（2）：159-167.

徐政语，梁兴，王希友，等，2017.四川盆地罗场向斜黄金坝建产区五峰组—龙马溪组页岩气藏特征［J］.石油与天然气地质，38（1）：132-143.

闫建平，司马立强，等，2015.泥页岩储层裂缝特征及其与"五性"之间关系［J］.岩性油气藏，27（3）：87–93.

杨贵祥，贺振华，朱铉，2006.中国南方海相地层下组合地震采集方法研究［J］.石油物探，45（1）：158–168.

杨克明，朱宏权，叶军，等，2012.川西致密砂岩气藏地质特征［M］.北京：科学出版社.

杨克明，朱宏权，2013.川西叠覆型致密砂岩气区地质特征［J］.石油实验地质，35（1）：1–8.

杨磊，温真桃，宋洋，2009.川东上三叠统气藏保存条件研究［J］.石油地质与工程，23（2）：22–25.

杨威，谢武仁，魏国齐，等，2012.四川盆地寒武纪—奥陶纪层序岩相古地理、有利储层展布与勘探区带［J］.石油学报，33（增刊2）：21–33.

杨振恒，魏志红，何文斌，等，2017.川东南地区五峰组—龙马溪组页岩现场解吸气特征及其意义［J］.天然气地球科学，28（1）：156–163.

叶素娟，李嵘，杨克明，等，2015.川西坳陷叠覆型致密砂岩气区储层特征及定量预测评价［J］.石油学报，36（12）：1484–1494.

叶素娟，李嵘，张世华，2014.川西坳陷中段侏罗系次生气藏地层水化学特征及与油气运聚关系［J］.石油实验地质，36（4）：487–494.

叶素娟，李嵘，张庄，2014.川西坳陷中段上侏罗统蓬莱镇组物源及沉积体系研究［J］.沉积学报，32（5）：930–940.

殷积峰，李军，谢芬，等，2007.川东二叠系生物礁油气藏的地震勘探技术［J］.石油地球物理勘探，42（1）：70–75.

尹观，倪师军，高志友，等，2008.四川盆地卤水同位素组成及氘过量参数演化规律［J］.矿物岩石，28（2）：56–62.

尹正武，2014.四川元坝气田超深层礁滩气藏储层识别技术［J］.天然气工业，34（5）：66–70.

雍自权，李俊良，周仲礼，等，2006.川中地区上三叠统香溪群四段地层水化学特征及其油气意义［J］.物探化探计算技术，28（1）：41–45.

于炳松，2013.页岩气储层孔隙分类与表征［J］.地学前缘，20（4）：211–213.

翟光明，王慎言，史训知，等，1989.中国石油地质志·四川油气区（卷十）［M］.北京：石油工业出版社.

张汉荣，2016.川东南地区志留系页岩含气量特征及其影响因素［J］.天然气工业，36（8）：36–42.

张厚福，等，1999.石油地质学［M］.北京：石油工业出版社.

张厚福，张万选，1989.石油地质学（第二版）［M］.北京：石油工业出版社.

张吉振，李贤庆，郭曼，等，2015.川南地区二叠系龙潭组页岩微观孔隙特征及其影响因素［J］.天然气地球科学，26（8）：1571–1578.

张吉振，李贤庆，王元，等，2015.海陆过渡相煤系页岩气成藏条件及储层特征——以四川盆地南部龙潭组为例［J］.煤炭学报，40（8）：1871–1878.

张晋言，李淑荣，王利滨，2017.低阻页岩气层含气饱和度计算新方法［J］.天然气工业，37（4）：34–41.

张晋言，2012.页岩油测井评价方法及其应用［J］.地球物理学进展，27（3）：1154–1162.

张水昌，张宝民，边立曾，等，2005.中国海相烃源岩发育控制因素［J］.地学前缘，12（3）：39–48.

张水昌，朱光有，陈建平，等，2007.四川盆地川东北部飞仙关组高含硫化氢大型气田群气源探讨［J］.

科学通报, 52（增刊Ⅰ）: 86-94.

张先, 陈秀文, 赵丽, 等, 1996.四川盆地及其西部边缘震区基底磁性界面与地震的研究［J］.中国地震, 12（4）: 421-427.

张新华, 唐诚, 肖雪, 等, 2017.Y1井火成岩特征及火山作用期次分析［J］.天然气工业, 11（6）: 9-13.

张毅, 郑书梁, 高波, 等, 2017.四川广元上寺剖面上二叠统大隆组有机质分布特征与富集因素［J］.地学科学, 42（6）: 1008-1024.

张仲武, 李一平, 1990.四川盆地气藏类型及成藏模式［J］.天然气工业, 10（6）: 8-15.

张子枢, 1989.论气藏类型［J］.新疆石油地质, 10（1）: 61-65.

赵晨阳, 杜禹, 蔡振东, 等, 2015.国外页岩气储层测井评价技术综述［J］.辽宁化工, 44（4）: 473-478.

赵从俊, 张健, 沈浩, 等, 1989.四川南部及邻区地壳活动性研究［J］.西北地震学报, 11（4）: 83-90.

赵孟军, 卢双舫, 2000.原油二次裂解气: 天然气重要的生成途径［J］.地质论评, 46（6）: 645-650.

赵文智, 李建忠, 杨涛, 等, 2016.中国南方海相页岩气成藏差异性比较与意义［J］.石油勘探与开发, 43（4）: 499-510.

赵文智, 王兆云, 张水昌, 等, 2005.有机质"接力成气"模式的提出及其在勘探中的意义［J］.石油勘探与开发, 32（2）: 1-7.

赵文智, 王兆云, 张水昌, 等, 2006.油裂解生气是海相气源灶高效成气的重要途径［J］.科学通报, 51（5）: 589-595.

赵文智, 王兆云, 张水昌, 等, 2007.不同地质环境下原油裂解生气条件［J］.中国科学（D辑）.地球科学, 37（S2）: 63-68.

赵霞飞, 吕宗刚, 张闻林, 等, 2008.四川盆地安岳地区须家河组—近海潮汐沉积［J］.天然气工业, 28（4）: 14-18.

赵宗举, 朱琰, 李大成, 等, 2002.中国南方构造形变对油气藏的控制作用［J］.石油与天然气地质, 23（1）: 19-25.

郑荣才, 戴朝成, 朱如凯, 等, 2009.四川类前陆盆地须家河组层序—岩相古地理特征［J］.地质论评, 55（4）: 484-495.

郑荣才, 何龙, 梁西文, 等, 2013.川东地区下侏罗统大安寨段页岩气（油）成藏条件［J］.天然气工业, 33（12）: 30-40.

郑荣才, 李国晖, 等, 2011.四川盆地须家河组层序分析与地层对比［J］.天然气工业, 31（6）: 12-19.

郑天发, 施泽进, 韩小俊, 2005.川东北宣汉—达州地区储层预测技术［J］.成都理工大学学报（自然科学版）, 32（5）: 508-512.

钟宁宁, 卢双舫, 黄志龙, 等, 2004.烃源岩TOC值变化与其生排烃效率关系的探讨［J］.沉积学报, 22（增刊）: 73-78.

钟宁宁, 赵喆, 李艳霞, 等, 2010.论南方海相层系有效供烃能力的主要控制因素［J］.地质学报, 84（2）: 149-158.

周慧, 李伟, 张宝民, 等, 2015.四川盆地震旦纪末期—寒武纪早期台盆的形成与演化［J］.石油学报, 36（3）: 310-321.

周进高，姚根顺，杨光，等，2015.四川盆地安岳大气田震旦系—寒武系储层的发育机制［J］.天然气工业，35（1）：36-44.

朱光有，张水昌，梁英波，等，2006.四川盆地天然气特征及气源［J］.地学前缘，13（2）：234-247.

朱如凯，白斌，刘柳红，等，2011.陆相层序地层学标准化研究和层序岩相古地理——以四川盆地上三叠统须家河组为例［J］.地学前缘，18（4）：131-142.

朱如凯，赵霞，刘柳红，等，2009.四川盆地须家河组沉积体系与有利储层分布［J］.石油勘探与开发，36（1）：46-55.

朱彤，王烽，俞凌杰，等，2013.四川盆地页岩气富集控制因素及类型［J］.石油与天然气地质，37（3）：399-407.

朱彤，俞凌杰，王烽，2017.四川盆地海相、湖相页岩气形成条件对比及开发策略［J］.天然气地球科学，28（4）：633-641.

邹才能，董大忠，王社教，等，2010.中国页岩气形成机理、地质特征及资源潜力［J］.石油勘探与开发，37（6）：641-653.

邹才能，董大忠，王玉满，等，2015.中国页岩气特征、挑战及前景（一）［J］.石油勘探与开发，42（6）：689-701.

邹才能，杜金虎，徐春春，等，2014.四川盆地震旦系—寒武系特大型气田形成分布、资源潜力及勘探发现［J］.石油勘探与开发，40（3）：279-293.

邹军成，梁西文，李莎，2007.川东北黄莲峡地区长兴组生物礁地震异常特征及油气勘探潜力［J］.天然气勘探与开发，30（4）：14-19.

Allan J R, Wiggins W D, 1993. Dolomite reservoirs : Geochemical techniques for evaluating origin and distribution［J］. Tulsa : AAPG Continuing Education Course Note Series, 36, 19-32.

Antia D J, 1986.Kinetic model for modeling vitrinite reflectance［J］. Geology, 14: 606-608.

Barker C E, 1991.Implication for organic maturation studies of evidence for a geologically rapid and stabilization of vitrinite reflectance at peak temperature : Cerro Prieto Geothermal System, Mexico［J］. AAPG Bull, 75: 1852-1863.

Barker J F, Polloact S J, 1984.The geochemistry and oringin of natural gases in southern Ontario［J］. Bulletin of Canadian Petroleum Geology, 32（3）: 313-326.

Carr A D, 1999.Avitrinite reflectance kinetic model incorporating overpressure retardation［J］. Marine and Petroleum Geology, 16: 355-377.

Champman M, 2007.Fluid-substitution theories for reservors with complex fracture patterns［C］. SEG Expanded Abstracts, 26: 164-168.

Curtis J B, 2002. Fractured shale-gas systems［J］. AAPG Bulletin, 86（1）: 1921-1938.

Fitzgerald E, Feely M, Johnston, J D, Clayton et al., 1994.The variscan thermal history of West Clare, Ireland［J］. Geological Magazine, 131（4）: 545-558.

Hao F, Youngchuan S, Sitian L, et al., 1995. Overpressure retardation of organic matter maturation and prtroleum generation : A case study from the Yinggehai and Qiongdongnan Bassin, South China Sea［J］. AAPG Bull, 79: 551-562.

Jamison W R, 1987. Geometic analysis of fold development in overthrust terranes［J］. Journal of Structural Geology, 9（2）: 207-219.

Li Jian, Xie Zengye, Dai Jinxing, et al., 2005.Geochemistry and origin of sour gas accumulations in the northeastern Sichuan Basin, SW China [J] . Org Geochem, 36 (12): 1703-1716.

Lu S M, McMechan G A, 2004. Elastic impedance inversion of multichannel seismic data from unconsolidated sediments containing gas hydrate and free gas [J] . Geophysics, 69 (1): 164-179.

Morid, S, Al-Aasm I S, Sirat M, 2010. Vein calcite in cretaceous carbonate reservoirsof Abu Dhabi : Record of origin of fluids and diagenetic conditions [J] . Journal of Geochemical Exploration, 106 (1): 156-170.

Passey Q R, Creaney J B, Kulla F, et al., 1990.A Practical Model for Organic Richness from Porosity and Resistivity Logs [J] . AAPG Bulletin, 74 (12): 1777-1794.

Rickman R, Mullen M. Petre E, 2008.A practical use of shale petrophysics for stimulation design optimization : All shale plays are not clones of the Barnett Shale [C] . SPE Annual Technical Conference and Exhibition, 21-24 .

Robbie Goodhue, Geoffrey Clayton, 1999. Organic maturation levels, thermal history and hydrocarbon source rock potential of the Namurian rocks of the Clare Basin, Ireland [J] . Marine and Petroleum Geology, 16: 667-675.

Suppe J, Medwedeff D A, 1990. Geometry and kinematics of fault-propagat ion folding [J] . Eclogae Geologicae Helvetiae, 83 (3): 409-454.

Suppe J, 1983. Geometry and kinematics of fault-bend folding[J]. Amer ican Journal of Science, 283(7): 684-721.

Xuan Zhu, Zhenwu Yin, Xusheng Guo, et al., 2006. Application of advanced imaging technologies to carbonate reservoirs in Southen China [J] . Leading Edge, 25 (11): 1388-1395.

附录 大 事 记

1986 年

9 月 川东北通南巴构造带川涪 82 井在嘉陵江组二段获得 $7.03 \times 10^4 m^3/d$ 的工业气流，发现了嘉二段气藏。

1987 年

12 月 川西坳陷新场构造川孝 113 井在蓬莱镇组中途测试获得天然气产量 $0.37 \times 10^4 m^3/d$ 的工业气流，发现蓬莱镇组气藏。

1988 年

2 月 川西坳陷合兴场构造川合 100 井测试获得天然气 $18.01 \times 10^4 m^3/d$ 工业气流，川西坳陷须家河组勘探取得重大发现。

3 月 川南弥陀场构造川弥 87 井在嘉陵江组二段获得 $8.8 \times 10^4 m^3/d$ 工业气流，发现了嘉二气藏。

12 月 川东北东岳寨构造川岳 83 井在飞仙关组钻遇高压气层，中途测试获得 $13.97 \times 10^4 m^3/d$ 工业气流，发现了飞二段气藏。

1989 年

4 月 川西丰谷构造川丰 125 井在须五段中途测试获得 $2.1 \times 10^4 m^3/d$ 工业气流。

1990 年

3 月 川北石龙场构造石龙 2 井在自流井组测试获得油 $73.2 m^3/d$ 及天然气 $3.17 \times 10^4 m^3/d$ 工业油气流。

5 月 川西坳陷新场构造川孝 129 井在上沙溪庙组测试获得 $5.26 \times 10^4 m^3/d$ 工业气流，发现上沙溪庙组气藏。

1991 年

4 月 川合 127 井须二段测试获得 $12.0 \times 10^4 m^3/d$ 的工业气流。

12 月 新场构造川孝 135 井在千佛崖组砾岩层测试获得天然气 $5.12 \times 10^4 m^3/d$、凝析油 $3.84 m^3/d$，发现了千佛崖组裂缝型气藏。

1992 年

3 月 新场构造川孝 134 井在遂宁组 $1650 \sim 1660m$ 常规测试获天然气 $0.29 \times 10^4 m^3/d$，酸化后测试获得 $0.57 \times 10^4 m^3/d$ 的工业气流，实现了遂宁组油气勘探发现。

1993 年

10 月 川西坳陷丰谷构造川丰 131 井在下沙溪庙组—自流井组裸眼替喷测试获得 $17.78 \times 10^4 m^3/d$ 的工业气流，发现了下沙溪庙组—自流井组气藏。

12 月　川西坳陷合兴场构造川合 141 井在蓬莱镇组砂岩储层经加砂压裂获得 $1.07 \times 10^4 \mathrm{m}^3/\mathrm{d}$ 的工业气流，发现了蓬莱镇组气藏。

1995 年

7 月　川西坳陷中江构造川泉 181 井在沙溪庙组砂岩储层测试获得 $1.00 \times 10^4 \mathrm{m}^3/\mathrm{d}$ 的工业气流，发现了中江气田。

1996 年

4 月　完成对新场气田建设具有重要意义的新场三维地震 $109.82 \mathrm{km}^2$ 的资料采集工作。

5 月　川孝坳陷东泰构造川泰 361 井在蓬莱镇组砂岩储层经加砂压裂获得 $3.16 \times 10^4 \mathrm{m}^3/\mathrm{d}$ 工业气流，发现了蓬莱镇组气藏。

12 月　川西坳陷洛带构造龙 3 井在蓬莱镇组砂岩储层射孔测试获得 $0.52 \times 10^4 \mathrm{m}^3/\mathrm{d}$ 工业气流，后加砂压裂增产至 $4.1 \times 10^4 \mathrm{m}^3/\mathrm{d}$ 工业气流，发现了蓬莱镇组气藏。

1997 年

1 月　川西坳陷新都构造川都 416 井在蓬莱镇组经加砂压裂获得 $1.01 \times 10^4 \mathrm{m}^3/\mathrm{d}$ 工业气流，发现了蓬莱镇组气藏。

11 月　川西坳陷马井构造川马 601 井在蓬莱镇组经加砂压裂获得 $1.50 \times 10^4 \mathrm{m}^3/\mathrm{d}$ 工业气流，发现了蓬莱镇组气藏；新场气田新 7 井在白垩系剑门关组测试获得 $0.47 \times 10^4 \mathrm{m}^3/\mathrm{d}$ 工业气流，发现了白垩系剑门关组超浅层气藏。

1998 年

1 月　川西坳陷金堂斜坡川金 608 井在蓬莱镇组经加砂压裂获得 $1.61 \times 10^4 \mathrm{m}^3/\mathrm{d}$ 工业气流，发现了蓬莱镇组气藏。

3 月　川西回龙构造回龙 2 井在自流井组测试获得油 $6.43 \mathrm{m}^3/\mathrm{d}$、天然气 $0.8 \times 10^4 \mathrm{m}^3/\mathrm{d}$ 的工业油气流。

12 月　川西坳陷马井构造川马 602 井在白垩系七曲寺组砂岩储层获得 $5.6 \times 10^4 \mathrm{m}^3/\mathrm{d}$ 工业气流，发现了七曲寺组气藏。

1999 年

5 月　中国石化南方海相油气勘探项目经理部成立于昆明。

6 月　川西坳陷洛带构造龙 651 井在上沙溪庙组获 $0.26 \times 10^4 \mathrm{m}^3/\mathrm{d}$ 工业气流，发现了上沙溪庙组气藏。

7 月　川西坳陷新场构造川孝 169 井下沙溪庙组经加砂压裂获 $8.09 \times 10^4 \mathrm{m}^3/\mathrm{d}$ 工业气流，发现了下沙溪庙组气藏。

9 月 19 日　川东南赤水地区旺 14 井钻至阳三段放空 0.5m 后发生强烈井喷，初期放喷气量 $100 \times 10^4 \sim 200 \times 10^4 \mathrm{m}^3/\mathrm{d}$，测试产天然气 $41 \times 10^4 \mathrm{m}^3/\mathrm{d}$。

2000 年

4 月　川西坳陷金马构造川鸭 609 井在沙溪庙组砂岩储层经加砂压裂获 $10.57 \times 10^4 \mathrm{m}^3/\mathrm{d}$ 工业气流，发现了金马含气构造。

10月　川西坳陷新场构造新851井于须二段4822.30~4845.80m发现裂缝型气层，筛管替喷测试获天然气产量$38 \times 10^4 m^3/d$，无阻流量$151.40 \times 10^4 m^3/d$，获得了须家河组二段油气勘探重大突破。

11月14日　川东南赤水地区宝8井在嘉陵江组嘉五段一亚段完井试气获$2.0 \times 10^4 m^3/d$工业气流。

11月26日　川东北宣汉—达州地区1000多千米高精度二维山地地震采集项目正式开始实施。

2001年

3月　川东南赤水地区旺18井在嘉陵江组嘉四段四亚段、嘉三段三亚段至嘉三段二亚段钻获工业油气流。

4月　川西坳陷孝泉构造川孝455井在下沙溪庙组砂岩储层获$1.47 \times 10^4 m^3/d$工业气井，发现了孝泉气田下沙溪庙组气藏。

6月　川西坳陷新场构造新852井在白田坝组中途测试获得$37.25 \times 10^4 m^3/d$工业气流，发现了白田坝组气藏。

7月18日　部署在川东北地区通南巴构造带的河坝1井开钻。

11月3日　部署在川东北地区东岳庙构造的普光1井开钻。

11月10日　部署在川东北地区毛坝场构造的毛坝1井开钻。

12月　川东南赤水地区宝元构造嘉五段一亚段气藏提交天然气探明地质储量$6.962 \times 10^8 m^3$，探明含气面积$8.96 km^2$。

2002年

4月11日　中国石化整合南方海相油气勘探项目经理部和滇黔桂油田分公司，在昆明成立中国石化南方勘探开发分公司。

4月　川西坳陷马井构造川马600井对下沙溪庙组砂岩储层经加砂压裂获$3.3751 \times 10^4 m^3/d$工业气流，发现了下沙溪庙组气藏。

2003年

1月15—21日　川东北探区毛坝1井在飞仙关组三段—四段裸眼常规测试获$32.58 \times 10^4 m^3/d$工业气流。

3月　川西坳陷廖家场地区金遂2井在遂宁组获$3.09 \times 10^4 m^3/d$工业气流，发现了遂宁组气藏。

7月28—31日　川东北探区普光1井在飞仙关组一段孔隙型白云岩储层完井试气获$42.37 \times 10^4 m^3/d$中产工业然气流，取得川东北地区海相碳酸盐岩领域重大突破。

8月　中国石化评审通过普光构造飞仙关组气藏新增天然气控制地质储量$1379.85 \times 10^8 m^3$、普光构造长兴组气藏和毛坝场构造飞仙关组气藏新增天然气预测地质储量$1462.0 \times 10^8 m^3$，是中国石化南方勘探开发公司首次在川东北探区提交的三级地质储量。

2004年

3月　川西坳陷新场构造新882井在须四段砂岩储层试气获$2.32 \times 10^4 m^3/d$的工业气流，发现了须四段气藏。

3月　川西坳陷新都构造川都617井在遂宁组和下沙溪庙组砂岩储层试气分别获1.35×10⁴m³/d和3.31×10⁴m³/d的工业气流，发现了遂宁组和下沙溪庙组气藏。

8月15日　川东北探区重点探井普光2井在长兴组二段完井试气获58.88×10⁴m³/d高产工业气流。

9月18日，普光2井在飞仙关组一段完井试气获62.02×10⁴m³/d高产工业气流，再次证实川东北探区普光构造具有丰富的天然气资源。

9月22日　川东南探区官渡构造带官10井在须家河组四段完井试气获8.82×10⁴m³/d工业气流。

11月27日　川东南探区官渡构造带官9井在侏罗系下沙溪庙组试获油气流，稳定产油量90.6m³/d，稳定产气量6000m³/d，气油比66，该区中浅层陆相碎屑岩油气勘探取得新突破。

2005年

1月26日　全国矿产储量委员会评审通过川东北地区普光构造飞仙关组气藏新增天然气探明地质储量1143.63×10⁸m³，标志着普光气田的正式发现，成为四川盆地已发现的最大天然气田，跻身中国特大天然气田之列。

1月26日　普光气田普光4井在飞仙关组一段完井试气获64.94×10⁴m³/d高产工业气流。

3月　川西中江构造川江566井在须二段中上部射孔测试获2.28×10⁴m³/d工业气流，取得中江地区深层勘探的重要发现。

4月　川西丰谷构造川丰563井在须四段中部钙屑砂进行射孔测试获3.58×10⁴m³/d工业气流，实现了丰谷构造须四段勘探的重要发现。

4月22日　川东北探区通南巴构造带河坝1井在飞仙关组三段完井试气获29.60×10⁴m³/d中产工业气流，是该构造带飞仙关组气藏的发现井。

8月18日　普光气田毛坝场构造毛坝3井在长兴组完井试气获19.99×10⁴m³/d中产工业气流，毛坝场构造甩开勘探再获突破。

10月18日　普光气田双庙场构造双庙1井在飞仙关组四段完井试气获18.17×10⁴m³/d中产工业气流，普光构造向南甩开勘探在双庙场获得重大突破。

10月31日　普光气田普光6井在长兴组中—上部完井试气获75.25×10⁴m³/d高产工业气流；12月，在飞仙组一段—二段完井常规测试获天然气产量32.76×10⁴m³/d，经补层、补孔和酸压改造，获128.15×10⁴m³/d高气工业气流。

2006年

2月15日　全国矿产储量委员会评审通过普光气田飞仙关组—长兴组气藏新增天然气探明地质储量1367.07×10⁸m³，气田面积进一步扩大。至此，普光气田已累计提交天然气探明地质储量2510.7×10⁸m³。

7月　川西大邑构造大邑1井氮气钻井至须三段（井深4775.56m）简易测试获12.03×10⁴m³/d的工业气流，实现了大邑构造天然气勘探的重大突破。

10月16日　马路背构造马2井在须家河组四段中途测试获天然气产量3.58×10⁴m³/d，川东北探区在须家河组首次获得工业气流，实现了该地区中浅层碎屑岩油气勘探新突破。

12月1日　年初开钻的建深1井在志留系韩家店组中途测试获$5.13 \times 10^4 m^3/d$的工业气流，取得了鄂西渝东区块志留系油气勘探的首次突破。

12月6日　普光气田大湾2井在飞仙关组一段—二段完井试气获$58.6 \times 10^4 m^3/d$高产工业气流，标志着大湾—普西构造在飞仙关组获得天然气勘探重大突破，实现了普光气田与其外围构造的连片。

2007 年

1月3日　清溪1井在飞仙关组四段钻遇高压气层压并封井成功，放喷估算天然气产量大于$200 \times 10^4 m^3/d$，估算无阻流量达$1000 \times 10^4 m^3/d$，普光气田周缘勘探获得新的重大突破。

1月25日　普光气田大湾1井在长兴组完井试气获$16.97 \times 10^4 m^3/d$中产工业气流；4月，又分别在飞仙关组一段、飞二段至飞三段测试获$41.9 \times 10^4 m^3/d$、$88.5 \times 10^4 m^3/d$高产工业气流。

2月　由中国石化勘探南方分公司主持完成的科技项目"海相深层碳酸盐岩天然气成藏机理、勘探技术与普光气田的发现"获2006年度国家科学技术进步一等奖。

2月　川西大邑构造大邑1井在须二段砂岩储层完井测试获$35.9673 \times 10^4 m^3/d$的工业气流，实现了大邑构造须二段天然气勘探重大突破。

2月8日　普光气田毛坝6井完井试气，在飞仙关组飞一段—飞二段获$65.78 \times 10^4 m^3/d$高产工业气流、在飞仙关组三段获$10.55 \times 10^4 m^3/d$工业气流。

2月10日　全国矿产储量委员会评审通过普光气田普光8井区、大湾1井区飞仙关组和长兴组气藏新增天然气探明地质储量$1050.02 \times 10^8 m^3$。

3月20日　中国石化股份公司勘探南方分公司成立；3月底，中国石化大西南地区上游企业重组整合开始实施；8月初，勘探南方分公司整体搬迁成都工作开始实施；9月27日，勘探南方分公司成都办公大楼举行启用揭牌仪式。

5月　川西高庙子构造川高561井在须二段砂岩储层采用压裂燃爆联作，获$10.4631 \times 10^4 m^3/d$工业气流，实现了高庙子构造须二段天然气勘探的重要发现。

7月　川西新场构造新2井在须二段完井替喷测试获$100.52 \times 10^4 m^3/d$工业气流，首次在川西地区钻获日产大于$100 \times 10^4 m^3$的井，截至2015年12月，已经累计生产天然气超过$8.0 \times 10^8 m^3$。

10月17日　鄂西—渝东龙驹坝构造重点预探井龙8井在二叠系茅口组—栖霞组完井，酸压测试获$5.13 \times 10^4 m^3/d$工业气流。

11月18日　元坝1井在长兴组完井试气获$50.3 \times 10^4 m^3/d$高产工业气流，元坝地区海相勘探取得重大突破。

11月25日　马1井在须家河组四段完井试气获$3.26 \times 10^4 m^3/d$工业气流，通南巴构造带陆相勘探取得重大突破。

12月20日　全国矿产储量委员会评审通过普光气田毛坝4井区飞仙关组气藏新增天然气探明地质储量$251.85 \times 10^8 m^3$，普光气田探明储量规模进一步扩大。

2008 年

1月21日　川东北探区通南巴构造带河坝2井在飞仙关组三段完井试气获

$204 \times 10^4 \mathrm{m}^3/\mathrm{d}$ 高产工业气流,是川东北探区迄今为止单井单层测试获得的最高日产量。川东北探区天然气勘探取得又一重大成果。

3月18日 元坝2井完钻,完钻井深6828m,完钻层位长兴组;4月24日,在长兴组下储层完井试气获 $4.36 \times 10^4 \mathrm{m}^3/\mathrm{d}$ 工业气流;6月10日,在长兴组上储层完井试气获 $10.24 \times 10^4 \mathrm{m}^3/\mathrm{d}$ 工业气流。

6月20日 普光气田大湾102井在飞仙关组一段—二段完井试气获 $22.48 \times 10^4 \mathrm{m}^3/\mathrm{d}$ 中产工业气流。

7月10日 米仓山前带南江地区金溪1井在飞仙关组一段完井酸压试气获 $2.10 \times 10^4 \mathrm{m}^3/\mathrm{d}$ 的工业气流。

7月11日 普光气田新清溪1井在飞仙关组飞三段—飞四段裸眼测试,天然气产量 $106.78 \times 10^4 \mathrm{m}^3/\mathrm{d}$,创川东北地区常规测试单层日产量最高纪录。

8月19日 川东北通南巴地区马路背构造马2井在须家河组四段完井试气获 $4.04 \times 10^4 \mathrm{m}^3/\mathrm{d}$ 的工业气流。

9月23日 普光气田双庙101井在嘉陵江组二段完井试气获 $2.12 \times 10^4 \mathrm{m}^3/\mathrm{d}$ 的工业气流,拓展了普光西部地区的油气勘探潜力。

12月25日 全国矿产储量委员会评审通过普光气田大湾区块大湾1井区、大湾102井区飞仙关组气藏新增天然气探明地质储量 $238.22 \times 10^8 \mathrm{m}^3$。

2009 年

3月 川西什邡地区什邡2井在蓬莱镇组砂岩储层经加砂压裂获 $1.13 \times 10^4 \mathrm{m}^3/\mathrm{d}$ 的工业气流,实现了什邡斜坡区天然气勘探的重要发现。

3月29日 川东北探区元坝101井在长兴组完井试气获 $32.05 \times 10^4 \mathrm{m}^3/\mathrm{d}$ 中产工业气流,进一步拓展了元坝地区长兴组大型台地边缘礁滩储层规模。

7月5日 川东北探区元坝4井在雷口坡组四段完井试气获 $68.37 \times 10^4 \mathrm{m}^3/\mathrm{d}$ 高产工业气流,这是元坝构造在雷四段获得工业气流的第一口探井,雷口坡组顶部风化壳白云岩储层勘探取得重大突破。同期,多口井在雷口坡组钻遇了良好油气显示,元坝地区立体勘探场面基本形成。

12月25日 全国矿产储量委员会评审通过普光气田老君区块长兴组、清溪场区块飞三段、毛坝场区块飞四段和长兴组、双庙场区块飞四段和嘉二段气藏新增天然气探明地质储量合计 $70.94 \times 10^8 \mathrm{m}$;川东北探区通南巴气田马路背区块马1井区、马101井区和马2井区须四段、马101井区须一段气藏新增天然气探明地质储量合计 $191.56 \times 10^8 \mathrm{m}^3$。探明了通南巴构造带首个陆相气田。

2010 年

1月7日 川东北探区元坝3井在自流井组珍珠冲段完井试气获 $18.1 \times 10^4 \mathrm{m}^3/\mathrm{d}$ 工业气流,此前该井在须家河组四段完井试气获 $22.63 \times 10^4 \mathrm{m}^3/\mathrm{d}$ 工业气流。进一步展示了川东北地区中浅层碎屑岩地层具有良好的天然气勘探前景。

2月24日 川西海相重点探井川科1井在马鞍塘组完井试气获 $86.8 \times 10^4 \mathrm{m}^3/\mathrm{d}$ 高产工业气流,取得川西海相新层系勘探重大突破,拓宽了四川盆海相油气勘探领域。

6月18日 川东南探区兴隆1井在长兴组完井试气获 $51.7 \times 10^4 \mathrm{m}^3/\mathrm{d}$ 高产工业气流,

取得川东南新区块台缘礁滩相勘探重大突破。

11月12日　隆盛1井在茅口组完井试气获20.6×10⁴m³/d中产工业气流，川东南探区綦江高陡构造茅口组不整合面岩溶储层勘探取得重大突破。

2011 年

1月15日　元坝9井在千佛崖组完井测试获油13.4t/d、气1.2324×10⁴m³/d的工业油气流，元坝侏罗系千佛崖组页岩油气勘探取得重大突破。

4月　川西坳陷知新场构造知新31井在上沙溪庙组砂岩储层经加砂压裂获2.4225×10⁴m³/d工业气流，发现了上沙溪庙组组气藏。

4月23日　元坝29井在吴家坪组完井试气获135.9×10⁴m³/d高产工业气流，川东北元坝区块吴家坪组油气勘探取得重大突破。

5月28日　元坝205井长兴组一段完井试气获105.56×10⁴m³/d高产工业气流，此前该井于5月17日在长兴组一段完井试气获53.52×10⁴m³/d中产工业气流，元坝长兴组一段浅滩勘探取得重大突破。

7月30日　元坝29井在长兴组二段完井试气获142.79×10⁴m³/d高产工业气流，是元坝探区长兴组二段浅滩储层试气最高产能。

9月15日　全国矿产储量委员会评审通过元坝27井区、元坝101井区、元坝103H井区长二段及元坝29井区、元坝12井区长兴组气藏新增天然气探明地质储量1592.53×10⁸m³，探明含气面积155.33km²。元坝气田正式诞生。

10月27日　全国矿产储量委员会评审通过通南巴气田河坝区块河坝2井区、河坝102井区飞三段及河坝1井区嘉二段、飞三段气藏新增天然气探明地质储量88.84×10⁸m³，至此通南巴气田已累计探明天然气地质储量280.40×10⁸m³，探明地质储量规模进一步扩大。

12月5日　全国矿产储量委员会评审通过川东南探区兴隆1井区长兴组二段气藏新增天然气探明地质储量76.53×10⁸m³，探明含气面积13.35km²。兴隆气田诞生。

2012 年

2月14日　川东南焦石坝区块第一口海相页岩气探井——焦页1井正式开钻，该井为涪陵页岩气田的发现井。

2月12日　元坝气田元陆5井在自流井组珍珠冲段完井测试，获150.39×10⁴m³/d高产工业气流。

2月15日　元坝气田元陆7井在须家河组三段完井测试，获120.83×10⁴m³/d高产工业气流。

3月20日　兴隆气田兴隆101井在自流井组大安寨段完井测试，获油54.0m³/d、气11.011×10⁴m³/d的高产工业油气流，川东南地区大安寨段页岩气勘探取得重大发现。

5月19日　元坝气田元陆3井在自流井组珍珠冲段完井试气获30.06×10⁴m³/d中产工业气流。此前，该井于4月在须家河组四段完井，试获14.79×10⁴m³/d中产工业气流。

6月　川西坳陷回龙鼻状构造回龙1井在须二段砂岩储层进行重复酸压测试，获16.07×10⁴m³/d的工业气流，实现了回龙地区须二段的重要发现。

6 月 28 日　元坝气田元陆 8 井在须家河组四段完井试气获 $11.23 \times 10^4 \mathrm{m}^3/\mathrm{d}$ 中产工业气流。

7 月 18 日　元坝气田元陆 9 井在须家河组三段完井测试获 $10.02 \times 10^4 \mathrm{m}^3/\mathrm{d}$ 工业气流。

8 月 7 日　川东探区福石 1 井在大安寨段完井试气获产油 $67.8 \mathrm{m}^3/\mathrm{d}$、气 $12.56 \times 10^4 \mathrm{m}^3/\mathrm{d}$ 的高产工业油气流。至此，川东地区自流井组大安寨段多口井试获工业油气流，该区大安寨段页岩气勘探取得重大突破。

11 月 23 日　川东南探区焦石坝区块焦页 1HF 井在五峰组—龙马溪组一段完井大型分段压裂测试获 $20.30 \times 10^4 \mathrm{m}^3/\mathrm{d}$ 高产工业气流，是中国石化第一口海相页岩气高产井，实现了海相页岩气勘探重大突破。

12 月 22 日　元坝气田元陆 17 井在须四段完井试气获 $22.63 \times 10^4 \mathrm{m}^3/\mathrm{d}$ 中产工业气流，取得了巴中地区陆相碎屑岩地层油气勘探的重大突破，元坝东甩开勘探取得新发现。

12 月 25 日　全国矿产储量委员会评审通过元坝气田元坝 273 井区、元坝 224 井区、元坝 123 井区长兴组气藏、元坝 27 井区飞仙关组气藏、元坝 22 井区雷口坡组气藏合计新增天然气探明地质储量 $602.04 \times 10^8 \mathrm{m}^3$，元坝气田探明储量规模进一步扩大。

2013 年

1 月　川西坳陷温江构造崇州 1 井在上沙溪庙组 $\mathrm{J}_2 s_3$ 砂层组经酸化压裂改造获 $1.66 \times 10^4 \mathrm{m}^3/\mathrm{d}$ 的工业气流、在蓬莱镇组经加砂压裂测试获 $3.34 \times 10^4 \mathrm{m}^3/\mathrm{d}$ 的工业气流，实现了崇州—郫都地区侏罗系新层系油气勘探重要发现。

2 月　川西南坳陷寿保场—金石构造金石 1 井在嘉陵江组酸化压裂测试获 $2.32 \times 10^4 \mathrm{m}^3/\mathrm{d}$ 低产工业气流，实现了川西海相新层系油气勘探重要发现。

4 月 22 日 川东南探区泰来 2 井在长兴组完井试气获 $40.18 \times 10^4 \mathrm{m}^3/\mathrm{d}$ 中产工业气流，涪陵地区台内浅滩勘探取得重大突破。

11 月　川西坳陷大邑—安州构造带金马构造彭州 1 井在雷四段碳酸盐岩储层酸压测试获 $121.054 \times 10^4 \mathrm{m}^3/\mathrm{d}$ 的工业气流，实现了川西海相油气勘探的重要发现。

12 月 21 日　川东南探区丁山区块丁页 2HF 井在五峰组—龙马溪组一段完井试气获 $10.355 \times 10^4 \mathrm{m}^3/\mathrm{d}$ 工业气流，四川盆地深层海相页岩气勘探取得重大突破。

2014 年

2 月　川中隆起北部斜坡带柏垭鼻状构造星 1 井在须三段储层进行酸压测试获 $4.6437 \times 10^4 \mathrm{m}^3/\mathrm{d}$ 的工业气流，实现了川中须家河组油气勘探重要发现。

3 月 24 日　中国石化董事长在香港宣布：中国石化在重庆市涪陵区焦石坝镇发现国内首个整装页岩气田，并提前投入商业生产，日产气 $200 \times 10^4 \mathrm{m}^3$，这是中国首次成功大规模商业开发页岩气。

4 月　川西坳陷梓潼凹陷永兴构造绵阳 2 井在须四段储层酸压测试获 $8.7765 \times 10^4 \mathrm{m}^3/\mathrm{d}$ 工业气流，实现了梓潼凹陷须家河组勘探重要发现。

4 月　川西南坳陷威远构造金页 1 井在灯影组碳酸盐岩储层酸压测试获 $4.7374 \times 10^4 \mathrm{m}^3/\mathrm{d}$ 的工业气流，实现了川西南海相新层系油气勘探的重大突破。

7月7日　全国矿产储量委员会评审通过涪陵页岩气田焦页 1 井—焦页 3 井区五峰组—龙马溪组一段新增天然气探明地质储量 $1067.50 \times 10^8 m^3$，中国首个千亿立方米级页岩气田——涪陵页岩气田诞生。

7月26日　中国石化股份公司勘探南方分公司更名为"中国石油化工股份有限公司勘探分公司"。

10月　川西南坳陷威远构造金页 1HF 井在筇竹寺组页岩储层分段压裂测试获 $6.2273 \times 10^4 m^3/d$ 的工业气流，实现了川西海相新层系油气勘探的重大突破。

12月23日　全国矿产储量委员会评审通过元坝气田元坝 28 井区、元坝 10 井区长二段气藏新增天然气探明地质储量 $108.90 \times 10^8 m^3$。

2015 年

1月9日　由中国石化勘探分公司主持完成的科技项目"元坝超深层生物礁大气田高效勘探及关键技术"获 2014 年国家科学技术进步一等奖。

1月16日　元坝气田元陆 H-1 井在须家河组二段致密砂岩水平段完井试气获 $10.8 \times 10^4 m^3/d$ 工业气流，陆相致密碎屑岩储层水平井提产获得初步成效。

4月　川中隆起北部斜坡带柏垭鼻状构造星 101 井在须四段储层酸压测试获 $17.54 \times 10^4 m^3/d$ 工业气流，实现了川中须家河组油气勘探的重要发现。

6月　川西坳陷龙门山前构造带石羊镇构造羊深 1 井在雷四段碳酸盐岩储层酸压测试获 $60.20 \times 10^4 m^3/d$ 工业气流，实现了石羊镇构造海相油气勘探的重要发现；川西坳陷龙门山前构造带鸭子河构造鸭深 1 井在雷四段碳酸盐岩储层酸压测试获 $40.26 \times 10^4 m^3/d$ 工业气流，实现了鸭子河构造海相油气勘探的重要发现；川西南坳陷北部威远构造带威页 1HF 井在龙马溪组页岩储层分段测试获 $14.4209 \times 10^4 m^3/d$ 工业气流，实现了威远地区海相页岩气油气勘探的重大突破。

8月6日　川东南探区永兴 1 井在长兴组完井试气获 $2.13 \times 10^4 m^3/d$ 工业气流，涪陵南部长兴组台洼边缘礁滩油气勘探取得新发现。

8月17日　元坝气田元陆 176 井在须家河组四段完井加砂压裂试气获 $2.13 \times 10^4 m^3/d$ 工业气流，扩大了巴中地区须四段气藏含气面积，拓展了该区致密砂岩气勘探潜力。

9月24日　全国矿产储量委员会评审通过涪陵页岩气田焦页 4 井—焦页 5 井区五峰组—龙马溪组一段新增天然气探明地质储量 $2738.48 \times 10^8 m^3$。至此，涪陵页岩气田累计探明地质储量 $3805.98 \times 10^8 m^3$、含气面积 $383.54 km^2$，成为全球除北美之外最大的页岩气田。

11月　川西坳陷福兴场构造中江 109D 井在下沙溪庙组碳酸盐岩储层加砂压裂测试获 $5.5842 \times 10^4 m^3/d$ 工业气流，发现了福兴地区下沙溪庙组气藏。

12月　川南低褶带永川新店子构造永页 1 井在五峰组—龙马溪组页岩储层分段压裂测试获 $13.66 \times 10^4 m^3/d$ 工业气流，实现了永川地区海相页岩气油气勘探的重大突破。

12月29日　中国石化在重庆宣布：国家级页岩气示范区——中国石化涪陵页岩气田顺利实现年产能 $50 \times 10^8 m^3$ 建设目标。

2016 年

9月20日　马深 1 井在须家河组二段完井加砂压裂测试获 $1.06 \times 10^4 m^3/d$ 天然气流。

11 月　川西坳陷回龙构造中江 113D 井在遂宁组砂岩储层酸压测试获 $1.23 \times 10^4 m^3/d$ 工业产能，发现了回龙地区遂宁组气藏。

2017 年

1 月 8 日　马 3 井须二段完井常规测试获 $10.12 \times 10^4 m^3/d$ 商业气流，进一步扩大了通江地区须家河组气藏含气面积和储量规模。此前，该区已在马 1 井、马 2 井、马 101 井、马深 1 井等在须家河组试获工业气流。

6 月　川西孝泉构造永胜 1 井在二叠系峨眉山玄武岩储层酸压测试获 $0.14 \times 10^4 m^3/d$，实现了川西海相新层系油气勘探的重要发现。

7 月 1 日　全国矿产储量委员会评审通过涪陵页岩气田江东、平桥区块五峰组—龙马溪组一段新增天然气探明地质储量 $2202.16 \times 10^8 m^3$。至此，涪陵页岩气田已累计探明地质储量 $6008.14 \times 10^8 m^3$、含气面积 $575.92 km^2$。

8 月 15 日　川东南探区丁山区块丁页 4 井在五峰组—龙马溪组一段页岩气层完井试气获 $20.56 \times 10^4 m^3/d$ 商业气流，取得丁山构造页岩气勘探重大突破。

8 月 16 日　泰来 6 井在茅口组三段完井试气获 $11.08 \times 10^4 m^3/d$ 商业气流，实现了川东南探区泰来区块海相热液白云岩新领域油气勘探重大突破。

9 月 29 日　涪陵页岩气田焦页 1HF 井已安全生产 1750 余天，累计生产页岩气突破 $1.0 \times 10^8 m^3$，为国内目前稳产时间最长的页岩气井。

10 月 16 日　川东南探区义和 1 井完井试气获 $3.06 \times 10^4 m^3/d$ 工业气流，实现了川东南探区茅口组一段新层系新类型储层的勘探突破。

12 月 6 日　由中国石化勘探分公司主持完成的科技项目"涪陵大型海相页岩气田高效勘探开发"获 2017 年国家科学技术进步奖一等奖。

2018 年

2 月 27 日　中国石化勘探分公司部署在川东南綦江地区丁山构造的重点页岩气探井——丁页 5 井试获 $16.33 \times 10^4 m^3/d$ 高产页岩气流，这是丁山构造上第二口高产页岩气井。

4 月 4 日　中国石化勘探分公司部署在川东北元坝地区的风险探井——元坝 7 井在吴家坪组—茅口组试获 $105.94 \times 10^4 m^3/d$ 的高产工业气流，取得元坝地区新层系勘探重大突破。

2019 年

1 月 2 日　中国石化深层页岩气攻关试验井——东页深 1 井在埋深 4270m 的奥陶系五峰组—志留系龙马溪组优质页岩气层试获 $31.18 \times 10^4 m^3/d$ 的高产工业气流，取得深层页岩气勘探重大突破，是国内首口埋深大于 4200m 的高产页岩气井。

7 月 31 日　川东北地区元坝气田元陆 12 井区须家河组三段致密砂岩气藏提交新增天然气探明地质储量 $408.53 \times 10^8 m^3$，进一步扩大了元坝气田探明储量规模。

12 月 10 日　中国石化勘探分公司完成的"四川盆地深层页岩气富集机理及勘探关键技术"项目获 2019 年度中国石油和化学工业联合会科技进步一等奖。

2020 年

2 月 19 日　中国石化勘探分公司部署在贵州省遵义市道真县的重点页岩气预探井——

真页 1HF 井在奥陶系五峰组—志留系龙马溪组优质页岩气层试获 $5.03 \times 10^4 m^3/d$ 的工业气流，取得四川盆地外围复杂构造区常压页岩气勘探新突破。

5 月 9 日　中国石化勘探分公司部署在川东弧形高陡褶皱带拔山寺向斜构造的评价井泰来 601 井在二叠系茅口组三段热液白云岩试获 $2.05 \times 10^4 m^3/d$ 工业气流，6 月 29 日在凉高山组加砂压裂测试获日产油 $4.09 m^3$ 和日产天然气 $960 m^3$ 工业油气流，取得涪陵南部地区侏罗系致密砂岩油气勘探新发现。

8 月 17 日　通江地区马 5 井在须家河组四段下亚段试获 $16.5 \times 10^4 m^3/d$ 的中产工业气流，同年 10 月 24 日，在须家河组四段上亚段试获 $21.17 \times 10^4 m^3/d$ 中产工业气流，实现了通江地区须家河组"断缝体"气藏勘探新突破。

9 月 11 日　川东北地区元坝气田元坝 221 井区须家河组三段提交天然气探明地质储量 $318.21 \times 10^8 m^3$。至此该气田已累计提交须三段致密砂岩气探明地质储量 $726.74 \times 10^8 m^3$，探明含气面积（叠合）$446.62 km^2$。

9 月 30 日　涪陵页岩气田东胜—平桥西区块奥陶系五峰组—志留系龙马溪组一段提交页岩气探明地质储量 $1918.27 \times 10^8 m^3$，新增探明含气面积 $177.94 km^2$，进一步扩大了涪陵页岩气田海相页岩气探明地质储量规模。

10 月 23 日　马路背地区马 4 井在须家河组二段下亚段加砂压裂测试获 $2.05 \times 10^4 m^3/d$ 的工业气流。于 12 月 24 日在上三叠统须家河组二段上亚段射孔试挤测试获 $5.6 \times 10^4 m^3/d$ 的工业气流，进一步证实了通江—马路背地区须家河组"断缝体"气藏具有较好的勘探前景。

《中国石油地质志》

（第二版）

编辑出版组

总 策 划：周家尧

组　　　长：章卫兵

副 组 长：庞奇伟　马新福　李　中

责任编辑：孙　宇　林庆咸　冉毅凤　孙　娟　方代煊

王金凤　金平阳　何　莉　崔淑红　刘俊妍

别涵宇　邹杨格　潘玉全　张　贺　张　倩

王　瑞　王长会　沈瞳瞳　常泽军　何丽萍

申公昰　李熹蓉　吴英敏　张旭东　白云雪

陈益卉　张新冉　王　凯　邢　蕊　陈　莹

特邀编辑：马　纪　谭忠心　马金华　郭建强　鲜德清

王焕弟　李　欣